国家出版基金资助项目

现代数学中的著名定理纵横谈丛书

丛书主编　王梓坤

LAGRANGE MULTIPLIER METHOD

Lagrange乘数法

刘培杰数学工作室　编

内 容 简 介

本书主要介绍了 Lagrange 乘数法的相关知识及应用，可以使读者较全面地了解有关 Lagrange 乘数法这一类问题的实质，并且还可以让读者认识到它在其他学科或领域中的应用.

本书适合大中师生及数学爱好者参考阅读.

图书在版编目(CIP)数据

Lagrange 乘数法/刘培杰数学工作室编. —哈尔滨：哈尔滨工业大学出版社，2024.3

（现代数学中的著名定理纵横谈丛书）

ISBN 978－7－5767－0100－5

Ⅰ.①L…　Ⅱ.①刘…　Ⅲ.①lagrange 插值　Ⅳ.①O151.22

中国版本图书馆 CIP 数据核字(2022)第 109869 号

LAGRANGE CHENGSHUFA

策划编辑　刘培杰　张永芹
责任编辑　刘家琳　李　烨
封面设计　孙茵艾
出版发行　哈尔滨工业大学出版社
社　　址　哈尔滨市南岗区复华四道街 10 号　邮编 150006
传　　真　0451－86414749
网　　址　http://hitpress.hit.edu.cn
印　　刷　辽宁新华印务有限公司
开　　本　787 mm×960 mm　1/16　印张 56.5　字数 606 千字
版　　次　2024 年 3 月第 1 版　2024 年 3 月第 1 次印刷
书　　号　ISBN 978－7－5767－0100－5
定　　价　298.00 元

◎代序

读书的乐趣

你最喜爱什么——书籍.

你经常去哪里——书店.

你最大的乐趣是什么——读书.

这是友人提出的问题和我的回答.真的,我这一辈子算是和书籍,特别是好书结下了不解之缘.有人说,读书要费那么大的劲,又发不了财,读它做什么?我却至今不悔,不仅不悔,反而情趣越来越浓.想当年,我也曾爱打球,也曾爱下棋,对操琴也有兴趣,还登台伴奏过.但后来却都一一断交,“终身不复鼓琴”.那原因便是怕花费时间,玩物丧志,误了我的大事——求学.这当然过激了一些.剩下来唯有读书一事,自幼至今,无日少废,谓之书痴也可,谓之书橱也可,管它呢,人各有志,不可相强.我的一生大志,便是教书,而当教师,不多读书是不行的.

读好书是一种乐趣,一种情操;一种向全世界古往今来的伟人和名人求教的方法,一种和他们展开讨论的方式;一封出席各种活动、体验各种生活、结识各种人物的邀请信;一张迈进科学宫殿和未知世界的入场券;一股改造自己、丰富自己的强大力量.书籍是全人类有史以来共同创造的财富,是永不枯竭的智慧的源泉.失意时读书,可以使人重整旗鼓;得意时读书,可以使人头脑清醒;疑难时读书,可以得到解答或启示;年轻人读书,可明奋进之道;年老人读书,能知健神之理.浩浩乎!洋洋乎!如临大海,或波涛汹涌,或清风微拂,取之不尽,用之不竭.吾于读书,无疑义矣,三日不读,则头脑麻木,心摇摇无主.

潜能需要激发

我和书籍结缘,开始于一次非常偶然的机会.大概是八九岁吧,家里穷得揭不开锅,我每天从早到晚都要去田园里帮工.一天,偶然从旧木柜阴湿的角落里,找到一本蜡光纸的小书,自然很破了.屋内光线暗淡,又是黄昏时分,只好拿到大门外去看.封面已经脱落,扉页上写的是《薛仁贵征东》.管它呢,且往下看.第一回的标题已忘记,只是那首开卷诗不知为什么至今仍记忆犹新:

日出遥遥一点红,飘飘四海影无踪.

三岁孩童千两价,保主跨海去征东.

第一句指山东,二、三两句分别点出薛仁贵(雪、人贵).那时识字很少,半看半猜,居然引起了我极大的兴趣,同时也教我认识了许多生字.这是我有生以来独立看的第一本书.尝到甜头以后,我便千方百计去找书,向小朋友借,到亲友家找,居然断断续续看了《薛丁山征西》《彭公案》《二度梅》等,樊梨花便成了我心中的女英雄.我真入迷了.从此,放牛也罢,车水也罢,我总要带一本书,还练出了边走田间小路边读书的本领,读得津津有味,不知人间别有他事.

当我们安静下来回想往事时,往往会发现一些偶然的小事却影响了自己的一生.如果不是找到那本《薛仁贵征东》,我的好学心也许激发不起来.我这一生,也许会走另一条路.人的潜能,好比一座汽油库,星星之火,可以使它雷声隆隆、光照天地;但若少了这粒火星,它便会成为一潭死水,永归沉寂.

抄,总抄得起

好不容易上了中学,做完功课还有点时间,便常光顾图书馆.好书借了实在舍不得还,但买不到也买不起,便下决心动手抄书.抄,总抄得起.我抄过林语堂写的《高级英文法》,抄过英文的《英文典大全》,还抄过《孙子兵法》,这本书实在爱得狠了,竟一口气抄了两份.人们虽知抄书之苦,未知抄书之益,抄完毫末俱见,一览无余,胜读十遍.

始于精于一,返于精于博

关于康有为的教学法,他的弟子梁启超说:"康先生之教,专标专精、涉猎二条,无专精则不能成,无涉猎则不能通也."可见康有为强烈要求学生把专精和广博(即"涉猎")相结合.

在先后次序上,我认为要从精于一开始.首先应集中精力学好专业,并在专业的科研中做出成绩,然后逐步扩大领域,力求多方面的精.年轻时,我曾精读杜布(J. L. Doob)的《随机过程论》,哈尔莫斯(P. R. Halmos)的《测度论》等世界数学名著,使我终身受益.简言之,即"始于精于一,返于精于博".正如中国革命一样,必须先有一块根据地,站稳后再开创几块,最后连成一片.

丰富我文采,澡雪我精神

辛苦了一周,人相当疲劳了,每到星期六,我便到旧书店走走,这已成为生活中的一部分,多年如此.一次,偶然看到一套《纲鉴易知录》,编者之一便是选编《古文观止》的吴楚材.这部书提纲挈领地讲中国历史,上自盘古氏,直到明末,记事简明,文字古雅,又富于故事性,便把这部书从头到尾读了一遍.从此启发了我读史书的兴趣.

我爱读中国的古典小说,例如《三国演义》和《东周列国志》.我常对人说,这两部书简直是世界上政治阴谋诡计大全.即以近年来极时髦的人质问题(伊朗人质、劫机人质等),这些书中早就有了,秦始皇的父亲便是受害者,堪称"人质之父".

《庄子》超尘绝俗,不屑于名利.其中"秋水""解牛"诸篇,诚绝唱也.《论语》束身严谨,勇于面世,"己所不欲,勿施于人",有长者之风.司马迁的《报任少卿书》,读之我心两伤,既伤少卿,又伤司马;我不知道少卿是否收到这封信,希望有人做点研究.我也爱读鲁迅的杂文,果戈理、梅里美的小说.我非常敬重文天祥、秋瑾的人品,常记他们的诗句:"人生自古谁无死,留取丹心照汗青""休言女子非英物,夜夜龙泉壁上鸣".唐诗、宋词、《西厢记》《牡丹亭》,丰富我文采,澡雪我精神,其中精粹,实是人间神品.

读了邓拓的《燕山夜话》,既叹服其广博,也使我动了写《科学发现纵横谈》的心.不料这本小册子竟给我招来了上千封鼓励信.以后人们便写出了许许多多的“纵横谈”.

从学生时代起,我就喜读方法论方面的论著.我想,做什么事情都要讲究方法,追求效率、效果和效益,方法好能事半而功倍.我很留心一些著名科学家、文学家写的心得体会和经验.我曾惊讶为什么巴尔扎克在51年短短的一生中能写出上百本书,并从他的传记中去寻找答案.文史哲和科学的海洋无边无际,先哲们的明智之光沐浴着人们的心灵,我衷心感谢他们的恩惠.

读书的另一面

以上我谈了读书的好处,现在要回过头来说说事情的另一面.

读书要选择.世上有各种各样的书:有的不值一看,有的只值看20分钟,有的可看5年,有的可保存一辈子,有的将永远不朽.即使是不朽的超级名著,由于我们的精力与时间有限,也必须加以选择.决不要看坏书,对一般书,要学会速读.

读书要多思考.应该想想,作者说得对吗?完全吗?适合今天的情况吗?从书本中迅速获得效果的好办法是有的放矢地读书,带着问题去读,或偏重某一方面去读.这时我们的思维处于主动寻找的地位,就像猎人追找猎物一样主动,很快就能找到答案,或者发现书中的问题.

有的书浏览即止,有的要读出声来,有的要心头记住,有的要笔头记录.对重要的专业书或名著,要勤做笔记,“不动笔墨不读书”.动脑加动手,手脑并用,既可加深理解,又可避忘备查,特别是自己的灵感,更要及时抓住.清代章学诚在《文史通义》中说:“札记之功必不可少,如不札记,则无穷妙绪如雨珠落大海矣.”

许多大事业、大作品，都是长期积累和短期突击相结合的产物. 涓涓不息，将成江河；无此涓涓，何来江河？

爱好读书是许多伟人的共同特性，不仅学者专家如此，一些大政治家、大军事家也如此. 曹操、康熙、拿破仑、毛泽东都是手不释卷，嗜书如命的人. 他们的巨大成就与毕生刻苦自学密切相关.

王梓坤

⊙ 目录

引　　言

第 1 章

1.1　从几道试题的多种解法谈起

美籍匈牙利数学家波利亚说:“一个专心的、认真备课的老师能够拿出一个有意义的但又不太复杂的题目,去帮助学生挖掘问题的各个方面,使得通过这道题,就像通过一道门户,把学生引入一个完整的理论领域.”

“旧时王谢堂前燕,飞入寻常百姓家.”高等数学以前是高端内容,只有大学师生才能掌握,如今连高考题都可用之来解,且具有普适性.下面以一道 2015 年重庆市高考数学文科卷第 14 题为例.

问题 1　设 $a>0,b>0,a+b=5$,则 $\sqrt{a+1}+\sqrt{b+3}$ 的最大值为______.

解法 1　由 $a+b=5$,知

$$(\sqrt{a+1}+\sqrt{b+3})^2\leqslant 2[(a+1)+(b+3)]=18$$

当且仅当$\sqrt{a+1}=\sqrt{b+3}$,即$a=\frac{7}{2}$,$b=\frac{3}{2}$时等号成立,此时$\sqrt{a+1}+\sqrt{b+3}$有最大值$3\sqrt{2}$.

解法 2 设$\boldsymbol{m}=(\sqrt{a+1},\sqrt{b+3})$,$\boldsymbol{n}=(1,1)$,则由柯西(Cauchy)不等式知

$$(\sqrt{a+1}\cdot 1+\sqrt{b+3}\cdot 1)^2\leqslant$$
$$(a+1+b+3)\cdot(1+1)=18$$

即$\sqrt{a+1}+\sqrt{b+3}\leqslant 3\sqrt{2}$,从而$\sqrt{a+1}+\sqrt{b+3}$有最大值$3\sqrt{2}$.

解法 3 令$\sqrt{a+1}=u$,$\sqrt{b+3}=v$,则$a=u^2-1$,$b=v^2-3$. 由$a>0$,$b>0$,知$u>1$,$v>\sqrt{3}$,从而

$$a+b=u^2-1+v^2-3=u^2+v^2-4=5$$

即

$$u^2+v^2=9$$

其中$u>1$,$v>\sqrt{3}$.

如图 1 所示,由线性规划知,当且仅当$u=v=\frac{3\sqrt{2}}{2}$时,$u+v$有最大值$3\sqrt{2}$.

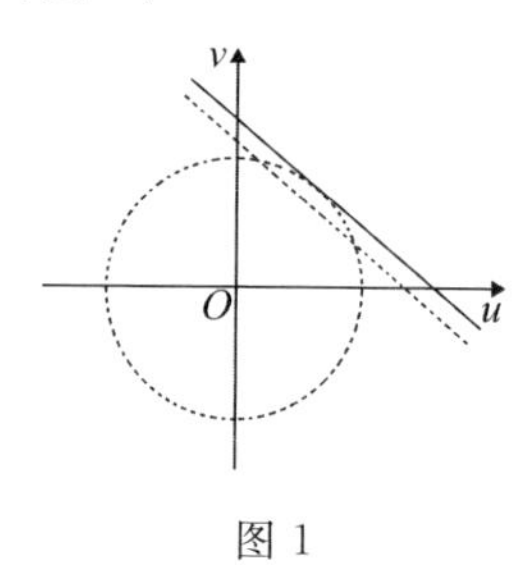

图 1

解法 4 由$a+b=5$,知

$$(\sqrt{a+1}+\sqrt{b+3})^2=9+2\sqrt{(a+1)(b+3)}$$
$$=9+2\sqrt{-\left(a-\frac{7}{2}\right)^2+\frac{81}{4}}$$

当且仅当 $a=\frac{7}{2}$ 时，上式有最大值 18，因此$\sqrt{a+1}+\sqrt{b+3}$ 的最大值为 $3\sqrt{2}$.

解法 5 令 $g(a)=\sqrt{a+1}+\sqrt{8-a}$，则

$$g'(a)=\frac{1}{2}\left(\frac{\sqrt{8-a}-\sqrt{a+1}}{\sqrt{a+1}\cdot\sqrt{8-a}}\right)$$

令 $h(a)=\sqrt{8-a}-\sqrt{a+1}$，易知函数 $h(a)$ 在 $(0,5)$ 上单调递减，由 $h(a)=0$，知 $a=\frac{7}{2}$.

当 $a\in\left(0,\frac{7}{2}\right)$ 时，$g'(a)>0$，$g(a)$ 单调递增；当 $a\in\left(\frac{7}{2},5\right)$ 时，$g'(a)<0$，$g(a)$ 单调递减. 因此，当 $a=\frac{7}{2}$ 时，$g(a)_{\max}=g\left(\frac{7}{2}\right)=3\sqrt{2}$，即$\sqrt{a+1}+\sqrt{b+3}$ 的最大值为 $3\sqrt{2}$.

解法 6 由 $a+b=5$，知 $a+1+b+3=9$，显然 $a+1$，$\frac{9}{2}$，$b+3$ 成等差数列. 不妨设 $a=\frac{7}{2}-d$，$b=\frac{3}{2}+d$，则 $0<d<\frac{3}{2}$，原式$=\sqrt{\frac{9}{2}-d}+\sqrt{\frac{9}{2}+d}$. 又因为

$$\left(\sqrt{\frac{9}{2}-d}+\sqrt{\frac{9}{2}+d}\right)^2=9+2\sqrt{\frac{81}{4}-d^2}$$

$$\leqslant 9+2\sqrt{\frac{81}{4}}=18$$

得

$$\sqrt{a+1}+\sqrt{b+3}\leqslant 3\sqrt{2}$$

即$\sqrt{a+1}+\sqrt{b+3}$ 的最大值为 $3\sqrt{2}$.

解法 7 令 $u=\sqrt{a+1}$,$v=\sqrt{b+3}$,其中 $u>0$,$v>0$,则

$$a+b=u^2+v^2-4=5$$

显然 $u^2+v^2=9$. 令 $u+v=t$(其中 $t>0$),将 $v=t-u$ 代入 $u^2+v^2=9$,得

$$2u^2-2tu+t^2-9=0$$

将上式看成关于 u 的一元二次方程,则该方程必定有解,即

$$\Delta=72-4t^2\geqslant 0$$

解得 $-3\sqrt{2}\leqslant t\leqslant 3\sqrt{2}$. 又由 $t>0$,得 $0<t\leqslant 3\sqrt{2}$,由此可得,$\sqrt{a+1}+\sqrt{b+3}$ 的最大值为 $3\sqrt{2}$.

解法 8 令$\sqrt{a+1}+\sqrt{b+3}=t$,由 $a+b=5$ 知

$$\sqrt{a+1}+\sqrt{8-a}=t,t>0$$

等式两边同时四次方,整理得

$$-4a^2+28a+32-(t^2-9)^2=0$$

将上式看成关于 a 的一元二次方程,则该方程必定有解,即

$$\Delta=28^2+4\cdot 4[32-(t^2-9)^2]\geqslant 0$$

解得 $0<t\leqslant 3\sqrt{2}$. 由此可得,$\sqrt{a+1}+\sqrt{b+3}$ 的最大值为 $3\sqrt{2}$.

解法9　构造拉格朗日(Lagrange)函数

$$L(a,b,\lambda)=\sqrt{a+1}+\sqrt{b+3}-\lambda(a+b-5)$$

则

$$L_a=\frac{1}{2\sqrt{a+1}}-\lambda=0$$

$$L_b=\frac{1}{2\sqrt{b+3}}-\lambda=0$$

$$L_\lambda=-(a+b-5)=0$$

解得 $a=\frac{4}{\lambda^2}-1,b=\frac{4}{\lambda^2}-3$. 由 $a+b=5$,知 $a=\frac{7}{2},b=\frac{3}{2}$,从而$\sqrt{a+1}+\sqrt{b+3}$ 的最大值为 $3\sqrt{2}$.

评析　Lagrange乘子法实际上是借助于多元函数极值点求函数的最值,通常用来求限制条件下的最值问题,操作简单,也是通式通法,在高考解题中经常用到.

2017年全国高考数学卷Ⅱ由21道必考题和2道选考题构成.其中,理科卷和文科卷的最后一道选考题(即全卷最后一题)是相同的,即:

问题2　已知 $a>0,b>0,a^3+b^3=2$,证明:

(1)$(a+b)(a^5+b^5)\geqslant 4$;

(2)$a+b\leqslant 2$.

评析　第(1)小题比较简单,第(2)小题对考生的测试区分度明显强于第(1)小题.命题组提供第(2)小题的证明思路是展开$(a+b)^3$后运用均值不等式,这属于通法.下面探索第(2)小题的其他11种证法.

证法1　要证明 $a+b\leqslant 2$,只要证

$$2^3 \geqslant (a+b)^3 = a^3 + b^3 + 3(a^2b + ab^2)$$

即

$$8 \geqslant 2 + 3(a^2b + ab^2)$$

亦即

$$a^2b + ab^2 \leqslant 2 = a^3 + b^3$$

即

$$(a-b)^2(a+b) \geqslant 0$$

由 $a > 0$ 且 $b > 0$，知上式显然成立，故

$$a + b \leqslant 2$$

证法 2　将证法 1(分析法) 改写成反证法.

假设 $a + b > 2$，则

$$2^3 < (a+b)^3 = a^3 + b^3 + 3(a^2b + ab^2)$$

即

$$8 < a^3 + b^3 + 3(a^2b + ab^2)$$

亦即

$$8 < 2 + 3(a^2b + ab^2)$$

从而

$$a^2b + ab^2 > 2 = a^3 + b^3$$

移项分解，得

$$(a-b)^2(a+b) < 0$$

于是

$$a + b < 0$$

这与已知条件 $a > 0, b > 0$ 矛盾. 因此，假设不成立，故 $a + b \leqslant 2$.

证法 3　假设 $a + b > 2$，即 $b > 2 - a$，则

$$b^3 > (2-a)^3 = 8 - 12a + 6a^2 - a^3$$

又 $a^3+b^3=2$,从而

$$2>8-12a+6a^2=2+6(1-a)^2$$

于是

$$0>(1-a)^2$$

这是自相矛盾的.因此,假设不成立,故 $a+b\leqslant 2$.

证法4 由 $a>0,b>0$,得

$$0<4ab\leqslant(a+b)^2$$

从而

$$\begin{aligned}2=a^3+b^3&=(a+b)(a^2-ab+b^2)\\&=(a+b)[(a+b)^2-3ab]\\&\geqslant(a+b)\left[(a+b)^2-\frac{3}{4}(a+b)^2\right]\\&=\frac{1}{4}(a+b)^3\end{aligned}$$

于是

$$(a+b)^3\leqslant 8$$

故

$$a+b\leqslant 2$$

证法5 不妨取 $0<a\leqslant b$,则 $a^2\leqslant b^2$,运用排序不等式得

$$ab^2+ba^2\leqslant a\cdot a^2+b\cdot b^2=a^3+b^3$$

又 $2ab\leqslant a^2+b^2$(均值不等式),从而

$$\begin{aligned}(a+b)^3&=(a^2+2ab+b^2)(a+b)\\&\leqslant 2(a^2+b^2)(a+b)\\&=2(a^3+b^3+ab^2+a^2b)\\&\leqslant 2(a^3+b^3+a^3+b^3)\\&=4(a^3+b^3)=8\end{aligned}$$

故

$$a+b\leqslant 2$$

预备知识 1 俄国数学家切比雪夫(Chebyshev)提出一个不等式

$$\begin{aligned} n\sum_{k=1}^{n}a_kb_{n-k+1} &\leqslant \sum_{k=1}^{n}a_k\sum_{k=1}^{n}b_k \\ &\leqslant n\sum_{k=1}^{n}a_kb_k \end{aligned}$$

其中 $a_1\leqslant a_2\leqslant a_3\leqslant\cdots\leqslant a_n$, $b_1\leqslant b_2\leqslant b_3\leqslant\cdots\leqslant b_n$, $n-1\in\mathbf{N}^*$,两个不等式中“$\leqslant$”取到等号的充要条件是 $a_1=a_2=a_3=\cdots=a_n$ 且 $b_1=b_2=b_3=\cdots=b_n$.

证法 6 不妨取 $0<a\leqslant b$,则 $a^2\leqslant b^2$,利用已知等式并运用两次 Chebyshev 不等式的特殊情形得

$$\begin{aligned} (a+b)^3 &=(a+b)(a+b)(a+b) \\ &\leqslant 2(a^2+b^2)(a+b) \\ &=4(a^3+b^3) \\ &=8 \end{aligned}$$

故

$$a+b\leqslant 2$$

证法 7 取函数 $f(x)=x^3$(其中 $x>0$),则一阶导数 $f'(x)=3x^2$,二阶导数 $f''(x)=6x>0$,从而 $f(x)$ 在$(0,+\infty)$内上凹,运用琴生(Jensen)不等式得

$$\begin{aligned} \left(\frac{a+b}{2}\right)^2 &=f\left(\frac{a+b}{2}\right)\leqslant\frac{f(a)+f(b)}{2} \\ &=\frac{a^3+b^3}{2}=1 \end{aligned}$$

从而

$$\frac{a+b}{2} \leqslant 1$$

故

$$a+b \leqslant 2$$

证法8　由 $a^3+b^3=2$(其中 $a>0$,且 $b>0$),解得

$$b=(2-a^3)^{\frac{1}{3}}$$

从而

$$a+b=a+(2-a^3)^{\frac{1}{3}}$$

取函数 $f(a)=a+(2-a^3)^{\frac{1}{3}}$(其中 $0<a<\sqrt[3]{2}$),求导得

$$\begin{aligned} f'(a) &= 1+\frac{1}{3}(2-a^3)^{-\frac{2}{3}}(-3a^2) \\ &= 1-a^2(2-a^3)^{-\frac{2}{3}} \end{aligned}$$

则

$$f'(a) \geqslant 0 \Leftrightarrow 1 \geqslant a^2(2-a^3)^{-\frac{2}{3}} \Leftrightarrow 0<a \leqslant 1$$

$$f'(a) \leqslant 0 \Leftrightarrow 1 \leqslant a^2(2-a^3)^{-\frac{2}{3}} \Leftrightarrow 0 \leqslant a<\sqrt[3]{2}$$

因此,函数 $f(a)$ 在区间 $(0,1]$ 上单调递增,在区间 $[1,\sqrt[3]{2}]$ 上单调递减,即

$$a+b \leqslant f(1)=1+1^{\frac{1}{3}}=2$$

故

$$a+b \leqslant 2$$

证法9　由 $a^3+b^3=2$(其中 $a>0$ 且 $b>0$),解

得 $b=(2-a^3)^{\frac{1}{3}}$，取函数

$$g(a)=(2-a^3)^{\frac{1}{3}}$$

其中 $0<a<\sqrt[3]{2}$，则

$$g'(a)=-a^2(2-a^3)^{-\frac{2}{3}}<0$$

从而

$$g''(a)=-2a^2(2-a^3)^{-\frac{2}{3}}-2a^4(2-a^3)^{-\frac{5}{3}}<0$$

于是 $g(a)=(2-a^3)^{\frac{1}{3}}$ 在区间 $(0,\sqrt[3]{2})$ 上既是减函数又是下凹函数.

在如图 2 所示的直角坐标系 aOb 中，函数 $b=g(a)$ 的图像即曲线段 $a^3+b^3=2$（其中 $a>0$ 且 $b>0$），关于直线 $b=a$ 对称，于是该曲线段与平行直线系 $a+b=m$（其中 m 为截距参数）有公共点的充要条件是

$$\sqrt[3]{2}<m\leqslant 1+1=2$$

故

$$a+b\leqslant 2$$

证法 10 根据已知条件作均值代换 $a^3=1-x$，$b^3=1+x$（不妨设 $a\leqslant b$，取 $0\leqslant x<1$），则

$$a+b=\sqrt[3]{1-x}+\sqrt[3]{1+x}$$

取 $h(x)=\sqrt[3]{1-x}+\sqrt[3]{1+x}$（其中 $0\leqslant x<1$），从而

$$h'(x)=-\frac{1}{3}(1-x)^{-\frac{2}{3}}+\frac{1}{3}(1+x)^{-\frac{2}{3}}$$

于是

$$h'(x)\leqslant 0\Leftrightarrow(1-x)^{-\frac{2}{3}}\geqslant(1+x)^{-\frac{2}{3}}\Leftrightarrow 0\leqslant x<1$$

因此，函数 $h(x)$ 在定义域 $[0,1)$ 上单调递减，即

$$a+b=h(x)\leqslant h(0)=\sqrt[3]{1-0}+\sqrt[3]{1+0}=2$$

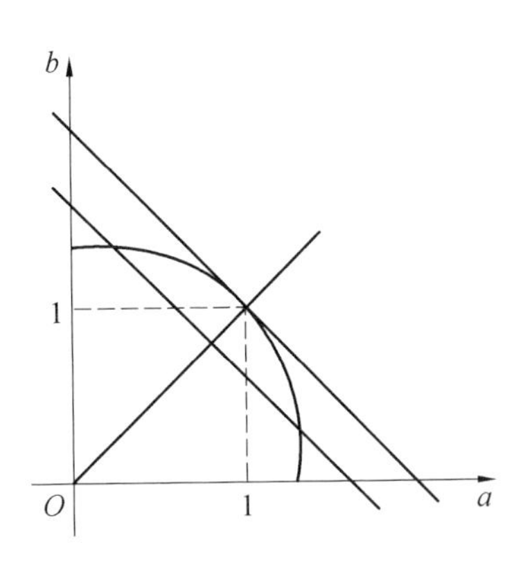

图 2

故

$$a+b\leqslant 2$$

预备知识 2 为了探求二元函数 $f(x,y)$ 在约束条件 $\varphi(x,y)=0$ 下的极值点，Lagrange 借用偏导数发现了"乘数法". 如果二元函数 $f(x,y)$ 在约束条件 $\varphi(x,y)=0$ 下连续并存在偏导数，取函数 $L(x,y)=f(x,y)+\lambda\varphi(x,y)$，那么目标函数 $f(x,y)$ 的所有极值点 (x_0,y_0) 适合于方程组

$$\begin{cases}L'_x(x,y)=f'_x(x,y)+\lambda\varphi'_x(x,y)=0\\ L'_y(x,y)=f'_y(x,y)+\lambda\varphi'_y(x,y)=0\\ \varphi(x,y)=0\end{cases}$$

证法 11 依题意，不妨取 Lagrange 函数 $L(a,b)=a+b+\lambda(a^3+b^3-2)$，其中 $a>0,b>0$，则方程组

$$\begin{cases}L'_a(a,b)=1+3\lambda a^2=0\\ L'_b(a,b)=1+3\lambda b^2=0\\ a^3+b^3=2\end{cases}$$

消去乘数 λ，解得 $a=b=1$.

此时，二元函数 $u(a,b)=a+b$ 的唯一极值是

$$a+b=1+1=2$$

经检验，取 $a=\frac{1}{2}, b=\frac{\sqrt[3]{15}}{2}$，满足 $a^3+b^3=2$，则

$$a+b=\frac{1+\sqrt[3]{15}}{2}<2$$

于是，运用 Lagrange 乘数法知，2 是 $a+b$ 的最大值，故 $a+b\leqslant 2$.

回顾上述解题思路，得到以下 3 个定理：

定理 1 如果两个正数 a 与 b 满足 $a^n+b^n=c$，其中两个常数 $c>0, n\in\mathbf{N}^*$，且 $n\geqslant 2$，那么

$$c^{\frac{1}{n}}<a+b\leqslant(2^{n-1}c)^{\frac{1}{n}}$$

当 $a=b$ 时，上述不等式取到等号.

进一步推广定理 1 的结论，可以验证得到：

定理 2 如果两个正数 a 与 b 满足 $a^m+b^m=c$，其中两个常数 $c>0, m>1$，那么

$$c^{\frac{1}{m}}<a+b\leqslant(2^{m-1}c)^{\frac{1}{m}}$$

当 $a=b$ 时，上述不等式取到等号.

对定理 2 进行类比思考，可以得到：

定理 3 如果两个正数 a 与 b 满足 $a^m+b^m=c$，其中两个常数 $c>0, m\in(0,1)$，那么

$$(2^{m-1}c)^{\frac{1}{m}}\leqslant a+b<c^{\frac{1}{m}}$$

当 $a=b$ 时，上述不等式取到等号.

下面给出 Lagrange 乘数法的定义：

定义 $D\subset\mathbf{R}^2$ 为开集，$z=f(x,y),(x,y)\in D$ 是

定义在D上的二元函数，$(x_0,y_0)\in D$为一定点.如果存在极限$\lim\limits_{\Delta x\to 0}\dfrac{f(x_0+\Delta x,y_0)-f(x_0,y_0)}{\Delta x}$，那么就称函数$f$在点$(x_0,y_0)$处关于$x$可偏导，并称此极限为$f$在点$(x_0,y_0)$处关于$x$的偏导数，记为$f_x(x_0,y_0)$.

类似地，可以定义f在点(x_0,y_0)处关于y的偏导数为$f_y(x_0,y_0)$.

从偏导数的定义可以看出，对某个变量求偏导数，只要在求导时将其他变量看成常数即可.

从二元函数这一简单情况入手，求目标函数$z=f(x,y)$在约束条件$\varphi(x,y)=0$下的极值.

首先，构造Lagrange函数

$$L(x,y,\lambda)=f(x,y)+\lambda\varphi(x,y)$$

其中λ为待定常数，则极值点就在方程组

$$\begin{cases}f_x(x,y)+\lambda\varphi_x(x,y)=0\\f_y(x,y)+\lambda\varphi_y(x,y)=0\\\varphi(x,y)=0\end{cases}$$

的解(x_0,y_0,λ)所对应的点(x_0,y_0)中.

Lagrange乘数法在解决带有约束条件的极值问题时，通过将约束条件代入目标函数，从而转化为无条件极值问题.

上面的定义对高中生来说，难免还是晦涩了些，下面用一些实例说明如何用该技能解题.

例1　已知x,y满足$4x^2+y^2+xy=1$，求$2x+y$的最大值.

解　构造Lagrange函数

$$L(x,y,\lambda)=2x+y-\lambda(4x^2+y^2+xy-1)$$

令

$$\begin{cases}L_x=2-8\lambda x-\lambda y=0\\L_y=1-2\lambda y-\lambda x=0\\4x^2+y^2+xy-1=0\end{cases}$$

解得 $x=\frac{\sqrt{10}}{10}$，$y=\frac{\sqrt{10}}{5}$，$\lambda=\frac{\sqrt{10}}{5}$，所以当 $x=\frac{\sqrt{10}}{10}$，$y=\frac{\sqrt{10}}{5}$ 时，$2x+y$ 的最大值为$\frac{2\sqrt{10}}{5}$.

例 2 已知 $x,y\in(1,+\infty)$，且 $xy-2x-y+1=0$，则$\frac{3}{2}x^2+y^2$ 的最小值为________.

解 构造 Lagrange 函数

$$L(x,y,\lambda)=\frac{3}{2}x^2+y^2+\lambda(xy-2x-y+1)$$

令

$$\begin{cases}L_x=3x+\lambda y-2\lambda=0\\L_y=2y+\lambda x-\lambda=0\\xy-2x-y+1=0\end{cases}$$

解得 $x=2$，$y=3$，$\lambda=-6$，所以最值点是$(2,3)$，因此$\frac{3}{2}x^2+y^2$ 的最小值为 15.

例 3 设正数 x,y,z 满足 $2x+2y+z=1$，求 $3xy+yz+zx$ 的最大值.

解 构造 Lagrange 函数

$$L(x,y,z,\lambda)=3xy+yz+zx+\lambda(2x+2y+z-1)$$

令

$$\begin{cases}L_x=3y+z+2\lambda=0\\L_y=3x+z+2\lambda=0\\L_z=y+x+\lambda=0\\2x+2y+z-1=0\end{cases}$$

解得 $x=y=z=\frac{1}{5},\lambda=-\frac{2}{5}k$，所以最值点是 $\left(\frac{1}{5},\frac{1}{5},\frac{1}{5}\right)$，因此 $3xy+yz+zx$ 的最大值为$\frac{1}{5}$.

例4　(2016年全国高中数学联赛四川省预赛11)实数 x,y,z,w 满足 $x+y+z+w=1$，则 $xw+2yw+3xy+3zw+4xz+5yz$ 的最大值为________.

解法1　对于任意的实数 t，$t(1-t)\leqslant\frac{1}{4}$，当且仅当 $t=\frac{1}{2}$ 时等号成立. 又

$$\begin{aligned}M&=xw+2yw+3xy+3zw+4xz+5yz\\&=x(y+z+w)+2y(x+z+w)+3z(x+y+w)\\&=x(1-x)+2y(1-y)+3z(1-z)\\&\leqslant\frac{1}{4}+2\times\frac{1}{4}+3\times\frac{1}{4}=\frac{3}{2}\end{aligned}$$

当且仅当 $x=y=z=\frac{1}{2},w=-\frac{1}{2}$ 时等号成立，所以 M 的最大值为$\frac{3}{2}$.

解法2　构造 Lagrange 函数

$$L(x,y,z,w,\lambda)=xw+2yw+3xy+3zw+4xz+5yz+\lambda(x+y+z+w-1)$$

令

$$\begin{cases}L_x = w + 3y + 4z - \lambda = 0\\ L_y = 2w + 3x + 5z - \lambda = 0\\ L_z = 3w + 4x + 5y - \lambda = 0\\ L_w = x + 2y + 3z - \lambda = 0\\ x + y + z + w - 1 = 0\end{cases}$$

解得 $x = y = z = \frac{1}{2}, w = -\frac{1}{2}, \lambda = 3$，所以最值点是 $\left(\frac{1}{2}, \frac{1}{2}, \frac{1}{2}, -\frac{1}{2}\right)$，因此 $xw + 2yw + 3xy + 3zw + 4xz + 5yz$ 的最大值为 $\frac{3}{2}$.

评析 解法 1 利用不等式 $t(1-t) \leqslant \frac{1}{4}$，将所给约束条件变形后代入所求的 M，实质上还是在消元法后应用不等式 $t(1-t) \leqslant \frac{1}{4}$，该方法虽巧妙，但是配凑时具有很强的技巧性. 解法 2 虽然是对一个四元函数求偏导数，但是求法与二元函数是一样的. 将该问题转化为解方程组的问题，虽然计算量稍微增大，但是方法简单，容易掌握.

例 5 已知正数 a, b 满足 $a + b = 1$，则 $3\sqrt{1 + 2a^2} + 2\sqrt{40 + 9b^2}$ 的最小值为________.

解 构造 Lagrange 函数

$$L(a, b, \lambda) = 3\sqrt{1 + 2a^2} + 2\sqrt{40 + 9b^2} + \lambda(a + b - 1)$$

令

$$\begin{cases} L_a = \dfrac{6a}{\sqrt{1+2a^2}} + \lambda = 0 \\ L_b = \dfrac{18b}{\sqrt{40+9b^2}} + \lambda = 0 \\ a+b-1=0 \end{cases}$$

解得 $a=\frac{1}{3}, b=\frac{2}{3}$.

所以 $3\sqrt{1+2a^2}+2\sqrt{40+9b^2}$ 的最小值为 $5\sqrt{11}$.

例 6 (2017 年全国高中数学联赛一试(A 卷)第 10 题)设 a,b,c 是非负实数,且满足 $a+b+c=1$. 求 $(a+3b+5c)\left(a+\frac{b}{3}+\frac{c}{5}\right)$ 的最小值和最大值.

解法 1 由 Cauchy 不等式

$$(a+3b+5c)\left(a+\frac{b}{3}+\frac{c}{5}\right) \geqslant (a+b+c)^2 = 1$$

当 $a=1, b=0, c=0$ 时不等式的等号成立,所以所求得的最小值为 1. 又

$$\begin{aligned} & (a+3b+5c)\left(a+\frac{b}{3}+\frac{c}{5}\right) \\ = & \frac{1}{5}(a+3b+5c)\left(5a+\frac{5b}{c}+c\right) \\ \leqslant & \frac{1}{5} \cdot \frac{1}{4}\left[(a+3b+5c)+\left(5a+\frac{5b}{3}+c\right)\right]^2 \\ = & \frac{1}{20}\left(6a+\frac{14}{3}b+6c\right)^2 \\ \leqslant & \frac{1}{20}(6a+6b+6c)^2 \\ = & \frac{9}{5} \end{aligned}$$

当 $a=\frac{1}{2}, b=0, c=\frac{1}{2}$ 时不等式中的等号成立.

故所求得的最大值为 $\frac{9}{5}$.

以上解答在求最大值时不容易想到,用 Lagrange 乘数法可以求解此题吗?

解法 2 构造 Lagrange 函数

$$L(a,b,c,\lambda)=(a+3b+5c)\left(a+\frac{b}{3}+\frac{c}{5}\right)+\lambda(a+b+c-1)$$

令

$$\begin{cases} L_a=2a+\frac{10}{3}b+\frac{26}{5}c+\lambda=0 \\ L_b=\frac{10}{3}a+2b+\frac{34}{15}c+\lambda=0 \\ L_c=\frac{26}{5}a+\frac{34}{15}b+2c+\lambda=0 \\ a+b+c=1 \end{cases}$$

整理得

$$\begin{cases} a-b-\frac{11}{5}c=0 \\ a-\frac{1}{3}b-c=0 \\ a+b+c=1 \end{cases}$$

解之,在非负实数集无解,则函数在某个值取 0 时取得最大值.

当 $a=0$ 时,$b+c=1$,所以

$$(a+3b+5c)\left(a+\frac{b}{3}+\frac{c}{5}\right)$$

$$=(3b+5c)\left(\frac{b}{3}+\frac{c}{5}\right)$$

$$=-\frac{4}{15}\left(c-\frac{1}{2}\right)^2+\frac{16}{15}\leqslant\frac{16}{15}$$

当 $b=0$ 时，$a+c=1$，所以

$$(a+3b+5c)\left(a+\frac{b}{3}+\frac{c}{5}\right)$$

$$=(a+5c)\left(a+\frac{c}{5}\right)$$

$$=-\frac{16}{5}\left(c-\frac{1}{2}\right)^2+\frac{9}{5}$$

$$\leqslant\frac{9}{5}$$

当 $c=0$ 时，$a+b=1$，所以

$$(a+3b+5c)\left(a+\frac{b}{3}+\frac{c}{5}\right)$$

$$=(a+3b)\left(a+\frac{b}{3}\right)$$

$$=-\frac{4}{3}\left(c-\frac{1}{2}\right)^2+\frac{4}{3}$$

$$\leqslant\frac{4}{3}$$

综上，当 $a=\frac{1}{2}, b=0, c=\frac{1}{2}$ 时，不等式的最大值为 $\frac{9}{5}$.

看都是问题，做才是答案，动笔实操一下下面的练习题.

练习 1 （2016 年全国高中数学联赛广东省预赛 2）若正数 x, y 满足 $x+3y=5xy$，则 $3x+4y$ 的最小值是________.

解　构造 Lagrange 函数

$$L(x,y,\lambda)=3x+4y-\lambda(x+3y-5xy)$$

令

$$\begin{cases}L_x=3-\lambda+5\lambda y=0\\L_y=4-3\lambda+5\lambda x=0\\x+3y-5xy=0\end{cases}$$

解得 $x=1,y=\frac{1}{2},\lambda=-2$,所以最值点是$\left(1,\frac{1}{2}\right)$.

所以 $3x+4y$ 的最小值为 5.

练习 2　(2016 年全国高中数学联赛甘肃省预赛)若实数 x,y 满足 $x^2+y^2+xy=1$,则 $x+y$ 的最大值是________.

解　构造 Lagrange 函数

$$L(x,y,\lambda)=x+y-\lambda(x^2+y^2+xy-1)$$

令

$$\begin{cases}L_x=1-2\lambda x-\lambda y=0\\L_y=1-2\lambda y-\lambda x=0\\x^2+y^2+xy=1\end{cases}$$

解得 $x=\frac{\sqrt{3}}{3},y=\frac{\sqrt{3}}{3},\lambda=\frac{\sqrt{3}}{3}$,所以最值点是$\left(\frac{\sqrt{3}}{3},\frac{\sqrt{3}}{3}\right)$,因此 $x+y$ 的最大值为$\frac{2\sqrt{3}}{3}$.

练习 3　若 $2^x+4^y=4$,则 $x+2y$ 的最大值是________.

解　构造 Lagrange 函数

$$L(x,y,\lambda)=x+2y+\lambda(2^x+4^y-4)$$

令

$$\begin{cases}L_x=1+\lambda 2^x\ln 2=0\\ L_y=2+\lambda 4^y\ln 4=0\\ 2^x+4^y-4=0\end{cases}$$

解得 $x=1,y=\frac{1}{2},\lambda=-\frac{1}{2\ln 2}$，所以最值点是 $\left(1,\frac{1}{2}\right)$.

因此 $x+2y$ 的最大值为 2.

练习 4　已知实数 x,y,z 满足 $x+2y+z=1$，则 $x^2+4y^2+z^2$ 的最小值是________.

解　构造 Lagrange 函数

$$L(x,y,z,\lambda)=x^2+4y^2+z^2+\lambda(x+2y+z-1)$$

令

$$\begin{cases}L_x=2x+\lambda=0\\ L_y=8y+2\lambda=0\\ L_z=2z+\lambda=0\\ x+2y+z-1=0\end{cases}$$

解得 $x=\frac{1}{3},y=\frac{1}{6},z=\frac{1}{3},\lambda=-\frac{2}{3}$，所以最值点是 $\left(\frac{1}{3},\frac{1}{6},\frac{1}{3}\right)$.

因此 $x^2+4y^2+z^2$ 的最小值为 $\frac{1}{3}$.

练习 5　设 $a,b,c\in\mathbf{R}$，且满足 $a+2b+3c=6$，则 $a^2+4b^2+9c^2$ 的最小值为________.

解　构造 Lagrange 函数

$$L(a,b,c,\lambda)=a^2+4b^2+9c^2-\lambda(a+2b+3c-6)$$

令

$$\begin{cases} L_a = 2a - \lambda = 0 \\ L_b = 8b - 2\lambda = 0 \\ L_c = 18c - 3\lambda = 0 \\ a + 2b + 3c - 6 = 0 \end{cases}$$

解得 $a=2, b=1, c=\frac{2}{3}, \lambda=4$，所以最值点是 $\left(2,1,\frac{2}{3}\right)$.

因此 $a^2+4b^2+9c^2$ 的最小值为 12.

练习 6 已知实数 a,b,c 满足 $a+b+c=0, a^2+b^2+c^2=1$，则 a 的最大值是________.

解 构造 Lagrange 函数

$L(a,b,c,\lambda)=a-\lambda(a+b+c)-\mu(a^2+b^2+c^2-1)$

令

$$\begin{cases} L_a = 1 - \lambda - 2\mu a = 0 \\ L_b = -\lambda - 2\mu b = 0 \\ L_c = -\lambda - 2\mu c = 0 \\ a + b + c = 0 \\ a^2 + b^2 + c^2 = 1 \end{cases}$$

解得 $a=\frac{\sqrt{6}}{3}, b=\frac{\sqrt{6}}{6}, c=\frac{\sqrt{6}}{6}$，所以最值点是 $\left(\frac{\sqrt{6}}{3},\frac{\sqrt{6}}{6},\frac{\sqrt{6}}{6}\right)$，因此 a 的最大值为 $\frac{\sqrt{6}}{3}$.

练习 7 （2014 年南开大学自主招生）设 P 为曲线 $2x^2-5xy+2y^2=1$ 上的动点，求点 P 到原点的距离.

解 构造 Lagrange 函数

$$L(x,y,\lambda)=x^2+y^2+\lambda(2x^2-5xy+2y^2-1)$$

令

$$\begin{cases}L_x=2x+\lambda(4x-5y)=0\\L_y=2y+\lambda(4y-5x)=0\\2x^2-5xy+2y^2-1=0\end{cases}$$

解得 $x=-y=\pm\frac{1}{3}$，所以 $|OP|=\sqrt{x^2+y^2}$ 的最小值为 $\frac{\sqrt{2}}{3}$.

练习 8 若实数 a,b,c 满足 $a^2+b^2+c^2=1$，则 $3ab-3bc+2c^2$ 的最大值为________.

解 构造 Lagrange 函数

$$L(a,b,c,\lambda)=3ab-3bc+2c^2+\lambda(a^2+b^2+c^2-1)$$

令

$$\begin{cases}L_a=3b+2\lambda a=0\\L_b=3a-3c+2\lambda b=0\\L_c=-3b+4c+2\lambda c=0\\a^2+b^2+c^2-1=0\end{cases}$$

解得 $b=2a,c=-3a,\lambda=-3$，即 $a^2=\frac{1}{14}$ 时取到最大值.

所以 $3ab-3bc+2c^2$ 的最大值为 3.

评析 从以上练习题可知，对于带有约束条件的极值问题，利用 Lagrange 乘数法没有过分烦琐的技巧，便于学生掌握，对于二元函数甚至是多元函数，仅需理解偏导数的概念并掌握其求法，无需使用过多技巧.

上面主要以二元函数为例来介绍 Lagrange 乘数法，实际上，也经常利用 Lagrange 乘数法求解多元函数的极值和最值问题，下面以实际问题为例加以介绍.

例 7 (2017 年集宁区校级月考) 已知实数 x,y,z 满足 $x+2y+z=1$，则 $x^2+4y^2+z^2$ 的最小值是________.

解 令 $f(x,y,z)=x^2+4y^2+z^2$，构造 $L(x,y,z,\lambda)=x^2+4y^2+z^2+\lambda(x+2y+z-1)$，令

$$\begin{cases} L_x=2x+\lambda=0 \\ L_y=8y+2\lambda=0 \\ L_z=2z+\lambda=0 \\ x+2y+z=1 \end{cases}$$

解得 $x=\frac{1}{3}, y=\frac{1}{6}, z=\frac{1}{3}, \lambda=-\frac{2}{3}$.

所以，当 $x=\frac{1}{3}, y=\frac{1}{6}, z=\frac{1}{3}$ 时，$x^2+4y^2+z^2$ 取得最小值 $\frac{1}{3}$.

例 8 (2016 年全国高中数学联赛 9) 在 $\triangle ABC$ 中，已知 $\overrightarrow{AB}\cdot\overrightarrow{AC}+2\overrightarrow{BA}\cdot\overrightarrow{BC}=3\overrightarrow{CA}\cdot\overrightarrow{CB}$，求 $\sin C$ 的最大值.

解 由数量积的定义及余弦定理知

$$\overrightarrow{AB}\cdot\overrightarrow{AC}=cb\cos A=\frac{b^2+c^2-a^2}{2}$$

同理得

$$\overrightarrow{BA}\cdot\overrightarrow{BC}=\frac{a^2+c^2-b^2}{2}$$

$$\overrightarrow{CA}\cdot\overrightarrow{CB}=\frac{a^2+b^2-c^2}{2}$$

故已知条件化为

$$b^2+c^2-a^2+2(a^2+c^2-b^2)=3(a^2+b^2-c^2)$$

即 $a^2+2b^2=3c^2$.

要求 $\sin C$ 的最大值,先考虑 $\cos C=\dfrac{a^2+b^2-c^2}{2ab}$ 的最值.

令函数 $f(a,b,c)=\dfrac{a^2+b^2-c^2}{2ab}$,构造 $L(a,b,c,\lambda)=\dfrac{a^2+b^2-c^2}{2ab}-\lambda(a^2+2b^2-3c^2)$,令

$$\begin{cases}L_a=\dfrac{1}{2b}-\dfrac{b}{2a^2}+\dfrac{c^2}{2a^2b}-2\lambda a=0\\ L_b=\dfrac{1}{2a}-\dfrac{a}{2b^2}+\dfrac{c^2}{2ab^2}-4\lambda b=0\\ L_c=-\dfrac{c}{ab}+6\lambda c=0\\ a^2+2b^2=3c^2\end{cases}$$

解得 $b^2=2a^2, c^2=\dfrac{5}{3}a^2$, 此时函数 $f(a,b,c)=\dfrac{a^2+b^2-c^2}{2ab}$ 取得最小值

$$\frac{a^2+2a^2-\frac{5}{3}a^2}{2\sqrt{2}a^2}=\frac{\sqrt{2}}{3}$$

因此 $\cos C$ 的最小值为$\dfrac{\sqrt{2}}{3}$,所以 $\sin C\leqslant\dfrac{\sqrt{7}}{3}$,即 $\sin C$ 的最大值为$\dfrac{\sqrt{7}}{3}$.

评析 本题虽考查向量与三角函数的知识点,但将其所给条件转化为代数式后不难发现,还是考查带

有约束条件的多元函数的极值问题.

上海市行知中学的范广哲老师在 2021 年发现有一类三元最值问题在大学自主招生及高中数学竞赛试题中常出现,他给出了这类典型问题的一般形式及多种解法,其中以 Lagrange 乘数法最为简洁.

问题 3 已知 $x_1, x_2, x_3 \in \mathbf{R}_+$,常数 $k_1, k_2, k_3, m_2, m_3 \in \mathbf{R}_+$,求 $S=\dfrac{m_2x_1x_2+m_3x_1x_3}{k_1x_1^2+k_2x_2^2+k_3x_3^2}$ 的最大值.

解 以下证明 $S_{\max}=\dfrac{1}{2}\sqrt{\dfrac{k_3m_2^2+k_2m_3^2}{k_1k_2k_3}}$,当且仅当 $x_1:x_2:x_3=\sqrt{k_1k_2k_3(k_3m_2^2+k_2m_3^2)}:k_1k_3m_2:k_1k_2m_3$ 时等号成立.

解法 1:(先利用 Cauchy 不等式,后利用基本不等式)由于表达式具有齐次性,设 $k_1x_1^2+k_2x_2^2+k_3x_3^2=k^2$,其中 $k>0$,则

$$
\begin{aligned}
&x_1(m_2x_2+m_3x_3)\\
&\leqslant x_1\sqrt{k_2x_2^2+k_3x_3^2}\sqrt{\frac{m_2^2}{k_2}+\frac{m_3^2}{k_3}}\\
&=x_1\sqrt{k^2-k_2x_1^2}\sqrt{\frac{k_3m_2^2+k_2m_3^2}{k_2k_3}}\\
&\leqslant\frac{k^2}{2}\sqrt{\frac{k_3m_2^2+k_2m_3^2}{k_1k_2k_3}}
\end{aligned}
$$

因而 $S\leqslant\dfrac{1}{2}\sqrt{\dfrac{k_3m_2^2+k_2m_3^2}{k_1k_2k_3}}$,当且仅当

$$x_1=\frac{k}{\sqrt{2k_1}},x_2=\frac{km_2\sqrt{k_3}}{\sqrt{2k_2(k_3m_2^2+k_2m_3^2)}}$$

$$x_3=\frac{km_3\sqrt{k_2}}{\sqrt{2k_3(k_3m_2^2+k_2m_3^2)}}$$

解法2:(先利用Cauchy不等式,后利用三角换元法)不妨设$k_1x_1^2+k_2x_2^2+k_3x_3^2=k^2$,其中$k>0$,则

$$\begin{aligned}&x_1(m_2x_2+m_3x_3)\\&\leqslant x_1\sqrt{k_2x_2^2+k_3x_3^2}\sqrt{\frac{m_2^2}{k_2}+\frac{m_3^2}{k_3}}\\&=x_1\sqrt{k^2-k_1x_1^2}\sqrt{\frac{k_3m_2^2+k_2m_3^2}{k_2k_3}}\end{aligned}$$

令$x_1=\frac{k}{\sqrt{k_1}}\cos\theta$,其中$\theta\in\left(0,\frac{\pi}{2}\right)$,则

$$S=\frac{\sin(2\theta)}{2}\sqrt{\frac{k_3m_2^2+k_2m_3^2}{k_1k_2k_3}}\leqslant\frac{1}{2}\sqrt{\frac{k_3m_2^2+k_2m_3^2}{k_1k_2k_3}}$$

当且仅当

$$x_1=\frac{k}{\sqrt{2k_1}},x_2=\frac{km_2\sqrt{k_3}}{\sqrt{2k_2(k_3m_2^2+k_2m_3^2)}}$$

$$x_3=\frac{km_3\sqrt{k_2}}{\sqrt{2k_3(k_3m_2^2+k_2m_3^2)}}$$

时等号成立.

解法3:(三角换元法)设$k_1x_1^2+k_2x_2^2+k_3x_3^2=k^2$,其中$k>0$,则$k_2x_2^2+k_3x_3^2=k^2-k_1x_1^2$,设

$$x_2=\sqrt{\frac{k^2-k_1x_1^2}{k_2}}\cos\theta,x_3=\sqrt{\frac{k^2-k_1x_1^2}{k_3}}\sin\theta$$

其中$\theta\in\left(0,\frac{\pi}{2}\right)$,则

$$S=\frac{\left(m_2\sqrt{\frac{k^2-k_1x_1^2}{k_2}}\cos\theta+m_3\sqrt{\frac{k^2-k_1x_1^2}{k_3}}\sin\theta\right)x_1}{k^2}$$

$$=\frac{\sqrt{k^2-k_1x_1^2}\sqrt{\frac{m_2^2}{k_2}+\frac{m_3^2}{k_3}}\sin(\theta+\varphi)x_1}{k^2}$$

$$\leqslant\frac{\sqrt{k_3m_2^2+k_2m_3^2}\sqrt{k^2-k_1x_1^2}\sqrt{x_1^2}}{k^2\sqrt{k_2k_3}}$$

$$\leqslant\frac{\sqrt{k_3m_2^2+k_2m_3^2}\ \frac{k^2-k_1x_1^2+k_1x_1^2}{2}}{k^2\sqrt{k_1k_2k_3}}$$

$$=\frac{1}{2}\sqrt{\frac{k_3m_2^2+k_2m_3^2}{k_1k_2k_3}}$$

当且仅当

$$x_1=\frac{k}{\sqrt{2k_1}},x_2=\frac{km_2\sqrt{k_3}}{\sqrt{2k_2(k_3m_2^2+k_2m_3^2)}}$$

$$x_3=\frac{km_3\sqrt{k_2}}{\sqrt{2k_3(k_3m_2^2+k_2m_3^2)}}$$

时等号成立.

解法4:(球坐标法)设 $k_1x_1^2+k_2x_2^2+k_3x_3^2=k^2$,其中 $k>0$,设

$$x_1=\sqrt{\frac{k^2}{k_2}}\cos\theta\cos\varphi,x_2=\sqrt{\frac{k^2}{k_3}}\cos\theta\sin\varphi$$

$$x_3=\sqrt{\frac{k^2}{k_1}}\sin\theta$$

其中 $\theta\in\left(0,\frac{\pi}{2}\right)$,则

$$S=\frac{\left(m_2\sqrt{\frac{k^2}{k_2}}\cos\theta\sin\varphi+m_3\sqrt{\frac{k^2}{k_3}}\cos\theta\cos\varphi\right)\sqrt{\frac{k^2}{k_1}}\sin\theta}{k^2}$$

$$=\frac{\cos\theta(m_2\sqrt{k_3}\sin\varphi+m_3\sqrt{k_2}\cos\varphi)\sin\theta}{\sqrt{k_1k_2k_3}}$$

$$=\frac{\sqrt{k_3m_2^2+k_2m_3^2}\sin(\varphi+\gamma)\sin(2\theta)}{2\sqrt{k_1k_2k_3}}$$

$$\leqslant\frac{1}{2}\sqrt{\frac{k_3m_2^2+k_2m_3^2}{k_1k_2k_3}}$$

当且仅当

$$x_1=\frac{k}{\sqrt{2k_1}},x_2=\frac{km_2\sqrt{k_3}}{\sqrt{2k_2(k_3m_2^2+k_2m_3^2)}}$$

$$x_3=\frac{km_3\sqrt{k_2}}{\sqrt{2k_3(k_3m_2^2+k_2m_3^2)}}$$

时等号成立.

解法5:(Lagrange乘数法) 设 $k_1x_1^2+k_2x_2^2+k_3x_3^2=k^2$,其中 $k>0$,构造 Lagrange 函数 $L(x_1,x_2,x_3,\lambda)=m_2x_1x_2+m_3x_1x_3+\lambda(k_1x_1^2+k_2x_2^2+k_3x_3^2-k)$,下面对 $L(x_1,x_2,x_3,\lambda)$ 分别求关于 x_1,x_2,x_3,λ 的一阶偏导并分别令其等于零,可得

$$\begin{cases}L'_{x_1}(x_1,x_2,x_3,\lambda)=m_2x_2+m_3x_3+2\lambda k_1x_1=0\\L'_{x_2}(x_1,x_2,x_3,\lambda)=m_2x_1+2\lambda k_2x_2=0\\L'_{x_3}(x_1,x_2,x_3,\lambda)=m_3x_1+2\lambda k_3x_3=0\\L'_{\lambda}(x_1,x_2,x_3,\lambda)=k_1x_1^2+k_2x_2^2+k_3x_3^2-k^2=0\end{cases}$$

解得

$$\lambda=-\frac{\sqrt{2}}{2}\sqrt{\frac{k_3m_2^2+k_2m_3^2}{k_1k_2k_3}},x_1=\frac{k}{\sqrt{2k_1}}$$

$$x_2=\frac{km_2\sqrt{k_3}}{\sqrt{2k_2(k_3m_2^2+k_2m_3^2)}},x_3=\frac{km_3\sqrt{k_2}}{\sqrt{2k_3(k_3m_2^2+k_2m_3^2)}}$$

这就是 Lagrange 函数的稳定点，可得此时函数取得最大值，代入可得 $S_{\max}=\frac{1}{2}\sqrt{\frac{k_3m_2^2+k_2m_3^2}{k_1k_2k_3}}$.

解法 6：(配方法) 由题设

$$k_1x_1^2+k_2x_2^2+k_3x_3^2=\frac{m_2x_1x_2+m_3x_1x_3}{S}$$

从而

$$\left(\sqrt{k_2}\,x_2-\frac{m_2}{2S\sqrt{k_2}}\right)^2+\left(\sqrt{k_3}\,x_3-\frac{m_3}{2S\sqrt{k_3}}\right)^2$$
$$=\left(\frac{k_3m_2^2+k_2m_3^2}{4S^2k_2k_3}-k_1\right)x_1^2$$

因而

$$\frac{k_3m_2^2+k_2m_3^2}{4S^2k_2k_3}-k_1\geqslant 0, S^2\leqslant\frac{k_3m_2^2+k_2m_3^2}{4k_1k_2k_3}$$

即

$$S\leqslant\frac{1}{2}\sqrt{\frac{k_3m_2^2+k_2m_3^2}{k_1k_2k_3}}$$

当且仅当 $x_1:x_2:x_3=\sqrt{k_1k_2k_3(k_3m_3^2+k_2m_3^2)}:k_1k_3m_2:k_1k_2m_3$ 时等号成立.

解法 7：(待定系数法) 引入参数 λ，满足 $\lambda\in(0,k_1)$. 设

$$\lambda x_1^2+k_2x_2^2$$
$$\geqslant 2\sqrt{\lambda k_2}\,x_1x_2, (k_1-\lambda)x_1^2+k_3x_3^2$$
$$\geqslant 2\sqrt{(k_1-\lambda)k_3}\,x_1x_3$$

相加得

$$k_1x_1^2+k_2x_2^2+k_3x_3^2\geqslant 2\sqrt{\lambda k_2}\,x_1x_2+2\sqrt{(k_1-\lambda)k_3}\,x_1x_3$$

又设$\dfrac{\sqrt{\lambda k_2}}{\sqrt{(k_1-\lambda)k_3}}=\dfrac{m_2}{m_3}$,解得$\lambda=\dfrac{k_1k_3m_2^2}{k_2m_3^2+k_3m_2^2}$,因此

$$\begin{aligned}&k_1x_1^2+k_2x_2^2+k_3x_3^2\\ \geqslant{}&2\sqrt{\frac{k_1k_2k_3}{k_2m_3^2+k_3m_2^2}}(m_2x_1x_2+m_3x_1x_3)\end{aligned}$$

即$S\leqslant\dfrac{1}{2}\sqrt{\dfrac{k_3m_2^2+k_2m_3^2}{k_1k_2k_3}}$,当且仅当$x_1:x_2:x_3=\sqrt{k_1k_2k_3(k_3m_2^2+k_2m_3^2)}:k_1k_3m_2:k_1k_2m_3$时等号成立.

解法8:(先利用基本不等式,后利用Cauchy不等式)

$$\begin{aligned}S^2&=\frac{(m_2x_1x_2+m_3x_1x_3)^2}{(k_1x_1^2+k_2x_2^2+k_3x_3^2)^2}\\&\leqslant\frac{(m_2x_2+m_3x_3)^2x_1^2}{(2\sqrt{(k_1x_1^2)(k_2x_2^2+k_3x_3^2)})^2}\\&=\frac{(m_2x_2+m_3x_3)^2}{4k_1(k_2x_2^2+k_3x_3^2)}\\&=\frac{(m_2x_2+m_3x_3)^2\left(\frac{m_2^2}{k_2}+\frac{m_3^2}{k_3}\right)}{4k_1(k_2x_2^2+k_3x_3^2)\left(\frac{m_2^2}{k_2}+\frac{m_3^2}{k_3}\right)}\\&\leqslant\frac{\frac{m_2^2}{k_2}+\frac{m_3^2}{k_3}}{4k_1}=\frac{k_3m_2^2+k_2m_3^2}{4k_1k_2k_3}\end{aligned}$$

即$S\leqslant\dfrac{1}{2}\sqrt{\dfrac{k_3m_2^2+k_2m_3^2}{k_1k_2k_3}}$,当且仅当$x_1:x_2:x_3=\sqrt{k_1k_2k_3(k_3m_2^2+k_2m_3^2)}:k_1k_3m_2:k_1k_2m_3$时等号成立.

解法 9:(判别式法) 由题设得 $Sk_1x_1^2-(m_2x_2+m_3x_3)x_1+S(k_2x_2^2+k_3x_3^2)=0$. 将其视作 x_1 的一元二次方程,方程有实根,因而

$$\Delta=(m_2x_2+m_3x_3)^2-4S^2k_1(k_2x_2^2+k_3x_3^2)\geqslant 0$$

即

$$S^2\leqslant\frac{(m_2x_2+m_3x_3)^2}{4k_1(k_2x_2^2+k_3x_3^2)}$$

由 Cauchy 不等式可得

$$S^2\leqslant\frac{(m_2x_2+m_3x_3)^2\left(\frac{m_2^2}{k_2}+\frac{m_3^2}{k_3}\right)}{4k_1(m_2x_2+m_3x_3)^2}=\frac{k_3m_2^2+k_2m_3^2}{4k_1k_2k_3}$$

即 $S\leqslant\frac{1}{2}\sqrt{\frac{k_3m_2^2+k_2m_3^2}{k_1k_2k_3}}$,当且仅当 $x_1:x_2:x_3=\sqrt{k_1k_2k_3(k_3m_2^2+k_2m_3^2)}:k_1k_3m_2:k_1k_2m_3$ 时等号成立.

推论 已知 $x_1,x_2,x_3\in\mathbf{R}_+$,常数 $k_1,k_2,k_3,m_2,m_3\in\mathbf{R}_+$,且满足 $k_1x_1^2+k_2x_2^2+k_3x_3^2=1$,则 $S=m_2x_1x_2+m_3x_1x_3$ 的最大值为 $S_{\max}=\frac{1}{2}\cdot\sqrt{\frac{k_3m_2^2+k_2m_3^2}{k_1k_2k_3}}$.

接下来,给出上面结论的应用.

例 9 (2020 年《数学通讯》问题征解第 2 期 437 问题) 已知 x,y,z 为正数,若不等式 $4x^2+y^2+3z^2\geqslant\lambda(2xy+3yz)$ 恒成立,求 λ 的最大值.

评析 由于是求最大值,因而考虑正数情况. 在结论中令 $k_1=1,k_2=4,k_3=3,m_2=2,m_3=3$,则

$\left(\frac{1}{\lambda}\right)_{\min}=1$，即 λ 的最大值为 1.

例 10 （2019 年上海交通大学自主招生）已知 x，y，z 不全为 0，求 $\frac{xy+2yz}{x^2+y^2+z^2}$ 的最大值.

评析 由于是求最大值，因而考虑正数情况. 在结论中令 $k_1=k_2=k_3=1$，$m_2=1$，$m_3=2$，则 $S_{\max}=\frac{\sqrt{5}}{2}$.

例 11 （2016 年全国高中数学联赛福建预赛）已知 x，y，$z>0$，求 $\frac{4xz+yz}{x^2+y^2+z^2}$ 的最大值.

评析 在结论中令 $k_1=k_2=k_3=1$，$m_2=4$，$m_3=1$，则 $S_{\max}=\frac{\sqrt{17}}{2}$.

例 12 （2015 年《数学教学》947 问题）已知 $x^2+y^2+z^2=1$，求 $xy+2xz$ 的最大值.

评析 由于是求最大值，因而考虑正数情况，在推论中令 $k_1=k_2=k_3=1$，$m_2=1$，$m_3=2$，则 $S_{\max}=\frac{\sqrt{5}}{2}$.

例 13 （2012 年全国高中数学联赛甘肃预赛）已知 $x^2+y^2+z^2=1$，求 $xy+yz$ 的最大值.

评析 由于是求最大值，因而只考虑正数情况，在推论中令 $k_1=k_2=k_3=m_2=m_3=1$，则 $S_{\max}=\frac{\sqrt{2}}{2}$.

例 14 （2009 年全国高中数学联赛浙江预赛）已知 $x^2+y^2+z^2=1$，求 $\sqrt{2}xy+yz$ 的最大值.

评析 由于是求最大值，因而只考虑正数情况.

在推论中令 $k_1=k_2=k_3=1,m_2=\sqrt{2},m_3=1$，则 $S_{\max}=\frac{\sqrt{3}}{2}$.

最后，给出其 n 元推广形式，有兴趣的读者可自行证明.

变式 （n 元形式）已知 $x_1,x_2,\cdots,x_n\in\mathbf{R}_+$，常数 $k_1,k_2,\cdots,k_n,m_2,m_3,\cdots,m_n\in\mathbf{R}_+$，其中 $n\geqslant 3,n\in\mathbf{N}$，求 $S_n=\frac{x_1\sum\limits_{i=2}^{n}m_ix_i}{\sum\limits_{i=1}^{n}k_ix_i^2}$ 的最大值.

结论 $(S_n)_{\max}=\frac{1}{2}\sqrt{\sum\limits_{i=2}^{n}\left(\prod\limits_{j\neq 1,i}^{n}k_jm_i^2\right)/\prod\limits_{i=1}^{n}k_i}$.

注 当 $n=2$ 时，$(S_2)_{\max}=\frac{1}{2}\sqrt{\frac{k_2^2}{k_1k_2}}$，结果与上式亦吻合.

1.2 一道 2005 年全国高中数学联赛试题的高等数学解法

华南师范大学数学科学学院 2005 级研究生曲政在一本杂志中发表了一篇题为《利用 Lagrange 乘子法求解一个条件极值问题》的文章①.

在该文中研究了以下的条件极值问题.

① 引自《中学数学研究》2006 年第 6 期第 46 页.

问题　设 n 为正整数，$n \geqslant 2$，正数 $a_1,\cdots,a_n$，$x_1,\cdots,x_n$ 满足

$$\begin{cases} a_n x_2 + a_{n-1} x_3 + \cdots + a_2 x_n = a_1 \\ a_1 x_3 + a_n x_4 + \cdots + a_3 x_1 = a_2 \\ \quad\vdots \\ a_{n-1} x_1 + a_{n-2} x_2 + \cdots + a_1 x_{n-1} = a_n \end{cases} \tag{1}$$

求函数 $f(x_1,\cdots,x_n)=\dfrac{x_1^2}{1+x_1}+\cdots+\dfrac{x_n^2}{1+x_n}$ 的最小值.

解　设函数 $g(a_1,\cdots,a_n,x_1,\cdots,x_n)=f(x_1,\cdots,x_n)$，问题等价于求函数 g 满足条件(1)时的最值. 将式(1)中的 n 个式子相加得

$$(a_1+\cdots+a_n)(x_1+\cdots+x_n)-$$
$$(a_1x_1+\cdots+a_nx_n)-$$
$$(a_1+\cdots+a_n)=0$$

应用 Lagrange 乘子法，令

$$L(a_1,\cdots,a_n,x_1,\cdots,x_n,k)$$
$$=\frac{x_1^2}{1+x_1}+\cdots+\frac{x_n^2}{1+x_n}+$$
$$k[(a_1+\cdots+a_n)(x_1+\cdots+x_n)-$$
$$(a_1x_1+\cdots+a_nx_n)-(a_1+\cdots+a_n)]$$

对 L 求一阶偏导数，并令它们都等于 0，有

$$L'_{a_i}=k(x_1+\cdots+x_n-x_i-1)=0$$
$$L'_{x_i}=\frac{x_i^2+2x_i}{(1+x_i)^2}+k(a_1+\cdots+a_n-a_i)$$
$$=0,i=1,\cdots,n$$
$$L'_k=(a_1+\cdots+a_n)(x_1+\cdots+x_n)-$$

$$(a_1x_1+\cdots+a_nx_n)-$$
$$(a_1+\cdots+a_n)=0$$

由对称性知函数 L 的稳定点为$(a',\cdots,a',x',\cdots,x',k)$，其中 $x'=\dfrac{1}{n-1}$，则 $f(x',\cdots,x')$ 是 $f(x_1,\cdots,x_n)$ 的最小值，而

$$f(x',\cdots,x')=\frac{nx'^2}{1+x'}=\frac{1}{n-1}$$

此即所求.

上述问题的简单形式为：设正数 a,b,x,y 满足 $bx=a,ax=b$，求函数 $f(x,y)=\dfrac{x^2}{1+x}+\dfrac{y^2}{1+y}$ 的最小值. 易见 $f(x,y)$ 的最小值为 1.

下例是 2005 年全国高中数学联赛加试第二题.

例 设正数 a,b,c,x,y,z 满足 $cy+bz=a,az+cx=b,bx+ay=c$. 求函数 $f(x,y,z)=\dfrac{x^2}{1+x}+\dfrac{y^2}{1+y}+\dfrac{z^2}{1+z}$ 的最小值.

本题有多种初等解法，利用上述结论立即可得 $f(x,y,z)=\dfrac{x^2}{1+x}+\dfrac{y^2}{1+y}+\dfrac{z^2}{1+z}$ 的最小值为$\dfrac{1}{2}$.

解法 1 （蔡玉书数学工作室）由条件得

$$b(az+cx-b)+c(bx+ay-c)-a(cy+bz-a)=0$$

即

$$2bcx+a^2-b^2-c^2=0$$

所以

$$x=\frac{b^2+c^2-a^2}{2bc}$$

同理有

$$y=\frac{a^2+c^2-b^2}{2ac},z=\frac{a^2+b^2-c^2}{2ab}$$

因为a,b,c,x,y,z为正数，据以上三式知$b^2+c^2>a^2$，$a^2+c^2>b^2$，$a^2+b^2>c^2$，故以a,b,c为边长，可构成一个锐角$\triangle ABC$，令$x=\cos A$，$y=\cos B$，$z=\cos C$，问题转化为：在锐角$\triangle ABC$中，求函数$f(\cos A,\cos B,\cos C)=\frac{\cos^2 A}{1+\cos A}+\frac{\cos^2 B}{1+\cos B}+\frac{\cos^2 C}{1+\cos C}$的最小值.

令$u=\cot A$，$v=\cot B$，$w=\cot C$，则

$$u,v,w\in\mathbf{R}_+,uv+vw+wu=1$$

且

$$u^2+1=(u+v)(u+w)$$
$$v^2+1=(u+v)(v+w)$$
$$w^2+1=(u+w)(v+w)$$

所以

$$\begin{aligned}\frac{\cos^2 A}{1+\cos A}&=\frac{\frac{u^2}{u^2+1}}{1+\frac{u}{\sqrt{u^2+1}}}\\&=\frac{u^2}{\sqrt{u^2+1}(\sqrt{u^2+1}+u)}\\&=\frac{u^2(\sqrt{u^2+1}-u)}{\sqrt{u^2+1}}\\&=u^2-\frac{u^3}{\sqrt{(u+v)(u+w)}}\\&\geqslant u^2-\frac{u^3}{2}\left(\frac{1}{u+v}+\frac{1}{u+w}\right)\end{aligned}$$

同理有

$$\frac{\cos^2 B}{1+\cos B} \geqslant v^2 - \frac{v^3}{2}\left(\frac{1}{u+v}+\frac{1}{v+w}\right)$$

$$\frac{\cos^2 C}{1+\cos C} \geqslant w^2 - \frac{w^3}{2}\left(\frac{1}{u+w}+\frac{1}{v+w}\right)$$

所以

$$f \geqslant u^2+v^2+w^2-\frac{1}{2}\left(\frac{u^3+v^3}{u+v}+\frac{v^3+w^3}{v+w}+\frac{u^3+w^3}{u+w}\right)$$

$$=u^2+v^2+w^2-\frac{1}{2}[(u^2-uv+v^2)+$$

$$(v^2-vw+w^2)+(u^2-uw+w^2)]$$

$$=\frac{1}{2}(uv+vw+uw)=\frac{1}{2}$$

当且仅当 $u=v=w$ 时取等号，此时 $a=b=c$，$x=y=z=\frac{1}{2}$. 因此 $[f(x,y,z)]_{\min}=\frac{1}{2}$.

解法 2　由条件得

$$x=\frac{b^2+c^2-a^2}{2bc}, y=\frac{a^2+c^2-b^2}{2ac}, z=\frac{a^2+b^2-c^2}{2ab}$$

于是

$$1+x=\frac{(b+c-a)(a+b+c)}{2bc}$$

$$1+y=\frac{(a+c-b)(a+b+c)}{2ac}$$

$$1+z=\frac{(a+b-c)(a+b+c)}{2ab}$$

故

$$f(x,y,z)=\frac{x^2}{1+x}+\frac{y^2}{1+y}+\frac{z^2}{1+z}$$

$$=\frac{(b^2+c^2-a^2)^2}{2bc(b+c-a)(a+b+c)}+$$
$$\frac{(a^2+c^2-b^2)^2}{2ac(a+c-b)(a+b+c)}+$$
$$\frac{(a^2+b^2-c^2)^2}{2ab(a+b-c)(a+b+c)}$$

在 Cauchy 不等式

$$\left(\frac{x_1^2}{y_1}+\frac{x_2^2}{y_2}+\frac{x_3^2}{y_3}\right)(y_1+y_2+y_3)\geqslant(x_1+x_2+x_3)^2$$

中,令

$$x_1=b^2+c^2-a^2,x_2=a^2+c^2-b^2$$
$$x_3=a^2+b^2-c^2$$
$$y_1=bc(b+c-a),y_2=ac(a+c-b)$$
$$y_3=ab(a+b-c)$$

得

$$f(x,y,z)$$
$$\geqslant\frac{(a^2+b^2+c^2)^2}{2(a+b+c)(b^2c+bc^2+a^2c+ac^2+a^2b+ab^2-3abc)}$$
$$=\frac{1}{2}\cdot\frac{a^4+b^4+c^4+2a^2b^2+2b^2c^2+2a^2c^2}{2a^2b^2+2b^2c^2+2a^2c^2+a^3b+a^3c+b^3a+b^3c+c^3a+c^3b-abc(a+b+c)}$$

下面证明

$$\frac{a^4+b^4+c^4+2a^2b^2+2b^2c^2+2a^2c^2}{2a^2b^2+2b^2c^2+2a^2c^2+a^3b+a^3c+b^3a+b^3c+c^3a+c^3b-abc(a+b+c)}\geqslant 1$$

即

$$a^4+b^4+c^4$$
$$\geqslant a^3b+a^3c+b^3a+b^3c+c^3a+c^3b-abc(a+b+c)$$

也就是

$$a^2(a-b)(a-c)+b^2(b-a)(b-c)+$$

$$c^2(c-a)(c-a)\geqslant 0$$

不妨设 $a\geqslant b\geqslant c$，则

$$c^2(c-a)(c-a)\geqslant 0$$

$$\begin{aligned}&a^2(a-b)(a-c)+b^2(b-a)(b-c)\\ \geqslant\ &a^2(a-b)(b-c)-b^2(a-b)(b-c)\\ =\ &(a-b)(b-c)(a^2-b^2)\\ =\ &(a+b)(a-b)^2(b-c)\geqslant 0\end{aligned}$$

所以 $f(x,y,z)\geqslant\dfrac{1}{2}$，当 $a=b=c$ 时，即 $x=y=z=\dfrac{1}{2}$ 时，$f\left(\dfrac{1}{2},\dfrac{1}{2},\dfrac{1}{2}\right)=\dfrac{1}{2}$，故 $f(x,y,z)$ 的最小值是$\dfrac{1}{2}$.

解法 3 同解法 2，有

$$\begin{aligned}&f(x,y,z)\\ =\ &\frac{x^2}{1+x}+\frac{y^2}{1+y}+\frac{z^2}{1+z}\\ =\ &\frac{(b^2+c^2-a^2)^2}{2bc(b+c-a)(a+b+c)}+\\ &\frac{(a^2+c^2-b^2)^2}{2ac(a+c-b)(a+b+c)}+\\ &\frac{(a^2+b^2-c^2)^2}{2ab(a+b-c)(a+b+c)}\\ =\ &\frac{(b^2+c^2-a^2)^2}{4b^2c^2+2bc(b^2+c^2-a^2)}+\\ &\frac{(c^2+a^2-b^2)^2}{4c^2a^2+2ca(c^2+a^2-b^2)}+\\ &\frac{(a^2+b^2-c^2)^2}{4a^2b^2+2ab(a^2+b^2-c^2)}\\ \geqslant\ &\frac{(b^2+c^2-a^2)^2}{4b^2c^2+(b^2+c^2)(b^2+c^2-a^2)}+\end{aligned}$$

$$\frac{(c^2+a^2-b^2)^2}{4c^2a^2+(c^2+a^2)(c^2+a^2-b^2)}+$$

$$\frac{(a^2+b^2-c^2)^2}{4a^2b^2+(a^2+b^2)(a^2+b^2-c^2)}$$

$\geqslant[(b^2+c^2-a^2)+(c^2+a^2-b^2)+(a^2+b^2-c^2)]^2/[4(b^2c^2+c^2a^2+a^2b^2)+(b^2+c^2)(b^2+c^2-a^2)+(c^2+a^2)(c^2+a^2-b^2)+(a^2+b^2)(a^2+b^2-c^2)]$

$=(a^2+b^2+c^2)^2/\{4(b^2c^2+c^2a^2+a^2b^2)+[(b^2+c^2)+(c^2+a^2)+(a^2+b^2)](a^2+b^2+c^2)-2[a^2(b^2+c^2)+b^2(c^2+a^2)+c^2(a^2+b^2)]\}$

$=(a^2+b^2+c^2)^2/\{4(b^2c^2+c^2a^2+a^2b^2)+[(b^2+c^2)+(c^2+a^2)+(a^2+b^2)](a^2+b^2+c^2)-4(b^2c^2+c^2a^2+a^2b^2)\}$

$=\dfrac{(a^2+b^2+c^2)^2}{2(a^2+b^2+c^2)^2}=\dfrac{1}{2}$

当 $a=b=c$ 时,即 $x=y=z=\dfrac{1}{2}$ 时,$f\left(\dfrac{1}{2},\dfrac{1}{2},\dfrac{1}{2}\right)=\dfrac{1}{2}$,故 $f(x,y,z)$ 的最小值是$\dfrac{1}{2}$.

解法4 由条件得

$$x=\frac{b^2+c^2-a^2}{2bc},y=\frac{a^2+c^2-b^2}{2ac},z=\frac{a^2+b^2-c^2}{2ab}$$

由 x,y,z 为正数,可得

$$b^2+c^2-a^2>0,a^2+c^2-b^2>0,a^2+b^2-c^2>0$$

令 $\alpha=b^2+c^2-a^2,\beta=a^2+c^2-b^2,\gamma=a^2+b^2-c^2$,则

$$x=\frac{\alpha}{\sqrt{(\alpha+\beta)(\alpha+\gamma)}}, y=\frac{\beta}{\sqrt{(\alpha+\beta)(\beta+\gamma)}}$$

$$z=\frac{\gamma}{\sqrt{(\alpha+\gamma)(\beta+\gamma)}}$$

于是

$$\frac{x^2}{1+x}=\frac{\frac{\alpha^2}{(\alpha+\beta)(\alpha+\gamma)}}{1+\frac{\alpha}{\sqrt{(\alpha+\beta)(\alpha+\gamma)}}}$$

$$=\frac{\alpha^2}{(\alpha+\beta)(\alpha+\gamma)+\alpha\sqrt{(\alpha+\beta)(\alpha+\gamma)}}$$

用 $\sum$ 表示对 α,β,γ 循环求和，则由 Cauchy 不等式得

$$f(x,y,z)=\sum\frac{\alpha^2}{(\alpha+\beta)(\alpha+\gamma)+\alpha\sqrt{(\alpha+\beta)(\alpha+\gamma)}}$$

$$\geqslant\frac{(\sum\alpha)^2}{\sum[(\alpha+\beta)(\alpha+\gamma)+\alpha\sqrt{(\alpha+\beta)(\alpha+\gamma)}]}$$

下证 $f(x,y,z)\geqslant\frac{1}{2}$.

只需证明

$$2(\sum\alpha)^2\geqslant\sum[(\alpha+\beta)(\alpha+\gamma)+\alpha\sqrt{(\alpha+\beta)(\alpha+\gamma)}]$$

$$\Leftrightarrow 2(\sum\alpha^2+2\sum\alpha\beta)$$

$$\geqslant\sum\alpha^2+3\sum\alpha\beta+\sum\alpha\sqrt{(\alpha+\beta)(\alpha+\gamma)}$$

$$\Leftrightarrow\sum\alpha^2+\sum\alpha\beta$$

$$\geqslant\sum\alpha\sqrt{(\alpha+\beta)(\alpha+\gamma)} \tag{2}$$

由均值不等式知

$$\sum \alpha\sqrt{(\alpha+\beta)(\alpha+\gamma)} \leqslant \sum \alpha \cdot \frac{2\alpha+\beta+\gamma}{2} = \sum \alpha^2 + \sum \alpha\beta$$

从而式(2) 成立,故 $f(x,y,z) \geqslant \frac{1}{2}$.

当 $x=y=z=\frac{1}{2}$ 时,即 $a=b=c$ 时,$f(x,y,z)=\frac{1}{2}$,从而,$f(x,y,z)$ 的最小值是$\frac{1}{2}$.

解法 5 由已知易得

$$x=\frac{b^2+c^2-a^2}{2bc}, y=\frac{a^2+c^2-b^2}{2ac}, z=\frac{a^2+b^2-c^2}{2ab}$$

因为 a,b,c,x,y,z 为正数,据以上三式知

$$b^2+c^2>a^2, a^2+c^2>b^2, a^2+b^2>c^2$$

故以 a,b,c 为边长,可构成一个锐角 $\triangle ABC$,所以

$$x=\cos A, y=\cos B, z=\cos C$$

记 $p=\tan\frac{A}{2}, q=\tan\frac{B}{2}, r=\tan\frac{C}{2}$,则 $p>0,q>0,r>0,\sum pq=1$,其中$\sum$ 表示循环求和. 又

$$x=\frac{1-p^2}{1+p^2}, y=\frac{1-q^2}{1+q^2}, z=\frac{1-r^2}{1+r^2}$$

故

$$f(x,y,z) \geqslant \frac{1}{2}$$

$$\Leftrightarrow \sum\left[\left(\frac{1-p^2}{1+p^2}\right)^2 \cdot \frac{1+p^2}{2}\right] \geqslant \frac{1}{2}$$

$$\Leftrightarrow \sum \frac{(1-p^2)^2}{1+p^2} \geqslant 1$$

$$\Leftrightarrow \sum \frac{(1-p^2)^2}{pq+qr+rp+p^2} \geqslant 1$$

$$\Leftrightarrow \sum \frac{(1-p^2)^2}{(p+q)(p+r)} \geqslant 1$$

$$\Leftrightarrow \sum (1-p^2)^2(q+r) \geqslant (p+q)(p+r)(q+r)$$

$$\Leftrightarrow \sum [(q+r)-2p^2(q+r)+p^4(q+r)] \geqslant$$

$$\sum p^2(q+r)+2pqr$$

$$\Leftrightarrow 2\sum p - 2\sum p^2(q+r) + \sum p^4(q+r) \geqslant$$

$$\sum p^2(q+r)+2pqr \tag{3}$$

又因为

$$2\sum p = 2\sum p \sum pq = 2\sum p^2(q+r)+6pqr$$

所以

$$式(3) \Leftrightarrow 4pqr + \sum p^4(q+r) \geqslant$$

$$\sum p^2(q+r) \cdot \sum pq$$

$$\Leftrightarrow 4pqr \cdot \sum pq + \sum p^4(q+r) \geqslant$$

$$\sum p^2(q+r) \cdot \sum pq$$

$$\Leftrightarrow 4p^2q^2r + \sum p^4(q+r) \geqslant$$

$$\sum p^3(q^2+r^2) + 2\sum p^2q^2r + 2\sum p^3qr$$

$$\Leftrightarrow 2\sum p^2q^2r + \sum p^4(q+r) \geqslant$$

$$\sum p^3(q^2+r^2) + 2\sum p^3qr$$

$$\Leftrightarrow pqr2\sum pq + \sum (p^4q+pq^4) \geqslant$$

$$\sum (p^3q^2+p^2q^3) + pqr\sum (p^2+q^2)$$

$$\Leftrightarrow \sum (p^4q + pq^4 - p^3q^2 - p^2q^3) \geqslant$$

$$pqr\sum (p^2 + q^2 - 2pq)$$

$$\Leftrightarrow \sum pq(p+q)(p-q)^2 \geqslant$$

$$\sum pqr(p-q)^2$$

$$\Leftrightarrow \sum pq(p+q-r)(p-q)^2 \geqslant 0 \tag{4}$$

不妨设 $p \leqslant q \leqslant r$,则:

若 $r \leqslant p+q$,则式(4)显然成立.

若 $r > p+q$,则式(4)等价于

$$qr(r+q-p)(r-p)^2 + pr(r+p-q)(r-p)^2$$

$$\geqslant pq(r-p-q)(p-q)^2$$

因为

$$qr(r+q-p)(r-p)^2 \geqslant 0$$

$$pr(r+p-q)(r-p)^2 \geqslant pq(r-p-q)(p-q)^2$$

所以式(4)成立,因此 $f(x,y,z) \geqslant \frac{1}{2}$.

当 $x=y=z=\frac{1}{2}$ 时,即 $a=b=c$ 时,$f(x,y,z)=\frac{1}{2}$,从而 $f(x,y,z)$ 的最小值是$\frac{1}{2}$.

解法6 设 $\boldsymbol{i},\boldsymbol{j},\boldsymbol{k}$ 是平面上的三个单位向量,且 $\boldsymbol{j}$ 与 $\boldsymbol{k}$ 所成的角为 $\pi - A$,$\boldsymbol{k}$ 与 $\boldsymbol{i}$ 所成的角为 $\pi - B$,$\boldsymbol{i}$ 与 $\boldsymbol{j}$ 所成的角为 $\pi - C$,则

$$\left(\boldsymbol{i}\tan\frac{A}{2} + \boldsymbol{j}\tan\frac{B}{2} + \boldsymbol{k}\tan\frac{C}{2}\right)^2 \geqslant 0$$

故

$$\begin{aligned}
&\tan^2\frac{A}{2}+\tan^2\frac{B}{2}+\tan^2\frac{C}{2}\\
\geqslant&2\tan\frac{A}{2}\tan\frac{B}{2}\cos C+2\tan\frac{B}{2}\tan\frac{C}{2}\cos A+\\
&2\tan\frac{C}{2}\tan\frac{A}{2}\cos B\\
=&2\tan\frac{A}{2}\tan\frac{B}{2}\left(1-2\sin^2\frac{C}{2}\right)+\\
&2\tan\frac{B}{2}\tan\frac{C}{2}\left(1-2\sin^2\frac{A}{2}\right)+\\
&2\tan\frac{C}{2}\tan\frac{A}{2}\left(1-2\sin^2\frac{B}{2}\right)\\
=&2\left(\tan\frac{A}{2}\tan\frac{B}{2}+\tan\frac{B}{2}\tan\frac{C}{2}+\tan\frac{C}{2}\tan\frac{A}{2}\right)-\\
&4\sin\frac{A}{2}\sin\frac{B}{2}\sin\frac{C}{2}\cdot\\
&\left(\frac{\sin\frac{A}{2}}{\cos\frac{B}{2}\cos\frac{C}{2}}+\frac{\sin\frac{B}{2}}{\cos\frac{C}{2}\cos\frac{A}{2}}+\frac{\sin\frac{C}{2}}{\cos\frac{A}{2}\cos\frac{B}{2}}\right)\\
=&2-4\sin\frac{A}{2}\sin\frac{B}{2}\sin\frac{C}{2}\cdot\frac{\sin A+\sin B+\sin C}{\cos\frac{A}{2}\cos\frac{B}{2}\cos\frac{C}{2}}\\
=&2-8\sin\frac{A}{2}\sin\frac{B}{2}\sin\frac{C}{2}
\end{aligned}$$

这里应用了两个恒等式

$$\tan\frac{A}{2}\tan\frac{B}{2}+\tan\frac{B}{2}\tan\frac{C}{2}+\tan\frac{C}{2}\tan\frac{A}{2}=1$$

及

$$\sin A+\sin B+\sin C=4\cos\frac{A}{2}\cos\frac{B}{2}\cos\frac{C}{2}$$

于是

$$\tan^2\frac{A}{2}+\tan^2\frac{B}{2}+\tan^2\frac{C}{2}\geqslant 2-8\sin\frac{A}{2}\sin\frac{B}{2}\sin\frac{C}{2}$$

1.3　几个例子

例1　设 x_1,x_2,x_3 是非负实数,满足 $x_1+x_2+x_3=1$,求

$$(x_1+3x_2+5x_3)\left(x_1+\frac{x_2}{3}+\frac{x_3}{5}\right)$$

的最小值和最大值.

这是2017年全国高中数学联赛一试(A卷)的第10题.该题颇具趣味性,且有一定的难度.通过研究,2018年浙江省金华市第八中学高二(3)班的王梓名同学找出了有别于参考答案的三种解法.

首先列出参考答案的解法.

解法1　(不等式法)由Cauchy不等式,得

$$\begin{aligned}&(x_1+3x_2+5x_3)\left(x_1+\frac{x_2}{3}+\frac{x_3}{5}\right)\\ \geqslant&\left(\sqrt{x_1}\cdot\sqrt{x_1}+\sqrt{3x_2}\cdot\sqrt{\frac{x_2}{3}}+\sqrt{5x_2}\cdot\sqrt{\frac{x_3}{5}}\right)^2\\ =&(x_1+x_2+x_3)^2=1\end{aligned}$$

当 $x_1=1,x_2=0,x_3=0$ 时等号成立,故最小值为1.

因为

$$\begin{aligned}&(x_1+3x_2+5x_3)\left(x_1+\frac{x_2}{3}+\frac{x_3}{5}\right)\\ =&\frac{1}{5}(x_1+3x_2+5x_3)\left(5x_1+\frac{5x_2}{3}+x_3\right)\end{aligned}$$

$$\leqslant \frac{1}{5}\cdot\frac{1}{4}\left[(x_1+3x_2+5x_3)+\left(5x_1+\frac{5x_2}{3}+x_3\right)\right]^2$$

$$=\frac{1}{20}\left(6x_1+\frac{14}{3}x_2+6x_3\right)^2$$

$$\leqslant \frac{1}{20}(6x_1+6x_2+6x_3)^2=\frac{9}{5}$$

当 $x_1=\frac{1}{2},x_2=0,x_3=\frac{1}{2}$ 时等号成立，故其最大值为 $\frac{9}{5}$.

评析 根据多项式的结构，最小值可用 Cauchy 不等式直接求出，但注意到 Cauchy 不等式等号成立的条件：当 $b_i=0(i=1,2,\cdots,n)$ 或存在实数 λ，使得 $a_i=\lambda b_i(i=1,2,\cdots,n)$ 时等号成立，可发现这里的等号取不到！在这里，需将等号成立的条件变形为

$$\begin{cases}a_1b_2=b_1a_2\\a_1b_3=b_1a_3\\a_2b_3=b_2a_3\end{cases}$$

由此得

$$\begin{cases}\dfrac{x_1x_2}{3}=3x_1x_2\\\dfrac{x_1x_3}{5}=5x_1x_3\\\dfrac{3x_2x_3}{5}=\dfrac{5x_2x_3}{3}\end{cases}$$

故 x_1,x_2,x_3 中有两个为 0 时等号成立. 对于最大值，不难想到需利用 $ab\leqslant\frac{(a+b)^2}{4}$. 这里的难点在于要注意到 $x_i(i=1,2,3)$ 可以为 0，再将其中两项的系数配

成相等. 利用此解法也不难将其推广为：若 $x_1, x_2, \cdots, x_n$ 是非负实数，满足 $\sum_{i=1}^{n} x_i = \lambda$，又 $\mu_1, \mu_2, \cdots, \mu_n \in \mathbf{R}$，并且 $0 < \mu_1 \leqslant \mu_2 \leqslant \cdots \leqslant \mu_n$，则有

$$\lambda^2 \leqslant \left(\sum_{i=1}^{n} \frac{x_i}{\mu_i}\right)\left(\sum_{i=1}^{n} \mu_i x_i\right) \leqslant \frac{(\mu_1 + \mu_n)^2 \lambda^2}{4\mu_1 \mu_n}$$

当 $x_1, x_2, \cdots, x_n$ 中有 $n-1$ 个为 0 时取得最小值，当 $x_1 = x_n = \frac{\lambda}{2}, x_2 = x_3 = \cdots = x_{n-1} = 0$ 时取得最大值（证明留给有兴趣的读者）.

接下来是王梓名同学给出的三种解法.

解法 2 （构造函数法）记

$$\begin{aligned}
& f(x_1, x_2, x_3) \\
&= (x_1 + 3x_2 + 5x_3)\left(x_1 + \frac{x_2}{3} + \frac{x_3}{5}\right) \\
&= x_1^2 + x_2^2 + x_3^2 + \frac{10}{3}x_1x_2 + \frac{34}{15}x_2x_3 + \frac{26}{5}x_1x_3 \\
&= (x_1 + x_2 + x_3)^2 + \frac{4}{3}x_1x_2 + \frac{4}{15}x_2x_3 + \frac{16}{5}x_1x_3 \\
&= 1 + \frac{4}{15}(5x_1x_2 + x_2x_3 + 12x_1x_3)
\end{aligned}$$

所以 $f(x_1, x_2, x_3) \geqslant 1$，当 x_1, x_2, x_3 中有两个为 0 时不等式中等号成立.

要求 $f(x_1, x_2, x_3)$ 的最大值，即求 $5x_1x_2 + x_2x_3 + 12x_1x_3$ 的最大值，而 $x_3 = 1 - x_1 - x_2$，代入上式，得

$$\begin{aligned}
& 5x_1x_2 + x_2x_3 + 12x_1x_3 \\
&= -12x_1^2 - x_2^2 - 8x_1x_2 + 12x_1 + x_2
\end{aligned}$$

令 $f(x) = -12x^2 + (-8x_2 + 12)x - x_2^2 + x_2$，

$x\in[0,1]$，$x_2\in[0,1]$，对称轴为

$$x=-\frac{-8x_2+12}{-24}=-\frac{1}{3}x_2+\frac{1}{2}$$

$$\frac{1}{6}\leqslant-\frac{1}{3}x_2+\frac{1}{2}\leqslant\frac{1}{2}$$

所以

$$\begin{aligned}f_{\max}(x)&=f\left(-\frac{1}{3}x_2+\frac{1}{2}\right)\\&=\frac{1}{3}x_2^2-3x_2+3\end{aligned}$$

令 $g(x)=\frac{1}{3}x^2-3x+3$，$x\in[0,1]$，对称轴为 $x=\frac{9}{2}$，所以 $g_{\max}(x)=g(0)=3$，因此

$$f_{\max}(x)=g_{\max}(x)=3$$

此时 $x_2=0$，$x_1=\frac{1}{2}$，$x_3=1-\frac{1}{2}=\frac{1}{2}$，所以

$$f(x_1,x_2,x_3)\leqslant1+\frac{4}{15}\times3=\frac{9}{5}$$

即最大值为$\frac{9}{5}$.

评析　将其展开后最小值是很容易求出的，此解法的难点在于如何求 $5x_1x_2+x_2x_3+12x_1x_3$ 的最大值，这里运用了构造函数的方法，利用二次函数的性质解决它.

事实上，为了求出 $5x_1x_2+x_2x_3+12x_1x_3$ 的极值，对于这种条件关系并不复杂的问题，运用数学分析中的 Lagrange 乘数法也不失为一种好的选择.

解法 3　（Lagrange 乘数法）令

$$g(x_1,x_2,x_3)=5x_1x_2+x_2x_3+12x_1x_3$$

$$F(x_1,x_2,x_3,\lambda)=g(x_1,x_2,x_3)+\lambda(x_1+x_2+x_3-1)$$

则

$$\begin{cases}F'_{x_1}=5x_2+12x_3+\lambda=0\\F'_{x_2}=5x_1+x_3+\lambda=0\\F'_{x_3}=x_2+12x_1+\lambda=0\\F'_{\lambda}=x_1+x_2+x_3-1=0\end{cases}$$

解得 $x_1=-1,x_2=\dfrac{9}{2},x_3=-\dfrac{5}{2},\lambda=-\dfrac{15}{2}$. 但是此解不满足非负的条件,故极值点要考虑区间的端点,易得最小值是在 x_1,x_2,x_3 中有两个为0时取到,最大值是在 $x_2=0$ 时取到.

所以

$$g_{\min}(x_1,x_2,x_3)=0$$

$$\begin{aligned}g_{\max}(x_1,x_2,x_3)&=g(x_1,0,x_3)\\&\leqslant 12\cdot\frac{(x_1+x_3)^2}{4}\\&\leqslant 12\cdot\frac{(x_1+x_2+x_3)^2}{4}=3\end{aligned}$$

当 x_1,x_2,x_3 中有两个为0时,取得最小值0,当 $x_1=\dfrac{1}{2},x_2=0,x_3=\dfrac{1}{2}$ 时,取得最大值3.

所以

$$1\leqslant(x_1+3x_2+5x_3)\left(x_1+\frac{x_2}{3}+\frac{x_3}{5}\right)$$

$$\leqslant 1+\frac{4}{15}\times 3=\frac{9}{5}$$

由题设，考虑到 $x_3=1-x_1-x_2$，还可直接代入多项式，再运用线性规划的方法求解.

解法 4 （线性规划法）由 $x_1=1-x_2-x_3$，得

$$(x_1+3x_2+5x_3)\left(x_1+\frac{x_2}{3}+\frac{x_3}{5}\right)$$

$$=(1+2x_2+4x_3)\left(1-\frac{2x_2}{3}-\frac{4x_3}{5}\right)$$

令 $1+2x_2+4x_3=a$，$1-\frac{2x_2}{3}-\frac{4x_3}{5}=b$，得

$$\begin{cases}x_2=\dfrac{18-3a-15b}{4}\\ x_3=\dfrac{5a+15b-20}{8}\end{cases}$$

由题设可知 $x_2,x_3\geqslant 0$，有

$$x_2+x_3=\frac{16-a-15b}{8}\leqslant 1$$

如图 1 所示，a,b 满足约束条件

$$\begin{cases}18-3a-15b\geqslant 0\\ 5a+15b-20\geqslant 0\\ 16-a-15b\leqslant 0\end{cases}$$

目标函数为 ab.

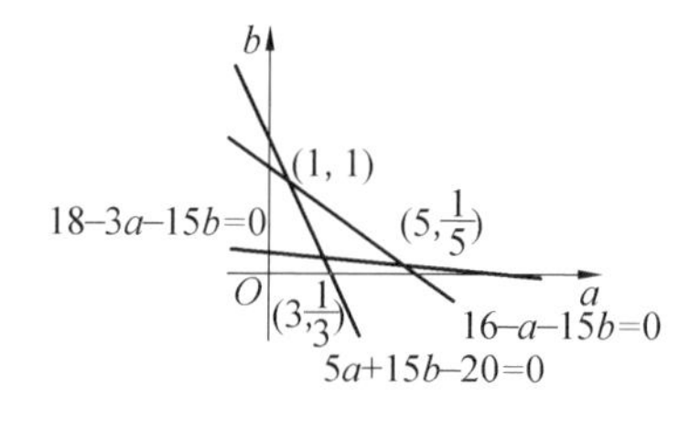

图 1

解得三个交点分别为$(1,1)\left(3,\frac{1}{3}\right)\left(5,\frac{1}{5}\right)$，故最小值为1.

当x_1,x_2,x_3中有两个为0时等号成立.

ab最大的解在直线$18-3a-15b=0$上，$18=3a+15b\geqslant 2\sqrt{3a\cdot 15b}$，解得$ab\leqslant\frac{9}{5}$，当且仅当$a=3$，$b=\frac{3}{5}$时等号成立.此时$x_1=\frac{1}{2}$，$x_2=0$，$x_3=\frac{1}{2}$，所以最大值为$\frac{9}{5}$.

多元函数的最值问题是活跃在高考、竞赛中的重要问题，其内容大多涉及综合知识.就像这一题，可以从不等式、函数、偏导数、线性规划等角度去思考它.正如数学家G. Polya所说："数学的解题是一种组合，困难的问题需要有一种神奇的、不寻常的、崭新的组合."

例2 已知$a,b\geqslant 0$且满足$a+b=1$，求$3\sqrt{1+2a^2}+2\sqrt{40+9b^2}$的最小值.

这部分的假想读者设定是一些中学教师新手和初级数学爱好者，所以会用到所谓"高大上"的方法，比如Lagrange乘数法.

首先，求出目标函数的驻点.

解 考虑Lagrange函数

$$L(a,b,\lambda)=3\sqrt{1+2a^2}+2\sqrt{40+9b^2}+\lambda(a+b-1)$$

对L求偏导并令它们都等于0，则有

$$\begin{cases} L_a = \dfrac{6a}{\sqrt{2a^2+1}} + \lambda = 0 \\ L_b = \dfrac{18b}{\sqrt{9b^2+40}} + \lambda = 0 \\ L_\lambda = a + b - 1 = 0 \end{cases}$$

由方程组前两式得

$$\frac{a}{\sqrt{2a^2+1}} = \frac{3b}{\sqrt{9b^2+40}}$$

将第三个式子代入即得

$$\frac{a}{\sqrt{2a^2+1}} = \frac{3(1-a)}{\sqrt{9(1-a)^2+40}}$$

化简得到

$$9a^4 - 18a^3 - 22a^2 - 18a + 9 = 0$$

分解因式得

$$(3a-1)(a-3)(3a^2+4a+3) = 0 \quad (0 \leqslant a < 1)$$

解得 $a = \dfrac{1}{3}, b = \dfrac{2}{3}$.

找到了取等条件就可以开始给出妙解. 网友张平指出:其实,这里完全没必要用 Lagrange 乘数法,消元后就是单变量函数,只是说,Lagrange 乘数法的适用范围更广一些,而且后面还要用到偏导数.

因为求导遇到了四次方程,根据"难度守恒定律",无论用什么方法,终归都会遇到四次方程,因此,如果这个方程无简单解,那么什么方法都没用. 如果有简单解,那么各种方法都将可行. 如果非要比个优劣,那就只能比较哪个更便于你目测出那个简单解,哪个计算更少,哪个写起来更简洁.

然而,只要数据稍微一变,所有方法都不可行.

接着上面来!

取等都知道了,那就凑一个直观点的.

用 Cauchy 不等式把根号去掉

$$
\begin{aligned}
&3\sqrt{1+2a^2}+2\sqrt{40+9b^2}\\
=&\sqrt{\left(\frac{81}{11}+\frac{18}{11}\right)(1+2a^2)}+\sqrt{\left(\frac{40}{11}+\frac{4}{11}\right)(40+9b^2)}\\
\geqslant&\frac{9}{\sqrt{11}}+\frac{6a}{\sqrt{11}}+\frac{40}{\sqrt{11}}+\frac{6b}{\sqrt{11}}\\
=&5\sqrt{11}
\end{aligned}
$$

反正从形式结构来看符合切线法的使用条件,那就运用一下切线法,有

$$3\left(\sqrt{1+2a^2}\right)'_{a=\frac{1}{3}}=\frac{6}{\sqrt{11}}$$

$$2\left(\sqrt{40+9b^2}\right)'_{b=\frac{2}{3}}=\frac{6}{\sqrt{11}}$$

再给出一个局部不等式

$$3\sqrt{1+2a^2}\geqslant\frac{9}{\sqrt{11}}+\frac{6a}{\sqrt{11}}$$

$$2\sqrt{40+9b^2}\geqslant\frac{40}{\sqrt{11}}+\frac{6b}{\sqrt{11}}$$

当然你要是觉得这些还不够“高大上”的话,你完全可以写出一个让人感觉很厉害的恒等式

$$
\begin{aligned}
&3\sqrt{1+2a^2}+2\sqrt{40+9b^2}-5\sqrt{11}\\
=&3\sqrt{1+2a^2}-\sqrt{11}+2\sqrt{40+9b^2}-4\sqrt{11}
\end{aligned}
$$

为了显得自然一点,你可以先写出

$$\frac{2(3a-1)(3a+1)}{3\sqrt{1+2a^2}+\sqrt{11}}+\frac{2(3b-2)(3b+2)}{2\sqrt{40+9b^2}+4\sqrt{11}}$$

这还达不到目的，注意到 $a+b=1$，继续凑出

$$\frac{2(3a-1)(3a-1)}{3\sqrt{1+2a^2}+\sqrt{11}}-\frac{2}{\sqrt{11}}(3a-1)+$$

$$\frac{2(3b-2)(3b+2)}{2\sqrt{40+9b^2}+4\sqrt{11}}\ \frac{2}{\sqrt{11}}(3b-2)$$

通分，由上式得到

$$\frac{6(3a-1)(\sqrt{11}a-\sqrt{1+2a^2})}{\sqrt{11}(3\sqrt{1+2a^2}+\sqrt{11})}+$$

$$\frac{2(3b-2)(3\sqrt{11}b-\sqrt{40+9b^2})}{\sqrt{11}(2\sqrt{40+9b^2}+4\sqrt{11})}$$

$$=\frac{6(3a-1)^2(3a+1)}{\sqrt{11}(3\sqrt{1+2a^2}+\sqrt{11})(\sqrt{11}a+\sqrt{1+2a^2})}+$$

$$\frac{20(3b-2)^2(3b+2)}{\sqrt{11}(2\sqrt{40+9b^2}+4\sqrt{11})(3\sqrt{11}b+\sqrt{40+9b^2})}$$

$$\geqslant 0$$

当然你为了更“高大上”一点，可以直接写出

$$3\sqrt{1+2a^2}+2\sqrt{40+9b^2}-5\sqrt{11}$$

$$=\frac{6(3a-1)^2(3a+1)}{\sqrt{11}(3\sqrt{1+2a^2}+\sqrt{11})(\sqrt{11}a+\sqrt{1+2a^2})}+$$

$$\frac{20(3b-2)^2(3b+2)}{\sqrt{11}(2\sqrt{40+9b^2}+4\sqrt{11})(3\sqrt{11}b+\sqrt{40+9b^2})}$$

接着再来几道例题：

例 3 若 $x\geqslant 0$，求 $f(x)=\sqrt{\dfrac{1}{4+x^2}}+\sqrt{\dfrac{x}{2+x}}$ 的最大值.

解　先求导

$$f'(x)=\frac{x}{(\sqrt{4+x^2})^3}+\frac{1}{\sqrt{x}(\sqrt{2+x})^3}$$

令 $f'(x)=0$,整理得

$$(4+x^2)^3-x^3(x+2)^3=0$$

解得 $x=2$,下面就很容易了.

取等,你可以写一个看起来很“高大上”的不等式

$$\begin{aligned} f(x) &= \sqrt{\frac{1}{4+x^2}}+\sqrt{\frac{x}{2+x}} \\ &= \sqrt{\frac{2}{(1+1)(4+x^2)}}+\frac{\sqrt{2x(x+2)}}{\sqrt{2}(x+2)} \\ &\leqslant \frac{\sqrt{2}}{x+2}+\frac{3x+2}{2\sqrt{2}(x+2)} \\ &= \frac{3\sqrt{2}}{4} \end{aligned}$$

当且仅当 $x=2$ 时取得等号.

做了适当的题,完全可以自己编写一些题,比如编写一个试题库之类的. $\frac{a}{\sqrt{4+x^2}}+b\sqrt{\frac{x}{2+x}}$ 取适当的 a,b,取一组“好点”的数据.

例 4　已知 $9a^2+8ab+7b^2\leqslant 6$,求 $7a+5b+12ab$ 的最大值.

解　做这道题时,改变一下书写的策略

$$\begin{aligned} &7a+5b+12ab \\ &=9a^2+8ab+7b^2+3-7\left(a-\frac{1}{2}\right)^2- \end{aligned}$$

$$2(a-b)^2-5\left(b-\frac{1}{2}\right)^2$$

$$\leqslant 9$$

这个神奇的等式到底是怎么写出来的呢?

令

$$f=7a+5b+12ab-k(9a^2+8ab+7b^2)$$

解方程组

$$\begin{cases}\dfrac{\delta f}{\delta a}=0\\[2ex]\dfrac{\delta f}{\delta b}=0\end{cases}$$

得

$$\begin{cases}a=\dfrac{-30-29k}{2(-36+48k+47k^2)}\\[2ex]b=\dfrac{-42-17k}{2(-36+48k+47k^2)}\end{cases}$$

代入 $9a^2+8ab+7b^2=6$ 中,化简整理得

$$(k-1)(2\,209k^3+6\,721k^2+5\,077k-24)=0$$

将 $k=1$ 代回去,得到 $a=b=\dfrac{1}{2}$,这样特殊点就找到了,这时令 $a=\dfrac{1}{2}+t, b=\dfrac{1}{2}+u$,式子会简单些,不信你看

$$\begin{aligned}&7a+5b+12ab-(9a^2+8ab+7b^2)\\=&3-9t^2+4tu-7u^2\\=&3-7t^2-2(t-u)^2-5u^2\end{aligned}$$

代回 a, b,是不是觉得有点意思,跃跃欲试呢?那就来练一个吧!

练习 $a, b, c\geqslant 0$,求 $\dfrac{a+b+c}{(4a^2+2b^2+1)(4c^2+3)}$ 的

最大值?

例 5　对于 $c>0$,当非零实数 a,b 满足 $4a^2-2ab+4b^2-c=0$,且使 $|2a+b|$ 最大时,$\frac{3}{a}-\frac{4}{b}+\frac{5}{c}$ 的最小值为________.

解　注意到

$$\frac{8}{5}c=\frac{8}{5}(4a^2-2ab+4b^2)=(2a+b)^2+\frac{3}{5}(2a-3b)^2$$

当 $|2a+b|$ 最大时 $2a=3b$,代回已知等式,可知此时 $b=\pm\sqrt{\frac{c}{10}}$,所以

$$\begin{aligned}\frac{3}{a}-\frac{4}{b}+\frac{5}{c}&=-\frac{2}{b}+\frac{5}{c}\geqslant-\frac{2\sqrt{10}}{\sqrt{c}}+\frac{5}{c}\\&=\left(\sqrt{2}-\sqrt{\frac{5}{c}}\right)^2-2\geqslant-2\end{aligned}$$

例 6　已知正数 a,b 满足 $\frac{8}{a^2}+\frac{1}{b}=1$,求 $a+b$ 的最小值?

解　先找到取等条件,求导是本质,令

$$f=a+b=a+\frac{1}{1-\frac{8}{a^2}}=a+\frac{a^2}{a^2-8}\quad(a>2\sqrt{2})$$

$$\begin{aligned}\frac{\delta f}{\delta a}&=\frac{a^4-16x^2-16a+64}{(a^2-8)^2}\\&=\frac{(a-4)(a^3+4a^2-16)}{(a^2-8)^2}\\&=0\end{aligned}$$

解得 $a=4,b=2$.

取等条件找到了,注意到

$$\frac{3}{2}=\frac{8}{a^2}+\frac{1}{2}+\frac{1}{b}\geqslant\frac{4}{a}+\frac{1}{b}\geqslant\frac{9}{a+b}$$

故 $a+b\geqslant 6$，当且仅当 $a=4,b=2$ 时取等.

或者

$$1=\frac{8}{a^2}+\frac{1}{b}\geqslant 2\sqrt{\frac{8}{a^2b}}\Rightarrow a^2b\geqslant 32$$

$$a+b=\frac{a}{2}+\frac{a}{2}+b\geqslant 3\sqrt[3]{\frac{a^2b}{4}}=6$$

当且仅当 $a=4,b=2$ 时取等.

例 7 $a,b>0$，且 $\frac{1}{a}+\frac{2}{b}=1$，求 $a+b+\sqrt{a^2+b^2}$ 的最小值.

评析 这个题算是一道名题了，有很强的几何背景，所以这个问题基本用几何法要相对简单得多，对初见者来说应该很难想到了. 几何法就不再赘述，毕竟这是一道老题.

还是用代数法来求导试试看.

解 令

$$L(a,b,\lambda)=a+b+\sqrt{a^2+b^2}+\lambda\left(\frac{1}{a}+\frac{2}{b}-1\right)$$

则

$$\begin{cases}1+\dfrac{a}{\sqrt{a^2+b^2}}-\dfrac{\lambda}{a^2}=0\\[2ex]1+\dfrac{b}{\sqrt{a^2+b^2}}-\dfrac{2\lambda}{b^2}=0\\[2ex]\dfrac{1}{a}+\dfrac{2}{b}=1\end{cases}$$

由前两个式子可得

$$b^2+\frac{b^3}{\sqrt{a^2+b^2}}=2a^2+\frac{2a^3}{\sqrt{a^2+b^2}}$$

化简，整理得

$$(2a^2-b^2)^2(a^2+b^2)=(b^3-2a^3)^2$$

进一步化简得

$$a^3b^3(4a-3b)=0$$

所以

$$4a-3b=0$$

将其代入第三个式子得

$$a=\frac{5}{2},b=\frac{10}{3}$$

这样的话，答案也就出来了，但这样写显然不符合中学要求.

可写为

$$\begin{aligned}a+b+\sqrt{a^2+b^2}&=a+b+\sqrt{\left(\frac{9}{25}+\frac{16}{25}\right)(a^2+b^2)}\\&\geqslant a+b+\frac{3a}{5}+\frac{4b}{5}\\&=\frac{8a}{5}+\frac{9b}{5}\\&=\left(\frac{8a}{5}+\frac{9b}{5}\right)\left(\frac{1}{a}+\frac{2}{b}\right)\\&\geqslant\frac{1}{5}(2\sqrt{2}+3\sqrt{2})^2=10\end{aligned}$$

用了两次 Cauchy 不等式.

例 8 （第 57 届美国大学生数学竞赛）找出最小的数 A，使得任何两个面积之和为 1 的正方形都可以

放进一个面积为 A 的矩形之中(这两个正方形的内部不能有重叠). 你可以假定两个正方形的边都平行于矩形的边.

解 我们总能把面积之和为 1 的两个正方形放入一个面积为 $A=\frac{1+\sqrt{2}}{2}$ 的矩形之中.

解法 1:令 $x=\cos\theta, y=\sin\theta, 0\leqslant\theta\leqslant\frac{\pi}{2}$,则

$$
\begin{aligned}
x(x+y) &= \cos\theta(\cos\theta+\sin\theta) \\
&= \sqrt{2}\cos\theta\left(\frac{1}{\sqrt{2}}\cos\theta+\frac{1}{\sqrt{2}}\sin\theta\right) \\
&= \sqrt{2}\cos\theta\sin\left(\frac{\pi}{4}+\theta\right) \\
&= \frac{1}{\sqrt{2}}\left(\sin\left(2\theta+\frac{\pi}{4}\right)+\sin\frac{\pi}{4}\right)
\end{aligned}
$$

当 $2\theta+\frac{\pi}{4}=\frac{\pi}{2}$ 时,取得极大值. 对这个 θ 值, $x>y$,所以我们所要求的极大值为 $\left(1+\sin\frac{\pi}{4}\right)/\sqrt{2}=\left(\frac{1}{\sqrt{2}}\right)/2$.

解法 2:令 $X=x, Y=ky$,其中 k 为待定常数,则有

$$
\begin{aligned}
x(x+y) &= X^2+\frac{XY}{k}\leqslant X^2+\frac{X^2+Y^2}{2k} \\
&= x^2+\frac{x^2+k^2y^2}{2k} \\
&= \frac{(2k+1)x^2+k^2y^2}{2k}
\end{aligned}
$$

选取 k,使得 $2k+1=k^2$,即 $k=1+\sqrt{2}$,则

$$x(x+y)\leqslant\frac{k^2(x^2+y^2)}{2k}=\frac{k}{2}$$

对 $x=ky$, $X=Y$,不等式即为等式,且 $x>y$,所以极大值为 $\frac{k}{2}=\frac{1+\sqrt{2}}{2}$.

解法3:利用 Lagrange 乘数法,求 $x(x+y)$ 在条件 $x^2+y^2=1$ 下的极大值,有

$$2x+y=\lambda\cdot 2x, x=\lambda\cdot 2y, x^2+y^2=1$$

在第一个方程的两边分别乘 y,在第二个方程两边分别乘 x,可得

$$x+y=x\sqrt{2}$$

因为 $x, y\geqslant 0$,所以

$$y=x(\sqrt{2}-1)<x$$

由 $x^2+y^2=1$,可得

$$x^2=\frac{1}{4-2\sqrt{2}}$$

$$x^2(x+y)^2=\frac{1}{4-2\sqrt{2}}\cdot 2x^2=\frac{2}{(4-2\sqrt{2})^2}$$

$$x(x+y)=\frac{\sqrt{2}}{4-2\sqrt{2}}=\frac{1+\sqrt{2}}{2}$$

解法4:假设 A 是 $x(x+y)$ 在条件 $x^2+y^2=1$ 下的极大值,那么双曲线 $x(x+y)=A$ 与圆 $x^2+y^2=1$ 相切. 双曲线的渐近线是直线 $x=0$ 和 $x+y=0$,所以直线 $y=\left(\tan\frac{\pi}{8}\right)x$ 是圆和双曲线的对称轴,且经过切点,于是

$$y=\sin\frac{\pi}{8}, x=\cos\frac{\pi}{8}$$

从而

$$
\begin{aligned}
x(x+y) &= \cos^2\frac{\pi}{8}+\sin\frac{\pi}{8}\cos\frac{\pi}{8} \\
&= \frac{1}{2}\left(1+\cos\frac{\pi}{4}\right)+\frac{1}{2}\sin\frac{\pi}{4} \\
&= \frac{1+\sqrt{2}}{2}
\end{aligned}
$$

例 9 证明:从平面镜反射出的光线,入射角等于反射角.

证明 根据光学基本原理,光线总是沿着最快的路径传播.这是物理学中著名的 Fermat 最小时间原理.考虑光线对水平平面镜,从点 A 射到点 B,如图 2 所示.以 C 与 D 表示 A 与 B 到平面镜上的投影,以 P 表示光线射到平面镜上的点.入射角与反射角分别是 AP 与 BP 和镜面法线所成的角.为证明它们相等,只要证明 $\angle APC=\angle BPD$ 即可.令 $x=CP$,$y=DP$.我们在约束条件 $g(x,y)=x+y=CD$ 下,使 $f(x,y)=AP+BP$ 最小.

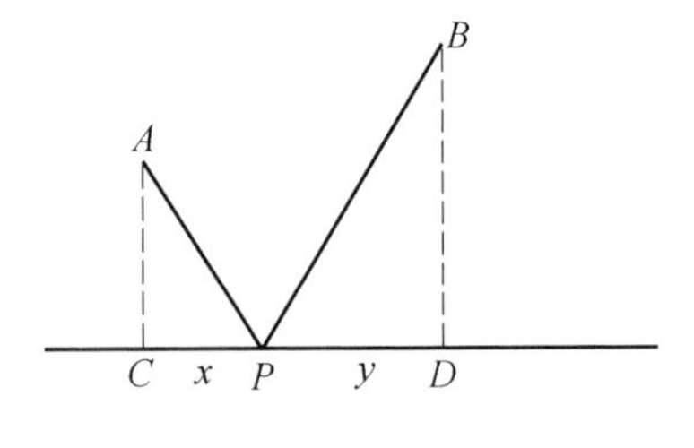

图 2

利用勾股定理,求出

$$f(x,y)=\sqrt{x^2+AC^2}+\sqrt{y^2+BD^2}$$

由 Lagrange 乘数法得出方程组

$$\begin{cases}\dfrac{x}{\sqrt{x^2+CP^2}}=\lambda\\\dfrac{y}{\sqrt{y^2+DP^2}}=\lambda\\x+y=CD\end{cases}$$

由前两个方程得

$$\frac{x}{\sqrt{x^2+CP^2}}=\frac{y}{\sqrt{y^2+DP^2}}$$

即$\dfrac{CP}{AP}=\dfrac{DP}{BP}$. 这证明了 $\mathrm{Rt}\triangle CAP \backsim \mathrm{Rt}\triangle DBP$，因此 $\angle APC=\angle BPD$，这正是要求的.

以下例题是 C. NiCulescu 为 *Mathematics Magazine* 提供的.

例 10　求最小常数 $k>0$，使得对所有 $a,b,c>0$，有

$$\frac{ab}{a+b+2c}+\frac{bc}{b+c+2a}+\frac{ca}{c+a+2b}\leqslant k(a+b+c)$$

解　我们将证明 k 的最佳选择是$\dfrac{1}{4}$. 为证明这一事实，注意到，当 a,b,c 换为 $ta,tb,tc,t>0$ 时，不等式保持不变. 因此，k 的最小值是

$$f(a,b,c)=\frac{ab}{a+b+2c}+\frac{bc}{b+c+2a}+\frac{ca}{c+a+2b}$$

在区域 $\Delta=\{(a,b,c)\mid a,b,c>0,a+b+c=1\}$ 上的上确界，注意在 Δ 上，有

$$f(a,b,c)=\frac{ab}{1+c}+\frac{bc}{1+a}+\frac{ca}{1+b}$$

为求这个函数在 Δ 上的最大值，应用具有约束条件 $g(a,b,c)=a+b+c=1$ 的 Lagrange 乘数法. 给出方程组

$$\begin{cases}\dfrac{b}{1+c}+\dfrac{c}{1+b}-\dfrac{bc}{(1+a)^2}=\lambda \\ \dfrac{c}{1+a}+\dfrac{a}{1+c}-\dfrac{ca}{(1+b)^2}=\lambda \\ \dfrac{a}{1+b}+\dfrac{b}{1+a}-\dfrac{ab}{(1+c)^2}=\lambda \\ a+b+c=1\end{cases}$$

把前两个方程相减，得

$$\frac{b-a}{1+c}+\frac{c}{1+b}\left[1+\frac{a}{1+b}\right]-\frac{c}{1+a}\left[1+\frac{b}{1+a}\right]=0$$

经过一些代数运算后变换为

$$(b-a)\left[\frac{1}{1+c}+\frac{c(a+b+1)(a+b+2)}{(1+a)^2(1+b)^2}\right]=0$$

第二个因式是正的，从而只有当 $a=b$ 时，这个等式才成立. 类似地，我们证明 $b=c$，从而在约束平面为 $a+b+c=1$ 时，f 的唯一极值是

$$f\left(\frac{1}{3},\frac{1}{3},\frac{1}{3}\right)=\frac{1}{4}$$

但这是最大值吗？研究 f 在 Δ 的边界（f 可以扩张到 Δ）上的性质. 若 $c=0$，则 $f(a,b,0)=ab$. 当 $a+b=1$ 时，这个表达式的最大值又是 $\frac{1}{4}$. 我们断定在 Δ 上的最大

值确实是$\frac{1}{4}$,这是要求的常数.

例 11 在已知圆的所有外切三角形中,求面积最小的那个三角形.

解 不失一般性,可设圆的半径为1.若a,b,c为边长,$S(a,b,c)$为面积,则(因为公式$S=pr$,其中p是半周长)约束条件可以写作$S=\frac{a+b+c}{2}$.我们使函数$f(a,b,c)=S(a,b,c)^2$最大,约束条件为$g(a,b,c)=S(a,b,c)^2-\left(\frac{a+b+c}{2}\right)^2=0$.利用Hero公式,记

$$\begin{aligned}f(a,b,c)&=\frac{a+b+c}{2}\cdot\frac{-a+b+c}{2}\cdot\frac{a-b+c}{2}\cdot\frac{a+b-c}{2}\\&=\frac{-a^4-b^4-c^4+2(a^2b^2+b^2c^2+a^2c^2)}{16}\end{aligned}$$

Lagrange乘数法产生方程组

$$\begin{cases}(\lambda-1)\dfrac{-a^3+a(b^2+c^2)}{4}=\dfrac{a+b+c}{2}\\(\lambda-1)\dfrac{-b^3+b(a^2+c^2)}{4}=\dfrac{a+b+c}{2}\\(\lambda-1)\dfrac{-c^3+c(a^2+b^2)}{4}=\dfrac{a+b+c}{2}\\g(a,b,c)=0\end{cases}$$

因$a+b+c\neq0$,故$\lambda\neq1$,又给出

$$\begin{aligned}-a^3+a(b^2+c^2)&=-b^3+b(a^2+c^2)\\&=-c^3+c(a^2+b^2)\end{aligned}$$

第一个等式可写作$(b-a)(a^2+b^2-c^2)=0$.这只有在

$a=b$ 或 $a^2+b^2=c^2$ 时才会发生，因此三角形是等腰三角形或直角三角形. 对其他两对边重复这一论证，求出 $b=c$ 或 $b^2+c^2=a^2$，又有 $a=c$ 或 $a^2+c^2=b^2$. 因形如 $a^2+b^2=c^2$ 的等式中至多只有一个可以成立，故看出，事实上所有三边一定相等. 因此由 Lagrange 乘数法给出的临界点是等边三角形.

这是全局最小值吗？只需要观察，当三角形退化时，面积变为无穷大. 从而答案是肯定的，等边三角形时面积最小.

例 12 (1993 年第 34 届国际数学奥林匹克竞赛) 令 a,b,c,d 是四个非负数，满足 $a+b+c+d=1$，证明

$$abc+bcd+cda+dab\leqslant\frac{1}{27}+\frac{176}{27}abcd$$

证明 考虑函数

$$f:\{(a,b,c,d)\mid a,b,c,d\geqslant 1,a+b+c+d=1\}\rightarrow\mathbf{R}$$

$$f(a,b,c,d)=\frac{1}{27}+\frac{176}{27}abcd-abc-bcd-cda-dab$$

因 f 是 $\mathbf{R}^4$ 的闭的有界集合上的连续函数，故 f 有最小值. 我们要求 f 的最小值是非负的. 在边界上不等式 $f(a,b,c,d)\geqslant 0$ 是容易证明的，若四个数中有一个为 0，如 $d=0$，则 $f(a,b,c,0)=\frac{1}{27}-abc$，由 AM-GM 不等式可知，这是非负的.

应用 Lagrange 乘数法，将在区域内产生最小值，这个方法产生了方程组

$$\begin{cases}\dfrac{\partial f}{\partial a}=\dfrac{176}{27}bcd-bc-cd-db=\lambda\\ \dfrac{\partial f}{\partial b}=\dfrac{176}{27}acd-ac-cd-ad=\lambda\\ \dfrac{\partial f}{\partial c}=\dfrac{176}{27}abd-ab-ad-bd=\lambda\\ \dfrac{\partial f}{\partial d}=\dfrac{176}{27}abc-ab-bc-ac=\lambda\\ a+b+c+d=1\end{cases}$$

这个方程组的一个可能解是$a=b=c=d=\dfrac{1}{4}$,在这种情形下,$f\left(\dfrac{1}{4},\dfrac{1}{4},\dfrac{1}{4},\dfrac{1}{4}\right)=0$. 否则,设这些数不全相等.若其中三个数不同,如$a,b,c$,则用第一个方程减去第二个方程,得

$$\left(\frac{176}{27}cd-c-d\right)(b-a)=0$$

用第一个方程减去第三个方程,得

$$\left(\frac{176}{27}bd-b-d\right)(c-a)=0$$

将以上两式分别除以非零因式$b-a$与$c-a$,得

$$\frac{176}{27}cd-c-d=0$$

$$\frac{176}{27}bd-b-d=0$$

因此$b=c$,矛盾.可见达到最小值的数至多有两个不同值.按模数做置换,有$a=b=c$或$a=b,c=d$.在第一种情形下,用第三个方程减去第四个方程,再利用事实$a=b=c$,得

$$\left(\frac{176}{27}a^2-2a\right)(d-a)=0$$

因 $a\neq d$，故得 $a=b=c=\frac{27}{88}$ 与 $d=1-3a=\frac{7}{88}$，可以检验

$$f\left(\frac{27}{88},\frac{27}{88},\frac{27}{88},\frac{7}{88}\right)=\frac{1}{27}+\frac{6}{88}\times\frac{27}{88}\times\frac{27}{88}>0$$

由 $a=b$ 与 $c=d$ 得出

$$\frac{176}{27}cd-c-d=0$$

$$\frac{176}{27}ab-a-b=0$$

可得 $a=b=c=d=\frac{27}{88}$，不可能. 我们断定 f 是非负的，证明了不等式.

例 13（第 6 届普特南数学竞赛） 求以坐标平面与以下椭球的切面为界的立体图形的最小体积

$$\frac{x^2}{a^2}+\frac{y^2}{b^2}+\frac{z^2}{c^2}=1$$

解 椭球在点 (x_0,y_0,z_0) 上的切面方程是

$$\frac{xx_0}{a^2}+\frac{yy_0}{b^2}+\frac{zz_0}{c^2}=1$$

它与 x 轴，y 轴，z 轴的截距分别为 $\frac{a^2}{x_0},\frac{b^2}{y_0},\frac{c^2}{z_0}$. 因此，由切面与坐标平面切成的立体体积是

$$V=\frac{1}{6}\left|\frac{a^2b^2c^2}{x_0y_0z_0}\right|$$

我们要在椭球面上按 (x_0,y_0,z_0) 这个约束条件使 V 取最小值. 这相当于使函数 $f(x,y,z)=xyz$ 在约束条

件

$$g(x,y,z)=\frac{x^2}{a^2}+\frac{y^2}{b^2}+\frac{z^2}{c^2}=1$$

下取最大值.因椭球面是闭的有界集,故 f 在它上面有最小值与最大值.最大值是正的,最小值是负的.Lagrange 乘数法给出以下未知数为 x,y,z,λ 的方程组

$$\begin{cases}yz=2\lambda\,\dfrac{x}{a^2}\\[2ex] xz=2\lambda\,\dfrac{y}{b^2}\\[2ex] yx=2\lambda\,\dfrac{z}{c^2}\\[2ex] \dfrac{x^2}{a^2}+\dfrac{y^2}{b^2}+\dfrac{z^2}{c^2}=1\end{cases}$$

第一个方程乘以 x,第二个方程乘以 y,第三个方程乘以 z,然后求这三个方程之和,可得

$$3xyz=2\lambda\left(\frac{x^2}{a^2}+\frac{y^2}{b^2}+\frac{z^2}{c^2}\right)=2\lambda$$

因此 $\lambda=\frac{3}{2}xyz$.然后将方程组中前三个方程相乘,得

$$(xyz)^2=8\lambda^3\,\frac{xyz}{a^2b^2c^2}=\frac{27(xyz)^4}{a^2b^2c^2}$$

解 $xyz=0$ 被排除,因为它不能得出最大值或最小值.因此 $xyz=\pm\frac{abc}{\sqrt{27}}$,带正号的等式是 f 的最大值,带负号的等式是 f 的最小值.代入体积公式,求出最小体积是 $\frac{\sqrt{3}}{2}abc$.

例 14 在 $D=\{(x,y,z)\in \mathbf{R}^3 \mid x\geqslant 0, y\geqslant 0, z\geqslant 0\}$ 中确定

$$f: D\subset \mathbf{R}^3 \to \mathbf{R}, f(x,y,z)=x^m y^n z^p, m,n,p>0$$

在约束条件 $x+y+z-a=0(a>0)$ 下的极值.

解 D 与 $M=\{(x,y,z)\mid x+y+z-a=0\}$ 的交是紧致的. f 在 $D'=D\cap M$ 上非负,而且恰好在 D' 的边界上等于零,所以极小值就在边界上取得,而最大值在内部的某处取得.

因为在 $D^0=\{(x,y,z)\mid x>0, y>0, z>0\}$ 中 $f>0$, f 与 $\ln f$ 在同一点$(x_0,y_0,z_0)\in D^0$ 处取得极值,所以只需要研究 $\ln f$ 在 D^0 中与指定约束条件下的极值问题.

记 $g(x,y,z)=x+y+z-a$,按照 Lagrange 乘数法,要讨论方程组(1),即

$$\begin{cases}\ln(f)_x-\lambda g_x\equiv \dfrac{m}{x}-\lambda=0\\ \ln(f)_y-\lambda g_y\equiv \dfrac{n}{y}-\lambda=0\\ \ln(f)_z-\lambda g_z\equiv \dfrac{p}{z}-\lambda=0\\ g\equiv x+y+z-a=0\end{cases}\tag{1}$$

所以有

$$\lambda=\frac{m}{x}$$

$$y=\frac{n}{m}x$$

$$z=\frac{p}{m}x$$

$$\left(\frac{n}{m}+\frac{p}{m}+1\right)x=a$$

即

$$x_0=\frac{m}{m+n+p}a$$

$$y_0=\frac{n}{m+n+p}a$$

$$z_0=\frac{p}{m+n+p}a$$

(x_0,y_0,z_0)是D^0中唯一要判别的位置. f与$\ln f$在D^0中确实要取得极大值，而对于这个极大点，Lagrange方程组确实是满足的(必要条件)，所以(x_0,y_0,z_0)必定是极大点.

因此，有

$$\begin{aligned}0&=\min\{f(D')\}\leqslant f(x,y,z)\leqslant\max\{f(D')\}\\&=f(x_0,y_0,z_0)\\&=\left(\frac{a}{m+n+p}\right)^{m+n+p}\cdot m^m\cdot n^n\cdot p^p\end{aligned}$$

其中，极小值恰在D'的边界上取得，而极大值正好在(x_0,y_0,z_0)处取得.

例15 在平面上，给定三个不在一条直线上的点P_1,P_2,P_3. 试确定棱锥$Q\text{-}P_1P_2P_3$，使表面积最小. 其中Q对平面的高h一定，从而以$\triangle P_1P_2P_3$为底面的面积$F_\triangle$一定.

提示 如果P是三角形上的一个点，x,y,z是从点P到边a,b,c上的垂线，而$F_\triangle$是三角形的面积($x<0$，如果以边a为准，点P不在三角形所在的一侧，等等)，那么有

$$ax+by+cz=2F_{\triangle}$$

解 设 $\bar{h}_i(i=1,2,3)$ 是侧面三角形的高. 因为底面是事先给定的,所以侧面积 M 必须与表面积同时为极小值. 我们应用 Lagrange 乘数法来求

$$M=\frac{1}{2}(a\bar{h}_1+b\bar{h}_2+c\bar{h}_3)$$

的极小值,其中

$$\bar{h}_1^2=h^2+x^2$$

$$\bar{h}_2^2=h^2+y^2$$

$$\bar{h}_3^2=h^2+z^2$$

并且有(约束条件)

$$ax+by+cz=2F_{\triangle}$$

或者

$$g(x,y,z)=ax+by+cz-2F_{\triangle}=0$$

从而,作为必要条件,得到

$$\frac{\partial M}{\partial x}+\lambda\frac{\partial g}{\partial x}=\frac{1}{2}a\cdot\frac{x}{\sqrt{h^2+x^2}}+\lambda a=0$$

$$\frac{\partial M}{\partial y}+\lambda\frac{\partial g}{\partial y}=\frac{1}{2}b\cdot\frac{y}{\sqrt{h^2+y^2}}+\lambda b=0$$

$$\frac{\partial M}{\partial z}+\lambda\frac{\partial g}{\partial z}=\frac{1}{2}c\cdot\frac{z}{\sqrt{h^2+z^2}}+\lambda c=0$$

由这三个方程中的第一个,得到

$$\lambda=-\frac{1}{2}\frac{x}{\sqrt{h^2+x^2}}$$

由第二个,得到

$$\lambda=-\frac{1}{2}\frac{y}{\sqrt{h^2+y^2}}$$

即

$$\frac{x}{\sqrt{h^2+x^2}}=\frac{y}{\sqrt{h^2+y^2}}$$

或者

$$x^2h^2+x^2y^2=y^2h^2+y^2x^2$$

即 $x^2=y^2$ 或者 $x=y$. 因为 $x=-y$ 不满足方程

$$\frac{x}{\sqrt{h^2+x^2}}=\frac{y}{\sqrt{h^2+y^2}}$$

同样得到 $x=z$. 这就是说,只有当 $x=y=z$ 时,才可能是一个极值点,从而由 $g(x,y,z)=0$,得到

$$x=\frac{2F_\triangle}{a+b+c}$$

我们立刻考虑到,没有一个极大点,因为当棱锥足够"斜"时,M 就会很大.

M 是关于点 Q 的函数,从而是 x,y,z 的连续函数.

因为一个在紧致的定义域上定义的连续函数(为什么在这里可以限制在紧致集合 D 上),在定义域上取得最大值与最小值,所以 M 必然当

$$x=y=z=\frac{2F_\triangle}{a+b+c}$$

时,取得最小值.

例 16 在平面上,设有三个顶点 $P_1(a_1,b_1)$, $P_2(a_2,b_2)$ 与 $P_3(a_3,b_3)$,它们不在一条直线上. 试确定平面上一个点 P,使得它离三个点的距离之和 a 为极小.

解 对于平面上的任意一点 P, 设 $r_i=\sqrt{(x-a_i)^2+(y-b_i)^2}$ 是 P 与点 $P_i(a_i,b_i)$ 之间的距

离，于是问题就在于审查函数

$$a=\sum_{i=1}^{3}r_i=\sum_{i=1}^{3}\sqrt{(x-a_i)^2+(y-b_i)^2}$$

的极值点. 在这点处，偏导数必然为零，即

$$\frac{\partial a}{\partial x}=\sum_{i=1}^{3}\frac{x-a_i}{r_i}=\sum_{i}\cos\theta_i=0 \tag{2}$$

$$\frac{\partial a}{\partial y}=\sum_{i=1}^{3}\frac{y-b_i}{r_i}=\sum_{i}\sin\theta_i=0 \tag{3}$$

θ_i 是介于直线 P_iP 与 x 轴间的夹角($0\leqslant\theta_i\leqslant\pi$). 作为极值点来审查的是导数不存在的点 P_e 以及由上述条件得到的点 P_e. 因为当 $X=(x,y)\to+\infty$ 时，$a(x,y)$ 变大，所以，我们可以取适当的 $R>0$，而限于在 $\|X\|<R$ 内的 X 处寻求极小值. 用 $\sin\theta_2$ 乘式(2)，用 $\cos\theta_2$ 乘式(3)，然后相减，得到 $\theta_1-\theta_2=\theta_2-\theta_3$，类似地，得到 $\theta_2-\theta_3=\theta_3-\theta_1$. 按照这样，介于 P_1P_e，P_2P_e，P_3P_e 中每两条直线的夹角都必须等于$\frac{2\pi}{3}$. 如果在$\triangle P_1P_2P_3$ 中，只有小于$\frac{2\pi}{3}$的顶角，那么具有这个性质的一个点 P_e 确实是存在的. 在这种情形下，P_e 位于三角形的内部. 因为 a 是连续的，a 至少取得一次极小(甚至考虑满足 $\|X\|\leqslant R$ 的 $X=(x,y)$ 就够了，而 R 取的值足够大). 因为 a 在$\frac{R^2}{\{P_1,P_2,P_3\}}$是可微的，指明 $a(P_e)<a(P_1)$，$a(P_2)$，$a(P_3)$ 就够了；按照余弦定理，有$\cos\theta=-\frac{1}{2}$，即

$$\overline{P_1P_2}^2=\overline{P_eP_1}^2+\overline{P_eP_2}^2+\overline{P_eP_1}\cdot\overline{P_eP_2}$$

$$> \left(\overline{P_eP_2} + \frac{1}{2}\overline{P_eP_1}\right)^2$$

与

$$\overline{P_1P_3}^2 > \left(\overline{P_eP_3} + \frac{1}{2}\overline{P_eP_1}\right)^2$$

所以

$$a(P_1) = \overline{P_1P_2} + \overline{P_1P_3} > \overline{P_eP_1} + \overline{P_eP_2} + \overline{P_eP_3}$$
$$= a(P_e)$$

类似地，得到

$$a(P_2) > a(P_e), a(P_3) > a(P_e)$$

这就是说，P_e 是使 a 有绝对极小的点.

如果有一个角大于或等于$\frac{2\pi}{3}$，那么极小值就在一个角度最大的顶点处取得. 因为条件 $\theta_1 - \theta_2 = \theta_2 - \theta_3 = \theta_3 - \theta_1$，在平面上没有一个点能满足(这从几何上的各种情形来看就可立刻得到)，作为极值点，剩下的只有角点了. 因为在三角形中，最大边对最大角，所以 P_e 必然是最大角的顶点.

极小点在各种情况下都是唯一确定的.

例 17 设三角形的三个顶点分别位于平面上两两不相交的三个圆的圆周上，试证：当三角形的面积达到最大时，三角形每个顶点与所在圆的圆心(亦即此圆周曲线在该顶点的法线)必过三角形重心.

先证两个引理.

引理 1 对于多元函数在约束条件下的最值问题，其主要问题是：一般说来，条件稳定点(即满足 Lagrange 方程的点)未必是条件极值点，更不一定是条件约束下的最大(小)值点.但是在很多情况下,通过严格的证明和讨论,我们可以知道函数的某一个条件稳定点确实就是最大(小)值点.

证明 在讨论函数在某个封闭光滑曲面上的最大(小)值问题时,例如,在讨论连续可微函数 $f(x,y,z)$ 在单位球面 $x^2+y^2+z^2=1$ 上(即在约束条件$(x,y,z)=x^2+y^2+z^2-1=0$ 之下)的最大(小)值问题时(f 的定义域是包含单位球面在内的某个区域).人们常常指出球面 $x^2+y^2+z^2=1$"无所谓边界点".因此最大(小)值必是极值,从而最大(小)值点必是条件稳定点(必满足 Lagrange 方程),亦即无须再去比较边界点的值.我们把其中的含义和道理进一步阐明.

对于没有约束的定义在有界闭区域 $\overline{D}$ 上的可微函数 $f(x,y,z)$,其最大(小)值既可能在 $\overline{D}$ 的内部 D 内达到(即在稳定点达到),也可能在 $\overline{D}$ 的边界 ∂D 上的某点达到,而此点未必是稳定点,因此比较边界点和稳定点的函数值以确定最大(小)值是必要的.一般说来,这个道理对于条件极值也是适用的.但是对于封闭球面

$$G(x,y,z)=x^2+y^2+z^2-1=0$$

来说,设 $f(x,y,z)$ 在其上某点 $X_0=(x_0,y_0,z_0)$ 达到最大(小)值(由于封闭球面是有界闭集.连续函数 f 必在其上达到最大(小)值,则

$$x_0^2+y_0^2+z_0^2=1$$

因此 x_0,y_0,z_0 中至少有一个非零,不妨设 $z_0\neq 0$,从而 $G'_z(x_0)=2z_0\neq 0$,此即相当于 Lagrange 定理中的

Jacobi 行列式非零). 又因 f,G 均在 X_0 的一邻域内有连续偏导数,于是由隐函数存在定理,在 $X_0=(x_0,y_0,z_0)$ 的某邻域内,$\varphi(x)=0$ 可以写成 $z=\varphi(x,y)$,从而二元函数

$$\psi(x,y)=f[x,y,\varphi(x,y)]$$

在点(x_0,y_0) 的一邻域内有连续偏导数. 显然,在(x_0,y_0) 处取极值,从而必有

$$\psi'_x(x_0,y_0)=\psi'_y(x_0,y_0)=0$$

仿照Lagrange定理推导下去,则必有常数λ,使其在点 $X_0=(x_0,y_0,z_0)$ 处满足 Lagrange 方程

$$\nabla f+\lambda\nabla G=0$$

此即说明最大值一定在某个条件稳定点处达到,在这个意义下,我们当然可以说"无所谓边界点".

引理 2 设 $\varphi(x)=\varphi(x,y)$ 于 $\mathbf{R}^2$ 上连续可微,且 $\mathrm{Grad}\ \varphi\neq 0$,用 C 表示 $\varphi(x,y)=0$ 所确定的曲线,设 $X_0=(x_0,y_0)\notin C$. 试证:

(1) 存在 $X_1\in C$,使 $\|X_1-X_0\|=\rho(X_0,C)$;

(2) 线段$\overline{X_1X_0}$ 与曲线 C 直交.

证明 先证(1),由定义

$$\rho(X_0,C)=\inf_{x\in C}\|X-X_0\|$$

因此,必有 $X_n\in C$,使 $\|X_n-X_0\|\to\rho(X_0,C)(n\to+\infty)$.

可见$\{X_n\}$ 是有界点列,它必有子序列

$$X_{n_k}\to X_1\quad(k\to+\infty)$$

由 φ 连续知C 为闭集,故 $X_1\in C$,又显然有

$$\|X_{n_k}-X_0\|\to\|X_1-X_0\|=\rho(X_0,C)$$

下面证明(2)，由(1)可见 $X_1=(x_1,y_1)\in C$ 是连续函数

$$f(X)=\|X-X_0\|^2=(x-x_0)^2+(y-y_0)^2$$

在约束条件 $\varphi(x)=0$ 下的最小值点. 注意到 $\text{grad}\,\varphi\neq 0$，亦即 φ'_x,φ'_y 不同时为0. 根据隐函数定理及 Lagrange 定理的证明过程不难看出，点 $X_1=(x_1,y_1)$ 必是条件稳定点(尽管 C 未必是封闭曲线)，即满足

$$2(x_1-x_0)+\lambda\varphi'_x(x_1,y_1)=0$$

$$2(y_1-y_0)+\lambda\varphi'_y(x_1,y_1)=0$$

不妨设 $\varphi'_y(x_1,y_1)\neq 0$，于是 $y_1-y_0\neq 0$(否则，$y_1=y_0\Rightarrow\lambda=0\Rightarrow x_1=x_0,X_0=X_1\in C$，此与 $X_0\notin C$ 矛盾). $\lambda\neq 0$，从而

$$\frac{x_1-x_0}{y_1-y_0}=\frac{\varphi'_x(x_1,y_1)}{\varphi'_y(x_1,y_1)} \tag{4}$$

由隐函数定理，在点(x_1,y_1)附近，曲线 C 可唯一表示成连续可微函数 $y=y(x)$，且

$$y'(x_1)=-\frac{\varphi'_x(x_1,y_1)}{\varphi'_y(x_1,y_1)}$$

此即曲线 C 在点 X_1 的切线斜率 K_1，若 $K_1=0$，则由式(4)，有 $x_1=x_0$. 线段$\overline{X_0X_1}$与 y 轴平行，易见与 C 直交. 若 $K_1\neq 0$，则 $x_1-x_0\neq 0$. 线段$\overline{X_0X_1}$所在直线的斜率是

$$K_0=\frac{y_1-y_0}{x_1-x_0}$$

由式(4)，有 $k_0k_1=-1$，$\overline{X_0X_1}$ 也与 C 直交.

接下来对例 17 进行证明.

证明　设三角形的三个顶点 $A(x_1,y_1)$,$B(x_2,y_2)$,$C(x_3,y_3)$ 分别位于圆周

$$f(x_1,y_1)=0$$

$$\varphi(x_2,y_2)=0$$

$$\psi(x_3,y_3)=0$$

则三角形的面积为六元函数

$$S=\frac{1}{2}\sqrt{[(x_2-x_1)(y_3-y_1)-(y_2-y_1)(x_3-x_1)]^2}$$

由连续函数基本性质,面积的平方 S^2 必达到正的最大值.因圆周"无所谓边界点",此最大值点必是条件稳定点,即满足如下的 Lagrange 方程

$$\nabla(S^2)+\lambda_1\nabla f+\lambda_2\nabla\varphi+\lambda_3\nabla\psi=0$$

由此不难得到

$$2S(y_2-y_3)+\lambda_1 f'_{x_1}=0$$

$$2S(x_3-x_2)+\lambda_1 f'_{y_1}=0$$

注意 $S>0$,f'_{x_1},f'_{y_1} 不同时为0,不妨设 $f'_{y_1}\neq 0$,便有

$$-\frac{f'_{x_1}}{f'_{y_1}}=\frac{y_3-y_2}{x_3-x_2}$$

此即说明过顶点所在圆的切线必与边 BC 直交.

在上例中我们还使用了隐函数定理,这里我们再补充一个定理.

定理1　设开集 $D\subset\mathbf{R}^{n+m}$,函数 $f:D\to\mathbf{R}$,映射 $\Phi:D\to\mathbf{R}^m$,函数 f 与映射 Φ 满足以下条件:

(a) $f,\Phi\in C^1(D)$;

(b) 存在 $z_0=(x_0,y_0)\in D$,满足 $\Phi(z_0)=0$,其中 $x_0=(a_1,\cdots,a_n)$,$y_0=(b_1,\cdots,b_m)$;

(c) $\det J_y\Phi(z_0)\neq 0$.

如果 f 在条件约束下，在 $z_0=(x_0,y_0)$ 处取到极值，那么存在 $\lambda\in\mathbf{R}^m$，使得

$$Jf(z_0)+\lambda J\Phi(z_0)=0 \tag{5}$$

证明 由于 Φ 满足(a)(b)(c) 三个条件，根据隐映射定理，存在 $z_0=(x_0,y_0)$ 的邻域 $U=G\times H$，其中 G 和 H 分别是 x_0 和 y_0 的邻域，使得方程

$$\Phi(x,y)=0$$

对任意的 $x\in G$，在 H 中有唯一解 $\varphi(x)$，并且满足 $y_0=\varphi(x_0)$ 且 $J\varphi(x_0)=-(J_y\Phi(z_0))^{-1}J_x\Phi(z_0)$. 因为 $z_0=(x_0,y_0)$ 是 f 在条件约束下的极值点，因此 x_0 便是函数 $f(x,\varphi(x))$ 在 G 中的一个极值点，所以 x_0 必是 $f(x,\varphi(x))$ 的一个驻点. 由复合求导公式，得

$$J_xf(z_0)+J_yf(z_0)J\varphi(x_0)=0$$

把 $J\varphi(x_0)=-(J_y\Phi(z_0))^{-1}J_z\Phi(z_0)$ 代入上式，即得

$$J_xf(z_0)-J_yf(z_0)(J_y\Phi(z_0))^{-1}J_x\Phi(z_0)=0 \tag{6}$$

记

$$\lambda=-J_yf(z_0)(J_y\Phi(z_0))^{-1} \tag{7}$$

它是一个 m 维向量，式(5) 就变成

$$J_xf(z_0)+\lambda J_x\Phi(z_0)=0 \tag{8}$$

再把式(7) 改写为

$$J_yf(z_0)+\lambda J_y\Phi(z_0)=0 \tag{9}$$

式(8) 与(9) 可以合并为

$$Jf(z_0)+\lambda J\Phi(z_0)=0$$

这就是我们要证明的式(5).

例 18 设 $\alpha_i>0,x_i>0(i=1,\cdots,n)$，证明

$$x_1^{\alpha_1}\cdots x_n^{\alpha_n}\leqslant\left(\frac{\alpha_1 x_1+\cdots+\alpha_n x_n}{\alpha_1+\cdots+\alpha_n}\right)^{\alpha_1+\cdots+\alpha_n}\tag{10}$$

其中等号成立当且仅当 $x_1=\cdots=x_n$.

证明　考虑

$$f(x_1,\cdots,x_n)=\ln(x_1^{\alpha_1}\cdots x_n^{\alpha_n})=\sum_{i=1}^{n}\alpha_i\ln x_j$$

在条件

$$\sum_{i=1}^{n}\alpha_i x_i=c\tag{11}$$

下的条件极值，其中 c 是任意一个正的常数. 利用 Lagrange 乘数法，作辅助函数

$$F(x_1,\cdots,x_n)=\sum_{i=1}^{n}\alpha_i\ln x_i+\lambda\left(\sum_{i=1}^{n}\alpha_i x_i-c\right)$$

那么

$$\frac{\partial F}{\partial x_i}=\frac{\alpha_i}{x_i}+\lambda\alpha_i=0, i=1,\cdots,n$$

为了确定 λ 的值，在等式

$$\frac{\alpha_i}{x_i}=-\lambda\alpha_i, i=1,\cdots,n$$

的两边分别乘以 x_i 再相加，得

$$\sum_{i=1}^{n}\alpha_i=-\lambda\sum_{i=1}^{n}\alpha_i x_i=-\lambda c$$

所以 $-\dfrac{1}{\lambda}=\dfrac{c}{\sum\limits_{i=1}^{n}\alpha_i}$，于是

$$x_i=\frac{c}{\sum\limits_{i=1}^{n}\alpha_i}, i=1,\cdots,n\tag{12}$$

这就是驻点 z_0 的坐标. 为了验证函数 f 是否取得了条

件极值，由$\frac{\partial F}{\partial x_i}=\frac{\alpha_i}{x_i}+\lambda\alpha_i$，可得

$$\frac{\partial^2 F}{\partial x_i \partial x_j}=-\frac{\alpha_i}{x_i^2}\delta_{ij}$$

因而

$$HF(z_0)=-\frac{\left(\sum_{i=1}^{n}\alpha_i\right)^2}{c^2}\begin{pmatrix}\alpha_1 & & \\ & \ddots & \\ & & \alpha_n\end{pmatrix}$$

由于$\alpha_i>0(i=1,\cdots,n)$，所以$HF(z_0)$严格负定. 由定理1知，f在z_0处取严格的条件极大值，再由z_0的唯一性知它为严格的最大值，于是得

$$\sum_{i=1}^{n}\alpha_i \ln x_i<\sum_{i=1}^{n}\alpha_i \ln \frac{c}{\sum_{i=1}^{n}\alpha_i} \tag{13}$$

不等式左边的$x_1,\cdots,x_n$满足条件式(11)且不全相等，因为满足条件式(11)且都相等的$x_1,\cdots,x_n$就是式(12)，它就是驻点z_0的坐标，从式(13)，即得

$$x_1^{\alpha_1}\cdots x_n^{\alpha_n}<\left(\frac{\alpha_1 x_1+\cdots+\alpha_n x_n}{\alpha_1+\cdots+\alpha_n}\right)^{\alpha_1+\cdots+\alpha_n}$$

要上面的不等式变成等式只要使$x_1=\cdots=x_n$，因此式(10)中的等号当且仅当$x_1=\cdots=x_n$时才成立，而当$x_1=\cdots=x_n$时，式(10)中的等号成立则是显然的.

例 19 在约束条件

$$\sum_{v=1}^{n}x_v^2=1$$

与

$$\sum_{v=1}^{n}a_v x_v=0$$

其中 $\sum_{v=1}^{n} a_v^2 > 0$ 下，试确定

$$\left(\sum_{v=1}^{n} b_v x_v\right)^2$$

的极值.

解　记 $\boldsymbol{X}=(x_1,\cdots,x_n)$，$\boldsymbol{A}=(a_1,\cdots,a_n)\neq\boldsymbol{0}$ 及 $\boldsymbol{B}=(b_1,\cdots,b_n)$，于是，约束条件及函数就成为

$$\boldsymbol{X}^2=1, (\boldsymbol{A}\mid\boldsymbol{X})=0, \boldsymbol{A}^2>0$$

与

$$f(\boldsymbol{X})=(\boldsymbol{B}\mid\boldsymbol{X})^2$$

所以供讨论的 $\boldsymbol{X}$ 与 $\boldsymbol{A}(\neq\boldsymbol{0})$ 相互垂直，且长度为1. 这只有当 $\mathbf{R}^n$ 的维数 $n\geqslant 2$ 时才成立. 当 $n=2$ 时，$\boldsymbol{X}$ 本身按约束条件除去符号是唯一确定的，所以寻找极值时，当 $n>2$ 时才有意义.

将 $\boldsymbol{B}$ 分解成一个与 $\boldsymbol{A}$ 成比例的分量和一个与 $\boldsymbol{A}$ 垂直的分量，即

$$\boldsymbol{B}=\lambda\boldsymbol{A}+\boldsymbol{Y}$$

由于 $(\boldsymbol{A}\mid\boldsymbol{Y})=0$，所以

$$\lambda=\frac{(\boldsymbol{A}\mid\boldsymbol{B})}{\boldsymbol{A}^2}, \boldsymbol{A}^2>0$$

与

$$\boldsymbol{Y}=\boldsymbol{B}-\frac{(\boldsymbol{A}\mid\boldsymbol{B})}{\boldsymbol{A}^2}\boldsymbol{A}$$

$$\begin{aligned} f(\boldsymbol{X}) &= (\boldsymbol{B}\mid\boldsymbol{X})^2=(\lambda\boldsymbol{A}+\boldsymbol{Y}\mid\boldsymbol{X})^2 \\ &= [\lambda(\boldsymbol{A}\mid\boldsymbol{X})+(\boldsymbol{Y}\mid\boldsymbol{X})]^2=(\boldsymbol{Y}\mid\boldsymbol{X})^2 \\ &= \left(\boldsymbol{B}-\frac{(\boldsymbol{A}\mid\boldsymbol{B})}{\boldsymbol{A}^2}\boldsymbol{A}\mid\boldsymbol{X}\right)^2 \end{aligned}$$

这是由于$(\boldsymbol{A} \mid \boldsymbol{X})=0$.

因为$(\boldsymbol{X}_1 \mid \boldsymbol{X}_2)=|\boldsymbol{X}_1||\boldsymbol{X}_2|\cos\varphi$,$f(\boldsymbol{X})$将是极大的.如果$|\cos\varphi|=1$,即

$$\boldsymbol{X}=\mu\cdot\boldsymbol{Y}=\mu\left(\boldsymbol{B}-\frac{(\boldsymbol{A} \mid \boldsymbol{B})}{\boldsymbol{A}^2}\boldsymbol{A}\right)$$

将是极小的,如果$\cos\varphi=0$,即

$$\left(\boldsymbol{X} \mid \boldsymbol{B}-\frac{(\boldsymbol{A} \mid \boldsymbol{B})}{\boldsymbol{A}^2}\boldsymbol{A}\right)=(\boldsymbol{X} \mid \boldsymbol{B})=0$$

$\boldsymbol{Y}=\boldsymbol{0}$的充要条件是$\boldsymbol{B}$与$\boldsymbol{A}$线性相关($\boldsymbol{B}=c\boldsymbol{A}$).当$\boldsymbol{B}=c\boldsymbol{A}$时,有$f(\boldsymbol{X})=(\boldsymbol{B} \mid \boldsymbol{X})^2\equiv 0$.所以特殊情形$\boldsymbol{B}=c\boldsymbol{A}$是不需要注意的.

现在设$\boldsymbol{Y}\neq\boldsymbol{0}$,于是由$\boldsymbol{X}^2=1$得到

$$\mu=\pm\frac{1}{\left(\boldsymbol{B}-\frac{(\boldsymbol{A} \mid \boldsymbol{B})}{\boldsymbol{A}^2}\boldsymbol{A}\right)^2}$$

所以有

$$\boldsymbol{X}_{\max}=\pm\frac{\boldsymbol{A}^2\boldsymbol{B}-(\boldsymbol{A} \mid \boldsymbol{B})\boldsymbol{A}}{\sqrt{(\boldsymbol{A}^2\boldsymbol{B}-(\boldsymbol{A} \mid \boldsymbol{B})\boldsymbol{A})^2}}$$

与

$$f(\boldsymbol{X}_{\max})=\left|\frac{\boldsymbol{A}^2\boldsymbol{B}^2-(\boldsymbol{A} \mid \boldsymbol{B})^2}{\sqrt{(\boldsymbol{A}^2\boldsymbol{B}-(\boldsymbol{A} \mid \boldsymbol{B})\boldsymbol{A})^2}}\right|^2$$

对于极小点,得到一个线性方程组,即

$$\begin{cases}(\boldsymbol{B} \mid \boldsymbol{X}_{\min})=b_1x_1+\cdots+b_nx_n=0\\(\boldsymbol{A} \mid \boldsymbol{X}_{\min})=a_1x_1+\cdots+a_nx_n=0\end{cases}$$

由于$\boldsymbol{A}\neq\lambda\boldsymbol{B}$,解空间是$n-2$维的.通过规范化条件$\boldsymbol{X}^2=1$,终于得到一个解,它与$n-3$个参数相关,且有$f(\boldsymbol{X}_{\min})=0$.(当$n=3$时,除了符号,解$\boldsymbol{X}_{\min}$是唯一的,

且 $\boldsymbol{X}_{\min}=\pm\frac{\boldsymbol{A}\times\boldsymbol{B}}{|\boldsymbol{A}\times\boldsymbol{B}|}$.)

在上述讨论得到结果的过程中，我们没有用到微分法.

为了得到

$$\boldsymbol{X}=\pm\frac{\boldsymbol{A}^2\boldsymbol{B}-(\boldsymbol{A}\mid\boldsymbol{B})\boldsymbol{A}}{\sqrt{(\boldsymbol{A}^2\boldsymbol{B}-(\boldsymbol{A}\mid\boldsymbol{B})\boldsymbol{A})^2}}$$

我们也可以应用 Lagrange 乘数法的必要条件，即

$$\frac{\partial}{\partial x_v}(\boldsymbol{B}\mid\boldsymbol{X})^2-\lambda_1\frac{\partial}{\partial x_v}(\boldsymbol{A}\mid\boldsymbol{X})-$$

$$\lambda_2\frac{\partial}{\partial x_v}(\boldsymbol{X}^2-1)=0, v=1,\cdots,n$$

用向量来写，得到

$$2(\boldsymbol{B}\mid\boldsymbol{X})\boldsymbol{B}-\lambda_1\boldsymbol{A}-\lambda_2(2\boldsymbol{X})=\boldsymbol{0} \tag{14}$$

由这个方程，来确定 λ_1,λ_2 与 $(\boldsymbol{B}\mid\boldsymbol{X})$ 是合适的.

用 $\boldsymbol{X},\boldsymbol{A}$ 以及 $\boldsymbol{B}$ 对方程(14)作数乘，就得到

$$(\boldsymbol{X}\mid 2(\boldsymbol{B}\mid\boldsymbol{X})\boldsymbol{B}-\lambda_1\boldsymbol{A}-\lambda_2(2\boldsymbol{X}))=(\boldsymbol{X}\mid\boldsymbol{0})$$

即

$$2(\boldsymbol{B}\mid\boldsymbol{X})^2-\lambda_1(\boldsymbol{A}\mid\boldsymbol{X})-\lambda_2(2\boldsymbol{X}^2)=0$$

其中 $(\boldsymbol{A}\mid\boldsymbol{X})=0$，以及 $\boldsymbol{X}^2=1$，所以有

$$\lambda_2=(\boldsymbol{B}\mid\boldsymbol{X})^2 \tag{15}$$

$$(\boldsymbol{A}\mid 2(\boldsymbol{B}\mid\boldsymbol{X})\boldsymbol{B}-\lambda_1\boldsymbol{A}-\lambda_2(2\boldsymbol{X}))=(\boldsymbol{A}\mid\boldsymbol{0})$$

$$2(\boldsymbol{B}\mid\boldsymbol{X})(\boldsymbol{A}\mid\boldsymbol{B})-\lambda_1\boldsymbol{A}^2-2\lambda_2(\boldsymbol{A}\mid\boldsymbol{X})=0$$

即有

$$\lambda_1=\frac{2(\boldsymbol{B}\mid\boldsymbol{X})(\boldsymbol{A}\mid\boldsymbol{B})}{\boldsymbol{A}^2} \tag{16}$$

$$(\boldsymbol{B}\mid 2(\boldsymbol{B}\mid X)\boldsymbol{B}-\lambda_1\boldsymbol{A}-\lambda_2(2\boldsymbol{X}))=(\boldsymbol{B}\mid\boldsymbol{0})$$

$$2(\boldsymbol{B} \mid \boldsymbol{X})\boldsymbol{B}^2 - \lambda_1(\boldsymbol{A} \mid \boldsymbol{B}) - 2\lambda_2(\boldsymbol{B} \mid \boldsymbol{X}) = 0$$

所以有

$$2(\boldsymbol{B} \mid \boldsymbol{X})(\boldsymbol{B}^2 - \lambda_2) = \lambda_1(\boldsymbol{A} \mid \boldsymbol{B}) \tag{17}$$

式(15)(16)(17)是三个未知数 λ_1, λ_2 与 $(\boldsymbol{B} \mid \boldsymbol{X})$ 的三个方程. 对于 $(\boldsymbol{B} \mid \boldsymbol{X}) = 0$,方程(15)(16)(17)都满足(这就得到前面讲的 $\boldsymbol{X}_{\min}$). 现在设 $(\boldsymbol{B} \mid \boldsymbol{X}) \neq 0$,于是得到

$$\lambda_1 = \pm 2\frac{(\boldsymbol{A} \mid \boldsymbol{B})}{\boldsymbol{A}^2} \cdot \sqrt{\frac{\boldsymbol{A}^2\boldsymbol{B}^2 - (\boldsymbol{A} \mid \boldsymbol{B})^2}{\boldsymbol{A}^2}}$$

$$\lambda_2 = \frac{\boldsymbol{A}^2\boldsymbol{B}^2 - (\boldsymbol{A} \mid \boldsymbol{B})^2}{\boldsymbol{A}^2}$$

$$(\boldsymbol{B} \mid \boldsymbol{X}) = \mp\sqrt{\frac{\boldsymbol{A}^2\boldsymbol{B}^2 - (\boldsymbol{A} \mid \boldsymbol{B})^2}{\boldsymbol{A}^2}} \neq 0$$

而且由方程(14)得到

$$\boldsymbol{X} = \mp\frac{\boldsymbol{A}^2\boldsymbol{B} - (\boldsymbol{A} \mid \boldsymbol{B})\boldsymbol{A}}{\sqrt{\boldsymbol{A}^2(\boldsymbol{A}^2\boldsymbol{B}^2 - (\boldsymbol{A} \mid \boldsymbol{B})^2)}}$$

通过规范化,最后就得到 $\boldsymbol{X}_{\max}$.

例 20 试证明:二次型

$$f(x,y,z) = Ax^2 + By^2 + Cz^2 + 2Dyz + 2Ezx + 2Fxy$$

在单位球面上的最大值和最小值恰好是矩阵

$$\boldsymbol{\Phi} = \begin{bmatrix} A & F & E \\ F & B & D \\ E & D & C \end{bmatrix}$$

的最大特征值和最小特征值.

证明 设 $L = Ax^2 + By^2 + Cz^2 + 2Dyz + 2Ezx + 2Fxy - \lambda(x^2 + y^2 + z^2 - 1)$

由 Lagrange 乘数法，令

$$\begin{cases} L_x = 2Ax + 2Fy + 2Ez - 2\lambda x \\ \quad = 2[(A - x)x + Fy + Ez] = 0 \\ L_y = 2Fx + 2By + 2Dz - 2\lambda y \\ \quad = 2[Fx + (B - \lambda)y + Dz] = 0 \\ L_z = 2Ex + 2Dy + 2Cz - 2\lambda z \\ \quad = 2[Ex + Dy + (C - \lambda)z] = 0 \\ L_\lambda = 1 - x^2 - y^2 - z^2 = 0 \end{cases}$$

因此

$$\begin{aligned} \lambda &= Ax^2 + By^2 + Cz^2 + 2Dyz + 2Ezx + 2Fxy \\ &= f(x, y, z) \end{aligned}$$

可知 $f(x,y,z)$ 在单位球面上的最大值，也是在单位球面上 λ 可以达到的最大值. $f(x,y,z)$ 在单位球面上的最小值，也是在单位球面上 λ 可以达到的最小值，但方程的任何稳定点，要求齐次方程

$$\begin{cases} (\lambda - A)x - Fy - Ez = 0 \\ -Fx + (\lambda - B)y - Dz = 0 \\ -Ex - Dy + (\lambda - C)z = 0 \end{cases}$$

有非零解，则必有

$$\begin{vmatrix} \lambda - A & -F & -E \\ -F & \lambda - B & -D \\ -E & -D & \lambda - C \end{vmatrix} = 0$$

即 λ 的取值，只能是矩阵 $\boldsymbol{\Phi}$ 的特征值，因此结论成立.

例 21　证明 Hölder 不等式

$$\sum_{i=1}^{n} a_i x_i \leqslant \left(\sum_{i=1}^{n} a_i^k\right)^{\frac{1}{k}} \left(\sum_{i=1}^{n} x_i^{k'}\right)^{\frac{1}{k'}}$$

其中，$a_i \geqslant 0, x_i \geqslant 0, i=1,2,\cdots,n, k>1, k'>1, \frac{1}{k}+\frac{1}{k'}=1$，相当于在条件 $\sum_{i=1}^{n} a_i x_i = A$ 下，求解函数 $u=(\sum_{i=1}^{n} a_i^k)^{\frac{1}{k}}(\sum_{i=1}^{n} x_i^{k'})^{\frac{1}{k'}}$ 的最小值.

证明　先证明函数

$$u=(\sum_{i=1}^{n} a_i^k)^{\frac{1}{k}}(\sum_{i=1}^{n} x_i^{k'})^{\frac{1}{k'}}$$

在条件 $\sum_{i=1}^{n} a_i x_i = A (A>0)$ 下的最小值是 A，应用数学归纳法，当 $n=1$ 时，显然有

$$(a_1^k)^{\frac{1}{k}}(x_1^{k'})^{\frac{1}{k'}}=a_1 x_1 = A$$

设当 $n=m$ 时，命题成立，于是对任意 m 个数 $a_1, a_2, \cdots, a_m, a_i \geqslant 0$，当 $\sum_{i=1}^{m} a_i x_i = A, x_1 \geqslant 0, \cdots, x_m \geqslant 0$ 时，必有

$$A \leqslant (\sum_{i=1}^{m} a_i^k)^{\frac{1}{k}}(\sum_{i=1}^{m} x_i^{k'})^{\frac{1}{k'}}$$

下面证明当 $n=m+1$ 时命题也成立.

设 $\sum_{i=1}^{m+1} a_i x_i = A, u=\alpha^{\frac{1}{k}}(\sum_{i=1}^{m+1} x_i^{k'})^{\frac{1}{k'}}$，其中 $\alpha=\sum_{i=1}^{m+1} a_i^k$. 求 u 的最小值，令

$$\begin{aligned}&F(x_1,x_2,\cdots,x_{m+1})\\&=u(x_1,x_2,\cdots,x_{m+1})-\lambda(\sum_{i=1}^{m+1} a_i x_i - A)\end{aligned}$$

解方程组

$$\begin{cases}\dfrac{\partial F}{\partial x_i}=\dfrac{\alpha^{\frac{1}{k}}}{k'}\left(\sum\limits_{i=1}^{m+1}x_i^{k'}\right)^{\frac{1}{k'}-1}(k'x_i^{k'-1})-\lambda a_i=0\\ \sum\limits_{i=1}^{m+1}a_ix_i=A\end{cases}$$

于是

$$\frac{x_i^{k'-1}}{a_i}=\frac{\lambda}{\alpha^{\frac{1}{k}}}\left(\sum_{i=1}^{m+1}x_i^{k'}\right)^{\frac{1}{k}}=\mu^{k'-1}$$

即

$$x_i=(a_i\mu^{k'-1})^{\frac{1}{k'-1}}=a_i^{\frac{1}{k'-1}}\mu=\mu a_i^{k-1}$$

从而有

$$\mu\sum_{i=1}^{m+1}a_ia_i^{k-1}=\mu\sum_{i=1}^{m+1}a_i^k=\mu\alpha=A$$

即

$$\mu=\frac{A}{\alpha}$$

于是得到满足极值必要条件的唯一解

$$x_i^0=\frac{A}{\alpha}a_i^{k-1},i=1,2,\cdots,m+1$$

对应的函数值为

$$\begin{aligned}u_0&=u(x_1^0,x_2^0,\cdots,x_{m+1}^0)\\&=\alpha^{\frac{1}{k}}\left[\sum_{i=1}^{m+1}\left(\frac{A}{\alpha}a_i^{k-1}\right)^{k'}\right]^{\frac{1}{k'}}\\&=\alpha^{\frac{1}{k}}\frac{A}{\alpha}\left[\sum_{i=1}^{m+1}a_i^{(k-1)k'}\right]^{\frac{1}{k'}}\\&=\alpha^{\frac{1}{k}-1}A\left(\sum_{i=1}^{m+1}a_i^k\right)^{\frac{1}{k'}}\\&=A\alpha^{\frac{1}{k}-1}\alpha^{\frac{1}{k'}}=A\end{aligned}$$

所研究的区域 $\sum_{i=1}^{m+1} a_i x_i = A(x_i \geqslant 0, i=1,2,\cdots,m+1)$ 是 $m+1$ 维空间中一个 m 维平面的第一卦限的部分，其边界由 $m+1$ 个 $m-1$ 维平面（一部分）组成：$x_i=0$，$\sum_{j=1}^{m+1} a_j x_j = A(a_j \geqslant 0, x_j \geqslant 0, i=1,2,\cdots,m+1)$，在这些边界面上，求

$$
\begin{aligned}
& u(x_1, x_2, \cdots, x_{m+1}) \\
= & u(x_1, x_2, \cdots, x_{i-1}, 0, x_{i+1}, \cdots, x_{m+1}) \\
= & \alpha^{\frac{1}{k}} \left(\sum_{j=1}^{i-1} x_j^{k'} + \sum_{j=i+1}^{m+1} x_j^{k'}\right)^{\frac{1}{k'}}
\end{aligned}
$$

的最小值变为求 m 个变量的最小值. 以估计 $x_{m+1}=0$，$\sum_{i=1}^{m} a_i x_i = A$ 的最小值为例，由数学归纳法假设知

$$
\alpha = \sum_{i=1}^{m+1} a_i^k \geqslant \sum_{i=1}^{m} a_i^k
$$

有

$$
\begin{aligned}
u(x_1, x_2, \cdots, x_n, 0) &= \alpha^{\frac{1}{k}} \left(\sum_{i=1}^{m} x_i^{k'}\right)^{\frac{1}{k'}} \\
&\geqslant \left(\sum_{i=1}^{m} a_i^k\right)^{\frac{1}{k}} \cdot \left(\sum_{i=1}^{m} x_i^{k'}\right)^{\frac{1}{k'}} \geqslant \sum_{i=1}^{m} a_i x_i = A
\end{aligned}
$$

因此，u 在边界面上的最小值不小于 A，由此知，u 在区域上的最小值为 $u(x_1^0, x_2^0, \cdots, x_{m+1}^0) = A$，于是命题当 $n=m+1$ 时也成立，故由数学归纳法知

$$
\left(\sum_{i=1}^{n} a_i^k\right)^{\frac{1}{k}} \left(\sum_{i=1}^{n} x_i^{k'}\right)^{\frac{1}{k'}} \geqslant A
$$

$$
\sum_{i=1}^{n} a_i x_i = A, x_i \geqslant 0 \tag{18}
$$

下面证明 Hölder 不等式

$$\sum_{i=1}^{n} a_i x_i \leqslant \left(\sum_{i=1}^{n} a_i^k\right)^{\frac{1}{k}} \left(\sum_{i=1}^{n} x_i^{k'}\right)^{\frac{1}{k'}}, a_i \geqslant 0, x_i \geqslant 0 \tag{19}$$

成立. 事实上,若 $\sum\limits_{i=1}^{n} a_i x_i = 0$,式(19) 显然成立. 若 $\sum\limits_{i=1}^{n} a_i x_i > 0$,令 $\sum\limits_{i=1}^{n} a_i x_i = A$,则 $A > 0$,于是,根据不等式(18) 知

$$\left(\sum_{i=1}^{n} a_i^k\right)^{\frac{1}{k}} \left(\sum_{i=1}^{n} x_i^{k'}\right)^{\frac{1}{k'}} \geqslant A = \sum_{i=1}^{n} a_i x_i$$

于是不等式(19) 成立,证毕.

Hölder 定理作为一个重要定理,有许多人进行过大量研究. 所以有许多简捷的证法. 如 Lech Maligranda 1995 年在《美国数学月刊》上给出了另一个简单证明:

利用 Lagrange 乘数法还可以证明 Hadamard 不等式.

例 22 对于 n 阶行列式 $A = |a_{ij}|$,有

$$A^2 \leqslant \prod_{i=1}^{n} \left(\sum_{j=1}^{n} a_{ij}^2\right)$$

(可转化为) 存在下列关系式

$$\sum_{i=1}^{n} a_{ij}^2 = S_i$$

时,研究行列式 $A = |a_{ij}|$ 的极值.

解 设

$$\boldsymbol{A} = (a_{ij}), \ |\boldsymbol{A}| = |a_{ij}|$$

考虑函数

$$u = |\boldsymbol{A}| = |a_{ij}|$$

在条件 $\sum_{j=1}^{n} a_{ij}^2 = S_i, i = 1,2,\cdots,n$ 下的极值问题，其中 $S_i > 0, i = 1,2,\cdots,n.$

由于上述 n 个条件限制下的 n^2 的点集是有界闭集，故连续函数 u 必在其上取得最大值和最小值. 下面求函数 u 满足条件极值的必要条件，设

$$F = u - \sum_{i=1}^{n} \lambda_i \left(\sum_{j=1}^{n} a_{ij}^2 - S_i \right)$$

由于函数 u 是多项式，当按第 i 行展开时，有

$$u = |\boldsymbol{A}| = \sum_{j=1}^{n} a_{ij} A_{ij}$$

其中 A_{ij} 是 a_{ij} 的代数余子式.

解方程组

$$\frac{\partial F}{\partial a_{ij}} = A_{ij} - 2\lambda_i a_{ij} = 0, i, j = 1,2,\cdots,n$$

得

$$a_{ij} = \frac{A_{ij}}{2\lambda_i}$$

当 $i \neq k$ 时，有

$$\begin{aligned}\sum_{j=1}^{n} a_{ij} a_{kj} &= \sum_{j=1}^{n} \frac{A_{ij} a_{ij}}{2\lambda_i} \\ &= \frac{1}{2\lambda_i} \sum_{j=1}^{n} A_{ij} a_{ij} = 0\end{aligned}$$

于是，当函数 u 满足极值的必要条件时，行列式不同的两行所对应的向量必直交，以 $\boldsymbol{A}'$ 表示 $\boldsymbol{A}$ 的转置矩阵，则由行列式的乘法有

$$u^2=|\mathbf{A}'|\cdot|\mathbf{A}|$$
$$=\begin{vmatrix} S_1 & 0 & \cdots & 0 \\ 0 & S_2 & \cdots & 0 \\ \vdots & \vdots & & \vdots \\ 0 & 0 & \cdots & S_n \end{vmatrix}=\prod_{i=1}^{n} S_i$$

因此,函数 u 满足极值的必要条件时,必有

$$u=\pm\sqrt{\prod_{i=1}^{n} S_i}$$

由于 u 在条件 $\sum_{j=1}^{n} a_{ij}^2=S_i, i=1,2,\cdots,n$ 下不恒为常数,于是

$$u_{\max}=\sqrt{\prod_{i=1}^{n} S_i}$$
$$u_{\min}=-\sqrt{\prod_{i=1}^{n} S_i}$$

从而

$$|\mathbf{A}|^2\leqslant\prod_{i=1}^{n} S_i$$
$$\sum_{j=1}^{n} a_{ij}^2=S_i, i=1,2,\cdots,n \tag{20}$$

下面证明

$$|\mathbf{A}|^2\leqslant\prod_{i=1}^{n}\left(\sum_{j=1}^{n} a_{ij}^2\right) \tag{21}$$

若至少有一个 i,使 $\sum_{j=1}^{n} a_{ij}^2=0$,则 $a_{ij}=0, j=1,2,\cdots,n$. 从而 $|\mathbf{A}|=0$,于是不等式(21)显然成立. 若对一切 $i=1,2,\cdots,n$,都有 $\sum_{j=1}^{n} a_{ij}^2\neq 0$,令 $S_i=\sum_{j=1}^{n} a_{ij}^2$,则

$S_i > 0, i = 1, 2, \cdots, n$. 于是，由不等式(20)有

$$|\boldsymbol{A}|^2 \leqslant \prod_{i=1}^{n} S_i = \prod_{i=1}^{n} \left(\sum_{j=1}^{n} a_{ij}^2\right)$$

故不等式(21)成立，证毕.

例 23 设 $a_1 \leqslant a_2 \leqslant \cdots \leqslant a_n$ 是 n 个非负实数 $(n \geqslant 2)$，有

$$\sum_{i=1}^{n} a_i a_{i+1} = 1, a_{n+1} = a_1$$

求 $\sum_{i=1}^{n} a_i$ 的最小值.

解 我们利用 Lagrange 方法在约束条件 $\sum_{i=1}^{n} a_i a_{i+1} = 1$ 下求 $\sum_{i=1}^{n} a_i$ 的最小值. 设

$$G = \sum_{i=1}^{n} a_i - \lambda\left(\sum_{i=1}^{n} a_i a_{i+1} - 1\right)$$

并且分别考虑边界处和内部的极值两种情况.

(1) $a_1 = 0, n \geqslant 3$. 显然 a_{n-1} 和 a_n 必须是正的，因此，我们可以对这两个变量求极小值. 在极小值处

$$\frac{\partial G}{\partial a_{n-1}} = 1 - \lambda(a_{n-2} + a_n) = 0$$

$$\frac{\partial G}{\partial a_n} = 1 - \lambda a_{n-1} = 0$$

我们看出

$$a_{n-2} + a_n = a_{n-1}$$

那么由

$$0 \leqslant a_{n-2} \leqslant a_{n-1} \leqslant a_n$$

得出

$$a_n \leqslant a_{n-2} + a_n = a_{n-1} \leqslant a_n$$

因而必须有 $a_{n-2}=0$，并且 $a_{n-1}=a_n$. 由

$$1=\sum_{i=1}^{n} a_i a_{i+1}=a_{n-1}a_n$$

我们有

$$a_{n-1}=a_n=1$$

因此

$$\sum_{i=1}^{n} a_i=a_{n-1}+a_n=2$$

(2) $a_1\neq 0$. 如果我们设 $a_0=a_n$，那么有

$$\frac{\partial G}{\partial a_i}=1-\lambda(a_{i-1}+a_{i+1})=0, i=1,\cdots,n$$

我们看到除了 $n=4$ 时，对每个 i，$a_{i-1}+a_{i+1}$ 都是相同的. 当 $n=4$ 时，所有的 a_i 都相等. 对 $n=2$ 或 3，可以直接得出结论. 当 $n\geqslant 5$ 时，我们有 $a_1=a_5$ 以及 $a_4=a_n$. 由于 $a_i\leqslant a_{i+1}$，这就得出 $a_1=\cdots=a_n$. 从 $1=\sum_{i=1}^{n} a_i a_{i+1}=na_i^2$，我们得出 $a_i=\frac{1}{\sqrt{n}}$，因此 $\sum_{i=1}^{n} a_i=\sqrt{n}$.

当 $n=4$ 时，由对每个 i，$a_{i-1}+a_{i+1}$ 都是相同的可以得出

$$a_1+a_3=a_2+a_4$$

这就有 $a_1=a_2$ 以及 $a_3=a_4$，由 $1=\sum_{i=1}^{4} a_i a_{i+1}$，我们看出 $a_1+a_3=1$，因此 $\sum_{i=1}^{4} a_i=2$.

以上讨论可综合如下：对 $n=2$ 或 3，当 $a_i=\frac{1}{\sqrt{n}}$ 时，

$\sum_{i=1}^{n} a_i$ 的最小值是$\sqrt{n}$；对 $n=4$，当 $a_1=a_2, a_3=a_4, a_1+a_3=1$ 时，$\sum_{i=1}^{n} a_i$ 的最小值是 2；对 $n \geqslant 5$，当 $a_1=\cdots=a_{n-2}=0, a_{n-1}=a_n=1$ 时，$\sum_{i=1}^{n} a_i$ 的最小值是 2.

浙江省温州育英国际实验学校的林逸沿老师曾提出了如下问题：

例 24 已知 $b_1<b_2<\cdots<b_n$ 为正实数，求对任意满足 $a_1+a_2+\cdots+a_n=1$ 的非负实数 $a_1, a_2, \cdots, a_n$ 都有 $\sum_{1 \leqslant i<j \leqslant n} b_i b_j a_i a_j \leqslant \frac{1}{4} b_{n-1} b_n$ 成立的充要条件.

上海市上海中学的刘胤辰老师给出了这个充要条件并证明了如下定理.

定理 2 设 $b_1<b_2<\cdots<b_n$ 为正实数，$n \geqslant 3$ 为整数，则不等式

$$\sum_{1 \leqslant i<j \leqslant n} b_i b_j a_i a_j \leqslant \frac{1}{4} b_{n-1} b_n \tag{22}$$

对任意满足 $a_1+a_2+\cdots+a_n=1$ 的非负实数 $a_1, a_2, \cdots, a_n$ 成立的充要条件是

$$\sum_{j=k}^{n} \frac{1}{b_j} \leqslant \frac{n-k}{b_k} \tag{23}$$

对任意的 $k \in\{1,2, \cdots, n-2\}$ 成立.

解 首先证明充分性.

设 $f(a_1, a_2, \cdots, a_n)=\sum_{1 \leqslant i<j \leqslant n} b_i b_j a_i a_j$，先来说明当 $f(a_1, a_2, \cdots, a_n)$ 取最大值时，有 $a_1 \leqslant a_2 \leqslant \cdots \leqslant a_n$.

假设命题不成立，则必然存在 k，使得 $a_k>a_{k+1}$，

考查

$$f(a_1,\cdots,a_{k+1},a_k,\cdots,a_n)-f(a_1,\cdots,a_k,a_{k+1},\cdots,a_n)$$

$$=(a_{k+1}-a_k)(b_k-b_{k+1})\left(\sum_{i=1}^{k-1}b_ia_i+\sum_{i=k+2}^{n}b_ia_i\right)\leqslant 0$$

这与最大性矛盾！故当 $f(a_1,a_2,\cdots,a_n)$ 取得最大值时，有 $a_1\leqslant a_2\leqslant\cdots\leqslant a_n$.

于是设 $a_1\leqslant a_2\leqslant\cdots\leqslant a_n$，在此条件下，我们用数学归纳法证明式(22).

当 $n=3$ 时，设 $f(a_1,a_2,a_3)=b_1b_2a_1a_2+b_1b_3a_1a_3+b_2b_3a_2a_3$，在式(23)中取 $n=3,k=1$ 知，$\frac{1}{b_1}+\frac{1}{b_2}+\frac{1}{b_n}\leqslant\frac{2}{b_1}$，即有 $b_1(b_2+b_3)\leqslant b_2b_3$，故

$$\begin{aligned}f(a_1,a_2,a_3)&=b_1a_1(b_2a_2+b_3a_3)+b_2b_3a_2a_3\\&\leqslant b_1a_1(b_2+b_3)a_3+b_2b_3a_2a_3\\&\leqslant b_2b_3a_1a_3+b_2b_3a_2a_3\\&=b_2b_3(a_1+a_2)a_3\leqslant\frac{1}{4}b_2b_3\end{aligned}$$

可知 $n=3$ 时，式(22)成立.

假设当 $n=m$ 时，式(22)成立，则当 $n=m+1$ 时，若 $a_1=0$，则对 $b_2,b_3,\cdots,b_n$ 及 $a_2,a_3,\cdots,a_n$ 利用数学归纳法可知式(22)成立，若 $a_1>0$，则考虑

$$g(a_1,a_2,\cdots,a_n)$$

$$=\sum_{1\leqslant i<j\leqslant n}b_ib_ja_ia_j-\frac{1}{4}b_{n-1}b_n+\lambda(a_1+a_2+\cdots+a_n-1)$$

由 Lagrange 乘数法，有

$$\frac{\partial g}{\partial a_i}=b_i\sum_{j\neq i}b_ja_j+\lambda=0,i=1,2,\cdots,n$$

$$\frac{\partial g}{\partial \lambda}=a_1+\cdots+a_n-1$$

设 $M=\sum_{i=1}^{n} b_i a_i$，则

$$\lambda=-b_i(M-a_i b_i),i=1,2,\cdots,n$$

于是

$$a_i=\frac{M}{b_i}+\frac{\lambda}{b_i^2},i=1,2,\cdots,n$$

故

$$M=\sum_{i=1}^{n} b_i a_i=n,M+\lambda\sum_{i=1}^{n}\frac{1}{b_i}$$

可知
$$M=-\frac{\lambda}{n-1}\sum_{i=1}^{n}\frac{1}{b_i}$$

故

$$a_i=\frac{\lambda}{b_i}\left(\frac{1}{b_i}-\frac{1}{n-1}\sum_{i=1}^{n}\frac{1}{b_i}\right)$$

$$\sum_{i=1}^{n} a_i=\lambda\left(\sum_{i=1}^{n}\frac{1}{b_i^2}-\frac{1}{n-1}\left(\sum_{i=1}^{n}\frac{1}{b_i}\right)^2\right)=1$$

由 $a_n\geqslant a_1>0$，知 $a_n,a_1>0$，在式(21)中取 $n=m+1,k=1$，知 $\sum_{i=1}^{n}\frac{1}{b_i}\leqslant\frac{n-1}{b_i}$，又有

$$\frac{1}{b_n}<\frac{n}{(n-1)b_n}<\frac{1}{n-1}\sum_{i=1}^{n}\frac{1}{b_i}\leqslant\frac{1}{b_i}$$

故由

$$a_n=\frac{\lambda}{b_n}\left(\frac{1}{b_n}-\frac{1}{n-1}\sum_{i=1}^{n}\frac{1}{b_i}\right)>0$$

知 $\lambda<0$，但由

$$a_1=\frac{\lambda}{b_1}\left(\frac{1}{b_n}-\frac{1}{n-1}\sum_{i=1}^{n}\frac{1}{b_i}\right)>0$$

知$\lambda>0$,矛盾! 这就说明$g(a_1,a_2,\cdots,a_n)$取到最大值时,一定有$a_1=0$,与假设$a_1>0$矛盾!

综上,$n=m+1$时,式(27)得证,由归纳原理知式(22)成立.

接下来证明必要性.

假设式(23)不成立,即存在$k\in\{1,2,\cdots,n-2\}$,满足$\sum\limits_{i=k}^{n}\frac{1}{b_i}>\frac{n-k}{b_k}$.

令

$$a_1=\cdots=a_{k-1}=0$$

$$a_i=\frac{\left(B-\frac{1}{b_i}\right)\frac{1}{b_i}}{A},i=k,\cdots,n$$

其中

$$A=\frac{1}{n-k}\left(\sum_{i=k}^{n}\frac{1}{b_i}\right)^2-\sum_{i=k}^{n}\frac{1}{b_i^2}$$

$$B=\frac{1}{n-k}\sum_{i=k}^{n}\frac{1}{b_i}$$

注意到

$$B>\frac{1}{b_k}$$

$$A=\frac{1}{n-k}\left(\sum_{i=k}^{n}\frac{1}{b_i}\right)^2-\sum_{i=k}^{n}\frac{1}{b_i^2}$$

$$>\frac{1}{b_k}\sum_{i=k}^{n}\frac{1}{b_i}-\sum_{i=k}^{n}\frac{1}{b_i^2}>0$$

故可知$a_i>0(i=k,\cdots,n)$,且

$$\sum_{i=1}^{n}a_i=\sum_{i=k}^{n}a_i=\frac{B\sum\limits_{i=k}^{n}\frac{1}{b_i}-\sum\limits_{i=k}^{n}\frac{1}{b_i^2}}{A}=\frac{A}{A}=1$$

则

$$
\begin{aligned}
&\sum_{1\leqslant i<j\leqslant n} b_i b_j a_i a_j \\
=&\sum_{k\leqslant i<j\leqslant n} b_i b_j a_i a_j \\
=&\frac{1}{A^2}\sum_{k\leqslant i<j\leqslant n}\left(B-\frac{1}{b_i}\right)\left(B-\frac{1}{b_j}\right) \\
=&\frac{1}{2A^2}\left[\binom{n-k+1}{2}B^2-(n-k)^2B^2-\sum_{i=k}^{n}\frac{1}{b_i^2}\right] \\
=&\frac{1}{2A^2}\left(-(n-k)(n-k-1)B^2+(n-k)^2B^2-\sum_{i=k}^{n}\frac{1}{b_i^2}\right) \\
=&\frac{1}{2A^2}\left((n-k)B^2-\sum_{i=k}^{n}\frac{1}{b_i^2}\right)=\frac{1}{2A}
\end{aligned}
$$

故 $\sum\limits_{1\leqslant i<j\leqslant n} b_i b_j a_i a_j > \frac{1}{4}b_{n-1}b_n$ 等价于 $\frac{1}{2A} > \frac{1}{4}b_{n-1}b_n$，即 $A < \frac{2}{b_{n-1}b_n}$，亦即

$$
\left(\frac{1}{b_{n-1}}+\frac{1}{b_n}\right)^2+\frac{1}{b_k^2}+\cdots+\frac{1}{b_{n-2}^2} > \frac{1}{n-k}\left(\sum_{i=k}^{n}\frac{1}{b_i}\right)^2
$$

而由 Cauchy 不等式知

$$
\frac{1}{b_k^2}+\cdots+\frac{1}{b_{n-2}^2}+\left(\frac{1}{b_{n-1}}+\frac{1}{b_n}\right)^2 \geqslant \frac{1}{n-k}\left(\sum_{i=k}^{n}\frac{1}{b_i}\right)^2
$$

当 $\frac{1}{b_k}=\cdots=\frac{1}{b_{n-2}}=\frac{1}{b_{n-1}}+\frac{1}{b_n}(k\leqslant n-2)$ 时等号成立，而这与 $\sum\limits_{i=k}^{n}\frac{1}{b_i} > \frac{n-k}{b_k}$ 矛盾！故可知 $\frac{1}{2A} > \frac{1}{4}b_{n-1}b_n$ 成立. 于是 $\sum\limits_{1\leqslant i<j\leqslant n} b_i b_j a_i a_j$ 的最大值必然大于 $\frac{1}{4}b_{n-1}b_n$，矛盾！

综上知式(23)成立. 必要性得证.

1.4 Lagrange 乘数法在数学奥林匹克中的应用

Lagrange 乘数法允许我们在只考虑某个曲面上点的约束条件,求得函数的极值. 先引入一些符号,我们将要考虑的情况如下. 定义在 $\mathscr{D} \subseteq \mathbf{R}^n$ 上的函数 $f(x_1, x_2, \cdots, x_n)$. 我们想要找到 f 在点 $(x_1, x_2, \cdots, x_n) \in \mathscr{D}$ 处的极大值或极小值,并且满足约束条件 $g_i(x_1, x_2, \cdots, x_n) = 0, 1 \leqslant i \leqslant m, m < n$. 假设函数 f 和 $g_1, g_2, \cdots, g_m$ 都是在 $\mathscr{D}$ 上可微的(因此也是连续的). 可以将约束条件 g_i 视为定义在 $\mathscr{D}$ 上的曲面 S,即

$$S = \{(x_1, x_2, \cdots, x_n) \in \mathscr{D}: g_i(x_1, x_2, \cdots, x_n) = 0, 1 \leqslant i \leqslant m\}$$

并且我们可以把这个问题看作在曲面 S 上求 f 的极值.

第一个难题是,即使我们假设所有的 g_i 都是可微的函数,这也不足以保证曲面 S 是"光滑的". 若 $\mathbf{R}^n$ 上的 m 个向量

$$\nabla g_1(x) = \left(\frac{\partial g_i(x)}{\partial x_1}, \frac{\partial g_i(x)}{\partial x_2}, \cdots, \frac{\partial g_i(x)}{\partial x_n}\right)$$

是线性无关的,则称曲面 S 在点 $x = (x_1, x_2, \cdots, x_n) \in S$ 处是光滑的. 对于 $m = 1$ 的特殊情形,也是我们考虑的大多数情况,线性无关只意味着我们要求 $\nabla g_1(x)$ 为非零. 如果它在每个点 $x \in S$ 都是光滑的,那么我们就称 S 是光滑的. 这是一个(深刻的) 定理. 如果从这

个意义上说 S 是光滑的，那么这是一个很好的 $n-m$ 维空间，在这里，我们将不做更精确的解释. 注意，即使我们说 S 是光滑的，这个条件实际上也取决于 g_i. 如果我们用 g_1^2 替换 g_1，那么曲面 S 不会改变，但是对所有 $x \in S$ 有 $\nabla g_1^2(x)=2g_1(x)\nabla g_1(x)=0$. 因此，由约束条件 $g_1, g_2, \cdots, g_m$ 来定义的 S 是光滑的会更好(但会更烦琐).

现在我们陈述主要的定理，而不给出证明，稍后我们将介绍一些例题来了解这种方法是如何运作的.

定理(Lagrange 乘数)　设 $f(x_1, x_2, \cdots, x_n)$ 为定义域 $\mathcal{D} \subseteq \mathbf{R}^n$ 上的可微函数，并设

$$g_i(x_1, x_2, \cdots, x_n)=0, i=1,2,\cdots,m, m \leqslant n$$

是定义在光滑曲面 S 上的可微函数. 如果函数 f 在 S 上的点 $x \in S$ 处有极大值或极小值，那么对于选取的某些常数 λ_i，$1 \leqslant i \leqslant m$，$x$ 是函数

$$L=f-\sum_{i=1}^{k}\lambda_i g_i$$

的临界点.

因为我们已经假设 f 和 g_i 都是可微的，所以函数 L 的临界点是点 $x^0=(x_1^0, x_2^0, \cdots, x_n^0)$，使得 $\nabla L=0$，即 L 对变量 $x_1, x_2, \cdots, x_n$ 的偏导数均为零的那一点.

第二个难题巧妙地隐藏在上述定理的陈述中. 如果有一个最大值或最小值，那么它就在临界点上. 但在定理的陈述中没有任何内容保证最大值或最小值必须存在. 危险在于可能会有趋于 $\mathcal{D}$ 的“端点”的点列 $x^k=(x_1^k, x_2^k, \cdots, x_n^k)$，这些点处依次给出更大(或更小)的

f 值. 如果 $\mathcal{D}=\mathbf{R}^n$ 且 S 是有界的,那么这就不会发生,并且极值定理保证了最大值和最小值的存在. 如果 S 有界且 f 可以连续延拓到 S 的闭包,那么最大值和最小值要么在临界点,要么在 S 的边界上.

这两个难题的方便之处在于,它们的解决在很大程度上取决于函数 g_i 和曲面 S. 因此通过学习例题,读者将会了解越来越多的 Lagrange 乘数法可以应用的情形,并且使用起来也会越来越容易.

一旦检验了 Lagrange 乘数法是否适用,应用它们的步骤可以概括为:

(1) 建立基于 L 对未知数 $x_1,x_2,\cdots,x_n$ 和该问题约束条件的偏导数的方程组. 函数 $-g_i$ 是 L 关于 $\lambda_1,\lambda_2,\cdots,\lambda_m$ 的偏导数,所以有些人认为这是寻找 L 关于 $n+m$ 个变量 $x_1,x_2,\cdots,x_n,\lambda_1,\lambda_2,\cdots,\lambda_m$ 的临界点. 无论如何,方程均为

$$\frac{\partial}{\partial x_1}L(x_1,x_2,\cdots,x_n)=0$$
$$\vdots$$
$$\frac{\partial}{\partial x_n}L(x_1,x_2,\cdots,x_n)=0$$
$$g_1(x_1,x_2,\cdots,x_n)=0$$
$$\vdots$$
$$g_m(x_1,x_2,\cdots,x_n)=0$$

(2) 求解此方程组以获得 $x_1,x_2,\cdots,x_n$ 和 $\lambda_1,\lambda_2,\cdots,\lambda_m$. 我们其实只关于 $x_1,x_2,\cdots,x_n$ 的值.

(3) 一旦找到所有的临界点,将它们代入 f 以查看哪个是最大值或最小值.

求解方程可能很困难，但通过一些技巧可以解决. 我们将提供一些例题来了解此方法的工作原理.

例 1 设设 a,b,c 为非负实数，使得

$$a^2+b^2+c^2=3$$

证明

$$ab+bc+ca+a^2b+b^2c+c^2a\leqslant 6$$

证明 由条件可知 a,b,c 非负，自然定义域为 $\mathcal{D}=(0,\infty)^3$，且想要求最大值的函数

$$f(a,b,c)=ab+bc+ca+a^2b+b^2c+c^2a$$

和约束条件 $g(a,b,c)=a^2+b^2+c^2-3$ 在定义域内均可微.（可以更精明一点，去掉非负性条件并取 $\mathcal{D}=\mathbf{R}^3$，从而避免了我们稍后将遇到的边界情况. 不过，我们不会这样做.）约束条件 g 的导数向量（也称为 g 的梯度）为 $\nabla g(a,b,c)=(2a,2b,2c)$，并且只在 $(a,b,c)=(0,0,0)$ 处为零，这不是球 $a^2+b^2+c^2=3$ 上的点，因此曲面 S 是光滑的. 由于 S 有界，f 在 S 上的最大值和最小值要么在 S 的边界上（此时 a,b,c 中的至少一个等于 0），要么要 S 的内部. 在第二种情况下，我们可以应用 Lagrange 乘数法来分析它们.（请注意，我们没有使用任何超出 f 的连续性和可微性的性质来进行这些推理.）

定义

$$L(a,b,c;\lambda)=a^2b+b^2c+c^2a+ab+bc+ca-\lambda(a^2+b^2+c^2-3)$$

从 L 的偏导数得到的方程组为

$$\begin{cases}\dfrac{\partial}{\partial a}L(a,b,c;\lambda)=2ab+c^2+b+c-2\lambda a=0\\ \dfrac{\partial}{\partial b}L(a,b,c;\lambda)=2bc+a^2+c+a-2\lambda b=0\\ \dfrac{\partial}{\partial c}L(a,b,c;\lambda)=2ca+b^2+a+b-2\lambda c=0\end{cases}$$

(当然,我们也有约束条件 $a^2+b^2+c^2=3$.)将所有的三个等式相加,可得

$$2\lambda(a+b+c)=(a+b+c)^2+2(a+b+c)$$

于是 $2\lambda=a+b+c+2$. 而对于临界点有

$$\begin{aligned}&a(2ab+c^2+b+c)+b(2bc+a^2+c+a)+\\&c(2ca+b^2+a+b)\\=&2\lambda\sum a^2=6\lambda\end{aligned}$$

注意到,此方程的右边为

$$\begin{aligned}&2(ab+bc+ca)+3(a^2b+b^2c+c^2a)\\=&3f(a,b,c)-(ab+bc+ca)\end{aligned}$$

我们发现在任何临界点有

$$f(a,b,c)=2\lambda+\frac{ab+bc+ca}{3}$$

由于 $ab+bc+ca\leqslant a^2+b^2+c^2=3$,以及

$$2\lambda=a+b+c+2\leqslant\sqrt{3\sum a^2}+2=5$$

可见在此临界点处有 $f(a,b,c)\leqslant 6$,且实际上(1,1,1)为临界点,满足 $f(1,1,1)=6$.

现在让我们来分析S边界上的性质. 比如 $c=0$,可得 $a^2+b^2=3$ 且

$$\begin{aligned}f(a,b,c)&=a^2b+ab=ab(a+1)<ab(3+1)\\&=4ab\leqslant 2(a^2+b^2)=6\end{aligned}$$

由于在 S 的边界上有 $f<6$，且在任何临界点有 $f\leqslant 6$，我们推出 $f\leqslant 6$，并在临界点 $(a,b,c)=(1,1,1)$ 取得全局极大值.

例 2(安振平，数学反思)　设 a,b,c 为正实数，使得 $abc=1$. 证明

$$\frac{1}{a}+\frac{1}{b}+\frac{1}{c}+\frac{2}{a^2+b^2+c^2}\geqslant\frac{11}{3}$$

证明　自然定义域为 $\mathcal{D}=(0,\infty)^3$，且在此定义域上

$$\nabla g(a,b,c)=(bc,ac,ab)$$

永不为零. 因此，我们研究光滑曲面

$$S=\{(a,b,c)\in(0,\infty)^3\mid abc=1\}$$

若有一个变量，比如 a，趋于 ∞，则至少有另一个，比如 b，趋于 0，且 $\frac{1}{b}$ 趋于 ∞，因此 f 也趋于 ∞. 所以函数

$$f(a,b,c)=\frac{1}{a}+\frac{1}{b}+\frac{1}{c}+\frac{2}{a^2+b^2+c^2}$$

在 S 上存在最小值. 因此，我们可使用 Lagrange 乘数法寻找它. 定义

$$L(a,b,c;\lambda)=f(a,b,c)-\lambda(abc-1)$$

对 L 求偏导数，可得方程组

$$\begin{cases}-\dfrac{1}{a^2}-\dfrac{4a}{(a^2+b^2+c^2)^2}=\lambda bc\\ -\dfrac{1}{b^2}-\dfrac{4b}{(a^2+b^2+c^2)^2}=\lambda ca\\ -\dfrac{1}{c^2}-\dfrac{4c}{(a^2+b^2+c^2)^2}=\lambda ab\end{cases}$$

且有 $abc=1$，用 a 乘以第一个方程，减去 b 乘以第二个

方程,可得

$$\frac{1}{a}-\frac{1}{b}=\frac{4(b^2-a^2)}{(a^2+b^2+c^2)^2}$$

若 $a\neq b$,则

$$4ab(a+b)=(a^2+b^2+c^2)^2$$

现不失一般性,假设 $c=\max(a,b,c)\geqslant 1$,则由于 $1\geqslant ab$,有

$$a^2+b^2+c^2\geqslant 3(abc)^{\frac{2}{3}}=3$$

以及

$$a^2+b^2+c^2\geqslant\frac{3}{2}(a^2+b^2)\geqslant\frac{3(a+b)^2}{4}$$

又有

$$\begin{aligned}4(a+b)\geqslant 4ab(a+b)&=(a^2+b^2+c^2)\\&\geqslant 3^{\frac{3}{2}}\frac{\sqrt{3}(a+b)}{2}\\&=\frac{9}{2}(a+b)\end{aligned}$$

矛盾,因此 $a=b\leqslant 1\leqslant c$. 现假设 $a<1<c$,然后通过与上面相同的论证,我们得到

$$4ac(a+c)=(2a^2+c^2)^2$$

但由不等式

$$2a^2+c^2\geqslant 2\sqrt{2}ac,2a^2+c^2\geqslant\frac{2(a+c)^2}{3},2a^2+c^2\geqslant 3$$

可得

$$\begin{aligned}4ac(a+c)=(2a^2+c^2)^2&\geqslant 2\sqrt{2}ac\cdot\sqrt{\frac{2}{3}}(a+c)\cdot\sqrt{3}\\&=4ac(a+c)\end{aligned}$$

因此，我们必须在每一个不等式中都取等，这是不可能的，因为取等条件不同.

因此，唯一的临界点，必定是最小值，在 $a=b=c=1$ 时取得，且 f 在 S 上的最小值为 $f(1,1,1)=\frac{11}{3}$.

例 3(Marius Stănean，数学反思)　设 a,b,c,d 为非负实数，使得 $ab+ac+ad+bc+bd+cd=6$，证明

$$a+b+c+d+(3\sqrt{2}-4)abcd \geqslant 3\sqrt{2}$$

证明　约束函数

$$g(a,b,c,d)=ab+ac+ad+bc+bd+cd-6$$

在定义域 $\mathcal{D}=(0,\infty)^4$ 上的梯度为

$$\nabla g=(b+c+d,a+c+d,a+b+d,a+b+c)$$

这不可能为零向量. 因此曲面

$$S=\{(a,b,c,d)\in(0,\infty)^4: ab+ac+ad+bc+bd+cd=6\}$$

是光滑的. 我们需要确定函数

$$f(a,b,c,d)=a+b+c+d+(3\sqrt{2}-4)abcd$$

在 S 上的最小值.

首先，让我们看看如果我们趋于 $\mathcal{D}$ 的边界会发生什么. 如何任何变量趋于无穷大，那么显然 f 也趋于无穷大. 因此，我们只需要担心一个(或多个)变量等于零的情况. 如果说 $d=0$，那么对于满足 $ab+bc+ca=6$ 的非负实数 a,b,c，不等式变成 $a+b+c\geqslant 3\sqrt{2}$，这是对的，因为 Maclaurin 不等式给出

$$a+b+c\geqslant\sqrt{3(ab+bc+ca)}=3\sqrt{2}$$

由于不等式在边界上成立，如果它在某个地方失效. 那

么它必定在 S 的内部失效，因此在 S 内部失效的地方必定取得 f 的最小值. 我们可以用 Lagrange 乘数法来寻找这样一个极小值.

定义

$$L(a,b,c,d;\lambda)=f(a,b,c,d)-\lambda(ab+ac+ad+bc+bd+cd-6)$$

那么由 L 的偏导数给出的方程组是

$$\begin{cases}1+(3\sqrt{2}-4)bcd=\lambda(b+c+d) & (1)\\ 1+(3\sqrt{2}-4)cda=\lambda(c+d+a) & (2)\\ 1+(3\sqrt{2}-4)dab=\lambda(d+a+b) & (3)\\ 1+(3\sqrt{2}-4)abc=\lambda(a+b+c) & (4)\end{cases}$$

由于不等式是对称的，我们必须考查以下五种情形：

情形 1　a,b,c,d 均相等.

显然，此情形下可得 $a=b=c=d=1$，且在此临界点下有 $f(1,1,1,1)=3\sqrt{2}$.

情形 2　a,b,c,d 均不同.

将方程(2) 减去方程(1) 可得 $(3\sqrt{2}-4)cd(a-b)=\lambda(a-b)\Rightarrow\lambda-(3\sqrt{2}-4)cd$. 类似的，两两相减可得 $ab=bc=cd=da=ac=bd$，这使得 $a=b=c=d=1$(使用约束条件). 因此，对于不同的 a,b,c,d 没有临界点.

情形 3　$a=b$ 和 b,c,d 不同.

将方程(3) 减去方程(2) 以及方程(4) 减去方程(3)，我们得到 $ab=ad$，这意味着 $b=d$，与我们最初的假设相矛盾. 因此，没有与这种情况对应的临界点.

情形 4 $a=b=c\neq d$.

将方程(1)减去方程(4),得到$\lambda=(3\sqrt{2}-4)bc$. 把此式代回方程(1),可得

$$1+(3\sqrt{2}-4)a^2d=(3\sqrt{2}-4)a^2(2a+d)$$

$$\Rightarrow a^3=(2(3\sqrt{2}-4))^{-1}$$

结合约束条件 $d(a+b+c)+ab+bc+ca=6$,表明 $a^2+ad=2$. 因此,有一个临界点与本情形相对应. 在这个临界点处,计算

$$\begin{aligned}f(a,b,c,d)-3\sqrt{2}&=3a+d+(3\sqrt{2}-4)a^3d-3\sqrt{2}\\&=3a+d+\frac{d}{2}-3\sqrt{2}\\&=\frac{3}{2}(2a+d-2\sqrt{2})\\&=\frac{3}{2a}(2a^2+ad-2\sqrt{2}a)\\&=\frac{3}{2a}(a^2+2-2\sqrt{2}a)\\&=\frac{3(a-\sqrt{2})^2}{2a}>0\end{aligned}$$

从而,在这个临界点处有 $f>3\sqrt{2}$.

情形 5 $a=b\neq c=d$.

将方程(4)减去方程(2),可得$\lambda=(3\sqrt{2}-4)ac$,并将此式代回方程组并化简,再将方程(1)减去方程(4)可得

$$(3\sqrt{2}-4)ac(a+c)=1$$

而此情形下约束条件为 $a^2+4ac+c^2=6$. 将其写成

$$(a+c)^2+ac+ac=6$$

并利用 AM-GM 不等式可得

$$ac(a+c)\leqslant\left(\frac{(a+c)^2+ac+ac}{3}\right)^{\frac{3}{2}}=2\sqrt{2}$$

故

$$(3\sqrt{2}-4)ac(a+c)\leqslant 12-8\sqrt{2}<1$$

因此,在此情形下没有临界点.

最后,我们得出结论,当$(a,b,c,d)=(1,1,1,1)$或$(a,b,c,d)=(\sqrt{2},\sqrt{2},\sqrt{2},0)$及其轮换时,$f$取得最小值$3\sqrt{2}$.

例4(Marius Stănean,数学反思)　设a,b,c,d,e,f为实数,使得

$$a+b+c+d+e+f=15$$
$$a^2+b^2+c^2+d^2+e^2+f^2=45$$

证明$abcdef\leqslant 160$.

证明　在定义域$\mathcal{D}=\mathbf{R}^6$中,两个约束函数

$$g_1(a,b,c,d,e,f)=a+b+c+d+e+f-15$$

和

$$g_2(a,b,c,d,e,f)=a^2+b^2+c^2+d^2+e^2+f^2-45$$

具有梯度

$$\nabla g_1(a,b,c,d,e,f)=(1,1,1,1,1,1)$$
$$\nabla g_2(a,b,c,d,e,f)=(2a,2b,2c,2d,2e,2f)$$

只在$a=b=c=d=e=f$时,这两个向量线性相关(平行).然而,很容易看出满足这两个约束函数的点都没有这种形式.因此曲面

$$S=\{(a,b,c,d,e,f):a+b+c+d+e+f=15,$$
$$a^2+b^2+c^2+d^2+e^2+f^2=45\}$$

是光滑的.由于 S 上的任何点都有 $|a|,|b|,\cdots,|f|\leqslant 7$,因此 S 是有界的,所以 $F(a,b,c,d,e,f)=abcdef$ 在S上存在最大值,我们可以使用Lagrange乘数法来找到它.

那么 Lagrange 函数定义在 $\mathcal{D}$ 上

$$L=abcdef-\lambda(a+b+c+d+e+f-15)-\mu(a^2+b^2+c^2+d^2+e^2+f^2-45)$$

由 L 的一阶偏导数得到方程组为

$$\begin{cases}bcdef=\lambda+2\mu a\\cdefa=\lambda+2\mu b\\defab=\lambda+2\mu c\\efabc=\lambda+2\mu d\\fabcd=\lambda+2\mu e\\abcde=\lambda+2\mu f\end{cases}$$

若令 $h(x)=2\mu x^2+\lambda x-abcdef$,那么由上面的关系表示可知 a,b,c,d,e,f 都是$h(x)$的根.但是由于$h(x)$ 关于 x 是二次的,由此可知集合$\{a,b,c,d,e,f\}$最多有两个不同的元素.

由于不等式是对称的,我们必须考查以下情形:

情形 1 $a=b=c=d=e=f$.这种情形很容易被否定,因为如上所述,给定的约束条件不能同时满足.

情形 2 $a=b=c=d=e\neq f$.由假设条件给出

$$\begin{cases}5a+f=15\\5a^2+f^2=45\end{cases}$$

此方程组有两个解 $a=3,f=0$ 和 $a=2,f=5$.在第一种情形下,有 $F=3^5\times 0=0$;在第二种情形下,有 $F=$

$2^5 \times 5 = 160$.

情形3　$a=b=c=d, e=f$. 现在我们要解下面的方程组

$$\begin{cases} 4a+2f=15 \\ 4a^2+2f^2=45 \end{cases}$$

该方程组有以下两组解

$$a=\frac{10-\sqrt{10}}{4}, f=\frac{5+\sqrt{10}}{2}$$

和

$$a=\frac{10+\sqrt{10}}{4}, f=\frac{5-\sqrt{10}}{2}$$

代入这些值，我们可以发现两种情形下均有 $F=\frac{125}{256}(247 \pm 14\sqrt{10}) < 160$.

情形4　$a=b=c \neq d=e=f$. 如前所述，我们必须求解以下由问题的初始条件推导出的方程

$$\begin{cases} 4a+3f=15 \\ 3a^2+3f^2=45 \end{cases}$$

解为

$$a=\frac{5+\sqrt{5}}{4}, f=\frac{5-\sqrt{5}}{2} \text{ 和 } a=\frac{5-\sqrt{5}}{4}, f=\frac{5+\sqrt{5}}{2}$$

对于这些值，可得 $L=125$.

因此，我们证明了 L 的最大值为 160，或等价于

$$abcdef \leqslant 160$$

正如我们希望证明的那样，且在 $a=b=c=d=e=2$ 和 $f=5$ 及其轮换时取得等号.

例5(Pham Kim Hung)　设 a,b,c,d 为非负实

数，使得

$$(a+b+c+d)^2=3(a^2+b^2+c^2+d^2)$$

证明不等式

$$a^4+b^4+c^4+d^4 \geqslant 28abcd$$

证明　由不等式的齐次性可令 $a+b+c+d=6$，故 $a^2+b^2+c^2+d^2=12$. 在定义域 $\mathcal{D}=(0,\infty)^4$ 上，两个约束函数

$$g_1(a,b,c,d)=a+b+c+d-6$$

和

$$g_2(a,b,c,d)=a^2+b^2+c^2+d^2-12$$

的梯度为

$$\nabla g_1(a,b,c,d)=(1,1,1,1)$$

$$\nabla g_2(a,b,c,d)=(2a,2b,2c,2d)$$

只在 $a=b=c=d$ 时线性相关（平行），而很容易看出，在这种情形下，不能同时满足这两个约束. 因此曲面

$$S=\{(a,b,c,d)\in(0,\infty)^4: a+b+c+d=6,$$
$$a^2+b^2+c^2+d^2=12\}$$

是光滑的. 由于 S 有界，所以

$$f(a,b,c,d)=a^4+b^4+c^4+d^4-28abcd$$

在 S 上的最小值要么出现在边界上，即 a,b,c,d 中的一个（或多个）为零，要么出现在 $L(a,b,c,d;\lambda,\mu)=a^4+b^4+c^4+d^4-28abcd-\lambda(a+b+c+d-6)-\mu(a^2+b^2+c^2+d^2-12)$ 上的临界点.

首先，让我们看看在曲面 S 的边界上发生了什么. 如果设 $d=0$，那么 Cauchy-Schwarz 不等式给出

$$36=3(a^2+b^2+c^2)\geqslant(a+b+c)^2=36$$

因此,我们必须在取等条件下,故

$$a=b=c=2, f(a,b,c,d)=48>0$$

(此论据的一个稍微不同的变形表明,这两个约束条件实际上意味着 $a,b,c,d\geqslant 0$,故我们可以取 $\mathcal{D}=\mathbf{R}^4$ 并避免此步骤.)

接下来,我们应用 Lagrange 乘数法来寻找临界点.由 L 的一阶偏导数得出的方程组为

$$\begin{cases}4a^3-28bcd=\lambda+2\mu a & (5)\\ 4b^3-28cda=\lambda+2\mu b & (6)\\ 4c^3-28dab=\lambda+2\mu c & (7)\\ 4d^3-28abc=\lambda+2\mu d & (8)\end{cases}$$

将上述方程组的任意两个方程相减,我们得到

$$(b-a)(a^2+ab+b^2+7cd-\frac{\mu}{2})=0$$

$$(c-a)(a^2+ac+c^2+7bd-\frac{\mu}{2})=0$$

$$(d-a)(a^2+ad+d^2+7bc-\frac{\mu}{2})=0$$

$$(b-c)(b^2+bc+c^2+7ad-\frac{\mu}{2})=0$$

$$(b-d)(b^2+bd+d^2+7ac-\frac{\mu}{2})=0$$

$$(c-d)(c^2+cd+d^2+7ab-\frac{\mu}{2})=0$$

由于不等式是对称的,我们必须考查以下五种情形:

情形1　a,b,c,d 均相等($a=b=c=d$).这种情况很容易被否定,因为如上所述,给定的约束条件不能同时满足.

情形 2 a,b,c,d 为不同数. 根据上述关系式,我们推出

$$(a^2+ab+b^2+7cd)-(a^2+ac+c^2+7bd)=0$$
$$\Rightarrow a+b+c=7d$$
$$(a^2+ab+b^2+7cd)-(a^2+ad+d^2+7bc)=0$$
$$\Rightarrow a+b+d=7c$$

故 $c=d$. 因此,对于不同的数 a,b,c,d 不会出现临界点.

情形 3 $a=b$ 和 b,c,d 是不同数. 我们推出

$$(a^2+ac+c^2+7bd)-(a^2+ad+d^2+7bc)=0$$
$$\Rightarrow a+c+d=7b=7a$$

故

$$a=b=\frac{3}{4}, c+d=\frac{9}{2}, c^2+d^2=\frac{87}{8}, cd=\frac{75}{16}$$

因此 c 和 d 是 $x^2-\frac{9}{2}x+\frac{75}{16}=0$ 的两个根,即 $c,d=\frac{9\pm\sqrt{6}}{4}$. 所以此情形下有两个临界点

$$\left(\frac{3}{4},\frac{3}{4},\frac{9-\sqrt{6}}{4},\frac{9+\sqrt{6}}{4}\right) 和 \left(\frac{3}{4},\frac{3}{4},\frac{9+\sqrt{6}}{4},\frac{9-\sqrt{6}}{4}\right)$$

在两种临界点处均有 $f=\frac{9}{8}>0$.

情形 4 $a=b=c\neq d$. 我们必须求解下面的方程组

$$\begin{cases}3a+d=6\\3a^2+d^2=12\end{cases}$$

该方程组有以下两组解 $a=1,d=3$ 和 $a=2,d=0$. 第一种情形给出临界点$(a,b,c,d)=(1,1,1,3)$,此时 $f=48$. 第二种情形是在 S 的边界上,已经进行了分析.

情形5 $a=b\neq c=d$. 那么,我们有下面的方程组

$$\begin{cases}a+c=3\\a^2+c^2=6\end{cases}$$

它具有以下两组解

$$a=\frac{3+\sqrt{3}}{2},c=\frac{3-\sqrt{3}}{2} \text{ 和 } a=\frac{3-\sqrt{3}}{2},c=\frac{3+\sqrt{3}}{2}$$

因此,我们得到 S 内部的另外两个临界点

$$\left(\frac{3+\sqrt{3}}{2},\frac{3+\sqrt{3}}{2},\frac{3-\sqrt{3}}{2},\frac{3-\sqrt{3}}{2}\right)$$

和

$$\left(\frac{3-\sqrt{3}}{2},\frac{3-\sqrt{3}}{2},\frac{3+\sqrt{3}}{2},\frac{3+\sqrt{3}}{2}\right)$$

两种情形下均有 $f=0$.

从而,我们证明了 f 的最小值是 0,或等价于

$$a^4+b^4+c^4+d^4\geqslant 28abcd$$

正如我们希望证明的那样.

当

$$(a,b,c,d)=(2,2,2,0)$$

或

$$\left(\frac{3+\sqrt{3}}{2},\frac{3+\sqrt{3}}{2},\frac{3-\sqrt{3}}{2},\frac{3-\sqrt{3}}{2}\right)$$

或其轮换时等号成立.

1.5 Lagrange 乘数法在解硕士研究生入学考试试题中的几个应用

世界著名数学家 A. H. Whitehead 曾指出：变量、形式和一般性这三种概念. 构成了主宰整个数学学科的一种数学三元.

Lagrange 乘数法对于多变量函数的条件极值具有形式统一的一般性手段. 这使得大学生们在进行各类考试时贯用此方法.

下面我们举几个在硕士研究生入学考试时的试题为例.

例 1 求函数 $z=f(x,y)=x^2+4y^2+9$ 在 $D=\{(x,y)\mid x^2+y^2\leqslant 4\}$ 上的最大值与最小值.

解法 1 首先，由 $\begin{cases}f_x(x,y)=2x=0\\ f_y(x,y)=8y=0\end{cases}$，求得 $f(x,y)$ 在 D 内部的驻点 $(0,0)$，且 $f(0,0)=9$.

其次，再由 Lagrange 乘数法求 $f(x,y)$ 在 D 的边界：$x^2+y^2=4$ 上的可能的极值点.

令 $F(x,y)=x^2+4y^2+9+\lambda(x^2+y^2-4)$，则

$$\begin{cases}\dfrac{\partial F}{\partial x}=2x+2\lambda x=0\\ \dfrac{\partial F}{\partial y}=8y+2\lambda y=0\\ x^2+y^2-4=0\end{cases}$$

解得

$$x=0,y=\pm 2,\lambda=-4;x=\pm 2,y=0,\lambda=-1$$

$$f(0,2)=25, f(0,-2)=25$$
$$f(2,0)=13, f(-2,0)=13$$

最后，比较驻点及可能极值点处的值，即得 $f(x, y)$ 在闭区域 D 上的最大值为 25，最小值为 9.

解法 2　同上，求出 $f(x,y)$ 在 D 内部的驻点 $(0,0)$，$f(0,0)=9$.

再考虑 $f(x,y)$ 在 D 的边界：$x^2+y^2=4$ 上取极值的情况.

将 $x^2+y^2=4$ 写为参数方程：$\begin{cases} x=2\cos t \\ y=2\sin t \end{cases}$，并代入 $z=f(x,y)=x^2+4y^2+9$，转化为求 $z=\varphi(t)=f(2\cos t, 2\sin t)=4\cos^2 t+16\sin^2 t+9$ 的极值问题.

令 $\varphi'(t)=24\cos t\cdot\sin t=0$，解得 $t=0,\frac{\pi}{2}$，$\varphi(0)=13$，$\varphi\left(\frac{\pi}{2}\right)=25$.

因为 $\varphi(t)$ 是以 π 为周期的周期函数，所以只要讨论 $t=0,\frac{\pi}{2}$ 即可. 经过比较，即知 $f(x,y)$ 在 D 上的最大值为 25，最小值为 9.

解法 3　同上，求出 $f(x,y)$ 在 D 内部的驻点 $(0,0)$.

再考虑 $f(x,y)$ 在 D 的边界：$x^2+y^2=4$ 上取极值的情况.

$$\begin{aligned} f(x,y)&=x^2+4y^2+9=x^2+4(4-x^2)+9 \\ &=25-3x^2 \quad (-2\leqslant x\leqslant 2) \end{aligned}$$

记 $g(x)=25-3x^2$，$-2\leqslant x\leqslant 2$，则由 $g'(x)=0$，得

驻点 $x=0$. 又 $g(0)=25, g(\pm 2)=13$, 所以 $f(x,y)$ 在 D 的边界上取最大值 25 和最小值 13. 而 $f(0,0)=9$, 故比较驻点处的函数值及边界上的最值，可得 $f(x,y)$ 在 D 上取最大值 25 和最小值 9.

注 求 $z=f(x,y)$ 在闭区域 D 上的最大值和最小值的步骤如下：首先，求出 $z=f(x,y)$ 在 D 内可能的极值点，即驻点与不可微点；其次，求出 $z=f(x,y)$ 在 D 的边界上可能的极值点，通常由 Lagrange 乘数法求得；最后，比较上述点处的函数值，其中最大的即为最大值，最小的即为最小值.

例 2(2005 年硕士研究生入学考试数学（二）试题) 已知函数 $z=f(x,y)$ 的全微分 $dz=2x dx-2y dy$, 且 $f(1,1)=2$, 求 $f(x,y)$ 在椭圆域 $D=\{(x,y)\mid x^2+\frac{y^2}{4}\leqslant 1\}$ 上的最大值和最小值.

解法 1 因为 $dz=2x dx-2y dy=d(x^2-y^2)$, 所以 $f_x=2x, f_y=-2y$, 且 $z=x^2-y^2+C$. 又由 $f(1,1)=2$, 即得 $C=2$, 故 $z=f(x,y)=x^2-y^2+2$.

令 $\begin{cases} f_x(x,y)=2x=0 \\ f_y(x,y)=-2y=0 \end{cases}$, 则得 $f(x,y)$ 在 D 内部有唯一驻点 $(0,0)$, 且 $f(0,0)=2$, 又在椭圆域 D 的边界 $\partial D: x^2+\frac{y^2}{4}=1$ 上，$f(x,y)=x^2-(4-4x^2)+2=5x^2-2(-1\leqslant x\leqslant 1)$, 可求得椭圆边界 ∂D 上的最大值为 3, 最小值为 -2.

解法 2 同解法 1, 求得 $f(x,y)=x^2-y^2+2$ 及 D 内部的唯一驻点 $(0,0)$.

在 D 的边界 ∂D 上,由参数方程 $x=\cos\theta, y=2\sin\theta$ $(0\leqslant\theta\leqslant 2\pi)$,得

$$f(\cos\theta,2\sin\theta)=\cos^2\theta-4\sin^2\theta+2=3-5\sin^2\theta$$

于是,当 $\theta=0,\pi$ 时,$f(\cos\theta,2\sin\theta)=3$;当 $\theta=\frac{\pi}{2},\frac{3}{2}\pi$ 时,$f(\cos\theta,2\sin\theta)=-2$. 又 $f(0,0)=2$,故 $f(x,y)$ 在 D 上的最大值为 3,最小值为 -2.

解法 3 同解法 1,求得 $f(x,y)=x^2-y^2+2$ 及 D 内部的唯一驻点 $(0,0)$.

因为 $A=f_{xx}(0,0)=2, B=f_{xy}(0,0)=0, C=f_{yy}(0,0)=-2, AC-B^2=-4<0$,所以 $(0,0)$ 不是极值点,从而 $f(x,y)$ 在 D 上的最值应该在 D 的边界上取得.

在椭圆边界 $x^2+\frac{y^2}{4}=1$ 上,$f(x,y)=x^2-(4-4x^2)+2=5x^2-2(-1\leqslant x\leqslant 1)$.

记 $g(x)=5x^2-2$,则 $g(x)$ 在 $[-1,1]$ 上的最大值为 $g(\pm 1)=3$,最小值为 $g(0)=-2$. 故 $f(x,y)$ 在 D 上的最大值为 3,最小值为 -2.

解法 4 同解法 1,求得 $f(x,y)=x^2-y^2+2$ 及 D 内部的唯一驻点 $(0,0)$.

在 D 的边界 ∂D 上,用 Lagrange 乘数法求出可能的极值点. 构作 Lagrange 函数

$$F(x,y)=x^2-y^2+2+\lambda\left(x^2+\frac{y^2}{4}-1\right)$$

则由 $F_x=2x+2\lambda x=0, F_y=-2y+\frac{\lambda}{2}y=0$ 及 x^2+

$\frac{y^2}{4}-1=0$,求得可能的极值点为$(0,2)$,$(0,-2)$,$(1,0)$,$(-1,0)$.

又 $f(x,y)$ 在闭区域 D 上连续,且 $f(0,2)=-2$,$f(0,-2)=-2$,$f(1,0)=3$,$f(-1,0)=3$,$f(0,0)=2$. 故 $f(x,y)$ 在 D 上一定存在最大值和最小值,且最大值为 3,最小值为 -2.

注 由已知确定函数 $z=f(x,y)$ 的表达式,再分别求出 $f(x,y)$ 在闭区域 D 内部及边界上可能的极值点,并比较这些点处函数值的大小,其中值最大的即为最大值,值最小的即为最小值. 在 D 的内部,考虑驻点;在 D 的边界上,用 Lagrange 乘数法或转化为一元函数的极值问题进行确定.

例 3(2008 年硕士研究生入学考试数学(二)试题) 求函数 $u=x^2+y^2+z^2$ 在约束条件 $z=x^2+y^2$ 和 $x+y+z=4$ 下的最大值与最小值.

解法 1 构造 Lagrange 函数

$$F(x,y,z)=x^2+y^2+z^2+\lambda(x^2+y^2-z)+\mu(x+y+z-4)$$

令

$$\begin{cases}F_x=2x+2\lambda x+\mu=0\\F_y=2y+2\lambda y+\mu=0\\F_z=2z-\lambda+\mu=0\\x^2+y^2-z=0\\x+y+z=4\end{cases}$$

解得

$$(x_1, y_1, z_1) = (1,1,2)$$

$$(x_2, y_2, z_2) = (-2,-2,8)$$

由于连续函数 $u = x^2 + y^2 + z^2$ 在闭曲线 $\begin{cases} z = x^2 + y^2 \\ x + y + z = 4 \end{cases}$ 上存在最大值和最小值，故所求最小值为 6，最大值为 72.

解法 2 由约束条件 $z = x^2 + y^2$ 和 $x + y + z = 4$，得 $x^2 + y^2 = 4 - x - y$. 再构作 Lagrange 函数 $F(x, y) = x^2 + y^2 + (x^2 + y^2)^2 + \lambda(x^2 + y^2 + x + y - 4)$.

令

$$\begin{cases} F_x = 2x + 4x(x^2 + y^2) + 2\lambda x + \lambda = 0 \\ F_y = 2y + 4y(x^2 + y^2) + 2\lambda y + \lambda = 0 \\ x^2 + y^2 + x + y - 4 = 0 \end{cases}$$

解得 $(x_1, y_1) = (1, 1)$，$(x_2, y_2) = (-2, -2)$.

于是 $z_1 = x_1^2 + y_1^2 = 2$，$z_2 = x_2^2 + y_2^2 = 8$. 故所求最小值为 6，最大值为 72.

解法 3 因为将目标函数和约束条件中的 x, y 互换，其结果与原来一样，所以应有 $x = y$，再代入约束条件，得 $\begin{cases} z = 2x^2 \\ z = 4 - 2x \end{cases}$，于是有 $2x^2 = 4 - 2x$，解得 $x_1 = 1$，$x_2 = -2$.

而当 $x_1 = 1$ 时，$y_1 = 1$，$z_1 = 2$，$u = 6$；当 $x_2 = -2$ 时，$y_2 = -2$，$z_2 = 8$，$u = 72$. 故所求最小值为 6，最大值为 72.

解法 4 由约束条件 $z = x^2 + y^2$ 和 $x + y + z = 4$，得 $x^2 + y^2 = 4 - x - y$，即

$$\left(x+\frac{1}{2}\right)^2+\left(y+\frac{1}{2}\right)^2=\left(\frac{3}{2}\sqrt{2}\right)^2$$

令

$$\begin{cases}x+\dfrac{1}{2}=\dfrac{3}{2}\sqrt{2}\cos\theta\\ y+\dfrac{1}{2}=\dfrac{3}{2}\sqrt{2}\sin\theta\end{cases}$$

则

$$x^2+y^2=\left(-\frac{1}{2}+\frac{3}{2}\sqrt{2}\cos\theta\right)^2+\left(-\frac{1}{2}+\frac{3}{2}\sqrt{2}\sin\theta\right)^2$$

$$=5-\frac{3}{2}\sqrt{2}(\cos\theta+\sin\theta)$$

于是原问题转化为求一元函数

$$u=F(\theta)=5-\frac{3}{2}\sqrt{2}(\cos\theta+\sin\theta)+$$

$$\left[5-\frac{3}{2}\sqrt{2}(\cos\theta+\sin\theta)\right]^2$$

的最值.

记 $\omega=5-\frac{3}{2}\sqrt{2}(\cos\theta+\sin\theta)$,则 $\omega=5-3\sin(\theta+\frac{\pi}{4})$,于是知当 $\sin(\theta+\frac{\pi}{4})=1$ 时,ω 取最小值 2;当 $\sin(\theta+\frac{\pi}{4})$,于是知当 $\sin(\theta+\frac{\pi}{4})=-1$ 时,ω 取最大值 8.

又 $u=\omega+\omega^2=\left(\omega+\frac{1}{2}\right)^2-\frac{1}{4}$,故当 $\omega=2$ 时,u 取最小值 $\left(2+\frac{1}{2}\right)^2-\frac{1}{4}=6$;当 $\omega=8$ 时,u 取最大值

$\left(8+\frac{1}{2}\right)^2-\frac{1}{4}=72.$

注　由上解法可知,对于含有两个约束条件的目标函数求最值问题,可以直接构作 Lagrange 函数,也可化为一个约束条件,再构作 Lagrange 函数,由 Lagrange 乘数法或转化为一元函数的求最值问题.

1994 年及 2008 年全国硕士研究生招生考试有如下两道试题:

例 4　在椭圆 $x^2+4y^2=4$ 上求一点,使其到直线 $2x+3y-6=0$ 的距离最短.

例 5　已知曲线 $L:\begin{cases}x^2+y^2-2z^2=0\\x+y+3z=5\end{cases}$,求 L 上距离面 xOy 最远的点和最近的点.

大家知道,这一类问题通常是利用解条件极值的 Lagrange 乘数法求解的. 当然也还有其他解法,如转化为无条件极值问题求解,利用初等方法求解等. 由于这一类问题通常称为几何最值问题,因而我们将从几何的角度介绍这一类问题的解法. 为此,我们先给出几个相关结论,然后通过实例说明其应用.

浙江理工大学数学科学系的郑芳英、高雪芬两位教授在 2018 年给出了利用 Lagrange 乘数法求解条件极值的一个新的充分条件,通过该条件可以简单地判断所求的点是否为原条件极值问题的极值点.

Lagrange 乘数法是高等数学课本里用来讨论条件极值问题的一种数学方法. 该方法引入一个 Lagrange 函数,通过求解该函数的稳定点来得到原问题的可能极值点,而所求得的可能极值点,是否真的为条件极值的极值点,在现有的高等数学课本上并没有给出具体的判别方法,只是注明:"至于如何确定所求得的点是否为条件极值点,在实际问题中往往可根据问题本身的性质来判定."而在实际问题的求解过程中,Lagrange 函数的稳定点不一定是唯一的,即使 Lagrange 函数的稳定点存在且唯一,原条件极值也未必存在.因此,如何判断 Lagrange 函数法所得到的稳定点是否为原条件极值的极值点对条件极值问题的求解是非常有意义的.

1.5.1 Lagrange 乘数法

考虑函数 $f(x_1,x_2,\cdots,x_n)$ 在条件

$$h_j(x_1,x_2,\cdots,x_n)=0,j=1,2,\cdots,m;m<n \quad (1)$$

下的极值.

我们先介绍一下 Lagrange 乘数法求解上述问题的步骤.

(1) 构造 Lagrange 函数

$$\begin{aligned}&L(x_1,x_2,\cdots,x_n;\lambda_1,\lambda_2,\cdots,\lambda_m)\\&=f(x_1,x_2,\cdots,x_n)+\sum_{j=1}^{m}\lambda_j h_j(x_1,x_2,\cdots,x_n)\end{aligned} \quad (2)$$

(2) 求 Lagrange 函数的稳定点,即求方程组

$$\begin{cases}\dfrac{\partial L}{\partial x_i}=\dfrac{\partial f}{\partial x_i}+\sum\limits_{j=1}^{m}\lambda_j\dfrac{\partial h_j}{\partial x_i}=0,i=1,2,\cdots,n\\ \dfrac{\partial L}{\partial \lambda_j}=h_j(x_1,x_2,\cdots,x_n)=0,j=1,2,\cdots,m\end{cases} \quad (3)$$

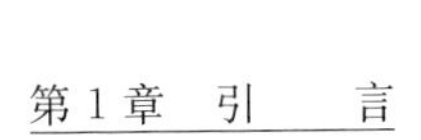

的解，设其解为$(x_1^*,x_2^*,\cdots,x_n^*;\lambda_1^*,\lambda_2^*,\cdots,\lambda_m^*)$. 在我们现有的高等数学课本里指出：如果由问题的实际意义，可知条件极值一定存在，而上述方程组(3)所求的解是唯一的，那么所求得的点$(x_1^*,x_2^*,\cdots,x_n^*)$必定是所求的极值点. 当方程组(3)所求得的解不唯一时，我们该如何判定方程组(3)的解与原极值问题的极值点的对应关系呢？这正是本节要讨论的问题. 为了书写方便，我们记

$$(\boldsymbol{x},\boldsymbol{\lambda})=(x_1,x_2,\cdots,x_n;\lambda_1,\lambda_2,\cdots,\lambda_n)$$

$$(\boldsymbol{x}^*,\boldsymbol{\lambda}^*)=(x_1^*,x_2^*,\cdots,x_n^*;\lambda_1^*,\lambda_2^*,\cdots,\lambda_n^*)$$

$$\boldsymbol{x}=(x_1,x_2,\cdots,x_n),\boldsymbol{x}^*=(x_1^*,x_2^*,\cdots,x_n^*)$$

函数$f(\boldsymbol{x})$的梯度向量函数为

$$\nabla f(\boldsymbol{x})=\left[\frac{\partial f(\boldsymbol{x})}{\partial x_1},\frac{\partial f(\boldsymbol{x})}{\partial x_2},\cdots,\frac{\partial f(\boldsymbol{x})}{\partial x_n}\right]^{\mathrm{T}}$$

函数$L(\boldsymbol{x},\boldsymbol{\lambda})$的 Hessian 矩阵为

$$\nabla_x^2 L(\boldsymbol{x},\boldsymbol{\lambda})=\begin{bmatrix}\dfrac{\partial^2 L(\boldsymbol{x},\boldsymbol{\lambda})}{\partial x_1\partial x_1} & \dfrac{\partial^2 L(\boldsymbol{x},\boldsymbol{\lambda})}{\partial x_1\partial x_2} & \cdots & \dfrac{\partial^2 L(\boldsymbol{x},\boldsymbol{\lambda})}{\partial x_1\partial x_n}\\ \dfrac{\partial^2 L(\boldsymbol{x},\boldsymbol{\lambda})}{\partial x_2\partial x_1} & \dfrac{\partial^2 L(\boldsymbol{x},\boldsymbol{\lambda})}{\partial x_2\partial x_2} & \cdots & \dfrac{\partial^2 L(\boldsymbol{x},\boldsymbol{\lambda})}{\partial x_2\partial x_n}\\ \vdots & \vdots & & \vdots\\ \dfrac{\partial^2 L(\boldsymbol{x},\boldsymbol{\lambda})}{\partial x_n\partial x_1} & \dfrac{\partial^2 L(\boldsymbol{x},\boldsymbol{\lambda})}{\partial x_n\partial x_2} & \cdots & \dfrac{\partial^2 L(\boldsymbol{x},\boldsymbol{\lambda})}{\partial x_n\partial x_n}\end{bmatrix}_{n\times n}$$

1.5.2 Lagrange 乘数法求条件极值的充分条件

定理 设$f(\boldsymbol{x}),h_j(\boldsymbol{x}),j=1,2,\cdots,m;m<n$是二

阶连续可微的,$(\boldsymbol{x}^*,\boldsymbol{\lambda}^*)$为方程组(3)的解.若$L(\boldsymbol{x}^*,\boldsymbol{\lambda}^*)$在$(\boldsymbol{x}^*,\boldsymbol{\lambda}^*)$处的 Hessian 矩阵 $\nabla_x^2 L(\boldsymbol{x}^*,\boldsymbol{\lambda}^*)$ 满足 $\boldsymbol{d}^{\mathrm{T}}\nabla h_j(\boldsymbol{x}^*)=0, j=1,2,\cdots,m$ 的任一非零向量$\boldsymbol{d}$,均有 $\boldsymbol{d}^{\mathrm{T}}\nabla_x^2 L(\boldsymbol{x}^*,\boldsymbol{\lambda}^*)\boldsymbol{d}>0(\boldsymbol{d}^{\mathrm{T}}\nabla_x^2 L(\boldsymbol{x}^*,\boldsymbol{\lambda}^*)\boldsymbol{d}<0)$ 成立,则$\boldsymbol{x}^*$为函数$f(\boldsymbol{x})$在条件$h_j(\boldsymbol{x})=0, j=1,2,\cdots,m$下的极小(大)值点.

证明 反证法.假设$\boldsymbol{x}^*$满足定理的条件,但不是函数$f(\boldsymbol{x})$在条件$h_j(\boldsymbol{x})=0, j=1,2,\cdots,m$下的极小值点,则必定存在一个以$\boldsymbol{x}^*$为极限的收敛可行子列$\{(\boldsymbol{x}^{(k)})\}$,即存在点列$\{(\boldsymbol{x}^{(k)})\}$满足$\boldsymbol{x}^{(k)}\to\boldsymbol{x}^*(\boldsymbol{x}^{(k)}\neq\boldsymbol{x}^*)$,且

$$h_j(\boldsymbol{x}^{(k)})=0, j=1,2,\cdots,m$$

使得

$$f(\boldsymbol{x}^{(k)})\leqslant f(\boldsymbol{x}^*), k=1,2,\cdots \tag{4}$$

成立.

令$\boldsymbol{d}^{(k)}=\dfrac{\boldsymbol{x}^{(k)}-\boldsymbol{x}^*}{\|\boldsymbol{x}^{(k)}-\boldsymbol{x}^*\|}$,$\|\boldsymbol{d}^{(k)}\|=1$,则$\{\boldsymbol{d}^{(k)}\}$存在收敛子列.设收敛子列的极限为$\boldsymbol{d}$,则$\|\boldsymbol{d}\|=1$,即$\lim\limits_{k\to\infty}\dfrac{\boldsymbol{x}^{(k)}-\boldsymbol{x}^*}{\|\boldsymbol{x}^{(k)}-\boldsymbol{x}^*\|}=\boldsymbol{d}$.由于$\boldsymbol{x}^{(k)}$是可行点,在$\boldsymbol{x}^*$处,$h_j(\boldsymbol{x}^*)=0, j=1,2,\cdots,m$,从而有$h_j(\boldsymbol{x}^{(k)})-h_j(\boldsymbol{x}^*)=0, j=1,2,\cdots,m$,所以

$$\begin{aligned}&\lim_{k\to\infty}\frac{h(\boldsymbol{x})^{(k)}-h(\boldsymbol{x}^*)}{\|\boldsymbol{x}^{(k)}-\boldsymbol{x}^*\|}\\ =&\lim_{k\to\infty}\frac{\boldsymbol{x}^{(k)}-\boldsymbol{x}^*}{\|\boldsymbol{x}^{(k)}-\boldsymbol{x}^*\|}\nabla h_j(\boldsymbol{x}^*)\end{aligned}$$

$$= \boldsymbol{d}^{\mathrm{T}} \nabla h_j(\boldsymbol{x}^*) = 0, j = 1, 2, \cdots, m$$

由

$$L(\boldsymbol{x}^{(k)}, \boldsymbol{\lambda}^*) - L(\boldsymbol{x}^*, \boldsymbol{\lambda}^*) = f(\boldsymbol{x}^{(k)} - f(\boldsymbol{x}^*)) \leqslant 0$$

应用 Lagrange 函数的 Taylor 展开,可得

$$0 \geqslant \frac{L(\boldsymbol{x}^{(k)}, \boldsymbol{\lambda}^*) - L(\boldsymbol{x}^*, \boldsymbol{\lambda}^*)}{\| \boldsymbol{x}^{(k)} - \boldsymbol{x}^* \|^2}$$

$$= \frac{(\boldsymbol{x}^{(k)} - \boldsymbol{x}^*)^{\mathrm{T}}}{\| \boldsymbol{x}^{(k)} - \boldsymbol{x}^* \|} \nabla_x^2 L(\boldsymbol{x}^*, \boldsymbol{\lambda}^*) \frac{\boldsymbol{x}^{(k)} - \boldsymbol{x}^*}{\| \boldsymbol{x}^{(k)} - \boldsymbol{x}^* \|} + o(1)$$

上式令 $k \to \infty$,有 $\boldsymbol{d}^{\mathrm{T}} \nabla_x^2 L(\boldsymbol{x}^*, \boldsymbol{\lambda}^*) \boldsymbol{d} \leqslant 0$,这与题设矛盾. 因此,$\boldsymbol{x}^*$ 是函数 $f(\boldsymbol{x})$ 在条件 $h_j(\boldsymbol{x}) = 0, j = 1, 2, \cdots, m$ 下的极小值点.

1.5.3 应用举例

问题 求 $U = xyz$ 在 $x + y = 1, x - y + z^2 = 1$ 条件下的条件极值.

解 作 Lagrange 函数

$$L(x, y, z, \lambda, \mu) = xyz + \lambda(x + y - 1) + \mu(x - y + z^2 - 1)$$

令

$$\begin{cases} L_x = yz + \lambda + \mu = 0 \\ L_y = xz + \lambda - \mu = 0 \\ L_z = xy + 2\mu z = 0 \\ x + y - 1 = 0 \\ x - y + z^2 - 1 = 0 \end{cases}$$

上述方程组有三组解

$$\begin{cases}x_1=\frac{2}{5}\\y_1=\frac{3}{5}\\z_1=\sqrt{\frac{6}{5}}\\\lambda_1=-\frac{1}{2}\sqrt{\frac{6}{5}}\\\mu_1=-\frac{1}{10}\sqrt{\frac{6}{5}}\end{cases},\begin{cases}x_2=\frac{2}{5}\\y_2=\frac{3}{5}\\z_2=-\sqrt{\frac{6}{5}}\\\lambda_2=\frac{1}{2}\sqrt{\frac{6}{5}}\\\mu_2=\frac{1}{10}\sqrt{\frac{6}{5}}\end{cases},\begin{cases}x_3=1\\y_3=0\\z_3=0\\\lambda_3=0\\\mu_3=0\end{cases}$$

Lagrange 函数对变量 x,y,z 的 Hessian 矩阵为

$$\nabla^2_{(x,y,z)}L=\begin{pmatrix}0&z&y\\z&0&x\\y&x&2\mu\end{pmatrix}$$

当 $\lambda=\lambda_1=-\frac{1}{2}\sqrt{\frac{6}{5}}$ 时，Hessian 矩阵不定，但对于满足 $\boldsymbol{d}^{\mathrm{T}}\nabla h_j(x_1,y_1,z_1)=0,i=1,2$ 的非零向量 $\boldsymbol{d}$，都有 $\boldsymbol{d}^{\mathrm{T}}\nabla^2_{(x_1,y_1,z_1)}L\boldsymbol{d}<0$. 事实上，设

$$\boldsymbol{d}=(d_1,d_2,d_3)^{\mathrm{T}}$$

$$\nabla h_1(x,y,z)=\begin{pmatrix}1\\1\\0\end{pmatrix}$$

$$\nabla h_2(x,y,z)=\begin{pmatrix}1\\-1\\2z\end{pmatrix}$$

由方程

$$\boldsymbol{d}^{\mathrm{T}}\nabla h_i(x_1,y_1,z_1)=0,i=1,2$$

得到方程组

$$\begin{cases} d_1 + d_2 = 0 \\ d_1 - d_2 + 2\sqrt{\dfrac{6}{5}}d_3 = 0 \end{cases}$$

整理得满足条件的 **d** 为

$$d_1 = -d_2 \neq 0, d_2 = \sqrt{\frac{6}{5}}d_3$$

取 $\boldsymbol{d} = \left(-\sqrt{\frac{6}{5}}, \sqrt{\frac{6}{5}}, 1\right)^{\mathrm{T}}$，则

$$\begin{aligned} &\boldsymbol{d}^{\mathrm{T}} \nabla^2_{(x_1,y_1,z_1)} L\boldsymbol{d} \\ &= \left(-\sqrt{\frac{6}{5}}, \sqrt{\frac{6}{5}}, 1\right) \begin{pmatrix} 0 & \sqrt{\dfrac{6}{5}} & \dfrac{3}{5} \\ \sqrt{\dfrac{6}{5}} & 0 & \dfrac{2}{5} \\ \dfrac{3}{5} & \dfrac{2}{5} & -\dfrac{1}{5}\sqrt{\dfrac{6}{5}} \end{pmatrix} \cdot \\ &\quad \begin{pmatrix} -\sqrt{\dfrac{6}{5}} \\ \sqrt{\dfrac{6}{5}} \\ 1 \end{pmatrix} \\ &= -3\sqrt{\frac{6}{5}} < 0 \end{aligned}$$

根据定理，点 (x_1, y_1, z_1) 为函数 $f(x,y,z) = x^2 + y^2 + z^2$ 在条件

$$\begin{cases} h_1(x,y,z) = z - x^2 - y^2 = 0 \\ h_2(x,y,z) = x + y + z - 1 = 0 \end{cases}$$

下的极大值点. 同上述计算,对可能的极值点(x_2,y_2,z_2),取 $\boldsymbol{d}=\left(\sqrt{\frac{6}{5}},-\sqrt{\frac{6}{5}},1\right)^{\mathrm{T}}$,则

$$
\begin{aligned}
&\boldsymbol{d}^{\mathrm{T}}\nabla^2_{(x_2,y_2,z_2)}L\boldsymbol{d}\\
&=\left(\sqrt{\frac{6}{5}},-\sqrt{\frac{6}{5}},1\right)\cdot\\
&\quad\begin{pmatrix}0 & -\sqrt{\frac{6}{5}} & \frac{3}{5}\\ -\sqrt{\frac{6}{5}} & 0 & \frac{2}{5}\\ \frac{3}{5} & \frac{2}{5} & \frac{1}{5}\sqrt{\frac{6}{5}}\end{pmatrix}\begin{pmatrix}\sqrt{\frac{6}{5}}\\ -\sqrt{\frac{6}{5}}\\ 1\end{pmatrix}\\
&=3\sqrt{\frac{6}{5}}<0
\end{aligned}
$$

根据定理,点(x_2,y_2,z_2)为函数 $f(x,y,z)=x^2+y^2+z^2$ 在条件

$$
\begin{cases}h_1(x,y,z)=z-x^2-y^2=0\\ h_2(x,y,z)=x+y+z-1=0\end{cases}
$$

下的极小值点. 对可能的极值点(x_3,y_3,z_3),取 $\boldsymbol{d}=(0,0,d_3)^{\mathrm{T}}$,$d_3\neq 0$,则

$$
\boldsymbol{d}^{\mathrm{T}}\nabla^2_{(x_2,y_2,z_2)}L\boldsymbol{d}=(0,0,d_3)\begin{pmatrix}0&0&0\\0&0&1\\0&1&0\end{pmatrix}\begin{pmatrix}0\\0\\d_3\end{pmatrix}=0
$$

不满足定理的条件,故根据定理无法判断其是否为极值点,需另外寻求途径进行判断.

由以上讨论知,用 Lagrange 乘数法来讨论条件极值问题时,若所求得的可能极值点不唯一,且满足定理

的条件时,可以用本节给出的充分条件进行判定所求的点是否为要求的极值点.

1.5.4 几个结论

命题1 设平面曲线G的方程为$f(x,y)=0$,平面直线l的方程为$ax+by+c=0$,其中f具有一阶连续偏导数,a,b不同时为零,且$G\cap l=\varnothing$.若曲线G上存在到直线l最近或最远的点$P_0(x_0,y_0)$,则

$$\frac{f'_x(P_0)}{a}=\frac{f'_y(P_0)}{b} \tag{5}$$

即曲线G在$P_0(x_0,y_0)$处的法向量$\{f'_x(P_0),f'_y(P_0)\}$与直线l的法向量$\{a,b\}$平行.

命题2 设空间曲面Σ的方程为$F(x,y,z)=0$,平面π的方程为$Ax+By+Cz+D=0$,其中F具有一阶连续偏导数,A,B,C不同时为零,且$\Sigma\cap\pi=\varnothing$.若曲面$\Sigma$上存在到平面$\pi$最近或最远的点$P_0(x_0,y_0,z_0)$,则

$$\frac{F'_x(P_0)}{A}=\frac{F'_y(P_0)}{B}=\frac{F'_z(P_0)}{C} \tag{6}$$

即曲面Σ在点$P_0(x_0,y_0,z_0)$处的法向量$\{F'_x(P_0),F'_y(P_0),F'_z(P_0)\}$与平面$\pi$的法向量$\{A,B,C\}$平行.

命题3 设空间曲线L的方程为$\begin{cases}F(x,y,z)=0\\G(x,y,z)=0\end{cases}$,平面$\pi$的方程为$Ax+By+Cz+D=0$,其中$F,G$具有一阶连续偏导数,$A,B,C$不同时为零,且$L\cap\pi=\varnothing$.若曲线$L$上存在到平面$\pi$最近或最远的点$P_0(x_0,y_0,z_0)$,则

$$\begin{vmatrix} A & B & C \\ F'_x(P_0) & F'_y(P_0) & F'_z(P_0) \\ G'_x(P_0) & G'_y(P_0) & G'_z(P_0) \end{vmatrix} = 0 \tag{7}$$

即曲线 L 在 $P_0(x_0,y_0,z_0)$ 处的切向量 $\boldsymbol{s}$ 与平面 π 的法向量 $\{A,B,C\}$ 垂直，这里

$$\boldsymbol{s} = \boldsymbol{n}_1 \times \boldsymbol{n}_2 = \begin{vmatrix} \boldsymbol{i} & \boldsymbol{j} & \boldsymbol{k} \\ F'_x(P_0) & F'_y(P_0) & F'_z(P_0) \\ G'_x(P_0) & G'_y(P_0) & G'_z(P_0) \end{vmatrix}$$

其中 $\boldsymbol{n}_1 = \{F'_x(P_0), F'_y(P_0), F'_z(P_0)\}$，$\boldsymbol{n}_2 = \{G'_x(P_0), G'_y(P_0), G'_z(P_0)\}$ 分别表示曲面 $F(x,y,z)=0$，$G(x,y,z)=0$ 在 $P_0(x_0,y_0,z_0)$ 处的法向量.

命题 4　设平面曲线 G 的方程为 $f(x,y)=0$，其中 f 具有一阶连续偏导数，又 $Q(\alpha,\beta)$ 为平面上一定点，且 $Q \notin G$. 若曲线 G 上存在到 Q 最近或最远的点 $P_0(x_0,y_0)$，则

$$\frac{f'_x(P_0)}{\alpha - x_0} = \frac{f'_y(P_0)}{\beta - y_0} \tag{8}$$

即曲线 G 在 $P_0(x_0,y_0)$ 处的法向量与向量 $\overrightarrow{P_0Q}$ 平行.

命题 5　设空间曲面 Σ 的方程为 $F(x,y,z)=0$，其中 F 具有一阶连续偏导数，又 $Q(\alpha,\beta,\gamma)$ 为空间内一定点，且 $Q \notin \Sigma$. 若曲面 Σ 上存在到 Q 最近或最远的点 $P_0(x_0,y_0,z_0)$，则

$$\frac{F'_x(P_0)}{\alpha - x_0} = \frac{F'_y(P_0)}{\beta - y_0} = \frac{F'_z(P_0)}{\gamma - z_0} \tag{9}$$

即曲面 Σ 在 $P_0(x_0,y_0,z_0)$ 处的法向量 $\{F'_x(P_0), F'_y(P_0), F'_z(P_0)\}$ 与向量 $\overrightarrow{P_0Q}$ 平行.

命题 6 设空间曲线 L 的方程为

$$\begin{cases} F(x,y,z)=0 \\ G(x,y,z)=0 \end{cases}$$

其中 F,G 具有一阶连续的偏导数,又 $Q(\alpha,\beta,\gamma)$ 为空间内一定点,且 $Q\notin L$.若曲线 L 上存在到 Q 最近或最远的点 $P_0(x_0,y_0,z_0)$,则

$$\begin{vmatrix} \alpha-x_0 & \beta-y_0 & \gamma-z_0 \\ F'_x(P_0) & F'_y(P_0) & F'_z(P_0) \\ G'_x(P_0) & G'_y(P_0) & G'_z(P_0) \end{vmatrix}=0 \tag{10}$$

即曲线 L 在 $P_0(x_0,y_0,z_0)$ 处的切向量 $\boldsymbol{s}$ 与向量 $\overrightarrow{P_0Q}$ 垂直,这里

$$\boldsymbol{s}=\boldsymbol{n}_1\times\boldsymbol{n}_2=\begin{vmatrix} \boldsymbol{i} & \boldsymbol{j} & \boldsymbol{k} \\ F'_x(P_0) & F'_y(P_0) & F'_z(P_0) \\ G'_x(P_0) & G'_y(P_0) & G'_z(P_0) \end{vmatrix}$$

其中 $\boldsymbol{n}_1=\{F'_x(P_0),F'_y(P_0),F'_z(P_0)\}$,$\boldsymbol{n}_2=\{G'_x(P_0),G'_y(P_0),G'_z(P_0)\}$ 分别表示曲面 $F(x,y,z)=0$,$G(x,y,z)=0$ 在 $P_0(x_0,y_0,z_0)$ 处的法向量.

我们仅证明命题 2,3 及命题 5,6.

命题 2 的证明 曲面 Σ 上任意一点 $P(x,y,z)$ 到平面 π 的距离

$$d=\frac{1}{K}\mid Ax+By+Cz+D\mid$$

其中 $K=\sqrt{A^2+B^2+C^2}$.

考虑 $d^2=\dfrac{1}{K^2}(Ax+By+Cz+D)^2$,由 Lagrange 乘数法,作函数

$$M(x,y,z)=\frac{1}{K^2}(Ax+By+Cz+D)^2+\lambda F(x,y,z)$$

令 $M'_x=M'_y=M'_z=M'_\lambda=0$,即

$$\frac{2A}{K^2}(Ax+By+Cz+D)+\lambda F'_x(P)=0 \quad (11)$$

$$\frac{2B}{K^2}(Ax+By+Cz+D)+\lambda F'_y(P)=0 \quad (12)$$

$$\frac{2C}{K^2}(Ax+By+Cz+D)+\lambda F'_z(P)=0 \quad (13)$$

$$F(P)=0 \quad (14)$$

由于 $\Sigma\cap\pi=\varnothing$,故 $Ax+By+Cz+D\neq 0$,又 $K\neq 0$,于是由式(11)(12)(13)知

$$\frac{F'_x(P)}{A}=\frac{F'_y(P)}{B}=\frac{F'_z(P)}{C} \quad (15)$$

又因为 $P_0(x_0,y_0,z_0)\in\Sigma$ 且为到平面 π 最近或最远的点,故 P_0 的坐标应满足式(15),因而式(6)成立.

命题3的证明 曲线 L 上任意一点 $P(x,y,z)$ 到平面 π 的距离

$$d=\frac{1}{K}\mid Ax+By+Cz+D\mid$$

其中 $K=\sqrt{A^2+B^2+C^2}$.

考虑 $d^2=\frac{1}{K^2}(Ax+By+Cz+D)^2$,由 Lagrange 乘数法,作函数

$$R(x,y,z,\lambda,\mu)=\frac{1}{K^2}(Ax+By+Cz+D)^2+\lambda F(x,y,z)+\mu G(x,y,z)$$

令 $R'_x=R'_y=R'_z=R'_\lambda=R'_\mu=0$,即

$$\frac{2A}{K^2}(Ax+By+Cz+D)+\lambda F'_x(P)+\mu G'_x(P)=0 \tag{16}$$

$$\frac{2B}{K^2}(Ax+By+Cz+D)+\lambda F'_y(P)+\mu G'_y(P)=0 \tag{17}$$

$$\frac{2C}{K^2}(Ax+By+Cz+D)+\lambda F'_z(P)+\mu G'_z(P)=0 \tag{18}$$

$$F(P)=0 \tag{19}$$

$$G(P)=0 \tag{20}$$

由式(16)(17)(18),考虑以 $1,\lambda,\mu$ 为未知数的齐次线性方程组,显然有非零解,从而其系数行列式等于零.又 $\frac{2}{K^2}(Ax+By+Cz+D)\neq 0$(因 $L\cap\pi=\varnothing$),故

$$\begin{vmatrix} A & F'_x(P) & G'_x(P) \\ B & F'_y(P) & G'_y(P) \\ C & F'_z(P) & G'_z(P) \end{vmatrix}=0 \tag{21}$$

又 $P_0(x_0,y_0,z_0)\in L$ 且为到平面 π 最近或最远的点,故 P_0 的坐标应满足式(21),因而式(7)成立.

命题5的证明 曲面 Σ 上任意一点 $P(x,y,z)$ 到 Q 的距离

$$d=\sqrt{(x-\alpha)^2+(y-\beta)^2+(z-\gamma)^2}$$

考虑 $d^2=(x-\alpha)^2+(y-\beta)^2+(z-\gamma)^2$,由 Lagrange 乘数法,作函数

$$H(x,y,z,\lambda)=(x-\alpha)^2+(y-\beta)^2+(z-\gamma)^2+\lambda F(x,y,z)$$

令 $H'_x=H'_y=H'_z=H'_\lambda=0$，即

$$2(x-\alpha)+\lambda F'_x(P)=0 \tag{22}$$

$$2(y-\beta)+\lambda F'_y(P)=0 \tag{23}$$

$$2(z-\gamma)+\lambda F'_z(P)=0 \tag{24}$$

$$F(P)=0 \tag{25}$$

由式(22)(23)(24)可得

$$\frac{F'_x(P)}{\alpha-x}=\frac{F'_y(P)}{\beta-y}=\frac{F'_z(P)}{\gamma-z} \tag{26}$$

又 $P_0(x_0,y_0,z_0)\in\Sigma$ 且为到 Q 最近或最远的点，故 P_0 的坐标应满足式(26)，因而式(9)成立.

命题6的证明　曲线 L 上任意一点 $P(x,y,z)$ 到 Q 的距离

$$d=\sqrt{(x-\alpha)^2+(y-\beta)^2+(z-\gamma)^2}$$

考虑 $d^2=(x-\alpha)^2+(y-\beta)^2+(z-\gamma)^2$，由 Lagrange 乘数法，作函数

$$\begin{aligned}I(x,y,z,\lambda,\mu)=&(x-\alpha)^2+(y-\beta)^2+\\&(z-\gamma)^2+\lambda F(x,y,z)+\\&\mu G(x,y,z)\end{aligned}$$

令 $I'_x=I'_y=I'_z=I'_\lambda=I'_\mu=0$，即

$$2(x-\alpha)+\lambda F'_x(P)+\mu G'_x(P)=0 \tag{27}$$

$$2(y-\beta)+\lambda F'_y(P)+\mu G'_y(P)=0 \tag{28}$$

$$2(z-\gamma)+\lambda F'_z(P)+\mu G'_z(P)=0 \tag{29}$$

$$F(P)=0 \tag{30}$$

$$G(P)=0 \tag{31}$$

由式(27)(28)(29)，考虑以 $2,\lambda,\mu$ 为未知数的齐次线性方程组，显然有非零解，从而其系数行列式等于

零,故

$$\begin{vmatrix} x-\alpha & F'_x(P) & G'_x(P) \\ y-\beta & F'_y(P) & G'_y(P) \\ z-\gamma & F'_z(P) & G'_z(P) \end{vmatrix}=0 \qquad (32)$$

又 $P_0(x_0,y_0,z_0)\in L$ 且为到 Q 最近或最远的点,故 P_0 的坐标应满足式(32),因而式(10)成立.

例4的解答 $f(x,y)=x^2+4y^2-4=0$, $f'_x=2x$, $f'_y=8y$,故由式(5)知 $\frac{2x}{2}=\frac{8y}{3}$ 或 $y=\frac{3}{8}x$.解方程组

$$\begin{cases} y=\frac{3}{8}x \\ x^2+4y^2=4 \end{cases}$$

得

$$\begin{cases} x_1=\frac{8}{5} \\ y_1=\frac{3}{5} \end{cases},\begin{cases} x_2=-\frac{8}{5} \\ y_2=-\frac{3}{5} \end{cases}$$

于是,由 $d=\frac{1}{\sqrt{13}}\mid 2x+3y-6\mid$ 知

$$d_1\mid_{(x_1,y_1)}=\frac{1}{\sqrt{13}}$$

$$d_2\mid_{(x_2,y_2)}=\frac{11}{\sqrt{13}}$$

由问题的实际意义知最短距离存在,因此 $\left(\frac{8}{5},\frac{3}{5}\right)$ 即为所求点.

例5的解答 $F(x,y,z)=x^2+y^2-2z^2=0$, $G(x,y,z)=x+y+3z-5=0$, $F'_x=2x$, $F'_y=2y$, $F'_z=$

$-4z$，$G'_x=G'_y=1$，$G'_z=3$，而 xOy 平面的方程为 $z=0$，故由式(7) 知

$$\begin{vmatrix} 0 & 0 & 1 \\ 2x & 2y & -4z \\ 1 & 1 & 3 \end{vmatrix}=0$$

或 $x=y$. 解方程组

$$\begin{cases} x^2+y^2-2z^2=0 \\ x+y+3z=5 \\ x=y \end{cases}$$

得

$$\begin{cases} x_1=1 \\ y_1=1 \\ z_1=1 \end{cases},\begin{cases} x_2=-5 \\ y_2=-5 \\ z_2=5 \end{cases}$$

由问题的实际意义知 L 上最远点和最近点存在，因此 L 上距离 xOy 平面最远的点为$(-5,-5,5)$，最近的点为$(1,1,1)$，最远点和最近点的距离分别为 5 和 1.

例 6　求椭圆面 $\frac{x^2}{96}+y^2+z^2=1$ 上距平面 $3x+4y+12z=228$ 最近和最远的点.

解　$F(x,y,z)=\frac{x^2}{96}+y^2+z^2-1=0$，$F'_x=\frac{x}{48}$，$F'_y=2y$，$F'_z=2z$，由式(6) 知

$$\frac{\frac{x}{48}}{3}=\frac{2y}{4}=\frac{2z}{12}$$

即

$$\frac{x}{72}=\frac{y}{1}=\frac{z}{3}$$

解方程组

$$\begin{cases}\dfrac{x}{72}=y=\dfrac{z}{3}\\ \dfrac{x^2}{96}+y^2+z^2=1\end{cases}$$

得

$$\begin{cases}x_1=9\\ y_1=\dfrac{1}{8}\\ z_1=\dfrac{3}{8}\end{cases},\begin{cases}x_2=-9\\ y_2=-\dfrac{1}{8}\\ z_2=-\dfrac{3}{8}\end{cases}$$

于是,由 $d=\dfrac{1}{13}\mid 3x+4y+12z-228\mid$ 知

$$d_1\mid_{(x_1,y_1,z_1)}=\frac{196}{13},d_2\mid_{(x_2,y_2,z_2)}=20$$

因此, 所求的最近点和最远点分别为 $\left(9,\dfrac{1}{8},\dfrac{1}{8}\right)$ 和 $\left(-9,-\dfrac{1}{8},-\dfrac{3}{8}\right)$.

例 7 求点(2,8)到抛物线 $y^2=4x$ 的最短距离.

解 $f(x,y)=4x-y^2=0,f'_x=4,f'_y=-2y$,故由式(8)知 $\dfrac{4}{2-x}=\dfrac{-2y}{8-y}$,即 $xy=16$. 解方程组

$$\begin{cases}xy=16\\ y^2=4x\end{cases}$$

得 $x=4,y=4$.

由问题的实际意义知最短距离存在,因而所求最短距离为

$$d=\sqrt{(4-2)^2+(4-8)^2}=2\sqrt{5}$$

例 8 求原点到曲面 $\Sigma:(x-y)^2-z^2=1$ 的最短距离.

解

$$F(x,y,z)=x^2-2xy+y^2-z^2-1=0$$

$$F'_x=2x-2y,F'_y=-2x+2y,F'_z=-2z$$

故由式(9)知

$$\frac{x-y}{x}=\frac{-(x-y)}{y}=\frac{-z}{z} \tag{33}$$

若 $z\neq 0$,则由式(33)知 $x-y=-x,-x+y=-y$,从而 $x=y=0$,这与 $(x-y)^2-z^2=1$ 矛盾,故 $z=0$. 又由 $(x-y)^2-z^2=1$ 知 $x-y\neq 0$,故由式(33)知 $y=-x$. 解方程组

$$\begin{cases} y=-x \\ z=0 \\ (x-y)^2-z^2=1 \end{cases}$$

得

$$\begin{cases} x_1=\dfrac{1}{2} \\ y_1=-\dfrac{1}{2} \\ z_1=0 \end{cases},\begin{cases} x_2=-\dfrac{1}{2} \\ y_2=\dfrac{1}{2} \\ z_2=0 \end{cases}$$

由问题的实际意义知最短距离存在,因而原点到曲面 Σ 的最短距离为 $\sqrt{\left(\pm\frac{1}{2}\right)^2+\left(\mp\frac{1}{2}\right)^2}=\frac{\sqrt{2}}{2}$.

例 9 求两曲面 $x+2y=1$ 和 $x^2+2y^2+z^2=1$ 的交线距原点最近的点.

解

$$F(x,y,z)=x+2y-1$$

$$F'_x=1, F'_y=2, F'_z=0$$

$$G(x,y,z)=x^2+2y^2+z^2-1$$

$$G'_x=2x, G'_y=4y, G'_z=2z$$

故由式(10)知

$$\begin{vmatrix} x & y & z \\ 1 & 2 & 0 \\ x & 2y & z \end{vmatrix}=0$$

即 $yz=0$. 解方程组

$$\begin{cases} yz=0 \\ x+2y=1 \\ x^2+2y^2+z^2=1 \end{cases}$$

得 $x=1, y=0, z=0$.

由问题的实际意义知曲线距原点最近的点为(1,0,0).

以下问题均可利用命题 1 ～ 6 求解.

1. 求抛物线 $y=x^2$ 到直线 $x+y+2=0$ 的最短距离.

2. 设曲面 S 的方程为 $z=\sqrt{4+x^2+4y^2}$，平面 π 的方程为 $x+2y+2z=2$. 试在曲面 S 上求一个点的坐标，使该点与平面 π 的距离最短，并求此最短距离.

3. 在曲线 $\begin{cases} z=x^2+2y^2 \\ z=6-x^2-y^2 \end{cases}$ 上，求竖坐标分别为最

大值和最小值的点.

4. 求曲面 $2x^2+y^2+z^2+2xy-2x-2y-4z+4=0$ 的最高点和最低点.

5. 求原点到曲线 $17x^2+12xy+8y^2=100$ 的最长距离与最短距离.

6. 求圆周 $(x-1)^2+y^2=1$ 上的点与定点 $(0,1)$ 的距离的最大值与最小值.

7. 求曲面 $z=xy-1$ 上与原点最近的点的坐标.

8. 设抛物面 $z=x^2+y^2$ 与平面 $x+y+z=1$ 的交线为 l,求 l 上的点到原点的最长距离与最短距离.

1.5.5　问题的推广

由于直线是曲线的特例,平面是曲面的特例,因而对前述命题做进一步探讨,可得如下更一般的结果.

命题 7　设两条平面曲线的方程分别为 $l_1:f(x,y)=0$, $l_2:g(x,y)=0$,其中 f,g 具有一阶连续偏导数,且 $l_1\cap l_2=\varnothing$. 若 $P_1(\alpha,\beta)\in l_1$, $P_2(\xi,\eta)\in l_2$,且 P_1,P_2 是这两条曲线上相距最近或最远的点,则有

$$\frac{\alpha-\xi}{\beta-\eta}=\frac{f'_x(\alpha,\beta)}{f'_y(\alpha,\beta)}=\frac{g'_x(\xi,\eta)}{g'_y(\xi,\eta)} \tag{34}$$

命题 8　设两个空间曲面的方程分别为 $S_1:F(x,\eta,z)=0$, $S_2:G(x,\eta,z)=0$,其中 F,G 具有一阶连续偏导数,且 $S_1\cap S_2=\varnothing$. 若 $P_1(\alpha,\beta,\gamma)\in S_1$, $P_2(\xi,\eta,\zeta)\in S_2$,且 P_1,P_2 是这两个曲面上相距最近或最远的点,则有

$$\frac{\alpha-\xi}{F'_x(P_1)}=\frac{\beta-\eta}{F'_y(P_1)}=\frac{\gamma-\zeta}{F'_z(P_1)} \tag{35}$$

$$\frac{\alpha-\xi}{G'_x(P_2)}=\frac{\beta-\eta}{G'_y(P_2)}=\frac{\gamma-\zeta}{G'_z(P_2)} \tag{36}$$

命题9 设空间曲面的方程为$S:H(x,y,z)=0$，空间曲线的方程为$L:\begin{cases}F(x,y,z)=0\\G(x,y,z)=0\end{cases}$，其中$H,F,G$具有一阶连续偏导数，且$S\cap L=\varnothing$. 若$P_1(\alpha,\beta,\gamma)\in S$，$P_2(\xi,\eta,\zeta)\in L$，且$P_1,P_2$是此曲面和曲线上相距最近或最远的点，则有

$$\frac{\alpha-\xi}{H'_x(P_1)}=\frac{\beta-\eta}{H'_y(P_1)}=\frac{\gamma-\zeta}{H'_z(P_1)} \tag{37}$$

$$\begin{vmatrix}\alpha-\xi & \beta-\eta & \gamma-\zeta\\ F'_x(P_2) & F'_y(P_2) & F'_z(P_2)\\ G'_x(P_2) & G'_y(P_2) & G'_z(P_2)\end{vmatrix}=0 \tag{38}$$

命题10 设两条空间曲线的方程分别为

$$L_1:\begin{cases}F(x,y,z)=0\\G(x,y,z)=0\end{cases}$$

$$L_2:\begin{cases}H(x,y,z)=0\\N(x,y,z)=0\end{cases}$$

其中F,G,H,N具有一阶连续偏导数，且$L_1\cap L_2=\varnothing$. 若$P_1(\alpha,\beta,\gamma)\in L_1$，$P_2(\xi,\eta,\zeta)\in L_2$，且$P_1,P_2$是这两条曲线上相距最近或最远的点，则有

$$\begin{vmatrix}\alpha-\xi & \beta-\eta & \gamma-\zeta\\ F'_x(P_1) & F'_y(P_1) & F'_z(P_1)\\ G'_x(P_1) & G'_y(P_1) & G'_z(P_1)\end{vmatrix}=0 \tag{39}$$

$$\begin{vmatrix}\alpha-\xi & \beta-\eta & \gamma-\zeta\\ H'_x(P_2) & H'_y(P_2) & H'_z(P_2)\\ N'_x(P_2) & N'_y(P_2) & N'_z(P_2)\end{vmatrix}=0 \tag{40}$$

我们仅给出命题 8 和命题 9 的证明.

命题 8 的证明 设(x_1, y_1, z_1)及(x_2, y_2, z_2)分别是曲面 S_1 及 S_2 上任意两点,则所证问题转化为求

$$d^2 = (x_1 - x_2)^2 + (y_1 - y_2)^2 + (z_1 - z_2)^2$$

在条件 $F(x_1, y_1, z_1) = 0, G(x_2, y_2, z_2) = 0$ 下的最值.

作 Lagrange 函数

$$\begin{aligned} T = &(x_1 - x_2)^2 + (y_1 - y_2)^2 + \\ &(z_1 - z_2)^2 + \lambda F(x_1, y_1, z_1) + \\ &\mu G(x_2, y_2, z_2) \end{aligned}$$

令 $T'_{x_1} = T'_{y_1} = T'_{z_1} = T'_{x_2} = T'_{y_2} = T'_{z_2} = 0$,即

$$\begin{gathered} 2(x_1 - x_2) + \lambda F'_{x_1} = 0 \\ 2(y_1 - y_2) + \lambda F'_{y_1} = 0 \\ 2(z_1 - z_2) + \lambda F'_{z_1} = 0 \\ -2(x_1 - x_2) + \mu G'_{x_2} = 0 \\ -2(y_1 - y_2) + \mu G'_{y_2} = 0 \\ -2(z_1 - z_2) + \mu G'_{z_2} = 0 \end{gathered}$$

由此知

$$\frac{x_1 - x_2}{F'_{x_1}(x_1, y_1, z_1)} = \frac{y_1 - y_2}{F'_{y_1}(x_1, y_1, z_1)} = \frac{z_1 - z_2}{F'_{z_1}(x_1, y_1, z_1)} \tag{41}$$

$$\frac{x_1 - x_2}{G'_{x_2}(x_2, y_2, z_2)} = \frac{y_1 - y_2}{G'_{y_2}(x_2, y_2, z_2)} = \frac{z_1 - z_2}{G'_{z_2}(x_2, y_2, z_2)} \tag{42}$$

若 d^2 在 $x_1 = \alpha, y_1 = \beta, z_1 = \gamma, x_2 = \xi, y_2 = \eta, z_2 = \zeta$ 处达到最值,其中 $F(\alpha, \beta, \gamma) = 0, G(\xi, \eta, \zeta) = 0$,则由式(41)(42)知式(35)(36)成立.

命题 9 的证明　设(x_1,y_1,z_1)及(x_2,y_2,z_2)分别是曲面 S 及曲线 L 上任意两点,则所证问题转化为求

$$d^2=(x_1-x_2)^2+(y_1-y_2)^2+(z_1-z_2)^2$$

在条件 $H(x_1,y_1,z_1)=0, F(x_2,y_2,z_2)=0, G(x_2,y_2,z_2)=0$ 下的最值.

作 Lagrange 函数

$$\begin{aligned}W=&(x_1-x_2)^2+(y_1-y_2)^2+\\&(z_1-z_2)^2+\lambda H(x_1,y_1,z_1)+\\&\mu F(x_2,y_2,z_2)+\upsilon G(x_2,y_2,z_2)\end{aligned}$$

令 $w'_{x_1}=w'_{y_1}=w'_{z_1}=w'_{x_2}=w'_{y_2}=w'_{z_2}=0$,即

$$\begin{gathered}2(x_1-x_2)+\lambda H'_{x_1}=0\\2(y_1-y_2)+\lambda H'_{y_1}=0\\2(z_1-z_2)+\lambda H'_{z_1}=0\\-2(x_1-x_2)+\mu F'_{x_2}+\upsilon G'_{x_2}=0\\-2(y_1-y_2)+\mu F'_{y_2}+\upsilon G'_{y_2}=0\\-2(z_1-z_2)+\mu F'_{z_2}+\upsilon G'_{z_2}=0\end{gathered}$$

由前 3 个方程知

$$\begin{aligned}\frac{x_1-x_2}{H'_{x_1}(x_1,y_1,z_1)}&=\frac{y_1-y_2}{H'_{y_1}(x_1,y_1,z_1)}\\&=\frac{z_1-z_2}{H'_{z_1}(x_1,y_1,z_1)}\end{aligned}\tag{43}$$

由后 3 个方程组成以 $-2,\mu,\upsilon$ 为未知数的齐次线性方程组,方程组显然有非零解,故其系数行列式为零,即

$$\begin{vmatrix} x_1 - x_2 & y_1 - y_2 & z_1 - z_2 \\ F'_{x_2}(x_2, y_2, z_2) & F'_{y_2}(x_2, y_2, z_2) & F'_{z_2}(x_2, y_2, z_2) \\ G'_{x_2}(x_2, y_2, z_2) & G'_{y_2}(x_2, y_2, z_2) & G'_{z_2}(x_2, y_2, z_2) \end{vmatrix} = 0 \tag{44}$$

若 d^2 在 $x_1 = \alpha, y_1 = \beta, z_1 = \gamma, x_2 = \xi, y_2 = \eta, z_2 = \zeta$ 处达到最值，其中 $H(\alpha, \beta, \gamma) = 0, F(\xi, \eta, \zeta) = 0, G(\xi, \eta, \zeta) = 0$，则由式(43)(44) 知式(37)(38) 成立.

1.6 Lagrange 乘数法是怎样导出的

1.6.1 引言

在高等数学课程中，学习求解多元函数条件极值的 Lagrange 乘数法时，辅助函数似乎是“天上掉下来的”.

例如，对于在条件 $g(x, y) = 0$ 下求解函数 $u = f(x, y)$ 的极值问题，Lagrange 乘数法的辅助函数设计为

$$F(x, y) = f(x, y) + \lambda g(x, y) \tag{1}$$

其中 λ 是待定的“Lagrange 乘数”，然后列出下述方程组

$$\begin{cases} F'_x = f'_x(x, y) + \lambda g'_x(x, y) = 0 \\ F'_y = f'_y(x, y) + \lambda g'_y(x, y) = 0 \\ F'_\lambda = g(x, y) = 0 \end{cases} \tag{2}$$

求其解，得驻点，等等. 多数学生刚开始学习这套方法时，对于为什么要定义这么一个辅助函数，十分茫然.

即使在学完多元微分学后对这套方法已是耳熟能详，但还是心存疑惑.

西北工业大学理学院的叶正麟、潘璐璐两位教授在2020年介绍了Lagrange乘数法是怎样导出的. 为突出思路要点，假设所涉及的函数都满足所需要的可导条件，不再一一叙述，也不采取严密的数学论证方法.

1.6.2 条件 $g(x,y)=0$ 下 $f(x,y)$ 的极值问题转化

先考查约束条件 $g(x,y)=0$，在几何上表示为一条平面曲线. 一般地，该曲线可用参数方程表示为 $x=x(t)$，$y=y(t)$，t 是曲线的参变量，满足关系式

$$g(x(t),y(t))=0 \tag{3}$$

曲线存在的充分条件是在驻点处 $g_x'^2+g_y'^2\neq 0$，且有 $x_t'^2+y_t'^2\neq 0$.

再在目标函数 f 中代入参数曲线方程，将条件极值表示为一元函数 $f(x(t),y(t))$ 的极值问题. 于是利用复合函数求导方法，可得驻点满足的方程为

$$f_x'(x,y)\cdot x'(t)+f_y'(x,y)\cdot y'(t)=0$$

或

$$\mathrm{grad}\ f\cdot \boldsymbol{r}'=0 \tag{4}$$

写成向量形式是为了便于直观地讨论，其中 $\boldsymbol{r}=\boldsymbol{r}(t)=(x(t),y(t))$ 是该曲线的向量函数形式. 式(4)表明在驻点处，目标函数 f 的梯度向量 $\mathrm{grad}\ f$ 与约束曲线的切向量 $\boldsymbol{r}'$ 垂直.

对式(3)进行类似的求导，可得

$$g'_x(x,y)\cdot x'(t)+g'_y(x,y)\cdot y'(t)=0$$

或

$$\text{grad } g\cdot \boldsymbol{r}'=0 \tag{5}$$

式(5) 表明在驻点处，约束函数 g 的梯度向量 grad g 也与约束曲线的切向量 $\boldsymbol{r}'$ 垂直.

因此，在条件 $\boldsymbol{r}'\neq\mathbf{0}$ 下，两个平面向量 grad f 与 grad g 共线(线性相关)，即存在不全为 0 的常数 α 与 β，使得 $\alpha\text{grad } f+\beta\text{grad } g=\mathbf{0}$. 这里的 $\alpha\neq 0$，否则导致 $\beta\text{grad } g=\mathbf{0}$，而 $|\text{grad } g|=\sqrt{g'^2_x+g'^2_y}\neq\mathbf{0}$，则 $\beta=0$，产生矛盾，从而有

$$\text{grad } f+\lambda\text{grad } g=\mathbf{0}$$

及

$$g(x,y)=0$$

不难验证上式与联立式(3)(4) 及(5) 等价，即为驻点满足的方程，写成分量形式为

$$\begin{cases}f'_x(x,y)+\lambda g'_x(x,y)=[f(x,y)+\lambda g(x,y)]'_x=0\\ f'_y(x,y)+\lambda g'_y(x,y)=[f(x,y)+\lambda g(x,y)]'_y=0\\ g(x,y)=0\end{cases}$$

因此，辅助函数(1) 就呼之欲出了.

1.6.3　条件 $g(x,y,z)=0$ 下 $f(x,y,z)$ 的极值问题转化

仿照上面的分析思路，先考查约束条件 $g(x,y,z)=0$. 它表示三维空间中的一个曲面，用参数方程表示为 $x=x(u,v)$，$y=y(u,v)$，$z=z(u,v)$，其中 u,v 是曲面的参变量，或写成向量函数形式 $\boldsymbol{r}=\boldsymbol{r}(u,v)=(x(u,v),y(u,v),z(u,v))$，满足约束方程

$$g(x(u,v),y(u,v),z(u,v))=0 \tag{6}$$

曲面存在的条件是在驻点处

$$|\operatorname{grad} g|=\sqrt{g_x'^2+g_y'^2+g_z'^2}\neq 0$$

且有 $|\boldsymbol{r}_u'|+|\boldsymbol{r}_v'|\neq 0$.

再在目标函数 f 中代入参数曲面方程，则原条件极值转化为二元函数 $f(x(u,v),y(u,v),z(u,v))$ 的无条件极值问题，可得驻点满足的方程组为

$$\begin{cases}f_x'\cdot x_u'+f_y'\cdot y_u'+f_z'\cdot z_u'=0\\ f_x'\cdot x_v'+f_y'\cdot y_v'+f_v'\cdot z_v'=0\end{cases}$$

或

$$\begin{cases}\operatorname{grad} f\cdot\boldsymbol{r}_u'=0\\ \operatorname{grad} f\cdot\boldsymbol{r}_v'=0\end{cases} \tag{7}$$

类似地，对式(6)求导得

$$\begin{cases}\operatorname{grad} g\cdot\boldsymbol{r}_u'=0\\ \operatorname{grad} g\cdot\boldsymbol{r}_v'=0\end{cases} \tag{8}$$

式(7)与(8)表明，在驻点处

$$\operatorname{grad} f\perp\boldsymbol{r}_u',\operatorname{grad} g\perp\boldsymbol{r}_u'$$
$$\operatorname{grad} f\perp\boldsymbol{r}_v',\operatorname{grad} g\perp\boldsymbol{r}_v'$$

类似地，$\operatorname{grad} f$ 与 $\operatorname{grad} g$ 共线，故存在常数 λ，使得

$$\operatorname{grad} f+\lambda\operatorname{grad} g=\boldsymbol{0},g(x,y,z)=0 \tag{9}$$

因此，可定义辅助函数

$$F(x,y,z)=f(x,y,z)+\lambda g(x,y,z)$$

驻点满足的方程组(分量形式略)为

$$\begin{cases}\operatorname{grad} F(x,y,z)=\operatorname{grad} f(x,y,z)+\\ \qquad\qquad\lambda\operatorname{grad} g(x,y,z)=\boldsymbol{0}\\ g(x,y,z)=0\end{cases} \tag{10}$$

1.6.4 条件 $g(x,y,z)=0$ 且 $h(x,y,z)=0$ 下 $f(x,y,z)$ 的极值问题转化

分析思路同上，考查联立约束条件 $g(x,y,z)=0$，$h(x,y,z)=0$，它表示三维空间中的一条曲线，设参数方程为 $\boldsymbol{r}=\boldsymbol{r}(t)=(x(t),y(t),z(t))$，满足约束方程

$$\begin{cases} g(x(t),y(t),z(t))=0 \\ h(x(t),y(t),z(t))=0 \end{cases} \tag{11}$$

曲线存在的条件是在驻点处 $\text{grad } g\cdot\text{grad } h\neq\mathbf{0}$，且有 $|\boldsymbol{r}'|\neq 0$.

在目标函数 f 中代入曲线参数方程，考虑 $f(x(t),y(t),z(t))$ 的无条件极值问题，可得驻点满足的方程组

$$\begin{cases} f'_x\cdot x'+f'_y\cdot y'+f'_z\cdot z'=\text{grad } f\cdot\boldsymbol{r}'=0 \\ g'_x\cdot x'+g'_y\cdot y'+g'_z\cdot z'=\text{grad } g\cdot\boldsymbol{r}'=0 \\ h'_x\cdot x'+h'_y\cdot y'+h'_z\cdot z'=\text{grad } h\cdot\boldsymbol{r}'=0 \end{cases} \tag{12}$$

方程组(12)表明，在驻点处，三维梯度向量 $\text{grad } f$，$\text{grad } g$ 和 $\text{grad } h$ 都与非零的曲线切向量 $\boldsymbol{r}'$ 垂直，故这三个梯度向量共面(线性相关)，存在不全为 0 的常数 α,β,γ，使得

$$\alpha\text{grad } f+\beta\text{grad } g+\gamma\text{grad } h=\mathbf{0}$$

由条件 $\text{grad } g\cdot\text{grad } h\neq\mathbf{0}$ 可知这两个向量线性无关，于是 $\alpha\neq 0$，故上式可改写为

$$\text{grad } f+\lambda\text{grad } g+\mu\text{grad } h=\mathbf{0} \tag{13}$$

反之，在驻点处，由式(13)及式(12)中的第二和第三个等式，可得式(12)中的第一个式子成立. 因此，可引

入辅助函数

$$F(x,y,z)=f(x,y,z)+\lambda g(x,y,z)+\mu h(x,y,z)$$

则驻点满足的方程组(分量形式略)为

$$\begin{cases}\text{grad } F=\text{grad } f(x,y,z)+\lambda\text{grad } g(x,y,z)+\\ \qquad\qquad \mu\text{grad } h(x,y,z)=\mathbf{0}\\ g(x,y,z)=0\\ h(x,y,z)=0\end{cases}\tag{14}$$

1.6.5　极值问题 $\min f(x_1,x_2,\cdots,x_n)$, s. t. $g_k(x_1,x_2,\cdots,x_n)=0,k=1,2,\cdots,m(m<n)$ 的转化

分析的基本思路依然同上,但需要借助线性代数工具.

方程组 $g_k(x_1,x_2,\cdots,x_n)=0,k=1,2,\cdots,m$ $(m<n)$ 蕴含着每一个自变量可表示为 $n-m$ 元函数 $x_j=x_j(t_1,t_2,\cdots,t_{n-m}),j=1,2,\cdots,n$,其存在的充分条件是:在驻点处,矩阵

$$\boldsymbol{G}^{(1)}=\begin{pmatrix}g'_{11} & g'_{12} & \cdots & g'_{1n}\\ g'_{21} & g'_{22} & \cdots & g'_{2n}\\ \vdots & \vdots & & \vdots\\ g'_{m1} & g'_{m2} & \cdots & g'_{mn}\end{pmatrix}$$

的秩为 $\text{rank } \boldsymbol{G}^{(1)}=m$,其中 $g'_{kl}=\dfrac{\partial g_k}{\partial x_l}$,令 $\boldsymbol{r}=\boldsymbol{r}(t_1,t_2,\cdots,t_{n-m})=(x_1(t_1,t_2,\cdots,t_{n-m}),x_2(t_1,t_2,\cdots,t_{n-m}),\cdots,x_n(t_1,t_2,\cdots,t_{n-m}))$,则在驻点处,诸向量 $\boldsymbol{r}'_j=\dfrac{\partial\boldsymbol{r}}{\partial t_j}\neq\mathbf{0}$, $j=1,2,\cdots,n-m$ 中,至少有一个不为零.

于是目标函数可化为 $f(x_1(t_1,t_2,\cdots,t_{n-m}),$

$x_2(t_1,t_2,\cdots,t_{n-m}),\cdots,x_n(t_1,t_2,\cdots,t_{n-m}))$，转化为无条件极值问题. 对目标函数及约束方程组求偏导数，梯度向量记为行向量，$\text{grad } f=(f'_1,f'_2,\cdots,f'_n)$，$\text{grad } g_k=(g'_{k1},g'_{k2},\cdots,g'_{km})$，则得驻点满足的方程组

$$\begin{cases}\text{grad } f\cdot \boldsymbol{r}'_j=0, j=1,2,\cdots,n-m\\ \text{grad } g_k\cdot \boldsymbol{r}'_j=0, k=1,2,\cdots,m\end{cases}\tag{15}$$

受前面三个问题的分析过程的启发，需要讨论这些向量之间的线性相关性与线性无关性. 方程组(15)有非零解向量，故系数矩阵

$$\boldsymbol{G}^{(1)}=\begin{pmatrix}f'_1 & f'_2 & \cdots & f'_n\\ g'_{11} & g'_{12} & \cdots & g'_{1n}\\ g'_{21} & g'_{22} & \cdots & g'_{2n}\\ \vdots & \vdots & & \vdots\\ g'_{m1} & g'_{m2} & \cdots & g'_{mn}\end{pmatrix}$$

的秩小于 $m+1(m\leqslant n)$，可知其行向量组线性相关. 而子阵 $\boldsymbol{G}^{(1)}$ 为满秩 m，故其行向量组线性无关. 于是$(f'_1, f'_2,\cdots,f'_n)$可表示为$\{(g'_{k1},g'_{k2},\cdots,g'_{km}),k=1,2,\cdots,m\}$的线性组合，即有

$$\text{grad } f+\lambda_1\text{grad } g_1+\lambda_2\text{grad } g_2+\cdots+\lambda_m\text{grad } g_m=\mathbf{0}\tag{16}$$

因此，可引入辅助函数

$$\begin{aligned}F(x_1,x_2,\cdots,x_n)=f(x_1,x_2,\cdots,x_n)+\\ \lambda_1 g_1(x_1,x_2,\cdots,x_n)+\\ \lambda_2 g_2(x_1,x_2,\cdots,x_n)+\cdots+\\ \lambda_m g_m(x_1,x_2,\cdots,x_n)\end{aligned}\tag{17}$$

则驻点满足的方程组(分量形式略)为

$$
\begin{cases}
\operatorname{grad} F = \operatorname{grad} f(x_1, x_2, \cdots, x_n) + \\
\qquad \sum_{k=1}^{n} \lambda_k \operatorname{grad} g_k(x_1, x_2, \cdots, x_n) = \mathbf{0} \quad (18) \\
g_k(x_1, x_2, \cdots, x_n) = 0, k = 1, 2, \cdots, m
\end{cases}
$$

1.7　利用 Lagrange 乘数法求解两类技巧性初等问题

1.7.1　引言

因为复数、不等式等相关知识出现在高中数学选修内容中，所以在大学数学的课堂教学中，只要涉及该方面的知识内容，同学们的知识储备差异性就展现出来了，因此影响了正常课堂的教学进度．本节首先尝试从初等数学的角度出发，通过技巧性初等数学处理问题，接着充分利用复数相关性质，给出数形结合的处理方法．因为每个学生在高中教育阶段接受到的数学选修内容不尽相同，所以最后利用高等数学中的 Lagrange 乘数法求解了该问题．这种处理方式不仅可以充分利用学生已经掌握的导数知识，拓展新思路，提升学生的学习兴趣，有助于课堂教学，而且可以避免巧妙的数学变化技巧，有助于学生数学能力的培养．

掌握一些数学技巧是必要的，但一味地追求技巧就失去了学习的本质．学习应该服从先“一般”再“特殊”、从“共性”到“特性”、“熟能生巧”的认知规律．在大学数学教学中，要强调概念、定义、定理等背后的思想含义,体现数学知识的内在联系、形成过程,逐渐培养利用数学工具提炼并处理实际问题的能力.

1.7.2 Lagrange 乘数法

Lagrange 乘数法在高等数学教材中均有介绍,它是一种求解具有等式约束最优化问题的经典方法. 该方法以法国数学家、物理学家 Joseph-Louis Lagrange 的名字命名. 针对下面的最优化问题

$$\min f(x_1,x_2,\cdots,x_n)$$
$$\text{s. t. } h(x_1,x_2,\cdots,x_n)=0$$

Lagrange 乘数法的计算步骤如下:

(1) 构建 Lagrange 函数

$$L(x_1,x_2,\cdots,x_n,\lambda)=f(x_1,x_2,\cdots,x_n)-\lambda h(x_1,x_2,\cdots,x_n)$$

(2) 对多元函数 $L(x_1,x_2,\cdots,x_n,\lambda)$ 分别关于变量 $x_1,x_2,\cdots,x_n,\lambda$ 求偏导数,然后求解方程组

$$\begin{cases}\dfrac{\partial L(x_1,x_2,\cdots,x_n,\lambda)}{\partial x_1}=0\\ \dfrac{\partial L(x_1,x_2,\cdots,x_n,\lambda)}{\partial x_2}=0\\ \vdots\\ \dfrac{\partial L(x_1,x_2,\cdots,x_n,\lambda)}{\partial x_n}=0\\ \dfrac{\partial L(x_1,x_2,\cdots,x_n,\lambda)}{\partial \lambda}=0\end{cases}$$

的解 $(x_1^*,x_2^*,\cdots,x_n^*,\lambda^*)$.

(3) 判断 $(x_1^*,x_2^*,\cdots,x_n^*,\lambda^*)$ 是否为最优化问题

的最优解.

一般情况下,方程组的解$(x_1^*,x_2^*,\cdots,x_n^*,\lambda^*)$有多个.在这些解中,有的为最优化问题的最优解,有的则不是.如果假定最优化问题一定存在最优解,那么有一种简单却略失严谨的做法可以说明哪个解是最小解(极小解),即通过将有限个解逐一代入目标函数的方法进行简单验证.在此统一说明,本节考虑的最优化问题都是求最小值,若求最大值,即 $\max f(x_1,x_2,\cdots,x_n)$,可将目标函数更改为

$$\min -f(x_1,x_2,\cdots,x_n)$$

即可,其余步骤相同.

1.7.3 应用实例

1. 复数问题

例1 已知复数$z=x+y\mathrm{i}$,求$\left|\dfrac{z^2-2z+2}{z-1+\mathrm{i}}\right|$的最小值,其中$|z|=1$.

解法1

$$\begin{aligned}\left|\frac{z^2-2z+2}{z-1+\mathrm{i}}\right|&=\left|\frac{(z-1+\mathrm{i})(z-1-\mathrm{i})}{z-1+\mathrm{i}}\right|\\&=|z-1-\mathrm{i}|\\&\geqslant||z|-|1+\mathrm{i}||\\&=\sqrt{2}-1\end{aligned}$$

因为在上面的不等式中,等号成立的充要条件是$1\cdot x=1\cdot y$,即复平面中向量$\boldsymbol{z}$与向量$1+\mathrm{i}$共线.显然,存在这样的复数z,可以使得最小值为$\sqrt{2}-1$.

解法 2 由解法 1 知

$$\left|\frac{z^2-2z+2}{z-1+\mathrm{i}}\right|=|z-1-\mathrm{i}|$$

这里 $|z|=1$. 因此问题转化成:在复平面单位圆周上选择一点使得其到点(1,1) 的距离最小. 如图 1 所示,易知最小值为$\sqrt{2}-1$.

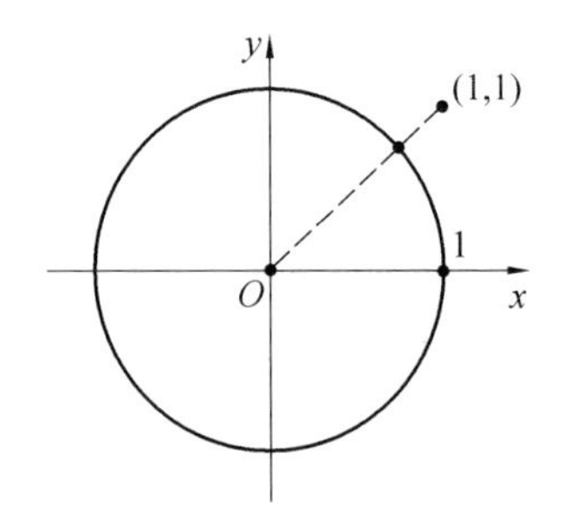

图 1

解法 3 因为求$\left|\frac{z^2-2z+2}{z-1+\mathrm{i}}\right|=|z-1-\mathrm{i}|$的最小值,且$z$满足$|z|=1$,因此原问题可以转化成如下最优化问题

$$\min \sqrt{(x-1)^2+(y-1)^2}$$
$$\text{s.t. } x^2+y^2=1$$

等价地,将目标函数取为$(x-1)^2+(y-1)^2$,因此,上述最优化问题转化成如下问题

$$\min\ (x-1)^2+(y-1)^2$$
$$\text{s.t. } x^2+y^2=1$$

计算步骤如下:

(1) 构造 Lagrange 函数

$$L(x,y,\lambda)=(x-1)^2+(y-1)^2-\lambda(x^2+y^2-1)$$

(2) 求偏导,解方程组

$$\begin{cases}\dfrac{\partial L(x,y,\lambda)}{\partial x}=2(x-1)-2\lambda x=0 & (1)\\[2ex] \dfrac{\partial L(x,y,\lambda)}{\partial y}=2(y-1)-2\lambda y=0 & (2)\\[2ex] \dfrac{\partial L(x,y,\lambda)}{\partial \lambda}=-(x^2+y^2-1)=0 & (3)\end{cases}$$

由式(1)或式(2)易知,$\lambda\neq 1$,因此有 $x=y$,利用式(3)得 $x=y=\pm\dfrac{\sqrt{2}}{2}$,所以满足上述方程组的解有两个,即

$$x_1^*=y_1^*=\frac{\sqrt{2}}{2},x_2^*=y_2^*=-\frac{\sqrt{2}}{2}$$

(3) 简单验证,作出结论:

将两个解分别代入原目标函数

$$\sqrt{(x-1)^2+(y-1)^2}$$

中,最小的函数值为

$$\sqrt{\left(\frac{\sqrt{2}}{2}-1\right)^2+\left(\frac{\sqrt{2}}{2}-1\right)^2}=\sqrt{2}-1$$

即 $\left|\dfrac{z^2-2z+2}{z-1+\mathrm{i}}\right|$ 的最小值为$\sqrt{2}-1$.

注意到,这里的目标函数是$\sqrt{(x-1)^2+(y-1)^2}$,不是为了便于求解目标函数的导数而将其修改之后的 $(x-1)^2+(y-1)^2$.

例2　已知复数 $z=x+y\mathrm{i}$ 满足 $z+\dfrac{2}{z}$ 是实数,且 $y\neq 0$,求 $|z+\mathrm{i}|$ 的最小值.

解法1　因为

$$z+\frac{2}{z}=\left(x+\frac{2x}{x^2+y^2}\right)+\left(y-\frac{2y}{x^2+y^2}\right)\mathrm{i}$$

是实数，所以 $y-\frac{2y}{x^2+y^2}=0$，又因为 $y\neq 0$，所以 $x^2+y^2=2$ 且 $y\neq 0$，即 $|z|=\sqrt{x^2+y^2}=\sqrt{2}$，所以 $|z+\mathrm{i}|\geqslant ||z|-|\mathrm{i}||=\sqrt{2}-1$. 在此不等式中，等号成立的充要条件是 $1\cdot x=0\cdot y$，即 $x=0$，因此，存在这样的复数 z，可以使最小值为 $\sqrt{2}-1$.

解法 2　由解法 1 知，因为 $z+\frac{2}{z}$ 是实数，所以 $x^2+y^2=2$ 且 $y\neq 0$. 因此问题转化成：在复平面内半径为 $\sqrt{2}$ 的圆周上（除去两点）选择一点使其到点 $(0,-1)$ 的距离最小. 如图 2 所示，易知 $|z+\mathrm{i}|$ 的最小值为 $\sqrt{2}-1$.

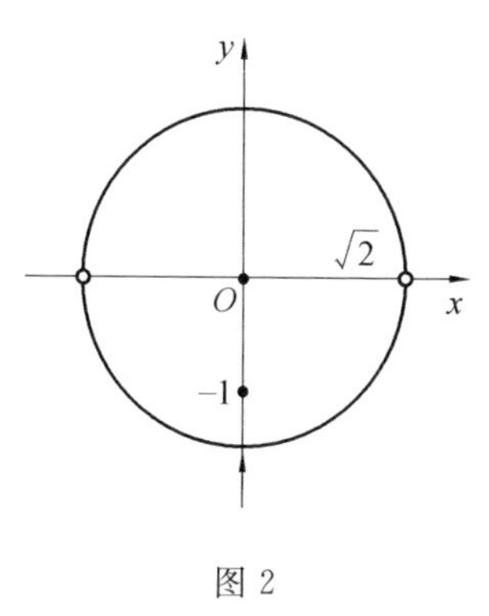

图 2

解法 3　因为 $|z+\mathrm{i}|=\sqrt{x^2+(y+1)^2}$，且 $x^2+y^2=2$，$y\neq 0$，因此原问题可以转化成如下最优化问题

$$\min\sqrt{x^2+(y+1)^2}$$

$$\text{s.t. } x^2+y^2=2, y\neq 0$$

因为，当 $x=1, y=-1$ 时，目标函数值为 1，当 $y=0$ 时，在点 $(\pm\sqrt{2}, 0)$ 处的目标函数值均为 $\sqrt{3}>1$. 所以，去掉约束条件 $y\neq 0$，并不会影响优化问题的最优解.

因此，上述最优化问题转化成如下问题

$$\min x^2+(y+1)^2$$
$$\text{s.t. } x^2+y^2=2$$

计算步骤如下：

(1) 构造 Lagrange 函数

$$L(x, y, \lambda)=x^2+(y+1)^2-\lambda(x^2+y^2-2)$$

(2) 求偏导数，解方程组

$$\begin{cases}\dfrac{\partial L(x, y, \lambda)}{\partial x}=2x-2\lambda x=0 & (4)\\[2ex] \dfrac{\partial L(x, y, \lambda)}{\partial y}=2(y+1)-2\lambda y=0 & (5)\\[2ex] \dfrac{\partial L(x, y, \lambda)}{\partial \lambda}=-(x^2+y^2-2)=0 & (6)\end{cases}$$

由式(5)易知，$\lambda\neq 1$，再由式(4)得 $x=0$，代入式(6)得 $y=\pm\sqrt{2}$，所以满足上述方程组的解有两个，即

$$\begin{cases}x_1^*=0\\ y_1^*=\sqrt{2}\end{cases}, \begin{cases}x_2^*=0\\ y_2^*=-\sqrt{2}\end{cases}$$

(3) 简单验证，作出结论：

将两个解分别代入原目标函数 $\sqrt{x^2+(y+1)^2}$ 中，函数的最小值为 $\sqrt{0^2+(-\sqrt{2}+1)^2}=\sqrt{2}-1$，即 $|z+\mathrm{i}|$ 的最小值为 $\sqrt{2}-1$.

例 3 已知复数$z=x+y\mathrm{i}$满足z^2-z是纯虚数，求$\left|z-\frac{1}{2}-2\mathrm{i}\right|$的最小值.

评析 因为$z^2-z=(x^2-x-y^2)+(2xy-y)\mathrm{i}$是纯虚数，所以$x^2-x-y^2=0$且$x\neq\frac{1}{2}$，$y\neq0$. 若$x=\frac{1}{2}$，则$x^2-x-y^2\neq0$. 所以复数$z$满足的条件为$x^2-x-y^2=0$且$y\neq0$. 又因为$x^2-x-y^2=0\Leftrightarrow\frac{\left(x-\frac{1}{2}\right)^2}{\left(\frac{1}{2}\right)^2}-\frac{y^2}{\left(\frac{1}{2}\right)^2}=1$，所以问题转化成：在中心为$\left(\frac{1}{2},0\right)$，左顶点为$(0,0)$，右顶点为$(1,0)$，离心率为$\sqrt{2}$的双曲线上（除去两点）选择一点，使得其到点$\left(\frac{1}{2},2\right)$的距离最小. 如图3所示. 从几何特征来看，$\left|z-\frac{1}{2}-2\mathrm{i}\right|$的最小值就是点到曲线的最小距离. 若要用初等数学的方法求解这个最小距离是比较困难的.

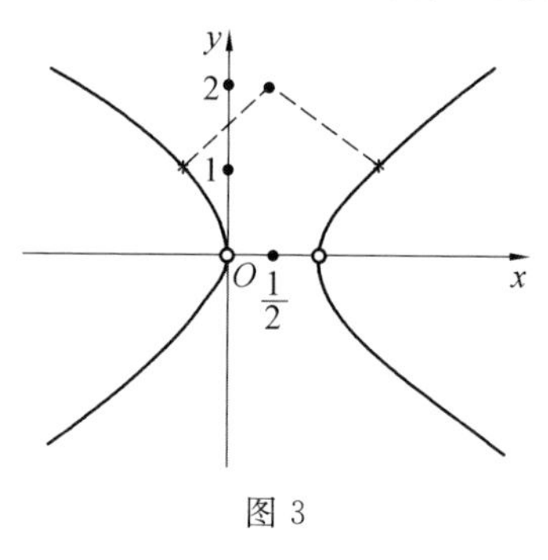

图 3

解　由评析可知,复数z满足$x^2-x-y^2=0$,且$y\neq 0$.因此原问题可以转化成如下最优化问题

$$\min\sqrt{\left(x-\frac{1}{2}\right)^2+(y-2)^2}$$
$$\text{s.t.}\ \ x^2-x-y^2=0, y\neq 0$$

因为在点$(0,0)$和$(1,0)$处目标函数值均为$\frac{\sqrt{17}}{2}$,在点$(2,\sqrt{2})$处的目标函数值为$\frac{\sqrt{33-16\sqrt{2}}}{2}<\frac{\sqrt{17}}{2}$,所以,上述最优化问题转化成如下问题

$$\min\left(x-\frac{1}{2}\right)^2+(y-2)^2$$
$$\text{s.t.}\ \ x^2-x-y^2=0$$

计算步骤如下:

(1) 构造 Lagrange 函数

$$L(x,y,\lambda)=\left(x-\frac{1}{2}\right)^2+(y-2)^2-\lambda(x^2-x-y^2)$$

(2) 求偏导数,解方程组

$$\begin{cases}\dfrac{\partial L(x,y,\lambda)}{\partial x}=2\left(x-\dfrac{1}{2}\right)-2\lambda x+\lambda=0 & (7)\\ \dfrac{\partial L(x,y,\lambda)}{\partial y}=2(y-2)+2\lambda y=0 & (8)\\ \dfrac{\partial L(x,y,\lambda)}{\partial \lambda}=-(x^2-x-y^2)=0 & (9)\end{cases}$$

因为式(7)等价于$(2x-1)(1-\lambda)=0$,又因为由式(9)易知$x\neq\frac{1}{2}$,所以$\lambda=1$,将其代入式(8)得$y=1$.由式(9)得$x^2-x-1=0$,解之,$x_{1,2}=\frac{1\pm\sqrt{5}}{2}$,所以

满足上述方程组的解有两组，即

$$\begin{cases}x_1^* = \dfrac{1-\sqrt{5}}{2} \\ y_1^* = 1\end{cases},\begin{cases}x_2^* = \dfrac{1+\sqrt{5}}{2} \\ y_2^* = 1\end{cases}$$

(3) 简单验证，作出结论：

将两组解分别代入原目标函数$\sqrt{\left(x-\frac{1}{2}\right)^2+(y-2)^2}$中，函数的最小值为$\frac{3}{2}$，即$\left|z-\frac{1}{2}-2\mathrm{i}\right|$的最小值为$\frac{3}{2}$.

2. 不等式问题

例 4 设 P 是面积为 S 的三角形 ABC 中的一点，它到三边 a,b,c 的距离分别为 d_1,d_2,d_3(图 4). 证明

$$\frac{a}{d_1}+\frac{b}{d_2}+\frac{c}{d_3} \geqslant \frac{(a+b+c)^2}{2S}$$

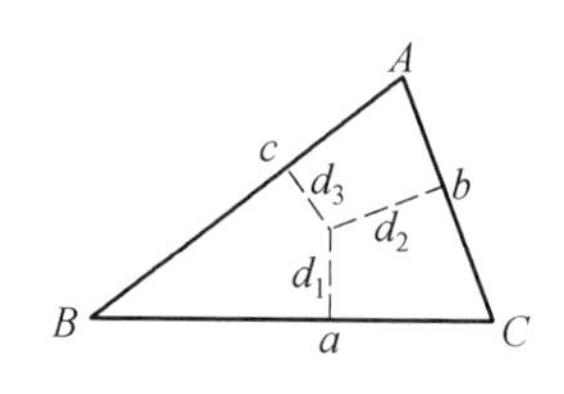

图 4

解法 1 因为 $S=\dfrac{ad_1+bd_2+cd_3}{2}$，所以

$$2S\left(\frac{a}{d_1}+\frac{b}{d_2}+\frac{c}{d_3}\right)$$

$$=(ad_1+bd_2+cd_3)\left(\frac{a}{d_1}+\frac{b}{d_2}+\frac{c}{d_3}\right)$$

$$=((\sqrt{ad_1})^2+(\sqrt{bd_2})^2+(\sqrt{cd_3})^2)\cdot$$

$$\left(\left(\sqrt{\frac{a}{d_1}}\right)^2+\left(\sqrt{\frac{b}{d_2}}\right)^2+\left(\sqrt{\frac{c}{d_3}}\right)^2\right)$$

$$\geqslant\left(\sqrt{ad_1}\sqrt{\frac{a}{d_1}}+\sqrt{bd_2}\sqrt{\frac{b}{d_2}}+\sqrt{cd_3}\sqrt{\frac{c}{d_3}}\right)^2$$

$$=(a+b+c)^2$$

注　证明中用到了 Cauchy 不等式

$$(x_1^2+x_2^2+\cdots+x_n^2)(y_1^2+y_2^2+\cdots+y_n^2)$$

$$\geqslant(x_1y_1+x_2y_2+\cdots+x_ny_n)^2$$

解法 2　由题意可构造如下最优化问题

$$\min\left(\frac{a}{d_1}+\frac{b}{d_2}+\frac{c}{d_3}\right)$$

$$\text{s.t. } ad_1+bd_2+cd_3=2S$$

计算步骤如下：

(1) 构造 Lagrange 函数

$$L(a,b,c,\lambda)=\frac{a}{d_1}+\frac{b}{d_2}+\frac{c}{d_3}-\lambda(ad_1+bd_2+cd_3-2S)$$

(2) 求偏导数，解方程组

$$\begin{cases}\dfrac{\partial L(d_1,d_2,d_3,\lambda)}{\partial d_1}=-\dfrac{a}{d_1^2}-\lambda a=0 & (10)\\ \dfrac{\partial L(d_1,d_2,d_3,\lambda)}{\partial d_2}=-\dfrac{b}{d_2^2}-\lambda b=0 & (11)\\ \dfrac{\partial L(d_1,d_2,d_3,\lambda)}{\partial d_3}=-\dfrac{c}{d_3^2}-\lambda c=0 & (12)\\ \dfrac{\partial L(d_1,d_2,d_3,\lambda)}{\partial \lambda}=ad_1+bd_2+cd_3-2S=0 & (13)\end{cases}$$

由式(10)～(12)易知，$\lambda=-\dfrac{1}{d_1^2}=-\dfrac{1}{d_2^2}=-\dfrac{1}{d_3^2}$，

因此有 $d_1=d_2=d_3$，式(13) 等价于

$$(a+b+c)d_1=2S$$

即

$$d_1^*=d_2^*=d_3^*=\frac{2S}{a+b+c}$$

(3) 简单验证，作出结论：

将唯一最优解代入目标函数$\frac{a}{d_1}+\frac{b}{d_2}+\frac{c}{d_3}$中，得到最小值为$\frac{(a+b+c)^2}{2S}$，因此

$$\frac{a}{d_1}+\frac{b}{d_2}+\frac{c}{d_3}\geqslant\frac{(a+b+c)^2}{2S}$$

1.7.4 总结

本节主要利用高等数学中求解条件极值的 Lagrange 乘数法处理了初等数学中复数、不等式两类问题，给出了一种求解此类问题的新思路. 为了有效衔接高中和大学的相关数学知识，便于低年级学生理解该思路，在 1.7.3 节的描述中，一是采用了多种求解方法，二是阐述了从原问题到最优化数学模型的建模过程、求解简单代数方程组的基本方法，以及验证过程. 虽然利用高等数学的知识可能会给出一种更通用的方法，可以有效地避免技巧性强的数学变化，但是必备的数学技巧不能忽视.

1.8 Lagrange 乘数法的一个注解

Lagrange 乘数法是解决条件极值问题的直接方

法.本节的主要内容不是如何运用 Lagrange 乘数法,而是创造性地重现 Lagrange 乘数法产生的来龙去脉,青岛大学数学与统计学院的周淑娟、郭晓沛、赵玉娥、张娟娟四位教授在 2020 年给出了一个条件极值的例子.

例　求双曲柱面 $x^2-y^2-1=0$ 上到原点 O 距离最近的点.

解　设该点为 $P(x,y,z)$,那么该问题就是要求函数

$$\begin{aligned}|\overrightarrow{OP}|&=\sqrt{(x-0)^2+(y-0)^2+(z-0)^2}\\&=\sqrt{x^2+y^2+z^2}\end{aligned}$$

的最小值.由于函数 $f(x,y,z)=x^2+y^2+z^2$ 有最小值,也就意味着 $|\overrightarrow{OP}|$ 有最小值,所以为避开平方根,可取目标函数为 $f(x,y,z)=x^2+y^2+z^2$,约束条件为 $g(x,y,z)=x^2-y^2-1=0$.本题就是要求目标函数 $f(x,y,z)$ 在约束条件 $g(x,y,z)=0$ 下的最小值.我们从几何图形入手,如图 1 所示,约束条件是空间中的一张双曲柱面,如果把目标函数赋值 a^2,即 $x^2+y^2+z^2=a^2$,那么从几何上来说,目标函数是空间中的一张球心在原点、半径为 a 的球面.随着半径 a 的增大,假想目标函数是一个以原点为球心的球面,像肥皂泡一样慢慢膨胀,直到它与双曲柱面相切,那么切点就是我们要找的极值点.

下面来分析切点处两曲面的几何特征.在每一个切点处,双曲柱面和球面都具有相同的切平面和法向量,于是设球面方程为

$$f(x,y,z)=x^2+y^2+z^2-r^2=0$$

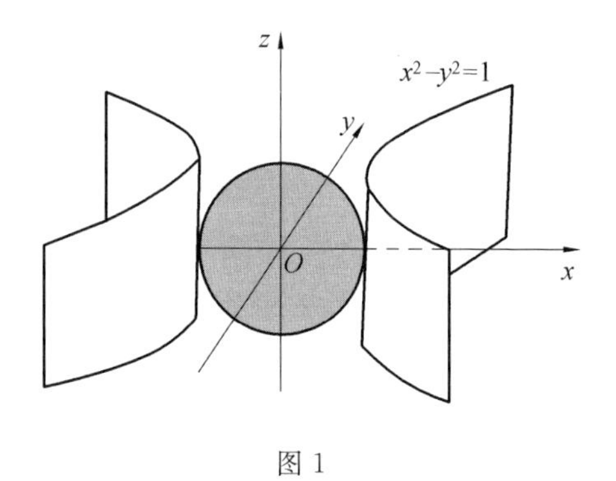

图 1

双曲柱面方程为

$$g(x,y,z)=x^2-y^2-1=0$$

那么在切点(x_0,y_0,z_0)处,有 $\nabla f \parallel \nabla g$(梯度与法向量同向),即存在$\lambda$使得 $\nabla f=\lambda\nabla g$,也即

$$\begin{cases} f_x=\lambda g_x \\ f_y=\lambda g_y \\ f_z=\lambda g_z \\ g(x,y,z)=0 \end{cases}$$

从而

$$\begin{cases} 2x=2\lambda x \\ 2y=-2\lambda y \\ 2z=0 \\ x^2-y^2-1=0 \end{cases}$$

由于 $x\neq 0$,从而 $\lambda=1,y=0,z=0$,又 $x^2=y^2+1=1$,从而 $x=\pm 1$,因此切点为 $P(\pm 1,0,0)$,该例题得以解决.

例题中方法的关键是两梯度向量的平行. 该方法直观、高效,如此直观、高效的方法能否推广开来,取决

于一般情况下目标函数 $f(x,y,z)$ 在约束条件 $g(x,y,z)=0$ 下的极值点处是否也有两梯度向量的平行关系，即 $\nabla f \parallel \nabla g$?

下面我们要做的事情就是去寻找这一平行关系的坚实的理论依据.

从几何上来说，如图2所示，约束条件 $g(x,y,z)=0$ 是空间中一张曲面，假设点 P 是目标函数在该曲面上的极值点. 在曲面上过点 P 任取一条空间曲线 Γ，设其参数方程为 $\begin{cases} x=\varphi(t) \\ y=\psi(t) \\ z=\omega(t) \end{cases}$，显然，点 P 也是 f 在空间曲线 Γ 上的极值点，由极值存在的必要条件可知，函数 $f(\varphi(t),\psi(t),\omega(t))$ 对参数 t 的导数在点 P 处应该为0. 由多元复合函数的求导法则，得

$$f'_x\varphi'(t)+f'_y\psi'(t)+f'_z\omega'(t)=0$$

即

$$(f'_x,f'_y,f'_z),(\varphi'(t),\psi'(t),\omega'(t))=0$$

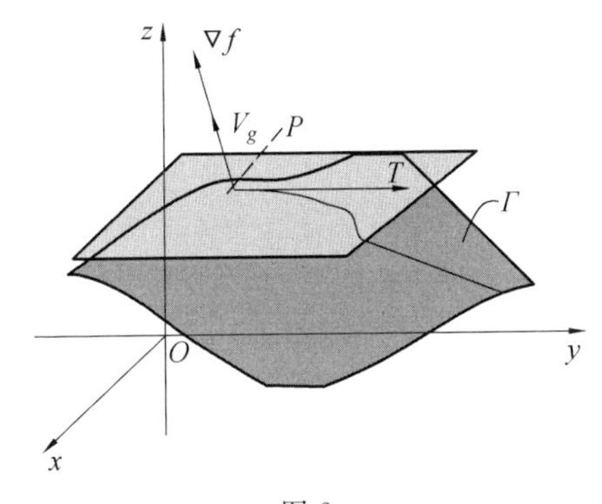

图2

记 $\boldsymbol{T}=(\varphi'(t),\psi'(t),\omega'(t))$，它是空间曲线 Γ 在点 P 的切向量，则由上式可知 $\nabla f\cdot\boldsymbol{T}=0$，其中 $\nabla f=(f'_x,f'_y,f'_z)$. 从而 $\nabla f\perp\boldsymbol{T}$，再由曲线 Γ 的任意性，可知目标函数 f 在极值点 P 的梯度向量 ∇f 垂直于曲面在该点的切平面，从而 ∇f 平行于该点处的法向量，进而平行于该点处的梯度向量，即 $\nabla f /\!/ \nabla g$. 故存在 $-\lambda$，使 $\nabla f=-\lambda\nabla g$，移项得 $\nabla f+\lambda\nabla g=\mathbf{0}$，即

$$\nabla(f+\lambda g)=\mathbf{0}$$

构造 Lagrange 函数 $L=f+\lambda g$，其中 λ 为 Lagrange 乘数，由 $\nabla L=0$，结合 $f=(f'_x,f'_y,f'_z)$，$\nabla g=(g'_x,g'_y,g'_z)$，可得方程组

$$\begin{cases}L_x=f_x+\lambda g_x=0\\L_y=f_y+\lambda g_y=0\\L_z=f_z+\lambda g_z=0\\g(x,y,z)=0\end{cases}$$

解该方程组得到可能的极值点，该方法就是 Lagrange 乘数法.

Lagrange 乘数法也可以进一步推广到约束条件多于一个的情形.

问题 求函数 $f(x,y,z)$ 在条件 $g(x,y,z)=0$，$h(x,y,z)=0$ 下的极值(限制条件有两个).

实际上，由几何图形，如图 3 所示，我们要寻找的点限制在两曲面($g(x,y,z)=0,h(x,y,z)=0$) 的交线 C 上时函数 $f(x,y,z)$ 的极值. 假设函数 $f(x,y,z)$ 在点 P 有极值，则知 ∇f 与 C 垂直于点 P.

又 $\nabla g\perp C$，$\nabla h\perp C$，所以 ∇f 在 ∇g 与 ∇h 所确

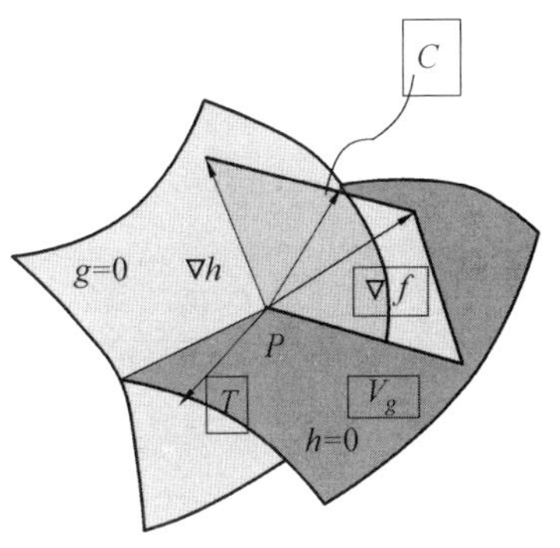

图3

定的平面上，故在点 $P(x_0, y_0, z_0)$ 处 $\nabla f, \nabla g, \nabla h$ 共面，即存在 $-\lambda$ 和 $-\mu$，使得

$$\nabla f = -\lambda \nabla g - \mu \nabla h$$

移项得

$$\nabla f + \lambda \nabla g + \mu \nabla h = \mathbf{0}$$

即 $\nabla(f + \lambda g + \mu h) = \mathbf{0}$，从而构造 Lagrange 函数 $L = f + \lambda g + \mu h$，其中 λ 和 μ 为 Lagrange 乘数，由 $\nabla L = 0$，结合 $\nabla f = (f'_x, f'_y, f'_z)$，$\nabla g = (g'_x, g'_y, g'_z)$，$\nabla h = (h'_x, h'_y, h'_z)$，可得方程组

$$\begin{cases} f_x + \lambda g_x + u h_x = 0 \\ f_y + \lambda g_y + u h_y = 0 \\ f_z + \lambda g_z + u h_z = 0 \\ g(x, y, z) = 0 \\ h(x, y, z) = 0 \end{cases}$$

解该方程组得可能的极值点，该方法就是 Lagrange 乘数法的推广.

我们结合几何直观图形，形象生动地给出了

Lagrange 乘数法的诞生历程. 该直观推导方法非常有利于学生的理解和运用，同时也有利于学生创造性学习思维的锻炼与培养.

1.9 利用 Lagrange 乘数法证明两个不等式

Lagrange 乘数法在约束条件下求解多元函数最值问题的有效方法. 只要把用 Lagrange 乘数法所解得的点的函数值加以比较，最大的(最小的)就是所考虑问题的最大值(最小值). 广东财经大学统计与数学学院的刘玉记教授在 2020 年应用 Lagrange 乘数法研究了已有文献中的两个不等式，得到的结果表明：用 Lagrange 乘数法所解得的点的函数值加以比较，最大的(最小的)不一定是所考虑问题的最大值(最小值)，而函数的最大值(最小值)在区域边界上取得.

从启发式教学模式角度，对一个熟知的数学命题，引导学生做出大胆“猜想”，并启发学生分析证明思路，进行论证. 许多数学教师在教学及教学研究中提出这种“猜想”，以提高学生创新思维能力. 康晓荣老师[①]、刘臻老师[②]和张小丹老师[③]在证明若干不等式后提出

---

① 康晓蓉. 对一个不等式的推广证明及进一步猜想[J]. 绵阳师范学院学报(自然科学版)，2014，33(11)：10-15.

② 刘臻. 用通性通法证明一些新的不等式题[J]. 中学数学研究(江西)，2013(10)：39-40.

③ 张小丹，汤强. 对一个猜想不等式的证明[J]. 中学数学研究，2014(3)：30-32.

如下的猜想1和猜想2：

猜想1　设$a,b,c>0$，则

$$\frac{a}{\sqrt{a^2+4(b^2+c^2)}}+\frac{b}{\sqrt{b^2+4(c^2+a^2)}}+\frac{c}{\sqrt{c^2+4(a^2+b^2)}}\geqslant 1$$

当且仅当$a=b=c$时，等号成立.

猜想2　设$a,b,c>0$，$n\geqslant 2$为正整数，则

$$\frac{a}{\sqrt[n]{a^n+(3^n-1)b^{\frac{n}{2}}c^{\frac{n}{2}}}}+\frac{b}{\sqrt[n]{b^n+(3^n-1)c^{\frac{n}{2}}a^{\frac{n}{2}}}}+\frac{c}{\sqrt[n]{c^n+(3^n-1)a^{\frac{n}{2}}b^{\frac{n}{2}}}}\geqslant 1$$

我们首先应用Lagrange乘数法证明如下命题，并说明猜想1不成立，然后证明猜想2成立.

命题　设$a,b,c\geqslant 0$，且不全为0，则

$$\frac{2}{\sqrt{5}}\leqslant\frac{a}{\sqrt{a^2+4(b^2+c^2)}}+\frac{b}{\sqrt{b^2+4(c^2+a^2)}}+\frac{c}{\sqrt{c^2+4(a^2+b^2)}}$$

$$\leqslant 2\sqrt{\frac{(\sqrt{6}-1)^2}{500+5(\sqrt{6}-1)^2}}+\sqrt{\frac{125}{125+8(\sqrt{6}-1)^3}}\tag{1}$$

第一个等号当且仅当a,b,c的任意顺序之比等于$1:0:1$时成立，第二个等号当且仅当a,b,c的任意顺序之比等于$a:b:c=(\sqrt{6}-1)^{\frac{3}{2}}:(\sqrt{6}-1)^{\frac{3}{2}}:5\sqrt{5}$时成立.

证明 令

$$a^2+b^2+c^2=s,x_1=\frac{a^2}{s},x_2=\frac{b^2}{s},x_3=\frac{c^3}{s} \tag{2}$$

则 $0\leqslant x_1,x_2,x_3\leqslant 1,x_1+x_2+x_3=1$，且

$$\frac{a}{\sqrt{a^2+4(b^2+c^2)}}+\frac{b}{\sqrt{b^2+4(c^2+a^2)}}+\frac{c}{\sqrt{c^2+4(a^2+b^2)}}$$

$$=\sum_{i=1}^{3}\sqrt{\frac{x_i}{4-3x_i}}$$

作 Lagrange 函数①

$$L(x_1,x_2,x_3,\theta)$$

$$=\sum_{i=1}^{3}\sqrt{\frac{x_i}{4-3x_i}}+\theta(x_1+x_2+x_3-1),(x_1,x_2,x_3)\in D$$

$$=\{(x_1,x_2,x_3):x_i\in[0,1],i=1,2,3\}$$

首先，求 D 内(开区域)驻点及其函数值，令

$$\frac{\partial L}{\partial x_i}=\frac{1}{2}\cdot\frac{4x_i^{-\frac{1}{2}}}{(4-3x_i)^{\frac{3}{2}}}+\theta=0,i=1,2,3$$

$$\frac{\partial L}{\partial \theta}=x_1+x_2+x_3-1=0$$

从而

$$\begin{cases}x_1^{\frac{1}{3}}(4-3x_1)=x_2^{\frac{1}{3}}(4-3x_2)=x_3^{\frac{1}{3}}(4-3x_3)\\x_1+x_2+x_3=1\end{cases} \tag{3}$$

不妨设 $x_1\leqslant x_2\leqslant x_3$，由于函数的导数

① 陈纪修，於崇华，金路. 数学分析(下)[M]. 北京：高等教育出版社，2014.

$$\left[x^{\frac{1}{3}}(4-3x)\right]'=12x^{-\frac{2}{3}}\left[\frac{1}{3}-x\right],x\in[0,1]$$

可知函数 $x^{\frac{1}{3}}(4-3x)$ 的单调性有以下三种情况：

情况 1 $x_1,x_2,x_3\in\left[0,\frac{1}{3}\right]$或者 $x_1,x_2,x_3\in\left[\frac{1}{3},1\right]$,这时单调性结合式(3)中第一个式子的前一连等式推出 $x_1=x_2=x_3=\frac{1}{3}$,这时式(3)有唯一解 $(x_1,x_2,x_3)=\left(\frac{1}{3},\frac{1}{3},\frac{1}{3}\right)$.

情况 2 $x_1\in\left[0,\frac{1}{3}\right)$,$x_2,x_3\in\left[\frac{1}{3},1\right]$,这时单调性结合式(3)中第一个式子的前一连等式推出 $x_1<\frac{1}{3}<x_2=x_3$,令 $x_i^{\frac{1}{3}}=z_i$,$i=1,2,3$,则得到

$$z_1(4-3z_1^2)=z_3(4-3z_3^3),z_1^3+2z_3^3=1$$

化为

$$(z_1-z_3)[4(z_1^3+2z_3^3)-3(z_3^3+z_3^2z_1+z_3z_1^2+z_1^3)]=0$$

令$\frac{z_1}{z_3}=w$,则

$$4(w^2+2)-3(w^3+w^2+w+1)=0,w\in(0,1)$$

整理得到$w^3-3(w^2+w)+5=0$,这个方程在区间(0,1)上无实数根,此时式(3)无解.

情况 3 $x_1,x_2\in\left[0,\frac{1}{3}\right]$,$x_3\in\left(\frac{1}{3},1\right]$,这时单调性结合式(3)中第一个式子的前一连等式推出 $x_1=x_2<\frac{1}{3}<x_1$,同情况 2,令 $x_i^{\frac{1}{3}}=z_i$,则得到

$$2z_1^3+z_3^3=1$$

$$(z_1-z_3)[4(2z_1^3+z_3^3)-3(z_3^3+z_3^2z_1+z_1z_1^2+z_1^3)]=0$$

令$\dfrac{z_1}{z_3}=w$,则 $w\in(0,1)$ 且 $5w^3-3w^2-3w+1=0$. 令 $f(w)=5w^3-3w^2-3w+1$,容易知道 $f(w)=0$ 在区间$(0,1)$ 上有唯一根 $w_0=\dfrac{\sqrt{6}-1}{5}$. 因此(3) 有唯一解

$$(x_1,x_2,x_3)=\left(\frac{3\sqrt{6}-7}{15},\frac{3\sqrt{6}-7}{15},\frac{29-6\sqrt{6}}{15}\right)$$

综上所述,求得在 $x_1,x_2,x_3>0$ 区域内的两个驻点 $\left(\dfrac{3\sqrt{6}-7}{15},\dfrac{3\sqrt{6}-7}{15},\dfrac{29-6\sqrt{6}}{15}\right),\left(\dfrac{1}{3},\dfrac{1}{3},\dfrac{1}{3}\right)$,这两个点的函数值分别为 1 和

$$2\sqrt{\frac{4\sqrt{6}-3}{15}}+\sqrt{\frac{29-6\sqrt{6}}{15}}\approx 1.068\ 6$$

然后求边界上可能的极值点及其函数值,由区域 D 的对称性,不妨取

$$x_1=x\in(0,1),x_2=\varepsilon\in(0,1-x),x_3=1-x-\varepsilon$$

我们有

$$\sum_{i=1}^{s}\sqrt{\frac{x_i}{4-3x}}=\sqrt{\frac{\varepsilon}{4-3\varepsilon}}+\sqrt{\frac{x}{4-3x}}+\sqrt{\frac{1-x-\varepsilon}{1+3\varepsilon+3x}},x\in(0,1)$$

作辅助函数

$$f(x)=\sqrt{\frac{\varepsilon}{4-3\varepsilon}}+\sqrt{\frac{x}{4-3x}}+\sqrt{\frac{1-x-\varepsilon}{1+3\varepsilon+3x}},x\in(0,1)$$

求驻点:令

$$f'(x)=2x^{-\frac{1}{2}}(4-3x)^{-\frac{3}{2}}-2(1-x-\varepsilon)^{-\frac{3}{2}}\cdot$$
$$(1+3\varepsilon+3x)^{-\frac{3}{2}}=0$$

则得方程 $x(4-3x)^3=(1-x-\varepsilon)(1+3x+3\varepsilon)^3$,令 $\frac{1-x-\varepsilon}{x}=z^3$,则 $z>0$,且方程化为$(1+3\varepsilon)z^4-4z^3+4z-1-3\varepsilon=0$.容易推出方程有四个根

$$z_1=1,z_2=-1,z_3=\frac{2+\sqrt{3-3\varepsilon}}{1+3\varepsilon},z_4=\frac{2-\sqrt{3-3\varepsilon}}{1+3\varepsilon}$$

从而得到对应的驻点为

$$x_1=\frac{1-\varepsilon}{2},x_3=\frac{(1-\varepsilon)(1+3\varepsilon)^3}{(1+3\varepsilon)^3+(2+\sqrt{3-3\varepsilon})^3}$$

$$x_4=\frac{(1-\varepsilon)(1+3\varepsilon)^2}{(1+3\varepsilon)^2+(2-\sqrt{3}-3\varepsilon)}$$

容易知道

$$f(x_1)=f\left(\frac{1-\varepsilon}{2}\right)\to\frac{2}{\sqrt{5}}\approx 0.894\ 4,\varepsilon\to 0^+$$

$$f(x_3)\to\sqrt{\frac{1}{1+4(2+\sqrt{3})^3}}+$$
$$\sqrt{\frac{(2+\sqrt{3})^3}{4+(2+\sqrt{3})^3}}\approx 1.032\ 8,\varepsilon\to 0^+$$

$$f(x_4)\to\sqrt{\frac{1}{1+4(2-\sqrt{3})^3}}+$$
$$\sqrt{\frac{(2-\sqrt{3})^3}{4+(2-\sqrt{3})^3}}\approx 1.032\ 8,\varepsilon\to 0^+$$

综合以上讨论得:函数 $\sum_{i=1}^{3}\sqrt{\frac{x_i}{4-3x_i}}$ 在约束条件 x_1+

$x_2+x_3=1, x_i\geqslant 0$ 下具有最大值

$$2\sqrt{\frac{(\sqrt{6}-1)^3}{500+5(\sqrt{6}-1)^3}}+\sqrt{\frac{125}{125+8(\sqrt{6}-1)^3}}\approx 1.0686$$

当且仅当

$$(x_1,x_2,x_3)=\left(\frac{3\sqrt{6}-7}{15},\frac{3\sqrt{6}-7}{15},\frac{29-6\sqrt{6}}{15}\right)$$

时达到该最大值，函数 $\sum\limits_{i=1}^{3}\sqrt{\dfrac{x_i}{4-3x_i}}$ 在约束条件 $x_1+x_2+x_3=1, x_i\geqslant 0$ 下具有最小值 $\dfrac{2}{\sqrt{5}}\approx 0.8945$，等号当 $(x_1,x_2,x_3)=\left(\dfrac{1}{2},0,\dfrac{1}{2}\right)$ 时达到该最大值，故当 $x_i\geqslant 0, x_1+x_2+x_3=1$ 时得到不等式

$$2\sqrt{\frac{(\sqrt{6}-1)^3}{500+5(\sqrt{6}-1)^3}}+\sqrt{\frac{125}{125+8(\sqrt{6}-1)^3}}$$
$$\geqslant\sum_{i=1}^{3}\sqrt{\frac{x_i}{4-3x_i}}\geqslant\frac{2}{\sqrt{5}}\tag{4}$$

其中前一等号当 $(x_1,x_2,x_3)=\left(\dfrac{3\sqrt{6}-7}{15},\dfrac{3\sqrt{6}-7}{15},\dfrac{29-6\sqrt{6}}{15}\right)$ 时成立，后一等号当 $(x_1,x_2,x_3)=\left(\dfrac{1}{2},0,\dfrac{1}{2}\right)$ 时成立. 将式(4) 结合式(2) 化为式(1). 式(1) 中前一等号当且仅当 a,b,c 中一个为 0，另外两个之比为 1∶1 时成立，后一等号当且仅当三个数 a,b,c 的任意顺序之比为 $(\sqrt{6}-1)^{\frac{3}{2}}:(\sqrt{6}-1)^{\frac{3}{2}}:5\sqrt{5}$ 时成立. 综上所述，命题证明完毕.

注 令

$$G(a,b,c)=\frac{a}{\sqrt{a^2+4(b^2+c^2)}}+\frac{b}{\sqrt{b^2+4(c^2+a^2)}}+\frac{c}{\sqrt{c^2+4(a^2+b^2)}}$$

$$(a,b,c)\in\Omega=\{(a,b,c): a,b,c\geqslant 0\}$$

那么 $G(a,b,c)$ 是 Ω 上的连续函数. 我们容易知道 $\lim\limits_{(a,b,c)\to(1,1,0)} G(a,b,c)=\frac{2}{\sqrt{5}}<1$. 因此,在点 $(1,1,0)$ 的充分小的邻域内,有 $0<G(a,b,c)<1$,故猜想 1 不真.

猜想 2 的证明 记 $\lambda=3^n-1$,令

$$x_1=\frac{b^{\frac{n}{2}}c^{\frac{n}{2}}}{a^n},x_2=\frac{c^{\frac{n}{2}}a^{\frac{n}{2}}}{b^n},x_3=\frac{a^{\frac{n}{2}}b^{\frac{n}{2}}}{c^n}$$

则 $x_1x_2x_3=1$,因此

$$\frac{a}{\sqrt[n]{a^n+\lambda b^{\frac{n}{2}}c^{\frac{n}{2}}}}+\frac{b}{\sqrt[n]{b^n+\lambda c^{\frac{n}{2}}a^{\frac{n}{2}}}}+\frac{c}{\sqrt[n]{c^n+\lambda a^{\frac{n}{2}}b^{\frac{n}{2}}}}$$

$$=\sum_{i=1}^{3}\left(\frac{1}{1+\lambda x_i}\right)^{\frac{1}{n}}$$

作 Lagrange 函数

$$L(x_1,x_2,x_3,\theta)=\sum_{i=1}^{3}\left(\frac{1}{1+\lambda x_i}\right)^{\frac{1}{n}}+\theta(x_1x_2x_3-1)$$

$$x_i>0,i=1,2,3$$

设 (x_1,x_2,x_3) 为驻点且不妨设 $x_1\leqslant x_2\leqslant x_3$,则 $x_3\geqslant 1$,且

$$\frac{\partial L}{\partial x_i}=-\frac{\lambda}{n}\frac{1}{(1+\lambda x_i)^{\frac{1}{n}+1}}+\theta\frac{1}{x^i}=0,i=1,2,3$$

$$\frac{\partial L}{\partial\theta}=x_1x_2x_3-1=0$$

从而

$$\frac{x_1}{(1+\lambda x_1)^{\frac{1}{n}+1}}=\frac{x_2}{(1+\lambda x_2)^{\frac{1}{n}+1}}=\frac{x_3}{(1+\lambda x_3)^{\frac{1}{n}+1}}$$

$$x_1,x_2,x_3=1$$

由函数 $x(1+\lambda x)^{-\frac{1}{n}-1}$ 的单调性可知有以下三种情况：

情况 1 $x_1=x_2=x_3$，这时有驻点$(1,1,1)$，函数 $\sum_{i=1}^{3}\left(\frac{1}{1+\lambda x_i}\right)^{\frac{1}{2}}$ 在这点的函数值为$\frac{3}{\sqrt[n]{1+\lambda}}$.

情况 2 $x_1<\frac{n}{\lambda}<x_2=x_3$，令 $x_1^{\frac{1}{n+1}}=y_i$，$i=1,2,3$，得到$\frac{y_1^n}{1+\lambda y_1^{n+1}}=\frac{y_3^n}{1+\lambda y_3^{n+1}}$，化为

$$(y_1-y_3)[\lambda y_1^n y_3^n-(y_1^{n-1}+y_1^{n-2}y^3+\cdots+y_3^{n-1})]=0$$

$$y_1y_3^2=1$$

消去 y_1，得到$\sum_{i=1}^{3}y_3^{3(i-1)}-\lambda y_3^{n-2}=0$. 作辅助函数 $g(y)=\sum_{i=1}^{n}y^{3(i-1)}-\lambda y^{n-2}$，$y>0$.

① 当 $n=2$ 时，$g(y)=y^3+1-\lambda=y^3-7$. 方程 $g(y)=0$ 有唯一正根 $y=\sqrt[3]{7}$，我们得到驻点$\left(\frac{1}{49},7,7\right)$，函数$\sum_{i=1}^{3}\frac{1}{\sqrt{1+\lambda x_i}}$ 在驻点的函数值为$\frac{9}{\sqrt{57}}$.

② 当 $n\geqslant 3$ 时，方程 $g(y)=0$ 在区间$(0,+\infty)$内有至多两个正根. 结合 $g(0)>0$，$g(1)=n-\lambda=n-3^n+1<0$，$g(+\infty)=+\infty$，故 $g(y)=0$ 在区间$(0,+\infty)$内有且仅有两个根$\sigma_1\in(0,1)$，$\sigma_2\in(1,+\infty)$. 注意到

$\sum_{i=1}^{n} y^{3(i-1)} - \lambda y^{n-2} \leqslant 0, y \in [\sigma_1, 1] \cup [1, \sigma_2]$(之后会用到)，所以得到驻点$(\sigma_2^{-2(n+1)}, \sigma_2^{n+1}, \sigma_2^{n+1})$. 函数$\sum_{i=1}^{3}\left(\frac{1}{1+\lambda x_i}\right)^{\frac{1}{n}}$在这点的函数值为$\sqrt[n]{\frac{1}{1+\lambda\sigma_2^{-2(n+1)}}} + 2\sqrt[n]{\frac{1}{1+\lambda\sigma_2^{n+1}}}$.

情况3 $x_1 = x_2 < \frac{n}{\lambda} < x_3$，同情况2.

① 当$n=2$时，得到驻点$\left(\frac{1}{\sqrt{7}}, \frac{1}{\sqrt{7}}, 7\right)$，该点的函数值为$\frac{2\sqrt[4]{7}}{\sqrt{\sqrt{7}+8}} + \frac{1}{\sqrt{57}}$.

② 当$n \geqslant 3$时，得到驻点$(\sigma_1^{n+1}, \sigma_1^{n+1}, \sigma_1^{-2(n+1)})$，函数$\sum_{i=1}^{3}\left(\frac{1}{1+\lambda x_i}\right)^{\frac{1}{n}}$在这点的函数值为$2\sqrt[n]{\frac{1}{1+\lambda\sigma_1^{n+1}}} + \sqrt[n]{\frac{1}{1+\lambda\sigma_1^{-2(n+1)}}}$.

求边界上的最小值：由于$x_1 \to +\infty$，必有$x_2 \to 0$或者$x_3 \to 0$，从而$\sum_{i=1}^{3}\left(\frac{1}{1+\lambda x_i}\right)^{\frac{1}{n}} > 1 = \frac{3}{\sqrt[n]{1+\lambda}}$. 当$x_1 \to +\infty, x_2 \to +\infty$时必有$x_3 \to 0$，则$\sum_{i=1}^{3}\left(\frac{1}{1+\lambda x_i}\right)^{\frac{1}{n}} > \left(\frac{1}{1+\lambda x_3}\right)^{\frac{1}{n}} \to 1 = \frac{3}{\sqrt[n]{1+\lambda}}$.

综上所述：

① 当$n=2$时，不等式

$$\sum_{i=1}^{3}\frac{1}{\sqrt{1+8x_i}}\geqslant\min\left\{1,\frac{9}{\sqrt{57}},\frac{2\sqrt[4]{7}}{\sqrt{\sqrt{7}+8}}+\frac{1}{\sqrt{57}}\right\}=1$$

成立,从而

$$\frac{a}{\sqrt{a^2+8bc}}+\frac{b}{\sqrt{b^2+8ca}}+\frac{c}{\sqrt{c^2+8ab}}\geqslant 1 \quad (5)$$

当 $n=2$ 时,式(2) 成立.

② 当 $n\geqslant 3$ 时,设 σ_1,σ_2 分别是方程 $\sum_{i=1}^{n}y^{3(i-1)}-\lambda y^{n-2}=0$ 在区间$(0,1)$ 和$(1,+\infty)$ 内的根,我们证明

$$\begin{cases}\sqrt[n]{\dfrac{1}{1+\lambda\sigma_2^{-2(n+1)}}}+2\sqrt[n]{\dfrac{1}{1+\lambda\sigma_2^{n+1}}}\geqslant 1\\ 2\sqrt[n]{\dfrac{1}{1+\lambda\sigma_1^{n+1}}}+\sqrt[n]{\dfrac{1}{1+\lambda\sigma_2^{-2(n+1)}}}\geqslant 1\end{cases} \quad (6)$$

从而推出 $n\geqslant 3$ 时不等式

$$\frac{a}{\sqrt[n]{a^n+(3^n-1)b^{\frac{n}{2}}c^{\frac{n}{2}}}}+\frac{b}{\sqrt[n]{b^n+(3^n-1)c^{\frac{n}{2}}a^{\frac{n}{2}}}}+$$

$$\frac{c}{\sqrt[n]{c^n+(3^n-1)a^{\frac{n}{2}}b^{\frac{n}{2}}}}\geqslant 1 \quad (7)$$

成立,于是从(5) 和(7) 可知猜想 2 成立.

我们先证明(6) 中第一个不等式,作辅助函数

$$f(x)=\sqrt[n]{\frac{1}{1+\lambda x^{-2}}}+2\sqrt[n]{\frac{1}{1+\lambda x}},x\in[1,\sigma_2^{n+1}]$$

容易计算

$$f'(x)=\frac{2\lambda x^{\frac{2-n}{n}}}{n}\ \frac{(1+\lambda x)^{\frac{n+1}{n}}-x^{\frac{n-2}{n}}(x^2+\lambda)^{\frac{n+1}{n}}}{(x^2+\lambda)^{\frac{1}{n}+1}(1+\lambda x)^{\frac{1}{n}+1}} \quad (8)$$

令 $x^{\frac{1}{n+1}}=z$,则

$$(1+\lambda x)-x^{\frac{n-2}{n-1}}(x^2+\lambda)=1+\lambda z^{n+1}-z^{n-2}(z^{2(n+1)}+\lambda)$$
$$=[\sum_{i=1}^{n} z^{3(i-1)}-\lambda z^{n-2}](1-z^3)$$

注意到，当 $x\in[1,\sigma_2^{n+1}]$ 时推出 $z\in[1,\sigma_2]$，而 $\sum_{i=1}^{n} y^{3(i-1)}-\lambda y^{n-2}\leqslant 0, y\in[1,\sigma_2]$，从而

$$[\sum_{i=1}^{n} z^{3(i-1)}-\lambda z^{n-2}](1-z^3)\geqslant 0, z\in[1,\sigma_2]$$

故由式(8)推出 $f'(x)\geqslant 0, x\in[1,\sigma_2^{n+1}]$，因此 $f(\sigma_2^{n+1})\geqslant f(1)=3\sqrt{\frac{1}{1+\lambda}}=1$，我们得到(6)中第一个不等式.

我们再证明(6)中第二个不等式. 作辅助函数 $f(x)=\sqrt[n]{\frac{1}{1+\lambda x^{-2}}}+2\sqrt[n]{\frac{1}{1+\lambda x}}, x\in[\sigma_1^{n+1},1]$. 容易计算得到(8)，令 $x^{\frac{1}{n+1}}=z$，则

$$(1+\lambda x)-x^{\frac{n-2}{n+1}}(x^2+\lambda)=1+\lambda z^{n+1}-z^{n-2}(z^{2(n+1)}+\lambda)$$
$$=\left[\sum_{i=1}^{n} z^{3(i-1)}-\lambda z^{n-2}\right](1-z^3)$$

注意到，当 $x\in[\sigma_1^{n+1},1]$ 时推出 $z\in[\sigma_1,1]$，而 $\sum_{i=1}^{n} y^{3(i-1)}-\lambda y^{n-2}\leqslant 0, y\in[\sigma_1,1]$，从而

$$[\sum_{i=1}^{n} z^{3(i-1)}-\lambda z^{n-2}](1-z^3)\leqslant 0, z\in[\sigma_1,1]$$

故由(8)推出 $f'(x)\leqslant 0, x\in[\sigma_1^{n+1},1]$. 因此

$$f(\sigma_1^{n+1})\geqslant f(1)=3\sqrt{\frac{1}{1+\lambda}}=1$$

我们得到(6)中第二个不等式. 这就证明了不等式(7)

即猜想 2 成立，且(2) 中等式在 $a=b=c$ 时成立.

1.10　一道数学考研试题的解答

1.10.1　引言

复旦大学 2000 年硕士研究生招生考试(数学专业)有这样一道试题[①]：

问题　利用 Lagrange 乘数法，求平面 $x+y+z=0$ 与椭球面 $x^2+y^2+4z^2=1$ 所截椭圆的面积.

有相关文献给出了这道试题的解答，可惜答案是错误的，鉴于这个原因，闽江学院数学与数据科学学院的戴立辉和合肥工业大学数学学院的苏化明两位教授在 2020 年首先利用 Lagrange 乘数法给出这一问题的几种解法，然后再用其他方法求解同一问题. 由此可以看出各种数学知识的灵活运用. 若能在教学中经常结合这一类问题进行讲解，则对于提高学生的综合素质是有益的.

1.10.2　解法

解法 1　Lagrange 乘数法.

易知椭圆的中心为 $O(0,0,0)$，设 $P(x,y,z)$ 为椭圆上任意一点，则问题转化为求 $|PO|=$

① 梁志清，黄军华，钟镇权. 研究生入学考试数学分析真题集解(下册)[M]. 成都：西南交通大学出版社，2016.

$\sqrt{x^2+y^2+z^2}$ 在条件 $x+y+z=0, x^2+y^2+4z^2=1$ 下的最大值及最小值(即求椭圆的长半轴长及短半轴长).

考虑函数 $d^2=|PO|^2=x^2+y^2+z^2$，并作 Lagrange 函数

$$F(x,y,z,\lambda,\mu)=x^2+y^2+z^2-\lambda(x+y+z)-\mu(x^2+y^2+4z^2-1)$$

令

$$\begin{cases} F_x=2x-\lambda-2\mu x=0 & (1)\\ F_y=2y-\lambda-2\mu y=0 & (2)\\ F_z=2z-\lambda-8\mu z=0 & (3)\\ F_\lambda=x+y+z=0 & (4)\\ F_\mu=x^2+y^2+4z^2-1=0 & (5)\end{cases}$$

由 $x\times$式(1)$+y\times$式(2)$+z\times$式(3)，并利用式(4)(5)可得

$$x^2+y^2+z^2-\mu=0$$

因此 $\mu=x^2+y^2+z^2=d^2$.

又由式(1)～(4)可得齐次线性方程组

$$\begin{cases}(1-\mu)x-(1-\mu)y=0\\ (1-\mu)y-(1-4\mu)z=0\\ x+y+z=0\end{cases}$$

上述关于 x,y,z 的齐次线性方程组显然有非零解，从而有

$$\begin{vmatrix}1-\mu & -(1-\mu) & 0\\ 0 & 1-\mu & -(1-4\mu)\\ 1 & 1 & 1\end{vmatrix}=0$$

整理得 $3\mu^2-4\mu+1=0$，解得 $\mu_1=1,\mu_2=\frac{1}{3}$，由此知 $d_1=1,d_2=\frac{1}{\sqrt{3}}$，即椭圆的长、短半轴的长分别为 1 和 $\frac{1}{\sqrt{3}}$，故椭圆的面积 $S=\frac{\pi}{\sqrt{3}}$.

注　答案是 $S=\frac{\pi}{3}$.

解法 2　Lagrange 乘数法.

同解法 1，可得

$$\begin{cases}2x-\lambda-2\mu x=0 & (6)\\ 2y-\lambda-2\mu y=0 & (7)\\ 2z-\lambda-8\mu z=0 & (8)\\ x+y+z=0 & (9)\\ x^2+y^2+4z^2-1=0 & (10)\end{cases}$$

由式(6)(7)可得 $(x-y)(1-\mu)=0$，故 $x=y$ 或 $\mu=1$.

若 $x=y$，解方程组

$$\begin{cases}x=y\\ x+y+z=0\\ x^2+y^2+4z^2=1\end{cases}$$

得 $x=y=\pm\frac{1}{3\sqrt{2}},z=\mp\frac{2}{3\sqrt{2}}$，此时 $d^2=\frac{1}{3}$，故 $d=\frac{1}{\sqrt{3}}$.

若 $\mu=1$，由式(6)(8)(10)可得 $\lambda=0,z=0,x^2+y^2=1$，此时 $d^2=1$，故 $d=1$. 因此，椭圆的长、短半轴的长分别为 1 和 $\frac{1}{\sqrt{3}}$，故椭圆的面积 $S=\frac{\pi}{\sqrt{3}}$.

解法 3　Lagrange 乘数法.

同解法1,问题转化为求 $d^2=x^2+y^2+z^2$ 在条件 $x+y+z=0,x^2+y^2+4z^2=1$ 下的极值.

由 $x+y+z=0$ 知 $z=-(x+y)$,因此问题也可转化为求 $d^2=x^2+y^2+(x+y)^2$ 在条件 $x^2+y^2+4(x+y)^2=1$ 下的极值.

为此,作 Lagrange 函数

$$G(x,y,z,m)=x^2+y^2+(x+y)^2+m[x^2+y^2+4(x+y)^2-1]$$

令

$$\begin{cases}G_x=2x+2(x+y)+2mx+8m(x+y)=0 & (11)\\ G_y=2y+2(x+y)+2my+8m(x+y)=0 & (12)\\ G_m=x^2+y^2+4(x+y)^2-1=0 & (13)\end{cases}$$

由式(11)(12)得

$$\begin{cases}(2+5m)x+(1+4m)y=0\\ (1+4m)x+(2+5m)y=0\end{cases}$$

此方程组有非零解的充分必要条件是

$$\begin{vmatrix}2+5m & 1+4m\\ 1+4m & 2+5m\end{vmatrix}=3(3m+1)(m+1)=0$$

解得 $m_1=-\dfrac{1}{3},m_2=-1$,把它们分别代入(11)(12)(13),解得

$$\begin{cases}x=\pm\dfrac{1}{3\sqrt{2}}\\ y=\pm\dfrac{1}{3\sqrt{2}}\end{cases},\begin{cases}x=\pm\dfrac{1}{\sqrt{2}}\\ y=\pm\dfrac{1}{\sqrt{2}}\end{cases}$$

这样就得到四个可能的极值点

$$P_1\left(\frac{1}{3\sqrt{2}},\frac{1}{3\sqrt{2}},-\frac{2}{3\sqrt{2}}\right)$$

$$P_2\left(-\frac{1}{3\sqrt{2}},-\frac{1}{3\sqrt{2}},\frac{2}{3\sqrt{2}}\right)$$

$$P_3\left(\frac{1}{\sqrt{2}},-\frac{1}{\sqrt{2}},0\right),P_4\left(-\frac{1}{\sqrt{2}},-\frac{1}{\sqrt{2}},0\right)$$

由于 $|P_1O|^2=|P_2O|^2=\frac{1}{3}$，$|P_3O|^2=|P_4O|^2=1$，因此椭圆的长、短半轴的长分别为 1 和 $\frac{1}{\sqrt{3}}$，故椭圆的面积 $S=\frac{\pi}{\sqrt{3}}$.

解法 4 利用椭圆的参数方程求其长、短半轴的长.

同解法 1，显然椭圆的中心为 $O(0,0,0)$，设 $P(x,y,z)$ 为椭圆上任意一点，则问题转化为求 $d^2=|PO|^2=x^2+y^2+z^2$ 在条件 $x+y+z=0$，$x^2+y^2+4z^2=1$ 下的极值.

由 $x+y+z=0$ 得

$$d^2=x^2+y^2+(x+y)^2=2(x^2+xy+y^2)$$

而

$$x^2+y^2+4z^2=x^2+y^2+4(x+y)^2=1$$

从而有

$$5x^2+8xy+5y^2=1$$

或

$$5\left(x+\frac{4}{5}y\right)^2+\frac{9}{5}y^2=1$$

写成参数形式为

$$\begin{cases} x=\dfrac{1}{\sqrt{5}}\cos\theta-\dfrac{4}{3\sqrt{5}}\sin\theta \\ y=\dfrac{\sqrt{5}}{3}\sin\theta \end{cases},0\leqslant\theta\leqslant2\pi$$

故有

$$d^2=2\left[\left(\frac{1}{\sqrt{5}}\cos\theta-\frac{4}{3\sqrt{5}}\sin\theta\right)^2+\left(\frac{1}{\sqrt{5}}\cos\theta-\frac{4}{3\sqrt{5}}\sin\theta\right)\cdot\right.$$

$$\left.\frac{\sqrt{5}}{3}\sin\theta+\left(\frac{\sqrt{5}}{3}\sin\theta\right)^2\right]$$

$$=\frac{2}{5}\left(\cos^2\theta-\sin\theta\cos\theta+\frac{7}{3}\sin^2\theta\right)$$

$$=\frac{2}{3}-\frac{1}{3}\left(\frac{3}{5}\sin2\theta+\frac{4}{5}\cos2\theta\right)$$

$$=\frac{2}{3}-\frac{1}{3}\sin(2\theta+\varphi)$$

其中 $\varphi=\arctan\dfrac{4}{3}$.

由此知 $d_{\max}^2=1,d_{\min}^2=\dfrac{1}{3}$，则有 $d_{\max}=1,d_{\min}=\dfrac{1}{\sqrt{3}}$，即椭圆的长、短半轴的长分别为 1 和 $\dfrac{1}{\sqrt{3}}$，从而其面积 $S=\dfrac{\pi}{\sqrt{3}}$.

解法 5　利用椭圆的极坐标方程求其长、短半轴的长.

椭圆所在平面 $x+y+z=0$ 的法向量为 $\boldsymbol{n}=\{1,1,1\}$，显然 $\boldsymbol{n}_2=\{-1,0,1\}$ 与 $\boldsymbol{n}_1$ 垂直，令

$$\boldsymbol{n}_3=\boldsymbol{n}_1\times\boldsymbol{n}_2=\{1,-2,1\}$$

分别将 $\boldsymbol{n}_1,\boldsymbol{n}_2,\boldsymbol{n}_3$ 单位化可得

$$\boldsymbol{e}_1=\left\{\frac{1}{\sqrt{3}},\frac{1}{\sqrt{3}},\frac{1}{\sqrt{3}}\right\},\boldsymbol{e}_2=\left\{-\frac{1}{\sqrt{2}},0,\frac{1}{\sqrt{2}}\right\}$$

$$\boldsymbol{e}_3=\left\{\frac{1}{\sqrt{6}},-\frac{2}{\sqrt{6}},\frac{1}{\sqrt{6}}\right\}$$

$\boldsymbol{e}_1,\boldsymbol{e}_2,\boldsymbol{e}_3$ 是 $\mathbf{R}^3$ 的一组标准正交基，椭圆在由 $\boldsymbol{e}_2,\boldsymbol{e}_3$ 生成的平面内，其极坐标方程设为 $r=r(\theta)$（θ 为参数），若椭圆上的动点设为 $(x(\theta),y(\theta),z(\theta))$，则

$$\begin{aligned}(x(\theta),y(\theta),z(\theta))&=r(\theta)(\cos\theta)\boldsymbol{e}_2+r(\theta)(\sin\theta)\boldsymbol{e}_3\\&=r(\theta)\left\{-\frac{1}{\sqrt{2}}\cos\theta+\frac{1}{\sqrt{6}}\sin\theta,\right.\\&\qquad\left.-\frac{2}{\sqrt{6}}\sin\theta,\frac{1}{\sqrt{2}}\cos\theta+\frac{1}{\sqrt{6}}\sin\theta\right\}\end{aligned}$$

由于 $(x(\theta),y(\theta),z(\theta))$ 在 $x^2+y^2+4z^2=1$ 上，故有 $x^2(\theta)+y^2(\theta)+4z^2(\theta)=1$，将 $x(\theta),y(\theta),z(\theta)$ 代入并化简得

$$r^2(\theta)\left(\frac{3}{2}+\cos^2\theta+\sqrt{3}\cos\theta\sin\theta\right)=1$$

即有

$$r^2(\theta)=\frac{1}{2+\frac{1}{2}(\cos 2\theta+\sqrt{3}\sin 2\theta)}$$

或

$$r^2(\theta)=\frac{1}{2+\sin\left(2\theta+\frac{\pi}{6}\right)}$$

由此知 $r_{\max}=1,r_{\min}=\frac{1}{\sqrt{3}}$，即所求椭圆的长、短半轴的

长分别为 1 和$\frac{1}{\sqrt{3}}$,从而其面积为 $S=\frac{\pi}{\sqrt{3}}$.

解法 6 初等方法.

同解法 3,4,问题转化为求 $d^2=x^2+y^2+z^2$ 在条件 $x+y+z=0$,$x^2+y^2+4z^2=1$ 下的极值.

由 $x+y+z=0$ 及 $x^2+y^2+4z^2=1$ 得,$d^2=1-3z^2$,从而 $d^2\leqslant 1$,故 $d_{\max}=1$(如取 $x=-y=\pm\frac{\sqrt{2}}{2}$,$z=0$).

又由 $x+y+z=0$ 知 $y=-x-z$,代入 $x^2+y^2+4z^2=1$,可得以 x 为未知数的一元二次方程

$$2x^2+2xz+5z^2-1=0$$

由于 x 为实数,因此

$$(2z)^2-4\cdot 2\cdot(5z^2-1)\geqslant 0$$

由此知 $z^2\leqslant\frac{2}{9}$,所以 $d^2=1-3z^2\geqslant\frac{1}{3}$,故 $d_{\min}=\frac{1}{\sqrt{3}}$(如取 $x=y=\mp\frac{\sqrt{2}}{6}$,$z=\pm\frac{\sqrt{2}}{3}$).

由 $d_{\max}=1$ 及 $d_{\min}=\frac{1}{\sqrt{3}}$ 知,所求椭圆的面积 $S=\frac{\pi}{\sqrt{3}}$.

注 $d_{\min}=\frac{1}{\sqrt{3}}$ 也可按下面的方法求解.

由 $x+y+z=0$ 知 $z=-(x+y)$,分别代入 $x^2+y^2+4z^2=1$ 及 $d^2=x^2+y^2+z^2$ 可得

$$5x^2+8xy+5y^2=1 \tag{14}$$

及 $d^2=2(x^2+xy+y^2)$，由此可得

$$5(x^2+xy+y^2)=1-3xy$$

及 $d^2=\frac{2}{5}(1-3xy)$.

由熟知的不等式 $x^2+y^2\geqslant 2xy$ 及式(14)可得 $18xy\leqslant 1$，或 $xy\leqslant\frac{1}{18}$，因此

$$d^2\geqslant\frac{2}{5}\left(1-3\times\frac{1}{18}\right)=\frac{1}{3}$$

从而 $d_{\min}=\frac{1}{\sqrt{3}}$（如取 $x=y=\mp\frac{\sqrt{2}}{6}$，$z=\pm\frac{\sqrt{2}}{3}$）.

解法 7 问题转化为求椭圆在 xOy 平面上投影区域的面积.

易知椭圆

$$\begin{cases}x+y+z=0\\x^2+y^2+4z^2=1\end{cases}$$

在 xOy 平面上投影曲线为

$$\begin{cases}5x^2+8xy+5y^2=1\\z=0\end{cases}$$

而二次型 $f=5x^2+8xy+5y^2$ 对应矩阵的特征值可求得为 $\lambda_1=1$，$\lambda_2=9$，故 f 经过正交变换可化为 $f=x'^2+9y'^2$，椭圆 $x'^2+9y'^2=1$ 的面积是 $S_0=\frac{\pi}{3}$.

由于正交变换不改变椭圆的面积，因此椭圆

$$\begin{cases}5x^2+8xy+5y^2=1\\z=0\end{cases}$$

的面积为$\frac{\pi}{3}$.

因为平面 $x+y+z=0$ 对应的单位法向量为 $\boldsymbol{n}_0=\left\{\frac{1}{\sqrt{3}},\frac{1}{\sqrt{3}},\frac{1}{\sqrt{3}}\right\}$,所以所求椭圆的面积为

$$S=\frac{\frac{\pi}{3}}{\frac{1}{\sqrt{3}}}=\frac{\pi}{\sqrt{3}}$$

解法8　利用曲面面积公式直接求椭圆的面积,由解法7知椭圆

$$\begin{cases}x+y+z=0\\x^2+y^2+4z^2=1\end{cases}$$

在 xOy 平面上的投影区域为

$$D_{xy}=\{(x,y)\mid 5x^2+8xy+5y^2\leqslant 1\}$$

由 $x+y+z=0$ 知 $z=-x-y$,故 $z_x=z_y=-1$. 所以由曲面面积公式知,所求椭圆面积

$$S=\iint\limits_{D_{xy}}\sqrt{1+z_x+z_y}\,\mathrm{d}x\mathrm{d}y=\sqrt{3}\iint\limits_{D_{xy}}\mathrm{d}x\mathrm{d}y$$

其中$\iint\limits_{D_{xy}}\mathrm{d}x\mathrm{d}y$即为 xOy 平面上的椭圆 $5x^2+8xy+5y^2=1$ 所围图形的面积,如解法7所示,其面积为$\frac{\pi}{3}$,因此所求椭圆的面积为$\sqrt{3}\cdot\frac{\pi}{3}=\frac{\pi}{\sqrt{3}}$.

注　椭圆 $5x^2+8xy+5y^2=1$ 所围图形面积的求

法还有很多①.

1.10.3 应用举例

例 1 设 $n \in \mathbf{N}_+$，$f:\mathbf{R}^n \to \mathbf{R}^n$ 定义如下：$\forall (x_1, x_2, \cdots, x_n) \in \mathbf{R}^n$，$f(x_1, x_2, \cdots, x_n) = x_1, x_2, \cdots, x_n$，令

$$V = \{(x_1, x_2, \cdots, x_n) \in \mathbf{R}^n_\varphi \mid \sum_{i=1}^{n}(\prod_{j \neq i} x_j) = 1\}$$

试找出 f 在 V 上的所有极值.

证明 由 Lagrange 乘子定理，令

$$g(x_1, x_2, \cdots, x_n) = \sum_{i=1}^{n}(\prod_{j \neq i} x_j) - 1$$

$$\forall (x_1, x_2, \cdots, x_n) \in \mathbf{R}^n_+$$

那么

$$g(x_1, x_2, \cdots, x_n) = 0 \Leftrightarrow x_1 x_2 \cdots x_n = 1$$

为了求得

$$\min\left\{\frac{1}{n}\sum_{i=1}^{n} a_i x_i \mid (\forall i) x_i > 0 \text{ 且 } \prod_{i=1}^{n} x_i = 1\right\}$$

我们考虑下述方程组

$$\begin{cases} \dfrac{\partial f}{\partial x_i}(x_1, \cdots, x_n) - \dfrac{\partial g}{\partial x_i}(x_1, \cdots, x_n) = 0, i = 1, 2, \cdots, n \\ g(x_1, \cdots, x_n) = 0 \end{cases}$$

由此得到

① 林源渠，方企勤. 数学分析解题指南[M]. 北京：北京大学出版社，2003.

$$\begin{cases} x_2x_3\cdots x_n-\lambda(x_3x_4\cdots x_n+x_2x_4\cdots x_n+x_2\cdots \\ x_{n-2}x_n+x_2\cdots x_{n-2}x_{n-1})=0 & (15) \\ x_1x_3\cdots x_n-\lambda(x_3x_4\cdots x_n+x_1x_4\cdots x_n+x_1x_3\cdots \\ x_{n-2}x_n+x_1x_3\cdots x_{n-2}x_{n-1})=0 & (16) \\ \quad\vdots \\ x_1x_2\cdots x_{n-1}-\lambda(x_2x_3\cdots x_{n-1}+x_1x_3\cdots x_{n-1}+\cdots+ \\ x_1\cdots x_{n-3}x_{n-1}+x_1x_2\cdots x_{n-3}x_{n-2})=0 & (17) \end{cases}$$

分别将(15)乘 x_1,(16)乘 x_2,…,(17)乘 x_n,得到

$$\begin{cases} x_1x_2\cdots x_n-\lambda(x_1x_3\cdots x_n+x_1x_2x_4\cdots x_n+ \\ x_1x_2\cdots x_{n-2}x_n+x_1x_2\cdots x_{n-2}x_{n-1})=0 \\ x_1x_2\cdots x_n-\lambda(x_2x_3\cdots x_n+x_1x_2x_4\cdots x_n+ \\ x_1x_2\cdots x_{n-2}x_n+x_1x_2\cdots x_{n-2}x_{n-1})=0 \\ \quad\vdots \\ x_1x_2\cdots x_n-\lambda(x_2x_3\cdots x_n+x_1x_3\cdots x_n+ \\ x_1x_2x_4\cdots x_{n-3}x_{n-1}x_n+x_1x_2\cdots x_{n-2}x_n)=0 \end{cases}$$

由于 $\sum_{i=1}^{n}(\prod_{j\neq i}x_i)=1$,故有

$$\begin{cases} x_1x_2\cdots x_n-\lambda(1-x_2x_3\cdots x_n)=0 \\ x_1x_2\cdots x_n-\lambda(1-x_1x_3\cdots x_n)=0 \\ \quad\vdots \\ x_1x_2\cdots x_n-\lambda(1-x_1x_2\cdots x_{n-1})=0 \end{cases} \quad (*)$$

可知 $nx_1x_2\cdots x_n-\lambda(n-1)=0$,由此得

$$x_1x_2\cdots x_n=\frac{1}{n}\lambda(n-1)$$

或

$$f(x_1,x_2,\cdots,x_n)=\frac{\lambda(n-1)}{n}$$

为了计算 Lagrange 乘数因子 λ,我们注意到

$$\forall (x_1, x_2, \cdots, x_n) \in V$$
$$f(x_1, x_2, \cdots, x_n) = x_1 x_2 \cdots x_n \geqslant 0$$

如果 $\lambda = 0$,则 $f(x_1, x_2, \cdots, x_n) = x_1 x_2 \cdots x_n = 0$,并且 $f(x_1, \cdots, x_{i-1}, 0, x_{i+1}, \cdots, x_n) = 0$,从而 f 在这些点上取得最小值 0.

如果 $\lambda \neq 0$,则$(\forall i) x_i \geqslant 0$,这时由式(*)得到

$$\frac{1}{\lambda} = \frac{1 - x_2 x_3 \cdots x_n}{x_1 x_2 \cdots x_n} = \frac{1 - x_1 x_2 \cdots x_n}{x_1 x_2 \cdots x_n} = \cdots$$
$$= \frac{1 - x_1 x_2 \cdots x_{n-1}}{x_1 x_2 \cdots x_n}$$

或

$$\frac{1}{n} = \frac{1}{x_1 x_2 \cdots x_n} - \frac{1}{x_1} = \frac{1}{x_1 x_2 \cdots x_n} - \frac{1}{x_2} = \cdots$$
$$= \frac{1}{x_1 x_2 \cdots x_n} - \frac{1}{x_n}$$

从而

$$\frac{1}{x_1} = \frac{1}{x_2} = \cdots = \frac{1}{x_n} \Rightarrow x_1 = x_2 = \cdots = x_n = x$$
$$\Rightarrow \lambda = \frac{1}{\frac{1}{x^n} - \frac{1}{x}}$$

另一方面

$$(x_1, x_2, \cdots, x_n) \in V \Leftrightarrow 1 = \sum_{i=1}^{n} x^{n-1} = n x^{n-1}$$

故

$$x = \frac{1}{n^{\frac{1}{1-n}}} \Rightarrow \lambda = \frac{1}{n^{\frac{n}{n-1}} - n^{\frac{1}{n-1}}} = \frac{n^{\frac{1}{1-n}}}{n-1}$$

因此

$$f(n^{\frac{1}{n-1}},n^{\frac{1}{n-1}},\cdots,n^{\frac{1}{n-1}})=n^{\frac{n}{n-1}}$$

f 在点 $f(n^{\frac{1}{1-n}},n^{\frac{1}{1-n}},\cdots,n^{\frac{1}{1-n}})$ 上取到最大值.

例 2　设 $f:\mathbf{R}^4\to\mathbf{R},(a,b,c,d)\mapsto a^2+b^2+c^2+d^2$. 将 $\mathbf{R}^4$ 与 $m_4(\mathbf{R})$ 通过单全射 $(a,b,c,d)\mapsto\begin{pmatrix}a & b\\ c & d\end{pmatrix}$ 恒等起来. 找出 f 在群 $\mathrm{SL}(2,\mathbf{R})$ 上的所有极值，证明这些极值在且只在所有的点 $\begin{pmatrix}a & b\\ c & d\end{pmatrix}\in\mathrm{SO}(2,\mathbf{R})$ 上达到.

解　令 $g(a,b,c,d)=ad-bc-1$，那么 $g(a,b,c,d)=0\Leftrightarrow ad-bc=1\Leftrightarrow\begin{pmatrix}a & b\\ c & d\end{pmatrix}\in\mathrm{SL}(2,\mathbf{R})$.

因此 f 在 $\mathrm{SL}(2,\mathbf{R})$ 上的所有极值的可疑点由下列方程组所确定

$$\begin{cases}\dfrac{\partial f}{\partial a}(a,b,c,d)-\lambda\dfrac{\partial g}{\partial a}(a,b,c,d)=0\\ \dfrac{\partial f}{\partial b}(a,b,c,d)-\lambda\dfrac{\partial g}{\partial b}(a,b,c,d)=0\\ \dfrac{\partial f}{\partial c}(a,b,c,d)-\lambda\dfrac{\partial g}{\partial c}(a,b,c,d)=0\\ \dfrac{\partial f}{\partial d}(a,b,c,d)-\lambda\dfrac{\partial g}{\partial d}(a,b,c,d)=0\\ g(a,b,c,d)=0\end{cases}$$

或

$$\begin{cases}2a-\lambda b=0\\2b+\lambda c=0\\2c+\lambda b=0\\2d-\lambda a=0\\ad-bc=1\end{cases}$$

由此得

$$4ad=\lambda^2 ad,4bc=\lambda^2 bc$$

可知

$$4(ad-bc)=\lambda^2(ad-bc)\Rightarrow\lambda^2=4$$

若 $\lambda=2$,则 $a=-d,b=c$,从而

$$1=ad-bc=-(a^2+b^2)$$

这是不可能的,因此 $\lambda=-2$.

当 $\lambda=-2$ 时,有 $a=d,b=-c$,从而

$$1=a^2+b^2$$

因此,对所有 $a,b,c,d\in\mathbf{R}$,使得 $a=d,b=-c$,有

$$\begin{aligned}f(a,b,-b,a)&=a^2+b^2+c^2+d^2\\&=2(a^2+b^2)=2\end{aligned}$$

由于对 $a=2,b=0,c\in\mathbf{R},d=\frac{1}{2}$,有 $ad-bc=1$.

故 $\begin{pmatrix}2&0\\c&\frac{1}{2}\end{pmatrix}\in\mathrm{SL}(2,\mathbf{R})$,并且

$$f\left(2,0,c,\frac{1}{2}\right)=4+\frac{1}{4}+c^2\to+\infty,\ |c|\to+\infty$$

故 $2=f(a,b,-b,a)$ 是 f 在 $\mathrm{SL}(2,\mathbf{R})$ 上的最小值.

由于 $(a,b,-b,a)=\begin{pmatrix}a&b\\-b&a\end{pmatrix}$ 满足条件

$$\begin{pmatrix} a & b \\ -b & a \end{pmatrix} + \begin{pmatrix} a & b \\ -b & a \end{pmatrix} = \begin{pmatrix} a & b \\ -b & a \end{pmatrix} \begin{pmatrix} a & -b \\ b & a \end{pmatrix}$$

$$= \begin{pmatrix} a^2+b^2 & 0 \\ 0 & a^2+b^2 \end{pmatrix}$$

$$= \begin{pmatrix} 1 & 0 \\ 0 & 1 \end{pmatrix}$$

故 f 在且只在 $S_0(2,\mathbf{R})$ 的每一个点上取得值 2.

1.11　极值问题的初等解法

1.11.1　引言

以往的变分原理泛函大都是凑了出来的，再取极值或驻值验证. 钱伟长教授找到了系统的做法，他先从最小位能原理和最小余能原理等有约束条件的变分极值原理出发，把约束条件用 Lagrange 乘子引入泛函，化为无条件的变分驻值原理，经过变分得到待定的拉氏乘子用原有变量的表达式，建立广义变分原理的驻值变分泛函. 可惜他在 1964 年将文章投给《力学学报》后未能得到发表. 后来，K. Washizu 在 1968 年开始应用拉氏乘子法，但未用泛函驻值条件决定待定乘子. 直到 1977 年，O. C. Zienkiewicz 才明确地把 Courant 和 Hilbert 经典著作中有关变分约束条件的待定 Lagrange 乘子法加以讲解和应用.

1964 年钱伟长教授把 Lagrange 乘子法应用到壳体理论，用变分原理导出壳体非线性方程. 1978 年他讨论广义变分原理在有限元方法上的应用,多次开设讲座,推动中国变分原理和有限元方法的研究,促进了 Lagrange 乘子法在变分原理中的应用,推动了协调元、杂交元和混合元的发展和应用. 1982 年钱伟长教授由于在广义变分原理方面的成就再次获得国家自然科学奖二等奖. 钱伟长教授还把广义变分原理推广到大位移和非线性弹性体;提出广义变分原理以进入泛函而消除掉的微分方程或约束条件为依据的分类原则;提出高阶拉氏乘子法,为加权残数法中的罚函数法提供理论依据,改变了加权残数法与变分原理无关的传统见解;在非协调元中采用识别了的 Lagrange 乘子法,从而减少了和待定乘子有关的自由度,相关论文发表在美国的《应用力学进展》上.

1.11.2 一般概念

1. 泛函

函数是古典分析学中的基本研究对象.

在变分法中,我们需要研究这样的关系,其中因变数的值是由函数所确定的. 现在来举这种关系的一个最简单的例子.

研究联结已给两点 A,B 的任意曲线的长度. 因变数的值 —— 曲线长度 —— 是由联结 $A(x_0,y_0)$, $B(x_1,y_1)$ 两点的曲线的形状来确定的,也可以说,是由表示曲线的函数所确定. 这里所考虑的关系不难用严密的形式来表达.

今设联结 A,B 两点的曲线的方程为

$$y = y(x)$$

并设横坐标 x 在区间 $x_0 \leqslant x \leqslant x_1$ 上变动，而函数 $y(x)$ 在这个区间内有连续的微商 $y'(x)$. 于是，曲线的长度 J 等于

$$J = \int_{x_0}^{x_1} \sqrt{1 + y'^2}\,\mathrm{d}x \tag{1}$$

当函数 $y(x)$ 改变时，代表这个函数的曲线以及 J 的值——曲线 $y=y(x)$ 的长度，也将改变. 所以，J 是依赖于函数 $y(x)$ 的. 不同的函数 $y(x)$ 对应不同的 J 值. 一般说来，如果 J 的值随着某一类函数中的函数 $y(x)$ 而确定，我们就可以写成

$$J = J[y(x)]$$

并引进下面的定义：

定义　设 $y(x)$ 为已给的某类函数. 如果对于这类函数 $y(x)$ 中的每一个函数，有某数 $J[y(x)]$ 与之对应，那么我们就说 $J[y(x)]$ 是这类函数 $y(x)$ 的泛函.

一个在其上定义泛函的函数类称为该泛函的定义域.

由于一元函数在几何上是由曲线所表示的，因此它的泛函也可称为曲线函数.

回到泛函 $J[y(x)] = \int_{x_0}^{x_1} \sqrt{1 + y'^2}\,\mathrm{d}x$，令 $x_0 = 0$，$x_1 = 1$. 于是对于 $y(x) = x$，$y'(x) = 1$，我们求出

$$J[y(x)] = J[x] = \int_0^1 \sqrt{2}\,\mathrm{d}x = \sqrt{2}$$

若又有 $y(x) = \frac{\mathrm{e}^x + \mathrm{e}^{-x}}{2}$，则

$$J\left[\frac{e^x+e^{-x}}{2}\right]=\int_0^1\sqrt{1+\frac{(e^x+e^{-x})'^2}{4}}\,dx$$
$$=\int_0^1\sqrt{1+\frac{(e^x-e^{-x})^2}{4}}\,dx$$
$$=\int_0^1\frac{e^x+e^{-x}}{2}dx=\frac{e^x-e^{-x}}{2}\Big|_0^1$$
$$=\frac{e-e^{-1}}{2}$$

作为第二个例子(更简单的),我们考虑所有定义在区间 $x_0\leqslant x\leqslant x_1$ 上的连续函数 $y(x)$ 的全体,并设

$$J[y(x)]=\int_{x_0}^{x_1}y(x)dx \tag{2}$$

于是 $J[y(x)]$ 是 $y(x)$ 的泛函. 每一个函数 $y(x)$ 对应一个确定的值 $J[y(x)]$. 这个泛函,当 $y>0$ 时,从几何角度来看就是介于曲线 $y=y(x)$,x 轴以及纵线 $x=x_0$,$x=x_1$ 之间的面积.

以具体的函数代替等式(2)中的 $y(x)$,我们将得到 $J[y(x)]$ 的对应值. 与前面一样,取 $x_0=0$,$x_1=1$,则

$$J[y(x)]=\int_0^1 y(x)dx$$

现在若 $y(x)=x$,则

$$J[y(x)]=J[x]=\int_0^1 x\ dx=\frac{1}{2}$$

若 $y(x)=x^2$,则

$$J[y(x)]=J[x^2]=\int_0^1 x^2dx=\frac{1}{3}$$

若 $y(x)=\frac{1}{x+1}$,则

$$J\left[\frac{1}{x+1}\right]=\int_0^1\frac{\mathrm{d}x}{x+1}=\ln(x+1)\Big|_0^1=\ln 2$$

若 $y(x)=\frac{1}{1+x^2}$,则

$$J\left[\frac{1}{1+x^2}\right]=\int_0^1\frac{\mathrm{d}x}{1+x^2}=\arctan x\Big|_0^1=\frac{\pi}{4}$$

自然还可以举出很多其他泛函的例子来.

读者需要注意,泛函(1)是定义在有连续微商的函数类上,而泛函(2)则定义在较广泛的连续函数类上.

2. 泛函的极值

在无穷小分析学产生的最初时期,与 n 元函数的极值问题同时出现了一系列的几何、力学及物理学上的寻求泛函极值的问题. 下面的问题,可以作为最简单的例子:在所有联结 $A(x_0,y_0)$,$B(x_1,y_1)$ 两定点的平面曲线中,试求长度最小的曲线.

从分析上看,这个问题就是说:在所有适合 $y_0=y(x_0)$,$y_1=y(x_1)$ 的函数 $y=y(x)$ 之中,求出使

$$J[y(x)]=\int_{x_0}^{x_1}\sqrt{1+y'^2}\,\mathrm{d}x$$

取最小值的那个函数来.

我们知道,所求的长度最小的曲线,就是联结 A,B 两点的直线,或者从分析学上说:当 $y(x)=y_0+k(x-x_0)$,其中 $k=\frac{y_1-y_0}{x_1-x_0}$ 时,$J[y(x)]=\int_{x_0}^{x_1}\sqrt{1+y'^2}\,\mathrm{d}x$ 取到最小值.

历史上引起数学家普遍兴趣的第一个问题,就是

伊凡·伯努利所提出的截线问题:在所有联结两定点 A,B 的曲线中,求出一个曲线来,使得初速等于零的质点,自点 A 受重力影响沿着它而运动时,以最短时间到达点 B[①].

作经过点 A,B 的竖平面,我们把考虑范围限制于联结这两点的平面弧上.设 x 轴取在水平直线上,而 y 轴是垂直地指向下方(图 1).于是点 A,B 分别以 $(x_0,0)$ 及 (x_1,y_1) 为坐标.若质点自 A 起开始运动,初速度为零,那么它的速度 v 与它的纵坐标 y 之间就有下面关系

$$v^2=2gy$$

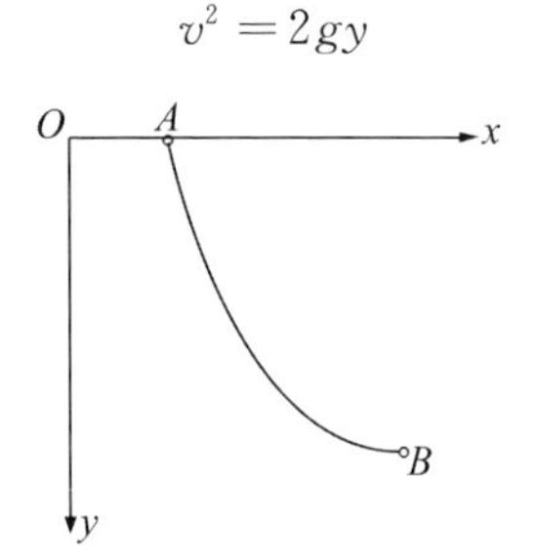

图 1

其中 g 是重力加速度,或者

$$v=\sqrt{2gy}$$

设 $y=y(x)$ 为曲线的方程,质点沿着它自点 A 运动至点 B.质点运动的速度为

$$v=\frac{\mathrm{d}s}{\mathrm{d}t}=\frac{\sqrt{1+y'^2}\,\mathrm{d}x}{\mathrm{d}t}$$

① 这里我们自然假设 A,B 不在同一条直线上.若 A,B 在同一条直线上,那么这条直线,显然就是问题的解.

其中 $\mathrm{d}t$ 是时间微元，因此

$$\mathrm{d}t=\frac{\sqrt{1+y'^2}\,\mathrm{d}x}{v}=\frac{\sqrt{1+y'^2}\,\mathrm{d}x}{\sqrt{2gy}} \tag{3}$$

积分式(3)，可得质点沿着曲线 $y=y(x)$ 由点 A 到点 B 所需的时间

$$T=\int_{x_0}^{x_1}\frac{\sqrt{1+y'^2(x)}}{\sqrt{2gy(x)}}\mathrm{d}x \tag{4}$$

显然，T 是依赖于函数 $y(x)$ 的泛函. 要找的是使 T 取最小值的函数 $y(x)$（也就是求曲线 $y=y(x)$）.

截线问题在分析上联系到另外一个物理问题：在透明的介质中，已给两点 A 及 B，这个介质有非均匀的光密度，求自点 A 至点 B，光线所走的路线. 根据所谓的 Fermat 原则："在联结 A，B 两点的所有曲线中，光是沿着自 A 至 B 所需时间最短的路线进行的" 这个问题因而变成一个求泛函极值的问题.

只研究平面情形，以光传播的平面为 xOy 平面，并设 (x_0,y_0) 及 (x_1,y_1) 为 A，B 两点的坐标，而 $y=y(x)$，$x_0\leqslant x\leqslant x_1$ 是某一联结这两点的曲线. 用 $v(x,y)$ 表示在点 (x,y) 的光速. 重复上例中的论据，我们发现光沿曲线 $y=y(x)$ 由 A 传播至 B 所需的时间 T 为

$$T=\int_{x_0}^{x_1}\frac{\sqrt{x+[y'(x)]^2}}{v[x,y(x)]}\mathrm{d}x \tag{5}$$

按照 Fermat 原则，确定光的路线的问题，就变成确定一个曲线，使得泛函 T 取最小值.

3. 变分学的对象

解决泛函的各种极大与极小的问题，引导出一个

新的数学课题——变分法.它的对象就是研究确定泛函极值的普遍方法.上面所提到的问题就是变分法的典型问题,或者简称变分问题.

1.11.3 变分法最简单的问题,Euler 方程

1. 变分法最简单问题的提出

我们眼前的目的是要给出解决变分法最简单问题的方法.

与一元及多元函数极值存在问题的判别法则类似,自然产生下面三个迫切需要解决的问题:

(1) 求出未知函数所需满足的必要条件,以便当解存在时,就可借此确定所求的曲线.

(2) 求出极值存在的一般的充分条件.

(3) 求得了满足基本必要条件的曲线后,建立一个判别法则,根据这个法则,可以判断曲线是否真正给出极值,并且当给出极值时,确定它究竟是极大值还是极小值.

必须注意,在带有应用性质的问题中,极值的存在往往间接地在问题的提法中已经肯定.由于这种原因,问题(1)就有特别重要的价值.我们从这个问题开始.

设已给函数 $F(x,y,y')$ 与它的对应的三个变数 (x,y,y') 的一级、二级偏微商都是连续的.此外,设 $A(a,b)$ 及 $B(a_1,b_1)$ 为平面 xOy 上已给的两点.和上面一样,变分法中最简单的问题可以表示为下面的形式:在通过已给两点 A,B 的所有曲线

$$y=y(x) \tag{6}$$

中(函数 $y(x)$ 与微商 $y'(x)$ 在区间 $a \leqslant x \leqslant a_1$ 上连续),求这样一个曲线,使沿着它时,积分

$$J=\int_{x_0}^{x_1} F(x, y, y') \mathrm{d} x \tag{7}$$

取极大值或极小值.

2. Euler 方程

在研究上面所提出的问题时,Euler第一个证明了下面的定理:

定理 若曲线 $y=y(x)$ 给积分 J 以极值,则代表这个曲线的函数 $y=y(x)$ 就必须满足微分方程

$$F_y-\frac{\mathrm{d}}{\mathrm{d} x} F_{y'}=0 \tag{8}$$

在讨论定理的推演前,要先指出它的实际价值.把方程(8)[①] 的左方第二项对 x 的微商求出来,得到

$$F_y-F_{x y'}-F_{y y'} y'-F_{y' y'} y''=0 \tag{9}$$

可见,若 $F_{y'y'}$ 不恒为零,微分方程(8)就是二级的,因而它的通解具有下列形式

$$y=f(x, \alpha, \beta) \tag{10}$$

其中 α, β 是任意常数.这样,Euler定理可以叙述为:若有一个给出极值的曲线 $y=y(x)$ 存在,它就一定是属于含两个参变数的曲线族(10).所以,若我们预先能确定所求的曲线存在,那么为了实际确定它,只要确定 α 与 β 就可以了.然而 α 与 β 的值是可以利用问题中所附

① $F_{y'}=F_{y'}(x, y, y')$ 是三个变数 x, y, y' 的函数,而 $y=y(x)$, $y'=y'(x)$ 又是 x 的函数.

加的条件求到的，就是所求曲线必须通过两个已给点 $A(a,b)$ 与 $B(a_1,b_1)$，也就是说，未知数 α 与 β 必须满足条件

$$\begin{cases} b = f(a,\alpha,\beta) \\ b_1 = f(a_1,\alpha,\beta) \end{cases} \tag{11}$$

据此 α 与 β 就可以确定了.

这样，Euler 定理给出了极值的必要条件，根据这个条件，在许多情形下，问题都可以完全解决.

由于这个定理对于变分法的全部古典理论与实际应用上的基本价值，我们提出定理的两种推演. 其一，我们在解特殊问题中所得到的一般方法：把变分问题看作寻求多元函数极值问题的极限情形. 这个方法在历史上是很早出现的[①]，并且有很大的优势，它直接地把变分法问题和寻求函数的极值这样一个熟知的问题联系起来. 遗憾的是，用这个方法来严格地作出证明，就是在最简单的问题上也要用相当繁复与细致的论证. 若遇到比较一般性的问题，推演就更复杂了. 这个推演的基本思想，将在后面提出.

另一种方法 ——Lagrange—— 是利用变分法问题的特殊性质，并且直接联系到变分法的进一步的发展 —— 泛函分析. 这个方法，在现在变分法中是基本的. 我们以后将要严格地提出来.

3. Euler 方程的推演

现在介绍 Euler 方程在一般情形下的推演. 和上

---

① 更准确一些，它是用现代语言来陈述的比较早期的方法.

面一样,在这里,我们只读它的主要思想,详细的地方就不讲了.

设 $y=y(x)$ 给出积分

$$J=\int_a^{a_1}F(x,y,y')\mathrm{d}x$$

的极大值或极小值,考虑一族多边形 Π_n,其顶点为 (x_i,y_i),$i=0,1,2,\cdots,n$,其中 $x_i=a+i\Delta x$,且

$$\Delta x=\frac{a_1-a}{n}$$

$$y_0=b,y_n=b_1$$

而 y_i,$i=1,2,\cdots,n-1$ 对于族中不同多边形是不同的.在这一族多边形 Π_n 上确定函数

$$J_n=\sum_{i=0}^{n-1}F(x_i,y_i,y_i')\Delta x$$

其中

$$y_i'=\frac{y_{i+1}-y_i}{\Delta x}$$

J_n 是 n 个变数 $y_0,y_1,y_2,\cdots,y_{n-1}$ 的函数.如果 $y(x)$ 具有连续的微商,则 $\lim\limits_{n\to\infty}J_n=J$.

在和数 J_n 的各项中,只有下面两项

$$F(x_{i-1},y_{i-1},y_{i-1}')\Delta x$$

$$F(x_i,y_i,y_i')\Delta x$$

依赖于 y_i,第 i 项不但直接含有 y_i,而且也通过第三变数 y_i' 含有 y_i,而第 $i-1$ 项只通过第三变数

$$y_{i-1}'=\frac{y_i-y_{i-1}}{\Delta x}$$

含有 y_i.

因此

$$\frac{\partial J_n}{\partial y_i}=F_y(x_i,y_i,y_i')\Delta x-F_{y'}(x_i,y_i,y_i')+F_{y'}(x_{i-1},y_{i-1},y_{i-1}')$$
$$=\left[F_y(x_i,y_i,y_i')-\frac{\Delta F_{y'}(x_i,y_i,y_i')}{\Delta x}\right]\Delta x$$

其中

$$\Delta F_{y'}(x_i,y_i,y_i')=F_{y'}(x_i,y_i,y_i')-F_{y'}(x_{i-1},y_{i-1},y_{i-1}')$$

如欲多边形 Π_n 给 J_n 以极小值,就需

$$\frac{\partial J_n}{\partial y_i}=0,i=1,2,3,\cdots,n-1$$

或

$$F_y(x_i,y_i,y_i')-\frac{\Delta F_{y'}(x_i,y_i,y_i')}{\Delta x}=0 \qquad (12)$$

由 Lagrange 有限改变量定理,方程(12)可以写成

$$F_y(x_i,y_i,y_i')=\frac{\mathrm{d}}{\mathrm{d}x}F_{y'}(\overline{x}_i,\overline{y}_i,\overline{y}_i') \qquad (13)$$

其中

$$\overline{x}_i=x_{i-1}+\theta_1(x_i-x_{i-1})$$
$$\overline{y}_i=y_{i-1}+\theta_2(y_i-y_{i-1})$$
$$\overline{y}_i'=y_{i-1}'+\theta_3(y_i'-y_{i-1}'),0<\theta_k<1,k=1,2,3$$

寻求一个曲线 $y=y(x)$ 使积分 J 给出极值的问题,可以考虑为这样一个问题,即寻求一个多边形,使和数 J_n 给出极值,然后取 $n\to\infty$ 时的极限.令方程(12)过渡到极限,并注意到(13),即得

$$F_y-\frac{\mathrm{d}}{\mathrm{d}x}F_{y'}=0$$

我们就得到了关于实现 J 的极值的曲线 $y=y(x)$ 的 Euler 方程.

4. 变分

我们知道 n 元函数极值理论的基本方法，是挑出函数的微分，即“改变量”的主要线性部分，并使这个微分在极值点上恒为零. 我们把泛函

$$J=\int_a^{a_1} F(x,y,y'')\mathrm{d}x$$

看成是从多边形得到的函数

$$J_n=\sum_{i=1}^{n-1} F(x_i,y_i,y'_i)\Delta x$$

的极限. 我们有

$$\mathrm{d}J_n=\sum_{i=1}^{n-1}\frac{\partial J_n}{\partial y_i}\delta y_i$$

其中 δy_i 是纵坐标的无穷小改变量，或

$$\mathrm{d}J_n=\sum_{i=1}^{n-1}\left[F_y(x_i,y_i,y'_i)-\frac{\mathrm{d}}{\mathrm{d}x}F_{y'}(\overline{x}_i,\overline{y}_i,\overline{y}'_i)\right]\delta y_i\Delta x \tag{14}$$

令 n 趋于无穷，和数 J_n 就趋于积分 J，并且式(14)的右边就趋于积分

$$\int_a^{a_1}\left(F_y-\frac{\mathrm{d}}{\mathrm{d}x}F_{y'}\right)\delta y\mathrm{d}x \tag{15}$$

对于泛函 J，式(15)就类似于全微分，它可称为泛函的变分. 我们将看到，变分在某些意义上是泛函改变量的主要线性部分，并且 Euler 方程就是它恒为零的条件.

5. F 不依赖于 y 的情形

在这种情形下，我们从 Euler 方程得到

$$\frac{\mathrm{d}}{\mathrm{d}x}F_{y'}=0$$

从而

$$F_{y'}(x,y')=K,K \text{ 为常数} \tag{16}$$

还需注意，从方程(16) 可以确定 y' 仅为 x 的函数. 所以可以说，在我们所考虑的情形下，Euler 方程可以用积分求解.

例 1 在球面上联结两定点的所有曲线中，求出长度最短的曲线.

用 θ 及 φ 表示球面上的点的经度及纬度. 设曲线的方程为$\theta=\theta(\varphi)$. 球面上弧 γ 的长度为

$$\begin{aligned}\int_\gamma \mathrm{d}s&=\int_\gamma \sqrt{\mathrm{d}\varphi^2+\cos^2\varphi\mathrm{d}\theta^2}\\&=\int_\gamma \sqrt{1+\cos^2\varphi\theta'^2}\,\mathrm{d}\varphi\end{aligned}$$

积分号下的式子不含 θ. 所以在这种情形下，Euler 方程有积分 $F_{\theta'}=C$(其中 $F=\sqrt{1+\cos^2\varphi\theta'^2}$)，或

$$\begin{aligned}\frac{\mathrm{d}\theta}{\mathrm{d}\varphi}=\theta'&=\frac{C}{\cos\varphi\sqrt{\cos^2\varphi-C^2}}\\&=\frac{C}{\cos^2\varphi\sqrt{(1-C^2)-C^2\tan^2\varphi}}\\&=\frac{\mathrm{d}\tan\varphi}{\mathrm{d}\varphi}\cdot\frac{C}{\sqrt{(1-C^2)-C^2\tan^2\varphi}}\end{aligned}$$

因此

$$\theta+C_2=\arcsin(C_1\tan\varphi)$$

其中

$$C_1=\frac{C}{\sqrt{1-C^2}}$$

或

$$C_1 \tan\varphi = \sin(\theta + C_2)$$

$$\tan\varphi = \alpha\sin\theta + \beta\cos\theta$$

$$\alpha = \frac{1}{C_1}\cos C_2$$

$$\beta = \frac{1}{C_1}\sin C_2 \tag{17}$$

把球面坐标换为笛卡儿坐标

$$x = r\cos\theta$$

$$y = r\sin\theta$$

$$z = r\tan\varphi, r = \sqrt{x^2 + y^2}$$

方程(17)具有形式

$$z = \alpha x + \beta y$$

得到的方程(17)是平面的方程，它通过球心，并且交球面于最大圆，最短曲线就是大圆上的弧.

6. F 不依赖于 x 的情形

再取一个特殊情形来看，就是当积分号下的函数 $F(x, y, y')$ 不显然依赖于 x 的情形：试求使积分

$$J = \int_a^{a_1} F(y, y')\mathrm{d}x$$

取得极值的曲线 $y = y(x)$ 必须满足的条件.

为了解决所提出的问题，更换自变量，把 y 看成自变量，而 x 为待确定的 y 的函数. 于是，我们的问题就变成寻求积分

$$J = \int_b^{b_1} F\left(y, \frac{1}{\frac{\mathrm{d}x}{\mathrm{d}y}}\right)\frac{\mathrm{d}x}{\mathrm{d}y}\mathrm{d}y$$

的极值曲线. 在这里, 如果令 $x'=\dfrac{\mathrm{d}x}{\mathrm{d}y}$, $\Phi(y,x')=x'F\left(y,\dfrac{1}{x'}\right)$, 上式就可以改写成这样

$$J=\int_{b}^{b_1}\Phi(y,x')\mathrm{d}y$$

这就是积分号下的函数, 显然不含有未知函数 $x=x(y)$ 的情形. 因此未知曲线满足方程

$$\Phi_{x'}(y,x')=C$$

化回函数 F, 得$\left(注意\ y'=\dfrac{1}{x'}\right)$

$$\begin{aligned}\Phi_{x'}&=x'F_{y'}\cdot\left(-\frac{1}{x'^2}\right)+F\\&=F(y,y')-y'F_{y'}(y,y')=C\end{aligned}$$

这就是确定未知函数 $y(x)$ 的微分方程. 方程的两边对 x 来微分, 我们得到 Euler 方程. 方程

$$F(y,y')-y'F_{y'}(y,y')=C \tag{18}$$

不含有 x, 所以可以用积分求解. 因此在这种情形下, Euler 方程也可以用积分求解.

举积分(5) 为例. 读者可以验证, 在这种情形下方程(18) 变为方程

$$v(y)\sqrt{1+y'^2}=k$$

若 F 既不依赖于 y, 也不依赖于 x, 就是说 $F=F(y')$, 那么方程(16) 就变为

$$F'(y')=K, K\ 为常数$$

因此, $y'=k=K$, K 为常数, 所以 $y=kx+b$ 的 Euler 方程的积分曲线是一条直线. 例如, 在求两点间最短距离

的问题中 $F \equiv \sqrt{1+y'^2}$；给积分(1)极小值的线就是直线线段.

7. 特殊情形

若 $F_{y'y'}$ 不恒等于零，则 Euler 方程是一个二级方程，它的通解含有两个任意常数，选定了它们，一般地就能求到未知的极值曲线. 现在考虑

$$F_{y'y'} \equiv 0$$

的情形. 这时，显然积分号下的函数 F 是 y' 的线性函数

$$F = M(x, y) + y'N(x, y) \tag{19}$$

Euler 方程就具有形式

$$\frac{\partial M}{\partial y} + y' \frac{\partial N}{\partial y} - \frac{\mathrm{d}}{\mathrm{d}x} N = 0$$

或简化后

$$\frac{\partial M}{\partial y} = \frac{\partial N}{\partial x} \tag{20}$$

若所得关系式并非恒等地成立，那么它在 xOy 平面上决定某一条完全确定的曲线，在一般情形下，这条曲线未必通过我们固定的两点 A, B，于是我们提出的变分问题一般地没有解.

在个别情形下，方程(20)可以用来求出积分 J

$$J = \int_a^{a_1} (M + Ny')\mathrm{d}x$$

的极值. 例如，对于积分

$$J = \int_0^1 \{y' \sin \pi y - (x+y)^2\}\mathrm{d}x$$

方程(20)给出

$$-2(y+x)=0$$

沿着这条曲线,积分的值是$\frac{2}{\pi}$.不难证明这是积分的极大值.实际上

$$J\leqslant\int_0^1 y'\sin\pi y\mathrm{d}x=\int_{y(0)}^{y(1)}\sin\pi y\mathrm{d}y$$
$$=\frac{1}{\pi}[\cos\pi y(0)-\cos\pi y(1)]$$
$$\leqslant\frac{2}{\pi}$$

同时,还需注意到另一方面,对于积分

$$J=\int_0^1\{y'\sin\alpha y-(x+y)^2\}\mathrm{d}x, 0<|\alpha|<\pi$$

方程(20)仍具有形式

$$y=-x$$

我们得不到极大值也得不到极小值.实际上

$$J(y)=\int_{y(0)}^{y(1)}\sin\alpha y\mathrm{d}y-\int_0^1(x+y)^2\mathrm{d}x$$
$$=\frac{1}{\alpha}[\cos\alpha y(0)-\cos\alpha y(1)]-$$
$$\int_0^1(x+y)^2\mathrm{d}x$$

所以

$$J(-x)=\frac{1}{\alpha}(1-\cos\alpha)$$

现在置 $y=(-1+k)x$,其中 k 为任意常数,于是

$$J[(-1+k)x]=\frac{1}{\alpha}[1-\cos\alpha(k-1)]-\frac{k^2}{3}$$
$$=J(-x)+\frac{1}{\alpha}[\cos\alpha-$$

$$\cos\alpha(k-1)]-\frac{k^2}{3}$$

于是,差数

$$J[(-1+k)x]-J(-x)=\frac{2}{\alpha}\sin\frac{\alpha k}{2}\sin\left(\frac{\alpha k}{2}-\alpha\right)-\frac{k^2}{3}$$

的符号在 k 充分小时随 k 的符号而改变(按 α 异于0或 π 的条件,当 $k\to 0$ 时,等式右方就与 $-k\sin\alpha$ 等价). 因此,$J(-x)$ 不可能是泛函 $J(y)$ 的极大值,也不可能是极小值.

以前假定关系式(20)不是恒等的,现在假定(20)是恒等的成立. 在这种情形下,积分号下的式子 $(M+Ny')\mathrm{d}x=M\mathrm{d}x+N\mathrm{d}y$ 是全微分——积分的值只依赖于曲线 $y=y(x)$ 的起点及终点的坐标,而不依赖于积分的路线——变分法问题此时无意义.

1.11.4　一些变分问题的初等解

1. 光的传播

我们现在来解决光的路线问题. 光在 xOy 平面上从点 $A(x_0,y_0)$ 传播到点 $B(x_1,y_1)$,我们把考虑范围限制于速度 v 只依赖于 y,而 $v=v(y)$ 是连续的情形. 以 S 表示光传播平面的介质. 在平面 xOy 上作宽为 $y_1-y_0=h$ 的水平带形区域

$$y_0\leqslant y\leqslant y_0+h=y_1 \tag{21}$$

它是由平行于 x 轴,并且通过点 A 与点 B 的直线所围成的. 然后以诸直线

$$y=y_0+i\frac{h}{n},i=1,2,\cdots,n-1$$

分带形区域(21) 为 n 个水平小带形区域(图 2).

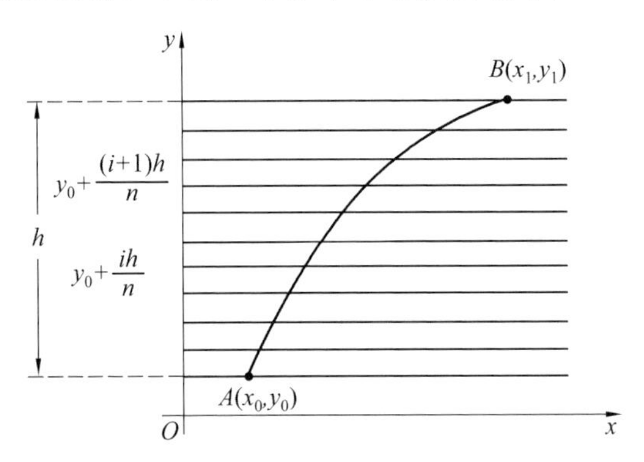

图 2

$$y_0+\frac{ih}{n}\leqslant y\leqslant y_0+\frac{(i+1)h}{n},i=0,1,2,\cdots,n-1 \tag{22}$$

设想使光速作连续变动的介质 S 为使光速作跳跃式变动的介质 S_n. 也就是说,在带形区域(22) 的第 i 个($i=0,1,2,\cdots,n-1$) 小带形区域内,光速 v_i 将当作常数,而且等于

$$v_i=v\left(y_0+\frac{ih}{n}\right)$$

我们现在解决对于介质 S_n 的问题.

这个问题是一个寻求 $n-1$ 元函数的极小问题. 实际上,按照光速在每个小带形区域(22) 内为常速的假定,光从 A 到 B 的路线将是一个多边形,它的顶点在诸直线 $y=y_0+\frac{ih}{n}(i=0,1,2,\cdots,n)$ 上. 用 a_i 表示相应于纵坐标 $y_0+\frac{ih}{n}$ 的第 i 个顶点的横坐标,我们得到光沿

多边形传播所需的时间

$$T_n = \sum_{i=0}^{n-1} \frac{1}{v_i} \sqrt{(a_{i+1} - a_i)^2 + \left(\frac{h}{n}\right)^2} \tag{23}$$

依照 Fermat 原则,光应该在最短时间内从 A 走到 B,所以多边形各顶点的横坐标需这样选择,以使式(23)取到极小值.而这就是一个寻求 $n-1$ 元函数的极值问题.为了解决这个问题,必须使

$$\frac{\partial T_n}{\partial a_i}, i = 1, 2, 3, \cdots, n-1 \tag{24}$$

变换这个方程,以 φ_i 表示多边形的第 i 条边对于 x 轴的倾斜角.我们即得

$$\begin{aligned}\frac{\partial T_n}{\partial a_i} &= -\frac{a_{i+1} - a_i}{v_i \sqrt{(a_{i+1} - a_i)^2 + \left(\frac{h}{n}\right)^2}} + \\ &\quad \frac{a_i - a_{i-1}}{v_{i-1} \sqrt{(a_i - a_{i-1})^2 + \left(\frac{h}{n}\right)^2}} \\ &= -\frac{\cos \varphi_i}{v_i} + \frac{\cos \varphi_{i-1}}{v_{i-1}} = 0\end{aligned}$$

或

$$\frac{\cos \varphi_{i-1}}{v_{i-1}} = \frac{\cos \varphi_i}{v_i} = \frac{1}{k} \tag{25}$$

其中 k 不依赖于 i.

我们现在把光在介质 S 内传播的问题看成当 n 无限增大时光在介质 S_n 内传播的极限情形.这样,介质密度及光速作跳跃式的分布就过渡到连续性的分布的情形.多边形的路线就过渡到曲线,它的方程用 $y = y(x)$ 表示.光经过这个路线所需的时间不是和数(23)

而是它的极限，表示为积分

$$T=\int_{x_0}^{x_1}\frac{\sqrt{1+y'^2}\,\mathrm{d}x}{v(y)}=\lim_{n\to\infty}T_n$$

可以证明，在这种极限过渡下，介质 S_n 中给出 T_n 极小值的多边形路线，变为介质 S 中给出 T 极小值的曲线路线，而多边形的方向变为曲线路线的切线方向. 于是，使 T_n 极小的条件(25) 变为使 T 极小的条件

$$\frac{\cos\varphi}{v(y)}=\frac{1}{k}=K,K\text{ 为常数}\tag{26}$$

并且，若 $y=y(x)$ 是这个极限路线的方程，则

$$\tan\varphi=y'$$

而

$$\cos\varphi=\frac{1}{\sqrt{1+y'^2}}$$

因此方程(26) 变为微分方程

$$v(y)\sqrt{1+y'^2}=k\tag{27}$$

而这是早已得到过的.

这个方程是可分离变数的方程，它的通解的形式是

$$x=\int\frac{v\mathrm{d}y}{\sqrt{k^2-v^2}}+C\tag{28}$$

其中 C 是积分常数.

因此我们得到结论：在已给介质中，光线的路线属于含两个参变数的曲线族(28)(参变数是 C 及 k). 平面上每一点 $M(x_0,y_0)$ 处一定有曲线族中的一束光线

$$x-x_0=\int_{y_0}^{y}\frac{v\mathrm{d}y}{\sqrt{k^2-v^2}}$$

经过.这束光线的方程依赖于一个参变数 k,它的值是可以求出的,如果我们知道在所考虑的点处光线的方向,或者知道光线通过的另外的一点.

我们提出一个解可以表示为有限形式的特殊情形.设光传播的速度与纵坐标成正比

$$v=\alpha y,\alpha>0$$

在这种情形下,光线族的方程具有形式

$$x=\int\frac{\alpha y\,\mathrm{d}y}{\sqrt{k^2-\alpha^2y^2}}+C$$

或当积分化简后

$$(x-C)^2+y^2=\left(\frac{k}{\alpha}\right)^2=r^2$$

于是,在我们所研究的情形下,光线的路程是中心在 x 轴上的圆弧.通过每两点有一条光线.

2.关于截线问题

应用上面所得结果,也可同样解决截线问题.

通过点 A 及点 B 作竖着的平面,并且建立一个直角坐标系.设点 A 为坐标原点而 y 轴铅直地指向下方.

命(a,b)为点 B 的坐标,g 为重力加速度.从点 A 到 B 所需的时间 T,可以用积分

$$T=\int_0^a\frac{\sqrt{1+y'^2}}{\sqrt{2gy}}\mathrm{d}x$$

表示(参看公式(4)).我们的问题化为寻求这样的曲线,沿着它的积分 T 得到最小值.由于上面所说,所求的曲线必须满足方程(28).将 $v(y)=\sqrt{2gy}$ 代入这个方程,我们得到

$$\sqrt{2gy} \cdot \sqrt{1+y'^2} = k$$

或

$$y = \frac{k_1}{1+y'^2}, k_1 = \frac{k^2}{2g} \tag{29}$$

求这个方程的积分可以利用公式(28)，但为了直接积分更为方便，引进新变数的替换

$$y' = \tan\varphi \tag{30}$$

方程(29)经过替换后变为下面的形式

$$y = \frac{k_1}{1+\tan^2\varphi} = k_1\cos^2\varphi = \frac{k_1}{2}(1+\cos 2\varphi) \tag{31}$$

对 x 微分，求得

$$y' = -k_1\sin 2\varphi \frac{d\varphi}{dx} \tag{32}$$

即

$$\tan\varphi = -2k_1\cos\varphi\sin\varphi \frac{d\varphi}{dx}$$

或

$$\cos^2\varphi d\varphi = -\frac{dx}{2k_1}$$

积分最后的等式，我们求出方程(29)的通解的参变数形式

$$x = -\frac{k_1}{2}(2\varphi + \sin 2\varphi) + C_1$$

$$y = \frac{k_1}{2}(1+\cos 2\varphi)$$

引用新参变数 θ，令 $2\varphi = \pi - \theta$，于是方程组化为

$$\begin{cases} x = r(\theta - \sin\theta) + C \\ y = r(1-\cos\theta) \end{cases} \tag{33}$$

其中 r 及 C 为任意常数. 所以方程组是一族旋轮线,由以 r 为半径的圆周沿实轴旋转而成. 旋转点在实轴上的横坐标是

$$x = C \pm 2n\pi r$$

在我们的情形下:$C=0$,因为按问题的条件曲线经过坐标原点. 至于 r,则是由曲线经过点 B 这个条件确定的.

我们研究的问题有一个简单的,但是有趣的推广.

设在所研究的问题中,实点在开始时以初速度 v_0 下落. 对这种情形,质点的瞬时速度为

$$v^2 = 2g(y + y_0)$$

其中

$$y_0 = \frac{v_0^2}{2g}$$

最速滑下的曲线问题,可以化为寻求一个曲线,使积分

$$T^* = \int_0^a \sqrt{\frac{1 + y'^2}{2g(y + y_0)}}\, dx$$

沿着它时得到最小值. 如再用变数 y 的变换

$$\eta = y + y_0$$

积分 T^* 就变为积分 T. 由此我们断言,所求曲线是包含在旋轮线族

$$\begin{cases} x = r(\theta - \sin\theta) + C \\ y = r(1 - \cos\theta) - y_0 \end{cases} \tag{34}$$

之中. 旋轮线族(34)是以 r 为半径的圆周沿直线 $y = -y_0$ 旋转而得到的. 取任意定值 y_0,常数 r 及 C 可

以由曲线通过点 A 及点 B 这个条件确定.

再看当点 A 及 B 都在 x 轴上的特殊情形. $y_0=0$ 时所求曲线是完全的旋轮线(图 3). 曲线交 x 轴成直角,初速度 v_0 增加,因此 y_0 也增加,而曲线与 x 轴的交角减小,曲线与线段 AB 愈靠愈紧,当 $v_0\to\infty$ 时曲线就变成线段 AB 了.

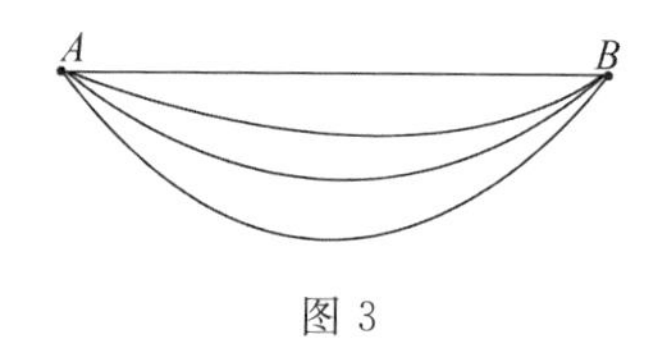

图 3

从所考虑的问题中,得出下面这个看起来令人难以相信的事实:在某些情况下,消耗同样多的燃料,沿着斜坡比沿着直线路走,反而可以更快地从点 A 到点 B(图 4).

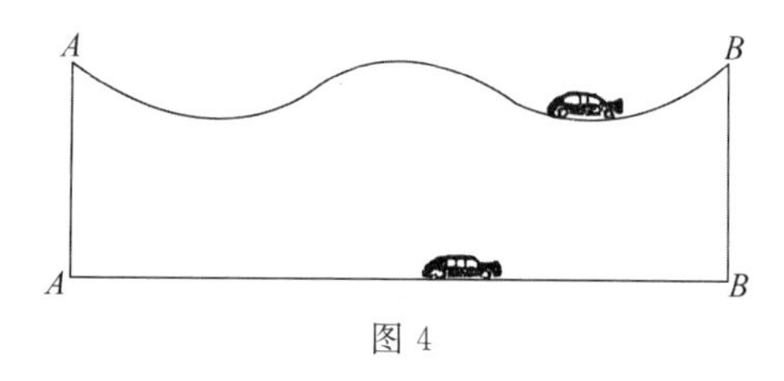

图 4

3. 墨伯尔秋衣 — Euler 原则

根据解决光学中关于光线在介质中以变动速度传播时所经过的路线问题,我们解决了力学中关于最迅速下落的曲线问题. 从个别例子看到的光学问题和力学问题的相似性,也出现在范围极其广泛的许多问题中. 在力学中与光学上的 Fermat 原则的相似性,是由墨伯尔秋衣及 Euler 所发现的,即称为墨伯尔秋衣 —

Euler 原则.现在讲一下这个原则的实质.

研究质量 $m=1$ 的自由质点 M,在位能函数为 $U(x,y)$ 的平面力场内的运动.在这些条件下,从力学的一般定律可得,质点的加速度的方向将永远与等位线

$$U=C, C\text{ 是常数}$$

的法线方向一致,而速度

$$v=\sqrt{2U+h}$$

其中 h 对每一个运动而言是一个常数.以 φ 表示运动轨线与相应的等位线的交角.

从所指出的加速度的性质得出,动点的轨线方程将与泛函

$$\int_{x_0}^{x}\sqrt{2U+h}\cdot\sqrt{1+y'^2}\,\mathrm{d}x$$

的 Euler 方程重合.

以速度 $v=\sqrt{2U+h}$ 运动的点 M 的轨线就重合于以速度

$$v_1=\frac{1}{v}=\frac{1}{\sqrt{2U+h}}$$

运动的光的路线.因为以 $v_1=\dfrac{1}{v}$ 为速度的光的路线是使积分

$$\int\frac{\mathrm{d}s}{v_1}=\int\frac{\sqrt{1+y'^2}}{v_1}\mathrm{d}x \tag{35}$$

取极值的路线,故这个动点的轨线就可由求积分

$$\int v\mathrm{d}s=\int\sqrt{2U+h}\,\mathrm{d}s \tag{36}$$

的极值而得出.沿轨线的积分 $\int v\mathrm{d}s$ 称为作用积分.

我们得出了墨伯尔秋衣—Euler变分原则：在所有联结已给两点的曲线中，作用积分$\int v ds$ 的极值是在点 M 的轨线上达到的.

这样，力学中决定动点轨线的问题，就变为变分的问题.

4. 力学与光学间的类似

Fermat 原则与墨伯尔秋衣原则间的类似，在上面已经指出. Hamilton 运用它构成了自己的力学方程理论，这个理论以后再讲. 在近代物理学中，这种类似为所谓波动力学的产生奠定了基础.

运用这种光学－力学的类似，我们如果能够知道某一个以$\sqrt{2U+h}$ 为速度的机械运动的轨线时，就可以得到以速度$\dfrac{1}{\sqrt{2U+h}}$ 而运动的光的路线，并且反之亦然. 例如，在力场内，质点初速度为 v_0，沿抛物线(图5) 以速度

$$v=\sqrt{v_0^2-2gy} \tag{37}$$

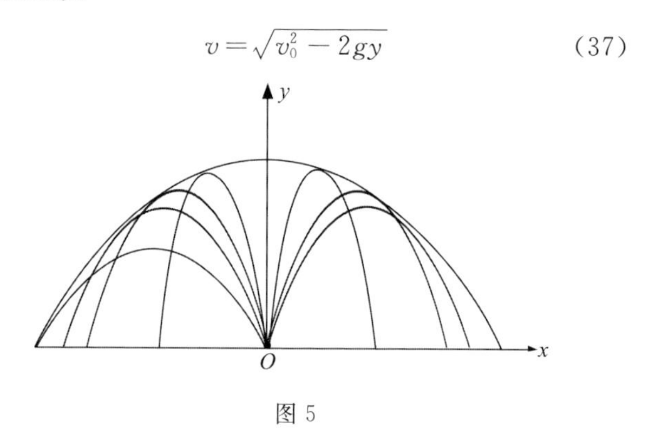

图 5

而运动，其中 g 为重力加速度，y 是纵坐标(取通过质点的起始位置的水平线为 x 轴). 从原点 A 射出一族抛物线型的路线，它们的包络线仍是一个抛物线(安全抛物线). 如果现在，在介质中光速 v_1 由公式

$$v_1 = \frac{1}{\sqrt{v_0^2 - 2gy}} \tag{38}$$

表示，那么，从原点射出的光线，由于力学 — 光学的类似也有许多抛物线形式，它们的包络线是安全抛物线.

在本小节中所研究的截线问题、光传播问题、等周问题，在 17 世纪末及 18 世纪初它们是产生并验证数学分析的新方法的试金石.

依 · 伯努利在 1696 年所提出的截线问题，经由依 · 伯努利和耶 · 伯努利兄弟、牛顿、莱布尼茨、洛必达等人的研究而获得解决.

Leibniz是第一个在解决截线问题中，把积分曲线考虑为内接于这曲线的多边形，从而用普遍极值问题来代替变分问题.

这方法以后就被伯努利兄弟用来解决别的问题，然而只有彼得堡学院院士 Euler 才把这个特殊方法推广，从解决个别特殊问题转变为一般寻求泛函的极值问题，或者如 Euler 所称，曲线函数的极值问题.

用他自己的方法，Euler转变上面所说问题为解一个所谓 Euler 微分方程，从而研究了大量数目的例题，由此显示了他所创立的计算方法的力量.

在 Euler 时代，以有限差趋于极限而得到微分方程的过程，还不能证明得很严格，并且他的论断对后来的数学界还没有令人信服的力量，以后的数学家给出了众所周知的,和有限差独立的、严格的、Euler 微分方程的推演,以及所有的更进一步的理论.

然而,Euler 有限差的方法,仍然被重新提出,并得到了改善.

1.11.5 应用

1. 最小旋转面问题

在端点为 $A(x_0, y_0)$ 及 $B(x_1, y_1)$ 的所有曲线

$$y = y(x)$$

中($y(x)$ 及 $y'(x)$ 连续),求一曲线使它围绕 x 轴旋转时,所得的曲面具有最小面积.

这个问题是下列普遍问题的特殊情形:试求通过已给围线或已给的围线组的最小曲面.

以 $y = y(x)$ 代表满足所需条件的任意曲线.众所周知,这个曲线围绕 x 轴所转成的曲面的面积 S 是由积分

$$S = 2\pi\int_{x_0}^{x_1} y\sqrt{1 + y'^2}\,\mathrm{d}x$$

表示的.因为积分号下的函数,并不显然依赖于 x,所以问题中的 Euler 方程可用积分求解.初次积分为

$$F - y'F_{y'} = y\sqrt{1 + y'^2} - y'y\,\frac{y'}{\sqrt{1 + y'^2}} = \alpha$$

其中 α 是任意常数,或者化简后

$$y = \alpha\sqrt{1 + y'^2} \tag{39}$$

为使方程积分简便起见,利用巧妙的方法:引进新变数 φ,将

$$y' = \frac{\mathrm{e}^{\varphi} - \mathrm{e}^{-\varphi}}{2} = \sinh\varphi$$

代入方程(39),得

$$y=\alpha\sqrt{1+\sinh^2\varphi}=\alpha\cosh\varphi \tag{40}$$

从而,我们就用φ表示了y. 试也用φ来表示x. 为了这个目的,对于x的微分式(40),有

$$y'=\alpha\sinh\varphi\frac{\mathrm{d}\varphi}{\mathrm{d}x}$$

依据条件$y'=\sinh\varphi$,所以

$$\alpha\frac{\mathrm{d}\varphi}{\mathrm{d}x}=1$$

因此

$$x=\alpha\varphi+\beta$$

其中β是一个新的任意常数. 于是Euler方程通解的参变数形式是

$$x=\alpha\varphi+\beta$$

$$y=\alpha\cosh\varphi$$

或

$$y=\alpha\cosh\frac{x-\beta}{\alpha} \tag{41}$$

方程(41)说明,如果极小值存在,可通过$y=\cosh x$的相似变换求得,这个相似变换以原点为相似中心(α是相似系数),并沿着x轴方向作某一平移(β是平移的值).

2. 行星运动

考虑两个质点,它们按照 Newton 万有引力定律互相作用. 假定一点不动,试研究另外一点的运动.

用极坐标(r,φ),我们将 Newton 引力的位能表示为$\frac{\mu}{r}$(μ 是常数). 以 v_0 表示初速度,并以 r_0 表示动点最初的向量半径,则

$$\frac{v^2}{2}-\frac{v_0^2}{2}=\frac{\mu}{r}-\frac{\mu}{r_0}$$

或

$$v^2=\mu\left(\frac{2}{r}+h\right) \tag{42}$$

其中

$$h=\frac{v_0^2}{\mu}-\frac{2}{r_0}$$

由墨伯尔秋衣—Euler原则,所要研究的运动轨道就是积分

$$\int\sqrt{\frac{2}{r}+h}\,\mathrm{d}s=\int\sqrt{\frac{2}{r}+h}\cdot\sqrt{r^2+r'^2}\,\mathrm{d}\varphi,r'=\frac{\mathrm{d}r}{\mathrm{d}\varphi}$$

的极值曲线.

因为积分号下的表达式并不显然依赖于 φ,所以 Euler 方程为

$$\frac{r^2\sqrt{\frac{2}{r}+h}}{\sqrt{r^2+r'^2}}=C$$

因此

$$\begin{aligned}\varphi+C_1&=C\int\frac{\mathrm{d}r}{r\sqrt{2r+hr^2-C^2}}\\&=\arccos\frac{C^2-r}{r\sqrt{1+hC^2}}\end{aligned}$$

其中 C,C_1 是积分常数. 最后路线的方程化为

$$r=\frac{C^2}{1+e\cos(\varphi+C_1)},e=\sqrt{1+hC^2} \tag{43}$$

这个运动是离心率为 $e=\sqrt{1+hC^2}$ 的圆锥曲线的运动.由于初速度 v_0 的不同,我们得到椭圆、抛物线或双曲线的轨道的各种情形:

在 $v_0^2<\frac{2\mu}{r_0}, h<0, e<1$ 时,椭圆轨道;

在 $v_0^2=\frac{2\mu}{r_0}, h=0, e=1$ 时,抛物线轨道;

在 $v_0^2>\frac{2\mu}{r_0}, h>0, e>1$ 时,双曲线轨道.

在椭圆轨道情形下,我们从下面公式求得椭圆的半长轴 a 为

$$a=\frac{C^2}{1-e^2}=-\frac{1}{h}$$

即

$$\frac{1}{a}=\frac{2}{r_0}-\frac{v_0^2}{\mu}=-h \tag{44}$$

半长轴 a 完全由起初的位置 r_0 及初速度 v_0 所确定,不依赖于这个速度的方向.初速度的方向,如上面公式所示,与轨道是抛物线、椭圆或双曲线没有影响.

从(43)及(44),得

$$v=\sqrt{\frac{2\mu}{r}-\frac{\mu}{a}}=\sqrt{\frac{\mu}{a}}\cdot\sqrt{\frac{r_1}{r}} \tag{45}$$

其中 $r_1=2a-r$ 是椭圆轨道上的点对于椭圆另一焦点的向量半径.

现在把具有吸引力的质点放在椭圆的另一个焦点上,并研究在同一椭圆轨道上的运动.当吸引中心变换时,向量半径 r 及 r_1 的作用也变换了,并且由于公式(45),我们得到在新运动下的速度

$$v_1=\sqrt{\frac{\mu}{a}}\cdot\sqrt{\frac{r}{r_1}}=\frac{\mu}{a}\cdot\frac{1}{v}$$

当具有吸引力的质点放在不同的焦点上时，沿椭圆轨道上的运动速度是互成反比的.

比较沿轨线运动的时间 T 及作用积分 U，有

$$T=\int\frac{\mathrm{d}s}{v},U=\int v\mathrm{d}s$$

所以得到茹可夫斯基所发现的关于椭圆轨道的性质：

当行星受在焦点 F 上的太阳吸引时，它沿椭圆轨线而运动的时间等于常数因子 $\frac{\mu}{a}$ 乘上一个作用积分，这个作用积分是当行星在同一轨线上运动而太阳是在另外一个焦点上时所产生的.

1.11.6　变分问题的近似解法

上面研究的 Euler 有限差的方法，可以看成变分问题的近似解法.

现在介绍另外一种近似解法.

1. 无穷多变数的方法

变分学中有些方法是微分学极值问题的直接推广，下面的方法也是其中的一个. 设要在区间 $[0,\pi]$ 的端点上为零的所有曲线中，确定一条曲线使积分

$$J=\int_0^{\pi}F(x,y,y')\mathrm{d}x$$

沿着它得到最小值. 为此，我们展开所求的函数为三角级数

$$y=a_1\sin x+a_2\sin 2x+\cdots+a_n\sin nx+\cdots$$

可以假定这个展开式不包含自由项及余弦项,因为在区间端点上,y 变为零,因此,我们可以认为 y 是奇函数

$$y(-x)=-y(x)$$

而不失其普遍性.假设所求的函数具有连续的微商,这个微商展开为一致收敛的福氏级数,我们得到

$$y'=a_1\cos x+2a_2\cos 2x+\cdots+na_n\cos nx+\cdots$$

将 y 及 y' 的展开式代入 J 中,我们得到 J 为一系列无穷多系数的函数

$$J=J(a_1,a_2,\cdots,a_n,\cdots)$$

于是问题就变成:确定这些 a_n 的值使 J 得到最小值.利用极值条件,我们得到一组确定 a_n 的方程

$$\frac{\partial J}{\partial a_n}=0,n=1,2,3,\cdots$$

一般说,研究含有无穷多未知数的无穷个方程的方程组是很困难的,但在一些特殊问题中,这个方法给出问题的既容易又完整的解.现在应用这个方法来研究问题.

2. 等周问题

它就是下面的问题:在所有有定长的简单闭曲线中,确定出一个围成最大面积的曲线.

设

$$x=x(s),y=y(s),0\leqslant s\leqslant l \tag{46}$$

是简单闭曲线的参变数方程,取参变数 S 为弧长

$$\left(\frac{\mathrm{d}x}{\mathrm{d}s}\right)^2+\left(\frac{\mathrm{d}y}{\mathrm{d}s}\right)^2=1 \tag{47}$$

其中 l 为曲线的长.

以符号 S 表示曲线(46) 所围成的面积,它就是线积分

$$S=\int_0^l x\,\frac{\mathrm{d}y}{\mathrm{d}s}\mathrm{d}s$$

由此,问题就变成:在所有周期为 l 并且满足条件(47) 的函数 $x=x(s)$, $y=y(s)$ 中,决定两个函数,使积分 S 取最大值.

展开 x 及 y 为福氏级数①

$$\begin{cases} x=\frac{1}{2}a_0+\sum\left(a_n\cos\frac{2\pi n}{l}s+b_n\sin\frac{2\pi n}{l}s\right) \\ y=\frac{1}{2}c_0+\sum\left(c_n\cos\frac{2\pi n}{l}s+d_n\sin\frac{2\pi n}{l}s\right) \end{cases} \tag{48}$$

其中 a_n, b_n, c_n, d_n 为未知的福氏系数,所以

$$\begin{cases} \frac{\mathrm{d}x}{\mathrm{d}s}=\sum\left(-\frac{2\pi n}{l}a_n\sin\frac{2\pi n}{l}s+\frac{2\pi n}{l}b_n\cos\frac{2\pi n}{l}s\right) \\ \frac{\mathrm{d}y}{\mathrm{d}s}=\sum\left(-\frac{2\pi n}{l}c_n\sin\frac{2\pi n}{l}s+\frac{2\pi n}{l}d_n\cos\frac{2\pi n}{l}s\right) \end{cases} \tag{49}$$

为计算起见,注意福氏级数论中的两个公式. 若 $\alpha_k(k=0,1,2,\cdots)$ 及 $\beta_k(k=1,2,3,\cdots)$ 是具周期 l 的函数 $f(x)$ 的福氏系数,并且假若 γ_k 及 δ_k 也是具周期 l 的函数 $\varphi(x)$ 的福氏系数,则

$$\frac{2}{l}\int_0^l[f(x)]^2\mathrm{d}x=\frac{\alpha_0^2}{2}+\sum(\alpha_n^2+\beta_n^2) \tag{50}$$

① 我们假设,函数 $x(s)$ 及 $y(s)$ 具有满足 Lipschitz 条件的连续微商. 为了 $x(s)$ 及 $y(s)$ 能展开成福氏级数,这些假设是必要的.

$$\frac{2}{l}\int_0^l f(x)\varphi(x)\mathrm{d}x=\frac{1}{2}\alpha_0\gamma_0+\sum(\alpha_n\gamma_n+\beta_n\delta_n)^{①} \tag{51}$$

现在用福氏系数表示积分 S. 由于(48)(49)及(51),得到

$$S=\pi\sum n(a_nd_n-b_nc_n) \tag{52}$$

此外,由于条件(47),有

$$\int_0^l\left[\left(\frac{\mathrm{d}x}{\mathrm{d}s}\right)^2+\left(\frac{\mathrm{d}y}{\mathrm{d}s}\right)^2\right]\mathrm{d}s=l \tag{53}$$

由此,用福氏系数表示积分(49),参考(49)及(50)可得

$$l=\frac{2\pi^2}{l}\sum n^2(a_n^2+b_n^2+c_n^2+d_n^2) \tag{54}$$

利用所得公式(52)及(54),算出周长为 l 的圆所围成的面积与面积 S 之差为

$$\begin{aligned}\frac{l^2}{4\pi}-S&=\frac{\pi}{2}\sum n^2(a_n^2+b_n^2+c_n^2+d_n^2)-\\&\quad\pi\sum n(a_nd_n-b_nc_n)\\&=\frac{\pi}{2}\sum\{(na_n-d_n)^2+(nb_n+c_n)^2+\\&\quad(n^2-1)(c_n^2+d_n^2)\}\geqslant 0\end{aligned}$$

只在 $a_1-d_1=0, b_1+c_1=0, a_n=b_n=c_n=d_n=0, n=2,3,4,\cdots$ 时,也就是当

$$x=\frac{1}{2}a_0+a_1\cos s+b_1\sin s$$

① 例如,参见 Г. М. Фихтенгольц,微积分教程,卷三.

$$y=\frac{1}{2}c_0-b_1\cos s+a_1\sin s$$

时，上式的等号才成立.所以，所求曲线为圆

$$\left(x-\frac{1}{2}a_0\right)^2+\left(y-\frac{1}{2}c_0\right)^2=a_1^2+b_1^2=\frac{l^2}{4\pi^2}$$

可见，在所有定长为 l 并且满足上面所说的连续性条件的曲线 $x=x(s)$，$y=y(s)$ 中，围成最大面积的是圆.

3. 捷比歇夫方法

下面的变分问题近似解法是属于捷比歇夫的.不考虑积分

$$J(y)=\int_a^b f(x,y,y',\cdots,y^{(n)})\mathrm{d}x$$

而考虑和数

$$\sum_{i=1}^{n} f(x,y,y',\cdots,y^{(n)})\mathrm{d}x$$

的极值，这个和数确定在一类已给幂次的多项式上.捷比歇夫给出在某些特殊情形下周连分数来求这个和的极值的方法.

4. 直接法

求极值函数的方法，即化为解一组具有无穷多未知数、无穷多方程的问题，一般说来，这个问题是特别困难的.里兹提出一种近似解法：把它化为解一组含有限多个未知数的有限多个方程.

设要求泛函 $J(y)$ 的极值（为确定起见，设之为极小）其中 $y=y(x)$ 是某类函数，它可以表示为级数形式

$$y(x)=\sum_{i=1}^{\infty}a_i\varphi_i(x)$$

a_i 是一些实系数，$\varphi_1,\varphi_2,\cdots,\varphi_k,\cdots$ 是某一个函数序列(通常为正交的，例如，三角函数 $1,\sin x,\cos x,\sin 2x,\cos 2x,\cdots$).

研究含 n 个参变数的函数系

$$y^{(n)}(x)=\sum_{i=1}^{n}a_i\varphi_i(x)$$

它们展开为函数 $\varphi_i(x)$ 的有限级数. 对于这些函数，$J(y)$ 退化为有限个变数，即系数 $a_1,a_2,\cdots,a_n$ 的函数

$$J(y^{(n)})=J(a_1,a_2,\cdots,a_n)$$

现在，在所有函数 $y^{(n)}(x)$ 中寻求一个使 $J(y^{(n)})$ 为极小的函数，也就是寻求 n 个系数：$a_1^{(n)},a_2^{(n)},\cdots,a_n^{(n)}$ 的系数，它使函数 $J(a_1,a_2,\cdots,a_n)$ 取极小. 数 $a_1^{(n)},a_2^{(n)},\cdots,a_n^{(n)}$ 可以由解 n 个变数的 n 个方程的方程组

$$\frac{\partial J_n}{\partial a_i}=0,i=1,2,\cdots,n$$

求得. 对应于它的函数就是

$$y^{(n)}(x)=\sum_{i=1}^{n}a_i^{(n)}\varphi_i(x)$$

令 n 无限增大. 自然，我们希望函数 $y^{(n)}(x)$ 趋近于这样的一个函数 $y(x)$，它使泛函 $J(y)$ 取极小. 在许多问题中实际上这是成立的. 但在每种情形下，我们需要研究下面的问题：

(a) 研究函数系 $y^{(n)}$ 的收敛性.

(b) 当 $y^{(n)}(x)$ 收敛于某一函数 $y(x)$ 时，证明这个极限函数 $y(x)$ 实现了 $J(y)$ 的极小.

(c) 若从函数 $y^{(n)}(x)$ 中取一个作为所求极限函数 $y(x)$ 的近似函数，那么就需研究误差的估计问题，就是差数

$$|y(x)-y^{(n)}(x)|$$

的估计.

例 2　在条件

$$y(-1)=y(1)=0$$

$$\int_{-1}^{2} y^2 \mathrm{d}x=1$$

下，求

$$\int_{-1}^{1} y'^2 \mathrm{d}x$$

的极小. 以后将证明：这个极小值是由函数 $y=\cos\frac{\pi}{2}x$ 来达到的，并且它等于 $\frac{\pi^2}{4}=2.47\cdots$.

现在来近似地解答这个问题. 也就是说，在所给的条件下，在三次多项式

$$y=\alpha+\beta x+\gamma x^2+\delta x^3$$

中，来求泛函的极小.

从条件 $y(-1)=y(1)=0$，我们得到多项式的形式必定是

$$y=(1-x^2)(a+bx)$$

从而

$$\int_{-1}^{1} y^2 \mathrm{d}x = \int_{-1}^{1} [(1-x^2)(a+bx)]^2 \mathrm{d}x$$
$$= a^2 \int_{-1}^{1} (1-x^2)^2 \mathrm{d}x +$$
$$2ab \int_{-1}^{1} x(1-x^2)^2 \mathrm{d}x +$$
$$b^2 \int_{-1}^{1} (x^3-x)^2 \mathrm{d}x$$
$$= \frac{16}{15}a^2 + \frac{16}{105}b^2$$

又得

$$\int_{-1}^{1} y'^2 \mathrm{d}x = a^2 \int_{-1}^{1} 4x^2 \mathrm{d}x + 2ab \int_{-1}^{1} 2x(3x^2-1) \mathrm{d}x +$$
$$b^2 \int_{-1}^{1} (3x^2-1)^2 \mathrm{d}x = \frac{8}{3}a^2 + \frac{18}{5}b^2$$

在条件$\frac{16}{15}a^2 + \frac{16}{105}b^2 = 1$下，展开式$\frac{9}{3}a^2 + \frac{18}{5}b^2$的极小是由$b = 0, a = \frac{\sqrt{15}}{4}$来达到的，并且它等于$\frac{8}{3} \times \frac{15}{16} = \frac{5}{2}$. 用这个数作为极小，绝对误差是0.03，这个结果的相对误差不超过1.2%.

里兹在1908年所得的方法的基础，以及捷比歇夫方法的基础，是由克利洛夫所奠立的. 他在1918年为了一系列的问题，给出了“极小化数列”收敛的证明. 在1925～1931年的六年工作中，克利洛夫得到一连串的近似估计，并且这些估计的给出，不是对于近似号码的大值，而是对于号码的小值，这件事对于实际是特别重要的.

1.12 Lagrange

1.12.1 Lagrange 简介

Lagrange(1736—1813) 是法国数学家、力学家、天文学家,出生于意大利的都灵,卒于法国巴黎. 他的父亲是陆军骑兵里的一名会计官,后又经商. Lagrange 兄弟姐妹 11 个,他是最大的一个. Lagrange 的父亲希望他能当一名律师,因为律师职业最受欢迎. 他 14 岁考入中学时,逐渐对物理学和几何学感兴趣,特别对几何学更热爱. 17 岁时,当他读到英国天文学家哈雷撰写的介绍 Newton 微积分成就的一篇短文之后,对分析学产生了浓厚的兴趣,而分析学在当时是迅速发展的一个数学领域.

1754 年,18 岁的 Lagrange 给出了两个函数乘积的高阶导数公式

$$\begin{aligned}(uv)^{(n)} = u^{(n)}v^{(0)} + c_n^1 u^{n-1}v' + \\ c_n^2 u^{n-2}v'' + \cdots + \\ c_n^k u^{(n-k)}v^{(k)} + \cdots + u^{(0)}v^{(n)}\end{aligned}$$

并指出这与 Newton 二项式有类似之处. 他将这一发现,用意大利语写信函告知当时的几何学家法尼亚诺 (G. C. T. dei Fagnano,1682—1766),并付印发表. 后来又用拉丁文写信给当时数学大家 Euler (1707—1783),叙述了他这一结果. 不久,他从 Leibniz 和约翰·伯努利的科学通信中,得知这一结果早在半个世纪以前就

被 Leibniz 所发现,这时他有点担忧,生怕别人误认为他是剽窃者和科学骗子.这一挫折并没有使他丧失信心,1755年8月12日,Lagrange用拉丁文给Euler写了一封信,在这封信中,他对求积分极值问题的纯分析方法做了系统的总结,这是变分法研究中的一个重大进展,这也是他在数学研究中最杰出的成就之一.1755年9月28日,年仅19岁的Lagrange被任命为都灵皇家炮兵学校的数学教授.

1756年Euler从Lagrange的一封信中得知,Lagrange将变分法应用于力学中,并取得了进展,就建议柏林研究院聘任Lagrange.当Euler把这一消息告诉Lagrange时,被他谢绝了.这一年,他被提名为柏林科学院通讯院士,1756年9月2日又被选为该院的外国通讯院士.

1757年,Lagrange参与创建了都灵科学协会,这是都灵皇家科学院的前身.这个协会定期集会,并出版刊物《都灵文集》,Lagrange是这份杂志的主要组织者和撰稿人.这个刊物的前三卷,卷卷都有Lagrange撰写的论文,几乎包括他在都灵撰写的所有著作.

1762年,巴黎科学院提出一个关于月球天平动问题,悬赏征解,要求以物理为依据解释月球为什么几乎永远以同一面对着地球自转,且产生岁差和章动.Lagrange应征了,于1763年,把论文《研究由皇家科学院提出的有奖的天平动问题》送到巴黎,这一结果成功地获得了巴黎科学院1764年度的奖金.

1763年初,Lagrange应他法国同行的邀请,离开了故乡，抵达巴黎. 原打算在巴黎住一段时间，以便对天体力学做深入研究. 但由于他过于劳累，病倒了，不得不中止他的旅行. 1765 年春，Lagrange 经日内瓦返回都灵，在瑞士逗留期间特意赶到巴塞尔看望当时名扬全欧的丹尼尔·伯努利(D. Bernoulli)，经达兰贝尔(D. Alembert) 的劝说，Lagrange 还专程去费尔奈庄园拜访了当时法国名流、哲学家兼文学家、史学家伏尔泰(Voltaire)，伏尔泰热情接待他，这给 Lagrange 留下了深刻的印象.

巴黎科学院提出了一个木星的四个卫星的运动问题作为 1766 年大奖赛题，这实际上是一个六体问题，1765 年 8 月，Lagrange 给巴黎科学院寄去论文《研究木星的一些卫星的不等式》，给出了这个问题的近似结果，赢得了巴黎科学院 1766 年的大奖.

1765 年秋，达兰贝尔建议 Lagrange 在柏林科学院谋求一个职务，他回答说："柏林对我来说似乎一点不适合，因为那里有 Euler 先生." 1766 年 3 月 4 日，达兰贝尔再次写信给 Lagrange，说 Euler 要离开柏林，并正式告诉他接替 Euler 走后空缺的职位. 4 月 26 日，达兰贝尔又向 Lagrange 转达了普鲁士王腓特烈大帝(Frederick the Great) 的话："欧洲最大的皇帝希望欧洲最大的数学家在他的宫廷中." 因此，当 Euler 于 5 月 3 日去圣·彼得堡，Lagrange 7 月便动身去柏林. 他路经巴黎，看望了达兰贝尔. 在巴黎住了两周，于 9 月 20 日应邀到达英国伦敦，然后于 10 月 27 日抵达柏林. 11 月 6 日，正式被任命为柏林科学院物理数学部主任. 在

柏林,他很快就和兰伯特(J. H. Lambert),约翰第三·伯努利结为好友,但与卡塔兰(J. Catalan)一直很难相处,只要这位年轻人从他身边经过,就愤怒地走出科学院.

1767年9月,Lagrange与他的姨表妹维多利亚结婚.对于维多利亚,Lagrange是很满意的,他在1769年7月给达兰贝尔的信中写道:"她是一位很好的λ,当之无愧的家庭主妇."维多利亚没有生育,结婚没有几年就生病了,长达将近10年,这时正是Lagrange科学研究旺盛,科学成果的多产时期,他一面奋发进行科学研究工作,一面还关切地挂念着妻子,Lagrange在柏林科学院工作的任务是主持科学院的数学学术活动,并且每月出一篇论文,在这期间,他基本没有教学任务.

巴黎科学院已习惯于把Lagrange列入每两年一次的有奖竞赛的人选之中,达兰贝尔也总是要求他参加.1768年,他以不与Euler竞争而不欲参加,后来几次又以身体虚弱为由不欲应征.1772年,Lagrange以论文《论三体问题》参加了竞赛.他在这篇论文中开创了求解限制性三体问题的新途径.为了表彰这一杰出的贡献,巴黎科学院以5 000镑的双倍奖金由Euler和他分享.1774年,他以论文《论月球的长期时差》而获得了奖金.1780年,他以论文《通过行星活动的观察研究彗星的摄动理论》获双倍奖4 000镑.这是Lagrange在巴黎科学院参加的最后一次竞赛.

1783年,都灵科学院成立,Lagrange任该院的名誉主席.这一年的8月,他的妻子终于长期卧床不起而离开了人间，使他悲痛万分. 也是这一年的 8 月，腓特烈大帝去世，使他失去了又一个有力的支持者. 感情和事业的两大支持者相继丧失，使 Lagrange 失去了在柏林生活下去的信心和勇气，他想极快地离开柏林.

1787 年 5 月 18 日，Lagrange 离开了他生活 20 年的柏林来到巴黎. 7 月 29 日他正式成为巴黎科学院的一员，而柏林科学院仍然为他支付丰厚的俸禄，直到他 1813 年去世. Lagrange 为法国科学院增加了无限的荣光，这不仅是因为他在数学、天文学和力学领域做出了卓越的贡献，而且也因为他拥有哲学、历史、宗教、语言和医学等方面渊博的知识. Lagrange 的处世哲学十分慎重，他在离开家乡都灵来到柏林之前，就为自己制定了一条行动准则："一般来说，我相信一个精明的人遵循的首要原则之一是要使自己的行动严格地符合所在国的法律，即使这些法律是没有理由的."

到了法国之后，正值法国度量衡公制运动兴起，他担任了公制委员会主任. 1789 年，法国资产阶级革命爆发，革命政府曾一度下令驱逐一切外国人出境，但特别声明 Lagrange 除外，并让他继续担任米制委员会主任，负责法国度量衡改革工作. 以"米突"为单位的十进制就是这时制定的.

1792 年，Lagrange 与巴黎科学院的同事、天文学家莫尼尔的女儿结婚，这次结婚与第一次结婚同样是美满的，但仍没有给他留下孩子.

1795 年和 1797 年先后成立了巴黎高等师范学院和巴黎理工科大学，Lagrange 受聘于这两所大学作教

授.

1813年4月10日,Lagrange与世长眠了,人们争相悼念他.在法国、参议院和科学院都举行了追悼会,拉普拉斯以参议院的名义,拉塞佩以科学院的名义分别致悼词.拿破仑还亲自下令:收集Lagrange的论文存放在科学院.他的遗体被安葬在巴黎的万神殿.在意大利,各大学都举行了追悼会或报告会.在柏林,由于普鲁士加入了反法同盟,因此没有举行类似的仪式.

1.12.2 Lagrange数学之路

Lagrange在数学许多领域都留下了他的足迹,其内容涉及变分法、微分方程、代数方程论、数论、分析以及概率论等.他的工作总结了18世纪的数学成果,同时开辟了19世纪数学研究的道路.

Lagrange与Euler一起开辟了变分法这一数学新分支.他将变分问题从烦琐论证解脱出来,开创了变分法的纯分析方法的一般解法,并由此派生出对被积函数具有高阶导数的单重和多重积分的研究.同时,他出色地将变分法应用到动力学上.在变分法中,Lagrange首次引用了特殊的符号δ.

在二阶常微分方程中,Lagrange研究了里卡蒂方程的解法,同时导出了“拉普拉斯型函数”的概念.在常系数微分方程中,得出了齐次方程的通解是由一些独立的特解分别乘以任意常数相加而成的结论,同时他还指出n阶齐次方程的m个特解,可以把方程降低m阶.在变系数微分方程中,Lagrange提出了伴随方程的概念，并发现非齐次常微分方程的伴随方程是原方程对应的齐次方程. 他提出了高阶微分方程的参数变值法，并把这一方法推广到解高阶方程组上. 他首次提出了线性变换的特征值概念. 并研究了微分方程的奇解问题，给出了一般的方法. 他所得到的奇解，扩大了克莱罗与 Euler 求微分方程奇解的范围，并给出奇解是积分曲线族的包络的几何解释. 在偏微分方程方面，他成功地解决了把包含任意一个变量的一阶偏微分方程转化为一组联立常微分方程的问题. 同时，他还研究了二阶偏微分方程.

Lagrange 在代数方程论方面做出了贡献，于 1767 年和 1771 年，他提交给柏林科学院两篇论文《关于解数值方程》和《关于方程的代数解法的研究》，考查了二次、三次和四次方程的一种普遍性解法，即把方程化为低一次的方程求解. 他引入了置换的概念，企图通过分析三次、四次方程的解法，以获得高次方程的解法，但在探讨五次方程时失败了. 可是他的思想方法却启发了阿贝尔和伽罗瓦，彻底解决了代数方程根式解的问题，并蕴含群论的思想萌芽.

Lagrange 在数论方面获得了许多结果. 1766 年，他给出了贝尔方程 $x^2-Ay^2=1$ 的整数解存在性的证明. 他用连分式的方法，解决了求方程

$$x^2-Ay^2=B$$

$$ax^2+2bxy+cy^2+2dx+2ey+f=0$$

整数解的问题. 1767 年，他用连分式找到了求方程的无理根的近似方法，1770 年，他在 Euler 的基础上，解

决了华林(Waring)问题:证明任何一个正整数能表示为四个整数的平方和.1771年,他证明了威尔逊(J. Wilson)定理:对每一个素数P,$(P+1)!\ +1$能被P整除,而且,若这个量能被P整除,那么P就是一个素数.他还证明了Fermat大定理:$x^n+y^n=z^n$,当$n=4$时,方程无正整数解,以及Fermat定理:若$a^2+b^2=c^2$,则ab不是一个平方数.1773年,他在Euler关于整数的型的表示方面取得一些特殊结果的基础上,得到如下结论:如果一个数能被一个型表示,那它就能被许多互相等价的其他的型所表示;这些互相等价的型可从原始型用变量替换$x=\alpha x'+\beta y'$,$y=\gamma x'+\delta y'$得出,其中$\alpha,\beta,\gamma,\delta$都是整数,且满足条件$\alpha\gamma-\beta\delta=1$.这一结果为高斯建立型的理论奠定了基础.

1797年,Lagrange发表了《解析函数论》(*The′orie des fonctions analytiques*).在该书中,他以代数的方法,试图重建微积分的理论基础.他把函数$f(x)$的导数定义为$f(x+h)$的Taylor展开式中的h的系数,并由此出发建立全部的分析学.但由于他没有考虑到无穷级数的收敛性问题,他自认为避开了极限概念,其实是避而不谈罢了.函数的可展性要建立在各阶导数存在的基础上,Lagrange的做法,不仅失去了可靠性,而且把可展性与可异性的先后顺序弄颠倒了.Lagrange的这一尝试,后来被Cauchy做了总结性的批判.Lagrange奠定微积分的预期目的没有达到,但他对分析基础脱离几何和力学做出了贡献,他对函数的抽象处理,成为后代数学家函数论研究的起点.现在微积分中的 Lagrange 中值定理和无穷级数中的 Lagrange 余项，最早出现在他的《解析函数论》一书之中. 1801 年，他发表了《函数计算讲义》，这是《解析函数论》的评注和补充，其中改造了一些旧的微分符号，采用了新的符号，如一阶函数微分表示为 f'，二阶函数微分表示为 f'' 等.

1788 年，Lagrange完成了《分析力学》(*Mecanique Analytique*) 一书，这是 Newton 之后的又一部经典力学著作. 该书运用变分法原理和分析方法，建立了优美和谐的力学体系.

1.12.3 Lagrange 的思想方法

Lagrange 的思想方法，从如下四个方面予以阐述.

1. 创造性地运用类比法

应用类比，发现数学定理，这是 Lagrange 进行数学研究的一个重要方法. 他在 1772 年，发表的一篇论文《关于变分法的一种计算》中写道："虽然这种类比(幂和微分)自身不是很明显的，然而并不因为结论是用这样的方法得出而变得不怎么精确，我将用这样的方法去发现各种定理". 下面我们就以变分法为例，看看 Lagrange 是怎样用类比方法发现数学成果的.

Lagrange 类比于微积分中函数的极大、极小方法，给出变分法中泛函极大、极小的纯分析方法. 相应于函数的极大、极小值的有关概念与定理可引出泛函方面的类似概念与定理. 例如，如果对应于变量 x 的某

一值域中每一个值 x，z 有一确定的值与之对应，那么变量 z 就叫作变量 x 的函数，记为 $z=f(x)$. 在变分法中相应的概念是：如果对于某一类函数 $y(x)$ 中的每个函数 $y(x)$，J 有一值与之对应，那么变量 J 叫作依赖于函数 $y(x)$ 的泛函，记为 $J=J[y(x)]$. 函数 $f(x)$ 自变量的增量是指自变量 x 二值间的差值 $\Delta x=x-x_1$，对应的泛函 $J[y(x)]$ 自变量的增量或变分 δy 是指两个函数之间的差 $\delta y=y(x)-y_1(x)$；函数 $f(x)$ 称为线性函数，如果满足如下条件

$$L(cx)=cL(x)$$

其中 c 为任意常数，以及

$$L(x_1+x_2)=L(x_1)+L(x_2)$$

对应的泛函 $L[y(x)]$ 称为线性泛函，如果满足如下条件

$$L[cy(x)]=cL[y(x)]$$

其中 c 为任意常数，以及

$$L[y_1(x)+y_2(x)]=L[y_1(x)]+L[y_2(x)]$$

如果函数的增量

$$\Delta f=f(x+\Delta x)-f(x)$$

可以表示成如下形式

$$\Delta f=A(x)\Delta x+\beta(x,\Delta x)\Delta x$$

其中 $A(x)$ 不依赖于 Δx，而当 $\Delta x\to 0$ 时，$\beta(x,\Delta x)\to 0$，则说函数是可微的，$A(x)\Delta x$ 叫作函数的微分，记为 $\mathrm{d}f$. 易推知 $A(x)=f'(x)$，故 $\mathrm{d}f=f'(x)\Delta x$. 对应地，如果泛函的增量

$$\Delta J=J[y(x)+\delta y]-J[y(x)]$$

可以表示成如下形式

$$\Delta J = L[y(x), \delta y] + \beta[y(x), \delta y] \cdot \max|\delta y|$$

其中 $L[y(x),\delta y]$ 对于 δy 来说是线性泛函 $\max|\delta y|$ 为 $|\delta y|$ 的最大值，且当 $\max|\delta y| \to 0$ 时，$\beta[y(x),\delta y]\to 0$，则 $L[y(x),\delta y]$ 叫作泛函的变分，记为 δy 等. 基于上面一些对应关系式，Lagrange 考虑基本变分问题：使积分

$$J = \int_{x_1}^{x_2} f(x, y, y')\mathrm{d}x \tag{1}$$

极大或极小，其中 $y(x)$ 是待定的. Lagrange 引进通过端点 (x_1, y_1) 和 (x_2, y_2) 的新曲线 $y(x)+\delta y(x)$，其中 δ 表示整个曲线 $y(x)$ 的变分，如图 1 所示.

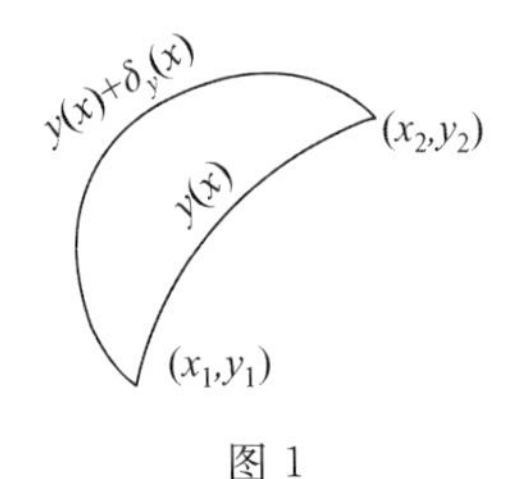

图 1

J 的增量

$$\Delta J = \int_{x_1}^{x_2} \{f(x, y+\delta y, y'+\delta y') - f(x, y_1 y')\}\mathrm{d}x$$

是一个二变量函数，应用 Taylor 定理把被积函数展开，得

$$\Delta J = \delta J + \frac{1}{2}\delta^2 J + \frac{1}{3!}\delta^3 J + \cdots$$

其中 δJ 表示 δy，$\delta y'$ 的一次项积分，$\delta^2 J$ 表示二次项的积分，等等. 这样就有

$$\delta J = \int_{x_1}^{x_2} (f_y \delta y + f_{y'} \delta y') \mathrm{d}x$$

$$\delta J^2 = \int_{x_1}^{x_2} \{ f_{yy} (\delta y)^2 + 2 f_{yy'} (\delta y)(\delta y') + f_{y'y'} (\delta y')^2 \} \mathrm{d}x$$

δJ 称为J 的一次变分，$\delta^2 J$ 称为J 的二次变分，等等. 而 ΔJ 的正负完全取决于δJ 的正负. 类似于单变量函数 $f(x)$ 的极大、极小值知 ΔJ 必须有相同的符号，所以对于极大化的函数 $y(x)$，必定有 $\delta J = 0$. 利用 $\delta J' = \dfrac{\mathrm{d}(\delta y)}{\mathrm{d}x}$，有

$$\delta J = \int_{x_1}^{x_2} [f_y \delta y + f'_y \frac{\mathrm{d}}{\mathrm{d}x} (\delta y)] \mathrm{d}x$$

对上式右端第二项分部积分，且利用 δy 在 x_1 和 x_2 处必须等于 0，得到

$$\delta J = \int_{x_1}^{x_2} [f_y \delta y - \frac{\mathrm{d}}{\mathrm{d}x} f'_y) \delta y'] \mathrm{d}x$$

对一切 δy，必有 $\delta J = 0$，由此推出 Euler 微分方程

$$f_y - \frac{\mathrm{d}}{\mathrm{d}x} (f'_y) = 0$$

这就是式(1) 所要求满足的必要条件.

类比于 $f'(x) = 0$ 的 x 值，当 $f''(x) \leqslant 0$，$f(x)$ 取极大；当 $f''(x) \geqslant 0$ 时，$f(x)$ 取极小. 于 1786 年，由 Legendre 得到，对于满足 Euler 方程，通过(x_1, y_1)，(x_2, y_2) 的曲线 $y(x)$，只要沿 $y(x)$ 的每一点 $f_{yy'} \leqslant 0$ 时，J 取极大；若 $f_{yy'} \geqslant 0$，则 J 取极小. 1787 年 Legendre 认识到，上述关于 $f_{yy'}$ 的条件，仅是 $y(x)$ 取极大或取极小的充分条件. 可见由类比得到的结论，并不一定保证是正确的，尚需要进行严格的论证. 因此，

类比不能代替逻辑论证，它仅是数学发现的有力工具.

通过类似式(1) 中的方法，Lagrange 得到如下二重积分 J 取极值函数 $z(x,y)$ 必须满足的微分方程. J 的具体形式为

$$J=\iint f(x,y,z,p,q)\mathrm{d}x\mathrm{d}y$$

其中 z 是 x，y 的函数 $p=\frac{\partial z}{\partial x}$，$q=\frac{\partial z}{\partial y}$，积分区域为 xy 平面的某一个区域 D.

2. 追求理论的普遍性与一般化

追求数学的一般化、普遍性，这是 Lagrange 研究数学的一个重要思想. 他的这一思想，在探求解代数方程的方法中得到了很好的体现. 在 Lagrange 以前，人们利用变量替换的方法，解决了二次、三次和四次方程的代数求解问题. 但对于解不同次数的方程需要寻找不同的变量替换方法，这仍有很大的灵活性. 而对于五次和五次以上的方程，只好一个一个去试了，结果都没有成功，但又不能断定其解不存在. 这里面是否有统一的规律可遵循呢？他在分析前人研究成果的基础上，引进了对称多项式理论、置换理论和预解式概念，统一地解决了二次、三次和四次方程的求解问题. 但用这一理论来解五次方程却失败了. Lagrange 是怎样想出这统一的方法呢？这主要是他在分析前人研究成果的基础上充分发挥了他的想象力，运用了逆向思维方法. 他首先看到了卡尔达诺在解三次方程

$$x^3+px^2+q=0 \tag{2}$$

的关键一步，就是引入变量

$$x=z-\frac{p}{3z} \tag{3}$$

使(2) 变成一个可解方程

$$z^6+qx^3-\frac{p^3}{27}=0 \tag{4}$$

式(3) 表明 x 是 z 的函数，而 Lagrange 将其着眼点反其道而行之，考虑 z 是 x 的函数. 这是因为三次方程能解出来，关键在于辅助方程(4)，因此对于 z 的表现形式应作为主要目标来考查. Lagrange 注意到，在下面关于 x_1,x_2,x_3 的多项式

$$\phi_1=\frac{1}{3}(x_1+\omega x_2+\omega^2x_3)$$

中，把 x_1,x_2,x_3 作 6 种置换

$$\phi_1\longrightarrow x_1+\omega x_2+\omega^2x_3=\phi_1$$
$$\phi_1\longrightarrow x_1+\omega x_3+\omega^2x_2=\phi_2$$
$$\phi_1\longrightarrow x_2+\omega x_3+\omega^2x_1=\phi_3$$
$$\phi_1\longrightarrow x_2+\omega x_1+\omega^2x_3=\phi_4$$
$$\phi_1\longrightarrow x_3+\omega x_2+\omega^2x_1=\phi_5$$
$$\phi_1\longrightarrow x_3+\omega x_1+\omega^2x_2=\phi_6$$

就可以得到辅助方程 z 的 6 个解. 于是 Lagrange 找到 z 与 x 值关系是在置换意义下的式

$$z=\frac{1}{3}(x_1+\omega x_2+\omega^2x_3)$$

由于 ϕ_1,ϕ_2 不是对称多项式，我们考虑 $\phi_1,\phi_2,\phi_3,\phi_4,\phi_5,\phi_6$ 中的任一个在 6 种置换下，下述关于 z 的方程

$$(z-\phi_1)(z-\phi_2)(z-\phi_3)\cdot$$

$$(z-\phi_4)(z-\phi_5)(z-\phi_6)=0 \tag{5}$$

总是不变的.由此推知式(5)的系数必定都是对称多项式.因此,可用 p,q 的多项式表示.由 $\phi_6=\omega\phi_1$, $\phi_3=\omega^2\phi_1$, $\phi_4=\omega\phi_2$, $\phi_5=\omega^2\phi_2$,所以式(5)变为

$$z^6-(\phi_1^3+\phi_2^3)z^3+\phi_1^3\phi_2^3=0 \tag{6}$$

这是一个关于 z^3 的二次方程.这个方程的系数 $\phi_1^3+\phi_2^3$ 与 $\phi_1^3\cdot\phi_2^3$ 是原三次方程系数的有理函数,即分别为 q, $-\frac{p^3}{27}$.

对于 x 的一般四次方程

$$x^4+ax^3+bx^2+cx+d=0$$

Lagrange 在费拉里方法的基础上,考虑由其 4 个根 x_1,x_2,x_3,x_4 所构成的函数

$$z=x_1x_2+x_3x_4$$

在 4 个根的所有 24 种置换下,只取 3 个不同的值,因此应有 z 所满足的三次方程

$$z^3-bz^2+(ac-4d)z-a^2d+4bd-c^2=0$$

而且这个方程的系数都是原来四次方程系数的有理函数.

由此可见,解三次、四次方程的关键就在于引入一个关于其根多项式的辅助函数 z(对于三次方程 $z=\frac{1}{3}(x_1+\omega x_2+\omega^2x_3)$,对于四次方程 $z=x_1x_2+x_3x_4$ 或 $z=x_1+x_2-x_3-x_4$,对于二次方程 $z=x_1-x_2$),用 z 及其在置换下的不同值,可以求出原来方程的根.而这个辅助函数 z 或者它的某次幂的值,又可以通过一个次数较低的方程解出来.该方程的系数又是原方程

系数的有理函数. Lagrange 把这一结果一般化,考虑了一般的 n 次方程

$$a_0x^n + a_1x^{n-1} + \cdots + a_{n-1}x + a_n = 0$$

其中假定 $a_0, a_1, a_2, \cdots, a_n$ 是无关的. 于是可有如下两个命题.

命题 1　如果使根的有理函数 $\phi(x_1, x_2, \cdots, x_n)$ 不变的一切置换,也使根的有理函数 $\psi(x_1, x_2, \cdots, x_n)$ 不变,同 ψ 必可用 ϕ 及原方程的系数 $a_0, a_1, a_2, \cdots, a_n$ 的有理函数表示出.

命题 2　如果使根的有理函数 $\psi(x_1, x_2, \cdots, x_n)$ 不变的置换,亦使另一个有理函数 $\phi(x_1, x_2, \cdots, x_n)$ 不变;而且在使 $\phi(x_1, x_2, \cdots, x_n)$ 不变的所有置换作用下,ψ 取 r 个不同的值,则 ψ 必定满足一 r 次代数方程,其系数为 ϕ 及原方程的系数 $a_0, a_1, a_2, \cdots, a_n$ 的有理函数.

根据上述命题,Lagrange 给出解 n 次代数方程的具体程序,这个具体程序是:对一个 n 次代数方程先取一个根的对称多项式,不妨取

$$\phi_0 = x_1 + x_2 + \cdots + x_n$$

然后再取一个根的多项式 ϕ_1,假定 ϕ_1 在 $n!$ 个置换下取 r 个不同的值,那么 ϕ_1 是一个 r 次方程的根,这个方程的系数是由 ϕ_0 和原方程的系数的有理函数所构成的. 若此 s 次方程可用代数方法求解,则 ϕ_1 就可用原方程的系数的代数式表示出. 然后再取一根的多项式 ϕ_2,使它不变的置换仅为使 ϕ_1 不变的置换的一部分,ϕ_2 在 ϕ_1 所容许的置换下假定取 s 个不同的值,那么 ϕ_2

就将是一个 s 次方程的根，该方程的系数是 ϕ_1 和原方程系数的有理函数. 若此 s 次方程可用代数方法求解，则显然 ϕ_2 就可用原方程的系数的代数式表示出，如此继续下去，选择 ϕ_3，ϕ_4，…，因为使 ϕ_k 不变的置换随 k 增大而逐渐减少，直到最后一个函数，选为 x_1. 如上所述，这些 r 次，s 次，…… 方程均可用代数方法求解，则 x_1 就可用原方程的系数的代数式表示出. 其他的根 x_2，x_3，…，x_n 同样可求得. 这些 r 次，s 次，…… 的方程称为预解式.

运用 Lagrange 上述方法可以统一地解二、三、四次方程，但用于五次方程却失败了. 因此，他不得不得出结论说，用代数运算解 $n>4$ 的高次方程看来是不可能的. 1799 年，意大利数学家鲁菲尼(P. Ruffini，1765—1822)，用 Lagrange 的方法成功地证明了不存在一个预解函数，能满足一个次数低于 5 次的方程. 1813 年，鲁菲尼大胆地证明，用代数方法解 $n>4$ 的一般方程是办不到的，但他没有达到目的，这被后来的阿贝尔、伽罗瓦所彻底解决.

Lagrange 追求数学结果的一般化在对不定方程求解的探索中得到具体体现. Fermat 曾研究了丢番图方程 $x^2-Ay^2=1$，其中 A 是任意非平方的正整数. 在 Lagrange 以前，人们满足于给出这类方程的一些特殊解，而 Lagrange 则通过方程本身结构研究，给出方程可解性的充分必要条件. 他不是一个一个问题研究，而是解决整个一类方程，Lagrange 不仅完整地解决了方程 $x^2-Ay^2=B$ 的求解问题，而且解决了一般型的方

程

$$ax^2+2bxy+cy^2+2dx+2ey+f=0$$

的求解问题.他是通过建立二元二次型的一般理论来达到求解问题的目的. Lagrange 这一思想为 Gauss 在数论中的开创性工作播下了种子.

由上述可知,无论寻求方法的普遍性,或是探求结果的一般化,其关键是,在前人研究所取得成果的基础上,对所研究的对象,从整体结构上进行深层次的剖析,抓住其本质特征,上升到理论上来,这样才有可能达到预期目的.

努力将科学问题数学化是 Lagrange 追求数学结果一般化的又一重要思想方法. Lagrange 把数学方法广泛应用于天体力学、流体力学、声学、动力学等许多物理分支.早年他用数学方法成功地解决了月球天平动和木星四卫星运动问题,使他相继获得大奖,享有极高的声誉,已被公认为是那个时代的最伟大的数学家之一.他把变分法用到动力学上,第一个用数学具体形式把最小作用原理表现出来.这个具体形式对于质点而言,$\int mv\mathrm{d}s$ 必须是极大或极小,也即$\int mv^2\mathrm{d}t$ 必须是极大或极小.这就把物理上的陈述归结为简单的、优美的数学语言.设动能是 x,y,z 的函数,对于单个质量而言,动能

$$T=\frac{1}{2}m(\dot{x}^2+\dot{y}^2+\dot{z}^2)$$

还假定使物体的作用力由势函数 $V(x,y,z)$ 导出,且有 $T+V$ 为常数. Lagrange 的作用是

$$\int_{t_1}^{t_2} T\mathrm{d}t$$

他的最小作用原理是

$$\delta\int_{t_1}^{t_2} T\mathrm{d}t$$

把变分法的方法用到作用积分上，得

$$\frac{\mathrm{d}}{\mathrm{d}t}\left(\frac{\partial T}{\partial x}\right)+\frac{\partial V}{\partial x}=0$$

$$\frac{\mathrm{d}}{\mathrm{d}t}\left(\frac{\partial T}{\partial y}\right)+\frac{\partial V}{\partial y}=0$$

$$\frac{\mathrm{d}}{\mathrm{d}t}\left(\frac{\partial T}{\partial Z}\right)+\frac{\partial V}{\partial Z}=0$$

这等价于 Newton 第二定律. 引入广义坐标 $x=x(q_1, q_2, q_3)$, $y=y(q_1, q_2, q_3)$, $z=z(q_1, q_2, q_3)$，则上述方程就变成如下形式

$$\frac{\mathrm{d}}{\mathrm{d}t}\left(\frac{\partial T}{\partial q_i}\right)-\frac{\partial T}{\partial q_i}+\frac{\partial V}{\partial q_i}=0, i=1,2,3$$

Lagrange 原理相当于 Newton 第二运动定律. 但这一原理比 Newton 第二定律有着许多优越性，他用这一原理推出了力学的主要定律，并且解决了一些新的问题. 这正是数学分析方法的威力. Lagrange 在《分析力学》的前言中写道："我在其中所阐明的方法，既不要求作图，也不要求几何的或力学的推理，而只是一些遵照一致而正规的程序的代数(分析) 运算. 喜欢分析的人将高兴地看到力学变为它的一个新分支，并将感激我扩大了它的领域."

3. 抓住联系，促使转化

抓住数学对象之间的联系，灵活地运用转化的思

想方法,是 Lagrange 解决数学问题的一个重要特征.数学尽管存在着千差万别,但也存在着各种各样的联系,也正由于存在这种联系,就可以通过这种联系,创造条件,使数学从一种形式转化到另一种形式,以达到化繁为简,化难为易,化未知为已知,从而使问题得到圆满的解决. Lagrange 解决数学问题的精美之处,就在于他能洞察其数学对象之深层次联系,从而创造条件,以使问题迎刃而解.例如,在探求微分方程求解过程中,他能巧妙地运用各种各样的转化:高阶与低阶、常量与变量、线性与非线性、齐次与非齐次等.

为了计算三体问题的摄动,产生了所谓的元素变值法,或叫参数变值法,亦称积分常数变值法.这一方法,是由 Newton 首先使用的,后来约翰·伯努利、Euler 都用了这一方法,拉普拉斯以这个方法写了一些论文,Lagrange 对这一方法做了充分的研究.他已看到这个方法的实质就是将常量变量化,这样一来,就可以运用微积分的工具来处理问题,从而给解决问题带来很大的方便. Lagrange 用这一方法处理相当广泛的一类问题,他不但用来解决单个的 n 阶微分方程问题,而且把这一方法应用到解决微分方程组问题中.为了简单起来,我们来叙述 Lagrange 是怎样运用这一方法来解二阶方程

$$Ay+By'+Cy''=M \tag{7}$$

其中 A,B,C,M 为 x 的函数.当 $M=0$ 时,易知其通解为

$$y=ap(x)+bq(x) \tag{8}$$

其中,a 与 b 是积分常数,p,q 是齐次方程的特殊积分. 再将常量 a,b 视作 x 的函数,这时就可对式(8)求导,于是,得

$$y' = ap' + bq' + pa' + qb'$$

令

$$pa' + qb' = 0 \tag{9}$$

再对 $y' = ap' + bq'$ 求导,得

$$y'' = ap'' + bq'' + a'p' + b'q'$$

将 y,y',y'' 代入(7),最后,得

$$p'a + q'b' = \frac{M}{C}$$

该方程与(9)联立,可求出 a,b. 这样就可得到原来的非齐次方程的一个解,这个解与齐次方程的解一起组成非齐次方程的通解.

上述问题是将"常"转化为"变"而解决问题的,有些问题又是将"变"转化为"常"来解决的. 例如,1779 年,Lagrange 为了解一阶偏微分方程

$$Pp + Qq = R$$

其中 $p = \frac{\partial z}{\partial x}$,$q = \frac{\partial z}{\partial y}$,$P$,$Q$,$R$ 是 x,y,z 的函数,可转化为与其等价的常微分方程组

$$\frac{\mathrm{d}x}{P} = \frac{\mathrm{d}y}{Q} = \frac{\mathrm{d}z}{R}$$

或

$$\frac{\mathrm{d}y}{\mathrm{d}x} = \frac{Q}{P} \text{ 和 } \frac{\mathrm{d}z}{\mathrm{d}x} = \frac{R}{P}$$

1819 年,Cauchy 将这一方法,由二变元的情况推广到

n 变元的情况.

4. 在继承中创新,在创新中开拓

Lagrange 有着诗人般的想象力,这与他知识的渊博有关.特别是他有着丰富的文科知识,这使他的想象力,无论是在年轻时还是年老时,均处于旺盛时期.他的广博知识,与他的刻苦学习有关.他认真向前人和同代人学习,得以丰富自己和发展自己.1767 年,在他为柏林科学院的《论文集》撰写的《二次不等式问题》一文中,引用了科学院前辈大量的成果.1777 年 3 月 20 日,在他给科学院宣读的论文《关于丢番图分析的某个问题》中对"无穷下降"这个概念做了注释,文中写道:"Fermat 的论证原理是全部数论中最富有成果的论证原理之一,它是属于上乘的,Euler 先生发展了这一原理."这些都充分说明,他对前人的成果是有着广泛涉猎,并认真地阅读,深入钻研.Lagrange 比 Euler 小 29 岁,他从来没有见过 Euler,但对 Euler 撰写的论文仔细阅读,他的一些研究工作,有许多是在 Euler 的基础上发展而来的.1766 年,他把 Euler 推出的二次不定方程

$$ax^2+2bxy+cy^2+2dx+2ey+f=0$$

(其中系数都是整数)的不完全解,拓展成为完全解.1770 年,在柏林科学院《论文集》发表了一篇论文《一个算术定理的证明》.在这篇论文中,证明了 Fermat 的一个断言:每个自然数至多是 4 个完全平方数之和.这是在 Euler 40 余年致力于这个断言的证明没有完成的但富有启发性思想的基础上进行的.

Lagrange 继承前人的成果，不是全面吸收，而是在批判中继承，在继承中创新，在创新中开拓. 达兰贝尔比 Lagrange 大 19 岁，Lagrange 对达兰贝尔还是很尊重的，但对达兰贝尔的意见也并不是完全照办. 达兰贝尔不希望 Lagrange 进行数论研究，认为把时间用在这上面是不值得的，没有价值的，因为在达兰贝尔看来，数论是毫无用处的. 因此，达兰贝尔希望 Lagrange 把时间花在分析上. 但 Lagrange 并不这样看，他认为数论有着奇妙的性质和艰深的难度，值得数学家为之而奋发. Lagrange 在一篇数论论文中写道："据我所知还没有人用直接和一般的方法处理过这个问题，也没有人提供一个法则能确定跟任意给定的公式相关联的数的固有的主要性质. 由于这个题目在算术中是奇妙的而且还包含了很大的难度，因此特别受到几何学家的注意，我打算要比他人更彻底地处理好这个问题." 为了取得达兰贝尔的谅解，他很婉转地给达兰贝尔回信说："研究算术会给我带来很多困难，也许是最不值得的. 我知道你并不希望我在这方面有很多发现，我想你是不错的 ……."

在科学研究中，选题是十分重要的. 如果不在前人的基础上选题，很可能是重复别人的工作. 18 岁时 Lagrange 推导出的两个函数乘积的导数公式，就是重复半个世纪前的 Leibniz 的工作，这对 Lagrange 是一个沉痛的教训. Lagrange 19 岁时，选择了有关变分法的问题，并一举获得了成功. 从而使他步入了数学家的行列. 变分法是当时名家 Euler 所关心的问题. 他知道

名家的问题既有一定意义,又有一定难度.这就需要继承已有的成果,认真掌握有关方面的知识,不然,把目标集中在名家的题目上,就不会做出成果来了.参加法国科学院几次有奖竞赛的成功,使Lagrange跨入了科学名家之列.科学院的题目,是那个时代公认的有很大难度的具有重要价值的问题,应试这样的题目,必须有坚实的科学知识,高超的解决问题的能力.几次大奖获胜,说明Lagrange的科学素质已经达到炉火纯青的地步.1776,1778年两年一度的法国科学院有奖竞赛,Lagrange没有参加,因为他决心从竞赛中摆脱出来,以便独立选题研究天体力学中的必要结果.

1775年5月,Lagrange给达兰贝尔的信说:"我决定退出竞赛,因为我正准备完全给出从行星的相互作用得出行星原理的变差理论……".就在这几年里,他写出了论文《在时间岁差上研究天体轨道和黄道交点运动以及行星的轨道的倾角》《论行星轨道交点的运动》《论黄赤交角的缩小》.1780年,Lagrange最后一次参加大奖赛之后,便更加自由地在天体力学这个领域驰骋,凭着他的明察秋毫的洞察力,提出一系列有价值的问题,写出有价值的论文《二均差的组成部分的长期的均差理论》《行星运动轮毂的变化》《行星运动的周期二均差理论》.Lagrange在大行星运动理论方面的一系列开拓的成果,使他跨入科学大家之列,成为18世纪天体力学家的三杰——Euler,Lagrange,拉普拉斯——之一.

引理1 对于$1 \leqslant p < \infty$和任意$a,b > 0$,我们

有：

(i) $\inf\limits_{t>0}[\frac{1}{p}t^{\frac{1}{p-1}}a+(1-\frac{1}{p})t^{\frac{1}{p}}b]=a^{\frac{1}{p}}b^{1-\frac{1}{p}}$.

(ii) $\inf\limits_{0<t<1}[t^{1-p}a^{p}+(1-t)^{1-p}b^{p}]=(a+b)^{p}$.

证法 1[①] 在此证明中我们将用到微分学.

(i) 对于 $t>0$，令函数 f 由

$$f(t)=\frac{1}{p}t^{\frac{1}{p-1}}a+\left(1-\frac{1}{p}\right)t^{\frac{1}{p}}b$$

定义. 这样，导数 f' 满足

$$\begin{aligned}f'(t)&=\frac{1}{p}\left(\frac{1}{p}-1\right)t^{\frac{1}{p-2}}a+\left(1-\frac{1}{p}\right)\frac{1}{p}t^{\frac{1}{p-1}}b\\&=\frac{1}{p}\left(\frac{1}{p}-1\right)t^{\frac{1}{p-2}}(a-tb)\end{aligned}$$

因而，当 $t<t_0=\frac{a}{b}$ 时 f' 是负的；当 $t=t_0$ 时为零；当 $t>t_0$ 时是正的. 所以在点 $t_0=\frac{a}{b}$ 处 f 有最小值. 这个最小值等于

$$\begin{aligned}f(t_0)=f\left(\frac{a}{b}\right)&=\frac{1}{p}\left(\frac{a}{b}\right)^{\frac{1}{p-1}}a+\left(1-\frac{1}{p}\right)\left(\frac{a}{b}\right)^{\frac{1}{p}}b\\&=a^{\frac{1}{p}}b^{1-\frac{1}{p}}\end{aligned}$$

(ii) 对于 $0<t<1$，令函数 g 由

$$g(t)=t^{1-p}a^{p}+(1-t)^{1-p}b^{p}$$

定义. 这样，仅当 $t=t_1=\frac{a}{a+b}$ 时导致 g' 满足方程

$$g'(t)=(1-p)t^{-p}a^{p}-(1-p)(1-t)^{-p}b^{p}=0$$

① 在此证明中作者未讨论 $p=1$ 时的平凡情形 —— 译者注

由[①]

$$g''(t_1)=(1-p)(-p)t_1^{-p-1}a^p+(1-p)(-p)(1-t_1)^{-p-1}b^p>0$$

即得在 $t_1=\dfrac{a}{a+b}$ 处 g 有局部极小值,它等于

$$\begin{aligned}g(t_1)&=g\left(\frac{a}{a+b}\right)\\&=\left(\frac{a}{a+b}\right)^{1-p}a^p+\left(1-\frac{a}{a+b}\right)^{1-p}b^p\\&=\left(\frac{a}{a+b}\right)^{1-p}a^p+\left(\frac{b}{a+b}\right)^{1-p}b^p=(a+b)^p\end{aligned}$$

因为函数 g 在 $(0,1)$ 上是连续的,并且

$$\lim_{t\to0^+}g(t)=\lim_{t\to1^-}g(t)=+\infty$$

因而 g 的这个局部极小值即为它的整体极小值.

证法2 在此证明中我们将用到某些函数的凸性.

(i) 函数 $\varphi(u)=\exp(u)$ 在 $\mathbf{R}$ 上是凸的. 这样,对于每个 $t>0$ 有

$$\begin{aligned}a^{\frac{1}{p}}b^{1-\frac{1}{p}}&=[t^{\frac{1}{p-1}}a]^{\frac{1}{p}}[t^{\frac{1}{p}}b]^{1-\frac{1}{p}}\\&=\exp\left[\frac{1}{p}\ln(t^{\frac{1}{p-1}}a)+\left(1-\frac{1}{p}\right)\ln(t^{\frac{1}{p}}b)\right]\\&\leqslant\frac{1}{p}\exp[\ln(t^{\frac{1}{p}}a)]+\\&\quad\left(1-\frac{1}{p}\right)\exp[\ln(t^{\frac{1}{p}}b)]\\&=\frac{1}{p}t^{\frac{1}{p-1}}a+\left(1-\frac{1}{p}\right)t^{\frac{1}{p}}b\end{aligned}$$

① 原文将 $g''(t_1)$ 误写为 $g''(t)$—— 译者注

当 $t=\frac{a}{b}$ 时上式为等式.

(ii) 对于 $p>1$,函数 $\psi(u)=u^p$ 在$[0,\infty)$ 上是凸的. 因而,对于每个 $0<t<1$ 有

$$\begin{aligned}(a+b)^p &= \left[t\cdot\frac{a}{t}+(1-t)\cdot\frac{b}{1-t}\right]^p \\ &\leqslant t\left(\frac{a}{t}\right)^p+(1-t)\left(\frac{b}{1-t}\right)^p \\ &= t^{1-p}a^p+(1-t)^{1-p}b^p\end{aligned}$$

当 $t=\frac{a}{a+b}$ 时上式为等式.

注 1 当 $0<p<1$ 时,在不等式(i) 和(ii) 中把下确界 inf 改为上确界 sup,则引理仍成立.

注 2 (i) 的第二个证明还给出了算术 − 几何平均不等式

$$a^{\frac{1}{p}}b^{1-\frac{1}{p}}\leqslant\frac{1}{p}a+\left(1-\frac{1}{p}\right)b$$

的一个不同的证明(令 $t=1$),也给出了 Young 不等式的一个不同的证明.

经典的 Hölder 不等式叙述为:令 $1\leqslant p<\infty$,且 $\frac{1}{p}+\frac{1}{q}=1$. 如果 $x\in L_p(\mu)$ 和 $y\in L_q(\mu)$,则 $xy\in L_1(\mu)$,并且有

$$\|xy\|_1\leqslant\|x\|_p\|y\|_q \tag{10}$$

等价地,如果 $x,y\in L_1(\mu)$,则 $|x|^{\frac{1}{p}}|y|^{1-\frac{1}{p}}\in L_1(\mu)$,并且有

$$\left\||x|^{\frac{1}{p}}|y|^{1-\frac{1}{p}}\right\|_1\leqslant\|x\|_1^{\frac{1}{p}}\|y\|_1^{1-\frac{1}{p}} \tag{11}$$

根据我们的引理,对于所有的 $t>0$,不等式

$$a^{\frac{1}{p}}b^{1-\frac{1}{p}} \leqslant \frac{1}{p}t^{\frac{1}{p}-1}a+\left(1-\frac{1}{p}\right)t^{\frac{1}{p}}b$$

成立,因而得到

$$\begin{aligned}
&\| \, |x|^{\frac{1}{p}} \, |y|^{1-\frac{1}{p}} \|_1 \\
&=\int_\Omega |x(s)|^{\frac{1}{p}} \, |y(s)|^{1-\frac{1}{p}} \mathrm{d}\mu(s) \\
&\leqslant \int_\Omega \left[\frac{1}{p}t^{\frac{1}{p}-1} \, |x(s)| + \left(1-\frac{1}{p}\right)t^{\frac{1}{p}} \, |y(s)|\right] \mathrm{d}\mu(s) \\
&=\frac{1}{p}t^{\frac{1}{p}-1}\int_\Omega |x(s)| \, \mathrm{d}\mu(s) + \\
&\quad \left(1-\frac{1}{p}\right)t^{\frac{1}{p}}\int_\Omega |y(s)| \, \mathrm{d}\mu(s) \\
&=\frac{1}{p}t^{\frac{1}{p}-1} \|x\|_1 + \left(1-\frac{1}{p}\right)t^{\frac{1}{p}} \|y\|_1
\end{aligned}$$

对所有的 $t>0$ 取下确界,并且再次利用我们的引理,即得

$$\| \, |x|^{\frac{1}{p}} \, |y|^{1-\frac{1}{p}} \|_1 \leqslant \|x\|_1^{\frac{1}{p}} \|y\|_1^{1-\frac{1}{p}}$$

此即为不等式(11).

注 3 当用一般的巴拿赫(Banach)函数空间 $X(\mu)$ 代替空间 $L_1(\mu)$ 时,我们对于式(11)的证明仍然有效,即,若 $x,y\in X(\mu)$,则 $|x|^{\frac{1}{p}}\,|y|^{1-\frac{1}{p}}\in X(\mu)$,并且有

$$\| \, |x|^{\frac{1}{p}} \, |y|^{1-\frac{1}{p}} \|_X \leqslant \|x\|_X^{\frac{1}{p}} \|y\|_X^{1-\frac{1}{p}} \tag{12}$$

等价地[3],若 $|x|^p\in X(\mu)$, $|y|^q\in X(\mu)$,其中 $\frac{1}{p}+\frac{1}{q}=1$,则 $xy\in X(\mu)$,并且有

$$\|xy\|_X \leqslant \| \, |x|^p \|_X^{\frac{1}{p}} \| \, |y|^q \|_X^{\frac{1}{q}} \tag{13}$$

利用此方法还可以证明另一个经典不等式——闵可夫斯基(Minkowski) 不等式.

经典的闵可夫斯基不等式叙述为:令 $1 \leqslant p < \infty$,如果 $x, y \in L_p(\mu)$,则 $x + y \in L_p(\mu)$,并且有

$$\| x + y \|_p \leqslant \| x \|_p + \| y \|_p \tag{14}$$

利用引理的第二部分,也就是利用不等式

$$(a+b)^p \leqslant t^{1-p} a^p + (1-t)^{1-p} b^p$$

我们即知对于所有满足 $0 < t < 1$ 的 t,有

$$\begin{aligned}
\| x + y \|_p^p &= \int_\Omega | x(s) + y(s) |^p \mathrm{d}\mu(s) \\
&\leqslant \int_\Omega [| x(s) | + | y(s) |]^p \mathrm{d}\mu(s) \\
&\leqslant \int_\Omega [t^{1-p} | x(s) |^p + \\
&\quad (1-t)^{1-p} | y(s) |^p] \mathrm{d}\mu(s) \\
&= t^{1-p} \int_\Omega | x(s) |^p \mathrm{d}\mu(s) + \\
&\quad (1-t)^{1-p} \int_\Omega | y(s) |^p \mathrm{d}\mu(s) \\
&= t^{1-p} \| x \|_p^p + (1-t)^{1-p} \| y \|_p^p
\end{aligned}$$

在 $0 < t < 1$ 上取下确界,并且再次利用我们的引理,即得

$$\| x + y \|_p^p \leqslant (\| x \|_p + \| y \|_p)^p$$

此即为不等式(14).

参考文献

[1] KREIN S G, PETUNIN Y U, SEMENOV E M. Interpolation of Linear Operators[M]. Washington: American

Mathematical Society, 1980.

[2] MALIGRANDA L. Calderón-Lozanovskii spaces and interpolation of operators [J]. Semesterbericht Funktionalanalysis, 1985, 8: 83-92.

[3] MALIGRANDA L, PSRSSON L E. Generalized duality of some Banach function spaces [J]. Indagationes Math, 1989, 51: 323-338.

[4] MITRINOVIC D S. Analytic Inequalities [M]. Berlin: Springer-Verlag, 1970.

经典最优化——无约束和等式约束问题

第2章

2.1 麻省理工学院教授讲 Lagrange 乘数法

一位叫 Poll 的网友整理了麻省理工学院的在线数学课程的笔记.

1. Lagrange 乘数法的基本思想

作为一种优化算法,Lagrange 乘子法主要用于解决约束优化问题,它的基本思想就是通过引入 Lagrange 乘子来将含有 n 个变量和 k 个约束条件的约束优化问题转化为含有 $n+k$ 个变量的无约束优化问题. Lagrange 乘子背后的数学意义是其为约束方程梯度线性组合中每个向量的系数.

如何将一个含有 n 个变量和 k 个约束条件的约束优化问题转化为含有 $n+k$ 个变量的无约束优化问题? Lagrange 乘数法从数学意义入手,通过引入 Lagrange

乘子建立极值条件，对 n 个变量分别求偏导对应了 n 个方程，然后加上 k 个约束条件（对应 k 个 Lagrange 乘子）一起构成包含了 $n+k$ 个变量的 $n+k$ 个方程的方程组问题，这样就能根据求方程组的方法对其进行求解.

解决的问题模型为约束优化问题：

min/max a function $f(x,y,z)$, where x,y,z are not independent and $g(x,y,z)=0$.

即：min/max $f(x,y,z)$

s.t. $g(x,y,z)=0$

2. 数学实例

我们以麻省理工学院数学课程的一个实例来作为介绍 Lagrange 乘数法的引子.

麻省理工学院数学课程实例　求双曲线 $xy=3$ 上离原点最近的点.

解　首先，我们根据问题的描述来提炼出问题对应的数学模型，即：min $f(x,y)=x^2+y^2$（两点之间的欧氏距离应该还要进行开方，但是这并不影响最终的结果，所以进行了简化，去掉了平方）使得 $xy=3$.

根据上式我们可以知道这是一个典型的约束优化问题，其实我们在解决这个问题时，最简单的解法就是通过约束条件将其中的一个变量用另外一个变量进行替换，然后代入优化的函数就可以求出极值. 我们在这里为了引出 Lagrange 乘数法，采用 Lagrange 乘数法的思想进行求解.

我们将 $x^2+y^2=c$ 的曲线族画出来（图 1），当曲线

族中的圆与曲线 $xy=3$ 相切时，切点到原点的距离最短. 也就是说，当 $f(x,y)=c$ 的等高线和双曲线 $g(x,y)$ 相切时，我们可以得到上述优化问题的一个极值(注意：如果不进一步计算，在这里我们并不知道是极大值还是极小值).

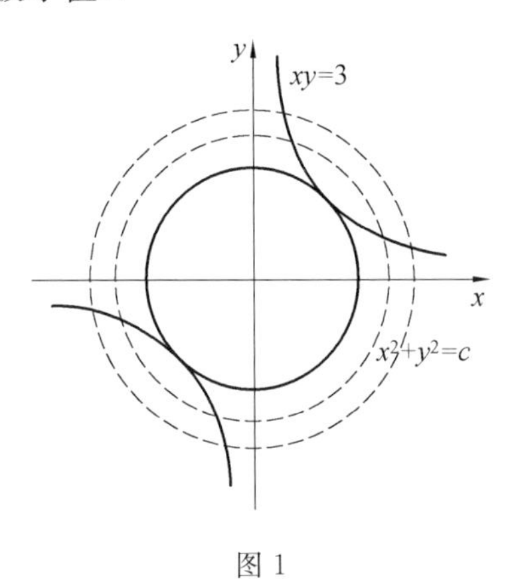

图 1

现在原问题可以转化为：当 $f(x,y)$ 和 $g(x,y)$ 相切时，求 x,y 的值是多少？

如果两条曲线相切，那么它们的切线相同，即法向量是相互平行的，$\nabla f \mathbin{/\mkern-6mu/} \nabla g$.

由 $\nabla f \mathbin{/\mkern-6mu/} \nabla g$，可以得到 $\nabla f=\lambda^{*}\nabla g$.

这时，我们将原有的约束优化问题转化为一种对偶的无约束的优化问题，如下所示：

原问题：$\min f(x,y)=x^2+y^2$，s. t. $xy=3$.

(约束优化问题)

对偶问题：由 $\nabla f=\lambda^{*}\nabla g$，得

$$f_x=\lambda^{*} g_x$$

$$f_y = \lambda^* g_y$$

$$xy = 3$$

（无约束方程组问题）

通过求解对偶问题的方程组，我们可以获取原问题的解，即

$$2x = \lambda^* y$$

$$2y = \lambda^* x$$

$$xy = 3$$

通过求解上式可得，$\lambda=2$ 或者 -2. 当 $\lambda=2$ 时，$(x, y)=$ (sqrt(3), sqrt(3)) 或者(− sqrt(3), − sqrt(3))，而当 $\lambda=-2$ 时，无解. 所以原问题的解为 $(x, y)=$(sqrt(3), sqrt(3)) 或者(− sqrt(3), − sqrt(3)).

上述这个简单的例子是为了体会 Lagrange 乘数法的思想，即通过引入 Lagrange 乘子(λ) 将原来的约束优化问题转化为无约束的方程组问题.

3. Lagrange 乘数法的基本形态

函数 $F(x, y, \lambda)=f(x, y)+\lambda\varphi(x, y)$ 的无条件极值问题.

我们可以画图来辅助思考.

如图 2 所示，实线标出的是约束 $g(x, y)=c$ 的点的轨迹. 虚线是 $f(x, y)$ 的等高线. 箭头表示斜率，和等高线的法线平行.

由图 2 可以直观地看到在最优解处，f 和 g 的斜率平行.

- $\nabla[f(x, y)+\lambda(g(x, y)-1)]=0, \lambda \neq 0$

一旦求出 λ 的值，将其套入下式，易求在无约束极

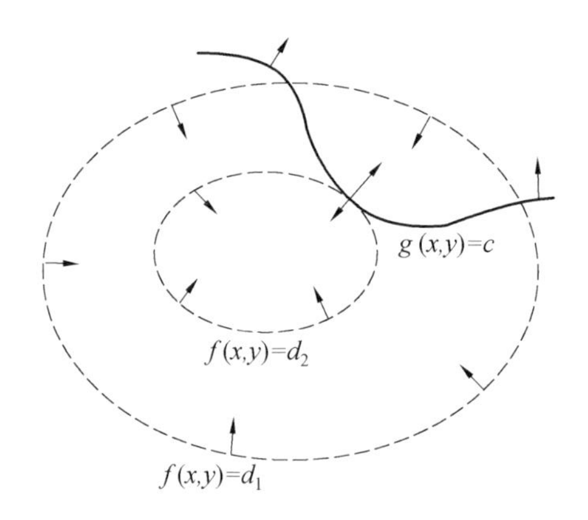

图 2

值和极值所对应的点.

• $F(x,y)=f(x,y)+\lambda(g(x,y)-c)$

新方程 $F(x,y)$ 在达到极值时与 $f(x,y)$ 相等,因为 $F(x,y)$ 达到极值时 $g(x,y)-c$ 总等于零.

上述式子取得极小值时其导数为 0,即 $\nabla f(x)+\nabla\sum\lambda_i g_i(x)=0$,也就是说,$f(x)$ 和 $g(x)$ 的梯度共线.

问题 1 给定椭球

$$\frac{x^2}{a^2}+\frac{y^2}{b^2}+\frac{z^2}{c^2}=1$$

求这个椭球的内接长方体的最大体积,这个问题实际上就是条件极值问题,即在条件

$$\frac{x^2}{a^2}+\frac{y^2}{b^2}+\frac{z^2}{c^2}=1$$

下,求 $f(x,y,z)=8xyz$ 的最大值.

当然这个问题实际可以先根据条件消去 z,然后

带入转化为无条件极值问题来处理. 但是有时候这样做很困难，甚至是做不到的，这时候就需要利用 Lagrange 乘数法了. 通过 Lagrange 乘数法将问题转化为

$$
\begin{aligned}
F(x,y,z,\lambda) &= f(x,y,z)+\lambda\varphi(x,y,z) \\
&= 8xyz+\lambda\left(\frac{x^2}{a^2}+\frac{y^2}{b^2}+\frac{z^2}{c^2}-1\right)
\end{aligned}
$$

对 $F(x,y,z,\lambda)$ 求偏导得到

$$\frac{\partial F(x,y,z,\lambda)}{\partial x}=8yz+\frac{2\lambda x}{a^2}=0$$

$$\frac{\partial F(x,y,z,\lambda)}{\partial y}=8xz+\frac{2\lambda y}{b^2}=0$$

$$\frac{\partial F(x,y,z,\lambda)}{\partial z}=8xy+\frac{2\lambda y}{c^2}=0$$

$$\frac{\partial F(x,y,z,\lambda)}{\partial \lambda}=\frac{x^2}{a^2}+\frac{y^2}{b^2}+\frac{z^2}{c^2}-1=0$$

联立前面三个方程得到 $bx=ay$ 和 $az=cx$，代入第四个方程，解得

$$x=\frac{\sqrt{3}}{3}a,y=\frac{\sqrt{3}}{3}b,z=\frac{\sqrt{3}}{3}c$$

及最大体积为

$$
\begin{aligned}
V_{\max} &= F\left(\frac{\sqrt{3}}{3}a,\frac{\sqrt{3}}{3}b,\frac{\sqrt{3}}{3}c\right) \\
&= \frac{8\sqrt{3}}{9}abc
\end{aligned}
$$

Lagrange 乘数法对一般多元函数在多个附加条件下的条件极值问题也适用.

问题 2　求离散分布的最大熵.

评析　因为离散分布的熵表示如下

$$f(x_1, x_2, \cdots, x_n) = -\sum_{k=1}^{n} p_k \log_2 p_k$$

而约束条件为

$$g(p_1, p_2, \cdots, p_n) = \sum_{k=1}^{n} p_k = 1$$

要求函数 f 的最大值，根据 Lagrange 乘数法，设

$$f(p_1, p_2, \cdots, p_n) = f(p_1, p_2, \cdots, p_n) + \lambda[g(p_1, p_2, \cdots, p_n) - 1]$$

对所有的 p_k 求偏导数，得到

$$\frac{\partial}{\partial p_k}\left(-\sum_{k=1}^{n} p_k \log_2 p_k + \lambda\left(\sum_{k=1}^{n} p_k - 1\right)\right) = 0$$

计算出这个等式的微分，得到

$$-\left(\frac{1}{\ln 2} + \log_2 p_k\right) + \lambda = 0$$

这说明所有的 p_k 都相等，最终解得

$$p_k = \frac{1}{n}$$

因此，使用均匀分布可得到最大熵的值.

4. Lagrange 乘数法与 KKT 条件

我们上述讨论的问题均为等式约束优化问题，但等式约束并不足以描述人们面临的问题，不等式约束比等式约束更为常见，大部分实际问题的约束都是不超过多少时间，不超过多少人力，不超过多少成本，等等. 所以有几个科学家拓展了 Lagrange 乘数法，增加了 KKT 条件之后，便可以用 Lagrange 乘数法来求解不等式约束的优化问题了.

首先,我们介绍一下什么是 KKT 条件.

KKT 条件是指在满足一些有规则的条件下,一个非线性规划(Nonlinear Programming)问题能有最优化解法的一个必要和充分条件. 这是一个广义化 Lagrange 乘数的成果. 一般地,一个最优化数学模型的列标准形式参考开头的式子,所谓 Karush-Kuhn-Tucker 最优化条件,就是指上式的最优点 x^* 必须满足下面的条件:

(1) 约束条件满足 $g_i(x^*)\leqslant 0, i=1,2,\cdots,p$,及 $h_j(x^*)=0, j=1,2,\cdots,q$.

(2) $\nabla f(x^*)+\sum i=1\mu_i\nabla g_i(x^*)+\sum j=1\lambda_j\nabla h_j(x^*)=0$,其中 ∇ 为梯度算子.

(3) $\lambda_j\neq 0$ 且不等式约束条件满足 $\mu_i\geqslant 0$, $u_i g_i(x^*)=0, i=1,2,\cdots,p$.

KKT 条件的第一项是说最优点 x^* 必须满足所有等式及不等式限制条件,也就是说,最优点必须是一个可行解,这一点是毋庸置疑的. 第二项表明在最优点 x^*, ∇f 必须是 ∇g_i 和 ∇h_j 的线性组合, μ_i 和 λ_j 都叫作 Lagrange 乘子,所不同的是不等式限制条件有方向性,所以每一个 μ_i 都必须大于或等于零. 而等式限制条件没有方向性,所以 λ_j 没有符号的限制,其符号要视等式限制条件的写法而定.

为了更容易理解,我们先举一个例子来说明一下 KKT 条件的由来.

令 $L(x,\mu)=f(x)+\sum k=1\mu_k g_k(x)$,其中 $\mu_k\geqslant 0, g_k(x)\leqslant 0$.

因为

$$\mu_k \geqslant 0, g_k(x) \leqslant 0 \Rightarrow \mu g(x) \leqslant 0$$

所以

$$\max \mu_l(x,\mu) = f(x) \tag{1}$$

所以

$$\min xf(x) = (\min x)(\max \mu L(x,\mu)) \tag{2}$$

$$\begin{aligned}&(\max \mu)(\min xL(x,\mu))\\ =&\max \mu[\min xf(x) + \min x\mu g(x)]\\ =&(\max \mu)(\min xf(x)) + (\max \mu)(\min x\mu g(x))\\ =&\min xf(x) + (\max \mu)(\min x\mu g(x))\end{aligned}$$

又因为

$$\mu_k \geqslant 0, g_k(x) \leqslant 0$$

$$\min x\mu g(x) = \begin{cases}0 & (\mu = 0 \text{ 或 } g(x) = 0)\\ -\infty & (\mu > 0, g(x) < 0)\end{cases}$$

所以

$$(\max \mu)(\min x\mu g(x)) = 0$$

此时 $\mu = 0$ 或 $g(x) = 0$，所以

$$\begin{aligned}&(\max \mu)(\min xL(x,\mu))\\ =&\min xf(x) + (\max \mu)(\min x\mu g(x))\\ =&\min xf(x)\end{aligned} \tag{3}$$

此时 $\mu = 0$ 或 $g(x) = 0$.

联合式(3)(4)，我们得到 $(\min x)(\max \mu L(x,\mu)) = (\max \mu)(\min xL(x,\mu))$，亦即由

$$\begin{cases}L(x,\mu) = f(x) + \sum_{k=1}^{q} \mu_k g_k(x)\\ \mu_k \geqslant 0\\ g_k(x) \leqslant 0\end{cases}$$

可知

$$(\min x)(\max \mu L(x,\mu)) = (\max \mu)(\min xL(x,\mu)) = \min xf(x)$$

我们把 $(\max \mu)(\min xL(x,\mu))$ 称为原问题 $(\min x)(\max \mu L(x,\mu))$ 的对偶问题，上式表明，当满足一定条件时，原问题、对偶的解，以及 $\min xf(x)$ 是相同的，且在最优解 x^* 处 $\mu=0$ 或 $g(x^*)=0$. 把 x^* 代入式(2) 得 $\max \mu L(x^*,\mu) = f(x^*)$，由式(4) 得 $(\max \mu)(\min xL(x,\mu)) = f(x^*)$，所以 $L(x^*,\mu) = \min xL(x,\mu)$，这说明 x^* 也是 $L(x,\mu)$ 的极值点，即

$$\left.\frac{\partial L(x,\mu)}{\partial x}\right|_{x=x^*} = 0$$

最后，总结一下

$$\left.\begin{array}{l} L(x,\mu) = f(x) + \sum\limits_{k=1}^{q} \mu_k g_k(x) \\ \mu_k \geqslant 0 \\ g_k(x) \leqslant 0 \end{array}\right\} \Rightarrow$$

$$\begin{cases} (\min x)(\max \mu L(x,\mu)) = \max \mu \min xL(x,\mu) \\ \qquad = \min xf(x) = f(x^*) \\ \mu_k g_k(x^*) = 0 \\ \left.\dfrac{\partial L(x,\mu)}{\partial x}\right|_{x=x^*} = 0 \end{cases}$$

KKT 条件是 Lagrange 乘子法的泛化，如果我们把等式约束和不等式约束一并纳入进来，则表现为

$$\left.\begin{array}{l}L(x,\lambda,\mu)=f(x)+\sum\limits_{k=1}^{n}\lambda_i h_i(x)+\sum\limits_{k=1}^{q}\mu_k g_k(x)\\ \lambda_i\neq 0\\ h_i(x)=0\\ \mu_k\geqslant 0\\ g_k(x)\leqslant 0\end{array}\right\}\Rightarrow$$

$$\begin{cases}\min x\max \mu L(x,\mu)=(\max \mu)(\min xL(x,\lambda,\mu))\\ \qquad\qquad\qquad\qquad =\min xf(x)=f(x^*)\\ \mu_k g_k(x^*)=0\\ \left.\dfrac{\partial L(x,\lambda,\mu)}{\partial x}\right|_{x=x^*}=0\end{cases}$$

注 x,λ,μ 都是向量,则

$$\left.\frac{\partial L(x,\lambda,\mu)}{\partial x}\right|_{x=x^*}=0$$

表明 $f(x)$ 在极值点 x^* 处的梯度是各个 $h_i(x^*)$ 和 $g_k(x^*)$ 梯度的线性组合.

求实函数的极值,即极小值或极大值的问题,在数学最优化中处于中心地位.我们从最简单的无约束问题开始这个极值课题,然后进入带有等式约束的极小和极大的论题.这里讨论经典的 Lagrange 乘子理论以及可微函数极值的某些必要和充分条件.这些课题的处理可以回溯到几个世纪以前,所以有“经典的”称呼.这个问题得到的所有值得注意的结果可以算是“近代的”,因为它们是近二三十年来对不等式约束问题的强烈兴趣所引出的结果.所有“经典的”结果可以看成更一般的“近代”理论的特殊情况.我们先介绍经典的结果,是因为它们可以作为桥梁,把多数在第一和第二

学年开设的大学微积分或实分析课程的内容，与数学规划更深一些的主题联系起来. 此外，经典理论比近代理论在这样的意义下更简单，即诸如关于极值的充要条件等结果，不会像不等式约束情形那样被更复杂的要求弄得模糊不清.

2.2　无约束极值

考虑 $\mathbf{R}^n$ 中区域 D 上的一个实值函数 f，称 f 在一点 $\boldsymbol{x}^* \in D$ 有局部极小值，如果存在一个实数 $\delta > 0$，使得

$$f(\boldsymbol{x}) \geqslant f(\boldsymbol{x}^*) \tag{1}$$

对适合 $\| \boldsymbol{x} - \boldsymbol{x}^* \| < \delta$ 的一切 $\boldsymbol{x} \in D$ 成立，同样可定义局部极大值，只要倒转式(1) 中的不等号. 如果不等式(1) 换为严格不等式

$$f(\boldsymbol{x}) > f(\boldsymbol{x}^*), \boldsymbol{x} \in D, \boldsymbol{x} \neq \boldsymbol{x}^* \tag{2}$$

就称 f 在 $\boldsymbol{x}^*$ 有严格局部极小值；而如果式(2) 的不等号反向，则得到严格局部极大值. 如果式(1)(式(2)) 对一切 $\boldsymbol{x} \in D$ 成立，称函数 f 在 $\boldsymbol{x}^* \in D$ 有整体极小值(严格整体极小值)；整体极大值(严格整体极大值) 可类似定义. 一个极值是指极大值或极小值. 不是每个实函数都有极值，例如，一个非零线性函数在 $\mathbf{R}^n$ 中没有极值. 从定义明显得出：f 在 D 中的每一个整体极小(极大) 值也是局部极小(极大) 值. 其逆一般是错的，读者容易用例子说明.

设 $\boldsymbol{x} \in D \subset \mathbf{R}^n$ 是一点，实函数 f 在这点可微. 我

们知道若一个实值函数 f 在内点 $\boldsymbol{x} \in D$ 可微，则在 $\boldsymbol{x}$ 处存在一阶偏导数. 此外，若偏导数在 $\boldsymbol{x}$ 连续，则说 f 在 $\boldsymbol{x}$ 连续可微. 同样，若 f 在 $\boldsymbol{x} \in D$ 二次可微，则在那里存在二阶偏导数. 若它们在 $\boldsymbol{x}$ 连续，则称 f 在 $\boldsymbol{x}$ 二次连续可微. 定义 f 在点 $\boldsymbol{x}$ 的梯度为如下向量 $\nabla f(\boldsymbol{x})$，即

$$\nabla f(\boldsymbol{x}) = \left(\frac{\partial f(\boldsymbol{x})}{\partial x_1}, \cdots, \frac{\partial f(\boldsymbol{x})}{\partial x_n}\right)^{\mathrm{T}} \tag{3}$$

类似地，若 f 在 $\boldsymbol{x}$ 二次可微，定义 f 在 $\boldsymbol{x}$ 的 Hessian 矩阵为如

$$\nabla^2 f(\boldsymbol{x}) = \left(\frac{\partial^2 f(\boldsymbol{x})}{\partial x_i \partial x_j}\right), i, j = 1, \cdots, n \tag{4}$$

的 $n \times n$ 对称阵 $\nabla^2 f(\boldsymbol{x})$.

本节我们讨论无约束函数极值的必要和充分条件，我们从叙述以下著名的结果开始.

定理 1(必要条件) 设 $\boldsymbol{x}^*$ 是 D 的内点，f 在这一点有局部极小值或局部极大值，若 f 在 $\boldsymbol{x}^*$ 可微，则

$$\nabla f(\boldsymbol{x}^*) = 0 \tag{5}$$

这个定理将作为定理 3 的一部分，重新叙述并证明.

现在转向局部极值的充分条件.

定理 2(充分条件) 设 $\boldsymbol{x}^*$ 是 D 的内点，在这点 f 二次连续可微，若

$$\nabla f(\boldsymbol{x}^*) = 0 \tag{6}$$

以及

$$\boldsymbol{z}^{\mathrm{T}} \nabla^2 f(\boldsymbol{x}^*) \boldsymbol{z} > 0 \tag{7}$$

对一切非零向量 $\boldsymbol{z}$ 成立，则 f 在 $\boldsymbol{x}^*$ 有局部极小值. 若式(7) 的不等号反向，则 f 在 $\boldsymbol{x}^*$ 有局部极大值. 并且

这些极值是严格局部极值.

这个定理可以用 f 的泰勒(Taylor) 展开式来证明,留给读者去做.

在这两个定理中都用到函数在极值点 $\boldsymbol{x}^*$ 的性态. 然而,如果我们研究函数在所讨论极值点的邻域中的性态,就可以给出关于局部极值的其他条件.

定理3　设 $\boldsymbol{x}^*$ 是 D 的内点,且 f 在 D 上二次连续可微. $\boldsymbol{x}^*$ 为 f 的局部极小的必要条件是

$$\nabla f(\boldsymbol{x}^*)=0 \tag{8}$$

并对一切 $\boldsymbol{z}$ 成立

$$\boldsymbol{z}^{\mathrm{T}}\nabla^2 f(\boldsymbol{x}^*)\boldsymbol{z}\geqslant 0 \tag{9}$$

局部极小的充分条件是式(8) 成立, 且对某个邻域 $N_\delta(\boldsymbol{x}^*)$ 中的每个 $\boldsymbol{x}$ 和每个 $\boldsymbol{z}\in\mathbf{R}^n$ 有

$$\boldsymbol{z}^{\mathrm{T}}\nabla^2 f(\boldsymbol{x})\boldsymbol{z}\geqslant 0 \tag{10}$$

如果式(9) 和式(10) 中不等号反向,定理可用于局部极大.

证明　设 f 在 $\boldsymbol{x}^*$ 有局部极小值,则对某个邻域 $N_\delta(\boldsymbol{x}^*)\subset D$ 中的一切 $\boldsymbol{x}$ 成立

$$f(\boldsymbol{x})\geqslant f(\boldsymbol{x}^*) \tag{11}$$

我们能把每个 $\boldsymbol{x}\in N_\delta(\boldsymbol{x}^*)$ 写为 $\boldsymbol{x}=\boldsymbol{x}^*+\theta\boldsymbol{y}$,其中 θ 为一实数, $\boldsymbol{y}$ 是向量,其模 $\|\boldsymbol{y}\|=1$,因此对充分小的 $|\theta|$,有

$$f(\boldsymbol{x}^*+\theta\boldsymbol{y})\geqslant f(\boldsymbol{x}^*) \tag{12}$$

成立.

对这样的 $\boldsymbol{y}$,以 $F(\theta)=f(\boldsymbol{x}^*+\theta\boldsymbol{y})$ 定义 F. 于是式(12) 成为

$$F(\theta) \geqslant F(0) \tag{13}$$

它对满足 $|\theta| < \delta$ 的一切 θ 成立.

根据中值定理,有

$$F(\theta) = F(0) + \nabla F(\lambda\theta)\theta \tag{14}$$

其中 λ 是 0 和 1 之间的一个数.

若 $\nabla F(0) > 0$,则由连续性假设,存在一个 $\varepsilon > 0$,使得

$$\nabla F(\lambda\theta) > 0 \tag{15}$$

对 0 和 1 之间的一切 λ 和适合 $|\theta| < \varepsilon$ 的一切 θ 成立.因此可找到一个 $\theta < 0$ 适合 $|\theta| < \delta$,且

$$F(0) > F(\theta) \tag{16}$$

便得矛盾.假若 $\nabla F(0) < 0$,将导致同样的矛盾,因此

$$\nabla F(0) = \boldsymbol{y}^{\mathrm{T}} \nabla f(\boldsymbol{x}^*) = 0 \tag{17}$$

但是 $\boldsymbol{y}$ 是任意的非零向量,因此有

$$\nabla f(\boldsymbol{x}^*) = 0 \tag{18}$$

现在转到二阶条件,由泰勒定理

$$F(\theta) = F(0) + \nabla F(0)\theta + \frac{1}{2}\nabla^2 F(\lambda\theta)(\theta)^2, 0 < \lambda < 1 \tag{19}$$

如果 $\nabla^2 F(0) < 0$,那么由连续性,存在 $\varepsilon' > 0$ 使得

$$\nabla^2 F(\lambda\theta) < 0 \tag{20}$$

对 0 和 1 之间的一切 λ 以及适合 $|\theta| < \varepsilon'$ 的一切 θ 成立.

由于 $\nabla F(0) = 0$,式(20) 对这样的 θ 有

$$F(\theta) < F(0) \tag{21}$$

从而发生矛盾,因而

$$\nabla^2 F(0) = \boldsymbol{y}^{\mathrm{T}} \nabla^2 f(\boldsymbol{x}^*) \boldsymbol{y} \geqslant 0 \tag{22}$$

由于这个不等式对于只是模受到限制的一切 $\boldsymbol{y}$ 成立，它必然对于一切向量 $\boldsymbol{z}$ 也成立. 这样便完成了定理第一部分的证明.

为证明第二部分，假设式(8)和式(10)成立，但 $\boldsymbol{x}^*$ 不是局部极小值点，则有一向量 $\boldsymbol{w} \in N_\delta(\boldsymbol{x}^*)$ 使 $f(\boldsymbol{x}^*) > f(\boldsymbol{w})$. 设 $\boldsymbol{w} = \boldsymbol{x}^* + \theta \boldsymbol{y}$，而 $\| \boldsymbol{y} \| = 1$ 且 $\theta > 0$. 根据泰勒定理

$$f(\boldsymbol{w}) = f(\boldsymbol{x}^*) + \theta \boldsymbol{y}^{\mathrm{T}} \nabla f(\boldsymbol{x}^*) + \frac{1}{2}(\theta)^2 \boldsymbol{y}^{\mathrm{T}} \nabla^2 f(\boldsymbol{x}^* + \lambda\theta \boldsymbol{y}) \boldsymbol{y} \tag{23}$$

其中 $0 < \lambda < 1$. 上面的假设导致

$$\boldsymbol{y}^{\mathrm{T}} \nabla^2 f(\boldsymbol{x}^* + \lambda\theta \boldsymbol{y}) \boldsymbol{y} < 0 \tag{24}$$

由于 $\boldsymbol{x}^* + \lambda\theta \boldsymbol{y} \in N_\delta(\boldsymbol{x}^*)$，上式便与式(10)相矛盾. 对局部极大的证明是类似的.

定理 2 基于函数在点 $\boldsymbol{x}^*$ 的性态，提供了 f 在 $\boldsymbol{x}^*$ 有严格局部极值的充分条件. 我们将说明，容易找到不满足这些充分条件的极值的例子. 在定理 3 中我们有基于 f 在 $\boldsymbol{x}^*$ 的邻域中的性态的局部(不一定为严格)极值的充分条件. 最后，我们介绍一个也是基于 $\boldsymbol{x}^*$ 的邻域的严格局部极值的充分条件.

定理 4　设 $\boldsymbol{x}^*$ 是 D 的内点，且 f 为二次连续可微，若

$$\nabla f(\boldsymbol{x}^*) = 0 \tag{25}$$

且对 $\boldsymbol{x}^*$ 的邻域中任何 $\boldsymbol{x} \neq \boldsymbol{x}^*$ 和任何非零的 $\boldsymbol{z}$，有

$$\boldsymbol{z}^{\mathrm{T}} \nabla^2 f(\boldsymbol{x}) \boldsymbol{z} > 0 \tag{26}$$

成立,则 f 在 $\boldsymbol{x}^*$ 有严格局部极小值. 倒转式(26)中的不等号,就得到严格局部极大值的充分条件.

这个定理的证明类似于前一定理,留给读者作为练习.

以一个简单的例子说明前面的定理.

例 设 $f(\boldsymbol{x})=\boldsymbol{x}^{2p}$,其中 p 为正整数,D 为整个实直线. 梯度 ∇f 由 $\nabla f(\boldsymbol{x})=2p(\boldsymbol{x})^{2p-1}$ 给出. $\boldsymbol{x}=\boldsymbol{0}$,梯度为零,也就是说,原点满足定理 1 所述的极小或极大的必要条件.

Hessian 矩阵 $\nabla^2 f$ 为

$$\nabla^2 f(\boldsymbol{x})=(2p-1)(2p)(\boldsymbol{x})^{2p-2} \tag{27}$$

对 $p=1$,$\nabla^2 f(0)=2$,即满足严格局部极小的充分条件(定理 2).

但是,如果取 $p>1$,那么 $\nabla^2 f(0)=0$,定理 2 的充分条件不满足,然而可以从图 1 上看出 f 在原点有极小值. 另一方面,取原点的任意邻域,读者容易验证定理 3 局部极小(必要的和充分的)条件全满足,并且,由定理 4 可以断定极小值点 $\boldsymbol{x}^*=0$ 是严格极小. 事实上,原点的确是 f 的严格整体极小值点.

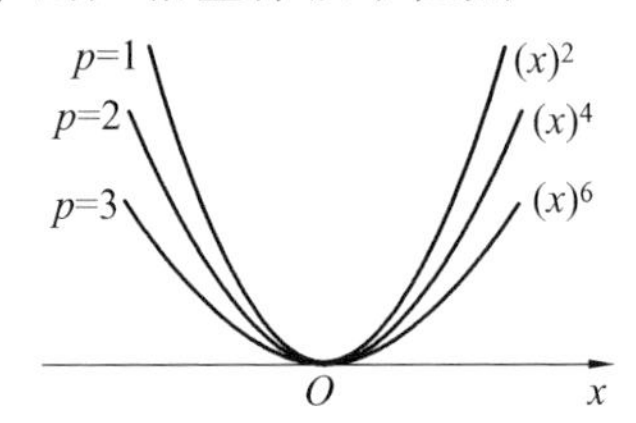

图 1 函数 $\boldsymbol{x}^{2p}$ 在原点邻域中的图形

前面这些定理含有二阶条件,涉及由

$$z^{\mathrm{T}}\boldsymbol{H}(\boldsymbol{c})z=\sum_{i=1}^{n}\sum_{j=1}^{n}h_{ij}(\boldsymbol{c})z_iz_j \tag{28}$$

给出的称为二次型的函数的性质，其中 $\boldsymbol{H}=(h_{ij})$ 是实对称阵. 为了研究这种函数的符号，或者等价地，研究矩阵 $\boldsymbol{H}(\boldsymbol{c})$ 的确定性，我们计算行列式 $d_k(\boldsymbol{c})$，即

$$d_k(\boldsymbol{c})=\det\begin{pmatrix} h_{11}(\boldsymbol{c}) & \cdots & h_{1k}(\boldsymbol{c}) \\ \vdots & & \vdots \\ h_{k1}(\boldsymbol{c}) & \cdots & h_{kk}(\boldsymbol{c}) \end{pmatrix},k=1,2,\cdots,n \tag{29}$$

若对 $k=1,2,\cdots,n,d_k(\boldsymbol{c})>0$ 成立，二次型 $z^{\mathrm{T}}\boldsymbol{H}(\boldsymbol{c})z$ 就对一切非零的 z 为正，从而 $\boldsymbol{H}(\boldsymbol{c})$ 是正定的. 若对 $k=1,2,\cdots,n,d_k(\boldsymbol{c})$ 有 $(-1)^k$ 的符号，即 $d_k(\boldsymbol{c})$ 的值交替地为负和正，由式(28) 给出的二次型对一切非零的 z 为负，从而 $\boldsymbol{H}(\boldsymbol{c})$ 是负定的. 如果我们对 f 在某点 $\boldsymbol{c}$ 的性态感兴趣，就像定理 2 的充分条件只涉及矩阵 $\nabla^2 f(\boldsymbol{c})$ 那样，这些验算是有用的. 但是，如果像定理 3 那样，要在 $\boldsymbol{c}$ 的一个邻域中确定二次型的符号，这些验算就行不通了.

2.3　等式约束极值和 Lagrange 方法

在 2.2 节我们讨论了没有其他附加条件时，函数在其定义域内部存在极值的必要和充分条件. 这一节我们讨论极值问题，其目标是求实值函数在函数定义域的一个特定范围内的极小值或极大值，而这个容许范围是由有限个称为约束的方程来描述的.

考查以 $D\subset\mathbf{R}^n$ 为定义域的实值函数 f 的极小(或极大) 值问题,受到的约束为

$$g_i(\boldsymbol{x})=0, i=1,2,\cdots,m, m<n \tag{1}$$

其中每个 g_i 是在 D 上定义的实值函数. 约束方程的个数小于变量的个数这一假定将简化为下面的讨论,所以问题是在由式(1) 中方程确定的范围内求 f 的极值. 求解这种问题的第一个和最直观的方法包含这样的步骤,即利用式(1) 中的方程消去 m 个变量. 消去的条件将在后面的隐函数定理中叙述,而证明可在大多数高等微积分教科书中找到. 这个定理假定函数 g_i 可微和 $n\times m$ 雅可比(Jacobi) 阵 $\frac{\partial g_i}{\partial x_j}$ 的秩为 m. 约束方程中 m 个变量关于其余 $n-m$ 个变量的实际求解,虽然不是不可能的,却常常表明是困难的工作. 为了这个缘故,并且显然这个方法把等式约束问题归约为一个等价的在 2.2 节讨论过的无约束问题,我们就不进一步继续下去了.

另一种方法由 Lagrange 提出的,也是基于把一个约束问题变为一个无约束问题的想法. 数学规划的许多近代结果,实际上是 Lagrange 方法的一种直接扩充和推广,主要是针对不等式约束的.

我们先叙述著名的隐函数定理,然后介绍一个结果,沿着这结果所提供的方向,可以把等式约束问题化为等价的无约束问题.

定理 1(隐函数定理) 设 ϕ_i 是定义在 D 上的实值函数,在一开集 $D^1\subset D\subset\mathbf{R}^{m+p}$ 上连续可微,其中

$p>0$ 并且对 $i=1,2,\cdots,m$ 及 $(x^0,y^0)\in D^1$ 成立 $\phi_i(x^0,y^0)=0$. 假定Jacobi阵 $\dfrac{\partial\phi_i(x^0,y^0)}{\partial x_j}$ 的秩为 m，那么存在一个邻域 $N_\delta(x^0,y^0)\subset D^1$，一个含 y^0 的开集 $D^2\subset\mathbf{R}^p$ 和在 D^2 上连续可微的实值函数 $\psi_k,k=1,2,\cdots,m$，使得下列条件满足

$$x_k^0=\psi_k(y^0),k=1,2,\cdots,m \tag{2}$$

对每个 $\boldsymbol{y}\in D^2$ 有

$$\phi_i(\psi(\boldsymbol{y}),\boldsymbol{y})=0,i=1,2,\cdots,m \tag{3}$$

其中 $\psi(\boldsymbol{y})=(\psi_1(\boldsymbol{y}),\cdots,\psi_m(\boldsymbol{y}))$；且对一切 $(\boldsymbol{x},\boldsymbol{y})\in N_\delta(x^0,y^0)$，Jacobi阵 $\left(\dfrac{\partial\phi_i(\boldsymbol{x},\boldsymbol{y})}{\partial x_j}\right)$ 的秩为 m. 此外，对 $\boldsymbol{y}\in D^2$，$\psi_k(\boldsymbol{y})$ 的偏导数是下列线性方程组的解

$$\sum_{k=1}^{m}\frac{\partial\phi_i(\psi(\boldsymbol{y}),\boldsymbol{y})}{\partial x_k}\frac{\partial\psi_k(\boldsymbol{y})}{\partial y_j}=-\frac{\partial\phi_i(\psi(\boldsymbol{y}),\boldsymbol{y})}{\partial y_j},i=1,2,\cdots,m \tag{4}$$

在引进Lagrange方法之前，先提出下述结果.

定理2　设 f 和 $g_i(i=1,2,\cdots,m)$ 是 $D\subset\mathbf{R}^n$ 上的实值函数，且在一邻域 $N_\varepsilon(\boldsymbol{x}^*)\subset D$ 上连续可微. 假设对 $N_\varepsilon(\boldsymbol{x}^*)$ 中满足

$$g_i(\boldsymbol{x})=0,i=1,2,\cdots,m \tag{5}$$

的一切点 $\boldsymbol{x}$ 来说，$\boldsymbol{x}^*$ 是 f 的一个局部极小或极大值点. 又假设 $g_i(\boldsymbol{x}^*)$ 的Jacobi阵的秩为 m. 在这些假设下，f 在 $\boldsymbol{x}^*$ 的梯度是 g_i 在 $\boldsymbol{x}^*$ 的梯度的线性组合，也就是说，存在实数 λ_i^* 使得

$$\nabla f(\boldsymbol{x}^*) = \sum_{i=1}^{m} \lambda_i^* \nabla g_i(\boldsymbol{x}^*) \tag{6}$$

证明 经过对行的适当重新排列和编号，总可以假定由Jacobi阵$\left(\frac{\partial g_i(\boldsymbol{x}^*)}{\partial x_j}\right)$的前$m$行构成的$m \times m$阵是非异的. 线性方程组

$$\sum_{i=1}^{m} \frac{\partial g_i(\boldsymbol{x}^*)}{\partial x_j} \lambda_i = \frac{\partial f(\boldsymbol{x}^*)}{\partial x_j}, j = 1, 2, \cdots, m \tag{7}$$

对λ_i有唯一解，记为λ_i^*. 令$\hat{\boldsymbol{x}} = (x_{m+1}, \cdots, x_n)$，对于式(5)在$\boldsymbol{x}^*$应用定理1，于是存在实函数$h_j(\hat{\boldsymbol{x}})$和含$\boldsymbol{x}^*$的开集$\hat{D} \subset \mathbf{R}^{n-m}$，使得

$$x_j^* = h_j(\hat{\boldsymbol{x}}^*), j = 1, 2, \cdots, m \tag{8}$$

以及

$$f(\boldsymbol{x}^*) = f(h_1(\hat{\boldsymbol{x}}^*), \cdots, h_m(\hat{\boldsymbol{x}}^*), \boldsymbol{x}_{m+1}^*, \cdots, \boldsymbol{x}_n^*) \tag{9}$$

作为上面式子的一个结果，由2.2节中的定理1可知，f关于$x_{m+1}, \cdots, x_n$的偏导数在$\boldsymbol{x}^*$必为零，这样

$$\frac{\partial f(\boldsymbol{x}^*)}{\partial x_j} = \sum_{k=1}^{m} \frac{\partial f(\boldsymbol{x}^*)}{\partial x_k} \frac{\partial h_k(\hat{\boldsymbol{x}}^*)}{\partial x_j} + \frac{\partial f(\boldsymbol{x}^*)}{\partial x_j} = 0, j = m+1, \cdots, n \tag{10}$$

从式(4)对每个$j = m+1, \cdots, n$有

$$\sum_{k=1}^{m} \frac{\partial g_i(\boldsymbol{x}^*)}{\partial x_k} \frac{\partial h_k(\hat{\boldsymbol{x}}^*)}{\partial x_j} = -\left(\frac{\partial g_i(\boldsymbol{x}^*)}{\partial x_j}\right), i = 1, 2, \cdots, m \tag{11}$$

以λ_i^*乘(11)中每一个方程并相加，得到

$$\sum_{i=1}^{m}\sum_{k=1}^{m}\lambda_i^* \frac{\partial g_i(\boldsymbol{x}^*)}{\partial x_k} \frac{\partial h_k(\hat{\boldsymbol{x}}^*)}{\partial x_j}+$$

$$\sum_{i=1}^{m}\lambda_i^* \frac{\partial g_i(\boldsymbol{x}^*)}{\partial x_j}=0, j=m+1,\cdots,n \tag{12}$$

从式(10) 减去式(12) 并整理，就有

$$\sum_{k=1}^{m}\left[\frac{\partial f(\boldsymbol{x}^*)}{\partial x_k}-\sum_{i=1}^{m}\lambda_i^* \frac{\partial g_i(\boldsymbol{x}^*)}{\partial x_k}\right]\frac{\partial h_k(\hat{\boldsymbol{x}}^*)}{\partial x_j}+$$

$$\frac{\partial f(\boldsymbol{x}^*)}{\partial x_j}-\sum_{i=1}^{m}\lambda_i^* \frac{\partial g_i(\boldsymbol{x}^*)}{\partial x_j}=0, j=m+1,\cdots,n \tag{13}$$

但由式(7)，方括号中的式子为零，所以

$$\frac{\partial f(\boldsymbol{x}^*)}{\partial x_j}-\sum_{i=1}^{m}\lambda_i^* \frac{\partial g_i(\boldsymbol{x}^*)}{\partial x_j}=0, j=m+1,\cdots,n \tag{14}$$

最后的表达式与式(7) 一起得到要证的结果.

在局部极值点，求极小或极大的函数的梯度与约束函数的梯度之间，存在上面定理所表示的关系，它导致 Lagrange 式 $L(\boldsymbol{x},\boldsymbol{\lambda})$ 的表达式

$$L(\boldsymbol{x},\boldsymbol{\lambda})=f(\boldsymbol{x})-\sum_{i=1}^{m}\lambda_i g_i(\boldsymbol{x}) \tag{15}$$

其中 λ_i 称为 Lagrange 乘子.

Lagrange 方法包含将一个等式约束极值问题化为求 Lagrange 式的逗留点问题. 这可由以下定理看出.

定理 3　设 $f, g_i, i=1,\cdots,m$ 满足定理 6 的假设，则存在一个乘子向量 $\boldsymbol{\lambda}^*=(\lambda_1^*,\cdots,\lambda_m^*)^{\mathrm{T}}$，使

$$\nabla L(\boldsymbol{x}^*,\boldsymbol{\lambda}^*)=0 \tag{16}$$

证明 从定理 2 和式(15) 给出的 L 的定义直接推出.

我们选择基于隐函数定理的证明,这是因为它不需要其他背景材料. 前面已经指出,本节的定理可以看成某些近代更一般结果的特殊情况. 第 3 章我们也将介绍它们,并将给出沿不同路线的证明.

定理 3 提供了有等式约束的 f 的极值的必要条件. 和 2.2 节一样,现在转到讨论这种极值的充分条件. 记号 $\nabla_{\xi}^{j}\phi(\xi,\eta)$ 用来表示 ϕ 关于 ξ 的 j 次导数(当 $j=1$ 时就省略上标),于是有下述定理.

定理 4 设 $f, g_1, \cdots, g_m$ 是 $\mathbf{R}^n$ 上二次连续可微的实值函数. 若存在向量 $\boldsymbol{x}^* \in \mathbf{R}^n$ 和 $\boldsymbol{\lambda}^* \in \mathbf{R}^m$,使得

$$\nabla L(\boldsymbol{x}^*, \boldsymbol{\lambda}^*) = 0 \tag{17}$$

并且,对每个非零向量 $\boldsymbol{z} \in \mathbf{R}^n$,只要满足

$$\boldsymbol{z}^{\mathrm{T}} \nabla g_i(\boldsymbol{x}^*) = 0, i = 1, 2, \cdots, m \tag{18}$$

便有

$$\boldsymbol{z}^{\mathrm{T}} \nabla_x^2 L(\boldsymbol{x}^*, \boldsymbol{\lambda}^*) \boldsymbol{z} > 0 \tag{19}$$

则在限制 $g_i(\boldsymbol{x}) = 0, i = 1, 2, \cdots, m$ 下,f 在 $\boldsymbol{x}^*$ 有严格局部极小值. 若不等式(19) 反向,则 f 在 $\boldsymbol{x}^*$ 有严格局部极大值.

证明 假定 $\boldsymbol{x}^*$ 不是严格局部极小值点,则必存在一个邻域 $N_\delta(\boldsymbol{x}^*)$ 和一个收敛于 $\boldsymbol{x}^*$ 的序列 $\{\boldsymbol{z}^k\}$,使 $\boldsymbol{z}^k \in N_\delta(\boldsymbol{x}^*)$,$\boldsymbol{z}^k \neq \boldsymbol{x}^*$,且对每个 $\boldsymbol{z}^k \in \{\boldsymbol{z}^k\}$ 有

$$g_i(\boldsymbol{z}^k) = 0, i = 1, 2, \cdots, m \tag{20}$$

$$f(\boldsymbol{x}^*) \geqslant f(\boldsymbol{z}^k) \tag{21}$$

令 $\boldsymbol{z}^k = \boldsymbol{x}^* + \theta^k \boldsymbol{y}^k$,其中 $\theta^k > 0$ 及 $\|\boldsymbol{y}^k\| = 1$,序列

$\{\theta^k,\boldsymbol{y}^k\}$ 有子序列收敛于$(0,\bar{\boldsymbol{y}})$，而 $\|\bar{\boldsymbol{y}}\|=1$. 根据中值定理，对这个子序列的每个 k，我们有

$$g_i(\boldsymbol{z}^k)-g_i(\boldsymbol{x}^*)=\theta^k(\boldsymbol{y}^k)^{\mathrm{T}}\nabla g_i(\boldsymbol{x}^*+\eta_i^k\theta^k\boldsymbol{y}^k)$$
$$=0,i=1,2,\cdots,m \tag{22}$$

其中 η_i^k 是 0 和 1 之间的一个数，且

$$f(\boldsymbol{z}^k)-f(\boldsymbol{x}^*)=\theta^k(\boldsymbol{y}^k)^{\mathrm{T}}\nabla f(\boldsymbol{x}^*+\xi^k\theta^k\boldsymbol{y}^k)\leqslant 0 \tag{23}$$

其中 ξ^k 也是 0 和 1 之间的一个数.

以 θ^k 除式(22)和式(23)，并令 $k\to\infty$，得到

$$(\bar{\boldsymbol{y}})^{\mathrm{T}}\nabla g_i(\boldsymbol{x}^*)=0,i=1,2,\cdots,m \tag{24}$$

$$(\bar{\boldsymbol{y}})^{\mathrm{T}}\nabla f(\boldsymbol{x}^*)\leqslant 0 \tag{25}$$

从泰勒定理有

$$\begin{aligned}L(\boldsymbol{z}^k,\boldsymbol{\lambda}^*)=L(\boldsymbol{x}^*,\boldsymbol{\lambda}^*)+&\\ &\theta^k(\boldsymbol{y}^k)^{\mathrm{T}}\nabla_xL(\boldsymbol{x}^*,\boldsymbol{\lambda}^*)+\\ &\frac{1}{2}(\theta^k)^2(\boldsymbol{y}^k)^{\mathrm{T}}\nabla_x^2L(\boldsymbol{x}^*+\\ &\eta^k\theta^k\boldsymbol{y}^k,\boldsymbol{\lambda}^*)\boldsymbol{y}^k\end{aligned} \tag{26}$$

其中 $1>\eta^k>0$.

根据式(15)(17)(20)及(21)，并用$\frac{1}{2}(\theta^k)^2$除式(26)，得到

$$(\boldsymbol{y}^k)^{\mathrm{T}}\nabla_x^2L(\boldsymbol{x}^*+\eta^k\theta^k\boldsymbol{y}^k,\boldsymbol{\lambda}^*)\boldsymbol{y}^k\leqslant 0 \tag{27}$$

令 $k\to\infty$，从上式得到

$$(\bar{\boldsymbol{y}})^{\mathrm{T}}\nabla_x^2L(\boldsymbol{x}^*,\boldsymbol{\lambda}^*)\bar{\boldsymbol{y}}\leqslant 0 \tag{28}$$

由于 $\bar{\boldsymbol{y}}\neq\mathbf{0}$ 并满足式(18)，这就完成了证明.

定理 4 中叙述的充分条件，涉及在线性约束下决

定一个二次型的符号. 这一工作可以由马宁(Manin)的一个结果来完成. 设 $\boldsymbol{A}=(\alpha_{ij})$ 是一个 $n\times n$ 实对称阵,且 $\boldsymbol{B}=(\beta_{ij})$ 为 $n\times m$ 实阵,以 $\boldsymbol{M}_{pq}$ 记由阵$\boldsymbol{M}$仅仅保留前 p 行和前 q 列的元素所得到的矩阵.

定理 5 假设 $\det(\boldsymbol{B}_{mm})\neq 0$,那么二次型

$$\sum_{i=1}^{n}\sum_{j=1}^{m}\alpha_{ij}\xi_i\xi_j \tag{29}$$

对一切适合

$$\sum_{i=1}^{n}\beta_{ij}\xi_i=0,j=1,2,\cdots,m \tag{30}$$

的非零向量 $\boldsymbol{\xi}$ 为正,当且仅当

$$(-1)^m\det\begin{pmatrix}\boldsymbol{A}_{pp} & \boldsymbol{B}_{pm}\\ \boldsymbol{B}_{pm}^{\mathrm{T}} & \boldsymbol{0}\end{pmatrix}>0 \tag{31}$$

对 $p=m+1,\cdots,n$ 成立. 类似地,式(29)对一切适合式(30)的非零向量 $\boldsymbol{\xi}$ 为负,当且仅当

$$(-1)^p\det\begin{pmatrix}\boldsymbol{A}_{pp} & \boldsymbol{B}_{pm}\\ \boldsymbol{B}_{pm}^{\mathrm{T}} & \boldsymbol{0}\end{pmatrix}>0 \tag{32}$$

对 $p=m+1,\cdots,n$ 成立.

假设$n\times m$的Jacobi阵$\left(\dfrac{\partial g_i(\boldsymbol{x}^*)}{\partial x_j}\right)$的秩为$m$,且变量的标号使得

$$\det\begin{pmatrix}\dfrac{\partial g_1(\boldsymbol{x}^*)}{\partial x_1} & \cdots & \dfrac{\partial g_m(\boldsymbol{x}^*)}{\partial x_1}\\ \vdots & & \vdots\\ \dfrac{\partial g_1(\boldsymbol{x}^*)}{\partial x_m} & \cdots & \dfrac{\partial g_m(\boldsymbol{x}^*)}{\partial x_m}\end{pmatrix}\neq 0 \tag{33}$$

那么有下面的结果.

推论　设 $f,g_1,\cdots,g_m$ 是二次连续可微的实值函数，如果存在向量 $\boldsymbol{x}^* \in \mathbf{R}^n,\boldsymbol{\lambda}^* \in \mathbf{R}^m$ 使得

$$\nabla L(\boldsymbol{x}^*,\boldsymbol{\lambda}^*)=0 \tag{34}$$

并且如果

$$(-1)^m \det\begin{pmatrix} \frac{\partial^2 L(\boldsymbol{x}^*,\boldsymbol{\lambda}^*)}{\partial x_1 \partial x_1} & \cdots & \frac{\partial^2 L(\boldsymbol{x}^*,\boldsymbol{\lambda}^*)}{\partial x_1 \partial x_p} & \frac{\partial g_1(\boldsymbol{x}^*)}{\partial x_1} & \cdots & \frac{\partial g_m(\boldsymbol{x}^*)}{\partial x_1} \\ \vdots & & \vdots & \vdots & & \vdots \\ \frac{\partial^2 L(\boldsymbol{x}^*,\boldsymbol{\lambda}^*)}{\partial x_p \partial x_1} & \cdots & \frac{\partial^2 L(\boldsymbol{x}^*,\boldsymbol{\lambda}^*)}{\partial x_p \partial x_p} & \frac{\partial g_1(\boldsymbol{x}^*)}{\partial x_p} & \cdots & \frac{\partial g_m(\boldsymbol{x}^*)}{\partial x_p} \\ \frac{\partial g_1(\boldsymbol{x}^*)}{\partial x_1} & \cdots & \frac{\partial g_1(\boldsymbol{x}^*)}{\partial x_p} & 0 & \cdots & 0 \\ \vdots & & \vdots & \vdots & & \vdots \\ \frac{\partial g_m(\boldsymbol{x}^*)}{\partial x_1} & \cdots & \frac{\partial g_m(\boldsymbol{x}^*)}{\partial x_p} & 0 & \cdots & 0 \end{pmatrix} > 0 \tag{35}$$

对 $p=m+1,\cdots,n$ 成立，那么 f 在 $\boldsymbol{x}^*$ 有严格局部极小值，使得

$$g_i(\boldsymbol{x}^*)=0, i=1,2,\cdots,m \tag{36}$$

证明　可从定理 4 和定理 5 直接得到.

对于严格局部极大值的类似结果，在矩阵(35) 中将$(-1)^m$ 改为$(-1)^p$ 即可得到.

例 1　考查问题

$$\max\ f(x_1,x_2)=x_1x_2 \tag{37}$$

受限制于约束

$$g(x_1,x_2)=x_1+x_2-2=0 \tag{38}$$

解　首先，作 Lagrange 式

$$L(\boldsymbol{x},\lambda)=x_1x_2-\lambda(x_1+x_2-2) \tag{39}$$

其次，取 $\nabla L(\boldsymbol{x}^*,\lambda^*)=0$，即

$$\frac{\partial L(\boldsymbol{x}^*,\lambda^*)}{\partial x_1^*}=x_2^*-\lambda^*=0 \tag{40}$$

$$\frac{\partial L(\boldsymbol{x}^*,\lambda^*)}{\partial x_2^*}=x_1^*-\lambda^*=0 \tag{41}$$

$$\frac{\partial L(\boldsymbol{x}^*,\lambda^*)}{\partial \lambda}=-x_1^*-x_2^*+2=0 \tag{42}$$

上面三个方程的解为

$$x_1^*=x_2^*=\lambda^*=1 \tag{43}$$

因此，点 $(\boldsymbol{x}^*,\lambda^*)=(1,1)$ 满足定理3中所述的极大值点的必要条件.

根据定理 2，最优点 ∇f 和 ∇g 必定线性相关，这明显可以从图 1 看出，点 $\nabla f(\boldsymbol{x}^*)$ 实际上等于 $\nabla g(\boldsymbol{x}^*)$.

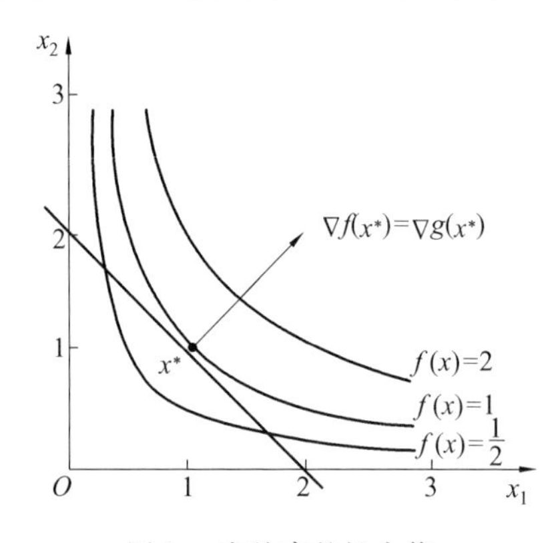

图 1　有约束的极大值

转向充分条件，计算 $\nabla_x^2 L(\boldsymbol{x}^*,\lambda^*)$，即

$$\frac{\partial^2 L(\boldsymbol{x}^*,\lambda^*)}{\partial x_1 \partial x_1}=0$$

$$\frac{\partial^2 L(\boldsymbol{x}^*,\lambda^*)}{\partial x_1 \partial x_2}=1$$

$$\frac{\partial^2 L(\boldsymbol{x}^*,\lambda^*)}{\partial x_2 \partial x_2}=0 \tag{44}$$

所以

$$\boldsymbol{z}^{\mathrm{T}} \nabla_x^2 L(\boldsymbol{x}^*,\lambda^*)\boldsymbol{z}=(z_1,z_2)\begin{pmatrix}0 & 1\\ 1 & 0\end{pmatrix}\begin{pmatrix}z_1\\ z_2\end{pmatrix}=2z_1z_2 \tag{45}$$

根据定理4,必须对适合 $\boldsymbol{z}^{\mathrm{T}} \nabla g(\boldsymbol{x}^*)=0$ 的一切 $\boldsymbol{z}\neq 0$,决定函数 $2z_1z_2$ 的符号.

由于

$$\frac{\partial g(\boldsymbol{x}^*)}{\partial x_1}=1,\frac{\partial g(\boldsymbol{x}^*)}{\partial x_2}=1 \tag{46}$$

上面的条件等价于 $z_1+z_2=0$. 代入式(45),得到

$$\boldsymbol{z}^{\mathrm{T}} \nabla_x^2 L(\boldsymbol{x}^*,\lambda^*)\boldsymbol{z}=-2(z_1)^2<0 \tag{47}$$

因此(1,1)是严格局部极大值点.

最后,可以检验推论给出的充分条件,这时 $p=2$,且

$$(-1)^2\det\begin{pmatrix}0 & 1 & 1\\ 1 & 0 & 1\\ 1 & 1 & 0\end{pmatrix}=2>0 \tag{48}$$

因而验证了前面的推论.

已对更一般的约束极值问题导出了类似于2.2节中定理3的二阶必要条件. 在等式约束的情形下,这些条件几乎是无约束问题的二阶必要和充分条件的直接推广.

在定理2中我们假定了Jacobi阵$\left(\frac{\partial g_i(\boldsymbol{x}^*)}{\partial x_j}\right)$的秩为 $m(<n)$,它等于约束方程的个数. 在结束这一章

时，我们叙述定理 2 的一点推广，它对于 Jacobi 阵的秩数不要求条件.

定理 6 设 f 和 g_i，$i=1,2,\cdots,m$ 是区域 $D\subset\mathbf{R}^n$ 上连续可微的实值函数. 若对 $\boldsymbol{x}^*$ 的一个邻域内满足

$$g_i(\boldsymbol{x})=0,i=1,\cdots,m \tag{49}$$

的一切点 $\boldsymbol{x}$ 来说，$\boldsymbol{x}^*$ 是 f 的局部极小或极大值点，则存在 $m+1$ 个不全为零的实数 $\lambda_0^*,\lambda_1^*,\cdots,\lambda_m^*$ 使得

$$\lambda_0^*\nabla f(\boldsymbol{x}^*)-\sum_{i=1}^{m}\lambda_i^*\nabla g_i(\boldsymbol{x}^*)=0 \tag{50}$$

第 3 章要介绍既有等式又有不等式约束的极值的更一般的结果，这个定理可看作它的一个推论. 从这些结果我们可以得出以下结论：若 $\boldsymbol{x}^*$ 是一个局部极值点，则 $n\times(m+1)$ 增广 Jacobi 阵 $\left(\dfrac{\partial f(\boldsymbol{x}^*)}{\partial x_j},\dfrac{\partial g_i(\boldsymbol{x}^*)}{\partial x_j}\right)$ 的秩小于 $m+1$. 此外，可以证明，若以上矩阵的秩等于 Jacobi 阵 $\left(\dfrac{\partial g_i(\boldsymbol{x}^*)}{\partial x_j}\right)$ 的秩，则 $\lambda_0^*\neq 0$，并可规范化为 $\lambda_0^*=1$. 但是，若增广 Jacobi 阵的秩大于 Jacobi 阵 $\left(\dfrac{\partial g_i(\boldsymbol{x}^*)}{\partial x_j}\right)$ 的秩，则 λ_0^* 必定为零. 例如，可行集只含有一个点时，可以发生这个情况.

例 2

$$\min\ f(\boldsymbol{x})=\boldsymbol{x} \tag{51}$$

受限制于

$$g_1(\boldsymbol{x})=(\boldsymbol{x})^2=0 \tag{52}$$

可行集只包含一点 $\boldsymbol{x}=\mathbf{0}$. 在这点上，Jacobi 阵 $\left(\dfrac{\mathrm{d}g_1}{\mathrm{d}x}\right)$ 的

秩为零，而增广 Jacobi 阵 $\left(\frac{\mathrm{d}f}{\mathrm{d}\boldsymbol{x}},\frac{\mathrm{d}g_1}{\mathrm{d}\boldsymbol{x}}\right)$ 的秩为 1. 由式 (50) 有

$$\lambda_0^* - \lambda_1^* \cdot 0 = 0 \tag{53}$$

即 $\lambda_0^* = 0$.

约束极值的最优性条件

第3章

第2章处理的问题局限于无约束或等式约束问题. 本章我们开始讨论含有不等式和等式约束的数学规划问题. 注意,把不等式引入最优化问题,标志着最优化"经典"时代的结束和数学规划"现代"理论的开始. 不等式约束很少是严格的不等式,而可以作为等式或严格不等式被满足. 不等式的这个特点使最优性条件的分析处理复杂化,但足以补偿这一点的是,利用不等式约束能够表达极为丰富的一类问题.

最优性条件问题的每种处理的特点是由施加于所含函数的假定来刻画的. 在这些处理的大部分中,所叙述的最优性条件以这种或那种方式与Lagrange式的概念有关. 如果目标函数和约束函数是可微的(或二次连续可微),那么Lagrange式既能较方便地处理,又不损失许多一般性,本章通篇使用

这一假定.放松可微性假定,往往导致另一种最优性条件,它们最好表示为另一些问题的最优性条件,例如,求 Lagrange 式的鞍点,或求解所谓对偶规划.

3.1　不等式约束极值的一阶必要条件

我们来叙述本章所讨论的最一般的数学规划问题,着手导出不等式与等式约束极值问题的一阶必要条件,其中仅包含一阶导数.问题(P),即

$$\min f(\boldsymbol{x}) \tag{1}$$

受限制于约束

$$g_i(\boldsymbol{x}) \geqslant 0, i=1,\cdots,m \tag{2}$$

$$h_j(\boldsymbol{x})=0, j=1,\cdots,p \tag{3}$$

假定函数 $f,g_1,\cdots,g_m,h_1,\cdots,h_p$ 定义在某开集 $D \subset \mathbf{R}^n$ 中并可微.以 $X \subset D$ 表示问题(P)的可行集,即满足(2)与(3)的所有 $\boldsymbol{x} \in D$ 的集合.可行集中的点称为可行点.同前面所述的一样,以 $N_\delta(\boldsymbol{x}^0)$ 表示点 $\boldsymbol{x}^0$ 的半径 δ 的球形邻域.

点 $\boldsymbol{x}^* \in X$ 称为问题(P)的局部极小值点或问题(P)的局部解,如果存在正数 $\hat{\delta}$ 使

$$f(\boldsymbol{x}) \geqslant f(\boldsymbol{x}^*) \tag{4}$$

对所有 $\boldsymbol{x} \in X \cap N_{\hat{\delta}}(\boldsymbol{x}^*)$ 成立.如果式(4)对所有 $\boldsymbol{x} \in X$ 成立,则 $\boldsymbol{x}^*$ 称为问题(P)的整体极小值点(整体解).

每个在 $\boldsymbol{x}^*$ 邻域中的点 $\boldsymbol{x}$ 可表示为 $\boldsymbol{x}^*+\boldsymbol{z}$,这里,当且仅当 $\boldsymbol{x} \neq \boldsymbol{x}^*$ 时 $\boldsymbol{z}$ 为非零向量.向量 $\boldsymbol{z} \neq \mathbf{0}$ 称为 $\boldsymbol{x}^*$

的可行方向向量，如果存在 $\delta_1 > 0$，使$(\boldsymbol{x}^* + \theta \boldsymbol{z}) \in X \cap N_{\delta_1}(\boldsymbol{x}^*)$对于所有的 $0 \leqslant \theta < \dfrac{\delta_1}{\|\boldsymbol{z}\|}$ 成立(图 1).

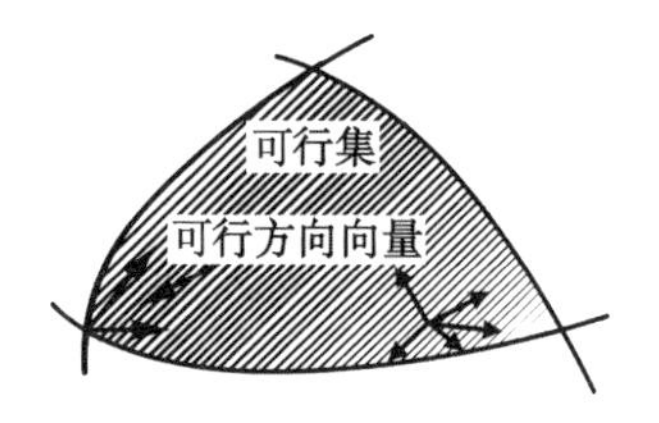

图 1　可行方向向量

可行方向向量在许多数值最优化算法中是很重要的. 当前我们对它感兴趣，简单的理由是，如果 $\boldsymbol{x}^*$ 是问题(P) 的局部解，$\boldsymbol{z}$ 是可行方向向量，那么对于充分小的正数 θ，必有 $f(\boldsymbol{x}^* + \theta \boldsymbol{z}) \geqslant f(\boldsymbol{x}^*)$. 让我们用约束函数 g_i 与 h_j 刻画可行方向向量的特征.

定义

$$I(\boldsymbol{x}^*) = \{i : g_i(\boldsymbol{x}^*) = 0\} \tag{5}$$

假设对于某个 $k \in I(\boldsymbol{x}^*)$ 与点 $\boldsymbol{x}^*$ 的一个可行方向向量 $\boldsymbol{z}$，成立 $\boldsymbol{z}^{\mathrm{T}} \nabla g_k(\boldsymbol{x}^*) < 0$. 按照可微性假设，我们有

$$g_k(\boldsymbol{x}^* + \theta \boldsymbol{z}) = g_k(\boldsymbol{x}^*) + \theta \boldsymbol{z}^{\mathrm{T}} \nabla g_k(\boldsymbol{x}^*) + \theta \varepsilon_k(\theta) \tag{6}$$

其中 $\varepsilon_k(\theta)$，当 $\theta \to 0$ 时趋于零. 如果 θ 足够小，则 $\boldsymbol{z}^{\mathrm{T}} \nabla g_k(\boldsymbol{x}^*) + \varepsilon_k(\theta) < 0$，并且因为 $g_k(\boldsymbol{x}^*) = 0$，我们得到 $g_k(\boldsymbol{x}^* + \theta \boldsymbol{z}) < 0$ 对于所有充分小的 $\theta > 0$ 成立，从而与 $\boldsymbol{z}$ 是 $\boldsymbol{x}^*$ 的可行方向向量这个事实相矛盾. 因此，对于所有 $i \in I(\boldsymbol{x}^*)$，必须有 $\boldsymbol{z}^{\mathrm{T}} \nabla g_i(\boldsymbol{x}^*) \geqslant 0$. 同理可证，对于可行方向向量，也必须对 $j = 1, \cdots, p$ 有 $\boldsymbol{z}^{\mathrm{T}} \nabla h_j(\boldsymbol{x}^*) = 0$. 现在定义

$$Z^1(\boldsymbol{x}^*)=\{\boldsymbol{z}:\boldsymbol{z}^{\mathrm{T}}\nabla g_i(\boldsymbol{x}^*)\geqslant 0, i\in I(\boldsymbol{x}^*);$$
$$\boldsymbol{z}^{\mathrm{T}}\nabla h_j(\boldsymbol{x}^*)=0, j=1,\cdots,p\} \qquad (7)$$

通过前面的讨论可见，如果 $\boldsymbol{z}$ 是 $\boldsymbol{x}^*$ 的可行方向向量，则 $\boldsymbol{z}\in Z^1(\boldsymbol{x}^*)$. 一个集 $K\subset\mathbf{R}^n$ 称为锥，如果对于每一个非负数 α，$\boldsymbol{x}\in K$ 蕴涵 $\alpha\boldsymbol{x}\in K$. 集 $Z^1(\boldsymbol{x}^*)$ 显然是一个锥. 它也称为 $\boldsymbol{X}$ 在 $\boldsymbol{x}^*$ 的线性化锥，因为它通过在 $\boldsymbol{x}^*$ 线性化约束函数而生成. 让我们定义另一个“线性化”集合 $Z^2(\boldsymbol{x}^*)$ 以备以后需要，即

$$Z^2(\boldsymbol{x}^*)=\{\boldsymbol{z}:\boldsymbol{z}^{\mathrm{T}}\nabla f(\boldsymbol{x}^*)<0\} \qquad (8)$$

如果 $\boldsymbol{z}\in Z^2(\boldsymbol{x}^*)$，可以证明存在足够接近于 $\boldsymbol{x}^*$ 的点 $\boldsymbol{x}=\boldsymbol{x}^*+\theta\boldsymbol{z}$，使得 $f(\boldsymbol{x}^*)>f(\boldsymbol{x})$.

由闵可夫斯基、法卡斯(Farkas)得到并以后者命名的下述引理，是接下去所需要的.

引理 1(法卡斯引理)　设 $\boldsymbol{A}$ 是给定的 $m\times n$ 实矩阵，$\boldsymbol{b}$ 是给定的 n 维向量. 对所有满足 $\boldsymbol{A}\boldsymbol{y}\geqslant\boldsymbol{0}$ 的向量 $\boldsymbol{y}$ 成立不等式 $\boldsymbol{b}^{\mathrm{T}}\boldsymbol{y}\geqslant\boldsymbol{0}$，其充要条件是存在 m 维向量 $\boldsymbol{\rho}\geqslant\boldsymbol{0}$ 使 $\boldsymbol{A}^{\mathrm{T}}\boldsymbol{\rho}=\boldsymbol{b}$.

图 2 说明了对于 3×2 矩阵 $\boldsymbol{A}$ 的法卡斯引理. 向量 $\boldsymbol{A}_1,\boldsymbol{A}_2,\boldsymbol{A}_3$ 是矩阵 $\boldsymbol{A}$ 的行向量，考虑由与 $\boldsymbol{A}$ 的每个行向量成锐角的所有向量 $\boldsymbol{y}$ 组成的集 $\boldsymbol{Y}$. 法卡斯引理指出，$\boldsymbol{b}$ 与每个 $\boldsymbol{y}\in\boldsymbol{Y}$ 成锐角的充要条件是 $\boldsymbol{b}$ 能表示成 $\boldsymbol{A}$ 的行向量的非负线性组合. 在图 2 中，$\boldsymbol{b}^1$ 是满足这些条件的向量，而 $\boldsymbol{b}^2$ 却不是.

如在第 2 章那样，我们现在定义关于问题(P)的 Lagrange 式

$$L(\boldsymbol{x},\boldsymbol{\lambda},\boldsymbol{\mu})=f(\boldsymbol{x})-\sum_{i=1}^{m}\lambda_i g_i(\boldsymbol{x})-\sum_{j=1}^{p}\mu_j h_j(\boldsymbol{x})\tag{9}$$

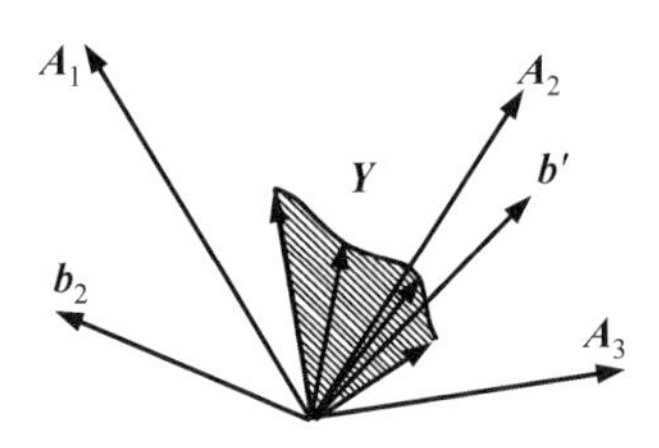

图 2　对于 3×2 阶矩阵 **A** 的法卡斯引理的解释

并可证明下列定理.

定理 1　设 $\boldsymbol{x}^0\in\boldsymbol{X}$,则 $Z^1(\boldsymbol{x}^0)\cap Z^2(\boldsymbol{x}^0)=\varnothing$ 的充要条件为存在向量 $\boldsymbol{\lambda}^0$ 和 $\boldsymbol{\mu}^0$,使得

$$\nabla_x L(\boldsymbol{x}^0,\boldsymbol{\lambda}^0,\boldsymbol{\mu}^0)=\nabla f(\boldsymbol{x}^0)-\sum_{i=1}^{m}\lambda_i^0\nabla g_i(\boldsymbol{x}^0)-\sum_{j=1}^{p}\mu_j^0\nabla h_j(\boldsymbol{x}^0)=0\tag{10}$$

$$\lambda_i^0 g_i(\boldsymbol{x}^0)=0,i=1,2,\cdots,m\tag{11}$$

$$\boldsymbol{\lambda}^0\geqslant\boldsymbol{0}\tag{12}$$

证明　集 $Z^1(\boldsymbol{x}^0)$ 是非空的,因为原点总是属于它;$Z^1(\boldsymbol{x}^0)\cap Z^2(\boldsymbol{x}^0)$ 为空集的充要条件是对满足

$$\boldsymbol{z}^{\mathrm{T}}\nabla g_i(\boldsymbol{x}^0)\geqslant 0,i\in I(\boldsymbol{x}^0)\tag{13}$$

$$\boldsymbol{z}^{\mathrm{T}}\nabla h_j(\boldsymbol{x}^0)=0,j=1,2,\cdots,p\tag{14}$$

的每一个 $\boldsymbol{z}$,我们有

$$\boldsymbol{z}^{\mathrm{T}}\nabla f(\boldsymbol{x}^0)\geqslant 0\tag{15}$$

我们可将式(14) 写成两个不等式

$$\boldsymbol{z}^{\mathrm{T}}\nabla h_j(\boldsymbol{x}^0)\geqslant 0,j=1,2,\cdots,p\tag{16}$$

$$\boldsymbol{z}^{\mathrm{T}}[-\nabla h_j(\boldsymbol{x}^0)]\geqslant 0,j=1,2,\cdots,p\tag{17}$$

由引理 1 可知，式(15) 对满足式(13)(16)(17) 的所有向量 z 成立的充要条件是存在向量$\lambda^0 \geqslant 0, \boldsymbol{\mu}^1 \geqslant 0$ 和 $\boldsymbol{\mu}^2 \geqslant 0$，使得

$$\nabla f(\boldsymbol{x}^0) = \sum_{i \in I(\boldsymbol{x}^0)} \lambda_i^0 \nabla g_i(\boldsymbol{x}^0) + \sum_{j=1}^{p} (\mu_j^1 - \mu_j^2) \nabla h_j(\boldsymbol{x}^0) \tag{18}$$

对于 $i \notin I(\boldsymbol{x}^0)$，令 $\lambda_i^0 = \boldsymbol{0}, \boldsymbol{\mu}^0 = \boldsymbol{\mu}^1 - \boldsymbol{\mu}^2$，我们断言 $Z^1(\boldsymbol{x}^0) \cap Z^2(\boldsymbol{x}^0)$ 为空集的充要条件是(10) ～(12) 成立.

我们希望扩充 2.3 节中的定理 2 给出的关于等式约束问题之解的必要条件，对此，条件(10) ～(12) 当然是自然的候选者. 它们确实成为一般数学规划问题(P) 的最优性的必要条件，如果我们能保证在问题(P) 的局部解 $\boldsymbol{x}^*$ 处 $Z^1(\boldsymbol{x}^*) \cap Z^2(\boldsymbol{x}^*)$ 为空集.

有兴趣的读者可以尝试在这点配上具有等式与不等式约束的简单的数学规划，得到它们的解，并对这些解点，构造集 $Z^1(\boldsymbol{x})$ 与 $Z^2(\boldsymbol{x})$. 对于大部分问题，他将发现在问题的解点处 $Z^1(\boldsymbol{x}) \cap Z^2(\boldsymbol{x})$ 确实是空的，因此 Lagrange 式条件(10) ～(12) 在那些点成立. 然而并不总是这种情形，这从例 1 可见.

例 1　考虑 $\mathbf{R}^2$ 中的约束(图 3).

$$g_1(\boldsymbol{x}) = (1 - \boldsymbol{x}_1)^3 - \boldsymbol{x}_2 \geqslant 0 \tag{19}$$

$$g_2(\boldsymbol{x}) = \boldsymbol{x}_1 \geqslant 0 \tag{20}$$

$$g_3(\boldsymbol{x}) = \boldsymbol{x}_2 \geqslant 0 \tag{21}$$

点 $\boldsymbol{x}^0 = (1, 0)$ 是可行的，容易验证

$$Z^1(\boldsymbol{x}^0) = \{(z_1, z_2) : z_2 = 0\} \tag{22}$$

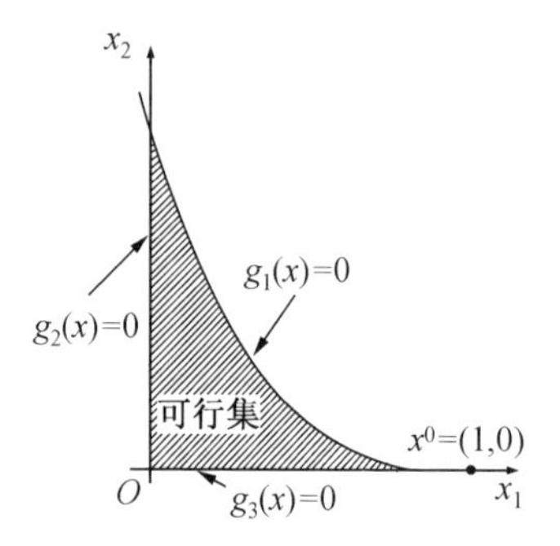

图 3　不具有 Lagrange 乘子的约束与最优点的例子

令 $f(\boldsymbol{x})=-\boldsymbol{x}_1$，可以看到 $\boldsymbol{x}^0$ 是问题

$$\min -\boldsymbol{x}_1 \tag{23}$$

受限制于约束(19)～(21)的解.在 $\boldsymbol{x}^0$ 和

$$Z^2(\boldsymbol{x}^0)=\{(z_1,z_2):z_1>0\} \tag{24}$$

且 $Z^1(\boldsymbol{x}^0)\cap Z^2(\boldsymbol{x}^0)$ 非空，因此不存在满足式(10)～(12)的 $\boldsymbol{\lambda}^0$.

在关于问题(P)的 Lagrange 函数的定义中引进目标函数的一个乘子，可能导出关于最优性的弱的必要条件，而不要求在解处 $Z^1(\boldsymbol{x})\cap Z^2(\boldsymbol{x})$ 成为空集.令弱 Lagrange 式 $\widetilde{L}$ 定义为

$$\widetilde{L}(\boldsymbol{x},\boldsymbol{\lambda},\boldsymbol{\mu})=\lambda_0 f(\boldsymbol{x})-\sum_{i=1}^{m}\lambda_i g_i(\boldsymbol{x})-\sum_{j=1}^{p}\mu_j h_j(\boldsymbol{x}) \tag{25}$$

约翰(John)在 1948 年的开创性工作中，通过弱 Lagrange 式，仅假定所包含的函数有连续的一次偏导数，就叙述并证明了不等式约束数学规划(没有等式约

束）的必要条件. 约翰的条件后来被 Mangasarian 与 Fromovitz 扩充到有等式与不等式约束的问题中，即如本节开头所述的问题(P). 我们即将叙述这些条件，对仅有不等式约束的稍简单的情况给出证明. 首先，我们需要下面称为"择一定理"的结果.

定理 2　设 $\widetilde{\boldsymbol{A}}$ 是 $m\times n$ 实矩阵，则或者存在 n 维向量 $\boldsymbol{x}$，使

$$\widetilde{\boldsymbol{A}}\boldsymbol{x}<\boldsymbol{0} \tag{26}$$

或者存在 m 维非零向量 $\boldsymbol{u}$，使

$$\boldsymbol{u}^{\mathrm{T}}\widetilde{\boldsymbol{A}}=\boldsymbol{0},\boldsymbol{u}\geqslant\boldsymbol{0} \tag{27}$$

但二者不能同时成立.

证明　假设存在 $\boldsymbol{x}$ 与 $\boldsymbol{u}$ 使式(26)和式(27)同时满足，则我们同时有 $\boldsymbol{u}^{\mathrm{T}}\widetilde{\boldsymbol{A}}\boldsymbol{x}<\boldsymbol{0}$ 及 $\boldsymbol{u}^{\mathrm{T}}\widetilde{\boldsymbol{A}}\boldsymbol{x}=\boldsymbol{0}$，得出矛盾. 现在如果不存在 $\boldsymbol{x}$ 满足式(26)，这意味着，我们找不到一个负数 w，使对每个 $\boldsymbol{x}\in\mathbf{R}^n$ 满足

$$\widetilde{\boldsymbol{A}}_i\boldsymbol{x}=\sum_{j=1}^{n}\widetilde{a}_{ij}x_j\leqslant w,i=1,2,\cdots,m \tag{28}$$

令 $\boldsymbol{y}=(w,\boldsymbol{x})^{\mathrm{T}},\boldsymbol{b}=(1,0,\cdots,0)^{\mathrm{T}}\in\mathbf{R}^{n+1},\boldsymbol{A}=(\boldsymbol{e},-\widetilde{\boldsymbol{A}})$，其中 $\boldsymbol{e}=(1,\cdots,1)^{\mathrm{T}}\in\mathbf{R}^m$，借助前述法卡斯引理，我们断言存在 m 维向量 $\boldsymbol{u}\geqslant\boldsymbol{0}$，使

$$\sum_{i=1}^{m}u_i=1 \tag{29}$$

$$\sum_{i=1}^{m}u_ia_{ij}=0,j=1,2,\cdots,n \tag{30}$$

因此 $\boldsymbol{u}$ 是式(27)的解.

关于另一些择一定理的内容，读者可参考 Mangasarian 的著作. 现在要叙述在上面定义的弱 Lagrange 式基础上的必要条件. 然而在证明中，我们假设问题中不出现等式约束 $h_j(\boldsymbol{x})=0$，于是下面的定理便回到约翰最初的那一个定理.

定理 3　假设 $f,g_1,\cdots,g_m,h_1,\cdots,h_p$ 在包含 X 的开集上连续可微，若 $\boldsymbol{x}^*$ 是问题(P)的解，则存在向量 $\boldsymbol{\lambda}^*=(\lambda_0^*,\lambda_1^*,\cdots,\lambda_m^*)^{\mathrm{T}}$ 与 $\boldsymbol{\mu}^*=(\mu_1^*,\cdots,\mu_p^*)^{\mathrm{T}}$，使得

$$\nabla_x \widetilde{L}(\boldsymbol{x}^*,\boldsymbol{\lambda}^*,\boldsymbol{\mu}^*)=\lambda_0^*\nabla f(\boldsymbol{x}^*)-\sum_{i=1}^{m}\lambda_i^*\nabla g_i(\boldsymbol{x}^*)-\sum_{j=1}^{p}\mu_j^*\nabla h_j(\boldsymbol{x}^*)=0 \tag{31}$$

$$\lambda_i^* g_i(\boldsymbol{x}^*)=0,i=1,2,\cdots,m \tag{32}$$

$$(\boldsymbol{\lambda}^*,\boldsymbol{\mu}^*)\neq \mathbf{0},\boldsymbol{\lambda}^*\geqslant \mathbf{0} \tag{33}$$

证明　对下列问题

$$\min f(\boldsymbol{x}) \tag{34}$$

受限制于

$$g_i(\boldsymbol{x})\geqslant 0,i=1,2,\cdots,m \tag{35}$$

我们考虑它的解 $\boldsymbol{x}^*$ 的必要条件. 这条件就是存在向量 $\boldsymbol{\lambda}^*$，使得

$$\lambda_0^*\nabla f(\boldsymbol{x}^*)-\sum_{i=1}^{m}\lambda_i^*\nabla g_i(\boldsymbol{x}^*)=0 \tag{36}$$

$$\lambda_i^* g_i(\boldsymbol{x}^*)=0,i=1,2,\cdots,m \tag{37}$$

$$\boldsymbol{\lambda}^*\neq \mathbf{0},\boldsymbol{\lambda}^*>\mathbf{0} \tag{38}$$

若对所有 i 成立 $g_i(\boldsymbol{x}^*)>0$，则 $I(\boldsymbol{x}^*)=\varnothing$. 选取

$$\lambda_0^* = 1, \lambda_1^* = \lambda_2^* = \cdots = \lambda_m^* = 0$$

式(36)～(38)与 $\nabla f(\boldsymbol{x}^*) = 0$ 一起成立.

现在设 $I(\boldsymbol{x}^*) \neq \varnothing$,则对满足

$$\boldsymbol{z}^{\mathrm{T}} \nabla g_i(\boldsymbol{x}^*) > 0, i \in I(\boldsymbol{x}^*) \tag{39}$$

的每个 $\boldsymbol{z}$,我们不能有

$$\boldsymbol{z}^{\mathrm{T}} \nabla f(\boldsymbol{x}^*) < 0 \tag{40}$$

这结果是从上面看到的事实推出的,即若存在 $\boldsymbol{z}$ 满足式(39),则能找到充分小的 δ,使对于任何 $0 < \theta < \delta$,$\boldsymbol{x} = \boldsymbol{x}^* + \theta \boldsymbol{z}$ 满足

$$g_i(\boldsymbol{x}) > 0, i = 1, 2, \cdots, m \tag{41}$$

即 $\boldsymbol{x}$ 是可行的.若(40)也成立,则

$$f(\boldsymbol{x}) < f(\boldsymbol{x}^*) \tag{42}$$

与 $\boldsymbol{x}^*$ 是极小值点矛盾.这样,不等式组(39)与(40)无解,由定理2,存在一非零向量 $\boldsymbol{\lambda}^* \geqslant 0$,使得

$$\lambda_0^* \nabla f(\boldsymbol{x}^*) + \sum_{i \in I(\boldsymbol{x}^*)} \lambda_i^* [-\nabla g_i(\boldsymbol{x}^*)] = 0 \tag{43}$$

对 $i \notin I(\boldsymbol{x}^*)$,令 $\lambda_i^* = 0$,经过整理我们从(43)得到

$$\lambda_0^* \nabla f(\boldsymbol{x}^*) - \sum_{i=1}^{m} \lambda_i^* \nabla g_i(\boldsymbol{x}^*) = 0 \tag{44}$$

并且显然

$$\lambda_i^* g_i(\boldsymbol{x}^*) = 0, i = 1, 2, \cdots, m \tag{45}$$

如果 λ_0^* 是正的,定理3的条件(31)～(33)变成定理1的条件(10)～(12).反之,定理1的条件自然蕴涵定理3当 $\lambda_0^* = 1$ 时的那些条件.

例2　再次考虑例1所讨论的极小化问题.令 $\lambda_0^* = 0, \lambda_1^* = 1, \lambda_2^* = 0$ 以及 $\lambda_3^* = 1$,我们注意到在 $\boldsymbol{x}^* = (1, 0)$ 的情况下,约翰的必要条件是满足的.

这个例子也说明了定理 3 的主要弱点：事实上，代入 $\lambda_0^* = 0$，条件(31) ~ (33) 在(1,0) 对任何可微的目标函数 f 都满足，不管它在这点是否有局部极值.

读者可能感到奇怪，既然我们基本的数学规划问题容易转换成只包含等式或不等式约束的等价问题，为什么它要同时具有等式与不等式约束. 假定在问题中有不等式 $g(\boldsymbol{x}) \geqslant 0$. 令 $\boldsymbol{y}$ 是附加变量，我们可以写出等价的等式

$$g(\boldsymbol{x}) - \boldsymbol{y}^2 = 0 \tag{46}$$

相反的，如果我们有等式约束 $h(\boldsymbol{x}) = 0$，它能被两个不等式所代替，即

$$h(\boldsymbol{x}) \geqslant 0 \tag{47}$$

$$h(\boldsymbol{x}) \leqslant 0 \tag{48}$$

这样，以增加变量个数或约束个数为代价，等式 - 不等式类型问题能转换成只含单一类型约束的等价问题. 正如 Mangasarian，Fromovitz 关于约翰的条件所指出的那样，这种转换在某些场合是有益的，但也可能使某些结果大大减弱.

假设我们将问题(P) 的每个等式约束写成

$$h_j(\boldsymbol{x}) = g_{m+j}(\boldsymbol{x}) \geqslant 0, j = 1, 2, \cdots, p \tag{49}$$

$$-h_j(\boldsymbol{x}) = g_{m+p+j}(\boldsymbol{x}) \geqslant 0, j = 1, 2, \cdots, p \tag{50}$$

从而将问题(P) 转换成式(34)(35) 的形式. 选取

$$\lambda_0^* = \cdots = \lambda_m^* = 0$$

$$\lambda_{m+1}^* = \cdots = \lambda_{m+p}^* = \lambda_{m+p+1}^* = \cdots = \lambda_{m+2p}^* = 1$$

我们发现，事实上，条件(36) ~ (38) 对于每个可行点满足，而不必是最优点.

在1951年，Kuhn与Tucker在他们的基本著作中给出了不等式约束的数学规划的必要条件，它比John的条件更强，用一个称为约束品性的正则性条件限制约束函数，它们能保证乘子λ_0是正的，这样，John的必要条件的扩充形式便成为等价于条件(10)～(12)的形式. 对约束函数施加限制，以保证在数学规划的解处Lagrange乘子是存在的，这种限制的类型已经成为努力深入研究的主题. 除了Kuhn-Tucker原来的约束品性之外已提出了另一些正则性条件. 我们在这里提到的作者有Abadie，Arrow，Hurwicz，Uzawa，Beltrami，Canom，Cullum，Polak，Evans，Gould，Tolle，Guignard，Karlin，Mangasarian，Fromovitz，Slater，Varaiya. 在下面的讨论中我们一般遵循Abadie，Gould与Tolle以及Varaiya的著作. 对于各种约束品性的广泛讨论，可参见Bazaraa，Goode，Shetty和Gould，Tolle给出的概述.

实际上，我们应把这些正则性条件称为“一阶”约束品性，以区别于与二阶必要条件相联系的其他一些约束品性. 然而在不发生混淆时，我们就简单地把它们称为约束品性.

我们通过引进非空集$A\subset\mathbf{R}^n$在点$\boldsymbol{x}\in A$的切锥的概念，来开始讨论约束品性. 用$\widetilde{S}(A,\boldsymbol{x})$表示包含集$\{\boldsymbol{a}-\boldsymbol{x}:\boldsymbol{a}\in\boldsymbol{A}\}$的所有闭锥的交，则集$A$在点$\boldsymbol{x}$的闭切锥$S(A,\boldsymbol{x})$定义为

$$S(A,\boldsymbol{x})=\bigcap_{k=1}^{\infty}\widetilde{S}(A\cap N_{\frac{1}{k}}(\boldsymbol{x}),\boldsymbol{x})\qquad(51)$$

其中 $N_{\frac{1}{k}}(\boldsymbol{x})$ 是 $\boldsymbol{x}$ 的半径为 $\frac{1}{k}$ 的球形邻域，k 是自然数.

引理 2 刻画了 $S(A,\boldsymbol{x})$ 的特征.

引理 2 向量 $\boldsymbol{z}$ 包含在 $S(A,\boldsymbol{x})$ 的充要条件是：存在一列收敛于 $\boldsymbol{x}$ 的向量 $\{\boldsymbol{x}^k\}\subset A$，并存在一列非负数 $\{\alpha^k\}$，使序列 $\{\alpha^k(\boldsymbol{x}^k-\boldsymbol{x})\}$ 收敛于 $\boldsymbol{z}$.

证明 设 $\boldsymbol{z}\in S(A,\boldsymbol{x})$，则对每个 $k=1,2,\cdots$，有 $\boldsymbol{z}\in\widetilde{S}(A\cap N_{\frac{1}{k}}(\boldsymbol{x}),\boldsymbol{x})$. 按定义，有

$$\begin{gathered}\widetilde{S}(A\cap N_{\frac{1}{k}}(\boldsymbol{x}),\boldsymbol{x})=\\ \mathrm{cl}\{\alpha(\boldsymbol{y}-\boldsymbol{x}):\alpha\geqslant 0\ \boldsymbol{y}\in A\cap N_{\frac{1}{k}}(\boldsymbol{x})\}\\ k=1,2,\cdots\end{gathered}\tag{52}$$

这里 cl 表示 $\mathbf{R}^n$ 中集合的闭包算子. 选取任一正数列 $\{\varepsilon^k\}$ 使其收敛于 0，并考虑向量 $\boldsymbol{z}(\varepsilon^k)\in\{\alpha(\boldsymbol{y}-\boldsymbol{x}):\alpha\geqslant 0,\boldsymbol{y}\in A\cap N_{\frac{1}{k}}(\boldsymbol{x})\}$ 使

$$\|\boldsymbol{z}(\varepsilon^k)-\boldsymbol{z}\|<\varepsilon^k\tag{53}$$

则由式(52)，它们可写作

$$\begin{gathered}\boldsymbol{z}(\varepsilon^k)=\alpha(\varepsilon^k)(\boldsymbol{y}(\varepsilon^k)-\boldsymbol{x})\\ \alpha(\varepsilon^k)\geqslant 0\\ \boldsymbol{y}(\varepsilon^k)\in A\cap N_{\frac{1}{k}}(\boldsymbol{x})\end{gathered}\tag{54}$$

令 $k=1,2,\cdots$，我们产生一列包含于 A 且收敛于 $\boldsymbol{x}$ 的向量 $\boldsymbol{y}(\varepsilon^1),\boldsymbol{y}(\varepsilon^2),\cdots$，以及一非负数列 $\alpha(\varepsilon^1),\alpha(\varepsilon^2),\cdots$ 使得由(53)及(54)，序列 $\{\alpha(\varepsilon^k)(\boldsymbol{y}(\varepsilon^k)-\boldsymbol{x})\}$ 收敛于 $\boldsymbol{z}$. 反之，假设存在一列收敛于 $\boldsymbol{x}$ 的向量 $\{\boldsymbol{x}^k\}\subset A$ 和一列非负数 $\{\alpha^k\}$，使 $\{\alpha^k(\boldsymbol{x}^k-\boldsymbol{x})\}$ 收敛于 $\boldsymbol{z}$，令 p 是任一自然数，则存在一自然数 K，使当 $k\geqslant K$ 时就得到

$\boldsymbol{x}^k \in A \cap N_{\frac{1}{p}}(\boldsymbol{x})$，或

$$\alpha^k(\boldsymbol{x}^k-\boldsymbol{x}) \in \widetilde{S}(A \cap N_{\frac{1}{p}}(\boldsymbol{x}),\boldsymbol{x}),k \geqslant K \quad (55)$$

由于 $\widetilde{S}$ 是闭的，有

$$\boldsymbol{z} \in \widetilde{S}(A \cap N_{\frac{1}{p}}(\boldsymbol{x}),\boldsymbol{x}) \quad (56)$$

因为表达式对任意自然数 p 成立，推知

$$\boldsymbol{z} \in \bigcap_{p=1}^{\infty} \widetilde{S}(A \cap N_{\frac{1}{p}}(\boldsymbol{x}),\boldsymbol{x}) = S(A,\boldsymbol{x}) \quad (57)$$

如图 4 所示，借助引理 2，可能给出非空集 A 在点 $\boldsymbol{x}$ 处切锥 $S(A,\boldsymbol{x})$ 的另一种描述. 首先，注意到向量 $\boldsymbol{w}=\boldsymbol{0}$ 对每一个 A 及 $\boldsymbol{x}$ 均在 $S(A,\boldsymbol{x})$ 内. 令 $\boldsymbol{w}$ 是一单位向量，即 $\|\boldsymbol{w}\|=1$. 设存在一个收敛于 $\boldsymbol{x}$ 的点列 $\{\boldsymbol{x}^k\} \subset A,\boldsymbol{x}^k \neq \boldsymbol{x}$，且

$$\lim_{k\to\infty} \frac{\boldsymbol{x}^k-\boldsymbol{x}}{\|\boldsymbol{x}^k-\boldsymbol{x}\|}=\boldsymbol{w} \quad (58)$$

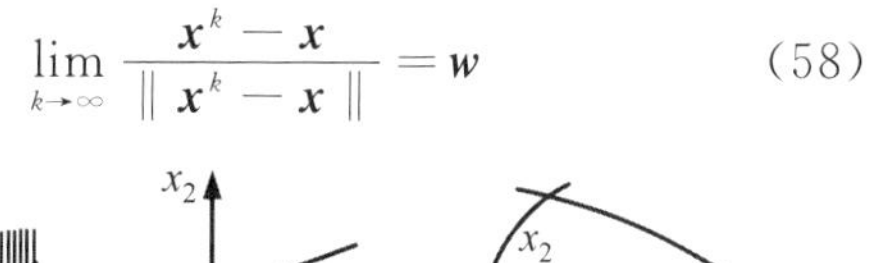

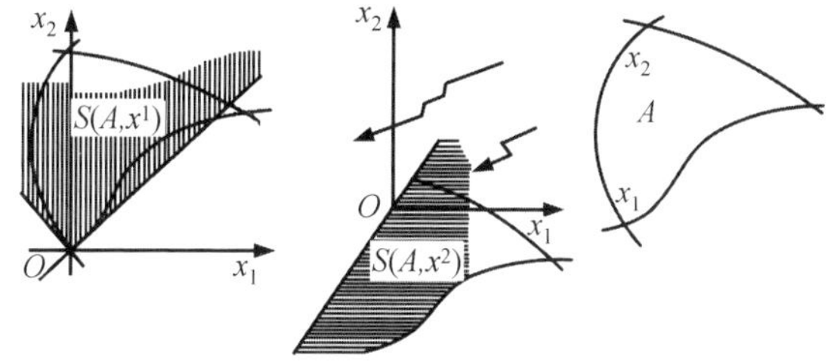

图 4　任意集 A 与它的切锥

我们可以说向量序列 $\{\boldsymbol{x}^k\}$ 在 $\boldsymbol{w}$ 方向收敛于 $\boldsymbol{x}$，于是集 A 在点 $\boldsymbol{x}$ 的切锥，包含上面得到的 $\boldsymbol{w}$ 的非负倍数的所有向量，因此由 $\boldsymbol{w} \in S(A,\boldsymbol{x})$ 推出存在一列 $\{\boldsymbol{x}^k\} \subset A$，在 $\boldsymbol{w}$ 方向收敛于 $\boldsymbol{x}$. 切锥的另一种方式是这样的：通过

把 A 的每一元素减去 $\boldsymbol{x}$ 以平移集 A，令 $\{\boldsymbol{x}^k\}$ 是平移后集合中的序列，$\boldsymbol{x}^k \neq \mathbf{0}$，收敛于原点. 构造通过原点和 $\boldsymbol{x}^k$ 的射线序列，这些射线趋向于一条属于 $S(A,\boldsymbol{x})$ 的射线. 取所有这样的序列形成的所有射线，其全体是 A 在 $\boldsymbol{x}$ 的切锥. 这种构造如图 5 及下面例子所示.

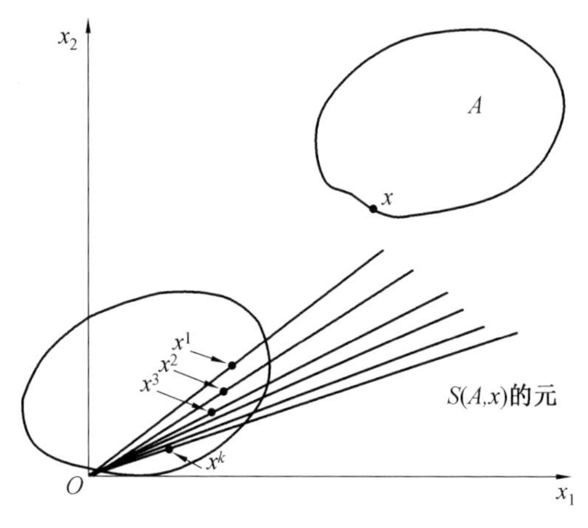

图 5　构造集 A 的切锥

例 3　设

$$B=\{(x_1,x_2):(x_1-4)^2+(x_2-2)^2\leqslant 1\} \quad (59)$$

即 B 是中心在 $(4,2)$，半径为 1 的闭球. 让我们来找 B 在边界点，比方说 $\boldsymbol{x}=\left(4-\frac{\sqrt{3}}{2},\frac{3}{2}\right)$ 的切锥. 首先，通过把每一点减去 $\boldsymbol{x}$ 来平移 B，得到球

$$B^1=\left\{(x_1,x_2):\left(x_1-\frac{\sqrt{3}}{2}\right)^2+\left(x_2-\frac{1}{2}\right)^2\leqslant 1\right\} \quad (60)$$

在 B^1 的边界上取一列收敛于原点的序列 $\{\boldsymbol{x}^k\}$，我们产

生一列射线并收敛于一直线，它实际上就是由 B^1 的边界定义的曲线在原点处的普通切线，这条直线满足

$$\frac{\sqrt{3}}{2}x_1+\frac{1}{2}x_2=0 \tag{61}$$

对于在 B^1 的内部而收敛于原点的所有序列重复上述过程，我们得到 B 在 $\boldsymbol{x}$ 的切锥为

$$S(B,\boldsymbol{x})=\left\{(x_1,x_2):\frac{\sqrt{3}}{2}x_1+\frac{1}{2}x_2\geqslant 0\right\} \tag{62}$$

这是一个容易的练习，去说明在这种情况下 $S(B,\boldsymbol{x})$ 与

$$g(x_1,x_2)=-(x_1-4)^2-(x_2-2)^2+1\geqslant 0 \tag{63}$$

与 $\boldsymbol{x}=\left(4-\frac{\sqrt{3}}{2},\frac{3}{2}\right)$ 的线性化锥相符.

我们接着将用到集 $A\subset\mathbf{R}^n$ 的正法锥的概念（图6），它由所有满足

$$\boldsymbol{x}^{\mathrm{T}}\boldsymbol{y}\geqslant 0,\boldsymbol{y}\in A \tag{64}$$

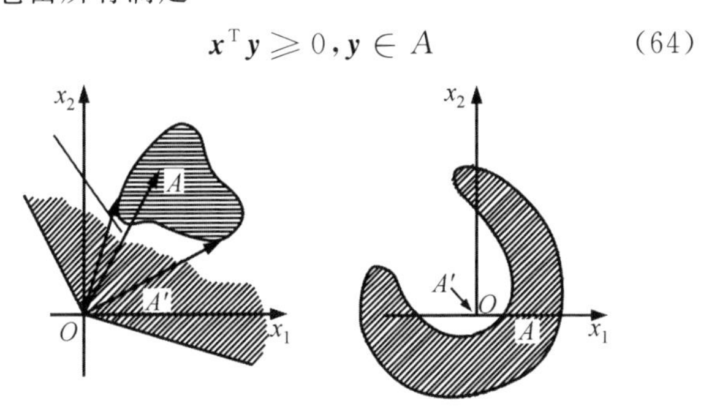

图6　正法锥

的向量 $\boldsymbol{x}\in\mathbf{R}^n$ 组成，记作 A'. 我们用正法锥的名称以区别于“负”法锥或极锥，它是用式(64)中不等号反向

来定义的.下面用到的法锥的一个重要性质是:给定两个集合 $A_1 \subset \mathbf{R}^n$ 和 $A_2 \subset \mathbf{R}^n$,则

$$A_1 \subset A_2 \text{ 蕴涵 } A_2' \subset A_1' \tag{65}$$

切锥与正法锥在建立强最优性条件时起着核心的作用.我们用下述引理把它们联系起来.

引理 3 设 $\boldsymbol{x}^0 \in X$,则当且仅当

$$\nabla f(\boldsymbol{x}^0) \in (Z^1(\boldsymbol{x}^0))' \tag{66}$$

时,集 $Z^1(\boldsymbol{x}^0) \cap Z^2(\boldsymbol{x}^0)$ 为空集.

证明 集 $Z^1(\boldsymbol{x}^0) \cap Z^2(\boldsymbol{x}^0)$ 为空集,当且仅当对每个 $\boldsymbol{z} \in Z^1(\boldsymbol{x}^0)$ 有 $\boldsymbol{z}^{\mathrm{T}} \nabla f(\boldsymbol{x}^0) \geqslant 0$,于是 $\nabla f(\boldsymbol{x}^0)$ 包含在 $Z^1(\boldsymbol{x}^0)$ 的正法锥内.

引理 4 设 $\boldsymbol{x}^0$ 是问题(P)的解,则

$$\nabla f(\boldsymbol{x}^0) \in (S(X, \boldsymbol{x}^0))' \tag{67}$$

证明 我们必须证明,对每个 $\boldsymbol{z} \in S(X, \boldsymbol{x}^0)$,有 $\boldsymbol{z}^{\mathrm{T}} \nabla f(\boldsymbol{x}^0) \geqslant 0$.设 $\boldsymbol{z} \in S(X, \boldsymbol{x}^0)$,则由引理 2,存在收敛于 $\boldsymbol{x}^0$ 的一序列 $\{\boldsymbol{x}^k\} \in X$ 和一非负数列 $\{\alpha^k\}$,使得 $\{\alpha^k(\boldsymbol{x}^k - \boldsymbol{x}^0)\}$ 收敛于 $\boldsymbol{z}$.若 f 在 $\boldsymbol{x}^0$ 可微,我们可写出

$$f(\boldsymbol{x}^k) = f(\boldsymbol{x}^0) + (\boldsymbol{x}^k - \boldsymbol{x}^0)^{\mathrm{T}} \nabla f(\boldsymbol{x}^0) + \varepsilon \| \boldsymbol{x}^k - \boldsymbol{x}^0 \| \tag{68}$$

其中 ε 是当 $k \to \infty$ 时趋向于零的函数,因此

$$\alpha^k [f(\boldsymbol{x}^k) - f(\boldsymbol{x}^0)] = (\alpha^k(\boldsymbol{x}^k - \boldsymbol{x}^0))^{\mathrm{T}} \nabla f(\boldsymbol{x}^0) + \varepsilon \| \alpha^k(\boldsymbol{x}^k - \boldsymbol{x}^0) \| \tag{69}$$

因为 $\boldsymbol{x}^k \in X$,$\boldsymbol{x}^0$ 是局部极小值点,令 $k \to \infty$,则得 $\varepsilon \| \alpha^k(\boldsymbol{x}^k - \boldsymbol{x}^0) \| \to 0$,且表示式 $\alpha^k[f(\boldsymbol{x}^k) - f(\boldsymbol{x}^0)]$ 收敛于非负极限.这样

$$\lim_{k\to\infty}(\alpha^k(\boldsymbol{x}^k-\boldsymbol{x}^0))^{\mathrm{T}}\nabla f(\boldsymbol{x}^0)=\boldsymbol{z}^{\mathrm{T}}\nabla f(\boldsymbol{x}^0)\geqslant 0 \tag{70}$$

即 $\nabla f(\boldsymbol{x}^0)\in(S(X,\boldsymbol{x}^0))'$.

现在我们可以叙述并证明本节的主要结果，它是比定理 3 中给出的要更强的一组必要条件. 下面叙述的条件可看作 Kuhn-Tucker 最优性必要条件的直接扩充.

定理 4(广义 Kuhn-Tucker 必要条件)　令 $\boldsymbol{x}^*$ 是问题(P) 的解，并设

$$(Z^1(\boldsymbol{x}^*))'=(S(X,\boldsymbol{x}^*))' \tag{71}$$

则存在向量 $\boldsymbol{\lambda}^*=(\lambda_1^*,\cdots,\lambda_m^*)^{\mathrm{T}}$ 与 $\boldsymbol{\mu}^*=(\mu_1^*,\cdots,\mu_p^*)^{\mathrm{T}}$，使得

$$\nabla f(\boldsymbol{x}^*)-\sum_{i=1}^{m}\lambda_i^*\nabla g_i(\boldsymbol{x}^*)-\sum_{j=1}^{p}\mu_j^*\nabla h_j(\boldsymbol{x}^*)=0 \tag{72}$$

$$\lambda_i^* g_i(\boldsymbol{x}^*)=\boldsymbol{0},i=1,\cdots,m \tag{73}$$

$$\boldsymbol{\lambda}^*\geqslant 0 \tag{74}$$

证明　设 $\boldsymbol{x}^*$ 是问题(P) 的解，由引理 4，有

$$\nabla f(\boldsymbol{x}^*)\in(S(X,\boldsymbol{x}^*))'$$

若$(Z^1(\boldsymbol{x}^*))'=(S(X,\boldsymbol{x}^*))'$，则

$$\nabla f(\boldsymbol{x}^*)\in(Z^1(\boldsymbol{x}^*))'$$

由引理 3，集 $Z^1(\boldsymbol{x}^*)\cap Z^2(\boldsymbol{x}^*)$ 是空的. 再由定理 1，条件(72) ～ (74) 成立.

注意，在问题(P) 的解 $\boldsymbol{x}^*$ 处

$$Z^1(\boldsymbol{x}^*)=S(X,\boldsymbol{x}^*) \tag{75}$$

蕴涵定理 4 的假设. Gould，Tolle 对一个比我们这里略

微一般的问题曾用(71)作为约束品性.在他们的著作中,附加限制 $\boldsymbol{x} \in D$ 在向量 $\boldsymbol{x}$ 上,其中 D 是 $\mathbf{R}^n$ 的任意子集.在他们的情形中,可行集 X 是 D 与满足式(2)与(3)的 $\boldsymbol{x}$ 的集合的交集.他们证明了,(71)不仅是存在乘子 $\boldsymbol{\lambda}^*$,$\boldsymbol{\mu}^*$ 使(72)～(74)成立的充分条件,而且在一定意义上是必要的.三重组(g,h,D)在 $\boldsymbol{x}^*$ 是Lagrange正则的,当且仅当对每个在 $\boldsymbol{x}^*$ 有局部约束极小值的可微目标函数 f,存在向量 $\boldsymbol{\lambda}^*$,$\boldsymbol{\mu}^*$ 满足式(72)～(74).(g,h,D)在 $\boldsymbol{x}^*$ 是Lagrange正则的,当且仅当条件(71)成立.实质上,我们在定理4中已经证明了,(71)确实是存在满足式(72)～(74)的乘子 $\boldsymbol{\lambda}^*$,$\boldsymbol{\mu}^*$ 的充分条件.为了证明这个条件也是必要的,Gould与Tolle证明了对每个 $\boldsymbol{y} \in (S(X,\boldsymbol{x}^*))'$,存在具有局部约束极小值的可微函数 f,使 $\nabla f(\boldsymbol{x}^*) = \boldsymbol{y}$,由Lagrange正则性与引理3,我们得到 $\boldsymbol{y} \in (Z^1(\boldsymbol{x}^*))'$,因此

$$(S(X,\boldsymbol{x}^*))' \subset (Z^1(\boldsymbol{x}^*))' \tag{76}$$

要求读者证明,对每个可行点 $\hat{\boldsymbol{x}}$ 有

$$(Z^1(\hat{\boldsymbol{x}}))' \subset (S(X,\hat{\boldsymbol{x}}))' \tag{77}$$

因此等式满足.

例 4 考虑下列非线性规划问题

$$\min f(\boldsymbol{x}) = x_1 \tag{78}$$

受限制于

$$g_1(\boldsymbol{x}) = 16 - (x_1 - 4)^2 - (x_2)^2 \geqslant 0 \tag{79}$$

$$h_1(\boldsymbol{x}) = (x_1 - 3)^2 + (x_2 - 2)^2 - 13 = 0 \tag{80}$$

可以从图 7 中看到 $f(\boldsymbol{x})$ 在 $\boldsymbol{x}^{*1}=(0,0)$ 与 $\boldsymbol{x}^{*2}=(6.4,2)$ 有局部极小值，在这两点，$I(\boldsymbol{x}^{*1})=I(\boldsymbol{x}^{*2})=\{1\}$. 在第一点

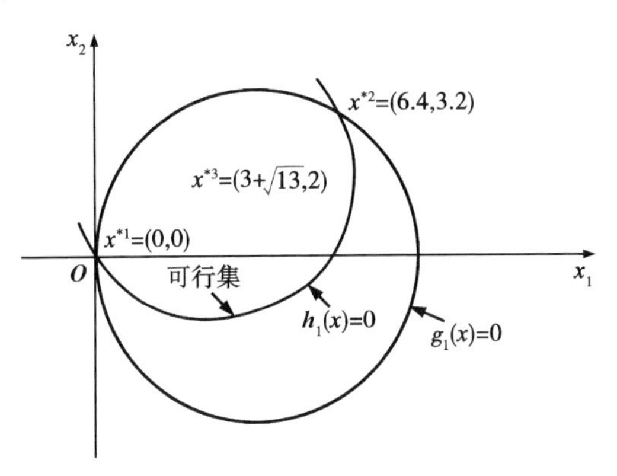

图 7　例 4 的可行集和满足 Kuhn-Tucker 条件的点

$$Z^1(\boldsymbol{x}^{*1})=\left\{(z_1,z_2):z_1\geqslant 0,z_2=-\frac{3}{2}z_1\right\} \tag{81}$$

并且这集合也是 $S(X,\boldsymbol{x}^{*1})$，这可以用简单的构造来验证. 现在有

$$Z^2(\boldsymbol{x}^{*1})=\{(z_1,z_2):z_1<0\} \tag{82}$$

因此 $Z^1(\boldsymbol{x}^{*1})\cap Z^2(\boldsymbol{x}^{*2})=\varnothing$. 对 $\lambda_1^*=\dfrac{1}{8}$ 和 $\mu_1^*=0$，Kuhn-Tucker 条件(72) ~ (74) 满足. 在第二点

$$Z^1(\boldsymbol{x}^{*2})=\left\{(z_1,z_2):z_1\geqslant 0,z_2=-\frac{17}{6}z_1\right\} \tag{83}$$

$$Z^2(x^{*2})=\{(z_1,z_2):z_1<0\} \tag{84}$$

并且又有 $Z^1(x^{*2})\cap Z^2(\boldsymbol{x}^{*2})=\varnothing$. 读者可验证，在第二个局部极小值点所需的乘子是

$$\lambda_1^*=\frac{3}{40}$$

和

$$\mu_1^* = \frac{1}{5}$$

其实还有另外的使得 Kuhn-Tucker 必要条件成立的可行点. 令 $\boldsymbol{x}^{*3} = (3 + \sqrt{13}, 2)$，读者能证明 $Z^1(\boldsymbol{x}^{*3}) \cap Z^2(\boldsymbol{x}^{*3}) = \varnothing$，且相应的乘子是 $\lambda_1^* = 0$ 和 $\mu_1^* = \frac{\sqrt{13}}{26}$. 检查图 7，发现 $\boldsymbol{x}^{*3}$ 不是我们问题的解，而正好是问题

$$\max\ f(\boldsymbol{x}) = x_1 \tag{85}$$

在约束(79) ~ (80) 下的解.

到现在为止，关于问题(P) 中所包含的函数的类型，除了可微性，没有作特殊的假定. 关于这些函数的进一步假定将导致 Kuhn-Tucker 条件的特殊形式. 我们仅给出一种特殊情况. 在很多应用中，出现在规划中的变量 x_j 要求是非负的，假设在约束(2) 和(3) 之外，我们还要求

$$\boldsymbol{x} \geqslant 0 \tag{86}$$

对这种情形的必要条件可以叙述如下：

定理 5 令 $\boldsymbol{x}^*$ 是问题(P) 在附加约束条件(86) 下的解，设(75) 成立，则存在向量

$$\boldsymbol{\lambda}^* = (\lambda_1^*, \cdots, \lambda_m^*)$$

和

$$\boldsymbol{\mu}^* = (\mu_1^*, \cdots, \mu_p^*)$$

使

$$\nabla f(\boldsymbol{x}^*) - \sum_{i=1}^{m} \lambda_i^* \nabla g_i(\boldsymbol{x}^*) -$$

$$\sum_{j=1}^{p}\mu_j^* \nabla h_j(\boldsymbol{x}^*) \geqslant 0 \tag{87}$$

$$\lambda_i^* g_i(\boldsymbol{x}^*)=0, i=1,\cdots,m, \boldsymbol{\lambda}^* \geqslant 0 \tag{88}$$

$$(\boldsymbol{x}^*)^{\mathrm{T}}\left[\nabla f(\boldsymbol{x}^*)-\sum_{i=1}^{m}\lambda_i^* \nabla g_i(\boldsymbol{x}^*)-\sum_{j=1}^{p}\mu_j \nabla h_j(\boldsymbol{x}^*)\right]=0 \tag{89}$$

定理5的证明留给读者. 注意,在这里可行集 X 由满足式(2)(3)和(86)的所有 $\boldsymbol{x}$ 组成. 对于求 f 的极大值而不是像问题(P)中那样求极小值的问题,或者某些约束形为 $g_i(\boldsymbol{x}) \leqslant 0$ 的问题,容易借助于考虑在原来函数前添加负号,以得到解的必要条件,即在第一种情形求 $-f(\boldsymbol{x})$ 的极小值,而在第二种情形受限制于约束 $-g_i(\boldsymbol{x}) \geqslant 0$.

对于一般非线性规划问题,必要且充分的约束品性(71)的验证是一件几乎不可能的事情. 幸而实际上约束品性通常是成立的,所以假定乘子 $\lambda_1^*,\cdots,\lambda_m^*$, $\mu_1^*,\cdots,\mu_p^*$ 的存在是很合理的,$\lambda_1^*,\cdots,\lambda_m^*,\mu_1^*,\cdots,\mu_p^*$ 称为广义 Lagrange 乘子或 Kuhn-Tucker 乘子,它们满足定理4的一阶条件. 我们叙述另外两个约束品性以结束这节,它们蕴涵(75),在这意义下它们比已给出的那个要更强.

Kuhn-Tucker 原来的约束品性,在点 $\boldsymbol{x}^0 \in X$ 要求任何向量 $\boldsymbol{z} \in Z^1(\boldsymbol{x}^0)$ 与包含在 X 中的一可微弧相切,即对每个 $\boldsymbol{z} \in Z^1(\boldsymbol{x}^0)$,存在一函数 α,它的定义域是 $[0,\varepsilon] \cap \mathbf{R}$ 且值域在 $\mathbf{R}^n$ 中,使得 $\alpha(0)=\boldsymbol{x}^0$,对 $0 \leqslant \theta \leqslant \varepsilon$ 有 $\alpha(\theta) \in X$,α 在 $\theta=0$ 可微以及对某个正数 λ 有

$$\frac{\mathrm{d}\alpha(0)}{\mathrm{d}\theta}=\lambda \boldsymbol{z} \tag{90}$$

另一个约束品性是由 Mangasarian，Fromovitz 引进的. 设 g_i 和 h_j 在点 $\boldsymbol{x}^0$ 分别是可微与连续可微的，如果向量 $\nabla h_j(\boldsymbol{x}^0), j=1,\cdots,p$ 是线性独立的，且存在向量 $\boldsymbol{z}\in\mathbf{R}^n$，使得

$$\boldsymbol{z}^{\mathrm{T}}\nabla g_i(\boldsymbol{x}^0)<0, i\in I(\boldsymbol{x}^0) \tag{91}$$

$$\boldsymbol{z}^{\mathrm{T}}\nabla h_j(\boldsymbol{x}^0)=0, j=1,\cdots,p \tag{92}$$

则约束品性成立.

关于最优性的一阶必要条件曾广泛地讨论，读者可以在下列作者的著作中找到最优性条件的分析：Bazaraa，Goode，Braswell，Marban，Canon，Cullum，Polak，Dubovitskii，Milyutin，Gamkrelidze，Halkin，Neustadt，Ritter 和 Wilde. 更特殊的最优性条件，主要是关于凸和广义凸非线性规划的.

3.2　二阶最优性条件

本节讨论关于问题(P) 的含有二阶导数的最优性条件. 我们从二阶必要条件开始，他补充了 3.1 节中的 Kuhn-Tucker 条件，然后叙述并证明在问题(P) 中最优性的充分条件，扩充了第 2 章的相应结果.

读者可以回忆起，在我们关于一阶必要条件的推导中，它们是作为“集合的某个交集是空集”这一事实的结果得到的，对于二阶的情形，可以遵循同样的途径. 有一个这种形式的非常优美的推导，它属于

Duhovitskii, Milyutin. 在 Messerli, Polak 的类似的推导中，得到了基于弱 Lagrange 式的某个一般的二阶必要条件，它可用于具有最低限度正则性条件的问题. 然而，为了使结论与证明简短些，我们将牺牲一般性. 下列结果是 McCormick 得到的，他也导出了关于问题(P) 的最优性充分条件，这将在后面给出.

在下面的讨论中，我们假定出现在问题(P) 中的函数 $f, g_1, \cdots, g_m, h_1, \cdots, h_p$ 是二次连续可微的. 首先，将叙述二阶约束品性. 设 $\boldsymbol{x} \in X$，定义

$$\begin{aligned}\hat{Z}^1(\boldsymbol{x}) = \{\boldsymbol{z} : \boldsymbol{z}^{\mathrm{T}} \nabla g_i(\boldsymbol{x}) = 0, i \in I(\boldsymbol{x})\\ \boldsymbol{z}^{\mathrm{T}} \nabla h_j(\boldsymbol{x}) = 0, j = 1, \cdots, p\}\end{aligned} \tag{1}$$

如果每个非零的 $\boldsymbol{z} \in \hat{Z}^1(\boldsymbol{x}^0)$ 与包含于 X 的边界中的一条二次可微弧相切，则称在 $\boldsymbol{x}^0 \in X$ 处的二阶约束品性成立，即对每个 $\boldsymbol{z} \in \hat{Z}^1(\boldsymbol{x}^0)$，存在一个定义在$[0, \varepsilon] \subset \mathbf{R}$ 上、值域在 $\mathbf{R}^n$ 中的二次可微函数 α，使得 $\alpha(0) = \boldsymbol{x}^0$ 且对 $0 \leqslant \theta \leqslant \varepsilon$ 有

$$g_i(\alpha(\theta)) = 0, i \in I(\boldsymbol{x}^0), h_j(\alpha(\theta)) = 0, j = 1, \cdots, p \tag{2}$$

以及对某个正数 $\boldsymbol{\lambda}$ 有

$$\frac{\mathrm{d}\alpha(0)}{\mathrm{d}\theta} = \lambda \boldsymbol{z} \tag{3}$$

于是，我们有以下定理.

定理 1(二阶必要条件)　设 $\boldsymbol{x}^*$ 是问题(P) 的解，并设存在满足 3.1 节中的式(72) ～ (74) 的向量 $\boldsymbol{\lambda}^* = (\lambda_1^*, \cdots, \lambda_m^*)^{\mathrm{T}}$ 和 $\boldsymbol{\mu}^* = (\mu_1^*, \cdots, \mu_p^*)^{\mathrm{T}}$，进一步设在 $\boldsymbol{x}^*$ 处二阶约束品性成立，则对 $\boldsymbol{z} \neq \boldsymbol{0}$ 且 $\boldsymbol{z} \in \hat{Z}^1(\boldsymbol{x}^*)$，我们

有

$$z^{\mathrm{T}}\left[\nabla^2 f(x^*)-\sum_{i=1}^{m}\lambda_i^*\nabla^2 g_i(x^*)-\sum_{j=1}^{p}\mu_j^*\nabla^2 h_j(x^*)\right]z\geqslant 0 \tag{4}$$

证明　令 $z\neq\mathbf{0}$ 且 $z\in\hat{Z}^1(x^*)$，并令 $\alpha(\theta)$ 是在二阶约束品性中假定的向量值函数，即 $\alpha(0)=x^*$，$\frac{\mathrm{d}\alpha(0)}{\mathrm{d}\theta}=z$（因为 $\hat{Z}^1(x^*)$ 是锥，不失一般性，可假定 $\boldsymbol{\lambda}=\mathbf{1}$），令 $\frac{\mathrm{d}^2\alpha(0)}{\mathrm{d}\theta^2}=w$. 从 3.1 节的式(94) 和链式法则可得

$$\begin{aligned}\frac{\mathrm{d}^2 g_i(\alpha(0))}{\mathrm{d}\theta^2}&=z^{\mathrm{T}}\nabla^2 g_i(x^*)z+w^{\mathrm{T}}\nabla g_i(x^*)\\&=0,\ i\in I(x^*)\end{aligned} \tag{5}$$

$$\begin{aligned}\frac{\mathrm{d}^2 h_j(\alpha(0))}{\mathrm{d}\theta^2}&=z^{\mathrm{T}}\nabla^2 h_j(x^*)z+w^{\mathrm{T}}\nabla h_j(x^*)\\&=0,\ j=1,2,\cdots,p\end{aligned} \tag{6}$$

从 3.1 节中的式(72) ～ (74) 和 $\hat{Z}^1(x^*)$ 的定义，我们有

$$\begin{aligned}\frac{\mathrm{d}f(\alpha(0))}{\mathrm{d}\theta}&=z^{\mathrm{T}}\nabla f(x^*)\\&=z^{\mathrm{T}}\left[\sum_{i=1}^{m}\lambda_i^*\nabla g_i(x^*)+\sum_{j=1}^{p}\mu_j^*\nabla h_j(x^*)\right]=0\end{aligned} \tag{7}$$

因为 x^* 是局部极小值点，而 $\frac{\mathrm{d}f(\alpha(0))}{\mathrm{d}\theta}=0$，可知 $\frac{\mathrm{d}^2 f(\alpha(0))}{\mathrm{d}\theta^2}\geqslant 0$，即

$$\frac{d^2 f(\alpha(0))}{d\theta^2}=\boldsymbol{z}^{T}\nabla^2 f(\boldsymbol{x}^*)\boldsymbol{z}+\boldsymbol{w}^{T}\nabla f(\boldsymbol{x}^*)\geqslant 0 \quad (8)$$

用相应的乘子乘(5) 和(6),从(8) 减去,并利用 3.1 节中的式(72) ～ (74),我们得到

$$\boldsymbol{z}^{T}\left[\nabla^2 f(\boldsymbol{x}^*)-\sum_{i=1}^{m}\lambda_i^*\nabla^2 g_i(\boldsymbol{x}^*)-\sum_{j=1}^{p}\mu_j^*\nabla^2 h_j(\boldsymbol{x}^*)\right]\boldsymbol{z}\geqslant 0 \quad (9)$$

确认二阶约束品性至少和一阶的同样困难,然而有一种相对简单的情形,它蕴涵了一阶和二阶约束品性. 如果向量 $\nabla g_i(\boldsymbol{x}), i\in I(\boldsymbol{x})$ 和 $\nabla h_j(\boldsymbol{x}), j=1,\cdots,p$ 是线性独立的,则两类约束品性在 $\boldsymbol{x}\in X$ 都成立.

例 1　McCormick 用下述问题去说明一种情况,即上述定理中的二阶必要条件能够用来减少满足一阶 Kuhn-Tucker 条件的点的数目. 求参数 $\beta>0$ 的值,使得原点是下述问题的局部极小值点,即

$$\min f(x_1,x_2)=(x_1-1)^2+(x_2)^2 \quad (10)$$

受限制于

$$g_1(x_1,x_2)=-x_1+\frac{(x_2)^2}{\beta}\geqslant 0 \quad (11)$$

一阶和二阶约束品性成立,Lagrange 式给出

$$L(\boldsymbol{x},\boldsymbol{\lambda})=(x_1-1)^2+(x_2)^2-\lambda\left[-x_1+\frac{(x_2)^2}{\beta}\right] \quad (12)$$

对任何 $\beta\neq 0$,取 $\boldsymbol{\lambda}^*=2$,Kuhn-Tucker 条件在点 $\boldsymbol{x}^*=(0,0)$ 满足. 比较二阶必要条件,我们看到 $I(\boldsymbol{x}^*)=\{1\}$,且

$$\hat{Z}^1(\boldsymbol{x}^*)=\{\boldsymbol{z}:\boldsymbol{z}\in\mathbf{R}^2,z_1=0\} \tag{13}$$

这样，$\hat{Z}^1(\boldsymbol{x}^*)$ 中的任何向量有形式 $(0,z_2)^{\mathrm{T}}$，因此式(4)这时变成

$$(0,z_2)\begin{bmatrix}2 & 0\\ 0 & 2-\dfrac{4}{\beta}\end{bmatrix}\begin{bmatrix}0\\ z_2\end{bmatrix}=\left(2-\frac{4}{\beta}\right)(z_2)^2\geqslant 0 \tag{14}$$

从而 $\beta<2$ 时，原点显然不是局部极小。这样，满足 Kuhn-Tucker 条件的 β 值的集合大大地缩减了。

现在让我们转向问题(P)中最优性的充分条件。这样的条件由 Hestenes，King 和 McCormick 导出，他们的结果后来被 Fiacco 加强了。

用 $\hat{I}(\boldsymbol{x}^*)$ 记这样的指标 i 的集合，对于它 $g_i(\boldsymbol{x}^*)=0$ 且 3.1 节中的式(72)～(74)为正数 λ_i^* 满足。这样，$\hat{I}(\boldsymbol{x}^*)$ 是 $I(\boldsymbol{x}^*)$ 的子集。令

$$\begin{aligned}\hat{\hat{Z}}^1(\boldsymbol{x}^*)=\{\boldsymbol{z}:\boldsymbol{z}^{\mathrm{T}}\nabla g_i(\boldsymbol{x}^*)=0\\ i\in\hat{I}(\boldsymbol{x}^*),\boldsymbol{z}^{\mathrm{T}}\nabla g_i(\boldsymbol{x}^*)\geqslant 0\\ i\in I(\boldsymbol{x}^*),\boldsymbol{z}^{\mathrm{T}}\nabla h_j(\boldsymbol{x}^*)=0,j=1,\cdots,p\}\end{aligned} \tag{15}$$

注意到 $\hat{\hat{Z}}^1(\boldsymbol{x}^*)\subset Z^1(\boldsymbol{x}^*)$，那么我们有下面的充分条件，它的证明是属于 McCormick 的，这些条件是 2.2 节中定理 8 的直接推广。

定理 2 设 $\boldsymbol{x}^*$ 对于问题(P)是能行的。若存在向量 $\boldsymbol{\lambda}^*$ 和 $\boldsymbol{\mu}^*$，满足

$$\nabla_x L(\boldsymbol{x}^*,\boldsymbol{\lambda}^*,\boldsymbol{\mu}^*)=\nabla f(\boldsymbol{x}^*)-$$

$$\sum_{i=1}^{m}\lambda_i^* \nabla g_i(\boldsymbol{x}^*) -$$

$$\sum_{j=1}^{p}\mu_j^* \nabla h_j(\boldsymbol{x}^*) = 0 \tag{16}$$

$$\lambda_i^* g_i(\boldsymbol{x}^*) = 0, i = 1, \cdots, m \tag{17}$$

$$\boldsymbol{\lambda}^* \geqslant 0 \tag{18}$$

且对每个 $\boldsymbol{z} \neq \boldsymbol{0}$ 且 $\boldsymbol{z} \in \hat{\hat{Z}}^1(\boldsymbol{x}^*)$，可得

$$\boldsymbol{z}^{\mathrm{T}}\Big[\nabla^2 f(\boldsymbol{x}^*) - \sum_{i=1}^{m}\lambda_i^* \nabla^2 g_i(\boldsymbol{x}^*) -$$

$$\sum_{j=1}^{p}\mu_j^* \nabla^2 h_j(\boldsymbol{x}^*)\Big]\boldsymbol{z} > 0 \tag{19}$$

则 $\boldsymbol{x}^*$ 是问题(P)的严格局部极小值点.

证明　假定(16)～(19)成立而 $\boldsymbol{x}^*$ 不是严格局部极小值点，则存在一个收敛于 $\boldsymbol{x}^*$ 的可行点列 $\{\boldsymbol{z}^k\}$，$\boldsymbol{z}^k \neq \boldsymbol{x}^*$，使得对每个 $\boldsymbol{z}^k$，有

$$f(\boldsymbol{x}^*) \geqslant f(\boldsymbol{z}^k) \tag{20}$$

令 $\boldsymbol{z}^k = \boldsymbol{x}^* + \theta^k \boldsymbol{y}^k$，其中 $\theta^k > 0$ 且 $\|\boldsymbol{y}^k\| = 1$. 不失一般性，假定序列 $\{\theta^k, \boldsymbol{y}^k\}$ 收敛到 $(0, \bar{\boldsymbol{y}})$，其中 $\|\bar{\boldsymbol{y}}\| = 1$. 因为点 $\boldsymbol{z}^k$ 是可行的，所以

$$g_i(\boldsymbol{z}^k) - g_i(\boldsymbol{x}^*) = \theta^k(\boldsymbol{y}^k)^{\mathrm{T}}\nabla g_i(\boldsymbol{x}^* +$$

$$\eta_j^k\theta^k\boldsymbol{y}^k) \geqslant 0, i \in I(\boldsymbol{x}^*) \tag{21}$$

$$h_j(\boldsymbol{z}^k) - h_j(\boldsymbol{x}^*) = \theta^k(\boldsymbol{y}^k)^{\mathrm{T}}\nabla h_j(\boldsymbol{x}^* +$$

$$\bar{\eta}_j^k\theta^k\boldsymbol{y}^k) = 0, j = 1, \cdots, p \tag{22}$$

而从式(20)有

$$f(\boldsymbol{z}^k) - f(\boldsymbol{x}^*) = \theta^k(\boldsymbol{y}^k)^{\mathrm{T}}\nabla f(\boldsymbol{x}^* + \eta^k\theta^k\boldsymbol{y}^k) \leqslant 0 \tag{23}$$

其中 $\eta^k, \eta_i^k, \bar{\eta}_j^k$ 是 0 与 1 之间的数. 用 θ^k 除(21) ~ (23) 并取极限,我们得到

$$(\bar{\boldsymbol{y}})^{\mathrm{T}} \nabla g_i(\boldsymbol{x}^*) \geqslant 0, i \in I(\boldsymbol{x}^*) \tag{24}$$

$$(\bar{\boldsymbol{y}})^{\mathrm{T}} \nabla h_j(\boldsymbol{x}^*) = 0, j = 1, \cdots, p \tag{25}$$

$$(\bar{\boldsymbol{y}})^{\mathrm{T}} \nabla f(\boldsymbol{x}^*) \leqslant 0 \tag{26}$$

设对某个 $i \in \hat{I}(\boldsymbol{x}^*)$,式(24) 作为严格的不等式成立,则联合(16)(24) 和(25),我们得到

$$(\bar{\boldsymbol{y}})^{\mathrm{T}} \nabla f(\boldsymbol{x}^*) = \sum_{i=1}^{m} \lambda_i^* (\bar{\boldsymbol{y}})^{\mathrm{T}} \nabla g_i(\boldsymbol{x}^*) + \sum_{j=1}^{p} \mu_j^* (\bar{\boldsymbol{y}})^{\mathrm{T}} \nabla h_j(\boldsymbol{x}^*) > 0 \tag{27}$$

这与式(26) 矛盾. 所以对一切 $i \in \hat{I}(\boldsymbol{x}^*)$ 有 $(\bar{\boldsymbol{y}})^{\mathrm{T}} \nabla g_i(\boldsymbol{x}^*) = 0$,因而 $\bar{\boldsymbol{y}} \in \hat{\hat{Z}}^1(\boldsymbol{x}^*)$. 从 Taylor 定理我们得到

$$g_i(\boldsymbol{z}^k) = g_i(\boldsymbol{x}^*) + \theta^k (\boldsymbol{y}^k)^{\mathrm{T}} \nabla g_i(\boldsymbol{x}^*) + \frac{1}{2}(\theta^k)^2 (\boldsymbol{y}^k)^{\mathrm{T}} [\nabla^2 g_i(\boldsymbol{x}^* + \xi_i^k \theta^k \boldsymbol{y}^k)] \boldsymbol{y}^k \geqslant 0$$

$$i = 1, 2, \cdots, m \tag{28}$$

$$h_j(\boldsymbol{z}^k) = h_j(\boldsymbol{x}^*) + \theta^k (\boldsymbol{y}^k)^{\mathrm{T}} \nabla h_j(\boldsymbol{x}^*) + \frac{1}{2}(\theta^k)^2 (\boldsymbol{y}^k)^{\mathrm{T}} [\nabla^2 h_j(\boldsymbol{x}^* + \bar{\xi}_j^k \theta^k \boldsymbol{y}^k)] \boldsymbol{y}^k = 0$$

$$j = 1, 2, \cdots, p \tag{29}$$

$$f(\boldsymbol{z}^k) - f(\boldsymbol{x}^*) = \theta^k (\boldsymbol{y}^k)^{\mathrm{T}} \nabla f(\boldsymbol{x}^*) + \frac{1}{2}(\theta^k)^2 (\boldsymbol{y}^k)^{\mathrm{T}} [\nabla^2 f(\boldsymbol{x}^* + \xi^k \theta^k \boldsymbol{y}^k)] \boldsymbol{y}^k \leqslant 0 \tag{30}$$

其中 $\xi^k, \xi_i^k, \bar{\xi}_j^k$ 还是在 0 与 1 之间的数. 用相应的 λ_i^* 与 μ_j^* 乘(28) 和(29) 并从(30) 中减去,就产生

$$\theta^k (\boldsymbol{y}^k)^{\mathrm{T}} \left\{ \nabla f(\boldsymbol{x}^*) - \sum_{i=1}^{m} \lambda_i^* \nabla g_i(\boldsymbol{x}^*) - \sum_{j=1}^{p} \mu_j^* \nabla h_j(\boldsymbol{x}^*) \right\} + \frac{1}{2}(\theta^k)^2 (\boldsymbol{y}^k)^{\mathrm{T}} [\nabla^2 f(\boldsymbol{x}^* + \xi^k \theta^k \boldsymbol{y}^k) - \sum_{i=1}^{m} \lambda_i^* \nabla^2 g_i(\boldsymbol{x}^* + \xi_i^k \theta^k \boldsymbol{y}^k) - \sum_{j=1}^{p} \mu_j^* \nabla^2 h_j(\boldsymbol{x}^* + \bar{\xi}_j^k \theta^k \boldsymbol{y}^k)] \boldsymbol{y}^k \leqslant 0 \tag{31}$$

由(16),上述花括号中的表达式为 0,用 $\frac{1}{2}(\theta^k)^2$ 除剩下的部分并取极限,我们得到

$$(\bar{\boldsymbol{y}})^{\mathrm{T}} \left[\nabla^2 f(\boldsymbol{x}^*) - \sum_{i=1}^{m} \lambda_i^* \nabla^2 g_i(\boldsymbol{x}^*) - \sum_{j=1}^{p} \mu_j^* \nabla^2 h_j(\boldsymbol{x}^*) \right] \bar{\boldsymbol{y}} \leqslant 0 \tag{32}$$

因为 $\bar{\boldsymbol{y}}$ 非零且包含在 $\hat{\hat{Z}}^1(\boldsymbol{x}^*)$ 中,可推知式(32) 与式(19) 矛盾.

注意到,出现在式(19) 方括号中的表达式是 $L(\boldsymbol{x}, \boldsymbol{\lambda}, \boldsymbol{\mu})$ 关于 $\boldsymbol{x}$ 的二阶导数矩阵. Fiacco 的著作,将上面的定理扩充到不必是严格极小时的充分条件.

例 2　再考虑 3.1 节中例 4 给出的问题. 我们已经证明,(至少) 有三个满足最优性必要条件的点. 让我们检验充分条件. 在 $\boldsymbol{x}^{*1}$,有 $\hat{\hat{Z}}^1(\boldsymbol{x}^{*1}) = \{0\}$,从而没有向量$\boldsymbol{z} \neq \boldsymbol{0}$使$\boldsymbol{z} \in \hat{\hat{Z}}^1(\boldsymbol{x}^{*1})$,所以定理 2 的充分条件自然满足.读者可以验证这些条件在$\boldsymbol{x}^{*2}$也成立.但是在$\boldsymbol{x}^{*3}$,有

$$\hat{\hat{Z}}^1(\boldsymbol{x}^{*3}) = \{(z_1, z_2): z_1 = 0\} \tag{33}$$

而出现在式(19)中的二次型是$(-\sqrt{13})\boldsymbol{z}^{\mathrm{T}}\boldsymbol{z}$,它对于所有$\boldsymbol{z} \neq \boldsymbol{0}$是负的,这样$\boldsymbol{x}^{*3}$不满足充分条件.

3.3 Lagrange 的鞍点

还有另一类型的最优性条件与 Lagrange 式有关且借助它的鞍点来表示.这里我们叙述这些条件中的几个,对于出现在非线性规划问题(P)中的函数的性质,并不要求作特殊的假定.有趣的是 3.1 节,3.2 节中用到的可微性假定在某些未来的结果中可以舍去.

设Φ是两个向量变量$\boldsymbol{x} \in D \subset \mathbf{R}^n$和$\boldsymbol{y} \in E \subset \mathbf{R}^m$的实函数.$\Phi$的定义域就是$D \times E$.一个点$(\overline{\boldsymbol{x}}, \overline{\boldsymbol{y}})$,$\overline{\boldsymbol{x}} \in D$,$\overline{\boldsymbol{y}} \in E$称为$\Phi$的鞍点,如果对每个$\boldsymbol{x} \in D$和$\boldsymbol{y} \in E$有

$$\Phi(\overline{\boldsymbol{x}}, \boldsymbol{y}) \leqslant \Phi(\overline{\boldsymbol{x}}, \overline{\boldsymbol{y}}) \leqslant \Phi(\boldsymbol{x}, \overline{\boldsymbol{y}}) \tag{1}$$

与非线性规划问题(P)相联系,有一个鞍点问题,它可叙述如下.问题(S):求一点$\overline{\boldsymbol{x}} \in \mathbf{R}^n$,$\overline{\boldsymbol{\lambda}} \in \mathbf{R}^m$,$\overline{\boldsymbol{\lambda}} \geqslant \boldsymbol{0}$和$\overline{\boldsymbol{\mu}} \in \mathbf{R}^p$,使得$(\overline{\boldsymbol{x}}, \overline{\boldsymbol{\lambda}}, \overline{\boldsymbol{\mu}})$是 Lagrange 式

$$L(\boldsymbol{x}, \boldsymbol{\lambda}, \boldsymbol{\mu}) = f(\boldsymbol{x}) - \sum_{i=1}^{m} \lambda_i g_i(\boldsymbol{x}) - \sum_{j=1}^{p} \mu_j h_j(\boldsymbol{x}) \tag{2}$$

的鞍点,即对一切$\boldsymbol{x} \in \mathbf{R}^n$,$\boldsymbol{\lambda} \in \mathbf{R}^m$,$\boldsymbol{\lambda} \geqslant \boldsymbol{0}$和$\boldsymbol{\mu} \in \mathbf{R}^p$,有

$$L(\bar{\boldsymbol{x}},\boldsymbol{\lambda},\boldsymbol{\mu}) \leqslant L(\bar{\boldsymbol{x}},\bar{\boldsymbol{\lambda}},\bar{\boldsymbol{\mu}}) \leqslant L(\boldsymbol{x},\bar{\boldsymbol{\lambda}},\bar{\boldsymbol{\mu}}) \tag{3}$$

在 Lagrange 式的鞍点与问题(P) 的解之间的一个单侧关系在定理 1 的结果中给出.

定理 1　若$(\bar{\boldsymbol{x}},\bar{\boldsymbol{\lambda}},\bar{\boldsymbol{\mu}})$是问题(S) 的解,则$\bar{\boldsymbol{x}}$是问题(P) 的解.

证明　设$(\bar{\boldsymbol{x}},\bar{\boldsymbol{\lambda}},\bar{\boldsymbol{\mu}})$是问题(S) 的解,则对所有$\boldsymbol{x}\in\mathbf{R}^n,\boldsymbol{\lambda}\in\mathbf{R}^m,\boldsymbol{\lambda}\geqslant\mathbf{0}$和$\boldsymbol{\mu}\in\mathbf{R}^p$,有

$$\begin{aligned} & f(\bar{\boldsymbol{x}})-\sum_{i=1}^{m}\lambda_i g_i(\bar{\boldsymbol{x}})-\sum_{j=1}^{p}\mu_j h_j(\bar{\boldsymbol{x}}) \\ \leqslant\ & f(\bar{\boldsymbol{x}})-\sum_{i=1}^{m}\bar{\lambda}_i g_i(\bar{\boldsymbol{x}})-\sum_{j=1}^{p}\bar{\mu}_j h_j(\bar{\boldsymbol{x}}) \\ \leqslant\ & f(\boldsymbol{x})-\sum_{i=1}^{m}\bar{\lambda}_i g_i(\boldsymbol{x})-\sum_{j=1}^{p}\bar{\mu}_j h_j(\boldsymbol{x}) \end{aligned} \tag{4}$$

整理第一个不等式,我们得到

$$\sum_{i=1}^{m}(\bar{\lambda}_i-\lambda_i)g_i(\bar{\boldsymbol{x}})+\sum_{j=1}^{p}(\bar{\mu}_j-\mu_j)h_j(\bar{\boldsymbol{x}})\leqslant 0 \tag{5}$$

对于所有$\boldsymbol{\lambda}\in\mathbf{R}^m,\boldsymbol{\lambda}\geqslant\mathbf{0}$和$\boldsymbol{\mu}\in\mathbf{R}^p$成立.现在假设对某个$k,1\leqslant k\leqslant p$,有$h_k(\bar{\boldsymbol{x}})>0$.对于$i=1,\cdots,m$,令$\lambda_i=\bar{\lambda}_i$,当$j\neq k$时,令$\mu_j=\bar{\mu}_j,\mu_k=\bar{\mu}_k-1$,则假设$h_k(\bar{\boldsymbol{x}})>0$与式(5) 矛盾.如果对某个$k,h_k(\bar{\boldsymbol{x}})<0$,我们可以选取适当的$\mu$,得到类似的矛盾.这样,对$j=1,\cdots,p,h_j(\bar{\boldsymbol{x}})=0$.现在令$\boldsymbol{\mu}=\bar{\boldsymbol{\mu}}$和$\lambda_1=\bar{\lambda}_1+1$,并对$i=2,\cdots,m$,令$\lambda_i=\bar{\lambda}_i$,我们得到$g_1(\bar{\boldsymbol{x}})\geqslant 0$.令$\lambda_2=\bar{\lambda}_2+1$,并对$i=1,\cdots,m,i\neq 2$,令$\lambda_i=\bar{\lambda}_i$,则$g_2(\bar{\boldsymbol{x}})\geqslant 0$.对所有$i$重复这个过程,我们得到,对$i=1,\cdots,m$有$g_i(\bar{\boldsymbol{x}})\geqslant 0$.由此可知$\bar{x}$关于问题(P) 是可行的,然后令$\boldsymbol{\lambda}=\mathbf{0}$,则由式(4) 中第

一个不等式，我们有

$$0 \leqslant -\sum_{i=1}^{m} \bar{\lambda}_i g_i(\bar{\boldsymbol{x}}) \tag{6}$$

但对 $i=1,\cdots,m$ 成立 $\bar{\lambda}_i \geqslant 0$ 和 $g_i(\bar{\boldsymbol{x}}) \geqslant 0$，所以

$$\sum_{i=1}^{m} \bar{\lambda}_i g_i(\bar{\boldsymbol{x}}) = 0 \tag{7}$$

故对所有 i 成立 $\bar{\lambda}_i g_i(\bar{\boldsymbol{x}}) = 0$.

现在转向(4) 中的第二个不等式. 从上述论证可得

$$f(\bar{\boldsymbol{x}}) \leqslant f(\boldsymbol{x}) - \sum_{i=1}^{m} \bar{\lambda}_i g_i(\boldsymbol{x}) - \sum_{j=1}^{p} \bar{\mu}_j h_j(\boldsymbol{x}) \tag{8}$$

如果 $\boldsymbol{x}$ 关于问题(P) 是可行的，则 $g_i(\boldsymbol{x}) \geqslant 0$ 和 $h_j(\boldsymbol{x}) = 0$，这样有

$$f(\bar{\boldsymbol{x}}) \leqslant f(\boldsymbol{x}) \tag{9}$$

所以 $\bar{\boldsymbol{x}}$ 就是问题(P) 的解.

注意到，不论 Lagrange 式可微与否，问题(P) 中的上述最优性充分条件总成立. 然而，如果函数 f, g_i, h_j 确是可微时，我们有下述有趣的结果(与 3.1 节中的定理 1 比较).

定理 2　设 $f, g_1, \cdots, g_m, h_1, \cdots, h_p$ 是可微函数且 $(\bar{\boldsymbol{x}}, \bar{\boldsymbol{\lambda}}, \bar{\boldsymbol{\mu}})$ 是问题(S) 的解，则 $Z^1(\bar{\boldsymbol{x}}) \cap Z^2(\bar{\boldsymbol{x}}) = \varnothing$，且

$$\nabla_x L(\bar{\boldsymbol{x}}, \bar{\boldsymbol{\lambda}}, \bar{\boldsymbol{\mu}}) = \nabla f(\bar{\boldsymbol{x}}) - \sum_{i=1}^{m} \bar{\lambda}_i \nabla g_i(\bar{\boldsymbol{x}}) - \sum_{j=1}^{p} \bar{\mu}_j \nabla h_j(\bar{\boldsymbol{x}}) = 0 \tag{10}$$

$$\bar{\lambda}_i g_i(\bar{\boldsymbol{x}}) = 0, i = 1, \cdots, m \tag{11}$$

$$\bar{\boldsymbol{\lambda}} \geqslant \mathbf{0} \tag{12}$$

证明　在前面定理的证明中我们可以看到，如果 $(\bar{\boldsymbol{x}},\bar{\boldsymbol{\lambda}},\bar{\boldsymbol{\mu}})$ 是问题(S) 的解，则 $\bar{\lambda}_i g_i(\bar{\boldsymbol{x}})=0, i=1,\cdots,m$ 和 $\bar{\mu}_j h_j(\bar{\boldsymbol{x}})=0, j=1,\cdots,p$. 显然，按定义 $\bar{\boldsymbol{\lambda}}$ 满足式(12). 由式(3) 的第二个不等式可知，对每个 $z\in\mathbf{R}^n$ 和 $\alpha>0$ 有

$$L(\bar{\boldsymbol{x}},\bar{\boldsymbol{\lambda}},\bar{\boldsymbol{\mu}}) \leqslant L(\bar{\boldsymbol{x}}+\alpha z,\bar{\boldsymbol{\lambda}},\bar{\boldsymbol{\mu}}) \tag{13}$$

这样

$$0 \leqslant \frac{L(\bar{\boldsymbol{x}}+\alpha z,\bar{\boldsymbol{\lambda}},\bar{\boldsymbol{\mu}})-L(\bar{\boldsymbol{x}},\bar{\boldsymbol{\lambda}},\bar{\boldsymbol{\mu}})}{\alpha} \tag{14}$$

令 $\alpha\to 0$，我们得到，对每个 $z\in\mathbf{R}^n$ 成立

$$0 \leqslant \boldsymbol{z}^{\mathrm{T}} \nabla_x L(\bar{\boldsymbol{x}},\bar{\boldsymbol{\lambda}},\bar{\boldsymbol{\mu}}) \tag{15}$$

所以(10) 必定成立. 由 3.1 节中的定理 1 可知，(10) ~ (12) 成立的充要条件为 $Z^1(\bar{\boldsymbol{x}}) \cap Z^2(\bar{\boldsymbol{x}})=\varnothing$.

注意到，虽然 Lagrange 式的鞍点蕴涵了(10) ~ (12)，而无需附加正则性条件，但问题(P) 的最优解 $\boldsymbol{x}^*$ 一般并不蕴涵满足(10) ~ (12) 的$(\boldsymbol{\lambda}^*,\boldsymbol{\mu}^*)$ 的存在性，除非在问题(P) 上加了像 3.1 节中式(71) 这样的条件.

定理 2 和 3.1 节中的例 1 一起意味着，定理 1 的逆定理一般不成立. 我们现在给出如下例题以说明这点.

例 1　设我们有规划

$$\min f(\boldsymbol{x})=\boldsymbol{x} \tag{16}$$

受限制于

$$-(\boldsymbol{x})^2 \geqslant 0 \tag{17}$$

最优解是 $\boldsymbol{x}^*=0$. 相应的 Lagrange 式的鞍点问题是求

$\boldsymbol{\lambda}^* \geqslant \mathbf{0}$,使得对每个 $\boldsymbol{x} \in \mathbf{R}$ 有

$$\begin{aligned} \boldsymbol{x}^* + \boldsymbol{\lambda}(\boldsymbol{x}^*)^2 &\leqslant \boldsymbol{x}^* + \boldsymbol{\lambda}^*(\boldsymbol{x}^*)^2 \\ &\leqslant \boldsymbol{x} + \boldsymbol{\lambda}^*(\boldsymbol{x})^2 \end{aligned} \tag{18}$$

或者等价地,有

$$\mathbf{0} \leqslant \boldsymbol{x} + \boldsymbol{\lambda}^*(\boldsymbol{x})^2 \tag{19}$$

显然 $\boldsymbol{\lambda}^*$ 不能为 $\mathbf{0}$,但是对任何 $\boldsymbol{\lambda}^* > \mathbf{0}$,我们可以选 $\boldsymbol{x} > \dfrac{-1}{\boldsymbol{\lambda}^*}$,从而式(19)将不成立. 这样就不存在 $\boldsymbol{\lambda}^*$ 使得 $(\boldsymbol{x}^*, \boldsymbol{\lambda}^*)$ 是鞍点.

如果目标函数与约束函数满足一定的凸性或凹性要求. 这样的规划也满足某些约束品性,则定理 1 的逆定理对于它们成立,即问题(S)的解的存在性是问题(P)中最优性的必要条件.

鞍点是与对策论紧密相关的,其中利益冲突的两个局中人彼此反对对方. 对于一个给定的"支付"函数 $\Phi(x, y)$,一个局中人关于 $\boldsymbol{x}$ 求 Φ 的极小,而另一个局中人关于 $\boldsymbol{y}$ 求 Φ 的极大,这称为 Φ 的极小－极大化(或极大－极小化). 对策论及其在经济中应用的数学基础是由 Von Neumann 奠定的,在 Von Neumann 和 Morgenstern 的经典著作中有描述.

我们建立鞍点与两个向量变量的函数的极小－极大化问题之间的联系来结束这一章.

引理 设 Φ 是两个向量变量 $\boldsymbol{x} \in D \subset \mathbf{R}^n$ 和 $\boldsymbol{y} \in E \subset \mathbf{R}^m$ 的实函数,则

$$\max_{y \in E} \min_{x \in D} \Phi(\boldsymbol{x}, \boldsymbol{y}) \leqslant \min_{x \in D} \max_{y \in E} \Phi(\boldsymbol{x}, \boldsymbol{y}) \tag{20}$$

只要上面的极小极－大值与极大－极小值存在.

证明　对任意固定的 $\boldsymbol{y}\in E$,我们有

$$\min_{x\in D}\Phi(\boldsymbol{x},\boldsymbol{y})\leqslant\Phi(\boldsymbol{x},\boldsymbol{y})\tag{21}$$

类似地,对任意固定的 $\boldsymbol{x}\in D$,有

$$\Phi(\boldsymbol{x},\boldsymbol{y})\leqslant\max_{y\in E}\Phi(\boldsymbol{x},\boldsymbol{y})\tag{22}$$

因此对每个 $\boldsymbol{x}\in D$ 和 $\boldsymbol{y}\in E$,有

$$\min_{x\in D}\Phi(\boldsymbol{x},\boldsymbol{y})\leqslant\max_{y\in E}\Phi(\boldsymbol{x},\boldsymbol{y})\tag{23}$$

结果得到

$$\max_{y\in E}\min_{x\in D}\Phi(\boldsymbol{x},\boldsymbol{y})\leqslant\min_{x\in D}\max_{y\in E}\Phi(\boldsymbol{x},\boldsymbol{y})\tag{24}$$

例 2　一个实矩阵 $\boldsymbol{A}=(a_{ij})$ 可以看作由

$$\Phi(i,j)=a_{ij}\tag{25}$$

给出的两个变量 i,j 的实值函数. 令

$$\boldsymbol{A}_1=\begin{pmatrix}1&-1\\-1&1\end{pmatrix}\tag{26}$$

则

$$\begin{aligned}\max_j\min_i a_{ij}&=\max(\min_i a_{i1},\min_i a_{i2})\\&=\max(-1,-1)=-1\end{aligned}\tag{27}$$

$$\begin{aligned}\min_i\max_j a_{ij}&=\min(\max_j a_{1j},\max_j a_{2j})\\&=\min(1,1)=1\end{aligned}\tag{28}$$

因此

$$\max_j\min_i\Phi(i,j)<\min_i\max_j\Phi(i,j)\tag{29}$$

且式(20)作为严格不等式成立. 另一方面,取

$$\boldsymbol{A}_2=\begin{pmatrix}1&2\\-1&3\end{pmatrix}\tag{30}$$

读者容易证明

$$\max_j\min_i a_{ij}=2=\min_i\max_j a_{ij}\tag{31}$$

式(20) 作为方程成立.

式(20) 中等号成立的必要和充分条件是 Φ 有鞍点. 形式地,有如下定理.

定理 3 设引理中的假设成立,则

$$\max_{y\in E}\ \min_{x\in D}\Phi(\boldsymbol{x},\boldsymbol{y})=\Phi(\bar{\boldsymbol{x}},\bar{\boldsymbol{y}})=\min_{x\in D}\ \max_{y\in E}\Phi(\boldsymbol{x},\boldsymbol{y}) \tag{32}$$

的充要条件为 $(\bar{\boldsymbol{x}},\bar{\boldsymbol{y}})$ 是 Φ 的鞍点.

证明 设 $(\bar{\boldsymbol{x}},\bar{\boldsymbol{y}})$ 是 Φ 的鞍点,则

$$\max_{y\in E}\Phi(\bar{\boldsymbol{x}},\boldsymbol{y})\leqslant\Phi(\bar{\boldsymbol{x}},\bar{\boldsymbol{y}})\leqslant\min_{x\in D}\Phi(\boldsymbol{x},\bar{\boldsymbol{y}}) \tag{33}$$

也有

$$\min_{x\in D}\ \max_{y\in E}\Phi(\boldsymbol{x},\boldsymbol{y})\leqslant\max_{y\in E}\Phi(\bar{\boldsymbol{x}},\boldsymbol{y}) \tag{34}$$

$$\min_{x\in D}\Phi(\boldsymbol{x},\bar{\boldsymbol{y}})\leqslant\max_{y\in E}\ \min_{x\in D}\Phi(\boldsymbol{x},\boldsymbol{y}) \tag{35}$$

联合上面三个关系式,我们得到

$$\min_{x\in D}\ \max_{y\in E}\Phi(\boldsymbol{x},\boldsymbol{y})\leqslant\Phi(\bar{\boldsymbol{x}},\bar{\boldsymbol{y}})\leqslant\max_{y\in E}\ \min_{x\in D}\Phi(\boldsymbol{x},\boldsymbol{y}) \tag{36}$$

比较式(36) 和式(20),我们断言式(32) 必定成立. 反之,设 $(\bar{\boldsymbol{x}},\bar{\boldsymbol{y}})$ 满足

$$\max_{y\in E}\Phi(\bar{\boldsymbol{x}},\boldsymbol{y})=\min_{x\in D}\ \max_{y\in E}\Phi(\boldsymbol{x},\boldsymbol{y}) \tag{37}$$

和

$$\min_{x\in D}\Phi(\boldsymbol{x},\bar{\boldsymbol{y}})=\max_{y\in E}\ \min_{x\in D}\Phi(\boldsymbol{x},\boldsymbol{y}) \tag{38}$$

若式(32) 成立,则由式(37)(38) 以及极小和极大的定义,我们得到

$$\Phi(\bar{\boldsymbol{x}},\boldsymbol{y})\leqslant\max_{y\in E}\Phi(\bar{\boldsymbol{x}},\boldsymbol{y})=\Phi(\bar{\boldsymbol{x}},\bar{\boldsymbol{y}})$$

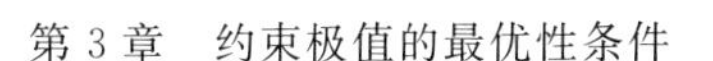

$$= \min_{x \in D} \Phi(\boldsymbol{x},\boldsymbol{y}) \leqslant \Phi(\boldsymbol{x},\bar{\boldsymbol{y}}) \tag{39}$$

这样 Φ 有鞍点 $(\bar{\boldsymbol{x}},\bar{\boldsymbol{y}})$.

数学规划是数学中非常实用的一个分支.由美国的丹齐格始创,在由新加坡八方文化工作室出版的,由丁伟岳、田刚、蒋美跃主编的《张恭庆的数学生活》一书中,张院士讲了一个发生在20世纪五十年代的事.就提到数学规划的应用:

> 那时北大做计算的人大都比较年轻,没有受过特别多的数学训练.往往拿来问题,就编程上机计算,很少去考虑数学模型和计算方法.于是形成了一种舆论,好像除了计算,别的数学都没有用.有一次接到一项任务,要通过确定几十个参数来设计一条曲线.从事计算的同事们已在计算机上计算了好几个月,总是达不到要求.偶然间其中一位同事问起我有没有确定许多参数的好办法.我把他们要算的数学问题了解清楚后,回去想了想.先把这个问题提成一个"逼近问题",经转化为一个"极小—极大问题",再化归"数学规划"问题.建议他们用标准程序去算.后来据说计算效果很好,顺利地完成了任务.1976年春天我忽然得到通知,要我去某单位用半个月时间专门介绍这个方法,并培训那里的技术人员.这件事促使我重视计算方法,也更坚定了我对数学的信念.

第4章 数学规划的 Lagrange 乘子

有了凸集和凸函数的概念以后,作为它们的初步应用,要在第5章中讨论凸规划问题,即求一个凸函数在一个凸集上的最小值问题.本章先补充一些有关数学规划论的知识.

一个数学规划问题的形式如下,即

$$(\mathscr{P})\begin{cases} f(\boldsymbol{x}) \to \min \\ g_i(\boldsymbol{x}) \leqslant 0, i=1,2,\cdots,p \\ h_j(\boldsymbol{x})=0, j=1,2,\cdots,q \end{cases}$$

这里 $f, g_i(i=1,\cdots,p), h_j(j=1,\cdots,q)$ 都是线性空间 X 上的取广义实值的函数.由于允许 f 取 $\pm\infty$,上述形式的规划问题中实际上还包括把 $\boldsymbol{x}$ 限制在 X 的某个集合 S 中的问题,因为这只需认为 f 在 S 外取 $+\infty$ 即可.令

$$K=\{\boldsymbol{x}\in X \mid g_i(\boldsymbol{x})\leqslant 0, i=1,2,\cdots,p \\ h_j(\boldsymbol{x})=0, j=1,2,\cdots,q\} \tag{1}$$

为问题 $(\mathscr{P})$ 的容许集,其中条件

$$g_i(\boldsymbol{x}) \leqslant 0, i = 1, 2, \cdots, p$$

称为问题($\mathscr{P}$)的不等式约束，条件

$$h_j(\boldsymbol{x}) = 0, j = 1, 2, \cdots, q$$

称为问题($\mathscr{P}$)的等式约束. 如果存在 $\hat{\boldsymbol{x}} \in K$，使得

$$f(\hat{\boldsymbol{x}}) = \inf_{x \in K} f(\boldsymbol{x})$$

那么 $\hat{\boldsymbol{x}}$ 称为问题($\mathscr{P}$)的解；$v = \inf_{x \in K} f(\boldsymbol{x})$ 则称为问题($\mathscr{P}$)的值；而 f 则称为问题($\mathscr{P}$)的目标函数.

对于任何 $K \subset X$，可定义 K 的指标函数为

$$\delta_K(\boldsymbol{x}) = \begin{cases} 0, \text{当 } \boldsymbol{x} \in K \\ +\infty, \text{当 } \boldsymbol{x} \notin K \end{cases} \tag{2}$$

于是任何约束极值问题

$$\begin{cases} f(\boldsymbol{x}) \to \min \\ \boldsymbol{x} \in K \subset X \end{cases}$$

都可把指标函数 δ_K 当作“理想罚函数”，而化为下列无约束极值问题

$$f(\boldsymbol{x}) + \delta_K(\boldsymbol{x}) \to \min$$

对于问题($\mathscr{P}$)，其对应的 K 如(1)所表示，这里指出，对于这样的 K，有下列命题成立.

命题 1

$$\begin{aligned} \delta_K(\boldsymbol{x}) &= \sup_{\boldsymbol{\lambda} \in \mathbf{R}_+^{p*}, \boldsymbol{\mu} \in \mathbf{R}^{q*}} \{\langle \boldsymbol{\lambda}, g(\boldsymbol{x}) \rangle + \langle \boldsymbol{\mu}, h(\boldsymbol{x}) \rangle\} \\ &= \sup_{\boldsymbol{\lambda} \in \mathbf{R}_+^{p*}, \boldsymbol{\mu} \in \mathbf{R}^{q*}} \left\{ \sum_{i=1}^{p} \lambda_i g_i(\boldsymbol{x}) + \sum_{j=1}^{q} \mu_j h_j(\boldsymbol{x}) \right\} \end{aligned} \tag{3}$$

这里

$$\boldsymbol{g}(\boldsymbol{x})=(g_1(\boldsymbol{x}),g_2(\boldsymbol{x}),\cdots,g_p(\boldsymbol{x}))\in\mathbf{R}^p$$

$$\boldsymbol{h}(\boldsymbol{x})=(h_1(\boldsymbol{x}),h_2(\boldsymbol{x}),\cdots,h_q(\boldsymbol{x}))\in\mathbf{R}^q$$

$$\begin{aligned}\boldsymbol{\lambda}&=(\lambda_1,\cdots,\lambda_p)\in\mathbf{R}_+^{p*}\\&=\{\boldsymbol{\lambda}\in\mathbf{R}_+^{p*}\mid\lambda_i\geqslant 0,i=1,2,\cdots,p\}\end{aligned}$$

$$\boldsymbol{\mu}=(\mu_1,\mu_2,\cdots,\mu_q)\in\mathbf{R}^{q*}$$

证明 事实上

$$\begin{aligned}&\sup_{\boldsymbol{\lambda}\in\mathbf{R}_+^{p*},\mu\in\mathbf{R}^{q*}}\{\langle\boldsymbol{\lambda},\boldsymbol{g}(\boldsymbol{x})\rangle+\langle\boldsymbol{\mu},\boldsymbol{h}(\boldsymbol{x})\rangle\}\\&=\sum_{i=1}^{p}\sup_{\lambda_i\geqslant 0}\lambda_i g_i(\boldsymbol{x})+\sum_{j=1}^{q}\sup_{\mu_j\in\mathbf{R}}\mu_j h_j(\boldsymbol{x})\end{aligned}$$

而

$$\sup_{\lambda_i\geqslant 0}\lambda_i g_i(\boldsymbol{x})=\begin{cases}0,当\ g_i(\boldsymbol{x})\leqslant 0\\+\infty,当\ g_i(\boldsymbol{x})>0\end{cases},i=1,2,\cdots,p$$

$$\sup_{\mu_j\in\mathbf{R}}\mu_j h_j(\boldsymbol{x})=\begin{cases}0,当\ h_j(\boldsymbol{x})=0\\+\infty,当\ h_j(\boldsymbol{x})\neq 0\end{cases},j=1,2,\cdots,q$$

由 K 的定义(1) 和 δ_K 的定义(2),即得(3).

我们称

$$L:X\times\mathbf{R}_+^{p*}\times\mathbf{R}^{q*}\to\mathbf{R}\cup\{\pm\infty\}$$

$$\begin{aligned}L(\boldsymbol{x},\boldsymbol{\lambda},\boldsymbol{\mu})&=f(\boldsymbol{x})+\langle\boldsymbol{\lambda},\boldsymbol{g}(\boldsymbol{x})\rangle+\langle\boldsymbol{\mu},\boldsymbol{h}(\boldsymbol{x})\rangle\\&=f(\boldsymbol{x})+\sum_{i=1}^{p}\lambda_i g_i(\boldsymbol{x})+\sum_{j=1}^{q}\mu_j h_j(\boldsymbol{x})\end{aligned}$$

为问题($\mathscr{P}$) 的 Lagrange 函数. 令

$$\alpha=\sup_{\boldsymbol{\lambda},\boldsymbol{\mu}}\inf_{\boldsymbol{x}}L(\boldsymbol{x},\boldsymbol{\lambda},\boldsymbol{\mu})\tag{4}$$

$$\beta=\inf_{\boldsymbol{x}}\sup_{\boldsymbol{\lambda},\boldsymbol{\mu}}L(\boldsymbol{x},\boldsymbol{\lambda},\boldsymbol{\mu})\tag{5}$$

则由命题 1 立即可得以下命题.

命题 2　问题($\mathscr{P}$) 的值为

$$v=\inf_{x\in K} f(\boldsymbol{x})=\beta$$

且 $\hat{\boldsymbol{x}}\in K$ 为($\mathscr{P}$) 的解当且仅当

$$\sup_{\boldsymbol{\lambda},\boldsymbol{\mu}} L(\hat{\boldsymbol{x}},\boldsymbol{\lambda},\boldsymbol{\mu})=\beta$$

由式(4) 和式(5),一般只有

$$\alpha\leqslant\beta \tag{6}$$

事实上,由

$$L(\boldsymbol{x},\boldsymbol{\lambda},\boldsymbol{\mu})\leqslant\sup_{\boldsymbol{\lambda},\boldsymbol{\mu}} L(\boldsymbol{x},\boldsymbol{\lambda},\boldsymbol{\mu})$$

立即可得

$$\inf_{x\in X} L(\boldsymbol{x},\boldsymbol{\lambda},\boldsymbol{\mu})\leqslant\inf_{x\in X}\ \sup_{\boldsymbol{\lambda},\boldsymbol{\mu}} L(\boldsymbol{x},\boldsymbol{\lambda},\boldsymbol{\mu})=\beta$$

因此

$$\alpha=\sup_{\boldsymbol{\lambda},\boldsymbol{\mu}}\ \inf_{x} L(\boldsymbol{x},\boldsymbol{\lambda},\boldsymbol{\mu})\leqslant\beta$$

然而,如果存在$(\hat{\boldsymbol{\lambda}},\hat{\boldsymbol{\mu}})\in\mathbf{R}_+^{p*}\times\mathbf{R}^{q*}$,满足

$$\inf_{x} L(\boldsymbol{x},\hat{\boldsymbol{\lambda}},\hat{\boldsymbol{\mu}})=\beta=v \tag{7}$$

那么由 $\alpha\geqslant\inf_{x} L(\boldsymbol{x},\hat{\boldsymbol{\lambda}},\hat{\boldsymbol{\mu}})$,就可得 $\alpha=\beta$. 满足(7) 的 $(\hat{\boldsymbol{\lambda}},\hat{\boldsymbol{\mu}})$ 称为问题($\mathscr{P}$) 的 Lagrange 乘子.

根据定义,Lagrange 乘子$(\hat{\boldsymbol{\lambda}},\hat{\boldsymbol{\mu}})$ 必定是规划问题($\mathscr{P}^*$) 的解,即

$$\begin{cases}\inf_{x} L(\boldsymbol{x},\boldsymbol{\lambda},\boldsymbol{\mu})\to\max\\ \boldsymbol{\lambda}\in\mathbf{R}_+^{p*},\ \boldsymbol{\mu}\in\mathbf{R}^{q*}\end{cases}$$

称它为原问题($\mathscr{P}$) 的对偶问题.

下面给出数学规划理论的一条基本定理.

定理(鞍点定理) 下列两个命题是等价的:

(1)$\hat{\boldsymbol{x}}$ 是问题($\mathscr{P}$)的解,($\hat{\boldsymbol{\lambda}}$, $\hat{\boldsymbol{\mu}}$)是问题($\mathscr{P}$)的 Lagrange 乘子.

(2)($\hat{\boldsymbol{x}}$,$\hat{\boldsymbol{\lambda}}$, $\hat{\boldsymbol{\mu}}$)是问题($\mathscr{P}$)的 Lagrange 函数的鞍点,即

$$L(\hat{\boldsymbol{x}},\boldsymbol{\lambda},\boldsymbol{\mu}) \leqslant L(\hat{\boldsymbol{x}},\hat{\boldsymbol{\lambda}},\hat{\boldsymbol{\mu}}) \leqslant L(\boldsymbol{x},\hat{\boldsymbol{\lambda}},\hat{\boldsymbol{\mu}}) \qquad (8)$$
$$\forall \boldsymbol{x} \in X, \forall (\boldsymbol{\lambda},\boldsymbol{\mu}) \in \mathbf{R}_+^{p*} \times \mathbf{R}^{q*}$$

此外,这时还有

$$\hat{\lambda}_i g_i(\hat{\boldsymbol{x}}) = 0, i = 1, \cdots, p \qquad (9)$$

证明 (1)⇒(2):由命题 2 和式(7),这时有

$$L(\hat{\boldsymbol{x}},\boldsymbol{\lambda},\boldsymbol{\mu}) \leqslant \beta \leqslant L(\boldsymbol{x},\hat{\boldsymbol{\lambda}},\hat{\boldsymbol{\mu}})$$
$$\forall \boldsymbol{x} \in X, \forall (\boldsymbol{\lambda},\boldsymbol{\mu}) \in \mathbf{R}_+^{p*} \times \mathbf{R}^{q*}$$

因此,式(8)对于 $\beta = L(\hat{\boldsymbol{x}},\hat{\boldsymbol{\lambda}},\hat{\boldsymbol{\mu}})$ 成立.

(2)⇒(1):由(8)有

$$\begin{aligned}\beta &\leqslant \sup_{\boldsymbol{\lambda},\boldsymbol{\mu}} L(\hat{\boldsymbol{x}},\boldsymbol{\lambda},\boldsymbol{\mu}) \\ &= L(\hat{\boldsymbol{x}},\hat{\boldsymbol{\lambda}},\hat{\boldsymbol{\mu}}) \\ &= \inf_{\boldsymbol{x}} L(\boldsymbol{x},\hat{\boldsymbol{\lambda}},\hat{\boldsymbol{\mu}}) \leqslant \alpha\end{aligned}$$

再由 $\alpha \leqslant \beta$ 可知

$$\begin{aligned}\sup_{\boldsymbol{\lambda},\boldsymbol{\mu}} L(\hat{\boldsymbol{x}},\boldsymbol{\lambda},\boldsymbol{\mu}) &= \inf_{\boldsymbol{x}} L(\boldsymbol{x},\hat{\boldsymbol{\lambda}},\hat{\boldsymbol{\mu}}) \\ &= L(\hat{\boldsymbol{x}},\hat{\boldsymbol{\lambda}},\hat{\boldsymbol{\mu}}) = \beta\end{aligned}$$

因此,由命题 2,$\hat{\boldsymbol{x}}$ 是问题($\mathscr{P}$)的解;根据式(7),($\hat{\boldsymbol{\lambda}}$,$\hat{\boldsymbol{\mu}}$)是问题($\mathscr{P}$)的 Lagrange 乘子.

此外,由 $\hat{\boldsymbol{x}} \in K$,故

$$L(\hat{\boldsymbol{x}},\hat{\boldsymbol{\lambda}},\hat{\boldsymbol{\mu}})=f(\hat{\boldsymbol{x}})+\sum_{i=1}^{p}\hat{\lambda}_i g_i(\hat{\boldsymbol{x}})=\beta=f(\hat{\boldsymbol{x}})$$

因此

$$\sum_{i=1}^{p}\hat{\lambda}_i g_i(\hat{\boldsymbol{x}})=0$$

但

$$\hat{\lambda}_i\geqslant 0$$

$$g_i(\hat{\boldsymbol{x}})\leqslant 0$$

以至

$$\hat{\lambda}_i g_i(\hat{\boldsymbol{x}})\leqslant 0, i=1,\cdots,p$$

从而式(9) 成立.

注 1　关系式(9) 称为问题($\mathscr{P}$) 的松紧关系. 它在许多实际问题中有重要意义.

注 2　如果$(\hat{\boldsymbol{\lambda}},\hat{\boldsymbol{\mu}})$是问题($\mathscr{P}$) 的 Lagrange 乘子，那么问题($\mathscr{P}$) 的解 $\hat{\boldsymbol{x}}$ 一定也是问题($\mathscr{P}_{\mathrm{L}}$) 的解，即

$$L(\boldsymbol{x},\hat{\boldsymbol{\lambda}},\hat{\boldsymbol{\mu}})\rightarrow\min$$

这是因为(8) 的右端成立. 但这并不意味着问题($\mathscr{P}_{\mathrm{L}}$) 的解也一定是问题($\mathscr{P}$) 的解，因为问题($\mathscr{P}_{\mathrm{L}}$) 的解 $\hat{\boldsymbol{x}}$ 只能满足(8) 的右端，却不一定满足(8) 的左端. 下面利用问题(P) 简单说明这种情况是可能的，即

$$\begin{cases}\min x\\ |x|\leqslant 0\end{cases}$$

易证所有满足 $\hat{\boldsymbol{\lambda}}\geqslant 1$ 的 $\hat{\boldsymbol{\lambda}}$ 都是问题(P) 的 Lagrange 乘子. 但对于 $\hat{\boldsymbol{\lambda}}=1$，所有满足 $\boldsymbol{x}\leqslant 0$ 的 $\widetilde{x}$ 都是问题($\mathrm{P_L}$)，

即

$$L(\boldsymbol{x},\hat{\boldsymbol{\lambda}})=\boldsymbol{x}+|\ \boldsymbol{x}\ |\rightarrow \min$$

的解. 而当 $\hat{\boldsymbol{x}}<0$ 时,它并不是问题(P) 的解.

注 3 上面的结果容易推广到约束为无限维的情形. 为此,首先需要半序线性空间的概念. 线性空间 Y 称为半序线性空间,是指 Y 中定义了序关系"$\leqslant$",使 Y 成为序集,同时满足:

(1) $\forall \boldsymbol{z}\in Y,\boldsymbol{x}\leqslant \boldsymbol{y}\Rightarrow \boldsymbol{x}+\boldsymbol{z}\leqslant \boldsymbol{y}+\boldsymbol{z}$.

(2) $\forall \boldsymbol{\lambda}\geqslant 0,\forall \boldsymbol{x}\geqslant 0,\boldsymbol{\lambda x}\geqslant 0$.

现在设 X,Z 是线性空间,Y 是半序线性空间

$$f:X\rightarrow \mathbf{R}\cup\{\pm\infty\}$$

$$g:X\rightarrow Y$$

$$h:X\rightarrow Z$$

为任意的映射. 于是问题($\mathscr{P}$) 可推广为

$$\begin{cases}f(\boldsymbol{x})\rightarrow \min\\ g(\boldsymbol{x})\leqslant 0\\ h(\boldsymbol{x})=0\end{cases}$$

其 Lagrange 函数定义为

$$L:X\times Y_{+}^{*}\times Z^{*}\rightarrow \mathbf{R}\cup\{\pm\infty\}$$

$$L(\boldsymbol{x},\boldsymbol{\lambda},\boldsymbol{\mu})=f(\boldsymbol{x})+\langle\boldsymbol{\lambda},g(\boldsymbol{x})\rangle+\langle\boldsymbol{\mu},h(\boldsymbol{x})\rangle$$

这里

$$Y_{+}^{*}=\{\boldsymbol{\lambda}\in Y^{*}\mid\langle\boldsymbol{\lambda},\boldsymbol{y}\rangle\geqslant 0,\forall \boldsymbol{y}\geqslant 0\}\tag{10}$$

于是其对偶问题($\mathscr{P}^{*}$)以及 Lagrange乘子等都能类似定义,这时定理仍成立;松紧关系(9) 则代替为

$$\langle \hat{\boldsymbol{\lambda}}, g(\hat{\boldsymbol{x}}) \rangle = 0$$

需要注意的是：式(10)中的 Y_+^* 有时可能只包含唯一的零元素，这甚至在某些有意义的问题中也会发生[①]. Y_+^* 包含非零元素的充分条件之一是 $Y_+ = \{\boldsymbol{y} \in Y \mid \boldsymbol{y} \geqslant 0\}$ 有非空代数内部.

① 例如，当 $Y = L^p[0,1]$，$0 < p < 1$ 时，$Y_+^* = \{0\}$，这里 $L^p[0,1]$ 表示[0,1]上的 p 次 Lagrange 可积函数全体. 参看 H. H. Schaefer. Topological Vector Spaces[M]. Springer Verlag：New York，1980：252.

第5章 凸规划的 Lagrange 乘子法则

第4章中讨论了一般的数学规划问题,并提出了 Lagrange 乘子的概念. 由 Lagrange 乘子的定义式可知,它的好处在于:可把约束极值问题$(\mathscr{P})$简化为无约束极值问题$(\mathscr{P}_{\mathrm{L}})$(参看第4章注2)

$$L(\boldsymbol{x},\hat{\boldsymbol{\lambda}},\hat{\boldsymbol{\mu}}) \to \min$$

因此,求出问题$(\mathscr{P})$的 Lagrange 乘子对于求解$(\mathscr{P})$是有重要意义的. 然而,在一般情况下,这种 Lagrange 乘子并非总是存在的,即使对于凸规划也是如此. 本章要指出对于凸规划的 Lagrange 乘子的存在条件,这类结果常称为 Lagrange 乘子法则. 为此,先证明一条有一般意义的定理.

定理1 设 $F_1,\cdots,F_m: X \to \mathbf{R} \cup \{+\infty\}$ 为线性空间 X 上的真凸函数. $h: X \to Z$ 为 X 到线性空间 Z 的仿射映射,即

$$h(\boldsymbol{x})=L(\boldsymbol{x})+z_0,\ \forall\, \boldsymbol{x}\in X$$

这里 $L:X\to Z$ 为线性映射，$z_0\in Z$. 如果

$$\max_{1\leqslant i\leqslant m} F_i(\boldsymbol{x})\geqslant 0,\ \forall\, \boldsymbol{x}:h(\boldsymbol{x})=0 \tag{1}$$

那么存在非零的 $(\alpha,\boldsymbol{\mu})\in \mathbf{R}_+^{m^*}\times Z^*$，使得

$$\begin{aligned}&\langle \alpha,F(\boldsymbol{x})\rangle+\langle \boldsymbol{\mu},h(\boldsymbol{x})\rangle\\ =&\sum_{i=1}^m \alpha_i F_i(\boldsymbol{x})+\langle \boldsymbol{\mu},h(\boldsymbol{x})\rangle\geqslant 0\end{aligned} \tag{2}$$

$$\forall\, \boldsymbol{x}\in\bigcap_{i=1}^m \operatorname{dom} F_i$$

此外，如果

$$0\in \left(h\left(\bigcap_{i=1}^m \operatorname{dom} F_i\right)\right)^i$$

那么式(2) 也是式(1) 的充分条件，并且这时必定有

$$\alpha=(\alpha_1,\cdots,\alpha_m)\neq 0$$

证明　令

$$Q=\bigcap_{i=1}^m \operatorname{dom} F_i$$

$G:Q\to\mathbf{R}^m\times Z$ 定义为

$$G(\boldsymbol{x})=(F_1(\boldsymbol{x}),\cdots,F_m(\boldsymbol{x});h(\boldsymbol{x}))$$

又设

$$\begin{aligned}E&=(\mathbf{R}_+^m,0)\\ &=\{(\boldsymbol{y}_1,\cdots,\boldsymbol{y}_m;\boldsymbol{z})\in\mathbf{R}^m\times Z\mid y_i\geqslant 0,\\ &\qquad i=1,\cdots,m;\boldsymbol{z}=0\}\end{aligned}$$

我们指出，$G(Q)+E$ 是凸集. 事实上，如果

$$(\boldsymbol{y};\boldsymbol{z}),(\boldsymbol{y}';\boldsymbol{z}')\in G(Q)+E$$

那么存在 $\boldsymbol{x},\boldsymbol{x}'\in Q$，使得

$$F_i(\boldsymbol{x})\leqslant y_i,F_i(\boldsymbol{x}')\leqslant y_i',i=1,\cdots,m$$

$$h(\boldsymbol{x})=\boldsymbol{z},h(\boldsymbol{x}')=\boldsymbol{z}'$$

从而对于任何 $\boldsymbol{\lambda} \in [0,1]$，由 F_i 为真凸函数和 h 为仿射映射，有

$$\begin{aligned} & F_i((1-\boldsymbol{\lambda})\boldsymbol{x}+\boldsymbol{\lambda}\boldsymbol{x}') \\ & \leqslant (1-\boldsymbol{\lambda})F_i(\boldsymbol{x})+\boldsymbol{\lambda}F_i(\boldsymbol{x}') \\ & \leqslant (1-\boldsymbol{\lambda})y_i+\boldsymbol{\lambda}y'_i, i=1,\cdots,m \end{aligned}$$

$$\begin{aligned} h((1-\boldsymbol{\lambda})\boldsymbol{x}+\boldsymbol{\lambda}\boldsymbol{x}') &= (1-\boldsymbol{\lambda})h(\boldsymbol{x})+\boldsymbol{\lambda}h(\boldsymbol{x}') \\ &= (1-\boldsymbol{\lambda})\boldsymbol{z}+\boldsymbol{\lambda}\boldsymbol{z}' \end{aligned}$$

因此

$$((1-\boldsymbol{\lambda})\boldsymbol{y}+\boldsymbol{\lambda}\boldsymbol{y}';(1-\boldsymbol{\lambda})\boldsymbol{z}+\boldsymbol{\lambda}\boldsymbol{z}') \in G(Q)+E$$

另一方面，由式(1)可知，$G(Q)+E$ 中不包含下列凸集中的点

$$H=\{(\boldsymbol{y};\boldsymbol{z}) \in \mathbf{R}^m \times Z \mid y_i<0, i=1,\cdots,m;\boldsymbol{z}=0\}$$

同时，由 h 的仿射性，不难验证

$$(G(Q)+E)^{ri} \neq \varnothing$$

$$H^{ri} \neq \varnothing$$

因此，由凸集分离定理，存在

$$(\alpha,\boldsymbol{\mu}) \in \mathbf{R}^{m^*} \times Z^*, (\alpha,\boldsymbol{\mu}) \neq 0$$

使得

$$\langle\boldsymbol{\alpha}, y\rangle+\langle\mu, z\rangle \leqslant \langle\boldsymbol{\alpha}, y'\rangle+\langle\mu, z'\rangle$$

$$\forall (y,z) \in H, \forall (y',z') \in G(Q)+E$$

特别是对于任何 $y_1,\cdots,y_m<0, x \in Q$，有

$$\alpha_1 y_1+\cdots+\alpha_m y_m \leqslant \alpha_1 F_1(x)+\cdots+\alpha_m F_m(x)+\langle\mu, h(x)\rangle \tag{3}$$

令 $y_1,\cdots,y_m \to 0$，即得

$$\sum_{i=1}^m \alpha_i F_i(x)+\langle\mu, h(x)\rangle \geqslant 0$$

$$\forall x \in Q = \bigcap_{i=1}^{m} \operatorname{dom} F_i$$

最后，由于式(3)中，$y_1,\cdots,y_m$ 中的任何一个都可趋于 $-\infty$，故 $\alpha_1,\cdots,\alpha_m$ 中没有一个能取负值，否则，式(3)不可能成立，因此，$\boldsymbol{\alpha}=(\alpha_1,\cdots,\alpha_m)\in \mathbf{R}_+^{m^*}$.

此外，当 $0\in(h(Q))^i$ 时，必定有 $\boldsymbol{\alpha}=(\alpha_1,\cdots,\alpha_m)\neq \mathbf{0}$；否则，将有

$$\langle \mu, h(x)\rangle \geqslant 0, \forall x \in Q$$

即

$$\langle \mu, z\rangle \geqslant 0, \forall z \in h(Q)$$

由于 $0\in(h(Q))^i$，这仅当 $\mu=0$ 时才有可能，与 $(\boldsymbol{\alpha},\mu)\neq \mathbf{0}$ 相矛盾. 这样，$\boldsymbol{\alpha}=(\alpha_1,\cdots,\alpha_m)\neq \mathbf{0}$，且

$$\alpha_1 F_1(x)+\cdots+\alpha_m F_m(x)\geqslant 0$$

$$\forall x \in Q, h(x)=0$$

由此显然可导出式(1).

注 1　如果 $h(x)\equiv 0$，那么定理 1 指出：

$\forall x \in X, \max\limits_{1\leqslant i\leqslant m} F_i(x)\geqslant 0 \Leftrightarrow \exists \alpha_i \geqslant 0, i=1,\cdots,m$ 不全为零

$$\forall x \in \bigcap_{i=1}^{m} \operatorname{dom} F_i$$

$$\sum_{i=1}^{m} \alpha_i F_i(x) \geqslant 0 \tag{4}$$

注 2　值得注意的是式(2)和式(4)中的条件"$\forall x \in \bigcap_{i=1}^{m} \operatorname{dom} F_i$"不能改进为"$\forall x \in X$". 下面是一个反例.

设

$$X=\mathbf{R}$$

$$F_1(x)=x$$

$$F_2(x)=\begin{cases}-1, 当\ x\geqslant 0\\ +\infty, 当\ x<0\end{cases}$$

则 F_1,F_2 都是真凸函数,且

$$\forall x\in \mathbf{R}, \max\{F_1(x), F_2(x)\}\geqslant 0$$

但是,使

$$\alpha_1 F_1(x)+\alpha_2 F_2(x)\geqslant 0, \forall x\geqslant 0 \tag{5}$$

成立的不全为零的非负(α_1,α_2)只可能有 $\alpha_1>0$,$\alpha_2=0$,而这样的(α_1,α_2)不可能使式(5)中的"$\forall x\geqslant 0$"代替为"$\forall x\in\mathbf{R}$".

下面讨论凸规划的 Lagrange 乘子的存在问题. 形式为问题$(\mathscr{P})$的凸规划,是指 $f,g_1,\cdots,g_p$ 为 X 上的凸函数,$h_1,\cdots,h_q$ 为 X 上的仿射函数,因为这时对应的表示为第 4 章式(1)的容许集 K 是凸集. 对于这样一般的凸规划,Lagrange 乘子是不一定存在的(可以看到这种反例),即使要求 f,g_i 等都是真凸函数. 在一般情况下,只能有下列较弱的结果.

定理 2(Fritz John 条件) 设问题$(\mathscr{P})$中的 f,$g_1,\cdots,g_p$ 是线性空间 X 上的真凸函数,$h_1,\cdots,h_q$ 为 X 上的仿射函数. 问题$(\mathscr{P})$的值为 $V\neq\pm\infty$($V=+\infty$ 意味着 $K\cap \mathrm{dom}\, f=\varnothing$),那么存在不全为零的 $\hat{\lambda}_0\geqslant 0$,$\hat{\lambda}_1,\cdots,\hat{\lambda}_p\geqslant 0$,$\hat{\mu}_1,\cdots,\hat{\mu}_q\in\mathbf{R}$,使得

$$\hat{\lambda}_0 V\leqslant \hat{\lambda}_0 f(x)+\sum_{i=1}^{p}\hat{\lambda}_i g_i(x)+\sum_{j=1}^{q}\hat{\mu}_j h_j(x) \tag{6}$$

$$\forall x\in \mathrm{dom}\, f\cap\left(\bigcap_{i=1}^{p}\mathrm{dom}\, g_i\right)$$

证明　不难验证：如果问题($\mathscr{P}$)有值 $V \neq \pm\infty$，则问题($\mathscr{P}$)等价于

$$\begin{cases}\max\limits_{1\leqslant i\leqslant p}\{f(x)-V, g_i(x)\} \geqslant 0 \\ \forall\, x: h(x)=(h_1(x),\cdots,h_q(x))=0\end{cases}$$

设 $m=1+p$，取

$$F_1(x)=f(x)-V$$

$$F_{1+i}(x)=g_i(x), i=1,2,\cdots,p$$

则定理 2 即归结为定理 1 的情形.

如果式(6)中的 $\hat{\lambda}_0>0$，则不妨假设 $\hat{\lambda}_0=1$(否则，只需两端同除以 $\hat{\lambda}_0$)，于是当所有的 g_i 都在 $\mathbf{R}$ 中取值时，即

$$\bigcap_{i=1}^{p} \operatorname{dom} g_i = X$$

时，式(6)指出

$$\beta = V \leqslant \inf_{x\in X} L(x,\hat{\lambda},\hat{\mu}) \leqslant \alpha \leqslant \beta$$

这里 α,β 如第 4 章式(4)，式(5)所定义. 因此

$$\inf_{x\in X} L(x,\hat{\lambda},\hat{\mu}) = \alpha = \beta$$

即 $(\hat{\lambda},\hat{\mu})$ 为问题($\mathscr{P}$)的 Lagrange 乘子. 但是 $\hat{\lambda}_0=0$ 是可能的. 下面是一个简单的例子：设

$$X=\mathbf{R}, f(x)=x, g(x)=x^2$$

则($\mathscr{P}$)为

$$\begin{cases} x \to \min \\ x^2 \leqslant 0 \end{cases}$$

V 的值为 0，而使

$$\hat{\lambda}_0 x + \hat{\lambda} x^2 \geqslant 0, \forall\, x \in \mathbf{R}$$

成立的$(\hat{\lambda}_0,\hat{\lambda})$只可能是$\hat{\lambda}_0=0,\hat{\lambda}>0$. 这个例子说明，要保证$\hat{\lambda}_0>0$还必须附加别的条件. 这种条件一般是对约束引入的，所以通常称为约束品性条件. 我们引入下列形式的约束品性条件(S)，如：

$$\begin{cases}(1)\ \text{存在}\ x_0\in\operatorname{dom} f,\text{使得：}\\ \qquad g_i(x_0)<0,i=1,\cdots,p\\ \qquad h_j(x_0)=0,j=1,\cdots,q\\ (2)0\in\left(h\left(\operatorname{dom} f\cap\left(\bigcap_{i=1}^{p}\operatorname{dom} g_i\right)\right)\right)^i,\\ \qquad \text{其中}\ h=(h_1,\cdots,h_q)\end{cases}$$

条件(S)中的(1)称为 Slater 条件.

定理3(Kuhn-Tucker条件) 在定理2的条件下，若条件(S)成立，那么式(6)中的$\hat{\lambda}_0=1$，即存在$\hat{\lambda}_1,\cdots,\hat{\lambda}_p\geqslant 0,\hat{\mu}_1,\hat{\mu}_2,\cdots,\hat{\mu}_q\in\mathbf{R}$，使得

$$V\leqslant f(x)+\sum_{i=1}^{p}\hat{\lambda}_i g_i(x)+\sum_{j=1}^{q}\hat{\mu}_j h_j(x)$$
$$\forall x\in\operatorname{dom} f\cap\left(\bigcap_{i=1}^{p}\operatorname{dom} g_i\right)\tag{7}$$

证明 如果$\hat{\lambda}_0=0$，那么由式(6)，有

$$\sum_{i=1}^{p}\hat{\lambda}_i g_i(x)+\sum_{j=1}^{q}\hat{\mu}_j h_j(x)\geqslant 0$$
$$\forall x\in\operatorname{dom} f\cap\left(\bigcap_{i=1}^{p}\operatorname{dom} g_i\right)\tag{8}$$

由条件(S)中的(1)，在上式中取$x=x_0$，则

$$\sum_{i=1}^{p}\hat{\lambda}_i g_i(x_0)\geqslant 0$$

但 $\hat{\lambda}_i \geqslant 0, g_i(x_0) < 0, i = 1, \cdots, p$，上式仅当 $\hat{\lambda}_1, \cdots, \hat{\lambda}_p = 0$ 时才有可能成立. 这样，再由式(6) 可得

$$\sum_{j=1}^{q} \hat{\mu}_j h_j(x) = \langle \hat{\mu}, h(x) \rangle \geqslant 0$$

$$\forall\, x \in \operatorname{dom} f \cap \left(\bigcap_{i=1}^{p} \operatorname{dom} g_i\right)$$

由条件(S) 中的(2)，上式仅当

$$\hat{\mu} = (\hat{\mu}_1, \cdots, \hat{\mu}_q) = 0$$

时才有可能，这与

$$\hat{\lambda}_0, \hat{\lambda}_1, \cdots, \hat{\lambda}_p, \hat{\mu}_1, \cdots, \hat{\mu}_q$$

不全为零相矛盾. 因此，$\hat{\lambda}_0 > 0$，特别地，可取 $\hat{\lambda}_0 = 1$.

推论　在定理 2 的条件下，如果条件(S) 成立，且 $g_1, \cdots, g_p$ 都在 $\mathbf{R}$ 中取值，那么问题($\mathscr{P}$) 的 Lagrange 乘子存在，特别地，对偶问题($\mathscr{P}^*$) 的解存在.

注 1　根据定理 1 的注 2，我们不能由式(7) 来断定问题($\mathscr{P}$) 有 Lagrange 乘子.

注 2　条件(S) 中的(2) 可减弱为

$$0 \in \left(h\left(\operatorname{dom} f \cap \left(\bigcap_{i=1}^{p} \operatorname{dom} g_i\right)\right)\right)^{ri}$$

这时我们可以把 $\mathbf{R}^q$ 代替为

$$\operatorname{aff} h\left(\operatorname{dom} f \cap \left(\bigcap_{i=1}^{p} \operatorname{dom} g_i\right)\right)$$

$$= \operatorname{lin} h\left(\operatorname{dom} f \cap \left(\bigcap_{i=1}^{p} \operatorname{dom} g_i\right)\right)$$

来进行同样的讨论.

注 3　如果把条件(S) 的(2) 中的 i 减弱为 ri，那么下列条件是使条件(S) 成立的充分条件：

存在 $x_0 \in (\mathrm{dom}\ f)^k \cap (\bigcap_{i=1}^{p} (\mathrm{dom}\ g_i)^i)$，使得有条件(S′)，即

$$g_i(x_0) < 0, i = 1, \cdots, p$$
$$h_j(x_0) = 0, j = 1, \cdots, q$$

因为仿射映射总是把集合的代数内点变为相对代数内点.

注 4 等式约束显然可推广到无限维情形. 这时定理 2 和定理 3 都几乎不必做修改. 如果还希望把不等式约束也推广到无限维的情形，那么首先要把凸函数的概念推广为取半序线性空间中的值的凸映射. 其次，定理 2 的证明不能再由定理 1 得到，而必须重新证明. 其证明思路仍可仿照定理 1 的证明，但为了能应用凸集分离定理，需假设半序线性空间的正锥

$$Y_+ = \{y \in Y \mid y \geqslant 0\}$$

有非空代数内部. 它同时也是定义条件(S)中的 $g(x) < 0$ 所必需的.

注 5 当 $\mathrm{dom}\ f \cap (\bigcap_{i=1}^{p} \mathrm{dom}\ g_i) = X$ 时，条件(S)的(2)对于相对代数内部总是满足的，这时条件(S)可减弱为：

对于任何非仿射的 g_i，存在 $x_i \in X$，使得有条件(S″)，即

$$g_i(x_i) < 0, g_k(x_i) \leqslant 0, k = 1, \cdots, p$$
$$h_j(x_i) = 0, j = 1, \cdots, q$$

事实上，这时不妨设所有满足条件(S″)的 g_i 为 $g_1, \cdots, g_{p'}(p' \leqslant p)$，而 $g_{p'+1}, \cdots, g_p$ 为仿射函数. 还不

妨设$h_1,\cdots,h_q$线性无关(任何一个$h_{j'}$不能表示为其他的h_j的线性组合),否则,可取出其中最大的线性无关集来做讨论,因为其他的等式约束实际上是多余的,其对应的$\hat{\mu}_j$可取为零. 同样还不妨假设$g_{p'+1},\cdots,g_p$,$h_1,\cdots,h_q$也线性无关,否则,同样可去掉一些多余的约束,并令其对应的$\hat{\lambda}_i,\hat{\mu}_j$为零. 这样一来,由式(8)和条件(S″),我们可得

$$\hat{\lambda}_i g_i(x_i)+\sum_{k\neq i}\lambda_k g_k(x_i)\geqslant 0,i=1,\cdots,p'$$

从而由$\hat{\lambda}_i\geqslant 0,g_i(x_i)<0$可得

$$\hat{\lambda}_i=0,i=1,\cdots,p'$$

另一方面,又有

$$\sum_{i=p'+1}^{p'}\hat{\lambda}_i g_i(x)+\sum_{j=1}^{q}\hat{\mu}_j h_j(x)=0,\forall x\in X$$

由假设,这仅当$\hat{\lambda}_{p'+1},\cdots,\hat{\lambda}_{p'},\hat{\mu}_1,\cdots,\hat{\mu}_q$全为零时才有可能,同样导致矛盾. 注意到这点是有用的,它说明对于只有仿射约束的线性规划(见第 6 章)来说,总能有$\lambda_0=1$.

第6章 线性规划和 Lagrange 乘子的经济解释

下列类型的极值问题称为线性规划问题,即问题($\mathscr{L}$)

$$\begin{cases}\sum_{i=1}^{n} b_i x^i \to \min \\ x^i \geqslant 0, i=1,\cdots,n \\ \sum_{i=1}^{n} a_i^j x^i \geqslant c^j, j=1,\cdots,p\end{cases}$$

这里 x^i, b_i, a_i^j, c^j 都是实数. 问题($\mathscr{L}$) 也可以简记为

$$\begin{cases}\langle \boldsymbol{b}, \boldsymbol{x}\rangle_n \to \min \\ \boldsymbol{x} \geqslant 0 \\ \mathbf{A}\boldsymbol{x} \geqslant \boldsymbol{c}\end{cases}$$

这里 $\boldsymbol{x} \in \mathbf{R}^n, \boldsymbol{b} \in \mathbf{R}^{n^*}, \boldsymbol{c} \in \mathbf{R}^p, \boldsymbol{x} \geqslant \mathbf{0} \Leftrightarrow x^i \geqslant 0, i=1,\cdots,n, A: \mathbf{R}^n \to \mathbf{R}^p$ 为线性映射,它可用矩阵

$$(a_i^j), i=1,\cdots,n; j=1,\cdots,p$$

来表示，$\boldsymbol{Ax}\geqslant \boldsymbol{c}$ 的定义类似.

众所周知，有许许多多实际问题可归结为线性规划问题. 一种典型的经济解释是这样的：$\boldsymbol{x}=(x^1,\cdots,x^n)$ 代表生产过程中所需要的 n 种原料的投入量，简称为投入丛，$\boldsymbol{b}=(b_1,\cdots,b_n)$ 代表这 n 种原料的单位价格，简称为投入价格系，于是

$$\langle \boldsymbol{b},\boldsymbol{x}\rangle_n=\sum_{i=1}^{n} b_i x^i$$

就是所有投入量的总价值，即生产的成本，$\boldsymbol{c}=(c^1,\cdots,c^p)$ 代表 p 种产品的产出量，简称产出丛，矩阵 $\boldsymbol{A}$ 则代表用 n 种投入原料来生产 p 种产出产品的消耗系数，称为投入产出矩阵. 于是 $\boldsymbol{Ax}\geqslant \boldsymbol{c}$ 意味着要求投入丛 $\boldsymbol{x}$ 能用来生产不比 $\boldsymbol{c}$ 更少的产出丛，而问题($\mathscr{L}$) 就是在既定的产出目标下，要求投入的成本最小.

对应问题($\mathscr{L}$) 的 Lagrange 函数为

$$\begin{aligned} L(\boldsymbol{x},\boldsymbol{v},\boldsymbol{\lambda}) &= \langle \boldsymbol{b},\boldsymbol{x}\rangle_n-\langle \boldsymbol{v},\boldsymbol{x}\rangle_n+ \\ &\quad \langle \boldsymbol{\lambda},\boldsymbol{c}-\boldsymbol{Ax}\rangle_p \\ &= \sum_{i=1}^{p}\Big(b_i-v_i-\sum_{j=1}^{p} a_i^j\lambda_j\Big)x^i+ \\ &\quad \sum_{j=1}^{p}\lambda_j c^j \end{aligned}$$

从而其 Lagrange 乘子$(\hat{\boldsymbol{v}},\hat{\boldsymbol{\lambda}})$ 应是使

$$\inf_{\boldsymbol{x}\in\mathbf{R}^n} L(\boldsymbol{x},\boldsymbol{v},\boldsymbol{\lambda})\rightarrow \max$$

的解. 但由上式可知

$$\inf_{x\in\mathbf{R}^n} L(\boldsymbol{x},\boldsymbol{v},\boldsymbol{\lambda})=\begin{cases}\sum_{j=1}^{p}\lambda_j c^j=\langle\boldsymbol{\lambda},\boldsymbol{c}\rangle_p,\boldsymbol{v}=\boldsymbol{b}-\boldsymbol{A}^*\boldsymbol{\lambda}\geqslant 0\\ -\infty,\text{其他}\end{cases}$$

这里 $\mathbf{A}^{\mathrm{T}}$ 表示 $\mathbf{A}$ 的转置，即

$$\mathbf{A}^{\mathrm{T}}\boldsymbol{\lambda}=\left(\sum_{j=1}^{p}a_i^j\lambda_j\right)\in\mathbf{R}^{n^*}$$

因此，$\hat{\lambda}$ 将是问题($\mathscr{L}$) 和问题($\mathscr{L}^*$) 的解，即

$$\begin{cases}\sum_{j=1}^{p}\lambda_j c^j\to\max\\ \lambda_j\geqslant 0,j=1,\cdots,p\\ \sum_{j=1}^{p}a_i^j\lambda_j\leqslant b_i,i=1,\cdots,n\end{cases}$$

$$\begin{cases}\langle\boldsymbol{\lambda},\boldsymbol{c}\rangle_p\to\max\\ \boldsymbol{\lambda}\geqslant\mathbf{0}\\ \boldsymbol{A}^*\boldsymbol{\lambda}>\boldsymbol{b}\end{cases}$$

由 $\hat{\boldsymbol{v}}=\boldsymbol{b}-\boldsymbol{A}^*\hat{\boldsymbol{\lambda}}$ 可得 $\hat{\boldsymbol{v}}$. 问题($\mathscr{L}^*$) 称为问题($\mathscr{L}$) 的对偶问题，也是线性规划问题，并且通过改变符号求($\mathscr{L}^*$) 的对偶问题，可得

$$(\mathscr{L}^*)=(\mathscr{L})$$

因此，问题($\mathscr{L}$) 和问题($\mathscr{L}^*$) 可称为互为对偶的线性规划问题.

在上面提到的问题($\mathscr{L}$) 的经济解释下，$\boldsymbol{\lambda}$ 可解释为产出价格系，从而

$$\langle\boldsymbol{\lambda},\boldsymbol{c}\rangle_p=\sum_{j=1}^{p}\lambda_j\boldsymbol{c}^j$$

就是产出为 $\boldsymbol{c}$ 时的总价值，即生产的收入，问题($\mathscr{L}^*$)

则可解释为选取适当的产出价格系，使生产的收入最大，条件是其价格水平不超过投入的价格水平，即对任何投入丛 $\boldsymbol{x}$ 和产出丛 $\boldsymbol{y}=\boldsymbol{A}\boldsymbol{x}$，$\lambda$ 的选择总满足利润（收入与成本的差）非正的要求，即

$$\begin{aligned}\langle \boldsymbol{\lambda},\boldsymbol{y}\rangle_p-\langle \boldsymbol{b},\boldsymbol{x}\rangle_n&=\langle \boldsymbol{\lambda},\boldsymbol{A}\boldsymbol{x}\rangle_p-\langle \boldsymbol{b},\boldsymbol{x}\rangle_n\\&=\langle \boldsymbol{A}^*\boldsymbol{\lambda}-\boldsymbol{b},\boldsymbol{x}\rangle_n\leqslant 0\end{aligned}$$

$$\forall\, \boldsymbol{x}\in\mathbf{R}^n$$

也就是说，产出水平一定的成本最小问题与价格水平一定的收入最大问题互为对偶问题.

令问题$(\mathscr{L})$ 和$(\mathscr{L}^*)$ 的容许集分别为

$$K_{\mathscr{L}}=\{\boldsymbol{x}\in\mathbf{R}^n\mid \boldsymbol{x}\geqslant\mathbf{0},\boldsymbol{A}\boldsymbol{x}\geqslant\boldsymbol{c}\}$$

$$K_{\mathscr{L}}^*=\{\boldsymbol{\lambda}\in\mathbf{R}^{p*}\mid \boldsymbol{\lambda}\geqslant\mathbf{0},\boldsymbol{A}^*\boldsymbol{\lambda}\leqslant\boldsymbol{b}\}$$

根据前面的结果，可以得到：

定理 1　下列命题是等价的：

(1)$(\mathscr{L})$ 有解 $\hat{x}$；

(2)$(\mathscr{L})$ 有有限值；

(3)$(\mathscr{L}^*)$ 有解 $\hat{\lambda}$；

(4)$(\mathscr{L}^*)$ 有有限值；

(5)$(\mathscr{L})$ 和$(\mathscr{L}^*)$ 的容许集 $K_{\mathscr{L}}$,$K_{\mathscr{L}*}$ 都是非空的.

这时，有

$$\inf_{x\in K_{\mathscr{L}}}\langle \boldsymbol{b},\boldsymbol{x}\rangle_n=\sup_{\lambda\in K_{\mathscr{L}^*}}\langle \boldsymbol{\lambda},\boldsymbol{c}\rangle_p$$

且有下列松紧关系，即

$$\langle \hat{\boldsymbol{\lambda}},\boldsymbol{A}\hat{\boldsymbol{x}}-\boldsymbol{c}\rangle_p=\langle \boldsymbol{b}-\boldsymbol{A}^*\hat{\boldsymbol{\lambda}},\hat{\boldsymbol{x}}\rangle_n=0$$

或

$$\hat{\lambda}_j\Big(\sum_{i=1}^n a_i^j\hat{x}^i-c^j\Big)=0,j=1,\cdots,p$$

$$\left(b_i-\sum_{j=1}^{p}a_i^j\hat{\lambda}_j\right)\hat{x}^i=0, i=1,\cdots,n \tag{1}$$

证明 事实上,由第 5 章中定理 3 的推论和注 4,可得(2)⇒(3) 和(4)⇒(1). 而(1)⇒(2) 和(3)⇒(4) 是显然的,故(1)+(3)⇒(5) 也是显然的. 反之,由(5) 可得

$$\begin{aligned}\inf_{x\in K_{\mathscr{L}}}\langle \boldsymbol{b},\boldsymbol{x}\rangle_n&=\inf_{x}\sup_{v,\lambda}L(\boldsymbol{x},\boldsymbol{v},\boldsymbol{\lambda})\\&=\beta<+\infty\\\sup_{\lambda\in K_{\mathscr{L}}}\langle \boldsymbol{\lambda},\boldsymbol{c}\rangle_p&=\sup_{v,\lambda}\inf_{x}L(\boldsymbol{x},\boldsymbol{v},\boldsymbol{\lambda})\\&=\alpha>-\infty\end{aligned}$$

但 $\beta\geqslant\alpha$ 总是成立的,因此

$$-\infty<\sup_{\lambda\in K_{\mathscr{L}}}\langle \boldsymbol{\lambda},\boldsymbol{c}\rangle_p\leqslant\inf_{x\in K_{\mathscr{L}}}\langle \boldsymbol{b},\boldsymbol{x}\rangle_n<+\infty$$

即(2) 和(4) 成立. 其他结论都可由第 5 章中定理 3 和第 4 章中的定理得到.

联系上面的经济解释,松紧关系将有如下的意义.

如果

$$\sum_{i=1}^{n}a_i^j\hat{x}^i-c^j>0$$

即在成本最小的前提下,预定的第 j 种产出指标 c^j 能超额完成,那么必须有 $\hat{\lambda}_j=0$,即这种产出的价格必定为零,它的超额完成并不能使收入增加.

如果

$$b_i-\sum_{j=1}^{p}a_i^j\hat{\lambda}_j>0$$

即在收入最大的前提下,第 i 种投入的价格 b_i 居然超过它所创收入的价格(称为"影子价格"),那么必须有

$\hat{x}^i=0$，即这种投入的投入量必定为零，也就是说，不应该使用这种价格昂贵的原料，以免增加成本. Lagrange 函数与 Lagrange 乘子有以下有趣的解释：设问题($\mathscr{L}$) 的 Lagrange 乘子为$(\hat{\boldsymbol{v}},\hat{\boldsymbol{\lambda}})=(\boldsymbol{b}-\boldsymbol{A}^*\hat{\boldsymbol{\lambda}},\hat{\boldsymbol{\lambda}})$，则问题($\mathscr{L}$) 的解也是下列问题的解，即

$$\begin{aligned}L(\boldsymbol{x},\hat{\boldsymbol{v}},\hat{\boldsymbol{\lambda}})&=\langle\boldsymbol{b},\boldsymbol{x}\rangle_n-\langle\boldsymbol{b}-\boldsymbol{A}^*\hat{\boldsymbol{\lambda}},\boldsymbol{x}\rangle_n+\\&\quad\langle\hat{\boldsymbol{\lambda}},\boldsymbol{c}-\boldsymbol{A}\boldsymbol{x}\rangle_p\\&=\langle\boldsymbol{A}^*\boldsymbol{\lambda},\boldsymbol{x}\rangle_n+\langle\hat{\boldsymbol{\lambda}},\boldsymbol{c}-\boldsymbol{A}\boldsymbol{x}\rangle_p\to\min\end{aligned}$$

这里后一项可解释为完不成生产指标所造成的损失；前一项则可解释为在影子价格系 $\boldsymbol{A}^*\hat{\boldsymbol{\lambda}}$ 下的成本(称为机会成本). 这就是说，在一定的产出指标要求下的成本最小的问题等价于：没有产出指标要求，甚至允许不消耗原料，而买进原料($x_i<0$) 时，机会成本和完不成产出指标的损失之和最小的问题. 这些结论都是相当深刻的.

对于一般的问题($\mathscr{P}$)，其 Lagrange 函数和 Lagrange 乘子都可以有类似的解释，即 Lagrange 函数可解释为要求最小的目标函数与破坏约束的惩罚函数的和，而 Lagrange 乘子则可解释为某种意义下的“最优”单位惩罚. 为了更清楚地说明这一点，再举一个较具体的例子：

设某计划部门有一笔资金 a，将在 n 个企业之间进行分配. 如果第 i 个企业分配到的资金数为 x_i，那么它将得到的收益为 $R_i(x_i)$. 我们假定每一个企业对资金的利用率都有某种饱和趋势，或至多只能使收益按比例增长，于是可假设 $R_i(x_i)$ 都是 x_i 的凹函数. 这样，为使分配达到最优，对于计划部门来说，它就将面临下列规划问题，即

$$\begin{cases}\sum_{i=1}^{n} R_i(x_i) \to \max \\ x_1 + \cdots + x_n \leqslant a \\ x_1, \cdots, x_n \geqslant 0\end{cases} \tag{2}$$

当企业个数很多时，一方面由于计划部门很难确切掌握每一个 $R_i(x_i)$，以至不能构成问题；另一方面，即使都掌握了，这也是个计算量很大的问题，求解有困难.

于是自然会提出这样的问题：能否采取适当的办法，不是由计划部门全盘决策，而是发挥各企业的主观能动性，给各企业一定的自主权，通过由它们自行提出申请贷款并支付利息的办法来分配这一笔资金？这样，设贷款的利率为 $\hat{\lambda}$，问题就变为一大堆由各单位自行决策的问题，即

$$\begin{cases}R_i(x_i) - \hat{\lambda} x_i \to \max \\ x_i \geqslant 0\end{cases}, i = 1, \cdots, n \tag{3}$$

这些问题的个数虽多，但都是单变量规划问题，且每个问题都由一个企业来解，因此，实际上问题已大大简化. 现在的新问题在于：提出怎样的利率 $\hat{\lambda}$，使得这笔资金仍能达到最优分配，即仍能达到总收益最大这一目标. 从直观上可以看出，如果 $\hat{\lambda}$ 定得过高，那么各企业都不大愿意贷款，从而这笔资金 a 得不到充分利用；但如果 $\hat{\lambda}$ 定得过低，又会使各企业的贷款过多，以致总

数会超过资金总量 a. 那么怎样是恰到好处的利率 $\hat{\lambda}$ 呢？稍加分析，我们就会发现它恰好就是对应不等式约束 $\sum_{i=1}^{n} x_i \leqslant a$ 的 Lagrange 乘子.

事实上，撇开一些简单的变换就可看出，如果 $\hat{\lambda}$ 是对应 $\sum_{i=1}^{n} x_i \leqslant a$ 的 Lagrange 乘子，那么问题(2) 等价于

$$\begin{cases} \sum_{i=1}^{n} R_i(x_i) - \hat{\lambda}\left(\sum_{i=1}^{n} x_i - a\right) \to \max \\ x_i \geqslant 0, i = 1, \cdots, n \end{cases} \tag{4}$$

而式(4) 与式(3) 显然是等价的. $\hat{\lambda}$ 在这里恰好起着对破坏约束 $\sum_{i=1}^{n} x_i \leqslant a$ 应付出的单位代价的作用. 为使这种惩罚达到极大，$\hat{\lambda}$ 应该是下列问题的解，即

$$\begin{cases} \sup\limits_{x \in \mathbf{R}_+^n} \left\{ \sum_{i=1}^{n} R_i(x_i) - \lambda\left(\sum_{i=1}^{n} x_i - a\right) \right\} \to \min \\ \lambda \geqslant 0 \end{cases} \tag{5}$$

由于约束函数是仿射函数，又假定所有 $R_i(x_i)$ 都是凹函数，这样的 $\hat{\lambda}$ 必定存在. 问题(5) 一方面是单变量规划问题，计算较简单；另一方面，我们以后还会指出，计算 $\hat{\lambda}$ 只需知道最大总收益

$$R = \sup \sum_{i=1}^{n} R_i(x_i)$$

与资金总量 $a = \sum_{i=1}^{n} x_i$ 的关系. 因此，在掌握情况的要求上也比原问题(2) 的要求低.

问题(2) 变为问题(3) 的过程称为分散化, Lagrange乘子$\hat{\lambda}$在这里称为分散化参数. 不但如此,上述讨论很容易推广到 a 以及 x_i 等都是向量的情形,即 a 可代表一系列不同的物资,而问题(2) 则变为计划部门对这些物资的最优分配问题. 这时对应的 Lagrange 乘子 $\hat{\boldsymbol{\lambda}}=(\hat{\lambda}_1,\cdots,\hat{\lambda}_p)$ 的每个分量可代表每种物资的价格,它们也称为影子价格. 这种利用 Lagrange 乘子的分散化方法在许多经济问题中都能得到实际应用.

6.1 两位自然科学家的经济学探索

自 Newton 以来,自然科学特别是数学在认识自然规律、解释自然现象中取得了巨大的成功. 于是他们(科学家) 便开始自信满满的试图用数学来解释一切. 经济学当然也不例外,在诺贝尔经济学奖获奖者中不乏数学家的身影. 从纳什到康托洛维奇,其实有些经济学家早已认识到靠事先的组织、计划是无法认识和控制经济及社会的,哈耶克的那本《致命的自负》启蒙了一代学者. 这里想介绍的是两位核物理学家,一位是黄祖洽院士,他是中国培养出来的第一批"土" 学者之一,他是 1949 年中华人民共和国成立之后在清华大学研究院里毕业的第一位毕业生,在 1956 年任原子能研究所的副研究员,又在 1962 年任研究员,这一段简历,如果发生在改革开放后,也许算不得什么新鲜的事情,但是,在那一时期,这一经历却是不寻常的. 重要原因之一是因为黄祖洽教授一贯地根据国家的需要,不断

地调整着自己的科研方向，在实际工作中做出重大贡献. 另一位科学家是长春地质学院物理教研室的何泽庆老师，他坚持用数学方法探讨经济问题. 1984 年黄祖洽根据他的遗稿写成了论文，原名为《孤立系统规划的非线性理论》. 在数学工具上 Lagrange 乘子法是关键，但结论还有计划经济的痕迹. 它证明了：在国家计划指导下，发挥人才交流和市场经济的作用，是发展经济的合理方案，以下是原文.

6.2　孤立系统规划的数学分析

一般研究规划问题，总是研究和整体相联系着的一部分，因此它的很多参量是从整体引来的，是预先假定的. 但这显然不能满足我们的要求，因为我们的研究对象是整体，因此它必须是孤立的系统. 对于这样的系统，只有考虑到有关特征函数的非线性时才可能是稳定的. 下面我们将试图用严格的数学方法去研究理想化的社会经济模型.

6.2.1　简化模型、平衡和最佳条件

作为最简单的模型，我们考虑一个孤立的系统. 假定它有三个部门(以后分别用角标 1,2,3 代表)，它们分别生产三类产品. 为讨论方便，可以把这三个部门理解为农、轻、重，在这三个部门内我们不再细分. 现实社会中生产单位是成千上万的，我们只假定三个，这显然是十分简化了的模型，但从以后的讨论可见，利用它已

经可以得到许多有意义的结论.

在给这三类产品规定一定的数量单位后,用 S_i 和 e_i 分别表示部门 i 的生产率和消费率(单位时间内的生产量和消费量).设部门 i 中使用的工人数为 $r_i(i=1,2,3)$.因为暂不研究人与人之间能力上的差异,所以暂不细分工种.三部门使用的设备假定都是第三类产品(重工业品),其量分别为 g_1,g_2 和 g_3,于是生产率 S_i 是人力 r_i 和设备量 g_i 的函数

$$S_i=S_i(r_i,g_i),i=1,2,3 \tag{1}$$

S_i 可能还和其他因素有关,如 S_1 中应有和土地有关的量,S_3 应和矿产条件有关等.这些因素我们暂且作为函数中的参量,不明显标出.S_i 一般是其总量的非线性函数,它们的函数形式暂不考虑,以后将讨论它们的一些一般性质.在某一时刻,系统中的总人数 r 和总设备 g 分别是定值 r_0 和 g_0,即

$$r\equiv\sum_1^3 r_i=r_0,g\equiv\sum_1^3 g_i=g_0 \tag{2}$$

我们的基本问题就是讨论人力、物力(设备)在这三部门间应怎样分配最合适.为此,除了以上各量,我们还要定义一个量 u,它代表系统对消费者的"满足程度".为简单起见,假定 u 是 e_i 的一个已知函数(一般也是非线性的),即 $u=u(e_1,e_2,e_3)$.我们称 u 为"满足函数".

对于一个平衡的计划,每一种物品的生产量与消

耗量当然应是相等的. 消耗中包括直接生活消费、原料消耗以及必要的贮备. 为了简单,忽略贮备这一项.

对于第一类产品的平衡来说,假定除了直接消费,它还用作第二类产品的原料,因此有

$$S_1 = e_1 + \alpha S_2 \tag{3}$$

其中 α 是生产每单位第二类产品所需的第一类产品量. 对于第二类产品来说,假定它只供直接消费,故有

$$S_2 = e_2 \tag{4}$$

对于第三类产品,除了直接生活消费和用作各部门的生产设备(假定各生产部门中设备具有同一折旧率 κ 外),还要满足生产扩大的需要,因此其平衡条件为

$$S_1 = e_3 + \kappa g + \dot{g} \tag{5}$$

其中 $\dot{g} \equiv \dfrac{\mathrm{d}g}{\mathrm{d}t}$ 是设备 g 的增长率.

一个好的计划应该很好地满足社会的需要. 这个要求可定量地表示为一组最佳条件. 求这组最佳条件时,我们所根据的原则是:在一定程度满足人民物质需要的条件下,最快地发展社会生产力.

暂不考虑人口的变动,那么生产力就被社会中设备总量 g 所决定,而且增长率只被 $\dot{g}$ 所决定. 所谓一定程度满足人们的物质需要,就是给函数 u 以一个定值 u_0

$$u(e_1, e_2, e_3) = u_0 \tag{6}$$

我们的办法是:求在约束条件(2) 及(6) 之下使 $\dot{g}$ 为极大的“最佳条件”. 为此,把 $r_i, g_i(i=1,2,3)$ 和 e_3

看成独立自变数，S_i 按式(1)，e_1 及 e_2 按式(3)及式(4)，看成 r_i，g_i 的函数. 我们利用 Lagrange 乘子法，若令 $V=\dot{g}+\lambda r+\mu g+\nu u$，并将 $\dot{g}$ 按式(5)代入，得

$$V=S_3-\kappa g-e_3+\lambda\sum_1^3 r_i+\mu\sum_1^3 g_i+\nu u(e_1,e_2,e_3)$$

于是极大的条件为

$$\begin{cases}\dfrac{\partial V}{\partial r_1}=\lambda+\nu\dfrac{\partial u}{\partial e_1}\cdot\dfrac{\partial S_1}{\partial r_1}=0\\ \dfrac{\partial V}{\partial r_2}=\lambda+\nu\left[\dfrac{\partial u}{\partial e_1}(-\alpha)+\dfrac{\partial u}{\partial e_2}\right]\dfrac{\partial S_2}{\partial r_2}=0\\ \dfrac{\partial V}{\partial r_3}=\dfrac{\partial S_3}{\partial r_3}+\lambda=0\\ \dfrac{\partial V}{\partial g_i}=0, i=1,2,3\\ \dfrac{\partial V}{\partial e_3}=-1+\nu\dfrac{\partial u}{\partial e_3}=0\end{cases}\tag{7}$$

这里$\dfrac{\partial V}{\partial g_i}$和$\dfrac{\partial V}{\partial r_i}$有相似的表达式.

引入符号 $\theta_i\equiv\dfrac{\partial u}{\partial e_i}(i=1,2,3)$，则由(7)中最后一式得 $\omega_3=\dfrac{1}{\nu}$，消去(7)各式中的 λ，得

$$\theta_1\frac{\partial S_1}{\partial r_1}=(\theta_2-\alpha\theta_1)\frac{\partial S_2}{\partial r_2}=\theta_3\frac{\partial S_3}{\partial r_3}\tag{8}$$

及

$$\theta_1\frac{\partial S_1}{\partial g_1}=(\theta_2-\alpha\theta_1)\frac{\partial S_2}{\partial g_2}=\theta_3\frac{\partial S_3}{\partial g_3}\tag{9}$$

式(8) 和(9) 就是我们所求的最佳条件.

根据以上诸约束条件和最佳条件,理论上足以把全部未知量求出来,或是把一个最好的计划做出来.但实际上数学问题十分复杂,尤其当生产部门不是三个而是万千上万个时.所以对于如何做一个好的计划,还需进一步研究.

$\theta_i=\dfrac{\partial u}{\partial e_i}$ 是 e_i 每增加一个单位时满足函数的增值,因此可理解为单位 i 类物品的"使用价值".为简单起见,不区别"使用价值"和"价值",并且近似地将 θ_i 看作定值. θ_i 乘以生产率 S_i,就得到单位时间内 i 部门的产值,即 $\theta_i S_i$.这样全系统单位时间内的总产值为

$$Q=\theta_1 S_1+(\theta_2-\alpha\theta_1)S_2+\theta_3 S_3-\kappa\theta_3\sum_{i=1}^{3}g_i$$

其中 $\alpha\theta_1 S_2$ 是第二部门的原料消耗值, $\kappa\theta_3 g$ 是三部门的设备折旧值.

现在考虑怎样安排 r_i 和 g_i 才能使 Q 在条件(2)下为极大.令 $W=Q+\xi r+\zeta g$,其中 ξ,ζ 为 Lagrange 乘子,则极大的条件要求

$$\frac{\partial W}{\partial r_1}=\theta_i\frac{\partial S_1}{\partial r_1}+\xi=0$$

$$\frac{\partial W}{\partial r_2}=(\theta_2-\alpha\theta_1)\frac{\partial S_2}{\partial r_2}+\xi=0$$

$$\frac{\partial W}{\partial r_3}=\theta_3\frac{\partial S_3}{\partial r_3}+\xi=0$$

$$\frac{\partial W}{\partial g_i}=0, i=1,2,3$$

从前三式消去 ξ 可得式(8),从后三式消去 ζ 可得

式(9),这表示最佳的计划同时也就是使产值Q为极大的计划.

S_i 函数的具体形式需通过对生产的统计调查才能确定,但可以看出如下基本特征:

(1) 显然 $S(r,g)$ 是 r 和 g 的单调函数(这里各量本应都有下角标 i,为了方便暂都省去了). 因为人和设备愈多,单位时间内的生产量愈大.

(2) 如果在生产中 r 和 g 这两个因素都是必需的,那么当保持其中之一不变,增加另一个时,S 不能无限增大. 否则,就不能说保持不变的那个量是必需的了.

(3) 如果 r 和 g 这两个因素对这个部门的生产是充分的,亦即不再受其他因素限制,则 $S(r,g)$ 是 r 和 g 的一次均匀函数,即 $S(\lambda r,\lambda g)=\lambda S(r,g)$. 其意义是:如果 r 和 g 都增加 λ 倍,那么 S 也增加同样的倍数. 这是显然的,否则就不能说 r 和 g 是充分的了.

(4) $\dfrac{\partial S}{\partial r}$ 是 r 的减函数,$\dfrac{\partial S}{\partial g}$ 是 g 的减函数. 这性质只有在 r 或 g 不太小时正确,可从特征(2) 导出.

(5) $\dfrac{\partial S}{\partial r}$ 是 g 的增函数,$\dfrac{\partial S}{\partial g}$ 是 r 的增函数. 这一点利用(3) 及(4) 容易证明.

我们导出了最佳条件,又证明了“总产值极大”的原则和“生产力发展最快”的原则所导致的最佳条件是一致的. 这是对全系统而言的. 现在我们从各个部门的角度进一步讨论最佳条件.

假定各部门需按所使用的人力、物力支付代价,在单位时间内每人工资为 ρ_i,每单位设备量的费用为 γ_i,

考虑各部门的纯产值为极大的条件.

部门 1 的纯产值为

$$Q_1 = \theta_1 S_1 - \rho_1 r_1 - \gamma_1 g_1$$

使其为极大的条件为

$$\frac{\partial Q_1}{\partial r_1} = \theta_1 \frac{\partial S_1}{\partial r_1} - \rho_1 = 0 \tag{10}$$

$$\frac{\partial \theta_1}{\partial g_1} = \theta \frac{\partial S_1}{\partial g_1} - \gamma_1 = 0 \tag{11}$$

同理

$$\frac{\partial Q_2}{\partial r_2} = (\theta_2 - \alpha\theta_1) \frac{\partial S_2}{\partial r_2} - \rho_2 = 0 \tag{12}$$

$$\frac{\partial Q_2}{\partial g_2} = (\theta_2 - \alpha\theta_1) \frac{\partial S_2}{\partial g_2} - \gamma_2 = 0 \tag{13}$$

$$\vdots$$

由此知,如果 $\rho_1 = \rho_2 = \rho_3, \gamma_1 = \gamma_2 = \gamma_3$,则条件(10) 及(13) 和条件(8) 及(9) 一致.

可见,只要在各部门间同工种的工资相等,相同设备的收费率相等,那么局部产值为极大的条件和整体的最佳条件是一致的.

因为各 ρ_i 与 γ_i 和 i 无关,因此下角标 i 可略去,而这单一的 ρ 和 γ 是由客观规律确定的数量,不能任意主观规定,否则约束条件将被破坏. 下面就是证明.

现若将(ρ, γ) 定得低于(ρ_0, γ_0),则平衡时的 r_1 和 g_1 使$\theta_1 \dfrac{\partial S_1}{\partial r_1} = \rho_0 > \rho$. 如果让 r_1 改变 $\Delta r_1 (> 0)$,则第一部门产值的增量为 $\Delta Q_1 = \left(\theta_1 \dfrac{\partial S_1}{\partial r_1} - \rho\right) \Delta r_1 > 0$. 这表明,部门 1 如果增加人数 Δr_1,其净收入将增加一个正

量. 这样，从这个部门的角度看，应该增加人数. 对于其他部门来说也一样，结果各部门都想添人，而总人数不能改变，还是 r_0. 这时就会发生人力不足的现象. 反之，如果 ρ 大于 ρ_0，这时 $\sum r_i$ 将小于 r_0，因而如果没有整体计划而让各部门自行决定人数，就会使一部分人失业.

对于 γ 来说，情况也是一样. 不正确的规定将使 g 的供求失去平衡. 而若让 θ_i 偏离客观值，就会导致条件被破坏，不能保证各类产品的产销平衡.

结论是：为了有利于总的生产发展，各参量 θ_i，ρ，γ 都不可任意规定. 如果这些参数是正确的，那么局部和整体的利害一致，我们就可以利用局部的主动性来达到整体的需要.

以上谈的是局部和整体间的关系. 另外，还有各部门间的人力调整问题.

设想在 1，3 两部门间人为的最佳分配为 r_{10}，r_{30}，这时由式(8)有

$$\theta_1 \left.\frac{\partial S_1}{\partial r_1}\right|_{r_{10}} = \theta_3 \left.\frac{\partial S_3}{\partial r_3}\right|_{r_{30}}$$

假定实际分配为(r_1, r_3)，$r_1 > r_{10}$，$r_3 < r_{30}$，而 $r_1 + r_3 = r_{10} + r_{30}$. 于是由$\frac{\partial S}{\partial r}$ 随 r 增加而减小的性质，有

$$\left.\frac{\partial S_1}{\partial r_1}\right|_{r_1} < \left.\frac{\partial S_1}{\partial r_1}\right|_{r_{10}}$$

$$\left.\frac{\partial S_3}{\partial r_3}\right|_{r_3} < \left.\frac{\partial S_3}{\partial r_3}\right|_{r_{30}}$$

假定各部门支付工资按其自身的规律，即给出 $\rho_1 = \theta_1 \frac{\partial S_1}{\partial r_1}$，$\rho_3 = \theta_3 \frac{\partial S_3}{\partial r_3}$，便有

$$\rho_1 = \theta_1 \frac{\partial S_1}{\partial r_1} < \theta_1 \frac{\partial S_1}{\partial r_1}\Big|_0 = \theta_3 \frac{\partial S_3}{\partial r_3}\Big|_0 < \theta_3 \frac{\partial S_3}{\partial r_3}$$

即 $\rho_1 < \rho_3$. 这就是说,部门 1 的工资将低于部门 3 的工资. 这时个人愿望如果是“多一些收入”,则他们将争取从部门 1 转向部门 3,使 r_1 减小,r_3 增大. 这正是使人力向合理的方向调整. 由此可见,在上述前提下争取较多工资这一个人愿望,事实上是符合整体利益的.

同样可以证明,对于设备来说,管理者争取较多收费率的动机也是有利于整个系统的调整的.

6.2.2　简化模型的一些扩充

设想部门 1 在生产中除了需要 r_1, g_1,还需要土地,其量为 l_1,现在 S_1 是 r_1, g_1, l_1 的函数. 又假定这三个因素是充分的,则 S_1 是它们的一次均匀函数. 为了合理使用土地,各部门在使用时应支付一定的代价,设单位面积单位时间的地租为χ. 按局部为极大的要求,应有$\theta_1 \frac{\partial S_1}{\partial l_1} - \chi = 0$. 现在这个部门的总支付为

$$\rho r_1 + \gamma g_1 + \chi l_1 = \theta_1 \left(\frac{\partial S_1}{\partial r_1} r_1 + \frac{\partial S_1}{\partial g_1} g_1 + \frac{\partial S_1}{\partial l_1} l_1 \right)$$

按关于均匀函数的 Euler 定理,我们有

$$S_1 = r_1 \frac{\partial S_1}{\partial r_1} + g_1 \frac{\partial S_1}{\partial g_1} + l_1 \frac{\partial S_1}{\partial l_1}$$

于是上式变为

$$\theta_1 S_1 = \rho r_1 + \gamma g_1 + \chi l_1$$

这就是说,一个部门所生产的总值恰好被各生产因素所索取的代价分光(注意,我们略去了贮备). 这是

完全市场经济下的分配方式.要想否定它,不能简单地宣布一下,因为它和有效使用各生产力因素有关.对其作简单的否定而不采用适当的措施,就会扰乱生产力因素在各部门间的合理分配,从而造成浪费.合理的办法是由整体介入(详见下节).

6.2.1 节中我们定义了 θ_i,但以前的定义只适用于可以直接消费的产品.对不能直接消费而只能作生产工具使用的产品,这个定义就不适用了.这也是本节所要讨论的问题之一.为此我们设想一个新的模型,其中除原来的三部门外还有一个部门 4,它的产品只能作工具而不能直接消费,其量用 h 代表.为了书写方便,忽略工具折旧和原料消耗.于是有 $S_i=S_i(r_i,g_i,h_i)$,$i=1,2,3$,标志系统生产力的不再是 $g=\sum_{i=1}^{4}g_i$,而是 g 和 $h=\sum_{i=1}^{4}h_i$ 二者.若用 P 代表系统的总生产力,显然 P 应是 S_i 的函数(一般为非线性),即 $P=P(S_1,S_2,S_3,S_4)$.现在 g 和 h 在各部门间的分配原则是使 P 为极大.以"$g=$ 常数"为条件,用 Lagrange 乘子法,令 $P'=P+\mu g$,则有

$$\frac{\partial P'}{\partial g_i}=\frac{\partial P}{\partial S_i}\cdot\frac{\partial S_i}{\partial g_i}+\mu=0,i=1,2,3,4$$

由此知$\frac{\partial P}{\partial S_i}\cdot\frac{\partial S_i}{\partial g_i}=-\mu$ 和 i 无关,可定义此数为$\frac{\partial P}{\partial g}$,即

$$\frac{\partial P}{\partial g}\equiv\frac{\partial P}{\partial S_i}\cdot\frac{\partial S_i}{\partial g_i}$$

同样有

$$\frac{\partial P}{\partial h} \equiv \frac{\partial P}{\partial S_i} \cdot \frac{\partial S_i}{\partial h_i} \tag{14}$$

在 g_i, h_i 为最佳分配的情况下，P 是总量 g 和 h 的函数即 $P_{\max} = P_{\max}(g, h)$. 因为我们总是讨论 g_i, h_i 最佳分配时的 P 值，因此把 max 略去而写 $P = P(g, h)$. P 随时间的变化率为 $\dot{P} = \frac{\partial P}{\partial g}\dot{g} + \frac{\partial P}{\partial h}\dot{h}$.

现在在 r, g, h 一定并满足程度 u 的条件下求 $\dot{P}$ 为极大的条件. 令 $\pi = \dot{P} + \lambda u + \mu g + \nu h + \rho r_1$，并取 $\dot{g} = S_3 - e_3, \dot{h} = S_4, S_1 \cong e_1, S_2 = e_2, u = (e_1, e_2, e_3) = u(S_1, S_2, S_3)$，则最佳条件要求

$$\frac{\partial \pi}{\partial g_1} = \frac{\partial}{\partial g_1}\left[\frac{\partial P}{\partial g}\dot{g} + \frac{\partial P}{\partial h}\dot{h}\right] + \lambda \frac{\partial u}{\partial e_1} \cdot \frac{\partial S_1}{\partial g_1} + \mu = 0$$

$$\vdots$$

$$\frac{\partial \pi}{\partial e_3} = -\frac{\partial P}{\partial g} + \lambda \frac{\partial u}{\partial e_3} = 0 \tag{15}$$

这里求偏导时独立自变量为(r_i, g_i, h_i, e_3)，$i = 1, 2, 3$，令 $\theta_i \equiv \frac{\partial u}{\partial e_i}$，$i = 1, 2, 3$，不难从式(15) 求得

$$\begin{aligned} \lambda\theta_1 \frac{\partial S_1}{\partial g_1} &= \lambda\theta_2 \frac{\partial S_2}{\partial g_2} \\ &= \lambda\theta_3 \frac{\partial S_3}{\partial g_3} = \frac{\partial P}{\partial h} \cdot \frac{\partial S_4}{\partial g_4} \end{aligned} \tag{16}$$

只要定义 $\theta_4 \equiv \frac{1}{\lambda} \cdot \frac{\partial P}{\partial h}$，就有 $\theta_i \frac{\partial S_1}{\partial g_i}$ 和 i 无关. 比较式(15) 中最后一式及 θ_4 的定义，有

$$\frac{1}{\theta_4} \cdot \frac{\partial P}{\partial h} = \frac{1}{\theta_3} \cdot \frac{\partial P}{\partial g} \tag{17}$$

这个等式的意义是：同样价值的东西（$\theta_4 \Delta h$ 和 $\theta_3 \Delta g$）对生产具有同样的效用. 所以 θ_4 还是具有价值的.

考虑两个不同工种，其人数分别用 r 和 R 代表，它们在生产中的作用由函数 $S_i = S_i(r_i R_i \cdots)$ 决定，一般说 $\frac{\partial S_i}{\partial r_i} \neq \frac{\partial S_i}{\partial R_i}$. 如果仍按 $\theta_i \frac{\partial S_i}{\partial r_i}$ 和 $\theta_i \frac{\partial S_i}{\partial R_i}$ 的标准支付工资，就会产生工种间工资的差别. 要是违背这个标准而硬性规定平均的工资，就无法使 r_i 和 R_i 在各部门间的分配满足系统最佳条件. 如何解决这一分配矛盾呢？我们将在下节中做一些初步的讨论.

6.2.3 合理系统的设想

在以上讨论中，我们看到了事物之间的一些必然联系. 6.2.1 节中我们证明了如果正确地规定各种产品的单价 θ_i，那么“总产值的极大”和系统的“最佳条件”是一致的. 我们又证明了，在使产值为极大这个问题上，个体、局部和整体系统，其利益在一定前提下是一致的. 为了使整体达到最佳情况，就必须发挥个体和局部的主动性，与此同时必须按 $\theta_i \frac{\partial S_i}{\partial r_i}$ 规定工资，按 $\theta_i \frac{\partial S_i}{\partial Rg_i}$ 规定设备的费用，并按 $\theta_i \frac{\partial S_i}{\partial l_i}$ 规定地租. 否则就不能正确地进行核算，造成各种生产力的浪费.

为了正确地规定这些数量，就应该给局部和个人以充分的自主权，让人力、设备和土地可以在各部门间流动，因为这种流动实质上就是向合理方向调整的过程.

为了消灭寄生者，设备费和地租应就整体情况安排使用. 对于工资的确定，则在下面讨论.

6.2.2 节中我们指出，如果在系统中有许多不同工种，其在生产中的作用不同. 由于各工种的 $\theta_i \dfrac{\partial S_i}{\partial r_i}$ 不同，直接按此发放工资就有可能造成各工种间的过大差别. 但是如果完全忽视工资和 $\theta_i \dfrac{\partial S_i}{\partial r_i}$ 的联系，就无法利用经济规律合理地调整人力，从而造成人力的浪费.

不难看出，要想解决这个矛盾，必须在工作和个体之间插入一个第三者，这就是“国家”. 譬如说，可以设想工厂向国家按 $\theta_i \dfrac{\partial S_i}{\partial r_i}$ 缴纳“工效税”，而国家则按有利于整体的原则向个体发放包括“工资”和“社会福利费”的“生活费”.

按什么标准发放生活费？平均主义是行不通的. 因为违背了客观的经济规律，必然打击个体做出更多贡献和争取较多工资的积极性，整体也失去了一个调整人力的手段. 所以，为了达到“各尽所能”合理安排人力和充分调动劳动者积极性的目的，应当使生活费和相应的工效值 $\beta\left(\equiv \theta_i \dfrac{\partial S_i}{\partial r_i}\right)$ 之间具有一个合理的单调增加(但增加逐步减缓)的函数关系 $\rho=\rho(\beta)$. 例如：

β	0	10	20	50	100	200
$\rho(\beta)$	20	30	35	50	65	80

在这个假想的系统中，整体的任务基本上只是向

各部门征收工效税、设备费和地租，而后正确地使用这些提款，按一定的标准发放“工资”“社会福利费”“国防费”，以及为扩大再生产和发展新的生产部门所需的费用.

可以设想，在这样一个系统中，生产力的各因素都能按照客观的经济规律发挥它们的积极作用，因此整体的生产效率是高的. 同时社会成员在生活上也能得到较好地满足. 我们可以从本章的讨论中，初步看到一个合理系统的轮廓.

6.3 非线性规划的计算方法

很多实际问题所形成的数学规划模型是非线性规划问题，求解非线性规划问题的方法很多. 由于在实际运用中，时常对求解非线性规划的方法进行这样或那样的变形，而这即使对较一般的方法也会引起一些麻烦，所以，这里我们先对非线性规划的理论略做介绍，然后分类介绍非线性规划解法的处理手段及计算方案.

6.4 最优性条件与鞍点问题

6.4.1 引言

现在我们来讨论一般非线性规划问题的求解，即求解问题

$$\min f(\boldsymbol{x}),\boldsymbol{x}\in E^n$$

满足约束条件

$$\begin{cases}g_i(\boldsymbol{x})\geqslant 0,i=1,2,\cdots,m\\h_j(\boldsymbol{x})=0,j=1,2,\cdots,p\end{cases}\tag{1}$$

其中假定 f,g_i,h_j 都具有连续偏导数.(有些算法要求诸函数具有更高阶的连续偏导数,这时我们总假定这些偏导数是存在且连续的.)

当 $m=p=0$ 时,式(1)便是一个无约束最优化问题;而当 f,g_i,h_j 都是线性函数时,它是一个线性规划问题;这两种情形的解法,我们都在前面介绍过了.我们总假定 m 与 p 中至少有一个不为 0,并且 f,g_i,h_j 这些函数中,至少有一个是非线性的.

求解一般的非线性规划问题,比无约束问题和线性规划问题都要复杂.我们用一个简单的例子来说明这点.考虑问题

$$\min f(\boldsymbol{x})=x_1^2+x_2^2$$

满足约束条件

$$\begin{cases}x_1+x_2-1\geqslant 0\\1-x_1\geqslant 0\\1-x_2\geqslant 0\end{cases}\tag{2}$$

如图 1 所示,这个问题的容许区域是一个三角形及其内部,目标函数的等高线是以原点为圆心的同心圆.由图 1 不难看出,问题的最优解为 $\boldsymbol{x}^*=\left(\frac{1}{2},\frac{1}{2}\right)^{\mathrm{T}}$,而目标函数的极小值为 $f(\boldsymbol{x}^*)=\frac{1}{2}$.

我们知道:线性规划问题的最优解总可以在容许

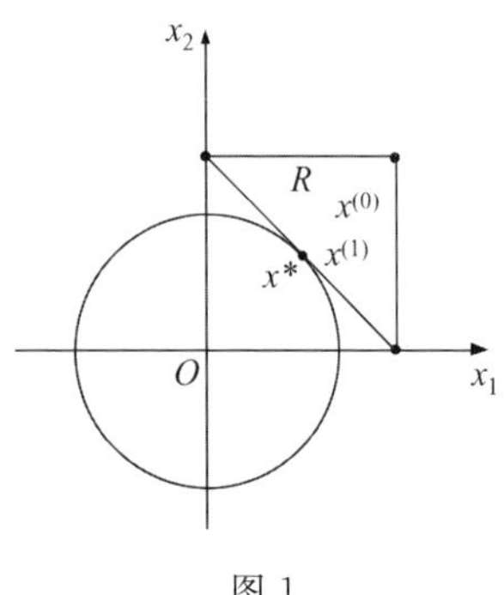

图 1

区域的顶点处达到，而顶点的个数是有限的，这就是单纯形法的基本出发点. 而上面的例子说明：对于非线性规划问题，即使约束都是线性的，最优解也不一定能在顶点处达到，这就给求解它们带来了困难. 仍以上面的问题为例，如果不存在约束，从任一个初始点 $\boldsymbol{x}^{(0)}$ 出发，沿 $f(\boldsymbol{x})$ 的负梯度方向进行一维搜索，便求得了目标函数的无约束极小点 $(0,0)^{\mathrm{T}}$. 但是，由于有了约束，在进行一维搜索时，为了使求得的点是一个容许点，就必须对步长加以限制，这样，我们最远只能跑到边界上的一个点，即图中所示的点 $\boldsymbol{x}^{(1)}$. 当 $\boldsymbol{x}^{(0)}$ 不在直线 $x_1-x_2=0$ 上时，点 $\boldsymbol{x}^{(1)}$ 就不会是最优解 $\boldsymbol{x}^*=\left(\frac{1}{2},\frac{1}{2}\right)$. 因此，还必须继续迭代下去找一个新的容许点，使其目标函数有更小的值. 可是，沿 $f(\boldsymbol{x})$ 在 $\boldsymbol{x}^{(1)}$ 处的负梯度方向已经找不到容许点，因而梯度迭代已不能继续进行，尽管离最优点可能还很远. 这正是约束最优化问题和无约束问题的本质区别，也是求解约束问题的根本困难所在. 为了克服这一困难，也就是说，当现有的点在

边界上时，为了使迭代能继续下去，不仅要求搜索方向具有使目标函数下降的性质，而且要求在这个方向上有容许点. 例如，有一个小线段整个包含在容许区域内. 像这样的方向，称为容许方向. 说得更确切些，我们有下面的：

定义　设 $\hat{\boldsymbol{x}}$ 是容许区域

$$R=\{\boldsymbol{x}\in E^n \mid g_i(\boldsymbol{x})\geqslant 0, i=1,\cdots,m;\ h_j(\boldsymbol{x})=0, j=1,\cdots,p\}$$

内的一点，$\boldsymbol{P}$ 是一个方向，如果存在一个实数 $\bar{\alpha}>0$，使得对所有 $0\leqslant\alpha\leqslant\bar{\alpha}$，有

$$\hat{\boldsymbol{x}}+\alpha\boldsymbol{P}\in\mathbf{R}$$

那么称 $\boldsymbol{P}$ 为 $\hat{\boldsymbol{x}}$ 处的一个容许方向.

如果方向 $\boldsymbol{P}$ 满足条件

$$\boldsymbol{P}^{\mathrm{T}}\nabla f(\hat{\boldsymbol{x}})<0$$

则 $\boldsymbol{P}$ 是 $\hat{\boldsymbol{x}}$ 处的一个下降方向. 现在我们来看看，在怎样的条件下，$\boldsymbol{P}$ 是一个容许方向. 首先，假定没有等式约束，即在式(1) 中，$p=0$. 为了使方向 $\boldsymbol{P}$ 是容许的，应存在 $\bar{\alpha}>0$，使得当 $0\leqslant\alpha\leqslant\bar{\alpha}$ 时

$$g_i(\hat{\boldsymbol{x}}+\alpha\boldsymbol{P})\geqslant 0, i=1,\cdots,m \tag{3}$$

在 $\hat{\boldsymbol{x}}$ 处将 $g_i(\boldsymbol{x})$ 展开为泰勒级数，有

$$g_i(\hat{\boldsymbol{x}}+\alpha\boldsymbol{P})=g_i(\hat{\boldsymbol{x}})+\alpha\boldsymbol{P}^{\mathrm{T}}\nabla g_i(\hat{\boldsymbol{x}})+o(\alpha) \tag{4}$$

其中 $o(\alpha)$ 表示比 α 高阶的无穷小.

由式(4) 可知，若 $g_i(\hat{\boldsymbol{x}})>0$，则当 α 充分小时，例如，$0\leqslant\alpha\leqslant\alpha_1$ 时，总有 $g_i(\hat{\boldsymbol{x}}+\alpha\boldsymbol{P})\geqslant 0$. 若对某些 i，

$g_i(\hat{\boldsymbol{x}})=0$，则只要

$$\boldsymbol{P}^{\mathrm{T}}\nabla g_i(\hat{\boldsymbol{x}})>0 \tag{5}$$

对于充分小的 α，例如，$0\leqslant\alpha\leqslant\alpha_2$，式(3) 也能成立. 因此，若取 $\bar{\alpha}=\min(\alpha_1,\alpha_2)$，则当 $0\leqslant\alpha\leqslant\bar{\alpha}$ 时，对所有 i，式(3) 都成立，也就是说，$\boldsymbol{P}$ 为容许方向.

由上面的讨论可知：式(5) 是 $\boldsymbol{P}$ 为容许方向的一个充分条件.

应当指出：对于线性函数 $g_i(\boldsymbol{x})$，展开式(4) 中的 $o(\alpha)=0$，因此当 $g_i(\hat{\boldsymbol{x}})=0$ 时，当且仅当

$$\boldsymbol{P}^{\mathrm{T}}\nabla g_i(\hat{\boldsymbol{x}})\geqslant 0 \tag{6}$$

时，式(3) 成立. 对于这种情况，式(6) 是 $\boldsymbol{P}$ 为容许方向的充分必要条件.

在上面的讨论中，我们看到，对于一个容许点 $\hat{\boldsymbol{x}}$ 来说，有的约束满足

$$g_i(\hat{\boldsymbol{x}})>0 \tag{7}$$

另一些约束满足

$$g_i(\hat{\boldsymbol{x}})=0 \tag{8}$$

这两类约束所起的作用是不同的. 前者对于一个方向是否为容许方向不发生影响，因而基本上可以不予考虑. 但后一种约束则不然，$\boldsymbol{x}$ 的微小变动都可能引起约束的破坏，即使得 $g_i(\boldsymbol{x})<0$. 只有沿着满足式(6) 的方向 $\boldsymbol{P}$ 移动，才能确保不跑出容许区域. 因而后一种约束特别容易引起我们的注意，我们把它们称为起作用的约束，我们用 $I(\hat{\boldsymbol{x}})$ 表示在 $\hat{\boldsymbol{x}}$ 处的起作用约束的坐标

集合

$$I(\hat{\boldsymbol{x}})=\{i \mid g_i(\hat{\boldsymbol{x}})=0, i=1,\cdots,m\} \tag{9}$$

例如,在式(2)中,若令

$$\boldsymbol{x}^{(1)}=\left(\frac{1}{3},\frac{2}{3}\right)^{\mathrm{T}}$$

$$\boldsymbol{x}^{(2)}=\left(1,\frac{1}{2}\right)^{\mathrm{T}}$$

$$\boldsymbol{x}^{(3)}=(1,1)^{\mathrm{T}}$$

$$\boldsymbol{x}^{(4)}=(1,0)^{\mathrm{T}}$$

$$\boldsymbol{x}^{(5)}=(0,1)^{\mathrm{T}}$$

$$\boldsymbol{x}^{(6)}=\left(\frac{2}{3},\frac{2}{3}\right)^{\mathrm{T}}$$

则

$$I(\boldsymbol{x}^{(1)})=\{1\}$$

$$I(\boldsymbol{x}^{(2)})=\{2\}$$

$$I(\boldsymbol{x}^{(3)})=\{2,3\}$$

$$I(\boldsymbol{x}^{(4)})=\{1,2\}$$

$$I(\boldsymbol{x}^{(5)})=\{1,3\}$$

$$I(\boldsymbol{x}^{(6)})=\varnothing$$

由于 $\nabla g_1(\boldsymbol{x}^{(1)})=\begin{pmatrix}1\\1\end{pmatrix}$,故若

$$\boldsymbol{P}^{\mathrm{T}}\nabla g_1(\boldsymbol{x}^{(1)})=P_1+P_2\geqslant 0$$

则 $\boldsymbol{P}=\begin{pmatrix}P_1\\P_2\end{pmatrix}$ 即为 $\boldsymbol{x}^{(1)}$ 处的容许方向,例如 $\begin{pmatrix}1\\-1\end{pmatrix}$,$\begin{pmatrix}2\\-1\end{pmatrix}$,$\begin{pmatrix}-1\\2\end{pmatrix}$ 等方向都是在 $\boldsymbol{x}^{(1)}$ 处的容许方向.

6.4.2 最优性条件

通过上面的讨论，我们很容易得到一个容许点是最优解的必要条件：

定理 1 如果 $\boldsymbol{x}^*$ 是非线性规划问题

$$\min f(\boldsymbol{x}),\boldsymbol{x} \in E^n$$

满足约束条件

$$g_i(\boldsymbol{x}) \geqslant 0, i=1,\cdots,m \tag{10}$$

的一个最优解，则不存在容许方向 $\boldsymbol{P}$，使下列不等式成立

$$\boldsymbol{P}^{\mathrm{T}} \nabla f(\boldsymbol{x}^*) < 0 \tag{11}$$

事实上，如果存在满足式(11)的容许方向 $\boldsymbol{P}$，则存在 $\bar{\alpha}$，使当 $0 \leqslant \alpha \leqslant \bar{\alpha}$ 时

$$g_i(\boldsymbol{x}^* + \alpha \boldsymbol{P}) \geqslant 0, i=1,\cdots,m \tag{12}$$

另一方面，由式(11)，存在 $\hat{\alpha}$，使得当 $0 < \alpha \leqslant \hat{\alpha}$ 时

$$f(\boldsymbol{x}^* + \alpha \boldsymbol{P}) = f(\boldsymbol{x}^*) + \alpha \boldsymbol{P}^{\mathrm{T}} \nabla f(\boldsymbol{x}^*) + o(\alpha) < f(\boldsymbol{x}^*)$$

于是，当 $0 < \alpha \leqslant \min[\bar{\alpha},\hat{\alpha}]$ 时，式(12) 成立且

$$f(\boldsymbol{x}^* + \alpha \boldsymbol{P}) < f(\boldsymbol{x}^*)$$

这与 $\boldsymbol{x}^*$ 为极小点相矛盾！

定理 1 可以表述为更明确而有用的形式. 为此我们先考查线性不等式约束的问题，即问题

$$\min f(\boldsymbol{x}),\boldsymbol{x} \in E^n$$

满足约束条件

$$\sum_{j=1}^{n} \alpha_{ij} x_j \geqslant b_i, i=1,\cdots,m \tag{13}$$

上述约束写为向量形式，则

$$\boldsymbol{\alpha}_i^{\mathrm{T}}\boldsymbol{x} \geqslant b_i, i=1,\cdots,m$$

这对应于问题(10)中，令

$$g_i(\boldsymbol{x}) = \boldsymbol{\alpha}_i^{\mathrm{T}}\boldsymbol{x} - b_i$$

因此

$$\nabla g_i(\boldsymbol{x}) = \boldsymbol{\alpha}_i$$

由式(6)，在容许点 $\boldsymbol{x}$ 处满足

$$\boldsymbol{\alpha}_i^{\mathrm{T}}\boldsymbol{P} \geqslant 0, i \in I(\boldsymbol{x})$$

的方向 $\boldsymbol{P}$ 是容许方向. 因此，若 $\boldsymbol{x}^*$ 为问题(13)的最优解(为叙述方便，不妨设起作用的约束为前 t 个约束，即 $I(\boldsymbol{x}^*)=\{1,2,\cdots,t\}$)，则由定理 2，不存在向量 $\boldsymbol{P}$ 同时满足

$$\boldsymbol{a}_i^{\mathrm{T}}\boldsymbol{P} \geqslant 0, i=1,2,\cdots,t \tag{14}$$

与

$$\boldsymbol{P}^{\mathrm{T}}\nabla f(\boldsymbol{x}^*) < 0 \tag{15}$$

也就是说，所有满足式(15)的向量 $\boldsymbol{P}$，必使

$$\boldsymbol{P}^{\mathrm{T}}\nabla f(\boldsymbol{x}^*) \geqslant 0 \tag{16}$$

现在我们来看看这一事实的几何意义：

设 $\boldsymbol{a}_1, \boldsymbol{a}_2, \boldsymbol{a}_3$ 为平面上三个向量，如图 2 所示，满足式(14)的向量 $\boldsymbol{P}$ 与每个 $\boldsymbol{a}_i$ 的夹角应为锐角或直角，即应在阴影部分所表示的锥内. 而由式(16)，$\nabla f(\boldsymbol{x}^*)$ 应与所有这些 $\boldsymbol{P}$ 夹成锐角或直角，也就是说，$\nabla f(\boldsymbol{x}^*)$ 应在向量 $\boldsymbol{a}_1, \boldsymbol{a}_2, \boldsymbol{a}_3$ 所张成的凸锥内，用解析的方法写出来，也就是

$$\nabla f(\boldsymbol{x}^*) = \sum_{i=1}^{t}\lambda_i\boldsymbol{a}_i, \lambda_i \geqslant 0 \tag{17}$$

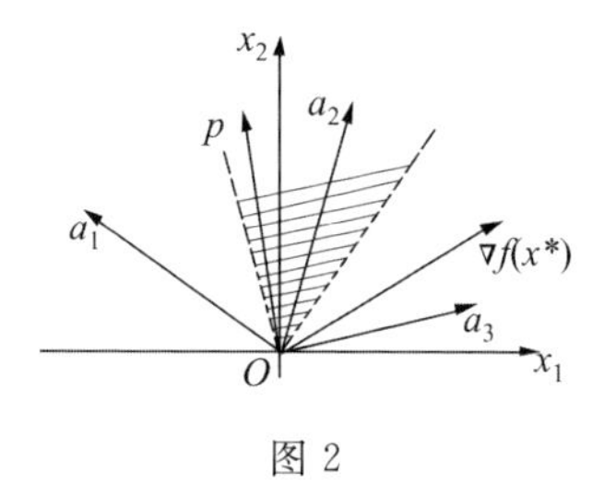

图 2

反过来，如果式(17)成立，则对于满足式(14)的所有 $\boldsymbol{P}$，有

$$\boldsymbol{P}^{\mathrm{T}} \nabla f(\boldsymbol{x}^*) = \sum_{i=1}^{t} \lambda_i \boldsymbol{a}_i^{\mathrm{T}} \boldsymbol{P} \geqslant 0$$

故式(16)成立. 我们通过几何直观来说明这个事实，就是著名的 Farkas 引理. 现在叙述如下：

Farkas 引理 给定向量 $\boldsymbol{a}_i (i=1,\cdots,k)$ 与 $\boldsymbol{b}$，则不存在向量 $\boldsymbol{P}$ 同时满足条件

$$\boldsymbol{a}_i^{\mathrm{T}} \boldsymbol{P} \geqslant 0, i=1,\cdots,k \tag{18}$$

和条件

$$\boldsymbol{b}^{\mathrm{T}} \boldsymbol{P} < 0 \tag{19}$$

其充要条件为 $\boldsymbol{b}$ 在向量 $\boldsymbol{a}_i (i=1,\cdots,k)$ 所张成的凸锥内，即成立

$$\boldsymbol{b} = \sum_{i=1}^{k} \lambda_i \boldsymbol{a}_i, \lambda_i \geqslant 0 \tag{20}$$

在 Farkas 引理中，令 $\boldsymbol{b}$ 为 $\nabla f(\boldsymbol{x}^*)$，则由定理 1 便得到了 $\boldsymbol{x}^*$ 为最优解的必要条件(17)，这就是下面的：

定理 2 设 $\boldsymbol{x}^*$ 为问题(13)的一个容许点，并且前 t 个约束为起作用约束，则 $\boldsymbol{x}^*$ 为最优解的一个必要条件是 $\nabla f(\boldsymbol{x}^*)$ 可表示为形式

$$\nabla f(\boldsymbol{x}^*) = \sum_{i=1}^{t} \lambda_i \boldsymbol{a}_i, \lambda_i \geqslant 0 \tag{21}$$

注意到，尽管在 Farkas 引理中式(20) 的成立是式(18) 与(19) 无解的充分必要条件，这里我们只能得到式(21) 是 $\boldsymbol{x}^*$ 为最优解的必要条件. 这是因为，即使式(14) 与式(15) 无解，$\boldsymbol{x}^*$ 也不一定是最优点. 例如，考虑问题

$$\min f(\boldsymbol{x}) = x_1 + \cos x_2, x_1 \geqslant 0$$

令 $\boldsymbol{x}^* = \boldsymbol{0}$，则 $I(\boldsymbol{x}^*) = \{1\}$，而

$$\boldsymbol{a}_1 = (1,0)^{\mathrm{T}}$$

又 $\nabla f(\boldsymbol{x}^*) = (1,0)^{\mathrm{T}}$，故

$$\nabla f(\boldsymbol{x}^*) = \boldsymbol{a}_1$$

即式(21) 成立. 这时，式(14) 与(15) 分别化为

$$P_1 \geqslant 0, P_1 < 0$$

显然不能同时成立. 但很明显，$\boldsymbol{x}^*$ 不是最优解.

现在我们考查约束为非线性不等式时的情形，即考虑问题(10). 我们自然希望能将定理 2 推广到这种情形，也就是说，在最优点 $\boldsymbol{x}^*$ 处成立

$$\nabla f(\boldsymbol{x}^*) = \sum_{i=1}^{t} \lambda_i \nabla g_i(\boldsymbol{x}^*), \lambda_i \geqslant 0 \tag{22}$$

(假定 $I(\boldsymbol{x}^*) = \{1, \cdots, t\}$). 然而，下面的例子说明，在最优解处，式(22) 并不总是成立的. 考虑问题

$$\min f(\boldsymbol{x}) = -x_1$$

$$g_1(\boldsymbol{x}) = (1 - x_1)^3 - x_2 \geqslant 0$$

$$g_2(\boldsymbol{x}) = x_1 \geqslant 0$$

$$g_3(\boldsymbol{x}) = x_2 \geqslant 0$$

它的容许区域 R 如图 3 所示，不难看出，$\boldsymbol{x}^{*}=(1,0)^{\mathrm{T}}$ 是最优点. 由于 $I(\boldsymbol{x}^{*})=\{1,3\}$，而

$$\nabla f(\boldsymbol{x}^{*})=\begin{pmatrix}-1\\0\end{pmatrix}$$

$$\nabla g_1(\boldsymbol{x}^{*})=\begin{pmatrix}0\\-1\end{pmatrix}$$

$$\nabla g_3(\boldsymbol{x}^{*})=\begin{pmatrix}0\\1\end{pmatrix}$$

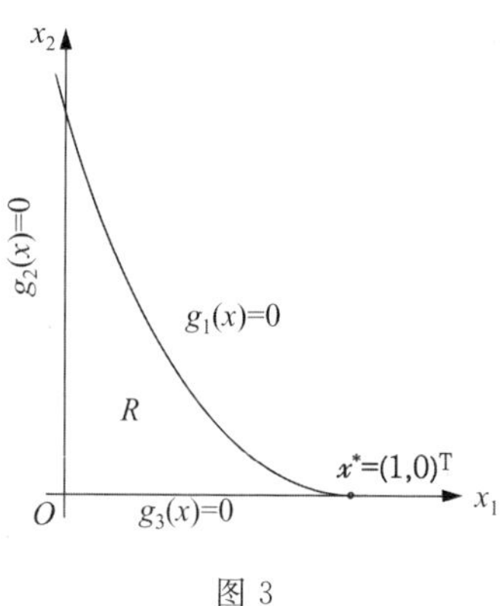

图 3

显然，不可能找到 $\lambda_1\geqslant 0,\lambda_3\geqslant 0$，使下式

$$\nabla f(\boldsymbol{x}^{*})=\lambda_1\nabla g_1(\boldsymbol{x}^{*})+\lambda_3\nabla g_3(\boldsymbol{x}^{*})$$

成立. 那么，在什么条件下才能保证在最优解处式(22)成立呢？对此，人们进行了大量的研究，提出了各种各样的条件，通常把这类条件称为约束规范. 也就是说，当问题(10)的约束满足某种约束规范时，在最优点 $\boldsymbol{x}^{*}$ 处式(22)成立. 最简单的一种约束规范，就是在 $\boldsymbol{x}^{*}$ 处起作用约束的梯度向量线性无关. 容易看出，上面的例子是不满足这种线性无关约束规范的，因为

$$\nabla g_1(\boldsymbol{x}^*) = -\nabla g_3(\boldsymbol{x}^*)$$

线性无关约束规范是众多约束规范中比较强的一种，也就是说，有些问题虽不满足线性无关约束规范，但能满足其他某种约束规范，从而保证式(22)的成立.

一般地，我们无法事先知道哪些是最优点处的起作用约束，所以式(21)与(22)用起来很不方便.为此，在式(22)中我们把非起作用约束的那些梯度向量也加进去，但系数 λ_i 取为 0，显然对整个式子没有影响，这样就得到

$$\nabla f(\boldsymbol{x}^*) = \sum_{i=1}^{m} \lambda_i \nabla g_i(\boldsymbol{x}^*), \lambda_i \geqslant 0 \qquad (23)$$

其中对应于非起作用约束的那些 λ_i 为 0.另一方面，由于对起作用约束，有 $g_i(\boldsymbol{x}^*) = 0$，所以总有

$$\lambda_i g_i(\boldsymbol{x}^*) = 0, i = 1, \cdots, m \qquad (24)$$

成立.对于非起作用约束，上式导致 $\lambda_i = 0$.这样，式(22)与式(23)和(24)等价.

回顾一下在微积分学中对于等式约束最优化问题

$$\min f(\boldsymbol{x}), \boldsymbol{x} \in E^n$$

$$h_j(\boldsymbol{x}) = 0, j = 1, \cdots, p$$

的 Lagrange 乘子法，我们知道，如果 $\boldsymbol{x}^*$ 是它的极小点，并且在 $\boldsymbol{x}^*$ 处 $h_j(\boldsymbol{x})(j=1,\cdots,p)$，关于 $\boldsymbol{x}$ 的 Jacobi 矩阵的秩为 p(或等价地，梯度向量 $\nabla h_j(\boldsymbol{x}^*)(j = 1,\cdots,p)$ 线性无关)，则存在 μ_j 使

$$\nabla f(\boldsymbol{x}^*) - \sum_{j=1}^{p} \mu_j \nabla h_j(\boldsymbol{x}^*) = \boldsymbol{0}$$

这个必要条件和式(24)很接近，不同的是 $\lambda_j \geqslant 0$，而 μ_j

无符号限制. 把这个结果和我们前面的讨论结合起来，就是下面的著名定理.

定理 3（Kuhn-Tucker 最优性必要条件）　设 $\boldsymbol{x}^*$ 为非线性规划问题(1) 的最优解. 如果在 $\boldsymbol{x}^*$ 处诸起作用约束的梯度向量 $\nabla g_i(\boldsymbol{x}^*), i \in I(\boldsymbol{x}^*)$ 和 $\nabla h_j(\boldsymbol{x}^*)$ $(j=1,\cdots,p)$ 线性无关，则存在向量 $\boldsymbol{\lambda}^*, \boldsymbol{\mu}^*$ 使下述条件成立

$$\nabla f(\boldsymbol{x}^*) - \sum_{i=1}^{m} \lambda_j^* \nabla g_i(\boldsymbol{x}^*) - \sum_{j=1}^{p} \mu_j^* \nabla h_j(\boldsymbol{x}^*) = \boldsymbol{0}$$

$$\lambda_i^* g_i(\boldsymbol{x}^*) = 0, \lambda_j^* \geqslant 0, i = 1, \cdots, m \tag{25}$$

条件(25) 通常称为 Kuhn-Tucker 最优性条件，简称 Kuhn-Tucker 条件(或 K-T 条件)，满足这些条件的点称为 Kuhn-Tucker 点.

由前面的讨论可知我们定义的广义 Lagrange 函数

$$L(\boldsymbol{x}, \boldsymbol{\lambda}, \boldsymbol{\mu}) = f(\boldsymbol{x}) - \sum_{i=1}^{m} \lambda_i g_i(\boldsymbol{x}) - \sum_{j=1}^{P} \mu_j h_j(\boldsymbol{x}) \tag{26}$$

在定理 3 的条件下，若 $\boldsymbol{x}^*$ 为问题(1) 的最优解，则存在 $\boldsymbol{\lambda}^* \geqslant \boldsymbol{0}$ 与 $\boldsymbol{\mu}^*$ 使 $(\boldsymbol{x}^*, \boldsymbol{\lambda}^*, \boldsymbol{\mu}^*)$ 是 $L(\boldsymbol{x}, \boldsymbol{\lambda}, \boldsymbol{\mu})$ 的稳定点. 这时，$\lambda^*, \boldsymbol{\mu}^*$ 称为问题(1) 的 Lagrange 乘数.

例 1　考虑非线性规划问题

$$\min f(\boldsymbol{x}) = x_1$$

$$g_1(\boldsymbol{x}) = 16 - (x_1 - 4)^2 - x_2^2 \geqslant 0$$

$$h_1(\boldsymbol{x}) = (x_1 - 3)^2 + (x_2 - 2)^2 - 3 = 0$$

由图 4 不难看出，$f(\boldsymbol{x})$ 在 $\boldsymbol{x}^{*1} = (0,0)^{\mathrm{T}}$ 与 $\boldsymbol{x}^{*2} =$

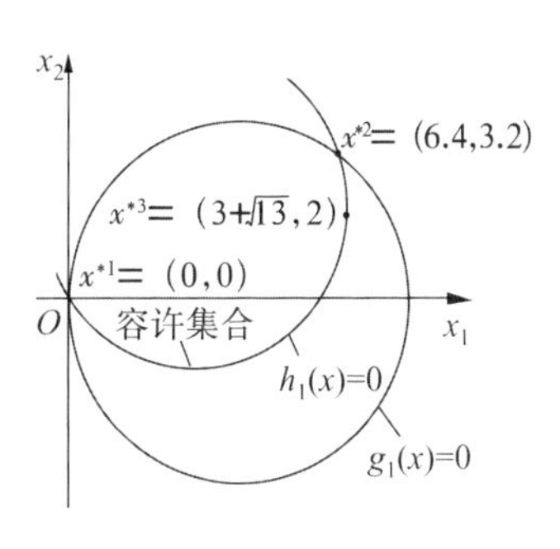

图 4

$(6.4,2)^{\mathrm{T}}$ 处有局部极小. 容易验证, 在 $\boldsymbol{x}^{*1}$ 与 $\boldsymbol{x}^{*2}$ 处 Kuhn-Tucker 条件成立. 事实上, $\nabla f(\boldsymbol{x}^{*1})=\nabla f(\boldsymbol{x}^{*2})=(1,0)^{\mathrm{T}}$, $I(\boldsymbol{x}^{*1})=I(\boldsymbol{x}^{*2})=\{1\}$, 而

$$\nabla g_1(\boldsymbol{x}^{*1})=(8,0)^{\mathrm{T}}$$

$$\nabla g_1(\boldsymbol{x}^{*2})=(-8,-6.4)^{\mathrm{T}}$$

$$\nabla h_1(\boldsymbol{x}^{*1})=(-6,-4)^{\mathrm{T}}$$

$$\nabla h_1(\boldsymbol{x}^{*2})=(6.8,2.4)^{\mathrm{T}}$$

故当 $\lambda_1^*=\dfrac{1}{8}$, $\mu_1^*=0$ 时

$$\nabla f(\boldsymbol{x}^{*1})-\lambda_1^*\nabla g_1(\boldsymbol{x}^{*1})-\mu_1^*\nabla h_1(\boldsymbol{x}^{*1})=\mathbf{0}$$

而当 $\lambda_1^*=\dfrac{3}{40}$, $\mu_1^*=\dfrac{1}{5}$ 时

$$\nabla f(\boldsymbol{x}^{*2})-\lambda_1^*\nabla g_1(\boldsymbol{x}^{*2})-\mu_1^*\nabla h_1(x^{*2})=\mathbf{0}$$

除此以外, 容易验证 $\boldsymbol{x}^{*3}=(3+\sqrt{13},2)^{\mathrm{T}}$ 也是一个 Kuhn-Tucker 点, 其相应的 $\lambda_1^*=0$, $\mu_1^*=\dfrac{\sqrt{13}}{26}$, 而 $I(\boldsymbol{x}^{*3})=\varnothing$(空集). 但 $\boldsymbol{x}^{*3}$ 不是问题的极小点. 实际上, $\boldsymbol{x}^{*3}$ 是在同样的约束条件下求目标函数 x_1 极大的问题的极大点.

上面的例子说明：在一般非线性规划问题中，Kuhn-Tucker 点不一定是最优点，即 K-T 条件不是最优解的充分条件. 不过，对于凸规划问题，即当例 1 中的 f 为凸函数，g_i 为凹函数，且 h_j 为线性函数时，Kuhn-Tucker 条件也是最优解的充分条件. 这个事实的证明要用到凸函数的一些性质，我们就不详细说明了.

定理 4 设问题(1) 是一个凸规划问题，$\overline{\boldsymbol{x}}$ 是它的一个容许解. 假定 Kuhn-Tucker 条件在 $\overline{\boldsymbol{x}}$ 处成立，即存在向量 $\overline{\boldsymbol{\lambda}} \geqslant 0$ 与 $\overline{\boldsymbol{\mu}}$ 使

$$\nabla f(\overline{\boldsymbol{x}}) - \sum_{i=1}^{m} \overline{\lambda}_i \nabla g_i(\overline{\boldsymbol{x}}) - \sum_{j=1}^{P} \overline{\mu}_j \nabla h_j(\overline{\boldsymbol{x}}) = \mathbf{0}$$

$$\overline{\lambda}_i g_i(\overline{\boldsymbol{x}}) = 0, i = 1, \cdots, m$$

则 $\overline{\boldsymbol{x}}$ 是问题(1) 的最优解.

凸规划问题的局部最优解就是总体最优解，所以它的 Kuhn-Tucker 点是总体最优解.

Kuhn-Tucker 条件有时可以用来求凸规划问题的最优解.

例 2 考虑非线性规划问题

$$\begin{cases} \min f(\boldsymbol{x}) = x_1^2 - x_2 \\ g_1(\boldsymbol{x}) = x_1 - 1 \geqslant 0 \\ g_2(\boldsymbol{x}) = -x_1^2 - x_2^2 + 26 \geqslant 0 \\ h_1(\boldsymbol{x}) = x_1 + x_2 - 6 = 0 \end{cases} \tag{27}$$

容易证明，这是一个凸规划问题. 因此，如果存在($\boldsymbol{x}^*$，$\boldsymbol{\lambda}^*$，$\boldsymbol{\mu}^*$) 满足 Kuhn-Tucker 条件，则 $\boldsymbol{x}^*$ 必为问题的最优解. 现在写出此问题的 K-T 条件. 由于

$$\nabla f(\boldsymbol{x})=\begin{pmatrix}2x_1\\-1\end{pmatrix}$$

$$\nabla g_1(\boldsymbol{x})=\begin{pmatrix}1\\0\end{pmatrix}$$

$$\nabla g_2(\boldsymbol{x})=\begin{pmatrix}-2x_1\\-2x_2\end{pmatrix}$$

$$\nabla h_1(\boldsymbol{x})=\begin{pmatrix}1\\1\end{pmatrix}$$

故 K-T 条件为

$$\begin{cases}2x_1-\lambda_1+2\lambda_2x_1-\mu_1=0\\-1+2\lambda_2x_2-\mu_1=0\\\lambda_1(x_1-1)=0\\\lambda_2(26-x_1^2-x_2^2)=0\\\lambda_1\geqslant 0,\lambda_2\geqslant 0\end{cases}\tag{28}$$

我们要求 $x_1,x_2,\lambda_1,\lambda_2,\mu_1$ 使其满足式(28) 和约束(27).

首先,我们假定$\lambda_1>0$,则 $x_1=1$,由 $x_1+x_2=6$ 得 $x_2=5$. 于是式(28) 的前两式化为

$$2-\lambda_1+2\lambda_2-\mu_1=0$$

与

$$-1+10\lambda_2-\mu_1=0$$

容易找出 $\lambda_1\geqslant 0,\lambda_2\geqslant 0$ 的解,例如,令 $\mu_1=0$,则得

$$\lambda_1=2.2,\lambda_2=0.1$$

或令 $\lambda_2=0$,则得 $\lambda_1=3,\mu_1=-1$. 因此,$\boldsymbol{x}^*=(1,5)^{\mathrm{T}}$ 是一个 K-T 点.

现在再考虑 $\lambda_1=0$ 的情形,这时若 $\lambda_2>0$,则 x_1^2+

$x_2^2=26$，由于 $x_1+x_2=6$ 及 $x_1\geqslant 1$，我们得到两点 $(1,5)^{\mathrm{T}}$ 和 $(5,1)^{\mathrm{T}}$，后者代入式(28)的前两式求得 $\lambda_2=-\dfrac{11}{8}<0$，故它不是 K-T 点；前者及 $\lambda_1=0$ 代入式(28)，得到对应的 Lagrange 乘子为 $\lambda_1=0,\lambda_2=\dfrac{3}{8}$ 及 $\mu_1=\dfrac{11}{4}$，所以是一个 K-T 点，但它就是我们前面已经求得的 K-T 点 $\boldsymbol{x}^*$. 当 $\lambda_1=\lambda_2=0$ 时，由式(28)得到 $x_1=-\dfrac{1}{2}$，不满足约束条件，因此对应于这种情况的 K-T 点是不存在的.

通过上述讨论，我们知道凸规划问题(27)有唯一的 Kuhn-Tucker 点 $\boldsymbol{x}^*=(1,5)^{\mathrm{T}}$（注意，它所对应的 Lagrange 乘子不是唯一的），因此它就是该问题的总体极小点，而 $f(\boldsymbol{x}^*)=-4$.

从这个例子可以看出：要通过解等式与不等式组来求得 Kuhn-Tucker 点，通常是办不到的，何况 K-T 点不一定是最优点，因此发展了一系列求非线性规划问题最优解的迭代方法，我们将在本章其余各节介绍几类主要的方法.

对于一般的非凸规划问题，最优解的充分条件则更为复杂，由于在后面方法的讨论中要用到这个条件，因此我们不加证明地叙述如下：

定理 5（最优性充分条件） 设 $\boldsymbol{x}^*$ 为问题(1)的一个容许解. 若存在 $\boldsymbol{\lambda}^*\geqslant\mathbf{0},\boldsymbol{\mu}^*\geqslant\mathbf{0}$ 使 Kuhn-Tucker 条件成立，并且对任何满足

$$\boldsymbol{P}^{\mathrm{T}} \nabla g_i(\boldsymbol{x}^*) \geqslant 0, i \in I(\boldsymbol{x}^*), \lambda_i^* = 0$$

$$\boldsymbol{P}^{\mathrm{T}} \nabla g_i(\boldsymbol{x}^*) = 0, \lambda_i^* > 0$$

$$\boldsymbol{P}^{\mathrm{T}} \nabla h_j(\boldsymbol{x}^*) = 0, j = 1, \cdots, p$$

的向量 $\boldsymbol{P} \neq \boldsymbol{0}$，均有

$$\boldsymbol{P}^{\mathrm{T}} \nabla_x^2 L(\boldsymbol{x}^*, \boldsymbol{\lambda}^*, \boldsymbol{\mu}^*) \boldsymbol{P} > 0$$

则 $\boldsymbol{x}^*$ 为问题(1) 的一个严格局部极小点. 在此 $\nabla_x^2 L$ 表示 L 关于 $\boldsymbol{x}$ 的二阶偏导数组成的矩阵(Hessian 矩阵).

例如，在非凸规划问题中

$$L(\boldsymbol{x}, \boldsymbol{\lambda}, \boldsymbol{\mu}) = x - \lambda_1[16 - (x_1 - 4)^2 - x_2^2] - \mu_1[(x_1 - 3)^2 + (x_2 - 2)^2 - 13]$$

设 $\boldsymbol{x}^* = (0,0)^{\mathrm{T}}$. 前面已经证明当 $\lambda_1^* = \frac{1}{8}, \mu_1^* = 0$ 时，Kuhn-Tucker 条件成立. 由于

$$\nabla_x^2 L(\boldsymbol{x}^*, \boldsymbol{\lambda}^*, \boldsymbol{\mu}^2) = \begin{pmatrix} 2\lambda_1^* - 2\mu_1^* & 0 \\ 0 & 2\lambda_1^* \mu_1^* \end{pmatrix} = \begin{pmatrix} \frac{1}{4} & 0 \\ 0 & \frac{1}{4} \end{pmatrix}$$

是正定的，即对任何 $\boldsymbol{P} = (P_1, P_2)^{\mathrm{T}} \neq \boldsymbol{0}$，有

$$\boldsymbol{P}^{\mathrm{T}} \nabla_x^2 L(\boldsymbol{x}^*, \boldsymbol{\lambda}^*, \boldsymbol{\mu}^*) \boldsymbol{P} = \frac{1}{4}(P_1^2 + P_2^2) > 0$$

因此，定理 5 的条件满足，从而 $\boldsymbol{x}^* = (0,0)$ 是一个严格局部极小点.

现在考虑 Kuhn-Tucker 点 $\boldsymbol{x}^* = (6.4, 2)^{\mathrm{T}}$，其对应乘子为 $\lambda_1^* = \frac{3}{40}, \mu_1^* = \frac{1}{5}$. 这时

$$\nabla_x^2 L(\boldsymbol{x}^*, \boldsymbol{\lambda}^*, \boldsymbol{\mu}^*) = \begin{pmatrix} -\dfrac{1}{4} & 0 \\ 0 & \dfrac{3}{200} \end{pmatrix}$$

不是正定的.然而

$$\nabla g_1(\boldsymbol{x}^*) = (-8, -6.4)^{\mathrm{T}}$$

$$\nabla h_1(\boldsymbol{x}^*) = (6.8, 2.4)^{\mathrm{T}}$$

不存在满足

$$\boldsymbol{P}^{\mathrm{T}} \nabla g_1(\boldsymbol{x}^*) = -8P_1 - 6.4P_2 = 0$$

$$\boldsymbol{P}^{\mathrm{T}} \nabla h_1(\boldsymbol{x}^*) = 6.8P_1 + 2.4P_2 = 0$$

的向量 $\boldsymbol{P} = (P_1, P_2)^{\mathrm{T}} \neq \boldsymbol{0}$,因而定理5的条件也自然满足,这就证明了 $\boldsymbol{x}^* = (6.4, 2)^{\mathrm{T}}$ 也是一个严格局部极小点.

另一方面,虽然 $\boldsymbol{x}^* = (3 + \sqrt{13}, 2)^{\mathrm{T}}$ 也是一个 Kuhn-Tucker 点,其对应乘子为 $\lambda_1^* = 0, \mu_1^* = \dfrac{\sqrt{13}}{26}$,但在该点处定理 5 的条件不满足.事实上,这时 $I(\boldsymbol{x}^*) = \phi, \nabla h_1(\boldsymbol{x}^*) = (2\sqrt{13}, 0)^{\mathrm{T}}$,而

$$\nabla_x^2 L(\boldsymbol{x}^*, \boldsymbol{\lambda}^*, \boldsymbol{\mu}^*) = \begin{pmatrix} -\dfrac{\sqrt{13}}{13} & 0 \\ 0 & 0 \end{pmatrix}$$

设 $\boldsymbol{P} = (P_1, P_2)^{\mathrm{T}} \neq \boldsymbol{0}$ 满足

$$\boldsymbol{P}^{\mathrm{T}} \nabla h_1(\boldsymbol{x}^*) = 2\sqrt{13} P_1 = 0$$

即 $P_1 = 0$,则

$$\boldsymbol{P}^{\mathrm{T}} \nabla_x^2 L(\boldsymbol{x}^*, \boldsymbol{\lambda}^*, \boldsymbol{\mu}^*) \boldsymbol{P} = (0, P_2) \begin{pmatrix} -\dfrac{\sqrt{13}}{13} & 0 \\ 0 & 0 \end{pmatrix} \begin{pmatrix} 0 \\ P_2 \end{pmatrix} \equiv 0$$

从而不满足定理的条件.

值得注意的是,如果将例 1 中的目标函数变号,即在同样的约束条件下求 $\tilde{f}(\boldsymbol{x})=-x_1$ 的极小,则 $\boldsymbol{x}^*=(3+\sqrt{13},2)^{\mathrm{T}}$ 是此问题的一个严格局部极小点,并且当 $\lambda_1^*=0,\mu_1^*=-\dfrac{\sqrt{13}}{26}$ 时,Kuhn-Tucker 条件成立. 然而这时对满足 $\boldsymbol{P}^{\mathrm{T}}\nabla h_1(\boldsymbol{x}^*)=2\sqrt{13}P_1=0$ 的 $\boldsymbol{P}\neq\boldsymbol{0}$,仍有 $\boldsymbol{P}^{\mathrm{T}}\nabla_x^2 L(\boldsymbol{x}^*,\boldsymbol{\lambda}^*,\boldsymbol{\mu}^*)\boldsymbol{P}\equiv 0$,故定理 4 的条件不满足. 这说明定理 4 的条件仅仅是最优解的充分条件.

6.4.3　鞍点问题

从上面的讨论可以看出,Lagrange 函数在求解非线性规划问题中起着重要的作用. 特别地,如果约束规范成立,则非线性规划问题的最优解连同其乘子是 Lagrange 函数的稳定点. 人们自然要问,这些稳定点是否恰好是 Lagrange 函数的极小或极大点呢? 回答是否定的,它既不能是极小点,也不能是极大点,而只能是所谓的"鞍点",粗略地说,关于 $\boldsymbol{x}$ 它是极小点,关于 $\boldsymbol{\lambda},\boldsymbol{\mu}$ 它是极大点,像马鞍的中心点一样. 下面给出 Lagrange 函数鞍点的定义:一点 $\bar{\boldsymbol{x}}\in E^n,\bar{\boldsymbol{\lambda}}\in E^m,\bar{\boldsymbol{\lambda}}\geqslant\boldsymbol{0},\bar{\boldsymbol{\mu}}\in E^p$ 称为 Lagrange 函数

$$L(\boldsymbol{x},\boldsymbol{\lambda},\boldsymbol{\mu})=f(\boldsymbol{x})-\sum_{i=1}^{m}\lambda_i g_i(\boldsymbol{x})-\sum_{j=1}^{p}\mu_j h_j(\boldsymbol{x})$$

的鞍点，如果对每个 $\boldsymbol{x}\in E^n,\boldsymbol{\lambda}\in E^m,\boldsymbol{\lambda}\geqslant\boldsymbol{0}$ 及 $\boldsymbol{\mu}\in E^p$，总有

$$L(\bar{\boldsymbol{x}},\boldsymbol{\lambda},\boldsymbol{\mu})\leqslant L(\bar{\boldsymbol{x}},\bar{\boldsymbol{\lambda}},\bar{\boldsymbol{\mu}})\leqslant L(\boldsymbol{x},\bar{\boldsymbol{\lambda}},\bar{\boldsymbol{\mu}}) \quad (29)$$

例如，在例 2 中，Lagrange 函数为

$$\begin{aligned}L(\boldsymbol{x},\boldsymbol{\lambda},\boldsymbol{\mu})=&x_1^2-x_2-\lambda_1(x_1-1)-\\&\lambda_2(26-x_1^2-x_2^2)-\\&\mu_1(x_1+x_2-6)\end{aligned} \quad (30)$$

若令 $\bar{\boldsymbol{x}}=(1,5)^{\mathrm{T}},\bar{\boldsymbol{\lambda}}=\left(0,\frac{3}{8}\right)^{\mathrm{T}},\bar{\boldsymbol{\mu}}=\frac{11}{4}$，则

$$L(\bar{\boldsymbol{x}},\boldsymbol{\lambda},\mu)=-4\leqslant L(\bar{\boldsymbol{x}},\bar{\boldsymbol{\lambda}},\bar{\boldsymbol{\mu}})=-4$$

而

$$L(\boldsymbol{x},\bar{\boldsymbol{\lambda}},\bar{\boldsymbol{\mu}})=x_1^2-x_2-\frac{3}{8}(26-x_1^2-x_2^2)-\frac{11}{4}(x_1+x_2-6)$$

由于

$$\frac{\partial L}{\partial x_1}=\frac{11}{4}x_1-\frac{11}{4}=0$$

$$\frac{\partial L}{\partial x_2}=\frac{3}{4}x_2-\frac{15}{4}=0$$

的解为 $x_1=1,x_2=5$，并且

$$\nabla_x^2 L=\begin{pmatrix}\frac{11}{4} & 0\\ 0 & \frac{3}{4}\end{pmatrix}$$

为正定，故 $\bar{\boldsymbol{x}}=(1,5)^{\mathrm{T}}$ 为 $L(\boldsymbol{x},\bar{\boldsymbol{\lambda}},\bar{\boldsymbol{\mu}})$ 的极小，即

$$L(\bar{\boldsymbol{x}},\bar{\boldsymbol{\lambda}},\bar{\boldsymbol{\mu}})\leqslant L(\boldsymbol{x},\bar{\boldsymbol{\lambda}},\bar{\boldsymbol{\mu}})$$

对所有 $\boldsymbol{x} \in E^2$ 成立. 因此,$(\overline{\boldsymbol{x}},\overline{\boldsymbol{\lambda}},\overline{\boldsymbol{\mu}})$ 为 Lagrange 函数(30) 的鞍点. 我们看到,其中的 $\overline{\boldsymbol{x}}$ 是问题(27) 的最优解. 这一点对一般非线性规划问题也都是成立的,即有下面的定理.

定理 6　若$(\overline{\boldsymbol{x}},\overline{\boldsymbol{\lambda}},\overline{\boldsymbol{\mu}})$ 是问题(1) 的 Lagrange 函数 $L(\boldsymbol{x},\boldsymbol{\lambda},\boldsymbol{\mu})$ 的鞍点,则 $\overline{\boldsymbol{x}}$ 是问题(1) 的最优解.

为了证明这个定理,我们首先要证明 $\overline{\boldsymbol{x}}$ 是一个容许解,也就是说,要证明

$$g_i(\overline{\boldsymbol{x}}) \geqslant 0, i=1,\cdots,m \tag{31}$$

$$h_j(\overline{\boldsymbol{x}}) = 0, j=1,\cdots,p \tag{32}$$

由 $L(\boldsymbol{x},\boldsymbol{\lambda},\boldsymbol{\mu})$ 的表达式和鞍点的定义,对所有的 $\boldsymbol{x} \in E^n,\boldsymbol{\lambda} \in E^m,\boldsymbol{\lambda} \geqslant \boldsymbol{0}$ 及 $\boldsymbol{\mu} \in E^p$,有

$$\begin{aligned}
&f(\overline{\boldsymbol{x}}) - \sum_{i=1}^{m}\lambda_i g_i(\overline{\boldsymbol{x}}) - \sum_{j=1}^{P}\mu_j h_j(\overline{\boldsymbol{x}}) \leqslant \\
&f(\overline{\boldsymbol{x}}) - \sum_{i=1}^{m}\overline{\lambda}_i g_i(\overline{\boldsymbol{x}}) - \sum_{j=1}^{P}\overline{\mu}_j h_j(\overline{\boldsymbol{x}}) \leqslant \\
&f(\boldsymbol{x}) - \sum_{i=1}^{m}\overline{\lambda}_i g_i(\boldsymbol{x}) - \sum_{j=1}^{P}\overline{\mu}_j h_j(\boldsymbol{x})
\end{aligned} \tag{33}$$

可得

$$\sum_{i=1}^{m}(\overline{\lambda}_i - \lambda_i)g_i(\overline{\boldsymbol{x}}) + \sum_{j=1}^{P}(\overline{\mu}_j - \mu_j)h_j(\overline{\boldsymbol{x}}) \leqslant 0 \tag{34}$$

假设式(32) 不成立,也就是说,有某个 k 使$h_k(\overline{\boldsymbol{x}}) \neq 0$. 若 $h_k(\overline{\boldsymbol{x}}) > 0$, 在式(34) 中取 $\lambda_i = \overline{\lambda}_i(i=1,\cdots,m)$, $\mu_j = \overline{\mu}_j(j \neq k)$,$\mu_k = \overline{\mu}_k - 1$,便得到一个矛盾的结果:

$h_k(\overline{\boldsymbol{x}}) \leqslant 0$；若 $h_k(\overline{\boldsymbol{x}}) < 0$，在式(34) 中取 $\lambda_i = \overline{\lambda}_i$，$\mu_j = \overline{\mu}_j (j \neq k)$，$\mu_k = \overline{\mu}_k + 1$，则同样得到一个矛盾的结果：$-h_k(\overline{\boldsymbol{x}}) \leqslant 0$，即 $h_k(\overline{\boldsymbol{x}}) \geqslant 0$. 所以“式(32) 不成立”的假设是不对的，也就是说，式(32) 必成立.

将式(32) 代入式(34)，便得到对所有 $\lambda_i \geqslant 0$ 成立的不等式

$$\sum_{i=1}^{m} (\overline{\lambda}_i - \lambda_i) g_i(\overline{\boldsymbol{x}}) \leqslant 0 \tag{35}$$

令 $\lambda_1 = \overline{\lambda}_1 + 1$，$\lambda_i = \overline{\lambda}_i (i = 2, 3, \cdots, m)$，便得到 $-g_1(\overline{\boldsymbol{x}}) \leqslant 0$，即 $g_1(\overline{\boldsymbol{x}}) \geqslant 0$；同样，令 $\lambda_2 = \overline{\lambda}_2 + 1$，$\lambda_i = \overline{\lambda}_i (i \neq 2)$，便得 $g_2(\overline{\boldsymbol{x}}) \geqslant 0$；重复这个过程，就证明了对所有 i，有式(31) 成立.

这样，就证明了 $\overline{\boldsymbol{x}}$ 是问题(1) 的一个容许点.

下面证明 $\overline{\boldsymbol{x}}$ 是最优解，也就是证明，如果 $\boldsymbol{x}$ 是问题(1) 的任意一个容许点，那么 $f(\overline{\boldsymbol{x}}) \leqslant f(\boldsymbol{x})$.

回到式(35)，若令 $\lambda_i = 0 (i = 1, \cdots, m)$，则

$$\sum_{i=1}^{m} \overline{\lambda}_i g_i(\overline{\boldsymbol{x}}) \leqslant 0$$

但由式(31) 和 $\overline{\lambda}_i \geqslant 0$，又有 $\sum\limits_{i=1}^{m} \overline{\lambda}_i g_i(\overline{\boldsymbol{x}}) \geqslant 0$，所以必有

$$\sum_{i=1}^{m} \overline{\lambda}_i g_i(\overline{\boldsymbol{x}}) = 0$$

并且

$$\overline{\lambda}_i g_i(\overline{\boldsymbol{x}}) = 0, i = 1, \cdots, m \tag{36}$$

把式(32) 和(36) 代入式(33) 的中间的式子中，便有

$$f(\overline{\boldsymbol{x}}) \leqslant f(\boldsymbol{x}) - \sum_{i=1}^{m} \overline{\lambda}_i g_i(\boldsymbol{x}) - \sum_{j=1}^{P} \overline{\mu}_j h_j(\boldsymbol{x}) \tag{37}$$

而对容许点 $\boldsymbol{x}$，有 $g_i(\boldsymbol{x}) \geqslant 0, h_j(\boldsymbol{x}) = 0$，因此上式右方小于或等于 $f(\boldsymbol{x})$，故

$$f(\bar{\boldsymbol{x}}) \leqslant f(\boldsymbol{x})$$

对问题(1) 的所有容许点成立，因而 $\bar{\boldsymbol{x}}$ 是问题(1) 的一个(总体) 最优解.

在上面的讨论中，我们没有用到函数 f, g_i, h_j 的可微性质，因此这个定理的适用范围是很广泛的. 有了这个定理，人们很自然地试图通过求 Lagrange 函数的鞍点来求得非线性规划问题的解，下面我们给出一个求鞍点的迭代算法. 然而，这一算法不能说是有成效的，并且，一般说来，求鞍点的问题往往比求非线性规划最优解的问题更为复杂. 另一方面，往往有这种情况，非线性规划问题的最优解虽然存在，但其 Lagrange 函数并不存在鞍点，自然不能通过解鞍点问题来求最优解了.

例 3　考虑非线性规划问题

$$\min f(\boldsymbol{x}) = x_1^2 - x_2^2 - 3x_2$$

$$h(\boldsymbol{x}) = x_2 = 0 \tag{38}$$

显然，$\boldsymbol{x}^* = (0,0)^{\mathrm{T}}$ 是它的唯一的极小点(读者不难验证，在 $\boldsymbol{x}^*$ 处，若取 $\mu^* = -3$，则定理 5 的条件成立). 现在证明：它的 Lagrange 函数

$$L(\boldsymbol{x}, \boldsymbol{\mu}) = x_1^2 - x_2^2 - 3x_2 - \mu x_2$$

没有鞍点存在. 用反证法：假定有鞍点 $(\bar{\boldsymbol{x}}, \bar{\boldsymbol{\mu}})$ 存在，则由定理 7，$\bar{\boldsymbol{x}}$ 必为问题(38) 的最优解，故 $\bar{\boldsymbol{x}} = \boldsymbol{x}^* = (0, 0)^{\mathrm{T}}$. 由鞍点定义，对所有的 $\boldsymbol{x} = (x_1, x_2)^{\mathrm{T}}$ 与 $\boldsymbol{\mu}$，有

$$L(\bar{\boldsymbol{x}}, \boldsymbol{\mu}) \leqslant L(\bar{\boldsymbol{x}}, \bar{\boldsymbol{\mu}}) \leqslant L(\boldsymbol{x}, \bar{\boldsymbol{\mu}})$$

即

$$0 \leqslant 0 \leqslant x_1^2 - x_2^2 - (3 + \overline{\boldsymbol{\mu}})x_2 \tag{39}$$

显然这是不可能的，因为不论 $\overline{\boldsymbol{\mu}}$ 取何值，取 x_1 为 0，取 x_2 为充分大的正数，总能使上式右方为负的，从而产生矛盾.

由此可见，定理 6 的逆一般是不成立的，然而对于凸规划问题，则可以证明下面的定理，其证明从略.

定理 7 假定 $f(\boldsymbol{x})$ 为凸函数，$g_i(\boldsymbol{x})(i=1,\cdots,m)$ 为凹函数，$h_j(\boldsymbol{x})(j=1,\cdots,p)$ 为线性函数，并且 $h_j(\boldsymbol{x})$ 的系数向量线性无关，还假定存在一个 $\boldsymbol{x}^0 \in E^n$，满足

$$\begin{cases} g_i(\boldsymbol{x}^0) > 0, i=1,\cdots,m \\ h_j(\boldsymbol{x}^0) = 0, j=1,\cdots,p \end{cases} \tag{40}$$

(我们通常把这个条件称为 Slater 约束规范，也把满足条件(40)的规划问题称为强相容的). 若 $\boldsymbol{x}^*$ 为规划问题(1)的一个最优解，则存在向量 $\boldsymbol{\lambda}^* \geqslant \boldsymbol{0}, \boldsymbol{\mu}^*$ 使 $(\boldsymbol{x}^*, \boldsymbol{\lambda}^*, \boldsymbol{\mu}^*)$ 为 Lagrange 函数(26)的一个鞍点，并且

$$\lambda_i^* g_i(\boldsymbol{x}^*) = 0, i=1,\cdots,m \tag{41}$$

现在介绍一个求鞍点的迭代方法，其基本思想和无约束问题的梯度法是一样的. 由于对凸规划问题，鞍点总是存在的，所以我们假定所解的是凸规划问题，且只考虑不等式约束的情形，求

$$L(\boldsymbol{x}, \boldsymbol{\lambda}) = f(\boldsymbol{x}) - \sum_{i=1}^{m} \lambda_i g_i(\boldsymbol{x})$$

的鞍点. 但在实际应用中，也用来解一般问题，这时求出的不一定是总体最优解.

设 $(\boldsymbol{x}^{(k)}, \boldsymbol{\lambda}^{(k)})$ 为鞍点的第 k 次近似，令

$$\begin{cases} \boldsymbol{x}^{(k+1)} = \boldsymbol{x}^{(k)} - \alpha \nabla_x L(\boldsymbol{x}^{(k)}, \boldsymbol{\lambda}^{(k)}) \\ \lambda_i^{(k+1)} = \max\{0, \lambda^{(k)} + \alpha(\nabla_\lambda L(\boldsymbol{x}^{(k)}, \boldsymbol{\lambda}^{(k)}))_i\} \end{cases} \tag{42}$$

其中 α 为某个取定步长，在迭代过程中逐步缩小. 即在每次迭代中计算 $P_k(\boldsymbol{x}^{(k)}, \boldsymbol{\lambda}^{(k)})$ 与 $P_{k+1}(\boldsymbol{x}^{(k+1)}, \lambda^{(k+1)})$ 两点的距离为

$$d_k = \sqrt{\sum_{i=1}^{n}(x_i^{(k+1)} - x_i^{(k)})^2 + \sum_{j=1}^{m}(\lambda_j^{(k+1)} - \lambda_j^{(k)})^2}$$

若 $d_k < d_{k-1}$，则接受 P_{k+1} 作为新的近似点，并保持 α 不变；否则，减少 α（例如以 $\frac{\alpha}{2}$ 代 α），直到 $d_k < d_{k-1}$. 当 d_k 充分小时，则停止迭代，以 $(\boldsymbol{x}^{(k+1)}, \boldsymbol{\lambda}^{(k+1)})$ 作为近似的鞍点.

迭代公式(42) 可给以直观解释. 当自变量沿梯度方向前进时函数增加；当沿负梯度方向前进时函数减小，因为鞍点是关于 $\boldsymbol{x}$ 的极小点，所以沿负梯度方向前进；反之，关于 $\boldsymbol{\lambda}$ 是极大点，故沿梯度方向前进. 而对于 $\boldsymbol{\lambda}$，由于要保持 $\boldsymbol{\lambda} \geqslant \boldsymbol{0}$，故取它的分量与 0 中较大的那个值. 同样，若原来的问题具有非负约束，也可将式(41) 中的第一个迭代公式改成与第二个公式类似.

鞍点法是收敛得很慢的，因为它本质上是一种梯度法. 我们曾用此法解决个别的实际问题，但总的来说，这个方法有很少的实用价值，由于迭代过程比较简单，故不给出框图了.

6.4.4　对偶问题

在求解线性规划问题时，对偶理论有很重要的作用. 对于非线性规划问题，人们自然也要考虑，是否有类似于线性规划那样的对偶理论呢？这是近 20 年来最优化工作者很关心并且进行了大量研究的问题. 人们发现：对于非线性规划问题，虽然可以形成对应的对偶规划问题，但与线性规划有很大的不同. 对于同一个规划问题，不同的作者定义了不同的对偶问题. 然而，根据某些作者的定义，凸规划问题的对偶问题不再是凸规划了，因而更无从讨论像线性规划对偶理论中的对称性质：对偶问题的对偶问题即为原有问题. 近年来，Rockafellar 所建立的一套对偶理论是比较完备并具有对称性质的，自然这已超出了本书的范围，下面所叙述的一些结果，是 Rockafellar 理论的一种特例，对以后介绍解法是有帮助的.

前面，我们讨论了最优化问题(1) 的最优解和它的 Lagrange 函数 $L(\boldsymbol{x},\boldsymbol{\lambda},\boldsymbol{\mu})$ 的鞍点之间的关系. 同时，从鞍点$(\bar{\boldsymbol{x}},\bar{\boldsymbol{\lambda}},\bar{\boldsymbol{\mu}})$ 的定义已经知道，当 $\bar{\boldsymbol{\lambda}},\bar{\boldsymbol{\mu}}$ 给定时，$\bar{\boldsymbol{x}}$ 是 L 关于 $\boldsymbol{x}$ 的极小点，而当 $\bar{\boldsymbol{x}}$ 已知时，$(\bar{\boldsymbol{\lambda}},\bar{\boldsymbol{\mu}})$ 是 L 关于$(\boldsymbol{\lambda},\boldsymbol{\mu})$ 的极大点. 如果对每个 $\boldsymbol{\lambda}\geqslant\boldsymbol{0}$ 与 $\boldsymbol{\mu}$，$L(\boldsymbol{x},\boldsymbol{\lambda},\boldsymbol{\mu})$ 的极小点存在

$$\begin{aligned}\theta(\boldsymbol{\lambda},\boldsymbol{\mu})&=\min_{x}L(\boldsymbol{x},\boldsymbol{\lambda},\boldsymbol{\mu})\\&=\min_{x}\left\{f(\boldsymbol{x})-\sum_{i=1}^{m}\lambda_i g_i(\boldsymbol{x})-\sum_{j=1}^{P}\mu_j h_j(\boldsymbol{x})\right\}\end{aligned}\tag{43}$$

则我们可以考虑问题

$$\max_{\lambda\geqslant 0,\mu}\theta(\boldsymbol{\lambda},\boldsymbol{\mu})\tag{44}$$

这个问题我们称之为问题(1) 的对偶问题，而称问题

(1) 为原有问题.

例 4　考虑问题

$$\min\,(x_1^2+x_2^2)$$

满足约束

$$x_1+x_2-4\geqslant 0, x_1, x_2\geqslant 0$$

通过作图或其他方法,不难求得它的极小点为 $\boldsymbol{x}^*=(2,2)^{\mathrm{T}}$,极小值为 8. 令

$$L(x_1,x_2,\lambda)=x_1^2+x_2^2-\lambda(x_1+x_2-4)$$

$$x_1, x_2\geqslant 0$$

(在形成对偶问题时,我们常常将非负约束 $x_i\geqslant 0$ 单独处理),则

$$\begin{aligned}\theta(\lambda)&=\min\{x_1^2+x_2^2-\lambda(x_1+x_2-4, x_1, x_2\geqslant 0\}\\&=\min_{x_1\geqslant 0}\{x_1^2-\lambda x_1\}+\min_{x_2\geqslant 0}\{x_2^2-\lambda x_2\}+4\lambda\end{aligned}$$

当 $\lambda<0$ 时,$x_1^2-\lambda x_1\geqslant 0$,故 $\min\limits_{x_1\geqslant 0}\{x_1-\lambda x_1\}=0$,而当 $\lambda\geqslant 0$ 时,$x_1=\dfrac{\lambda}{2}$ 为极小点,且 $\min\limits_{x_1\geqslant 0}\{x_1^2-\lambda x_1\}=-\dfrac{\lambda^2}{4}$,对 x_2 的一项有同样结果,因此

$$\theta(\lambda)=\begin{cases}-\dfrac{\lambda^2}{2}+4\lambda,\text{当 }\lambda\geqslant 0\\4\lambda,\text{当 }\lambda<0\end{cases}$$

对偶问题为

$$\max_{\lambda\geqslant 0}\left\{-\frac{\lambda^2}{2}+4\lambda\right\}$$

不难求得它的最优点为 $\lambda^*=4$,最大值为 $\theta(\lambda^*)=8$.

我们看到:对偶问题的极大值和原有问题的极小值相等. 我们自然要问:这一对于线性规划对偶问题普

遍成立的结论是否对于非线性规划也成立呢？回答是：这一结论并非普遍成立的.事实上，有些规划问题的对偶问题是不存在的.如例 3，由于

$$\theta(\mu)=\min_{x_1,x_2}\{x_1^2-x_2^2-3x_2-\mu x_2\}=-\infty$$

因此不能定义对偶问题（严格说来，这里不能用“极小”这个符号，为了不引进新的符号与概念，只好借用了）.

另一方面，即使对偶问题是有定义的，也不能保证它的最优解与原有问题的极小值相等，而只能得到如下的：

定理 8（弱对偶定理）　若 $\boldsymbol{x}$ 为原有问题(1)的容许解，而$(\boldsymbol{\lambda},\boldsymbol{\mu})$为对偶问题(44)的容许解，则

$$f(\boldsymbol{x})\geqslant\theta(\boldsymbol{\lambda},\boldsymbol{\mu})$$

这个定理的证明是很容易的：根据$\theta(\boldsymbol{\lambda},\boldsymbol{\mu})$的定义

$$\theta(\boldsymbol{\lambda},\boldsymbol{\mu})=\min_{y}\left\{f(\boldsymbol{y})-\sum_{i=1}^{m}\lambda_i g_i(\boldsymbol{y})-\sum_{j=1}^{P}\mu_j h_j(\boldsymbol{y})\right\}$$
$$\leqslant f(\boldsymbol{x})-\sum_{i=1}^{m}\lambda_i g_i(\boldsymbol{x})-\sum_{j=1}^{P}\mu_j h_j(\boldsymbol{x})$$

由于 $\boldsymbol{x}$ 是容许解，即 $g_i(\boldsymbol{x})\geqslant 0(i=1,\cdots,m)$；$h_j(\boldsymbol{x})=0(j=1,\cdots,p)$；又由式(44)，$\boldsymbol{\lambda}\geqslant\mathbf{0}$，所以由上式便得到$\theta(\boldsymbol{\lambda},\boldsymbol{\mu})\leqslant f(\boldsymbol{x})$.

因此，对偶问题的极大总不超过原有问题的极小，即

$$\max_{\lambda\geqslant 0}\theta(\boldsymbol{\lambda},\boldsymbol{\mu})\leqslant\min_{x\in R}f(\boldsymbol{x})\tag{45}$$

其中 **R** 为问题(1)的容许区域.

例 4 中，式(45)取等号.然而，在一般情形下，严格不等式(45)可能成立（例子我们不举了），这时我们说

存在"对偶间隙". 在什么条件下能够保证式(45)的等号成立,而不存在对偶间隙呢? 有下面的:

定理 9(强对偶定理)　设问题(1)为凸规划问题,并且存在一个 $\hat{\boldsymbol{x}}$ 使 $g_i(\hat{\boldsymbol{x}})>0(i=1,\cdots,m),h_j(\hat{\boldsymbol{x}})=0$ $(j=1,\cdots,p)$(即满足 Slater 约束规范). 若原有问题的极小解存在,则对偶问题(44)的极大解存在,并且

$$\max_{\lambda\geqslant 0}\theta(\boldsymbol{\lambda},\boldsymbol{\mu})=\min_{x\in\mathbf{R}}f(\boldsymbol{x})$$

定理的证明从略.

6.5　用线性规划逐步逼近非线性规划的方法

解决非线性的数学问题的一个普遍而基本的途径,就是用线性问题来逼近它. 对于最优化问题,这一点也不例外. 特别是对于线性规划,我们已经有了单纯形法这样比较有效的方法,所以,在非线性规划方法的最初发展中,这类方法占有相当的地位,即使在今天,有些工程技术人员还是愿意用这类方法. 下面介绍其中的几个.

6.5.1　序列线性规划法(SLP)

这个方法的基本思想是:在某个近似解处将约束条件和目标函数展开为泰勒级数,略去其二次项及以上的部分,只保留一次项,这样,约束条件和目标函数都成为线性的了,原来的问题就用这个线性规划问题来近似地代替,求解此线性规划问题,用其最优解作为原来问题的新的近似解.

考虑非线性规划问题

$$\min f(\boldsymbol{x}), g_i(\boldsymbol{x}) \geqslant 0, i=1,\cdots,m \tag{1}$$

(为书写简单,假定没有等式约束,对等式约束可同样处理).

假定已有问题(1)的一个近似解为 $\boldsymbol{x}^{(k)}$,在 $\boldsymbol{x}^{(k)}$ 处将 $f(x)$ 及所有 $g_i(\boldsymbol{x})$ 作线性展开,便得到线性规划问题

$$\begin{cases}\min f(\boldsymbol{x},\boldsymbol{x}^{(k)}) = f(\boldsymbol{x}^{(k)}) + (\boldsymbol{x}-\boldsymbol{x}^{(k)})^{\mathrm{T}} \nabla f(\boldsymbol{x}^{(k)}) \\ g_i(\boldsymbol{x},\boldsymbol{x}^{(k)}) = g_i(\boldsymbol{x}^{(k)}) + (\boldsymbol{x}-\boldsymbol{x}^{(k)})^{T} \nabla g_i(\boldsymbol{x}^{(k)}) \geqslant 0 \\ i=1,\cdots,m\end{cases} \tag{2}$$

设其最优解为 $\boldsymbol{x}^{(k+1)}$,若 $\boldsymbol{x}^{(k+1)}$ 与 $\boldsymbol{x}^{(k)}$ 充分靠近,例如,它们的距离为

$$\| \boldsymbol{x}^{(k+1)} - \boldsymbol{x}^{(k)} \| = \sqrt{\sum_{i=1}^{n} (x_i^{(k+1)} - x_i^{(k)})^2} < \varepsilon$$

其中 $\varepsilon > 0$ 为某个给定的小正数,则以 $\boldsymbol{x}^{(k+1)}$ 为最优解,否则,以 $\boldsymbol{x}^{(k+1)}$ 代替 $\boldsymbol{x}^{(k)}$ 继续进行迭代.

要说明两点:首先,问题(2)对 x_i 没有非负的限制,所以若将每一个 x_i 分成两项,用 $x_i - y_i$ 来代替 x_i,这时问题(2)化成下面的形式

$$\min z = f(\boldsymbol{x}^{(k)}) + (\boldsymbol{x}-\boldsymbol{x}^{(k)})^{\mathrm{T}} \nabla f(\boldsymbol{x}^{(k)}) - \boldsymbol{y}^{\mathrm{T}} \nabla f(\boldsymbol{x}^{(k)})$$

$$g_i(\boldsymbol{x}^{(k)}) + (\boldsymbol{x}-\boldsymbol{x}^{(k)})^{\mathrm{T}} \nabla g_i(\boldsymbol{x}^{(k)}) - \boldsymbol{y}^{\mathrm{T}} \nabla g_i(\boldsymbol{x}^{(k)}) \geqslant 0$$

$$\boldsymbol{x} \geqslant \boldsymbol{0}, \boldsymbol{y} \geqslant \boldsymbol{0}$$

便可用单纯形法求解了.

其次,即使 $\boldsymbol{x}^{(k)}$ 是问题(1)的一个容许解,$\boldsymbol{x}^{(k+1)}$ 一

般也不一定满足问题(1) 的非线性约束. 为了使 $\boldsymbol{x}^{(k+1)}$ 为一个容许点或近似容许点,也可以对原来的非线性约束进行摄动,即以

$$g_i(\boldsymbol{x}) \geqslant \delta, i=1,\cdots,m$$

代替

$$g_i(\boldsymbol{x}) \geqslant 0, i=1,\cdots,m$$

这样只要 $\boldsymbol{x}^{(k)}$ 是容许点,$\boldsymbol{x}^{(k+1)}$ 与 $\boldsymbol{x}^{(k)}$ 充分近时也会是容许点. 但计算中 δ 应由大到小变化.

6.5.2　何炳生教授和乘子交替方向法[①]

1997 年,交通网络分析方面的问题把南京大学数学系的何炳生教授引进乘子交替方向法(ADMM) 的研究领域. 近 10 年来,原本用来求解变分不等式的 ADMM 在优化计算中被广泛采用,影响也越来越大. 这里总结了近 20 年来他们在 ADMM 方面的工作,特别是近 10 年 ADMM 在凸优化分裂收缩算法方面的进展. 梳理主要结果,说清来龙去脉. 本节利用变分不等式的形式研究凸优化的 ADMM 类算法,论及的所有方法都能纳入一个简单的预测 − 校正统一框架. 在统一框架下证明算法的收缩性质特别简单. 通读,有利于了解 ADMM 类算法的概貌. 仔细阅读,也许就掌握了根据实际问题需要构造分裂算法的基本技巧. 也要清醒地看到,ADMM 类算法源自增广 Lagrange 乘子法(ALM) 和邻近点(PPA) 算法,它只是便于利用问题

---

① 摘自《运筹学学报》2018 年 3 月第 22 卷第 1 期.

的可分离结构，并没有消除 ALM 和 PPA 等一阶算法固有的缺点.

6.5.2.1　引言

我做乘子交替方向法(ADMM)研究，跟人生经历还有一定关系. 首先，我对优化感兴趣，源于“文化大革命”期间“推广优选法小分队”在家乡县城的一个普及报告. 恢复高考后，我上了大学，华罗庚先生 1980 年在南京大学礼堂关于“优选法”和数学应用的报告，以及南京大学何旭初先生在国内优化界的学术地位，让其选择最优化作为专业方向.

听优选法的报告使我懂得，现实生活中的数学问题里，函数一般没有显式表达式. 华先生推广的优选法就是求一元单峰函数极值点的只用函数值且少用函数值的方法. 在优化领域，最初我热衷于变分不等式的研究，是因为它是描述平衡问题的有效工具，可以用来解释管理科学中的一些问题. 由于受当年华先生推广优选法的影响，在变分不等式的求解方法中，主要对只用函数值的方法感兴趣，致力于研究少用函数值的方法. 在做 ADMM 研究之前，我的主要工作是求解单调变分不等式的投影收缩法. 线性变分不等式的投影收缩算法被成功应用到机器人的运动规划和实时控制中.

交通网络分析中的数学问题往往归结为一个变分不等式. 香港科技大学的杨海教授从我发表的论文知道我研究变分不等式算法，邀请我 1997 年去香港科大访问. 阅读了一些交通研究的文献以后，我们开始了 ADMM 求解变分不等式的研究. 近 10 年来，ADMM

被广泛应用于求解带可分离结构的凸优化问题，并成为了热门课题，也激发了我们进一步的研究兴趣. 有了较早的投入，就有望立足做一些有眼界的工作.

第 6.5.2.2 节介绍一般的单调变分不等式和凸优化对应的变分不等式；第 6.5.2.3 节回顾我们从 1997 年开始的第一个 10 年的 ADMM 工作；第 6.5.2.4 节阐明用 ADMM 求解分离结构凸优化的理由；由 6.5.2.5 节和第 6.5.2.6 节分别介绍近 10 年 ADMM 类算法在求解两个和多个可分离算子问题上的主要进展；第 6.5.2.7 节在统一框架下给出 ADMM 类算法的主要收敛性质的简单证明；第 6.5.2.8 节验证了经典的 ADMM 类算法及其主要进展都可以纳入统一框架，最后综述一下这些研究的结论与体会.

6.5.2.2　单调变分不等式

优化是最接地气的应用数学，门槛低. 这里我们仅需的预备知识是常识性的，不加证明列为引理.

引理 1　设 $\mathcal{X}\subset \mathbf{R}^n$ 是闭凸集，$\theta(\boldsymbol{x})$ 和 $\varphi(\boldsymbol{x})$ 都是 $\mathbf{R}^n \to \mathbf{R}$ 的凸函数. 如果 $\varphi(\boldsymbol{x})$ 可微并且 $\min\{\theta(\boldsymbol{x})+\varphi(\boldsymbol{x}) \mid \boldsymbol{x}\in\mathcal{X}\}$ 有解，那么

$$\tilde{\boldsymbol{x}} \in \operatorname{argmin}\{\theta(\boldsymbol{x})+\varphi(\boldsymbol{x}) \mid \boldsymbol{x}\in\mathcal{X}\} \tag{3}$$

的充分必要条件是

$$\tilde{\boldsymbol{x}} \in \mathcal{X}, \theta(\boldsymbol{x})-\theta(\tilde{\boldsymbol{x}})+(\boldsymbol{x}-\tilde{\boldsymbol{x}})^{\mathrm{T}}\nabla\varphi(\tilde{\boldsymbol{x}}) \geqslant 0, \forall \boldsymbol{x}\in\mathcal{X} \tag{4}$$

1. 经典的结构型单调变分不等式.

设 $\mathcal{U}\subset \mathbf{R}^n$ 是一个闭凸集，$T(\boldsymbol{u})$ 是从 $\mathbf{R}^n$ 到自身的一个算子，变分不等式问题是求

$$u^* \in \mathcal{U}, (u - u^*)^{\mathrm{T}} T(u^*) \geqslant 0, \forall u \in \mathcal{U} \quad (5)$$

根据变分不等式和投影方程的关系，u^* 是投影方程

$$u = Pu[u - \beta T(u)] \quad (6)$$

的解，其中 $\beta > 0$ 是任意常数. 式(5) 和式(6) 的等价性可见图 1.

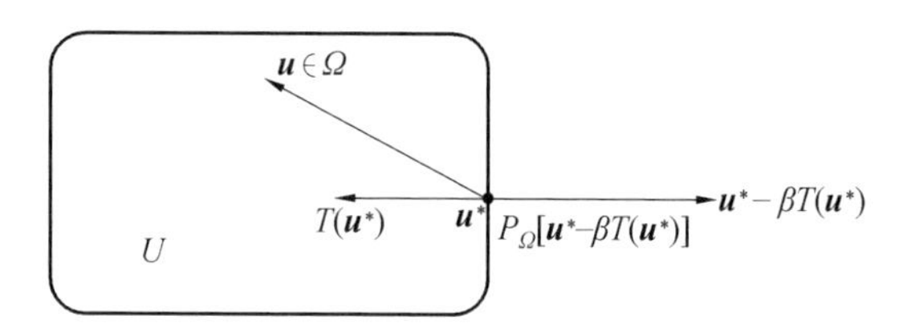

图 1

如果对属于$\mathcal{U}$(或者 $\mathbf{R}^n$) 的 u 和 $\tilde{u}$ 都有

$$(u - \tilde{u})^{\mathrm{T}}(T(u) - T(\tilde{u})) \geqslant 0$$

也就是说，T 是$\mathcal{U}$(或者 $\mathbf{R}^n$) 上的单调算子. 在变分不等式(5) 中，即使 $T(u)$ 可微，我们也不要求其 Jacobi 矩阵 $\nabla T(\cdot)$ 对称. 假如 $\nabla T(\cdot)$ 是对称矩阵，那么 $T(u) \in \mathbf{R}^n$ 可以看作一个从 $\mathbf{R}^n$ 到 $\mathbf{R}$ 的可微函数 $\varphi(u)$ 的梯度，$\nabla T(\cdot) \in \mathbf{R}^{n \times n}$ 是 $\varphi(\cdot)$ 的 Hessian 矩阵. 换句话说，变分不等式(5) 包含了可微优化问题，反之则不是.

交通网络分析遇到的变分不等式

$$u^* \in \mathcal{U}, (u - u^*)^{\mathrm{T}} T(u^*) \geqslant 0, \forall u \in \mathcal{U} \quad (7)$$

中，u, $T(u)$, $\mathcal{U}$往往有如下的可分离结构，其中

$$u = \begin{pmatrix} x \\ y \end{pmatrix}, T(u) = \begin{pmatrix} f(x) \\ g(y) \end{pmatrix} \quad (8)$$

$f(x)$, $g(y)$ 分别是从 $\mathbf{R}^{n_1}$ 和 $\mathbf{R}^{n_2}$ 到自身的单调算子

$$\mathcal{U} = \{(x, y) \mid Ax + By = b, x \in \mathcal{X}, y \in \mathcal{Y}\} \quad (9)$$

其中 $\boldsymbol{A} \in \mathbf{R}^{m\times n_1}$，$\boldsymbol{B} \in \mathbf{R}^{m\times n_2}$，$\boldsymbol{b} \in \mathbf{R}^m$，$\mathcal{X} \subset \mathbf{R}^{n_1}$，$\boldsymbol{y} \subset \mathbf{R}^{n_2}$ 是简单闭凸集. 对式(9) 中的线性约束 $\boldsymbol{Ax}+\boldsymbol{By}=\boldsymbol{b}$ 引进 Lagrange 乘子 λ，问题(7) 就转换成

$$\boldsymbol{w}^* \in \Omega, (\boldsymbol{w}-\boldsymbol{w}^*)^{\mathrm{T}} F(\boldsymbol{w}^*) \geqslant 0, \forall \boldsymbol{w} \in \Omega \tag{10}$$

其中

$$\boldsymbol{w}=\begin{pmatrix}\boldsymbol{x}\\ \boldsymbol{y}\\ \boldsymbol{\lambda}\end{pmatrix}, \boldsymbol{u}=\begin{pmatrix}\boldsymbol{x}\\ \boldsymbol{y}\end{pmatrix}, F(\boldsymbol{w})=\begin{pmatrix}f(\boldsymbol{x})-\boldsymbol{A}^{\mathrm{T}}\boldsymbol{\lambda}\\ g(\boldsymbol{y})-\boldsymbol{B}^{\mathrm{T}}\boldsymbol{\lambda}\\ \boldsymbol{Ax}+\boldsymbol{By}-\boldsymbol{b}\end{pmatrix} \tag{11}$$

$\Omega=\mathcal{X}\cdot \mathcal{Y}\cdot \mathbf{R}^{\mathrm{m}}$. 由于 $f(\boldsymbol{x})$，$g(\boldsymbol{y})$ 是单调的，这里的 $F(\boldsymbol{w})$ 也是单调的.

2. 与线性约束凸优化问题等价的变分不等式.

设 $\mathcal{U} \subset \mathbf{R}^n$ 是闭凸集，$\theta(\cdot)$：$\mathbf{R}^n \to \mathbf{R}$ 是凸函数，$\boldsymbol{A} \in \mathbf{R}^{m\times n}$，$\boldsymbol{b} \in \mathbf{R}^m$. 我们考虑线性约束的凸优化问题

$$\min\{\theta(\boldsymbol{u}) \mid \mathcal{A}\boldsymbol{u}=\boldsymbol{b}, \boldsymbol{u} \in \mathcal{U}\} \tag{12}$$

它的 Lagrange 函数是定义在 $\chi \times \mathbf{R}^m$ 上的

$$L(\boldsymbol{u},\boldsymbol{\lambda})=\theta(\boldsymbol{u})-\boldsymbol{\lambda}^{\mathrm{T}}(\mathcal{A}\boldsymbol{u}-\boldsymbol{b})$$

如果一对 $(\boldsymbol{u}^*, \boldsymbol{\lambda}^*) \in \mathcal{U}\times \mathbf{R}^m$ 满足

$$L_{\boldsymbol{\lambda}\in \mathbf{R}^m}(\boldsymbol{u}^*, \boldsymbol{\lambda}) \leqslant L(\boldsymbol{u}^*, \boldsymbol{\lambda}^*) \leqslant L_{\boldsymbol{u}\in \mathcal{U}}(\boldsymbol{u}, \boldsymbol{\lambda}^*)$$

就称它为 Lagrange 函数的鞍点. 上式写开来就是

$$\begin{cases}\boldsymbol{u}^* \in \mathcal{U}, L(\boldsymbol{u},\boldsymbol{\lambda}^*)-L(\boldsymbol{u}^*,\boldsymbol{\lambda}^*) \geqslant 0, \forall \boldsymbol{u} \in \mathcal{U}\\ \boldsymbol{\lambda}^* \in \mathbf{R}^m, L(\boldsymbol{u}^*,\boldsymbol{\lambda}^*)-L(\boldsymbol{u}^*,\boldsymbol{\lambda}) \geqslant 0, \forall \boldsymbol{\lambda} \in \mathbf{R}^m\end{cases}$$

根据引理 1，鞍点的等价表达式是下面的单调变分不等式

$$\begin{cases}\boldsymbol{u}^* \in \mathcal{U}, \theta(\boldsymbol{u})-\theta(\boldsymbol{u}^*)+(\boldsymbol{u}-\boldsymbol{u}^*)^{\mathrm{T}}\cdot \\ \qquad (-\mathcal{A}^{\mathrm{T}}\boldsymbol{\lambda}^*) \geqslant 0, \forall \boldsymbol{u} \in \mathcal{U}\\ \boldsymbol{\lambda}^* \in \mathbf{R}^m, (\boldsymbol{\lambda}-\boldsymbol{\lambda}^*)^{\mathrm{T}}(\mathcal{A}\boldsymbol{u}^*-\boldsymbol{b}) \geqslant 0, \forall \boldsymbol{\lambda} \in \mathbf{R}^m\end{cases} \tag{13}$$

写成紧凑的形式就是

$$w^* \in \Omega, \theta(u) - \theta(u^*) + (w - w^*)^{\mathrm{T}} F \cdot (w^*) \geqslant 0, \forall w \in \Omega \tag{14}$$

其中

$$w = \begin{pmatrix} u \\ \lambda \end{pmatrix}, F(w) = \begin{pmatrix} -\mathcal{A}^{\mathrm{T}}\lambda \\ \mathcal{A}u - b \end{pmatrix}, \Omega = \mathcal{U} \times \mathbf{R}^m \tag{15}$$

从式(14)到式(13)，只要对其中任意的 $w \in \Omega$ 分别取 $w=(u,\lambda^*)$ 和 $w=(u^*,\lambda)$. 变分不等式(10)和式(14)的解集，都用 Ω^* 表示. 在变分不等式框架下研究凸优化的算法，就像用导函数的方法求二次凸函数的极值，降阶以后，会带来很大的方便. 这种观点，正在得到越来越多的认可.

6.5.2.3 1997～2007 年交替方向法方面的主要工作

对交通网络分析中的变分不等式(7)中的等式约束 $\boldsymbol{Ax} + \boldsymbol{By} - \boldsymbol{b} = \boldsymbol{0}$ 引入 Lagrange 乘子后的变分不等式形式为式(10). 显然，式(10)又与下面的问题等价

$$w^* \in \Omega, (w - w^*)^{\mathrm{T}} F(w^*) \geqslant 0, \forall w \in \Omega \tag{16}$$

其中

$$w = \begin{pmatrix} x \\ y \\ \lambda \end{pmatrix}, u = \begin{pmatrix} x \\ y \end{pmatrix}$$

$$F(w) = \begin{pmatrix} f(x) - \boldsymbol{A}^{\mathrm{T}}\lambda + \beta\boldsymbol{A}^{\mathrm{T}}(\boldsymbol{Ax} + \boldsymbol{By} - \boldsymbol{b}) \\ g(y) - \boldsymbol{B}^{\mathrm{T}}\lambda + \beta\boldsymbol{B}^{\mathrm{T}}(\boldsymbol{Ax} + \boldsymbol{By} - \boldsymbol{b}) \\ \boldsymbol{Ax} + \boldsymbol{By} - \boldsymbol{b} \end{pmatrix} \tag{17}$$

$\beta > 0$ 是给定的罚参数.

求解变分不等式(10)的乘子交替方向法(*ADMM*)着眼于用松弛分裂的方式求解问题(16).它的 k 步迭代从给定的 $\boldsymbol{v}^k = (\boldsymbol{y}^k, \boldsymbol{z}^k)$ 开始,先求得 $\boldsymbol{x}$ — 子变分不等式

$$\begin{aligned} &\boldsymbol{x} \in \mathcal{X}, (\boldsymbol{x}' - \boldsymbol{x})^{\mathrm{T}} \{ f(\boldsymbol{x}) - \boldsymbol{A}^{\mathrm{T}} \boldsymbol{\lambda}^k + \\ &\beta \boldsymbol{A}^{\mathrm{T}} (\boldsymbol{A}\boldsymbol{x} + \boldsymbol{B}\boldsymbol{y}^k - \boldsymbol{b}) \} \geqslant 0, \forall\, \boldsymbol{x}' \in \mathcal{X} \end{aligned} \tag{18}$$

的解 $\boldsymbol{x}^{k+1}$. 然后利用已知的 $\boldsymbol{x}^{k+1}$ 和 $\boldsymbol{\lambda}^k$,求得 $\boldsymbol{y}$ — 子变分不等式

$$\begin{aligned} &\boldsymbol{y} \in \mathcal{Y}, (\boldsymbol{y}' - \boldsymbol{y})^{\mathrm{T}} \{ g(\boldsymbol{y}) - \boldsymbol{B}^{\mathrm{T}} \boldsymbol{\lambda}^k + \\ &\beta \boldsymbol{B}^{\mathrm{T}} (\boldsymbol{A}\boldsymbol{x}^{k+1} + \boldsymbol{B}\boldsymbol{y} - \boldsymbol{b}) \} \geqslant 0, \forall\, \boldsymbol{y}' \in \mathcal{Y} \end{aligned} \tag{19}$$

的解 $\boldsymbol{y}^{k+1}$. 最后通过

$$\boldsymbol{\lambda}^{k+1} = \boldsymbol{\lambda}^k - \beta(\boldsymbol{A}\boldsymbol{x}^{k+1} + \boldsymbol{B}\boldsymbol{y}^{k+1} - \boldsymbol{b}) \tag{20}$$

更新 Lagrange 乘子. 因为 k — 步迭代有了 $(\boldsymbol{y}^k, \boldsymbol{\lambda}^k)$ 就可以开始,我们把 $\boldsymbol{w} = (\boldsymbol{x}, \boldsymbol{y}, \boldsymbol{\lambda})$ 中的 $(\boldsymbol{y}, \boldsymbol{\lambda})$ 称为核心变量,而 $\boldsymbol{x}$ 称为中间变量. 利用

$$\boldsymbol{\lambda}^{k+1} = \boldsymbol{\lambda}^k - \gamma\beta(\boldsymbol{A}\boldsymbol{x}^{k+1} + \boldsymbol{B}\boldsymbol{y}^{k+1} - \boldsymbol{b})$$

更新 Lagrange 乘子,其中 $\gamma \in \left(0, \frac{1+\sqrt{5}}{2}\right)$. 一般来说,我们建议取 $\gamma \in [1, 1.6)$. 经典的方法中更新 Lagrange 乘子,常常用到式(20).

1. 从固定的线性约束罚因子到单调的罚因子序列

乘子交替方向法的收敛速度对参数 β 的选取比较敏感,过大和过小都会严重影响收敛速度. 或许是受罚函数法的影响,Nagurney 建议,用一个单调上升的序列 $\{\beta_k\}$ 代替固定的 $\beta > 0$. 我们利用变分不等式的残量

分析,对$\{\beta_k\}$单调上升和单调下降(有界)的两种不同情况,证明了算法的收敛性,这是我们 1997 年投稿,1998 年发表的关于交替方向法的第一篇文章,这里所说的 20 年,和这篇文章有关.

根据变分不等式和投影方程的关系(见式(5)和(6)),交替方向法的 k 步迭代的子问题(18)和(19)求得的 $\boldsymbol{x}^{k+1}$ 和 $\boldsymbol{y}^{k+1}$,它们分别是投影方程

$$\boldsymbol{x}=P_{\mathcal{X}}\left\{\boldsymbol{x}-\frac{1}{r}\left[f(\boldsymbol{x})-\boldsymbol{A}^{\mathrm{T}}\boldsymbol{\lambda}^{k}+\beta\boldsymbol{A}^{\mathrm{T}}(\boldsymbol{A}\boldsymbol{x}+\boldsymbol{B}\boldsymbol{y}^{k}-\boldsymbol{b})\right]\right\} \tag{21}$$

和

$$\boldsymbol{y}=P_{\mathcal{Y}}\left\{\boldsymbol{y}-\frac{1}{s}\left[g(\boldsymbol{y})-\boldsymbol{B}^{\mathrm{T}}\boldsymbol{\lambda}^{k}+\beta\boldsymbol{B}^{\mathrm{T}}(\boldsymbol{A}\boldsymbol{x}^{k+1}+\boldsymbol{B}\boldsymbol{y}-\boldsymbol{b})\right]\right\} \tag{22}$$

的解,其中 $r>0,s>0$ 是任意的常数. 由于等式两边都有未知变量,我们称之为隐式投影方程.

2. 从固定的线性约束罚因子到自调比的罚因子序列

终究,我们并不知道初始的 β_0 取的过大还是过小. 不知 β 要往上调还是往下调. 通过对原始和对偶两部分残量的比较. 根据平衡的原理,我们于 2000 年发表了关于交替方向法的文章,首先给出了迭代过程中自动调整$\{\beta_k\}$的自调比准则. 这个法则被广为采用,斯坦福大学的 Boyd 教授在他们的 ADMM 综述文章中给予了介绍,并在他们的求解器中采用了这个法则. 最近 10 年,随着交替方向法的应用越来越广,这个法则的知名度也越来越高. 重要原因是交替方向法在大规模稀疏优化中有了越来越受人们关注的应用.

3. 不精确求解子问题的交替方向法

2002 年,我们发表了一篇关于交替方向法的文章. 对子问题(18) 和(19) 分别加上邻近点项

$$\boldsymbol{R}(\boldsymbol{x}-\boldsymbol{x}^k) \text{ 和 } \boldsymbol{S}(\boldsymbol{y}-\boldsymbol{y}^k)$$

其中 $\boldsymbol{R},\boldsymbol{S}$ 是正定矩阵. 这样,k 步迭代就从给定的 $\boldsymbol{w}^k=(\boldsymbol{x}^k,\boldsymbol{y}^k,\boldsymbol{\lambda}^k)$ 开始,加上邻近点项的(18) 和(19),求得的 $\boldsymbol{x}^{k+1}$ 和 $\boldsymbol{y}^{k+1}$ 分别是

$$\boldsymbol{x}\in\mathcal{X},(\boldsymbol{x}'-\boldsymbol{x})^{\mathrm{T}}\{f(\boldsymbol{x})-\boldsymbol{A}^{\mathrm{T}}\boldsymbol{\lambda}^k+\beta\boldsymbol{A}^{\mathrm{T}}(\boldsymbol{A}\boldsymbol{x}+\boldsymbol{B}\boldsymbol{y}^k-\boldsymbol{b})+\boldsymbol{R}(\boldsymbol{x}-\boldsymbol{x}^k)\}\geqslant 0,\forall\,\boldsymbol{x}'\in\mathcal{X} \tag{23}$$

和

$$\boldsymbol{y}\in\mathcal{Y},(\boldsymbol{y}'-\boldsymbol{y})^{\mathrm{T}}\{g(\boldsymbol{y})-\boldsymbol{B}^{\mathrm{T}}\boldsymbol{\lambda}^k+\beta\boldsymbol{B}^{\mathrm{T}}(\boldsymbol{A}\boldsymbol{x}^{k+1}+\boldsymbol{B}\boldsymbol{y}-\boldsymbol{b})+\boldsymbol{S}(\boldsymbol{y}-\boldsymbol{y}^k)\}\geqslant 0,\forall\,\boldsymbol{y}'\in\mathcal{Y} \tag{24}$$

的解. 由于 $\boldsymbol{R},\boldsymbol{S}$ 正定,子问题(23) 和(24) 就成了强单调变分不等式而可以近似求解. 原来的意思是要做成预测－校正方法. 只有采取校正,子问题的求解精度才可以降低. 然而,审稿人要求我们不用校正. 因此(23) 和(24) 的不精确解 $\boldsymbol{x}^{k+1}$ 和 $\boldsymbol{y}^{k+1}$ 需要满足

$$\|\boldsymbol{x}^{k+1}-\tilde{\boldsymbol{x}}^{k+1}\|\leqslant\nu_k \text{ 和 } \|\boldsymbol{y}^{k+1}-\tilde{\boldsymbol{y}}^{k+1}\|\leqslant\nu_k \tag{25}$$

其中 $\tilde{\boldsymbol{x}}^{k+1},\tilde{\boldsymbol{y}}^{k+1}$ 分别是问题(23) 和(24) 的真解,非负数列 $\{\nu_k\}$ 要可知($\sum_{k=0}^{\infty}\nu_k<+\infty$).

由于问题(23) 和(24) 的真解 $\tilde{\boldsymbol{x}}^{k+1},\tilde{\boldsymbol{y}}^{k+1}$ 是不可能知道的,又需要根据

$$f(\boldsymbol{x})+(\beta\boldsymbol{A}^{\mathrm{T}}\boldsymbol{A}+\boldsymbol{R})\boldsymbol{x}$$

和

$$g(\boldsymbol{y})+(\beta\boldsymbol{B}^{\mathrm{T}}\boldsymbol{B}+\boldsymbol{S})\boldsymbol{y}$$

的强单调因子，给出 $\|\boldsymbol{x}^{k+1}-\tilde{\boldsymbol{x}}^{k+1}\|$ 的一个上界函数. 具体说来，假如 $f(\boldsymbol{x})+(\beta\boldsymbol{A}^{\mathrm{T}}\boldsymbol{A}+\boldsymbol{R})\boldsymbol{x}$ 的强单调因子是 r，那么对 $\alpha\geqslant r^{-1}$，会有

$$\|\boldsymbol{x}^{k+1}-\tilde{\boldsymbol{x}}^{k+1}\|^{2}\leqslant 2\alpha(E_{[\mathcal{X},\alpha f_k]}(\boldsymbol{x}^{k+1}))^{\mathrm{T}}f_k(\boldsymbol{x}^{k+1})-\|E_{[\mathcal{X},\alpha f_k]}(\boldsymbol{x}^{k+1})\|^{2} \tag{26}$$

其中

$$E_{[\mathcal{X},\alpha f_k]}(\boldsymbol{x})=\boldsymbol{x}-P_{\mathcal{X}}[\boldsymbol{x}-\alpha f_k(\boldsymbol{x})]$$

和

$$f_k(\boldsymbol{x})=f(\boldsymbol{x})-\boldsymbol{A}^{\mathrm{T}}\boldsymbol{\lambda}^k+\beta\boldsymbol{A}^{\mathrm{T}}(\boldsymbol{A}\boldsymbol{x}+\boldsymbol{B}\boldsymbol{y}^k-\boldsymbol{b})+\boldsymbol{R}(\boldsymbol{x}-\boldsymbol{x}^k)$$

换句话说，在近似求解的过程中，难得到的 $\boldsymbol{x}^{k+1}$，要验证

$$2\alpha(E_{[\mathcal{X},\alpha f_k]}(\boldsymbol{x}^{k+1}))^{\mathrm{T}}f_k(\boldsymbol{x}^{k+1})-\|E_{[\mathcal{X},\alpha f_k]}(\boldsymbol{x}^{k+1})\|^{2}\leqslant\nu_k^2$$

是否满足，这显然是相当麻烦的. 此外，$\sum_{k=0}^{\infty}\nu_k<+\infty$ 在计算中也缺乏实际指导意义. 管理科学中的问题，$f(\boldsymbol{x})$ 和 $g(\boldsymbol{y})$ 也没有解析表达式，本节中也没有按照这个理论上可行的办法给出算例.

4. 容易实行的交替方向法

预测－校正是数值计算的一种基本方法. 求解变分不等式(5)的投影收缩算法是一些典型的预测－校正方法.

设式(23)和(24)中的 $\boldsymbol{R}=r\boldsymbol{I}$，$\boldsymbol{S}=s\boldsymbol{I}$，$\boldsymbol{x}^{k+1}$ 和 $\boldsymbol{y}^{k+1}$ 就变成问题

$$\boldsymbol{x} \in \mathcal{X}, (\boldsymbol{x}' - \boldsymbol{x})^{\mathrm{T}}\{f(\boldsymbol{x}) - \boldsymbol{A}^{\mathrm{T}}\boldsymbol{\lambda}^k +$$

$$\beta\boldsymbol{A}^{\mathrm{T}}(\boldsymbol{A}\boldsymbol{x} + \boldsymbol{B}\boldsymbol{y}^k - \boldsymbol{b}) + r(\boldsymbol{x} - \boldsymbol{x}^k)\} \geqslant 0, \forall\, \boldsymbol{x}' \in \mathcal{X}$$

和

$$\boldsymbol{y} \in \mathcal{Y}, (\boldsymbol{y}' - \boldsymbol{y})^{\mathrm{T}}\{g(\boldsymbol{y}) - B^{\mathrm{T}}\boldsymbol{\lambda}^k +$$

$$\beta\boldsymbol{B}^{\mathrm{T}}(\boldsymbol{A}\boldsymbol{x}^{k+1} + \boldsymbol{B}\boldsymbol{y} - \boldsymbol{b}) + s(\boldsymbol{y} - \boldsymbol{y}^k)\} \geqslant 0, \forall\, \boldsymbol{y}' \in \mathcal{Y}$$

的解. 再根据变分不等式和投影方程的关系(见前面的式(5)和(6)),就得到

$$\boldsymbol{x}^{k+1} = P_{\mathcal{X}}\{\boldsymbol{x}^k - \frac{1}{r}[f(\boldsymbol{x}^{k+1}) - \boldsymbol{A}^{\mathrm{T}}\boldsymbol{\lambda}^k + \beta\boldsymbol{A}^{\mathrm{T}}(\boldsymbol{A}\boldsymbol{x}^{k+1} + \boldsymbol{B}\boldsymbol{y}^k - \boldsymbol{b})]\} \tag{27}$$

和

$$\boldsymbol{y}^{k+1} = P_{\mathcal{Y}}\{\boldsymbol{y}^k - \frac{1}{s}[g(\boldsymbol{y}^{k+1}) - \boldsymbol{B}^{\mathrm{T}}\boldsymbol{\lambda}^k + \beta\boldsymbol{B}^{\mathrm{T}}(\boldsymbol{A}\boldsymbol{x}^{k+1} + \boldsymbol{B}\boldsymbol{y}^{k+1} - \boldsymbol{b})]\} \tag{28}$$

由于式(27)的左右两端都有要求的 $\boldsymbol{x}^{k+1}$(式(28)的左右两端都有要求的 $\boldsymbol{y}^{k+1}$),求解这些子问题本身是有难度的. 随随便便把式(27)右端尚未知晓的 $\boldsymbol{x}^{k+1}$ 和 $\boldsymbol{y}^{k+1}$ 分别用 $\boldsymbol{x}^k$ 和 $\boldsymbol{y}^k$ 去代替,实现起来就非常容易,但是保证收敛就有问题. 我们以这种想法来建立预测–校正的乘子交替方向法. 对给定的 $\boldsymbol{w}^k = (\boldsymbol{x}^k, \boldsymbol{y}^k, \boldsymbol{\lambda}^k)$,把通过

$$\tilde{\boldsymbol{x}}^k = P_{\mathcal{X}}\left\{\boldsymbol{x}^k - \frac{1}{r}[f(\boldsymbol{x}^k) - \boldsymbol{A}^{\mathrm{T}}\boldsymbol{\lambda}^k + \beta\boldsymbol{A}^{\mathrm{T}}(\boldsymbol{A}\boldsymbol{x}^k + \boldsymbol{B}\boldsymbol{y}^k - \boldsymbol{b})]\right\} \tag{29}$$

$$\tilde{\boldsymbol{y}}^k = P_{\mathcal{Y}}\left\{\boldsymbol{x}^k - \frac{1}{s}[g(\boldsymbol{y}^k) - \boldsymbol{B}^{\mathrm{T}}\boldsymbol{\lambda}^k + \beta\boldsymbol{B}^{\mathrm{T}}(\boldsymbol{A}\tilde{\boldsymbol{x}}^k + \boldsymbol{B}\boldsymbol{y}^k - \boldsymbol{b}r)]\right\} \tag{30}$$

和

$$\tilde{\boldsymbol{\lambda}}^k = \boldsymbol{\lambda}^k - \beta(\boldsymbol{A}\tilde{\boldsymbol{x}}^k + \boldsymbol{B}\tilde{\boldsymbol{y}}^k - \boldsymbol{b}) \tag{31}$$

得到的点 $\tilde{\boldsymbol{w}}^k = (\tilde{\boldsymbol{x}}^k, \tilde{\boldsymbol{y}}^k, \tilde{\boldsymbol{\lambda}}^k)$ 当成预测点，其中的 $r, s > 0$ 是适当选取的常数，使得

$$\| \boldsymbol{\xi}_x^k \| \leqslant \nu r \| \boldsymbol{x}^k - \tilde{\boldsymbol{x}}^k \|$$

$$\boldsymbol{\xi}_x^k = f(\boldsymbol{x}^k) - f(\tilde{\boldsymbol{x}}^k) + \beta \boldsymbol{A}^{\mathrm{T}} \boldsymbol{A}(\boldsymbol{x}^k - \tilde{\boldsymbol{x}}^k) \tag{32}$$

和

$$\| \boldsymbol{\xi}_y^k \| \leqslant \nu s \| \boldsymbol{y}^k - \tilde{\boldsymbol{y}}^k \|$$

$$\boldsymbol{\xi}_y^k = g(\boldsymbol{y}^k) - g(\tilde{\boldsymbol{y}}^k) + \beta \boldsymbol{B}^{\mathrm{T}} \boldsymbol{B}(\boldsymbol{y}^k - \tilde{\boldsymbol{y}}^k) \tag{33}$$

能够成立，这里 $\nu = 0.9 \in (0,1)$. 注意到式(29)和(30)的右端是已知向量在简单集合上的投影，式(32)和(33)中用的是相对误差，当 $f(\boldsymbol{x})$ 和 $g(\boldsymbol{y})$ Lipschitz 连续时，这是可以办到的.

得到预测点以后，再用校正公式

$$\boldsymbol{w}^{k+1} = \boldsymbol{w}^k - \alpha_k d(\boldsymbol{w}^k, \tilde{\boldsymbol{w}}^k, \boldsymbol{\xi}^k) \quad (\text{校正公式} - \mathrm{I}) \tag{34}$$

产生新的迭代点. 这里的方向由

$$d(\boldsymbol{w}^k, \tilde{\boldsymbol{w}}^k, \xi^k) = (\boldsymbol{w}^k, \tilde{\boldsymbol{w}}^k) - \boldsymbol{G}^{-1} \xi^k$$

给出，其中

$$\boldsymbol{G} = \begin{pmatrix} r\boldsymbol{I} & \boldsymbol{0} & \boldsymbol{0} \\ \boldsymbol{0} & s\boldsymbol{I} + \beta \boldsymbol{B}^{\mathrm{T}} \boldsymbol{B} & \boldsymbol{0} \\ \boldsymbol{0} & \boldsymbol{0} & \frac{1}{\beta}\boldsymbol{I} \end{pmatrix}, \boldsymbol{\xi}^k = \begin{pmatrix} \boldsymbol{\xi}_x^k \\ \boldsymbol{\xi}_y^k \\ \boldsymbol{0} \end{pmatrix}$$

步长则通过

$$\alpha_k = \gamma \cdot \frac{(\boldsymbol{\lambda}^k - \tilde{\boldsymbol{\lambda}}^k)^{\mathrm{T}} \boldsymbol{B}(\boldsymbol{y}^k - \tilde{\boldsymbol{y}}^k) + (\boldsymbol{w}^k - \tilde{\boldsymbol{w}}^k)^{\mathrm{T}} \boldsymbol{G} d(\boldsymbol{w}^k, \tilde{\boldsymbol{w}}^k, \boldsymbol{\xi}^k)}{\| d(\boldsymbol{w}^k, \tilde{\boldsymbol{w}}^k, \boldsymbol{\xi}^k) \|_{\boldsymbol{G}}^2}$$

$$(\gamma \in (0,2))$$

给出. 特别地，当 $\boldsymbol{B}$ 也是单位矩阵时，这时 $\boldsymbol{G}$ 是分块数量矩阵，也可以用校正公式

$$\boldsymbol{w}^{k+1}=P_{\Omega}\{\boldsymbol{w}^{k}-\alpha_{k}\boldsymbol{G}^{-1}q(\boldsymbol{w}^{k}-\widetilde{\boldsymbol{w}}^{k})\} \quad (\text{校正公式}-\text{Ⅱ}) \tag{35}$$

产生新的迭代点 $\boldsymbol{w}^{k+1}$. 校正公式－Ⅱ 的步长和校正公式－Ⅰ 相同，方向

$$q(\boldsymbol{w}^{k}-\widetilde{\boldsymbol{w}}^{k})=F(\widetilde{\boldsymbol{w}}^{k})+\beta(\boldsymbol{A},\boldsymbol{B},\boldsymbol{0})^{\mathrm{T}}\boldsymbol{B}(\boldsymbol{y}^{k}-\widetilde{\boldsymbol{y}}^{k})$$

可以这样做的原因是当 $\boldsymbol{G}$ 是分块数量矩阵，$\Omega=\mathcal{X}\cdot\mathcal{Y}\cdot\mathbf{R}^{m}$ 时

$$\begin{aligned}&\operatorname{argmin}\left\{\frac{1}{2}\|\boldsymbol{w}-[\boldsymbol{w}^{k}-\alpha_{k}\boldsymbol{G}^{-1}q(\boldsymbol{w}^{k},\widetilde{\boldsymbol{w}}^{k})]\|_{G}^{2}\mid \boldsymbol{w}\in\Omega\right\}\\=&\operatorname{argmin}\left\{\frac{1}{2}\|\boldsymbol{w}-[\boldsymbol{w}^{k}-\alpha_{k}\boldsymbol{G}^{-1}q(\boldsymbol{w}^{k},\widetilde{\boldsymbol{w}}^{k})]\|^{2}\mid \boldsymbol{w}\in\Omega\right\}\\=&P_{\Omega}\{\boldsymbol{w}^{k}-\alpha_{k}\boldsymbol{G}^{-1}q(\boldsymbol{w}^{k},\widetilde{\boldsymbol{w}}^{k})\}\end{aligned}$$

这个方法不要求 $f(\boldsymbol{x})$ 和 $g(\boldsymbol{y})$ 有解析表达式，只要求对给定的 $\boldsymbol{x}^{k}$ 和 $\boldsymbol{y}^{k}$，得到相应的 $f(\boldsymbol{x}^{k})$ 和 $g(\boldsymbol{y}^{k})$.

变分不等式(7) 用来解释管理科学中的问题，虽然凸优化问题也可以转换成一个结构型变分不等式(10)，但很少会想用求解变分不等式(一大类难问题)的方法去求解(其中一类相对容易的) 优化问题. 因此，前 10 年的 ADMM 研究，相对后 10 年而言，只是开了个头. 动力不足，有些低迷.

6.5.2.4　用乘子交替方向法求解凸优化问题

激起我们进一步研究 ADMM 的是信息科学中的一些结构型优化问题. 先从一般问题(12) 谈起，求解这个问题的两类经典方法是二次罚函数方法和增广 Lagrange 乘子法.

求解问题(12) 的二次罚函数方法(QPM) 的 k — 步迭代是求解子问题

$$u^{k+1}=\arg\min\{\theta(u)+\frac{\beta_k}{2}\|\mathcal{A}u-b\|^2 \mid u\in\mathcal{U}\} \tag{36}$$

其中 $\{\beta_k\}$ 是给定的单调上升趋向 $+\infty$ 的正数数列. 理论上,如何求解子问题(36) 与 u^k 无关. 但实际计算一般都以 u^k 为初始点.

求解问题(12) 的增广 Lagrange 乘子法(ALM) 的 k — 步迭代是从给定的 λ^k 开始,通过

$$\begin{cases} u^{k+1}=\arg\min\{\theta(u)-(\lambda^k)^{\mathrm{T}}(\mathcal{A}u-b)+ \\ \qquad \frac{\beta}{2}\|\mathcal{A}u-b\|^2 \mid u\in\mathcal{U}\} \\ \lambda^{k+1}=\lambda^k-\beta(\mathcal{A}u^{k+1}-b) \end{cases} \tag{37}$$

求得新的迭代点 $w^{k+1}=(u^{k+1},\lambda^{k+1})$,其中 $\beta>0$ 是给定的常数.

注意到,忽略式(37) 的 u — 子问题目标函数中的常数项对解没有影响,所以

$$\begin{aligned} &\arg\min\{\theta(u)-(\lambda^k)^{\mathrm{T}}(\mathcal{A}u-b)+ \\ &\frac{\beta}{2}\|\mathcal{A}u-b\|^2 \mid u\in\mathcal{U}\} \\ =&\arg\min\{\theta(u)+ \\ &\frac{\beta}{2}\|\mathcal{A}u-(b+\frac{1}{\beta}\lambda^k)\|^2 \mid u\in\mathcal{U}\} \end{aligned}$$

求解问题(12),增广 Lagrange 乘子法(37) 和二次罚函数法(36) 需要求解的子问题难度完全一样. Nocedal 和 Wright 的专著的第十七章说得很清楚,增广

Lagrange 乘子法远优于二次罚函数法. 通常，我们把自变量 $\boldsymbol{u}$ 和对偶变量 $\boldsymbol{\lambda}$ 看作对弈的双方，二次罚函数方法只考虑了自变量一方，增广 Lagrange 乘子法则同时顾及了对偶方的感受.

图像重构中的一些问题可以归结为一类有两个可分离算子的结构型凸优化问题

$$\min\{\theta_1(\boldsymbol{x})+\theta_2(\boldsymbol{y}) \mid \boldsymbol{Ax}+\boldsymbol{By}=\boldsymbol{b},\boldsymbol{x}\in\mathcal{X},\boldsymbol{y}\in\mathcal{Y}\} \tag{38}$$

这相当于在式(12) 中，置 $n=n_1+n_2$，$\mathcal{X}\subset\mathbf{R}^{n_1}$，$\mathcal{Y}\subset\mathbf{R}^{n_2}$，$\mathcal{U}=\mathcal{X}\cdot\mathcal{Y}$. $\theta(\boldsymbol{u})=\theta_1(\boldsymbol{x})+\theta_2(\boldsymbol{y})$，$\theta_1(\boldsymbol{x})$：$\mathbf{R}^{n_1}\to\mathbf{R}$，$\theta_2(\boldsymbol{y})$：$\mathbf{R}^{n_2}\to\mathbf{R}$. 矩阵 $\mathcal{A}=(\boldsymbol{A}\ \ \boldsymbol{B})$，其中 $\boldsymbol{A}\in\mathbf{R}^{m\times n_1}$，$\boldsymbol{B}\in\mathbf{R}^{m\times n_2}$.

求解式(38) 相当于求解变分不等式

$$\boldsymbol{w}^*\in\Omega,\theta(\boldsymbol{u})-\theta(\boldsymbol{u}^*)+(\boldsymbol{w}-\boldsymbol{w}^*)^{\mathrm{T}}F(\boldsymbol{w}^*)\geqslant 0 \quad (\forall\,\boldsymbol{w}\in\Omega) \tag{39}$$

其中

$$\boldsymbol{w}=\begin{pmatrix}\boldsymbol{x}\\ \boldsymbol{y}\\ \boldsymbol{\lambda}\end{pmatrix},\boldsymbol{u}=\begin{pmatrix}\boldsymbol{x}\\ \boldsymbol{y}\end{pmatrix},F(\boldsymbol{w})=\begin{pmatrix}-\boldsymbol{A}^{\mathrm{T}}\boldsymbol{\lambda}\\ -\boldsymbol{B}^{\mathrm{T}}\boldsymbol{\lambda}\\ \boldsymbol{Ax}+\boldsymbol{By}-\boldsymbol{b}\end{pmatrix} \tag{40}$$

和

$$\theta(\boldsymbol{u})=\theta_1(\boldsymbol{x})+\theta_2(\boldsymbol{y}),\Omega=\mathcal{X}\cdot\mathcal{Y}\cdot\mathbf{R}^m \tag{41}$$

问题(38) 的增广 Lagrange 函数是

$$\mathcal{L}_\beta(\boldsymbol{x},\boldsymbol{y},\boldsymbol{\lambda})=\theta_1(\boldsymbol{x})+\theta_2(\boldsymbol{y})-\boldsymbol{\lambda}^{\mathrm{T}}(\boldsymbol{Ax}+\boldsymbol{By}-\boldsymbol{b})+\frac{\beta}{2}\|\boldsymbol{Ax}+\boldsymbol{By}-\boldsymbol{b}\|^2 \tag{42}$$

对问题(38)，人们首先考虑到一些经典的方法：二次罚函数方法和增广 Lagrange 乘子法.

根据式(36),求解问题(38) 的二次罚函数方法的 k-步迭代是

$$(\boldsymbol{x}^{k+1},\boldsymbol{y}^{k+1})=\arg\min\{\theta_1(\boldsymbol{x})+\theta_2(\boldsymbol{y})+\frac{\beta_k}{2}\|\boldsymbol{A}\boldsymbol{x}+\boldsymbol{B}\boldsymbol{y}-\boldsymbol{b}\|^2 \mid \boldsymbol{x}\in\mathcal{X},\boldsymbol{y}\in\mathcal{Y}\} \tag{43}$$

根据式(37),求解问题(38) 的增广 Lagrange乘子法的 k-步迭代是从给定的 $\boldsymbol{\lambda}^k$ 开始,求得

$$\begin{cases}(\boldsymbol{x}^{k+1},\boldsymbol{y}^{k+1}) \\ =\arg\min\left\{\begin{array}{l}\theta_1(\boldsymbol{x})+\theta_2(\boldsymbol{y})-(\boldsymbol{\lambda}^k)^{\mathrm{T}}(\boldsymbol{A}\boldsymbol{x}+ \\ \boldsymbol{B}\boldsymbol{y}-\boldsymbol{b})+\frac{\beta}{2}\|\boldsymbol{A}\boldsymbol{x}+\boldsymbol{B}\boldsymbol{y}-\boldsymbol{b}\|^2\end{array}\left|\begin{array}{l}\boldsymbol{x}\in\mathcal{X} \\ \boldsymbol{y}\in\mathcal{Y}\end{array}\right.\right\} \\ \boldsymbol{\lambda}^{k+1}=\boldsymbol{\lambda}^k-\beta(\boldsymbol{A}\boldsymbol{x}^{k+1}+\boldsymbol{B}\boldsymbol{y}^{k+1}-\boldsymbol{b})\end{cases} \tag{44}$$

利用增广 Lagrange 函数的表达式(42),式(44) 中的 $(\boldsymbol{x},\boldsymbol{y})$-子问题可以写成

$$(\boldsymbol{x}^{k+1},\boldsymbol{y}^{k+1})=\arg\min\{\mathcal{L}_\beta(\boldsymbol{x},\boldsymbol{y},\boldsymbol{\lambda}^k)\mid \boldsymbol{x}\in\mathcal{X},\boldsymbol{y}\in\mathcal{Y}\}$$

这两种处理方式,方法(44) 优于方法(43). 它们共同的缺点是没有利用问题的可分离结构,求解这些子问题有时会无从下手.

松弛了的二次罚函数方法和增广 Lagrange 乘子法. 针对式(43) 和式(44) 中 $(\boldsymbol{x},\boldsymbol{y})$-子问题难解的情况,考虑将 $(\boldsymbol{x},\boldsymbol{y})$ 子问题通过松弛分开来做,分别得到下面的交替极小化方法和乘子交替方向法.

把求解问题(38) 的二次罚函数法(43) 中的 $\beta_k\equiv\beta>0$ 固定,并将一起求解的 $(\boldsymbol{x},\boldsymbol{y})$ 子问题分开求解,

就得到所谓的交替极小化方法(AMA). 它的 k 一步迭代是从给定的 $\boldsymbol{y}^k$ 开始,通过

$$\begin{cases} \boldsymbol{x}^{k+1} = \operatorname{argmin}\{\theta_1(\boldsymbol{x}) + \frac{\beta}{2}\|\boldsymbol{Ax} + \boldsymbol{By}^k - \boldsymbol{b}\|^2 \mid \boldsymbol{x} \in \mathcal{X}\} \\ \boldsymbol{y}^{k+1} = \operatorname{argmin}\{\theta_2(\boldsymbol{y}) + \frac{\beta}{2}\|\boldsymbol{Ax}^{k+1} + \boldsymbol{By} - \boldsymbol{b}\|^2 \mid \boldsymbol{y} \in \mathcal{Y}\} \end{cases} \tag{45}$$

得到($\boldsymbol{x}^{k+1}, \boldsymbol{y}^{k+1}$). 换句话说,交替极小化方法实际上是处理可分离结构型优化问题(38) 的松弛了的二次罚函数方法.

把求解问题(38) 的 ALM(44) 中一起求解的($\boldsymbol{x}$, $\boldsymbol{y}$) 子问题分开求解,就得到所谓的乘子交替方向法(ADMM). 它的 k 一步迭代是从给定的($\boldsymbol{y}^k, \boldsymbol{\lambda}^k$) 开始,通过

$$\begin{cases} \boldsymbol{x}^{k+1} = \operatorname{argmin}\{\theta_1(\boldsymbol{x}) - (\boldsymbol{\lambda}^k)^{\mathrm{T}}\boldsymbol{Ax} + \\ \qquad \frac{\beta}{2}\|\boldsymbol{Ax} + \boldsymbol{By}^k - \boldsymbol{b}\|^2 \mid \boldsymbol{x} \in \mathcal{X}\} \\ \boldsymbol{y}^{k+1} = \operatorname{argmin}\{\theta_2(\boldsymbol{y}) - (\boldsymbol{\lambda}^k)^{\mathrm{T}}\boldsymbol{By} + \\ \qquad \frac{\beta}{2}\|\boldsymbol{Ax}^{k+1} + \boldsymbol{By} - \boldsymbol{b}\|^2 \mid \boldsymbol{y} \in \mathcal{Y}\} \\ \boldsymbol{\lambda}^{k+1} = \boldsymbol{\lambda}^k - \beta(\boldsymbol{Ax}^{k+1} + \boldsymbol{By}^{k+1} - \boldsymbol{b}) \end{cases} \tag{46}$$

得到($\boldsymbol{x}^{k+1}, \boldsymbol{y}^{k+1}, \boldsymbol{\lambda}^{k+1}$),完成一次迭代. 换句话说,乘子交替方向法实际上是处理可分离结构型优化问题(38) 的松弛了的增广 Lagrange 乘子法.

增广 Lagrange 乘子法远优于罚函数方法. 对它们分别松弛以后,乘子交替方向法(ADMM) 也应该优于交替极小化方法(AMA). 基于这种考虑,2009 年 10 月

上海大学主办的华东地区运筹学与控制论博士论坛安排我做大会报告的时候，我就报告“信息技术中的凸优化问题和交替方向法求解”，呼吁青年学者注意交替方向法. 第二年，网上就有了 Boyd 他们受到热捧的关于乘子交替方向法的文章.

6.5.2.5　近 10 年在乘子交替方向法方面的主要工作

科学计算中有大量的结构型优化问题(38)，*ADMM* 是求解这些问题的好方法. 凭借前期的研究基础，近 10 年来，我们主要致力于 *ADMM* 类方法研究. 对求解两个算子的 *ADMM*，在方法改进和收敛速率方面做了些工作. 为了行文方便，当 $\mathcal{A}=(\boldsymbol{A}\ \ \boldsymbol{B})$ 或者 $\mathcal{A}=(\boldsymbol{A}\ \ \boldsymbol{B}\ \ \boldsymbol{C})$ 的时候，我们都假设 $\boldsymbol{B}$ 和 $\boldsymbol{C}$ 列满秩.

(1)ADMM 方法上的改进.

两个算子问题的 ADMM 方法改进，主要是提出了“PPA 意义下可以延拓的乘子交替方向法”和“对称更新乘子的交替方向法”.

①PPA 意义下延拓的乘子交替方向法.

结构型可分离算子的凸优化都是问题(12) 的特例. 要说求解(38) 的延拓的乘子交替方向法就必须从凸优化问题(12) 的增广 Lagrange 乘子法说起. 凸优化问题(12) 的增广 Lagrange 函数是

$$\mathcal{L}_{\beta}(\boldsymbol{u},\boldsymbol{\lambda})=\theta(\boldsymbol{u})-\boldsymbol{\lambda}^{\mathrm{T}}(\mathcal{A}\boldsymbol{u}-\boldsymbol{b})+\frac{\beta}{2}\|\ \mathcal{A}\boldsymbol{u}-\boldsymbol{b}\|^{2}$$

求解(12) 的增广 Lagrange 乘子法的 k — 步迭代，是从

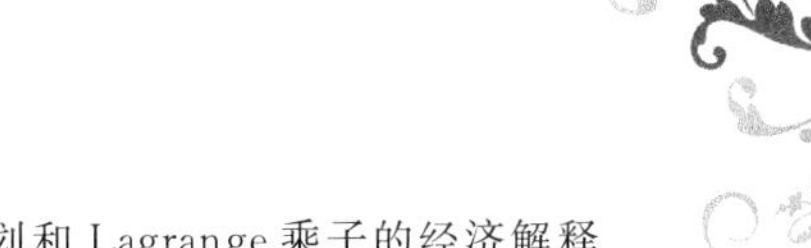

给定的 $\boldsymbol{\lambda}^k$ 开始，通过

$$\begin{cases}\boldsymbol{u}^{k+1}=\operatorname{argmin}\{\mathcal{L}_\beta(\boldsymbol{u},\boldsymbol{\lambda}^k)\mid \boldsymbol{u}\in\mathcal{U}\}\\ \boldsymbol{\lambda}^{k+1}=\boldsymbol{\lambda}^k-\beta(\boldsymbol{A}\boldsymbol{u}^{k+1}-\boldsymbol{b})\end{cases}\tag{47}$$

进行迭代.

增广 Lagrange 乘子法收敛的主要性质是

$$\|\boldsymbol{\lambda}^{k+1}-\boldsymbol{\lambda}^*\|^2\leqslant\|\boldsymbol{\lambda}^k-\boldsymbol{\lambda}^*\|^2-\|\boldsymbol{\lambda}^k-\boldsymbol{\lambda}^{k+1}\|^2\tag{48}$$

事实上，增广 Lagrange 乘子法(47) 中求解 $\boldsymbol{u}$ — 子问题也是要花代价的. 如果将 $\boldsymbol{\lambda}$ 进一步延拓，取

$$\boldsymbol{\lambda}^{k+1}:=\boldsymbol{\lambda}^k-\gamma(\boldsymbol{\lambda}^k-\boldsymbol{\lambda}^{k+1}),\gamma=1.5\in(0,2)$$

往往会提高收敛速度，上式右端的 $\boldsymbol{\lambda}^{k+1}$ 是由(47) 提供的.

既然乘子交替方向法(ADMM) 是从增广 Lagrange 乘子法(ALM) 松弛而来的，ALM 可以延拓的性质 ADMM 能不能也有？答案是经过适当改造也可以有. 具体做法是 k — 步迭代从给定的$(\boldsymbol{y}^k,\boldsymbol{\lambda}^k)$ 开始，将经典的 ADMM(46) 中求解 $\boldsymbol{y}$ — 子问题和校正 $\boldsymbol{\lambda}$ 的顺序交换，通过

$$\begin{cases}\boldsymbol{x}^{k+1}=\operatorname{argmin}\{\mathcal{L}_\beta(\boldsymbol{x},\boldsymbol{y}^k,\boldsymbol{\lambda}^k)\mid \boldsymbol{x}\in\mathcal{X}\}\\ \boldsymbol{\lambda}^{k+1}=\boldsymbol{\lambda}^k-\beta(\boldsymbol{A}\boldsymbol{x}^{k+1}+\boldsymbol{B}\boldsymbol{y}^k-\boldsymbol{b})\\ \boldsymbol{y}^{k+1}=\operatorname{argmin}\{\mathcal{L}_\beta(\boldsymbol{x}^{k+1},\boldsymbol{y},\boldsymbol{\lambda}^{k+1})\mid \boldsymbol{y}\in\mathcal{Y}\}\end{cases}\tag{49}$$

得到的 $\boldsymbol{w}^{k+1}=(\boldsymbol{x}^{k+1},\boldsymbol{y}^{k+1},\boldsymbol{\lambda}^{k+1})$ 作为预测点，然后

$$\begin{cases}\boldsymbol{y}^{k+1}:=\boldsymbol{y}^k-\gamma(\boldsymbol{y}^k-\boldsymbol{y}^{k+1})\\ \boldsymbol{\lambda}^{k+1}:=\boldsymbol{\lambda}^k-\gamma(\boldsymbol{\lambda}^k-\boldsymbol{\lambda}^{k+1})\end{cases}\quad(\text{松弛延拓})\tag{50}$$

这里 $\gamma\in(0,2)$. 赋值号“:=” 表示式(50) 第一个式子右端的$(\boldsymbol{y}^{k+1},\boldsymbol{\lambda}^{k+1})$ 是由算法的前半部分(49) 产生的.

式(50) 左端才是下一步迭代开始所需要的($\boldsymbol{y}^{k+1}$, $\boldsymbol{\lambda}^{k+1}$). 对多数问题,这样往往能加快收敛.

② 对称更新乘子的交替方向法.

求解式(38) 的经典的乘子交替方向法是式(46). 从问题(38) 本身看,原始变量的两部分 $\boldsymbol{x}$ 和 $\boldsymbol{y}$ 是平等的,在算法设计上平等对待 $\boldsymbol{x}$ 和 $\boldsymbol{y}$ 子问题,也是最自然不过的考虑. 因此我们采用对称的交替方向法. 它的 k 一步迭代从给定的($\boldsymbol{y}^k$, $\boldsymbol{\lambda}^k$) 开始,通过

$$\begin{cases} \boldsymbol{x}^{k+1} = \arg\min\{\mathcal{L}_\beta(\boldsymbol{x}, \boldsymbol{y}^k, \boldsymbol{\lambda}^k) \mid \boldsymbol{x} \in \mathcal{X}\} \\ \boldsymbol{\lambda}^{k+\frac{1}{2}} = \boldsymbol{\lambda}^k - \mu\beta(\boldsymbol{A}\boldsymbol{x}^{k+1} + \boldsymbol{B}\boldsymbol{y}^k - \boldsymbol{b}) \\ \boldsymbol{y}^{k+1} = \arg\min\{\mathcal{L}_\beta(\boldsymbol{x}^{k+1}, \boldsymbol{y}, \boldsymbol{\lambda}^{k+\frac{1}{2}}) \mid \boldsymbol{y} \in \mathcal{Y}\} \\ \boldsymbol{\lambda}^{k+1} = \boldsymbol{\lambda}^{k+\frac{1}{2}} - \mu\beta(\boldsymbol{A}\boldsymbol{x}^{k+1} + \boldsymbol{B}\boldsymbol{y}^{k+1} - \boldsymbol{b}) \end{cases} \tag{51}$$

得到新的迭代点 $\boldsymbol{w}^{k+1} = (\boldsymbol{x}^{k+1}, \boldsymbol{y}^{k+1}, \boldsymbol{\lambda}^{k+1})$,其中 $\mu \in (0, 1)$(我们通常取 $\mu = 0.9$). 当 $\mu = 1$ 时,实际计算有时也收敛,但是也可以举出不收敛的例子.

(2) 经典乘子交替方向法的收敛速率.

理论方面,对经典的乘子交替方向法,我们分别在遍历意义下和点列意义下证明了 $O(\frac{1}{t})$ 的收敛速率.

① 遍历意义下的 $O(\frac{1}{t})$ 的迭代复杂性.

为了证明算法的迭代复杂性,我们需要对变分不等式(14) 的解集做新的刻画. 由于式(14) 中的仿射算子 F 恰有

$$(\boldsymbol{w} - \boldsymbol{w}^*)^{\mathrm{T}} F(\boldsymbol{w}^*) = (\boldsymbol{w} - \boldsymbol{w}^*)^{\mathrm{T}} F(\boldsymbol{w})$$

变分不等式问题

$$w^* \in \Omega, \theta(u) - \theta(u^*) + (w - w^*)^T F(w^*) \geqslant 0 \quad (\forall w \in \Omega)$$

和

$$w^* \in \Omega, \theta(u) - \theta(u^*) + (w - w^*)^T F(w) \geqslant 0 \quad (\forall w \in \Omega)$$

是等价的. 我们用后者定义不等式(14)的近似解. 对给定的 $\varepsilon > 0$, 如果 $\tilde{w} \in \Omega$ 满足

$$\tilde{w} \in \Omega, \theta(u) - \theta(\tilde{u}) + (w - \tilde{w})^T F(w) \geqslant -\varepsilon \quad (\forall w \in \mathcal{D}_{(\tilde{w})}) \tag{52}$$

其中

$$\mathcal{D}_{\tilde{w}} = \{w \in \Omega \mid \|w - \tilde{w}\| \leqslant 1\} \tag{53}$$

就把 $\tilde{w}$ 叫作变分不等式(14)的 ε 近似解. 它可以等价地表示成

$$\tilde{w} \in \Omega, \sup_{w \in \mathcal{D}_{\tilde{w}}} \{\theta(\tilde{u}) - \theta(u) + (\tilde{w} - w)^T F(w)\} \leqslant \varepsilon \tag{54}$$

人们感兴趣的是:对给定的 $\varepsilon > 0$, 经过多少次迭代, 能够得到一个 $\tilde{w} \in \Omega$, 使得式(54)成立.

对求解(38)的经典的乘子交替方向法(46), 假设迭代从给定的 $v^0 = (y^0, \lambda^0)$ 开始, 生成迭代序列 $\{w^k\} = \{(x^k, y^k, \lambda^k)\}$. 我们通过

$$\tilde{x}^k = x^{k+1}, \tilde{y}^k = y^{k+1} \text{ 和 } \tilde{\lambda}^k = \lambda^k - \beta(Ax^{k+1} + By^k - b)$$

定义了辅助序列 $\{\tilde{w}^k\}$, 并证明了 $O(\frac{1}{t})$ 收敛速率需要的关键不等式

$$\theta(\tilde{u}_t) - \theta(u) + (\tilde{w}_t - w)^T F(w) \leqslant \frac{1}{2(t+1)} \|v - v^0\|_H^2$$

$$(\forall w \in \Omega)$$

其中 t 为任意正整数，$\tilde{w}_t$ 是 $\tilde{w}^0, \tilde{w}^1, \cdots, \tilde{w}^t$ 的算术平均，也即

$$\tilde{w}_t = \frac{1}{t+1}\sum_{k=0}^{t}\tilde{w}^t$$

矩阵

$$H = \begin{pmatrix} \beta B^{\mathrm{T}} B & 0 \\ 0 & \frac{1}{\beta} I \end{pmatrix}$$

2012 年初发表的这篇证明收敛速率的文章，篇幅不长. 由于 ADMM 广受关注，该文这几年常在 SIAM 数值分析的热点下载论文中排名前五. 中国科学院文献情报中心科学计量团队在《科学观察》2017 年第 12 卷第 6 期上公布的统计数据中，该文在中国学者于 2012～2016 年发表的数学论文中被引频次最高，在热点论文中排名第一.

② 点列意义下收敛速率方面的结果.

求解问题(38) 的经典的 ADMM(46) 是从增广 Lagrange 乘子法松弛来的. 增广 Lagrange 乘子法(47) 的 k 步迭代从 λ^k 开始，产生的迭代序列 $\{\lambda^k\}$ 具有收敛性质(48). ADMM(46) 的 k－步迭代从 $v^k = (y^k, \lambda^k)$ 开始，也有相应的性质

$$\| v^{k+1} - v^* \|_H^2 \leqslant \| v^k - v^* \|_H^2 - \| v^k - v^{k+1} \|_H^2$$

其中

$$H = \begin{pmatrix} \beta B^{\mathrm{T}} B & 0 \\ 0 & \frac{1}{\beta} I \end{pmatrix} \tag{55}$$

根据(55) 可以直接得到

$$\sum_{k=0}^{\infty} \| \boldsymbol{v}^k - \boldsymbol{v}^{k+1} \|_{\boldsymbol{H}}^2 \leqslant \| \boldsymbol{v}^0 - \boldsymbol{v}^* \|_{\boldsymbol{H}}^2$$

求解(12) 的增广 Lagrange 乘子法(47)，我们可以把 $\| \boldsymbol{\lambda}^k - \boldsymbol{\lambda}^{k+1} \|$ 的大小看作误差的度量. 增广 Lagrange 乘子除了有收缩性质(48) 以外，还有残量序列$\{ \| \boldsymbol{\lambda}^k - \boldsymbol{\lambda}^{k+1} \|^2 \}$单调不增的性质，也就是

$$\| \boldsymbol{\lambda}^k - \boldsymbol{\lambda}^{k+1} \|^2 \leqslant \| \boldsymbol{\lambda}^{k-1} - \boldsymbol{\lambda}^k \|^2$$

ADMM 能否有类似的性质？我们证明了

$$\| \boldsymbol{v}^k - \boldsymbol{v}^{k+1} \|_{\boldsymbol{H}}^2 \leqslant \| \boldsymbol{v}^{k-1} - \boldsymbol{v}^k \|_{\boldsymbol{H}}^2 \tag{56}$$

这是 ADMM 有点列意义下的收敛速率的关键不等式. 由式(55) 和式(56) 可得

$$\begin{aligned} \| \boldsymbol{v}^t - \boldsymbol{v}^{t+1} \|_{\boldsymbol{H}}^2 &\leqslant \frac{1}{t+1} \Big(\sum_{k=0}^{t} \| \boldsymbol{v}^k - \boldsymbol{v}^{k+1} \|_{\boldsymbol{H}}^2 \Big) \\ &\leqslant \frac{1}{t+1} \Big(\sum_{k=0}^{\infty} \| \boldsymbol{v}^k - \boldsymbol{v}^{k+1} \|_{\boldsymbol{H}}^2 \Big) \\ &\leqslant \frac{1}{t+1} \| \boldsymbol{v}^0 - \boldsymbol{v}^* \|_{\boldsymbol{H}}^2 \end{aligned}$$

这些重要的收敛速率性质，利用 6.5.2.7 节的统一框架，证明更加简单.

6.5.2.6　多个可分离算子的凸优化问题

我们以三个可分离算子的凸优化问题

$$\min\{\theta_1(\boldsymbol{x}) + \theta_2(\boldsymbol{y}) + \theta_3(\boldsymbol{z}) \mid \boldsymbol{Ax} + \boldsymbol{By} + \boldsymbol{Cz} = \boldsymbol{b}, \boldsymbol{x} \in \mathcal{X}, \boldsymbol{y} \in \mathcal{Y}, \boldsymbol{z} \in \mathcal{Z}\} \tag{57}$$

为例，这相当于在(12) 中，置 $n = n_1 + n_2 + n_3$，$\mathcal{X} \subset \mathbf{R}^{n_1}$，$\mathcal{Y} \subset \mathbf{R}^{n_2}$，$\mathcal{Z} \subset \mathbf{R}^{n_3}$，$\mathcal{U} = \mathcal{X} \cdot \mathcal{Y} \cdot \mathcal{Z}$. $\theta(\boldsymbol{u}) = \theta_1(\boldsymbol{x}) + \theta_2(\boldsymbol{y}) + \theta_3(\boldsymbol{z})$，$\theta_1(\boldsymbol{x}): \mathbf{R}^{n_1} \to \mathbf{R}$，$\theta_2(\boldsymbol{y}): \mathbf{R}^{n_2} \to \mathbf{R}$，$\theta_3(\boldsymbol{z}): \mathbf{R}^{n_3} \to$

$\mathbf{R}$. 矩阵$\mathcal{A}=(\boldsymbol{A}\ \boldsymbol{B}\ \boldsymbol{C})$,其中 $\boldsymbol{A}\in\mathbf{R}^{m\times n_1}$,$\boldsymbol{B}\in\mathbf{R}^{m\times n_2}$,$\boldsymbol{C}\in\mathbf{R}^{m\times n_3}$. 问题(57) 的 Lagrange 函数是

$$L(\boldsymbol{x},\boldsymbol{y},\boldsymbol{z},\boldsymbol{\lambda})=\theta_1(\boldsymbol{x})+\theta_2(\boldsymbol{y})+\theta_3(\boldsymbol{z})-\boldsymbol{\lambda}^{\mathrm{T}}(\boldsymbol{Ax}+\boldsymbol{By}+\boldsymbol{Cz}-\boldsymbol{b})$$

它同样可以归结为变分不等式问题

$$\boldsymbol{w}^*\in\Omega,\theta(\boldsymbol{u})-\theta(\boldsymbol{u}^*)+(\boldsymbol{w}-\boldsymbol{w}^*)^{\mathrm{T}}F(\boldsymbol{w}^*)\geqslant 0\quad(\forall\,\boldsymbol{w}\in\Omega)\tag{58}$$

其中

$$\boldsymbol{w}=\begin{pmatrix}\boldsymbol{x}\\\boldsymbol{y}\\\boldsymbol{z}\\\boldsymbol{\lambda}\end{pmatrix},\boldsymbol{u}=\begin{pmatrix}\boldsymbol{x}\\\boldsymbol{y}\\\boldsymbol{z}\end{pmatrix},F(\boldsymbol{w})=\begin{pmatrix}-\boldsymbol{A}^{\mathrm{T}}\boldsymbol{\lambda}\\-\boldsymbol{B}^{\mathrm{T}}\boldsymbol{\lambda}\\-\boldsymbol{C}^{\mathrm{T}}\boldsymbol{\lambda}\\\boldsymbol{Ax}+\boldsymbol{By}+\boldsymbol{Cz}-\boldsymbol{b}\end{pmatrix}\tag{59}$$

和

$$\theta(\boldsymbol{u})=\theta_1(\boldsymbol{x})+\theta_2(\boldsymbol{y})+\theta_3(\boldsymbol{z}),\Omega=\mathcal{X}\cdot\mathcal{Y}\cdot\mathcal{Z}\cdot\mathbf{R}^m\tag{60}$$

相应的增广 Lagrange 函数记为(与两个算子的符号有区别)

$$\mathcal{L}_\beta^3(\boldsymbol{x},\boldsymbol{y},\boldsymbol{z},\boldsymbol{\lambda})=\theta_1(\boldsymbol{x})+\theta_2(\boldsymbol{y})+\theta_3(\boldsymbol{z})-\boldsymbol{\lambda}^{\mathrm{T}}(\boldsymbol{Ax}+\boldsymbol{By}+\boldsymbol{Cz}-\boldsymbol{b})+\frac{\beta}{2}\|\boldsymbol{Ax}+\boldsymbol{By}+\boldsymbol{Cz}-\boldsymbol{b}\|^2$$

对三个可分离算子的凸优化问题,采用直接推广的乘子交替方向法,k 步迭代是从给定的 $\boldsymbol{v}^k=(\boldsymbol{y}^k,\boldsymbol{z}^k,\boldsymbol{\lambda}^k)$ 出发,通过

$$\begin{cases} \boldsymbol{x}^{k+1} = \arg\min\{\mathcal{L}_\beta^3(\boldsymbol{x}, \boldsymbol{y}^k, \boldsymbol{z}^k, \boldsymbol{\lambda}^k) \mid \boldsymbol{x} \in \mathcal{X}\} \\ \boldsymbol{y}^{k+1} = \arg\min\{\mathcal{L}_\beta^3(\boldsymbol{x}^{k+1}, \boldsymbol{y}, \boldsymbol{z}^k, \boldsymbol{\lambda}^k) \mid \boldsymbol{y} \in \mathcal{Y}\} \\ \boldsymbol{z}^{k+1} = \arg\min\{\mathcal{L}_\beta^3(\boldsymbol{x}^{k+1}, \boldsymbol{y}^{k+1}, \boldsymbol{z}, \boldsymbol{\lambda}^k) \mid \boldsymbol{z} \in \mathcal{Z}\} \\ \boldsymbol{\lambda}^{k+1} = \boldsymbol{\lambda}^k - \beta(\boldsymbol{A}\boldsymbol{x}^{k+1} + \boldsymbol{B}\boldsymbol{y}^{k+1} + \boldsymbol{C}\boldsymbol{z}^{k+1} - \boldsymbol{b}) \end{cases} \tag{61}$$

求得新的迭代点 $\boldsymbol{w}^{k+1} = (\boldsymbol{x}^{k+1}, \boldsymbol{y}^{k+1}, \boldsymbol{z}^{k+1}, \boldsymbol{\lambda}^{k+1})$. 当矩阵 $\boldsymbol{A}, \boldsymbol{B}, \boldsymbol{C}$ 中有两个是互相正交的时候,方法(57) 是收敛的,因为这时的三个是假的,实际上相当于两个算子的问题.

(1) 三个算子不收敛的例子和值得研究的重要问题.

直接推广的乘子交替方向法对三个以上算子的问题,计算效果也相当不错,但是至今也没有给出收敛性证明. 如果要举个不收敛的例子,那肯定是从最简单的线性方程组着手. 对(57), 我们取 $\theta_1(\boldsymbol{x}) = \theta_2(\boldsymbol{y}) = \theta_3(\boldsymbol{z}) = \boldsymbol{0}, \mathcal{X} = \mathcal{Y} = \mathcal{Z} = \mathbf{R}$.

$\mathcal{A} = (\boldsymbol{A}\ \ \boldsymbol{B}\ \ \boldsymbol{C}) \in \mathbf{R}^{3\times 3}$ 是个非奇异矩阵, $\boldsymbol{b} = \boldsymbol{0} \in \mathbf{R}^3$, 问用直接推广的 ADMM(61) 迭代求解线性方程组 $\boldsymbol{Au} = \boldsymbol{0}$ 是否一定收敛. 我们用线性方程组

$$\begin{pmatrix} 1 & 1 & 1 \\ 1 & 1 & 2 \\ 1 & 2 & 2 \end{pmatrix} \begin{pmatrix} \boldsymbol{x} \\ \boldsymbol{y} \\ \boldsymbol{z} \end{pmatrix} = \begin{pmatrix} 0 \\ 0 \\ 0 \end{pmatrix}$$

还有一些据此延伸的例子,证明了直接推广的 ADMM 并不收敛. 然而,这些例子更多的是在理论方面有意义,因为实际问题中 $\mathcal{A} = (\boldsymbol{A}\ \ \boldsymbol{B}\ \ \boldsymbol{C})$ 并不是这种形式.

值得继续研究的问题和猜想. 三个算子的实际问题中,线性约束矩阵 $\mathcal{A} = (\boldsymbol{A}\ \ \boldsymbol{B}\ \ \boldsymbol{C})$ 中,往往至少有一个

是单位矩阵,即$\mathcal{A}=(\boldsymbol{A}\ \ \boldsymbol{B}\ \ \boldsymbol{I})$.

直接推广的ADMM处理这种更贴近实际的三个算子的问题,既没有证明收敛,也没有举出反例,至今我们于心不甘!举个简单的例子来说吧!

乘子交替方向法(46)处理问题 $\min\{\theta_1(\boldsymbol{x})+\theta_2(\boldsymbol{y})\mid \boldsymbol{Ax}+\boldsymbol{By}=\boldsymbol{b},\boldsymbol{x}\in\mathcal{X},\boldsymbol{y}\in\mathcal{Y}\}$ 是收敛的.

将等式约束换成不等式约束,问题就变成 $\min\{\theta_1(\boldsymbol{x})+\theta_2(\boldsymbol{y})\mid \boldsymbol{Ax}+\boldsymbol{By}\leqslant\boldsymbol{b},\boldsymbol{x}\in\mathcal{X},\boldsymbol{y}\in\mathcal{Y}\}$.

再化成三个算子的等式约束问题就是 $\min\{\theta_1(\boldsymbol{x})+\theta_2(\boldsymbol{y})+0\mid \boldsymbol{Ax}+\boldsymbol{By}=\boldsymbol{z}=\boldsymbol{b},\boldsymbol{x}\in\mathcal{X},\boldsymbol{y}\in\mathcal{Y},\boldsymbol{z}\geqslant 0\}$.

直接推广的乘子交替方向法(61)处理上面这种问题,我们猜想是收敛的,但是至今没有证明收敛性.仍然是一个遗留给我们的具有挑战性的问题!

(2) 处理三个算子问题的ADMM类方法.

在对直接推广的ADMM(61)证明不了收敛性的时候,我们就着手对三个算子的问题提出一些修正算法.修正方法的原则是尽量少做改动,保持ADMM的好品性.特别是对问题不加任何额外条件,对经典ADMM中需要调比选取的β,不做任何限制.

① 部分平行分裂ALM的预测校正方法.

为了更接近直接推广的方法(61),把$\boldsymbol{x}$当成中间变量,迭代从$\boldsymbol{v}^k=(\boldsymbol{y}^k,\boldsymbol{z}^k,\boldsymbol{\lambda}^k)$到$\boldsymbol{v}^{k+1}=(\boldsymbol{y}^{k+1},\boldsymbol{z}^{k+1},\boldsymbol{\lambda}^{k+1})$.平行处理$\boldsymbol{y},\boldsymbol{z}-$子问题再更新$\boldsymbol{\lambda}$,采用

$$\begin{cases}\boldsymbol{x}^{k+1}=\operatorname{argmin}\{\mathcal{L}_\beta^3(\boldsymbol{x},\boldsymbol{y}^k,\boldsymbol{z}^k,\boldsymbol{\lambda}^k)\mid \boldsymbol{x}\in\mathcal{X}\}\\ \boldsymbol{y}^{k+1}=\operatorname{argmin}\{\mathcal{L}_\beta^3(\boldsymbol{x}^{k+1},\boldsymbol{y},\boldsymbol{z}^k,\boldsymbol{\lambda}^k)\mid \boldsymbol{y}\in\mathcal{Y}\}\\ \boldsymbol{z}^{k+1}=\operatorname{argmin}\{\mathcal{L}_\beta^3(\boldsymbol{x}^{k+1},\boldsymbol{y}^k,\boldsymbol{z},\boldsymbol{\lambda}^k)\mid \boldsymbol{z}\in\mathcal{Z}\}\\ \boldsymbol{\lambda}^{k+1}=\boldsymbol{\lambda}^k-\beta(\boldsymbol{Ax}^{k+1}+\boldsymbol{By}^{k+1}+\boldsymbol{Cz}^{k+1}-\boldsymbol{b})\end{cases}\tag{62}$$

生成的点($\boldsymbol{x}^{k+1},\boldsymbol{y}^{k+1},\boldsymbol{z}^{k+1},\boldsymbol{\lambda}^{k+1}$) 当成预测点. $\boldsymbol{y},\boldsymbol{z}$ 一子问题平行了,包括据此更新的 $\boldsymbol{\lambda}$,都需要校正. 校正公式是

$$\boldsymbol{v}^{k+1} := \boldsymbol{v}^k - \alpha(\boldsymbol{v}^k - \boldsymbol{v}^{k+1}),\alpha \in (0,2-\sqrt{2}) \quad (63)$$

譬如说,可以取 $\alpha=0.55$. 注意到(63) 右端 $\boldsymbol{v}^{k+1}=(\boldsymbol{y}^{k+1},\boldsymbol{z}^{k+1},\boldsymbol{\lambda}^{k+1})$ 是由(62) 提供的. 换句话说,这里的校正就是把走得太"远"得 $\boldsymbol{v}^{k+1}$ 往回拉一点. 预测一校正,是我们从投影收缩算法开始的算法框架. 预测只是提供收缩方向,校正时计算步长,才可以确保 $\|\boldsymbol{v}^k-\boldsymbol{v}^*\|_H$ 下降收缩.

② 带 Gauss 回代的 ADMM 方法.

直接推广的乘子交替方向法(61) 对三个算子的问题不能保证收敛,是因为它们处理有关核心变量的 $\boldsymbol{y}$ 和 $\boldsymbol{z}$ 一子问题时不公平. 采取补救的办法是将(61) 提供的($\boldsymbol{y}^{k+1},\boldsymbol{z}^{k+1},\boldsymbol{\lambda}^{k+1}$) 当成预测点,校正公式为

$$\begin{pmatrix}\boldsymbol{y}^{k+1}\\ \boldsymbol{z}^{k+1}\\ \boldsymbol{\lambda}^{k+1}\end{pmatrix} := \begin{pmatrix}\boldsymbol{y}^{k}\\ \boldsymbol{z}^{k}\\ \boldsymbol{\lambda}^{k}\end{pmatrix} - \nu\begin{pmatrix}\boldsymbol{I} & -(\boldsymbol{B}^{\mathrm{T}}\boldsymbol{B})^{-1}\boldsymbol{B}^{\mathrm{T}}\boldsymbol{C} & \boldsymbol{0}\\ \boldsymbol{0} & \boldsymbol{I} & \boldsymbol{0}\\ \boldsymbol{0} & \boldsymbol{0} & \boldsymbol{I}\end{pmatrix}\begin{pmatrix}\boldsymbol{y}^{k}-\boldsymbol{y}^{k+1}\\ \boldsymbol{z}^{k}-\boldsymbol{z}^{k+1}\\ \boldsymbol{\lambda}^{k}-\boldsymbol{\lambda}^{k+1}\end{pmatrix} \quad (64)$$

其中 $\nu\in(0,1)$,右端的($\boldsymbol{y}^{k+1},\boldsymbol{z}^{k+1},\boldsymbol{\lambda}^{k+1}$) 是由(61) 提供的. 想法是:不公平,就要做找补,进行调整. 事实上,也可以就用(61) 提供的 $\boldsymbol{\lambda}^{k+1}$,只通过

$$\begin{pmatrix}\boldsymbol{y}^{k+1}\\ \boldsymbol{z}^{k+1}\end{pmatrix} := \begin{pmatrix}\boldsymbol{y}^{k}\\ \boldsymbol{z}^{k}\end{pmatrix} - \nu\begin{pmatrix}\boldsymbol{I} & -(\boldsymbol{B}^{\mathrm{T}}\boldsymbol{B})^{-1}\boldsymbol{B}^{\mathrm{T}}\boldsymbol{C}\\ \boldsymbol{0} & \boldsymbol{I}\end{pmatrix}\begin{pmatrix}\boldsymbol{y}^{k}-\boldsymbol{y}^{k+1}\\ \boldsymbol{z}^{k}-\boldsymbol{z}^{k+1}\end{pmatrix} \quad (65)$$

校正 $\boldsymbol{y}$ 和 $\boldsymbol{z}$(无需校正 $\boldsymbol{\lambda}$). 由于为下一步迭代只需要准

备$(\boldsymbol{By}^{k+1},\boldsymbol{Cz}^{k+1},\boldsymbol{\lambda}^{k+1})$，事实上，我们只要做比式(65)更简单的

$$\begin{pmatrix}\boldsymbol{By}^{k+1}\\ \boldsymbol{Cz}^{k+1}\end{pmatrix}:=\begin{pmatrix}\boldsymbol{By}^{k}\\ \boldsymbol{Cz}^{k}\end{pmatrix}-\nu\begin{pmatrix}\boldsymbol{I} & -\boldsymbol{I}\\ \boldsymbol{0} & \boldsymbol{I}\end{pmatrix}\begin{pmatrix}\boldsymbol{By}^{k}-\boldsymbol{By}^{k+1}\\ \boldsymbol{Cz}^{k}-\boldsymbol{Cz}^{k+1}\end{pmatrix}\tag{66}$$

③ 部分平行并加正则项的 ADMM 方法.

下面的方法与①中方法相同的是平行求解 $\boldsymbol{y},\boldsymbol{z}-$子问题，不同的是不做后处理，而是给这两个子问题预先都加个正则项.方法写起来就是

$$\begin{cases}\boldsymbol{x}^{k+1}=\arg\min\{\mathcal{L}_{\beta}^{3}(\boldsymbol{x},\boldsymbol{y}^{k},\boldsymbol{z}^{k},\boldsymbol{\lambda}^{k})\mid \boldsymbol{x}\in\mathcal{X}\}\\ \boldsymbol{y}^{k+1}=\arg\min\{\mathcal{L}_{\beta}^{3}(\boldsymbol{x}^{k+1},\boldsymbol{y},\boldsymbol{z}^{k},\boldsymbol{\lambda}^{k})+\\ \qquad\dfrac{\tau}{2}\beta\|\boldsymbol{B}(\boldsymbol{y}-\boldsymbol{y}^{k})\|^{2}\mid \boldsymbol{y}\in\mathcal{Y}\}\\ \boldsymbol{z}^{k+1}=\arg\min\{\mathcal{L}_{\beta}^{3}(\boldsymbol{x}^{k+1},\boldsymbol{y}^{k},\boldsymbol{z},\boldsymbol{\lambda}^{k})+\\ \qquad\dfrac{\tau}{2}\beta\|\boldsymbol{C}(\boldsymbol{z}-\boldsymbol{z}^{k})\|^{2}\mid \boldsymbol{z}\in\mathcal{Z}\}\\ \boldsymbol{\lambda}^{k+1}=\boldsymbol{\lambda}^{k}-\beta(\boldsymbol{Ax}^{k+1}+\boldsymbol{By}^{k+1}+\boldsymbol{Cz}^{k+1}-\boldsymbol{b})\end{cases}$$

其中 $\tau>1$.上述做法相当于

$$\begin{cases}\boldsymbol{x}^{k+1}=\arg\min\{\mathcal{L}_{\beta}^{3}(\boldsymbol{x},\boldsymbol{y}^{k},\boldsymbol{z}^{k},\boldsymbol{\lambda}^{k})\mid \boldsymbol{x}\in\mathcal{X}\}\\ \boldsymbol{\lambda}^{k+\frac{1}{2}}=\boldsymbol{\lambda}^{k}-\beta(\boldsymbol{Ax}^{k+1}+\boldsymbol{By}^{k}+\boldsymbol{Cz}^{k}-\boldsymbol{b})\\ \boldsymbol{y}^{k+1}=\arg\min\{\theta_{2}(\boldsymbol{y})-(\boldsymbol{\lambda}^{k+\frac{1}{2}})^{\mathrm{T}}\boldsymbol{By}+\\ \qquad\dfrac{\mu\beta}{2}\|\boldsymbol{B}(\boldsymbol{y}-\boldsymbol{y}^{k})\|^{2}\mid \boldsymbol{y}\in\mathcal{Y}\}\\ \boldsymbol{z}^{k+1}=\arg\min\{\theta_{3}(\boldsymbol{z})-(\boldsymbol{\lambda}^{k+\frac{1}{2}})^{\mathrm{T}}\boldsymbol{Cz}+\\ \qquad\dfrac{\mu\beta}{2}\|\boldsymbol{C}(\boldsymbol{z}-\boldsymbol{z}^{k})\|^{2}\mid \boldsymbol{z}\in\mathcal{Z}\}\\ \boldsymbol{\lambda}^{k+1}=\boldsymbol{\lambda}^{k}-\beta(\boldsymbol{Ax}^{k+1}+\boldsymbol{By}^{k+1}+\boldsymbol{Cz}^{k+1}-\boldsymbol{b})\end{cases}\tag{67}$$

其中 $\mu=\tau+1$. 例如，可以取 $\mu=2.01$. 思想是：让 $\boldsymbol{y}$ 和 $\boldsymbol{z}$ 太自由，以后又不准备校正，那就用加正则项让它们不会走得太远.

上面提到的方法都与邻近点算法 PPA 有关. 所有的 ADMM 类分裂算法都源于增广 Lagrange 乘子法. ADMM 类方法只是对应用中出现一些实际问题有较好的计算效果. 但说到底，还只是一阶方法.

6.5.2.7　凸优化分裂收缩算法的统一框架

建立凸优化分裂收缩算法的统一框架，是受求解经典的单调变分不等式(18)和(19)的投影收缩算法框架的启发. 求解单调变分不等式(5)，对给定的当前点 $\boldsymbol{u}^k$ 和 $\beta_k>0$，我们利用投影

$$\begin{aligned}\tilde{\boldsymbol{u}}^k&=P_\Omega[\boldsymbol{u}^k-\beta_k T(\boldsymbol{u}^k)]\\&=\arg\min\left\{\frac{1}{2}\|\boldsymbol{u}-[\boldsymbol{u}^k-\beta_k T(\boldsymbol{u}^k)]\|^2\mid \boldsymbol{u}\in\Omega\right\}\end{aligned}\tag{68}$$

生成一个预测点 $\tilde{\boldsymbol{u}}^k$. 在投影(68)中，我们假设选取的 β_k 满足

$$\beta_k\|T(\boldsymbol{u}^k)-T(\tilde{\boldsymbol{u}}^k)\|\leqslant\nu\|\boldsymbol{u}^k-\tilde{\boldsymbol{u}}^k\|,\nu\in(0,1)\tag{69}$$

由于 $\tilde{\boldsymbol{u}}^k$ 是极小化问题 $\min\left\{\frac{1}{2}\|\boldsymbol{u}-[\boldsymbol{u}^k-\beta_k T(\boldsymbol{u}^k)]\|^2\mid\boldsymbol{u}\in\Omega\right\}$ 的解，根据引理1，有

$$\tilde{\boldsymbol{u}}^k\in\Omega,(\boldsymbol{u}-\tilde{\boldsymbol{u}}^k)^{\mathrm{T}}\{\tilde{\boldsymbol{u}}^k-[\boldsymbol{u}^k-\beta_k T(\boldsymbol{u}^k)]\}\geqslant 0,\quad\forall\boldsymbol{u}\in\Omega$$

上式两边都加上 $(\boldsymbol{u}-\tilde{\boldsymbol{u}}^k)^{\mathrm{T}}d(\boldsymbol{u}^k,\tilde{\boldsymbol{u}}^k)$，其中

$$d(\boldsymbol{u}^k,\tilde{\boldsymbol{u}}^k)=(\boldsymbol{u}^k,\tilde{\boldsymbol{u}}^k)-\beta_k[T(\boldsymbol{u}^k)-T(\tilde{\boldsymbol{u}}^k)] \quad (70)$$

就得到了我们需要的以 $\tilde{\boldsymbol{u}}^k$ 为预测点的预测公式

$$\tilde{\boldsymbol{u}}^k\in\Omega,(\boldsymbol{u}-\tilde{\boldsymbol{u}}^k)^{\mathrm{T}}\beta_kT(\tilde{\boldsymbol{u}}^k)\geqslant(\boldsymbol{u}-\tilde{\boldsymbol{u}}^k)^{\mathrm{T}}d(\boldsymbol{u},\tilde{\boldsymbol{u}}^k),\quad\forall\boldsymbol{u}\in\Omega \quad (71)$$

将式(71)中任意的 $\boldsymbol{u}\in\Omega$ 选成 $\boldsymbol{u}^*$，就得到

$$(\tilde{\boldsymbol{u}}^k-\boldsymbol{u}^*)^{\mathrm{T}}d(\boldsymbol{u}^k,\tilde{\boldsymbol{u}}^k)\geqslant\beta_k(\tilde{\boldsymbol{u}}^k-\boldsymbol{u}^*)^{\mathrm{T}}T(\tilde{\boldsymbol{u}}^k) \quad (72)$$

由单调性，有 $(\tilde{\boldsymbol{u}}^k-\boldsymbol{u}^*)^{\mathrm{T}}T(\tilde{\boldsymbol{u}}^k)\geqslant(\tilde{\boldsymbol{u}}^k-\boldsymbol{u}^*)^{\mathrm{T}}T(\boldsymbol{u}^*)$，因此 $\tilde{\boldsymbol{u}}^k\in\Omega$. 根据变分不等式的定义(5)，$(\tilde{\boldsymbol{u}}^k-\boldsymbol{u}^*)^{\mathrm{T}}T(\boldsymbol{u}^*)\geqslant0$，因而式(72)的右端非负. 据此，随后马上得到

$$(\boldsymbol{u}^k-\boldsymbol{u}^*)^{\mathrm{T}}d(\boldsymbol{u}^k,\tilde{\boldsymbol{u}}^k)\geqslant(\boldsymbol{u}^k-\tilde{\boldsymbol{u}}^k)^{\mathrm{T}}d(\boldsymbol{u}^k,\tilde{\boldsymbol{u}}^k) \quad (73)$$

由 $d(\boldsymbol{u}^k,\tilde{\boldsymbol{u}}^k)$ 的表达式(70)和假设(69)，利用 Cauchy-Schwarz 不等式便可得到

$$(\boldsymbol{u}^k-\tilde{\boldsymbol{u}}^k)^{\mathrm{T}}d(\boldsymbol{u}^k,\tilde{\boldsymbol{u}}^k)\geqslant(1-\nu)\|\boldsymbol{u}^k-\tilde{\boldsymbol{u}}^k\|^2$$

因此，不等式(73)的右端为正. 上式可以看成

$$\nabla\left(\frac{1}{2}\|\boldsymbol{u}-\boldsymbol{u}^*\|_{\boldsymbol{H}}^2\right)^{\mathrm{T}}\bigg|_{\boldsymbol{u}=\boldsymbol{u}^k}\boldsymbol{H}^{-1}d(\boldsymbol{u}^k,\tilde{\boldsymbol{u}}^k)\geqslant(\boldsymbol{u}^k-\tilde{\boldsymbol{u}}^k)^{\mathrm{T}}d(\boldsymbol{u}^k,\tilde{\boldsymbol{u}}^k)$$

这表示，对任何相容的正定矩阵 $\boldsymbol{H}$，$\boldsymbol{H}^{-1}d(\boldsymbol{u}^k,\tilde{\boldsymbol{u}}^k)$ 是未知函数 $\frac{1}{2}\|\boldsymbol{u}-\boldsymbol{u}^*\|_{\boldsymbol{H}}^2$ 在 $\boldsymbol{u}^k$ 处 $\boldsymbol{H}$－模意义下的一个上升方向.

我们用

$$\boldsymbol{u}^{k+1}=\boldsymbol{u}^k-\alpha_k\boldsymbol{H}^{-1}d(\boldsymbol{u}^k,\tilde{\boldsymbol{u}}^k)$$

产生新的迭代点 $\boldsymbol{u}^{k+1}$，其中

$$\alpha_k=\gamma\alpha_k^*,\alpha_k^*=\frac{(\boldsymbol{u}^k-\tilde{\boldsymbol{u}}^k)^{\mathrm{T}}d(\boldsymbol{u}^k,\tilde{\boldsymbol{u}}^k)}{\|\boldsymbol{H}^{-1}d(\boldsymbol{u}^k,\tilde{\boldsymbol{u}}^k)\|_{\boldsymbol{H}}^2},\gamma\in(0,2)$$

这样产生的序列$\{\boldsymbol{u}^k\}$会使得$\{\|\boldsymbol{u}^k-\boldsymbol{u}^*\|_H^2\}$单调下降. 在求解单调变分不等式(5)的投影收缩算法中,通常,我们取$\boldsymbol{H}$为单位矩阵.

(1) 变分不等式形式下的统一框架.

我们要求解的是单调变分不等式(14). 为了收敛性证明的方便,我们把算法的每步迭代理解成(有时是故意分拆成)预测和校正.

预测:算法的k一步迭代从$\boldsymbol{v}^k$开始,通过求解一些子问题,产生的预测点$\tilde{\boldsymbol{w}}^k\in\Omega$,使得

$$
\begin{aligned}
&\theta(\boldsymbol{u})-\theta(\tilde{\boldsymbol{u}}^k)+(\boldsymbol{w}-\tilde{\boldsymbol{w}}^k)^{\mathrm{T}}F(\tilde{\boldsymbol{w}}^k)\\
\geqslant\ &(\boldsymbol{v}-\tilde{\boldsymbol{v}}^k)^{\mathrm{T}}\boldsymbol{Q}(\boldsymbol{v}^k-\tilde{\boldsymbol{v}}^k),\ \forall\,\boldsymbol{w}\in\Omega
\end{aligned}
\tag{74}
$$

成立,其中$\boldsymbol{Q}^{\mathrm{T}}+\boldsymbol{Q}$正定.

因此,式(74)中的$\boldsymbol{Q}(\boldsymbol{v}^k-\tilde{\boldsymbol{v}}^k)$相当于式(71)中的$d(\boldsymbol{u}^k,\tilde{\boldsymbol{u}}^k)$. 由$F$的单调性,从式(74)得到

$$
\begin{aligned}
&(\tilde{\boldsymbol{v}}^k-\boldsymbol{v}^*)^{\mathrm{T}}\boldsymbol{Q}(\boldsymbol{v}^k-\tilde{\boldsymbol{v}}^k)\\
\geqslant\ &\theta(\tilde{\boldsymbol{u}}^k)-\theta(\boldsymbol{u}^*)+(\tilde{\boldsymbol{w}}^k-\boldsymbol{w}^*)^{\mathrm{T}}F(\tilde{\boldsymbol{w}}^k)\\
\geqslant\ &\theta(\tilde{\boldsymbol{u}}^k)-\theta(\boldsymbol{u}^*)+(\tilde{\boldsymbol{w}}^k-\boldsymbol{w}^*)^{\mathrm{T}}F(\boldsymbol{w}^*)\\
\geqslant\ &0
\end{aligned}
$$

进而得到

$$
\begin{aligned}
(\boldsymbol{v}^k-\boldsymbol{v}^*)^{\mathrm{T}}\boldsymbol{Q}(\boldsymbol{v}^k-\tilde{\boldsymbol{v}}^k)&\geqslant(\boldsymbol{v}^k-\tilde{\boldsymbol{v}}^k)^{\mathrm{T}}\boldsymbol{Q}(\boldsymbol{v}^k-\tilde{\boldsymbol{v}}^k)\\
&=\frac{1}{2}\|\boldsymbol{v}^k-\tilde{\boldsymbol{v}}^k\|_{(\boldsymbol{Q}^{\mathrm{T}}+\boldsymbol{Q})}^2
\end{aligned}
$$

由于上式右端为正,取正定矩阵$\boldsymbol{H}$, $-\boldsymbol{H}^{-1}\boldsymbol{Q}(\boldsymbol{v}^k-\tilde{\boldsymbol{v}}^k)$就是未知距离函数$\frac{1}{2}\|\boldsymbol{v}-\boldsymbol{v}^*\|_H^2$在$\boldsymbol{v}^k$处的下降方向. 记$\boldsymbol{M}=\boldsymbol{H}^{-1}\boldsymbol{Q}$.

校正:我们用校正公式

$$v^{k+1}=v^k-\alpha M(v^k-\tilde{v}^k) \tag{75}$$

产生新的迭代点.

通常,算法中不是预先去确定好 H,而是对已经有的(或者是分拆成的)预测-校正方法(74)和(75),检查下面的条件是否满足.换句话说,我们给出收敛性充分条件.

收敛性条件 对预测-校正公式中的矩阵 Q 和 M,以及步长 α,有

$$H=QM^{-1}\succ 0 \tag{76}$$

和

$$G=Q^{\mathrm{T}}+Q-\alpha M^{\mathrm{T}}HM\succ 0\quad(\text{至少}\succeq 0) \tag{77}$$

(2) 统一框架下的收缩性质.

我们对求解变分不等式(14)的预测-校正方法(74)~(75)在条件(76)和(77)成立的情况下证明有关收敛性质.

定理 1 设$\{\tilde{w}^k\}$,$\{v^k\}$是求解变分不等式(14)的预测-校正方法(74)和(75)生成的序列.如果条件(76)和(77)成立,那么有

$$\begin{aligned}&\alpha(\theta(u)-\theta(\tilde{u}^k)+(w-\tilde{w}^k)^{\mathrm{T}}F(\tilde{w}^k))\\&\geqslant\frac{1}{2}(\|v-v^{k+1}\|_H^2-\|v-v^k\|_H^2)+\frac{\alpha}{2}\|v^k-\\&\tilde{v}^k\|_G^2,\ \forall\,\omega\in\Omega\end{aligned} \tag{78}$$

证明 利用预测校正公式(74)和(75),我们有

$$\begin{aligned}&\alpha\{\theta(u)-\theta(\tilde{u}^k)+(w-\tilde{w}^k)^{\mathrm{T}}F(\tilde{w}^k)\}\\&\geqslant(v-\tilde{v}^k)^{\mathrm{T}}H(v^k-v^{k+1}),\ \forall\,\omega\in\Omega\end{aligned} \tag{79}$$

对上式的右端利用恒等式

$$(\boldsymbol{a}-\boldsymbol{b})^{\mathrm{T}}\boldsymbol{H}(\boldsymbol{c}-\boldsymbol{d})=\frac{1}{2}\{\|\boldsymbol{a}-\boldsymbol{d}\|_{\boldsymbol{H}}^{2}-\|\boldsymbol{a}-\boldsymbol{c}\|_{\boldsymbol{H}}^{2}\}+\frac{1}{2}\{\|\boldsymbol{c}-\boldsymbol{b}\|_{\boldsymbol{H}}^{2}-\|\boldsymbol{d}-\boldsymbol{b}\|_{\boldsymbol{H}}^{2}\}$$

并令 $\boldsymbol{a}=\boldsymbol{v},\boldsymbol{b}=\tilde{\boldsymbol{v}}^{k},\boldsymbol{c}=\boldsymbol{v}^{k}$ 和 $\boldsymbol{d}=\boldsymbol{v}^{k+1}$，就得到

$$\begin{aligned}&(\boldsymbol{v}-\tilde{\boldsymbol{v}}^{k})^{\mathrm{T}}\boldsymbol{H}(\boldsymbol{v}^{k}-\boldsymbol{v}^{k+1})\\=&\frac{1}{2}(\|\boldsymbol{v}-\boldsymbol{v}^{k+1}\|_{\boldsymbol{H}}^{2}-\|\boldsymbol{v}-\boldsymbol{v}^{k}\|_{\boldsymbol{H}}^{2})+\\&\frac{1}{2}(\|\boldsymbol{v}^{k}-\tilde{\boldsymbol{v}}^{k}\|_{\boldsymbol{H}}^{2}-\|\boldsymbol{v}^{k+1}-\tilde{\boldsymbol{v}}^{k}\|_{\boldsymbol{H}}^{2})\end{aligned}\tag{80}$$

对式(80)右端的最后一项，利用校正公式(75)和 $\boldsymbol{HM}=\boldsymbol{Q}$，就有

$$\begin{aligned}&\|\boldsymbol{v}^{k}-\tilde{\boldsymbol{v}}^{k}\|_{\boldsymbol{H}}^{2}-\|\boldsymbol{v}^{k+1}-\tilde{\boldsymbol{v}}^{k}\|_{\boldsymbol{H}}^{2}\\\overset{(76)}{=}&\|\boldsymbol{v}^{k}-\tilde{\boldsymbol{v}}^{k}\|_{\boldsymbol{H}}^{2}-\|(\boldsymbol{v}^{k}-\tilde{\boldsymbol{v}}^{k})-\alpha\boldsymbol{M}(\boldsymbol{v}^{k}-\tilde{\boldsymbol{v}}^{k})\|_{\boldsymbol{H}}^{2}\\=&2\alpha(\boldsymbol{v}^{k}-\tilde{\boldsymbol{v}}^{k})^{\mathrm{T}}\boldsymbol{HM}(\boldsymbol{v}^{k}-\tilde{\boldsymbol{v}}^{k})-\alpha^{2}(\boldsymbol{v}^{k}-\tilde{\boldsymbol{v}}^{k})^{\mathrm{T}}\boldsymbol{M}^{\mathrm{T}}\boldsymbol{HM}(\boldsymbol{v}^{k}-\tilde{\boldsymbol{v}}^{k})\\=&\alpha(\boldsymbol{v}^{k}-\tilde{\boldsymbol{v}}^{k})^{\mathrm{T}}(\boldsymbol{Q}^{\mathrm{T}}+\boldsymbol{Q}-\alpha\boldsymbol{M}^{\mathrm{T}}\boldsymbol{HM})(\boldsymbol{v}^{k}-\tilde{\boldsymbol{v}}^{k})\\\overset{(77)}{=}&\alpha\|\boldsymbol{v}^{k}-\tilde{\boldsymbol{v}}^{k}\|_{\boldsymbol{G}}^{2}\end{aligned}\tag{81}$$

将式(80)和式(81)代入式(79)，定理的结论就得到证明.

关于迭代序列$\{\boldsymbol{v}^{k}\}$，我们有如下的收缩性定理.

定理2　设$\{\tilde{\boldsymbol{w}}^{k}\}$，$\{\boldsymbol{v}^{k}\}$是求解变分不等式(14)的预测-校正方法(74)和(75)生成的序列. 如果条件(76)和(77)成立，那么有

$$\|\boldsymbol{v}^{k+1}-\boldsymbol{v}^{*}\|_{\boldsymbol{H}}^{2}\leqslant\|\boldsymbol{v}^{k}-\boldsymbol{v}^{*}\|_{\boldsymbol{H}}^{2}-\alpha\|\boldsymbol{v}^{k}-\tilde{\boldsymbol{v}}^{k}\|_{\boldsymbol{G}}^{2},\quad\forall\boldsymbol{v}^{*}\in\mathcal{V}^{*}\tag{82}$$

证明　将式(78)中任意的 $\boldsymbol{w}\in\Omega$ 设为 $\boldsymbol{w}^{*}$，我们

得到

$$\| \boldsymbol{v}^k - \boldsymbol{v}^* \|_{\boldsymbol{H}}^2 - \| \boldsymbol{v}^{k+1} - \boldsymbol{v}^* \|_{\boldsymbol{H}}^2$$

$$\geqslant \alpha \| \boldsymbol{v}^k - \tilde{\boldsymbol{v}}^k \|_G^2 + 2\alpha \{\theta(\tilde{\boldsymbol{u}}^k) - \theta(\boldsymbol{u}^*) +$$

$$(\tilde{\boldsymbol{w}}^k - \boldsymbol{w}^*)^{\mathrm{T}} F(\tilde{\boldsymbol{w}}^k)\} \tag{83}$$

利用 $\boldsymbol{w}^*$ 的最优性和 $F(\boldsymbol{w})$ 的单调性，就有

$$\theta(\tilde{\boldsymbol{u}}^k) - \theta(\boldsymbol{u}^*) + (\tilde{\boldsymbol{w}}^k - \boldsymbol{w}^*)^{\mathrm{T}} F(\tilde{\boldsymbol{w}}^k)$$

$$\geqslant \theta(\tilde{\boldsymbol{u}}^k) - \theta(\boldsymbol{u}^*) + (\tilde{\boldsymbol{w}}^k - \boldsymbol{w}^*)^{\mathrm{T}} F(\boldsymbol{w}^*) \geqslant 0$$

以此代入式(83) 得到

$$\| \boldsymbol{v}^k - \boldsymbol{v}^* \|_{\boldsymbol{H}}^2 - \| \boldsymbol{v}^{k+1} - \boldsymbol{v}^* \|_{\boldsymbol{H}}^2 \geqslant \alpha \| \boldsymbol{v}^k - \tilde{\boldsymbol{v}}^k \|_{\boldsymbol{G}}^2$$

这是式(82) 的等价表达式.

(3) 迭代复杂性.

迭代复杂性包括遍历意义下的迭代复杂性和点列意义下的迭代复杂性，我们分别加以证明.

① 遍历意义下的迭代复杂性.

定理 1 也是证明遍历意义迭代复杂性的基础. 利用 F 的单调性，有

$$(\boldsymbol{w} - \tilde{\boldsymbol{w}}^k)^{\mathrm{T}} F(\boldsymbol{w}) \geqslant (\boldsymbol{w} - \tilde{\boldsymbol{w}}^k)^{\mathrm{T}} F(\tilde{\boldsymbol{w}}^k)$$

将此代入式(78)(此时只要求 $\boldsymbol{G}$ 半正定) 就能得到

$$\theta(\boldsymbol{u}) - \theta(\tilde{\boldsymbol{u}}^k) + (\boldsymbol{w} - \tilde{\boldsymbol{w}}^k)^{\mathrm{T}} F(\boldsymbol{w}) + \frac{1}{2\alpha} \| \boldsymbol{v} - \boldsymbol{v}^k \|_{\boldsymbol{H}}^2$$

$$\geqslant \frac{1}{2\alpha} \| \boldsymbol{v} - \boldsymbol{v}^{k+1} \|_{\boldsymbol{H}}^2, \forall \omega \in \Omega \tag{84}$$

定理 3 设$\{\tilde{\boldsymbol{w}}^k\}$，$\{\boldsymbol{v}^k\}$ 是求解变分不等式(14) 的预测－校正方法(13) 和(14) 生成的序列，条件(此时 $\boldsymbol{G}$ 只要求半正定) 成立. 记

$$\tilde{\boldsymbol{w}}_t = \frac{1}{t+1} \sum_{k=0}^{T} \tilde{\boldsymbol{w}}^k \tag{85}$$

那么，对任意的正整数 $t>0$，$\tilde{\boldsymbol{w}}_t\in\Omega$ 并

$$\theta(\tilde{\boldsymbol{u}}_t)-\theta(\boldsymbol{u})+(\tilde{\boldsymbol{w}}_t-\boldsymbol{w})^{\mathrm{T}}F(\boldsymbol{w})$$
$$\leqslant\frac{1}{2\alpha(t+1)}\|\boldsymbol{v}-\boldsymbol{v}^0\|_{\boldsymbol{H}}^2,\ \forall\,\omega\in\Omega \tag{86}$$

证明　$\tilde{\boldsymbol{w}}_t$ 是 $\tilde{\boldsymbol{w}}^0,\tilde{\boldsymbol{w}}^1,\cdots,\tilde{\boldsymbol{w}}^t$ 的凸组合，因此式(85)定义的 $\tilde{\boldsymbol{w}}_t\in\Omega$ 是显然的. 对不等式(84) 按 $k=0,1,\cdots,t$ 累加，得到

$$(t+1)\theta(\boldsymbol{u})-\sum_{k=0}^{t}\theta(\tilde{\boldsymbol{u}}^k)+$$
$$\left((t+1)\boldsymbol{w}-\sum_{k=0}^{t}\tilde{\boldsymbol{w}}^k\right)^{\mathrm{T}}F(\boldsymbol{w})+$$
$$\frac{1}{2\alpha}\|\boldsymbol{v}-\boldsymbol{v}^0\|_{\boldsymbol{H}}^2\geqslant 0,\ \forall\,\omega\in\Omega$$

利用 $\tilde{\boldsymbol{w}}_t$ 的表达式，这就可以写成

$$\frac{1}{t+1}\sum_{k=0}^{t}\theta(\tilde{\boldsymbol{u}}^k)-\theta(\boldsymbol{u})+(\tilde{\boldsymbol{w}}_t-\boldsymbol{w})^{\mathrm{T}}F(\boldsymbol{w})$$
$$\leqslant\frac{1}{2\alpha(t+1)}\|\boldsymbol{v}-\boldsymbol{v}^0\|_{\boldsymbol{H}}^2,\ \forall\,\omega\in\Omega \tag{87}$$

因为 $\theta(\boldsymbol{u})$ 是凸函数，根据

$$\tilde{\boldsymbol{u}}_t=\frac{1}{t+1}\sum_{k=0}^{T}\tilde{\boldsymbol{u}}^k$$

就有 $\theta(\tilde{\boldsymbol{u}}_t)\leqslant\frac{1}{t+1}\sum_{k=0}^{T}\theta(\tilde{\boldsymbol{u}}^k)$.

将它代入(87)，就可以马上得到定理的结论(86).

② 点列意义下的迭代复杂性.

为证明点列意义下的迭代复杂性，我们要先证明一个引理.

引理 2　设$\{\tilde{\boldsymbol{w}}^k\}$，$\{\boldsymbol{v}^k\}$ 是求解变分不等式(14) 的

预测一校正方法(14)和(15)生成的序列,且有式(76)成立.那么,我们有

$$(\boldsymbol{v}^k - \tilde{\boldsymbol{v}}^k)^{\mathrm{T}} M^{\mathrm{T}} HM[(\boldsymbol{v}^k - \tilde{\boldsymbol{v}}^k) - (\boldsymbol{v}^{k+1} - \tilde{\boldsymbol{v}}^{k+1})]$$

$$\geqslant \frac{1}{2\alpha} \| (\boldsymbol{v}^k - \tilde{\boldsymbol{v}}^k) - (\boldsymbol{v}^{k+1} - \tilde{\boldsymbol{v}}^{k+1}) \|^2_{(Q^{\mathrm{T}}+Q)} \tag{88}$$

证明 首先,在式(74)中设 $\boldsymbol{w} = \tilde{\boldsymbol{w}}^{k+1}$,我们有

$$\theta(\tilde{\boldsymbol{u}}^{k+1}) - \theta(\tilde{\boldsymbol{u}}^k) + (\tilde{\boldsymbol{w}}^{k+1} - \tilde{\boldsymbol{w}}^k)^{\mathrm{T}} F(\tilde{\boldsymbol{w}}^k)$$

$$\geqslant (\tilde{\boldsymbol{v}}^{k+1} - \tilde{\boldsymbol{v}}^k)^{\mathrm{T}} \boldsymbol{Q}(\boldsymbol{v}^k - \tilde{\boldsymbol{v}}^k) \tag{89}$$

在(74)中置 k 为 $k+1$,并令 $\boldsymbol{w} = \tilde{\boldsymbol{w}}^k$,我们有

$$\theta(\tilde{\boldsymbol{u}}^k) - \theta(\tilde{\boldsymbol{u}}^{k+1}) + (\tilde{\boldsymbol{w}}^k - \tilde{\boldsymbol{w}}^{k+1})^{\mathrm{T}} F(\tilde{\boldsymbol{w}}^{k+1})$$

$$\geqslant (\tilde{\boldsymbol{v}}^k - \tilde{\boldsymbol{v}}^{k+1})^{\mathrm{T}} \boldsymbol{Q}(\boldsymbol{v}^{k+1} - \tilde{\boldsymbol{v}}^{k+1}) \tag{90}$$

将式(89)和式(90)相加并利用 F 的单调性应得到

$$(\tilde{\boldsymbol{v}}^k - \tilde{\boldsymbol{v}}^{k+1})^{\mathrm{T}} \boldsymbol{Q}[(\boldsymbol{v}^k - \tilde{\boldsymbol{v}}^k) - (\boldsymbol{v}^{k+1} - \tilde{\boldsymbol{v}}^{k+1})] \geqslant 0$$

给上式的两端都加上

$$[(\boldsymbol{v}^k - \tilde{\boldsymbol{v}}^k) - (\boldsymbol{v}^{k+1} - \tilde{\boldsymbol{v}}^{k+1})]^{\mathrm{T}} \boldsymbol{Q}[(\boldsymbol{v}^k - \tilde{\boldsymbol{v}}^k) - (\boldsymbol{v}^{k+1} - \tilde{\boldsymbol{v}}^{k+1})]$$

并利用 $\boldsymbol{v}^{\mathrm{T}}\boldsymbol{Q}\boldsymbol{v} = \frac{1}{2}\boldsymbol{v}^{\mathrm{T}}[\boldsymbol{Q}^{\mathrm{T}} + \boldsymbol{Q}]\boldsymbol{v}$,就有

$$(\boldsymbol{v}^k - \boldsymbol{v}^{k+1})^{\mathrm{T}} \boldsymbol{Q}[(\boldsymbol{v}^k - \tilde{\boldsymbol{v}}^k) - (\boldsymbol{v}^{k+1} - \tilde{\boldsymbol{v}}^{k+1})]$$

$$\geqslant \frac{1}{2} \| (\boldsymbol{v}^k - \tilde{\boldsymbol{v}}^k) - (\boldsymbol{v}^{k+1} - \tilde{\boldsymbol{v}}^{k+1}) \|^2_{(Q^{\mathrm{T}}+Q)}$$

将左端的 $(\boldsymbol{v}^k - \boldsymbol{v}^{k+1})$ 改写成 $\alpha \boldsymbol{M}(\boldsymbol{v}^k - \tilde{\boldsymbol{v}}^k)$ 并利用 $\boldsymbol{Q} = \boldsymbol{HM}$,我们得到式(88),引理得证.

我们做好了证明本节关键定理的所有准备.

定理 4 设 $\{\tilde{\boldsymbol{w}}^k\}$,$\{\boldsymbol{v}^k\}$ 是求解变分不等式(14)的预测一校正方法(74)和(75)生成的序列,且式(76)成立.那么,我们有

$$\| M(v^{k+1}-\tilde{v}^{k+1}) \|_H \leqslant \| M(v^k-\tilde{v}^k) \|_H, \forall k>0 \tag{91}$$

证明　将 $a=M(v^k-\tilde{v}^k)$ 和 $b=M(v^{k+1}-\tilde{v}^{k+1})$ 代入恒等式

$$\| a \|_H^2 - \| b \|_H^2 = 2a^{\mathrm{T}}H(a-b) - \| a-b \|_H^2$$

我们得到

$$\begin{aligned} & \| M(v^k-\tilde{v}^k) \|_H^2 - \| M(v^{k+1}-\tilde{v}^{k+1}) \|_H^2 \\ = & 2(v^k-\tilde{v}^k)^{\mathrm{T}} M^{\mathrm{T}} HM[(v^k-\tilde{v}^k)-(v^{k+1}-\tilde{v}^{k+1})] - \\ & \| M[(v^k-\tilde{v}^k)-(v^{k+1}-\tilde{v}^{k+1})] \|_H^2 \end{aligned}$$

对以上恒等式右端的第一项使用式(88)并利用 G 的定义,最后得到

$$\begin{aligned} & \| M(v^k-\tilde{v}^k) \|_H^2 - \| M(v^{k+1}-\tilde{v}^{k+1}) \|_H^2 \\ \geqslant & \frac{1}{\alpha} \| (v^k-\tilde{v}^k)-(v^{k+1}-\tilde{v}^{k+1}) \|_{(Q^{\mathrm{T}}+Q)}^2 - \\ & \| M[(v^k-\tilde{v}^k)-(v^{k+1}-\tilde{v}^{k+1})] \|_H^2 \\ = & \frac{1}{\alpha} \| (v^k-\tilde{v}^k)-(v^{k+1}-\tilde{v}^{k+1}) \|_G^2 \\ \geqslant & 0 \end{aligned}$$

由于 G 至少是半正定的,定理得证.

定理 5　设$\{\tilde{w}^k\}$,$\{v^k\}$是求解变分不等式(14)的预测—校正方法(74)和(75)生成的序列,且式(77)中 $G>0$. 那么,对任何的整数 $t>0$,我们有

$$\| M(v^t-\tilde{v}^t) \|_H^2 \leqslant \frac{1}{(t+1)c_0} \| v^0-v^* \|_H^2 \tag{92}$$

证明　当矩阵 $G>0$ 时,根据式(82),存在常数 c_0,使得

$$\| v^{k+1}-v^* \|_H^2 \leqslant \| v^k-v^* \|_H^2 - c_0 \| M(v^k-\tilde{v}^k) \|_H^2$$

$$(\forall \boldsymbol{v}^* \in \mathcal{V}^*)$$

接着就有

$$\sum_{k=0}^{\infty} c_0 \| \boldsymbol{M}(\boldsymbol{v}^k - \tilde{\boldsymbol{v}}^k) \|_{\boldsymbol{H}}^2 \leqslant \| \boldsymbol{v}^0 - \boldsymbol{v}^* \|_{\boldsymbol{H}}^2, \forall \boldsymbol{v}^* \in \mathcal{V}^* \tag{93}$$

根据定理 4，序列$\{ \| \boldsymbol{M}(\boldsymbol{v}^k - \tilde{\boldsymbol{v}}^k) \|_{\boldsymbol{H}}^2 \}$是单调不增的. 所以，我们有

$$(t+1) \| \boldsymbol{M}(\boldsymbol{v}^k - \tilde{\boldsymbol{v}}^k) \|_{\boldsymbol{H}}^2 \leqslant \sum_{k=0}^{t} \| \boldsymbol{M}(\boldsymbol{v}^k - \tilde{\boldsymbol{v}}^k) \|_{\boldsymbol{H}}^2 \tag{94}$$

从式(93) 和式(94) 可以直接得到式(92)，定理得证.

定理 5 说明 $\| \boldsymbol{M}(\boldsymbol{v}^{\mathrm{T}} - \tilde{\boldsymbol{v}}^{\mathrm{T}}) \|$ 或者 $\| \boldsymbol{v}^{\mathrm{T}} - \tilde{\boldsymbol{v}}^{\mathrm{T}} \|$ 有 $O(\frac{1}{\sqrt{t}})$ 的收敛速率. 注意到，对可微凸函数 $f(\boldsymbol{x})$，如果 $\boldsymbol{x}^*$ 是极小点，由于 $\forall f(\boldsymbol{x}^*) = 0$，因此有

$$\begin{aligned} f(\boldsymbol{x}) - f(\boldsymbol{x}^*) &= \nabla f(\boldsymbol{x}^*)^{\mathrm{T}}(\boldsymbol{x} - \boldsymbol{x}^*) + \\ &\quad O(\| \boldsymbol{x} - \boldsymbol{x}^* \|^2) \\ &= O(\| \boldsymbol{x} - \boldsymbol{x}^* \|^2) \end{aligned}$$

因此也可以看作目标函数值意义下的 $O(\frac{1}{t})$ 收敛速率.

变分不等式是分析凸优化分裂收缩算法的有力工具. 在变分不等式框架下收敛性证明非常简单.

6.5.2.8　用统一框架验证收敛性

这一小节验证经典的 ADMM 及其第 6.5.2.5 节提到的主要进展，以及第 6.5.2.6 节中的关于三个算子的所有 ADMM 类算法，都可以纳入预测 - 校正的

统一框架(74) 和(75). 验证了条件(76) 和(77),算法就有了收缩性质和迭代复杂性.

(1) 两个算子的乘子交替方向法及其改进.

两个算子的经典的 ADMM 算法是指算法(46).

① 经典的交替方向法.

对经典的交替方向法,利用迭代开始给定的($\boldsymbol{y}^k$, $\boldsymbol{\lambda}^k$) 和式(46) 产生的 $\boldsymbol{x}^{k+1}$ 和 $\boldsymbol{y}^{k+1}$,通过定义

$$\tilde{\boldsymbol{x}}^k = \boldsymbol{x}^{k+1}, \tilde{\boldsymbol{y}}^k = \boldsymbol{y}^{k+1}$$

和

$$\tilde{\boldsymbol{\lambda}}^k = \boldsymbol{\lambda}^k - \beta(\boldsymbol{A}\boldsymbol{x}^{k+1} + \boldsymbol{B}\boldsymbol{y}^k - \boldsymbol{b})$$

可以把算法“分拆”成预测 — 校正方法. 预测由

$$\begin{cases} \tilde{\boldsymbol{x}}^k = \arg\min\{\theta_1(\boldsymbol{x}) - (\boldsymbol{\lambda}^k)^{\mathrm{T}}\boldsymbol{A}\boldsymbol{x} + \\ \qquad \dfrac{\beta}{2}\|\boldsymbol{A}\boldsymbol{x} + \boldsymbol{B}\boldsymbol{y}^k - \boldsymbol{b}\|^2 \mid \boldsymbol{x} \in \mathcal{X}\} \\ \tilde{\boldsymbol{y}}^k = \arg\min\{\theta_2(\boldsymbol{y}) - (\boldsymbol{\lambda}^k)^{\mathrm{T}}\boldsymbol{B}\boldsymbol{y} + \\ \qquad \dfrac{\beta}{2}\|\boldsymbol{A}\boldsymbol{x} + \boldsymbol{B}\boldsymbol{y}^k - \boldsymbol{b}\|^2 \mid \boldsymbol{y} \in \mathcal{Y}\} \\ \tilde{\boldsymbol{\lambda}}^k = \boldsymbol{\lambda}^k - \beta(\boldsymbol{A}\tilde{\boldsymbol{x}}^k + \boldsymbol{B}\boldsymbol{y}^k - \boldsymbol{b}) \end{cases}$$

实现,校正由

$$\boldsymbol{x}^{k+1} = \tilde{\boldsymbol{x}}^k, \boldsymbol{y}^{k+1} = \tilde{\boldsymbol{y}}^k$$

和

$$\boldsymbol{\lambda}^{k+1} = \tilde{\boldsymbol{\lambda}}^k + \beta\boldsymbol{B}(\boldsymbol{y}^k - \tilde{\boldsymbol{y}}^k)$$

完成. 根据引理 1,预测可以写成式(74) 的形式,其中

$$\boldsymbol{Q} = \begin{pmatrix} \beta\boldsymbol{B}^{\mathrm{T}}\boldsymbol{B} & \boldsymbol{0} \\ -\boldsymbol{B} & \dfrac{1}{\beta}\boldsymbol{I} \end{pmatrix}$$

由于 $\boldsymbol{y}^{k+1}=\tilde{\boldsymbol{y}}^k$ 和 $\boldsymbol{\lambda}^{k+1}=\tilde{\boldsymbol{\lambda}}^k+\beta\boldsymbol{B}(\boldsymbol{y}^k-\tilde{\boldsymbol{y}}^k)=\boldsymbol{\lambda}^k-[-\beta\boldsymbol{B}(\boldsymbol{y}^k-\tilde{\boldsymbol{y}}^k)+(\boldsymbol{\lambda}^k-\tilde{\boldsymbol{\lambda}}^k)]$,校正公式可以写成(75)的形式,其中

$$\boldsymbol{M}=\begin{pmatrix}\boldsymbol{I} & \boldsymbol{0}\\ -\beta\boldsymbol{B} & \boldsymbol{I}\end{pmatrix},\alpha=1$$

由此得到

$$\boldsymbol{H}=\boldsymbol{Q}\boldsymbol{M}^{-1}=\begin{pmatrix}\beta\boldsymbol{B}^{\mathrm{T}}\boldsymbol{B} & \boldsymbol{0}\\ -\boldsymbol{B} & \frac{1}{\beta}\boldsymbol{I}\end{pmatrix}$$

和

$$\boldsymbol{G}=\boldsymbol{Q}^{\mathrm{T}}+\boldsymbol{Q}-\boldsymbol{M}^{\mathrm{T}}\boldsymbol{H}\boldsymbol{M}=\begin{pmatrix}\boldsymbol{0} & \boldsymbol{0}\\ \boldsymbol{0} & \frac{1}{\beta}\boldsymbol{I}\end{pmatrix}$$

条件(76)和(77)满足.虽然这里 $\boldsymbol{G}$ 是半正定的,此时定理 2 中的结论为

$$\|\boldsymbol{v}^{k+1}-\boldsymbol{v}^*\|_{\boldsymbol{H}}^2\leqslant\|\boldsymbol{v}^k-\boldsymbol{v}^*\|_{\boldsymbol{H}}^2-\frac{1}{\beta}\|\boldsymbol{\lambda}^k-\tilde{\boldsymbol{\lambda}}^k\|^2$$
$$(\forall\boldsymbol{v}^*\in\mathcal{V}^*)$$

然而,对于经典的交替方向法,我们有[15]

$$\frac{1}{\beta}\|\boldsymbol{\lambda}^k-\tilde{\boldsymbol{\lambda}}^k\|^2\geqslant\frac{1}{\beta}\|\boldsymbol{\lambda}^k-\boldsymbol{\lambda}^{k+1}\|^2+\beta\|\boldsymbol{B}(\boldsymbol{y}^k-\boldsymbol{y}^{k+1})\|^2$$

因此,利用矩阵 $\boldsymbol{H}$ 的结构,就有

$$\|\boldsymbol{v}^{k+1}-\boldsymbol{v}^*\|_{\boldsymbol{H}}^2\leqslant\|\boldsymbol{v}^k-\boldsymbol{v}^*\|_{\boldsymbol{H}}^2-\|\boldsymbol{v}^k-\boldsymbol{v}^{k+1}\|_{\boldsymbol{H}}^2$$
$$(\forall\boldsymbol{v}^*\in\mathcal{V}^*)$$

利用定理 4 和校正公式 $\boldsymbol{v}^{k+1}=\boldsymbol{v}^k-\boldsymbol{M}(\boldsymbol{v}^k-\tilde{\boldsymbol{v}}^k)$,还有

$$\|\boldsymbol{v}^k-\boldsymbol{v}^{k+1}\|_{\boldsymbol{H}}^2\leqslant\|\boldsymbol{v}^{k-1}-\boldsymbol{v}^k\|_{\boldsymbol{H}}^2$$

②PPA 意义下延拓的乘子交替方向法.

利用 PPA 意义下延拓的乘子交替方向法，我们把式(49) 和式(50) 分别看作预测和校正. 将预测点记为 $\tilde{\boldsymbol{w}}^k=(\tilde{\boldsymbol{x}}^k,\tilde{\boldsymbol{y}}^k,\tilde{\boldsymbol{\lambda}}^k)$，预测 － 校正公式就分别是

$$\begin{cases}\tilde{\boldsymbol{x}}^k=\arg\min\{\mathcal{L}_\beta(\boldsymbol{x},\boldsymbol{y}^k,\boldsymbol{\lambda}^k)\mid \boldsymbol{x}\in\mathcal{X}\}\\ \tilde{\boldsymbol{\lambda}}^k=\boldsymbol{\lambda}^k-\beta(\boldsymbol{A}\tilde{\boldsymbol{x}}^k+\boldsymbol{B}\boldsymbol{y}^k-\boldsymbol{b})\\ \tilde{\boldsymbol{y}}^k=\arg\min\{\mathcal{L}_\beta(\tilde{\boldsymbol{x}}^k,\boldsymbol{y},\tilde{\boldsymbol{\lambda}}^k)\mid \boldsymbol{y}\in\mathcal{Y}\}\end{cases}$$

和

$$\boldsymbol{v}^{k+1}=\boldsymbol{v}^k-\alpha(\boldsymbol{v}^k-\tilde{\boldsymbol{v}}^k),\alpha\in(0,2)$$

根据引理 1，预测可以写成(74) 的形式，其中

$$\boldsymbol{Q}=\begin{pmatrix}\beta\boldsymbol{B}^{\mathrm{T}}\boldsymbol{B} & -\boldsymbol{B}^{\mathrm{T}}\\ -\boldsymbol{B} & \dfrac{1}{\beta}\boldsymbol{I}\end{pmatrix}$$

校正公式(75) 中，$\boldsymbol{M}$ 为单位矩阵，$\alpha\in(0,2)$. 由此得到

$$\boldsymbol{H}=\boldsymbol{Q} \text{ 和 } \boldsymbol{G}=(2-\alpha)\boldsymbol{Q}$$

由于 $\boldsymbol{Q}$ 是半正定的，满足条件(76) 和(77). 虽然这里 $\boldsymbol{H}=\boldsymbol{Q}$ 是半正定的，实际计算并不影响收敛.

③ 对称更新乘子的交替方向法.

利用迭代开始给定的$(\boldsymbol{y}^k,\boldsymbol{\lambda}^k)$ 和式(51) 产生的 $\boldsymbol{x}^{k+1}$ 和 $\boldsymbol{y}^{k+1}$，通过定义

$$\tilde{\boldsymbol{x}}^k=\boldsymbol{x}^{k+1},\tilde{\boldsymbol{y}}^k=\boldsymbol{y}^{k+1}$$

和

$$\tilde{\boldsymbol{\lambda}}^k=\boldsymbol{\lambda}^k-\beta(\boldsymbol{A}\boldsymbol{x}^{k+1}+\boldsymbol{B}\boldsymbol{y}^k-\boldsymbol{b})$$

预测就是通过

$$\begin{cases}\tilde{\boldsymbol{x}}^k=\arg\min\{\theta_1(\boldsymbol{x})-(\boldsymbol{\lambda}^k)^{\mathrm{T}}\boldsymbol{A}\boldsymbol{x}+\\ \qquad \dfrac{\beta}{2}\|\boldsymbol{A}\boldsymbol{x}+\boldsymbol{B}\boldsymbol{y}^k-\boldsymbol{b}\|^2\mid \boldsymbol{x}\in\mathcal{X}\}\\ \tilde{\boldsymbol{y}}^k=\arg\min\{\theta_2(\boldsymbol{y})-[\tilde{\boldsymbol{\lambda}}^k+\mu(\tilde{\boldsymbol{\lambda}}^k-\boldsymbol{\lambda}^k)]^{\mathrm{T}}\boldsymbol{B}\boldsymbol{y}+\\ \qquad \dfrac{\beta}{2}\|\boldsymbol{A}\tilde{\boldsymbol{x}}^k+\boldsymbol{B}\boldsymbol{y}-\boldsymbol{b}\|^2\mid \boldsymbol{y}\in\mathcal{Y}\}\\ \tilde{\boldsymbol{\lambda}}^k=\boldsymbol{\lambda}^k-\beta(\boldsymbol{A}\tilde{\boldsymbol{x}}^k+\boldsymbol{B}\boldsymbol{y}^k-\boldsymbol{b})\end{cases}$$

实现的. 根据引理 1, 预测可以写成式(74) 的形式, 其中

$$Q=\begin{pmatrix}\beta\boldsymbol{B}^{\mathrm{T}}\boldsymbol{B} & -\mu\boldsymbol{B}^{\mathrm{T}}\\ -\boldsymbol{B} & \dfrac{1}{\beta}\boldsymbol{I}\end{pmatrix}$$

利用 $\boldsymbol{v}^{k+1}$ 与 $\boldsymbol{v}^k$ 和 $\tilde{\boldsymbol{v}}^k$ 的关系, 有

$$\boldsymbol{y}^{k+1}=\tilde{\boldsymbol{y}}^k$$

和

$$\boldsymbol{\lambda}^{k+1}=\boldsymbol{\lambda}^k-[-\mu\beta\boldsymbol{B}(\boldsymbol{y}^k-\tilde{\boldsymbol{y}}^k)+2\mu(\boldsymbol{\lambda}^k-\tilde{\boldsymbol{\lambda}}^k)]$$

这样就相当于在校正公式(75) 中取 $\alpha=1$ 和

$$\boldsymbol{M}=\begin{pmatrix}\boldsymbol{I} & \boldsymbol{0}\\ -\mu\beta\boldsymbol{B} & 2\mu\boldsymbol{I}\end{pmatrix}$$

由此得到

$$\boldsymbol{H}=Q\boldsymbol{M}^{-1}=\begin{pmatrix}\left(1-\dfrac{1}{2}\right)\beta\boldsymbol{B}^{\mathrm{T}}\boldsymbol{B} & -\dfrac{1}{2}\boldsymbol{B}^{\mathrm{T}}\\ -\dfrac{1}{2}\boldsymbol{B} & \dfrac{1}{2\mu\beta}\boldsymbol{I}\end{pmatrix}$$

和

$$\boldsymbol{G}=(1-\mu)\begin{pmatrix}\beta\boldsymbol{B}^{\mathrm{T}}\boldsymbol{B} & -\boldsymbol{B}^{\mathrm{T}}\\ -\boldsymbol{B} & \dfrac{2}{\beta}I\end{pmatrix}$$

(2) 三个算子的 ADMM 类方法.

现在利用第 6.5.2.7 节中的统一框架验证求解三个算子问题的三种 ADMM 类方法.

① 部分平行分裂 ALM 的预测校正方法.

求解三个可分离离子凸优化(57),把由式(62) 生成的$(\boldsymbol{x}^{k+1},\boldsymbol{y}^{k+1},\boldsymbol{z}^{k+1})$ 视为$(\tilde{\boldsymbol{x}}^k,\tilde{\boldsymbol{y}}^k,\tilde{\boldsymbol{z}}^k)$,并定义

$$\tilde{\boldsymbol{\lambda}}^k=\boldsymbol{\lambda}^k-\beta(\boldsymbol{A}\tilde{\boldsymbol{x}}^k+\boldsymbol{B}\boldsymbol{y}^k+\boldsymbol{C}\boldsymbol{z}^k-\boldsymbol{b})$$

这样,预测点$(\tilde{\boldsymbol{x}}^k,\tilde{\boldsymbol{y}}^k,\tilde{\boldsymbol{z}}^k,\tilde{\boldsymbol{\lambda}}^k)$ 就可以看成由下式生成

$$\begin{cases}\tilde{\boldsymbol{x}}^k=\arg\min\{\mathcal{L}_\beta^3(\boldsymbol{x},\boldsymbol{y}^k,\boldsymbol{z}^k,\boldsymbol{\lambda}^k)\mid \boldsymbol{x}\in\mathcal{X}\}\\ \tilde{\boldsymbol{y}}^k=\arg\min\{\mathcal{L}_\beta^3(\tilde{\boldsymbol{x}}^k,\boldsymbol{y},\boldsymbol{z}^k,\boldsymbol{\lambda}^k)\mid \boldsymbol{y}\in\mathcal{Y}\}\\ \tilde{\boldsymbol{z}}^k=\arg\min\{\mathcal{L}_\beta^3(\tilde{\boldsymbol{x}}^k,\boldsymbol{y}^k,\boldsymbol{z},\boldsymbol{\lambda}^k)\mid \boldsymbol{z}\in\mathcal{Z}\}\\ \tilde{\boldsymbol{\lambda}}^k=\boldsymbol{\lambda}^k-\beta(\boldsymbol{A}\tilde{\boldsymbol{x}}^k+\boldsymbol{B}\boldsymbol{y}^k+\boldsymbol{C}\boldsymbol{z}^k-\boldsymbol{b})\end{cases}$$

利用引理 1,预测可以写成统一框架中的式(74),其中

$$\boldsymbol{Q}=\begin{pmatrix}\beta\boldsymbol{B}^{\mathrm{T}}\boldsymbol{B}&\boldsymbol{0}&\boldsymbol{0}\\ \boldsymbol{0}&\beta\boldsymbol{C}^{\mathrm{T}}\boldsymbol{C}&\boldsymbol{0}\\ -\boldsymbol{B}&-\boldsymbol{C}&\frac{1}{\beta}\boldsymbol{I}\end{pmatrix}\tag{95}$$

注意到,这时式(63) 右端的 $\boldsymbol{v}^{k+1}$ 中

$$\boldsymbol{y}^{k+1}=\tilde{\boldsymbol{y}}^k,\boldsymbol{z}^{k+1}=\tilde{\boldsymbol{z}}^k$$

$$\boldsymbol{\lambda}^{k+1}=\tilde{\boldsymbol{\lambda}}^k+\beta\boldsymbol{B}(\boldsymbol{y}^k-\tilde{\boldsymbol{y}}^k)+\beta\boldsymbol{C}(\boldsymbol{y}^k-\tilde{\boldsymbol{y}}^k)$$

因此,利用预测点,校正公式(63) 就可以写成

$$\begin{pmatrix}\boldsymbol{y}^{k+1}\\ \boldsymbol{z}^{k+1}\\ \boldsymbol{x}^{k+1}\end{pmatrix}=\begin{pmatrix}\boldsymbol{y}^k\\ \boldsymbol{z}^k\\ \boldsymbol{\lambda}^k\end{pmatrix}-\alpha\begin{pmatrix}\boldsymbol{I}&\boldsymbol{0}&\boldsymbol{0}\\ \boldsymbol{0}&\boldsymbol{I}&\boldsymbol{0}\\ -\beta\boldsymbol{B}&-\beta\boldsymbol{C}&\boldsymbol{I}\end{pmatrix}\begin{pmatrix}\boldsymbol{y}^k-\tilde{\boldsymbol{y}}^k\\ \boldsymbol{z}^k-\tilde{\boldsymbol{z}}^k\\ \boldsymbol{\lambda}^k-\tilde{\boldsymbol{\lambda}}^k\end{pmatrix}$$

也就是说,在统一框架的校正公式(75) 中

$$\boldsymbol{M}=\begin{pmatrix}\boldsymbol{I} & \boldsymbol{0} & \boldsymbol{0}\\ \boldsymbol{0} & \boldsymbol{I} & \boldsymbol{0}\\ -\beta\boldsymbol{B} & -\beta\boldsymbol{C} & \boldsymbol{I}\end{pmatrix}$$

对这样的 $\boldsymbol{Q}$ 和 $\boldsymbol{M}$,设

$$\boldsymbol{H}=\begin{pmatrix}\beta\boldsymbol{B}^{\mathrm{T}}\boldsymbol{B} & \boldsymbol{0} & \boldsymbol{0}\\ \boldsymbol{0} & \beta\boldsymbol{C}^{\mathrm{T}}\boldsymbol{C} & \boldsymbol{0}\\ \boldsymbol{0} & \boldsymbol{0} & \frac{1}{\beta}\boldsymbol{I}\end{pmatrix}$$

就有 $\boldsymbol{HM}=\boldsymbol{Q}$,说明收敛性条件(76)满足,进行简单的矩阵运算就得到

$$\boldsymbol{G}=(\boldsymbol{Q}^{\mathrm{T}}+\boldsymbol{Q})-\alpha\boldsymbol{M}^{\mathrm{T}}\boldsymbol{HM}=(\boldsymbol{Q}^{\mathrm{T}}+\boldsymbol{Q})-\alpha\boldsymbol{M}^{\mathrm{T}}\boldsymbol{Q}$$

$$=\begin{pmatrix}\sqrt{\beta}\boldsymbol{B}^{\mathrm{T}} & \boldsymbol{0} & \boldsymbol{0}\\ \boldsymbol{0} & \sqrt{\beta}\boldsymbol{C}^{\mathrm{T}} & \boldsymbol{0}\\ \boldsymbol{0} & \boldsymbol{0} & \frac{1}{\sqrt{\beta}}\boldsymbol{I}\end{pmatrix}\cdot$$

$$\begin{pmatrix}2(1-\alpha)\boldsymbol{I} & -\alpha\boldsymbol{I} & -(1-\alpha)\boldsymbol{I}\\ -\alpha\boldsymbol{I} & 2(1-\alpha)\boldsymbol{I} & -(1-\alpha)\boldsymbol{I}\\ -(1-\alpha)\boldsymbol{I} & -(1-\alpha)\boldsymbol{I} & (2-\alpha)\boldsymbol{I}\end{pmatrix}\cdot$$

$$\begin{pmatrix}\sqrt{\beta}\boldsymbol{B} & \boldsymbol{0} & \boldsymbol{0}\\ \boldsymbol{0} & \sqrt{\beta}\boldsymbol{C} & \boldsymbol{0}\\ \boldsymbol{0} & \boldsymbol{0} & \frac{1}{\sqrt{\beta}}\boldsymbol{I}\end{pmatrix}$$

容易验证,对所有的 $\alpha\in(0,2-\sqrt{2})$,矩阵

$$\begin{pmatrix}2(1-\alpha) & -\alpha & -(1-\alpha)\\ -\alpha & 2(1-\alpha) & -(1-\alpha)\\ -(1-\alpha) & -(1-\alpha) & 2-\alpha\end{pmatrix}\succ 0$$

收敛性条件(77) 满足.

② 带 Gauss 回代的 ADMM 方法.

求解三个可分离算子凸优化(57). 我们把由直接推广的式(61) 生成的 $\boldsymbol{x}^{k+1},\boldsymbol{y}^{k+1},\boldsymbol{z}^{k+1}$ 分别视为 $\tilde{\boldsymbol{x}}^k,\tilde{\boldsymbol{y}}^k,\tilde{\boldsymbol{z}}^k$,并定义

$$\tilde{\boldsymbol{\lambda}}^k=\boldsymbol{\lambda}^k-\beta(\boldsymbol{A}\tilde{\boldsymbol{x}}^k+\boldsymbol{B}\boldsymbol{y}^k+\boldsymbol{C}\boldsymbol{z}^k-\boldsymbol{b})$$

把 $\tilde{\boldsymbol{w}}^k=(\tilde{\boldsymbol{x}}^k,\tilde{\boldsymbol{y}}^k,\tilde{\boldsymbol{z}}^k,\tilde{\boldsymbol{\lambda}}^k)$ 看作预测点,它由下面的公式

$$\begin{cases}\tilde{\boldsymbol{x}}^k=\operatorname{argmin}\{\theta_1(\boldsymbol{x})-(\boldsymbol{\lambda}^k)^{\mathrm{T}}\boldsymbol{A}\boldsymbol{x}+\\ \qquad\dfrac{\beta}{2}\|\boldsymbol{A}\boldsymbol{x}+\boldsymbol{B}\boldsymbol{y}^k+\boldsymbol{C}\boldsymbol{z}^k-\boldsymbol{b}\|^2\mid\boldsymbol{x}\in\mathcal{X}\}\\ \tilde{\boldsymbol{y}}^k=\operatorname{argmin}\{\theta_2(\boldsymbol{y})-(\boldsymbol{\lambda}^k)^{\mathrm{T}}\boldsymbol{B}\boldsymbol{y}+\\ \qquad\dfrac{\beta}{2}\|\boldsymbol{A}\tilde{\boldsymbol{x}}+\boldsymbol{B}\boldsymbol{y}+\boldsymbol{C}\boldsymbol{z}^k-\boldsymbol{b}\|^2\mid\boldsymbol{y}\in\mathcal{Y}\}\\ \tilde{\boldsymbol{z}}^k=\operatorname{argmin}\{\theta_3(\boldsymbol{z})-(\boldsymbol{\lambda}^k)^{\mathrm{T}}\boldsymbol{C}\boldsymbol{z}+\\ \qquad\dfrac{\beta}{2}\|\boldsymbol{A}\tilde{\boldsymbol{x}}+\boldsymbol{B}\tilde{\boldsymbol{y}}^k+\boldsymbol{C}\boldsymbol{z}-\boldsymbol{b}\|^2\mid\boldsymbol{z}\in\mathcal{Z}\}\\ \tilde{\boldsymbol{\lambda}}^k=\boldsymbol{\lambda}^k-\beta(\boldsymbol{A}\tilde{\boldsymbol{x}}^k+\boldsymbol{B}\boldsymbol{y}^k+\boldsymbol{C}\boldsymbol{z}^k-\boldsymbol{b})\end{cases}$$

产生. 这样,利用引理 1,预测就可以写成统一框架中的式(74),其中

$$\boldsymbol{Q}=\begin{pmatrix}\beta\boldsymbol{B}^{\mathrm{T}}\boldsymbol{B}&\boldsymbol{0}&\boldsymbol{0}\\ \beta\boldsymbol{C}^{\mathrm{T}}\boldsymbol{B}&\beta\boldsymbol{C}^{\mathrm{T}}\boldsymbol{C}&\boldsymbol{0}\\ -\boldsymbol{B}&-\boldsymbol{C}&\dfrac{1}{\beta}\boldsymbol{I}\end{pmatrix}$$

利用这样的预测点,只校正 $\boldsymbol{y}$ 和 $\boldsymbol{z}$ 的公式(65)(注意 $\boldsymbol{\lambda}^{k+1}$ 和 $\tilde{\boldsymbol{\lambda}}^k$ 的关系)就可以写成

$$\begin{pmatrix} \boldsymbol{y}^{k+1} \\ \boldsymbol{z}^{k+1} \\ \boldsymbol{\lambda}^{k+1} \end{pmatrix} = \begin{pmatrix} \boldsymbol{y}^{k} \\ \boldsymbol{z}^{k} \\ \boldsymbol{\lambda}^{k} \end{pmatrix} - \begin{pmatrix} \nu\boldsymbol{I} & -\nu(\boldsymbol{B}^{\mathrm{T}}\boldsymbol{B})^{-1}\boldsymbol{B}^{\mathrm{T}}\boldsymbol{C} & \boldsymbol{0} \\ \boldsymbol{0} & \nu\boldsymbol{I} & \boldsymbol{0} \\ -\beta\boldsymbol{B} & -\beta\boldsymbol{C} & \boldsymbol{I} \end{pmatrix} \begin{pmatrix} \boldsymbol{y}^{k}-\tilde{\boldsymbol{y}}^{k} \\ \boldsymbol{z}^{k}-\tilde{\boldsymbol{z}}^{k} \\ \boldsymbol{\lambda}^{k}-\tilde{\boldsymbol{\lambda}}^{k} \end{pmatrix}$$

也就是说，在统一框架的校正公式(75)中

$$\boldsymbol{M} = \begin{pmatrix} \nu\boldsymbol{I} & -\nu(\boldsymbol{B}^{\mathrm{T}}\boldsymbol{B})^{-1}\boldsymbol{B}^{\mathrm{T}}\boldsymbol{C} & \boldsymbol{0} \\ \boldsymbol{0} & \nu\boldsymbol{I} & \boldsymbol{0} \\ -\beta\boldsymbol{B} & -\beta\boldsymbol{C} & \boldsymbol{I} \end{pmatrix} \tag{96}$$

对于矩阵

$$\boldsymbol{H} = \begin{pmatrix} \frac{1}{\nu}\beta\boldsymbol{B}^{\mathrm{T}}\boldsymbol{B} & \frac{1}{\nu}\beta\boldsymbol{B}^{\mathrm{T}}\boldsymbol{C} & \boldsymbol{0} \\ \frac{1}{\nu}\beta\boldsymbol{C}^{\mathrm{T}}\boldsymbol{B} & \frac{1}{\nu}\beta[\boldsymbol{C}^{\mathrm{T}}\boldsymbol{C}+\boldsymbol{C}^{\mathrm{T}}\boldsymbol{B}(\boldsymbol{B}^{\mathrm{T}}\boldsymbol{B})^{-1}\boldsymbol{B}^{\mathrm{T}}\boldsymbol{C}] & \boldsymbol{0} \\ \boldsymbol{0} & \boldsymbol{0} & \frac{1}{\beta}\boldsymbol{I} \end{pmatrix} \tag{97}$$

可以验证 $\boldsymbol{H}$ 正定并有 $\boldsymbol{HM}=\boldsymbol{Q}$，这说明收敛性条件(76)满足. 此外

$$\boldsymbol{G} = (\boldsymbol{Q}^{\mathrm{T}}+\boldsymbol{Q}) - \boldsymbol{M}^{\mathrm{T}}\boldsymbol{HM} = (\boldsymbol{Q}^{\mathrm{T}}+\boldsymbol{Q}) - \boldsymbol{M}^{\mathrm{T}}\boldsymbol{Q}$$

$$= \begin{pmatrix} 2\beta\boldsymbol{B}^{\mathrm{T}}\boldsymbol{B} & \beta\boldsymbol{B}^{\mathrm{T}}\boldsymbol{C} & -\boldsymbol{B}^{\mathrm{T}} \\ \beta\boldsymbol{C}^{\mathrm{T}}\boldsymbol{B} & 2\beta\boldsymbol{C}^{\mathrm{T}}\boldsymbol{C} & -\boldsymbol{C}^{\mathrm{T}} \\ -\boldsymbol{B} & -\boldsymbol{C} & \frac{2}{\beta}\boldsymbol{I} \end{pmatrix} -$$

$$
\begin{pmatrix}
(1+\nu)\beta\boldsymbol{B}^{\mathrm{T}}\boldsymbol{B} & \beta\boldsymbol{B}^{\mathrm{T}}\boldsymbol{C} & -\boldsymbol{B}^{\mathrm{T}} \\
\beta\boldsymbol{C}^{\mathrm{T}}\boldsymbol{B} & (1+\nu)\beta\boldsymbol{C}^{\mathrm{T}}\boldsymbol{C} & -\boldsymbol{C}^{\mathrm{T}} \\
-\boldsymbol{B} & -\boldsymbol{C} & \dfrac{1}{\beta}\boldsymbol{I}
\end{pmatrix}
$$

$$
=\begin{pmatrix}
(1-\nu)\beta\boldsymbol{B}^{\mathrm{T}}\boldsymbol{B} & \boldsymbol{0} & \boldsymbol{0} \\
\boldsymbol{0} & (1-\nu)\beta\boldsymbol{C}^{\mathrm{T}}\boldsymbol{C} & \boldsymbol{0} \\
\boldsymbol{0} & \boldsymbol{0} & \dfrac{1}{\beta}\boldsymbol{I}
\end{pmatrix}
$$

由于$\nu\in(0,1)$，矩阵$\boldsymbol{G}$正定，收敛性条件(77)满足. 我们再次强调，这里只是通过$\boldsymbol{H}$和$\boldsymbol{G}$验证算法是否满足收敛条件，算法实现过程中并不需要计算这些矩阵.

③ 部分平行并加正则项的 ADMM 方法.

我们把式(67)生成的$(\boldsymbol{x}^{k+1},\boldsymbol{y}^{k+1},\boldsymbol{z}^{k+1},\boldsymbol{\lambda}^{k+\frac{1}{2}})$视为预测点$(\tilde{\boldsymbol{x}}^k,\tilde{\boldsymbol{y}}^k,\tilde{\boldsymbol{z}}^k,\tilde{\boldsymbol{\lambda}}^k)$. 这个预测公式就成为

$$
\begin{cases}
\tilde{\boldsymbol{x}}^k=\operatorname{argmin}\{\theta_1(\boldsymbol{x})-(\boldsymbol{\lambda}^k)^{\mathrm{T}}\boldsymbol{A}\boldsymbol{x}+ \\
\qquad \dfrac{\beta}{2}\|\boldsymbol{A}\boldsymbol{x}+\boldsymbol{B}\boldsymbol{y}^k+\boldsymbol{C}\boldsymbol{z}^k-\boldsymbol{b}\|^2\mid \boldsymbol{x}\in\mathcal{X}\} \\
\tilde{\boldsymbol{y}}^k=\operatorname{argmin}\{\theta_2(\boldsymbol{y})-(\tilde{\boldsymbol{\lambda}}^k)^{\mathrm{T}}\boldsymbol{B}\boldsymbol{y}+ \\
\qquad \dfrac{\mu\beta}{2}\|\boldsymbol{B}(\boldsymbol{y}-\boldsymbol{y}^k)\|^2\mid \boldsymbol{y}\in\mathcal{Y}\} \\
\tilde{\boldsymbol{z}}^k=\operatorname{argmin}\{\theta_3(\boldsymbol{z})-(\tilde{\boldsymbol{\lambda}}^k)^{\mathrm{T}}\boldsymbol{C}\boldsymbol{z}+ \\
\qquad \dfrac{\mu\beta}{2}\|\boldsymbol{C}(\boldsymbol{z}-\boldsymbol{z}^k)\|^2\mid \boldsymbol{z}\in\mathcal{Z}\} \\
\tilde{\boldsymbol{\lambda}}^k=\boldsymbol{\lambda}^k-\beta(\boldsymbol{A}\tilde{\boldsymbol{x}}^k+\boldsymbol{B}\boldsymbol{y}^k+\boldsymbol{C}\boldsymbol{z}^k-\boldsymbol{b})
\end{cases}
\tag{98}
$$

这样，利用引理 1，预测就可以写成统一框架中的式(74)，其中

$$
\boldsymbol{Q}=\begin{pmatrix}
\mu\beta\boldsymbol{B}^{\mathrm{T}}\boldsymbol{B} & \boldsymbol{0} & \boldsymbol{0} \\
\boldsymbol{0} & \mu\beta\boldsymbol{C}^{\mathrm{T}}\boldsymbol{C} & \boldsymbol{0} \\
-\boldsymbol{B} & -\boldsymbol{C} & \dfrac{1}{\beta}\boldsymbol{I}
\end{pmatrix}
$$

利用这样的预测点，校正 $\boldsymbol{y}$ 和 $\boldsymbol{z}$ 的公式（注意 $\boldsymbol{\lambda}^{k+1}$ 和 $\tilde{\boldsymbol{\lambda}}^{k}$ 的关系）就可以写成

$$\begin{pmatrix} \boldsymbol{y}^{k+1} \\ \boldsymbol{z}^{k+1} \\ \boldsymbol{\lambda}^{k+1} \end{pmatrix} = \begin{pmatrix} \boldsymbol{y}^{k} \\ \boldsymbol{z}^{k} \\ \boldsymbol{\lambda}^{k} \end{pmatrix} - \begin{pmatrix} \boldsymbol{I} & \boldsymbol{0} & \boldsymbol{0} \\ \boldsymbol{0} & \boldsymbol{I} & \boldsymbol{0} \\ -\beta\boldsymbol{B} & -\beta\boldsymbol{C} & \boldsymbol{I} \end{pmatrix} \begin{pmatrix} \boldsymbol{y}^{k} - \tilde{\boldsymbol{y}}^{k} \\ \boldsymbol{z}^{k} - \tilde{\boldsymbol{z}}^{k} \\ \boldsymbol{\lambda}^{k} - \tilde{\boldsymbol{\lambda}}^{k} \end{pmatrix}$$

也就是说，在统一框架的校正公式(75)中

$$\boldsymbol{M} = \begin{pmatrix} \boldsymbol{I} & \boldsymbol{0} & \boldsymbol{0} \\ \boldsymbol{0} & \boldsymbol{I} & \boldsymbol{0} \\ -\beta\boldsymbol{B} & -\beta\boldsymbol{C} & \boldsymbol{I} \end{pmatrix} \tag{99}$$

对于矩阵

$$\boldsymbol{H} = \begin{pmatrix} \mu\beta\boldsymbol{B}^{\mathrm{T}}\boldsymbol{B} & \boldsymbol{0} & \boldsymbol{0} \\ \boldsymbol{0} & \mu\beta\boldsymbol{C}^{\mathrm{T}}\boldsymbol{C} & \boldsymbol{0} \\ \boldsymbol{0} & \boldsymbol{0} & \frac{1}{\beta}\boldsymbol{I} \end{pmatrix}$$

可以验证 $\boldsymbol{H}$ 正定并有 $\boldsymbol{HM}=\boldsymbol{Q}$. 这说明收敛性条件(76)满足. 此外

$$\begin{aligned} \boldsymbol{G} &= (\boldsymbol{Q}^{\mathrm{T}} + \boldsymbol{Q}) - \boldsymbol{M}^{\mathrm{T}}\boldsymbol{HM} = (\boldsymbol{Q}^{\mathrm{T}} + \boldsymbol{Q}) - \boldsymbol{M}^{\mathrm{T}}\boldsymbol{Q} \\ &= \begin{pmatrix} 2\mu\beta\boldsymbol{B}^{\mathrm{T}}\boldsymbol{B} & \boldsymbol{0} & -\boldsymbol{B}^{\mathrm{T}} \\ \boldsymbol{0} & 2\mu\beta\boldsymbol{C}^{\mathrm{T}}\boldsymbol{C} & -\boldsymbol{C}^{\mathrm{T}} \\ -\boldsymbol{B} & -\boldsymbol{C} & \frac{2}{\beta}\boldsymbol{I} \end{pmatrix} - \\ &\quad \begin{pmatrix} (1+\mu)\beta\boldsymbol{B}^{\mathrm{T}}\boldsymbol{B} & \beta\boldsymbol{B}^{\mathrm{T}}\boldsymbol{C} & -\boldsymbol{B}^{\mathrm{T}} \\ \beta\boldsymbol{C}^{\mathrm{T}}\boldsymbol{B} & (1+\mu)\beta\boldsymbol{C}^{\mathrm{T}}\boldsymbol{C} & -\boldsymbol{C}^{\mathrm{T}} \\ -\boldsymbol{B} & -\boldsymbol{C} & \frac{1}{\beta}\boldsymbol{I} \end{pmatrix} \end{aligned}$$

$$
= \begin{pmatrix} (\mu-1)\beta \boldsymbol{B}^{\mathrm{T}}\boldsymbol{B} & -\beta \boldsymbol{B}^{\mathrm{T}}\boldsymbol{C} & \boldsymbol{0} \\ -\beta \boldsymbol{C}^{\mathrm{T}}\boldsymbol{B} & (\mu-1)\beta \boldsymbol{C}^{\mathrm{T}}\boldsymbol{C} & \boldsymbol{0} \\ \boldsymbol{0} & \boldsymbol{0} & \frac{1}{\beta}\boldsymbol{I} \end{pmatrix}
$$

由于 $\mu > 2$,矩阵 $\boldsymbol{G}$ 正定,收敛性条件(77) 满足.

6.5.2.9　结论和体会

我们回顾了 20 年来在单调变分不等式和凸优化方面的 ADMM 类方法的工作.利用一个框架,统一了近 10 年在凸优化的 ADMM 类方法的进展,自成系统.特点是简单与统一,一个模式,一条主线.我们深信,只有简单,他人才会看懂、使用;因为统一,自己才有美的享受.追求简单与统一,是我们研究工作欲罢不能的原因.

求解线性约束凸优化,增广 Lagrange 乘子法(ALM) 优于罚函数方法,我们把它解释为在"对原始变量求极小的时候顾及对偶变量的感受".对两个可分离算子的线性约束凸优化问题,增广 Lagrange 乘子法(ALM) 和罚函数方法,松弛后分别成了乘子交替方向法(ADMM) 和交替极小化方法(AMA). ADMM 优于 AMA 也毫无疑问.

ADMM 不是我们提出来的.因为交通网络分析的需求和已有的 10 多年变分不等式投影收缩算法的基础,我们从 1997 年开始对 ADMM 在变分不等式框架下研究.最近 10 年发现 ADMM 在结构型优化上有广泛应用,带领学生对 ADMM 方法做一些有价值的改进和证明一些重要的理论结果,就顺理成章.

方法上，交换了原始变量 $\boldsymbol{y}$ 和对偶变量 $\boldsymbol{\lambda}$ 的次序，进而得到因需定制的 PPA 意义下的 ADMM. 平等对待原始变量 $\boldsymbol{x}$ 和 $\boldsymbol{y}$，两次校正对偶变量 $\boldsymbol{\lambda}$，就得到对称型的 ADMM. 这些方法，道理上能站住脚，计算表现也不俗.

理论上，我们对 ADMM 在遍历意义下和点列意义下的收敛速率给出了证明. 利用变分不等式框架，这些证明都不复杂.

ADMM 的广泛应用，人们自然想到向三个算子和多个算子的问题推广. 我们在不能证明“直接推广的方法”收敛的时候，提出了一些处理多个算子问题的 ADMM 类方法：

①“不公平就找补校正”的方法.

②“各自为政处理子问题，就必须加正则项加强自我节制”的方法.

采取这些策略，手段上是必须的，机制上也是合理的. 由于经典的 ADMM(46) 收敛速度严重依赖于罚参数 β 的选择，我们提出的用于求解三个算子问题的 ADMM 类方法，保持了自由选择 β. 或者可以说，这些修正的方法，最大限度地保持了经典 ADMM 的优良品性，这一点非常重要. 这 20 年的 ADMM 类算法研究历程，生活理念的帮助，使得我们一步一步走的大致不错.

最后需要指出的是，ADMM 类算法不是解决一切问题的方法. ADMM 类算法是松弛了的增广 Lagrange 乘子法(ALM)，增广 Lagrange 乘子法又是

线性约束凸优化对偶问题的邻近点算法(PPA). ADMM类算法只是利用了问题的可分离结构. PPA和ALM具有的基因短处,ADMM类方法仍然会有. 如果设计ADMM类算法对问题本身还要外加一些额外的条件,那就等于在本不强壮的PPA和ALM身上再另加负担. 那样做,显然不"厚道",也不值得称道. 通篇以"我"为主,是为了便于说明研究进展的来龙去脉. 我做这些研究,得益于中学的数理基础和独特的人生经历,用到的只是普通的大学数学和一般的优化常识. ADMM类算法这些比较系统的成果,说明让人走自己的路,找一个与自己能力适合的课题特别重要.

最大原则和变分学

第7章

变分学是一门研究泛函极值的数学分支，它与力学，物理学以及其他数学分支有着广泛的联系，已有二百多年的历史. 在20世纪初，变分学就已成为大学数学系的必修课程，但到了20世纪中期，因其内容陈旧，便从大学本科的课程中逐渐削减、合并，直至分散到其他课程中去了.

然而，近几十年来，变分学不论在理论上还是在应用（如几何，物理，智能材料，最优控制，经济数学，最优设计，图像处理等）中都有了很大的发展. 它与数学其他分支的联系日趋紧密. 在近代数学中的位置也愈来愈重要.

Lagrange乘子法是古典变分学的初步，与最佳控制理论也有联系. 邦特里雅金对此做了精辟的论述.

在这一章里，我们要讨论最佳过程理论和古典变分学之间的联系. 我们要指

出，某些最佳问题是变分学中 Lagrange 问题的推广，当控制域 U 是 r 维向量空间 E_r 中的开集时，它们是等价的.

其次，在 U 是开集的情形下，我们要证明，从最大原则可以推出变分学中熟知的一切基本必要条件（特别有，维尔斯特拉斯准则）. 但是，当 U 是空间 E_r 中的闭集（不和整个 E_r 重合）时，维尔斯特拉斯条件不再适用. 也就是，关于泛函达到最小值必须满足维尔斯特拉斯条件的定理变得不正确了. 这样，最大原则和变分学的古典理论相比较，这一原则的主要优越性在于，它适用于任何集合 $U \subset E_r$（特别包括闭集）与开集的古典情形相比较，可能的控制域 U 的类的扩充，对于理论的技术应用来说是极其重要的. 在最佳控制问题中，特别是在实际问题中，$U \subset E_r$ 是闭集的情形具有极大的意义. 譬如，甚至一些最简单问题，也不能用古典变分学方法来分析，因为控制域 U 是闭集，并且在所有的例子中，最佳控制的值都位于 U 的边界上. 如果对这些例子中的任何一个，我们只限于考虑去掉控制域 U 的界点后的开集，那么，古典理论就会给出这样的回答：最佳控制不存在. 当然，这也能够说明控制参数应该取集合 U 的边界值，但是这样的论断，对问题的求解来说是绝对不够的. 因为需要知道控制参数在域 U 的边界上必须以怎样的方式变化. 例如，在线性问题的情形中，需要知道换接的次数是多少，从多面体的哪些顶点到哪些其他顶点发生换接，等等. 对于这些问题，古典理论不能给出任何回答；同时，如我们在例题中曾看到的，对于这些问题的解决，最大原则却提供了足够多的材料.

在 7.1 节里，我们要从最大原则推导出变分学基本问题的某些必要条件. 在 7.2 节中，我们要证明 Lagrange 问题和最佳问题的等价性. 当控制域 U 是 r 维向量空间 E_r 的开集时，还要从最大原则导出维尔斯特拉斯准则. 为了简单起见，我们只限于讨论强极值的变分问题.

7.1　变分学的基本问题

虽然变分学的基本问题是 7.2 节所考虑的 Lagrange 问题的特殊情形，但我们还是把这个问题单独列为一节. 因为在这种简单的情形下，最大原则和变分学必要条件之间的关系能特别清楚地显露出来.

7.1.1　定义

设在实变量 $(t,x^1,\cdots,x^n)=(t,\boldsymbol{x})$ 的 $n+1$ 维空间 $\mathbf{R}^{n+1}$ 中，曲线 $\boldsymbol{x}(t)$ 由下列方程给出，即

$$x^i=x^i(t),i=1,\cdots,n,t_0\leqslant t\leqslant t_1 \tag{1}$$

如果函数 $x^i(t),i=1,\cdots,n$，是绝对连续的且具有有界的导数；亦即，在导数存在的任意点处成立着

$$\left|\frac{\mathrm{d}x^i(t)}{\mathrm{d}t}\right|\leqslant M=K,i=1,\cdots,n,K\text{ 为常数}$$

我们就说曲线(1) 绝对连续. 其次，分别用 x_0 和 x_1 表示点 $\boldsymbol{x}(t_0)$ 和 $\boldsymbol{x}(t_1)$. 于是，我们说曲线(1) 联结点$(t_0,$

x_0) 和(t_1, x_1),或者说,它满足边界条件

$$\boldsymbol{x}(t_0)=x_0, \boldsymbol{x}(t_1)=x_1 \tag{2}$$

满足条件

$$|x^i(t)-\widetilde{x}^i(t)|<\delta, t_0 \leqslant t \leqslant t_1, i=1,\cdots,n$$

的所有绝对连续曲线

$$\widetilde{\boldsymbol{x}}(t)=(\widetilde{x}^1(t),\cdots,\widetilde{x}^n(t)), t_0 \leqslant t \leqslant t_1$$

的集合,称为绝对连续曲线(1) 的 δ 邻域.

今设 G 是空间 $\mathbf{R}^{n+1}$ 中的某个开集,并设对于任一点$(t,\boldsymbol{x}) \in G$ 和任何实数值 $u^1,\cdots,u^n$,实函数

$$f(t,x^1,\cdots,x^n,u^1,\cdots,u^n)=f(t,\boldsymbol{x},\boldsymbol{u})$$

是有定义的. 此外,还假设函数 f 对所有变元是连续和连续可微的.

假设曲线(1) 整个位于域 G 内. 这时,积分

$$J=J(\boldsymbol{x})=\int t_{1\,t_0} f\left(t,\boldsymbol{x}(t),\frac{\mathrm{d}\boldsymbol{x}(t)}{\mathrm{d}t}\right)\mathrm{d}t \tag{3}$$

是有定义的,我们将把它看作向量函数 $x(t), t_0 \leqslant t \leqslant t_1$ 的泛函. 显然,只要 $\delta>0$ 充分小,对于曲线(1) 的 δ 邻域内的任一曲线 $\widetilde{x}(t), t_0 \leqslant t \leqslant t_1$,泛函 $J(\widetilde{\boldsymbol{x}})$ 也是有定义的.

如果存在 $\delta>0$,使得在曲线(1) 的 δ 邻域内,满足边界条件(2) 的曲线 $\widetilde{\boldsymbol{x}}(t), t_0 \leqslant t \leqslant t_1$,全体所组成的集合上,泛函(3) 在 $\widetilde{\boldsymbol{x}}=\boldsymbol{x}$ 时取得最小值(或者最大值),那么就称绝对连续曲线(1) 为泛函(3) 的(强) 极值曲线. 今后我们仅考虑最小值的情形. 这样,假如存在 $\delta>0$,使得对于曲线(1) 的 δ 邻域内的任一满足边

界条件 $\widetilde{\boldsymbol{x}}(t_0)=x_0$,$\widetilde{\boldsymbol{x}}(t_1)=x_1$ 的绝对连续曲线 $\widetilde{\boldsymbol{x}}(t)$,$t_0\leqslant t\leqslant t_1$,都有 $J(\widetilde{\boldsymbol{x}})\geqslant J(\boldsymbol{x})$,则称曲线(1)是泛函(3)的极值曲线.

变分学的基本问题是当给定(固定)边界条件(2)时,求出所给泛函(3)的全部极值曲线的问题.

7.1.2 Euler 方程和 Legendre 条件

我们现在要指出,每一极值曲线是某一最佳问题的一条最佳轨线.考虑下面的 n 阶方程组,即

$$\frac{\mathrm{d}x^i}{\mathrm{d}t}=u^i,i=1,\cdots,n \tag{4}$$

和积分形式的泛函

$$\begin{aligned}J=J(\boldsymbol{x},\boldsymbol{u})&=\int_{t_0}^{t_1}f(t,x^1,\cdots,x^n,u^1,\cdots,u^n)\mathrm{d}t\\&=\int_{t_0}^{t_1}f(t,\boldsymbol{x},\boldsymbol{u})\mathrm{d}t\end{aligned} \tag{5}$$

这里 $\boldsymbol{u}=(u^1,\cdots,u^n)$ 是控制参数,它从所有的有界可测向量函数类中选取.因此,在所给的情形下,控制域 U 和变量 $u^1,\cdots,u^n$ 的整个 n 维空间 E_n 重合.

为了适用于变分学,我们来定义问题(4)(5)的最佳轨线,在这里与通常的做法稍有不同.这就是假定式(5)中的积分限是固定的.有界可测控制 $\boldsymbol{u}(t)$,$t_0\leqslant t\leqslant t_1$,及对应的方程(4)具有边界条件(2)的绝对连续轨线 $\boldsymbol{x}(t)$,称为最佳的,如果存在$\delta>0$,使得对任一控制 $\widetilde{\boldsymbol{u}}(t)$,和它对应的方程组(4)的具有边界条件(2)且位于 $\boldsymbol{x}(t)$ 的 δ 邻域内的轨线 $\widetilde{\boldsymbol{x}}(t)$,都有 $J(\widetilde{\boldsymbol{x}}$,

$\widetilde{\boldsymbol{u}})\geqslant J(\boldsymbol{x},\boldsymbol{u})$. 换句话说,这里在定义最佳控制和轨线的时候,我们不是把轨线 $\boldsymbol{x}(t)$ 和所有其他的轨线 $\widetilde{\boldsymbol{x}}(t)$ 相比较,而只是和位于曲线 $\boldsymbol{x}(t)$ 的 δ 邻域内的轨线比较. 通常意义下的每一条最佳轨线,在现在的意义下也是最佳的,但一般来说,反之不成立. 因此,在这里的意义下的最佳控制和最佳轨线,比在通常意义下的最佳控制和最佳轨线好得多.

然而,不难明白,对于目前意义下的最佳控制和轨线,作为最佳性的必要条件的最大原则仍保持着相同的表述方式. 事实上,一般在证明最大原则时,我们只是把轨线 $\boldsymbol{x}(t)$ 和轨线

$$\boldsymbol{x}^{*}(t)=\boldsymbol{x}(t)+\varepsilon\delta\boldsymbol{x}(t)+o(\varepsilon)$$

相比较,其中 ε 是无穷小量. 当 ε 充分小时,轨线 $\boldsymbol{x}^{*}(t)$ 就位于曲线 $\boldsymbol{x}(t)$ 的 δ 邻域内(对任意给定的数 δ),所以,对这里所讨论的意义下的最佳控制和轨线,一般的全部论证无需改变都能应用.

所叙述的最佳问题(4)(5) 是具有固定端点和固定时间的问题. 显然,问题(4)(5) 的每一条最佳轨线都是积分(3) 的极值曲线,反之亦然(根据式(4),只需把积分(5) 中的 $u^{i}(t)$ 用导数 $\dfrac{\mathrm{d}x^{i}(t)}{\mathrm{d}t}$ 来代替). 所以作为最佳性的必要条件的最大原则,同时也是曲线 $\boldsymbol{x}(t)$ 为积分(3) 的极值曲线的必要条件. 这个简单的结论就使我们在解变分问题(3) 时,可以运用最大原则了.

为了解所提的最佳问题,我们需要建立辅助未知变量 $\psi_{0},\psi_{1},\cdots,\psi_{n}$ 的方程和函数 $\mathscr{H}$. 由于式(4),它们在

这里取形式

$$\mathscr{H}=\psi_0 f(t,x,u)+\psi_1 u^1+\psi_2 u^2+\cdots+\psi_n u^n \quad (6)$$

$$\begin{cases}\dfrac{\mathrm{d}\psi_0}{\mathrm{d}t}=0\\[2ex]\dfrac{\mathrm{d}\psi_i}{\mathrm{d}t}=-\psi_0\dfrac{\partial f(t,x,u)}{\partial x^i},i=1,\cdots,n\end{cases} \quad (7)$$

最大条件给出

$$\mathscr{H}(\boldsymbol{\psi}(t),x(t),t,u(t))$$

$$=\max_{u\in E_n}(\psi_0 f(t,x(t),u)+\sum_{\alpha=1}^{n}\psi_\alpha(t)u^\alpha) \quad (8)$$

(在闭区间 $t_0\leqslant t\leqslant t_1$ 上几乎处处成立. 因为控制域 U 和整个空间 E_n 相重合(如果 U 是 E_n 的任一开集,下面的论证同样正确),故把 $\mathscr{H}(\boldsymbol{\psi}(t),x(t),t,u)$ 当作变量 $u\in U$ 的函数时,它的最大值点 $u=u(t)$ 是它的逗留点. 因此,从式(8)可推出,对几乎所有的 $t,t_0\leqslant t\leqslant t_1$,有

$$\frac{\partial}{\partial u^i}\mathscr{H}(\boldsymbol{\psi}(t),x(t),t,u(t))$$

$$=\psi_0\frac{\partial f(t,x(t),u(t))}{\partial u^i}+\psi_i(t)=0$$

$$i=1,2,\cdots,n$$

从这些等式得知 $\psi_0\neq 0$. 因为,若不然,则得 $\psi_i(t)\equiv 0$, $i=0,1,\cdots,n$. 因此我们可以假设 $\psi_0=-1$,这是因为 $\psi_0=K\leqslant 0$, K 为常数,而量 $\psi_0,\psi_1,\cdots,\psi_n$ 的确定仅精确到相差一个正的公因子. 在上面的等式中置 $\psi_0=-1$,我们就得到(在闭区间 $t_0\leqslant t\leqslant t_1$ 上几乎处处有)

$$\psi_i(t)=\frac{\partial f(t,x(t),u(t))}{\partial u^i},i=1,\cdots,n \quad (9)$$

在方程(7) 中置 $\psi_0=-1$ 并积分,便得

$$\psi_i(t)=\psi_i(t_0)+\int_{t_0}^{t}\frac{\partial f(\tau,x(\tau),u(\tau))}{\partial x^i}\mathrm{d}\tau$$

$$i=1,\cdots,n;t_0\leqslant t\leqslant t_1 \tag{10}$$

由式(9) 和(10) 我们就得出积分形式的 Euler 方程(用导数 $\frac{\mathrm{d}x^i(t)}{\mathrm{d}t}$ 代替 $u^i(t)$(参看(4))),即

$$\frac{\partial f\left(t,x(t),\frac{\mathrm{d}x(t)}{\mathrm{d}t}\right)}{\partial u^i}$$

$$(=)\int_{t_0}^{t}\frac{\partial f\left(\tau,x(\tau),\frac{\mathrm{d}x(\tau)}{\mathrm{d}t}\right)}{\partial x^i}\mathrm{d}\tau+\psi_i(t_0)$$

$$i=1,\cdots,n$$

这里记号“(=)”表示等式在 $t_0\leqslant t\leqslant t_1$ 上几乎处处成立. 对 t 微分上式(在函数 f 和极值曲线 $x(t)$ 二次连续可微的条件下),就得出通常形式的 Euler 方程,即

$$\frac{\partial f\left(t,x(t),\frac{\mathrm{d}x(t)}{\mathrm{d}t}\right)}{\partial x^i}-$$

$$\frac{\mathrm{d}}{\mathrm{d}t}\left[\frac{\partial f\left(t,x(t),\frac{\mathrm{d}x(t)}{\mathrm{d}t}\right)}{\partial u^i}\right](=0)$$

$$i=1,\cdots,n \tag{11}$$

现在设函数 $f(t,x,u)$ 对变量 $u^1,\cdots,u^n$ 有二阶连续偏导数,那么,如果作为变量 u 的函数

$$\mathscr{H}(\boldsymbol{\psi}(t),x(t),t,u)$$

$$=-f(t,x(t),u)+\sum_{\alpha=1}^{n}\psi_\alpha(t)u^\alpha$$

在点 $u=u_0$ 达到最大值，则二次型

$$\sum_{\alpha,\beta=1}^{n}\frac{\partial^2}{\partial u^\alpha\partial u^\beta}\mathscr{H}(\boldsymbol{\psi}(t),x(t),t,u_0)\boldsymbol{\xi}^\alpha\boldsymbol{\xi}^\beta$$

$$=-\sum_{\alpha,\beta=1}^{n}\frac{\partial^2}{\partial u^\alpha\partial u^\beta}f(t,x(t),u_0)\boldsymbol{\xi}^\alpha\boldsymbol{\xi}^\beta$$

是非正的（对任意的 $\boldsymbol{\xi}^1,\cdots,\boldsymbol{\xi}^n$）．从而由最大值条件(8) 推知，对几乎所有的 $t,t_0\leqslant t\leqslant t_1$，有

$$\sum_{\alpha,\beta=1}^{n}\frac{\partial^2 f\left(t,x(t),\dfrac{\mathrm{d}x(t)}{\mathrm{d}t}\right)}{\partial u^\alpha\partial u^\beta}\boldsymbol{\xi}^\alpha\boldsymbol{\xi}^\beta\geqslant 0$$

这个使曲线 $x(t)$ 是积分(3) 的极值曲线的必要条件称为 Legendre 条件.

7.1.3　典则变量

像上面一样，设 $u(t),x(t),t_0\leqslant t\leqslant t_1$ 是问题(4)(5) 的最佳控制和最佳轨线，而 $\boldsymbol{\psi}(t)=(-1,\psi_1(t),\cdots,\psi_n(t))=(-1,\psi(t))$ 是方程(7) 的相应的绝对连续非零解.

用 $\mathscr{M}(\psi,x,t)$ 表示当固定 $\boldsymbol{\psi}=(-1,\psi),x,t$ 时函数 $\mathscr{H}(\boldsymbol{\psi},x,t,u)$ 的值的上确界，即

$$\mathscr{M}(\psi,x,t)=\sup_{u\in E_n}\mathscr{H}(\boldsymbol{\psi},x,t,u)$$

$$=\sup_{u\in E_n}\left(-f(t,x,u)+\sum_{\alpha=1}^{n}\psi_\alpha u^\alpha\right)$$

假设方程

$$\mathscr{H}(\boldsymbol{\psi},x,t,u)=\mathscr{M}(\psi,x,t)\tag{12}$$

有唯一的解

$$u=u(\psi,x,t)\tag{13}$$

它的范围

$$t_0 \leqslant t \leqslant t_1$$

$$| x^i - x^i(t) | < \delta$$

$$| \psi_i - \psi_i(t) | < \delta, i = 1, \cdots, n \tag{14}$$

上有定义并对所有变元是连续及连续可微的,其中 δ 是充分小的正数.在这些条件下,变量 $(x^1, \cdots, x^n) = x$ 和 $(\psi_1, \cdots, \psi_n) = \psi$ 称为所论最佳问题的典则变量,而函数

$$H(\psi, x, t) = -f(t, x, u(\psi, x, t)) + \sum_{\alpha=1}^{n} \psi_\alpha u^\alpha(\psi, x, t)$$

称为 Hamilton 函数.

因为最佳控制 $u(t)$ 在闭区间 $t_0 \leqslant t \leqslant t_1$ 上几乎处处满足最大值条件(8)(记住 $\psi_0 = -1$),又因为 $u(\psi, x, t)$ 是方程(11) 的(在条件(14) 下) 唯一解,故在 $t_0 \leqslant t \leqslant t_1$ 上几乎处处有

$$u(t) = u(\psi(t), x(t), t) = \frac{\mathrm{d}x(t)}{\mathrm{d}t} \tag{15}$$

甚至可以断定,等式(15) 在闭区间 $t_0 \leqslant t \leqslant t_1$ 上处处成立.事实上,因为等式(15) 几乎处处成立,故

$$x(t) = x(t_0) + \int_{t_0}^{t} u(\psi(\tau), x(\tau), \tau) \mathrm{d}\tau$$

但被积函数对 τ 是连续的(因解(13) 对所有变元是连续的),所以在 $t_0 \leqslant t \leqslant t_1$ 的每一点处,积分的导数等于被积函数.

从等式(12) 可知,当 $u = u(\psi, x, t)$(如果条件(14) 成立) 时,函数 $\mathscr{H}(\boldsymbol{\psi}, x, t, u)$ 对 $u^i, i = 1, \cdots, n$ 的偏导数

等于零,即

$$-\frac{\partial f(t,x,u(\psi,x,t))}{\partial u^{i}}+\psi_{i}=0$$

$$i=1,\cdots,n \tag{16}$$

因此

$$\frac{\partial H(\psi,x,t)}{\partial \psi_{i}}=-\sum_{\alpha=1}^{n}\frac{\partial f}{\partial u^{\alpha}}\cdot\frac{\partial u^{\alpha}(\psi,x,t)}{\partial \psi_{i}}+$$

$$u^{i}(\psi,x,t)+\sum_{\alpha=1}^{n}\psi_{\alpha}\frac{\partial u^{\alpha}(\psi,x,t)}{\partial \psi_{i}}$$

$$=u^{i}(\psi,x,t)+\sum_{\alpha=1}^{n}\left(\psi_{\alpha}-\frac{\partial f}{\partial u^{\alpha}}\right)\frac{\partial u^{\alpha}}{\partial \psi_{i}}$$

$$=u^{i}(\psi,x,t)$$

$$\frac{\partial H(\psi,x,t)}{\partial x^{i}}=-\frac{\partial f}{\partial x^{i}}-\sum_{\alpha=1}^{n}\frac{\partial f}{\partial u^{\alpha}}\cdot\frac{\partial u^{\alpha}(\psi,x,t)}{\partial x^{i}}+$$

$$\sum_{\alpha=1}^{n}\psi_{\alpha}\frac{\partial u^{\alpha}(\psi,x,t)}{\partial x^{i}}$$

$$=-\frac{\partial f}{\partial x^{i}}+\sum_{\alpha=1}^{n}\left(\psi_{\alpha}-\frac{\partial f'}{\partial u^{\alpha}}\right)\frac{\partial u^{\alpha}}{\partial x^{i}}$$

$$=-\frac{\partial f(t,x,u(\psi,x,t))}{\partial x^{i}}$$

根据式(15)和(7),从所得关系就可导出了 Euler－Hamilton 典则方程组,即

$$\frac{\mathrm{d}x^{i}}{\mathrm{d}t}=\frac{\partial H}{\partial \psi_{i}},i=1,\cdots,n$$

$$\frac{\mathrm{d}\psi_{i}}{\mathrm{d}t}=-\frac{\partial H}{\partial x^{i}},i=1,\cdots,n$$

向量函数 $x(t)=(x^{1}(t),\cdots,x^{n}(t))$ 和 $\psi(t)=(\psi_{1}(t),\cdots,\psi_{n}(t))$ 的坐标在闭区间 $t_{0}\leqslant t\leqslant t_{1}$ 的每一点处都满足

这个方程组.

最后,假设函数 $f(t,x,u)$ 对变量 $u^1,\cdots,u^n$ 是二次连续可微的,并设行列式

$$\left|\frac{\partial^2}{\partial u^i \partial u^j} f(t,x(t),u(\psi(t),x(t),t))\right| \tag{17}$$

在 $t_0 \leqslant t \leqslant t_1$ 上异于零. 在这种情形下,如果 x^i,ψ_i 和 $x^i(t),\psi_i(t)$ 相差很小,则从方程组

$$\psi_i - \frac{\partial f(t,x,u)}{\partial u^i} = 0, i = 1,\cdots,n \tag{18}$$

可以单值地解出 $u^1,\cdots,u^n$. 由式(16)知,这个方程组的解和函数(13)相重合. 因此,我们在上面给出的典则坐标的定义,与在行列式(17)不为零的条件下,借助于式(18)而得到这些坐标的通常定义是一致的.

注　如果假设函数 $f(t,x,u)$ 不是对变量 $u^1,\cdots,u^n$ 的所有实值都有定义,而仅对 $u \in U \subset E_n$ 有定义,其中 U 是 E_n 中某个开集,则(对积分(3)的极值曲线的定义作某些明显的修改后)所有的叙述仍然有效,仅需在相应的最佳问题(4)(5)中,不取整个空间 E_r 而取它的一个开子集 U 作为控制域.(这个注在7.2节也适用)

7.2　Lagrange 问题

7.2.1　问题的表述

设已给 k 个函数

$$f^i(t,x^1,\cdots,x^n,v^1,\cdots,v^{n-k}) = f^i(t,x,v)$$

$$i=1,\cdots,k$$

并设对$(t,x)\in G$和任意的向量值$v=(v^1,\cdots,v^r)$,$r=n-k$,这些函数对其所有变元是连续和连续可微的.考虑下面的由n个未知函数$x^1(t),\cdots,x^n(t)$的k个微分方程组成的系统,即

$$\frac{\mathrm{d}x^i}{\mathrm{d}t}-f^i\left(t,x^1,\cdots,x^n,\frac{\mathrm{d}x^{k+1}}{\mathrm{d}t},\cdots,\frac{\mathrm{d}x^n}{\mathrm{d}t}\right)$$

$$\equiv\varphi^i\left(t,x^1,\cdots,x^n,\frac{\mathrm{d}x^1}{\mathrm{d}t},\cdots,\frac{\mathrm{d}x^n}{\mathrm{d}t}\right)=0$$

$$i=1,\cdots,k<n \tag{1}$$

首先,如果整个位于域G内的绝对连续曲线$x(t)$,$t_0\leqslant t\leqslant t_1$,满足7.1节中边界条件(2),而它的坐标满足方程组(1),就称它为容许的,其次,如果$x(t)$是容许曲线,并存在$\varepsilon>0$,使得对于曲线$x(t)$的ε邻域内的任何容许曲线$\widetilde{x}(t)$,$t_0\leqslant t\leqslant t_1$,有$J(x)\leqslant J(\widetilde{x})$,则称这条绝对连续曲线$x(t)$,$t_0\leqslant t\leqslant t_1$是7.1节中的泛函(3)在给定边界条件(2)和给定方程组(1)之下的极值曲线.

在给定的边界条件(2)和给定的方程组(1)下,(带有固定端点的)Lagrange问题就是寻求7.1节中的泛函(3)的所有极值曲线的问题.

我们要证明,这个问题可归结为某一最佳问题.为了对称起见,引进记号

$$f^0(t,x,v)$$

$$=f(t,x,f^1(t,x,v),\cdots,f^k(t,x,v),v^1,\cdots,v^r) \tag{2}$$

这里 $f(t,x,u^1,\cdots,u^n)$ 的定义同7.1节.

考虑 n 阶方程组

$$\begin{cases}\dfrac{\mathrm{d}x^i}{\mathrm{d}t}=f^i(t,x,v),i=1,\cdots,k\\ \dfrac{\mathrm{d}x^{k+j}}{\mathrm{d}t}=v^j,j=1,\cdots,r\end{cases}\tag{3}$$

这里 $v=(v^1,\cdots,v^r)$ 表示控制向量.我们将认为任何有界可测控制都是容许的,也就是以变量 $v^1,\cdots,v^r$ 的整个 r 维空间 E_r 作为控制域.

要寻找容许控制 $v(t)$,使对应的方程组(3)的轨线 $x(t)$ 满足7.1节中的边界条件(2),并使积分

$$J(x)=\int_{t_0}^{t_1}f^0(t,x(t),v(t))\mathrm{d}t$$

取极小值.

显然,这个(具有固定时间的)最佳问题的任一解都是所考虑的Lagrange问题的一条极值曲线.反之,Lagrange问题的任一极值曲线 $x(t)=(x^1(t),\cdots,x^n(t))$,$t_0\leqslant t\leqslant t_1$,是对应于最佳控制

$$(v^1(t),\cdots,v^r(t))=\left(\frac{\mathrm{d}x^{k+1}(t)}{\mathrm{d}t},\cdots,\frac{\mathrm{d}x^n(t)}{\mathrm{d}t}\right)\tag{4}$$

的一条最佳轨线.

假如容许控制类由任意的有界可测控制构成,而控制域和整个空间 E_r 重合,则容易看出,具有固定时间的任一最佳问题是(具可变端点的)一个Lagrange问题,反之亦然.

7.2.2　Lagrange乘子法则

设 $v(t)$,$t_0\leqslant t\leqslant t_1$ 是一最佳控制,$x(t)$ 是方程

(2) 的满足 7.1 节中边界条件(2) 的对应最佳轨线. 又设 $\boldsymbol{\psi}(t)=(\psi_0(t),\cdots,\psi_n(t))$ 是和 $x(t),v(t)$ 相对应的绝对连续的非零向量函数. 函数 $\mathscr{H}(\boldsymbol{\psi},x,t,v)$ 有形式

$$\mathscr{H}(\boldsymbol{\psi},x,t,v)=\psi_0 f^0(t,x,v)+\sum_{\alpha=1}^{k}\psi_\alpha f^\alpha+\sum_{\alpha=1}^{n-k}\psi_{k+\alpha}v^\alpha$$

由式(2) 我们有

$$\frac{\partial f^0}{\partial x^i}=\frac{\partial f}{\partial x^i}+\sum_{\alpha=1}^{k}\frac{\partial f}{\partial u^\alpha}\frac{\partial f^\alpha}{\partial x^i},i=1,\cdots,n \tag{5}$$

$$\frac{\partial f^0}{\partial v^j}=\frac{\partial f}{\partial u^{k+j}}+\sum_{\alpha=1}^{k}\frac{\partial f}{\partial u^\alpha}\frac{\partial f^\alpha}{\partial v^j},j=1,\cdots,n-k \tag{6}$$

因此,辅助未知量 ψ_i 的方程组为

$$\begin{cases}\dfrac{\mathrm{d}\psi_0}{\mathrm{d}t}=0\\ \dfrac{\mathrm{d}\psi_i}{\mathrm{d}t}=-\left(\dfrac{\partial f}{\partial x^i}+\displaystyle\sum_{\alpha=1}^{k}\dfrac{\partial f}{\partial u^\alpha}\dfrac{\partial f^\alpha}{\partial x^i}\right)\psi_0-\\ \qquad\displaystyle\sum_{\alpha=1}^{k}\dfrac{\partial f^\alpha}{\partial x^i}\psi_\alpha,i=1,\cdots,n\end{cases} \tag{7}$$

从最大值条件得到,在闭区间 $t_0\leqslant t\leqslant t_1$ 上几乎处处有(参看式(6))

$$\begin{aligned}&\frac{\partial}{\partial v^j}\mathscr{H}(\psi(t),x(t),t,v(t))\\&=\left(\frac{\partial f}{\partial u^{k+j}}+\sum_{\alpha=1}^{k}\frac{\partial f}{\partial u^\alpha}\frac{\partial f^\alpha}{\partial v^j}\right)\psi_0+\sum_{\alpha=1}^{k}\frac{\partial f^\alpha}{\partial v^j}\psi_\alpha+\\&\psi_{k+j}(=)0,j=1,\cdots,n-k\end{aligned} \tag{8}$$

引入记号

$$\frac{\mathrm{d}x^i}{\mathrm{d}t}=x^i,i=1,\cdots,n$$

即

$$\frac{\mathrm{d}x}{\mathrm{d}t}=\dot{x}$$

$$\begin{cases}\dfrac{\partial f}{\partial u^i}=\dfrac{\partial f}{\partial \dot{x}^i},\dfrac{\partial f}{\partial u^{k+j}}=\dfrac{\partial f}{\partial \dot{x}^{k+j}},i=1,\cdots,k\\ \dfrac{\partial f^i}{\partial v^j}=\dfrac{\partial f^i}{\partial \dot{x}^{k+j}},j=1,\cdots,n-k\end{cases}\tag{9}$$

此外，当 $i=1,\cdots,k$ 时有(参看式(1))

$$\begin{cases}\dfrac{\partial \varphi^i}{\partial \dot{x}^j}=\delta_j^i,1\leqslant j\leqslant k\\ \dfrac{\partial \varphi^i}{\partial \dot{x}^{k+j}}=-\dfrac{\partial f^i}{\partial \dot{x}^{k+j}},1\leqslant j\leqslant n-k\end{cases}\tag{10}$$

现在改写关系(7)为

$$\psi_i(t)=\psi_i(t_0)-\int_{t_0}^{t}\left[\frac{\partial f}{\partial x^i}\psi_0+\sum_{\alpha=1}^{k}\frac{\partial f^\alpha}{\partial x^i}\left(\frac{\partial f}{\partial \dot{x}^\alpha}\psi_0+\psi_\alpha\right)\right]\mathrm{d}\tau,i=1,\cdots,n\tag{11}$$

等式(8)给出(参看式(9))

$$\psi_{k+j}(t)(=)-\left(\frac{\partial f}{\partial \dot{x}^{k+j}}\psi_0+\sum_{\alpha=1}^{k}\frac{\partial f^\alpha}{\partial \dot{x}^{k+j}}\left(\frac{\partial f}{\partial \dot{x}^\alpha}\psi_0+\psi_\alpha\right)\right)$$

$$j=1,\cdots,n-k$$

把这些等式和式(11)的最后 $n-k$ 个等式比较，得

$$\frac{\partial f}{\partial \dot{x}^{k+j}}\psi_0+\sum_{\alpha=1}^{k}\frac{\partial f^\alpha}{\partial \dot{x}^{k+j}}\left(\frac{\partial f}{\partial \dot{x}^\alpha}\psi_0+\psi_\alpha\right)$$

$$(=)\int_{t_0}^{t}\left[\frac{\partial f}{\partial x^{k+j}}\psi_0+\sum_{\alpha=1}^{k}\frac{\partial f^\alpha}{\partial x^{k+j}}\left(\frac{\partial f}{\partial \dot{x}^\alpha}\psi_0+\psi_\alpha\right)\right]\mathrm{d}\tau-$$

$$\psi_{k+j}(t_0), j=1,\cdots,n-k \tag{12}$$

最后,用等式

$$\lambda_i(t)=\frac{\partial f(t,x(t),\dot{x}(t))}{\partial \dot{x}^i}\psi_0+\psi_i(t), i=1,\cdots,k \tag{13}$$

引进 k 个在闭区间 $t_0\leqslant t\leqslant t_1$ 上有界可测的函数 $\lambda_i(t), i=1,\cdots,k$,并将式(11)(12)改写为

$$\psi_i(t)=-\int_{t_0}^{t}\left(\frac{\partial f}{\partial x^i}\psi_0+\sum_{\alpha=1}^{k}\lambda_\alpha\frac{\partial f^\alpha}{\partial x^i}\right)\mathrm{d}\tau+\psi_i(t_0), i=1,\cdots,n \tag{14}$$

$$\frac{\partial f}{\partial \dot{x}^{k+j}}\psi_0+\sum_{\alpha=1}^{k}\lambda_\alpha\frac{\partial f^\alpha}{\partial \dot{x}^{k+j}}$$

$$(=)\int_{t_0}^{t}\left(\frac{\partial f}{\partial x^{k+j}}\psi_0+\sum_{\alpha=1}^{k}\lambda_\alpha\frac{\partial f^\alpha}{\partial x^{k+j}}\right)\mathrm{d}\tau-\psi_{k+j}(t_0), j=1,\cdots,n-k \tag{15}$$

现在我们来叙述并证明 Lagrange 乘子法.

设 7.1 节中绝对连续的曲线(1)是积分(3)在给定的边界条件(2)和本节给定的方程组(1)下的极值曲线,这时,能求得称为 Lagrange 乘子的 k 个有界可测函数 $\lambda_i(t), t_0\leqslant t\leqslant t_1$ 和常数 $\psi_0\leqslant 0$,使得函数

$$F(t,x(t),\dot{x}(t))=-\psi_0 f(t,x(t),\dot{x}(t))+\sum_{\alpha=1}^{k}\lambda_\alpha(t)\varphi^\alpha(t,x(t),\dot{x}(t))$$

在闭区间 $t_0\leqslant t\leqslant t_1$ 上几乎处处满足等式

$$\frac{\partial F(t,x(t),\dot{x}(t))}{\partial \dot{x}^i}$$

$$=\int_{t_0}^{t}\frac{\partial F(\tau,x(\tau),\dot{x}(\tau))}{\partial x^i}\mathrm{d}\tau+c_i,i=1,\cdots,n$$

其中 c_i 是常数.

证明　我们用等式(13)来定义乘子 $\lambda_i(t)$,$i=1,\cdots,k$,而取常数 ψ_0 为向量函数 $\boldsymbol{\psi}(t)$ 的有零指标的坐标,则当 $1\leqslant i\leqslant k$ 时,等式(10)(13)(14)给出

$$\begin{aligned}\frac{\partial F}{\partial \dot{x}^i}&=-\psi_0\frac{\partial f}{\partial \dot{x}^i}+\sum_{\alpha=1}^{k}\lambda_\alpha\frac{\partial \varphi^\alpha}{\partial \dot{x}^i}\\&=-\psi_0\frac{\partial f}{\partial \dot{x}^i}+\lambda_i\\&=\psi_i(t)\\&=-\int_{t_0}^{t}\left(\frac{\partial f}{\partial x^i}\psi_0+\sum_{\alpha=1}^{k}\lambda_\alpha\frac{\partial f^\alpha}{\partial x^i}\right)\mathrm{d}\tau+\psi_i(t_0)\\&=\int_{t_0}^{t}\left(-\frac{\partial f}{\partial x^i}\psi_0+\sum_{\alpha=1}^{k}\lambda_\alpha\frac{\partial \varphi^\alpha}{\partial x^i}\right)\mathrm{d}\tau+\psi_i(t_0)\\&=\int_{t_0}^{t}\frac{\partial F}{\partial x^i}\mathrm{d}\tau+\psi_i(t_0)\end{aligned}$$

当 $j=1,\cdots,n-k$ 时,从式(15)我们得到

$$\begin{aligned}\frac{\partial F}{\partial \dot{x}^{k+j}}&=-\psi_0\frac{\partial f}{\partial \dot{x}^{k+j}}-\sum_{\alpha=1}^{k}\lambda_\alpha\frac{\partial f^\alpha}{\partial \dot{x}^{k+j}}\\&(=)-\int_{t_0}^{t}\left(\frac{\partial f}{\partial x^{k+j}}\psi_0+\sum_{\alpha=1}^{k}\lambda_\alpha\frac{\partial f^\alpha}{\partial x^{k+j}}\right)\mathrm{d}\tau+\psi_{k+j}(t_0)\\&=\int_{t_0}^{t}\left(-\frac{\partial f}{\partial x^{k+j}}\psi_0+\sum_{\alpha=1}^{k}\lambda_\alpha\frac{\partial \varphi^\alpha}{\partial x^{k+j}}\right)\mathrm{d}\tau+\psi_{k+j}(t_0)\\&=\int_{t_0}^{t}\frac{\partial F}{\partial x^{k+j}}\mathrm{d}\tau+\psi_{k+j}(t_0)\end{aligned}$$

因此,Lagrange 乘子法得证.

7.2.3 维尔斯特拉斯不等式

用 $\boldsymbol{l}$ 表示某一个 $k+1$ 维向量 $\boldsymbol{l}=(l_0,l_1,\cdots,l_k)$，并用下面的公式定义依赖于自变量 $t,\boldsymbol{x}=(x^1,\cdots,x^n)$，$\dot{\boldsymbol{x}}=(\dot{x}^1,\cdots,\dot{x}^n)$，$\boldsymbol{\xi}=(\boldsymbol{\xi}^1,\cdots,\boldsymbol{\xi}^n)$ 和 $\boldsymbol{l}=(l_0,l_1,\cdots,l_k)$ 的维尔斯特拉斯函数 $\mathscr{E}(t,\boldsymbol{x},\dot{\boldsymbol{x}},\boldsymbol{\xi},\boldsymbol{l})$，即

$$\mathscr{E}(t,\boldsymbol{x},\dot{\boldsymbol{x}},\boldsymbol{\xi},\boldsymbol{l})=F(t,\boldsymbol{x},\boldsymbol{\xi},\boldsymbol{l})-F(t,\boldsymbol{x},\dot{\boldsymbol{x}},\boldsymbol{l})-\sum_{\alpha=1}^{n}(\boldsymbol{\xi}^\alpha-\dot{x}^\alpha)\frac{\partial F(t,\boldsymbol{x},\dot{\boldsymbol{x}},\boldsymbol{l})}{\partial\dot{x}^\alpha}$$

这里

$$F(t,\boldsymbol{x},\dot{\boldsymbol{x}},\boldsymbol{l})=-l_0f(t,\boldsymbol{x},\dot{\boldsymbol{x}})+\sum_{\alpha=1}^{k}l_\alpha\varphi^\alpha(t,\boldsymbol{x},\dot{\boldsymbol{x}})$$

而函数 $f(t,\boldsymbol{x},\dot{\boldsymbol{x}}),\varphi^i=\dot{x}^i-f^i(t,\boldsymbol{x},\dot{x}^{k+1},\cdots,\dot{x}^n),i=1,\cdots,k$ 和以前是一样的.

为了方便起见，向量 $\boldsymbol{\xi}$ 的最后 $n-k$ 个坐标用 $V^1,\cdots,V^{n-k}$ 来表示，而前面 k 个坐标仍用 $\boldsymbol{\xi}^1,\cdots,\boldsymbol{\xi}^k$ 来表示，即

$$\boldsymbol{\xi}=(\boldsymbol{\xi}^1,\cdots,\boldsymbol{\xi}^k,V^1,\cdots,V^{n-k})$$

$$\boldsymbol{V}=(V^1,\cdots,V^{n-k})$$

现在我们来计算维尔斯特拉斯函数：$x=x(t)$ 是给定方程组(1) 的 Lagrange 问题的极值曲线

$$\dot{x}=\frac{\mathrm{d}x(t)}{\mathrm{d}t}$$

$$\boldsymbol{l}=\boldsymbol{\lambda}(t)=(\psi_0,\lambda_1(t),\cdots,\lambda_k(t))$$

(参看式(13))，并且向量 $\boldsymbol{\xi}=(\boldsymbol{\xi}^1,\cdots,\boldsymbol{\xi}^k,V^1,\cdots,V^{n-k})$

的前 k 个坐标满足方程

$$\begin{aligned}&\boldsymbol{\xi}^i - f^i(t,\boldsymbol{x}(t),V^1,\cdots,V^{n-k})\\ \equiv\ &\boldsymbol{\xi}^i - f^i(t,\boldsymbol{x}(t),\boldsymbol{V})=0,i=1,\cdots,k\end{aligned}\tag{16}$$

由所做的假设推知，$n-k$ 维的向量函数

$$\begin{aligned}\boldsymbol{v}(t)&=(v^1(t),\cdots,v^{n-k}(t))\\&=(\dot{x}^{k+1}(t),\cdots,\dot{x}^n(t))\end{aligned}$$

是与方程组(3)的轨线 $x(t)$ 相对应的最佳控制. 我们有(参看式(1)(2)(16))

$$\begin{aligned}F(t,\boldsymbol{x}(t),\dot{\boldsymbol{x}}(t),\boldsymbol{\lambda}(t))&=-\psi_0 f(t,\boldsymbol{x}(t),\dot{\boldsymbol{x}}(t))\\&=-\psi_0 f^0(t,\boldsymbol{x}(t),\boldsymbol{v}(t))\end{aligned}$$

$$\begin{aligned}F(t,\boldsymbol{x}(t),\boldsymbol{\xi},\boldsymbol{\lambda}(t))&=-\psi_0 f(t,\boldsymbol{x}(t),\boldsymbol{\xi})+\\&\quad\sum_{\alpha=1}^{k}\lambda_\alpha(t)\cdot\\&\quad(\boldsymbol{\xi}^\alpha-f^\alpha(t,\boldsymbol{x}(t),\boldsymbol{V}))\\&=-\psi_0 f(t,\boldsymbol{x}(t),\boldsymbol{\xi})\\&=-\psi_0 f^0(t,\boldsymbol{x}(t),\boldsymbol{V})\end{aligned}$$

若 $i=1,\cdots,k$，则(参看式(13))

$$\begin{aligned}&\frac{\partial}{\partial\dot{x}^i}F(t,\boldsymbol{x}(t),\dot{\boldsymbol{x}}(t),\boldsymbol{\lambda}(t))\\&=-\psi_0\frac{\partial f}{\partial\dot{x}^i}+\lambda_i=\psi_i(t)\end{aligned}$$

同样，若 $i=k+j,j=1,\cdots,n-k$，则(参看式(2)(6)(8))

$$\begin{aligned}&\frac{\partial}{\partial\dot{x}^i}F(t,\boldsymbol{x}(t),\dot{\boldsymbol{x}}(t),\boldsymbol{\lambda}(t))\\&=-\psi_0\frac{\partial f}{\partial\dot{x}^{k+j}}-\sum_{\alpha=1}^{k}\left(\psi_\alpha(t)+\frac{\partial f}{\partial\dot{x}^\alpha}\psi_0\right)\frac{\partial f^\alpha}{\partial\dot{x}^{k+j}}\end{aligned}$$

$$= -\psi_0 \frac{\partial f^0}{\partial v^j} - \sum_{\alpha=1}^{k} \psi_\alpha \frac{\partial f^\alpha}{\partial v^j}$$

$$= -\frac{\partial}{\partial v^j}\mathscr{H}(\boldsymbol{\psi}(t), \boldsymbol{x}(t), t, \boldsymbol{v}(t)) + \psi_{k+j}(t)$$

因此

$$\begin{aligned}
&\mathscr{E}(t, \boldsymbol{x}(t), \dot{\boldsymbol{x}}(t), \boldsymbol{\xi}, \boldsymbol{\lambda}(t)) \\
&= -\psi_0 f^0(t, \boldsymbol{x}(t), \boldsymbol{V}) + \psi_0 f^0(t, \boldsymbol{x}(t), \boldsymbol{v}(t)) - \\
&\quad \sum_{\alpha=1}^{k} (f^\alpha(t, \boldsymbol{x}(t), \boldsymbol{V}) - f^\alpha(t, \boldsymbol{x}(t), \boldsymbol{v}(t)))\psi_\alpha - \\
&\quad \sum_{\alpha=1}^{n-k} (V^\alpha - v^\alpha(t)) \cdot \\
&\quad \left(\psi_{k+\alpha}(t) \frac{\partial}{\partial v^\alpha}\mathscr{H}(\boldsymbol{\psi}(t), \boldsymbol{x}(t), t, \boldsymbol{v}(t))\right) \\
&= \mathscr{H}(\boldsymbol{\psi}(t), \boldsymbol{x}(t), t, \boldsymbol{v}(t)) - \\
&\quad \mathscr{H}(\boldsymbol{\psi}(t), \boldsymbol{x}(t), t, V) + \\
&\quad \sum_{\alpha=1}^{n-k} (V^\alpha - v^\alpha(t)) \frac{\partial}{\partial v^\alpha}\mathscr{H}(\boldsymbol{\psi}(t), \boldsymbol{x}(t), t, \boldsymbol{v}(t))
\end{aligned} \tag{17}$$

因为 $\boldsymbol{x}(t)$ 是极值曲线，故等式(8) 在闭区间 $t_0 \leqslant t \leqslant t_1$ 上几乎处处成立. 因此从最大值条件可见，对几乎所有的 t，有

$$\mathscr{E}(t, \boldsymbol{x}(t), \dot{\boldsymbol{x}}(t), \boldsymbol{\xi}, \boldsymbol{\lambda}(t)) \geqslant 0 \tag{18}$$

这个不等式也表达了维尔斯特拉斯的必要条件：如果 $\boldsymbol{x}(t)$ 是我们所考虑的 Lagrange 问题的极值曲线，那么可求得这样的有界可测函数 $\lambda_i(t), i = 1, \cdots, k$ 和非正的常数 ψ_0，使对任意选取的满足条件(16) 的向量 $\boldsymbol{\xi}$，对几乎所有的 t 有不等式(18) 成立.

这样，当变量 $v^1, \cdots, v^r$ 的变化域 U 与整个空间

E_r（或者是与它的开子集）重合时，可由最大原则推得 Lagrange 乘子法则和维尔斯特拉斯准则.

我们在这里详细地讨论了带固定端点的变分问题，容易利用斜截条件推得关于可变端点问题的一些变分学中熟知的结果.

现在我们在集合 U 不是开集的情形下来讨论最大原则和维尔斯特拉斯准则之间的关系. 置

$$V = \boldsymbol{v}(t) + \Delta v$$

且认为 Δv 是无穷小量，根据 Taylor 公式我们可把 (17)（精确到相差一个高阶无穷小量）表示为形式

$$\mathscr{E} = -\frac{1}{2}\sum_{\alpha,\beta=1}^{n}\frac{\partial^2 \mathscr{H}(\boldsymbol{\psi}(t),\boldsymbol{x}(t),t,\boldsymbol{v}(t))}{\partial v^\alpha \partial v^\beta}\Delta v^\alpha \Delta v^\beta \tag{19}$$

在域 U 的内点处，这个等式完全自然地给出了维尔斯特拉斯条件 $\mathscr{E} \geqslant 0$. 可是对于边界上的点，一般来说，导数 $\dfrac{\partial \mathscr{H}}{\partial v^i}$ 不再为零（即在这些点的近旁，函数 $\mathscr{H}(\boldsymbol{\psi}(t), \boldsymbol{x}(t), t, \boldsymbol{v}(t) + \Delta v)$ 的展开式中有关 Δv 的一阶无穷小的项），函数 $\mathscr{E}$（是二阶无穷小）的非负性，就不再是函数 $\mathscr{H}$ 取最大值的必要条件了. 换句话说，维尔斯特拉斯条件 $\mathscr{E} \geqslant 0$，一般地说来，在集合 U 的边界点处不再成立.

现用简单的例子来证实上面所说. 考虑按规律

$$\frac{\mathrm{d}x}{\mathrm{d}t} = v^2, \ | \ v \ | \leqslant 1$$

运动的点，这里 x 和 v 是纯量变数. 显然，根据规律 $v \equiv 1, x(t) = x_0 + t$ 的运动按快速作用（在任意两点间的）

意义来说是最佳的,因为点 x 的运动速度等于 v^2 而不可能超过 1. 这里

$$f^0 \equiv 1, f^1 = v^2$$

因为 f^0, f^1 不依赖于 x,故关于 ψ_0, ψ_1 的方程取形式

$$\dot{\psi}_0 = 0, \dot{\psi}_1 = 0$$

即 $\psi_0 = K, \psi_1 = K, K$ 为常数. 函数 $\mathscr{H}$ 取形式

$$\mathscr{H} = \psi_0 + \psi_1 v^2$$

沿所考虑的轨线有 $v \equiv 1$,即 $\mathscr{H} = \psi_0 + \psi_1$,所以 $\psi_0 < 0$, $\psi_1 > 0$. 这时维尔斯特拉斯函数的表达式(19) 为

$$\begin{aligned}
\mathscr{E} &= -\frac{1}{2} \frac{\partial^2 \mathscr{H}}{\partial v^2} (\Delta v)^2 \\
&= -\frac{1}{2} \frac{\partial^2 (\psi_0 + \psi_1 v^2)}{\partial v^2} (\Delta v)^2 \\
&= -\psi_1 (\Delta v)^2
\end{aligned}$$

因为系数 $-\psi_1$ 是负的,故维尔斯特拉斯条件 $\mathscr{E} \geqslant 0$ 不成立.

第8章 乘子法[①]

可以从几个不同的角度来导出乘子类算法，但主要目的是一致的，即克服罚函数的病态性质，以便数值求解，并同时尽量使所构造的辅助函数具有较好的光滑性质. 下面给出一种构造乘子法目标函数的思想与方法.

考虑经典的平方罚函数，设 $f, c_i(1 \leqslant i \leqslant m)$ 连续可微，$x^{(k)}$ 为 $\sigma=\sigma_k$ 时外点罚函数的无约束极小点，则由 $\nabla p(x, \sigma_k)=0$ 得

$$\sum_{i=1}^{m} c_i(x^{(k)}) \nabla c_i(x^{(k)})=-\frac{1}{\sigma_k} \nabla f(x^{(k)})$$

为保证其收敛性，$x^{(k)}$ 应充分接近约束问题的最优解 x^*，从而 $c_i(x^{(k)})$ 应充分接近 $c_i(x^*)=0$. 因此，由上式知 $\frac{1}{\sigma_k} \nabla f(x^{(k)})$ 应

① 摘自《近代优化方法》，徐成贤，陈志平，李乃成编著，科学出版社，2002.

接近于0.但是当$x^{(k)}$趋于x^*时,由$\nabla f(x)$的连续性有$\nabla f(x^{(k)}) \to f(x^*)$,且$x^*$作为约束问题的最优解,$\nabla f(x^*)$通常不是零向量,这就导致只有无限增大$\sigma_k$才能使$\frac{1}{\sigma_k}\nabla f(x^{(k)})$趋于0,由此造成对问题求解的困难.

上述分析表明,$\nabla f(x^*) \neq 0$是使σ_k必须无限增大的一个直接原因.那么,能否在不改变最优解的前提下,以某个在最优解x^*处梯度为零的函数来取代函数$f(x)$呢?我们自然想到了Lagrange函数

$$L(x,\lambda) = f(x) - \sum_{i=1}^{m} \lambda_i c_i(x)$$

由一阶最优性条件知,在最优解x^*处,存在Lagrange乘子λ^*,使得(x^*,λ^*)为Lagrange函数$L(x,\lambda^*)$的平稳点,即满足$\nabla_x L(x^*,\lambda^*)=0$.但一般说来,$x^*$并不是$L(x,\lambda^*)$的极小点,因为$L(x,\lambda^*)$关于$x$的Hessian矩阵$\nabla_x^2 L(x^*,\lambda^*)$也许并不正定.那么,能否在$x^*$仍为平稳点的前提下,对$L(x,\lambda)$进行修正以改变其Hessian矩阵的性态,使修正后函数的Hessian矩阵在(x^*,λ^*)处正定呢?一个可能的做法就是利用罚函数的思想,即考虑如下的辅助函数

$$p(x,\lambda,\sigma) = f(x) - \sum_{i=1}^{m} \lambda_i c_i(x) + \frac{1}{2}\sigma \sum_{i=1}^{m} c_i(x)^2 \tag{1}$$

由于该函数通过给平方罚函数加上乘子项$-\sum_{i=1}^{m} \lambda_i c_i(x)$而得到,常称为乘子罚函数.此外,还可

将式(1)看作目标函数 f 由 $\frac{1}{2}\sigma\sum_{i=1}^{m}c_i(x)^2$ 扩充后的 Lagrange 函数,故又称式(1)为增广 Lagrange 函数.

由于在最优解 x^* 处 $c_i(x^*)=0(1\leqslant i\leqslant m)$, $\nabla_x L(x^*,\lambda^*)=0$,故有 $\nabla_x p(x^*,\lambda^*,\sigma)=0$ 且

$$\nabla_x^2 p(x^*,\lambda^*,\sigma)=\nabla_x^2 L(x^*,\lambda^*)+\sigma A(x^*)A(x^*)^{\mathrm{T}} \tag{2}$$

如果在 x^* 处二阶充分条件成立,即对一切满足 $A(x^*)^{\mathrm{T}}\boldsymbol{d}=0$ 的非零向量 $\boldsymbol{d}$,均有 $\boldsymbol{d}^{\mathrm{T}}\nabla_x^2 L(x^*,\lambda^*)\boldsymbol{d}>0$,则由式(2)给出的矩阵的特殊结构与矩阵分析知识可以证明:存在某一 $\sigma^*>0$,使得对任意 $\sigma\geqslant\sigma^*$, $\nabla_x^2 p(x^*,\lambda^*,\sigma)$ 为一正定阵.由此可直接得到下列定理.

定理 1　设 x^* 与 λ^* 满足 x^* 为严格局部极小点的二阶充分条件,则存在 $\sigma^*>0$,使对所有的 $\sigma\geqslant\sigma^*$, x^* 为 $p(x,\lambda^*,\sigma)$ 的一个无约束极小点;反之,若有 $c_i(\bar{x})=0,1\leqslant i\leqslant m$,并且 $\bar{x}$ 是 $p(x,\lambda,\sigma)$ 对应某个 $\bar{\lambda}$ 的无约束极小点,则 $\bar{x}$ 为最优解.

这个定理表明,只要选取适当大的 σ,则只需求解一个无约束优化问题 $\min\limits_{x\in\mathbf{R}^n}p(x,\lambda^*,\sigma)$ 就可找到约束问题的最优解.然而,由于 λ^* 与 σ^* 事先往往是未知的,同精确罚函数法一样,实际中仍须对 λ 与 σ 的取值进行迭代调整,通过求解多个以乘子罚函数为目标的无约束优化问题才能找到问题的最优解.对于罚因子 σ 的调整同罚函数法一样进行,且由定理 1 可知通过有限次调整后就可使 σ 保持不变,然后只对乘子 λ 进行

调整继续迭代，所以通常称这类方法为乘子法，有时将 $p(x,\lambda,\sigma)$ 简写为 $p(x,\lambda)$. 因 λ^* 实际上是约束优化问题的最优解 x^* 所对应的 Lagrange 乘子，故在未求出 x^* 时其值往往无法得知，这就使得我们不得不通过求解一系列无约束极小化问题来产生一系列的估计 $\lambda^{(k)}$ 去逼近 λ^*，一个产生与修正 $\lambda^{(k)}$ 的简单方式如下.

设已知 $\lambda^{(k)}$，并已求出 $p(x,\lambda^{(k)},\sigma)$ 的极小点 $x^{(k)}$，则由一阶最优性条件知有

$$\begin{aligned}\nabla_x p(x^{(k)},\lambda^{(k)},\sigma) &= \nabla f(x^{(k)}) - \sum_{i=1}^{m}(\lambda_i^{(k)} - \\ &\qquad \sigma c_i(x^{(k)}))\nabla c_i(x^{(k)}) \\ &= 0\end{aligned}$$

因为我们希望 $x^{(k)} \to x^*$，$\lambda^{(k)} \to \lambda^*$，而在 (x^*,λ^*) 处有

$$\nabla f(x^*) - \sum_{i=1}^{m}\lambda_i^* \nabla c_i(x^*) = 0 \tag{3}$$

所以可采用下列方式来修正 $\lambda^{(k)}$ 得到 $\lambda^{(k+1)}$ 及

$$\lambda_i^{(k+1)} = \lambda_i^{(k)} - \sigma^{(k)} c_i(x^{(k)}),\ i = 1,\cdots,m \tag{4}$$

显然，如果序列 $\{\lambda_i^{(k)}\}$ 收敛，则由上式知 $c_i(x^{(k)}) \to 0$ $(1 \leqslant i \leqslant m)$. 因而当 $x^{(k)} \to x^*$ 时，有 $c_i(x^*) = 0, i = 1,\cdots,m$，即 x^* 为可行解. 在 $\nabla_x p(x^{(k)},\lambda^{(k)},\sigma)$ 的表达式中令 $k \to +\infty$，便得式(3)，即 x^* 为问题的 KT 点.

可以严格证明，如果解 x^* 为一个严格局部极小点且 $\nabla c_i(x^*), i = 1,\cdots,m$ 线性无关，同时在 x^* 处二阶充分条件成立，则存在 σ 的一个临界值 $\bar{\sigma}$，使得当 $\sigma \geqslant \bar{\sigma}$ 时，在 λ^* 的某邻域内 $p(x,\lambda,\sigma)$ 的无约束极小

点存在，其解 $x(\lambda,\sigma)$ 及由式(4)修正所得的 $\bar{\lambda}(\lambda,\sigma)$ 均为 (λ,σ) 的连续可微函数，且相应的序列 $\{x^{(k)}\}$，$\{\lambda^{(k)}\}$ 均线性收敛于 x^* 和 λ^*. 此外，还有下述一般性结论：$\{x^{(k)}\}$ 收敛于 x^* 的速度不会快于 $\{\lambda^{(k)}\}$ 收敛于 λ^* 的速度. 这一结论很重要，因为它表明，即使采用某种二阶收敛的方法求 $p(x,\lambda,\sigma)$ 的极小解 $x(\lambda,\sigma)$，除非使用某种二阶乘子估计方法，否则 $\{x^{(k)}\}$ 不会二次收敛于 x^*. 鉴于此，下面讨论如何给出 $\lambda^{(k)}$ 的二阶修正公式.

不妨设 σ 已充分大且保持不变，并简记 $p(x,\lambda,\sigma)$ 为 $p(x,\lambda)$. 显然 $p(x,\lambda)$ 关于 x 的极小点依赖于 λ，记为 $x(\lambda)$，其对应的目标函数值为 $p(x(\lambda),\lambda)$. 令 $\varphi(\lambda)=p(x(\lambda),\lambda)$，则由 $x(\lambda)$ 为极小解知

$$\begin{aligned}\varphi(\lambda)=p(x(\lambda),\lambda)&\leqslant p(x^*,\lambda)\\&=f(x^*)=p(x^*,\lambda^*)\end{aligned}$$

其中，最后的两个等号可由 x^* 为最优解所隐含的 $c(x^*)=0$ 及 p 的定义(1)推得. 此外，x^* 为 $p(x,\lambda^*)$ 的极小点，故 $x^*=x(\lambda^*)$，从而由 φ 的定义知

$$p(x^*,\lambda^*)=p(x(\lambda^*),\lambda^*)=\varphi(\lambda^*)$$

比较上述两个式子得 $\varphi(\lambda)\leqslant\varphi(\lambda^*)$，即 λ^* 为 $\varphi(\lambda)$ 的无约束极大点. 因此，可通过无约束优化方法求解问题

$$\max\ \varphi(\lambda)\tag{5}$$

来确定 λ^*，并导出修正 $\lambda^{(k)}$ 的迭代公式.

由 $p(x,\lambda)$ 的定义知 $\dfrac{\partial p(x(\lambda),\lambda)}{\partial\lambda_j}=-c_j(x(\lambda))$，$1\leqslant j\leqslant m$. 而 $x(\lambda)$ 为 $p(x,\lambda)$ 的极小点意味着

$\nabla_x p(x(\lambda),\lambda)=0$. 故由链导法则与 $\varphi(\lambda)$ 的定义可得 $\nabla\varphi(\lambda)=-c(x(\lambda))$. 所以，若用梯度法来求解问题(5)，则有

$$\lambda^{(k+1)}=\lambda^{(k)}-\sigma c(x(\lambda^{(k)}))$$

这就解释了为什么用修正公式(4)只能得到 $\lambda^{(k)}$ 线性收敛的原因. 如用 Newton 法求解问题(5)，须先计算 $\nabla^2\varphi(\lambda)$. 由链导法则

$$\frac{\mathrm{d}c}{\mathrm{d}\lambda}=\frac{\partial c}{\partial x}\frac{\partial x}{\partial\lambda}=A^{\mathrm{T}}(x)\left[\frac{\partial x}{\partial\lambda}\right]$$

以及 $\nabla p(x(\lambda),\lambda)=0$，故

$$\frac{\mathrm{d}\nabla p(x(\lambda),\lambda)}{\mathrm{d}\lambda}=\frac{\partial\nabla p}{\partial x}\frac{\partial x}{\partial\lambda}+\frac{\partial\nabla p}{\partial\lambda}=0$$

但 $\frac{\partial\nabla p}{\partial x}=\nabla_x^2 p(x(\lambda),\lambda)\triangleq W_\sigma$，$\frac{\partial\nabla p}{\partial\lambda}=-A(x)$，代入上式得 $\frac{\partial x}{\partial\lambda}=W_\sigma^{-1}A$，由此得

$$\nabla^2\varphi(\lambda)=-\frac{\mathrm{d}c}{\mathrm{d}\lambda}=-A^{\mathrm{T}}W_\sigma^{-1}A\Big|_{x=x(\lambda)}$$

因此，如用 Newton 法求解问题(5)，则有 $\lambda^{(k)}$ 的修正公式

$$\lambda^{(k+1)}=\lambda^{(k)}-(A^{\mathrm{T}}W_\sigma A)^{-1}c(x^{(k)}) \qquad (6)$$

式中 A, W_σ 取 $x=x^{(k)}$，$\lambda=\lambda^{(k)}$ 时的值. 因式(6)含有二阶导数的信息，常称式(6)为乘子的二阶修正公式，且有下列定理.

定理 2 设 x^* 为一个严格局部极小点，$\nabla c_1(x^*),\cdots,\nabla c_m(x^*)$ 线性无关，且在 x^* 处二阶充分条件成立. $\bar{\sigma}$ 为一正数，使得当 $\sigma\geqslant\bar{\sigma}$ 时，$\nabla_x^2 p(x^*,$

λ^*)正定,则存在正数 δ,ε,使得对所有的 $(\lambda,\sigma)\in D=\{(\lambda,\sigma)\mid \|\lambda-\lambda^*\|<\delta\sigma,\sigma\geqslant\bar{\sigma}\}$,$p(x,\lambda)$ 在 x^* 的邻域 $N_\varepsilon(x^*)$ 内有唯一解 $x(\lambda,\sigma)$. 进而,存在一正数 $\delta_2\leqslant\delta$,使得若 $\{\sigma_k\}$ 与 $\lambda^{(0)}$ 满足

$$\bar{\sigma}\leqslant\sigma_k\leqslant\sigma_{k+1},k=0,1,\cdots$$

$$\|\lambda^{(0)}-\lambda^*\|<\delta_2\sigma_0$$

则由修正公式(6)(式中所有元素、函数均取在 $x(\lambda,\sigma)$ 处的值)所生成的序列 $\{\lambda^{(k)}\}\subset D$,且 $\lambda^{(k)}\to\lambda^*$,$x(x^{(k)},\sigma_k)\to x^*$;$\{\|\lambda^{(k)}-\lambda^*\|\}$ 与 $\{\|x(\lambda^{(k)},\sigma_k)-x^*\|\}$ 均超线性收敛于0. 如果还有 $\nabla^2 f$ 与 $\nabla^2 c_i(1\leqslant i\leqslant m)$ 在 x^* 的邻域内 Lipschitz 连续,则 $\{\|\lambda^{(k)}-\lambda^*\|\}$ 与 $\{\|x(\lambda^{(k)},\sigma_k)-x^*\|\}$ 二阶收敛.

为了得到一般约束问题的增广 Lagrange 函数,先讨论如何将上述结果推广至仅含不等式约束的问题(6).

引进变量 z_i,将问题(6)中的约束转化为等式约束

$$c_i(x)-z_i^2=0,i=1,\cdots,m$$

考虑 $f(x)$ 在这组等式约束下的增广 Lagrange 函数

$$\tilde{p}(x,\lambda,z,\sigma)=f(x)-\sum_{i=1}^{m}\lambda_i(c_i(x)-z_i^2)+\frac{\sigma}{2}\sum_{i=1}^{m}(c_i(x)-z_i^2)^2$$

为消去 z_i,将 $\tilde{p}(x,\lambda,z,\sigma)$ 关于 z 求极小,即令 $\nabla_z\tilde{p}(x,\lambda,z,\sigma)=0$,则

$$z_i(\lambda_i-\sigma(c_i(x)-z_i^2))=0,i=1,\cdots,m$$

如果 $\sigma c_i(x)-\lambda_i\geqslant 0$，那么 $z_i^2=-\frac{\lambda_i}{\sigma}+c_i(x)$，否则应有 $z_i=0$，故有

$$z_i^2=\frac{1}{\sigma}\max(0,\sigma c_i(x)-\lambda_i),i=1,\cdots,m$$

由此可得问题(6)的增广 Lagrange 函数为

$$p_I(x,\lambda,\sigma)=f(x)+\frac{1}{2\sigma}\sum_{i=1}^{m}\{[\max(0,\lambda_i-\sigma c_i(x))]^2-\lambda_i^2\}$$

采用与等式约束情形相同的论证方法可知 λ^* 为 $\varphi_I(\lambda)=p_I(x(\lambda),\lambda,\sigma)$ 的最大值点. 如用梯度法求 $\varphi_I(\lambda)$ 的极大值点，则可类似地得出对乘子的一阶修正公式

$$\begin{aligned}\lambda_i^{(k+1)}&=\lambda_i^{(k)}+\sigma\max(-c_i(x^{(k)}),-\frac{\lambda_i^{(k)}}{\sigma})\\&=\max(0,\lambda_i^{(k)}-\sigma c_i(x^{(k)})),i=1,2,\cdots,m\end{aligned}$$

综合上述结果，可给出求解一般非线性约束优化问题的增广 Lagrange 函数为

$$\begin{aligned}p(x,\lambda,\sigma)=f(x)-\sum_{i=1}^{m_e}\lambda_i c_i(x)+\frac{\sigma}{2}\sum_{i=1}^{m_e}c_i^2(x)+\\\frac{1}{2\sigma}\sum_{i=m_e+1}^{m}\{[\max(0,\lambda_i-\sigma c_i(x))]^2-\lambda_i^2\}\end{aligned}$$

相应的乘子 λ 的修正公式为

$$\lambda_i^{(k+1)}=\lambda_i^{(k)}-\sigma c_i(x^{(k)}),i=1,2,\cdots,m_e \tag{7}$$

$$\lambda_i^{(k+1)}=\max(0,\lambda_i^{(k)}-\sigma c_i(x^{(k)})),i=m_e+1,\cdots,m \tag{8}$$

如果用 Newton 法求函数 $\varphi(\lambda)=p(x(\lambda),\lambda,\sigma)$ 的极大值点，可给出类似于式(6)的关于 $\lambda^{(k)}$ 的二阶修正公式，但式(6)中的矩阵 $\boldsymbol{A}^{\mathrm{T}}\boldsymbol{W}_\sigma^{-1}\boldsymbol{A}$ 需用以下矩阵来代替

$$\begin{bmatrix} -\boldsymbol{A}^{\mathrm{T}}\boldsymbol{W}_{\sigma}^{-1}\boldsymbol{A} & \boldsymbol{0} \\ \boldsymbol{0} & -\dfrac{1}{\sigma}\boldsymbol{I} \end{bmatrix}$$

其中矩阵$\boldsymbol{A}$的列相应于满足$c_i(x)<\dfrac{\lambda_i}{\sigma}$的那些约束的梯度，而$\dfrac{1}{\sigma}\boldsymbol{I}$相应于使得$c_i(x)\geqslant\dfrac{\lambda_i}{\sigma}$的那些约束.

基于以上分析，可给出求解问题的乘子罚函数法的迭代步骤如下：

步骤 1：选取初始点$x^{(1)}$，$\sigma_1>0$，$\varepsilon\geqslant 0$，$\lambda^{(1)}$，这里$\lambda_i^{(1)}\geqslant 0$，$m_e+1\leqslant i\leqslant m$，令$k=1$.

步骤 2：以$x^{(k)}$为初始点，求解无约束问题

$$\min_{x\in\mathbf{R}^n} p(x,\lambda^{(k)},\sigma_k)$$

得$x^{(k+1)}$. 若$\|c^{(-)}(x^{(k+1)})\|_\infty\leqslant\varepsilon$，则停止.

步骤 3：若$\|c^{(-)}(x^{(k+1)})\|_2\leqslant\dfrac{1}{4}\|c^{(-)}(x^{(k)})\|_2$，则转步骤 4，否则令$\sigma_{k+1}=10\sigma_k$，转步骤 2.

步骤 4：由式(7)和(8)计算$\lambda^{(k+1)}$，令$\sigma_{k+1}=\sigma_k$，$k=k+1$，转步骤 2.

对于上述算法，有如下的收敛性定理.

定理 3　如果问题的可行域非空，则对任何$\varepsilon>0$，上述乘子法必有限终止. 对$\varepsilon=0$，算法所产生点列$\{x^{(k)}\}$的任何聚点x^*都是可行点，如果$\lambda^{(k)}$有界，那么x^*必是最优解.

下面讨论乘子法的具体实现问题. 首先，如罚函数法，实际中常常只能找到增广 Lagrange 函数的局部极小点，且在有些情况下函数$p(x,\lambda,\sigma)$可能无下界，特

别是当 σ 太小时，因此有必要对通常的无约束优化方法进行适当的修正，以确保算法的收敛性与效率. 其次，关于 σ_1 的选取与 σ_k 的增长速度亦应根据具体问题适当控制. 由式(7) 和(8) 知，若 σ 取得大一些，则 $c_i(x^{(k)})$ 就快一点趋于 0，但 σ 太大会引起对求 $p(x,\lambda,\sigma)$ 无约束极小值上的困难. 而 σ 太小时，则不仅会带来增广罚函数无界的潜在危险，而且会使算法收敛得很慢. 实际上，一般是先选取适当的 σ 值，在迭代过程中，若发现 $c_i(x^{(k)})$ 不收敛于 0 或收敛得太慢，就增大 σ 的值，或者从事先取好的 σ 的一个单调增序列中选取下一个 σ 的值.

因 $\{\lambda^{(k)}\}$ 趋于 λ^* 的快慢对乘子法整体收敛速度起着关键的作用，故只要可能，就应采取较好的、收敛较快的方法对 $\lambda^{(k)}$ 进行修正. 例如，当用拟 Newton 类方法求增广 Lagrange 函数的极小点时，就应采用乘子的二阶修正公式(6)，因这样不仅可使 $\lambda^{(k)}$ 较快的收敛于 λ^*，而且可用拟 Newton 修正矩阵作为 W_σ^{-1} 的一个很好的近似，以避免直接计算二阶导数阵及其逆，从而在不增加额外计算量的同时加速收敛. 此外，在迭代的开始阶段，$x^{(k)}$ 一般离 x^* 较远，由式(7) 与(8) 所得乘子估计势必也与 λ^* 相差很大. 因此，为了尽快找到接近 λ^* 的 $\lambda^{(k)}$，此时不必高精度地求解增广罚函数的无约束极小问题，而只需近似求解即可. 一个极端的情形就是进行一次增广罚函数的无约束极小运算就去修正乘子 $\lambda^{(k)}$，对有些问题来说这种处理方法是很有效的. 总之，应依据对增广 Lagrange 函数求无约束极小的难

易程度、当前估计 $\lambda^{(k)}$ 的好坏与相应修正方法收敛的快慢等因素，灵活而恰当地设置、调节寻求增广 Lagrange 函数无约束极小点方法的求解精度，以最终得到一收敛快、效率高的乘子法.

在乘子法中，虽然仍需求解一系列无约束极小问题，但因 σ 可取某个有限值(也许要经过有限次调整)，且 $\lambda^{(k)}$ 收敛到有限极限，故没有罚函数法常常出现的病态性质. 大量数值试验结果表明，乘子法远比罚函数法优越，收敛速度也要快得多. 故它一直是求解约束最优化问题相当有效的算法之一. 另外，作为效益函数，乘子罚函数经常被用于求解约束优化问题其他有效算法的设计中，或与其他方法组合使用. 由于这些原因，至今仍有不少新的乘子罚函数类算法出现.

针对乘子法的特点，本节给出了具体估计非线性约束问题 Lagrange 乘子的一、二阶方法，并指出乘子估计的好坏对算法总的收敛速度影响较大. 正如我们看到的那样，对求解非线性约束问题大多数好的算法来说，都会面临乘子的估计问题. 与线性约束的情形不同，对任何基于约束问题 Lagrange 函数而建立的算法来说，不仅对不等式约束，而且对等式约束的乘子估计都会对有关子问题目标函数的定义起重要的作用，且能否使用充分精确的乘子估计对相应算法的收敛率相当重要.

一般说来，给定当前迭代点 $x^{(k)}$，在确定了相应的起作用约束集 $I(x^{(k)})$ 后，通过计算这些约束的梯度向量所形成的矩阵 $\mathbf{A}_k=\mathbf{A}(x^{(k)})=(\nabla c_i(x^{(k)}), i\in I_k)$ 及

相应 Lagrange 函数的 Hessian 矩阵 $\boldsymbol{W}_k=\boldsymbol{W}(x^{(k)})=\nabla^2 f(x^{(k)})-\sum_{i\in I_k}\lambda_i\nabla^2 c_i(x^{(k)})$，则可给出乘子的一、二阶最小二乘估计，所不同的是这时 $\boldsymbol{A}_k$ 随迭代而变化，并分别用 $\boldsymbol{A}_k$ 和 $\boldsymbol{W}_k$ 代替那里的 $\boldsymbol{A}$ 与 $\boldsymbol{G}_k$. 需要指出的是，只有当 $x^{(k)}$ 离最优解较近并满足其他一些适当条件时，二阶乘子估计才会一定优于一阶估计，故使用二阶乘子估计时应小心，并应有一些检测方法. 另外，为保证对相应于不等式约束的乘子估计非负，可在求解相应的最小二乘估计问题时加上要求不等式约束之乘子非负的约束. 另一种保证非负性的方法是：在构造每步要求解的线性约束子问题时，直接将不等式约束的线性近似作为不等式处理. 由此也就得到了另一种乘子估计的方法，即在每步求解相应的线性约束子问题时，直接将对应该子问题解的 Lagrange 乘子作为原问题 Lagrange 乘子的估计，典型的例子就是 SQP 类算法，这样做的一个好处是迭代点列$\{x^{(k)}\}$的收敛速度通常不会像乘子法那样受乘子估计精度的影响.

本章介绍了几种典型的乘子罚函数法. 而对于传统的凸规划问题及其推广单调映射，Golshtein 和 Tretyakov 的专著中则全面论证了其各种修正 Lagrange 函数的构造、相应的对偶理论及由此所导出的不同求解算法.

集—集映射向量极值问题的 Lagrange 乘子和鞍点定理

第9章

浙江财经学院的凌晨教授1999年建立了集—集映射的一个广义择一性定理.在目标为锥凸和满足推广了的 Slater 约束规格的条件下,他利用择一性定理给出了集—集映射向量极值问题关于锥—超极小解的 Lagrange 乘子定理和鞍点定理.

9.1 引　言

设$(X,\mathcal{A},\mu)$为有限、无原子的测度空间,且$L^1=\{f:X\to R\mid\int_X|f|\,d\mu<+\infty\}$是可分的.又设$Y,Z$和$W$为实线性赋范空间,$K$和$D$分别为$Y$和$Z$中的点闭凸锥,并且$\operatorname{int}K\neq\varnothing$,$B$为$Y$中的闭单位球.$Y^*$表示$Y$的对偶空间,$\phi(y)$是连续线性泛函$\phi$在$y$处的值,$K^+$表示$K$的非负对偶锥,即

$$K^{+}=\{\phi \in Y^{*} \mid \phi(y) \geqslant 0, \forall y \in K\}$$

Z^{*} 和 D^{+} 的意义类似.

设 $C \subset K$ 是凸集,称 C 为 K 的基,若 $K=\{\lambda \cdot c \mid \lambda \geqslant 0, c \in C\}$ 且 $\theta \notin \mathrm{cl}(C)$,其中 $\mathrm{cl}(C)$ 是 C 的闭包.

设集合 $A \subset Y$,点 $\hat{y} \in A$.若$(A-\hat{y}) \cap (-K)=\{\theta\}$,则称 $\hat{y}$ 为 A 的 K - 极小点,其全体记为 $\mathrm{Min}(A \mid K)$.若$(A-\hat{y}) \cap (-\mathrm{int}\, K)=\varnothing$,则称 $\hat{y}$ 为 A 的 K - 弱极小点,其全体记为 $W\mathrm{Min}(A \mid K)$(见文[1]).若存在 $\gamma>0$,使 $\mathrm{cl}(\mathrm{cone}(A-\hat{y})) \cap (B-K) \subset \gamma \cdot B$,则称 $\hat{y}$ 为 A 的 K - 超极小点,其全体记为 $\mathrm{SMin}(A \mid K)$(见文[2]).类似可定义 $\mathrm{Max}(A \mid K)$,$W\mathrm{Max}(A \mid K)$ 和 $\mathrm{SMax}(A \mid K)$.

易知

$$\mathrm{SMin}(A \mid K) \subset \mathrm{Min}(A \mid K) \subset W\mathrm{Min}(A \mid K)$$

$$\mathrm{SMax}(A \mid K) \subset \mathrm{Max}(A \mid K) \subset W\mathrm{Max}(A \mid K)$$

设 $S \subset \mathcal{A}$是一集族,$F: S \rightarrow 2^{Y}$,$G: S \rightarrow 2^{Z}$,$H: S \rightarrow 2^{W}$ 均为集值映射,考虑向量极值问题(VP)

$$\begin{cases}\min\limits_{\Omega \in S} F(\Omega) & (1)\\ G(\Omega) \cap (-D) \neq \varnothing & (2)\\ \theta \in H(\Omega) & (3)\end{cases}$$

记

$$S'=\{\Omega \in S \mid G(\Omega) \cap (-D) \neq \varnothing, \theta \in H(\Omega)\}$$

定义 称 $\hat{\Omega}$ 为(VP)的可行解,若 $\hat{\Omega} \in S'$,则称可行解 $\hat{\Omega}$ 为(VP)的 K - 超极小解,若 $F(\hat{\Omega}) \cap$

$\mathrm{SMin}(F(S')\mid K)\neq\varnothing$. 类似可定义(VP)的 K－超极大解.

近年来,关于集值映射的向量极值问题,一直被众多学者所关注,并已有许多好的结果(参见文[3]～[8]). 如当(VP)中 F,G,H 为点－集映射时,Li 和 Chen 在K－弱极小点意义下,讨论了 Lagrange 乘子和鞍点定理(见文[7]). 当 F,G 为集－集映射时,卢占禹针对(VP)无约束(3)的情形,讨论了 Lagrange乘子定理(见文[8]). 自 Borwein 在文[2]中首次提出 K－超极小点后,在此基础上所做的研究一直是人们感兴趣的问题. 本章就(VP)中 F,G,H 为集－集映射的情形,基于K－超极小点概念,在目标和约束为锥凸假设下,给出了 Lagrange 乘子和鞍点定理.

9.2　择一性定理

本节首先给出有关 K－超极小点的几个性质,其次引进集－集映射的锥凸概念,最后给出集－集映射的择一性定理.

性质 1　设 K 有闭的有界集C,记$\delta=\inf\{\|c\|\mid c\in C\}$,$K_\varepsilon=\mathrm{cl}(\mathrm{cone}(C+\varepsilon\cdot B))$,其中 $\varepsilon\in(0,\delta)$,则 $K_\varepsilon^+\setminus\{\theta\}\subset\mathrm{int}\,K^+$.

证明　由C有界知$\mathrm{int}\,K^+\neq\varnothing$(见文[9]中p. 122定理 3.8.4),又由文[2]知 $K\setminus\{\theta\}\subset\mathrm{int}\,K_\varepsilon$. 任取 $\phi\in K_\varepsilon^+\setminus\{\theta\}$,对任一$k\in\mathrm{int}\,K_\varepsilon$,$\phi(k)>0$,从而对任意$c\in C$,$\phi(c)>0$. 记$\eta=\inf\{\phi(c)\mid c\in C\}$,可以肯定$\eta>0$,

否则任取 n,存在 $c_n \in C, \phi(c_n) < \frac{1}{n}$,取定 $b \in B$,使 $\phi(b) > 0$,则当 n 足够大时,$\phi(c_n - \varepsilon b) = \phi(c_n) - \varepsilon\phi(b) < 0$,这与 $\phi \in K_\varepsilon^+ \backslash \{\theta\}$ 及 $c_n - \varepsilon b \in C + \varepsilon \cdot B \subset K_\varepsilon$ 矛盾.

设 S 是 Y^* 中的单位球,$m = \sup\{\|c\| \mid c \in C\}$,下面证明存在 $\alpha > 0$,使 $\phi + \alpha \cdot S \subset K^+$. 取 $\alpha = \frac{\eta}{2m}$,则对任意 $\phi + \alpha \cdot s \in \phi + \alpha \cdot S$ 及 $c \in C$,有

$$
\begin{aligned}
(\phi + \alpha \cdot s)(c) &= \phi(c) + \alpha \cdot s(c) \\
&\geqslant \eta + \alpha \cdot s(c) \\
&\geqslant \eta - \alpha \cdot m \\
&= \eta - \frac{\eta}{2m} \cdot m \\
&= \frac{\eta}{2} > 0
\end{aligned}
$$

从而 $\phi + \alpha \cdot S \subset K^+, \phi \in \operatorname{int} K^+$.

性质 2 设 K 有闭的有界集 C,则对任一 $\phi \in \operatorname{int} K^+$ 有 $\eta = \inf\{\phi(c) \mid c \in C\} > 0$.

证明 首先,有 $\operatorname{int} K^+ \neq \varnothing$,任取 $\phi \in \operatorname{int} K^+$,则 $\eta \geqslant 0$. 若 $\eta = 0$,存在 $c_n \in C, \phi(c_n) \to 0$. 而对每一 c_n,存在 $\phi_n \in Y^*$,使 $\phi_n(c_n) = \|c_n\|$ 且 $\|\phi_n\| = 1$. 因 $\phi \in \operatorname{int} K^+$,取 ε 足够小,则对一切 n 有 $\phi - \varepsilon\phi_n \in \phi + \varepsilon \cdot S \subset K^+$. 但$(\phi - \varepsilon\phi_n)(c_n) = \phi(c_n) - \varepsilon \cdot \phi_n(c_n) = \phi(c_n) - \varepsilon \cdot \|c_n\| \leqslant \phi(c_n) - \varepsilon \cdot \delta$,可见当 n 足够大时,$(\phi - \varepsilon\phi_n)(c_n) < 0$,矛盾.

性质 3 设 K 有闭的有界集 C. 若 $k_n', k_n \in K$,且 $k_n' - k_n \in K \backslash \{\theta\}$,则当 $\|k_n\| \to +\infty$ 时,$\|k_n'\| \to$

$+\infty$.

证明　记 $k_n = a_n \cdot c_n$，其中 $c_n \in C$，则 $\| k_n \| = a_n \| c_n \|$. 由于 C 有界，由 $\| k_n \| \to +\infty$ 知 $a_n \to +\infty$. 取 $\phi \in \text{int}\ K^+$，则 $\phi(k_n) = a_n \phi(c_n) \geqslant a_n \cdot \eta$. 由性质 2 知 $\eta > 0$，从而 $\phi(k_n) \to +\infty$，但 $\phi(k'_n) > \phi(k_n)$，$\phi(k'_n) \to +\infty$，所以 $\| k'_n \| \to +\infty$.

性质 4　设 K 有闭的有界集 C，则对任一 $A \subset Y$，下列结论等价：

(1) 对某一 $\varepsilon \in (0,\delta)$，$\bar{y} \in \min(A \mid K_\varepsilon)$；

(2) 对某一 $\varepsilon \in (0,\delta)$，$\bar{y} \in W\min(A \mid K_\varepsilon)$；

(3) $\bar{y} \in S\min(A \mid K)$.

证明　由文[2]中定理 1.1 及性质 2.5 即可得证.

性质 5　设 K 有闭的有界集 C，则对任一 $A \subset Y$，$S\min(A \mid K) = S\min(A + K \mid K)$.

证明　显然有 $S\min(A + K \mid K) \subset S\min(A \mid K)$. 下面证明 $S\min(A \mid K) \subset S\min(A + K \mid K)$.

任取 $\hat{y} \in S\min(A \mid K)$，假如 $\hat{y} \notin S\min(A + K \mid K)$，则存在 $y_n \in A, k_n, k'_n \in K, b_n \in B$ 及 $t_n > 0$，使 $t_n(y_n + k'_n - \hat{y}) = b_n - k_n$，其中 $\| b_n - k_n \| \to +\infty$，从而 $\| k_n \| \to +\infty$. 由于 $t_n(y_n - \hat{y}) = b_n - (k_n + t_n k'_n)$，由性质 3 知 $\| k_n + t_n k'_n \| \to +\infty$，故得 $\hat{y} \notin S\min(A \mid K)$，导致矛盾.

Morris 在文[10]中已证，任给 $(\lambda, \Omega, \Lambda) \in I \times \mathcal{A} \times \mathcal{A}$，总存在 $\{\Gamma_n\} \subset \mathcal{A}$，使 $\chi\Gamma_n \xrightarrow{w^*} \lambda_{\chi\Omega} + (1-\lambda)\chi_\Lambda$，其中

$I=[0,1]$，w^* 意指 L^∞ 中的弱 * 收敛，我们称 $\{\Gamma_n\}$ 为对应于 (λ,Ω,Λ) 的 Morris 序列.

定义 1 集族 $\mathcal{S}\subseteq\mathcal{A}$ 称为凸的，若任给 $(\lambda,\Omega,\Lambda)\in I\times\mathcal{S}\times\mathcal{S}$ 及任一对应于 (λ,Ω,Λ) 的 Morris 序列 $\{\Gamma_n\}$，则总存在子序列 $\{\Gamma_{n_k}\}$ 使 $\{\Gamma_{n_k}\}\subset\mathcal{S}$.

定义 2 设 $\mathcal{S}\subseteq\mathcal{A}$ 为一凸的集族. 称集－集映射 $F:\mathcal{S}\to 2^Y$ 为 $K-$ 凸的，若任给 $(\lambda,\Omega,\Lambda)\in I\times\mathcal{S}\times\mathcal{S}$ 及任一对应于 (λ,Ω,Λ) 的 Morris 序列 $\{\Gamma_n\}$，则存在 $\{\Gamma_{n_k}\}\subset\{\Gamma_n\}$ 及 k_0，使得 $k\geqslant k_0$ 时有 $\lambda F(\Omega)+(1-\lambda)F(\Lambda)\subset F(\Gamma_{n_k})+K$.

命题 1 设 $\mathcal{S}$ 是凸的集族，集－集映射 $F:\mathcal{S}\to 2^Y$ 为 $K-$ 凸的，则 $F(\mathcal{S})$ 为 $K-$ 凸集.

证明 任取 $y_1+k_1,y_2+k_2\in F(\mathcal{S})+K$，存在 $\Omega_1,\Omega_2\in\mathcal{S}$ 使 $y_1\in F(\Omega_1)$，$y_2\in F(\Omega_2)$. 由于 F 为 $K-$ 凸的，$\mathcal{S}$ 为凸的，则对任意对应于 $(\lambda,\Omega_1,\Omega_2)$ 的 Morris 序列 $\{\Gamma_n\}$，存在 $\{\Gamma_{n_k}\}\subset\{\Gamma_n\}$ 及 k_0，使当 $k\geqslant k_0$ 时有 $\lambda F(\Omega_1)+(1-\lambda)F(\Omega_2)\subset F(\Gamma_{n_k})+K$，并且 $\Gamma_{n_k}\subseteq\mathcal{S}$. 因此，得到

$$\begin{aligned}&\lambda(y_1+k_1)+(1-\lambda)(y_2+k_2)\in\\&\lambda F(\Omega_1)+(1-\lambda)F(\Omega_2)+\\&K\subset F(\Gamma_{n_k})+K\subset F(\mathcal{S})+K\end{aligned}$$

命题 2 若 $\mathcal{S}$ 为凸的集族，(VP) 中的 F，G 和 H 依次为 $K-$ 凸的，$D-$ 凸的和 $\{\theta\}-$ 凸的，则 $F(\mathcal{S}')$ 为 $K-$ 凸集.

证明 由命题 1 知，只需证 $\mathcal{S}'$ 为凸的集族即可.

任取 $(\lambda,\Omega_1,\Omega_2)\in I\times\mathcal{S}'\times\mathcal{S}'$ 及对应于 $(\lambda,\Omega_1,\Omega_2)$

的 Morris 序列$\{\Gamma_n\}$. 由$\mathcal{S}'\subset\mathcal{S}$,以及$\mathcal{S}$和$G,H$的凸性可知,存在子序列$\{\Gamma_{n_k}\}$及$k_0$,使当$k\geqslant k_0$时有

$$\lambda G(\Omega_1)+(1-\lambda)G(\Omega_2)\subset G(\Omega_{n_k})+D$$

$$\lambda H(\Omega_1)+(1-\lambda)H(\Omega_2)\subset H(\Omega_{n_k})$$

由此可以肯定,当$k\geqslant k_0$时,$G(\Omega_{n_k})\cap(-D)\neq\varnothing$,$\theta\in H(\Omega_{n_k})$,即$\{\Omega_{n_k}\}\subset\mathcal{S}'$,从而$\mathcal{S}'$为凸的集族.

设$\phi\in Y^*$,$\psi\in Z^*$,$\xi\in W^*$,考虑如下 两个系统.

系统(Ⅰ):$F(\Omega)\cap(-\text{int }K)\neq\varnothing$,$G(\Omega)\cap(-D)\neq\varnothing$,$\theta\in H(\Omega)$.

系统(Ⅱ):$\phi\cdot F(\Omega)+\psi\cdot G(\Omega)+\xi\cdot H(\Omega)\geqslant 0$,$\forall\Omega\in\mathcal{S}$.

关于上述系统(Ⅰ)和系统(Ⅱ)我们给出集－集映射下的择一性定理,它在本章中的作用是重要的.

定理　(择一性定理)设$\mathcal{S}$为凸的集族,集－集映射F,G和H依次为K－凸的,D－凸的和$\{\theta\}$－凸的,并且$\text{int }H(S)\neq\varnothing$.

(1) 若系统(Ⅰ)在$\mathcal{S}$中无解,则系统(Ⅱ)必在$K^+\times D^+\times W^*$中有解(ϕ,ψ,ξ).

(2) 若系统(Ⅱ)有解$(\phi,\psi,\xi)\in K^+\times D^+\times W^*$,且$\phi\neq\theta$,则系统(Ⅰ)在$\mathcal{S}$中无解.

证明　(1) 记

$$\begin{aligned}V=\{(y,z,w)\in Y\times Z\times W\mid\ &\exists\Omega\in\mathcal{S}\\ &\text{使 } y\in F(\Omega)+\text{int }K,z\in G(\Omega)+D,\\ &w\in H(\Omega)\}\end{aligned}$$

由F,G,H的凸性知,V为凸集,且$\text{int }V\neq\varnothing$. 若系统(Ⅰ)在$\mathcal{S}$中无解,则$(\theta,\theta,\theta)\notin V$,根据凸集分离定理

知,存在$(\phi,\psi,\xi)\in Y^*\times Z^*\times W^*$使得

$$\phi(y)+\psi(z)+\xi(w)\geqslant 0,\forall (y,z,w)\in V$$

即对任一$\Omega\in\mathcal{S}$,及$y\in F(\Omega)$,$z\in G(\Omega)$,$w\in H(\Omega)$,$k\in \text{int } K$,$d\in D$,都有$\phi(y)+\phi(k)+\psi(z)+\psi(d)+\xi(w)\geqslant 0$. 进一步可知,$\phi\in K^+$,$\psi\in D^+$. 令$k\to\theta$,$d\to\theta$,则有$\phi(y)+\psi(z)+\xi(w)\geqslant 0$,即系统(Ⅱ)有解$(\phi,\psi,\xi)$.

(2) 反之若系统(Ⅰ)有解$\Omega_0\in\mathcal{S}$,则存在$\bar{y}\in F(\Omega_0)\cap(-\text{int } K)$,$\bar{z}\in G(\Omega_0)\cap(-D)$,$\theta\in H(\Omega_0)$. 由于$\phi\neq\theta$,$\phi(\bar{y})<0$,$\psi(\bar{z})\leqslant 0$,$\xi(\theta)=0$,从而$\phi(\bar{y})+\psi(\bar{z})+\xi(\theta)<0$,这与条件矛盾.

9.3 鞍点定理

先给出 Lagrange 乘子定理,记

$$R_-=\{r\in R\mid r<0\}$$

我们考虑下面三个约束条件,其中(C3)是 Slater 约束规格的自然推广,它在 Lagrange 乘子定理的证明中起着重要作用.

(C1) 任给$(\psi,\xi)\in(D^+\times W^*)\backslash\{\theta,\theta)\}$,存在$\Omega\in S$,使$(\psi\cdot G+\xi\cdot H)(\Omega)\cap\mathbf{R}_-\neq\varnothing$.

(C2)(1) 任给$\psi\in D^+\backslash\{\theta\}$,存在$\Omega\in\mathcal{S}$,使$\theta\in H(\Omega)$和$\psi\cdot G(\Omega)\cap\mathbf{R}_-\neq\varnothing$;(2) 任给$\xi\in W^*\backslash\{\theta\}$,存在$\Omega\in\mathcal{S}$,使$\xi\cdot H(\Omega)\cap\mathbf{R}_-\neq\varnothing$.

(C3)(1) 存在$\Omega\in\mathcal{S}$使$\theta\in H(\Omega)$和$G(\Omega)\cap$

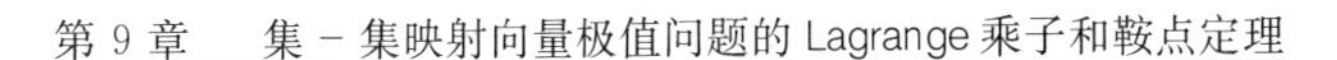

$(-\operatorname{int} D)\neq\varnothing$;(2)$\theta\in\operatorname{int} H(S)$.

采用与文[7]中性质 2 的证明类似的方法,可以得到:

引理 1　(1)(C3)⇒(C2)⇒(C1).

(2) 当 G 和 H 分别为 $D-$凸的和$\{\theta\}-$凸的,并且 $\operatorname{int} H(\mathcal{S})\neq\varnothing$ 时,有(C1)⇒(C2)⇒(C3).

注　引理 1 说明,当 G 和 H 分别为 $D-$凸的和$\{\theta\}-$凸的且 $\operatorname{int} H(\mathcal{S})\neq\varnothing$ 时,(C1) 与(C3) 等价.

引理 2　设 K 有闭的有界集 C,(VP) 中的 F,G 和 H 依次为 $K-$凸的,$D-$凸的和$\{\theta\}-$凸的,且 $\operatorname{int} H(\mathcal{S})\neq\varnothing$. 若 $\hat{\Omega}$ 是(VP) 的 $K-$超级小解,则对 $\hat{y}\in F(\hat{\Omega})\cap \operatorname{Smin}(F(\mathcal{S}')\mid K)$,存在非零向量$(\phi,\psi,\xi)\in(\operatorname{int} K^{+}\cup\{\theta\})\times D^{+}\times W^{*}$,使得

$$\phi(\hat{y})=\min\bigcup_{\Omega\in\mathcal{S}}(\phi\cdot F+\psi\cdot G+\xi\cdot H)(\Omega)$$

$$\psi(\bar{z})=0,\ \forall\,\bar{z}\in G(\hat{\Omega})\cap(-D)$$

证明　因 $\hat{y}\in F(\hat{\Omega})\cap \operatorname{Smin}(F(\mathcal{S}')\mid K)$,由性质 4 知存在 $\hat{\varepsilon}\in(0,\delta)$,使 $\hat{y}\in F(\hat{\Omega})\cap W\min(F(\mathcal{S}')\mid K_{\hat{\varepsilon}})$,从而

$$\begin{cases}(F(\Omega)-\hat{y}\cap(-\operatorname{int} K_{\hat{\varepsilon}}))\neq\varnothing\\ G(\Omega)\cap(-D)\neq\varnothing\\ \theta\in H(\Omega)\end{cases}$$

在 $\mathcal{S}$ 上无解. 由于 $F(\Omega)-\hat{y}$ 为 $K-$凸的,从而为 $K_{\hat{\varepsilon}}-$凸的,由 9.2 节定理及性质 1 知存在非零向量$(\phi,\psi,\xi)\in K_{\hat{\varepsilon}}^{+}\times D^{+}\times W^{*}\subset(\operatorname{int} K^{+}\cup\{\theta\})\times D^{+}\times W^{*}$,使

$$\phi \cdot F(\Omega) - \phi(\hat{y}) + \psi \cdot G(\Omega) + \xi \cdot H(\Omega) \geqslant 0, \forall \Omega \in \mathcal{S}$$

进一步可知对任一$\bar{z} \in G(\hat{\Omega}) \cap (-D)$有$\psi(\bar{z})=0$,从而

$$\begin{aligned} \phi(\hat{y}) &= \phi(\hat{y}) + \psi(\bar{z}) + \xi(\theta) \\ &\in (\phi \cdot F + \psi \cdot G + \xi \cdot H)(\hat{\Omega}) \end{aligned}$$

所以

$$\phi(\hat{y}) = \min \bigcup_{\Omega \in \mathcal{S}} (\phi \cdot F + \psi \cdot G + \xi \cdot H)(\Omega)$$

定理1 设K有闭的有界集C,(VP)中的F,G和H依次为K－凸的,D－凸的和$\{\theta\}$－凸的,$\operatorname{int} H(S) \neq \varnothing$,且满足(C1),则$\hat{\Omega} \in \mathcal{S}'$是(VP)的$K$－超极小解当且仅当存在$\hat{y} \in F(\hat{\Omega})$及$\phi \in \operatorname{int} K^{+}$,$\psi \in D^{+}$,$\xi \in W^{*}$,使得

$$\phi(\hat{y}) = \min \bigcup_{\Omega \in \mathcal{S}} (\phi \cdot F + \psi \cdot G + \xi \cdot H)(\Omega)$$

$$\psi(\bar{z}) = 0, \forall \bar{z} \in G(\hat{\Omega}) \cap (-D)$$

证明 设$\hat{\Omega}$是(VP)的K－超极小解,则$F(\hat{\Omega}) \cap \operatorname{Smin}(F(\mathcal{S}') \mid K) \neq \varnothing$.取$\hat{y} \in F(\hat{\Omega}) \cap \operatorname{Smin}(F(\mathcal{S}') \mid K)$,由引理2知存在$\theta \neq (\phi, \psi, \xi) \in (\operatorname{int} K^{+} \cup \{\theta\}) \times D^{+} \times W^{*}$,使

$$\phi(\hat{y}) = \min \bigcup_{\Omega \in \mathcal{S}} (\phi \cdot F + \psi \cdot G + \xi \cdot H)(\Omega)$$

$$\psi(\bar{z}) = 0, \forall \bar{z} \in G(\hat{\Omega}) \cap (-D)$$

若$\phi=\theta$,则$(\psi, \xi) \in D^{+} \times W^{*} \setminus \{(\theta, \theta)\}$,$\min \bigcup_{\Omega \in \mathcal{S}} (\psi \cdot G + \xi \cdot H)(\Omega) = 0$,这与(C1)矛盾.

设 $\hat{y} \in F(\hat{\Omega})$，且存在 $(\phi,\psi,\xi) \in \operatorname{int} K^+ \times D^+ \times W^*$，使

$$\phi(\hat{y}) = \min \bigcup_{\Omega \in \mathcal{S}} (\phi \cdot F + \psi \cdot G + \xi \cdot H)(\Omega)$$

$$\psi(\bar{z}) = 0, \forall \bar{z} \in G(\bar{\Omega}) \cap (-D)$$

则对任一 $\Omega \in \mathcal{S}'$，由于 $G(\Omega) \cap (-D) \neq \varnothing, \theta \in H(\Omega)$，可知 $\phi(\hat{y}) \leqslant \phi \cdot F(\Omega)$. 可以断定，$\hat{y} \in \mathrm{Smin}(F(\mathcal{S}') \mid K)$，否则存在 $y_n \in F(\mathcal{S}'), b_n \in B, k_n \in K$ 及 $t_n > 0$，使 $t_n(y_n - \hat{y}) = b_n - k_n$，且 $\| b_n - k_n \| \to +\infty$，从而 $\| k_n \| \to +\infty$. 设 $k_n = a_n \cdot c_n$，其中 $a_n > 0, c_n \in C$，由于 C 有界，知 $a_n \to +\infty$. 由性质 2 知 $\eta = \inf\{\phi(c) \mid c \in C\} > 0$，则从 $\phi(k_n) = a_n \phi(c_n) \geqslant a_n \cdot \eta$ 得知 $\phi(k_n) \to +\infty$，从而当 n 足够大时有 $t_n(\phi(y_n) - \phi(\hat{y})) = \phi(b_n) - \phi(k_n) < 0$，即 $\phi(y_n) < \phi(\hat{y})$，矛盾.

记 $\mathcal{L}(Z,Y)$ 为 $Z \to Y$ 的连续线性算子全体，$\mathcal{L}_+(Z,Y) = \{T \in \mathcal{L}(Z,Y) \mid T(D) \subset K\}$，$\mathcal{B}(W,Y)$ 为 $W \to Y$ 的连续线性算子全体.

作 $\mathcal{L}(\Omega,T,M) = (F + T \cdot G + M \cdot H)(\Omega)$，其中 $T \in \mathcal{L}_+(Z,Y), M \in \mathcal{B}(W,Y)$，称 $L(\Omega,T,M)$ 为(VP)的 Lagrange 函数.

定理 2(Lagrange 乘子函数)　设 K 有闭的有界集 C，(VP) 中的 F,G,H 满足定理 1 的条件，则 $\hat{\Omega} \in \mathcal{S}'$ 为(VP) 的 K－超极小解当且仅当存在 $\hat{y} \in F(\hat{\Omega})$ 及 $\hat{T} \in \mathcal{L}_+(Z,Y), \hat{M} \in \mathcal{B}(W,Y)$，使得

$$\hat{y} \in \mathrm{Smin}(L(\mathcal{S},\hat{T},\hat{M}) \mid K)$$

$$\hat{T}(\bar{z}) = \theta, \forall \bar{z} \in G(\hat{\Omega}) \cap (-D)$$

证明 设$\hat{\Omega}$是(VP)的K—超极小解，由定理1知存在$\hat{y} \in F(\hat{\Omega})$及$\phi \in \mathrm{int}\ K^+$，$\psi \in D^+$，$\xi \in W^*$，使

$$\phi(\hat{y}) = \min \bigcup_{\Omega \in \mathcal{S}} (\phi \cdot F + \psi \cdot G + \xi \cdot H)(\Omega)$$

$$\psi(\bar{z}) = 0, \forall \bar{z} \in G(\hat{\Omega}) \cap (-D)$$

取$k_0 \in \mathrm{int}\ K$，使$\phi(k_0) = 1$，作

$$\hat{T}(z) = \psi(z) \cdot k_0, \hat{M}(\omega) = \xi(\omega) \cdot k_0$$

则$\hat{T} \in \mathcal{L}_+(Z,Y)$，$\hat{M} \in \mathcal{B}(W,Y)$，且对任一$\bar{z} \in G(\hat{\Omega}) \cap (-D)$有$\hat{T}(\bar{z}) = \psi(\bar{z}) \cdot k_0 = \theta$，从而

$$\begin{aligned}\phi(\hat{y}) &= \min \bigcup_{\Omega \in \mathcal{S}} (\phi \cdot F + \psi \cdot \hat{T} \cdot G + \phi \cdot \hat{M} \cdot H)(\Omega) \\ &= \min \phi \cdot L(\mathcal{S},\hat{T},\hat{M})\end{aligned}$$

因$\phi \in \mathrm{int}\ K^+$，可知$\hat{y} \in \mathrm{Smin}(L(\mathcal{S},\hat{T},\hat{M}) \mid K)$.

设$\hat{y} \in F(\hat{\Omega})$，且$\hat{y} \in \mathrm{Smin}(L(\mathcal{S},\hat{T},\hat{M}) \mid K)$，则$\hat{y} \in F(\hat{\Omega}) \subset F(\mathcal{S}')$. 可以证明$\hat{y} \in \mathrm{Smin}(F(\mathcal{S}') \mid K)$. 事实上，否则存在$\Omega_n \in \mathcal{S}'$及$y_n \in F(\Omega_n)$，$b_n \in B$，$k_n \in K$，$t_n > 0$，使$t_n(y_n - \hat{y}) = b_n - k_n$，且$\| b_n - k_n \| \to +\infty$，则$\| k_n \| \to +\infty$. 取$z_n \in G(\Omega_n) \cap (-D)$，则$t_n(y_n + \hat{T}(z_n) + \hat{M}(\theta) - \hat{y}) = b_n - (k_n - t_n \hat{T}(z_n))$，因$-t_n \hat{T}(z_n) \in K$，由$\| k_n \| \to +\infty$和性质3知$\| k_n -$

$t_n \hat{T}(z_n) \| \to +\infty$，这与 $\hat{y} \in S\min(L(\mathcal{S},\hat{T},\hat{M}) \mid K)$ 矛盾.

参考文献

[1] 胡毓达.多目标规划有效性理论[M].上海:上海科学技术出版社,1994.

[2] BORWEIN J M, ZHUANG D M. Super efficiency in vector optimization, trans of the amer[J]. math. Soc.,1993,338(1):105-122.

[3] CHOU J H, HSIA W S, LEE T Y. On multiobjective programming problems with set functions, J[J]. Math. Anal. Appl.,1985,105:383-394.

[4] HSIA W S, LEE T Y. Lagrangian functions and duality theory in multiobjective programming with set functions[J]. JOTA,1988,57:239-241.

[5] HSIA W S, LEE T Y, LEE J Y. Lagrange multiplier theorem of multiobjective programming problems with set functions[J]. JOTA,1991,70:137-155.

[6] LUC D T. Theory of vector optimization[M]. New York: Springer-Verlag,1987.

[7] LI Z F, CHEN G Y. Lagrangian multipliers, saddle points, and duality in vector optimization of set valued maps[J]. J. Math. Anal. Appl.,1997,215:297-316.

[8] 卢占禹.线性空间中具有集到集映射的向量极值问题的 Lagrange 乘子定理[J].高校应用数学学报,1995,10(3):331-338.

[9] JAMESON G. Ordered linear spaces. New York:Springer-Verlag,1970.

[10] MORRIS R J T. Optimal constrained selection of a measurable subset[J]. J. Math. Anal. Appl,1979,70:546-562.

线性空间中集值映射向量优化问题的最优性条件与 Lagrange 乘子

第10章

重庆大学应用数学研究所的黄永伟、李泽民两位教授2001年在广义次似凸性假设下,利用择一性定理,在线性空间中获得了含等式与不等式约式集值向量最优化问题的 Kuhn-Tucker 型最优性条件及 Lagrange 乘子定理.

10.1 Introduction

In recent years, many authors have been interested in vector optimization of set-valued maps, and various results have been obtained. For instance, Corley[1] defined the maximization of a set-valued map with respect to a cone in possibly infinite dimensions and established an existence result of Lagrangian multipliers and Lagrangian duality theory. Li[2] obtained optimality conditions for optimization of set-valued maps by using the alternative theorem under subconvexlike set-valued maps. Hu[3] presented a number of the necessary and sufficient conditions in term of cone-weakly efficient subdifferential for the weakly efficient solutions of vector optimization problem based on convex set-valued maps. Song[4] discussed Lagrangian duality for vector optimization of set-valued maps with the aid of a general cone separation theorem.

In this paper, we consider vector optimization of set-valued maps in real linear spaces, without any topological structure. Under assumption of generalized subconvexlikeness for set-valued maps, we obtain some optimality conditions and Lagrangian multiplier theorems in vector optimization of set-valued maps. Weak saddle points and Lagrange duality will be treated elsewhere.

This paper is organized as follows. In section 2, we give some notations and preliminaries. In sections 3 to 4, the main results are presented.

10.2 Notations and Preliminaries

Let D be an arbitrarily chosen nonempty set; Y

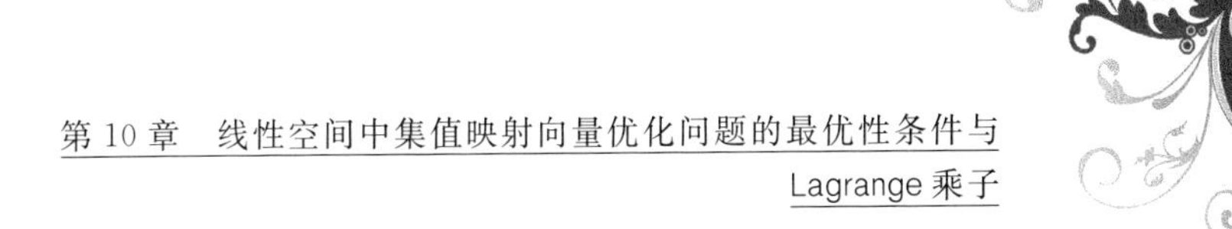

a real linear space; the set $Y_+ \subset Y$ a pointed convex cone. Let B be a nonempty subset in Y. Denote by B^i the algebraic interior of B. The generated cone of B is defined by cone $(B)=\{\alpha b \mid \alpha \geqslant 0, b \in B\}$.

Throughout this chapter, we assume that Y_+^i, the algebraic interior of Y_+, is nonempty. Define $Y^\square$ to consist of all linear functionals $Y \to \mathbf{R}$, where $\mathbf{R}$ is set of all real numbers. Obviously, Y^*, the algebraic dual of Y, is also a linear space under the pointwise addition and multiplication with real numbers. The algebraic dual cone Y_+^* of Y_+, is defined by $Y_+^* = \{y^* \in Y^* \mid \langle y, y^* \rangle \geqslant 0, \forall y \in Y_+\}$, where $\langle y, y^* \rangle$ denotes the value of the linear functional y^* at the point y. Denote by O the null element for every linear space.

Suppose that $F: D \to 2^Y$ is a set-valued map form D to Y, where 2^Y denotes the power set of Y. Let $F(D)=\bigcup_{x \in D} F(x)$, $\langle F(x), y^* \rangle = \{\langle y, y^* \rangle \mid y \in F(x)\}$, and $\langle F(D), y^* \rangle = \bigcup_{x \in D} \langle F(x), y^* \rangle$. For $A \subset \mathbf{R}, b \in \mathbf{R}$, write $A \geqslant (\leqslant, >, <) b$, if $a \geqslant (\leqslant, >, <) b$, $\forall a \in A$.

Definition 2. 1 A set-valued map $F: D \to 2^Y$ is called generalized Y_+-subconvexlike(or shortly, generalized subconvexlike), if the set cone $(F(D)) + Y_+^i$ is convex.

Lemma 2. 1 Let Y be a real linear space with pointed convex cone Y_+. Suppose $Y_+^i \neq \varnothing$. Then

$Y_+ + Y_+^i \subset Y_+^i$.

In fact, Lemma 2.1 is derived directly by definition of Y_+^i, which was introduced in Ref. 7.

Lemma 2.2(See Ref. 6) The set-valued map $F: D \to 2^Y$ is generalized subconvexlike, if and only if, there exists $\theta \in Y_+^i$, such that $\forall x_1, x_2 \in D$, $\forall \lambda \in (0,1)$, $\forall \varepsilon > 0$, satisfying

$$\varepsilon\theta + \lambda F(x_1) + (1-\lambda) f(x_2) \subset \text{cone}(F(D)) + Y_+$$

Lemma 2.3 If $y_0 \in Y_+^i$, $y^* \in Y_+^*$, with $y^* \neq O$, then $\langle y_0, y^* \rangle > 0$.

Indeed, the proof of Lemma 2.3 is similar to the proof of Lemma 3.1 in Ref. 2, or the proof of Lemma 2.1 in Ref. 3.

Lemma 2.4(See Ref. 6) Let D be a nonempty set. Let Y be a real linear space with a pointed convex cone Y_+ with nonempty algebraic interior Y_+^i. If a set-valued map $F: D \to 2^Y$ is generalized subconvexlike, then either (i) or (ii) holds:

(i) there is $x_0 \in D$ such that $-F(x_0) \cap Y_+^i \neq \Phi$;

(ii) there is $y^* \in Y_+^*$, with $y^* \neq O$, such that $\langle F(x), y^* \rangle \geqslant 0, \forall x \in D$.

The two alternatives (i) and (ii) exclude each other.

10.3 Optimality Conditions

Let Y, Z, W be real linear spaces with pointed

convex cones Y_+, Z_+, W_+ with nonempty algebraic interior, respectively. Let $F: D\to 2^Y$, $G: D\to 2^Z$, $H: D\to 2^W$ be set-valued maps form D to Y, Z and W, respectively.

In this chapter, we consider the following vector optimization problem (P) with set -valued maps.

$$\begin{aligned} \min \quad & F(x) \qquad \text{(P)} \\ \text{s. t.} \quad & -G(x)\cap Z_+\neq\varnothing \\ & O\in H(x), x\in D \end{aligned}$$

The feasible set of problem (P) is defined as $K=x\in D|-G(x)\cap Z_+\neq\varnothing, O\in H(x)\}$.

Definition 3.1 $x_0\in K$ is called a weakly efficient solution of (P), if there exists $y_0\in F(x_0)$ such that $(y_0-F(K))\cap Y_+^i=\varnothing$. The pair (x_0, y_0) is called a Y_+ $-$weak minimizer of (P).

Set $I(x)=F(x)\times G(x)\times H(x)$, $\forall x\in D$. Obviously, I is a set-valued map from D to the product space $Y\times Z\times W$, which is a real linear space with a positive cone $Y_+\times Z_+\times W_+$ with nonempty algebraic interior. It is easy to verify that $(Y_+\times Z_+\times W_+)^i=Y_+^i\times Z_+^i\times W_+^i$, and that $(Y_+\times Z_+\times W_+)^*=Y_+^*\times Z_+^*\times W_+^*$. We say later that I is generalized subconvexlike; i. e., the set cone $(I(D))+(Y_+\times Z_+\times W_+)^i$ convex.

Theorem 3.1 Suppose the following:

(i) (x_0, y_0) is a Y_+- weak minimizer of (P);

(ii) $(F(x)-y_0)\times G(x)\times H(x)$ is generalized subconverxlike on D, and $-G(D\backslash K)\cap Z_+^i=\varnothing$;

(iii) $O\in(H(D))^i$; $\exists x'\in D$, such that $O\in H(x')$, $-G(x')\cap Z_+^i\neq\varnothing$.

Then, there exist $(y^*, z^*, w^*)\in Y_+^*\times Z_+^*\times W_+^*$, with $y^*\neq O$, such that

$$\inf_{x\in D}(\langle F(x),y^*\rangle+\langle G(x),z^*\rangle+\langle H(x),w^*\rangle)=\langle y_0,y^*\rangle$$

$$\inf(\langle G(x_0),z^*\rangle+\langle H(x_0),w^*\rangle)=0$$

$$\inf\langle G(x_0),z^*\rangle=0$$

Proof Set $I^\#(x)=(F(x)-y_0)\times G(x)\times H(x)$, $\forall x\in D$. Obviously, $I^\#(x)=I(x)-(y_0,O,O)$, $\forall x\in D$. By assumption (i), we have $(y_0-F(K))\cap Y_+^i=\varnothing$. Since $-G(D\backslash K)\cap Z_+^i=\varnothing$, hence we get $-I^\#(x)\cap(Y_+\times Z_+\times W)^i=\varnothing$, $\forall x\in D$. Thus, according to Lemma 2. 4 and assumption (ii), there exist $(y^*, z^*, w^*)\in Y_+^*\times Z_+^*\times W_+^*\backslash\{(O,O,O)\}$, such that $\langle I^\#(x),(y^*,z^*,w^*)\rangle\geqslant 0$, $\forall x\in D$. i. e.

$$\langle F(x),y^*\rangle+\langle G(x),z^*\rangle+\langle H(x),w^*\rangle \geqslant\langle y_0,y^*\rangle,\ \forall x\in D \tag{1}$$

We show $y^*\neq O$ in the following. Assume the contrary. Then, $(z^*, w^*)\neq(O,O)$. We have two cases.

First case. $z^*\neq O$. Then (1) can be written as

$$\langle G(x),z^*\rangle+\langle H(x),w^*\rangle\geqslant 0,\ \forall x\in D \tag{2}$$

It follows by assumption (iii) that $\exists u\in G(x')$ such

that $-u\in Z_{+}^{i}$. Hence, by lemma 2.3, we have $\langle u, z^{*}\rangle<0$, which contradicts(2).

Second case. $z^{*}=O$. Then $w^{*}\neq O$, and (1) can be written as

$$\langle H(x), w^{*}\rangle\geqslant 0, \forall x\in D$$

Since $O\in(H(D))^{i}$, then for any given $v\in W$, there is $\varepsilon>0$ such that $\pm\varepsilon v\in H(D)$. It follows that $\langle v, w^{*}\rangle=0, \forall v\in W$. i.e., $w^{*}=O$. This is a contradiction.

Therefore, the proof of $y^{*}\neq O$ is complete.

Since $x_0\in K$, there is $p\in G(x_0)$ such that $-p\in Z_{+}$. It follows that $\langle p, z^{*}\rangle\leqslant 0$. On the other hand, taking $x=x_0$ in (1), we obtain

$$\langle y_0, y^{*}\rangle+\langle p, z^{*}\rangle+\langle O, w^{*}\rangle\geqslant\langle y_0, y^{*}\rangle$$

i.e., $\langle p, z^{*}\rangle\geqslant 0$. Therefore, $\langle p, z^{*}\rangle=0$, which implies that

$$\langle y_0, y^{*}\rangle\in\langle F(x_0), y^{*}\rangle+\langle G(x_0), z^{*}\rangle+\langle H(x_0), w^{*}\rangle$$

Hence, it follows by (1) that

$$\inf_{x\in D}(\langle F(x), y^{*}\rangle+\langle G(x), z^{*}\rangle+\langle H(x), w^{*}\rangle)=\langle y_0, y^{*}\rangle$$

In a similar way, we have $\inf(\langle G(x_0), z^{*}\rangle+(H(x_0), w^{*}))=0$, and $\inf\langle G(x_0), z^{*}\rangle=0$.

Theorem 3.2 Suppose the following:

(i) $x_0\in K$;

(ii) $\exists y_0\in F(x_0), (y^{*}, z^{*}, w^{*})\in Y_{+}^{*}\times Z_{+}^{*}\times W_{+}^{*}$, with $y^{*}\neq O$, such that

$$\inf_{x\in D}(\langle F(x), y^{*}\rangle+\langle G(x), z^{*}\rangle+\langle H(x), w^{*}\rangle)$$

$\geqslant \langle y_0, y^* \rangle$

Then, (x_0, y_0) is *a* Y_+—weak minimizer of (P).

Proof According to assumption (ii), we have

$$\langle F(x)-y_0, y^* \rangle + \langle G(x), z^* \rangle + \langle H(x), w^* \rangle \geqslant 0,$$
$$\forall x \in D \tag{3}$$

Suppose that there is $x^{\#} \in K$ such that $(y_0 - F(x^{\#})) \cap Y_+^i \neq \varnothing$. Then, $\exists t \in F(x^{\#})$, $\exists q \in G(x^{\#})$ such that $y_0 - t \in Y_+^i$, $-q \in Z_+$. It follows that

$$\langle t-y_0, y^* \rangle + \langle q, z^* \rangle + \langle O, w^* \rangle < 0$$

which contradicts (3). Therefore, we have $(y_0 - F(K)) \cap Y_+^i = \varnothing$, which implies that (x_0, y_0) is a Y_+— weak minimizer of (P).

Corollary 3.2 Suppose the following:

(i) $x_0 \in K$;

(ii) $\exists y_0 \in F(x_0)$, $(y^*, z^*, w^*) \in Y_+^* \times Z_+^* \times W_+^* \setminus \{(O,O,O)\}$, such that

$$\inf_{x \in D} (\langle F(x), y^* \rangle + \langle G(x), z^* \rangle + \langle H(x), w^* \rangle)$$
$$\geqslant \langle y_0, y^* \rangle$$

(iii) $O \in (H(D))^i$; $\exists x' \in D$, such that $O \in H(x')$, $-G(x') \cap Z_+^i \neq \varnothing$.

Then, (x_0, y_0) is a Y_+ — weak minimizer of (P).

10.4 Lagrange Multipliers

In the following, we consider a scalar minimiza-

tion problem ($P_{y□}$) with set-valued maps for problem (P)

$$\min_{x \in K} \langle F(x), y^* \rangle, y^* \in Y^* \setminus \{O\} \qquad (P_{y^*})$$

Definition 4.1 $x_0 \in K$ is called an optimal solution of (P_{y^*}), if there exists $y_0 \in F(x_0)$ such that $\langle y_0, y^* \rangle \leqslant \langle F(x), y^* \rangle, \forall x \in K$.

Lemma 4.1(See Ref. 6) Suppose that (x_0, y_0) is a Y_+ -weak minimizer of (P), and suppose that $F(x) - y_0$ is generalized subconvexlike on K. Then there exists $y^* \in Y_+^*$, with $y^* \neq O$, such that x_0 is optimal for problem (P_{y^*}).

Let $L(Z, Y)$ be the set of all linear operators form Z to Y. Define $\mathcal{L}_+(Z,Y)$ by $\mathcal{L}_+(Z,Y) = \{T \in L(Z,Y) \mid T(Z_+) \subset Y_+\}$. The meanings of $L(W,Y)$, $L_+(W,Y)$ are respectively similar.

The lagrangian map for (P) is the set-valued map $L: D \times \mathcal{L}_+(Z,Y) \times L(W,Y) \to 2^Y$ defined by

$$L(x,T,M) = F(x) + T(G(x)) + M(H(x))$$
$$(x,T,M) \in D \times \mathcal{L}_+(Z,Y) \times L(W,Y)$$

Consider the following unconstrained vector optimization problem

$$(UP) \min_{x \in D} L(x,T,M), (T,M) \in \mathcal{L}_+(Z,Y) \times L(W,Y)$$

Lemma 4.2 Let $I(x)$ be generalized $R_+ \times Z_+ \times W_+$ -subconvexlike(or shortly, generalized subconvexlike) on D.

In fact, Lemma 4.1 is easily deduced by Lemma

2.2.

Theorem 4.1 Suppose the following:

(i) (x_0, y_0) is a Y_+ — weak minimizer of (P);

(ii) $F(x)-y_0$ is generalized subconverlike on K, and $-G(D\backslash K)\cap Z_+^i=\varnothing$, and $(F(x)-y_0)\times G(x)\times H(x)$ is generalized subconvexlike on D;

(iii) $O\in(H(D))^i$; $\exists x'\in D$ such that $O\in H(x'), -G(x')\cap Z_+^i\neq\varnothing$.

Then, there exists $(T, M)\in\mathcal{L}_+(Z, Y)\times L(W, Y)$, such that (x_0, y_0) is a Y_+ — weak minimizer of (UP), and $O\in T(G(x_0))\cap M(H(x_0))$.

Proof Acoording to Lemma 4.1, there exists $y^*\in Y_+^*$, with $y^*\neq O$, such that

$$\langle F(x)-y_0, y^*\rangle\geqslant 0, \forall x\in K \tag{4}$$

Set $J(x)=\langle F(x)-y_0, y^*\rangle\times G(x)\times H(x)$, $\forall x\in D$. Obviously, $J(x)=\langle F(x), y^*\rangle\times G(x)\times H(x)-(\langle y_0, y^*\rangle, O, O)$, $\forall x\in D$. It follows by Lemma 4.2 that $J(x)$ is generalized subconvexlike on D. By (4) and assumption (ii), we have

$$-J(x)\cap(\mathbf{R}_+^i\times Z_+^i\times W_+^i)=\varnothing, \forall x\in D$$

where $R_+^i=\{r\in\mathbf{R}\mid r>0\}$.

Thus, by Lemma 2.4, $\exists k\in\mathbf{R}_+$, $z^*\in Z_+^*$, $w^*\in W_+^*$, with $(k, z^*, w^*)\neq O$ such that $\langle J(x), (k, z^*, w^*)\rangle\geqslant 0$, $\forall x\in D$. i.e.

$$k\langle F(x)-y_0, y^*\rangle+\langle G(x), z^*\rangle+\langle H(x), w^*\rangle\geqslant 0, \quad \forall x\in D \tag{5}$$

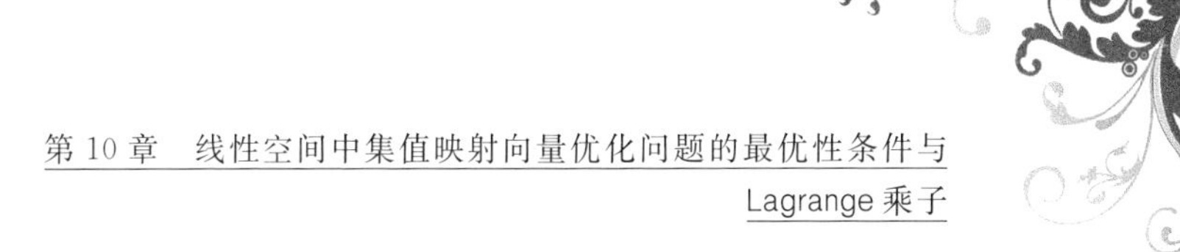

Due to $x_0 \in K$, consequently, there exists $p \in G(x_0)$ *such that* $-p \in Z_+$, which implies $\langle p, z^* \rangle \leqslant 0$. Take $x = x_0$ in (5). Observing $O \in H(x_0)$, we get $\langle p, z^* \rangle \geqslant 0$. Therefore, $\langle p, z^* \rangle = 0$. This illustrates that

$$O \in \langle G(x_0), z^* \rangle \tag{6}$$

By assumption (iii) and Lemma 2. 3, we have $k > 0$.

Since Y_+^* is a cone, then $ky^* \in Y_+^*$, and $ky^* \neq O$. Thus, for any given $y \in Y_+^i \subset Y_+$, we have $\langle y, ky^* \rangle > 0$. Set $y_1 = y / \langle y, ky^* \rangle \in Y_+$. Then $\langle y_1, ky^* \rangle = 1$.

Define the two linear operators $T: Z \to Y$, $M: W \to Y$ as

$$T(z) = \langle z, z^* \rangle y_1, \forall z \in Z$$

$$M(w) = \langle w, w^* \rangle y_1, \forall w \in W$$

respectively. It is clear that $T \in \mathcal{L}_+(Z, Y)$, $M \in L_+(W, Y) \subset L(W, Y)$. So, $T(G(x_0)) = \langle G(x_0), z^* \rangle y_1$. By (6) we have $O \in T(G(x_0))$. Because of $O \in H(x_0)$, we also have $O \in M(H(x_0))$, Thus, $O \in T(G(x_0)) \cap M(H(x_0))$.

Since $(1/k)\langle G(x), z^* \rangle = \langle T(G(x)), y^* \rangle$, and $(1/k)\langle H(x), w^* \rangle = \langle M(H(x)), y^* \rangle$, then (5) can be written as $\langle F(x), y^* \rangle + \langle T(G(x)), y^* \rangle + \langle M(H(x)), y^* \rangle \geqslant (y_0, y^*)$, $\forall x \in D$. i. e. ,

$$\langle F(x) + T(G(x)) + M(H(x)), y^* \rangle \geqslant \langle y_0, y^* \rangle,$$

$$\forall x \in D \tag{7}$$

Thereby, x_0 is a weakly efficient solution of (UP). In fact, assume the contrary. Then, due to $y_0 \in F(x_0)+T(G(x_0))+M(H(x_0))=L(x_0, T, M)$, we have $(y_0-L(D, T, M)) \cap Y_+^* \neq \varnothing$, where $L(D, T, M)=\bigcup_{x \in D} L(x, T, M)$. Thus, there exists $y' \in L(D, T, M)$ such that $y_0-y' \in Y_+^i$. Therefore, $\langle y_0-y', y^* \rangle > 0$. i. e.

$$\langle y_0, y^* \rangle > \langle y', y^* \rangle$$

which contradicts (7). Therefore, (x_0, y_0) is a Y_+-weak minimizer of (UP).

Theorem 4.2 Suppose the following:

(i) $x_0 \in K$;

(ii) $\exists (T, M) \in \mathcal{L}_+(Z, Y) \times L(W, Y)$, s. t. $O \in T(G(x_0)) \cap M(H(x_0))$;

(iii) $y_0 \in F(x_0)$ such that (x_0, y_0) is a Y_+-weak minimizer of (UP), the pair (T, M) of which is given by (ii).

Then, x_0 is a weakly efficient solution of (P).

Proof By assumption (iii), we have

$$(y_0-L(x, T, M)) \cap Y_+^i=\varnothing, \forall x \in D \tag{8}$$

Because of $O \in T(G(x_0)) \cap M(H(x_0))$, and $y_0 \in F(x_0)$, we obtain $y_0 \in F(x_0)+T(G(x_0))+M(H(x_0))$.

If x_0 is not a weakly efficient solution of (P), then $(y_0-F(K)) \cap Y_+^i \neq \varnothing$. Thus, there exists

$x' \in K$ such that

$$(y_0 - F(x')) \cap Y_+^i \neq \varnothing \tag{9}$$

Then, there exists $p \in G(x')$ such that $-p \in Z_+$. So, $T(-p) \in Y_+$. By (9), there exists $y' \in F(x')$ such that $y_0 - y' \in Y_+^i$. Hence, we have $y_0 - (y' + T(p) + M(O)) \in Y_+^i + Y_+ \subset Y_+^i$. i. e.

$$(y_0 - L(x', T, M)) \cap Y_+^i \neq \varnothing$$

which contradicts (8).

参考文献

[1] CORLEY H W. Existence and lagrange duality for maximization of set-valued functions[J]. Journal of Optimization theory and applications, 1987, 54: 489-501.

[2] LI Z M. A theorem of the alternative and its application to the optimality of set-valued maps[J]. Journal of Optimization Theory and Applications, 1999, 100: 365-375.

[3] HU Y D, MENG Z Q. On optimality condition for vector optimization based on convex set-valued mapping[J]. OR Transactions, 1998, 2: 1-5.

[4] SONG W. Duality for vector optimization of set-valued functions[J]. Journal of Mathematics Analysis and Applications, 1996, 201: 212-225.

[5] LIN L J. Optimization of set-valued functions[J]. Journal of Mathematics Analysis and Applications, 1994, 186: 30-51.

[6] HUANG Y W, ZHOU Z H, LI R B. A theorem of the alternative and its application to the scalarization problems with set-valued maps in linear spaces, theory, method, and

application of decision-making science[M]. HongKong: Joyo Publishing Agency Limited, 2000.

[7] TIEL J V. Convex analysis: an introductory text[M]. New York: John Wiley and Sons, 1984.

[8] HUANG Y W, LI Z M, CHEN Z D. Theorems of the alternative for nearly convexlike set-valued maps[J]. Journal of Chongqing Jianzhu University, 2000, 22(4): 61-64.

第11章 一类新的 Lagrange 乘子法

上海电力学院的李康弟和同济大学应用数学系的濮定国两位教授 2006 年提出了求解光滑不等式约束最优化问题新的乘子法. 在增广 Lagrange 函数中，使用了新的 NCP 函数的乘子法. 该方法在增广 Lagrange 函数和原问题之间存在很好的等价性；同时该方法具有全局收敛性，且在适当假设下，具有超线性收敛率. 本章给出了一个有效选择参数 C 的方法.

11.1 Introduction

This chapter is concerned with finding a solution of the constrained nonlinear optimization Problem(NLP):

$$\begin{aligned} \min \quad & f(\boldsymbol{x}), \boldsymbol{x} \in \mathbf{R}^n \\ \text{s.t.} \quad & H(\boldsymbol{x}) = \mathbf{0} \\ & G(\boldsymbol{x}) \leqslant \mathbf{0} \end{aligned}$$

where $f:\mathbf{R}^n \to \mathbf{R}$, $H(\boldsymbol{x})=(h_1(\boldsymbol{x}),\cdots,h_p(\boldsymbol{x}))^{\mathrm{T}}:\mathbf{R}^n \to \mathbf{R}^p$ and $G(\boldsymbol{x})=(g_1(\boldsymbol{x}),\cdots,g_m(\boldsymbol{x}))^{\mathrm{T}}:\mathbf{R}^n \to \mathbf{R}^m$ are twice continuously differentiable functions.

We denote by

$$D=\{\boldsymbol{x}\in \mathbf{R}^n \mid G(\boldsymbol{x})\leqslant \mathbf{0}, H(\boldsymbol{x})=\mathbf{0}\} \tag{1}$$

the feasible set of the Problem (NLP).

The Lagrange function associated with the Problem (NLP) is the function

$$L(\boldsymbol{x},\boldsymbol{\omega},\boldsymbol{\lambda})=f(\boldsymbol{x})+\boldsymbol{\omega}^{\mathrm{T}}H(\boldsymbol{x})+\boldsymbol{\lambda}^{\mathrm{T}}G(\boldsymbol{x}) \tag{2}$$

where $\boldsymbol{\omega}=(\omega_1,\omega_2,\cdots,\omega_p)^{\mathrm{T}}\in \mathbf{R}^p$ and $\boldsymbol{\lambda}=(\lambda_1,\lambda_2,\cdots,\lambda_m)^{\mathrm{T}}\in \mathbf{R}^m$ are the multiplier vectors. For simplicity, we use $(\boldsymbol{x},\boldsymbol{\omega},\boldsymbol{\lambda})$ to denote the column vector $(\boldsymbol{x}^{\mathrm{T}},\boldsymbol{\omega}^{\mathrm{T}},\boldsymbol{\lambda}^{\mathrm{T}})^{\mathrm{T}}$.

A Karush-Kuhn-Tucker (KKT) point $(\bar{\boldsymbol{x}},\bar{\boldsymbol{\omega}},\bar{\boldsymbol{\lambda}})\in \mathbf{R}^n\times\mathbf{R}^p\times\mathbf{R}^m$ is a point that satisfies the necessary optimality conditions for the Problem(NLP)

$$\begin{cases}\nabla_x L(\bar{\boldsymbol{x}},\bar{\boldsymbol{\omega}},\bar{\boldsymbol{\lambda}})=\mathbf{0}, G(\bar{\boldsymbol{x}})\leqslant\mathbf{0}\\ H(\bar{\boldsymbol{x}})=\mathbf{0}, \bar{\boldsymbol{\lambda}}^{\mathrm{T}}G(\bar{\boldsymbol{x}})=0, \bar{\boldsymbol{\lambda}}\geqslant\mathbf{0}\end{cases} \tag{3}$$

An augmented Lagrange function associated with the Problem (NLP) is a function $S(\boldsymbol{x},\boldsymbol{\omega},\boldsymbol{\lambda},C)$, where C is a positive parameter. An augmented Lagrange function possesses exactness properties if, for some value of C, its unconstrained minimum corresponds to the solutions of the constrained problem (NLP) and the associated multipliers. Pillo and Grippo proposed a class of augmented Lagrange func-

tion methods which have nice equivalence between the unconstrained optimization and the primal constrained problem and get good convergence properties of the related algorithm. However, a max function is used for these methods which may be not differentiable at infinite numbers of points. To overcome this shortcoming, in this chapter. a new class of augmented Lagrange functions with the Fischer-Burmeister NCP function and some Lagrange multiplier method is proposed for the minimization of a smooth function subject to smooth equation and inequality constraints. This method is based on the solutions of the unconstrained optimization which is reformulation of the primal constrained problem. The method is an iterative method in which, locally, the iteration can be viewed as the Newton or quasi Newton iteration. We prove the equivalence between the unconstrained optimization and the primal constrained problem. This method is implementable and globally convergent. We also prove that the method has superlinear convergence rate under some mild conditions. In particular, we construct a function to adjust the parameter in the augmented Lagrange function.

The Fischer-Burmeister function ψ has a very simple structure $\psi(a,b)=\sqrt{a^2+b^2}-a-b$. ψ is continuously differentiable everywhere except at the origin, but it is strongly semismooth at the origin. Let

$$\phi_i(\boldsymbol{x},\boldsymbol{\lambda},C)=\psi((-Cg_i(\boldsymbol{x})),\lambda_i),1\leqslant i\leqslant m$$

where $C>0$ is a parameter. $\phi_i(\boldsymbol{x},\boldsymbol{\lambda},C)=0$ if and only if $g_i(\boldsymbol{x})\leqslant 0,\lambda_i\geqslant 0$ and $\lambda_i g_i(\boldsymbol{x})=0$ for any $C>0$.

We denote $\Phi(\boldsymbol{x},\boldsymbol{\lambda},C)=(\phi_1(\boldsymbol{x},\boldsymbol{\lambda},C),\cdots,\phi_m(\boldsymbol{x},\boldsymbol{\lambda},C))^{\mathrm{T}}$. Clearly, the KKT point conditions (3) is equivalently reformulated as the condition $\phi(\boldsymbol{x},\boldsymbol{\lambda},C)=0$, $H(\boldsymbol{x}))=\mathbf{0}$ and $\nabla_x L(\boldsymbol{x},\boldsymbol{\omega},\boldsymbol{\lambda})=\mathbf{0}$.

This chapter is outlined as follows: In the next section we give some preliminary results of the augmented Lagrange functions with the Fischer-Burmeister NCP function. We prove the equivalence between the unconstrained optimization and the primal constrained problem. In Section 3, we give the algorithm and prove the global convergence and superlinear convergence of the algorithm. A simple discussion is in Section 4.

11.2 Preliminary Results

In this section we assume:

A1 $f,h_i(\boldsymbol{x}),i=1,2,\cdots,p$ and $g_j(\boldsymbol{x}),j=1,2,\cdots,m$ are twice Lipschitz continuously differentiable.

A2 $\{\nabla h_i(\boldsymbol{x}),\nabla g_j(\boldsymbol{x})\mid i=1,2,\cdots,p,j=1,2,\cdots,m\}$ are linear independent at the point with $\nabla S(\boldsymbol{x},\boldsymbol{\omega},\boldsymbol{\lambda},C)=0$ for any $C>0$.

For Problem (NLP), we define a Di Pillo and Grippo type Lagrange multiplier function $S: \mathbf{R}^{n+m+p} \to \mathbf{R}$, with the Fischer-Burmeister NCP function, as following:

$$\begin{aligned}
&\min S(\boldsymbol{x},\boldsymbol{\omega},\boldsymbol{\lambda},C) \\
&\stackrel{\text{def}}{=} f(\boldsymbol{x})+\boldsymbol{\omega}^{\mathrm{T}}H(\boldsymbol{x})+C\|H(\boldsymbol{x})\|^2/2+ \\
&\quad [\|\Phi(\boldsymbol{x},\boldsymbol{\lambda},C)+\boldsymbol{\lambda}\|^2-\|\boldsymbol{\lambda}\|^2]/(2C)+ \\
&\quad \|\nabla_x L(\boldsymbol{x},\boldsymbol{\omega},\boldsymbol{\lambda})\|^2/2 \qquad (4)
\end{aligned}$$

where $\boldsymbol{\omega}=(\omega_1,\cdots,\omega_p)^{\mathrm{T}}$ and $\boldsymbol{\lambda}=(\lambda_1,\cdots,\lambda_m)^{\mathrm{T}}$ are the Lagrange multipliers. $C>0$ is a parameter.

Lemma 1　If $(\boldsymbol{x},\boldsymbol{\omega},\boldsymbol{\lambda})$ is a KKT point of Problem (NLP), then $\nabla S(\boldsymbol{x},\boldsymbol{\omega},\boldsymbol{\lambda},C)=0$ for all $C>0$. On the other hand, if $\nabla S(\boldsymbol{x},\boldsymbol{\omega},\boldsymbol{\lambda},C)=0$, $\phi_j(\boldsymbol{x},\lambda_j,C)=0$ and $\nabla_x L(\boldsymbol{x},\boldsymbol{\omega},\boldsymbol{\lambda})=0$ for some C, then $(\boldsymbol{x},\boldsymbol{\omega},\boldsymbol{\lambda})$ satisfies the KKT conditions of Problem (NLP); If for sufficiently large C, $\nabla S(\boldsymbol{x},\boldsymbol{\omega},\boldsymbol{\lambda},C)=0$, then $(\boldsymbol{x},\boldsymbol{\omega},\boldsymbol{\lambda})$ satisfies the KKT conditions of Problem (NLP).

Proof　We denote the index sets I_0 and I_1 as follows

$$I_1(\boldsymbol{x},\boldsymbol{\lambda})=\{i\,|\,(g_i(\boldsymbol{x}),\lambda_i)\neq(0,0),i=1,2,\cdots,m\}$$

$$I_0(\boldsymbol{x},\boldsymbol{\lambda})=\{i\,|\,(g_i(\boldsymbol{x}),\lambda_i)=(0,0),i=1,2,\cdots,m\}$$

By the definition of $\phi_j(\boldsymbol{x},\lambda_j,C)$, for any $j\in I_0$, then $\phi_j(\boldsymbol{x},\lambda_j,C)=0$, $\phi_j(\boldsymbol{x},\lambda_j,C)+\lambda_j=0$ and $\|\nabla\phi(\boldsymbol{x},\boldsymbol{\lambda},C)+\boldsymbol{\lambda}\|^2=0$; for any $j\in I_1$, we have

$$\frac{\partial[(\phi_j(\boldsymbol{x},\lambda_j,C)+\lambda_j)^2-\lambda_j^2]}{\partial\lambda_j}$$

$$=\left(\frac{2\lambda_j}{\sqrt{(Cg_j(\boldsymbol{x}))^2+\lambda_j^2}}\right)(\sqrt{(Cg_j(\boldsymbol{x}))^2+\lambda_j^2}+Cg_j(\boldsymbol{x}))-2\lambda_j$$

$$=\frac{2C\lambda_j g_j(\boldsymbol{x})}{\sqrt{(Cg_j(\boldsymbol{x}))^2+\lambda_j^2}} \tag{5}$$

and

$$\frac{\nabla_x[(\phi_j(\boldsymbol{x},\lambda_j,C)+\lambda_j)^2]}{2C}$$

$$=\left(\frac{Cg_j(\boldsymbol{x})}{\sqrt{(Cg_j(\boldsymbol{x}))^2+\lambda_j^2}}+1\right)(\sqrt{(Cg_j(\boldsymbol{x}))^2+\lambda_j^2}+Cg_j(\boldsymbol{x}))\nabla g_j(\boldsymbol{x})$$

$$=\phi_j(\boldsymbol{x},\lambda_j,C)\nabla g_j(\boldsymbol{x})+\lambda_j\nabla g_j(\boldsymbol{x})+\left(\frac{Cg_j(\boldsymbol{x})}{\sqrt{(Cg_j(\boldsymbol{x}))^2+\lambda_j^2}}\right)(\sqrt{(Cg_j(\boldsymbol{x}))^2+\lambda_j^2}+Cg_j(\boldsymbol{x}))\nabla g_j(\boldsymbol{x}) \tag{6}$$

The gradient of $S(\boldsymbol{x},\boldsymbol{\omega},\boldsymbol{\lambda},C)$ is

$$\nabla_x S(\boldsymbol{x},\boldsymbol{\omega},\boldsymbol{\lambda},C)$$

$$=\nabla f(\boldsymbol{x})+\nabla H(\boldsymbol{x})\boldsymbol{\omega}+C\nabla H(\boldsymbol{x})H(\boldsymbol{x})+\nabla_x(\|\Phi(\boldsymbol{x},\boldsymbol{\lambda},C)+\boldsymbol{\lambda}\|^2)/(2C)+\nabla_{xx}^2 L(\boldsymbol{x},\boldsymbol{\omega},\boldsymbol{\lambda})\nabla_x L(\boldsymbol{x},\boldsymbol{\omega},\boldsymbol{\lambda})$$

$$=\nabla_x L(\boldsymbol{x},\boldsymbol{\omega},\boldsymbol{\lambda})+C\nabla H(\boldsymbol{x})H(\boldsymbol{x})+\nabla G(\boldsymbol{x})\Phi(\boldsymbol{x},\boldsymbol{\lambda},C)+\nabla_{xx}^2 L(\boldsymbol{x},\boldsymbol{\omega},\boldsymbol{\lambda})\nabla_x L(\boldsymbol{x},\boldsymbol{\omega},\boldsymbol{\lambda})+\sum_{j\in I_1}\left(\frac{Cg_j(\boldsymbol{x})}{\sqrt{(Cg_j(\boldsymbol{x}))^2+\lambda_j^2}}\right)(\sqrt{(Cg_j(\boldsymbol{x}))^2+\lambda_j^2}+Cg_j(\boldsymbol{x}))\nabla g_j(\boldsymbol{x}) \tag{7}$$

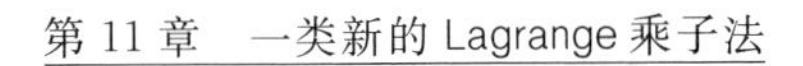

$$\nabla_\omega S(\boldsymbol{x},\boldsymbol{\omega},\boldsymbol{\lambda},C)=H(\boldsymbol{x})+(\nabla H(\boldsymbol{x}))^{\mathrm{T}}\nabla_x L(\boldsymbol{x},\boldsymbol{\omega},\boldsymbol{\lambda}) \tag{8}$$

and

$$\begin{aligned}\nabla_\lambda S(\boldsymbol{x},\boldsymbol{\omega},\boldsymbol{\lambda},C)&=\nabla_\lambda(\|\Phi(\boldsymbol{x},\boldsymbol{\lambda},C)+\boldsymbol{\lambda}\|^2-\\&\qquad\|\boldsymbol{\lambda}\|^2)/(2C)+\\&\qquad(\nabla G(\boldsymbol{x}))^{\mathrm{T}}\nabla_x L(\boldsymbol{x},\boldsymbol{\omega},\boldsymbol{\lambda})\\&=\boldsymbol{\zeta}+(\nabla G(\boldsymbol{x}))^{\mathrm{T}}\nabla_x L(\boldsymbol{x},\boldsymbol{\omega},\boldsymbol{\lambda})\end{aligned} \tag{9}$$

where $\boldsymbol{\zeta}$ denotes the column vector whose jth element ζ_j is

$$\zeta_{j\in I_1}=\frac{\lambda_j g_j(\boldsymbol{x})}{\sqrt{(Cg_j(\boldsymbol{x}))^2+\lambda_j^2}},\zeta_{j\in I_0}=0$$

If $(\boldsymbol{x},\boldsymbol{\omega},\boldsymbol{\lambda})$ is a KKT point of Problem (NLP), then $H(\boldsymbol{x})=\boldsymbol{0},\Phi(\boldsymbol{x},\boldsymbol{\lambda},C)=\boldsymbol{0}$ and $\nabla_x L(\boldsymbol{x},\boldsymbol{\omega},\boldsymbol{\lambda})=\boldsymbol{0}$. It is clear that $\nabla S(\boldsymbol{x},\boldsymbol{\omega},\boldsymbol{\lambda},C)=\boldsymbol{0}$ for all $C>0$. It is also clear that if $\nabla S(\boldsymbol{x},\boldsymbol{\omega},\boldsymbol{\lambda},C)=\boldsymbol{0}$, $\phi_j(\boldsymbol{x},\lambda_j,C)=0$ and $\nabla_x L(\boldsymbol{x},\boldsymbol{\omega},\boldsymbol{\lambda})=\boldsymbol{0}$ for some C. then $(\boldsymbol{x},\boldsymbol{\omega},\boldsymbol{\lambda})$ satisfies the KKT conditions of Problem (NLP).

Now, we assume $\nabla S(\boldsymbol{x},\boldsymbol{\omega},\boldsymbol{\lambda},C)=\boldsymbol{0}$ for sufficiently large C. It follows from (9), (5) and assumption A2 that

$$(\nabla G(\boldsymbol{x}))^{\mathrm{T}}\nabla_x L(\boldsymbol{x},\boldsymbol{\omega},\boldsymbol{\lambda})=0 \text{ and } \nabla_x L(\boldsymbol{x},\boldsymbol{\omega},\boldsymbol{\lambda})=\boldsymbol{0} \tag{10}$$

and for any $j=1,2,\cdots,m$.

$$\lambda_j g_j(\boldsymbol{x})=0 \tag{11}$$

(8) and (10) imply

$$H(\boldsymbol{x})=\boldsymbol{0} \tag{12}$$

Putting (10)～(12) into (7), then by A2 we have, for any $j \in I_1$, that

$$\phi_j(\boldsymbol{x},\lambda_j,C)+\left(\frac{Cg_j(\boldsymbol{x})}{\sqrt{(Cg_j(\boldsymbol{x}))^2+\lambda_j^2}}\right)\cdot$$
$$(\sqrt{(Cg_j(\boldsymbol{x}))^2+\lambda_j^2}+Cg_j(\boldsymbol{x}))=0 \tag{13}$$

If $g_j(\boldsymbol{x})=0$ then $\phi_j(\boldsymbol{x},\lambda_j,C)=0$, if $\lambda_j=0$ and $g_j(\boldsymbol{x})\neq 0$ then for sufficiently large C

$$(|g_j(\boldsymbol{x})|+g_j(\boldsymbol{x}))+(g_j(\boldsymbol{x})/|g_j(\boldsymbol{x})|)\cdot$$
$$(|g_j(\boldsymbol{x})|+g_j(\boldsymbol{x}))$$
$$=[|g_j(\boldsymbol{x})|+g_j(\boldsymbol{x})]^2/|g_j(\boldsymbol{x})|=0$$

then we have $g_j(\boldsymbol{x})<0$. So it follows from (13) that $\phi_j(\boldsymbol{x},\lambda_j,C)=0$ for each $j, 1\leqslant j\leqslant m$, i. e.

$$g_j(\boldsymbol{x})\leqslant 0, \lambda_j\geqslant 0, \lambda_j g_j(\boldsymbol{x})=0 \tag{14}$$

$(\boldsymbol{x},\boldsymbol{\omega},\boldsymbol{\lambda})$ satisfies the KKT conditions of Problem (NLP).

Lemma 2 If $(\bar{\boldsymbol{x}},\bar{\boldsymbol{\omega}},\bar{\boldsymbol{\lambda}})$ is a local minimum of $S(\boldsymbol{x},\boldsymbol{\omega},\boldsymbol{\lambda},C)$ for sufficiently large C, then $\bar{\boldsymbol{x}}$ is a local solution of Problem (NLP).

Proof If $(\bar{\boldsymbol{x}},\bar{\boldsymbol{\omega}},\bar{\boldsymbol{\lambda}})$ is a local minimum of $S(\boldsymbol{x},\boldsymbol{\omega},\boldsymbol{\lambda},C)$ for sufficiently large C, then there is a $\delta>0$ such that for any $(\boldsymbol{x},\boldsymbol{\omega},\boldsymbol{\lambda})\in B_\delta(\bar{\boldsymbol{x}},\bar{\boldsymbol{\omega}},\bar{\boldsymbol{\lambda}})=\{(\boldsymbol{x},\boldsymbol{\omega},\boldsymbol{\lambda})\mid \|(\boldsymbol{x},\boldsymbol{\omega},\boldsymbol{\lambda})-(\bar{\boldsymbol{x}},\bar{\boldsymbol{\omega}},\bar{\boldsymbol{\lambda}})\|\leqslant\delta\}$

$$S(\bar{\boldsymbol{x}},\bar{\boldsymbol{\omega}},\bar{\boldsymbol{\lambda}},C)\leqslant S(\boldsymbol{x},\boldsymbol{\omega},\boldsymbol{\lambda},C) \tag{15}$$

$\nabla_x L(\bar{\boldsymbol{x}},\bar{\boldsymbol{\omega}},\bar{\boldsymbol{\lambda}})=\boldsymbol{0}$ implies

$$(\nabla H(\bar{\boldsymbol{x}}),\nabla G(\bar{\boldsymbol{x}}))^{\mathrm{T}}(\nabla H(\bar{\boldsymbol{x}}),\nabla G(\bar{\boldsymbol{x}}))(\bar{\boldsymbol{\omega}},\bar{\boldsymbol{\lambda}})$$
$$=-(\nabla H(\bar{\boldsymbol{x}}),\nabla G(\bar{\boldsymbol{x}}))^{\mathrm{T}}\nabla f(\bar{\boldsymbol{x}})$$

For any $\boldsymbol{x}\in D$, assumption A2 implies that there is $a(\boldsymbol{\omega},\boldsymbol{\lambda})$

$$(\boldsymbol{\omega},\boldsymbol{\lambda})=-[(\nabla H(\boldsymbol{x}),\nabla G(\boldsymbol{x}))^{\mathrm{T}}(\nabla H(\boldsymbol{x}),\nabla G(\boldsymbol{x}))]^{-1}(\nabla H(\boldsymbol{x}),\nabla G(\boldsymbol{x}))^{\mathrm{T}}\nabla f(\boldsymbol{x})$$

Clearly, $\nabla_x L(\boldsymbol{x},\boldsymbol{\omega},\boldsymbol{\lambda})=\mathbf{0}$ and $(\boldsymbol{\omega},\boldsymbol{\lambda})\to(\bar{\boldsymbol{\omega}},\bar{\boldsymbol{\lambda}})$ as $\boldsymbol{x}\to\bar{\boldsymbol{x}}$. There is a $\delta_1, 0<\delta_1<\delta$, such that for any $\boldsymbol{x}\in B_{\delta_1}(\bar{\boldsymbol{x}})$ there is a $(\boldsymbol{x},\boldsymbol{\omega},\boldsymbol{\lambda})\in B_\delta(\bar{\boldsymbol{x}},\bar{\boldsymbol{\omega}},\bar{\boldsymbol{\lambda}})$ and $\nabla_x L(\boldsymbol{x},\boldsymbol{\omega},\boldsymbol{\lambda})=0$. By Lemma 1, $(\bar{\boldsymbol{x}},\bar{\boldsymbol{\omega}},\bar{\boldsymbol{\lambda}})$ satisfies the KKT conditions of Problem (NLP). We have $f(\bar{\boldsymbol{x}})=S(\bar{\boldsymbol{x}},\bar{\boldsymbol{\omega}},\bar{\boldsymbol{\lambda}})$. On the other hand, for any $\hat{\boldsymbol{x}}\in B_{\delta_1}(\bar{\boldsymbol{x}})\cap D$, there is a $(\hat{\boldsymbol{x}},\hat{\boldsymbol{\omega}},\hat{\boldsymbol{\lambda}})\in B_\delta(\bar{\boldsymbol{x}},\bar{\boldsymbol{\omega}},\boldsymbol{\lambda})$ such that $\nabla_x L(\hat{\boldsymbol{x}},\hat{\boldsymbol{\omega}},\hat{\boldsymbol{\lambda}})=\mathbf{0}$, $G(\hat{\boldsymbol{x}})\leqslant\mathbf{0}$, $\|\Phi(\hat{\boldsymbol{x}},\hat{\boldsymbol{\lambda}},C)+\hat{\boldsymbol{\lambda}}\|^2-\|\hat{\boldsymbol{\lambda}}\|^2\leqslant 0$ and $H(\hat{\boldsymbol{x}})=\mathbf{0}$ imply

$$f(\bar{\boldsymbol{x}})=S(\bar{\boldsymbol{x}},\bar{\boldsymbol{\omega}},\bar{\boldsymbol{\lambda}})\leqslant S(\hat{\boldsymbol{x}},\hat{\boldsymbol{\omega}},\hat{\boldsymbol{\lambda}},C)\leqslant f(\hat{\boldsymbol{x}}) \quad (16)$$

A3 The strict complementarity condition holds at each KKT point $(\bar{\boldsymbol{x}},\bar{\boldsymbol{\omega}},\bar{\boldsymbol{\lambda}})$.

A4 f, h_i and g_i are three time Lipschitz continuously differentiable.

Definition A Point $(\boldsymbol{x},\Lambda,\Omega)$ is said to satisfy the strong second-order sufficiency condition for Problem (NLP) if it satisfies the first-order KKT conditions and if $\boldsymbol{d}^{\mathrm{T}}\nabla_{xx}^2 L(\boldsymbol{x},\boldsymbol{\omega},\boldsymbol{\lambda})\boldsymbol{d}>0$ for all $\boldsymbol{d}\in$

$P(\boldsymbol{x})=\{\boldsymbol{d} \mid \boldsymbol{d}^{\mathrm{T}} \nabla H_i(\boldsymbol{x})=0, i=1, \cdots, p, \boldsymbol{d}^{\mathrm{T}} \nabla g_j(\boldsymbol{x}) \leqslant 0, j \in J(\boldsymbol{x})\}$. $J(\boldsymbol{x})=\{j \mid j=1, \cdots, m, g_j(\boldsymbol{x})=0\}$ and $\boldsymbol{d} \neq \mathbf{0}$.

A5 The strong second-order sufficiency condition holds at any KKT point $(\boldsymbol{x}, \boldsymbol{\omega}, \boldsymbol{\lambda})$ of Problem (NLP).

Lemma 3 Assume the assumptions A2 ~ A5 hold. If $(\bar{\boldsymbol{x}}, \bar{\boldsymbol{\omega}}, \bar{\boldsymbol{\lambda}}) \in X \times P \times M$ is a KKT point of Problem(NLP). Then for sufficiently large C, $S(\boldsymbol{x}, \boldsymbol{\omega}, \boldsymbol{\lambda}, C)$ is strong convex at $(\bar{\boldsymbol{x}}, \bar{\boldsymbol{\omega}}, \bar{\boldsymbol{\lambda}})$.

Proof If $(\bar{\boldsymbol{x}}, \bar{\boldsymbol{\omega}}, \bar{\boldsymbol{\lambda}})$ is a KKT point of Problem (NLP), then $\nabla_x L(\bar{\boldsymbol{x}}, \bar{\boldsymbol{\omega}}, \bar{\boldsymbol{\lambda}})=\mathbf{0}$, $\sqrt{(C g_j(\bar{\boldsymbol{x}}))^2+\bar{\lambda}_j^2}+C g_j(\bar{\boldsymbol{x}})=\bar{\lambda}_j \geqslant 0$ and $H(\bar{\boldsymbol{x}})=\mathbf{0}$. The assumption A3 implies $(g_j(\bar{\boldsymbol{x}}))^2+\bar{\lambda}_j^2 \neq 0$. It follows from (9) that

$$
\begin{aligned}
& \frac{\partial^2\left[\left(\phi_j(\bar{\boldsymbol{x}}, \bar{\lambda}_j, C)+\bar{\lambda}_j\right)^2-\bar{\lambda}_j^2\right]}{2 C \partial \lambda_j \partial \lambda_j} \\
& =\frac{C^2 g_j(\bar{\boldsymbol{x}})}{\sqrt{(C g_j(\bar{\boldsymbol{x}}))^2+\bar{\lambda}_j^2}}-\frac{\bar{\lambda}_j^2 g_j(\bar{\boldsymbol{x}})}{\left((C g_j(\bar{\boldsymbol{x}}))^2+\bar{\lambda}_j^2\right)^{3/2}} \\
& =\frac{g_j^3(\bar{\boldsymbol{x}})}{\left((C g_j(\bar{\boldsymbol{x}}))^2+\bar{\lambda}_j^2\right)^{3/2}}
\end{aligned}
\tag{17}
$$

For $j \neq i$

$$
\frac{\partial^2\left[\left(\phi_j(\bar{\boldsymbol{x}}, \bar{\lambda}_j, C)+\bar{\lambda}_j\right)^2-\bar{\lambda}_j^2\right]}{\partial \lambda_j \partial \lambda_t}=0 \tag{18}
$$

The Henssian of $S(\boldsymbol{x}, \boldsymbol{\omega}, \boldsymbol{\lambda}, C)$ at a KKT point $(\bar{\boldsymbol{x}}, \bar{\boldsymbol{\omega}}, \bar{\boldsymbol{\lambda}})$ is

$$\begin{aligned}
&\nabla^2_{xx} S(\bar{\boldsymbol{x}},\bar{\boldsymbol{\omega}},\bar{\boldsymbol{\lambda}},C) \\
&= \nabla^2_{xx} L(\bar{\boldsymbol{x}},\bar{\boldsymbol{\omega}},\bar{\boldsymbol{\lambda}}) + C\nabla H(\bar{\boldsymbol{x}})(\nabla H(\bar{\boldsymbol{x}}))^{\mathrm{T}} + \\
&\quad C\nabla^2_{xx} L(\bar{\boldsymbol{x}},\bar{\boldsymbol{\omega}},\bar{\boldsymbol{\lambda}}) L(\bar{\boldsymbol{x}},\bar{\boldsymbol{\omega}},\bar{\boldsymbol{\lambda}}) + \\
&\quad \sum_{j=1}^{m} \left(2C + \frac{3C^2 g_j(\bar{\boldsymbol{x}})}{\sqrt{(Cg_j(\bar{\boldsymbol{x}}))^2 + \bar{\lambda}_j^2}} - \frac{C^4 (g_j(\bar{\boldsymbol{x}}))^3}{((Cg_j(\bar{\boldsymbol{x}}))^2 + \bar{\lambda}_j^2)^{3/2}}\right) \cdot \\
&\quad \nabla g_j(\bar{\boldsymbol{x}})(\nabla g_j(\bar{\boldsymbol{x}}))^{\mathrm{T}} \qquad (19)
\end{aligned}$$

$$\nabla^2_{x\omega} S(\bar{\boldsymbol{x}},\bar{\boldsymbol{\omega}},\bar{\boldsymbol{\lambda}},C) = \nabla H(\bar{\boldsymbol{x}}) + \nabla^2_{xx} L(\bar{\boldsymbol{x}},\bar{\boldsymbol{\omega}},\bar{\boldsymbol{\lambda}}) \nabla H(\bar{\boldsymbol{x}})$$

$$\nabla^2_{x\lambda} S(\bar{\boldsymbol{x}},\bar{\boldsymbol{\omega}},\bar{\boldsymbol{\lambda}},C) = \nabla G(\bar{\boldsymbol{x}}) \mathrm{diag}(\eta) + \nabla^2_{xx} L(\bar{\boldsymbol{x}},\bar{\boldsymbol{\omega}},\bar{\boldsymbol{\lambda}}) \nabla G(\bar{\boldsymbol{x}})$$

where $\mathrm{diag}(\eta)$ denotes the diagonal matrix whose jth diagonal elenent is

$$\eta_j = \frac{\bar{\lambda}_j}{\sqrt{(Cg_j(\bar{\boldsymbol{x}}))^2 + \bar{\lambda}_j^2}}$$

$$\nabla^2_{\lambda\lambda} S(\bar{\boldsymbol{x}},\bar{\boldsymbol{\omega}},\bar{\boldsymbol{\lambda}},C) = \mathrm{diag}(\xi) + (\nabla G(\bar{\boldsymbol{x}}))^{\mathrm{T}} \nabla G(\bar{\boldsymbol{x}})$$

where $\mathrm{diag}(\xi)$ denotes diagonal matrix whose jth diagonal element is

$$\begin{aligned}
\xi_j &= \frac{g_j(\bar{\boldsymbol{x}})}{\sqrt{(Cg_j(\bar{\boldsymbol{x}}))^2 + \bar{\lambda}_j^2}} - \frac{\bar{\lambda}_j^2 g_j(\bar{\boldsymbol{x}})}{((Cg_j(\bar{\boldsymbol{x}}))^2 + \bar{\lambda}_j^2)^{3/2}} \\
&= \frac{C^2 g_j^3(\bar{\boldsymbol{x}})}{((Cg_j(\bar{\boldsymbol{x}}))^2 + \bar{\lambda}_j^2)^{3/2}}
\end{aligned}$$

$$\nabla^2_{\omega\omega} S(\bar{\boldsymbol{x}},\bar{\boldsymbol{\omega}},\bar{\boldsymbol{\lambda}},C) = \nabla H(\bar{\boldsymbol{x}})(\nabla H(\bar{\boldsymbol{x}}))^{\mathrm{T}}$$

$$\nabla^2_{\lambda\omega} S(\bar{\boldsymbol{x}},\bar{\boldsymbol{\omega}},\bar{\boldsymbol{\lambda}},C) = (\nabla G(\bar{\boldsymbol{x}}))^{\mathrm{T}} \nabla H(\bar{\boldsymbol{x}})$$

Suppose to the contrary that there are $C_i > 0$ and $(x_i, \omega_i, \lambda_i)$, $\|(x_i, \omega_i, \lambda_i)\| = 1$ such that $(x_i, \omega_i, \lambda_i) \to (\boldsymbol{x}, \boldsymbol{\omega}, \boldsymbol{\lambda})$, $\|(\boldsymbol{x}, \boldsymbol{\omega}, \boldsymbol{\lambda})\| = 1, C_i \to +\infty$, and

$$(x_i, \omega_i, \lambda_i)^{\mathrm{T}} \nabla^2 S(\bar{\boldsymbol{x}},\bar{\boldsymbol{\omega}},\bar{\boldsymbol{\lambda}},C)(x_i, \omega_i, \lambda_i) \leqslant 0 \quad (20)$$

Let

$$M_c = 2(\nabla H(\bar{\boldsymbol{x}})\boldsymbol{\omega})^{\mathrm{T}}\boldsymbol{x} + 2\sum_{j=1}^{m}\frac{\lambda_j\bar{\lambda}_j^3 x_j^{\mathrm{T}}\nabla g_j(\bar{\boldsymbol{x}}) + C^2\bar{\lambda}_j^2\bar{g}_j^3(\bar{\boldsymbol{x}})}{((Cg_j(\bar{\boldsymbol{x}}))^2+\bar{\lambda}_j^2)^{3/2}}$$

$$\leqslant 2\|\nabla H(\bar{\boldsymbol{x}})\| + 2\sum_{j=1}^{m}[\|\nabla g_j(\bar{\boldsymbol{x}})\| + |\xi_j|]$$

$$= M$$

and $M_1 = \|\boldsymbol{x}^{\mathrm{T}}\nabla H(\bar{\boldsymbol{x}})\|^2 + 2\sum_{j\in J(\bar{\boldsymbol{x}})}(\boldsymbol{x}^{\mathrm{T}}\nabla g_j(\bar{\boldsymbol{x}}))^2$,

$g_j(\bar{\boldsymbol{x}})\leqslant 0$ and $g_j(\bar{\boldsymbol{x}})\bar{\lambda}_j = 0$ imply

$$2C + \frac{3C^2 g_j(\bar{\boldsymbol{x}})}{\sqrt{(Cg_j(\bar{\boldsymbol{x}}))^2+\bar{\lambda}_j^2}} - \frac{C^1(g_j(\bar{\boldsymbol{x}}))^3}{((Cg_j(\bar{\boldsymbol{x}}))^2+\bar{\lambda}_j^2)^{3/2}}$$

$$= \begin{cases} 2C, \text{if } g_j(\bar{\boldsymbol{x}}) = 0 \\ 0, \text{if } g_j(\bar{\boldsymbol{x}}) < 0 \end{cases}$$

Because

$$\|\nabla_{xx}^2 L(\bar{\boldsymbol{x}},\bar{\boldsymbol{\omega}},\bar{\boldsymbol{\lambda}})\boldsymbol{x}\|^2 + \|\nabla H(\bar{\boldsymbol{x}})\boldsymbol{\omega}\|^2 + \|\nabla G(\bar{\boldsymbol{x}})\boldsymbol{\lambda}\|^2 +$$
$$2\boldsymbol{\lambda}^{\mathrm{T}}(\nabla G(\bar{\boldsymbol{x}}))^{\mathrm{T}}\nabla_{xx}^2 L(\bar{\boldsymbol{x}},\bar{\boldsymbol{\omega}},\bar{\boldsymbol{\lambda}})\boldsymbol{x} +$$
$$2\boldsymbol{\omega}^{\mathrm{T}}(\nabla H(\bar{\boldsymbol{x}}))^{\mathrm{T}}\nabla G(\bar{\boldsymbol{x}})\boldsymbol{\lambda} +$$
$$2\boldsymbol{\omega}^{\mathrm{T}}(\nabla H(\bar{\boldsymbol{x}}))^{\mathrm{T}}\nabla_{xx}^2 L(\bar{\boldsymbol{x}},\bar{\boldsymbol{\omega}},\bar{\boldsymbol{\lambda}})x$$
$$= \|\nabla_{xx}^2 L(\bar{\boldsymbol{x}},\bar{\boldsymbol{\omega}},\bar{\boldsymbol{\lambda}})\boldsymbol{x} + \nabla H(\bar{\boldsymbol{x}})\boldsymbol{\omega} + \nabla G(\bar{\boldsymbol{x}})\boldsymbol{\lambda}\|^2 \geqslant 0 \tag{22}$$

We have

$$(\boldsymbol{x},\boldsymbol{\omega},\boldsymbol{\lambda})^{\mathrm{T}}\nabla^2 S(\bar{\boldsymbol{x}},\bar{\boldsymbol{\omega}},\bar{\boldsymbol{\lambda}},C)(\boldsymbol{x},\boldsymbol{\omega},\boldsymbol{\lambda})$$
$$= \boldsymbol{x}^{\mathrm{T}}\nabla_{xx}^2 L(\bar{\boldsymbol{x}},\bar{\boldsymbol{\omega}},\bar{\boldsymbol{\lambda}})\boldsymbol{x} + C\|\boldsymbol{x}^{\mathrm{T}}\nabla H(\bar{\boldsymbol{x}})\|^2 +$$
$$\|\nabla_{xx}^2 L(\bar{\boldsymbol{x}},\bar{\boldsymbol{\omega}},\bar{\boldsymbol{\lambda}})\boldsymbol{x}\|^2 +$$
$$\sum_{j=1}^{m}\left(2C + \frac{3C^2 g_j(\bar{\boldsymbol{x}})}{\sqrt{(Cg_j(\bar{\boldsymbol{x}}))^2+\bar{\lambda}_j^2}} - \frac{C^4(g_j(\bar{\boldsymbol{x}}))^3}{((Cg_j(\bar{\boldsymbol{x}}))^2+\bar{\lambda}_j^2)^{3/2}}\right)\cdot$$

$$(\boldsymbol{x}^{\mathrm{T}}\nabla g_j(\bar{\boldsymbol{x}}))^2+$$

$$2\boldsymbol{x}^{\mathrm{T}}\nabla H(\bar{\boldsymbol{x}})\boldsymbol{\omega}+2\boldsymbol{\omega}^{\mathrm{T}}(\nabla H(\bar{\boldsymbol{x}}))^{\mathrm{T}}\nabla_{xx}^2 L(\bar{\boldsymbol{x}},\bar{\boldsymbol{\omega}},\bar{\boldsymbol{\lambda}})\boldsymbol{x}+$$

$$\sum_{j=1}^{m}\frac{2C\lambda_j\bar{\lambda}_j^3 x_j^{\mathrm{T}}\nabla g_j(\bar{\boldsymbol{x}})+2C^2\lambda_j^2\bar{g}_j^3(\bar{\boldsymbol{x}})}{((Cg_j(\bar{\boldsymbol{x}}))^2+\bar{\lambda}_j^2)^{3/2}}+$$

$$2\boldsymbol{\lambda}^{\mathrm{T}}(\nabla G(\bar{\boldsymbol{x}}))^{\mathrm{T}}\nabla_{xx}^2 L(\bar{\boldsymbol{x}},\bar{\boldsymbol{\omega}},\bar{\boldsymbol{\lambda}})\boldsymbol{x}+\|\nabla H(\bar{\boldsymbol{x}})\boldsymbol{\omega}\|^2+$$

$$2\boldsymbol{\omega}^{\mathrm{T}}(\nabla H(\bar{\boldsymbol{x}}))^{\mathrm{T}}\nabla G(\bar{\boldsymbol{x}})\boldsymbol{\lambda}+\|\nabla G(\bar{\boldsymbol{x}})\boldsymbol{\lambda}\|^2$$

$$\geqslant\boldsymbol{x}^{\mathrm{T}}\nabla^2 L(\bar{\boldsymbol{x}},\bar{\boldsymbol{\omega}},\bar{\boldsymbol{\lambda}})\boldsymbol{x}+CM_1+M_c \tag{23}$$

If $M_1>0$, then for any $C>[\boldsymbol{x}^{\mathrm{T}}\nabla_{xx}^2 L(\bar{\boldsymbol{x}},\bar{\boldsymbol{\omega}},\bar{\boldsymbol{\lambda}})\boldsymbol{x}+M]/M_1$, we have

$$(\boldsymbol{x},\boldsymbol{\omega},\boldsymbol{\lambda})^{\mathrm{T}}\nabla^2 L(\bar{\boldsymbol{x}},\bar{\boldsymbol{\omega}},\bar{\boldsymbol{\lambda}},C)(\boldsymbol{x},\boldsymbol{\omega},\boldsymbol{\lambda})>0$$

If $M_1=0$ and $x\neq 0$ then $x\in P(\bar{\boldsymbol{x}}),\boldsymbol{x}^{\mathrm{T}}\nabla_{xx}^2 L(\bar{\boldsymbol{x}},\bar{\boldsymbol{\omega}},\bar{\boldsymbol{\lambda}})\boldsymbol{x}>0$ and

$$M_c=\frac{2C^2\lambda_j^2\bar{g}_j^3(\bar{\boldsymbol{x}})}{((Cg_j(\bar{\boldsymbol{x}}))^2+\bar{\lambda}_j^2)^{3/2}}\to 0,C\to+\infty$$

So, for sufficiently large C

$$(\boldsymbol{x},\boldsymbol{\omega},\boldsymbol{\lambda})^{\mathrm{T}}\nabla^2 S(\bar{\boldsymbol{x}},\bar{\boldsymbol{\omega}},\bar{\boldsymbol{\lambda}},C)(\boldsymbol{x},\boldsymbol{\omega},\boldsymbol{\lambda})>0$$

If $M_1=0$ and $x=0$ then $(\nabla H,\nabla G)(\boldsymbol{\omega},\boldsymbol{\lambda})\neq 0$ and for sufficiently large C

$$(\boldsymbol{x},\boldsymbol{\omega},\boldsymbol{\lambda})^{\mathrm{T}}\nabla^2 S(\bar{\boldsymbol{x}},\bar{\boldsymbol{\omega}},\bar{\boldsymbol{\lambda}},C)(\boldsymbol{x},\boldsymbol{\omega},\boldsymbol{\lambda})$$

$$=\sum_{j=1}^{m}\frac{2C^2\lambda_j^2\bar{g}_j^3(\bar{\boldsymbol{x}})}{((Cg_j(\bar{\boldsymbol{x}}))^2+\lambda_j^2)^{3/2}}+\|\nabla H(\bar{\boldsymbol{x}})_\omega\|^2+$$

$$2\boldsymbol{\omega}^{\mathrm{T}}(\nabla H(\bar{\boldsymbol{x}}))^{\mathrm{T}}\nabla G(\bar{\boldsymbol{x}})\boldsymbol{\lambda}+\|\nabla G(\bar{\boldsymbol{x}})\boldsymbol{\lambda}\|^2>0 \tag{24}$$

So, there is a $\varepsilon>0$ and $\bar{C}$ such that for all $C\geqslant\bar{C}$

$$(\boldsymbol{x},\boldsymbol{\omega},\boldsymbol{\lambda})^{\mathrm{T}}\nabla^2 S(\bar{\boldsymbol{x}},\bar{\boldsymbol{\omega}},\bar{\boldsymbol{\lambda}},C)(\boldsymbol{x},\boldsymbol{\omega},\boldsymbol{\lambda})\geqslant 2\varepsilon$$

By the differentiability, we know that there is I such

that, for all $i \geqslant I$

$$(x_i, \omega_i, \lambda_i)^{\mathrm{T}} \nabla^2 S(\bar{\boldsymbol{x}}, \bar{\boldsymbol{\omega}}, \bar{\boldsymbol{\lambda}}, C)(x_i, \omega_i, \lambda_i) \geqslant \varepsilon > 0 \tag{25}$$

which is contradictory to (20). This lemma holds.

Assume the assumptions A2～A5 hold, then the following lemmas 4～7 hold.

Lemma 4 Let $X \times P \times M \subset \mathbf{R}^{n+p+m}$ be a compact set and assume $(\bar{\boldsymbol{x}}, \bar{\boldsymbol{\omega}}, \bar{\boldsymbol{\lambda}}) \in \mathrm{int}(X \times P \times M)$ is a KKT point of Problem (NLP). If $\bar{\boldsymbol{x}}$ is the unique global minimum point of Problem(NLP) on the compact set X, then $(\bar{\boldsymbol{x}}, \bar{\boldsymbol{\omega}}, \bar{\boldsymbol{\lambda}})$ is the unique global minimum point of $S(\boldsymbol{x}, \boldsymbol{\omega}, \boldsymbol{\lambda}, C)$ on int $(X \times P \times M)$ for sufficiently large C.

Proof Since $(\bar{\boldsymbol{x}}, \bar{\boldsymbol{\omega}}, \bar{\boldsymbol{\lambda}}) \in$ int $(X \times P \times W)$, the assumptions A2～A5 hold in its neighborhood $B_\delta(\bar{\boldsymbol{x}}, \bar{\boldsymbol{\omega}}, \bar{\boldsymbol{\lambda}}) \subset X \times P \times M$. According to Lemmas 1～3, $\exists \delta > 0$, $(\bar{\boldsymbol{x}}, \bar{\boldsymbol{\omega}}, \bar{\boldsymbol{\lambda}})$ is the unique minimum point of $S(\boldsymbol{x}, \boldsymbol{\omega}, \boldsymbol{\lambda}, C)$ on $B_\delta(\bar{\boldsymbol{x}}, \bar{\boldsymbol{\omega}}, \bar{\boldsymbol{\lambda}})$ for sufficiently large C. If $(\bar{\boldsymbol{x}}, \bar{\boldsymbol{\omega}}, \bar{\boldsymbol{\lambda}})$ is not the unique global minimum point of $S(\boldsymbol{x}, \boldsymbol{\omega}, \boldsymbol{\lambda}, C)$ on int $(X \times P \times M)$, then there exists another minimum point $(\hat{\boldsymbol{x}}, \hat{\boldsymbol{\omega}}, \hat{\boldsymbol{\lambda}}) \in \mathrm{int}(X \times P \times M)$ with $S(\hat{\boldsymbol{x}}, \hat{\boldsymbol{\omega}}, \hat{\boldsymbol{\lambda}}, C) \leqslant S(\bar{\boldsymbol{x}}, \bar{\boldsymbol{\omega}}, \bar{\boldsymbol{\lambda}}, C)$. According to Lemma 1, $(\hat{\boldsymbol{x}}, \hat{\boldsymbol{\omega}}, \hat{\boldsymbol{\lambda}})$ is a KKT point of Problem (NCP). So we have $f(\hat{\boldsymbol{x}}) \leqslant f(\bar{\boldsymbol{x}})$: and hence $\hat{\boldsymbol{x}} = \bar{\boldsymbol{x}}$ and $(\hat{\boldsymbol{\omega}}, \hat{\boldsymbol{\lambda}}) \neq$

$(\bar{\boldsymbol{\omega}},\bar{\boldsymbol{\lambda}})$. Let $(x_k,\omega_k,\lambda_k)=\frac{1}{k}(\hat{\boldsymbol{\omega}},\hat{\boldsymbol{\lambda}})+(1-\frac{1}{k})(\bar{\boldsymbol{\omega}},\bar{\boldsymbol{\lambda}})$, then $(x_k,\omega_k,\lambda_k)\in B_\delta$ for sufficiently large k and (x_k,ω_k,λ_k) are KKT points of Problem (NCP). So $S(x_k,\omega_k,\lambda_k,C)=f(\bar{\boldsymbol{x}})=S(\bar{\boldsymbol{x}},\bar{\boldsymbol{\omega}},\bar{\boldsymbol{\lambda}},C)$. Namely, $\forall\delta>0$, $(\bar{\boldsymbol{x}},\bar{\boldsymbol{\omega}},\bar{\boldsymbol{\lambda}})$ is not the unique minimum point on B_δ, which is contradictory with the result above. This lemma is proved.

Define

$$\begin{aligned}\tau(\boldsymbol{x},\boldsymbol{\omega},\boldsymbol{\lambda},C)=&-C\,\|\nabla S(\boldsymbol{x},\boldsymbol{\omega},\boldsymbol{\lambda},C)\|^2+\\&\|\nabla_x L(\boldsymbol{x},\boldsymbol{\omega},\boldsymbol{\lambda})\|^2+\\&\|\Phi(\boldsymbol{x},\boldsymbol{\lambda},C)/C\|^2\end{aligned}$$

Lemma 5　Let $X\times P\times M\subset R^{n+p+m}$ be a compact set and assume that there is not any KKT point $(\boldsymbol{x},\boldsymbol{\omega},\boldsymbol{\lambda})$ of problem(NLP) $(\boldsymbol{x},\boldsymbol{\omega},\boldsymbol{\lambda})\in X\times P\times M$. Then there is a $C^*>0$ such that for any $C\geqslant C^*$ and all $(\boldsymbol{x},\boldsymbol{\omega},\boldsymbol{\lambda})\in X\times P\times M$.

$$\tau(\boldsymbol{x},\boldsymbol{\omega},\boldsymbol{\lambda},C)\leqslant 0$$

Proof　The assumption A4 implies $\|\nabla_x L(\boldsymbol{x},\boldsymbol{\omega},\boldsymbol{\lambda})\|^2+\|\Phi(\boldsymbol{x},\boldsymbol{\lambda},C)/C\|^2$ is bounded. Now we need to prove

$$\begin{gathered}\exists C^*>0,\ \exists\delta>0,\ \forall C>C^*\\ \forall(\boldsymbol{x},\boldsymbol{\omega},\boldsymbol{\lambda})\in X\times P\times M,\ \|\nabla S(\boldsymbol{x},\boldsymbol{\omega},\boldsymbol{\lambda},C)\|^2>\delta\end{gathered}\tag{26}$$

Suppose to the contrary. Let $\delta_k=1/k$, $\exists(x_k,\omega_k,\lambda_k,C_k)$ i. e. $\|\nabla(x_k,\omega_k,\lambda_k,C_k)\|^2<1/k$. Namely

$\nabla S(x_k, \omega_k, \lambda_k, C_k) \to 0$ when $k \to +\infty$. According to the property of compact set, there exists a $(\boldsymbol{x}, \bar{\boldsymbol{\omega}}, \bar{\boldsymbol{\lambda}}) \in X \times P \times M$, which is the accumulation point of the sequence $(x_k, \omega_k, \lambda_k)$. Then $\nabla S(\bar{\boldsymbol{x}}, \bar{\boldsymbol{\omega}}, \bar{\boldsymbol{\lambda}}, C_k) = 0$ for sufficiently large C_k. And so $(\bar{\boldsymbol{x}}, \bar{\boldsymbol{\omega}}, \bar{\boldsymbol{\lambda}})$ is the KKT point of Problem(NLP) by lemma 1. Here comes the contradiction. So (26) holds, and this lemma is proved.

Lemma 6 Let $X \times P \times M \subset R^{n+p+m}$ be a compact set and assume $(\bar{\boldsymbol{x}}, \bar{\boldsymbol{\omega}}, \bar{\boldsymbol{\lambda}}) \in \text{int}\ (X \times P \times M)$ is a KKT point of Problem(NLP). Then there are $C^* > 0$ and $\delta > 0$ such that for any $C \geqslant C^*$ and any $(\boldsymbol{x}, \boldsymbol{\omega}, \boldsymbol{\lambda}) \in B_\delta(\bar{\boldsymbol{x}}, \bar{\boldsymbol{\omega}}, \bar{\boldsymbol{\lambda}})$, where $(\bar{\boldsymbol{x}}, \bar{\boldsymbol{\omega}}, \bar{\boldsymbol{\lambda}}) \in X \times P \times M$

$$\tau(\boldsymbol{x}, \boldsymbol{\omega}, \boldsymbol{\lambda}, C) \leqslant 0$$

Proof The assumption A4 implies that $\exists M > 0$ such that

$$\| \nabla_x L(\boldsymbol{x}, \boldsymbol{\omega}, \boldsymbol{\lambda}) \|^2 + \| \Phi(\boldsymbol{x}, \boldsymbol{\lambda}, C)/C \|^2$$
$$\leqslant M^2 \| (\boldsymbol{x}, \boldsymbol{\omega}, \boldsymbol{\lambda}) - (\bar{\boldsymbol{x}}, \bar{\boldsymbol{\omega}}, \bar{\boldsymbol{\lambda}}) \|^2$$

Now we will prove: $\exists C^* > 0$, $\exists \varepsilon > 0$, $\exists \delta > 0$, $\forall C > C^*$, $\forall (\boldsymbol{x}, \boldsymbol{\omega}, \boldsymbol{\lambda}) \in B_\varepsilon(\bar{\boldsymbol{x}}, \bar{\boldsymbol{\omega}}, \bar{\boldsymbol{\lambda}})$

$$\| \forall S(\boldsymbol{x}, \boldsymbol{\omega}, \boldsymbol{\lambda}, C) \|^2 \geqslant \delta \| (\boldsymbol{x}, \boldsymbol{\omega}, \boldsymbol{\lambda}) - (\bar{\boldsymbol{x}}, \bar{\boldsymbol{\omega}}, \bar{\boldsymbol{\lambda}}) \|^2 \tag{27}$$

Let $P(\boldsymbol{x}, \boldsymbol{\lambda}, C) = \{i \mid C g_i(\boldsymbol{x}) + \lambda_i > 0, 1 \leqslant i \leqslant m\}$; $I(\bar{\boldsymbol{x}}) = \{i \mid g_i(\bar{\boldsymbol{x}}) = 0, 1 \leqslant i \leqslant m\}$.

Them the assumption A3 implies that:

$$\exists C_1 > 0,\ \exists \varepsilon_1 > 0$$

such that

$$\forall C > C_1,\ \forall (\boldsymbol{x}, \boldsymbol{\omega}, \boldsymbol{\lambda}) \in B_{\varepsilon_1}(\bar{\boldsymbol{x}}, \bar{\boldsymbol{\omega}}, \bar{\boldsymbol{\lambda}}),\ P(\boldsymbol{x}, \boldsymbol{\lambda}, C) \subset I(\bar{\boldsymbol{x}})$$

We will prove (27) in two parts.

Part 1　If $P(\boldsymbol{x}, \boldsymbol{\lambda}, C) \neq I(\bar{\boldsymbol{x}})$, then

$$\exists C_2 > 0,\ \exists \varepsilon_2 > 0,\ \exists \delta_2 > 0$$

such that

$$\forall C > C_2,\ \forall (\boldsymbol{x}, \boldsymbol{\omega}, \boldsymbol{\lambda}) \in B_{\varepsilon_2},\ \| \nabla S(\boldsymbol{x}, \boldsymbol{\omega}, \boldsymbol{\lambda}, C) \| \geqslant \delta_2 \tag{28}$$

Suppose to the contrary. Then $\exists \{(x_k, \omega_k, \lambda_k, C_k)\}$ such that $\| \nabla S(x_k, \omega_k, \lambda_k, C_k) \| \to 0$ when $k \to +\infty$. According to the assumptions A2 ~ A5, $\exists \delta < \delta_2$ such that $(\bar{\boldsymbol{x}}, \bar{\boldsymbol{\omega}}, \bar{\boldsymbol{\lambda}})$ is the unique minimum point on B_δ. So, $(x_k, \omega_k, \lambda_k) \to (\bar{\boldsymbol{x}}, \bar{\boldsymbol{\omega}}, \bar{\boldsymbol{\lambda}})$ when $k \to +\infty$, namely

$$\lim_{k \to +\infty} \Phi(x_k, \lambda_k, C_k) = 0$$

Then $\forall i \in I(\bar{\boldsymbol{x}}) \backslash P(x_k, \lambda_k, C_k)$

$$\lim_{k \to +\infty} \sqrt{(C_k g_i(x_k))^2 + \lambda_k^2} + C_k g_i(x_k) - \lambda_k = 0$$

So

$$\lim_{k \to +\infty} (-C_k g_2(x_k) - \lambda_k + C_k g_i(x_k) - \lambda_k)$$
$$= \lim_{k \to +\infty} -2\lambda_k = -2\bar{\boldsymbol{\lambda}} = 0$$

Then we have $\bar{\boldsymbol{\lambda}} = 0$, which is contradictory to strict complementarity condition. So (28) holds.

Part 2　If $P(\boldsymbol{x}, \boldsymbol{\lambda}, C) = I(\bar{\boldsymbol{x}})$, then $\exists C_3 > 0$, $\exists \varepsilon_3 > 0$, $\exists \delta_3 > 0$, such that

$$\begin{cases} \forall C > C_3, \forall (\boldsymbol{x},\boldsymbol{\omega},\boldsymbol{\lambda}) \in B_{\varepsilon_3} \\ \| \nabla S(\boldsymbol{x},\boldsymbol{\omega},\boldsymbol{\lambda},C) \|^2 \geqslant \delta_3 \| (\boldsymbol{x},\boldsymbol{\omega},\boldsymbol{\lambda}) - (\overline{\boldsymbol{x}},\overline{\boldsymbol{\omega}},\overline{\boldsymbol{\lambda}}) \|^2 \end{cases} \tag{29}$$

Suppose to the contrary. Then $\exists \{(\boldsymbol{x}^k, \boldsymbol{\omega}^k, \boldsymbol{\lambda}^k, C_k)\}$, i. e.

$$\lim_{k \to +\infty} \| \nabla S(\boldsymbol{x}^k,\boldsymbol{\omega}^k,\boldsymbol{\lambda}^k,C_k) \| / \| (\boldsymbol{x}^k,\boldsymbol{\omega}^k,\boldsymbol{\lambda}^k) - (\overline{\boldsymbol{x}},\overline{\boldsymbol{\omega}},\overline{\boldsymbol{\lambda}}) \| = 0$$

And $(\boldsymbol{x}^k,\boldsymbol{\omega}^k,\boldsymbol{\lambda}^k) \to (\overline{\boldsymbol{x}},\overline{\boldsymbol{\omega}},\overline{\boldsymbol{\lambda}})$ when $k \to +\infty$ according to the similar proof as Part 1.

Let

$$(\hat{\boldsymbol{x}}^k,\hat{\boldsymbol{\omega}}^k,\hat{\boldsymbol{\lambda}}^k) = [(\boldsymbol{x}^k,\boldsymbol{\omega}^k,\boldsymbol{\lambda}^k) - (\overline{\boldsymbol{x}},\overline{\boldsymbol{\omega}},\overline{\boldsymbol{\lambda}})] / \| (\boldsymbol{x}^k,\boldsymbol{\omega}^k,\boldsymbol{\lambda}^k) - (\overline{\boldsymbol{x}},\overline{\boldsymbol{\omega}},\overline{\boldsymbol{\lambda}}) \| \to (\hat{\boldsymbol{x}}^k,\hat{\boldsymbol{\omega}}^k,\hat{\boldsymbol{\lambda}}^k)$$

$$\begin{aligned} B_k &= B(\boldsymbol{x}^k,\boldsymbol{\omega}^k,\boldsymbol{\lambda}^k) \\ &= \nabla_x L(\boldsymbol{x}^k,\boldsymbol{\omega}^k,\boldsymbol{\lambda}^k) / \| (\boldsymbol{x}^k,\boldsymbol{\omega}^k,\boldsymbol{\lambda}^k) - (\overline{\boldsymbol{x}},\overline{\boldsymbol{\omega}},\overline{\boldsymbol{\lambda}}) \| \end{aligned}$$

$$(x_s^k,\omega_s^k,\lambda_s^k) = (\overline{\boldsymbol{x}},\overline{\boldsymbol{\omega}},\overline{\boldsymbol{\lambda}}) + s[(\boldsymbol{x}^k,\boldsymbol{\omega}^k,\boldsymbol{\lambda}^k) - (\overline{\boldsymbol{x}},\overline{\boldsymbol{\omega}},\overline{\boldsymbol{\lambda}})] \quad (0 \leqslant s \leqslant 1)$$

Then

$$B_k = \int_0^1 \{ \nabla_{xx}^2 L(x_s^k,\omega_s^k,\lambda_s^k)(\boldsymbol{x}^k - \overline{\boldsymbol{x}}) + \sum_{i=1}^p \nabla h_i(x_s^k)(\omega_i^k - \overline{\omega}_i) + \sum_{i=1}^m \nabla g_i(x_s^k)(\lambda_i^k - \overline{\lambda}_i) \} \mathrm{d}s / \| (x^k,\omega^k,\lambda^k) - (\overline{\boldsymbol{x}},\overline{\boldsymbol{\omega}},\overline{\boldsymbol{\lambda}}) \|$$

According to the Assumption A4

$$B = \lim_{k \to +\infty} B_k = \nabla_{xx}^2 L(\overline{\boldsymbol{x}},\overline{\boldsymbol{\omega}},\overline{\boldsymbol{\lambda}})\hat{\boldsymbol{x}} + \sum_{i=1}^p \nabla h_i(\overline{\boldsymbol{x}})\hat{\omega}_i +$$

$$\sum_{i=1}^{m} \nabla g_i(\bar{\boldsymbol{x}})\hat{\lambda}_1 = 0 \tag{30}$$

And, it is obvious that B_k and $\nabla_{xx}^2 L(\bar{\boldsymbol{x}}, \bar{\boldsymbol{\omega}}, \bar{\boldsymbol{\lambda}}) B_k$ are all bounded. So

$$\lim_{k\to+\infty} \nabla_x S(\boldsymbol{x}^k, \boldsymbol{\omega}^k, \boldsymbol{\lambda}^k, C_k) / \| (\boldsymbol{x}^k, \boldsymbol{\omega}^k, \boldsymbol{\lambda}^k) - (\boldsymbol{x}, \boldsymbol{\omega}, \boldsymbol{\lambda}) \|$$

$$= \lim_{k\to+\infty} \{ B_k + \nabla_{xx}^2 L(\bar{\boldsymbol{x}}, \bar{\boldsymbol{\omega}}, \bar{\boldsymbol{\lambda}}) B_k +$$

$$C_k [\sum_{i=1}^{p} \hat{h}_i^k \nabla h_i(\boldsymbol{x}^k) + \sum_{i=1}^{m} \hat{g}_i^k \nabla g_i(\boldsymbol{x}^k)] \} = 0 \tag{31}$$

Here

$$\hat{h}_i^k = \frac{h_i(\boldsymbol{x}^k)}{\| (\boldsymbol{x}^k, \boldsymbol{\omega}^k, \boldsymbol{\lambda}^k) - (\bar{\boldsymbol{x}}, \bar{\boldsymbol{\omega}}, \bar{\boldsymbol{\lambda}}) \|}$$

$$\hat{g}_i^k = [2g_i(\boldsymbol{x}^k) - \frac{\lambda_i^k}{C_k} + \sqrt{g_i^2(\boldsymbol{x}^k) + \left(\frac{\lambda_i^k}{C_k}\right)^2} +$$

$$\frac{C_k g_i^2(\boldsymbol{x}^k)}{\sqrt{(C_k g_i(\boldsymbol{x}^k))^2 + (\lambda_i^k)^2}}] / \| (\boldsymbol{x}^k, \boldsymbol{\omega}^k, \boldsymbol{\lambda}^k) -$$

$$(\bar{\boldsymbol{x}}, \bar{\boldsymbol{\omega}}, \bar{\boldsymbol{\lambda}}) \|$$

So

$$\sum_{i=1}^{p} \hat{h}_i^k \nabla h_i(\boldsymbol{x}^k) + \sum_{i=1}^{m} \hat{g}_i^k \nabla g_i(\boldsymbol{x}^k) \to 0 \text{ when } k \to +\infty$$

and

$$\lim_{k\to+\infty} B_k = 0 \tag{32}$$

According to the assumption A2 and A4, $\exists \varepsilon_4$, such that $\forall \boldsymbol{x} \in B_{\varepsilon_4}(\bar{\boldsymbol{x}})$, $\{ \nabla h_i(\boldsymbol{x}), \nabla g_j(\boldsymbol{x}) \mid 0 \leqslant i \leqslant p;\ 0 \leqslant j \leqslant m \}$ are linear independent. Hence

$$\lim_{k\to+\infty} \hat{h}_i^k = \lim_{k\to+\infty} \frac{h_i(\boldsymbol{x}^k)}{\| (\boldsymbol{x}^k, \boldsymbol{\omega}^k, \boldsymbol{\lambda}^k) - (\bar{\boldsymbol{x}}, \bar{\boldsymbol{\omega}}, \bar{\boldsymbol{\lambda}}) \|}$$

$$= \lim_{k \to +\infty} \int_0^1 (\nabla h_i(x_s^k))^{\mathrm{T}} \hat{\boldsymbol{x}}^k \mathrm{d}s$$

$$= (\nabla h_i(\bar{\boldsymbol{x}}))^{\mathrm{T}} \hat{\boldsymbol{x}} = 0 \tag{33}$$

When $i \in I(\bar{\boldsymbol{x}}), g_i(\bar{\boldsymbol{x}}) = 0, C_k g_i(\boldsymbol{x}^k) + \lambda_i^k > 0$, then

$$\lim_{k \to +\infty} \hat{g}_i^k = \lim_{k \to +\infty} \frac{g_i(\boldsymbol{x}^k)}{\| (\boldsymbol{x}^k, \boldsymbol{\omega}^k, \boldsymbol{\lambda}^k) - (\bar{\boldsymbol{x}}, \bar{\boldsymbol{\omega}}, \bar{\boldsymbol{\lambda}}) \|}$$

$$= (\nabla g_i(\bar{\boldsymbol{x}}))^{\mathrm{T}} \hat{\boldsymbol{x}} = 0 \tag{34}$$

When $i \notin I(\bar{\boldsymbol{x}}), g_i(\bar{\boldsymbol{x}}) < 0, C_k g_i(\boldsymbol{x}^k) + \lambda_i^k \leqslant 0$, then

$$\lim_{k \to +\infty} \hat{g}_i^k = \lim_{k \to +\infty} \frac{\lambda_i^k}{\| (\boldsymbol{x}^k, \boldsymbol{\omega}^k, \boldsymbol{\lambda}^k) - (\bar{\boldsymbol{x}}, \bar{\boldsymbol{\omega}}, \bar{\boldsymbol{\lambda}}) \|} = \hat{\lambda}_i = 0 \tag{35}$$

From (32)(33)(34) and (35), we have

$$\lim_{k \to +\infty} \hat{\boldsymbol{x}}^{\mathrm{T}} B_k = \hat{\boldsymbol{x}}^{\mathrm{T}} \nabla_{xx}^2 (\bar{\boldsymbol{x}}, \bar{\boldsymbol{\omega}}, \bar{\boldsymbol{\lambda}}) \hat{\boldsymbol{x}} + \sum_{i=1}^{p} \hat{\boldsymbol{x}}^{\mathrm{T}} \nabla h_i(\bar{\boldsymbol{x}}) \hat{\omega}_i + \sum_{i=1}^{m} \hat{\boldsymbol{x}}^{\mathrm{T}} \nabla g_i(\bar{\boldsymbol{x}}) \hat{\lambda}_i$$

$$= \hat{\boldsymbol{x}}^{\mathrm{T}} \nabla_{xx}^2 (\bar{\boldsymbol{x}}, \bar{\boldsymbol{\omega}}, \bar{\boldsymbol{\lambda}}) \hat{\boldsymbol{x}} = 0$$

So $\hat{\boldsymbol{x}} = 0$ by the assumption A5. Together with $\| (\boldsymbol{x}^k, \boldsymbol{\omega}^k, \boldsymbol{\lambda}^k) \| = 1$, we have $\| (\hat{\boldsymbol{\omega}}, \hat{\boldsymbol{\lambda}}) \| \neq 0$. So $\| \nabla H(\bar{\boldsymbol{x}}) \hat{\boldsymbol{\omega}} + \nabla G(\bar{\boldsymbol{x}}) \hat{\boldsymbol{\lambda}} \|^2 > 0$. But

$$0 = \lim_{k \to +\infty} \{ (\nabla H(\bar{\boldsymbol{x}}) \hat{\boldsymbol{\omega}} + \nabla G(\bar{\boldsymbol{x}}) \hat{\boldsymbol{\lambda}})^{\mathrm{T}} B_k \}$$

$$= \lim_{k \to +\infty} \int_0^1 \{ B_k \frac{\partial}{\partial (\boldsymbol{x}^k, \boldsymbol{\omega}^k, \boldsymbol{\lambda}^k)} (\nabla H(x_s^k) \hat{\boldsymbol{\omega}} + \nabla G(x_s^k) \hat{\boldsymbol{\lambda}}) ((\boldsymbol{x}^k - \bar{\boldsymbol{x}})^{\mathrm{T}}, (\boldsymbol{\omega}^k - \bar{\boldsymbol{\omega}})^{\mathrm{T}}, (\boldsymbol{\lambda}^k - \bar{\boldsymbol{\lambda}})^{\mathrm{T}})^{\mathrm{T}} \} \mathrm{d}s +$$

$$\lim_{k\to+\infty}\int_0^1 (\nabla H(x_s^k)\hat{\boldsymbol{\omega}} + \nabla G(x_s^k)\hat{\boldsymbol{\lambda}})^{\mathrm{T}}(\nabla_{xx}^2(x_s^k,\omega_s^k,\lambda_s^k)\hat{x}^k + \nabla H(x_s^k)\hat{\boldsymbol{\omega}}^k + \nabla G(x_s^k)\hat{\boldsymbol{\lambda}}^k)\mathrm{d}s$$

$$= \lim_{k\to+\infty}\int_0^1 (\nabla H(x_s^k)\hat{\boldsymbol{\omega}} + \nabla G(x_s^k)\hat{\boldsymbol{\lambda}})^{\mathrm{T}} \cdot (\nabla H(x_s^k)\hat{\boldsymbol{\omega}}^k + \nabla G(x_s^k)\hat{\boldsymbol{\lambda}}^k)\mathrm{d}s$$

$$= \| \nabla H(\bar{\boldsymbol{x}})\hat{\boldsymbol{\omega}} + \nabla G(\bar{\boldsymbol{x}})\hat{\boldsymbol{\lambda}} \|^2 > 0 \tag{36}$$

Here the contradictory holds and so (29) is proved.

Hence, Let $\delta = \min\{\varepsilon_1, \varepsilon_2, \varepsilon_3, \varepsilon_4\}$, and $C^* = \max\{C_1, C_2, C_3\}$, this lemma holds.

Lemma 7 Let $X\times P\times M\subset R^{n+p+m}$ be a compact set. Then there is a $C^*>0$ such that for any $C\geqslant C^*$ and all $(\boldsymbol{x},\boldsymbol{\omega},\boldsymbol{\lambda})\in X\times P\times M$

$$\tau(\boldsymbol{x},\boldsymbol{\omega},\boldsymbol{\lambda},C)\leqslant 0$$

Proof If problem (NLP) has a finite list of KKT points, then the lemma holds obviously. Suppose there exist infinite numbers of KKT points denoted with $KP=\{(\bar{\boldsymbol{x}},\bar{\boldsymbol{\omega}},\bar{\boldsymbol{\lambda}})$, which satisfies KKT conditions$\}$; and $\forall(\bar{\boldsymbol{x}},\bar{\boldsymbol{\omega}},\bar{\boldsymbol{\lambda}})\in KP$, there is a relevant $C^*(\bar{\boldsymbol{x}},\bar{\boldsymbol{\omega}},\bar{\boldsymbol{\lambda}})$, a $B_\delta(\bar{\boldsymbol{x}},\bar{\boldsymbol{\omega}},\bar{\boldsymbol{\lambda}})$, and a $B_{\delta_1}(\bar{\boldsymbol{x}},\bar{\boldsymbol{\omega}},\bar{\boldsymbol{\lambda}})$ with $\delta_1<\delta$ satisfying Lemma 6.

Let $A=\bigcup\{B_{\delta_1}(\bar{\boldsymbol{x}},\bar{\boldsymbol{\omega}},\bar{\boldsymbol{\lambda}})\mid(\bar{\boldsymbol{x}},\bar{\boldsymbol{\omega}},\bar{\boldsymbol{\lambda}})\in KP\}$, $D=\bigcup\{B_\delta(\bar{\boldsymbol{x}},\bar{\boldsymbol{\omega}},\bar{\boldsymbol{\lambda}})\mid(\bar{\boldsymbol{x}},\bar{\boldsymbol{\omega}},\bar{\boldsymbol{\lambda}})\in KP\}$, then $\exists C_0^*$, such that

$$\forall (\boldsymbol{x},\boldsymbol{\omega},\boldsymbol{\lambda}) \in X \times P \times M \backslash A, \tau(\boldsymbol{x},\boldsymbol{\omega},\boldsymbol{\lambda},C_0^*) \leqslant 0$$

Furthermore, $\overline{A}=A$ is also a compact set and $\overline{A} \subset D$. So there exist $\{B_\delta(\overline{x}_k,\overline{\omega}_k,\overline{\lambda}_k) \mid 0 \leqslant k \leqslant N < +\infty\}$ such that $\overline{A} \subset \{B_\delta(\overline{x}_k,\overline{\omega}_k,\overline{\lambda}_k); 1 \leqslant k \leqslant N\}$.

Hence, let $C^* = \max\{C_0^*, C^*(\overline{x}_k,\overline{\omega}_k,\overline{\lambda}_k); 1 \leqslant k \leqslant N\}$, the lemma holds.

11.3 Algorithm and Convergence

Algorithm 1

Step 0 Choose parameters $C_0 > 0, \iota > 1, 0 < \eta_k < 1, 0 < \theta < 1$ and $0 < \theta_1 \leqslant \theta_2 < 1$. Give a starting point $x_0 \in \mathbf{R}^n$, $\omega_0 = (\omega_{01}, \omega_{02}, \cdots, \omega_{0p}) \in \mathbf{R}^p$ and $\lambda_0 = (\lambda_{01}, \lambda_{02}, \cdots, \lambda_{0m}) \in \mathbf{R}^m$. Set $k=0$ and $j=0$.

Step 1 If $\nabla S(\boldsymbol{x}_k,\boldsymbol{\omega}_k,\boldsymbol{\lambda}_k,C_j)=0$ and $r(\boldsymbol{x},\boldsymbol{\lambda}_k,\boldsymbol{\omega}_k,C_j) \leqslant 0$, then stop.

Step 2 If $\tau(\boldsymbol{x},\boldsymbol{\lambda}_k,\boldsymbol{\omega}_k,C_j) \geqslant 0$, then $C_{j+1}=\iota C_j$, $(\boldsymbol{x}_0,\boldsymbol{\lambda}_0,\boldsymbol{\omega}_0,C_j)=(\boldsymbol{x}_k,\boldsymbol{\omega}_k,\boldsymbol{\lambda}_k,C_j)$, $k=0$, $j=j+1$, go to step 1; otherwise go to step 3.

Step 3 Obtain $(\overline{\boldsymbol{x}}_{k+1},\boldsymbol{\omega}_{k+1},\boldsymbol{\lambda}_{k+1})=(\overline{\boldsymbol{x}}_k,\boldsymbol{\omega}_k,\boldsymbol{\lambda}_k+\alpha_k\boldsymbol{d}_k)$ by Newton or quasi Newton iteration (see Sub-algorithm 1.1 or Sub-algorithm 1.2) and $k=k+1$, go to step 1.

Sub-algorithm 1.1: Newton iteration

Step 1.1.1 Obtain $\overline{\boldsymbol{d}}_k$ by Newton iteration that

$$\boldsymbol{r}_k=\boldsymbol{V}_k\bar{\boldsymbol{d}}_k+\nabla S(\boldsymbol{x}_k,\boldsymbol{\omega}_k,\boldsymbol{\lambda}_k,C_j) \tag{37}$$

satisfies

$$\frac{\|\boldsymbol{r}_k\|}{\|\nabla S(\boldsymbol{x}_k,\boldsymbol{\omega}_k,\boldsymbol{\lambda}_k,C_j)\|}\leqslant\eta_k \tag{38}$$

where $\boldsymbol{V}_k\in\partial^2 S(\boldsymbol{x}_k,\boldsymbol{\omega}_k,\boldsymbol{\lambda}_k,C_j)$. If $-(\nabla S(\boldsymbol{x}_k,\boldsymbol{\omega}_k,\boldsymbol{\lambda}_k,C_j))^{\mathrm{T}}\bar{\boldsymbol{d}}_k\geqslant\min\{\theta,\|\nabla S(\boldsymbol{x}_k,\boldsymbol{\omega}_k,\boldsymbol{\lambda}_k,C_j)\|\}\|\bar{\boldsymbol{d}}_k\|\cdot\|\nabla S(\boldsymbol{x}_k,\boldsymbol{\omega}_k,\boldsymbol{\lambda}_k,C_j)\|$, then let $\boldsymbol{d}_k=\bar{\boldsymbol{d}}_k$, otherwise let

$$\boldsymbol{d}_k=\bar{\boldsymbol{d}}_k-\beta_k\nabla S(\boldsymbol{x}_k,\boldsymbol{\omega}_k,\boldsymbol{\lambda}_k,C_j) \tag{39}$$

where β_k is a positive number such that

$$\begin{aligned}&-(\nabla S(\boldsymbol{x}_k,\boldsymbol{\omega}_k,\boldsymbol{\lambda}_k,C_j))^{\mathrm{T}}d_k\\&\geqslant\min\{\theta,\|\nabla S(\boldsymbol{x}_k,\boldsymbol{\omega}_k,\boldsymbol{\lambda}_k,C_j)\|\}\cdot\\&\quad\|\boldsymbol{d}_k\|\ \|\nabla S(\boldsymbol{x}_k,\boldsymbol{\omega}_k,\boldsymbol{\lambda}_k,C_j)\|\end{aligned} \tag{40}$$

Step 1.1.2 Choose $\alpha_k>0$ such that

$$\begin{aligned}&S(\boldsymbol{x}_k,\boldsymbol{\omega}_k,\boldsymbol{\lambda}_k,C_j)-S((\boldsymbol{x}_k,\boldsymbol{\omega}_k,\boldsymbol{\lambda}_k)+\alpha_k\boldsymbol{d}_k,C_j)\\&\geqslant-\min(\theta,\|\nabla S(\boldsymbol{x}_k,\boldsymbol{\omega}_k,\boldsymbol{\lambda}_k,C_j)\|\}\alpha_k\cdot\\&\quad(\nabla S(\boldsymbol{x}_k,\boldsymbol{\omega}_k,\boldsymbol{\lambda}_k,C_j))^{\mathrm{T}}\boldsymbol{d}_k\end{aligned} \tag{41}$$

and

$$\begin{aligned}&|\nabla S((\boldsymbol{x}_k,\boldsymbol{\omega}_k,\boldsymbol{\lambda}_k)+\boldsymbol{\alpha}_k\boldsymbol{d}_k,C_j)^{\mathrm{T}}\boldsymbol{s}_k|\\&\leqslant-\theta_2(\nabla S(\boldsymbol{x}_k,\boldsymbol{\omega}_k,\boldsymbol{\lambda}_k,C_j))^{\mathrm{T}}\boldsymbol{s}_k\end{aligned} \tag{42}$$

We always try $\alpha_k=1$ first in choosing α_k.

Step 1.1.3 Set $(\bar{\boldsymbol{x}}_{k+1},\boldsymbol{\omega}_{k+1},\boldsymbol{\lambda}_{k+1})=((\boldsymbol{x}_k,\boldsymbol{\omega}_k,\boldsymbol{\lambda}_k)+\alpha_k\boldsymbol{d}_k)$, go to Step 1.

Sub-algorithm 1.2: revised Broyden algorithms

The revised Broyden algorithms are iterative. Let $\boldsymbol{z}_k=(\boldsymbol{x}_k^{\mathrm{T}},\boldsymbol{\omega}_k^{\mathrm{T}},\boldsymbol{\lambda}_k^{\mathrm{T}})^{\mathrm{T}}$ and $S_k=S(\boldsymbol{x}_k,\boldsymbol{\omega}_k,\boldsymbol{\lambda}_k)$. Given a starting point z_1 and an initial poisitive definite matrix B_1, they generate a sequence of points $\{z_k\}$ and a sequence of matrices of $\{\boldsymbol{B}_k\}$ which are given by following (43) and (46)

$$\boldsymbol{z}_{k+1}=\boldsymbol{z}_k+\boldsymbol{s}_k=\boldsymbol{z}_k+\alpha_k\boldsymbol{d}_k \tag{43}$$

where $\alpha_k>0$ is the step factor and $\boldsymbol{d}_k$ is the search direction satisfying

$$-\boldsymbol{d}_k=\boldsymbol{H}_k\nabla S_k+\|Q_k\boldsymbol{H}_k\nabla S_k\|R_k\nabla S_k \tag{44}$$

where ∇S_k is the gradient of $f(\boldsymbol{x})$ at $\boldsymbol{z}_k$ and $\boldsymbol{H}_k$ is the inverse of $\boldsymbol{B}_k$.

$\{Q_k\}$ and $\{R_k\}$ are two sequences of positive definite or positive semi-definite matrices which are uniformly bounded. All eigenvalues of these matrices are included in $[q,r]$, $0\leqslant q\leqslant r$, i. e. , for all k and $x\in R^{n+m+p}$, $x\neq 0$

$$\begin{cases} q\|\boldsymbol{x}\|^2\leqslant\boldsymbol{x}^{\mathrm{T}}Q_k\boldsymbol{x}\leqslant r\|\boldsymbol{x}\|^2 \\ q\|\boldsymbol{x}\|^2\leqslant\boldsymbol{x}^{\mathrm{T}}R_k\boldsymbol{x}\leqslant r\|\boldsymbol{x}\|^2 \end{cases} \tag{45}$$

If $\nabla S_k=0$, the algorithms terminate, otherwise let

$$\boldsymbol{B}_{k+1}=\boldsymbol{B}_k-\frac{\boldsymbol{B}_k\boldsymbol{s}_k\boldsymbol{s}_k^{\mathrm{T}}\boldsymbol{B}_k}{\boldsymbol{s}_k^{\mathrm{T}}\boldsymbol{B}_k\boldsymbol{s}_k}+\frac{\boldsymbol{y}_k\boldsymbol{y}_k^{\mathrm{T}}}{\boldsymbol{s}_k^{\mathrm{T}}\boldsymbol{y}_k}+\phi(\boldsymbol{s}_k^{\mathrm{T}}\boldsymbol{B}_k\boldsymbol{s}_k)\boldsymbol{v}_k\boldsymbol{v}_k^{\mathrm{T}} \tag{46}$$

where

$$\boldsymbol{y}_k=\nabla S_{k+1}-\nabla S_k$$

$$\boldsymbol{v}_k=\boldsymbol{y}_k(\boldsymbol{s}_k^{\mathrm{T}}\boldsymbol{y}_k)^{-1}-\boldsymbol{B}_k\boldsymbol{s}_k(\boldsymbol{s}_k^{\mathrm{T}}\boldsymbol{B}_k\boldsymbol{s}_k)^{-1}$$

and

$$\phi\in[0,1]$$

$$\begin{aligned} &|\nabla S((\boldsymbol{x}_k,\boldsymbol{\omega}_k,\boldsymbol{\lambda}_k)+\alpha_k\boldsymbol{d}_k,C_j)^{\mathrm{T}}\boldsymbol{s}_k| \\ &\leqslant-\theta_1(\nabla S(\boldsymbol{x}_k,\boldsymbol{\omega}_k,\boldsymbol{\lambda}_k,C_j))^{\mathrm{T}}\boldsymbol{s}_k \end{aligned} \tag{47}$$

$$S(\boldsymbol{x}_k,\boldsymbol{\omega}_k,\boldsymbol{\lambda}_k,C_j)-S((\boldsymbol{x}_k,\boldsymbol{\omega}_k,\boldsymbol{\lambda}_k)+\alpha_k\boldsymbol{d}_k,C_j)$$
$$\geqslant-\theta_2(\nabla S(\boldsymbol{x}_k,\boldsymbol{\omega}_k,\boldsymbol{\lambda}_k,C_j))^{\mathrm{T}}\boldsymbol{s}_k \tag{48}$$

where $0<\theta_2\leqslant\theta_1<1$. We always try $\alpha_k=1$ first in choosing α_k.

From the sub-algorithm Newton iteration or revised Broyden algorithms, we can prove the global convergence, Q-superlinear and Q-quadratic convergence of Algorithm 1 under some mild conditions (cf. [8],[9] and [10]).

Theorem 1　Assume A1～A2 hold. Let Algorithm 1 be implemented. Then either the algorithm stops at some $(\boldsymbol{x}_k,\boldsymbol{\omega}_k,\boldsymbol{\lambda}_k,C_j)$ with $\nabla S(\boldsymbol{x}_k,\boldsymbol{\omega}_k,\boldsymbol{\lambda}_k,C_j)=0$ and $\tau(\boldsymbol{x}_k,\boldsymbol{\omega}_k,\boldsymbol{\lambda}_k,C_j)\leqslant0$, and $(\boldsymbol{x}_k,\boldsymbol{\omega}_k,\boldsymbol{\lambda}_k)$ is a KKT point of Problem (NLP); or obtain an infinite sequence of $(\boldsymbol{x}_k,\boldsymbol{\omega}_k,\boldsymbol{\lambda}_k,C_j)$ with finite C_j. If (x_*,ω_*,λ_*) is an accumulation point of $\{(\boldsymbol{x}_k,\boldsymbol{\omega}_k,\boldsymbol{\lambda}_k)\}$, then (x_*,ω_*,λ_*) is a KKT point of Problem (NLP).

Furthermore, assume A2～A5 hold and C is large enough, then $(\boldsymbol{x}_k,\boldsymbol{\omega}_k,\boldsymbol{\lambda}_k)$ converges to (x_*,ω_*,λ_*) superlinearly.

11.4　Discussion

We use the Algorithm 1, with the sub-algorithm 1.2: revised BFGS algorithm, for the following constrained optimization problems

$$\min \quad f_1(\boldsymbol{x}),\boldsymbol{x}\in\mathbf{R}^n$$
$$\text{s.t.} \quad g_i(\boldsymbol{x})\leqslant 0, i=1,2,\cdots,m \tag{49}$$

where f_1 and g_1 are twice differentiable, and $f_1(\boldsymbol{x})$ and $g_j(\boldsymbol{x})$ are defined in problems of [11].

The termination criterion is $\|g\|\leqslant 10^{-5}$. Parameter $C=10$. In the "NIT/NG" entry of the table below,

NIT = the number of iterations,

NS = the number of function evaluations,

NG = the number of gradient evaluations.

We may use other NCP Function to replace the Fischer-Burmeister NCP function in the augmented Lagrange function, for example, use the 3-1 piecewise linear NCP function as follows (see[8]).

$$\psi(a,b)=\begin{cases}3a-a^2/b & \text{if } b\geqslant a>0\text{, or } 3b>-a\geqslant 0\\ 3a-b^2/a & \text{if } a>b>0\text{, or } 3a>-b\geqslant 0\\ 9a+9b & \text{if } 0\geqslant a\text{, and } -a\geqslant 3b\text{,}\\ & \text{or } -3a\leqslant b\leqslant 0\end{cases} \tag{50}$$

We also obtian the results in this paper.

We may use choose other equivalent equation optimization to replace the inequality constrained problem as follows:

$$\min \quad f(\boldsymbol{x}),\boldsymbol{x}\in\mathbf{R}^n$$
$$\text{s.t.} \quad H(\boldsymbol{x})=\mathbf{0}$$
$$\Phi(\boldsymbol{x},\boldsymbol{\lambda},C)=\mathbf{0}$$

or

$$\begin{aligned} \min \quad & \| \nabla_x L(\boldsymbol{x},\boldsymbol{\omega},\boldsymbol{\lambda}) \|^2 \\ \text{s.t.} \quad & H(\boldsymbol{x}) = \mathbf{0} \\ & \| \Phi(\boldsymbol{x},\boldsymbol{\lambda},C) \|^2 = 0 \end{aligned}$$

Then we get the augmented Lagrange functions with above NCP functions.

Table 1

problem	Initial point	NIT	NS	NG	Initial points	NIT	NS	NG
Problem 227	0.5,0.5	10	19	27	1,1	9	21	28
Problem 227	10,10	7	15	31	−10,−10	12	16	21
Problem 215	0.5,0.5	8	13	23	1,1	10	12	32
Problem 215	1.5,1.5	6	12	20	2,2	6	17	24
Problem 232	2,0.5	5	6	7	4,1	6	8	11
Problem 232	4,2	5	7	7	6,2	7	10	11
Problem 250	5,5,5	8	14	21	−5,−5,−5	10	14	20
Problem 250	10,10,10	9	14	24	−10,−10,−10	12	17	25
Problem 264	0,0,0	11	17	21	0,0.5,1.5,−0.5	14	19	23
Problem 264	0,0.8,1.8,−0.8	12	16	19	1,1,1,1	11	29	22

参 考 文 献

[1] PILLO G D, GRIPPO L. A new class of augmented Lagranges in nonlinear[J]. SIAM J. Contral Opt., 1979, 17:

616-628.

[2] PILLO G D, GRIPPO L. An augmented Lagrange for inequality constraints in nonlinear programming problems[J]. J. Optimization theorem and applications, 1982,36:495-519.

[3] PILLO G D. Exact penalty method, In Algorithms for continuous optimization: the state of the art[M]. Boston: Kluwer Ac. Press,1994.

[4] PILLO G D, LUCIDI S. On exact augmented Lagrange functions in nonlinear programming problems [M]. New York:Plenum Press, 1996.

[5] FISCHER A. A special Newton-type optimization method[J]. Optimization, 1992,24:269-284.

[6] PU D. A Class of Augmented Lagrange Multiplier Function[J]. J. of Shanghai Institute of Railway Technology, 1984,5:45-56.

[7] PU D, TIAN W. Gallobally inexact generalized Newton methods for nonsmooth equation[J]. J. of Computational and Applied Mathematics, 2002,20:289-300.

[8] PU D, ZHOU Y. Piecewise linear NCP function for QP-free feasible method[J]. Applied Mathematics—A Journal of Chinese University,2006,21:289-301.

[9] PU D, GUI S, TIAN W. A class of revised Broyden algorithms without exact line search[J]. Journal of Computational Mathematics, 2004,22:11-20.

[10] PU D, ZHOU Y, ZHANG Z. A QP Free Feasible Method[J]. Journal of Computational Mathematics, 2004,22:651-660.

[11] SCHITTKOWSKI K. More test examples for nonlinear programming codes[M]. Berlin: Springer- Verlag,1988.

基于不等式约束的一类新的增广 Lagrange 函数

第12章

河南科技大学数学与统计学院的刘牧华、尚有林、李璞三位教授2011年针对含不等式约束的非线性规划问题，提出了一类新的增广 Lagrange 函数，证明了其稳定点、整体极小点与原约束问题 KKT 点、整体极小点有对应关系，增广 Lagrange 函数的局部极小点为原问题的局部极小点．基于给出的新的增广 Lagrange 函数进行了数值计算，验证了其可行性和有效性．

12.1 引　言

本章讨论如下含有不等式约束的非线性规划问题(NLP)

$$\begin{aligned} &\min\ f(x), \mathbf{R}^n \to \mathbf{R} \\ &\text{s.t.}\ G(x) \leqslant 0, \mathbf{R}^n \to \mathbf{R}^m \end{aligned}$$

其中，$x \in \mathbf{R}^n, G(x)=(g_1(x),\cdots,g_m(x)), f(x), g_j(x), j=1,\cdots,m$ 为实连续可微函数.

求解非线性约束优化问题的一类重要方法是用一系列无约束子问题代替原约束问题来求解，这种方法叫作乘子方法或增广 Lagrange 函数方法[1-5]，它的无约束问题里的目标函数 $S(x,\lambda,\omega,C)$ 称为增广 Lagrange 函数，其中 C 是正参数或者正参向量. 增广 Lagrange 函数有如下性质：当 C 充分大时，它的解与原约束问题（NLP）的解及其乘子相对应，然而，经典的增广 Lagrange 方法中使用的极大函数可能在无数个点处不可微，在计算无约束规划时，不能使用 Newton 方法或广义 Newton 方法. 濮定国教授结合 Fischer- Burmeister NCP 函数定义的 Lagrange 乘子函数[6-8] 克服了 NCP 函数定义的 Lagrange 乘子函数中的困难. 本章基于不等式约束提出了一类新的增广 Lagrange 函数. 该 Lagrange 函数加强了对 KKT 条件的要求，使得原问题的局部极小点与整体极小点和新函数的局部极小点与整体极小点有更好的对应关系.

针对含有不等式约束的非线性规划问题，本章结合 Fischer-Burmeister NCP 函数，定义了一个新的 Di Pillo 和 Grippo 型的增广 Lagrange 函数，其表达式如下

$$\min\left\{S(x,\lambda,C) \triangleq f(x)+\frac{\left[\|\Phi(x,\lambda,C)+\lambda\|^2-\|\lambda\|^2\right]}{2C}+\frac{\|\nabla G(x)^{\mathrm{T}}\nabla_x L(x,\lambda)+G(x)^2\lambda\|^2}{2}\right\}$$

这里 C 为参数，$C>0$；$\lambda=(\lambda_1,\lambda_2,\cdots,\lambda_m)^{\mathrm{T}}$ 是增广

Lagrange 乘子. 因此我们有

$$\Phi(x,\lambda,C)=(\phi_1(x,\lambda,C),\cdots,\phi_m(x,\lambda,C))^{\mathrm{T}}$$

$$\phi_j(x,\lambda,C)=\sqrt{(Cg_j(x))^2+\lambda_j^2}+Cg_j(x)-\lambda_j$$

$$j=1,\cdots,m$$

其中, $L(x,\lambda)=f(x)+\lambda^{\mathrm{T}}G(x)$ 是一般的 Lagrange 乘子函数.

12.2 预备知识

12.2.1 KKT 点

KKT 条件

$$\nabla_x L(\bar{x},\bar{\lambda})=0,G(\bar{x})\leqslant 0,\bar{\lambda}^{\mathrm{T}}G(\bar{x})=0,\bar{\lambda}\geqslant 0$$

若点 $(\bar{x},\bar{\lambda})$ 满足 KKT 条件, 则称 $(\bar{x},\bar{\lambda})$ 为问题(NLP)的 KKT 点.

12.2.2 强二阶充分条件

若点 (x,λ) 满足一阶 KKT 条件, 且对于所有的 $d\in P(x)=\{d\mid d^{\mathrm{T}}\nabla g_j(x)\leqslant 0,j\in J(x)\}$, $J(x)=\{j\mid g_j(x)=0,j=1,\cdots,m\}$ 和 $d\neq 0$ 有

$$d^{\mathrm{T}}\nabla_{xx}^2 L(x,\lambda)d>0$$

则称该点满足问题(NLP)的强二阶充分条件.

12.2.3 主要假设

(1) f 和 $g_j(x)$, $j=1,2,\cdots,m$ 均为二次 Lipschitz 连续可微函数.

(2) 对于任意的 $C>0$，当 $\nabla S(x,\lambda,C)=0$ 时，$\{\nabla g_j(x)\mid j=1,2,\cdots,m\}$ 线性无关.

(3) 在原问题(NLP) 的 KKT 点$(\bar{x},\bar{\lambda})$ 处，严格互补条件成立.

(4) f 和 $g_j(x),j=1,2,\cdots,m$ 均为三次 Lipschitz 连续可微函数.

(5) 在原问题(NLP) 的 KKT 点$(\bar{x},\bar{\lambda})$ 处，强二阶充分条件成立.

12.3　主要定理和结论

我们给出(NLP) 的KKT点和增广 Lagrange乘子函数 $S(x,\lambda,C)$ 的平稳点之间的关系.

定理 1　若(x,λ) 是原问题(NLP) 的 KKT 点，则对于任意的 $C>0$，有

$$\nabla S(x,\lambda,C)=0$$

此外，若存在 $C>0$，使得

$$\nabla S(x,\lambda,C)=0,\phi_j(x,\lambda_j,C)=0,\nabla_x L(x,\lambda)=0$$

则(x,λ) 是原问题(NLP) 的 KKT 点；

若对于充分大的 C，有

$$\nabla S(x,\lambda,C)=0$$

则(x,λ) 是原问题(NLP) 的 KKT 点.

证明　记

$$I_1(x,\lambda)=\{i\mid (g_i(x),\lambda_i)\neq(0,0)\}$$

$$I_0(x,\lambda)=\{i\mid (g_i(x),\lambda_i)\neq(0,0)\}$$

根据 $\phi_j(x,\lambda,C)$ 的定义，对于任意的 $j\in I_0$，有

$$\phi_j(x,\lambda,C)=0,\phi_j(x,\lambda,C)+\lambda_j=0$$

$$\|\Phi(x,\lambda,C)+\lambda\|^2=0$$

对于任意的 $j\in I_1$，有

$$\frac{\partial[(\phi_j(x,\lambda_j,C)+\lambda_j)^2-\lambda_j^2]}{\partial\lambda_j}=\frac{2C\lambda_j g_j(x)}{\sqrt{(Cg_j(x))^2+\lambda_j^2}} \tag{1}$$

及

$$\frac{\nabla_x[(\phi_j(x,\lambda_j,C)+\lambda_j)^2]}{2C}=\phi_j(x,\lambda_j,C)\nabla g_j(x)+\lambda_j\nabla g_j(x)+r_j \tag{2}$$

其中

$$\tau_j=\frac{Cg_j(x)}{\sqrt{(Cg_j(x))^2+\lambda_j^2}}\cdot\left(\sqrt{(Cg_j(x))^2+\lambda_j^2}+Cg_j(x)\right)\nabla g_j(x)$$

则 $S(x,\lambda,C)$ 的梯度为

$$\begin{aligned}\nabla_x S(x,\lambda,C)=&\nabla f(x)+\frac{\nabla x(\|\Phi(x,\lambda,C)+\lambda\|^2)}{2C}+\\&(\nabla G(x)^{\mathrm{T}}\nabla_x L(x,\lambda)+G(x)^2\lambda)\cdot\\&(\nabla_{xx}^2 G(x)\nabla_x L(x,\lambda)+\\&\nabla G(x)^{\mathrm{T}}\nabla_{xx}^2 L(x,\lambda)+\\&2\nabla G(x)^{\mathrm{T}}G(x)\lambda)\\=&\nabla_x L(x,\lambda)+\nabla G(x)\Phi(x,\lambda,C)+\\&\sum_{j\in I_1}\tau_j+(\nabla G(x)^{\mathrm{T}}\nabla_x L(x,\lambda)+\\&G(x)^2\lambda)(\nabla_{xx}^2 G(x)\nabla_x L(x,\lambda)+\\&\nabla G(x)^2\nabla_{xx}^2 L(x,\lambda)+\end{aligned}$$

$$2\nabla G(x)^{\mathrm{T}}G(x)\lambda) \tag{3}$$

及

$$\begin{aligned}\nabla_{\lambda}S(x,\lambda,C)=&\frac{\nabla_{\lambda}(\|\Phi(x,\lambda,C)+\lambda\|^{2}-\|\lambda\|^{2})}{2C}+\\&(\nabla G(x)^{\mathrm{T}}\nabla L(x,\lambda)+G(x)^{2}\lambda)\cdot\\&(\nabla G(x)^{\mathrm{T}}G(x)+G(x)^{2})\\=&\mathcal{C}+(\nabla G(x)^{\mathrm{T}}\nabla_{x}L(x,\lambda)+G(x)^{2}\lambda)\cdot\\&(\nabla G(x)^{\mathrm{T}}G(x)+G(x)^{2})\end{aligned} \tag{4}$$

这里$\mathcal{C}$是一个列向量

$$\mathcal{C}_{j\in I_1}=\frac{\lambda_j g_j(x)}{\sqrt{(Cg_j(x))^2+\lambda_j^2}}$$

若(x,λ)是原问题(NLP)的KKT点,则$\Phi(x,\lambda,C)=0$,$\nabla_x L(x,\lambda)=0$. 对于任意的$C>0$,式(3)及(4)显然均为0,故

$$\nabla S(x,\lambda,C)=0$$

若存在$C>0$,使

$$\nabla S(x,\lambda,C)=0,\phi_j(x,\lambda_j,C)=0,\nabla_x L(x,\lambda)=0$$

则由式子$\phi_j(x,\lambda_j,C)=0$可知

$$g_j(x)\leqslant 0,\lambda_j\geqslant 0,\lambda_j g_j(x)=0,j=1,\cdots,m$$

故(x,λ)符合原问题(NLP)的KKT条件.

由假设(1)可知,$g_j(x),j=1,\cdots,m$有界,则当$C\to+\infty$时

$$\mathcal{C}_{j\in I_1}=\frac{\lambda_j g_j(x)}{\sqrt{(Cg_j(x))^2+\lambda_j^2}}\to 0$$

故由(4)可得

$$\begin{aligned}&(\nabla G(x)^{\mathrm{T}}\nabla_x L(x,\lambda)+G(x)^2\lambda)\cdot\\&(\nabla G(x)^{\mathrm{T}}G(x)+G(x)^2)=0\end{aligned} \tag{5}$$

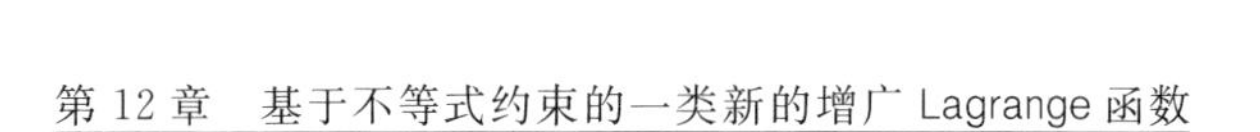

可以推出，对于任意的 $j=1,2,\cdots,m$，有

$$\lambda_j g_j(x)=0 \tag{6}$$

否则，若 $\lambda_j g_j(x)>0$，则对任意 $C>0$，都有 $\mathcal{C}_j>0$，与 $\nabla_\lambda S(x,\lambda,C)=0$ 矛盾；若 $\lambda_j g_j(x)<0$，则对任意 $C>0$，都有 $\mathcal{C}_j<0$，与 $\nabla_\lambda S(x,\lambda,C)=0$ 矛盾.

式(5) 可化为

$$(\nabla G(x)^{\mathrm{T}}\nabla_x L(x,\lambda))(\nabla G(x)^{\mathrm{T}}\nabla G(x)+G(x)^2)=0$$

因为 $G(x)\leqslant 0,\nabla G(x)^{\mathrm{T}}G(x)+G(x)^2\geqslant 0$，所以

$$\nabla G(x)^{\mathrm{T}}\nabla_x L(x,\lambda)=0 \tag{7}$$

根据假设(2) 可知，$\nabla g_j(x),j=1,2,\cdots,m$ 线性无关，故

$$\nabla_x L(x,\lambda)=0 \tag{8}$$

将式(6)(8) 代入式(3)，可得

$$\nabla G(x)\Phi(x,\lambda,C)+\Sigma_{j\in I_1}\frac{Cg_j(x)}{\sqrt{(Cg_j(x))^2+\lambda_j^2}}\cdot$$

$$(\sqrt{(Cg_j(x))^2+\lambda_j^2}+Cg_j(x))\nabla g_j(x)=0$$

根据假设(2) 可知，$\nabla g_j(x),j=1,2,\cdots,m$ 线性无关，可得

$$\phi_j(x,\lambda_j,C)+\frac{Cg_j(x)}{\sqrt{(Cg_j(x))^2+\lambda_j^2}}\cdot$$

$$(\sqrt{(Cg_j(x))^2+\lambda_j^2}+Cg_j(x))=0 \tag{9}$$

若 $g_i(x)=0$，则有 $\phi_j(x,\lambda_j,C)=0$；若 $g_i(x)\neq 0$，则 $\lambda_j=0$，对于充分大的 C，有

$$(|g_j(x)|+g_j(x))+\left(\frac{g_j(x)}{|g_j(x)|}\right)\cdot$$

$$(|g_j(x)|+g_j(x))$$

$$=\frac{[\,|g_j(x)|+g_j(x)]^2}{|g_j(x)|}=0$$

于是得到 $g_j(x)<0$. 对于任意的 $j,j=1,\cdots,m,\phi_j(x,\lambda_j,C)=0$,即

$$g_j(x)\leqslant 0,\lambda_j\geqslant 0,\lambda_j g_j(x)=0 \tag{10}$$

由式(8) 及(10),可知(x,λ) 是原问题(NLP) 的 KKT 点,得证.

定理 2 当 C 充分大时,若$(\bar{x},\bar{\lambda})$ 是 $S(x,\lambda,C)$ 的局部极小点,则 $\bar{x}$ 是原问题(NLP) 的一个局部极小解.

证明 当 C 充分大时,若$(\bar{x},\bar{\lambda})$ 是 $S(x,\lambda,C)$ 的局部极小点,则存在 $\delta>0$,使得对任意的$(x,\lambda)\in B_\delta(\bar{x},\bar{\lambda})=\{(x,\lambda)\mid \|(x,\lambda)-(\bar{x},\bar{\lambda})\|\leqslant\delta\}$,有

$$S(\bar{x},\bar{\lambda},C)\leqslant S(x,\lambda,C) \tag{11}$$

由$(\bar{x},\bar{\lambda})$ 是 $S(x,\lambda,C)$ 的局部极小点可知,$\nabla S(\bar{x},\bar{\lambda},C)=0$. 根据定理 1,$(\bar{x},\bar{\lambda})$ 是原问题(NLP) 的 KKT 点,故 $\nabla_x L(\bar{x},\bar{\lambda})=0$,即

$$\nabla f(\bar{x})+\nabla G(\bar{x})\bar{\lambda}=0$$

则

$$\nabla G(\bar{x})^{\mathrm{T}}\nabla G(\bar{x})\bar{\lambda}=-\nabla G(\bar{x})^{\mathrm{T}}\nabla f(\bar{x})$$

根据假设(2),$\nabla g_j(\bar{x})^{\mathrm{T}},j=1,\cdots,m$ 线性无关,则 $\nabla G(\bar{x})^{\mathrm{T}}\nabla G(\bar{x})$ 非奇异. 又根据假设(1),存在 $\delta_1,0<\delta_1\leqslant\delta$,使得任意的 $x\in B_{\delta_1}(\bar{x})$,$\nabla g_j(x)$ 线性无关,则可推出 $\nabla G(x)^{\mathrm{T}}\nabla G(x)$ 非奇异. 因此,可以通过下式求得

$$\lambda=-(\nabla G(x)^{\mathrm{T}}\nabla G(x))^{-1}\nabla G(x)^{\mathrm{T}}\nabla f(x)$$

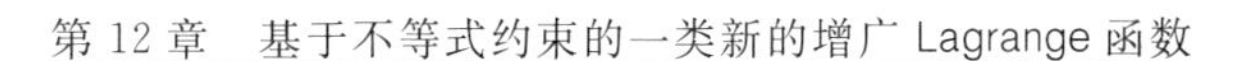

当 $\nabla_x L(\bar{x},\bar{\lambda})=0$ 且 $x \to \bar{x}$ 时，必有 $\lambda \to \bar{\lambda}$. 即当 δ_1 充分小时，对任意的 $x \in B_{\delta_1}(\bar{x})$，存在 $(x,\lambda) \in B_\delta(\bar{x},\bar{\lambda})$ 满足 $\nabla_x L(x,\lambda)=0, \lambda^{\mathrm{T}} G(x)=0$.

由于 $(\bar{x},\bar{\lambda})$ 是原问题(NLP)的 KKT 点，可得 $f(\bar{x})=S(\bar{x},\bar{\lambda},C)$. 对任意的 $\hat{x} \in B_{\delta_1(\bar{x})} \cap D$，存在 $(\hat{x},\hat{\lambda}) \in B_\delta(\bar{x},\bar{\lambda})$ 使得

$$\nabla_x L(\hat{x},\hat{\lambda})=0, G(\hat{x}) \leqslant 0$$

$$\| \Phi(\hat{x},\hat{\lambda},C)+\hat{\lambda} \|^2 - \| \hat{\lambda} \|^2 \leqslant 0$$

$$\| \nabla G(\hat{x})^{\mathrm{T}} \nabla_x L(\hat{x},\hat{\lambda}) + G(\hat{x})^2 \hat{\lambda} \|^2 = 0$$

则有

$$f(\bar{x})=S(\bar{x},\bar{\lambda},C) \leqslant S(\hat{x},\hat{\lambda},C) \leqslant f(\hat{x}) \quad (12)$$

以下定理均在假设(2)～(5)下得出.

下面证明原问题(NLP)的整体极小点和增广 Lagrange 乘子函数 $S(x,\lambda,C)$ 的整体极小点之间的关系，即给出全局最优性结果.

定理 3　若 $(\bar{x},\bar{\lambda}) \in X \times M$ 是原问题(NLP)的 KKT 点，则当 C 充分大时，$S(x,\lambda,C)$ 在 $(\bar{x},\bar{\lambda})$ 处强凸.

证明　若 $(\bar{x},\bar{\lambda}) \in X \times M$ 是原问题(NLP)的 KKT 点，则

$$\nabla_x L(\bar{x},\bar{\lambda})=0, \sqrt{(Cg_j(\bar{x}))^2+\bar{\lambda}_j^2}+Cg_j(\bar{x})=\bar{\lambda}_j \geqslant 0$$

由假设(3)可知 $(g_j(\bar{x}))^2+\bar{\lambda}_j^2 \neq 0, j=1,\cdots,m$，则由式(4)可得

$$\frac{\partial^2[(\phi_j(\bar{x},\bar{\lambda}_j,C)+\bar{\lambda}_j)^2-\bar{\lambda}_j^2]}{2C\partial\lambda_j\partial\lambda_j}=\frac{C^2(g_j(\bar{x}))^3}{((Cg_j(\bar{x}))^2+\bar{\lambda}_j^2)^{\frac{3}{2}}} \tag{13}$$

当 $j\neq i$ 时

$$\frac{\partial^2[(\phi_j(\bar{x},\bar{\lambda}_j,C)+\bar{\lambda}_j)^2-\bar{\lambda}_j^2]}{2C\partial\lambda_j\partial\lambda_j}=0 \tag{14}$$

则 KKT 点 $(\bar{x},\bar{\lambda})$ 处，$S(x,\lambda,C)$ 的 Hessian 矩阵如下

$$\begin{aligned}&\nabla_{xx}^2 S(\bar{x},\bar{\lambda},C)\\&=\nabla_{xx}^2 L(\bar{x},\bar{\lambda})+(\nabla G(\bar{x})^{\mathrm{T}}\nabla_{xx}^2 L(\bar{x},\bar{\lambda}))^2+\\&\sum_{j=1}^{m}\left(2C+\frac{3C^2 g_j(\bar{x})}{\sqrt{((Cg_j(\bar{x}))^2+\bar{\lambda}_j^2)}}-\right.\\&\left.\frac{C^4(g_j(\bar{x}))^3}{((Cg_j(\bar{x}))^2+\bar{\lambda}_j^2)^{\frac{3}{2}}}\right)\nabla g_j(\bar{x})\nabla g_j(\bar{x})^{\mathrm{T}}\end{aligned} \tag{15}$$

$$\begin{aligned}\nabla_{x\lambda}^2 S(\bar{x},\bar{\lambda},C)=&\ \nabla G(\bar{x})\mathrm{diag}(\eta)+(\nabla G(\bar{x})^{\mathrm{T}}\nabla G(\bar{x})+\\&(G(\bar{x}))^2)(\nabla G(\bar{x})^{\mathrm{T}}\nabla_{xx}^2 L(\bar{x},\bar{\lambda}))\end{aligned} \tag{16}$$

这里 $\mathrm{diag}(\eta)$ 是一个对角阵

$$\eta_j=\frac{\bar{\lambda}_j^3}{((Cg_j(\bar{x}))^2+\bar{\lambda}_j^2)^{\frac{3}{2}}}$$

$$\nabla_{\lambda\lambda}^2 S(\bar{x},\bar{\lambda},C)=\mathrm{diag}(\zeta)+(\nabla G(\bar{x})^{\mathrm{T}}\nabla G(\bar{x})+(G(\bar{x}))^2)^2 \tag{17}$$

这里 $\mathrm{diag}(\zeta)$ 是一个角对角阵

$$\zeta_j=\frac{2C^2 g_j(\bar{x})^3}{((Cg_j(\bar{x}))^2+\bar{\lambda}_j^2)^{\frac{3}{2}}}$$

令 $\|(x,\lambda)\|=1$，则

$$M_c = 2\sum_{j=1}^{m} \frac{\lambda_j \bar{\lambda}_j^3 x_j^{\mathrm{T}} \nabla g_j(\bar{x}) + C^2 \lambda_j^2 (g_j(\bar{x}))^3}{((Cg_j(\bar{x}))^2 + \bar{\lambda}_j^2)^{\frac{3}{2}}}$$

$$|M_c| \leqslant 2\sum_{j=1}^{m} [\|\nabla g_j(\bar{x})\| + |\xi_j|] = M$$

及

$$M_1 = 2\sum_{j \in J(\bar{x})} (x_j^{\mathrm{T}} \nabla g_j(\bar{x}))^2$$

由$(\bar{x},\bar{\lambda})$是原问题(NLP)的 KKT 点，则 $g_j(\bar{x}) \leqslant 0$，$g_j(\bar{x})\bar{\lambda}_j = 0$，可知

$$2C + \frac{3C^2 g_j(\bar{x})}{\sqrt{((Cg_j(\bar{x}))^2 + \bar{\lambda}_j^2)}} - \frac{C^4 (g_j(\bar{x}))^3}{((Cg_j(\bar{x}))^2 + \bar{\lambda}_j^2)^{\frac{3}{2}}}$$

$$= \begin{cases} 2C, g_j(\bar{x}) = 0 \\ 0, g_j(\bar{x}) < 0 \end{cases}$$

因为

$$\begin{aligned} &\|\nabla G(\bar{x})^{\mathrm{T}} \nabla_{xx}^2 L(\bar{x},\bar{\lambda}) x\|^2 + \\ &2\lambda^{\mathrm{T}} (\nabla G(\bar{x}))^3 \nabla_{xx}^2 L(\bar{x},\bar{\lambda}) x + \\ &2\lambda^{\mathrm{T}} (\nabla G(\bar{x}))^2 \nabla G(\bar{x})^{\mathrm{T}} \nabla_{xx}^2 L(\bar{x},\bar{\lambda}) x + \\ &\|\lambda^{\mathrm{T}} (\nabla G(\bar{x})^{\mathrm{T}} \nabla G(\bar{x}) + (G(\bar{x}))^2)\|^2 \\ = &\|(\lambda^{\mathrm{T}} (\nabla G(\bar{x}))^2) + (\lambda^{\mathrm{T}} (G(\bar{x}))^2) + \\ &\nabla G(\bar{x})^{\mathrm{T}} \nabla_{xx}^2 L(\bar{x},\bar{\lambda}) x\|^2 \geqslant 0 \end{aligned} \tag{18}$$

所以有

$$\begin{aligned} &(x,\lambda)^{\mathrm{T}} \nabla^2 S(\bar{x},\bar{\lambda},C)(x,\lambda) \\ = &x^{\mathrm{T}} \nabla_{xx}^2 L(\bar{x},\bar{\lambda}) x + (\nabla G(\bar{x})^{\mathrm{T}} \nabla_{xx}^2 L(\bar{x},\bar{\lambda}) x)^2 + \\ &\sum_{j=1}^{m} \left(2C + \frac{3C^2 g_j(\bar{x})}{\sqrt{((Cg_j(\bar{x}))^2 + \bar{\lambda}_j^2)}} - \right. \end{aligned}$$

$$\frac{C^4(g_j(\bar{x}))^3}{((Cg_j(\bar{x}))^2+\bar{\lambda}_j^2)^{\frac{3}{2}}}\Big)(x^{\mathrm{T}}\nabla g_j(\bar{x}))^2+$$

$$2\lambda^{\mathrm{T}}(\nabla G(\bar{x})^{\mathrm{T}}\nabla G(\bar{x})+(G(\bar{x}))^2)\cdot$$

$$((\nabla G(\bar{x}))^{\mathrm{T}}\nabla_{xx}^2 L(\bar{x},\bar{\lambda}))x+$$

$$\lambda^{\mathrm{T}}(\nabla G(\bar{x})^{\mathrm{T}}\nabla G(\bar{x})+(G(\bar{x})^2))^2\lambda+$$

$$\sum_{j=1}^{m}\frac{2\lambda_j\bar{\lambda}_j^3 x_j^{\mathrm{T}}\nabla g_j(\bar{x})+2C^2\lambda_j^2 g_j^3(\bar{x})}{((Cg_j(\bar{x}))^2+\bar{\lambda}_j^2)^{\frac{3}{2}}}$$

$$\geqslant x^{\mathrm{T}}\nabla_{xx}^2 L(\bar{x},\bar{\lambda})x+CM_1+M_c \tag{19}$$

若 $M_1>0$,则对于任意的

$$C>\frac{-[x^{\mathrm{T}}\nabla_{xx}^2 L(\bar{x},\bar{\lambda})x+M]}{M_1}$$

有

$$(x,\lambda)^{\mathrm{T}}\nabla^2 S(\bar{x},\bar{\lambda},C)(x,\lambda)>0$$

若 $M_1=0,x\neq 0$,则有

$$x\in P(\bar{x}),x^{\mathrm{T}}\nabla_{xx}^2 L(\bar{x},\bar{\lambda})x>0$$

及当 $C\to+\infty$ 时

$$M_c=2\sum_{j=1}^{m}\frac{\lambda_j\bar{\lambda}_j^3 x_j^{\mathrm{T}}\nabla g_j(\bar{x})+C^2\lambda_j^2 g_j^3(\bar{x})}{((Cg_j(\bar{x}))^2+\bar{\lambda}_j^2)^{\frac{3}{2}}}\to 0$$

因此,对于充分大的 C,有

$$(x,\lambda)^{\mathrm{T}}\nabla^2 S(\bar{x},\bar{\lambda},C)(x,\lambda)>0$$

若 $M_1=0,x=0$,则有 $\lambda^{\mathrm{T}}\nabla G(x)\neq 0$;对于充分大的 C,有

$$(x,\lambda)^{\mathrm{T}}\nabla^2 S(\bar{x},\bar{\lambda},C)(x,\lambda)$$

$$=\lambda^{\mathrm{T}}(\nabla G(\bar{x})^{\mathrm{T}}\nabla G(\bar{x})+(G(\bar{x}))^2)^2\lambda+$$

$$\sum_{j=1}^{m}\frac{2C^2\lambda_j^2 g_j^3(\bar{x})}{((Cg_j(\bar{x}))^2+\bar{\lambda}_j^2)^{\frac{3}{2}}}>0 \tag{20}$$

因此，存在 $\varepsilon > 0$ 及 $\overline{C} > 0$，使得对任意 $C \geqslant \overline{C}$，有

$$(x,\lambda)^{\mathrm{T}} \nabla^2 S(\overline{x},\overline{\lambda},C)(x,\lambda) \geqslant \varepsilon$$

根据可微性，存在 $I > 0$，当 $i > I$ 时

$$(x,\lambda)^{\mathrm{T}} \nabla^2 S(\overline{x},\overline{\lambda},C)(x,\lambda) \geqslant \varepsilon > 0$$

定理 4　设 $X \times M \subset \mathbf{R}^{n+m}$ 是一个紧集. 若 $(\overline{x},\overline{\lambda}) \in \mathrm{int}(X \times M)$ 是原问题(NLP) 的 KKT 点，且 $\overline{x}$ 是原问题(NLP) 在紧集 X 上唯一的整体极小点，则点 C 充分大时，$(\overline{x},\overline{\lambda})$ 是 $S(x,\lambda,C)$ 在 $\mathrm{int}(X \times M)$ 上的唯一整体极小点.

该定理的证明过程类似于文献[8]，故在此略去证明过程.

12.4　数值计算

对于本章给出的新的增广 Lagrange 函数形式，采用文献[8]中的算法对下列 4 个函数做数值计算，以检验其可行性和有效性.

(1) $\min\ f(x) = (x_1 - 2)^2 + (x_2 - 1)^2$

$$\text{s.t.}\ \ g_1(x) = x_1^2 - x_2 \leqslant 0$$

$$g_1(x) = -x_1 + x_2^2 \leqslant 0$$

(2) $\min\ f(x) = x_2$

$$\text{s.t.}\ \ g_1(x) = x_1^2 - x_2 \leqslant 0$$

$$g_1(x) = -x_1 \leqslant 0$$

(3) $\min\ f(x) = -[9 - (x_1 - 3)^3]\left(\dfrac{x_2^3}{27\sqrt{3}}\right)$

$$\text{s.t.}\ \ g_1(x) = x_2 - \frac{x_1}{\sqrt{3}} \leqslant 0$$

$$g_2(x)=-x_1-\sqrt{3}x_2\leqslant 0$$

$$g_3(x)=x_1+\sqrt{3}x_2-6\leqslant 0$$

$$g_4(x)=-x_1\leqslant 0$$

$$g_5=-x_2\leqslant 0$$

(4) $$\min f(x)=x_1^2+x_2^2+2x_3^2+x_4^2-5x_1-21x_3+7x_4$$

$$\text{s.t.}\quad g_1(x)=x_1^2+x_2^2+2x_3^2+x_4^2+x_1-x_3-x_4-8\leqslant 0$$

$$g_2(x)=x_1^2+2x_2^2+x_3^2+2x_4^2-x_1-x_4-9\leqslant 0$$

$$g_3(x)=2x_1^2+x_2^2+x_3^2+2x_1-x_2-x_4-5\leqslant 0$$

计算结果如表 1 所示，其中 NIT 表示迭代次数，NS 表示函数估计次数，NG 表示梯度估计的次数.

表 1

问题	初始点	NIT	NS	NG	初始点	NIT	NS	NG
1	0.5,0.5	10	19	27	1,1	9	21	28
1	10,10	7	15	31	−10,−10	12	16	21
2	0.5,0.5	8	13	23	1,1	10	12	32
2	1.5,1.5	6	12	20	2,2	6	17	24
3	2,0.5	5	6	7	6,2	7	10	11
3	4,2	5	7	7	4,1	6	8	11
4	0,0,0,0	11	17	21	0,0.5,1.5,−0.5	14	19	23
4	0,0.8,1.8,−0.8	12	16	19	1,1,1,1	11	29	22

12.5　结　　论

在本章中提出的新的增广 Lagrange 函数 $S(x,\lambda,C)$ 具有 Di Pillo 和 Grippo 型增广 Lagrange 函数所具有的所有理论结果：原问题(NLP) 的 KKT 点，整体极小点与 $S(x,\lambda,C)$ 的平稳点、整体极小点有对应关系，$S(x,\lambda,C)$ 的局部极小点是原问题(NLP) 的局部极小点. 同时，针对给出的新的增广 Lagrange 函数进行了数值计算，验证了其可行性和有效性. 本章获得的性质表明，函数 $S(x,\lambda,C)$ 是一个连续可微的精确增广 Lagrange 函数.

参考文献

[1] PILLO G D, GRIPPO L. A new class of augmented Lagranges in nonlinear[J]. SIAM J. Contral Opt, 1979, 17: 616-628.

[2] PILLO G D, GRIPPO L. An augmented Lagrange for inequality constraints in nonlinear programming problems[J]. J. Optimization theorem and applications, 1982, 36: 495-519.

[3] PILLO G D. Exact penalty method in Algorithms for continuous optimization: the state of the art[M]. Boston: Kluwer Ac. Press, 1994, 1-45.

[4] PILLO G D, LUCIDI S. On exact augmented Lagrange functions in nonlinear programming problems in Nonlinear Optimization and Applications[M]. New York: Plenum

Press, 1996:85-100.

[5] PILLO G D, LUCIDI S. An augmented Lagrange function with improved exactness properties[J]. SIAM J. Optimization,2001,12:376-406.

[6] LI K D, PU D G. A class of new Lagrange multiplier methods[J]. Operations Research Transactions, 2006,12: 9-22.

[7] 濮定国,丁群艳. 带 NCP 函数乘子法[P]. 中国运筹学会第七届学术交流会议论文集. 香港:Global-Link 出版社, 2004:770-776.

[8] 姜爱萍,濮定国,段希波. 一类带 NCP 函数的新的 Lagrange 乘子法[J]. 同济大学学报(自然科学版),2008,36: 695-698.

从常步长梯度方法的视角看不可微凸优化增广 Lagrange 方法的收敛性

第13章

增广 Lagrange 方法是求解非线性规划的一种有效方法. 华侨大学数学科学学院田朝薇、张立卫两位教授 2017 年从一个新的角度证明了不等式约束非线性非光滑凸优化问题的增广 Lagrange 方法的收敛性. 用常步长梯度法的收敛性定理证明了基于增广 Lagrange 函数的对偶问题的常步长梯度方法的收敛性. 由此得到增广 Lagrange 方法乘子迭代的全局收敛性.

13.1 引　言

约束优化问题广泛存在于工程、国防、经济、金融和社会等许多重要领域. 求解约束优化问题的重要途径之一是把它们转化成无约束优化问题进行求解. 由于增广 Lagrange 方法在理论研究和数值计算方面具有良好性质,使得它成为了处理最优化问题的一种重要方法. 最早的增广 Lagrange 函数法是由 Hestenes[1] 和 Powell[2] 在 20 世纪 60 年代处理等式约束优化问题时独立提出的. 后来,Rockafellar[3,4] 又将这种方法应用于解决带有等式和不等式约束的优化中,并说明了这种增广 Lagrange 函数比标准 Lagrange 函数在对偶方法中表现出更好的性质. 随着人们对增广 Lagrange 方法的深入研究,它被广泛应用于不同约束情况下的凸优化、非凸优化及锥优化问题中,参见文[5] ~ [8]. 本章从一个新的视角,即常步长无约束优化问题的梯度方法的角度证明增广 Lagrange 方法的收敛性. 其中,Moreau 包络函数及其邻近映射起到了关键的作用,为此我们先给出它们的定义及性质.

Moreau 和 Yosida 分别在 1965 年和 1964 年定义了凸函数 ψ 的一种正则化函数,即 Moreau 包络函数

$$e_r\psi(y) := \inf_w \{\psi(w) + \frac{1}{2r}\| w - y \|^2\}$$

其中 $\psi: \mathbf{R}^n \to \mathbf{R}$ 是一正常的下半连续函数,参数 $r > 0$,并且称

$$P_r\psi(y) := \arg\min_w \{\psi(w) + \frac{1}{2r}\| w - y \|^2\}$$

为邻近映射. 用这种方式定义的包络函数及其邻近映射,具有良好的性质. 根据文[8] 的定理 9.14,正常的下半连续凸函数 ψ 的邻近映射 $P_r\psi$ 是单值的、连续的,其 Moreau 包络函数 $e_r\psi$ 是凸函数,并且是连续可微的,其梯度为

$$\nabla e_r\psi(y)=\frac{1}{r}[y-P_r\psi(y)]$$

且有

$$e_r\psi(y+\Delta y)-e_r\psi(y)-\langle\nabla e_r\psi(y),\Delta y\rangle\leqslant\frac{1}{2r}\|\Delta y\|^2$$

同时，根据文[9]，最小化问题 $\min\ \psi$ 与最小化问题 $\min\ e_r\psi$ 具有相同的最优解.

本章考虑下述不等式约束的非线性凸优化问题

$$\begin{cases}\min\ f(x)\\ \text{s. t. }\ g_i(x)\leqslant 0, i=1,\cdots,m\\ x\in X\end{cases}\tag{P}$$

其中 X 是 $\mathbf{R}^n$ 的一非空闭凸子集，$f,g_i:X\to\mathbf{R}$，$i=1,\cdots,m$ 是正常下半连续凸函数. 因本章从常步长梯度方法的角度讨论增广 Lagrange 方法的收敛性，故在 13.2 节中先给出无约束优化问题的常步长梯度方法的收敛性定理，之后在 13.3 节中给出问题(P)的标准 Lagrange 对偶和增广 Lagrange 对偶，并通过简单推导得出两者之间的关系. 最后，在 13.4 节给出具体的增广 Lagrange 算法，得到增广 Lagrange 方法乘子序列的收敛性并讨论了问题(P)的原始变量点列的收敛性.

13.2　无约束优化问题常步长梯度方法的收敛性

考虑无约束优化问题

$$\min_{y\in\mathbf{R}^n}\psi(y)$$

其中目标函数 $\psi:\mathbf{R}^n\to\mathbf{R}$ 连续可微. 求解这一无约束极小化问题的常步长梯度方法的收敛性定理如下：

定理 设 ψ 是连续可微函数，且满足条件

$$\psi(z)-\psi(y)-\langle\nabla\psi(y),z-y\rangle\leqslant L\|z-y\|^2,\ \forall y,z\in\mathbf{R}^n$$

其中常数 $L>0$，还假设 ψ 是下有界的，则对于任意的初始点 $y^0\in\mathbf{R}^n$，若 $\alpha\in(0,\dfrac{1}{L})$，则由

$$y^{k+1}=y^k-\alpha\nabla\psi(y^k)$$

生成的点列 $\{y^k\}$ 满足 $\lim\limits_{k\to+\infty}\nabla\psi(y^k)=0$.

证明 由 $\psi(y^{k+1})-\psi(y^k)-\langle\nabla\psi(y^k),y^{k+1}-y^k\rangle\leqslant L\|y^{k+1}-y^k\|^2$，有

$$\psi(y^{k+1})-\psi(y^k)+\alpha\|\nabla\psi(y^k)\|^2\leqslant L\cdot\alpha^2\|\nabla\psi(y^k)\|^2$$

即

$$\psi(y^{k+1})-\psi(y^k)\leqslant-\alpha(1-\alpha L)\|\nabla\psi(y^k)\|^2$$

因 $\alpha\in(0,\dfrac{1}{L})$，故 $-\alpha(1-\alpha L)<0$，则 $\psi(y^{k+1})\leqslant\psi(y^k)$，因 ψ 是下有界的，故 $\{\psi(y^k)\}$ 收敛，则

$$0\leqslant\alpha(1-\alpha L)\leqslant\|\nabla\psi(y^k)\|^2\leqslant\psi(y^k)-\psi(y^{k+1})\to 0$$

因此 $\lim\limits_{k\to+\infty}\nabla\psi(y^k)=0$.

13.3 标准 Lagrange 对偶与增广 Lagrange 对偶之间的关系

增广 Lagrange 方法关于乘子的迭代与基于增广

Lagrange 函数的对偶问题密切相关，为此我们首先讨论标准 Lagrange 对偶与增广 Lagrange 对偶之间的关系.

13.3.1　问题(P) 的标准 Lagrange 对偶

令 $\psi(x,u)=f(x)+\delta_{\mathbf{R}^m}(g(x)+u)$，则问题(P) 的标准 Lagrange 函数为

$$
\begin{aligned}
L(x,\lambda) &= \inf_u\{\varphi(x,u)-\langle\lambda,u\rangle\} \\
&= \inf_u\{f(x)+\delta_{\mathbf{R}^m}(g(x)+u)-\langle\lambda,u\rangle\} \\
&= f(x)+\langle\lambda,g(x)\rangle-\sup_{u'}\{\langle\lambda,u'\rangle-\delta_{\mathbf{R}^m}(u')\} \\
&= f(x)+\langle\lambda,g(x)\rangle-\delta_{\mathbf{R}_+^m}(\lambda) \\
&= \begin{cases} f(x)+\langle\lambda,g(x)\rangle, \lambda\in\mathbf{R}_+^m \\ -\infty, 否则 \end{cases}
\end{aligned}
$$

则问题(P) 等价于下述极小极大问题

$$
\min_{x\in X}\max_{\lambda\in\mathbf{R}_+^m} L(x,\lambda) \tag{P}
$$

标准 Lagrange 对偶问题为

$$
\max_{\lambda\in\mathbf{R}_+^m}\min_{x\in X} L(x,\lambda) \tag{D}
$$

13.3.2　问题(P) 的增广 Lagrange 对偶

令 $\varphi_c(x,u)=f(x)+\delta_{\mathbf{R}^m}(g(x)+u)+\frac{c}{2}\|u\|^2$，

其中参数 $c>0$，则增广 Lagrange 函数为

$$
\begin{aligned}
L_c(x,\lambda) &= \inf_u\{\varphi_c(x,u)-\langle\lambda,u\rangle\} \\
&= \inf_u\{f(x)+\delta_{\mathbf{R}_-^m}(g(x)+u)+ \\
&\qquad \frac{c}{2}\|u\|^2-\langle\lambda,u\rangle\}
\end{aligned}
$$

$$= f(x) + \inf_{u' \in \mathbf{R}_-^m} \left\{ \frac{c}{2} \| u' - (g(x) + \frac{1}{c}\lambda) \|^2 \right\} - \frac{1}{2c} \| \lambda \|^2$$

$$= f(x) + \frac{1}{2c} (\| \prod_{\mathbf{R}_+^m} (\lambda + cg(x)) \|^2 - \| \lambda \|^2)$$

由文[10]的定理 3.1 可知,函数 $L_c(x,\lambda)$ 关于 x 是凸函数,关于 λ 是凹函数.定义问题

$$\min_{x \in X} \max_{\lambda} L_c(x,\lambda) \tag{P_c}$$

对应的极大极小对偶问题,成为增广 Lagrange 对偶问题,是下述问题

$$\max_{\lambda} \min_{x \in \lambda} L_X(x,\lambda) \tag{D_c}$$

表达式 $L_c(x,\lambda)$ 可具体表示为

$$L_c(x,\lambda) = f(x) + \frac{1}{2c} \sum_{i=1}^{m} (| \lambda_i + cg_i(x) |_+^2 - \lambda_i^2)$$

$$= f(x) + \frac{1}{2c} \sum_{i=1}^{m} \begin{cases} 2c\lambda_i g_i(x) + c^2 g_i^2(x), \\ \quad \lambda_i + cg_i(x) \geqslant 0 \\ -\lambda_i^2, \lambda_i + cg_i(x) < 0 \end{cases}$$

13.3.3 问题(D)与问题(D_c)的关系

在问题(D)中,记 $D_0(\lambda) = \min_{x \in X} L(x,\lambda)$,则

$$D_0(\lambda) = \inf_{x \in X} \inf_{u} \{ \varphi(x,u) - \langle \lambda, u \rangle \}$$
$$= \inf_{u} [\inf_{x \in X} \{ \varphi(x,u) \} - \langle \lambda, u \rangle]$$

令 $p_0(u) = \inf_{x \in X} \{ \varphi(x,u) \}$,则

$$D_0(\lambda) = \inf_{u} [p_0(u) - \langle \lambda, u \rangle]$$
$$= -\sup_{u} [\langle \lambda, u \rangle - p_0(u)]$$

$$=-p_0^*(\lambda)$$

同理，在问题(D_c)中，令 $D_c(\lambda)=\min\limits_{x\in X}L_c(x,\lambda)$，则

$$D_c(\lambda)=\inf_{x\in X}\inf_u\{\varphi_c(x,u)-\langle\lambda,u\rangle\}$$

$$=\inf_u\left[\inf_{x\in X}\{\varphi(x,u)\}+\frac{c}{2}\|u\|^2-\langle\lambda,u\rangle\right]$$

令 $p_c(u)=\inf\limits_{x\in X}\{\varphi(x,u)\}+\frac{c}{2}\|u\|^2$，则

$$p_c(u)=p_0(u)+\frac{c}{2}\|u\|^2$$

且有

$$D_c(\lambda)=\inf_u\{p_c(u)-\langle\lambda,u\rangle\}=-p_c^*(\lambda)$$

由 Rochafellar 的专著 *Convex Analysis* 的定理16.4，设 $h_1,\cdots,h_m$ 是定义在 $\mathbf{R}^m$ 上的正常凸函数，若 $\bigcap\limits_{i=1}^m \text{ridom}\ h_i\neq\varnothing$，则

$$(h_1+\cdots+h_m)^*=h_1^*\square h_2^*\square\cdots\square h_m^*$$

其中卷积

$$h_i\square h_j(y)=\inf_z[h_i(z)+h_j(y-z)]$$

因

$$\left(\frac{c}{2}\|u\|^2\right)^*=\sup_u\left\{\langle v,u\rangle-\frac{c}{2}\|u\|^2\right\}=\frac{1}{2c}\|v\|^2$$

则

$$p_c^*(\lambda)=p_0^*(\lambda)\square\left(\frac{c}{2}\|u\|^2\right)^*$$

$$=\inf_z\left[p_0^*(z)+\frac{1}{2c}\|\lambda-z\|^2\right]$$

$$=e_cp_0^*(\lambda)$$

即有 $-D_c(\lambda)=e_c[(-D_0)(\lambda)]$，则原问题(P)的增广

Lagrange 对偶问题(D_c)满足

$$\max_{\lambda} D_c(\lambda) = -\min_{\lambda}(-D_c(\lambda))$$
$$= -\min_{\lambda} e_c[(-D_0(\lambda))]$$

同理,问题(D)可表示为

$$\max_{\lambda\geqslant 0} D_0(\lambda) = -\min_{\lambda\geqslant 0}(-D_0(\lambda))$$

由 Moreaue 包络函数的性质可知,问题(D)与问题(D_c)有相同的最优解.

13.4 增广 Lagrange 算法及收敛性分析

下面给出增广对偶问题(D_c)的常步长梯度方法,它对应着增广 Lagrange 方法的乘子迭代.

13.4.1 增广 Lagrange 方法乘子序列的收敛性

定理 对任意的初始点$\lambda^0 \in \mathbf{R}_+^m$,若$\alpha \in (0,2c)$,则由迭代式

$$\lambda^{k+1} = \lambda^k - \alpha \nabla(-D_c(\lambda^k))$$

生成的点列$\{\lambda^k\}$满足$\lim\limits_{k\to\infty} \nabla(-D_c(\lambda^k)) = 0$.

证明 由上一节的讨论可知,$-D_c(\lambda) = e_c[(-D_0)(\lambda)]$是凸函数,并且

$$-D_0(\lambda) = -\min_{x\in X} L(x,\lambda)$$

是正常的下半连续凸函数. 由 Moreaue 包络函数的性质知,$-D_c(\lambda)$是连续可微的凸函数,且它是下有界的,并且满足

$$[-D_c](\lambda + \Delta\lambda) - [-D_c](\lambda) -$$

$$(\nabla[-D_c](\lambda),\Delta\lambda)\leqslant\frac{1}{2c}\|\Delta\lambda\|^2$$

由定理得，当 $\alpha\in(0,2c)$ 时，结论成立.

由上一节的讨论知，$D_c(\lambda)=\min\limits_{x\in X}L_c(x,\lambda)$. 令

$$x_c\in\arg\min\{L_c(x,\lambda),x\in X\}$$

则 $D_c(\lambda)=L_c(x_c,\lambda)$，从而

$$\begin{aligned}\nabla[-D_c(\lambda)]&=-\nabla D_c(\lambda)=-\nabla_\lambda L_c(x_c,\lambda)\\&=\frac{1}{c}\lambda-\frac{1}{c}[\lambda+cg(x_c)]_+\end{aligned}$$

当 $\alpha=c,x^{k+1}\in\arg\min\{L_c(x,\lambda^k),x\in X\}$ 时

$$\begin{aligned}\lambda^{k+1}&=\lambda^k-\alpha\nabla[-D_c](\lambda^k)\\&=\lambda^k+c\left\{\frac{1}{c}[\lambda^k+cg(x^{k+1})]_+-\frac{1}{c}\lambda^k\right\}\\&=[\lambda^k+cg(x^{k+1})]_+\end{aligned}$$

步长为 $\alpha=c$ 时，求解问题(D_c)的梯度方法对应求解问题(P)的增广 Lagrange 算法. 增广 Lagrange 方法的迭代格式如下：

步 1　给定 $c>0$，给定 $\lambda^0\in\mathbf{R}_+^m$，置 $k=0$；

步 2　计算 $x^{k+1}\in\arg\min\{L_c(x,\lambda^k),x\in X\}$；

步 3　计算 $\lambda^{k+1}=[\lambda^k+cg(x^{k+1})]_+$；

步 4　$k:=k+1$，转步 2.

13.4.2　原始变量迭代点列收敛性讨论

由文[10]的定理 4.4，设问题(P)有严格可行点(即 Slater 条件成立)，且最优值有限，$\{\lambda^k\}$ 是问题(D_c)的有界最大序列，则由上述增广 Lagrange 算法所生成的序列 $\{x^k\}$ 是问题(P)的渐近最小化序列，即

$$\lim_{k\to\infty} f(x^k) = f(\bar{x})$$

其中 $\bar{x}$ 是问题(P) 的最优解.

现在我们给出另外一个关于原始变量迭代点列收敛性的结果.

定理 设函数 $f, g_i, i=1,\cdots,m$ 是连续的凸函数,则由增广 Lagrange 算法生成的序列 $\{x^k\}$ 的任意聚点都是问题(P) 的最优解.

证明 设 $\{x^k\}$ 的聚点为 $\bar{x}$,不妨设 $x^k \to \bar{x}$. 由增广 Lagrange 算法有

$$x^{k+1} \in \operatorname{argmin}\{L_c(x,\lambda^k), x \in X\}$$

根据凸规划的最优性条件

$$0 \in \partial_x L_c(x^{k+1},\lambda^k) + N_X(x^{k+1})$$

即

$$0 \in \partial f(x^{k+1}) + \sum_{i=1}^{m} [\lambda^k + cg(x^{k+1})]_+ \partial g_i(x^{k+1}) + N_X(x^{k+1})$$

由于

$$\lambda^{k+1} = [\lambda^k + cg(x^{k+1})]_+$$

则上式表达为

$$0 \in \partial f(x^{k+1}) + \sum_{i=1}^{m} \lambda_i^{k+1} \partial g_i(x^{k+1}) + N_X(x^{k+1})$$

由 13.4.1 节中的定理知,当 $k \to \infty$ 时,$\lambda^k \to \bar{\lambda}$,并由凸函数次微分的外半连续性得

$$0 \in \partial f(\bar{x}) + \sum_{i=1}^{m} \bar{\lambda}_i \partial g_i(\bar{x}) + N_X(\bar{x}) \tag{1}$$

当 $k \to \infty$ 时,由

$$\lambda^{k+1}=[\lambda^{k}+cg(x^{k+1})]_{+}$$

可得

$$\bar{\lambda}=[\bar{\lambda}+cg(\bar{x})]_{+}$$

由此推出

$$0\leqslant\bar{\lambda}\perp g(\bar{x})\leqslant 0 \tag{2}$$

由式(1)与式(2)知$(\bar{x},\bar{\lambda})$满足问题(P)的最优性条件,从而$\bar{x}$是问题(P)的最优解.

如果讨论整个序列$\{x^k\}$是否有界,是否收敛,还需要进一步的假设,本章就不加讨论了.

参考文献

[1] HESTENES M R. Multiplier and gradient methods[J]. Journal of Optimization Theory and Applications,1969,4:303-320.

[2] POWELL M J D. A method for nonlinear constraints in minimization problems[C]//Optimization. London: Academic Press,1969,283-298.

[3] ROCKAFELLAR R T. Lagrange multipliers and optimality[J]. SIAM Review, 1993,35:183-238.

[4] ROCKAFELLAR R T. Augmented Lagrange multiplier functions and duality in nonconvex programming[J]. SIAM Journal on Control, 1974,12:268-285.

[5] CONN A, GOULD N, TOINT P. A globally convergent augmented Lagrange algorithm for optimization with general constraints and simple bounds[J]. SIAM Journal on Numerical Analysis, 1991,28:545-572.

[6] WU H X, LUO H Z. Saddle points of general augmented

Lagrange for constrained nonconvex optimization [J]. Journal of Global Optimization, 2012, 53: 683-68

[7] LIU Y J, ZHANG L W. Convergence analysis of the augmented Lagrange method for nonlinear second-order cone optimization problem [J]. Nonlinear Analysis: Theory, Methods and Applications, 2007, 67: 1359-1373.

[8] 张立卫,吴佳,张艺. 变分分析与优化[M]. 北京:科学出版社,2013.

[9] MENG F W, ZHAO G Y. On second-order properties of the Moreau-Yosida regularization for constrainted nonsmooth convex programs[J]. Numerical Functional Analysis and Optimization, 2004, 25: 515-529.

[10] ROCKAFELLAR R T. A dual approach to solving nonlinear programming problems by unconstrained optimization[J]. Mathematical Programming, 1973, 5: 354-373.

基于均值修正的 Toeplitz 矩阵填充的增广 Lagrange 乘子算法

第14章

工程科学计算山西省高等学校重点实验室的温瑞萍、肖云、王川龙三位教授在2022年基于均值的增广Lagrange乘子算法，提出了一种快速且具有较高精度的 Toeplitz 矩阵填充算法. 新算法一方面通过均值结构化处理保证迭代后产生的填充矩阵是可行的 Toeplitz 矩阵，另一方面通过在迭代过程中嵌入修正步而极大地节约了计算时间，得到了更精确的填充矩阵. 同时讨论了新算法的收敛性，最后通过数值实验表明新算法比基于均值的增广 Lagrange 乘子算法(MALM)和增广 Lagrange 乘子算法(ALM)在时间和精度上均有改进.

14.1 引 言

矩阵填充(matrix completion，简称MC)问题主要针对已知矩阵的部分数据，填充那些未知或缺失的数据. 为了解决这个问题,通常假设这个矩阵存在信息冗余,例如,数据矩阵是低秩的,即其数据分布在一个低维的线性子空间上. 填充一个未知的低秩或近似低秩采样矩阵是一个具有挑战性的问题,其广泛应用于信息科学的许多领域. 例如,机器学习[1,2]、推荐系统[3]、图像处理[4]、控制理论[5]、计算机视觉[6] 等.

设 $\boldsymbol{M} \in \mathbf{R}^{m\times n}$ 是缺失部分元素的已知矩阵,$\boldsymbol{A} \in \mathbf{R}^{m\times n}$ 是逼近 $\boldsymbol{M}$ 的未知矩阵,Ω 为采样元素的下标集,$\mathcal{P}_\Omega$ 表示 Ω 上的正交投影算子. 秩最小化矩阵填充问题的数学模型为

$$\begin{aligned}\min_{\boldsymbol{A}\in\mathbf{R}^{m\times n}}\ & \operatorname{rank}(\boldsymbol{A})\\ \text{s.t. }\ & \mathcal{P}_\Omega(\boldsymbol{A}) = \mathcal{P}_\Omega(\boldsymbol{M})\end{aligned} \tag{1}$$

由于式(1) 的目标函数非凸且不连续,因而它是一个 NP 困难的问题. 2009 年,Candès 和 Recht[7] 将其转化为下列凸松弛形式

$$\begin{aligned}\min_{\boldsymbol{A}\in\mathbf{R}^{m\times n}}\ & \|\boldsymbol{A}\|\\ \text{s.t. }\ & \mathcal{P}_\Omega(\boldsymbol{A}) = \mathcal{P}_\Omega(\boldsymbol{M})\end{aligned} \tag{2}$$

其中,$\|\boldsymbol{A}\|_* = \sum_{k=1}^{r}\sigma_k(\boldsymbol{A})$,$\sigma_k(\boldsymbol{A})$ 表示秩为 r 的矩阵 $\boldsymbol{A} \in \mathbf{R}^{m\times n}$ 的第 k 大奇异值,$\sigma_1 \geqslant \sigma_2 \geqslant \cdots \geqslant \sigma_k \geqslant \cdots \geqslant \sigma_r r > 0$. 而且当原矩阵具有低相关性且采样数满足一定条件时,式(1) 和(2) 是等价的,即有相同的唯一最优解且该最优解以极大的概率逼近矩阵 $\boldsymbol{M}$.

模型(2) 是一个凸优化问题,可求得全局最优解. 当前常见的算法中每次迭代都需要计算一个 $m\times n$ 阶

矩阵的奇异值分解(singular value decomposition,简称 SVD),如 Toh 等[8] 提出了加速临近速度(accelerated proximal gradient,简称 APG)算法,其算法复杂度为 $O(1/\sqrt{\varepsilon})$,并通过采用线性搜索、延拓等技术来加速 APG 算法的收敛. 与此同时,CAI 等[9],HU 等[10],WEN 等[11] 研究了奇异值阈值(singular value thresholding,简称 SVT)算法及其改进形式,该算法保证了填充矩阵的稀疏法,一定程度上节省了存储空间,可以有效地处理低秩的大规模矩阵填充问题. 但当秩较大时,此算法运行速度缓慢甚至效果不是很理想. 后来,LIN 等[12] 提出了增广 Lagrange 乘子(augmented Lagrange multiplier,简称 ALM)算法,该算法具有很好的操作性和收敛性,并且需要较小的存储空间.

在实际应用问题中,采样矩阵往往具有特殊的结构. 例如,Toeplitz 矩阵和 Hankel 矩阵是矩阵填充问题的两种特殊类型,近年来得到了广泛关注[13-22]. 文[13] 和[22] 基于快速傅里叶变换(fast fourier transform,简称 FFT)技术[23] 和 Lanczos 正交化方法[24],提出了 Hankel 矩阵的快速奇异值分解算法,其算法复杂度为 $O(n^2\log n)$,而一般的奇异值分解算法复杂度为 $O(n^3)$. 由文[25] 可知,Toeplitz 矩阵可以通过行列变换转换为 Hankel 矩阵. 因此,我们可以直接得到基于 FFT 及 Lanczos 方法的 Toeplitz 矩阵的快速奇异值分解算法,且算法复杂度为 $O(n^2\log n)$. 当前很多矩阵填充算法的 SVD 计算花费占整个算法花费的 80% 以上,而 Toeplitz 矩阵的 SVD 具有较低的算法复杂度. 所以,研究 Toeplitz 矩阵的填充问题十分有意义. 近年来,WANG 等提出了 Toeplitz 矩阵填充的均值算法[16]、修正的增广 Lagrange 乘子算法[17]、保结构算法[19]、子空间算法[20] 等,WEN 等[21] 研究了利用平滑处理的增广 Lagrange 乘子算法.

本章主要是基于均值的增广 Lagrange 算法[16],提出了一种修正的新算法. 该算法采用"先修正后结构化"的思想,在每一个迭代步先进行修正处理以改进逼近矩阵的精度后,再利用均值思想进行 Toeplitz 结构化处理以进行快速奇异值分解,两方面相结合使整体迭代步数进一步降低,进而达到减少奇异值分解次数,从而节约算法执行的整体运行时间. 同时给出了收敛性分析,并通过数值实验验证了算法的有效性.

这里是一些必要的预备知识.

定义 1[24](奇异值分解(SVD)) 对于秩为 r 的矩阵 $\boldsymbol{A} \in \mathbf{R}^{m\times n}$,必存在正交矩阵 $\boldsymbol{U} \in \mathbf{R}^{m\times r}$ 和 $\boldsymbol{V} \in \mathbf{R}^{n\times r}$,使得

$$\boldsymbol{A} = \boldsymbol{U}\Sigma_r\boldsymbol{V}^{\mathrm{T}}, \Sigma_r = \mathrm{diag}(\sigma_1, \cdots, \sigma_r)$$

其中

$$\sigma_1 \geqslant \sigma_2 \geqslant \cdots \geqslant \sigma_r > 0$$

定义 2[9](奇异值阈值算子) 对于任意参数 $\tau \geqslant 0$,秩为 τ 的矩阵 $\boldsymbol{A} \in \mathbf{R}^{m\times n}$,存在奇异值分解 $\boldsymbol{A} = \boldsymbol{U}\Sigma_\tau\boldsymbol{V}^{\mathrm{T}}$,奇异值阈值算子 $\mathcal{D}_\tau$ 定义为

$$\mathcal{D}_\tau(\boldsymbol{A}) := \boldsymbol{U}D_\tau(\Sigma)\boldsymbol{V}^{\mathrm{T}}$$

$$\mathcal{D}_\tau(\Sigma) = \mathrm{diag}(\{\sigma_i - \tau\}_+)$$

其中

$$\{\sigma_i-\tau\}_+=\begin{cases}\sigma_i-\tau,\text{当 }\sigma_i>\tau\text{ 时}\\0,\text{当 }\sigma_i\leqslant\tau\text{ 时}\end{cases}$$

定义 3　矩阵

$$\boldsymbol{T}_l=(t_{ij})_{m\times n}=\begin{cases}1,j-i=l\\0,j-i\neq l\end{cases}\quad(3)$$

$$(l=-n+1,\cdots,n-1)$$

被称为 Toeplitz 矩阵空间的基. 显然,任一 Toeplitz 矩阵 $\boldsymbol{T}\in\mathbf{R}^{m\times n}$ 可以表示为

$$\boldsymbol{T}=\sum_{l=-n+1}^{n-1}t_l\boldsymbol{T}_l$$

定义 4[16](Toeplitz 结构化算子)　对于任何矩阵 $\boldsymbol{A}=(a_{ij})\in\mathbf{R}^{m\times n}$,定义 Toeplitz 结构化算子$\mathcal{T}$如下

$$\mathcal{T}(\boldsymbol{A}):=\sum_{l=-n+1}^{n-1}\tilde{a}_l\boldsymbol{T}_l\quad(4)$$

其中 $\tilde{a}_l=\mathrm{mean}(\mathrm{diag}(\boldsymbol{A},l)),l=-n+1,\cdots,n-1$,即 $\tilde{a}_l$ 代表矩阵 $\boldsymbol{A}$ 第 l 条对角线所有元素的算术平均值. 通过结构化算子$\mathcal{T}(\cdot)$可以将任一方阵 $\boldsymbol{A}\in\mathbf{R}^{m\times n}$ 转化为一个具有 Toeplitz 结构的矩阵.

为方便起见,$\mathbf{R}^{m\times n}$ 表示的是 $m\times n$ 阶的实数矩阵. 矩阵 $\boldsymbol{A}$ 的核范数用 $\|A\|_*$ 表示,而 $\|A\|_F$ 表示矩阵 $\boldsymbol{A}$ 的 Frobenius 范数. $\boldsymbol{A}^{\mathrm{T}}$ 表示矩阵 $\boldsymbol{A}$ 的转置. $\langle\boldsymbol{X},\boldsymbol{Y}\rangle=\mathrm{trace}(\boldsymbol{X}^{\mathrm{T}},\boldsymbol{Y})$ 表示矩阵 $\boldsymbol{X}$ 与 $\boldsymbol{Y}$ 的内积. 对于一个 Toeplitz 矩阵 $\boldsymbol{A}\in\mathbf{R}^{m\times n}$,$\mathrm{diag}(\boldsymbol{A},l)$ 表示矩阵 $\boldsymbol{A}$ 的第 l 条对角线元素构成的向量,$l=-n+1,\cdots,n-1$,$\Omega\subset\{-n+1,\cdots,n-1\}$ 是采样集,$\bar{\Omega}\subset\{-n+1,\cdots,n-1\}$

为 Ω 的余或补集，$\mathcal{P}_\Omega$ 是相应矩阵在 Ω 上的投影算子，$\mathcal{P}_{\bar{\Omega}}$ 是相应矩阵在 $\overline{\Omega}$ 上的投影算子，即 $\mathcal{P}_\Omega$ 满足

$$\operatorname{diag}(\mathcal{P}_\Omega(\boldsymbol{A}),l)=\begin{cases}\operatorname{diag}(\boldsymbol{A},l),l\in\Omega\\ \boldsymbol{0},l\notin\Omega\end{cases}$$

（$\boldsymbol{0}$ 是一个零向量）

本章结构安排如下：14.2 首先简单回顾增广 Lagrange 乘子算法和解决 Toeplitz 矩阵填充问题的带均值增广 Lagrange 乘子算法，然后详细介绍基于均值的 Toeplitz 矩阵填充的增广 Lagrange 乘子新修正算法；14.3 节运用核范数的性质给出算法的收敛性分析；14.4 节将新算法通过数值实验与 ALM 算法和 MALM 算法作比较来验证其有效性；最后在 14.5 节对全章进行总结.

14.2 相关算法

在本节，我们主要研究低秩 Toeplitz 矩阵的填充问题. 为了方便比较，我们先简单回顾增广 Lagrange 乘子算法，并将其应用到 Toeplitz 矩阵填充问题中.

14.2.1 增广 Lagrange 乘子算法

考虑 14.1 节问题(2)，当 $m=n$，即矩阵 $\boldsymbol{A},\boldsymbol{E},\boldsymbol{M}\in\mathbf{R}^{n\times n}$ 均为方阵时，有如下等价形式

$$\begin{aligned}&\min\ \|\boldsymbol{A}\|_*\\&\text{s.t.}\ \boldsymbol{A}+\boldsymbol{E}=\boldsymbol{M},\mathcal{P}_\Omega(\boldsymbol{E})=0\end{aligned}\tag{1}$$

利用增广 Lagrange 乘子法求解(1)，由定义[12] 可得其

Lagrange 函数为

$$\mathcal{L}(\boldsymbol{A},\boldsymbol{E},\boldsymbol{Y},\mu)=\|\boldsymbol{A}\|_*+\langle\boldsymbol{Y},\boldsymbol{M}-\boldsymbol{A}-\boldsymbol{E}\rangle+\frac{\mu}{2}\|\boldsymbol{M}-\boldsymbol{A}-\boldsymbol{E}\|_F^2 \tag{2}$$

其中$\boldsymbol{Y}\in\mathbf{R}^{n\times n}$为Lagrange乘数，$\mu$是正常数. 算法步骤如下.

算法 1　(ALM 算法)

第 1 步：给定下标集合Ω，样本 Toeplitz 矩阵$\boldsymbol{M}$，参数$\rho>1$，$\mu_0>0$，以及初始矩阵$\boldsymbol{Y}_0=0$，$\boldsymbol{E}_0=$，$k:=0$.

第 2 步：计算矩阵$(\boldsymbol{M}-\boldsymbol{E}_k+\mu_k^{-1}\boldsymbol{Y}_k)$的奇异值分解

$$[\boldsymbol{U}_k,\Sigma_k,\boldsymbol{V}_k]_{\mu_k^{-1}}=\text{svd}(\boldsymbol{M}-\boldsymbol{E}_k+\mu_k^{-1}\boldsymbol{Y}_k)$$

第 3 步：令

$$\boldsymbol{A}_{k+1}=\boldsymbol{U}_k\,\mathcal{D}_{\mu_k^{-1}}(\Sigma_k)\boldsymbol{V}_k^{\mathrm{T}}$$

$$\boldsymbol{E}_{k+1}=\mathcal{P}_{\overline{\Omega}}(\boldsymbol{M}-\boldsymbol{A}_{k+1}+\mu_k^{-1}\boldsymbol{Y}_k)$$

第 4 步：通过给定参数，若$\|\boldsymbol{M}-\boldsymbol{A}_{k+1}-\boldsymbol{E}_{k+1}\|_F/\|\boldsymbol{M}\|_F<\varepsilon_1$且$\mu_k\|\boldsymbol{E}_{k+1}-\boldsymbol{E}_k\|_F/\|\boldsymbol{M}\|_F<\varepsilon_2$，停止；否则转第 5 步.

第 5 步：令$\boldsymbol{Y}_{k+1}=\boldsymbol{Y}_k+\mu_k(\boldsymbol{M}-\boldsymbol{A}_{k+1}-\boldsymbol{E}_{k+1})$，如果$\mu_k\|\boldsymbol{E}_{k+1}-\boldsymbol{E}_k\|_F/\|\boldsymbol{M}\|_F<\varepsilon_2$，令$\mu_{k+1}=\rho\mu_k$；否则转第 2 步.

数值实验表明，ALM 算法在理论和实际应用中均有较好的效果，且该算法具有线性全局收敛性，但奇异值分解时间较长，精度较低，收敛效果不是很理想. 特别是当待填充矩阵是 Toeplitz 矩阵时，ALM 算法在迭代过程中产生的迭代矩阵序列并不具有 Toeplitz 结构，因此不可以采用快速奇异分解，只能应用计算复杂度较高的一般矩阵的奇异值分解，而且输出矩阵与具有 Toeplitz 结构的待填充矩阵相比较，精度相对较低.

14.2.2 基于均值的增广 Largrange 乘子算法

本小节回顾填充 Toeplitz 矩阵的基于均值和增广 Largrange 乘子算法. 其要点是需要在 ALM 算法的基础上将迭代矩阵的对角元素均值化后重新赋值使其保持 Toeplitz 结构. 也就是在问题(1) 中，$\boldsymbol{A},\boldsymbol{M}\in\mathbf{R}^{n\times n}$ 均为 Toeplitz 矩阵，$\Omega\subset\{-n+1,\cdots,n-1\}$. 其增广 Largrange 函数的定义如(2) 所示. 算法步骤如下.

算法 2 （MALM 算法[16]）

第 1 步：给定下标集合 Ω，样本 Toeplitz 矩阵 $\boldsymbol{M}$，参数 $\rho>1,\mu_0>0$，以及初始矩阵 $\boldsymbol{Y}_0=0,\boldsymbol{E}_0=0,k:=0$.

第 2 步：利用 Lanczos 快速奇异值分解方法计算矩阵$(\boldsymbol{M}-\boldsymbol{E}_k+\mu_k^{-1}\boldsymbol{Y}_k)$的奇异值分解

$$[\boldsymbol{U}_k,\Sigma_k,\boldsymbol{V}_k]=\text{lansvd}(\boldsymbol{M}-\boldsymbol{E}_k+\mu_k^{-1}\boldsymbol{Y}_k)$$

第 3 步：令

$$\boldsymbol{X}_{k+1}=\boldsymbol{U}_k\,\mathcal{D}_{\mu_k^{-1}}(\Sigma_k)\boldsymbol{V}_k^{\mathrm{T}}$$

计算 $\tilde{a}_l=\text{mean}(\text{diag}(\boldsymbol{X}_{k+1},l)),l=-n+1,\cdots,n-1$，有

$$\boldsymbol{A}_{k+1}=\mathcal{T}(\boldsymbol{X}_{k+1})=\sum_{l=-n+1}^{n-1}\tilde{a}_l T_1$$

$$\boldsymbol{E}_{k+1}=\mathcal{P}_{\bar{\Omega}}(\boldsymbol{M}-\boldsymbol{A}_{k+1}+\mu_k^{-1}\boldsymbol{Y}_k)$$

第 4 步：通过给定参数，若 $\|\boldsymbol{M}-\boldsymbol{A}_{k+1}-\boldsymbol{E}_{k+1}\|_F/\|\boldsymbol{M}\|_F<\varepsilon_1$ 且 $\mu_k\|\boldsymbol{E}_{k+1}-\boldsymbol{E}_k\|_F/\|\boldsymbol{M}\|_F<\varepsilon_2$，停止；否则转第 5 步.

第 5 步：令 $\boldsymbol{Y}_{k+1}=\boldsymbol{Y}_k+\mu_k(\boldsymbol{M}-\boldsymbol{A}_{k+1}-\boldsymbol{E}_{k+1})$，如果 $\mu_k\|\boldsymbol{E}_{k+1}-\boldsymbol{E}_k\|_F/\|\boldsymbol{M}\|_F<\varepsilon_2$，令 $\mu_{k+1}=\rho\mu_k$；否则转第 2 步.

数值实验表明，与 ALM 和 SVT 算法相比，由于在迭代过程中可以采用快速奇异值分解，MALM 算法不仅计算时间有节约，而且逼近的精度较高，收敛效果较好. 对于在迭代过程中进行均值化处理的 MALM 算法保持了 Toeplitz 矩阵结构，可以采用快速奇异值分解，在奇异值分解时间上会低于其他两种算法. 虽然在每一个迭代步增加了迭代矩阵的 Toeplitz 结构化计算，但综合考虑还是有效的.

14.2.3　基于均值的增广 Largrange 乘子新修正算法

在本小节，我们结合对迭代矩阵进行“先修正后结构化”的思想来改进基于均值的增广 Largrange 乘子(MALM)算法[16]，完成具有特殊结构 Toeplitz 矩阵的填充问题.

算法 3　(NMALM 算法).

第 1 步：给定下标集合 Ω，样本 Toeplitz 矩阵 $\boldsymbol{M}$，参数 $\rho>1$，$\mu_0>0$，以及初始矩阵 $\boldsymbol{Y}_0=0$，$\boldsymbol{B}_0=0$，$k:=0$.

第 2 步：令

$$\boldsymbol{Z}_k=\boldsymbol{M}-\boldsymbol{A}_k-\boldsymbol{E}_k$$

$$\boldsymbol{B}_k=\boldsymbol{M}-\boldsymbol{E}_k+\mu_k^{-1}\boldsymbol{Y}_k$$

利用 Lanczos 快速奇异值分解方法对矩阵 $\boldsymbol{B}_k$ 进行奇异值分解

$$[\boldsymbol{U}_{k,0},\Sigma_{k,0},\boldsymbol{V}_{k,0}]=\text{lansvd}(\boldsymbol{B}_k)$$

第 3 步:令

$$X_{k+1,0}=U_{k,0}\mathcal{D}_{\mu_k^{-1}}(\Sigma_{k,0})V_{k,0}^{\mathrm{T}}$$

$$E_{k+1,0}=\mathcal{P}_{\bar{\Omega}}(M-X_{k+1,0}+\mu_k^{-1}Y_k)$$

$$Y_{k+1,0}=Y_k+\mu_k(M-X_{k+1,0}-E_{k+1,0})$$

$$B_{k+1,0}=M-E_{k+1,0}+\mu_k^{-1}Y_{k+1,0}$$

第 4 步:令

$$Z_{k,0}=B_{k+1,0}-B_k+Z_k$$

$$E_{k+1,1}=\mathcal{P}_{\bar{\Omega}}(M-Z_{k,0}+\mu_k^{-1}Y_{k+1,0})$$

$$Y_{k+1,1}=Y_{k+1,0}+\mu_k(M-Z_{k,0}-E_{k+1,1})$$

第 5 步:计算均值 $\tilde{a}_l=\mathrm{mean}(\mathrm{diag}(Z_{k,0}))$,$l=-n+1,\cdots,n-1$,令

$$A_{k+1}=\mathcal{T}(Z_{k,0})=\sum_{l=-n+1}^{n-1}\tilde{a}_l T_1$$

$$E_{k+1}=\mathcal{P}_{\bar{\Omega}}(M-A_{k+1}+\mu_k^{-1}Y_k)$$

第 6 步:若 $\|M-A_{k+1}-E_{k+1}\|_F/\|M\|_F<\varepsilon_1$ 且 $\mu_k\|E_{k+1}-E_k\|_F/\|M\|_F<\varepsilon_2$,停止;否则转第 7 步.

第 7 步:令 $Y_{k+1}=Y_{k+1,1}+\mu_k(M-A_{k+1}-E_{k+1})$,若 $\mu_k\|E_{k+1}-E_k\|_F/\|M\|_F<\varepsilon_2$,令 $\mu_{k+1}=\rho\mu_k$;否则回到第 2 步.

注 此算法的特点是在第 4 步先进行矩阵的修正,使逼近矩阵与目标矩阵更加靠近,然后第 5 ~ 7 步进行类似于 MALM 算法中的第 3 ~ 5 步 Toeplitz 结构化处理,这样的修正使得逼近的过程缩短,而且可以利用快速算法减少奇异值分解的时间,两方面相结合将使整体迭代步骤减少. 这一点可以在后续的数值实验部分得以验证. 而且与 MALM 算法比较,NMALM 算

法在时间和精度上均表现良好. 因此,NMALM 算法是 MALM 算法的一种加速算法.

14.2.4　对偶算法

对偶算法[26] 是通过它的对偶性解决问题,即首先要解决的问题是

$$\begin{aligned}&\max_{Y}\langle M,Y\rangle\\&\text{s.t. }\ J(Y)\leqslant 1\end{aligned}\tag{3}$$

对于最优增广 Largrange 乘子 Y,有

$$J(Y)=\max(\|Y\|_2,\lambda^{-1}\|Y\|_\infty)\tag{4}$$

最速上升算法的约束集为$\{Y\mid J(Y)=1\}$,它可以用来解决问题(3),其中被约束的最速上升方向是通过将 M 投影在凸的目标区域$\{Y\mid J(Y)\leqslant 1\}$上而获得的. 结果表明在寻找被约束的最速上升方向的过程中可以得到的原问题(1) 的最优解.

14.3　收敛性分析

这一节运用 Toeplitz 矩阵的特殊结构,证明算法 2.3 的收敛性. 在以下叙述中,序列$\{Y_k\}$,$\{E_k\}$,$\{A_k\}$,$\{\hat{Y}_{k+1}\}$,$\{\mu_k\}$及 M 的意义按算法 3 表述的格式产生. 并令$(\ddot{A},\ddot{E})$表示 14.2 节问题(1) 的最优解. 序列$\{\ddot{Y}_k\}$的意义按对偶算法表述的格式产生,$\ddot{Y}$ 为 14.2 节对偶问题(3) 的最优解.

引理 1[7]　设任意矩阵 $\mathbf{A}\in\mathbf{R}^{n\times n}$ 的奇异值分解为

$\boldsymbol{U\Sigma V}^{\mathrm{T}}$，则 $\boldsymbol{A}$ 的核范数的次梯度集为

$$\partial \|\boldsymbol{A}\|_* = \{\boldsymbol{UV}^{\mathrm{T}} + \boldsymbol{W}: \boldsymbol{W} \in \mathbf{R}^{n\times n},\ \boldsymbol{U}^{\mathrm{T}}\boldsymbol{W} = \boldsymbol{0}, \boldsymbol{WV} = \boldsymbol{0}, \|\boldsymbol{W}\|_2 \leqslant 1\} \tag{1}$$

引理 2[12]　令 $\hat{\boldsymbol{Y}}_k + \boldsymbol{Y}_{k-1} + \mu_{k-1}(\boldsymbol{M} - \boldsymbol{A}_K - \boldsymbol{E}_{k-1})$，则序列 $\{\ddot{Y}_k\}$，$\{Y_k\}$ 和 $\{\hat{Y}_k\}$ 均是有界的.

引理 3[13]　如果 μ_k 是不减序列，则正项级数

$$\sum_{k=1}^{+\infty} \mu_k^{-1}(\langle \boldsymbol{Y}_{k+1} - \boldsymbol{Y}_k, \boldsymbol{E}_{k+1} - \boldsymbol{E}_k \rangle + \langle \boldsymbol{A}_{k+1} - \ddot{\boldsymbol{A}}, \hat{\boldsymbol{Y}}_{k+1} - \ddot{\boldsymbol{Y}} \rangle + \langle \boldsymbol{E}_{k+1} - \ddot{\boldsymbol{E}}, \boldsymbol{Y}_{k+1} - \ddot{\boldsymbol{Y}} \rangle) \tag{2}$$

是收敛的.

引理 4　由算法 3 产生的矩阵序列 $\{\boldsymbol{Y}_{k+1}\}$ 是有界的.

证明　令 $\boldsymbol{B} = \mu_k(\boldsymbol{M} - \boldsymbol{E}_{k+1,0} + \mu_k^{-1}\boldsymbol{Y}_{k+1,0} - \boldsymbol{X}_{k+1,0})$，$\mathcal{T}(\boldsymbol{B}) = \sum_{l\in\Omega} \tilde{b}_l \boldsymbol{T}_l$，$\boldsymbol{T}_l$ 的定义见 14.1 节式(3).

首先，我们证明 $\boldsymbol{Y}_k, \boldsymbol{E}_k, k = 1, 2, \cdots$ 是 Toeplitz 矩阵. 由算法 3 可知，$\boldsymbol{Y}_0 = \boldsymbol{0}, \boldsymbol{E}_0 = \boldsymbol{0}$ 为 Toeplitz 矩阵. 假定 $\boldsymbol{Y}_k, \boldsymbol{E}_k$ 均为 Toeplitz 矩阵，可得 $\boldsymbol{E}_{k+1} = \mathcal{P}_\Omega(\boldsymbol{M} - \boldsymbol{A}_{k+1} + \mu_k^{-1}\boldsymbol{Y}_k)$ 也为 Toeplitz 矩阵. 因此，算法 3 第 7 步中的 $\boldsymbol{Y}_{k+1}$ 也是一个 Toeplitz 矩阵.

$$\begin{aligned}\boldsymbol{Y}_{k+1} &= \boldsymbol{Y}_{k+1} + \mu_k(\boldsymbol{M} - \boldsymbol{A}_{k+1} - \boldsymbol{E}_{k+1}) \\ &= \boldsymbol{Y}_{k+1,1} + \mu_k(\boldsymbol{M} - \boldsymbol{A}_{k+1} - \boldsymbol{E}_{k+1,1}) + \mu_k(\boldsymbol{E}_{k+1,1} - \boldsymbol{E}_{k+1})\end{aligned}$$

且

$$\mu_k(\boldsymbol{E}_{k+1,1} - \boldsymbol{E}_{k+1})$$

$$
\begin{aligned}
&= \mu_k \mathcal{P}_{\bar{\Omega}}(\boldsymbol{M} - \boldsymbol{Z}_{k,0} + \mu_k^{-1}\boldsymbol{Y}_{k+1,0} - \boldsymbol{E}_{k+1}) \\
&= \mu_k \mathcal{P}_{\bar{\Omega}}(\boldsymbol{M} - \boldsymbol{M} + \boldsymbol{E}_{k+1,0} - \\
&\quad \mu_k^{-1}\boldsymbol{Y}_{k+1,0} + \mu_k^{-1}\boldsymbol{Y}_k + \boldsymbol{A}_k + \mu_k^{-1}\boldsymbol{Y}_{k+1,0} - \boldsymbol{E}_{k+1}) \\
&= \mu_k \mathcal{P}_{\bar{\Omega}}(\boldsymbol{E}_{k+1,0} - \boldsymbol{E}_{k+1} + \mu_k^{-1}\boldsymbol{Y}_k + \boldsymbol{A}_k) \\
&= \mu_k \mathcal{P}_{\bar{\Omega}}(\boldsymbol{M} - \boldsymbol{X}_{k+1,0} + \mu_k^{-1}\boldsymbol{Y}_k - \boldsymbol{M} + \\
&\quad \boldsymbol{A}_{k+1} - \mu_k^{-1}\boldsymbol{Y}_k + \mu_k^{-1}\boldsymbol{Y}_k + \boldsymbol{A}_k) \\
&= \mu_k \mathcal{P}_{\bar{\Omega}}(-\boldsymbol{M} + \boldsymbol{E}_{k+1,0} - \mu_k^{-1}\boldsymbol{Y}_{k+1,0} + \\
&\quad \mu_k^{-1}\boldsymbol{B} + \mathcal{T}(\boldsymbol{Z}_{k,0}) + \mu_k^{-1}\boldsymbol{Y}_k + \boldsymbol{A}_k) \\
&= \mu_k \mathcal{P}_{\bar{\Omega}}(-\boldsymbol{M} + \boldsymbol{E}_{k+1,0} - \mu_k^{-1}\boldsymbol{Y}_{k+1,0} + \mu_k^{-1}\boldsymbol{B} + \mathcal{T}(\boldsymbol{M} - \\
&\quad \boldsymbol{E}_{K+1,0} + \mu_k^{-1}\boldsymbol{Y}_{k+1,0} - \mu_k^{-1}\boldsymbol{Y}_k - \boldsymbol{A}_k) + \mu_k^{-1}\boldsymbol{Y}_k + \boldsymbol{A}_k) \\
&= \mu_k \mathcal{P}_{\bar{\Omega}}\mathcal{T}(\mu_k^{-1}\boldsymbol{B} - \mu_k^{-1}\boldsymbol{Y}_k - \boldsymbol{A}_k + \mu_k^{-1}\boldsymbol{Y}_k + \boldsymbol{A}_k) \\
&= \mathcal{P}_{\bar{\Omega}}\mathcal{T}(\boldsymbol{B})
\end{aligned}
$$

由算法 3 中的第 1 步和第 2 步可知

$$
\boldsymbol{M} - \boldsymbol{E}_{k+1,0} + \mu_k^{-1}\boldsymbol{Y}_{k+1,0} = \check{\boldsymbol{U}}_{k,0}\check{\boldsymbol{\Sigma}}_{k,0}\check{\boldsymbol{V}}_{k,0}^{\mathrm{T}} + \widetilde{\boldsymbol{U}}_{k,0}\widetilde{\boldsymbol{\Sigma}}_{k,0}\widetilde{\boldsymbol{V}}_{k,0}^{\mathrm{T}}
$$

其中 $\check{\boldsymbol{U}}_{k,0}^{\mathrm{T}}$,$\check{\boldsymbol{V}}_{k,0}$ 是那些大于 μ_k^{-1} 的奇异值所对应的奇异向量且 $\widetilde{\boldsymbol{U}}_{k,0}$,$\widetilde{\boldsymbol{V}}_{k,0}$ 是那些小于或等于 μ_k^{-1} 的奇异值所对应的奇异向量,对角矩阵 $\check{\boldsymbol{\Sigma}}_k$ 的元素大于 μ_k^{-1},而对角矩阵 $\widetilde{\boldsymbol{\Sigma}}_k$ 的元素小于或等于 μ_k^{-1}. 因此,$\boldsymbol{X}_{k+1,0} = \check{\boldsymbol{U}}_{k,0}(\check{\boldsymbol{\Sigma}}_{k,0} - \mu_k^{-1}\boldsymbol{I})\check{\boldsymbol{V}}_{k,0}^{\mathrm{T}}$ 以及

$$
\begin{aligned}
\|\boldsymbol{B}\|_F &= \|\mu_k(\boldsymbol{M} - \boldsymbol{E}_{k+1,0} + \mu_k^{-1}\boldsymbol{Y}_{k+1,0} - \boldsymbol{X}_{k+1,0})\|_F \\
&= \|\mu_k(\mu_k^{-1}\check{\boldsymbol{U}}_{k,0}\check{\boldsymbol{V}}_{k,0}^{\mathrm{T}} + \widetilde{\boldsymbol{U}}_{k,0}\widetilde{\boldsymbol{\Sigma}}_{k,0}\widetilde{\boldsymbol{V}}_{k,0}^{\mathrm{T}})\|_F \\
&= \|\check{\boldsymbol{U}}_{k,0}\check{\boldsymbol{V}}_{k,0}^{\mathrm{T}} + \mu_k\widetilde{\boldsymbol{U}}_{k,0}\widetilde{\boldsymbol{\Sigma}}_{k,0}\widetilde{\boldsymbol{V}}_{k,0}^{\mathrm{T}}\|_F \\
&\leqslant \sqrt{n}
\end{aligned}
$$

结合引理 2 和引理 3 的结论可知

$$\boldsymbol{Y}_{k+1,1}+\mu_k(\boldsymbol{M}-\boldsymbol{A}_{k+1}-\boldsymbol{E}_{k+1,1})=\boldsymbol{Y}_{k+1}\in\partial\|\boldsymbol{A}_{k+1}\|_*$$

再由引理 1，有

$$\boldsymbol{A}_{k+1}=\boldsymbol{U\Sigma V}^{\mathrm{T}}$$

及

$$\partial\|\boldsymbol{A}_{k+1}\|_*=\{\boldsymbol{UV}^{\mathrm{T}}+\boldsymbol{W}:\boldsymbol{W}\in\mathbf{R}^{n\times n},\ \boldsymbol{U}^{\mathrm{T}}\boldsymbol{W}=0,\boldsymbol{WV}=0,\|\boldsymbol{W}\|_2\leqslant 1\}$$

且

$$\begin{aligned}\|\boldsymbol{UV}^{\mathrm{T}}+\boldsymbol{W}\|_F^2&=\mathrm{tr}((\boldsymbol{UV}^{\mathrm{T}}+\boldsymbol{W})^{\mathrm{T}}(\boldsymbol{UV}^{\mathrm{T}}+\boldsymbol{W}))\\&=\mathrm{tr}(\boldsymbol{VV}^{\mathrm{T}}+\boldsymbol{W}^{\mathrm{T}}\boldsymbol{W})\leqslant n\end{aligned}$$

因此，有如下不等式成立

$$\|\boldsymbol{Y}_{k+1,1}+\mu_k(\boldsymbol{M}-\boldsymbol{A}_{k+1}-\boldsymbol{E}_{k+1,1})\|_F\leqslant\sqrt{n}$$

以及

$$\|\mathcal{P}_{\bar{\Omega}}(\mathcal{T}(\boldsymbol{B}))\|_F\leqslant\|\mathcal{T}(\boldsymbol{B})\|_F\leqslant\|\boldsymbol{B}\|_F\leqslant\sqrt{n}$$

所以矩阵序列 $\{\boldsymbol{Y}_{k+1}\}$ 是有界的.

定理 1 如果当 $\mu_k\to\infty$，$\sum_{k=1}^{+\infty}\mu_k^{-1}=+\infty$，$\langle\boldsymbol{A}_{k+1}-\boldsymbol{A}_k,-\boldsymbol{A}_{k+1}-\boldsymbol{E}_{k+1,1}\rangle\geqslant 0$，那么由算法 3 产生的矩阵序列 $\{\boldsymbol{A}_k\}$ 收敛于 14.2 节的 MC 问题(1) 的最优解 $\ddot{A}$.

证明 由于 $\mu_k^{-1}(\boldsymbol{Y}_{k+1}-\boldsymbol{Y}_{k+1,1})=\boldsymbol{M}-\boldsymbol{A}_{k+1}-\boldsymbol{E}_{k+1}$，由引理 4 知 $(\boldsymbol{Y}_{k+1}-\boldsymbol{Y}_{k+1,1})$ 是有界的，所以

$$\lim_{k\to\infty}(\boldsymbol{M}-\boldsymbol{A}_{k+1}-\boldsymbol{E}_{k+1})=\lim_{k\to\infty}\mu_k^{-1}(\boldsymbol{Y}_{k+1}-\boldsymbol{Y}_{k+1,1})=0$$

又 $(\ddot{A},\ddot{E})$ 表示 14.2 节问题(1) 的最优解，$\ddot{Y}$ 是 14.2 节对偶问题(3) 的最优解. 由于 $\boldsymbol{A}_{k+1},\boldsymbol{Y}_{k+1},\boldsymbol{E}_{k+1}$，$k=1,2,\cdots$ 均为 Toeplitz 矩阵，且 $\ddot{\boldsymbol{A}}+\ddot{\boldsymbol{E}}=\boldsymbol{M}$，我们首先证明

$$\|\boldsymbol{E}_{k+1}-\ddot{\boldsymbol{E}}\|_F^2+\mu_k^{-2}\|\boldsymbol{Y}_{k+1}-\ddot{\boldsymbol{Y}}\|_F^2$$

$$=\|\boldsymbol{E}_{k+1,1}-\ddot{\boldsymbol{E}}\|_F^2-\|\boldsymbol{E}_{k+1}-\boldsymbol{E}_{k+1,1}\|_F^2+$$

$$\mu_k^{-2}(\|\boldsymbol{Y}_{k+1,1}-\ddot{\boldsymbol{Y}}\|_F^2-\|\boldsymbol{Y}_{k+1}-\boldsymbol{Y}_{k+1,1}\|_F^2)-$$

$$2\mu_k^2(\langle\boldsymbol{A}_{k+1}-\ddot{\boldsymbol{A}},\hat{\boldsymbol{Y}}_{k+1}-\ddot{\boldsymbol{Y}}\rangle+\langle\boldsymbol{E}_{k+1}-\ddot{\boldsymbol{E}},\boldsymbol{Y}_{k+1}-\ddot{\boldsymbol{Y}}\rangle+$$

$$\langle\boldsymbol{Y}_{k+1}-\boldsymbol{Y}_{k+1,1},\boldsymbol{E}_{k+1}-\boldsymbol{E}_{k+1,1}\rangle) \tag{3}$$

其中 $\hat{\boldsymbol{Y}}_{k+1}=\boldsymbol{Y}_{k+1,1}+\mu_k(\boldsymbol{M}-\boldsymbol{A}_{k+1}-\boldsymbol{E}_{k+1,1})$.

$$\begin{aligned}\|\boldsymbol{E}_{k+1,1}-\ddot{\boldsymbol{E}}\|_F^2&=\|\mathcal{P}_{\bar{\Omega}}(\boldsymbol{E}_{k+1,1}-\ddot{\boldsymbol{E}})\|_F^2\\&=\|\mathcal{P}_{\bar{\Omega}}(\boldsymbol{E}_{k+1}-\ddot{\boldsymbol{E}}-\boldsymbol{E}_{k+1}+\\&\quad\boldsymbol{E}_{k+1,1})\|_F^2\\&=\|\mathcal{P}_{\bar{\Omega}}(\boldsymbol{E}_{k+1}-\ddot{\boldsymbol{E}})\|_F^2+\\&\quad\mathcal{P}_{\bar{\Omega}}\|\boldsymbol{E}_{k+1}-\boldsymbol{E}_{k+1,1}\|_F^2-\\&\quad2\langle\mathcal{P}_{\bar{\Omega}}(\boldsymbol{E}_{k+1}-\ddot{\boldsymbol{E}}),\mathcal{P}_{\Omega}(\boldsymbol{E}_{k+1}-\boldsymbol{E}_{k+1,1})\rangle\\&=\|\boldsymbol{E}_{k+1}-\ddot{\boldsymbol{E}}\|_F^2+\|\boldsymbol{E}_{k+1}-\boldsymbol{E}_{k+1,1}\|_F^2+\\&\quad2\mu_k^{-1}(\langle\boldsymbol{Y}_{k+1}-\boldsymbol{Y}_{k+1,1},\boldsymbol{E}_{k+1}-\boldsymbol{E}_{k+1,1}\rangle)\end{aligned}$$

同理可得

$$\mu_k^{-2}\|\boldsymbol{Y}_{k+1,1}-\ddot{\boldsymbol{Y}}\|_F^2$$

$$=\mu_k^{-2}\|\mathcal{P}_{\Omega}(\boldsymbol{Y}_{k+1,1}-\ddot{\boldsymbol{Y}})\|_F^2$$

$$=\mu_k^{-2}\|\mathcal{P}_{\Omega}(\boldsymbol{Y}_{k+1}-\ddot{\boldsymbol{Y}})\|_F^2+\mu_k^{-2}\|\mathcal{P}_{\Omega}(\boldsymbol{Y}_{k+1}-\boldsymbol{Y}_{k+1,1})\|_F^2-$$

$$2\mu_k^{-1}\langle\mathcal{P}_{\Omega}(\boldsymbol{Y}_{k+1}-\ddot{\boldsymbol{Y}}),\mathcal{P}_{\Omega}(\boldsymbol{Y}_{k+1}-\boldsymbol{Y}_{k+1,1})\rangle$$

$$=\mu_k^{-2}\|\boldsymbol{Y}_{k+1}-\ddot{\boldsymbol{Y}}\|_F^2+\mu_k^{-2}\|\boldsymbol{Y}_{k+1}-\boldsymbol{Y}_{k+1,1}\|_F^2+$$

$2\mu_k^{-1}(\langle \boldsymbol{A}_{k+1}-\ddot{\boldsymbol{A}},\hat{\boldsymbol{Y}}_{k+1}-\ddot{\boldsymbol{Y}}\rangle+\langle \boldsymbol{E}_{k+1}-\ddot{\boldsymbol{E}},\boldsymbol{Y}_{k+1}-\ddot{\boldsymbol{Y}}\rangle)$

所以式(3) 成立.

再由 $\hat{\boldsymbol{Y}}_{k+1}\in\partial\|\boldsymbol{A}\|_*$, $\langle \boldsymbol{A}_{k+1}-\ddot{\boldsymbol{A}},\hat{\boldsymbol{Y}}_{k+1}-\ddot{\boldsymbol{Y}}\rangle\geqslant 0$ 可知, $\sum_{k=1}^{\infty}\mu_k^{-1}\langle \boldsymbol{A}_k-\ddot{\boldsymbol{A}},\hat{\boldsymbol{Y}}_{k+1,1}-\ddot{\boldsymbol{Y}}\rangle$ 是有界的,且 $\|\boldsymbol{E}_{k+1,1}-\ddot{\boldsymbol{E}}\|^2+\mu_k^{-2}\|\boldsymbol{Y}_{k+1,1}-\ddot{\boldsymbol{Y}}\|^2$ 是递减的. 另外,由算法 3 有

$$\langle \boldsymbol{Y}_{k+1,1},\boldsymbol{E}_{k+1,1}-\ddot{\boldsymbol{E}}\rangle=0$$

且

$$\langle \ddot{\boldsymbol{Y}},\boldsymbol{E}_{k+1,1}-\ddot{\boldsymbol{E}}\rangle=0$$

因此,类似于文献[11]中定理 2 的证明,可以得到矩阵序列$\{\boldsymbol{A}_k\}$ 收敛于 14.2 节式(1) 的最优解 $\ddot{\boldsymbol{A}}$.

定理 2 令 $\boldsymbol{X}=(x_{ij})\in\mathbf{R}^{n\times n}$, $\mathcal{T}(\boldsymbol{X})=(\tilde{x}_{i,j})\in\mathbf{R}^{n\times n}$ 是由 $\boldsymbol{X}$ 按 14.1 节式(4) 导出的 Toeplitz 矩阵,则对于任意的 Toeplitz 矩阵 $\boldsymbol{Y}=(y_{ij})\in\mathbf{R}^{n\times n}$,有 $\langle \boldsymbol{X}-\mathcal{T}(\boldsymbol{X}),\boldsymbol{Y}\rangle=0$.

证明 由 $\mathcal{T}(\boldsymbol{X})$ 的定义,有 $\sum_{i,j}(x_{ij}-\tilde{x}_{ij})=0$, $i,j=1,2,\cdots,n$. 由于 $\boldsymbol{Y}$ 是一个 Toeplitz 矩阵,且 $y_l=y_{ij}$, $l=j-i$, $i,j=1,2,\cdots,n$. 有下式成立

$$\begin{aligned}\langle \boldsymbol{X}-\mathcal{T}(\boldsymbol{X}),\boldsymbol{Y}\rangle&=\sum_{i=1}^{n}\sum_{j=1}^{n}(x_{ij}-\tilde{x}_{ij})y_{ji}\\&=\sum_{l=-n+1}^{n-1}\Big(y_l\sum_{i-j=l}(x_{ij}-\tilde{x}_{ij})\Big)\\&=0\end{aligned}$$

由此定理结论可见, $\mathcal{T}(\boldsymbol{X})$ 也是目标函数的最优解.

定理 3 在算法 3 中，由矩阵 $\boldsymbol{X}_k$ 得到 Toeplitz 矩阵 $\boldsymbol{A}_k$，则下式成立

$$\| \boldsymbol{A}_k - \ddot{\boldsymbol{A}} \|_F < \| \boldsymbol{X}_k - \ddot{\boldsymbol{A}} \|_F$$

其中 $\ddot{\boldsymbol{A}}$ 是 14.2 节问题(1) 的最优解.

证明 由于

$$\begin{aligned} \| \boldsymbol{X}_k - \ddot{\boldsymbol{A}} \|_F^2 &= \| \boldsymbol{X}_k - \boldsymbol{A}_k + \boldsymbol{A}_k - \ddot{\boldsymbol{A}} \|_F^2 \\ &= \langle \boldsymbol{X}_k - \boldsymbol{A}_k, \boldsymbol{X}_k - \boldsymbol{A}_k \rangle + \\ &\qquad 2\langle \boldsymbol{X}_k - \boldsymbol{A}_k, \boldsymbol{A}_k - \ddot{\boldsymbol{A}} \rangle + \langle \boldsymbol{A}_k - \ddot{\boldsymbol{A}}, \boldsymbol{A}_k - \ddot{\boldsymbol{A}} \rangle \\ &= \| \boldsymbol{X}_k - \boldsymbol{A}_k \|_F^2 + \| \boldsymbol{A}_k - \ddot{\boldsymbol{A}} \|_F^2 \end{aligned}$$

因此，有 $\| \boldsymbol{A}_k - \ddot{\boldsymbol{A}} \|_F < \| \boldsymbol{X}_k - \ddot{\boldsymbol{A}} \|_F$.

由此定理结论可见，经 Toeplitz 结构化后的矩阵序列 $\{\boldsymbol{A}_k\}$ 仍收敛于问题的最优解 $\ddot{\boldsymbol{A}}$.

14.4 总　结

对于 Toeplitz 矩阵填充问题，本节基于均值的增广 Largrange 乘子算法提出的新算法（NAMLM 算法）所生成的 Toeplitz 矩阵是原矩阵的最佳逼近，不仅保持了 Toeplitz 结构，还是“最佳”的 Toeplitz 矩阵. 通过与 ALM 算法和 MALM 算法作比较，新算法具有更好的收敛性与有效性. 尽管 ALM 算法终止误差很小，但收敛效果不理想，而且在整个迭代过程中，其填充矩阵并不保持 Toeplitz 结构. 相对 ALM 算法而言，

MALM 算法收敛效果要好一些，不仅保持了 Toeplitz 结构，而且应用了 Toeplitz 矩阵的快速奇异值分解算法. 新算法就是在 MALM 算法的基础上作了修正，使得其迭代步数减少. 从而在奇异值分解时间上占有很大优势，并建立了与之相对应的收敛性理论. 理论分析和数值结果表明，NMALM 算法是求解 Toeplitz 矩阵填充问题的一种有效算法.

参 考 文 献

[1] AMIT Y, FINK M, SREBRO N, et al. Unconvering shared structures in malticalss classification[C]. In Proceeding of the 24th international conference on Machine Learning, ACM,2007:17-24.

[2] ARGYRIOU A, EVGENIOU T, PONTIL M. Multi-task feature learning[J]. Adv. Neural Inf. Process. Syst,2007, 19:41-48.

[3] BENNETT J, LANNING S. The netflix prize[C]. In Proceedings of KDD Cup and Workshop. California: ACM, 2007.

[4] BERTALMIO M, SAPIRO G, GASELLES V, et al. Multi-task feature learing, image impainting[J]. Comput, Gr,2000,34:417-424.

[5] MESBABI M, PAPAVASSILOPOULOS G P. On the rank minimization problem over a positive semidefinite linear matrix inequality[J]. IEEE Transactions on Automatic Control,1997,42(2):239-243.

[6] TOMASI C, KANADE T. Shape and motion from image streams under orthography: a factorization method[J].

International J. Computer Vision, 1992, 9(2): 137-154.

[7] CANDÈS E J, RECHT B. Exact matrix completion via convex optimization[J]. Found. Comput. Math., 2009, 9(6): 717-772.

[8] TOH K C, YUN S. An accelerated proximal gradient algorithm for nuclear norm regularized linear least squares problems[J]. Pacific J. Optim, 2010, 6(3): 615-640.

[9] CAI J F, CANDÈS E J, SHEN Z W. A singular value thresholding method for matrix completion[J]. SIAM J. Optim, 2010, 20(4): 1956-1982.

[10] HU Y, ZHANG D B, LIU J, et al. Accelerated singular value thresholding for matrix completion[C]. In Proceedings of the Eighteenth ACM SIGKDD International Conference on Knowledge Discovery and Data Mining. Beijing, 2012, 298-306.

[11] WEN R P, YAN X H. A new gradient projection method for matrix completion[J]. Appl. Math. Comput, 2015, 258(1): 537-544.

[12] LIN Z C, CHEN M M, MA Y. The augmented Lagrange multiplier method for exact recovery of corrupted low-rank matrices[C]. UIUC Technicial Report UIUL-ENG-09-2214, 2010.

[13] LUK F T, QIAO S Z. A fast singular value algorithm for Hankel matrices[C]. Linear Algebra Appl, 2000, 316: 171-182.

[14] SEBERT F, ZOU Y M, YING L. Toeplitz block matrices in compressed sensing and their applications in imaging[C]. IEEE, Information Technology and Applications in Biomedicine, International Conference on, 2008: 47-50.

[15] SHAW A K, POKALA S, KUMARESAN R. Toeplitz and Hankel approximation using structured approach[C]. In Acoustics, Speech and Signal Processing of the IEEE International Conference, vol. 4. Piscataway: IEEE, 1998: 2349-2352.

[16] WANG C L, LI C. A mean value algorithm for Toeplitz matrix completion[J]. Appl. Math. Lett, 2015, 41: 35-40.

[17] WANG C L, LI C, WANG J. A modified augmented larange multiplier algorithm for toeplitz matrix completion [J]. Adv. Comput. Math., 2016, 42: 1209-1224.

[18] WANG C L, LI C, WANG J. Comparisons of several algorithms for Toeplitz matrix recovery [J]. Comput. Math. Appl., 2016, 71(1): 133-146.

[19] WANG C L, LI C. A structure—preserving algorithm for Toeplitz matrix completion[J]. Scienta Sinica Mathematica, 2016, 46: 1-16.

[20] LIU L X, WANG C L. The subspace algorithm with mean value for Toeplitz matrix completion (in Chinese) [J]. Mathematican Numerica Sinica, 2017, 39 (2): 179-188.

[21] WEN R P, LI S Z, ZHOU F. Toeplitz matrix completion via smoothing augmented Lagrange multiplier algorithm [J]. Appl. Math. Comput, 2019, 355: 299-310.

[22] XU W, QIAO S. A fast symmetric SVD algorithm for square Hankel matrices[J]. 2008, 428(2-3): 550-563.

[23] Charles F. Van Loan. Computational Frameworks for the Fast Fourier Transform[M]. Beijing: Tsinghua University Press, 2011.

[24] Golub G H, Van Loan C F. Matrix Computations(4th ed.)[M]. Baltimore: The Johns Hopkins University Press,2013.

[25] KAILATH T, SAYED A H. Fast reliable algorithms for matrices with structure[J]. Journal of the American Statal Association,1987,95(451).

[26] CHEN M M, GANESH A, LIN Z C, et al. Fast convex optimization algorithms for exact recovery of a corrupted low-rank matrix[C]. J. Marine Biological Association of the UK,2009,56(3):707-722.

基于对偶交替方向乘子法求解罚分位数回归问题

第15章

分位数回归是对数据进行分析与预测的有效方法.由于分位数回归的损失函数具有非光滑性,有关分位数回归的计算问题仍面临着一些挑战.西南交通大学数学学院的赵宁宁、王承竞两位教授2022年通过从罚分位数回归的对偶问题出发基于交替方向乘子法(alternating direction method of multipliers,简称ADMM)求解罚分位数回归问题.并在一些温和的条件下,给出对偶交替方向乘子法(dual ADMM,简称dADMM)的全局收敛性及局部线性收敛速度.通过数值试验验证了该算法的有效性.

15.1 引　　言

在金融学、经济学、生物统计学、医学等领域经常可以收集到一些高维数据，对收集数据的分析与预测至关重要. 很多研究主要集中在预测参数数目 p 超过样本数目 n 的问题上. 假设样本数据 $\{b_i, a_i\}, i=1,\cdots,n$, b_i 为响应变量，$a_i=(a_{i,1}, a_{i,2}, a_{i,3},\cdots,a_{i,p})$ 为协变量，且满足 $b_i=a_i^{\mathrm{T}}\dot{x}+\varepsilon_i$，其中 ε_i 为随机误差，预测参数 $\dot{x}$ 是稀疏的，其多数元素为零. 针对这类问题，早期主要集中于罚最小二乘回归方法，如经典的 Lasso[1]，SCAD[2]，adative Lasso[3]，relaxed Lsso[4] 等. 传统的罚最小二乘方法对数据进行分析与预测时，往往给出的是条件平均参数，只是给出了一组有关相应分布的不完整状况. 为了提供更全面的回归信息，Koenker 和 Bassett[5] 提出了分位数回归，为保证预测参数具有稀疏性，相关文献研究了罚分位数回归[8-11]，即

$$\min_{x}\frac{1}{n}\sum_{i=1}^{n}\rho_{r}(b_i-a_i^{\mathrm{T}}x)+p_{\lambda}(x) \tag{1}$$

其中 $x=(x_1,\cdots,x_p)^{\mathrm{T}}, \tau\in(0,1), \rho_\tau(\mu)=\mu(\tau-I(\mu<0))$ 是分位数损失函数；当 $\mu<0$ 时，$I(\mu<0)=1$，否则 $I(\mu<0)=0$，$p_\lambda(\cdot)$ 是带有参数 $\lambda>0$ 的惩罚函数. 在不同的分位数下回归参数估计量往往不同，即协变量对响应变量的影响不同. 分位数回归可以描述在不同的分位数下响应变量与协变量之间的关系，能够捕捉分布的尾部特征，当协变量对不同部分的响应变量的

分布产生不同的影响时，如出现左偏或右偏的情况时，它能够更加全面的刻画分布的特征，从而得到全面的分析. 分位数回归与最小二乘法相比，估计结果对离群值表现得更加稳健，且分位数回归对误差项并不要求很强的假设条件，因此对于非正态分布而言，分位数回归更稳健，且更具抗干扰性，因而在统计中得到了广泛关注. 近年来，Koenker[6] 对分位数回归做了进一步综合性介绍，Bellion 和 Chernozhukov[7] 给出了 ℓ_1 罚分数回归问题的误差界，Fan, Fan 和 Barut[8] 以及 Gu 等[9] 研究了加权 ℓ_1 罚分位数回归问题，Wang, Wu 和 Li[10] 以及 Peng 和 Wang[11] 研究了非凸的罚分位数回归问题.

针对分位数回归的计算问题，相关文献中提出了不同的计算方法. Konker 和 Park[12] 提出了内点法求解分位数回归问题，但问题规模较大时，数据储存会遇到问题. Hunter 和 Lange[13] 提出了用二次函数逼近分位数损失函数的 MM 算法. Li 和 Zhu[15] 在 LARS/LASSO[14] 算法基础上提出了一种计算 ℓ_1 罚分位数回归解路径的算法. Gu 等[9] 提出了从原问题出发基于邻近交替方向乘子法(proximal alternating direction method of multipliers, 简称 ppADMM) 求解加权 ℓ_1 罚分位数回归问题，但求解具体子问题时可能会引入较大的邻近项，导致收敛速度相对变慢.

本章感兴趣的是 ℓ_1 罚分位数回归问题

$$\min_{x} \frac{1}{n}\sum_{i=1}^{n}\rho_{\tau}(b_i - a_i^{\mathrm{T}}x) + \lambda \| x \|_1 \tag{2}$$

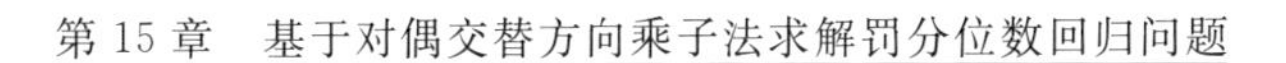

并提出基于对偶交替方向乘子法(dual alternating direction method of multipliers,简称 dADMM)求解 ℓ_1 罚分位数回归问题,并证明该算法具有全局收敛性及局部线性收敛速度.数值试验中,通过与 ppADMM 进行比较,验证了该算法具有有效性.

15.2 节陈述一些基本的预备知识,15.3 节陈述具体的算法细节并给出算法的收敛性和收敛阶分析,15.4 节得出结论.

15.2　预备知识

这部分给出一些必要的预备知识,相关细节内容可见文[16]和[17].

(1) 若函数 $f:\mathbf{R}^n \to [-\infty,+\infty]$,集合

$$\mathrm{dom}\ f := \{x \in \mathbf{R}^n \mid f(x) < +\infty\}$$

如果 dom f 非空且 $f > -\infty$,那么称函数 f 为真.

(2) 有限维的 Hilbert 空间 χ,对任意的半正定线性算子 Γ,有

$$\mathrm{dist}_\Gamma(m,\mathcal{M}) := \inf_{m' \in \mathcal{M}} \| m - m' \|_\Gamma,\ \forall\, m \in \chi,\mathcal{M} \subset \chi$$

其中 $\| m \|_\Gamma := \sqrt{\langle m, \Gamma m \rangle}$.

(3) 对于给定的函数 $f:\mathbf{R}^n \to [-\infty,+\infty]$,函数 f 的共轭函数 f^* 定义为

$$f^*(y) = \sup_x \{\langle y, x \rangle - f(x)\}$$

(4) 对于给定的函数 $f:\mathbf{R}^n \to [-\infty,+\infty]$ 在 $\bar{x}$ 处是下半连续的,如果

$$\liminf_{x \to \bar{x}} f = f(\bar{x})$$

一般地，若 f 在每一点处都是下半连续的，则称 f 是下半连续函数.

(5) 对于真下半连续函数 $f: \mathbf{R}^n \to [-\infty, +\infty]$，$f$ 带有参数 $\sigma > 0$ 邻近点映射 $\mathrm{Prox}_{\sigma f}(\cdot)$ 定义为

$$\mathrm{Prox}_{\sigma f(\cdot)}(x) = \arg\min_{y}\{f(y) + \frac{1}{2\sigma}\| y - x \|_2^2\},$$

$$\forall x \in \mathbf{R}^n$$

(6) 假设函数 $f: \mathbf{R}^n \to [-\infty, +\infty]$ 是真下半连续函数，给定参数 $\sigma > 0$，f 的邻近算子映射为 $\mathrm{Prox}_{\sigma f}(\cdot)$，根据 Moreau 分解，则有

$$\mathrm{Prox}_{\sigma f}(x) + \sigma \mathrm{Prox}_{f^*/\sigma}(x/\sigma) = x, \forall x \in \mathbf{R}^n$$

15.3 算　法

从原问题出发基于邻近交替方向乘子法(ppADMM)求解罚分位数回归问题，需要引入邻近项 $\frac{1}{2}\| x - x^k \|_T$，否则无显式解，在求解中可能会引入较大的邻近项，导致步长变小，收敛速度变慢. 从对偶问题出发基于交替方向乘子法(dADMM)求解罚分位数回归问题，不需要引入邻近项，相对 ppADMM 求解罚分位数回归问题而言，步长会较大，收敛速度相对较快. 因此，本章基于 dADMM 求解罚分位数回归问题，以下给出 dADMM 求解罚分位数回归问题的具体细节.

为了符号的简便性，令 $\mathbf{Q}_T(y)=(1/n)\sum_{i=1}^{n}\rho_\tau(y_i)$，$h_\lambda(x)=\lambda\|x\|_1$ 并引入新的变量 $y=(y_1,\cdots,y_n)^{\mathrm{T}}$，且 $y=b-Ax$. 因此，15.1 节中的 ℓ_1 罚分位数回归问题(2)可以等价地转换为

$$\begin{aligned}&\min_{y,x}\ \mathbf{Q}_T(y)+h_\lambda(x)\\&\quad\text{s.t.}\ \ Ax+y=b\end{aligned}\tag{1}$$

问题(1) 的 Lagrange 函数为

$$L(y,x;w)=\mathbf{Q}_T(y)+h_\lambda(x)+\langle w,Ax+y-b\rangle$$

则

$$\begin{aligned}&\max_{w}\inf_{y,x}L(y,x;w)\\&=\max_{w}\{\inf_{y}\{\mathbf{Q}_\tau(y)+\langle w,y\rangle\}+\inf_{x}\{h_\lambda(x)+\\&\quad\langle \omega,Ax\rangle\}-\langle w,b\rangle\}\\&=\max_{w}\{-\sup_{y}\{\langle -w,y\rangle-\mathbf{Q}_\tau(y)\}-\\&\quad\sup_{x}\{\langle -A^*w,x\rangle-h_\lambda(x)\}-\langle w,b\rangle\}\\&=\max_{w}\{-\mathbf{Q}_T^*(-w)-h_\lambda^*(-A^*w)-\langle w,b\rangle\}\end{aligned}$$

因此，问题(1) 的对偶问题为

$$\begin{aligned}&\min_{w,u,v}\ \mathbf{Q}_T^*(u)+h_\lambda^*(v)+\langle w,b\rangle\\&\quad\text{s.t.}\ -A^*w-v=0\\&\qquad\quad -w-u=0\end{aligned}\tag{2}$$

问题(2) 的 Karush-Kuhn-Tucker(KKT) 条件为

$$\begin{cases}-w-u=0\\-A^*w-v=0\\b-Ax-y=0\\v-\mathrm{Prox}_{h_\lambda^*}(x+v)=0\\u-\mathrm{Prox}_{Q_T^*}(y+u)=0\end{cases}\tag{3}$$

给定参数 $\sigma>0$,问题(2) 的增广 Lagrange 函数为

$$
\begin{aligned}
L_\sigma(w,u,v;x,y)=\mathbf{Q}_T^*(u)+h_\lambda^*(v)+\langle w,b\rangle+\\
\langle x,-A^*w-v\rangle+\langle y,-w-u\rangle+\\
\frac{\sigma}{2}\|A^*w+v\|_2^2+\frac{\sigma}{2}\|w+u\|_2^2
\end{aligned}
$$

其中 $x\in\mathbf{R}^p$,$y\in\mathbf{R}^n$ 是 Lagrange 乘子,$\langle\cdot,\cdot\rangle$ 表示内积,$\|\cdot\|_2$ 表示 Euclid 空间中的 ℓ_2 范数.

以下给出 dADMM 求解问题(1) 的算法框架.

算法 1 dADMM 求解问题(1).

给定参数 $\gamma\in(0,(1+\sqrt{5})/2)$,$\sigma>0$,选择初始点 (w^0,u^0,v^0). 对 $k=0,1,2,\cdots$,根据以下迭代产生.

第 1 步:计算 w^{k+1}.

$$(\sigma AA^*+\sigma I)w^{k+1}=Ax^k+y^k-b-\sigma Av^k-\sigma u^k$$

第 2 步:计算 u^{k+1},v^{k+1}.

$$
\begin{bmatrix}u^{k+1}\\ v^{k+1}\end{bmatrix}=\begin{bmatrix}\mathrm{Prox}_{\mathbf{Q}_{T/\sigma}^*}\left(\dfrac{y^k}{\sigma}-\omega^{k+1}\right)\\ \mathrm{Prox}_{h_{\lambda/\sigma}^*}\left(\dfrac{x^k}{\sigma}-A^*w^{k+1}\right)\end{bmatrix}
$$

第 3 步:更新乘子 x,y.

$$x^{k+1}=x^k+\gamma\sigma(-A^*w^{k+1}-v^{k+1})$$

$$y^{k+1}=y^k+\gamma\sigma(-w^{k+1}-u^{k+1})$$

第 4 步:若满足停机准则,则停止迭代:否则返回第 1 步,继续进行迭代.

以下给出 dADMM 算法中求解子问题的具体细节.

关于变量 w 的求解具体过程如下:

$$\hat{w}=\arg\min_w\{\langle w,b\rangle+\langle x,-A^*w-v\rangle+$$

$$\langle y, -w-u\rangle + \frac{\sigma}{2}\|A^* w + v\|_2^2 +$$

$$\frac{\sigma}{2}\|w+u\|_2^2\}$$

关于变量 w 的求解等价于求解线性方程

$$(\sigma AA^* + \sigma \boldsymbol{I})w = Ax + y - b - \sigma Av - \sigma u \quad (4)$$

其中,式中的 $\boldsymbol{I}$ 表示单位矩阵.

有关变量 u,v 的求解,具体细节如下

$$\hat{u} = \arg\min_u\{\mathbf{Q}_T^*(u) + \langle y, -w-u\rangle +$$

$$\frac{\sigma}{2}\|w+u\|_2^2\}$$

$$= \arg\min_u\{\mathbf{Q}_T^*(u) - \langle y, w+u\rangle + \frac{\sigma}{2}\|w+u\|_2^2\}$$

$$= \arg\min_u\{\mathbf{Q}_T^*(u) + \frac{\sigma}{2}\|u - (\frac{y}{\sigma} - w)\|_2^2\}$$

$$= \mathrm{Prox}_{\mathbf{Q}_{T/\sigma}^*}(\frac{y}{\sigma} - w)$$

$$\hat{v} = \arg\min_v\{h_\lambda^*(v) + \langle x, -A^* w - v\rangle +$$

$$\frac{\sigma}{2}\|A^* w + v\|_2^2\}$$

$$= \arg\min_v\{h_\lambda^*(v) - \langle x, A^* w + v\rangle +$$

$$\frac{\sigma}{2}\|A^* w + v\|_2^2\}$$

$$= \arg\min_v\{h_\lambda^*(v) + \frac{\sigma}{2}\|v - (\frac{x}{\sigma} - A^* w)\|_2^2\}$$

$$= \mathrm{Prox}_{h_{\lambda/\sigma}^*}(\frac{x}{\sigma} - A^* w)$$

接下来,给出 dADMM 的收敛性分析. 令 $\psi(w) =$

$\langle w,b\rangle$，$\psi(u,v)=\mathbf{Q}_{T}^{*}(u)+h_{\lambda}^{*}(v)$，对于闭的真凸函数 φ 次导数映射是极大单调的文[17]中的定理12.17，则存在极大单调算子 Σ_{φ}，对任意 $y,\hat{y}\in \mathrm{dom}\ \varphi$，$x\in\partial\varphi(y)$，$\hat{s}\in\partial\varphi(\hat{y})$，有

$$\varphi(y)\geqslant\varphi(\hat{y})+\langle\hat{s},y-\hat{y}\rangle+\frac{1}{2}\|y-\hat{y}\|_{\Sigma_{\varphi}}^{2}$$

$$\langle s-\hat{s},y-\hat{y}\rangle\geqslant\|y-\hat{y}\|_{\Sigma_{\varphi}}^{2}$$

定义一个自伴随半正定线性算子$\mathcal{P}$，具体形式如下

$$\mathcal{P}:=\mathrm{Diag}(0,\Sigma_{\varphi}+\sigma\mathcal{I},(\gamma\sigma)^{-1}\mathcal{I})+s_{\gamma}\sigma\mathcal{F}\mathcal{F}^{*}$$

其中

$$s_{\gamma}:=\frac{5-\gamma-3\min\{\gamma,\gamma^{-1}\}}{4},\forall\gamma\in(0,+\infty)$$

注意$\frac{1}{4}\leqslant s_{\gamma}\leqslant\frac{5}{4}$，$\forall\gamma\in\left(0,\frac{1+\sqrt{5}}{2}\right)$. $\mathcal{F}:\mathbf{R}^{p}\times\mathbf{R}^{n}\rightarrow\mathcal{M}$，对应的自伴随线性算子$\mathcal{F}^{*}$满足

$$\mathcal{F}^{*}(m)=\begin{bmatrix}-A^{*}\\-I\end{bmatrix}w+\begin{bmatrix}0&-I\\-I&0\end{bmatrix}\begin{bmatrix}u\\v\end{bmatrix}=\begin{bmatrix}-A^{*}w-v\\-w-u\end{bmatrix}$$

记算子$\mathcal{Q}=\begin{bmatrix}-A^{*}\\-I\end{bmatrix}$，$\mathcal{H}=\begin{bmatrix}0&-I\\-I&0\end{bmatrix}$，以下给出该算法的全局收敛性是文[18]中定理5.1的一种特殊情况，此处省略证明过程，具体细节可见参考文[18].

定理 1 假设问题(3)的解集非空，$\gamma\in(0,\frac{1+\sqrt{5}}{2})$，$\{(w^{k},u^{k},v^{k},x^{k},y^{k})\}$是由 dADMM 产生的

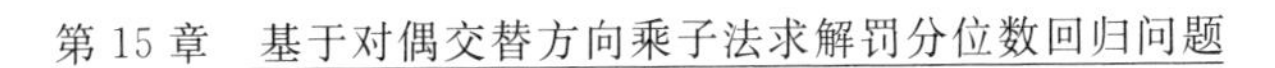

序列，则 $\{(x^k, y^k)\}$ 收敛到原问题(1) 的最优解，$\{(w^k, u^k, v^k)\}$ 收敛到对偶问题(2) 的最优解.

在给出该算法局部线性收敛速度定理前，令 $m = \{w, u, v, x, y\}$，$\mathcal{M} := \mathbf{R}^n \times \mathbf{R}^n \times \mathbf{R}^p \times \mathbf{R}^p \times \mathbf{R}^n$，定义 KKT 映射 $\mathcal{R}: \mathcal{M} \to \mathcal{M}$

$$R(m) = \begin{bmatrix} b - Ax - y \\ \begin{bmatrix} -A^2 w - v \\ -w - u \end{bmatrix} \\ \begin{bmatrix} u - \mathrm{Prox}_{Q_T^*}(y + u) \\ v - \mathrm{Prox}_{h_\lambda^*}(x + v) \end{bmatrix} \end{bmatrix}, \forall m \in \mathcal{M} \quad (5)$$

如果存在 $\{(\bar{x}, \bar{y}, \bar{w}, \bar{u}, \bar{v})\}$ 使得 $\mathcal{R}(m) = 0$，则 $\{(\bar{x}, \bar{y}, \bar{w}, \bar{u}, \bar{v})\}$ 是对偶问题(2) 的 KKT 点，并记它的解集为 $\Omega = \{m \mid \mathcal{R}(m) = 0\}$.

以下给出 dADMM 算法的局部线性收敛速度定理，该定理是文[19] 的推论 1 中临近算子 $\mathcal{S}=0, \mathcal{T}=0$ 的一种特殊情况，其证明结果省略，具体细节可见文[19].

定理 2　假设 $\gamma \in \left(0, \dfrac{1+\sqrt{5}}{2}\right)$，集合 Ω 非空，$m^k = \{(w^k, u^k, v^k, x^k, y^k)\}$ 是由 dADMM 产生的序列，考虑文[19] 的推论 1 中的特殊情况 $\mathcal{S}=0, \mathcal{T}=0$. 如果映射 $\mathcal{R}: \mathcal{M} \to \mathcal{M}$ 是分段多面体，对任意的 $k \geqslant 1$，则存在一个常数 $\hat{\delta} > 0$，使得无穷序列 $m^k = \{(w^k, u^k, v^k, x^k, y^k)\}$ 满足

$$\mathrm{dist}(m^k, \bar{\Omega}) \leqslant \hat{\delta} \| R(m^k) \|_2$$

$$\mathrm{dist}_{\mathcal{P}}^2(m^{k+1},\overline{\Omega}) \leqslant \hat{\mu}\,\mathrm{dist}_{\mathcal{P}}^2(m^k,\overline{\Omega}) \qquad (6)$$

其中 $0<\hat{\mu}<1$.

15.4 结　　论

本章提出 dADMM 算法求解 ℓ_1 罚分位数回归问题的对偶问题进而解得原问题,同时在一定假设条件下说明该优化算法的全局收敛性及局部线性收敛速度.数值试验的结果也验证了本章算法的有效性.

参考文献

[1] TIBSHIRANI R. Regression shrinkage and selection via the lasso[J]. Journal of the Royal Statistical Society, Series B(Methodological),1996,58(1):267-288.

[2] FAN J Q, LI R Z. Variable selection via nonconcave penalized likelihood and its oracle properties[J]. Journal of the American Statistical Association, 2001, 96 (456): 1348-1360.

[3] ZOU H. The adaptive lasso and its oracle properties[J]. Journal of the American Statitical Association,2006,101(476):1418-1429.

[4] MEINSHAUSEN N. Relaxed lasso[J]. Computational Statistics and Data Aaalysis,2007,52(1):374-393.

[5] KOENKER R, BASSETT G. Regression quantiles[J]. Econometrica: Journal of the Econometric Society,1978,46:33-50.

[6] KOENKER R. Quantile Regression[M]. Cambridge,

United Kingdom: Cambridge University Press, 2005.

[7] BELLONI A, CHERNOZHUKOV V. ℓ_1-penalized quantile regression in high-dimensional sparse models[J]. The Annals of Statistics, 2011, 39(1): 82-130.

[8] FAN J Q, FAN Y Y, BARUT E. Adaptive robust variable selection[J]. The Annals of Statistics, 2014, 42(1): 324-351.

[9] GU Y W, FAN J, KONG L C, et al. ADMM for high-dimensional sparse penalized quantile regression[J]. Technometrics, 2018, 60(3): 319-331.

[10] WANG L, WU Y C, LI R Z. Quantile regression for analyzing beterogeneity in ultra-high dimension[J]. Journal of the American Statistical Association, 2012, 107(497): 214-222.

[11] PENG B, WANG L. An iterative coordinate descent algorithm for high-dimensional nonconvex penalized quantile regression[J]. Journal of Computational and Graphical Statistics, 2015, 24(3): 676-694.

[12] KOENKER R, PARK B J. An interior point algorithm for nonlinear quantile regression[J]. Journal of Econometrics, 2011, 39: 82-130.

[13] HUNTER D R, LANGE K. Quantile regression via an mm algorithm[J]. Journal of computational and Graphical statistics, 2000, 9(1): 60-77.

[14] EFRON B, HASTIE T I, TIBSHIRANI R. Least angle regression[J]. Annals of Statistics, 2004, 32: 407-499.

[15] LI Y J, ZHU J. L_1-norm quantile regression[J]. Journal of Computation and Graphical Statical, 2008, 17(1): 163-185.

[16] ROCKAFELLAR R T. Convex Analysis[M]. Princeton: Princeton University Press, 1970.

[17] ROCKAFELLAR R T, WETS R J B. Variational Analysis[M]. New York: Springer, 1998.

[18] CHEN L, SUN D F, TOH K C. An effieient inexact symmetric Gauss-Seidel based majorized ADMM for high-dimensional convex composite conic programming[J]. Mathematical Programming, 2017, 161(1): 237-270.

[19] HAN D R, SUN D F, ZHANG L W. Linear rate convergence of the alternating direction method of multipliers for convex composite programming[J]. Mathematics of Operations Research, 2018, 43(2): 622-637.

第16章 科学中的数学化①

先锋11号把木星和土星的壮丽照片发回地球,这项奇迹般的技术成就给我留下了深刻的印象.印象更为深刻的是,这项工作竟一举成功.当然,工程师们肯定曾对各个子系统进行过试验,再加上他们又有处理有关系统的经验.但是这一努力未经通常的试验和改进便获得成功毕竟是令人瞩目的.与此相比,众所周知经济预测又是何等的不精确——尽管有识之士为此殚精竭虑,又有巨大的(金钱)刺激.我们把物理科学和工程中的成功,特别是技术上的成功作为顺理成章的事接受下来,我们对与生命科学和社会科学更密切相关的领域中缺乏成功则坦然处之——也许是感到失望,但并不惊讶.通常的说法是:我们理解(或某些人理解)空间探索的

① Mathematics Tomorrow, Springer-Verlag, 1981.

科学和工程，但是我们对经济学或许多生物系统或社会系统就不那么理解. 这意味着，物理科学中有良好的数学模型，而在生命科学和社会科学中所用的模型则远远谈不上有效. 让我们稍微详细些来考查一下这个意见.

16.1 科学中的数学化

人们通过观察、实验和研究而使知识系统化，特别是使生物、物理和社会领域的知识系统化. 最好用一个名词来描述这种努力，"科学"一词就是这样用着的. 人人都把生物学、化学、物理学等当作科学. 此外，经济学、心理学、政治科学、历史学和许许多多其他的学科也都具有科学的特征. 这份学科目录在十年以后肯定比现在还要长. 每门科学都可以沿若干维来量度，其中的一维就是数学化的程度，即数学的观念和技术在该学科中的使用程度(今后我们就用数学作为数学科学的简称，它包括计算、运筹学、统计学以及更狭义的纯数学与应用数学). 从科学学科的观点来看，对数学化的高度需求并没有特别的优点. 实例表明，精巧的数学发展导致的科学启发渺不可寻，倒是有这样的实例：用了精心设计的装置，结果一无所获.

最好给出数学用于其他学科的方式的通常模式(但绝不是无所不包的模式). 在大多数情况下，随着一门学科的发展，数学化有增长的趋势. 但是这种见解为事后的认识所左右，随着计算机的作用越来越重要，见

解上可能有重大的差别.我们将定出四个等级,大致相当于数学贡献于该学科的程度.我们要强调指出,重要的是数学的贡献而不是数学的深奥性或精致性.一个比较简单的数学概念用得巧妙可以具有巨大的效果;而一个非常精致的数学讨论却可能对我们关于该科学问题的知识谈不上什么贡献.

第一级.数学常常以数据与信息的搜集、组织和解释进入科学工作.在某些情况下,从观察中搜集大量的数据:Tycho Brahé 的天文数据,Gregor Mendel 的植物繁殖数据,以及 1930 年开始的大量心理学习实验的结果.在另一些情况下,像不那么普通的自然现象(大地震、罕见病等)则可能只有少量实例可考查.决定需要哪些数据和怎样进行数据搜集常常是件难事.但这项任务是极为重要的,缺少好的数据会有效地阻碍一个领域的总体发展,至少会阻碍它的数学化.例如,信息(或谣言)是怎样通过社会组织传播的?就这个问题所做的工作由于缺少好的数据而进展缓慢,从与数学相互作用的观点来看,数据的搜集和分析是统计学家的本行,常常也是计算机科学家的本行.在统计学和计算数学中的许多数学研究都是由处理实际数据时产生的问题而激发起来的.

第二级.某些数据集合只显示最一般的规律性——经济统计数字通常就属于这一类.对另一些数据集合进行周密考查时,则显示值得注意的模式.这方面最好的两个例子是 Brahé 的行星运动数据和 Mendel 的植物杂交实验报告.在数据或信息中的充分规则的模式可以概括为以经济为根据的“自然律”. 就这一点来说,这些定律不过是概括观察数据的方便方式,可以非常精确,也可以十分含糊. 在物理科学中,这种定律通常是十分精确的. 例如,Kepler 的行星运动定律,它是以 Brahé 的观察数据推导出来的经验定律. Snell 的折射定律也是非常精确的叙述. 在生命科学和社会科学,经验定律的精确度往往要差得多. 例如,Gause 的竞争性排除定律(为了同一小生境而竞争的两个不同物种不能共存)和 Gossen 的边际效用定律(一件商品的边际效用随着这件商品的消费的增加而减少)的精确度要差得多,它们的合法性会受到争论,而 Snell 定律则不会因为这种原因而受到争论.

在讨论经验定律时需要进行一些说明,以防止误解. 首先,这种定律通常是根据平均行为推导出来的. 由于数据的平滑化或平均化,定律可能更适用于(多半不存在的)“平均”状态而不是适用于任何特殊状态. 其次,定律的陈述常以某些(或隐或显的)假设为基础,而定律只是在满足这些假设的范围内才能描述观察数据. 例如,有一条 Mendel 遗传定律说,关于不同性状的基因是随机重新组合的. 这条定律只是关于非环连基因的行为的精确叙述. 如果我们想研究与环连基因相联系的性状,那么这条定律就不适用了.

经验定律作为实验和观察的简明而醒目的概括,可能是着重实验的科学家的一个目标. 这种定律可能处于着重理论的科学家分析事态的中途,而接近于数学科学家本行的开始.

第三级.确认了经验定律以后,科学的数学化的下一步就是创造说明这些定律的数学结构——有时叫作理论."说明"一词需要细加解释,我们以后再来谈.目前使用通常的直觉含义就够了.在直觉和精确的双重意义上,不同学科中和不同时期内,"说明"一词的含义都是不同的.一个数学结构,加上数学符号、记法与现实世界事态的对象及作用之间关系的一致性,叫作该事态的数学模型.可能有不止一个数学结构来说明一条经验定律,也可能一个结构说明一种事态的某些定律,另一个结构说明另一些定律.后者的一个例子(取自初等物理学)是光的波动模型和微粒模型:波动模型阐明了物理光学现象(反射、折射、色散),而光电效应——它在波动模型中很成问题——在微粒模型中才有安身立命之地.

对数学结构的研究引出的结论通常叫作定理,它是通过逻辑论证从假设和定义中推导出来的.根据数学中符号与术语这二者与原始情景之间的一致性,可以把这些定理转化为关于现实世界情景的论断,通常叫作预测.我们现在可以明确"说明"一词的意义了.所谓一个数学模型说明一条经验定律,是指这个模型的一条定理能译成这条定律.

确定一个模型是否可以说明一批观察数据,常是件很复杂的任务.模型一般含有参数、符号来表示现实世界的量,如粒子的速度、商品的成本、通过通行税征收所得汽车到达率或看了一遍无意义词句后还能回忆起来的似然率.为了把预测同观察数据加以比较,人们必须知道在该模型中出现的参数的值.参数估计是一件挑战性的数学和科学任务.有许多看上去像是可接受的模型实际上是不可行的,就因为它们所依赖的参数无法估计.

数学模型作为一个数学结构,当然会引起数学上感兴趣的问题.这些问题可能但未必对于引出该模型的事态有意义.无论如何,用数学形式来描述事物的一个重大优点是:在完全不同的科学情景中可以产生同样的或极其类似的结构.在一种情景中无关紧要地问题,在另一种情景中可能非常重要.于是,一个模型的发展超出直接需要是不足为奇的.

被认为对某些现象的研究做出科学贡献的数学模型的价值,取决于该模型的预测与观察数据的一致程度.在正常情况下,建立模型是个循环过程,用第一次建立的模型做出的预测不会与观察数据吻合.这时必须修改模型,并导出新的一批预测.通常一个模型要反复改进几次,然后才能达到适当的一致,这种改进工作可能要持续许多年.

在建立模型的过程中,数学家扮演的是个合作者的角色,他常常做出主要的贡献,但是很少为该项研究做出明白的指示.在第一、第二级描述的活动都不是纯数学的,在第三级所描述的活动中也只有数学结构的分析工作才不含具体科学的内容.即使是分析数学结构,科学洞察力也可能有所帮助.通常只有非常熟悉该门科学的人才能创立模型、证实或解释根据该模型做出的预测.

第四级. 设我们已经创造并发展了一个数学模型, 并推导出一大批说明某些观察数据的预测(定理). 接下来还能做什么呢? 我们可以用是否得到新的科学洞察力来考验这个模型, 即我们寻找关于该事态的科学的这样一些方面, 它们或者能用该数学模型来揭示, 或者能用它来阐明. 通常这意味着数学能预测未来将观察到的科学现象. 在第三级, 我们是用现有数据证实模型, 在第四级, 则用模型来告诉我们到哪里去寻找数据.

在现代物理学中有许多例子. 一个例子是 Weinberg-Salem 预测右手和左手电子的理论(一个右手电子沿运动方向自旋, 正像一个普通螺钉当右旋时向前运动一样), 后来在 Stanford 实验室里做的实验中观察了这一现象, 观察数据与预测紧密吻合. 在化学动力学中也有些很好的例子. 具体地说, 一种叫作 Belousov-Zhabotinskii 反应的化学反应呈现了不同状态(颜色)之间的有规则的持续振荡, 在有些情况下向外传播圆形波. 对这种事态的一个数学模型进行的分析表明, 还存在向内传播的波. 在预测了这种波的存在并努力发现它之后, 已观察到了这种波. 像这样一种证据大大增强了我们用模型来描述现实世界情景的信心.

对于着重理论的科学家来说, 用数学来获得对科学的新的洞察力可能是最值得追求的目标. 其他人可以有不同的目的: 例如, 实验者可能感到观测数据有理论支持是最令人满意的, 而数学家可能感到新的数学问题是最令人兴奋的.

在比较详细地讨论了科学的数学化的四个等级以后,我们可以用几句话来小结一下:

第一级:数据和信息的搜集、分析和解释.

第二级:科学原理和经验定律的定量表述.

第三级:数学模型的表述、研究和证实.

第四级:用数学模型来获得科学洞察力.

在物理科学和工程中发生的大多数事态都可以通过第三级或第四级来探讨.生物学中的某些领域,特别是遗传学群体生物学和生态学都有第三级的模型.心理学中的少数领域,主要是学习理论和记忆理论也有第三级的模型,致力于获得新的科学洞察力的模型在生命科学和社会科学中比较少见,但也有一些例子.例如,可以认为,在涉及"混沌行为"的数学现象的群体动力学中的模型提供了科学洞察力,虽然这个模型的生物学含义并没有被充分理解.这个惊人的结果是:一个系统,其行为从头到尾完全被(用一个简单的方程)一步步确定但对于一定的参数值却可以显示出完全像是任意的总体行为.另一个例子是 K. Arrow 关于个人爱好与团体爱好之间关系的工作.他的目标是研究某种直观上具有值得期望的性质的团体决策方法.他认识到并证明了一个关于团体决策的自然公理系统(即一个数学模型)是不相容的,从而戏剧地阐明了事态.简单来说,没有一个团体的决策过程是以这种自然方式反映个人爱好的.

无论如何,在社会科学和生命科学中大多数重要

工作都处于第一级和第二级.此外,数学作为物理科学的语言已被证明是如此有效,但作为其他科学的语言将在多大程度上同样有效,对这一点还有些意见分歧.有可能在生命科学和社会科学中使用定量技术的人应当对这种活动的潜在风险和潜在的报酬保持敏感.

16.2　数学的目标

一位实验者组织并解释结果可能只是为了使大量信息能被别人所接受.同样,做出经验定律可能主要是为了以缩写形式传达许多观测数据的结果.经验定律的做成方法常常是把描述经验定律的概念和语言明确化.于是,促进通讯(传达)和使概念明确化是个公共目标.

使用数学模型还有两个目标值得一提:用数学模型理解科学事态和帮助决策.用模型获得理解的想法前面已介绍过了,我们将马上详细地讨论.先让我们转向经济学上很重要的用模型进行决策这一用法.当然,许多研究都涉及几个目标,而且在某种程度上所有模型都有一个"理解"的目标.但是决策模型有某些特点.

一个典型的事态是,计划人员或管理人员必须在一批供选择的行动方针中加以选择,以使某些量最优化(例如使获利最大或成本最小).有可能在应予决策的环境中含有某些未知因素(例如产品的需求量),多半还含有对手的行动.这方面有了一些利用数学规划和对策论的发展得很好的模型,可能有助于我们在各种方案中进行选择.人的理性和它在行动中反映出来的手段在许多这样的模型中起作用.有趣的是,证据表明有些知识界人士虽然未以数学术语提出他们的问题,但其行动方式却与数学分析指出的一致.

在讨论如何用数学来理解科学事态时,我们能表达几种意思.首先(也是最明显的),我们可能是指在研究了数学模型后能认识以前未认识到的真实事态的各方面之间的关系.例如,确认在淋病蔓延中核心感染源的作用有助于理解疾病对各种形式治疗的反应.另一个例子是理解从研究定量选择模型而得到的各种选举程序的战略意义.最后,前面提到过的 Kenneth Arrow 的工作是第三个例子.Arrow 的工作很好地阐明了对各种假定的结果进行精确表述和仔细分析所能做出的贡献.他构作了一个精确模型,对这一模型进行的分析所提供的关于假设对结论的影响的信息要比用其他方法能得到的信息多得多.在可以研究一个假设的结果以前,这个假设本身必须作得精确.这是构作模型活动的一部分.

从对数学模型的研究中获得理解还有另一种意思.因为大多数模型都含有参数及据这些参数得到的预测,所以如果我们能确定这种预测怎样或在多大程度上随参数的变化而变化,我们就能获得这种事态的知识.这种知识在实践上和理论上都会是有用的.作为一种说明,我们来看一个经济分配问题,在这种问题中某个量(譬如说利润率)取决于受到某些约束的各种资源的投入量.目标是决定资源投入的一种可容许的选

择，以使利润率最大. 设一种特殊的投入法受到的约束是不得超过数量 A 的. 人们可能会对最大利润率随 A 的变化而变化的方式感兴趣（这个变化是一个重要的经济量，叫作投入的该资源的影子价格）.

当前正在所有领域内使用的大多数数学思想和技术都直接来自为研究物理科学中的问题而发展起来的那些思想和技术. 总的来说，数学的使用开始于第一级，并随着可利用更多、更好的数据而取得进展，我们对事态也有了更多的认识. 当前大多数生命科学和社会科学正在第一级或第二级上使用数学，这一事实并不出人意料. 如果物理科学所确立起来的模式在这些领域内仍成立，我们就能期望，从这些科学的不断的数学化而产生重要的新的科学洞察力.

“第二次世界大战”与美国数学的发展[1]

第17章

我将叙述“第二次世界大战”期间所进行的一些数学活动，并对它们给予“第二次世界大战”后（以下简称战后）美国数学科学发展的影响加以评论. 这里回忆的数学活动中的大部分，都是我个人接触过的，因为我是在“第二次世界大战”时（以下简称战时）担任科学研究和发展办公室应用数学专门小组组长沃伦·韦弗（Warren Weaver）的行政助理，而且我还曾担任过战后新建立的海军研究办公室的数学研究规划组组长，因此这些回忆还涉及我职责范围内与战争有关的一些数学发展工作.

17.1 “第二次世界大战”前美国的数学环境

我在论述战时工作之前，想先简单

① 作者米纳·里斯（Mina Rees）.

地讲一下 20 世纪 30 年代和 40 年代初美国的数学环境. 尽管理查德・柯朗(Richard Courant)已于 1934 年来到了美国,并与纽约大学一群有才能的人员在一起工作,在布朗大学校长理查森(R. G. D. Richardson)的有力支持下,威廉・普拉格(William Prager)也于 1941 年在布朗大学制订了应用力学方面的高等教育和研究规划,但是在美国的大学中,应用数学的力量并不是很强的. 正如普拉格教授于 1972 年所说:

> 在 30 年代初,可以毫不夸张地说美国应用数学是在物理学家和工程师手中而不是在专业数学家手中得到积极发展的. 这并不是说没有数学家真正对应用数学感兴趣,而是说他们人数极少. 除少数杰出人物外,应用数学家不能受到纯粹数学领域中的同行们在职业上的高度尊重,因为当时有一种普遍的看法,你如果转向应用数学,一定是你感到纯粹数学太难了. 正如一个优秀的评价委员会在 1941 年所指出:“在我们对纯粹数学倾注热情时,却愚蠢地认为应用数学是某种具有较小吸引力和较低价值的事物.”

数理统计的情况与此有些相仿. 到 1940 年为止,美国只有少数大学在这个领域做过一些工作. 哈罗德・霍特林(Harold Hotelling)在哥伦比亚,杰齐・内曼(Jerzy Neyman)在伯克利,分别从事这方面的研究.在里兹(H. L. Rietz)的指导下,取得爱荷华大学博士学位的威尔克斯(S. S. Wilks),1933 年在普林斯顿受命开展了一些数理统计工作.然而,他在 1936 年前并没有在普林斯顿开设一门正式的统计学课程,这是由于两年前大学里已做出决定并花钱让经济学和社会制度系的一位教员准备开设"现代统计理论"课程,也由于大学行政部门对于由这个系(它过去一向单独负责开所有统计课)和数学系公平地分别负责开展统计课缺乏决心.威尔克斯在 1937 年春开展了大学统计课程,这很可能是最早以一学期微积分为基础仔细编制的大学数理统计课程.

美国在现在所谓"核心数学"方面的研究,在 20 世纪二三十年代的国际舞台上,逐渐增加了它的重要地位.此外,恰恰在美国感到自己已不可避免地逐渐走向积极参战之前,它在这方面的研究有了坚实的成长.因为随着希特勒在 1933 年开始执政,世界上许多主要的数学家到美国避难,使美国的数学活动在质和量方面都有了很大增长.1940 年美国数学学会创办了《数学评论》(*Mathematical Reviews*),由两位来到美国避难的著名数学家奥托·纽格鲍尔(Otto Neugebauer)和威廉·费勒(William Feller)负责编辑,这使得美国(和世界)数学家对于在过去十年内一直是世界性数学评论杂志的《数学文摘》(*Zentralblatt für Mathematik*)的依赖局面发生了根本变化.

随着时间的流逝,战争越来越不可避免.在动员数学家们支持战争时,有些人应征入伍,有些人尽管仍然

留在大学里，却担任了部队设立的数学训练班的工作，有些人离开了学校，参加了与战争有关的特殊活动.

离开大学去接受与战争有关的非战斗性任务的数学家们到哪里去了呢？他们做了些什么性质的工作呢？

为部队工作的人很多，有些是军职人员，像阿伯丁的赫尔曼·戈德斯坦(Herman Goldstine)和海军战舰署的柯蒂斯(J. H. Curtiss)；有些是文职人员，像阿伯丁的麦克沙恩(E. J. McShane)和海军军械署的韦尔(F. J. Weyl). 许多数学家被委派到各空军司令部，作为运筹小组成员，例如，第八空军部队的巴利·普赖斯(G. Baley Price)；另一些人与英国人和加拿大人在一起研究. 海军运筹组在麻省理工学院的物理学家菲利普·莫尔斯(Philip M. Morse)直接指导工作. 还有些数学家参加军工生产工作. 对数学家来说，贝尔电话实验室也许是最熟悉的工业实验室，其实还有许多签订军事合同的工业团体(例如，美国无线电公司，西屋电气公司，贝尔飞机公司)也雇用了专业数学家，另外还有一些数学家在做密码分析工作，另一些参加曼哈顿计划，为发展原子弹而工作.

此外，总统行政署下属的一个文职机关、科学研究和发展办公室的各部门也雇用了大量的数学家.

科学研究和发展办公室分为几个部分：一个部分从事医学研究；一个部分从事导爆研究，这是最优先和保密程度最高的工作；还有一个部分是规模最大的国防研究委员会，由一大批科学家和工程师组成，他们分别从事潜艇战、雷达、电子干扰、炸药、火箭等方面的研究.麻省理工学院的辐射实验室也是其中一个部门，在美国参战之前的1940年，就设立了国防研究委员会，对美国的军力提供科学的支持.开始时没有设立数学部门，直到1942年，对于分析研究的需求迅速地增长起来，如沃伦·韦弗在他的自传中所述：

> 随着战争的进行，国防研究委员会赋予重武器设计和生产的重要性必然有所减弱，因为当时想要构思和设计新牌号的设备，把它造成试验性的模型，加以试验、改进和标准化，并及时投入使用，去影响战争的进程，简直是不可能的.

17.2 应用数学专门小组的建立

1942年秋，科学研究和发展办公室主任万尼瓦尔·布什(Vannevar Bush)决定把国防研究委员会改组使其更能胜任他余下的任务，并把一个新的单位——应用数学专门小组合并进去.专门小组被指定的任务与它的名称相适应，是解决那些显示了重要性的越来越复杂的数学问题和其他一些数学上比较简单但需要数学家去充分表述的问题.

由沃伦·韦弗担任小组组长，韦弗教授曾经是威斯康星大学数学系教授和主任，1940年担任洛克菲勒

基金会自然科学部主任. 在原来的国防研究委员会中，他是火力控制研究室主任，该室最重要的任务是发展防空导向器，用来作为保护英国免遭德国空袭所需系统中的主要部件. 他个人深深地卷入了这种研究，然而在 1942 年 2 月，在他指导下制成的防空导向器为军队接受时(作为 M－9 导向器)，韦弗却接受了新的任命.

在战争中，离开大学去研究与战争有关的问题的许多数学家，都被这个新的应用数学专门小组以合同形式雇用，另外还有许多人参加国防研究委员会其他部门的计划，就像前面已经提到的. 例如，陶布(A. H. Taub)参加了炸药部门，在那里以及在国防研究委员会的其他许多部门中，进行着大量有趣而又重要的应用数学工作. 应用数学专门小组的建立，提供了更多的数学援助. 数学家们一旦受到请求，只要他们认为这是做出有益事情的合理机会，他们就会去协助科学研究和发展办公室的军事部门和其他部门. 到战争结束为止，这个专门小组差不多从事过 200 项研究，其中近半数是军事部门直接要求的.

专门小组的总方针是以作为科学官员咨询委员会成员的一大批数学家所提建议为依据. 专门小组由理查德・柯朗、埃文斯(G. C. Evans)、弗赖伊(T. C. Fry)(副组长)、格雷夫斯(L. M. Graves)、马斯顿・莫尔斯(Marston Morse)、奥斯瓦德・维布伦(Oswald Veblen)、威尔克斯和组长沃伦・韦弗组成. 我是文职人员，组长的技术助手. 技术助手还有索科尔尼科夫(I. S. Sokolnikoff)和威尔克斯，我们一起在《应用数学专门小组技术总结报告》编委会工作过. 专门小组(办公室在纽约)和十一所大学签订了合同,包括普林斯顿大学、哥伦比亚大学、纽约大学、加州大学伯克利分校、布朗大学、哈佛大学和西北大学等,它还负责数学表计划(这原是国家标准局作为科学规划制订出来的,开头五年由工作计划管理局管理)的工作. 国内许多能力很强的数学家,根据这些大学合同而被雇用,许多人为了参加这方面的工作而远离家园. 两位经济学家,罗彻斯特大学的校长艾伦·沃利斯(W. Allen Wallis)和诺贝尔经济学奖获得者米尔顿·弗里德曼(Milton Friedman),都以统计学家的身份参加了这方面的工作. 约翰·冯·诺伊曼(John Von Neumann)于 1930 年来到普林斯顿,1933 年进入高级研究院,他也参加了专门小组的工作,但是他的地位无论战时还是战后都是独一无二的,他在如此之多的政府和学术界的活动中担任顾问或其他职务,影响很大. 他那部有影响的著作《对策论和经济行为》(*Theory of Games and Economic Behavior*)在战时付印,这本书是以他早期工作中的某些基本概念和他从 1940 年开始与经济学家奥斯卡·摩根斯特恩(Oskar Morgenstern)的合作为基础而发展成的. 此外,当时阿伯丁试验场正在资助宾夕法尼亚大学开展第一台电子数字计算机 ENIAC 的建造工作. 冯·诺伊曼作为阿伯丁试验场的顾问,对电子计算机的设计,甚至在最初阶段就给予了深刻的影响. 他对发展电子计算机的最迫切方向的洞察力,是由于曼哈顿计划需要大量计算而受到极大影响的. 直到

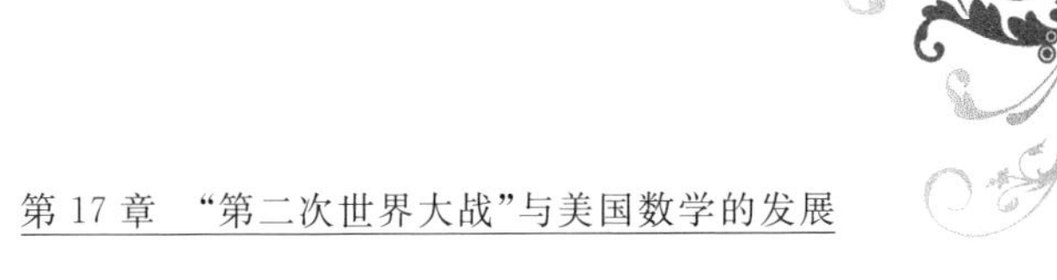

1957 年冯·诺伊曼逝世为止,他对计算机和对策论方面的发展一直有着巨大的影响(由于我在战时同曼哈顿计划和密码分析都没有直接接触,所以我将不讨论数学在这些领域内所作的贡献,尽管我确信这些贡献是很有意义的.曼哈顿计划的工作也许比密码学家和密码分析学家的工作更为人所知,但是这些密码工作者们却对盟军的胜利起着关键性的作用).

17.3 战时计算和战后计算机规划

在 1940 年时,乔治·斯蒂比兹(George Stibitz)就成为了早期最有能力的数字计算机设计者之一——在达特茅斯举行的数学组织夏季会议上,展示了他在贝尔电话实验室设计成功的一台计算机时,数学家们已经察觉到我们正面临着新的计算机时代这样一件事实了.正如《美国数学学会通报》(*Bulletin of the American Mathematical Society*)所述:“贝尔电话实验室展示出了一台能计算复杂数字的机器.在汉诺威的记录仪器,通过电报线路同在纽约的计算机连接起来.会议期间,这台机器每天从上午 11 时到下午 2 时可供到会者使用.”斯蒂比兹博士的论文题目是《用电话装备的计算》.事实上,随着机器计算在战时的需求越来越大,电话继电器被证明是适用于最早期的自动时序计算器的最可靠的元件.当时的注意力集中于使机器的运算能够直接解决重要问题,并在台式计算机方面取得重要进展,因为那时台式计算机正很熟练地被用于科学工作者试图为迫切的问题寻求解答的一切场合.

阿伯丁承担着繁重的弹道计算任务,并且如前所述,它当时支持着宾夕法尼亚大学的计算机的发展.海军军械局也迫切需要计算,它在哈佛大学大规模发展机器,(在国际商用机器公司支持下)霍华德·艾肯(Howard Aiken)在战争结束前就有一台机器在运转.最早运转着的大型计算机(以电话继电器作为主要元件)并不具有稍后发展起来的自动时序电子计算机的速度,但它们对战时的军事需要,以及对数学家和工程师在自动时序机器潜力方面的日益增加的兴趣,做出了重要贡献.战争结束前,数学家已清醒地认识到,随着计算机在科学工作中的作用变得愈加重要,人们必须把注意力放到数值分析中去.如果要使人们相信,当时国内主要数学家对数值分析中需要些什么或计算机发展中将会发生些什么已有广泛的注意,那是不现实的,但是某些具有战时经历的人确实对这个新生领域产生了兴趣.战争结束后,随着机器速度和能力的增加,机器被正确使用而需要注意的数学问题的范围大大扩充了,同时部分地由于海军研究办公室的激励,这些问题引起了越来越多的数学家的兴趣.

虽然战争结束前自动时序电子计算机还没有得到使用,但是战争的需要已对它们的最初发展起了决定性的作用,同时军事部门继续对它们感兴趣,并为战后

的发展提供了很多资金.1946年,第一台电子计算机ENIAC在穆尔学院正式运转;1947年,它被迁往阿伯丁.那时,建立国家标准局下属国家应用数学实验室的活动已在进行.这些实验室受到联邦政府中那些与发展或使用大型自动计算机利害攸关的机构的联合支持,海军研究办公室是这些支持机构中的一个.实验室建成后,将包括一个计算机实验室,一个机器发展实验室,一个统计工程实验室,它们都设在华盛顿,稍后还有一个数值分析研究室,设在洛杉矶加州大学的校园内.由国内一些在这领域中最活跃的科学家和各政府机构的代表组成了一个应用数学执行委员会(后来叫作顾问委员会),它起着类似于论坛的作用,实际上计算机领域中的所有重大任务都在这里讨论,从而对它们的范围和方向产生决定性的影响.这里进行着在这个新领域中的一种合理的相当于国家水平的研究,研究时对电子学的现状和有关理论以及所要求的和可能的应用范围都要加以考虑.调查局的需要是紧迫的,计算机领域中的军事规划也起着很大的作用.编码者和译码者的工作在某种程度上是非正式地合并在一起的,正如在洛斯阿拉莫斯开展的研究工作一样.所有这些压力的存在和政府机构的支持,以及国家标准局的出色工作,是使美国在计算机技术方面的领导地位得以确立的主要原因.这些发展发生在1946～1953年间,那时商业公司已经开始大量生产计算机,使它们得到普及.许多对此表示支持的人,曾经在编码和译码机构中受过训练.

17.4 应用数学专门小组工作概述

17.4.1 流体力学、经典动力学、可变形介质力学、空战

因为应用数学专门小组是在政府的主持下组织起来为战时一切有需要的场合提供数学援助的最大的数学家团体，所以对专门小组从 1942 年末建立到 1945 年末解散这段时期所进行的研究工作的性质做一简单的概述，可能会使人感兴趣.

应用数学专门小组的大部分研究是通过适当地改变设计或对现有装备作最好的使用来改进装备理论上的精确性，特别是在像空战这样的领域. 这些研究经常要求对基本理论作相当重要的发展. 以下实例取自纽约大学、布朗大学和哥伦比亚大学的工作.

在纽约大学，空气动力学方面的工作主要与空中和水下爆炸理论以及射流和火箭理论有关. 新的成果是在与爆炸引起的那种激烈扰动有关的冲激波前的研究中获得的. 由航空局提出的帮助设计喷气发动机喷管的请求，引起了喷管中气流和超音速气流问题的广泛研究. 在这个领域的工作中，如同应用数学专门小组每一部分的工作一样，一个成绩就是培养了许多人才（遗憾的是其中女性并不多），他们对许多重要而困难的领域具有丰富而深刻的知识，因而他们经常被邀请去当顾问. 我清楚地记得在里查德 · 柯朗和库尔特 ·

弗里德里克(Kurt Friedrichs)陪同下参观在加州理工学院进行的火箭工作的情况.加州理工学院的人们正为火箭发射问题发愁,他们迫切需要帮助.当我和弗里德里克教授谈起这次参观时,他特别谦虚,事实上在1944年我们离开帕萨迪纳回去时,加州理工学院的人们已经有了新的实验计划,这些实验有一部分是在听取建议后设想的,不管是否受到弗里德里克建议的重大影响,结果是成功的.

因为战时机构提出了如此之多的关于可压缩流体动力学的数学方面的问题,纽约大学就编写了一本冲激波手册,于1944年由应用数学专门小组出了第一版.这是表明专门小组的工作保持其数学兴趣的重要文件之一,后来的一本书《超音速流和冲激波》(*Supersonic Flow and Shock Waves*)出版于1948年,它的序言说:

> 本书原型是在科学研究和发展办公室主持下于1944年发表的报告,后来增加了许多材料,原本的内容已几乎全部重写过.本书以数学形式论述可压缩流体动力学的基础,它试图提供一种关于非线性波传播的系统理论,特别是和空气动力学有关的.它以高等教科书的方式书写,其中经典内容和近代发展的陈述并重.一方面,如作者所期望的,它反映了在这个题材的科学渗透中所取得的某些进展;另一方面,它不企求概括非线性波传播

> 的整个领域，或对成果进行综述来提供解决专门工程问题的方法……

可压缩流体动力学，与其他由基本方程的非线性特征起着决定作用的学科一样，还远未达到拉普拉斯所设想的那种数学理论的完善境地. 经典力学和数学、物理在一般微分方程以及特殊的边界条件和初始条件的基础上预示了一些现象. 相反的，本章的主题则基本上不做这种预言. 空气动力学的重要分支仍然以特殊类型的问题为中心，相关理论的一般特征并不总是能清晰地看到的，作者们已尽可能地试图发展和强调这种一般的观点，他们希望这种努力将能促使在这一方向上有更大进展.

战后，纽约大学研究组对战争时期在所有军事部门的支持下研究过的许多问题，仍然保持着兴趣. 特别是斯托克(J. J. Stoker)的水波研究仍然继续进行着. 随着计算机的发展，该组极大地扩展了与计算机应用有关的领域中的工作.

在布朗大学，工作集中在经典动力学和可变形介质力学方面的问题上. 布朗研究组的数学成果是重要的，然而我认为值得从布朗研究组组长威廉·普拉格于 1978 年 6 月给丘吉尔·艾森哈特(Churchill Eisenhart)的一封信中摘引一段. 他说：

> 当布朗大学应用数学组对军事部门提出的许多问题进行研究时，我深信它为美国数

> 学所做的主要工作是帮助提高应用数学的地位……布朗大学应用数学分部前身的应用力学高等教育和研究规划的实施,极大地依赖于备战计划下所能获得的财政支持,这一事实说明了战争对美国数学科学发展的影响.

确实,布朗大学和纽约大学的战后规划,由于它们的工作对战争工作具有重要意义,并由于军事部门对它们在战后继续保持活力感兴趣而大大加强了.

在哈佛大学,水下弹道学方面的工作对水道入口问题做了一个漂亮的说明,并且和所有其他计划培养人才一样,它为海军锻炼出了一批专家. 此外,它为美国的应用数学提供了一位重要的、新型的积极参加者加勒特·伯克霍夫(Garrett Birkhoff).

上述三个计划所研究的问题,都可归入古典应用数学的范围. 最大的“应用数学组”在哥伦比亚大学,它具有与以上所述不同的任务,多年来,它的工作基本上都是专门研究空战,最详尽的分析是为空对空导弹而作的. 1943 年该组建立时,组长是莫尔顿(E. J. Moulton);从 1944 年 9 月初至 1945 年 8 月底,桑德斯·麦克莱恩(Saunders MacLane)是它的“技术代表”.

哥伦比亚大学应用数学组根据与应用数学专门小组签订的合同所作工作的最后总结,以及在美国和国外其他地方所做的有关工作,以如下的分段标题写在《应用数学专门小组技术总结报告》中:(1)空气弹道学——机载枪炮所发出射弹的运动.(2)偏转射击理论.(3)追踪曲线理论——因为标准战斗机用枪炮是固定在飞机上的,它们必须沿着飞行方向射击,所以这个理论是重要的;同时它对于研究在目标不自觉地提供的无线电导向、声导向或光导向下不断改变方向的导弹也是重要的.(4)自动瞄准器——用在按照追踪曲线攻击一个防御轰炸机这一特殊情形中的器件的设计和特点.(5)超前计算瞄准器——这种瞄准器假定目标的路线相对于炮架而言在炮弹飞行期间基本上是直的.(6)中央火力控制系统的基本理论.(7)用来试验机载火力控制装置的实验计划的分析部分.(8)新发展,例如稳定性和雷达.

应用数学专门小组的规划中与火箭在空战中的使用有关的部分,主要是由哈斯勒·惠特尼(Hassler Whitney)负责的,他是哥伦比亚大学应用数学组的成员.他不但把哥伦比亚大学和西北大学在机载火箭火力控制的一般领域中进行的工作结合起来,而且也与国防研究委员会火力控制部门在这个领域中的工作,以及许多陆军和海军部门,特别是伊尼奥肯海军军械试验站、多佛空军基地、赖特实验室、海军军械局和英国航空委员会的活动保持着有效的联系.

所有这些研究都和最好地使用装备或者及时改造装备以便在"第二次世界大战"中发挥作用有关.在应用数学专门小组主持下进行的空战方面的两项研究,比起这个小组所做的其他工作中的大部分来说,更加接近于具有一般的战术规模.1944 年,专门小组接受陆军空战部队在"确定 B－29 型飞机最有效的战术应

用”方面进行合作的要求，签订了三个合同：第一个是在新墨西哥大学进行大规模的实验；第二个是在威尔逊山天文台进行小规模的光学研究；第三个是在普林斯顿对整个任务提供数学支援.威尔逊山的研究人员主要研究的是单架 B－29 机对战斗机攻击的防御力量和战斗机对 B－29 机的攻击效力.这项光学研究的一个间接结果是得到一套影片，表明了各种队形在一架战斗机围绕它们飞行时的火力变化.沃伦·韦弗报告道，关于这些影片，陆军空战部队首长曾经指出，他“相信这些影片使飞行人员对于一个已经列出的队形得到了关于火力的相对效力的最好的概念”.这些影片中的一部分传到了马里亚纳群岛，李梅(Le May)将军和前线的许多炮兵官员都看了.在这里，能够对数学的力量加以强调的程度可能是有限的，但是这种研究是有效的.

17.4.2　概率和统计

专门小组分析并研究了空战方面的另一部分工作，是与高射炮火分析和破片杀伤研究有关的.这些工作以用概率理论研究从高射炮射出一个或几个炮弹对一架或一组飞机的破坏作用为基础，同时注意到空对空袭击或空对空、地对空火箭发射中产生的有关问题.在专门小组的许多研究项目中都有概率方面的问题，同样也有统计方面的问题.事实上，对统计和概率论的需求是如此之大，以至于有四个合同是与这些问题有关的.以下摘自威尔克斯：

> 从形式数学分析这一端到综合过程和统计实验或模型另一端，研究方法各不相同.形式分析是较精确的令人满意的过程，但用分析术语把问题表述清楚是困难的，尤其是寻求数值解的困难随着投弹情况的复杂程度而迅速增加.例如，关于用单个炸弹瞄准长方形目标的问题，几乎所有概率结论都很容易得出.但从描述一连串哪怕只有三个炸弹投向长方形目标的方程，能直接得出的推论就很少.因为比起许多通常的轰炸行动来说，投掷一连串三个炸弹的问题本身还是极简单的，所以看来不能单独依靠形式数学过程来解决问题，但这些过程在与综合方法和统计模型结合使用时是强有力的.

战争结束时，四个统计研究组中有三个把主要精力用来进行 19 项投弹问题的概率和统计方面的研究.

继续进行统计工作的其他一些主要方面，是在检验、研究和发展工作中发展统计方法，新的火力效率表的研制(这是战后在普林斯顿和海军之间的合同下继续进行的工作)，以及与鱼雷发射的展开角、地雷排除和搜索问题等有关的各种研究.

检验、研究和发展工作中的统计方法：序贯分析的起源.这些主要方面中的第一个方面，即在检验、研究和发展工作中发展统计方法是指派给在哥伦比亚大学

的最大的统计研究组的任务. 研究组的研究指导艾伦·沃利斯在一次讲演中说,该组无论在数量上还是在质量上,确实是自有统计工作者的组织以来最不平凡的一个,它是无与伦比的一个有效的统计咨询组织的典型. 我能证明,它是一个生产力巨大的组织,一个值得与之共事的激动人心的组织. 它的大部分工作是探讨和研究主要属于统计或概率性质的问题. 它发展了各式各样的有用材料,既有理论的也有实用的,后来成了统计学的确定部分. 其中最引人注目的是序贯分析,它被沃利斯称为“过去三分之一世纪中最有力和最有发展前途的统计思想之一”. 他报告说,《统计学索引》(*Current Index to Statistics*)的 1975 和 1976 年卷分别列出了在题目中用到“序贯分析”这个术语的文章 50～55 篇. 他断言在统计研究中,序贯分析将继续是占支配地位的课题之一.

序贯分析在战争期间的重要性为沃伦·韦弗所证实. 他在他的应用数学专门小组工作总结中写道:

> 战争期间,军事部门已经认识到,在新的序贯分析理论基础上由专门小组为陆军和海军使用而发展起来的统计技巧,如果能适用于工业,将会改进军工产品的质量. 1945 年 3 月,军需局长写给作战部与国防研究委员会联络官的一封信有如下内容:“把这项情报不保密地提供给军需合约者,这些合约者可以把所得资料广泛地用在他们自己的生产过程

控制中，而且生产过程质量控制被合约者用得越多，军需部队就越有保证从它的合约者那里得到高质量的产品. 因为大体上说来，造成质量低劣的基本原因是，制造商在造出相当多的次品之前，没有能力知道他的生产过程正在出问题……每年有数以千计的合约者生产出价值数十亿美元的装备，哪怕减少1%的次品，也将为政府节约大量资金. 根据去年我们对序贯抽样的经验，军需局经过考虑，认为通过广泛地推广序贯抽样程序，这样数量的节约是可以实现的.”基于这个以及类似的要求，专门小组降低了序贯分析工作的保密程度，发表了一批报告. 军需部队在1945年10月的报告中说，至少建成了6 000个独立的执行序贯抽样计划的设施，在战争结束前几个月内，新的设施以每月500个的速度在建造着，同时执行计划的最大数目接近4 000个.

下面介绍一下关于序贯分析起源的故事，主要因为这个故事的情节很有趣，而且也因为一些成果在被发现时很重要，随后又继续保持着它们的重要性. 下面是艾伦·沃利斯在1950年回答沃伦·韦弗在同年1月提出的一个问题的一封信件的节录：

1942年末或1943年初，你要我们对由

(海军)少尉加勒特·斯凯勒(Garret L. Schuyler)发展起来的近似方法进行估价,这个近似方法被看成是对计算防空火力命中直接俯冲的轰炸机的概率的一个复杂的英国公式的简化. 斯凯勒的近似方法并不好. 埃德·保尔森(Ed Paulson)为我们研究了这个问题,并给出更简单的求正确概率的公式……

保尔森和我搜集了有关两个比率的对照材料,发表在《统计分析技巧》(*Techniques of Statistical Analysis*)的第 7 章中. 当我把这个成果提供给斯凯勒时,他对为了达到在他看来在军械试验中应有的精确度和可靠性而需要的样本之大,留下了深刻的印象. 有些样本需要成千上万发弹药. 他说,当这样的试验计划在达尔格伦(美国海军试验场)进行时,会证明是浪费的. 如果让像斯凯勒那样的聪明而又有实际经验的军械专家去做这件事,那么只需在前面数千发,甚至数百发弹药试射后,他就会知道不必把试验做完……他想最好有一种可以预先制订的机械的规则,说出在哪些条件下试验可以在计划期限之前结束……

我回到纽约几天后,开始思考斯凯勒的议论……

这是在 1943 年初,米尔顿·弗里德曼已经参加统计研究组工作,但还没有把家搬到纽约.他每周从华盛顿来纽约两三天.他经常和我共进午餐,一天我提出了斯凯勒的设想.我们讨论了一段时间后,认为只要序贯地应用一种通常的单式抽样试验,就可以使抽样的费用节省一些.也就是说,可能有这样的情况:即使完成整个样本,也不可能导致拒收或导致接收,在这种情况下,完成整个样本就没有什么意义了.一个用大小预先确定的样本为它的最优性质而设计的试验,如果样本大小是可变的话,可能会更好些.这一事实告诉我们,为了利用这个序贯特性而设计一个试验可能是有益的,也就是说,如果一种试验在恰好取 N 的样本时不如经典试验那样有效,但是在序贯地使用能提供一个较早地结束的好机会来充分补偿这缺点,那么用这种试验可能是有益的.有一天米尔顿在回华盛顿的火车上探究了这一思想,并且编制了一个相当巧妙而又简单的包括"学生"t 试验的例子.

米尔顿回到纽约后,我们在多次午餐中为这问题花了不少时间……最后决定请一位比我们更精通数理统计的人……决定把整个问题都转交给沃尔福威茨(Wolfowitz).

第二天我们和杰克(Jack)谈了,但是完全不能引起他的兴趣……

我们又在次日早晨找了沃尔德(Wald),

向他解释了这个想法……我们把这个问题向沃尔德提出时，用一般的术语描述了它的基本的理论趣味……

在第一次会见中，沃尔德缺乏热情，毫不表示态度……

第二天，沃尔德打电话说，他思考了我们的想法，并准备承认它是有意义的，也就是说，他承认我们的想法符合逻辑，有研究价值. 但他补充说，他认为从它得不到什么，他预感序贯性质的试验可能存在，但将会发现它比现有试验效力更差. 可是第二天他又打电话时却说，他发现这样的试验确实存在，而且更有效，进而他还告诉我们怎样去做试验. 他来到办公室，向我们概述了他的序贯概率比，这就是我曾经提出过的空假设条件概率与择一假设条件概率之比或这个比的倒数. 他通过逆概率论证发现了临界水平，表明不论对先验分布做出什么假设，结果得到的临界水平都是一样的……

尽管后来发现早先就有与序贯分析相关的工作，你还是能从前面的说明中看到，沃尔德的发展实际上并不出自以前的工作……

当沃尔德仍在准备他关于这一理论的论文时，我们开始写一本关于应用的书，那时我们人员不足，而且有其他更重要的工作. 最后，我们与麻省理工学院的哈罗德 · 弗里曼

(Harold Freeman)商定去做这件事,把它当作一项特殊任务.他写了《统计资料的序贯分析:应用》(*Sequential Analysis of Statistical Data: Application*)的第一稿.当他正在写作时,他被军需部队波士顿办公室请去担任接收检验的顾问.在他看来,序贯分析是极为适用于他们的问题的,所以他向全体人员作了一系列讲演,这些人员中有从西尔斯罗伯克来到军需部队的高级官员罗果夫(Rogow)上校,他在战后成了埃弗夏普(Eversharp)的董事长……罗果夫在引进序贯分析时遭到了强烈的反对,特别是陆军军械部的反对……但他在 QMIS 完成了令人惊异的快速革命.事实上,序贯分析在所取得的总的改进中只有一小部分功劳,大量的改进是由于采用了较好的检验已知项目的方法和较好的报告方法等,但序贯分析成了替罪羊的反面,一切功劳都可以归于它,所以没有必要再去说他们只是在做着二十年前已能做的工作而已.

海军中首先对序贯分析感兴趣的是约翰·柯蒂斯.一天午餐时,我将沃尔德的基本公式给了他,他很快就领悟到序贯分析可用于抽样检验工作.柯蒂斯最早向我建议:判决标准可以从可能性的水平转换为实际计次品数的水平,后者可以是样本大小的函数.这是

陆军军械部所用由贝尔实验室提供的接收数和拒收数标准表的改编本.后来我们在统计研究组还想用图表方法去表示这些接收数和拒收数.

17.5 战时研究对数学家和统计学家的影响

我认为以上所述可以证明,沃利斯关于序贯分析重要性的断言,以及他因序贯分析起始于哥伦比亚大学统计研究组这一事实而产生的自豪感,不是没有理由的.他还认为这个研究组对后来三十年中成为统计学界领导者的一大批人的前途,确实是有贡献的.我想人们可以更一般地说,许多数学家,不管是在应用数学专门小组工作还是在其他什么地方工作,他们在战时的工作对他们后来的经历总是有着重要的影响.赫尔曼·戈德斯坦成了计算机权威,巴克利·罗塞(Barkly Rosser)成了多才多艺的应用数学家,约翰·柯蒂斯在相当长的一段时期里承担了国家标准局应用数学实验室的建立和管理工作.当然也有许多其他的人的前途发生了根本的变化.

至于沃利斯对哥伦比亚统计组的其他一些说法,也可以用这些例子更一般地加以证明.我已经强调过专门小组中许多数学家所起的顾问作用,而且所有这些组中成员的才能确实是值得注意的,特别是哥伦比亚的应用数学组,它和那里的统计研究组一样,在成员的数量和质量方面都是出类拔萃的.这个组的工作种类很多，并且受到战时问题需要的约束. 因此，哥伦比亚大学应用数学组的工作虽然有它的战时重要性，却不能像纽约大学和布朗大学应用数学组的工作那样，成为越来越重要的数学领域的基础. 不过在战时和战后，哥伦比亚大学应用数学组的工作是备受赏识的. 为了表彰为海军军械研究和发展所作出的优异成绩，该组被授予海军军械发展奖，同时军事部门在种类繁多的问题上把该组作为它们的咨询顾问.

17.6 数学家的贡献在军事上的价值

1978 年夏，沃伦·韦弗去世前不久，我在与他的一次谈话中，曾问他：军人是怎样评价应用数学专门小组的工作的. 他说，开始时他们对专门小组的态度比较谨慎. 陆军中受过足够的训练，对于能够做的事有所了解的人是很少的，只有阿伯丁的西蒙(Simon)少将(现在是上将)是一个重要的例外. 陆军中的许多飞行人员比其他部门的人员有过更多的科学训练，而许多海军人员渴望获得帮助，所以海军和后来成为空军的那部分，是对专门小组的“最早信任者”.

军队中的一位负责人曾经写信给沃伦·韦弗说，他们有一个问题，尽管他们并不确信专门小组能帮他们解决，然而他们还是愿意共同加以讨论. 在此之后，就常常有问题向应用数学专门小组提出. 于是专门小组中一些成员就去华盛顿参加有某些高级军官出席的会议. 幸亏一些早期的问题比较容易解决，有一个特殊

的问题是要确定对日本军舰采用鱼雷拦截射击的方法，使击中敌舰的概率达到最大. 海军并不知道有关军舰能直线加速到多快，能如何迅速地转弯等，但是他们却有许多艘日本军舰的拍得很好的照片. 纽约大学的人员很快就提供情报说，开耳芬勋爵在 1887 年已经证明，当舰船沿直线前进时，不管船的大小和速度的快慢如何，只要速度不变，那么舰船后面的波总被限制在半角为 19°28′的扇形之中. 根据沿舰首波的尖点间隔，可以知道舰船的速度.

由于日本舰船的照片几乎都是在转弯时拍摄的，因此需要把开耳芬勋爵的分析扩充到转弯的舰船. 我们发现可以较为简单地做到这点，并且可以从小波浪的照片中获得所需要的数据. 在一次用新驱逐舰作试航来检验数学结果时，理论与观测符合得极好，速度和回转半径的误差都在百分之几的范围内. 海军对此结果印象深刻. 应用数学专门小组研究成功的方法，为海军照片说明中心所采用，它把许多研究成果收到一本正式手册之中. 这个经验和类似的好多经验，都使军事部门相信数学对他们有极大的帮助.

当然还有许多问题，虽然我们不能对它们做出什么贡献，但是也有某些重要的成果，如沃伦・韦弗的总结中的下面一番话所说明的.

> 1944 年 1 月，负责 AC/AS 训练的罗伯特・哈珀(Robert W. Harper)准将在给科学研究和发展办公室主任万尼瓦尔・布什博士

> 的信中写道:“与灵活射击有关的问题可能是今天空军所面临的最关键的问题.难于说清楚这工作的重要性或需要的紧迫性;捍卫我们的轰炸机队形使之不受战斗机拦截是需要专家们需要协调并注意的事情.”

哈珀将军在信中直接建议,应用数学专门小组应征集和训练有能力的数学工作者,他们要有“在这个领域内成功地服务所需要的多方面才能、实际能力和个人适应性”;在本国训练两月后,打算把他们派到各战场的运筹组去研究空中灵活射击问题.专门小组能实行这个计划,因为它研究过灵活射击训练规则,接触过国内许多有能力的青年数学家.任务迅速完成,并受到空军的高度评价.

哈珀将军在1944年6月给布什博士的信中,称赞科学研究和发展办公室做了出色的工作,为运筹组培养了十位数学家,并且指出当前迫切地需要更多这样的人,因此必须再训练八名数学家.征集这些新人,证明比早期的训练任务更困难,因为有如此多的“有能力的和自愿的数学家已经参与了战争工作”,但是任务还是成功地完成了.约翰·奥德尔(John W. Odle)博士是第二批征集的人中的一个,他报告道:

> 训练对我来说是极有价值,并可直接用于我后来在驻英国的空军第八军运筹组的灵活射击研究任务.要是我没有经过一般教导

和专门训练,我就可能在不熟悉的全新研究领域内可悲地失败,训练确实为我开辟了全新的广阔前景.事实上,我进入运筹组这件事和我后来作为实际工作者的战时经历,完全改变了我的生涯.

17.7 战时工作对数学的一些影响

使美国数学家接触在战场上以及在美国国内开展的运筹学研究的种种战时规划,在战争结束后产生了影响.应该提到战后两次提高运筹学在非军事方面应用的兴趣的努力.第一次是战时美国海军部门的运筹组组长菲利普·莫尔斯在1947年12月美国数学学会会议的乔赛亚·威拉德·吉布斯(Josiah Willard Gibbs)讲座上所做的报告,题目是《运筹学中的数学问题》.这个以“第二次世界大战”期间运筹学研究中提出的几个数学问题为基础的报告,强调了运筹学在和平时期特别是在工商业方面应用的潜在力量.我要提到的战后第二次提高运筹学在和平时期应用的兴趣的努力是国家研究委员会的一项任务.1951年4月,委员会发表了由它下属的运筹学委员会编的一本名为《专供非军事方面应用的运筹学》的小册子,企图把运筹学的方法引入美国的工商业中去.

在随后的几年中,美国的大学发展了各种方法,去培养学生和未来的雇员对运筹学教学效力的兴趣.有些大学在文科设立了运筹学系. 另一些大学在商学院教授这门课,通常也在工学院教授. 方式是多种多样的.

运筹学最突出的领域之一——线性规划,开始于1946 年,是在战时发展起来的空军计划活动的自然延续. 在战时,曾经需要不平常的协作关系来保证美国的经济能够按照计划表把人力、物力和生产力从民用转为军用,这个计划表使人员得到必要的训练,使战场上的作战部署以及供应和维修成为可能,并能满足其他许多要求. 时间是一个关键性的因素.

乔治 · 丹齐克(George Dantzig)于 1946 年完成博士学业后回到空军管理办公室时,被要求使这个计划机械化,因为具有大容量和高速度的电子计算机似乎很快就会研究成功. 他认识到复杂的战时程序不适用于高速度计算. 他还发现为了达到在规定时间所需要的战斗准备程度而应该满足的方程是如此复杂,以致他不知道如何去增加费用最少的补充条件. 最后他明白了,用于战时的复杂程序的目标,可以通过采用不等式去代替方程的方法来达到. 1947 年末,他已经用数学描述了这个问题,举出了一种求解方法,并认识到这种方法具有广泛的应用范围. 从数学上讲,问题是去求解使一个线性形式极小化的线性方程和线性不等式组.

丹齐克让国家标准局的数学表计划来检验他对1945 年由乔治 · 施蒂格勒(George Stigler)叙述的伙食问题所提出的方法(单纯形法),并且用手工做计算.

解题需要将近17 000次乘除运算，它由五个统计人员使用台式计算机花了 21 个工作日完成. 这是第一次用单纯形法完成生活方面的计算，结果证明一旦能得到合适的电子计算机时，这种方法实际上可以适用于各类问题.

虽然傅里叶(Fourier)在 1820 年，康托洛维奇(Kantorovich)在 1938 年及以后也已经看到了这个课题的重要性，并且设计了与丹齐克求解这些问题的方法相类似的多种方法，但是傅里叶于 1830 年逝世，没有发展他的思想，而康托洛维奇把他的结果发表在一篇专题论文中，这篇论文原来只有俄国人知道，直到 20 世纪 50 年代中期才受到库普曼斯(T. C. Koopmans)的注意，并由他译成英文. 因此线性规划的现代发展直接起源于空军的最初应用. 这个发展无论对经济理论还是对工商业经营中主要的实践方面来说，都是头等重要的.

除了丹齐克的空军同事外，华盛顿数学界也提供了积极的支持. 国家标准局在研究和计算方面给予帮助，海军研究办公室支持有关的大学研究. 在这方面，特别要提到塔克(A. W. Tucker)领导下的普林斯顿计划，它引起了科学院数学家们的注意. 塔克同他早期的学生戴维・盖尔(David Gale)和哈罗德・库恩(Harold Kubn)，都积极使线性不等式基础理论发展和系统化. 他们主攻对策论，对策论与线性规划的等价关系早在 1947 年 10 月已被冯・诺伊曼猜测到，当时他和乔治・丹齐克第一次会面，并知道他在研究线性规划.

促使经济学家注意的人是库普曼斯，他事实上在战时研究运输理论的过程中已经预见到线性规划概念的某些方面. 他知道丹齐克工作的重要性，并且就资源分配的整个理论鉴定了线性规划的内容.

库普曼斯和康托洛维奇由于线性规划方面的工作而一同获得了诺贝尔经济学奖. 与这个课题有关的经济学方面的其他几位诺贝尔奖获得者中有肯尼思·阿罗(Kenneth Arrow)、拉格纳·弗里希(Ragnar Frisch)、沃西利·列昂节夫(Wassily Leontieff)、保罗·塞缪尔森(Paul Samuelson)和赫伯特·西蒙(Herbert Simon).

海军之所以对线性规划感兴趣，是因为他们认识到它可能对海军的后勤工作有贡献. 海军研究办公室的后勤计划是在1947年订立的，数学科学部的一个专门的后勤分部则于1949年创立.

运动方程的变分形式中的 Lagrange 乘子[1]

第18章

18.1 广义坐标

众所周知用广义坐标描述动力体系反应,胜于仅仅用结构上表示离散点位移表达的重大优越性. 为此,有必要考虑各种广义坐标的形式. 对依赖于结构几何形状、复杂性及所用坐标形式的结构为了便于建立运动方程,许多专家一些可用的不同方法. 然而至今在处理多自由度结构中还只是使用了直接平衡法和虚功方法. 美国的 R. 克拉夫和 J. 彭津在其《结构动力学》中叙述和举例说明用变分法建立多自由度体系的运动方程.

① 摘自《结构动力学 第二版(修订版)》,R. 克拉夫,J. 彭津著,王光远等译,高等教育出版社,2021.

阐述多自由度的变分方法时广泛地应用了广义坐标，在研究这个问题时需要对广义坐标的概念有一个准确的定义，不要去沿用能够满足目前要求而不是十分严密的术语．对一个具有 N 个自由度体系的广义坐标，在这里被定义为任意一组 N 个独立的量，它们完全指定系统内全部点的位置．广义坐标是完全独立的，不得以任何方式通过体系上的几何约束相关连．

如图 1 所示的经典双摆可以用坐标 x_1，y_1，x_2 和 y_2 给定两个质量 m_1 和 m_2 的位置．但这些坐标必须满足两个几何约束条件，也即

$$\begin{cases}x_1^2+y_1^2-L_1^2=0\\(x_2-x_1)^2+(y_2-y_1)^2-L_2^2=0\end{cases}\tag{1}$$

由于这些约束条件，x_1，y_1，x_2 和 y_2 不是独立的，所以不能作为广义坐标．

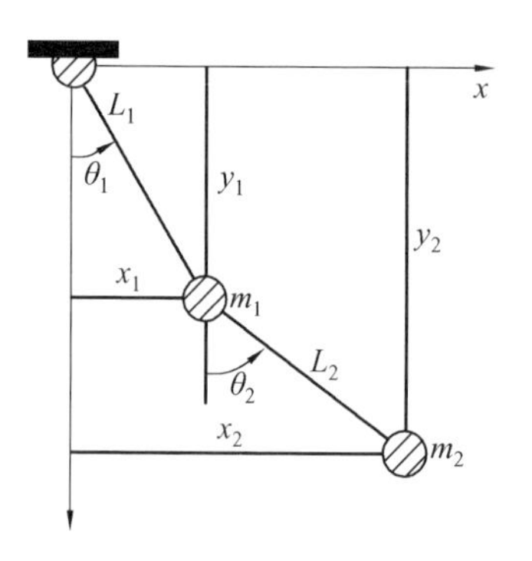

图 1　以铰连接的双摆

此外，假定取 θ_1 和 θ_2 为坐标来确定质量 m_1 和 m_2 的位置．显然，其中一个坐标保持不变时，另一个是可以改变的，所以它们可以看成是完全独立的，而且是一组合适的广义坐标．

18.2　Hamilton 原理

为建立动力学的变分表述，考虑图 1 所示的质点 m，它在外力向量 $\boldsymbol{F}(t)$ 的作用下沿所示真实路径运动，在 t_1 时刻离开点 1，在 t_2 时刻到达点 2. 应注意，这个力 $\boldsymbol{F}(t)$ 包括外作用 $p(t)$、结构抗力 $f_s(t)$ 和阻尼力 $f_D(t)$ 的组合效应. 根据 d'Alembert 原理，它由惯性力 $f_I(t)$ 来平衡. 在时刻 t，如果质点经受合成虚位移 $\delta r(t)$，那么包括惯性力在内的所有力的虚功一定等于零，可表示为

$$[F_x(t)-m\ddot{x}(t)]\delta x(t)+[F_y(t)-m\ddot{y}(t)]\delta y(t)+[F_z(t)-m\ddot{z}(t)]\delta z(t)=0 \tag{1}$$

重新整理各项并对此方程从 t_1 到 t_2 积分，则给出

$$\int_{t_1}^{t_2} -m[\ddot{x}(t)\delta x(t)+\ddot{y}(t)\delta y(t)+\ddot{z}(t)\delta z(t)]\mathrm{d}t+$$

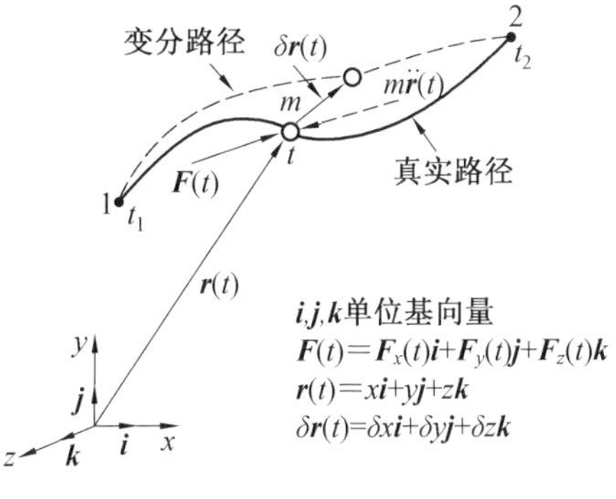

变分路径　$\delta \boldsymbol{r}(t)$　$m\ddot{\boldsymbol{r}}(t)$　真实路径　$\boldsymbol{F}(t)$　$\boldsymbol{r}(t)$

$\boldsymbol{i},\boldsymbol{j},\boldsymbol{k}$ 单位基向量

$\boldsymbol{F}(t)=\boldsymbol{F}_x(t)\boldsymbol{i}+\boldsymbol{F}_y(t)\boldsymbol{j}+\boldsymbol{F}_z(t)\boldsymbol{k}$

$\boldsymbol{r}(t)=x\boldsymbol{i}+y\boldsymbol{j}+z\boldsymbol{k}$

$\delta\boldsymbol{r}(t)=\delta x\boldsymbol{i}+\delta y\boldsymbol{j}+\delta z\boldsymbol{k}$

图 1　质点 m 的真实路径和变分路径

$$\int_{t_1}^{t_2}[F_x(t)\delta x(t)+F_y(t)\delta y(t)+F_z(t)\delta z(t)]\mathrm{d}t=0 \tag{2}$$

对第一个积分式(I_1)进行分部积分，并认识到在这个变分路径的首、尾虚位移一定为零，即 $\delta r(t_1)$ 和 $\delta r(t_2)$ 等于零，则得到

$$\begin{aligned}I_1&=\int_{t_1}^{t_2}m[\dot{x}(t)\delta\dot{x}(t)+\dot{y}(t)\delta\dot{y}(t)+\dot{z}(t)\delta\dot{z}(t)]\mathrm{d}t\\&=\int_{t_1}^{t_2}\delta T(t)\mathrm{d}t=\delta\int_{t_1}^{t_2}T(t)\mathrm{d}t\end{aligned} \tag{3}$$

其中 $T(t)$ 是质点的动能，即

$$T(t)=\frac{1}{2}m[\dot{x}(t)^2+\dot{y}(t)^2+\dot{z}(t)^2] \tag{4}$$

此时，将力向量 $\boldsymbol{F}(t)$ 分成保守的和非保守的分量有助于这里的讨论，如下所示

$$\boldsymbol{F}(t)=\boldsymbol{F}_c(t)+\boldsymbol{F}_{nc}(t) \tag{5}$$

然后，定义保守力向量 $\boldsymbol{F}_c(t)$ 的一个势能函数 $V(x,y,z,t)$，根据定义，必须满足分量关系

$$\begin{cases}\dfrac{\partial V(x,y,z,t)}{\partial x}=-F_{x,c}(t)\\\dfrac{\partial V(x,y,z,t)}{\partial y}=-F_{y,c}(t)\\\dfrac{\partial V(x,y,z,t)}{\partial z}=-F_{z,c}(t)\end{cases} \tag{6}$$

利用式(5) 和式(6)，则式(2) 中的第二积分式(I_2) 为

$$I_2=\int_{t_1}^{t_2}-\delta V(x,y,z,t)\mathrm{d}t+\int_{t_1}^{t_2}\delta W_{nc}(t)\mathrm{d}t \tag{7}$$

式中，$W_{nc}(t)$ 等于向量 $\boldsymbol{F}_{nc}(t)$ 中各非保守力所作的虚功. 利用式(3) 和式(7)，则方程(2) 可以表示为如下形

式

$$\int_{t_1}^{t_2} -\delta[T(t)-V(t)]\mathrm{d}t+\int_{t_1}^{t_2}\delta W_{nt}(t)\mathrm{d}t=0 \quad (8)$$

如果以量 $T(t)$,$V(t)$ 和 $W_{nc}(t)$ 表示整个系统中所有质点的这种类型方程的和,显然方程(8)对任何线性或非线性复杂系统仍然是有效的.

方程(8)就是动力学中众所周知的 Hamilton 变分表述,它表示动能、势能之差和非保守力所作的功对任意 t_1 到 t_2 时间间隔的时间变分等于零.用这个原理可直接导出对于任一给定体系的运动方程.

上面的变分法与以前所用的虚功法的不同之处在于:非显含外荷载及惯性和弹性力,而是分别利用了动、势能项的变分来代替.因此,变分法具有只计算纯标量能量的优点,而在虚功法中,即使功本身是标量,但是用来表示相应位移和力效应的量在性质上都是矢量.

值得注意的是,Hamilton 方程还能应用于静力学问题.在这种情况下,动能项 T 消失了,式(7)的被积函数中存留的项不再随时间变化,Hamilton 方程简化为

$$\delta(V-W_{nc})=0 \quad (9)$$

即著名的广泛应用于静力分析的最小势能原理.

18.3　Lagrange 运动方程

只要用一组广义坐标 $q_1,q_2,\cdots,q_N$ 表示总动能 T、总势能 V 和总的虚功 δW_{nc},就可以从动力学的变分形

式，即 Hamilton 原理（方程(8)），直接推导出 N 自由度体系的运动方程.

大多数机械或结构体系的动能可以用广义坐标和它们的一次导数表示，势能可以单独用广义坐标表示.此外非保守力在广义坐标的一组任意变分所引起的虚位移上所做的虚功可以表示为这些变分的线性函数.上述三点用数学形式可表示如下

$$T=T(q_1,q_2,\cdots,q_N,\dot{q}_1,\dot{q}_2,\cdots,\dot{q}_N) \tag{1}$$

$$V=V(q_1,q_2,\cdots,q_N) \tag{2}$$

$$\delta W_{nc}=Q_1\delta q_1+Q_2\delta q_2+\cdots+Q_N\delta q_N \tag{3}$$

这里系数 $Q_1,Q_2,\cdots,Q_N$ 分别对应于坐标 $q_1,q_2,\cdots,q_N$ 的广义力函数.

把式(1)(2)(3) 代入方程(9) 中，并完成第一项的变分，给出

$$\int_{t_1}^{t_2}\Big(\frac{\partial T}{\partial q_1}\delta q_1+\frac{\partial T}{\partial q_2}\delta q_2+\cdots+\frac{\partial T}{\partial q_N}\delta q_N+\frac{\partial T}{\partial \dot{q}_1}\delta \dot{q}_1+\frac{\partial T}{\partial \dot{q}_2}\delta \dot{q}_2+\cdots+\frac{\partial T}{\partial \dot{q}_N}\delta \dot{q}_N-\frac{\partial V}{\partial q_1}\delta q_1-\frac{\partial V}{\partial q_2}\delta q_2-\cdots-\frac{\partial V}{\partial q_N}\delta q_N+Q_1\delta q_1+Q_2\delta q_2+\cdots+Q_N\delta q_N\Big)\mathrm{d}t=0 \tag{4}$$

对式(4) 中与速度有关的项进行分部积分，导得

$$\int_{t_1}^{t_2}\frac{\partial T}{\partial \dot{q}_i}\delta \dot{q}_i\,\mathrm{d}t=\Big(\frac{\partial T}{\partial \dot{q}_i}\delta \dot{q}_i\Big)_{t_1}^{t_2}-\int_{t_1}^{t_2}\frac{\mathrm{d}}{\mathrm{d}t}\frac{\partial T}{\partial \dot{q}_i}\delta q_i\,\mathrm{d}t \tag{5}$$

由于 $\delta q_i(t_1)=\delta q_i(t_2)=0$ 是预加在变分上的基本条件，所以各个坐标式(5) 右边的第一项均等于零. 把式(5) 代入式(4)，重新整理后给出

$$\int_{t_1}^{t_2}\left\{\sum_{i=1}^{N}\left[-\frac{\mathrm{d}}{\mathrm{d}t}\Big(\frac{\partial T}{\partial \dot{q}_i}\Big)+\frac{\partial T}{\partial q_i}-\frac{\partial V}{\partial q_i}+Q_i\right]\delta q_i\right\}\mathrm{d}t=0$$

由于所有变分 $\delta q_i(i=1,2,\cdots,N)$ 都是任意的,只有当方括号内的项为零时,式(6)才能始终满足,即

$$\frac{\mathrm{d}}{\mathrm{d}t}\left(\frac{\partial T}{\partial \dot{q}_i}\right)-\frac{\partial T}{\partial q_i}+\frac{\partial V}{\partial q_i}=Q_i \tag{7}$$

等式(7)就是众所周知的Lagrange运动方程,它在科学和工程的各个领域中获得了广泛的应用.

Lagrange方程是在特定条件下应用Hamilton变分原理的一个直接结果,这个条件就是能量和功可以用广义坐标及它们对时间的导数和变分表示,如式(1)(2)(3)所示.因此Lagrange方程适用于满足这些限制的所有体系,而且它们可以是线性的,也可以是非线性的.下面的例题表明了Lagrange方程在结构动力分析中的应用.

例1 考虑18.1节中图1所示自由振动条件下的双摆.用一组广义坐标 $q_1\equiv\theta_1$ 和 $q_2\equiv\theta_2$ 表示沿着 x 和 y 坐标的位置及它们对时间的一阶导数如下

$$\begin{gathered}
x_1=L_1\sin q_1,\dot{x}_1=L_1\dot{q}_1\cos q_1\\
y_1=L_1\cos q_1,\dot{y}_1=-L_1\dot{q}_1\sin q_1\\
x_2=L_1\sin q_1+L_2\sin q_2\\
\dot{x}_2=L_1\dot{q}_1\cos q_1+L_2\dot{q}_2\cos q_2\\
y_2=L_1\cos q_1+L_2\cos q_2\\
\dot{y}_2=-L_1\dot{q}_1\sin q_1-L_2\dot{q}_2\sin q_2
\end{gathered} \tag{8}$$

把上面的速度表达式代入到动能的基本表达式中,即

$$T=\frac{1}{2}m_1(\dot{x}_1^2+\dot{y}_1^2)+\frac{1}{2}m_2(\dot{x}_2^2+\dot{y}_2^2) \tag{9}$$

给出

$$T=\frac{1}{2}m_1L_1^2\dot{q}_1^2+\frac{1}{2}m_2[L_1^2\dot{q}_1^2+L_2^2\dot{q}_2^2+2L_1L_2\dot{q}_1\dot{q}_2\cos(q_2-q_1)] \tag{10}$$

18.1 节中图 1 的双摆只存在由重力引起的势能. 若假定 $q_1=q_2=0$ 时势能为零,则势能的关系式是

$$V=(m_1+m_2)gL_1(1-\cos q_1)+m_2gL_2(1-\cos q_2) \tag{11}$$

这里 g 是重力加速度. 当然,在这个体系上没有非保守力作用,因此广义力函数 Q_1 和 Q_2 都等于零.

把式(10) 和式(11) 代入 Lagrange 方程(7),分别令 $i=1$ 和 $i=2$,给出两个运动方程

$$(m_1+m_2)L_1^2\ddot{q}_1+m_2L_1L_2\ddot{q}_2\cos(q_2-q_1)-m_2L_1L_2\dot{q}_2^2\sin(q_2-q_1)+(m_1+m_2)gL_1\sin q_1=0 \tag{12}$$

$$m_2L_2^2\ddot{q}_2+m_2L_1L_2\ddot{q}_1\cos(q_2-q_1)+m_2L_1L_2\dot{q}_1^2\cdot\sin(q_2-q_1)+m_2gL_2\sin q_2=0$$

在大幅振荡时,这些方程是高度非线性的,然而在小幅振荡时,方程(12) 能简化成线性形式

$$(m_1+m_2)L_1^2\ddot{q}_1+m_2L_1L_2\ddot{q}_2+(m_1+m_2)gL_1q_1=0$$

$$m_2L_1L_2\ddot{q}_1+m_2L_2^2\ddot{q}_2+m_2gL_2q_2=0 \tag{13}$$

用任何一种标准特征问题分析方法,例如行列式求解方法,都能够容易地从线性化的运动方程求得小振幅的振型和频率.

18.4　线性体系普遍运动方程的推导

从前面的例子中显而易见，承受小幅振荡的线性工程体系的动能和势能可以表示成二次型

$$T = \frac{1}{2}\sum_{j=1}^{N}\sum_{i=1}^{N} m_{ij}\dot{q}_i\dot{q}_j = \frac{1}{2}\dot{q}^{\mathrm{T}} m\dot{q} \tag{1}$$

$$V = \frac{1}{2}\sum_{j=1}^{N}\sum_{i=1}^{N} k_{ij}q_i q_j = \frac{1}{2}q^{\mathrm{T}} kq \tag{2}$$

这里 N 是体系的自由度数. 对于这种体系，18.3 节中方程(7) 的第二项，即$\frac{\partial T}{\partial q_i}(i=1,2,\cdots,N)$ 等于零，它使 Lagrange 方程简化成

$$\frac{\partial}{\partial t}\left(\frac{\partial T}{\partial \dot{q}_i}\right) + \frac{\partial V}{\partial q_i} = Q_i, i = 1,2,\cdots,N \tag{3}$$

的形式. 把式(1) 和式(2) 代入到方程(3) 中，当换成矩阵形式时，Lagrange 运动方程变成

$$\boldsymbol{m}\ddot{\boldsymbol{q}} + \boldsymbol{k}\boldsymbol{q} = \boldsymbol{Q} \tag{4}$$

它类似于以前用虚功推出的离散坐标方程. 然而，必须记住：这里包括阻尼力在内的全部非保守力都包含在广义力函数 $Q_1, Q_2, \cdots, Q_N$ 里了.

现在考虑离散化问题，即用有限数目的坐标来近似无限自由度体系. 例如，一个弯曲构件的侧向挠度 $v(x,t)$ 能用关系式

$$v(x,t) \doteq q_1(t)\psi_1(x) + q_2(t)\psi_2(x) + \cdots + q_N(t)\psi_N(x) \tag{5}$$

近似表示，式中 $q_i(i=1,2,\cdots,N)$ 是广义坐标，$\psi_i(i=$

$1,2,\cdots,N)$ 是满足构件给定几何边界条件、假定的无量纲形状函数.

若 $m(x)$ 是构件单位长度的质量,动能(忽略转动惯量的影响)可表示成

$$T=\frac{1}{2}\int m(x)\dot{v}(x,t)^2\mathrm{d}t \tag{6}$$

把式(5)代入式(6)给出式(1),即

$$T=\frac{1}{2}\sum_{j=1}^{N}\sum_{i=1}^{N}m_{ij}\dot{q}_i\dot{q}_j$$

其中

$$m_{ij}=\int m(x)\psi_i(x)\psi_j(x)\mathrm{d}x \tag{7}$$

弯曲应变能为

$$V=\frac{1}{2}\int EI(x)[v''(x,t)]^2\mathrm{d}x \tag{8}$$

把式(5)代入式(8)得

$$V=\frac{1}{2}\sum_{j=1}^{N}\sum_{i=1}^{N}k_{ij}q_iq_j \tag{9}$$

其中

$$k_{ij}=\int EI(x)\psi''_i(x)\psi''_j(x)\mathrm{d}x \tag{10}$$

为了得到广义力函数 $Q_1,Q_2,\cdots,Q_N$,必须求出虚功 δW_{nc}. 它是对体系施加任意一组虚位移 $\delta q_1,\delta q_2,\cdots,\delta q_N$ 时,由作用弯曲构件上或内部的全部非保守力所作的功. 为了说明计算中涉及的原理,假定弯曲构件的材料服从单轴应力应变关系

$$\sigma(t)=E[\varepsilon(t)+a_1\dot{\varepsilon}(t)] \tag{11}$$

利用式(11)和在构件横断面上正应变为线性变化的

Bernoulli-Euler 假设,导得弯矩 − 位移关系

$$M(x,t)=EI(x)[v''(x,t)+a_1\dot{v}''(x,t)] \quad (12)$$

式(12) 右面第一项由内部保守力产生,它已在势能项 V 中计及.第二项由内部非保守力产生.这些沿构件单位长度的非保守力所作的功等于非保守力矩 $a_1EI(x)\dot{v}''(x,t)$ 与曲率的变分 $\delta v''(x,t)$ 乘积的负数.所以,这些内部的非保守力所作的总虚功是

$$\delta W_{nc,\mathrm{int}}=-a_1\int EI(x)\dot{v}''(x,t)\delta v''(x,t)\mathrm{d}x \quad (13)$$

若假定外加的非保守力只限于横向分布荷载 $p(x,t)$,则这些力作的虚功等于

$$\delta W_{nc,\mathrm{ext}}=\int p(x,t)\delta v(x,t)\mathrm{d}x \quad (14)$$

把式(6) 代入式(13) 和式(14) 中,相加后得

$$\delta W_{nc,\mathrm{total}}=\sum_{i=1}^{N}(p_i-\sum_{j=1}^{N}c_{ij}\dot{q}_j)\delta q_i \quad (15)$$

这里

$$p_i=\int p(x,t)\psi_i(x)\mathrm{d}x \quad (16)$$

$$a_{ij}=a_1\int EI(x)\psi_i''(x)\psi_j''(x)\mathrm{d}x \quad (17)$$

把式(15) 和 18.3 节的式(3) 作比较,显然

$$Q_i=p_i-\sum_{j=1}^{N}c_{ij}\dot{q}_j \quad (18)$$

最后,把式(1)(2)(18) 代入 18.3 节中的 Lagrange 方程(7) 内,得到矩阵形式的运动方程

$$\boldsymbol{m}\ddot{\boldsymbol{q}}+\boldsymbol{c}\dot{\boldsymbol{q}}+\boldsymbol{k}\boldsymbol{q}=\boldsymbol{p} \quad (19)$$

注意到由式(7)(17) 和式(10) 分别给出的 m_{ij}, c_{ij} 和 k_{ij}

的定义可知

$$m_{ij}=m_{ji}, c_{ij}=c_{ji}, k_{ij}=k_{ji} \tag{20}$$

因此方程(19)中质量、阻尼和刚度系数矩阵的形式都是对称的.

18.5　约束和 Lagrange 乘子

通常确定一个 N 自由度体系的动力反应时,用一组广义坐标 $q_1,q_2,\cdots,q_N$ 写出运动方程,但有时为了要保持运动方程的对称性,宁可取一组 $c>N$ 的坐标 $g_1,g_2,\cdots,g_c$;因为这组坐标的数目超过体系的自由度数,所以它们不是广义坐标. 因此,必须在体系上增加 m 个($m=c-N$)约束方程. 例如,回顾18.1节图1所示的双摆,前面指出过其运动方程能用广义坐标 θ_1 和 θ_2($N=2$)或用坐标 x_1,y_1,x_2 和 y_2($c=4$)来表示. 若用后者,必须满足两个约束方程,即18.1节中的式(1).

如果把一般情形中的 m 个约束方程表示成如下形式

$$\begin{cases} f_1(g_1,g_2,\cdots,g_c)=0 \\ f_2(g_1,g_2,\cdots,g_c)=0 \\ \vdots \\ f_m(g_1,g_2,\cdots,g_c)=0 \end{cases} \tag{1}$$

取式(1) 的变分,结果为

$$\begin{cases}\delta f_1=\dfrac{\partial f_1}{\partial g_1}\delta g_1+\dfrac{\partial f_1}{\partial g_2}\delta g_2+\cdots+\dfrac{\partial f_1}{\partial g_c}\delta g_c=0\\ \delta f_2=\dfrac{\partial f_2}{\partial g_1}\delta g_1+\dfrac{\partial f_2}{\partial g_2}\delta g_2+\cdots+\dfrac{\partial f_2}{\partial g_c}\delta g_c=0\\ \vdots\\ \delta f_m=\dfrac{\partial f_m}{\partial g_1}\delta g_1+\dfrac{\partial f_m}{\partial g_2}\delta g_2+\cdots+\dfrac{\partial f_m}{\partial g_c}\delta g_c=0\end{cases}\tag{2}$$

现在如果对每一个 $\delta f_i(i=1,2,\cdots,m)$ 乘以一个未知的时间函数 $\lambda_i(t)$,并且将这个乘积在时间间隔 t_1 到 t_2 上积分(当用坐标 $g_1,g_2,\cdots,g_c$ 表示时,假定 16.3 节式(1)(2)(3) 适用).然后在 Hamilton 变分方程中(18.2 节式(8)) 加上前面的积分,在完成变分后得下述方程

$$\int_{t_1}^{t_2}\left\{\sum_{i=1}^{c}\left[-\frac{\mathrm{d}}{\mathrm{d}t}\left(\frac{\partial T}{\partial \dot{g}_i}\right)+\frac{\partial T}{\partial g_i}-\frac{\partial V}{\partial g_i}+Q_i+\lambda_1\frac{\partial f_1}{\partial g_i}+\lambda_2\frac{\partial f_2}{\partial g_i}+\cdots+\lambda_m\frac{\partial f_m}{\partial g_i}\right]\delta g_i\right\}\mathrm{d}t=0\tag{3}$$

因为变分 $\delta g_i(i=1,2,\cdots,c)$ 是完全任意的,式(3) 中每一个方括号内的项必须等于零,即

$$\begin{aligned}&\frac{\mathrm{d}}{\mathrm{d}t}\left(\frac{\partial T}{\partial \dot{g}_i}\right)-\frac{\partial T}{\partial g_i}+\frac{\partial V}{\partial g_i}\\&=Q_i+\lambda_1\frac{\partial f_1}{\partial g_i}+\lambda_2\frac{\partial f_2}{\partial g_i}+\cdots+\lambda_m\frac{\partial f_m}{\partial g_i}\\&=0,i=1,2,\cdots,c\end{aligned}\tag{4}$$

等式(4) 是 Lagrange 方程的修正形式,它允许采用坐标 $g_1,g_2,\cdots,g_c$. 初看起来建立方程(4) 的这种方法似乎意义不大,因为在 Hamilton 方程上加上了一些等于

零的积分；然而，应该指出的是当每一个 $\delta f_i(i=1,2,\cdots,m)$ 等于零时，式(2) 右面的各个单项不等于零. 这种与时间有关的函数 $\lambda_i(i=1,2,\cdots,m)$ 叫作 Lagrange 乘子.

当简化的势能项 $\overline{V}$ 定义为

$$\overline{V}=V(g_1,g_2,\cdots,g_c)-(\lambda_1 f_1+\lambda_2 f_2+\cdots+\lambda_m f_m) \tag{5}$$

方程(4) 可写成

$$\frac{\mathrm{d}}{\mathrm{d}t}\left(\frac{\partial T}{\partial \dot{g}_i}\right)-\frac{\partial T}{\partial g_i}+\frac{\partial \overline{V}}{\partial g_i}=Q_i, i=1,2,\cdots,c \tag{6}$$

它包含未知的时间函数 $g_1,g_2,\cdots,g_c,\lambda_1,\lambda_2,\cdots,\lambda_m$. 由于存在 $c+m$ 个未知时间函数，求解时需要 $c+m$ 个方程. 这些方程包括 c 个修正的 Lagrange 方程(方程(6)) 和 m 个约束方程(式(1)).

例 1　以图 1 的端部有支承的悬臂梁来说明在满足特定约束条件下 Lagrange 乘子的用法. 如图 1 所示，此梁受不变的轴力 N 及受沿梁长均匀分布随时间变化的荷载 $\overline{p}f(t)$ 的作用；沿梁长的刚度不变，不计阻尼. 当荷载的频率分量足够低时，要得到行之有效的近似解可假定梁的挠度为

$$v(x,t)=g_1(t)\sin\frac{\pi x}{L}+g_2(t)\sin\frac{2\pi x}{L} \tag{7}$$

用坐标 g_1 和 g_2 表示动能和势能及外荷载做的虚功，导得

$$T=\frac{1}{2}\int_0^L \overline{m}\left(\dot{g}_1^2\sin^2\frac{\pi x}{L}+2\dot{g}_1\dot{g}_2\sin\frac{\pi x}{L}\sin\frac{2\pi x}{L}+\dot{g}_2^2\sin^2\frac{2\pi x}{L}\right)\mathrm{d}x \tag{8}$$

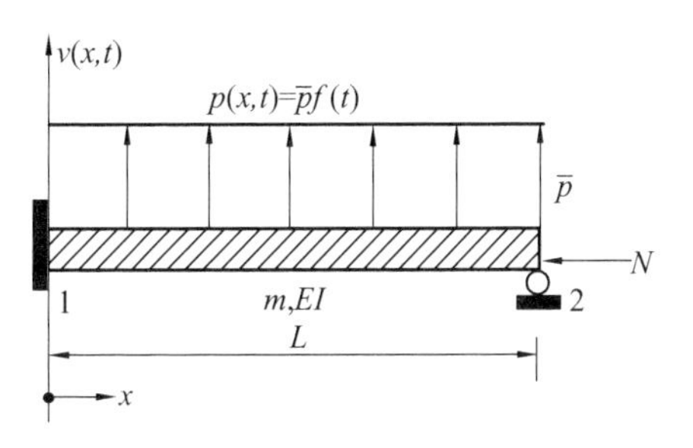

图 1　用来说明 Lagrange 乘子的等截面梁

$$V = \frac{1}{2}\int_0^L EI\left(g_1^2 \sin^2 \frac{\pi^4}{L^4}\sin^2 \frac{\pi x}{L} + \frac{8\pi^4}{L^4} g_1 g_2 \cdot \sin \frac{\pi x}{L}\sin \frac{2\pi x}{L} + g_2^2 \sin^2 \frac{16\pi^4}{L^4}\sin^2 \frac{2\pi x}{L}\right) \mathrm{d}x - \frac{N}{2}\int_0^L \left(\frac{\pi^2}{L^2} g_1^2 \cos^2 \frac{\pi x}{L} + \frac{4\pi^2}{L^2} g_1 g_2 \cos \frac{\pi x}{L}\cos \frac{2\pi x}{L} + \frac{4\pi^2}{L^2} g_2^2 \cos^2 \frac{2\pi x}{L}\right) \mathrm{d}x \tag{9}$$

$$\delta W_{nc} = \delta g_1 \int_0^L p(x,t)\sin \frac{\pi x}{L}\mathrm{d}x + \delta g_2 \int_0^L p(x,t)\sin \frac{2\pi x}{L}\mathrm{d}x \tag{10}$$

完成式(8) 到式(10) 的积分,得

$$T = \frac{\overline{m}L}{4}(\dot{g}_1^2 + \dot{g}_2^2) \tag{11}$$

$$V = \frac{\pi^4 EI}{4L^3}(g_1^2 + 16g_2^2) - \frac{N\pi^2}{4L}(g_1^2 + 4g_2^2) \tag{12}$$

$$\delta W_{nc} = \frac{2L}{\pi}\overline{p}f(t)\delta g_1 \tag{13}$$

把式(13) 与 18.3 节中的式(3) 作比较,得外荷载

$$Q_1 = \frac{2L\overline{p}f(t)}{\pi}, Q_2 = 0 \tag{14}$$

考虑梁左端的固定支座条件，这个解显然必须满足约束条件

$$f_1(g_1, g_2) = g_1 + 2g_2 = 0 \tag{15}$$

把式(12) 和式(15) 代入式(5) 中，得到简化的势能

$$\overline{V} = \frac{\pi^4 EI}{4L^3}(g_1^2 + 16g_2^2) - \frac{N\pi^2}{4L}(g_1^2 + 4g_2^2) - \lambda_1(g_1 + 2g_2) \tag{16}$$

把式(1)(14)(16) 代入简化的 Lagrange 运动方程（方程(6)），最终得

$$\begin{cases} \dfrac{\overline{m}L}{2}\ddot{g}_1 + \left(\dfrac{\pi^4 EI}{2L^3} - \dfrac{\pi^2 N}{2L}\right)g_1 - \lambda_1 = \dfrac{2L\overline{p}f(t)}{\pi} \\ \dfrac{\overline{m}L}{2}\ddot{g}_2 + \left(\dfrac{8\pi^4 EI}{L^3} - \dfrac{2\pi^2 N}{L}\right)g_2 - 2\lambda_1 = 0 \end{cases} \tag{17}$$

由此，从式(15) 和式(17) 中解出 $g_1(t)$，$g_2(t)$ 和 $\lambda_1(t)$ 后就能得到整个问题的解. 得到的解说明 $\lambda_1(t)$ 正比于 $x=0$ 处的固端弯矩. 这个弯矩在构件上作的虚功为零，因为在这个位置上的约束不允许构件截面产生虚转角.

留给读者一个练习：

半径为 R_1，质量为 m_1 的一个球，静止地放在一个半径为 R_2 的固定的圆柱面的顶点. 假定一个非常小的扰动使得球在重力影响下开始向左滚动，如图 2 所示. 如球滚动而不滑动，并且取 θ_1 和 θ_2 作为位移坐标：

(1) 试确定 θ_1 和 θ_2 之间的约束方程.

(2) 利用约束方程消去一个位移坐标，试用另一个位移坐标写出运动方程.

(3) 试用两个位移坐标和附加的 Lagrange 乘子

λ_1（在此情形中，λ_1 的物理意义是什么？）写出运动方程.

（4）试求出当球脱离圆柱表面时的 θ_2 的值.

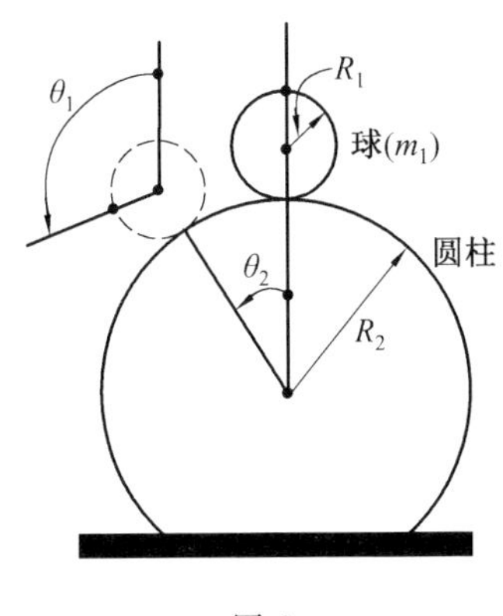

图 2

变分法初步

附录 I

1 泛函的概念

泛函，简单地说，就是以整个函数为自变量的函数. 这个概念，可以看成是函数概念的推广.

所谓函数，是指给定自变量 x（定义在某区间内）的任一数值，就有一个 y 与之对应. y 称为 x 的函数，记为 $y=f(x)$.

设在 xOy 平面上有一簇曲线 $y(x)$，其长度

$$L=\int_C \mathrm{d}s=\int_{x_0}^{x_1}\sqrt{1+y'^2}\,\mathrm{d}x$$

显然，$y(x)$ 不同，L 也不同，即 L 的数值依赖于整个函数 $y(x)$ 而改变. 我们把 L 和函数 $y(x)$ 之间的这种依赖关系，称为泛函关系，类似的例子还可以举出许多. 例如，闭合曲线围成的面积，平面曲线绕固定轴而生成的旋转体体积或表面积，等等. 它们也都决定了各自的泛函关系.

设对于(某一函数集合内的)任意一个函数 $y(x)$,有另一个数 $J[y]$ 与之对应,则称 $J[y]$ 为 $y(x)$ 的泛函.这里的函数集合,即泛函的定义域,通常包含要求 $y(x)$ 满足一定的边界条件,并且具有连续的二阶导数.这样的 $y(x)$ 称为可取函数.

这里要特别强调,泛函不同于复合函数,例如 $g=g(f(x))$.对于后者,给定一个 x 值,仍然有一个 g 值与之对应;对于前者,则必须给出某一区间上的函数 $y(x)$,才能得到一个泛函值 $J[y]$.(定义在同一区间上的)函数不同,泛函值也不同.为了强调泛函值 $J[y]$ 与函数 $y(x)$ 之间的依赖关系,常常把函数 $y(x)$ 称为变量函数.

泛函的形式可以是多种多样的,但是,在本书中我们只限于用积分

$$J[y]=\int_{x_0}^{x_1}F(x,y,y')\mathrm{d}x \tag{1}$$

定义的泛函,其中 F 是它的宗量的已知函数,具有连续的二阶偏导数.如果变量函数是二元函数 $u(x,y)$,则泛函为

$$J[u]=\iint\limits_{S}F(x,y,u,u_x,y_y)\mathrm{d}x\mathrm{d}y \tag{2}$$

其中 $u_x\equiv\dfrac{\partial u}{\partial x},u_y\equiv\dfrac{\partial u}{\partial y}$.对于更多个自变量的多元函数,也可以有类似的定义.

例 1 如图 1 所示,在重力作用下,一个质点从点 (x_0,y_0) 沿平面曲线 $y(x)$ 无摩擦地自由下滑到点 (x_1,y_1),所需要的时间

$$T=\int_{(x_0,y_0)}^{(x_1,y_1)}\frac{\mathrm{d}s}{\sqrt{2g(y_0-y)}}$$
$$=\int_{x_0}^{x_1}\frac{\sqrt{1+y'^2}}{\sqrt{2g(y_0-y)}}\mathrm{d}x \tag{3}$$

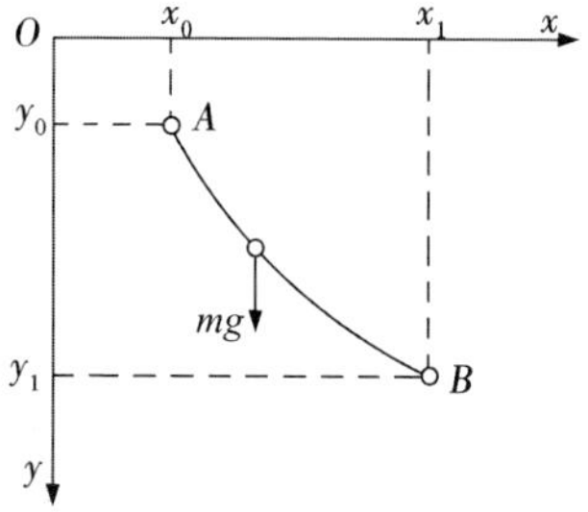

图 1

就是 $y(x)$ 的泛函. 这里,自然要求变量函数 $y(x)$ 一定通过端点 (x_0,y_0) 和 (x_1,y_1).

例 2(弦的横振动问题)　设在弦上隔离出足够短的一段弦,则该段弦的

$$\text{动能}=\frac{1}{2}\rho\Delta x\left(\frac{\partial u}{\partial t}\right)^2$$

$$\text{势能}=\frac{1}{2}T\Delta x\left(\frac{\partial u}{\partial x}\right)^2$$

其中 $u(x,t)$ 是弦的横向位移, ρ 是弦的线密度, T 是张力. 这样,弦的 Hamilton 作用量

$$S=\int_{t_0}^{t_1}\mathrm{d}t\int_{x_0}^{x_1}\frac{1}{2}\left[\rho\left(\frac{\partial u}{\partial t}\right)^2-T\left(\frac{\partial u}{\partial x}\right)^2\right]\mathrm{d}x \tag{4}$$

也是位移 $u(x,t)$ 的泛函. 这里的

$$L=\int_{x_0}^{x_1}\frac{1}{2}\left[\rho\left(\frac{\partial u}{\partial t}\right)^2-T\left(\frac{\partial u}{\partial x}\right)^2\right]\mathrm{d}x$$

称为 Lagrange 量(Lagrange),而被积函数

$$\frac{1}{2}\left[\rho\left(\frac{\partial u}{\partial t}\right)^{2}-T\left(\frac{\partial u}{\partial x}\right)^{2}\right]$$

称为 Lagrange 量密度.

2　泛函的极值

首先研究一个自变量的情形.

先回忆一下有关函数极值的概念.所谓函数 $f(x)$ 在点 x_0 取极小值,是指当 x 在点 x_0 及其附近 $|x-x_0|<\varepsilon$ 时,恒有

$$f(x)\geqslant f(x_0) \tag{1}$$

而如果恒有

$$f(x)\leqslant f(x_0) \tag{2}$$

则称函数 $f(x)$ 在点 x_0 取极大值.函数 $f(x)$ 在点 x_0 取极值(极小或极大)的必要条件是在该点的导数为 0,即

$$f'(x_0)=0 \tag{3}$$

我们可以用同样的方法定义泛函的极值,例如,“当变量函数为 $y(x)$ 时,泛函 $J[y]$ 取极小值”的含义就是:对于极值函数 $y(x)$ 及其“附近”的变量函数 $y(x)+\delta y(x)$,恒有

$$J[y+\delta y]\geqslant J[y] \tag{4}$$

所谓函数 $y(x)+\delta y(x)$ 在另一个函数 $y(x)$ 的“附近”,指的是:

1. $|\delta y(x)|<\varepsilon$;

2. 有时还要求 $|\mathrm{d}\psi'(x)|<\varepsilon$.

这里的 $\delta y(x)$ 称为函数 $y(x)$ 的变分.

可以仿照函数极值必要条件的导出办法,导出泛函取极值的必要条件.为此,不妨不失普遍性地假定,所考虑的变量函数均通过固定的两个端点

$$y(x_0)=a$$
$$y(x_1)=b$$

即

$$\begin{aligned}\delta y(x_0)&=0\\ \delta y(x_1)&=0\end{aligned}\tag{5}$$

现在考虑泛函的差值

$$\begin{aligned}&J[y+\delta y]-J[y]\\ &=\int_{x_0}^{x_1}[F(x,y+\delta y,y'+(\delta y)')-F(x,y,y')]\mathrm{d}x\end{aligned}$$

当函数的变分 $\delta y(x)$ 足够小时,可以将被积函数在极值函数附近作 Taylor 展开,于是有

$$\begin{aligned}&J[y+\delta y]-J[y]\\ &=\int_{x_0}^{x_1}\left\{\left[\delta y\frac{\partial}{\partial y}+(\delta y)'\frac{\partial}{\partial y'}\right]F+\right.\\ &\quad\left.\frac{1}{2!}\left[\delta y\frac{\partial}{\partial y}+(\delta y)'\frac{\partial}{\partial y'}\right]^2F+\cdots\right\}\mathrm{d}x\\ &=\delta J[y]+\frac{1}{2!}\delta^2J[y]+\cdots\end{aligned}$$

其中

$$\delta J[y]\equiv\int_{x_0}^{x_1}\left[\frac{\partial F}{\partial y}\delta y+\frac{\partial F}{\partial y'}(\delta y)'\right]\mathrm{d}x\tag{6}$$

$$\begin{aligned}\delta^2J[y]&\equiv\int_{x_0}^{x_1}\left[\delta y\frac{\partial}{\partial y}+(\delta y)'\frac{\partial}{\partial y'}\right]^2F\mathrm{d}x\\ &=\int_{x_0}^{x_1}\left[\frac{\partial^2F}{\partial y^2}(\delta y)^2+2\frac{\partial^2F}{\partial y\partial y'}\delta y(\delta y)'+\right.\end{aligned}$$

$$\left.\frac{\partial^2 F}{\partial y'^2}(\delta y)'^2\right]\mathrm{d}x \tag{7}$$

分别是泛函 $J[y]$ 的一级变分和二级变分. 这样就得到:泛函 $J[y]$ 取极小值的必要条件是泛函的一级变分为 0,即

$$\delta J[y] \equiv \int_{x_0}^{x_1}\left[\delta y\frac{\partial F}{\partial y}+(\delta y)'\frac{\partial F}{\partial y'}\right]\mathrm{d}x=0 \tag{8}$$

对于泛函 $J[y]$ 取极大值的情形,也可以类似地讨论,并且也会得到同样形式的必要条件.

将式(8)的积分中的第二项分部积分,同时考虑到边界条件(5),就有

$$\begin{aligned}\delta J[y] &= \frac{\partial F}{\partial y'}\delta y\bigg|_{x_0}^{x_1}+\int_{x_0}^{x_1}\left[\delta y\frac{\partial F}{\partial y}-\delta y\frac{\mathrm{d}}{\mathrm{d}x}\frac{\partial F}{\partial y'}\right]\mathrm{d}x\\ &= \int_{x_0}^{x_1}\left[\frac{\partial F}{\partial y}-\frac{\mathrm{d}}{\mathrm{d}x}\frac{\partial F}{\partial y'}\right]\delta y\,\mathrm{d}x=0\end{aligned}$$

由 δy 的任意性,我们又可以得到

$$\frac{\partial F}{\partial y}-\frac{\mathrm{d}}{\mathrm{d}x}\frac{\partial F}{\partial y'}=0 \tag{9}$$

这个方程称为Euler-Lagrange方程,它是泛函 $J[y]$ 取极小值的必要条件的微分形式. 一般说来,这是一个二阶常微分方程.

在导出方程(9)时,我们实际上用到了变分法的一个重要基本引进:设 $\phi(x)$ 是 x 的连续函数,$\eta(x)$ 具有连续的二阶导数,且 $\eta(x)|_{x=x_0}=\eta(x)|_{x=x_1}=0$,若对于任意 $\eta(x)$,有

$$\int_{x_0}^{x_1}\phi(x)\eta(x)\mathrm{d}x=0$$

成立,则必有 $\phi(x)\equiv 0$. 证明从略.

例 设质点在有势力场中沿路径 $q=q(t)$ 由点 $(t_0,q(t_0))$ 运动到点 $(t_1,q(t_1))$，它的 Hamilton 作用量是

$$S=\int_{t_0}^{t_1} L(t,q,\dot{q})\mathrm{d}t \tag{10}$$

其中 q 和 $\dot{q}$ 是描写质点运动的广义坐标和广义动量，$L=T-V$ 是动能 T 和势能 V 之差，称为 Lagrange 量. Hamilton 原理告诉我们，在一切(运动学上允许的)可能路径中，真实运动的(即由力学规律决定的)路径使作用量 S 有极值. 根据上面的讨论可知，作用量 S 取极值的必要条件的积分形式和微分形式分别是

$$\delta S=\int_{t_0}^{t_1}\left[\frac{\partial L}{\partial q}\delta q+\frac{\partial L}{\partial \dot{q}}\delta \dot{q}\right]\mathrm{d}t=0t \tag{11}$$

和

$$\frac{\partial L}{\partial q}-\frac{\mathrm{d}}{\mathrm{d}t}\frac{\partial L}{\partial \dot{q}}=0 \tag{12}$$

在给定的有势力场中，写出 Lagrange 量 L 的具体形式，代入式(12)，就会发现，它和 Newton 力学的动力学方程完全一样.

现在讨论两种常见的特殊情形. 一种是第 1 节中泛函 (1) 中的 $F=F(x,y')$ 不显含 y，这时的 Euler-Lagrange 方程就是

$$\frac{\mathrm{d}}{\mathrm{d}x}\frac{\partial F}{\partial y'}=0$$

所以，立即就可以得到它的首次积分

$$\frac{\partial F}{\partial y'}=\text{常量 } C \tag{13}$$

另一种是第1节中泛函(1)中的$F(y,y')$不显含x,容易证明

$$\begin{aligned}\frac{\mathrm{d}}{\mathrm{d}x}\left[y'\frac{\partial F}{\partial y'}-F\right]&=y''\frac{\partial F}{\partial y'}+y'\frac{\mathrm{d}}{\mathrm{d}x}\frac{\partial F}{\partial y'}-\\&\quad\frac{\partial F}{\partial y}y'-\frac{\partial F}{\partial y'}y''\\&=-y'\left[\frac{\partial F}{\partial y}-\frac{\mathrm{d}}{\mathrm{d}x}\frac{\partial F}{\partial y'}\right]\end{aligned}$$

所以,这时的Euler-Lagrange方程也可以有首次积分

$$y'\frac{\partial F}{\partial y'}-F=\text{常量 }C \tag{14}$$

把这个结果应用到例题中,如果Lagrange量L不显含t,则有

$$\dot{q}\frac{\partial L}{\partial \dot{q}}-L=\text{常量 }C \tag{15}$$

这就是能量守恒.

其次研究二元函数的情形,设有二元函数$u(x,y)$,$(x,y)\in S$,在此基础上可以定义泛函

$$J[u]=\iint_S F(x,y,u,u_x,u_y)\mathrm{d}x\mathrm{d}y \tag{16}$$

仍然约定,$u(x,y)$在S的边界Γ上的数值是给定的,即

$$u\mid_{\Gamma} \tag{17}$$

固定.

首先,计算

$$\begin{aligned}&J[u+\delta u]-J[u]\\&=\iint_S F(x,y,u+\delta u,(u+\delta u)_x,(u+\delta u)_y)\mathrm{d}x\mathrm{d}y-\end{aligned}$$

$$\iint_S F(x,y,u,u_x,u_y)\mathrm{d}x\mathrm{d}y$$

$$=\iint_S\left[\delta u\frac{\partial}{\partial u}+(\delta u)_x\frac{\partial}{\partial u_x}+(\delta u)_y\frac{\partial}{\partial u_y}\right]F\mathrm{d}x\mathrm{d}y+$$

$$\frac{1}{2!}\iint_S\left[\delta u\frac{\partial}{\partial u}+(\delta u)_x\frac{\partial}{\partial u_x}+(\delta u)_y\frac{\partial}{\partial u_y}\right]^2F\mathrm{d}x\mathrm{d}y+\cdots$$

于是,泛函 $J[u]$ 取极值的必要条件就是泛函的一级变分为 0,即

$$\delta J[u]=\iint_S\left[\delta u\frac{\partial F}{\partial u}+(\delta u)_x\frac{\partial F}{\partial u_x}+(\delta u)_y\frac{\partial F}{\partial u_y}\right]\mathrm{d}x\mathrm{d}y$$

$$=\iint_S\left[\frac{\partial F}{\partial u}-\frac{\partial}{\partial x}\left(\frac{\partial F}{\partial u_x}\right)-\frac{\partial}{\partial y}\left(\frac{\partial F}{\partial u_y}\right)\right]\delta u\mathrm{d}x\mathrm{d}y$$

$$+\iint_S\left[\frac{\partial}{\partial x}\left(\frac{\partial F}{\partial u_x}\delta u\right)+\frac{\partial}{\partial y}\left(\frac{\partial F}{\partial u_y}\delta u\right)\right]\mathrm{d}x\mathrm{d}y$$

$$=0 \tag{18}$$

其次,利用公式

$$\iint_S\left(\frac{\partial Q}{\partial x}-\frac{\partial P}{\partial y}\right)\mathrm{d}x\mathrm{d}y=\int_\Gamma(P\mathrm{d}x+Q\mathrm{d}y)$$

取

$$Q=\frac{\partial F}{\partial u_x}\delta u$$

$$P=-\frac{\partial F}{\partial u_y}\delta u$$

将上面的结果化为

$$\delta J[u]=\iint_S\left[\frac{\partial F}{\partial u}-\frac{\partial}{\partial x}\frac{\partial F}{\partial u_x}-\frac{\partial}{\partial y}\frac{\partial F}{\partial u_y}\right]\delta u\mathrm{d}x\mathrm{d}y+$$

$$\int_\Gamma\left[-\frac{\partial F}{\partial u_x}\mathrm{d}x+\frac{\partial F}{\partial u_y}\mathrm{d}y\right]\delta u$$

再根据式(17)及 $\delta u|_\Gamma=0$,可知上式右端第二项的积

分为 0,所以

$$\delta J[u]=\iint_S\left[\frac{\partial F}{\partial u}-\frac{\partial}{\partial x}\frac{\partial F}{\partial u_x}-\frac{\partial}{\partial y}\frac{\partial F}{\partial u_y}\right]\delta u\,\mathrm{d}x\mathrm{d}y$$
$$=0$$

再利用 δu 的任意性,就可以导出上面的被积函数一定为 0,即

$$\frac{\partial F}{\partial u}-\frac{\partial}{\partial x}\frac{\partial F}{\partial u_x}-\frac{\partial}{\partial y}\frac{\partial F}{\partial u_y}=0 \tag{19}$$

这就是二元函数情形下,泛函

$$J[u]=\iint F(x,y,u,u_x,u_y)\,\mathrm{d}x\mathrm{d}y$$

取极值的必要条件的微分形式(Euler-Lagrange 方程).

把这个结果应用到第 1 节的例 2 中弦的横振动问题上,就可以得到使作用量

$$S=\int_{t_0}^{t_1}\mathrm{d}t\int_{x_0}^{x_1}\frac{1}{2}\left[\rho\left(\frac{\partial u}{\partial t}\right)^2-T\left(\frac{\partial u}{\partial x}\right)^2\right]\mathrm{d}x$$

取极值的必要条件

$$\frac{\partial^2 u}{\partial t^2}-\frac{T}{\rho}\frac{\partial^2 u}{\partial x_2}=0 \tag{20}$$

练习　在 n 个自变量的情形下,导出泛函

$$\int\cdots\int F(x_1,x_2,\cdots,x_n,u,u_{x_1}u_{x_2},\cdots,u_{x_n})\,\mathrm{d}x_1\mathrm{d}x_2\cdots\mathrm{d}x_n$$

取极值的必要条件,包括它的积分形式和微分形式.上述泛函表达式中的积分是在 n 维空间中的一定区域内进行的.

以上在一元函数和多元函数的泛函极值问题中,都限定了变量函数在端点或边界上取定值,因而变量

函数的变分在端点或边界上一定为 0. 我们把这种泛函极值问题称为固定端点或固定边界的泛函极值问题. 这类问题在数学上当然是最简单的,然而在物理上却又是最常用的.

下面以一元函数为例,总结一下变分的几条简单运算法则:

1. 由于变分是对函数 y 进行的,独立于自变量 x,所以,变分运算和微分或微商运算可交换次序

$$\delta\frac{\mathrm{d}y}{\mathrm{d}x}=\frac{\mathrm{d}(\delta y)}{\mathrm{d}x}$$

即

$$\delta y'=(\delta y)' \tag{21}$$

2. 变分运算也是一个线性运算

$$\delta(\alpha F+\beta G)=\alpha\delta F+\beta\delta G \tag{22}$$

其中 α 和 β 是常数.

3. 直接计算,就可以得到函数乘积的变分法则

$$\delta(FG)=(\delta F)G+F(\delta G) \tag{23}$$

4. 变分运算和积分(微分的逆运算)也可以交换次序

$$\delta\int_a^b F\,\mathrm{d}x=\int_a^b(\delta F)\,\mathrm{d}x \tag{24}$$

这只要把等式两端的定积分写成级数和即可看出.

5. 复合函数的变分运算,其法则和微分运算完全相同,只要简单地将微分法则中的“d”换成“δ”即可,例如

$$\delta F(x,y,y')=\frac{\partial F}{\partial y}\delta y+\frac{\partial F}{\partial y'}\delta y' \tag{25}$$

这里注意,引起 F 变化的原因是函数 y 的变分,而自变量 x 是不变化的,所以,绝对不会出现“$\frac{\delta F}{\partial x}\delta x$”项.

这些运算法则,当然完全可以毫不困难地推广到多元函数的情形.

作为完整的泛函极值问题,在列出泛函取极值的必要条件,即Euler-Lagrange方程后,还需要在给定的定解条件下求解微分方程,这样才有可能求得极值函数.这里需要注意,Euler-Lagrange 方程只是泛函取极值的必要条件,并不是充分必要条件.在给定的定解条件下,Euler-Lagrange 方程的解可能不止一个,它们只是极值函数的候选者.到底哪一(几)个解是要求的极值函数,还需要进一步加以甄别.和求函数极值的情形一样,现在也可以有两种方法.一种是直接比较所求得的解及其“附近”的函数的泛函值,根据泛函极值的定义加以判断,这种方法不太实用,会涉及较多的计算.另一种方法是计算泛函的二级变分 $\delta^2 J$,如果对于所求得的解,泛函的二级变分取正(负)值,则该解即为极值函数,泛函取极小(大),这种方法当然比较简便,但如果二级变分为 0,则需要继续讨论高级变分.

可是,实际问题往往又特别简单:就是在给定的边界条件下,Euler-Lagrange 方程只有一个解,同时,从物理或数学内容上又能判断,该泛函的极值一定存在,这时求得的唯一解当然就是所要求的极值函数了.

3　泛函的条件极值

先回忆一下多元函数的极值问题. 设有二元函数 $f(x,y)$，它取极值的必要条件是

$$\mathrm{d}f=\frac{\partial f}{\partial x}\mathrm{d}x+\frac{\partial f}{\partial y}\mathrm{d}y=0 \tag{1}$$

因为 $\mathrm{d}x$，$\mathrm{d}y$ 任意，所以二元函数 $f(x,y)$ 取极值的必要条件又可以写成

$$\frac{\partial f}{\partial x}=0,\frac{\partial f}{\partial y}=0 \tag{2}$$

还有另一类二元函数的极值问题，二元函数的条件极值问题，即在约束条件

$$g(x,y)=C \tag{3}$$

下求 $f(x,y)$ 的极值. 这时，在原则上，可以由约束条件解出 $y=h(x)$，然后消去 $f(x,y)$ 中的 y. 这样，上述条件极值问题就转化为一元函数 $f(x,h(x))$ 的普通极值问题，它取极值的必要条件就是

$$\frac{\partial f}{\partial x}+\frac{\partial f}{\partial y}h'(x)=0 \tag{4}$$

对于这个结果还有另一种理解. 因为在式(3) 中并不需要真正知道 $y=h(x)$ 的表达式，而只需要知道

$$\frac{\mathrm{d}y}{\mathrm{d}x}\equiv h'(x)$$

这样，我们甚至不必(在大多数情形下也不可能) 求出 $y=h(x)$，就可以直接对约束条件(3) 微分

$$\frac{\partial g}{\partial x}\mathrm{d}x+\frac{\partial g}{\partial y}\mathrm{d}y=0$$

从而求出

$$\frac{\mathrm{d}y}{\mathrm{d}x}=-\frac{\partial g/\partial x}{\partial g/\partial y}$$

代回到式(1)中，即可将上述二元函数取极值的必要条件写成

$$\frac{\partial f}{\partial x}-\frac{\partial f}{\partial y}\frac{\partial g/\partial x}{\partial g/\partial y}=0 \tag{5}$$

根据上面的讨论，当然很容易推广到更多个自变量的多元函数的情形，但是，随着自变量数目的增多，公式也就越来越麻烦.

在实际应用中，更常用 Lagrange 乘子法来处理多元函数的条件极值问题. 例如，对于上面的在约束条件(3)下求函数 $f(x,y)$ 的极值问题，就可以引进 Lagrange 乘子 λ，而定义一个新的二元函数①

$$h(x,y)-f(x,y)-\lambda g(x,y) \tag{6}$$

仍将 x 和 y 看成是两个独立变量，这样，这个二元函数取极值的必要条件就是

$$\begin{cases}\dfrac{\partial(f-\lambda g)}{\partial x}=0\\[2ex]\dfrac{\partial(f-\lambda g)}{\partial y}=0\end{cases} \tag{7}$$

由此可以求出

$$x=x(\lambda),y=y(\lambda) \tag{8}$$

代回到约束条件(3)中，定出 Lagrange 乘子 λ，再代入式(8)，就可以求出可能的极值点 (x,y). 容易看出，将

---

① 为了以后的方便，这里的 Lagrange 乘子前面多了一个负号.

式(7)中的 λ 消去,就能化为式(5).

如果是更多个自变量的多元函数,也可以同样地处理.而且,如果涉及多个约束条件,也就只需引入多个 Lagrange 乘子即可.

现在回到泛函的条件极值问题,如果要求泛函

$$y[y]=\int_{x_0}^{x_1}F(x,y,y')\mathrm{d}x \tag{9}$$

在边界条件

$$y(x_0)=a,y(x_1)=b \tag{10}$$

以及约束条件

$$J_1[y]\equiv\int_{x_0}^{x_1}G(x,y,y')\mathrm{d}x=C \tag{11}$$

下的极值,则可定义

$$J_0[y]=J[y]-\lambda J_1[y] \tag{12}$$

仍将 δy 看成是独立的,则泛函 $J_0[y]$ 在边界条件(10)下取极值的必要条件就是

$$\left(\frac{\partial}{\partial y}-\frac{\mathrm{d}}{\mathrm{d}x}\frac{\partial}{\partial y'}\right)(F-\lambda G)=0 \tag{13}$$

由方程(13)及边界条件(10)解出 $y=y(x,\lambda)$;再代入约束条件(11),定出 $\lambda=\lambda_0$;如果需要,再经过甄别;于是,极值函数就是 $y=y(x,\lambda_0)$,从而求出泛函 $J_0[y]$ 的条件极值.

例 求泛函

$$I[y]=\int_0^1 xy'^2\mathrm{d}x \tag{14}$$

在边界条件

$$y(0)\text{ 有界},y(a)=0 \tag{15}$$

和约束条件

$$\int_0^1 xy^2\,\mathrm{d}x=1 \tag{16}$$

下的极值曲线.

解　采用上面描述的 Lagrange 乘子法,可以得到必要条件

$$\left(\frac{\partial}{\partial y}-\frac{\mathrm{d}}{\mathrm{d}x}\frac{\partial}{\partial y'}\right)(xy'^2-\lambda xy^2)=0$$

即

$$\frac{\mathrm{d}}{\mathrm{d}x}\left(x\frac{\mathrm{d}y}{\mathrm{d}x}\right)+\lambda xy=0 \tag{17}$$

此方程及齐次的边界条件(15)即构成一个本征值问题,它的本征值

$$\lambda_i=\left(\frac{\mu_i}{a}\right)^2 \tag{18}$$

正好就是 Lagrange 乘子,其中,μ_i 是零阶 Bessel 函数 $J_0(x)$ 的第 i 个正零点,$i=1,2,3,\cdots$,而极值函数就是相应的本征函数 $y(x)$,则有

$$y_i(x)=CJ_0\left(\mu_i\frac{x}{a}\right)$$

其中常量 C 可以由约束条件定出. 因为

$$C^2\int_0^a xJ_0^2\left(\mu_i\frac{x}{a}\right)\mathrm{d}x=C^2\frac{a^2}{2}J_1^2(\mu_i)=1$$

所以

$$C=\frac{\sqrt{2}}{aJ_1(\mu_i)}$$

这样,就求出了极值函数

$$y_i(x)=\frac{\sqrt{2}}{aJ_1(\mu_i)}J_0(\mu_i x) \tag{19}$$

值得注意，这里由于 Lagrange 乘子的引进，在 Euler-Lagrane 方程出现了待定参量，和齐次边界条件组合在一起，就构成本征值问题. 而作为本征值问题，它的解、本征值和本征函数，有无穷多个. 这里有两个问题需要讨论. 第一个问题，这无穷多个本征函数都是极值函数，这可以从下面的变分计算看出. 由边界条件(15) 以及可以推得的

$$\delta y\mid_{x=0}\text{有界},\delta y\mid_{x=1}=0$$

还可以求出 $I[y]$ 的一级变分

$$\begin{aligned}\delta I[y]&=2\int_0^1 xy'(\delta y)'\mathrm{d}x\\&=2\left[\delta y\cdot xy'\mid_0^1-\int_0^1(xy')'\delta y\mathrm{d}x\right]\\&=-2\int_0^1(xy''+y')\mathrm{d}x\end{aligned}$$

进而可以求出 $I[y]$ 的二级变分

$$\begin{aligned}\delta^2 I[y]&=-2\int_0^1(x\delta y''+y')\delta y\delta x\\&=-2\left[\delta y'\cdot x\delta y\mid_0^1-\right.\\&\qquad\left.\int_0^1(x\delta y)'\delta y'\mathrm{d}x+\int_0^1\delta y\delta y'\mathrm{d}x\right]\\&=2\int_0^1 x(\delta y')^2\mathrm{d}x>0\end{aligned}$$

因为泛函 $I[y]$ 的二级变分恒取正值，所以这些极值函数均使泛函取极小. 第二个问题，这无穷个本征值正好也就是泛函的极值. 这是因为，将方程(17) 乘以极值函数 $y(x)$，再积分，就有

$$\lambda\int_0^1 xy^2\mathrm{d}x = -\int_0^1 y(xy')'\mathrm{d}x$$

$$= -y\cdot xy'\mid_0^1 + \int_0^1 xy'^2\mathrm{d}x$$

$$= \int_0^1 xy'^2\mathrm{d}x$$

根据约束条件(16),就能得到

$$\lambda = \int_0^1 xy'^2\mathrm{d}x \tag{20}$$

最后,还要提到,这一类泛函的条件极值问题的原型,可以追溯到“闭合曲线周长一定而面积取极大”的原始几何问题.因此,泛函的条件极值问题,常称为等周问题(isoperimetric problem).

4　微分方程定解问题和本征值问题的变分形式

在前面几节中,读者可以看到,泛函取极值的必要条件的微分形式(Euler-Lagrange方程)是常微分方程或偏微分方程,它和变量函数的定解条件结合起来,就构成常微分方程或偏微分方程的定解问题;对于泛函的条件极值问题,其必要条件中出现待定参量(Lagrange乘子),它和齐次边界条件结合起来,就构成微分方程本征值问题,这一节将研究它的反问题:如何将微分方程的定解问题或本征值问题转化为泛函的极值或条件极值问题,或者说,如何将微分方程的定解问题或本征值问题用变分语言表述,通过下面的例题,可以看出这类问题的一般处理方法.

例 写出常微分方程边值问题

$$\frac{\mathrm{d}}{\mathrm{d}x}\left[p(x)\frac{\mathrm{d}y}{\mathrm{d}x}\right]+q(x)y(x)=f(x),x_0<x<x_1 \tag{1}$$

$$y(x_0)=y_0,y(x_1)=y_1 \tag{2}$$

的泛函形式,即找出相应的泛函,它在边界条件(2)下取极值的必要条件即为式(1).

解 既然泛函极值必要条件的微分形式就是方程(1),那么,这个方程一定来自

$$\int_{x_0}^{x_1}\left\{\frac{\mathrm{d}}{\mathrm{d}x}\left[p(x)\frac{\mathrm{d}y}{\mathrm{d}x}\right]+q(x)y(x)-f(x)\right\}\delta y(x)\mathrm{d}x=0$$

现在的问题就是要把上式左端化成某一积分的变分,这对于该积分被积函数的第二、三项是很容易实现的

$$\int_{x_0}^{x_1}q(x)y(x)\delta y(x)\mathrm{d}x=\frac{1}{2}\delta\int_{x_0}^{x_1}q(x)y^2(x)\mathrm{d}x$$

$$\int_{x_0}^{x_1}f(x)\delta y(x)\mathrm{d}x=\delta\int_{x_0}^{x_1}f(x)y(x)\mathrm{d}x$$

这里只要注意,已知函数 $q(x)$ 和 $f(x)$ 是与 $y(x)$ 的变分无关的,因此,在变分计算中,它们都是常量. 对于被积函数中的第一项,可以分部积分

$$\begin{aligned}&\int_{x_0}^{x_1}\frac{\mathrm{d}}{\mathrm{d}x}\left[p(x)\frac{\mathrm{d}y}{\mathrm{d}x}\right]\delta y(x)\mathrm{d}x\\&=p(x)\frac{\mathrm{d}y}{\mathrm{d}x}\delta y(x)\Big|_{x_0}^{x_1}-\int_{x_0}^{x_1}\frac{\mathrm{d}y}{\mathrm{d}x}\frac{\mathrm{d}(\delta y)}{\mathrm{d}x}\mathrm{d}x\\&=-\int_{x_0}^{x_1}p(x)\frac{\mathrm{d}y}{\mathrm{d}x}\delta\left(\frac{\mathrm{d}y}{\mathrm{d}x}\right)\mathrm{d}x\\&=-\frac{1}{2}\delta\int_{x_0}^{x_1}p(x)\left(\frac{\mathrm{d}y}{\mathrm{d}x}\right)^2\mathrm{d}x\end{aligned}$$

其中用到了 $\delta y(x)|_{x_0}=\delta y(x)|_{x_1}=0$. 把上面的结果综合起来,就得到恒为正,所以,泛函的极值是极小值. 这些极小值中的最小者,就是第 3 节中本征值问题(18)的最小本征值.

条件极值

附录 II

1 等周问题

等周问题的例子 在许多应用问题中，常常要求使积分

$$J=\int_a^b F(x,y,y')\mathrm{d}x$$

取极值的曲线，而可取曲线类除了联结两定点 A 及 B 外，还要满足某些附加条件.

我们从研究一些具体实例开始. 我们解决了关于最小旋转曲面的问题：在 C_1 类中一切通过点 A 及 B 的单值曲线中，试求一条曲线，当它绕 x 轴旋转时，所成的曲面有最小的面积. 现在我们提出一个本质上是新的问题，如果所研究的只是那些曲面，譬如说，只是有定长的曲线所转成的曲面，或者只是那些曲线，当它们绕 x 轴旋转时，其旋转面与 $x=x_0$，$x=x_1$ 间平面所交成的体积有定值. 由于曲线的长可表示成积分

$$K=\int_a^b \sqrt{1+y'^2}\,\mathrm{d}x$$

因此，所提出的第一个问题可归纳如下：考虑一切属于 C_1 类的曲线 $y=y(x)$，它们通过两定点 A 及 B，并且沿着它们，积分 K 取定值 l，试确定一条曲线，使积分 J 沿着它取最小值或最大值.

在第二个问题中，同样要找积分 J 的极值，但是在这样的条件下，即沿着每一条可取曲线，积分

$$K_1=\pi\int_a^b y^2\,\mathrm{d}x$$

必须有定值.

"等周问题"这一术语是从相仿类型中的一个问题产生的：在一切有定长的闭曲线中，试求一条围成最大面积的曲线. 在这一节里，我们设所求的曲线的一部分是由有定长的一条线段构成的，在这样的前提下，当作一个例子来解决这个问题.

这个例子，使我们考虑到下列普遍的问题：

问题的提出　已给两函数 $F(x,y,y')$ 及 $G(x,y,y')$. 试在属于 C_1 类的，并使积分

$$K=\int_a^b G(x,y,y')\,\mathrm{d}x$$

取定值的一切曲线 $y=y(x)$ 中，确定一条曲线，使积分

$$J=\int_a^b F(x,y,y')\,\mathrm{d}x$$

沿着它取极值.

参照之前所说的一般方法和概念，我们在这里提出这样的问题：试找出所求曲线应该满足的基本必要

条件，以便如果预知所求的曲线存在时，就能够运用这些必要条件来实际地确定它.

在解决这个问题之前，我们先作一些普遍的，以后推论所必须的假设①：

1. 我们假定：对于 $a \leqslant x \leqslant b$ 及变数 y, y' 的任意值，函数 F 及 G 具有一级及二级的连续偏微商.

2. 我们假定：所求的曲线不是积分 K 的极端曲线.

关于假设 2，我们来做一些说明. 为了使问题有意义，必须要求，积分 K 所取的定值应该真正地位于这个积分的诸极值之间. 这就是说，要它不是极值，因为，如果所给积分 K 的值是它的极值，那么，一般来说，使 K 取定值的曲线，只有一条或有限多条，而这就是可取曲线的全部，所以显然前面所说的方法就全然不适用了.（譬如在有质量的线（见后）的例中，及上述第一例中，我们应该假定，积分 K—— 即曲线的长 —— 必须真正大于两定点间的距离.）这样，我们必须要求，极端曲线不给出真正的极值.

问题的解法　我们用下面的定理来解决所提出的问题.

定理 1（Euler 定理）　如果曲线 $y = y(x)$ 在条件

---

① 注意，这里所引的证明，仅在所求的曲线是属于 C_2 类的前提下，是完全严格的. 然而，常常可以不需要 y'' 存在和连续的假定，只要我们以 Riemann 变换来代替 Lagrange 变换 —— 这个变换为简单计，用以定义泛函的变分.

$$K=\int_a^b G(x,y,y')\mathrm{d}x=l$$

$$y(a)=a_1,y(b)=b_1$$

下，给出积分

$$J=\int_a^b F(x,y,y')\mathrm{d}x$$

的极值，如果 $y=y(x)$ 不是积分 K 的极端曲线，那么必有一常数 λ 存在，以使曲线 $y=y(x)$ 是积分

$$L=\int_a^b H(x,y,y')\mathrm{d}x$$

的极端曲线，这里 $H=F+\lambda G$.

我们立刻就能指出，如果所求的曲线预知是存在的，那么，运用 Euler 定理就可以确定它. 实际上，把函数 H 的 Euler 方程积分，我们得到依赖于两个任意的积分常数 α,β 及未知参变数 λ 的普遍积分

$$y=f(x,\alpha,\beta,\lambda)$$

由 Euler 定理，所求的曲线属于这一族. 余下的就是要确定 α,β,λ. 为此，只需利用 $K=l$ 及曲线通过二定点 A 及 B 的条件.

现在来证明 Euler 定理. 设曲线 $y=y(x)$ 在 $K=l$ 的条件下，给出 J 的极值，并且它不是积分 K 的极端曲线. 在区间 $[a,b]$ 内，任意两点 x_1,x_2（图 1），并且找出当 $y(x)$ 在点 x_1,x_2 的邻域内变动时，泛函 J 的改变量. 以 ΔJ 来表示所求的 J 的改变量，我们得到

$$\Delta J=\left\{\left[F_y-\frac{\mathrm{d}}{\mathrm{d}x}F_{y'}\right]_{x=x_1}+\varepsilon_1\right\}\int_a^b\delta_{x_1}y\mathrm{d}x+\left\{\left[F_y-\frac{\mathrm{d}}{\mathrm{d}x}F_{y'}\right]_{x=x_2}+\varepsilon_2\right\}\int_a^b\delta_{x_2}y\mathrm{d}x$$

$$=\left\{\left[F_y-\frac{\mathrm{d}}{\mathrm{d}x}F_{y'}\right]_{x=x_1}+\varepsilon_1\right\}\sigma_1+$$
$$\left\{\left[F_y-\frac{\mathrm{d}}{\mathrm{d}x}F_{y'}\right]_{x=x_2}+\varepsilon_2\right\}\sigma_2$$

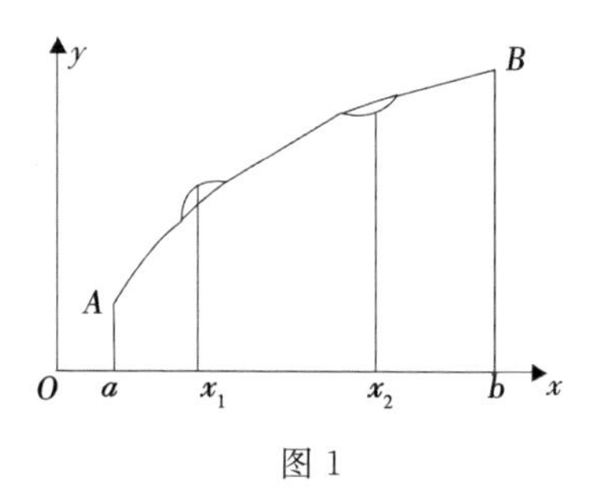

图 1

这里

$$\sigma_1=\int_a^b\delta_{x_1}y\mathrm{d}x$$

$$\sigma_2=\int_a^b\delta_{x_2}y\mathrm{d}x$$

并且 ε_1 及 ε_2 随 σ_1,σ_2 趋向零.

在取任意的变分 $\delta_{x_1}y$ 及 $\delta_{x_2}y$ 时,有曲线

$$y=y_1(x)=y(x)+\delta_{x_1}y+\delta_{x_2}y$$

一般地说,不属于可取曲线类,为了要使变分是可取的,充要条件是

$$K(y_1)=K(y)$$

这就是说,要

$$\Delta K=K(y_1)-K(y)$$
$$=\left\{\left[G_y-\frac{\mathrm{d}}{\mathrm{d}x}G_{y'}\right]_{x_1}+\varepsilon_1'\right\}\sigma_1+$$
$$\left\{\left[G_y-\frac{\mathrm{d}}{\mathrm{d}x}G_{y'}\right]_{x_2}+\varepsilon_2'\right\}\sigma_2=0 \qquad (1)$$

这里 ε_1'，ε_2' 随 σ_1，σ_2 而趋向零.

现在选择点 x_2，以使

$$\left[G_y - \frac{\mathrm{d}}{\mathrm{d}x}G_{y'}\right]_{x=x_2} \neq 0$$

这样的点是存在的，因为 $y=y(x)$ 不是 K 的极端曲线. 这时，条件(1) 可写成

$$\sigma_2 = -\left\{\frac{\left[G_y - \frac{\mathrm{d}}{\mathrm{d}x}G_{y'}\right]_{x=x_1}}{\left[G_y - \frac{\mathrm{d}}{\mathrm{d}x}G_{y'}\right]_{x=x_2}} + \varepsilon'\right\}\sigma_1 \qquad (2)$$

这里 ε' 随 σ_1 而趋向零.

令

$$\lambda = -\frac{\left[F_y - \frac{\mathrm{d}}{\mathrm{d}x}F_{y'}\right]_{x=x_2}}{\left[G_y - \frac{\mathrm{d}}{\mathrm{d}x}G_{y'}\right]_{x=x_2}}$$

并且由式(2) 在表达式 ΔJ 中，以 σ_1 来表示 σ_2，于是 ΔJ 的改变量可写成

$$\Delta J = \left\{\left[F_y - \frac{\mathrm{d}}{\mathrm{d}x}F_{y'}\right]_{x=x_1} + \lambda\left[G_y - \frac{\mathrm{d}}{\mathrm{d}x}G_{y'}\right]_{x=x_1} + \varepsilon\right\}\sigma_1$$

这里 ε 随 σ_1 趋向零. 根据曲线 $y=y(x)$ 给出 J 极小值的条件，对于任意可取的变分，这就是说，对于任何充分小的正值的及负值的 σ_1，$\Delta J \geqslant 0$. 因此，对于 x 的任意值，沿着曲线 $y=y(x)$，有

$$F_y - \frac{\mathrm{d}}{\mathrm{d}x}F_{y'} + \lambda\left(G_y - \frac{\mathrm{d}}{\mathrm{d}x}G_{y'}\right) = 0 \qquad (3)$$

Euler 定理证毕.

条件极端曲线　方程(3) 也给出下列问题的全解：在一切联结两定点的曲线中，确定一条曲线，在其

上如使 $\delta K = 0$，就使变分 $\delta J = 0$.

解决上述问题的每一曲线，称为条件极端曲线(在任意固定的端点下).

定理 2 方程(3)是使曲线 $y = y(x)$ 为条件极端曲线的充要条件.

首先，证明条件(3)是充分的. 实际上，如果曲线满足条件(3)，则 $\delta(J + \lambda K) = 0$，于是从 $\delta K = 0$，得 $\delta J = 0$，这就是说，曲线是条件极端曲线.

要证明条件(3)是必要的，需分为两种情形：

(1) $G_y - \frac{\mathrm{d}}{\mathrm{d}x} G_{y'} \not\equiv 0$；

(2) $G_y - \frac{\mathrm{d}}{\mathrm{d}x} G_{y'} \equiv 0$ 在区间 $[a, b]$ 上.

在第一种情形，只要逐字重复上面所说的，用在两个点上来改变曲线的方法，可以推得式(3)，这样就得到条件(3)的必要性.

在第二种情形，曲线 $y = y(x)$ 具有这样的性质，它的任意变分给出 $\delta K = 0$. 于是由于这条曲线是条件极端曲线，也有 $\delta J = 0$，即 $F_y - \frac{\mathrm{d}}{\mathrm{d}x} F_{y'} = 0$，因而也满足条件(3).

对偶原理 上述的论证指明：变分法的等周问题化为函数 $H = F + \lambda G$ 的最简单变分问题. 注意，当以常数乘积分号下的函数时，积分的极端曲线族保留不变，于是我们可以把函数 H 写成对称的形式

$$H = \lambda_1 F + \lambda_2 G$$

这里 λ_1 及 λ_2 是常数. 函数 H 的这种表示法指示我们，

在 H 所在的表达式中，函数 F 及 G 是对称的. 如果除去 $\lambda_1=0$ 和 $\lambda_2=0$ 两种情形，则不论我们在保持积分 K 为常数下求积分 J 的极值，或者在保持积分 J 为常数下求积分 K 的极值，极端曲线族是相同的. 这就是对偶原理的简单形式.

如果 $\lambda_2=0$，那么 H 除一个常因数外，和 F 一样；积分 J 的条件极端曲线也将与此积分的无条件极端曲线一致，显然，在一般情形下，这个极端曲线不是积分 K 的条件极端曲线. 同样的，如 $\lambda_1=0$，则 H 与 G 一致，积分 K 的条件极端曲线将是它的无条件极端曲线.

例 1　作为第一个例子，考查如何确定有定长 l 的弯曲直线的平衡状态，它有固定的端点并且是不可伸长的. 显然，这个问题化为如何确定线的位置，以使重心位于最低地位. 因此，设线在平面 xOy 上，x 轴是水平的，而 y 轴垂直向上的，于是我们得到下列问题：在一切有定长 l 的，端点固定为 $A(x_0,y_0)$ 及 $B(x_1,y_1)$ 的曲线中，试求出这样的曲线，它的重心的纵坐标最小.

解　曲线 $y=y(x)$ 重心的纵坐标 Y 可定义为

$$Y=\frac{1}{l}\int_{x_0}^{x_1} y\sqrt{1+y'^2}\,\mathrm{d}x$$

因此，要求在条件

$$K=\int_{x_0}^{x_1} y\sqrt{1+y'^2}\,\mathrm{d}x=l$$

之下，找出积分

$$J=\int_{x_0}^{x_1} y\sqrt{1+y'^2}\,\mathrm{d}x$$

的极小值.这时,函数 H 取形式

$$H(x,y,y')=(y+\lambda)\sqrt{1+y'^2}$$

引进变数变换

$$y+\lambda=z$$

我们发现,函数 H 的形式,像在确定最小旋转面问题里的积分号下的函数 F 一样.

利用那里所得的结果,得到极端曲线族的形式是

$$y=\alpha\mathrm{ch}\frac{x-\beta}{\alpha}-\lambda$$

这是恋链线的一般方程.任意常数由下列条件确定

$$y_0=\alpha\mathrm{ch}\frac{x_0-\beta}{\alpha}-\lambda$$

$$y_1=\alpha\mathrm{ch}\frac{x_1-\beta}{\alpha}-\lambda$$

$$\begin{aligned}\int_x^{x_1}\sqrt{1+y'^2}\,\mathrm{d}x&=\int_{x_0}^{x_1}\mathrm{ch}\frac{x-\beta}{\alpha}\mathrm{d}x\\&=\alpha\left[\mathrm{sh}\frac{x_1-\beta}{\alpha}-\mathrm{sh}\frac{x_0-\beta}{\alpha}\right]=l\end{aligned}$$

例 2 在联结定点 A 及 B[①] 并有定长为 l 的一切曲线中,试求出一条曲线,使它与线段 AB 围成的面积最大.

取通过定点 A,B(图 2)的直线为 x 轴,则由曲线 $y=y(x)$ 所围成的面积,显然总可认为在 x 轴之上,并且可表示为积分

$$J=\int_a^b y\,\mathrm{d}x$$

① 我们事先设 $l>\overline{AB}$,否则问题无意义.

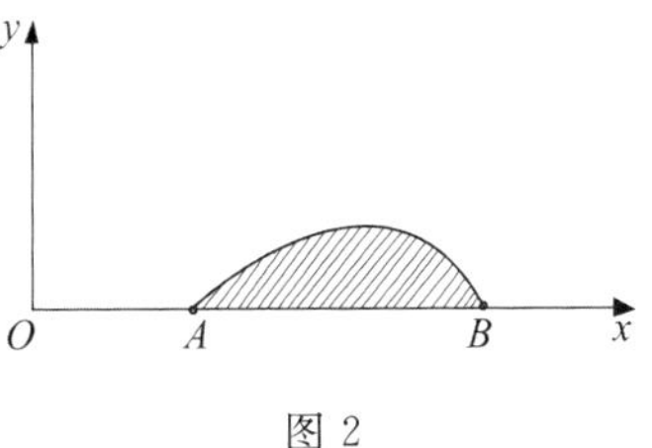

图 2

这里a,b是点A,B的横坐标.于是问题就化为,在条件

$$\int_a^b \sqrt{1+y'^2}\,\mathrm{d}x=l$$

及初始条件$y(a)=y(b)=0$之下,求出积分J的极大值.应用Euler法则,我们首先要确定积分

$$I=\int_a^b H(y,y')\,\mathrm{d}x$$

的极端曲线族,其中

$$H(y,y')=y+\lambda\sqrt{1+y'^2}$$

其次积分I的Euler方程的初次积分是

$$y+\lambda\sqrt{1+y'^2}-y'\lambda\frac{y'}{\sqrt{1+y'^2}}=\alpha$$

或

$$y=\alpha-\frac{\lambda}{\sqrt{1+y'^2}}$$

令

$$y'=\tan\varphi$$

则

$$y=\alpha-\lambda\cos\varphi$$

把它对x微分,得

$$y'=\lambda\sin\varphi\frac{\mathrm{d}\varphi}{\mathrm{d}x}=\tan\varphi$$

因而

$$x=\lambda\sin\varphi+\beta$$

于是极端曲线族的方程是

$$x=\lambda\sin\varphi+\beta$$
$$y=-\lambda\cos\varphi+\alpha$$

或者，消去 φ，得

$$(x-\beta)^2+(y-\alpha)^2=\lambda^2$$

因此，如果所求的曲线存在，那么这个曲线是圆. 三个决定圆的位置和半径的参数 α,β,λ，显然可从圆通过点 A,B，以及所求曲线的长为 l 的诸条件，唯一地求得.

推广 上面所分析的解决最简单的等周问题的方法，可以容易地推广到这种情形：可取曲线类是属于 C_1 类的曲线，它们联结两个定点，并满足 k 个条件

$$K_i=\int_a^b G^{(i)}(x,y,y')\mathrm{d}x=l_i, i=1,2,\cdots,k \quad (4)$$

这里函数 $G^{(i)}$ 满足一般常用的条件，而 l_i 是常数.

定理3 如果曲线 $y=y(x)$ 在一切属于 C_1 类并满足条件(4)的曲线中，给出积分

$$J=\int_a^b F(x,y,y')\mathrm{d}x$$

的极值，此外如果在积分区间 (a,b) 中存在着 k 个点 $x_1,x_2,\cdots,x_k$，使行列式

$$\Delta(x_1,x_2,\cdots,x_k)=\left| G^{(i)}[x_j,y(x_j),y'(x_j)]-\frac{\mathrm{d}}{\mathrm{d}x}G_{y'}^{(i)}[x_j,y(x_j),y'(x_j)]\right|$$

不等于零，其中 $i,j=1,2,\cdots,k$，那么就有 k 个常数 λ 存

在，使得曲线 $y(x)$ 满足微分方程

$$H_{y'}-\frac{\mathrm{d}}{\mathrm{d}x}H_{y'}=0$$

这里

$$H=F+\lambda_1G^{(1)}+\lambda_2G^{(2)}+\cdots+\lambda_kG^{(k)}$$

这个定理的证明，与最简单的情形完全类似.

可变端点的等周问题　现在我们来研究下面的问题. 设曲线类$[\gamma]$是由这样的 C_1 类的曲线作成，它们使得泛函 $K(\gamma)=\int_\gamma G(x,y,y')\mathrm{d}x$ 取定值 l，并且它们的端点在 C_1 类中的曲线 $y=\varphi(x)$，$y=\psi(x)$ 上. 在曲线类$[\gamma]$上定义泛函 $J(\gamma)=\int_\gamma F(x,y,y')\mathrm{d}x$. 试求$[\gamma]$类中的某一曲线 γ_0，使得 $J(\gamma)$ 达到它的极值.

我们可以断定，在$[\gamma]$类中 γ_0 有公共端点的那些曲线里，γ_0 使 $J(\gamma)$ 实现极值，这就是说，在有固定端点的并使 $K(\gamma)=l$ 的那些曲线中，γ_0 实现了 $J(\gamma)$ 的极值.

由 Euler 定理，可知有常数 λ 存在，使得 γ_0 是积分 $J+\lambda K=\int H\mathrm{d}x$ 的极端曲线，这就是说，满足 Euler 方程

$$H_y-\frac{\mathrm{d}}{\mathrm{d}x}H_{y'}=0$$

现在证明，在曲线 γ_0 的端点 A,B 上，满足斜截条件

$$\begin{cases}[H+(\varphi'-y')H_{y'}]^{(0)}=0\\ [H+(\psi'-y')H_{y'}]^{(1)}=0\end{cases}\tag{5}$$

我们作含有四个参变数的弧族，它包含极端曲线

γ_0，并且对于点 A 的某邻域和点 B 的某邻域中的每一对点 A'，B'，族中有且只有一条弧通过它们，并且这条弧连续地依赖于它的端点.

对于弧 γ_0，有

$$K(\gamma_0)=l$$

然而对于族中 γ_0 的邻近的弧 γ，有

$$K(\gamma)=K(\gamma_0)+\varepsilon_\gamma=l+\varepsilon_\gamma$$

这里 ε 是一个小的数，一般来说，它不是零.

可以改变这些弧的形状，而不改变它们的端点，使得改变后在族中的一切弧上有

$$K(\gamma)=l$$

实际上，γ_0 不是泛函 $K(\gamma)$ 的极端曲线弧，因此可以找到这个弧的一个内点 $C(x_1,y_1)$，使得表达式 $G_y-\frac{\mathrm{d}}{\mathrm{d}x}G_{y'}$，譬如说，大于零，即

$$G_y-\frac{\mathrm{d}}{\mathrm{d}x}G_{y'}>0$$

对于族中与 γ 邻近的诸曲线 $y=y(x)+\delta y(x)$，在诸点 $(x_1,y_1+\delta y_1)$ 上，这个不等式仍然满足.

如果在点 $(x_1,y_1+\delta y_1)$ 的充分小的邻域内，改变曲线 γ 的形状，那么它转变为另一个与 γ 有相同端点的曲线 γ_1.

此时

$$K(\gamma_1)-K(\gamma)\approx\left(G_y-\frac{\mathrm{d}}{\mathrm{d}x}G_{y'}\right)\sigma$$

这里 σ 表示 γ 与 γ_1 间的面积（这个表达式的右边是泛函 $K(\gamma)$ 在对应点上的变分），因为

$$G_y - \frac{\mathrm{d}}{\mathrm{d}x}G_{y'} \neq 0$$

所以可以选择 σ，使

$$K(\gamma_1) - K(\gamma) = -\varepsilon_\gamma$$

这就是

$$K(\gamma_1) = l$$

上述的变形可以连续地在整个族上进行，以使其结果所得到的弧族$\{\gamma_1\}$，有

$$K(\gamma_1) = l$$

在弧族$\{\gamma_1\}$上，$\mathrm{d}K(\gamma) = 0$. 所以在已给的族上

$$\mathrm{d}J(\gamma) = \mathrm{d}(J(\gamma) + \lambda K(\gamma))$$

曲线 γ_0 是泛函

$$H = J + \lambda K$$

的极端曲线. 当从极端曲线 γ_0 过渡到族$\{\gamma_1\}$中另一曲线时，可以表示为 $\mathrm{d}J = \mathrm{d}(J + \lambda K)$.

例 3　试求弯曲而不可伸长的、有质量的锞子的平衡位置，它的端点在曲线 φ 及 ψ 上滑动.

解　像我们已经看到的，问题化为在条件 $K = \int \sqrt{1 + y'^2}\,\mathrm{d}x = l$ 下求 $J = \int y\sqrt{1 + y'^2}\,\mathrm{d}x$ 的极小. 实现极小的曲线，是积分$\int (y + \lambda)\sqrt{1 + y''^2}\,\mathrm{d}x$ 的极端曲线. 因为积分号下的表达式具形式$A\sqrt{1 + y'^2}$，这里 $A = y + \lambda$，斜截条件化为正交条件. 因而在平衡状态下的锞子是恋链线，它在端点上与曲线 φ 及 ψ 正交.

2 条件极值

条件极值问题的提出 我们以联结两个定点或联结已给两条曲线上的点的空间曲线全体为可取曲线类,研究了泛函的极值. 在几何和力学的应用上,还有很多的问题,可取曲线在已给的曲面上,或者,在多个未知函数情形,可取曲线在某个流形上. 对应的变分问题称为条件极值问题. 只要考查这类问题的最简单情形,解决问题的方法和主要观念就可完全明白.

问题的提出 在联结两个定点 A,B,并且位于曲面

$$\varphi(x,y,z)=0 \qquad (1)$$

①

上的属于 C_1 类的一切曲线 $y=y(x),z=z(x)$ 中,确定某曲线,使积分

$$J=\int_{x_0}^{x_1}F(x,y,z,y',z')\mathrm{d}x \qquad (2)$$

沿着它取极值.

这个问题可以毫无困难地化为只有一个未知函数的最简单的变分问题. 实际上,对 z 来解方程(1),并把新得的 z 及 z' 的表达式代入函数 F,我们得到,积分号

① 我们设曲面没有奇点. 此外,我们还必须假定

$$\left(\frac{\partial\varphi}{\partial y}\right)^2+\left(\frac{\partial\varphi}{\partial z}\right)^2>0$$

这就是说,曲面上任何一点的切面都不垂直于 x 轴. 如果用参变数形式,这个条件可以取消.

下的函数 F 只依赖于 x, y, y'.

这个原则上可能的方法,在许多问题中实际上却难以实现,因为这时必须解一个方程,而通常这是很困难的.因此,我们采用另一方法,它与我们用来解决多元函数的条件极值问题类似.

Lagrange 方法　为了直接地解决上述问题,Lagrange 提供了所谓未定函数因子的方法.这个方法如下.

作函数

$$\Phi(x, y, z, y', z') = F + \lambda(x)\varphi$$

这里 $\lambda(x)$ 是 x 的未定函数.我们求积分

$$J_1 = \int_{x_0}^{x_1} \Phi \mathrm{d}x \tag{3}$$

的无条件极值.写出这个问题的 Euler 微分方程

$$\begin{cases} \Phi_y - \dfrac{\mathrm{d}}{\mathrm{d}x}\Phi_{y'} = F_y + \lambda\varphi_y - \dfrac{\mathrm{d}}{\mathrm{d}x}F_{y'} = 0 \\ \Phi_z - \dfrac{\mathrm{d}}{\mathrm{d}x}\Phi_{z'} = F_z + \lambda\varphi_z - \dfrac{\mathrm{d}}{\mathrm{d}x}F_{z'} = 0 \end{cases} \tag{4}$$

方程组(4)有三个未知函数:$y(x), z(x), \lambda(x)$,我们增添一个关系式

$$\varphi(x, y, z) = 0 \tag{5}$$

(4)及(5)中三个方程的解将含有三个任意常数,它们可由初始条件决定.这个方法的根据是下面的定理.

定理　如果曲线

$$y = y(x), z = z(x)$$

给出积分 J 的条件极值,则有一个因子 $\lambda(x)$ 存在,使得这条曲线是式(3)中积分 J_1 的无条件极值问题的极

端曲线.

设可取曲线类中的曲线 $y=y(x),z=z(x)$ 实现了所提出的问题的极小值. 如果 $\overline{y}=\overline{y}(x),\overline{z}=\overline{z}(x)$ 是可取曲线中的另一曲线,则

$$\varphi(x,y,z)=\varphi(x,\overline{y},\overline{z})=0 \tag{6}$$

$$\Delta J=J(\overline{y},\overline{z})-J(y,z)\geqslant 0 \tag{7}$$

选择区间(x_0,x_1)中的任一点 x',并且假定函数 $\delta y(x)=\overline{y}(x)-y(x),\delta z(x)=\overline{z}(x)-z(x)$ 仅仅在 x' 的某个小邻域内不是零. 令

$$\sigma_1=\int_{x_0}^{x_1}\delta y\,\mathrm{d}x$$

$$\sigma_2=\int_{x_0}^{x_1}\delta z\,\mathrm{d}x$$

设 ε_i 是比 $|\sigma_1|,|\sigma_2|$ 中较大的一个更高级的小量. 函数 $\overline{\varphi}_y,\overline{F}_y,\overline{F}_z,\cdots$ 上的横线表示这些函数当自变数分别为 $x,y+\theta_1\delta y,z+\theta_2\delta z,\cdots$ 时的值,这里 $|\theta_i|\leqslant 1$.

我们有

$$\begin{aligned}0&=\int_{x_0}^{x_1}[\varphi(x,\overline{y},\overline{z})-\varphi(x,y,z)]\mathrm{d}x\\&=\int_{x_0}^{x_1}(\overline{\varphi}_y\delta y+\overline{\varphi}_z\delta z)\mathrm{d}x\\&=\varphi_y\mid_{x=x'}\sigma_1+\varphi_z\mid_{x=x'}\sigma_2+\varepsilon_1\end{aligned}$$

设 σ_1,σ_2 的系数中的一个,例如 φ_z 不是零,则

$$\sigma_2=-\frac{\varphi_y}{\varphi_z}\bigg|_{x=x'}\cdot\sigma_1+\varepsilon_2 \tag{8}$$

进而由式(7),作普通的变换,得

$$\Delta J=\int_{x_0}^{x_1}\left(\overline{F}_y-\frac{\mathrm{d}}{\mathrm{d}x}\overline{F}_{y'}\right)\delta y\,\mathrm{d}x+$$

$$\begin{aligned}&\int_{x_0}^{x_1}\left(\overline{F}_z-\frac{\mathrm{d}}{\mathrm{d}x}\overline{F}_{z'}\right)\delta z\,\mathrm{d}x\\=&\left(F_y-\frac{\mathrm{d}}{\mathrm{d}x}F_{y'}\right)_{x=x'}\cdot\sigma_1+\\&\left(F_z-\frac{\mathrm{d}}{\mathrm{d}x}F_{z'}\right)_{x=x'}\cdot\sigma_2+\varepsilon_2\geqslant 0\end{aligned}\tag{9}$$

将式(8)代入式(9)得

$$\left[F_y-\frac{\mathrm{d}}{\mathrm{d}x}F_{y'}-\frac{\varphi_y}{\varphi_z}\left(F_z-\frac{\mathrm{d}}{\mathrm{d}x}F_{z'}\right)\right]_{x=x'}\cdot\sigma_1+\varepsilon_4\geqslant 0\tag{10}$$

不等式(10)对于任何充分小的，不论是正或是负的 σ_1 都成立，而 ε_4 趋向零的速度要快于 σ_1，因而必须使

$$F_y-\frac{\mathrm{d}}{\mathrm{d}x}F_{y'}-\frac{\varphi_y}{\varphi_z}\left(F_z-\frac{\mathrm{d}}{\mathrm{d}x}F_{z'}\right)=0\tag{11}$$

对于区间 (x_0,x_1) 中任一点 $x=x'$，当 $\varphi_z\neq 0$ 时是成立的. 若 $(\varphi_z)_{x=x'}=0$，则 $(\varphi_y)_{x=x'}\neq 0$. 于是把 y 及 z 对调，得到与式(11)类似的关系式. 这对关系式能写成对称形式

$$\frac{F_y-\frac{\mathrm{d}}{\mathrm{d}x}F_{y'}}{\varphi_y}=\frac{F_z-\frac{\mathrm{d}}{\mathrm{d}x}F_{z'}}{\varphi_z}$$

用 $-\lambda(x)$ 来表示上式的左边及右边的比，我们得到方程(4).

只要考查所述的定理的证明，不难相信，实际上由它就有下面的结果：如果曲线 $y=y(x)$，$z=z(x)$ 对于任意的满足条件

$$\varphi_y(x,y,z)\delta y+\varphi_z(x,y,z)\delta z=0\tag{12}$$

的 $\delta y(x)$,$\delta z(x)$ 恒使 J 的变分等于零,即

$$\begin{aligned}\delta J &= \delta\int_{x_0}^{x_1} F(x,y,z,y',z')\mathrm{d}x \\ &= \int_{x_0}^{x_1}\left[\left(F_y - \frac{\mathrm{d}}{\mathrm{d}x}F_{y'}\right)\delta y + \right. \\ &\qquad \left.\left(F_z - \frac{\mathrm{d}}{\mathrm{d}x}F_{z'}\right)\delta z\right]\mathrm{d}x \\ &= 0 \end{aligned} \tag{13}$$

那么就有这样的 $\lambda(x)$ 存在,它满足条件(4).

实际上,取式(12)的积分,像上面一样,我们得到式(8),而从式(8),运用与公式(9)及(10)类似的变换,立刻化为式(11),这就是所要证明的.

反之,任意的 $\lambda(x)$ 对于方程组(4)的每一个解,方程(12)可以引出了式(13).要证明这点,只要分别以 $\delta y(x)$ 及 $\delta z(x)$ 乘方程(4)的两边再取两边的积分,再逐项相加即可得到等式.

从上面所证明的定理得出:

要使曲线在条件(1)下实现积分(2)的条件极值,就必须要它对于每个满足关系式(12)的变分 $\delta y(x)$,$\delta z(x)$,使 $\delta J=0$.

测地线的寻求 要找出曲面 $\varphi(x,y,z)=0$ 上联结两点 $A(x_0,y_0,z_0)$ 及 $B(x_1,y_1,z_1)$ 的具有最小长度的弧 $\gamma\dot{y}=y(x)$,$z=z(x)$,即要找出所谓测地线的问题,化为在条件

$$\varphi(x,y,z)=0$$

及端点条件

$$y(x_0)=y_0,z(x_0)=z_0$$

$$y(x_1)=y_1, z(x_1)=z_1$$

下,求积分

$$J=\int_{x_0}^{x_1}\sqrt{1+y'^2+z'^2}\,\mathrm{d}x$$

的极小问题.

按 Lagrange 因子法则,这个问题化为寻求积分

$$\int_{x_0}^{x_1}\{\sqrt{1+y'^2+z'^2}-\lambda\varphi(x,y,z)\}\,\mathrm{d}x$$

的极端曲线问题.作 Euler 方程

$$\lambda(x)\varphi_y=\frac{\mathrm{d}}{\mathrm{d}x}\frac{y'}{\sqrt{1+y'^2+z'^2}}$$

$$\lambda(x)\varphi_z=\frac{\mathrm{d}}{\mathrm{d}x}\frac{z''}{\sqrt{1+y'^2+z'^2}}$$

由于著名的色雷－费雷纳公式,这些方程取形式

$$\lambda(x)\varphi_y=\frac{\cos\alpha_2}{r}$$

$$\lambda(x)\varphi_z=\frac{\cos\alpha_3}{r}$$

这里 $\cos\alpha_1,\cos\alpha_2,\cos\alpha_3$ 表示曲线 γ 的主法线的方向余弦,r 表示曲线 γ 的曲率半径,因而

$$\varphi_y : \varphi_z=\cos\alpha_2 : \cos\alpha_3$$

又从 $\varphi(x,y,z)=0$ 得出,沿曲线 γ : $y=y(x),z=z(x)$,有

$$\varphi_x+\varphi_y y'+\varphi_z z'=0 \tag{14}$$

然后,由于 γ 的主法线正交于同一曲线的切线,并且切线的角系数与 $1,y',z'$ 成比例,因此

$$\cos\alpha_1+\cos\alpha_2 y'+\cos\alpha_3 z'=0 \tag{15}$$

比较(13)(14)及(15)得到

$$\varphi_x : \varphi_y : \varphi_z = \cos\alpha_1 : \cos\alpha_2 : \cos\alpha_3$$

但因为 $\varphi_x, \varphi_y, \varphi_z$ 又与曲面 $\varphi=0$ 的法线方向余弦成比例，故得到这样的结论：测地线上每一点的主法线与曲面的法线重合.

3 Lagrange 的一般问题

Lagrange 的乘子方法也可应用到这样的一些问题中，其中可取曲线类是满足某一组微分方程的曲线.

设所要求的是积分

$$J=\int_{x_0}^{x_1} F(x, y, z, y', z') \mathrm{d}x$$

的极值，这时可取曲线是属于 C_1 类的空间曲线，它们满足微分关系式

$$\varphi(x, y, z, y', z')=0 \tag{1}$$

同时也满足附加于端点（这就是当 $x=x_0, x=x_1$ 时）的某些条件. 那么下面的定理（略去证明）是成立的.

定理 如果曲线 γ_0 在条件(1)下，给出泛函 J 的极值，并且如果沿着 γ_0，微商之一 $\varphi_{y'}$ 或 $\varphi_{z'}$ 不是零，那么就有这样的 x 的函数 $\lambda(x)$ 存在，使得 γ_0 是方程组

$$\begin{cases} H_y-\dfrac{\mathrm{d}}{\mathrm{d}x} H_{y'}=0 \\ H_z-\dfrac{\mathrm{d}}{\mathrm{d}x} H_{z'}=0 \end{cases} \tag{2}$$

的积分曲线，其中

$$H=F+\lambda\varphi$$

这个定理给出确定所求的曲线 γ_0 的方法. 事实

上,同时解方程(1)及(2),我们就可找到未知函数 y, z, λ.

为了估计方程组的解所含任意常数的个数,也就是估计必要的边值条件的个数,我们引进新的未知函数

$$u=\frac{\mathrm{d}y}{\mathrm{d}x},v=\frac{\mathrm{d}z}{\mathrm{d}x} \tag{3}$$

得到四个关于 λ,y,z,u,v 的一级微分方程(2)及(3),与一个有限关系式 $\varphi(y,z,u,v)=0$.

我们自然地要假定表达式 $\varphi_y-\varphi_{y'}$ 或 $\varphi_v-\varphi_{z'}$ 不变为零,这时可用其余的变数来表达式 u 或 v,并把它从(2)(3)中消去.我们得到一组含四个未知函数的四个一级微分方程,在一般情形下,它的普遍积分含有四个任意常数.

所求到的函数中的三个,即

$$y=y(x,\alpha_1,\alpha_2,\alpha_3,\alpha_4)$$
$$z=z(x,\alpha_1,\alpha_2,\alpha_3,\alpha_4)$$
$$\lambda=\lambda(x,\alpha_1,\alpha_2,\alpha_3,\alpha_4)$$

显然是方程组(1)及(2)的通解.为了消去四个任意常数,只需要在端点上附加四个条件(例如,曲线通过空间中两个定点的条件).

在一般情形下是这样的.然而在某些问题里,任意常数的个数可以减少.例如,考虑当方程(1)有积分

$$\psi(x,y,z)=C \tag{4}$$

时的情形(譬如,这个方程具有形式 $\psi_x+\psi_y y'+\psi_z z'=0$).

如果给出极值的曲线必须通过两个定点 $A(x_0, y_0, z_0)$ 及 $B(x_1, y_1, z_1)$，那么在方程(4)中，常数 C 可以由等式

$$\psi(x_0, y_0, z_0) = C$$

决定. 给出极值的曲线的端点 $B(x_1, y_1, z_1)$ 也必须属于曲面 $\psi(x, y, z) = C$，因此四个端点条件

$$y_0 = y(x_0), z_0 = z(x_0)$$

$$y_1 = y(x_1), z_1 = z(x_1)$$

彼此间不是独立的，而有关系式

$$\psi(x_0, y_0, z_0) = \psi(x_1, y_1, z_1) \tag{5}$$

在决定 C 之后，可以像解决第 2 节中那类极值问题(这就是当给定积分以极值的曲线在某曲面上)一样，来解决我们的问题. 但这时对应方程的积分有两个任意常数把它们与 C 合并，我们得到三个任意常数，它们由仅有的三个端点条件来确定.

问题的提出　上述方法可推广到更普遍的问题中. 譬如，要在满足 k 个微分方程

$$\varphi_j(x; y_1, y_2, \cdots, y_n; y_1', y_2', \cdots, y_n') = 0 \tag{6}$$

其中 $j = 1, 2, \cdots, k$ 及 $2n + k$ 个端点条件的全部可取曲线中，求出积分

$$\int_a^b F(x; y_1, y_2, \cdots, y_n; y_1', y_2', \cdots, y_n') \mathrm{d}x \tag{7}$$

的极值.

像在极简单的情形下一样，可以证明，如果所求的曲线 γ_0 存在，并且沿着它的函数矩阵

$$\left(\frac{\partial \varphi_j}{\partial y_i'}\right), j = 1, 2, \cdots, k; i = 1, 2, \cdots, n$$

的诸主行列式之一不为零，那么 γ_0 是下面的含 $n+k$ 个微分方程的方程组的积分曲线

$$\begin{cases}H_{y_i}-\dfrac{\mathrm{d}}{\mathrm{d}x}H_{y_i'}=0,i=1,2,\cdots,n\\ \varphi_j=0,j=1,2,\cdots,k\end{cases}\tag{8}$$

这里 $H=F+\sum\limits_{j=1}^{k}\lambda_j\varphi_j$，而 λ_j 是 x 的函数.

像在最简单的情形一样，如果预设所求的曲线存在，那么就可以由本定理实际地确定它. 事实上，方程组含 $n+k$ 个微分方程，其中 k 个一级方程，n 个二级方程. 因此，这一组的普遍积分

$$y=f_i(x,\alpha_1,\alpha_2,\cdots,\alpha_{2n+k}),i=1,2,\cdots,n$$

将包含 $2n+k$ 个任意常数. 按定理，所求的曲线 γ_0 属于这一组，因而要确定它，就只要决定常数 α 的值. 为此，显然只需利用所设的 $2n+k$ 个端点条件.

如果端点条件的个数大于 $2n+k$，那么问题一般无解. 如果端点条件的个数小于 $2n+k$，那么可以这样选择其余的任意常数 α，以使对于这些值，积分 J 沿着 γ_0 取极值，或者用变分方法来寻求附加条件，就是推广斜截概念.

上述问题称为 Lagrange 的一般问题[①].

① 普遍条件极值问题的几何叙述见 1934 年 Л. А. Люстерник 的工作. 利用函数的条件，使我们从所给的泛函空间中，区别出某一“流形”N. 在“流形”N 上，泛函 $J(\gamma)$ 的极值点是这样的一些点，在其上它与水平超曲面 $J(\gamma)=$ 常数相切，从而 Lagrange 因子法则的几何意义是明显的.

例 飞机原来的速度是 v_0,它应绕什么样的闭曲线飞行,使得在一段时间 T 内,绕过最大的面积;此时预设风的方向和速度是一定的.

设 x 轴与风的方向一致. 用 α 表示飞机纵向与 x 轴间的夹角,用 $x(t)$,$y(t)$ 表示飞机在某瞬间 t 时的位置的坐标. 飞机的速度 v 是原速 v_0 及风速 a 的几何和. 因为 v 的分量等于 x' 及 y',所以

$$x' = v_0 \cos \alpha + a$$

$$y' = v_0 \sin \alpha \tag{9}$$

飞机绕行的封闭路线所围成的面积,可表示为积分

$$\frac{1}{2}\int_0^T (xy' - yx')\mathrm{d}t \tag{10}$$

我们的问题化为在式(5)的两个条件下,寻求式(6)的极大问题. 为此,求出积分

$$\int_0^T [xy' - yx' + \lambda_1(x' - v_0 \cos \alpha - a) + \lambda_2(y' - v_0 \sin \alpha)]\mathrm{d}t \tag{11}$$

的无条件极值,这里所求的函数是:$x(t)$,$y(t)$,$\alpha = \alpha(t)$.

作出它的 Euler 方程,以 F 表示式(11)中积分号下的表达式,我们有

$$F_x - \frac{\mathrm{d}}{\mathrm{d}t}F_{x'} = 0$$

或

$$y' - \frac{\mathrm{d}}{\mathrm{d}t}(-y + \lambda_1) = 0 \tag{12}$$

$$F_y - \frac{\mathrm{d}}{\mathrm{d}t}F_{y'} = 0$$

或

$$-x' - \frac{\mathrm{d}}{\mathrm{d}t}(x + \lambda_2) = 0 \tag{13}$$

$$F_\alpha = 0$$

或

$$\lambda_1 \sin \alpha - \lambda_2 \cos \alpha = 0 \tag{14}$$

由式(12)(13)得

$$\begin{cases} 2x + C_2 = -\lambda_2 \\ 2y + C_1 = \lambda_1 \end{cases} \tag{15}$$

平移坐标原点,可以使表达式(15)中的常数 C_1 及 C_2 对于 x,y 变为零.于是

$$x = -\frac{\lambda_2}{2}, y = \frac{\lambda_1}{2} \tag{16}$$

化为极坐标.以 $r = \sqrt{x^2 + y^2}$ 及 φ 表示点(x,y)的矢量半径及辐角,点(x,y)代表在某时到飞机的位置.因为

$$\tan \varphi = \frac{y}{x}$$

故从式(16)得

$$\tan \varphi = -\frac{\lambda_1}{\lambda_2} \tag{17}$$

从式(14),又得

$$\tan \alpha = \frac{\lambda_2}{\lambda_1} \tag{18}$$

比较式(17)及(18)得

$$\alpha = \varphi + \frac{\pi}{2} \tag{19}$$

飞机的方向正交于矢量半径. 将式(19) 代入式(9)，则式(9) 化为下列方程组

$$\begin{cases} x' = -v_0 \sin \varphi + a \\ y' = v_0 \cos \varphi \end{cases} \tag{20}$$

以 x 乘第一方程，y 乘第二方程，并注意 $x = r\cos\varphi$，$y = r\sin\varphi$，逐项相加后得

$$xx' + yy' = ax = ar\cos\varphi = ar\sin\alpha$$

或

$$\frac{1}{2}\frac{\mathrm{d}}{\mathrm{d}t}(x^2 + y^2) = \frac{1}{2}\frac{\mathrm{d}}{\mathrm{d}t}r^2 = r\frac{\mathrm{d}r}{\mathrm{d}t} = ar\sin\alpha$$

利用公式(9)，有

$$\frac{\mathrm{d}r}{\mathrm{d}t} = \frac{a}{v_0}\frac{\mathrm{d}y}{\mathrm{d}t}$$

$$r = \frac{a}{v_0}y + C \tag{21}$$

这是焦点在原点的圆锥曲线的方程. 由题意，必须认为$\frac{a}{v_0}$ 小于 1(飞机的速度必须超过风速)，因此方程(17) 是离心率为$\frac{a}{v_0}$ 的椭圆，其长轴取 y 轴的方向(图 1).

于是，最大飞行面积的曲线是椭圆，它的长轴垂直于风向，离心率等于风速与飞机速度的比，并且飞机的方向必须垂直于椭圆的矢量半径.

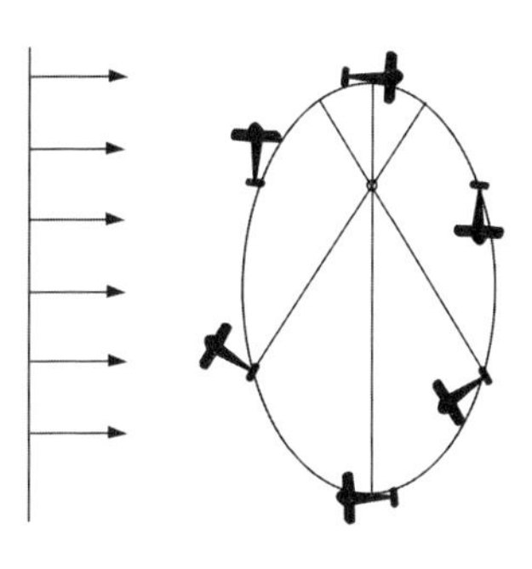

图 1

等周问题与 Lagrange 问题的关系　可以将等周问题化为 Lagrange 问题①.

设要在对应的边值条件及附加条件

$$K_i=\int_a^b F_i(x;y_1,y_1',\cdots;y_n,y_n',\cdots)\mathrm{d}x=l_i$$

$$(i=1,2,\cdots,m)$$

下求积分

$$J=\int_a^b F(x;y_1,y_1',y_1'',\cdots,y_1^{(k_1)};\\ y_2,y_2',\cdots,y_2^{(k_2)},\cdots;\\ y_n,y_n',\cdots,y_n^{(k_n)})\mathrm{d}x$$

的极值. 采用记号

$$\Psi_i(t)=\int_a^t F_i\mathrm{d}x,i=1,2,\cdots,m$$

我们有

$$\Psi_i'(x)=F_i(x;y_1,y_1',\cdots;y_n,y_n',\cdots) \qquad (22)$$

并且

① Lagrange 问题不能化为等周问题.

$$\Psi_i(a)=0,\Psi_i(b)=l_i,i=1,2,\cdots,m \tag{23}$$

于是等周问题等价于 Lagrange 问题：试求由关系式(18) 所联系的 $n+m$ 个函数 $y_1,y_2,\cdots,y_n;\Psi_1,\Psi_2,\cdots,\Psi_m$，其中 y_i 应满足对应的边值条件，Ψ_i 应满足条件(23)，以使它们在这些条件下，实现积分$\int_a^b F\mathrm{d}x$ 的极值.

按照 Lagrange 方法，问题化为寻求

$$\int_a^b[F-\sum_{i=1}^m\lambda_i(\Psi_i'-F_i)]\mathrm{d}x$$

的无条件极值，其中 $\lambda_i(x)$ 是某些函数；F_i 及 F 不依赖于 Ψ_i 及它们的微商. 将问题中含 $n+m$ 个方程的 Euler 方程组分解为对于函数 y_i 的 n 个方程

$$\frac{\partial}{\partial y_i}[F+\sum_{i=1}^m\lambda_i f_i]-\frac{\mathrm{d}}{\mathrm{d}x}\frac{\partial}{\partial y_i'}[F+\sum_{i=1}^m\lambda_iF_i]-\cdots=0$$

及对于函数 Ψ_i 的 m 个方程式，它们具有形式

$$\frac{\mathrm{d}}{\mathrm{d}x}\lambda_i=0,i=1,2,\cdots,m$$

这就是说，λ_i 化为常数.

4 Lagrange 乘数法在中学数学解题中的辅助作用

以几道数学期刊的征解问题为例.

例 1(《数学教学》问题 947)　设实数 x,y,z 满足 $x^2+y^2+z^2=1$，求 $xy=2yz$ 的最大值.

评析　考虑用 Lagrange 乘数法来探寻变量 $x,y,$

z 在最值下的取值情况，从而利用均值不等式将问题转化到约束条件下得出最值.

构造 Lagrange 函数 $L(x,y,z)=xy+2yz+\lambda(x^2+y^2+z^2-1)$，分别用记号 L'_x,L'_y,L'_z 表示函数 $L(x,y,z)$ 对 x,y,z 的导数. 令

$$\begin{cases}L'_x=y+2\lambda x=0\\L'_y=x+2z+2\lambda y=0\\L'_z=2y+2\lambda z=0\end{cases}$$

可得 $x:y:z=1:\sqrt{5}:2$，代入条件中，即得 $x^2=\frac{1}{10}$，$y^2=\frac{1}{2}$，$z^2=\frac{2}{5}$. 结合问题所求便知，当 $x^2=\frac{1}{10}$，$y^2=\frac{1}{2}$，$z^2=\frac{2}{5}$ 时，$xy=2yz$ 取得最大值.

解　$$\begin{aligned}xy+2yz&=\frac{\sqrt{5}}{2}\cdot\left(2\cdot x\cdot\frac{y}{\sqrt{5}}+2\cdot\frac{2y}{\sqrt{5}}\cdot z\right)\\&\leqslant\frac{\sqrt{5}}{2}\cdot\left[\left(x^2+\frac{y^2}{5}\right)+\left(\frac{4y^2}{5}+z^2\right)\right]\\&=\frac{\sqrt{5}}{2}(x^2+y^2+z^2)=\frac{\sqrt{5}}{2}\end{aligned}$$

当 $x^2=\frac{1}{10}$，$y^2=\frac{1}{2}$，$z^2=\frac{2}{5}$ 时，等号成立.

所以 $xy+2yz$ 的最大值为 $\frac{\sqrt{5}}{2}$.

例 2（《数学通讯》问题 333）　已知正数 a,b 满足 $a^3b^2(a+b)=24$，试求：$P=11a+14b$ 的最小值.

评析　考虑用 Lagrange 乘数法来探寻变量 a,b 在最值下的取值情况，从而利用均值不等式将问题转化到约束条件下得出最值.

构造 Lagrange 函数 $L(a,b)=11a+14b+\lambda(a^4b^2+a^3b^3-24)$,令

$$\begin{cases}L'_a=11+\lambda(4a^3b^2+3a^2b^3)=0\\L'_b=14+\lambda(2a^4b+3a^3b^2)=0\end{cases}$$

可得 $a=2b$,代入条件中,即得 $a=2,b=1,\lambda=-\frac{1}{4}$. 结合问题所求便知,当 $a=2,b=1$ 时,$P=11a+14b$ 取得最小值.

解
$$\begin{aligned}P&=11a+14b\\&=3a+3a+3a+6b+6b+2(a+b)\\&\geqslant 6\sqrt[6]{(3a)^3(6b)^2\cdot 2(a+b)}\\&=6\sqrt[6]{27\cdot 72a^3b^2(a+b)}\\&=6\sqrt[6]{27\cdot 72\cdot 24}=36\end{aligned}$$

当且仅当$\begin{cases}3a=6b=2(a+b)\\a^3b^2(a+b)=24\end{cases}$,即 $a=2,b=1$ 时,等号成立.

所以,$P=11a+14b$ 的最小值为 36.

类似地,还可以解决 2017 年湖北省预赛试题:

已知正实数 a,b 满足 $ab(a+b)=4$,求 $2a+b$ 的最小值.

例 3(《数学通讯》问题 381) 已知 $3x^2+17xy+12y^2=58$,求 $P=x+2y+3xy$ 的最大值.

评析 考虑用 Lagrange 乘数法来探寻变量 x,y 在最值下的取值情况,从而利用均值不等式将问题转化到约束条件下得出最值.

构造 Lagrange 函数 $L(x,y)=x+2y+3xy+$

$\lambda(3x^2+17xy+12y^2-58)$，令

$$\begin{cases} L'_x=1+3y+\lambda(6x+17y)=0 \\ L'_y=2+3x+\lambda(17x+24y)=0 \end{cases}$$

可得 $18x^2-72y^2-5x+10y=0$.

联立方程组

$$\begin{cases} 18x^2-72y^2-5x+10y=0 \\ 3x^2+17xy+12y^2=58 \end{cases}$$

解得 $x=2,y=1$ 或者 $x=-2,y=-1$.

显然，当 $x=2,y=1$ 时，$P=x+2y+3xy$ 取得最大值.

这样我们就能用待定系数法来确定约束条件的相关系数.

引入待定正系数 m,n,t，使得

$$\begin{aligned} & m(x^2+4)+n(y^2+1)+17xy+ \\ & t(x^2+4y^2)-(4m+n) \\ \geqslant\ & 4m\,|x|+2n\,|y|+17xy+4t\,|xy|-(4m+n) \\ \geqslant\ & 4mx+2ny+(17+4t)xy-(4m+n) \end{aligned}$$

令

$$\begin{cases} (4m):(2n):(17+4t)=1:2:3 \\ 4m+t=3 \\ n+4t=12 \end{cases}$$

解得 $m=\frac{29}{16},n=\frac{29}{4},t=\frac{19}{16}$.

这样就能利用均值不等式待定系数解决问题了！

解　由均值不等式得

$58=3x^2+17xy+12y^2$

$$=\frac{29}{16}(x^2+4)+\frac{29}{4}(y^2+1)+$$

$$17xy+\frac{19}{16}(x^2+4y^2)-\frac{29}{2}$$

$$\geqslant\frac{29}{4}|x|+\frac{29}{2}|y|+17xy+\frac{19}{4}|xy|-\frac{29}{2}$$

$$\geqslant\frac{29}{4}x+\frac{29}{2}y+17xy+\frac{19}{4}xy-\frac{29}{2}$$

$$\geqslant\frac{29}{4}(x+2y+3xy)-\frac{29}{2}$$

所以$\frac{29}{4}(x+2y+3xy)\leqslant 58+\frac{29}{2}$，整理得 $P=x+2y+3xy\leqslant 10$，当且仅当 $x=2,y=1$ 时等号成立.

因此，$P=x+2y+3xy$ 的最大值为 10.

类似地，还可以解决《数学通讯》问题 198：

设实数 a,b 满足 $a^2+ab+3b^2\leqslant 9$，求 $A=2a+2b+3ab$ 的最大值.

例 4（《数学通讯》问题 2008） 设正数 a,b,c 满足 $a+2b+3c\leqslant abc$，求 $5a+22b+c$ 的最小值.

评析 考虑用 Lagrange 乘数法来探寻变量 a,b,c 在最值下的取值情况，从而利用均值不等式得出结果.

易知 $5a+22b+c$ 在约束条件 $a+2b+3c\leqslant abc$ 的内部无极值，从而只可能在 $a+2b+3c=abc$ 的边界上有极值.

构造 Lagrange 函数 $L(a,b,c)=5a+22b+c+\lambda(a+2b+3c-abc)$，令

$$\begin{cases}L'_a=5+\lambda(1-bc)=0\\L'_b=22+\lambda(2-ca)=0\\L'_c=1+\lambda(3-ab)=0\end{cases}$$

可得 $ab=\dfrac{3\lambda+1}{\lambda},bc=\dfrac{\lambda+5}{\lambda},ca=\dfrac{2\lambda+22}{\lambda}$.

代入条件 $a+2b+3c=abc$ 中,整理可得 $(\lambda-1)\cdot(6\lambda^2+55\lambda+55)=0$,即得 $\lambda=1$.

当 $\lambda=1$ 时,$a=4,b=1,c=6$,从而 $5a+22b+c$ 有最小值.

用待定系数法可得出各变量的系数关系,即

$$\frac{3}{ab}=\frac{3a}{16}=\frac{3b}{4}=\frac{3}{4}$$

$$\frac{1}{bc}=\frac{b}{6}=\frac{c}{36}=\frac{1}{6}$$

$$\frac{2}{ca}=\frac{c}{72}=\frac{a}{48}=\frac{1}{12}$$

再将约束条件变形,并结合均值不等式就可以求出最值.

解　设 $S=5a+22b+c$,则有

$$\frac{S}{24}=\frac{5a}{24}+\frac{22b}{24}+\frac{c}{24} \tag{1}$$

再将已知条件变形为

$$1\geqslant\frac{3}{ab}+\frac{1}{bc}+\frac{2}{ca} \tag{2}$$

将式(1)与式(2)相加,经整理后再由三元均值不等式放缩可得

$$\frac{S}{24}+1\geqslant\left(\frac{5a}{24}+\frac{22b}{24}+\frac{c}{24}\right)+\left(\frac{3}{ab}+\frac{1}{bc}+\frac{2}{ca}\right)$$

$$=\left(\frac{3}{ab}+\frac{3a}{16}+\frac{3b}{4}\right)+\left(\frac{1}{bc}+\frac{b}{6}+\frac{c}{36}\right)+\left(\frac{2}{ca}+\frac{c}{72}+\frac{a}{48}\right)$$

$$\geqslant 3\sqrt[3]{\frac{3}{ab}+\frac{3a}{16}+\frac{3b}{4}}+3\sqrt[3]{\frac{1}{bc}+\frac{b}{6}+\frac{c}{36}}+3\sqrt[3]{\frac{2}{ca}+\frac{c}{72}+\frac{a}{48}}$$

$$=3$$

所以 $S\geqslant 48$，当且仅当 $a=4,b=1,c=6$ 时等号成立.

因此，$5a+22b+c$ 的最小值为 48.

例 5(《数学通讯》问题 3) 已知 a,b 均为正数，且满足 $\frac{1}{a}+\frac{2}{b}=\frac{1}{4}$，求 $a+b+\sqrt{a^{2}+b^{2}}$ 的最小值.

评析 考虑用 Lagrange 乘数法来探寻变量 a,b 在最值下的取值情况，从而利用 Cauchy 不等式处理掉 $a+b+\sqrt{a^{2}+b^{2}}$ 的根式，结合约束条件再利用 Cauchy 不等式得出最值.

构造 Lagrange 函数 $L(a,b)=a+b+\sqrt{a^{2}+b^{2}}+\lambda\left(\frac{1}{a}+\frac{2}{b}-\frac{1}{4}\right)$，令

$$\begin{cases}L'_{a}=1-\dfrac{a}{\sqrt{a^{2}+b^{2}}}-\dfrac{\lambda}{a^{2}}=0\\ L'_{b}=1-\dfrac{b}{\sqrt{a^{2}+b^{2}}}-\dfrac{2\lambda}{a^{2}}=0\end{cases}$$

可得 $4a=3b$，再结合条件 $\frac{1}{a}+\frac{2}{b}=\frac{1}{4}$ 得 $a=10,b=\frac{40}{3}$，$\lambda=\frac{160}{9}$，$a+b+\sqrt{a^{2}+b^{2}}$ 取得最小值.

解　由 Cauchy 不等式得

$$\begin{aligned}&a+b+\sqrt{a^2+b^2}\\=&a+b+\frac{1}{5}\sqrt{(3^2+4^2)(a^2+b^2)}\\\geqslant&a+b+\frac{1}{5}(3a+4b)\\=&\frac{1}{5}(8a+9b)\\=&\frac{4}{5}(8a+9b)\left(\frac{1}{a}+\frac{2}{b}\right)\\\geqslant&\frac{4}{5}(\sqrt{8}+\sqrt{18})^2=40\end{aligned}$$

当且仅当 $a=10, b=\frac{40}{3}$ 时等号成立.

因此, $a+b+\sqrt{a^2+b^2}$ 的最小值为 40.

例 6(《数学通讯》问题 181)　已知 $x, y\in\mathbf{R}^+$ 且 $\frac{1}{x}+\frac{2}{y}=3$, 求 x^2+y^2 的最小值.

评析　考虑用 Lagrange 乘数法来探寻变量 x, y 在最值下的取值情况,从而利用 Hölder 不等式得出结果.

构造 Lagrange 函数 $L(x,y)=x^2+y^2+\lambda\left(\frac{1}{x}+\frac{2}{y}-3\right)$, 令

$$\begin{cases}L'_x=2x+\dfrac{\lambda}{x^2}=0\\L'_y=2y+\dfrac{2\lambda}{y^2}=0\end{cases}$$

可得 $y=\sqrt[3]{2x}$，注意到 x^2+y^2 与 $\frac{1}{x}+\frac{2}{y}$ 的同变量比值恰好为 $y=\sqrt[3]{2x}$，因而可利用 Hölder 不等式.

解 由 Hölder 不等式得

$$
\begin{aligned}
9(x^2+y^2)&=(x^2+y^2)\left(\frac{1}{x}+\frac{2}{y}\right)\left(\frac{1}{x}+\frac{2}{y}\right)\\
&\geqslant\left(\sqrt[3]{x^2\cdot\frac{1}{x}\cdot\frac{1}{x}}+\sqrt[3]{y^2\cdot\frac{2}{y}\cdot\frac{2}{y}}\right)^3\\
&=(1+\sqrt[3]{4})^3
\end{aligned}
$$

所以 $x^2+y^2\geqslant\frac{(1+\sqrt[3]{4})^3}{9}$，当且仅当 $x=\frac{1+\sqrt[3]{4}}{3}$，$y=\frac{2+\sqrt[3]{2}}{3}$ 时等号成立.

另外，杨育池老师用 Cauchy 不等式给出了此题的一个漂亮解答：

由 Cauchy 不等式，设存在正数 λ，满足

$$(1+\lambda^2)(x^2+y^2)\geqslant(x+\lambda y)^2$$

$$(x+\lambda y)\left(\frac{1}{x}+\frac{2}{y}\right)\geqslant(1+\sqrt{2\lambda})^2$$

因为 $\frac{1}{x}+\frac{2}{y}=3$，所以

$$x+\lambda y\geqslant\frac{(1+\sqrt{2\lambda})^2}{3}$$

故

$$x^2+y^2\geqslant\frac{(1+\sqrt{2\lambda})^4}{9(1+\lambda^2)}$$

当且仅当

$$\begin{cases}1:x=\lambda:y\\ \sqrt{x}:\dfrac{1}{\sqrt{x}}=\sqrt{\lambda y}:\sqrt{\dfrac{2}{y}}\end{cases}$$

且

$$\frac{1}{x}+\frac{2}{y}=3$$

即 $\lambda=\sqrt[3]{2}, x=\dfrac{1+\sqrt[3]{4}}{3}, y=\dfrac{2+\sqrt[3]{2}}{3}$ 时，等号成立.

所以，x^2+y^2 的最小值为 $\dfrac{1}{9}(1+\sqrt[3]{4})^3$.

一道 2005 年高考试题的背景研究

附录Ⅲ

1　试题与信息论

2005 年普通高等学校招生全国统一考试理科数学(必修+选修Ⅱ)试题的最后一题(第 22 题,本附录称之为试题 A)为:

(Ⅰ)设函数 $f(x)=x\log_2 x+(1-x)\log_2(1-x)(0<x<1)$,求 $f(x)$ 的最小值.

(Ⅱ)设正数 $p_1,p_2,p_3,\cdots,p_{2^n}$ 满足 $p_1+p_2+p_3+\cdots+p_{2^n}=1$,证明

$$p_1\log_2 p_1+p_2\log_2 p_2+p_3\log_2 p_3+\cdots+p_{2^n}\log_2 p_{2^n}\geqslant -n$$

这是一道既贴近课本又具有深刻背景的试题,它就是信息论中一个最基础的概念与基本定理的描述.

信息是一个十分广泛的概念,哲学家将其视为构成客观世界的除物质、能量外的第三大要素,现在人们更把它看

作是推动社会文明的重要动力.它的广泛性涉及人类社会的各个领域,在生物世界也离不开信息的交流,从动物之间的各种动作交流到细胞的遗传生长都有信息的存在与作用.

由于信息概念的广泛性,试图对信息的一般形式进行度量是十分困难的.20世纪20年代,奈奎斯特(H. Nyquist)与哈特莱(L. Hartley)就已指出了信息度量与通信理论的关系,以及它们与概率、对数函数的联系.到了20世纪40年代,控制论的奠基人维纳(N. Wiener)、美国统计学家费希尔(E. Fisher)与美国数学家香农(C. E. Shannon)几乎同时提出了信息度量的熵的定义形式.

香农于1916年生于美国密歇根州,曾就读于密歇根大学电子工程和数学系,于1936年获得理学学士学位.1940年在麻省理工学院获博士学位,后又在普林斯顿大学进修了一年.之后,加入了新泽西州普林斯顿的贝尔电话实验室技术部.

1941年,在某种程度上出于战事的需要,香农对通信问题开始了深入的研究,并汇集他的研究成果,于1948年发表了论文《通信中的数学理论》.

现在看来伴随许多深奥的科学发现,当时产生科学突破的时机已经成熟了.但在通信理论领域却并非如此.虽然在20世纪40年代香农的工作并非与世隔绝,但是他的理论却非常独树一帜,以至于当时的通信专家都无法立即接受.但是随着他的定理逐渐被数学和工程界认可,这种理论发展至今已成为最重要的数学理论之一.

2　香农熵与试题 A

下面我们介绍一下香农熵和试题 A 的关系.

香农熵的基本概念来自随机试验(或随机变量)的不确定性.一个随机试验包含两个因素,即它的试验可能有多种结果出现,且每个结果的出现具有一定的可能性.如果可能出现的全体结果是有限或可数的,那么我们称这个随机试验是离散的.一个离散的随机试验或随机变量可以用 $X=[X,p(x)]$ 来表示,其中 X 为随机试验 X 的全体可能出现的结果,它的元素 $x\in X$ 为随机试验的基本事件,而 $p(x)$ 为在随机试验 X 中 x 出现的概率,以下记

$$p(\cdot)=\{P(x)\mid x\in X\}$$

为随机变量 x 的概率分布,如 $X=m=\{1,2,\cdots,m\}$,那么相应的随机试验可表示为

$$X=\begin{Bmatrix}1 & 2 & 3 & \cdots & m\\ p_1 & p_2 & p_3 & \cdots & p_m\end{Bmatrix}$$

我们可以对离散随机试验 $X=[m,p_i]$ 的不确定性度量规定一个概率分布($p_i,i=1,2,\cdots,m$) 的函数,也就是

$$H(X)=H(p^m)=H(p_1,p_2,\cdots,p_m)$$

关于随机试验不确定度的公理化条件为:

公理 1　在一个二进制的随机试验中确定试验的不确定度为零,也就是 $H(0,1)=0$.

公理 2　在一个二进制的随机试验中不确定度 $H(p,1-P)$ 是 $p\in(0,1)$ 的连续函数.

公理 3　不确定度 $H(X)$ 的大小与 X 中事件排列次序无关,也就是不确定度函数 $H(p_1,p_2,\cdots,p_m)$ 关于变量 $p_1,p_2,\cdots,p_m$ 是对称的.

公理 4　不确定度的大小具有可加性. 也就是说,如果随机试验的某事件内部蕴含不确定度,那么这些不确定度在平均概率意义下是可加的,即

$$H(p_1,p_2,\cdots,p_{m-1},q_1,q_2)$$
$$=H(p_1,p_2,\cdots,p_{m-1},p_m)+p_mH(\frac{q_1}{p_m},\frac{q_2}{p_m})$$

其中 $p_m=q_1+q_2$.

容易检验,二进制熵函数

$$H_2(x)=-x\log_2 x-(1-x)\log_2(1-x),0<x<1$$
$$H_2(0)=H_2(1)=0$$

就满足这四条公理. 在美国的一本信息论名著 *The Theory of Information and Coding*(R. J. McEliece 著)中,有一道习题表明 $H_2(x)$ 具有如下性质:

(1) $H'_2(x)=\log_2\left[\frac{1-x}{x}\right]$;

(2) $H''_2(x)=-[\log_2 x(1-x)]^{-1}$;

(3) $H_2(x)\leqslant 1$,等式成立当且仅当 $x=\frac{1}{2}$;

(4) $H_2(x)\geqslant 0,\lim\limits_{x\to 0}H_2(x)=\lim\limits_{x\to 1}H_2(x)=0$;

(5) $H_2(x)=H_2(1-x)$.

而这正是解决试题 A(Ⅰ)的基础.

如果我们记 $P_m=\{p^m=(p_1,\cdots,p_m)\mid p_i\geqslant 0,i=$

$1,\cdots,m;\sum_{i=1}^{m}p_i=1\}$,则有许多信息论著作中都有这样一个定理:

定理 如果 $H(p^m)$ 为 p_m 上的函数且满足公理 1 ~ 公理 4,那么 $H(p^m)$ 必为以下对数函数的形式

$$H(p_1,\cdots,p_m)=-\sum_{i=1}^{m}p_i\log_a p_i \tag{1}$$

由于上述 $H(p_1,\cdots,p_m)$ 的形式与热力学中的熵的形式十分相似,因此该不确定性的度量函数被称为香农熵.

在工程界,对式(1) 中对数的底 a 有不同的选择,常用的底取为 $a=2,3,\mathrm{e}$ 和 10,由此产生的不同的信息单位分别取为"比特"(Bit,信息度量的二进制单位),"铁特"(Tet,信息度量的三进制单位),"奈特"(Nat,信息度量的自然单位) 以及"笛特"(Det,信息度量的十进制单位).

3　一个基本性质

香农熵的一个最基本性质是:

定理 $H(p_1,p_2,\cdots,p_n)\leqslant\log_a n.$

为证明它,先证两个不等式.

(Ⅰ) 对任给 $x\in\mathbf{R}_+$,有

$$1-\frac{1}{x}\leqslant\ln x\leqslant x-1$$

其中等号成立当且仅当 $x=1$.

(Ⅱ) 对 $p_i\geqslant 0,q_i\geqslant 0,i=1,2,\cdots,n,a>0,a\neq 1,$

$\sum_{i=1}^{n} p_i = 1 = \sum_{i=1}^{n} q_i$，有

$$\sum_{i=1}^{n} p_i \log_a p_i \geqslant \sum_{i=1}^{n} p_i \log_a q_i$$

即

$$\sum_{i=1}^{n} p_i \log_a \frac{p_i}{q_i} \geqslant 0$$

其中等号成立当且仅当 $p_i = q_i, i = 1, 2, \cdots, n$.

证明　（Ⅰ）考虑函数 $f(x) = x - 1 - \ln x (x > 0)$，由 $f'(x) = 1 - \frac{1}{x}$ 及 $f''(x) = \frac{1}{x^2} > 0$，得 $f(x) \geqslant f(1) = 0$，即 $x - 1 \geqslant \ln x$，其中等号成立当且仅当 $x = 1$. 由此，令 $x = \frac{1}{y}$，便得 $1 - \frac{1}{y} \leqslant \ln y$.

（Ⅱ）由（Ⅰ）得

$$\lg \frac{q_i}{p_i} = (\log_a e)(\ln \frac{q_i}{p_i} \leqslant (\log_a e)(\frac{q_i}{p_i} - 1)$$

从而

$$\sum_{i=1}^{n} p_i \log_a \frac{q_i}{p_i} \leqslant (\log_a e) \sum_{i=1}^{n} p_i (\frac{q_i}{p_i} - 1) = 0$$

其中等号成立当且仅当 $p_i = q_i, i = 1, 2, \cdots, n$.

定理的证明　在（Ⅱ）中，令 $q_i = \frac{1}{n}, j = 1, \cdots, n$，即可得证.

当我们把底取为 2 时，定理即可写成

$$H(p_1, p_2, \cdots, p_n) \leqslant \log_2 n$$

即

$$-p_1 \log_2 p_1 - p_2 \log_2 p_2 - \cdots - p_n \log_2 p_n \leqslant \log_2 n$$

换 n 为 2^n,则可得

$$p_1\log_2 p_1+p_2\log_2 p_2+\cdots+p_{2^n}\log_2 p_{2^n}\geqslant n$$

这就是试题 A,既贴近课本,倍感亲切,又隐藏高深背景,耐人寻味.

4 对数和不等式

本节给出一个“对数和不等式”,并利用它来证明试题 A.

对数和不等式 对于正实数 $a_1,a_2,\cdots,a_n$ 和 $b_1,b_2,\cdots,b_n$,以及 $a>0,a\neq 1$ 有

$$\sum_{i=1}^{n}a_i\log_a\frac{a_i}{b_i}\geqslant\left(\sum_{i=1}^{n}a_i\right)\log_a\frac{\sum\limits_{i=1}^{n}a_i}{\sum\limits_{i=1}^{n}b_i}\tag{1}$$

其中等号成立当且仅当$\frac{a_i}{b_i}=$常数.

证明 由于对任意的正数 t 有 $f''(t)=\frac{\log_a e}{t}>0$,可知函数 $f(t)=t\log_a t$ 严格凸,因此由琴生(Jensen)不等式,有

$$\sum_{i=1}^{n}a_i f(t_i)\geqslant f\left(\sum_{i=1}^{n}a_i t_i\right)$$

其中 $a_i>0$,$\sum\limits_{i=1}^{n}a_i=1$.设 $a_i=\frac{b_i}{B}$,其中 $B=\sum\limits_{j=1}^{n}b_j$,$t_i=\frac{a_i}{b_i}$,可得

$$\sum_{i=1}^{n}\frac{a_i}{B}\log_a\frac{a_i}{b_i}\geqslant(\sum_{i=1}^{n}\frac{a_i}{B})\log_a\sum_{i=1}^{n}\frac{a_i}{B}$$

两边同时乘以 B 后,即为对数和不等式.

在对数和不等式中取 $a=2,b_i=\frac{1}{n},i=1,\cdots,n$,则 $B=1,\sum_{i=1}^{n}a_i=1$,式(1) 变为 $\sum_{i=1}^{n}a_i\log_a\frac{a_i}{b_i}\geqslant 0$,亦即

$$\sum_{i=1}^{n}a_i\log_2 a_i\geqslant\sum_{i=1}^{n}a_i\log_2 b_i=-\log_2 n$$

令 $a_i=p_i,i=1,\cdots,n$,换 n 为 2^n,则有

$$\sum_{i=1}^{2^n}p_i\log_2 p_i\geqslant-\log_2 2^n=-n$$

证毕.

5　Lagrange 乘子法的应用

信息熵 $H(p_1,p_2,\cdots,p_r)=-\sum_{i=1}^{n}p_i\log_a p_i$ 可视为 r 个信源符号 $a_i(i=1,2,\cdots,r)$ 的概率分布 $p_i(i=1,2,\cdots,r)$ 的函数. 一般离散信源的 r 个概率分量 $p_1,p_2,\cdots,p_r$ 必须满足 $\sum_{i=1}^{r}p_i=1$. 熵函数 $H(p_1,p_2,\cdots,p_r)$ 的最大值,应该是在约束条件 $\sum_{i=1}^{r}p_i=1$ 的约束下熵函数 $H(p_1,p_2,\cdots,p_r)$ 的条件极大值.

由 Lagrange 方法,作辅助函数

$$F(p_1,p_2,\cdots,p_r)=H(p_1,p_2,\cdots,p_r)+\lambda(\sum_{i=1}^{r}p_i-1)$$

$$=-\sum_{i=1}^{r}p_i\log_a p_i+\lambda(\sum_{i=1}^{r}p_i-1) \quad (1)$$

式中，λ 为待定常数. 对辅助函数 $F(p_1,p_2,\cdots,p_r)$ 中的 r 个变量 $p_1,p_2,\cdots,p_r$ 分别求偏导数，并设之为零，可得 r 个稳定点方程

$$-(1+\lg p_i)+\lambda=0, i=1,2,\cdots,r \quad (2)$$

由此方程组可解得

$$p_i=a^{\lambda-1}, i=1,2,\cdots,r \quad (3)$$

将式(3)代入约束方程，有

$$\sum_{i=1}^{r}p_i=\sum_{i=1}^{r}a^{\lambda-1}$$

$$=ra^{\lambda-1}=1$$

即得

$$a^{\lambda-1}=\frac{1}{r} \quad (4)$$

由式(3)(4)可知，当 $p_i=\frac{1}{r}(i=1,2,\cdots,r)$ 时熵函数的最大值为

$$H_0(p_1,p_2,\cdots,p_r)=H(\frac{1}{r},\frac{1}{r},\cdots,\frac{1}{r})$$

$$=-\sum_{i=1}^{r}\frac{1}{r}\log_a\frac{1}{r}$$

$$=\log_a r$$

故有

$$-\sum_{i=1}^{r}p_i\log_a p_i\leqslant\log_a r$$

取 $a=2, r=2^n$ 时便为前面提到的高考试题 A.

6　Lagrange乘子定理在微分熵的极大化问题

离散熵的极大化问题很简单，我们已经知道结论，等概率分布时，熵最大. 求连续随机变量的最大微分熵，还须附加一些约束条件，如幅值受限、功率受限等.

所谓幅值受限，即随机变量的取值受限于某个区间. 由于幅值受限，所以峰值功率也受限，二者是等价的. 在幅值受限条件下，随机变量服从均匀分布时，微分熵最大，具体结论由以下定理给出.

定理　设 X 的取值受限于有限区间 $[a,b]$，则 X 服从均匀分布时，其熵达到最大.

证明　因为 X 的取值受限于有限区间 $[a,b]$，则有

$$\int_a^b f_X(x)\mathrm{d}x = 1 \tag{1}$$

要在以上约束条件下求微分熵的最大值，利用Lagrange乘子法，令

$$F[f_X(x)] = -\int_a^b f_X(x)\lg f_X(x)\mathrm{d}x + \lambda\left[\int_a^b f_X(x)\mathrm{d}x - 1\right]$$

于是，问题转化成求 $F[f_X(x)]$ 的最大值问题. 经简单推导，再应用 $\ln z \leqslant z-1$，有

$$F[f_X(x)] = \ln\int_a^b f_X(x)\ln\left[\frac{2^\lambda}{f_X(x)}\right]\mathrm{d}x - \lambda$$

$$\leqslant \log \mathrm{e}\int_{a}^{b} f_X(x)\left[\frac{2^{\lambda}}{f_X(x)}-1\right]\mathrm{d}x-\lambda$$

上式等号成立的时候就是取最大值的时候，等号成立的充要条件是

$$\frac{2^{\lambda}}{f_X(x)}=1$$

即

$$f_X(x)=2^{\lambda}$$

由式(1)的约束条件决定常数 λ(或 2^{λ}).

因为

$$\int_{a}^{b} f_X(x)\mathrm{d}x=\int_{a}^{b} 2^{\lambda}\mathrm{d}x=2^{\lambda}(b-a)=1$$

所以

$$f_X(x)=2^{\lambda}=\frac{1}{b-a}$$

即 X 服从均匀分布

$$f_X(x)=\begin{cases}\dfrac{1}{b-a}, x\in[a,b]\\ 0, x\notin[a,b]\end{cases}$$

此时，最大微分熵为

$$h(X)=-\int_{a}^{b}\frac{1}{b-a}\lg\frac{1}{b-a}\mathrm{d}x=\lg(b-a)$$

设 X 的方差受限为 σ^2，即

$$\int_{-\infty}^{\infty}(x-\mu)^2 f_X(x)\mathrm{d}x=\sigma^2 \qquad (2)$$

式中 μ 为 X 的均值，而

$$\int_{-\infty}^{\infty}(x-\mu)^2 f_X(x)\mathrm{d}x$$

$$=\int_{-\infty}^{\infty}(x^2-2x\mu+\mu^2)f_X(x)\mathrm{d}x$$

$$=\int_{-\infty}^{\infty}x^2f_X(x)\mathrm{d}x-\mu^2$$

所以

$$\int_{-\infty}^{\infty}x^2f_X(x)\mathrm{d}x=\sigma^2+\mu^2=P$$

也就是说，均值一定时，方差受限为σ^2等价于平均功率受限于$P=\sigma^2+\mu^2$.

若干利用 Lagrange 乘子定理解决的分析题目

附录 IV

1. 求在两个曲面 $x^2-xy+y^2-z^2=1$ 与 $x^2+y^2=1$ 交线上到原点最近的点.

解 设 (x,y,z) 是两曲面交线上的动点. 已知它到原点的距离是

$$d(x,y,z)=\sqrt{x^2+y^2+z^2}$$

依题意, 求距离函数 $d(x,y,z)=\sqrt{x^2+y^2+z^2}$ 在满足方程组

$$\begin{cases}x^2-xy+y^2-z^2=1\\x^2+y^2=1\end{cases}$$

条件下的最小值. 由于在满足这个方程组的条件下, 函数 $d(x,y,z)$ 与 $d^2(x,y,z)$ 有相同的最小值点, 为了简化计算, 下面求函数

$$d^2(x,y,z)=x^2+y^2+z^2$$

在满足上述方程组的条件下的最小值点, 根据 Lagrange 乘子法, 设

$$\begin{aligned}&\Phi(x,y,z,\lambda_1,\lambda_2)\\=&x^2+y^2+z^2+\lambda_1(x^2-xy+y^2-z^2-1)+\\&\lambda_2(x^2+y^2-1)\end{aligned}$$

令

$$\begin{cases}\dfrac{\partial\Phi}{\partial x}=2x+2\lambda_1 x-\lambda_1 y+2\lambda_2 x=0\\[2mm]\dfrac{\partial\Phi}{\partial y}=2y-\lambda_1 x+2\lambda_1 y+2\lambda_2 y=0\\[2mm]\dfrac{\partial\Phi}{\partial z}=2z-2\lambda_1 z=0\\[2mm]\dfrac{\partial\Phi}{\partial\lambda_1}=x^2-xy+y^2-z^2-1=0\\[2mm]\dfrac{\partial\Phi}{\partial\lambda_2}=x^2+y^2-1=0\end{cases}$$

由此方程组解得八个稳定点(去掉 λ_1 与 λ_2 的坐标)

$$(1,0,0)(-1,0,0),(0,1,0),(0,-1,0)$$

$$\left(\frac{1}{\sqrt{2}},-\frac{1}{\sqrt{2}},\frac{1}{\sqrt{2}}\right),\left(\frac{1}{\sqrt{2}},-\frac{1}{\sqrt{2}},-\frac{1}{\sqrt{2}}\right)$$

$$\left(-\frac{1}{\sqrt{2}},\frac{1}{\sqrt{2}},\frac{1}{\sqrt{2}}\right),\left(-\frac{1}{\sqrt{2}},\frac{1}{\sqrt{2}},-\frac{1}{\sqrt{2}}\right)$$

依题意,$d^2(x,y,z)$(或 $d(x,y,z)$)必取到最小值,且只能在这八个点上取到最小值.为此,验证

$$\begin{aligned}d^2(1,0,0)&=d^2(-1,0,0)\\&=d^2(0,1,0)\\&=d^2(0,-1,0)=1\end{aligned}$$

$$d^2\left(\frac{1}{\sqrt{2}},-\frac{1}{\sqrt{2}},\frac{1}{\sqrt{2}}\right)=d^2\left(\frac{1}{\sqrt{2}},-\frac{1}{\sqrt{2}},-\frac{1}{\sqrt{2}}\right)$$

$$=d^2\left(-\frac{1}{\sqrt{2}},\frac{1}{\sqrt{2}},\frac{1}{\sqrt{2}}\right)$$

$$=d^2\left(-\frac{1}{\sqrt{2}},\frac{1}{\sqrt{2}},-\frac{1}{\sqrt{2}}\right)=\frac{3}{2}$$

于是，两曲面的交线上有四个点$(1,0,0)$，$(-1,0,0)$，$(0,1,0)$，$(0,-1,0)$到原点的距离最近，其距离都是1.

2. 求椭球面$\frac{x^2}{a^2}+\frac{y^2}{b^2}+\frac{z^2}{c^2}=1$在第一卦限部分上的切平面与三个坐标面围成四面体的最小体积.

解　在第一卦限的椭球面$\frac{x^2}{a^2}+\frac{y^2}{b^2}+\frac{z^2}{c^2}=1$上任取一点$(x,y,z)(x>0,y>0,z>0)$，过点$(x,y,z)$的切平面方程是(易求)

$$\frac{2x}{a^2}(X-x)+\frac{2y}{b^2}(Y-y)+\frac{2z}{c^2}(Z-z)=0$$

切平面在三个坐标轴的截距分别是

$$\frac{a^2}{x},\frac{b^2}{y},\frac{c^2}{z}$$

于是，切平面与三个坐标面围成的四面体(看成锥体)的体积

$$V(x,y,z)=\frac{1}{3}\cdot\frac{1}{2}\cdot\frac{a^2}{x}\cdot\frac{b^2}{y}\cdot\frac{c^2}{z}=\frac{a^2b^2c^2}{6xyz}$$

其中$x>0,y>0,z>0$. 方程是$\frac{x^2}{a^2}+\frac{y^2}{b^2}+\frac{z^2}{c^2}=1$.

由 Lagrange 乘子法，设

$$\Phi(x,y,z,\lambda)=\frac{a^2b^2c^2}{6xyz}+\lambda\left(\frac{x^2}{a^2}+\frac{y^2}{b^2}+\frac{z^2}{c^2}-1\right)$$

令

$$\begin{cases}\dfrac{\partial \Phi}{\partial x}=-\dfrac{a^2b^2c^2}{6x^2yz}+\dfrac{2\lambda x}{a^2}=0\\ \dfrac{\partial \Phi}{\partial y}=-\dfrac{a^2b^2c^2}{6xy^2z}+\dfrac{2\lambda y}{b^2}=0\\ \dfrac{\partial \Phi}{\partial z}=-\dfrac{a^2b^2c^2}{6xyz^2}+\dfrac{2\lambda z}{c^2}=0\\ \dfrac{\partial \Phi}{\partial \lambda}=\dfrac{x^2}{a^2}+\dfrac{y^2}{b^2}+\dfrac{z^2}{c^2}-1=0\end{cases}$$

由此方程组解得在区域 $D(x>0,y>0,z>0)$ 存在唯一稳定点(去掉 λ 的坐标)$\left(\dfrac{a}{\sqrt{3}},\dfrac{b}{\sqrt{3}},\dfrac{c}{\sqrt{3}}\right)$.

已知函数 $V(x,y,z)$ 在开区域 D 必存在最小值，这里又只有唯一一个稳定点$\left(\dfrac{a}{\sqrt{3}},\dfrac{b}{\sqrt{3}},\dfrac{c}{\sqrt{3}}\right)$. 因此,$V(x,y,z)$ 必在此稳定点取得最小值. 最小值就是最小的四面体的体积,即

$$V_{最小}=\frac{a^2b^2c^2}{6\dfrac{a}{\sqrt{3}}\dfrac{b}{\sqrt{3}}\dfrac{c}{\sqrt{3}}}=\frac{\sqrt{3}}{2}abc$$

3. 求抛物线 $y=x^2$ 与直线 $x-y-2=0$ 之间的距离(即最小距离).

解　设(x,y)是抛物线 $y=x^2$ 上的任意点,(u,v)是直线 $u-v-2=0$ 上的任意点. 已知点(x,y)到点(u,v)的距离是

$$d(x,y,u,v)=\sqrt{(x-u)^2+(y-v)^2}$$

依题意,求函数

$$d^2(x,y,u,v)=(x-u)^2+(y-v)^2$$

满足方程组:$y=x^2$ 与 $u-v-2=0$ 的最小值点.

由 Lagrange 乘子法,设

$$\Phi(x,y,u,v,\lambda_1,\lambda_2)=(x-u)^2+(y-v)^2+\lambda_1(y-x^2)+\lambda_2(u-v-2)$$

令

$$\begin{cases}\dfrac{\partial\Phi}{\partial x}=2(x-u)-2\lambda_1 x=0\\ \dfrac{\partial\Phi}{\partial y}=2(y-v)+\lambda_1=0\\ \dfrac{\partial\Phi}{\partial u}=-2(x-u)+\lambda_2=0\\ \dfrac{\partial\Phi}{\partial v}=-2(y-v)-\lambda_2=0\\ \dfrac{\partial\Phi}{\partial\lambda_1}=y-x^2=0\\ \dfrac{\partial\Phi}{\partial\lambda_2}=u-v-2=0\end{cases}$$

由此方程组解得唯一稳定点(去掉 λ_1 与 λ_2 的坐标)$\left(\frac{1}{2},\frac{1}{4},\frac{11}{8},\frac{-5}{8}\right)$. 已知 $d^2(x,y,u,v)$ 或 $d(x,y,u,v)$ 必存在最小值, 这里又只有唯一一个稳定点 $\left(\frac{1}{2},\frac{1}{4},\frac{11}{8},\frac{-5}{8}\right)$. 因此 $d(x,y,u,v)$ 必在此稳定点取到最小值,最小值是

$$d\left(\frac{1}{2},\frac{1}{4},\frac{11}{8},\frac{-5}{8}\right)=\sqrt{\frac{49}{32}}=\frac{7}{4\sqrt{2}}$$

4. 求二次型

$$f(x,y,z)=Ax^2+By^2+Cz^2+2Dyz+2Ezx+2Fxy$$

满足方程

$$x^2+y^2+z^2=1$$

的最小值和最大值.

解　三元函数 $f(x,y,z)$ 在球面 $x^2+y^2+z^2=1$(有界闭区域) 是连续函数,从而 $f(x,y,z)$ 在球面必能取到最大值与最小值,从而这个最大值和最小值就是极大值和极小值.

由 Lagrange 乘子法,设

$$\Phi(x,y,z,\lambda)=Ax^2+By^2+Cz^2+2Dyz+2Ezx+2Fxy-\lambda(x^2+y^2+z^2-1)$$

这里取"$-\lambda$"在形式上比较简单,令

$$\begin{cases}\dfrac{\partial\Phi}{\partial x}=2Ax+2Ez+2Fy-2\lambda x=0\\[2mm]\dfrac{\partial\Phi}{\partial y}=2By+2Dz+2Fx-2\lambda y=0\\[2mm]\dfrac{\partial\Phi}{\partial z}=2Cz+2Dy+2Ex-2\lambda z=0\\[2mm]\dfrac{\partial\Phi}{\partial\lambda}=x^2+y^2+z^2-1=0\end{cases}\tag{1}$$

已知二次型函数 $f(x,y,z)$ 在球面 $x^2+y^2+z^2=1$ 上必取到极值,则函数 $\Phi(x,y,z,\lambda)$ 必存在稳定点,即方程组(1) 必有解.设其中一组解是(x_1,y_1,z_1,λ_1).由方程组(1) 的第四个方程,有 $x_1^2+y_1^2+z_1^2=1$,即点(x_1,y_1,z_1) 在球面 $x^2+y^2+z^2=1$ 上,显然,x_1,y_1,z_1 不能同时为零,从而(x_1,y_1,z_1,λ_1) 必是方程组(1) 的前面三个方程组成的齐次线性方程组

$$\begin{cases}(A-\lambda)x+Fy+Ez=0\\Fx+(B-\lambda)y+Dz=0\\Ex+Dy+(C-\lambda)z=0\end{cases}\tag{2}$$

的一组非零解. 方程组有非零解的充分必要条件是系数行列式等于零,即

$$\begin{vmatrix}A-\lambda & F & E\\F & B-\lambda & D\\E & D & C-\lambda\end{vmatrix}=0\tag{3}$$

行列式方程(3)是λ的三次方程,且λ_1必是这个λ的三次方程的根,即λ_1是对称矩阵

$$\begin{pmatrix}A & F & E\\F & B & D\\E & D & C\end{pmatrix}$$

的特征值. 因为对称矩阵的特征值都是实数. 从而,λ的三次方程(3)有三个实根. 设这三个实根分别是λ_1,λ_2,λ_3,且$\lambda_1\leqslant\lambda_2\leqslant\lambda_3$,设$\Phi(x,y,z,\lambda)$与$\lambda_1$,$\lambda_2$,$\lambda_3$对应的三个稳定点分别是

$$(x_1,y_1,z_1,\lambda_1),(x_2,y_2,z_2,\lambda_2),(x_3,y_3,z_3,\lambda_3)$$

将稳定点(x_3,y_3,z_3,λ_3)的坐标代入方程组(2),并用x_3,y_3,z_3分别乘方程组(2)的第一、二、三个方程,然后相加,有

$$Ax_3^2+By_3^2+Cz_3^2+2Dy_3z_3+2Ez_3x_3+$$
$$2Fx_3y_3-\lambda_3(x_3^2+y_3^2+z_3^2)=0$$

即

$$f(x_3,y_3,z_3)=\lambda_3(x_3^2+y_3^2+z_3^2)$$

已知$x_3^2+y_3^2+z_3^2=1$,则

$$f(x_3, y_3, z_3) = \lambda_3$$

同理有 $f(x_1, y_1, z_1) = \lambda_1$ 与 $f(x_2, y_2, z_2) = \lambda_2$. 于是,二次型函数 $f(x, y, z)$ 在球面 $x^2 + y^2 + z^2 = 1$ 上的最大值就是最大的特征值 λ_3(在点(x_3, y_3, z_3)取到). 最小值就是最小的特征值 λ_1(在点(x_1, y_1, z_1)取到).

注　此题指出:二次型函数在单位球面上的最大值(或最小值)恰是二次型对应的对称矩阵的最大(或最小)特征值或特征根.

5. 证明:不等式

$$\frac{x^n + y^n}{2} \geqslant \left(\frac{x + y}{2}\right)^n$$

其中 $n \geqslant 1, x \geqslant 0, y \geqslant 0$.

证明　设 $x + y = c$. 此不等式就转化为证明函数

$$u(x, y) = \frac{1}{2}(x^n + y^n)$$

满足方程 $x + y = c(c > 0, x \geqslant 0, y \geqslant 0)$ 的最小值是 $\left(\frac{c}{2}\right)^n$. 设

$$\Phi(x, y, \lambda) = \frac{1}{2}(x^n + y^n) + \lambda(x + y - c)$$

令

$$\begin{cases} \dfrac{\partial \Phi}{\partial x} = \dfrac{n}{2} x^{n-1} + \lambda = 0 \\ \dfrac{\partial \Phi}{\partial y} = \dfrac{n}{2} y^{n-1} + \lambda = 0 \\ \dfrac{\partial \Phi}{\partial \lambda} = x + y - c = 0 \end{cases}$$

解得唯一一组解(去掉 λ 坐标)为 $x = y = \frac{c}{2}$.

因为函数 $u(x,y)$ 在第一象限内的有界闭线段 L：$x+y=c, x\geqslant 0, y\geqslant 0$ 上连续，所以 $u(x,y)$ 在 L 必取得最大值与最小值，从而函数 $u(x,y)$ 在 L 上的最大值和最小值必在 L 上的点 $\left(\frac{c}{2},\frac{c}{2}\right)$ 和两个端点 $(0,c)$ 与 $(c,0)$ 取到. 比较函数 $u(x,y)$ 在这三点的函数值

$$u(0,c)=u(c,0)=\frac{c^n}{2}\geqslant\left(\frac{c}{2}\right)^n=u\left(\frac{c}{2},\frac{c}{2}\right)$$

于是，函数 $u(x,y)$ 在点 $\left(\frac{c}{2},\frac{c}{2}\right)$ 取到最小值，即

$$\frac{x^n+y^n}{2}\geqslant\left(\frac{c}{2}\right)^n=\left(\frac{x+y}{2}\right)^n$$

6. 证明：Hölder 不等式

$$\sum_{i=1}^{n}a_ib_i\leqslant\left(\sum_{i=1}^{n}a_i^q\right)^{\frac{1}{q}}\left(\sum_{i=1}^{n}b_i^p\right)^{\frac{1}{p}}$$

其中 $a_i\geqslant 0, b_i\geqslant 0, i=1,2,\cdots,n, q>1$，而$\frac{1}{p}+\frac{1}{q}=1$.

评析 将 Hölder 不等式改写为

$$\frac{\sum_{i=1}^{n}a_ib_i}{\left(\sum_{i=1}^{n}b_i^p\right)^{\frac{1}{p}}}\leqslant\left(\sum_{i=1}^{n}a_i^q\right)^{\frac{1}{q}}$$

或

$$\sum_{i=1}^{n}a_i\frac{b_i}{\left(\sum_{i=1}^{n}b_i^p\right)^{\frac{1}{p}}}\leqslant\left(\sum_{i=1}^{n}a_i^q\right)^{\frac{1}{q}}$$

不难看到，只要证明$\left(\sum_{i=1}^{n}a_i^q\right)^{\frac{1}{q}}$ 就是 n 元函数

$$f(x_1,x_2,\cdots,x_n)=\sum_{i=1}^{n}a_ix_i$$

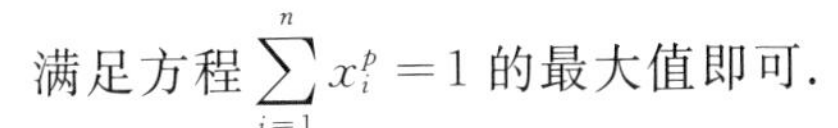
满足方程 $\sum_{i=1}^{n} x_i^p = 1$ 的最大值即可.

证明　求 n 元函数

$$f(x_1, x_2, \cdots, x_n) = \sum_{i=1}^{n} a_i x_i, x_i \geqslant 0$$

满足方程 $\sum_{i=1}^{n} x_i^p = 1 (p > 1)$ 的最大值. 设

$$\Phi(x_1, x_2, \cdots, x_n, \lambda) = \sum_{i=1}^{n} a_i x_i + \lambda\left(\sum_{i=1}^{n} x_i^p - 1\right)$$

令

$$\begin{cases} \dfrac{\partial \Phi}{\partial x_i} = a_i + p\lambda x_i^{p-1} = 0, i = 1, 2, \cdots, n & (4) \\ \dfrac{\partial \Phi}{\partial \lambda} = \sum_{i=1}^{n} x_i^p - 1 = 0 & (5) \end{cases}$$

将方程(4)的等号两端乘 x_i,再对 $i = 1, 2, \cdots, n$ 相加,再由方程(5),有

$$\sum_{i=1}^{n} a_i x_i + p\lambda \sum_{i=1}^{n} x_i^p = 0$$

或

$$-p\lambda = \sum_{i=1}^{n} a_i x_i \tag{6}$$

由方程(4)直接解得 $x_i = \left(-\dfrac{a_i}{p\lambda}\right)^{\frac{1}{p-1}}$,则

$$x_i^p = \left(-\frac{a_i}{p\lambda}\right)^{\frac{p}{p-1}} = \left(-\frac{a_i}{p\lambda}\right)^q$$

已知 $\dfrac{p}{p-1} = q$,由方程(5),有

$$\sum_{i=1}^{n} x_i^p = \left(-\frac{1}{p\lambda}\right)^q \sum_{i=1}^{n} a_i^q = 1 \tag{7}$$

或

$$-p\lambda=\left(\sum_{i=1}^{n}a_i^q\right)^{\frac{1}{q}}$$

由式(3)与式(4),有

$$\sum_{i=1}^{n}a_ix_i=\left(\sum_{i=1}^{n}a_i^q\right)^{\frac{1}{q}}$$

或

$$\sum_{i=1}^{n}a_i\frac{x_i}{\left(\sum_{i=1}^{n}a_i^q\right)^{\frac{1}{q}}}=1$$

再由方程(5),应该有

$$x_i^p=a_i\frac{x_i}{\left(\sum_{i=1}^{n}a_i^q\right)^{\frac{1}{q}}}$$

或

$$x_i=\left[\frac{a_i}{\left(\sum_{i=1}^{n}a_i^q\right)^{\frac{1}{q}}}\right]^{\frac{1}{p-1}}\tag{8}$$

其中 $i=1,2,\cdots,n$,为了确定起见,将式(8)的 x_i 表示为 x_i^0,即

$$x_i^0=\left[\frac{a_i}{\left(\sum_{i=1}^{n}a_i^q\right)^{\frac{1}{q}}}\right]^{\frac{1}{p-1}},i=1,2,\cdots,n$$

从而,求得函数 Φ 的唯一一个稳定点(去掉 λ 的坐标)$P_n(x_1^0,x_2^0,\cdots,x_n^0)$.

已知 n 元函数 $f(x_1,x_2,\cdots,x_n)$ 在 n 维有界闭曲面 $V_n=\{(x_1,x_2,\cdots,x_n)\mid\sum_{i=1}^{n}x_i^p=1\}$ 连续.从而,函数 $f(x_1,x_2,\cdots,x_n)$ 在 V_n 必取到最大值与最小值.显然,

$P_n \in V_n$.

下面用归纳法证明：$\forall n \in \mathbf{N}, n \geqslant 2$（$n=1$，显然成立），当点 P_n 满足方程 $\sum\limits_{i=1}^{n} x_i^p = 1$ 时，函数 $f(x_1, x_2, \cdots, x_n)$ 在点 P_n 取到最大值，最大值是

$$f(P_n) = \sum_{i=1}^{n} a_i \left[\frac{a_i}{(\sum\limits_{i=1}^{n} a_i^q)^{\frac{1}{q}}}\right]^{\frac{1}{p-1}} = \sum_{i=1}^{n} \frac{a_i^{1+\frac{1}{p-1}}}{(\sum\limits_{i=1}^{n} a_i^q)^{\frac{1}{q(p-1)}}}$$

$$= \frac{\sum\limits_{i=1}^{n} a_i^q}{(\sum\limits_{i=1}^{n} a_i^q)^{\frac{1}{p}}} = (\sum_{i=1}^{n} a_i^q)^{1-\frac{1}{p}} = (\sum_{i=1}^{n} a_i^q)^{\frac{1}{q}}$$

其中 $1 + \frac{1}{p-1} = q, \frac{1}{q(p-1)} = \frac{1}{p} = 1 - \frac{1}{q}$.

设当 $n=2$ 时，函数 $f(x_1, x_2) = a_1 x_1 + a_2 x_2$ 在满足方程$x_1^p + x_2^p = 1$ 的条件下，在点 $P_2(x_1^0, x_2^0)$ 取到最大值，最大值是$(a_1^q + a_2^q)^{\frac{1}{q}}$.

事实上，$V_2 = \{(x_1, x_2) \mid x_1^p + x_2^p = 1\}$ 是 x_1Ox_2 坐标面第一象限以点(1,0) 与(0,1) 为边界点的闭曲线段. 在此闭曲线段的内部（去掉两个边界点）只有唯一稳定点 $P_2(x_1^0, x_2^0)$. 因此，函数 $f(x_1, x_2) = a_1 x_1 + a_2 x_2$ 只能在稳定点 $P_2(x_1^0, x_2^0)$ 或两个边界点(1,0)，(0,1) 取到最大值. 比较函数 $f(x_1, x_2) = a_1 x_1 + a_2 x_2$ 在这三点(x_1^0, x_2^0)，(1,0)，(0,1) 的函数值，有

$$f(x_1^0, x_2^0) = a_1 x_1^0 + a_2 x_2^0$$

$$= a_1 \left[\frac{a_1}{(a_1^q + a_2^q)^{\frac{1}{q}}}\right]^{\frac{1}{p-1}} +$$

$$a_2\left[\frac{a_2}{(a_1^q+a_2^q)^{\frac{1}{q}}}\right]^{\frac{1}{p-1}}$$
$$=\frac{a_1^{\frac{1}{p-1}+1}+a_2^{\frac{1}{p-1}+1}}{(a_1^q+a_2^q)^{\frac{1}{q(p-1)}}}=(a_1^q+q_2^q)^{\frac{1}{q}}$$

而

$$f(1,0)=a_1\leqslant(a_1^q+a_2^q)^{\frac{1}{q}}=f(x_1^0,x_2^0)$$
$$f(0,1)=a_2\leqslant(a_1^q+a_2^q)^{\frac{1}{q}}=f(x_1^0,x_2^0)$$

于是，函数 $f(x_1,x_2)=a_1x_1+a_2x_2$ 在满足方程 $x_1^p+x_2^p$ 的条件下，在点 (x_1^0,x_2^0) 取到最大值，最大值是 $(a_1^q+a_2^q)^{\frac{1}{q}}$.

设当 $n=k$ 时，函数 $f(x_1,x_2,\cdots,x_k)$ 在满足方程 $\sum_{i=1}^{k}x_i^p=1$ 的条件下，在点 $P_k(x_1^0,x_2^0,\cdots,x_k^0)$ 取到最大值，最大值是 $(\sum_{i=1}^{k}a_i^q)^{\frac{1}{q}}$，即

$$f(x_1,x_2,\cdots,x_k)=\sum_{i=1}^{k}a_ix_i\leqslant(\sum_{i=1}^{k}a_i^q)^{\frac{1}{q}}$$

当 $n=k+1$ 时，$V_{k+1}=\{(x_1,x_2,\cdots,x_{k+1})\mid\sum_{i=1}^{k+1}x_i^p=1\}$ 是 $k+1$ 维空间 $\mathbf{R}^{k+1}$ 的有界闭曲面，它在坐标面上的边界点 $(x_1,x_2,\cdots,x_{k+1})$ 至少有一个坐标 $x_i=0(i=1,2,\cdots,k+1)$. 在此有界闭曲面 V_{k+1} 的内部(去掉所有的边界点)，只有唯一稳定点 $P_{k+1}(x_1^0,x_2^0,\cdots,x_{k+1}^0)$. 因此，函数 $f(x_1,x_2,\cdots,x_{k+1})$ 只能在稳定点 P_{k+1} 或 V_{k+1} 的边界点取到最大值，比较函数 $f(x_1,x_2,\cdots,x_{k+1})$ 在这些点的函数值. 设 $(x_1,x_2,\cdots,x_{k+1})$ 是 V_{k+1} 的任意一个边界点，不妨设 $x_{k+1}=0$，即 $(x_1,x_2,\cdots,x_k,0)$，由

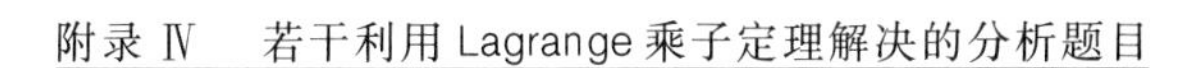

已知条件,有

$$f(x_1,x_2,\cdots,x_k,0)=\sum_{i=1}^{k}a_ix_i\leqslant(\sum_{i=1}^{k}a_i^q)^{\frac{1}{q}}$$
$$\leqslant(\sum_{i=1}^{k+1}a_i^q)^{\frac{1}{q}}$$
$$=f(x_1^0,x_2^0,\cdots,x_{k+1}^0)$$

于是,函数 $f(x_1,x_2,\cdots,x_{k+1})$ 在满足方程 $\sum_{i=1}^{k+1}a_i^p=1$ 的条件下,在点 $P_{k+1}(x_1^0,x_2^0,\cdots,x_{k+1}^0)$ 取到最大值,最大值是 $(\sum_{i=1}^{k+1}a_i^p)^{\frac{1}{q}}$.

综上所证,$\forall n\in\mathbf{N}$,函数 $f(x_1,x_2,\cdots,x_n)$ 在满足方程 $\sum_{i=1}^{n}x_i^p=1$ 的条件下,在点 $P_n(x_1^0,x_2^0,\cdots,x_n^0)$ 取到最大值,最大值是 $(\sum_{i=1}^{n}a_i^q)^{\frac{1}{q}}$,即对 $\forall(x_1,x_2,\cdots,x_n)\in V_n$,有

$$\sum_{i=1}^{n}a_ix_i\leqslant(\sum_{i=1}^{n}a_i^q)^{\frac{1}{q}}$$

令

$$x_i=\frac{b_i}{(\sum_{i=1}^{n}b_i^p)^{\frac{1}{p}}}\geqslant 0,i=1,2,\cdots,n$$

有

$$\sum_{i=1}^{n}x_i^p=\sum_{i=1}^{n}\frac{b_i^p}{\sum_{i=1}^{n}b_i^p}=\frac{\sum_{i=1}^{n}b_i^p}{\sum_{i=1}^{n}b_i^p}=1$$

所以 $x_i(i=1,2,\cdots,n)$ 满足方程时,有

$$\sum_{i=1}^{n} a_i \frac{b_i}{(\sum_{i=1}^{n} b_i^p)^{\frac{1}{p}}} \leqslant (\sum_{i=1}^{n} a_i^q)^{\frac{1}{q}}$$

或

$$\sum_{i=1}^{n} a_i b_i \leqslant (\sum_{i=1}^{n} a_i^q)^{\frac{1}{q}} (\sum_{i=1}^{n} b_i^p)^{\frac{1}{p}}$$

7. 求曲面

$$\frac{x^2}{a^2}+\frac{y^2}{b^2}+\frac{z^2}{c^2}=1, a>b>c>0$$

被平面 $lx+my+nz=0$ 所截得的截面面积.

解 依解析几何知识,截面是椭圆.为求其面积,只需求其长半轴和短半轴,于是问题归结为在约束条件

$$F_1(x,y,z)=\frac{x^2}{a^2}+\frac{y^2}{b^2}+\frac{z^2}{c^2}=1$$

$$F_2(x,y,z)=lx+my+nz=0$$

之下求 $r^2=x^2+y^2+z^2$ 的最值.注意矩阵

$$\begin{pmatrix} \frac{\partial F_1}{\partial x} & \frac{\partial F_1}{\partial y} & \frac{\partial F_1}{\partial z} \\ \frac{\partial F_2}{\partial x} & \frac{\partial F_2}{\partial y} & \frac{\partial F_2}{\partial z} \end{pmatrix} = \begin{pmatrix} \frac{2x}{a^2} & \frac{2y}{b^2} & \frac{2z}{c^2} \\ l & m & n \end{pmatrix}$$

的秩等于 2;因若不然,则两行线性相关,存在 $\tau \neq 0$ 使

$$\frac{2x}{a^2}=\tau l, \frac{2y}{b^2}=\tau m, \frac{2z}{c^2}=\tau n$$

从而

$$\frac{x^2}{a^2}+\frac{y^2}{b^2}+\frac{z^2}{c^2}=\frac{x}{2}\tau l+\frac{y}{2}\tau m+\frac{z}{2}\tau n$$

$$=\frac{\tau}{2}(lx+my+nz)=0$$

这与题设矛盾,于是两个约束条件是独立的.定义目标函数

$$F(x,y)=x^2+y^2+z^2+\lambda\left(\frac{x^2}{a^2}+\frac{y^2}{b^2}+\frac{z^2}{c^2}-1\right)+$$

$$\mu(lx+my+nz)$$

由$\frac{\partial F}{\partial x}=0,\frac{\partial F}{\partial y}=0,\frac{\partial F}{\partial z}=0$给出

$$x+\lambda\frac{x}{a^2}+\mu l=0$$

$$y+\lambda\frac{y}{b^2}+\mu m=0$$

$$z+\lambda\frac{z}{a^2}+\mu n=0$$

将三个方程分别乘以x,y,z,然后相加,得到$\lambda=-r^2$.

若l,m,n全不等于0,那么由上述方程解出

$$x=-\mu\frac{la^2}{a^2+\lambda}$$

$$y=-\mu\frac{mb^2}{b^2+\lambda}$$

$$z=-\mu\frac{nc^2}{c^2+\lambda}$$

将它们代入$lx+my+nz=0$中,得到

$$\frac{l^2a^2}{a^2+\lambda}+\frac{m^2b^2}{b^2+\lambda}+\frac{n^2c^2}{c^2+\lambda}=0$$

它可化为

$$(l^2a^2+m^2b^2+n^2c^2)\lambda^2+(l^2a^2(b^2+c^2)+$$
$$m^2b^2(a^2+c^2)+n^2c^2(a^2+b^2))\lambda+$$
$$(l^2+m^2+n^2)a^2b^2c^2=0$$

由 $\lambda=-r^2$ 及 r 的几何意义可知方程的两个根 $\lambda_1=-r_1^2$，$\lambda_2=-r_2^2$，其中 r_1，r_2 是椭圆的长半轴和短半轴. 由二次方程的根与系数的关系，椭圆的长半轴和短半轴之积

$$r_1r_2=\sqrt{|\lambda_1|}\cdot\sqrt{|\lambda_2|}$$
$$=\sqrt{\frac{(l^2+m^2+n^2)a^2b^2c^2}{l^2a^2+m^2b^2+n^2c^2}}$$

因此椭圆面积(等于 π 与椭圆的长半轴和短半轴之积)

$$S=\pi abc\sqrt{\frac{l^2+m^2+n^2}{l^2a^2+m^2b^2+n^2c^2}}$$

若 l，m，n 中有些为 0，那么可以直接验证上述公式仍然有效. 例如，设 $l=0$，那么上述计算仍然有效，只需将 $y=-\frac{\mu mb^2}{b^2+\lambda}$，$z=-\frac{\mu nc^2}{c^2+\lambda}$ 代入 $my+nz=0$ 中，最后得到的结果与在上述公式中令 $l=0$ 是一致的. 又例如，设 $l=0$，$m=0$，则截面是平面 $z=0$ 上的椭圆 $\frac{x^2}{a^2}+\frac{y^2}{b^2}=1$，其面积为 πab，也与在上述公式中令 $l=0$，$m=0$ 一致.

8. 求椭球面

$$\frac{x^2}{96}+y^2+z^2=1$$

上的点与平面 $3x+4y+12z=228$ 的最近和最远距离，并求出达到最值的点.

解 我们给出三种解法，其中解法 3 是纯几何方法.

解法1：(i) 用 (x, y, z) 和 (ξ, η, ζ) 分别表示所给椭球面和平面上的点，那么目标函数是

$$f(x, y, z, \xi, \eta, \zeta) = (x-\xi)^2 + (y-\eta)^2 + (z-\zeta)^2$$

约束条件是

$$\frac{x^2}{96} + y^2 + z^2 = 1$$

$$3\xi + 4\eta + 12\zeta = 228$$

用 λ, μ 表示 Lagrange 乘子，定义函数

$$\begin{aligned} F(x, y, z, \xi, \eta, \zeta, \lambda, \mu) = {} & (x-\xi)^2 + (y-\eta)^2 + \\ & (z-\zeta)^2 - \\ & \lambda\left(\frac{x^2}{96} + y^2 + z^2 - 1\right) - \\ & \mu(3\xi + 4\eta + 12\zeta - 228) \end{aligned}$$

由 $\frac{\partial F}{\partial x} = 0$ 等得到

$$2(x-\xi) - \frac{2\lambda}{96}x = 0$$

$$2(x-\eta) - 2\lambda y = 0$$

$$2(x-\zeta) - 2\lambda z = 0$$

$$-2(x-\xi) - 3\mu = 0$$

$$-2(y-\eta) - 4\mu = 0$$

$$-2(z-\zeta) - 12\mu = 0$$

由上面后三式得到

$$d^2 = (x-\xi)^2 + (y-\eta)^2 + (z-\zeta)^2 = \frac{169}{4}\mu^2$$

因此

$$d = \frac{13}{2}\mu$$

(ii) 接下来我们求 μ. 将步骤(i) 中得到的第一式与第四式相加,可得

$$x=-3\times 48\,\frac{\mu}{\lambda}$$

类似地,将其中的第二式与第五式相加,可得

$$y=-2\,\frac{\mu}{\lambda}$$

将其中的第三式与第六式相加,可得

$$z=-6\,\frac{\mu}{\lambda}$$

将关于 x,y,z 的这些表达式代入椭球面方程,我们有

$$\left(\frac{9\times 48^{2}}{96}+4+36\right)\left(\frac{\mu}{\lambda}\right)^{2}=1$$

于是

$$\frac{\mu}{\lambda}=\pm\frac{1}{16}$$

由此得到

$$\begin{aligned}(x,y,z)&=\left(-3\times 48\,\frac{\mu}{\lambda},-2\,\frac{\mu}{\lambda},-6\,\frac{\mu}{\lambda}\right)\\&=\pm\left(9,\frac{1}{8},\frac{3}{8}\right)\end{aligned}$$

若 $\frac{\mu}{\lambda}=\frac{1}{16}$,则将 $(x,y,z)=\left(9,\frac{1}{8},\frac{3}{8}\right)$ 的坐标值分别代入(i) 中得到的第四式,第五式和第六式,可得

$$\xi=\frac{3\mu+18}{2}$$

$$\eta=\frac{16\mu+1}{8}$$

$$\zeta=\frac{48\mu+3}{8}$$

然后将这些表达式代入 $3\xi+4\eta+12\zeta=228$,可求出

$$\mu=\frac{392}{169}$$

类似地,若 $\frac{\mu}{\lambda}=-\frac{1}{16}$,则由 $(x,y,z)=\left(-9,-\frac{1}{8},-\frac{3}{8}\right)$ 的坐标值用上述方法得到

$$\xi=\frac{3\mu-18}{2}$$

$$\eta=\frac{16\mu-1}{8}$$

$$\zeta=\frac{48\mu-3}{8}$$

并求出

$$\mu=\frac{520}{169}$$

(iii) 由步骤(i)中得到的公式 $d=\frac{13}{2}\mu$ 算出

$$d=\frac{196}{13},\mu=\frac{392}{169}$$

$$d=20,\mu=\frac{520}{169}$$

由几何的考虑可知它们分别给出所求的最近距离和最远距离.

(iv) 最后,我们求出达到最值的点的坐标.由步骤(ii)知,当 $\frac{\mu}{\lambda}=\pm\frac{1}{16}$ 时,椭球面上使 d 达到最值的点是

$$(x,y,z)=\left(-3\times 48\frac{\mu}{\lambda},-2\frac{\mu}{\lambda},-6\frac{\mu}{\lambda}\right)$$

$$=\pm\left(9,\frac{1}{8},\frac{3}{8}\right)$$

它们关于原点对称(分别记作 Q_1 和 Q_2).

由 $\mu=\frac{392}{169}$ 可得从点 $Q_1\left(9,\frac{1}{8},\frac{3}{8}\right)$ 所作的给定平面的垂线的垂足为

$$(\xi,\eta,\zeta)=\left(\frac{3\mu+18}{2},\ \frac{16\mu+1}{8},\frac{48\mu+3}{8}\right)$$

$$=\left(\frac{2\ 109}{169},\frac{6\ 441}{8\times169},\frac{19\ 323}{8\times169}\right)$$

它与 Q_1 的距离是 $\frac{196}{13}$.

由 $\mu=\frac{520}{169}$,则得从点 $Q_2\left(-9,-\frac{1}{8},-\frac{3}{8}\right)$ 所作的给定平面的垂线的垂足为

$$(\xi,\eta,\zeta)=\left(\frac{3\mu-18}{2},\ \frac{16\mu-1}{8},\frac{48\mu-3}{8}\right)$$

$$=\left(-\frac{57}{13},\frac{627}{8\times13},\frac{1\ 881}{8\times3}\right)$$

它与 Q_2 的距离是 20.

或者:在步骤(i) 中得到的第四个方程

$$-2(x-\xi)-3\mu=0$$

中,令 $x=9,\mu=\frac{392}{169}$,可算出

$$\xi=x+\frac{3}{2}\mu=9+\frac{3}{2}\times\frac{392}{169}=\frac{2\ 109}{169}$$

等(这也可用来检验我们的数值计算结果).

解法 2:(i) 设 (x_0,y_0,z_0) 是平面 $3x+4y+12z=228$ 上的任意一点,那么平面在该点的法线方程是

$$\frac{X-x_0}{3}=\frac{Y-y_0}{4}=\frac{Z-z_0}{12}$$

其中(X,Y,Z)是法线上的点的流动坐标. 设法线与题中所给椭球面

$$\frac{x^2}{96}+y^2+z^2=1$$

相交于点$Q(x,y,z)$,那么所求距离d的平方为

$$d^2=(x-x_0)^2+(y-y_0)^2+(z-z_0)^2$$

并且因为点(x_0,y_0,z_0)和$Q(x,y,z)$分别在所给平面和椭球面上,所以

$$3x_0+4y_0+12z_0=288$$

$$\frac{x^2}{96}+y^2+z^2=1$$

引进参数t,法线方程可写成

$$X=x_0+3t$$

$$Y=y_0+4t$$

$$Z=z_0+12t$$

注意点$Q(x,y,z)$的坐标满足上述方程,所以

$$\begin{aligned}d^2&=(x-x_0)^2+(y-y_0)^2+(z-z_0)^2\\&=(3t)^2+(4t)^2+(12t)^2=169t^2\end{aligned}$$

但因为

$$\begin{aligned}3x_0+4y_0+12z_0&=3(x-2t)+4(y-4t)+12(z-12t)\\&=3x+4y+12z-169t\end{aligned}$$

以及

$$3x_0+4y_0+12z_0=288$$

从而

$$3x+4y+12z-169t=288$$

于是

$$t=\frac{3x+4y+12z-288}{169}$$

因此

$$d^2=169\cdot\left(\frac{3x+4y+12z-288}{169}\right)^2$$
$$=\frac{1}{169}(3x+4y+12z-288)^2$$

也就是说，我们的目标函数可取作

$$f(x,y,z)=\frac{1}{169}(3x+4y+12z-288)^2$$

而约束条件是

$$\frac{x^2}{96}+y^2+z^2=1$$

(ii) 用 λ 表示 Lagrange 乘子，定义函数

$$F(x,y,z,\lambda)=\frac{1}{169}(3x+4y+12z-288)^2-\lambda\left(\frac{x^2}{96}+y^2+z^2-1\right)$$

由 $\frac{\partial F}{\partial x}=0,\frac{\partial F}{\partial y}=0,\frac{\partial F}{\partial z}=0$，得到

$$\frac{2\cdot 3}{169}(3x+4y+12z-288)-\lambda\cdot\frac{2x}{96}=0$$

$$\frac{2\cdot 4}{169}(3x+4y+12z-288)-\lambda\cdot 2y=0$$

$$\frac{2\cdot 12}{169}(3x+4y+12z-288)-\lambda\cdot 2z=0$$

因为在步骤(i) 中已知 $3x+4y+12z-228=169t$，所以由上面三式得到

$$2 \cdot 3t - \lambda \cdot \frac{2x}{96} = 0$$

$$2 \cdot 4t - \lambda \cdot 2y = 0$$

$$12 \cdot 2t - \lambda \cdot 2z = 0$$

即

$$x = 3 \cdot 96 \cdot \frac{t}{\lambda}$$

$$y = 4 \cdot \frac{t}{\lambda}$$

$$z = 12 \cdot \frac{t}{\lambda}$$

将这些含有 x, y, z 的表达式代入椭球面方程，我们得到

$$\left(\frac{(3t \cdot 96)^2}{96} + 4^2 + 12^2\right)\frac{t^2}{\lambda^2} = 1$$

于是$\frac{t}{\lambda} = \pm\frac{1}{32}$. 当$\frac{t}{\lambda} = \frac{1}{32}$时

$$x = 3 \cdot 96 \cdot \frac{t}{\lambda} = 9, y = \frac{1}{8}, z = \frac{3}{8}$$

相应地，算出 $d = \frac{196}{13}$. 类似地，当$\frac{t}{\lambda} = -\frac{1}{32}$时

$$x = -9, y = -\frac{1}{8}, z = -\frac{3}{8}$$

此时 $d=20$. 依问题的实际几何意义可以断定 $d=20$ 及 $d = \frac{196}{13}$ 分别是所求的最远距离和最近距离.

(iii) 现在来计算相应的极值点的坐标. 步骤(ii)中已算出椭球面上满足要求的点 $Q(x, y, z)$ 是 $Q_1\left(9, \frac{1}{8}, \frac{3}{8}\right)$ 和 $Q_2\left(-9, -\frac{1}{8}, -\frac{3}{8}\right)$. 在步骤(i)中

已证它们的坐标满足关系式

$$3x+4y+12z-169t=228$$

于是对于点 $Q_1\left(9,\frac{1}{8},\frac{3}{8}\right)$，可由

$$3\times 9+4\times\frac{1}{8}+12\times\frac{3}{8}-169t=228$$

算出 $t=-\frac{196}{169}$，然后由平面法线的参数方程得到

$$x_0=x-3t=9-3\times\left(-\frac{196}{169}\right)=\frac{2\ 109}{169}$$

$$y_0=y-4t=\frac{6\ 441}{8\times 169}$$

$$z_0=z-12t=\frac{19\ 323}{8\times 169}$$

类似地，对于点 $Q_1\left(9,\frac{1}{8},\frac{3}{8}\right)$，可算出 $t=-\frac{20}{13}$，以及

$$(x_0,y_0,z_0)=\left(-\frac{57}{13},\frac{627}{8\times 13},\frac{1\ 881}{8\times 13}\right)$$

解法 3：(i) 设 (α,β,γ) 是椭球面上与所给平面 P_0 距离最近的点(若平面与椭球面不相交，则它存在且唯一). 将此距离记为 d. 设 P_1 是过 (α,β,γ) 与 P_0 平行的平面. 由于椭球面是凸的，椭球面上除 (α,β,γ) 外，所有其他的点与平面 P_0 距离都大于 d，从而它们不可能落在平面 P_0 和 P_1 之间(不然它们与 P_0 的距离小于 d)，因此 (α,β,γ) 是平面 P_1 与椭球面的唯一的公共点，换言之，P_1 是椭球面在点 (α,β,γ) 处的切面. 对于椭球面上与平面 P_0 距离最远的点，也有同样的结论.

(ii) 所给平面 P_0 的方程是

$$3x+4y+12z=228$$

在椭球面上与平面 P_0 距离最近(或最远)的点(α,β,γ)处椭球面的切面 P_1 的方程是

$$\frac{\alpha}{96}x+\beta y+\gamma z=1$$

为了使 P_0 与 P_1 平行,必须且只需存在参数$\lambda\neq 0$使得

$$\frac{\frac{\alpha}{96}}{3}=\frac{\beta}{4}=\frac{\gamma}{12}=\lambda$$

于是 $\alpha=3\times 96\lambda,\beta=4\lambda,\gamma=12\lambda$. 因为$(\alpha,\beta,\gamma)$在椭球面上,所以

$$\frac{(3\times 96\lambda)^2}{96}+(4\lambda)^2+(12\lambda)^2=1$$

由此解得 $\lambda=\pm\frac{1}{32}$.

若 $\lambda=\frac{1}{32}$,则椭球面上极值点 Q_1 的坐标为

$$\alpha=3\times 96\lambda=9$$

$$\beta=4\lambda=\frac{1}{8}$$

$$\gamma=12\lambda=\frac{3}{8}$$

若 $\lambda=-\frac{1}{32}$,则椭球面上极值点 Q_2 的坐标为

$$\alpha=-9,\beta=-\frac{1}{8},\gamma=-\frac{3}{8}$$

依平面外一点与平面距离的公式,我们得到:对于点 Q_1 有

$$d=\frac{|3\alpha+4\beta+12\gamma-228|}{\sqrt{3^2+4^2+12^2}}=\frac{196}{13}$$

9.(江苏省大学生 1994 年竞赛题) 已知 a,b 满足 $\int_a^b |x| \mathrm{d}x=\frac{1}{2}(a\leqslant 0\leqslant b)$,求曲线 $y=x^2+ax$ 与直线 $y=bx$ 所围区域的面积的最大值与最小值.

解 因为

$$\int_a^b |x| \mathrm{d}x=\int_a^b(-x)\mathrm{d}x+\int_0^b x\mathrm{d}x$$
$$=\frac{1}{2}(a^2+b^2)$$
$$=\frac{1}{2}$$

故 $a^2+b^2=1$,曲线 $y=x^2+ax$ 与直线 $y=bx$ 所围图形的面积为

$$S=\int_0^{b-a}(bx-x^2-ax)\mathrm{d}x$$
$$=\frac{1}{6}(b-a)^3$$

用 Lagrange 乘数法,令

$$F(a,b,\lambda)=\frac{1}{6}(b-a)^3+\lambda(a^2+b^2-1)$$

由方程组

$$\begin{cases} F_a^1=-\frac{1}{2}(b-a)^2+2\lambda a=0 \\ F_b^1=\frac{1}{2}(b-a)^2+2\lambda b=0 \\ F_\lambda^1=a^2+b^2-1=0 \end{cases}$$

解得驻点 $\left(-\frac{\sqrt{2}}{2},\frac{\sqrt{2}}{2}\right)$,此时 $S=\frac{1}{3}\sqrt{2}$.

当 $a=0$ 时 $b=1$,此时 $S=\frac{1}{6}$;当 $a=-1$ 时 $b=0$,

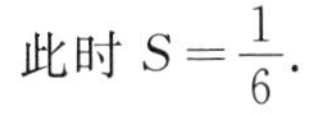
此时 $S=\frac{1}{6}$.

所以所求面积的最大值为$\frac{\sqrt{2}}{3}$,最小值为$\frac{1}{6}$.

10.(莫斯科自动化学院 1975 年竞赛题) 求函数 $z=x^2+y^2-xy$ 在区域D:$|x|+|y|\leqslant 1$上的最大值与最小值.

解　首先,在D的内部:$|x|+|y|<1$,由

$$z'_x=2x-y=0$$
$$z'_y=2y-x=0$$

解得驻点 $P_1(0,0)$.

在边界 $x+y=1(0<x<1)$ 上,令

$$F=x^2+y^2-xy+\lambda(x+y-1)$$

由

$$F'_x=2x-y+\lambda=0$$
$$F'_y=2y-x+\lambda=0$$
$$F'_\lambda=x+y-1=0$$

解得 Lagrange 函数 F 的驻点 $P_2\left(\frac{1}{2},\frac{1}{2}\right)$.

同上,在边界 $y-x=1(-1<x<0)$ 上,可求得相应的 Lagrange 函数的驻点 $P_3\left(-\frac{1}{2},\frac{1}{2}\right)$.

在边界 $-x-y=1(-1<x<0)$ 上,可求得相应的 Lagrange 函数的驻点 $P_4\left(-\frac{1}{2},-\frac{1}{2}\right)$.

在边界 $x-y=1(0<x<1)$ 上,可求得相应的 Lagrange 函数的驻点 $P_5\left(\frac{1}{2},-\frac{1}{2}\right)$.

又记四个边界线段的交点分别为 $P_6(1,0)$，$P_7(0,1)$，$P_8(-1,0)$，$P_9(0,-1)$.

函数 $z(x,y)$ 的最大值与最小值只能在上述 9 个点 $p_i(i=1,2,\cdots,9)$ 中取得，于是有

$$\begin{aligned}\max z &= \max\{z(p_i) \mid i=1,2,\cdots,9\} \\ &= \max\{0,\frac{1}{4},\frac{3}{4},\frac{1}{4},\frac{3}{4},1,1,1,1\} \\ &= 1\end{aligned}$$

$$\begin{aligned}\min z &= \min\{z(p_i) \mid i=1,2,\cdots,9\} \\ &= \min\{0,\frac{1}{4},\frac{3}{4},\frac{1}{4},\frac{3}{4},1,1,1,1\} \\ &= 0\end{aligned}$$

11.（江苏省 2006 年大学生竞赛题）用 Lagrange 乘数法求函数 $f(x,y)=x^2+\sqrt{2}xy+2y^2$ 在区域 $x^2+2y^2\leqslant 4$ 上的最大值与最小值.

解　在 $x^2+2y^2<4$ 内，由 $f'_x=2x+\sqrt{2}y=0$，$f'_y=\sqrt{2}x+4y=0$ 得唯一驻点 $P_1(0,0)$. 在 $x^2+2y^2=4$ 上，令

$$F=x^2+\sqrt{2}xy+2y^2+\lambda(x^2+2y^2-4)$$

用 Lagrange 乘数法. 由

$$F'_x=2x+\sqrt{2}y+2\lambda x=(2+2\lambda)x+\sqrt{2}y=0 \quad (9)$$

$$F'_y=\sqrt{2}x+4y+4\lambda y=\sqrt{2}x+(4+4\lambda)y=0 \quad (10)$$

$$F'_\lambda=x^2+2y^2-4=0 \quad (11)$$

将 $4(1+\lambda)$ 乘以式(9) 减去$\sqrt{2}$ 乘以式(10)，得$(8\lambda^2+16\lambda+6)x=0$.

若 $8\lambda^2+16\lambda+6\neq 0$，则 $x=0$，由式(9) 和式(10)

得 $y=0$，与式(11)矛盾，故 $8\lambda^2+16\lambda+6=0$，解得 $\lambda=-\frac{1}{2}$ 或 $-\frac{3}{2}$.

当 $\lambda=-\frac{1}{2}$ 时解得驻点 $P_2(\sqrt{2},-1)$，$P_3(-\sqrt{2},1)$；当 $\lambda=-\frac{3}{2}$ 时解得驻点 $P_4(\sqrt{2},1)$，$P_5(-\sqrt{2},-1)$.

又 $f(p_1)=0$，$f(p_2)=2$，$f(p_3)=2$，$f(p_4)=6$，$f(p_5)=6$，故 $f_{\min}=0$，$f_{\max}=6$.

12. 根据 Fermat 原理，如图 1 所示，从点 A 出发到达点 B 的光线按照需要最少时间的路径传播，假设点 A 和点 B 位于被平面分开的两种不同光学介质之中，并且光线的传播速度在第一种介质中为 v_1，在第二种介质中为 v_2，试推导光线的折射定律.

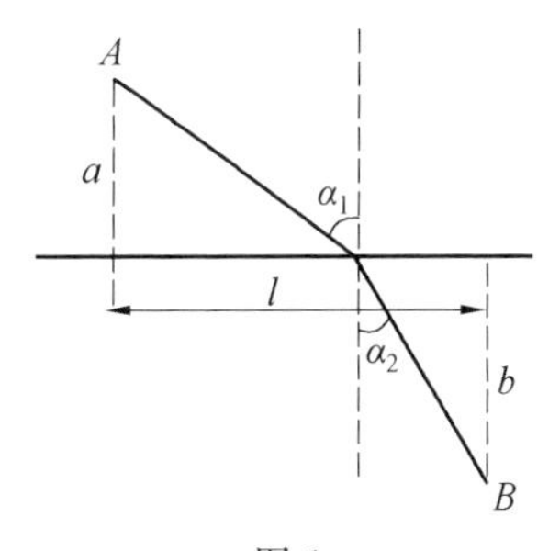

图 1

解　令 t_1 为光线通过第一种介质的时间，t_2 为通过第二种介质的时间，那么 $t_1=\frac{a}{v_1\cos\alpha_1}$，$t_2=\frac{b}{v_2\cos\alpha_2}$，需要研究函数

$$T=t_1+t_2=\frac{a}{v_1\cos\alpha_1}+\frac{b}{v_2\cos\alpha_2}$$

在条件 $l=a\tan\alpha_1+b\tan\alpha_2$ 下的极值.

写出 Lagrange 函数

$$\Phi=\frac{a}{v_1\cos\alpha_1}+\frac{b}{v_2\cos\alpha_2}+\lambda(l-a\tan\alpha_1-b\tan\alpha_2)$$

可由方程组

$$\Phi'_{\alpha_1}=\frac{a\sin\alpha_1}{v_1\cos^2\alpha_1}-\frac{\lambda a}{\cos^2\alpha_1}=0$$

$$\Phi'_{\alpha_2}=\frac{b\sin\alpha_2}{v_2\cos^2\alpha_2}-\frac{\lambda b}{\cos^2\alpha_2}=0$$

$$l=a\tan\alpha_1+b\tan\alpha_2$$

求得. 在驻点处满足条件

$$\lambda=\frac{\sin\alpha_1}{v_1}=\frac{\sin\alpha_2}{v_2}\tag{12}$$

由此以及上面的方程组可以求得数 λ,角 α_1 和 α_2,但是我们不这样做,因为我们在后面并不需要这些量的具体数值.

为验证充分条件满足,求出二阶微分

$$d^2\Phi=\left(\frac{a}{v_1\cos\alpha_1}+2a\frac{\sin\alpha_1}{\cos^3\alpha_1}\left(\frac{\sin\alpha_1}{v_1}-\lambda\right)\right)(d\alpha_1)^2+\left(\frac{b}{v_2\cos\alpha_2}+2b\frac{\sin\alpha_2}{\cos^3\alpha_2}\left(\frac{\sin\alpha_2}{v_2}-\lambda\right)\right)(d\alpha_2)^2$$

根据条件(12),在驻点处有

$$d^2\Phi=\frac{a}{v_1\cos\alpha_1}(d\alpha_1)^2+\frac{b}{v_2\cos\alpha_2}(d\alpha_2)^2>0$$

因此,函数 T 在等式 $\frac{\sin\alpha_1}{v_1}=\frac{\sin\alpha_2}{v_2}$ 成立时有最小值.

这样我们就给出了光线的折射定律.

13. 求平面 $Ax+By+Cz=0$ 与椭圆柱面 $\frac{x^2}{a^2}+\frac{y^2}{b^2}=1$ 相交所成的椭圆的面积.

解　由于椭圆位于过原点的平面上且以原点为中心,椭圆曲线上的最大距离和最小距离恰好是椭圆的长半轴与短半轴. 问题转化为讨论 $x^2+y^2+z^2$ 在 $Ax+By+Cz=0,\frac{x^2}{a^2}+\frac{y^2}{b^2}=1$ 条件下的最值问题.

记

$$F(x,y,z)=x^2+y^2+z^2+\lambda(Ax+By+Cz)+\mu\left(\frac{x^2}{a^2}+\frac{y^2}{b^2}-1\right)$$

则由 Lagrange 乘数法有

$$\begin{cases}\frac{\partial F}{\partial x}=2x+\lambda A+\frac{2\mu x}{a^2}=0 & (13)\\ \frac{\partial F}{\partial y}=2y+\lambda B+\frac{2\mu y}{b^2}=0 & (14)\\ \frac{\partial F}{\partial z}=2z+\lambda C=0 & (15)\end{cases}$$

由式(15)得 $\lambda=-\frac{2z}{C}$,代入式(13)(14)知

$$\left(1+\frac{\mu}{a^2}\right)x=\frac{Az}{C}$$

$$\left(1+\frac{\mu}{b^2}\right)y=\frac{Bz}{C}$$

于是 $Ax+By+Cz=0$,化为

$$\frac{A^2}{C\left(1+\frac{\mu}{a^2}\right)}+\frac{B^2}{C\left(1+\frac{\mu}{b^2}\right)}+C=0$$

化简后

$$\mu^2+\left(a^2+b^2+c^2\frac{A^2}{C^2}+b^2\frac{B^2}{C^2}\right)\mu+$$
$$\frac{a^2b^2(A^2+B^2+C^2)}{C}=0 \tag{16}$$

由式(13)(14)(15)可得

$$x^2+y^2+z^2=-\mu\left(\frac{x^2}{a^2}+\frac{y^2}{b^2}\right)-$$
$$\frac{\lambda}{2}(Ax+By+Cz)$$
$$=-\mu$$

故椭圆的两个半轴为$\sqrt{-\mu_1}$,$\sqrt{-\mu_2}$,其中μ_1,μ_2是方程(16)的两个根,而椭圆面积

$$S=\pi\sqrt{\mu_1\mu_2}=\frac{\pi ab\sqrt{A^2+B^2+C^2}}{|C|}$$

此处利用了韦达定理.

14. 求二次型$u=\sum_{i,j=1}^{n}a_{ij}x_ix_j$($a_{ij}=a_{ji}$是实数)在$\sum_{i=1}^{n}x_i^2=1$条件下的极值.

解 构造 Lagrange 函数

$$\Phi=\sum_{i,j=1}^{n}a_{ij}x_ix_j+\lambda\left(1-\sum_{i=1}^{n}x_i^2\right)$$

并建立方程组

$$\begin{cases} \frac{1}{2}\Phi'_{x_1}=(a_{11}-\lambda)x_1+a_{12}x_2+\cdots+a_{1n}x_n=0 \\ \frac{1}{2}\Phi'_{x_2}=a_{21}x_1+(a_{22}-\lambda)x_2+\cdots+a_{2n}x_n=0 \\ \quad\vdots \\ \frac{1}{2}\Phi'_{x_n}=a_{n1}x_1+a_{n2}x_2+\cdots+(a_{nn}-\lambda)x_n=0 \end{cases} \tag{17}$$

方程组(17)有非平凡解，当且仅当数 λ 是下面方程的根

$$\begin{vmatrix} a_{11}-\lambda & a_{12} & \cdots & a_{1n} \\ a_{22} & a_{22}-\lambda & \cdots & a_{2n} \\ \vdots & \vdots & & \vdots \\ a_{n1} & a_{n2} & \cdots & a_{nn}-\lambda \end{vmatrix}=0 \tag{18}$$

先证方程(18)的根 λ 是实数，为此记 $\boldsymbol{A}$ 为所考查二次型 u 的系数矩阵，那么方程组(17)可以写成

$$\boldsymbol{A}x=\lambda x \tag{19}$$

其中，$x=(x_1,x_2,\cdots,x_n)$，假设 λ 是复数，即 $\lambda=\alpha+\mathrm{i}\beta$，这里 $\mathrm{i}=\sqrt{-1}$. 由于 a_{ij} 是实数，所以 $x=u+\mathrm{i}v$，那么由等式(17)导出

$$\boldsymbol{A}u=\alpha u-\beta v \tag{20}$$

$$\boldsymbol{A}v=\beta u+\alpha v \tag{21}$$

以 v 数乘等式(20)两端，以 u 数乘等式(21)两端，并将结果相减，得到

$$(\boldsymbol{A}u,v)-(\boldsymbol{A}v,u)=-\beta(u,u)+(v,v) \tag{22}$$

因为 $(\boldsymbol{A}u,v)=(u,\boldsymbol{A}^{\mathrm{T}}v)=(u,Av)$，其中 $\boldsymbol{A}^{\mathrm{T}}$ 是 $\boldsymbol{A}$ 的转置矩阵，所以由(22)求得 $\beta((u,u)+(v,v))=0$，由于 $(u,$

$u)+(v,v)\neq 0$,所以 $\beta=0$,即 λ 是实数.

令 $\lambda_1,\lambda_2,\cdots,\lambda_n$ 是方程(18)的根,那么对于每一个 $\lambda_i,i=1,\cdots,n$,由方程组(17)在 $\sum_{i=1}^{n}x_i^2=1$ 条件下求得可能的极值点

$$(x_1^{(i)},x_2^{(i)},\cdots,x_n^{(i)}),i=1,\cdots,n$$

进一步,分别以 $x_1,x_2,\cdots,x_n$ 乘等式(17)中相应的方程并求和,得

$$\sum_{i,j=1}^{n}a_{ij}x_ix_j-\lambda\sum_{i=1}^{n}x_i^2=0$$

考虑到关联方程,得到等式 $u(x_1,x_2,\cdots,x_n)=\lambda$,在可能的极值点,该式写成

$$u(x_1^{(i)},x_2^{(i)},\cdots,x_n^{(i)})=\lambda,i=1,\cdots,n$$

由此导出

$$u_{\max}=\max_{1\leqslant i\leqslant n}\lambda_i$$

$$v_{\min}=\min_{1\leqslant i\leqslant n}\lambda_i$$

15.(2006,天津赛)设 $f(x,y)$ 与 $\varphi(x,y)$ 为可微函数,且 $\varphi_y(x,y)\neq 0$,已知 (x_0,y_0) 是 $f(x,y)$ 在约束条件 $\varphi(x,y)=0$ 下的一个极值点,下列选项正确的是(　　).

(A)若 $f_x(x_0,y_0)=0$,则 $f_y(x_0,y_0)=0$

(B)若 $f_x(x_0,y_0)=0$,则 $f_y(x_0,y_0)\neq 0$

(C)若 $f_x(x_0,y_0)\neq 0$,则 $f_y(x_0,y_0)=0$

(D)若 $f_x(x_0,y_0)\neq 0$,则 $f_y(x_0,y_0)\neq 0$

评析　适合利用二元函数条件极值的 Lagrange 乘子法.

解　应选(D).

作 Lagrange 函数 $F(x,y,\lambda)=f(x,y)+\lambda\varphi(x,y)$,并记对应$(x_0,y_0)$的参数$\lambda$的值为$\lambda_0$,则

$$\begin{cases}F'_x(x_0,y_0,\lambda_0)=0\\F'_y(x_0,y_0,\lambda_0)=0\end{cases}$$

即

$$\begin{cases}f'_x(x_0,y_0)+\lambda_0\varphi'_x(x_0,y_0)=0\\f'_y(x_0,y_0)+\lambda_0\varphi'_y(x_0,y_0)=0\end{cases}$$

因为$\varphi'_y(x,y)\neq 0$,将$\lambda_0=-\dfrac{f'_y(x_0,y_0)}{\varphi'_y(x_0,y_0)}$代入第一个方程,得

$$f'_x(x_0,y_0)=\frac{f'_y(x_0,y_0)\varphi'_x(x_0,y_0)}{\varphi'_y(x_0,y_0)}$$

因此,若$f'_x(x_0,y_0)\neq 0$,则$f'_y(x_0,y_0)\neq 0$.故应选(D).

注　关注并应用条件$\varphi'_y(x,y)\neq 0$是解决本题的一个关键.

16.(2004,天津赛)在椭球面$2x^2+2y^2+z^2=1$上求一点,使函数$f(x,y,z)=x^2+y^2+z^2$在该点沿方向$l=i-j$的方向导数最大.

解　函数$f(x,y,z)$的方向导数表达式为

$$\frac{\partial f}{\partial l}=\frac{\partial f}{\partial x}\cos\alpha+\frac{\partial f}{\partial y}\cos\beta+\frac{\partial f}{\partial z}\cos\gamma$$

其中$\cos\alpha=\dfrac{1}{\sqrt{2}}$,$\cos\beta=-\dfrac{1}{\sqrt{2}}$,$\cos\gamma=0$为方向$l$的方向余弦.因此

$$\frac{\partial f}{\partial l}=\sqrt{2}(x-y)$$

由题意即求函数$\sqrt{2}(x-y)$在条件 $2x^2+2y^2+z^2=1$ 下的最大值.

设

$$F(x,y,z,\lambda)=\sqrt{2}(x-y)+\lambda(2x^2+2y^2+z^2-1)$$

令

$$\begin{cases}\dfrac{\partial F}{\partial x}=\sqrt{2}+4\lambda x=0\\ \dfrac{\partial F}{\partial y}=-\sqrt{2}+4\lambda y=0\\ \dfrac{\partial F}{\partial z}=2\lambda z=0\\ \dfrac{\partial F}{\partial \lambda}=2x^2+2y^2+z^2-1=0\end{cases}$$

解得 $z=0$ 以及 $x=-y=\pm\dfrac{1}{2}$，即得驻点为 $M_1\left(\dfrac{1}{2},-\dfrac{1}{2},0\right)$ 与 $M_2\left(-\dfrac{1}{2},\dfrac{1}{2},0\right)$. 因最大值一定存在，故只需比较$\left.\dfrac{\partial f}{\partial l}\right|_{\left(\frac{1}{2},-\frac{1}{2},0\right)}=\sqrt{2}$，$\left.\dfrac{\partial f}{\partial l}\right|_{\left(-\frac{1}{2},\frac{1}{2},0\right)}=-\sqrt{2}$的大小，由此可知 $M_1\left(\dfrac{1}{2},-\dfrac{1}{2},0\right)$ 即为所求点.

17. 求 $f(x,y)=x^2-y^2+2$ 在椭圆域 $D=\left\{(x,y)\mid x^2+\dfrac{y^2}{4}\leqslant 1\right\}$ 上的最大值和最小值.

评析 $f(x,y)$ 在椭圆域上的最大值和最小值，可能在区域的内部达到，也可能在区域的边界上达到，且在边界上的最值又转化为求条件极值或一元函数在闭区间上的最值问题.

解　令$\dfrac{\partial f}{\partial x}=2x=0,\dfrac{\partial f}{\partial y}=-2y=0$,在$D$内部可能极值点为$x=0,y=0$,而$f(0,0)=2$.

再考虑其在边界曲线上的情形,用两种方法来求解.

解法1:利用Lagrange乘子法.

设$F(x,y,\lambda)=f(x,y)+\lambda\left(x^2+\dfrac{y^2}{4}-1\right)$,令

$$\begin{cases}F'_x=\dfrac{\partial f}{\partial x}+2\lambda x=2(1+\lambda)x=0\\F'_y=\dfrac{\partial f}{\partial y}+\dfrac{\lambda y}{2}=\left(-2+\dfrac{1}{2}\lambda\right)y=0\\F'_\lambda=x^2+\dfrac{y^2}{4}-1=0\end{cases}$$

得到可能极值点$x=0,y=2,\lambda=4;x=0,y=-2,\lambda=4;x=1,y=0,\lambda=-1;x=-1,y=0,\lambda=-1$.代入$f(x,y)$,与$f(0,0)=2$作比较,由这三个值的大小,可得$z=f(x,y)$在区域$D$上的最大值为3,最小值为$-2$.

解法2:将条件极值转化为无条件值,问题化为求一元函数在闭区间上的最值问题.

将$y^2=4(1-x^2)$代入$f(x,y)=x^2-y^2+2$,得

$$\begin{aligned}h(x)=f(x,y)&=x^2-(4-4x^2)+2\\&=5x^2-2\quad(-1\leqslant x\leqslant 1)\end{aligned}$$

令$h'(x)=10x=0$,得驻点$x=0$,比较$h(0)=-2$,$h(1)=3,h(-1)=3$,得$f(x,y)$在D的边界上的最大值为$h(-1)=3,h(1)=3$,最小值为$h(0)=-2$,将这两个值再与$f(0,0)=2$比较,可得$z=f(x,y)$在区域D上的最大值为3,最小值为-2.

注 二元函数 $z=f(x,y)$ 在闭区域 D 上的最值是一元函数在闭区间上的最值求法的推广，但却比一元函数的情形复杂得多.

18.(2011，天津赛) 设圆 $x^2+y^2=2y$ 含于椭圆 $\frac{x^2}{a^2}+\frac{y^2}{b^2}=1$ 的内部，且圆与椭圆相切于两点(即在这两点圆与椭圆都有公共切线).

(1) 求 a 与 b 满足的等式；

(2) 求使椭圆的面积最小时 a 与 b 的值.

评析 由圆和椭圆的图形及已知条件可知，切点不在 y 轴上，利用题设容易求出第(1) 问，而第(2) 问属于条件极值问题，显然第(2) 问需要利用第(1) 问的结论.

解 (1) 设圆与椭圆相切于点(x_0,y_0)，则(x_0,y_0) 既满足椭圆方程又满足圆方程，且在(x_0,y_0) 处椭圆的切线斜率等于圆的切线斜率，即 $-\frac{b^2x_0}{a^2y_0}=-\frac{x_0}{y_0-1}$. 注意到 $x_0\neq 0$，因此，点(x_0,y_0) 应满足

$$\begin{cases}\frac{x_0^2}{a^2}+\frac{y_0^2}{b^2}=1 & (23)\\ x_0^2+y_0^2=2y_0 & (24)\\ \frac{b^2}{a^2y_0}=\frac{1}{y_0-1} & (25)\end{cases}$$

由式(23) 和(24) 得

$$\frac{b^2-a^2}{b^2}y_0^2-2y_0+a^2=0 \tag{26}$$

由式(25)得 $y_0=\dfrac{b^2}{b^2-a^2}$,代入式(26)得

$$\frac{b^2-a^2}{b^2}\cdot\frac{b^4}{(b^2-a^2)^2}-\frac{2b^2}{b^2-a^2}+a^2=0$$

化简得 $a^2=\dfrac{b^2}{b^2-a^2}$ 或

$$a^2b^2-a^4-b^2=0 \tag{27}$$

(2) 按题意,需求椭圆面积 $S=\pi ab$ 在约束条件(27)下的最小值.

构造 Lagrange 函数

$$L(a,b,\lambda)=ab+\lambda(a^2b^2-a^4-b^2)$$

令

$$\begin{cases}L_a=b+\lambda(2ab^2-4a^3)=0 & (28)\\ L_b=a+\lambda(2a^2b-2b)=0 & (29)\\ L_\lambda=a^2b^2-a^4-b^2=0 & (30)\end{cases}$$

式(28)乘 a 与式(29)乘 b 作差,并注意到 $\lambda\neq0$,可得 $b^2=2a^4$,代入式(30)得 $2a^6-a^4-2a^4=0$,故 $a=\dfrac{\sqrt{6}}{2}$,从而 $b=\sqrt{2}a^2=\dfrac{3\sqrt{2}}{2}$.

由此问题的实际情况可知,符合条件的椭圆面积的最小值存在,因此当 $a=\dfrac{\sqrt{6}}{2}$,$b=\dfrac{3\sqrt{2}}{2}$ 时,此椭圆的面积最小.

19. 求函数 $u=xyz$ 在条件 $x^2+y^2+z^2=1$ 及 $x+y+z=0$ 下的极值.

解法 1　将问题给出的两个约束条件表示为

$$y^2+z^2=1-x^2,y+z=-x \tag{31}$$

从而有

$$
\begin{aligned}
2yz &= (y+z)^2-(y^2+z^2) \\
&= (-x)^2-(1-x^2) \\
&= 2x^2-1
\end{aligned}
$$

于是，目标函数可化为一元函数 $u(x)$.

对 x 求导得 $\frac{\mathrm{d}u}{\mathrm{d}x}=3x^2-\frac{1}{2}$，解 $3x^2-\frac{1}{2}=0$，得 $x=\pm\frac{1}{\sqrt{6}}$，因为 $\frac{\mathrm{d}^2u}{\mathrm{d}x^2}=6x$，故

$$u''\left(\frac{1}{\sqrt{6}}\right)>0,u''\left(-\frac{1}{\sqrt{6}}\right)<0$$

从而知 $x=\frac{1}{\sqrt{6}}$ 为 $u(x)$ 的极小点，$x=-\frac{1}{\sqrt{6}}$ 为 $u(x)$ 的极大点，且 $u(x)$ 在 $x=\frac{1}{\sqrt{6}}$ 处的极小值为 $u\left(\frac{1}{\sqrt{6}}\right)=-\frac{1}{3\sqrt{6}}$，在 $x=-\frac{1}{\sqrt{6}}$ 处的极大值为 $u\left(-\frac{1}{\sqrt{6}}\right)=\frac{1}{3\sqrt{6}}$.

将 $x=\pm\frac{1}{\sqrt{6}}$ 代入式(3)可解得相应点

$$P_1\left(\frac{1}{\sqrt{6}},\frac{1}{\sqrt{6}},-\frac{2}{\sqrt{6}}\right),P_2\left(-\frac{1}{\sqrt{6}},-\frac{1}{\sqrt{6}},\frac{2}{\sqrt{6}}\right)$$

$$P_5\left(\frac{1}{\sqrt{6}},-\frac{2}{\sqrt{6}},\frac{1}{\sqrt{6}}\right),P_6\left(-\frac{1}{\sqrt{6}},\frac{2}{\sqrt{6}},-\frac{1}{\sqrt{6}}\right)$$

因为目标函数 $u=xyz$ 及约束条件 $x^2+y^2+z^2=1$，$x+y+z=0$ 都是对称函数，利用对称性知 u 可化为

$$u(y)=y^3-\frac{y}{2}$$

且当 $y=\frac{1}{\sqrt{6}}$ 时，u 取得极小值 $-\frac{1}{3\sqrt{6}}$，当 $y=-\frac{1}{\sqrt{6}}$ 时，u 取得极大值$\frac{1}{3\sqrt{6}}$，解 $y=\pm\frac{1}{\sqrt{6}}$ 与两约束条件的联立方程组可得极值点

$$p_1\left(-\frac{2}{\sqrt{6}},\frac{1}{\sqrt{6}},\frac{1}{\sqrt{6}}\right)$$

$$p_2\left(-\frac{2}{\sqrt{6}},\frac{1}{\sqrt{6}},\frac{1}{\sqrt{6}}\right)$$

$$p_3\left(-\frac{2}{\sqrt{6}},\frac{1}{\sqrt{6}},\frac{1}{\sqrt{6}}\right)$$

$$p_4\left(\frac{2}{\sqrt{6}},-\frac{1}{\sqrt{6}},-\frac{1}{\sqrt{6}}\right)$$

同理，从 $u(z)=z^3-\frac{z}{2}$ 出发可求得极值点 p_3,p_4，p_5 和 p_6.

综上，知 u 在点 p_1,p_3,p_5 处取得极小值 $-\frac{1}{3\sqrt{6}}$；而在点 p_2,p_4,p_6 处取得极大值$\frac{1}{3\sqrt{6}}$.

解法 2　函数 $u=xyz$ 的约束条件为

$$\begin{cases}x^2+y^2+z^2=1\\x+y+z=0\end{cases}\tag{32}$$

将式(32)中的第二个式子化为 $z=-(x+y)$ 并代入第一个式子得

$$x^2+y^2+(x+y)^2=1$$

因为

$$x^2+y^2+(x+y)^2$$

$$=2x^2+2y^2+2xy$$

$$=\frac{1}{2}(4x^2+4xy+4y^2)$$

$$=\frac{1}{2}[(x^2-2xy+y^2)+3(x^2+2xy+y^2)]$$

$$=\frac{1}{2}(x-y)^2+\frac{3}{2}(x+y)^2$$

即有

$$\frac{1}{2}(x-y)^2+\frac{3}{2}(x+y)^2=1 \tag{33}$$

将式(33)化为参数方程，令

$$x-y=\sqrt{2}\cos\theta$$

$$x+y=\sqrt{\frac{2}{3}}\sin\theta$$

于是，得式(33)的参数方程

$$\begin{cases} x=\dfrac{1}{\sqrt{2}}\cos\theta+\dfrac{1}{\sqrt{6}}\sin\theta \\ y=-\dfrac{1}{\sqrt{2}}\cos\theta+\dfrac{1}{\sqrt{6}}\sin\theta \quad (0\leqslant\theta\leqslant 2\pi) \\ z=-\sqrt{\dfrac{2}{3}}\sin\theta \end{cases}$$

从而 $u=xyz$ 可化为

$$u(\theta)=\left(\frac{1}{\sqrt{2}}\cos\theta+\frac{1}{\sqrt{6}}\sin\theta\right)\left(\frac{1}{\sqrt{6}}\sin\theta-\frac{1}{\sqrt{2}}\cos\theta\right)\cdot$$

$$\left(-\sqrt{\frac{2}{3}}\sin\theta\right)$$

$$=\left(\frac{1}{2}\cos^2\theta-\frac{1}{6}\sin^2\theta\right)\sqrt{\frac{2}{3}}\sin\theta$$

$$=\left(\frac{1}{2}-\frac{2}{3}\sin^2\theta\right)\sqrt{\frac{2}{3}}\sin\theta$$

$$=\frac{1}{3\sqrt{6}}(3\sin\theta-4\sin^3\theta)$$

$$=\frac{1}{3\sqrt{6}}\sin 3\theta$$

上式对 θ 求导得 $\frac{\mathrm{d}u}{\mathrm{d}\theta}=\frac{1}{\sqrt{6}}\cos 3\theta$，解 $\cos 3\theta=0$，得 $\theta=\frac{k\pi}{6}$ $(k=1,3,5,7,9,11)$.

由 $\frac{\mathrm{d}^2u}{\mathrm{d}\theta^2}=-\sqrt{\frac{3}{2}}\sin 3\theta$ 知：

当 $\theta=\frac{k\pi}{6}(k=1,5,9)$ 时，$\frac{\mathrm{d}^2u}{\mathrm{d}\theta^2}<0$，$u$ 取得极大值 $\frac{1}{3\sqrt{6}}$；

当 $\theta=\frac{k\pi}{6}(k=3,7,11)$ 时，$\frac{\mathrm{d}^2u}{\mathrm{d}\theta^2}>0$，$u$ 取得极小值 $-\frac{1}{3\sqrt{6}}$.

亦即在点 $\left(\frac{2}{\sqrt{6}},-\frac{1}{\sqrt{6}},-\frac{1}{\sqrt{6}}\right)$，$\left(-\frac{1}{\sqrt{6}},\frac{2}{\sqrt{6}},-\frac{1}{\sqrt{6}}\right)$，$\left(-\frac{1}{\sqrt{6}},-\frac{1}{\sqrt{6}},\frac{2}{\sqrt{6}}\right)$ 处函数 u 取得极大值 $\frac{1}{3\sqrt{6}}$；而在 $\left(\frac{1}{\sqrt{6}},\frac{1}{\sqrt{6}},-\frac{2}{\sqrt{6}}\right)$，$\left(-\frac{2}{\sqrt{6}},\frac{1}{\sqrt{6}},\frac{1}{\sqrt{6}}\right)$ 和 $\left(\frac{1}{\sqrt{6}},-\frac{2}{\sqrt{6}},\frac{1}{\sqrt{6}}\right)$ 处函数 u 取得极小值.

注　解法 2 的指导思想是“降元”，巧妙利用参数方程去表示约束条件，从而使目标函数 u 转化为 θ 的一元函数.

下面再介绍利用 Lagrange 乘数法的解法.

解法 3 令 Lagrange 函数

$$\Phi = xyz + \lambda(x^2 + y^2 + z^2 - 1) + \mu(x + y + z)$$

关于 x, y, z 的导数为零,得到方程组

$$\begin{cases} \Phi'_x = yz + 2\lambda x + \mu = 0 \\ \Phi'_y = xz + 2\lambda y + \mu = 0 \\ \Phi'_z = xy + 2\lambda y + \mu = 0 \end{cases}$$

将其与关联方程 $x^2 + y^2 + z^2 = 1, x + y + z = 0$ 放在一起求解,得到 6 个可能的极值点:

当 $\lambda = \dfrac{1}{2\sqrt{6}}$ 时

$$M_1 = \left(\frac{1}{\sqrt{6}}, \frac{1}{\sqrt{6}}, -\frac{2}{\sqrt{6}}\right)$$

$$M_2 = \left(\frac{1}{\sqrt{6}}, -\frac{2}{\sqrt{6}}, \frac{1}{\sqrt{6}}\right)$$

$$M_3 = \left(-\frac{2}{\sqrt{6}}, \frac{1}{\sqrt{6}}, \frac{1}{\sqrt{6}}\right)$$

当 $\lambda = -\dfrac{1}{2\sqrt{6}}$ 时

$$M_4 = \left(-\frac{1}{\sqrt{6}}, -\frac{1}{\sqrt{6}}, \frac{2}{\sqrt{6}}\right)$$

$$M_5 = \left(-\frac{1}{\sqrt{6}}, \frac{2}{\sqrt{6}}, -\frac{1}{\sqrt{6}}\right)$$

$$M_6 = \left(\frac{2}{\sqrt{6}}, -\frac{1}{\sqrt{6}}, -\frac{1}{\sqrt{6}}\right)$$

进一步求出二阶微分

$$\mathrm{d}^2\Phi=2\lambda((\mathrm{d}x)^2+(\mathrm{d}y)^2+(\mathrm{d}z)^2)+$$
$$2z\mathrm{d}x\mathrm{d}y+2y\mathrm{d}x\mathrm{d}z+2x\mathrm{d}y\mathrm{d}z \qquad (34)$$

由关联方程得到关系式

$$x\mathrm{d}x+y\mathrm{d}y+z\mathrm{d}z=0 \qquad (35)$$

$$\mathrm{d}x+\mathrm{d}y+\mathrm{d}z=0 \qquad (36)$$

对于点 M_1 和 M_4，检验充分条件，在这两点

$$x=y=2\lambda, z=-4\lambda$$

于是由式(34)(35)(36)得到等式

$$\mathrm{d}^2\Phi=2\lambda((\mathrm{d}x-\mathrm{d}y)^2+(\mathrm{d}z)^2+(\mathrm{d}x)^2+(\mathrm{d}y)^2)$$

由此导出，当 $\lambda<0$(即在点 M_4) 时 $\mathrm{d}^2\Phi<0$.

因而在该点函数 u 有极大值($u_{\max}=\frac{1}{3\sqrt{6}}$)，当 $\lambda>0$，即在点 M_1 时，$\mathrm{d}^2\Phi>0$，在该点函数 u 有极小值($u_{\min}=-\frac{1}{3\sqrt{6}}$).

类似地，可以确定函数 u 在点 M_5 和 M_6 有极大值($u_{\max}=\frac{1}{3\sqrt{6}}$)，而在点 M_2 和 M_3 有极小值($u_{\min}=-\frac{1}{3\sqrt{6}}$).

20. 设 $A>0, AC-B^2>0$. 求平面曲线 $Ax^2+2Bxy+Cy^2=1$ 所围的图形面积.

解法 1 由曲线方程解出

$$y_{\pm}=-\frac{Bx}{C}\pm\frac{1}{C}\sqrt{C-(AC-B^2)x^2}$$

再由 $y_+=y_-$，得出曲线 $y=y_+(x)$ 与曲线 $y=y_-(x)$ 的两个交点的横坐标为

$$x_{\pm}=\pm\frac{\sqrt{C}}{D}, D\xlongequal{\text{记为}}\sqrt{AC-B^2}$$

于是平面曲线 $Ax^2+2Bxy+Cy^2=1$ 所围图形的面积，就是曲线 $y=y_+(x)$ 与曲线 $y=y_-(x)$ 所围图形的面积，此面积

$$S=\int_{x_-}^{x_+}(y_+(x)-y_-(x))\mathrm{d}x$$

$$=\frac{2}{C}\int_{-\sqrt{C}/D}^{\sqrt{C}/D}\sqrt{C-D^2x^2}\,\mathrm{d}x \quad (令\ u=Dx)$$

$$=\frac{4}{CD}\int_0^{\sqrt{C}}\sqrt{C-u^2}\,\mathrm{d}u$$

$$=\frac{4}{CD}\cdot\frac{\pi}{4}(\sqrt{C})^2$$

$$=\frac{\pi}{D}=\frac{\pi}{\sqrt{AC-B^2}}$$

解法 2 所给的椭圆在极坐标下的方程为

$$r^2=\frac{1}{A\cos^2\theta+2B\cos\theta\sin\theta+C\sin^2\theta}$$

所以椭圆的面积为

$$S=\frac{1}{2}\int_0^{2\pi}r^2\mathrm{d}\theta=\frac{1}{2}\int_0^{2\pi}\frac{\mathrm{d}\theta}{A\cos^2\theta+2B\cos\theta\sin\theta+C\sin^2\theta}$$

$$=\frac{1}{2}\left[\int_0^{\frac{\pi}{2}}+\int_{\frac{\pi}{2}}^{\pi}+\int_{\pi}^{3\frac{\pi}{2}}+\int_{3\frac{\pi}{2}}^{2\pi}\right]\frac{\mathrm{d}\tan\theta}{A+2B\tan\theta+C\tan^2\theta}$$

$$=\frac{1}{2}\left[\int_0^{\frac{\pi}{2}}+\int_{\frac{\pi}{2}}^{\pi}+\int_{\pi}^{3\frac{\pi}{2}}+\int_{3\frac{\pi}{2}}^{2\pi}\right]\cdot\mathrm{d}\,\frac{1}{\sqrt{AC-B^2}}\cdot$$

$$\tan^{-1}\frac{C\tan\theta+B}{\sqrt{AC-B^2}}$$

$$=\frac{1}{2\sqrt{AC-B^2}}\left[\frac{\pi}{2}-\arctan\frac{B}{\sqrt{AC-B^2}}+\right.$$

$$\arctan\frac{B}{\sqrt{AC-B^2}}+\frac{\pi}{2}+\frac{\pi}{2}-$$

$$\arctan\frac{B}{\sqrt{AC-B^2}}+\arctan\frac{B}{\sqrt{AC-B^2}}+\frac{\pi}{2}\Bigg]$$

$$=\frac{\pi}{\sqrt{AC-B^2}}$$

解法 3 设所给椭圆上的点(x,y)到原点的距离为d，则$d^2=x^2+y^2$，考虑在条件$Ax^2+2Bxy+Cy^2=1$下求d的极值.令

$$F(x,y)\xlongequal{\text{定义}}x^2+y^2+\lambda(Ax^2+2Bxy+Cy^2-1)$$

$$\begin{cases}F'_x=(2+2A\lambda)x+2B\lambda y=0 & (37)\\ F'_y=2B\lambda x+(2+2C\lambda)y=0 & (38)\end{cases}$$

将式(37)和(38)看成未知数为x,y的齐次线性方程组，它有非零解，必须有系数行列式为0，即得

$$(AC-B^2)\lambda^2+(A+C)\lambda+1=0 \qquad (39)$$

这是λ的二次方程，设它的两根为λ_1,λ_2，显然$\lambda_1<0$，$\lambda_2<0$.方程(37)乘以x加上方程(38)乘以y，得到

$$x^2+y^2+\lambda(Ax^2+2Bxy+Cy^2)=0$$

即得$d=\sqrt{x^2+y^2}=\sqrt{-\lambda}$，于是由式(39)，有

$$\min d\cdot\max d=\sqrt{\lambda_1\lambda_2}=\frac{1}{\sqrt{AC-B^2}}$$

因为$\max d$和$\min d$分别表示椭圆的长半轴和短半轴，所以所求的椭圆面积为

$$S=\frac{\pi}{\sqrt{AC-B^2}}$$

解法 4 用极坐标：$x=r\cos\theta,y=r\sin\theta$，则所给椭圆在极坐标下的方程为

$$r^2=\frac{1}{A\cos^2\theta+B\sin 2\theta+C\sin^2\theta}$$

$$=\frac{1}{\frac{A+C}{2}+h\sin(2\theta+\varphi)} \tag{40}$$

其中$h=\sqrt{B^2+\left(\frac{A-C}{2}\right)^2}$，$\varphi\xlongequal{\text{定义}}\arccos\frac{B}{h}$，由式(40)易见

$$\max r^2=\frac{1}{\frac{A+C}{2}-h}$$

$$\min r^2=\frac{1}{\frac{A+C}{2}+h}$$

于是，所求椭圆面积

$$S=\pi\max r\cdot\min r=\frac{\pi}{\sqrt{\left(\frac{A+C}{2}\right)^2-h^2}}$$

$$=\frac{\pi}{\sqrt{AC-B^2}}$$

解法 5 将所给曲线方程配方，得

$$A\left(x+\frac{B}{A}y\right)^2+\left(C-\frac{B^2}{A}\right)y^2=1$$

作变换$u=\sqrt{A}\left(x+\frac{B}{A}y\right)$，$v=\sqrt{C-\frac{B^2}{A}}y$，则有

$$\frac{\partial(u,v)}{\partial(x,y)}=\sqrt{AC-B^2}\Rightarrow\frac{\partial(x,y)}{\partial(u,v)}=\frac{1}{\sqrt{AC-B^2}}$$

于是，所求面积

$$S=\iint\limits_{Ax^2+2Bxy+Cy^2\leqslant 1}\mathrm{d}x\mathrm{d}y=\iint\limits_{u^2+v^2\leqslant 1}\frac{1}{\sqrt{AC-B^2}}\mathrm{d}u\mathrm{d}v$$

$$=\frac{\pi}{\sqrt{AC-B^2}}$$

解法 6　考虑过原点的直线 $y=kx$，它与所给椭圆有两个交点，设它们的坐标分别为(x_1,kx_1)，(x_2,kx_2)，这两个交点之间的距离为

$$d=\sqrt{1+k^2}\ |x_2-x_1|$$

将 $y=kx$ 代入椭圆方程，得 $x^2(A+2Bk+Ck^2)=1$，由此解得

$$x_1=-x_2=\frac{1}{\sqrt{A+2Bk+Ck^2}}$$

从而

$$d=\frac{2\sqrt{1+k^2}}{\sqrt{A+2Bk+Ck^2}}$$

对任意实数 k，令

$$\lambda(k)=\left(\frac{d}{2}\right)^2=\frac{1+k^2}{A+2Bk+Ck^2} \tag{41}$$

$$\lambda'(k)=\frac{2k(A+2Bk+Ck^2)-(1+k^2)(2B+2Ck)}{(A+2Bk+Ck^2)^2}$$

$$=\frac{2[Bk^2+(A-C)k-B]}{(A+2Bk+Ck^2)^2}$$

由于 $B=0$ 时结果显然成立，我们只需讨论 $B\neq 0$ 的情形. 这时上式变为

$$Bk^2+(A-C)k-B=0 \tag{42}$$

设方程(42)的解为 k_1,k_2，由式(41)及$\lambda'(k_i)=0$，我们得到

$$\lambda(k_i)=\frac{1+k^2}{A+2Bk_i+Ck_i^2}=\frac{k_i}{B+Ck_i},i=1,2$$

进一步再由式(42)得到

$$S=\pi\sqrt{\lambda(k_1)\lambda(k_2)}$$

$$=\pi\sqrt{\frac{k_1\cdot k_2}{B^2+CB(k_1+k_2)+C^2k_1\cdot k_2}}$$

$$=\pi\sqrt{\frac{-1}{B^2+CB\cdot\frac{C-A}{B}-C^2}}=\frac{\pi}{\sqrt{AC-B^2}}$$

解法 7 因为 $A>0,AC-B^2>0$,所以 $\begin{pmatrix}A&B\\B&C\end{pmatrix}$ 是正定矩阵,从而存在正定矩阵 $\begin{pmatrix}p&q\\q&r\end{pmatrix}$,满足

$$\begin{pmatrix}p&q\\q&r\end{pmatrix}^2=\begin{pmatrix}A&B\\B&C\end{pmatrix}$$

令 $\begin{pmatrix}u\\v\end{pmatrix}=\begin{pmatrix}p&q\\q&r\end{pmatrix}\begin{pmatrix}x\\y\end{pmatrix}$,则有

$$\begin{aligned}Ax^2+2Bxy+Cy^2&=(x\quad y)\begin{pmatrix}A&B\\B&C\end{pmatrix}\begin{pmatrix}x\\y\end{pmatrix}\\&=(x\quad y)\begin{pmatrix}p&q\\q&r\end{pmatrix}\begin{pmatrix}p&q\\q&r\end{pmatrix}\begin{pmatrix}x\\y\end{pmatrix}\\&=u^2+v^2\end{aligned}$$

且

$$\frac{\partial(x,y)}{\partial(u,v)}=\left[\frac{\partial(u,v)}{\partial(x,y)}\right]^{-1}=\begin{vmatrix}p&q\\q&r\end{vmatrix}^{-1}=\begin{vmatrix}A&B\\B&C\end{vmatrix}^{-1/2}$$

$$=\frac{1}{\sqrt{AC-B^2}}$$

于是,所求椭圆面积

$$S=\iint\limits_{Ax^2+2Bxy+Cy^2\leqslant 1}\mathrm{d}x\mathrm{d}y=\iint\limits_{u^2+v^2\leqslant 1}\frac{1}{\sqrt{AC-B^2}}\mathrm{d}u\mathrm{d}v$$

$$=\frac{\pi}{\sqrt{AC-B^2}}$$

解法 8　前半部分同解法 6 一样，考虑过原点的直线 $y=kx$，它与椭圆 $Ax^2+2Bxy+Cy^2=1$ 有两个交点，它们之间的距离为 d，则

$$\lambda(k)=\left(\frac{d}{2}\right)^2=\frac{1+k^2}{A+2Bk+Ck^2} \tag{43}$$

如果 $\lambda(k)$ 不是极值，那么由椭圆图形的对称性容易看出，一定有两个不同的 k 取到同一个 $\lambda(k)$ 的值；如果 $\lambda(k)$ 是极值，那么就只有一个 k 取到该 $\lambda(k)$ 的值. 由此可见，对应于极值的 λ，由式(43)改写成的 k 的二次方程

$$(C\lambda-1)k^2+2B\lambda k+(A\lambda-1)=0$$

的判别式应等于零，即 $-(AC-B^2)\lambda^2+(A+C)\lambda-1=0$. 这是 λ 的二次方程，设它的解为 λ_1,λ_2，显然它们都是式(43)所定义的 λ 的极值. 于是求出椭圆的长、短半轴为 $\sqrt{\lambda_1}$，$\sqrt{\lambda_2}$，因此所求面积为

$$S=\pi\sqrt{\lambda_1\cdot\lambda_2}=\pi\sqrt{\frac{-1}{-(AC-B^2)}}=\frac{\pi}{\sqrt{AC-B^2}}$$

21. 在曲面 $(x^2y+y^2z+z^2x)^2+(x-y+z)=0$ 上点 $(0,0,0)$ 处的切平面 π 内求一点 P. 使点 P 到点 $A(2,1,2)$ 和点 $B(-3,1,-2)$ 的距离的平方和为最小.

评析　对于这一典型的条件极值问题，我们可以用“升元法”或“降元法”去解.

解法 1　令

$$G(x,y,z)=(x^2y+y^2z+z^2x)^2+(x-y+z)$$

则切平面 π 的法向量为

$$\boldsymbol{n}=\{G_x,G_y,G_z\}_{(0,0,0)}=\{1,-1,1\}$$

从而 π 的方程为

$$x-y+z=0 \tag{44}$$

设所求点为 $p(x,y,z)$，于是问题就是在条件(44)下求

$$u=(x-2)^2+(y-1)^2+(z-2)^2+\\(x+3)^2+(y-1)^2+(z+2)^2$$

的最小值，可以利用 Lagrange 乘数法.

设辅助函数

$$F=(x-2)^2+(y-1)^2+(z-2)^2+(x+3)^2+\\(y-1)^2+(z+2)^2+\lambda(x-y+z)$$

其中 λ 为常数. F 分别对 x,y,z 求偏导数并令其为零，得

$$F_x=4x+2+\lambda=0$$

$$F_y=4y-4-\lambda=0$$

$$F_z=4z+\lambda=0$$

解以上三式与条件联立的方程组，可得唯一驻点：$x=0,y=\frac{1}{2},z=\frac{1}{2}$，由问题本身知最小值必定存在，所以唯一可能的极值点 $\left(0,\frac{1}{2},\frac{1}{2}\right)$ 必为最小值点，于是所求点为 $\left(0,\frac{1}{2},\frac{1}{2}\right)$，此时有最小值

$$H\left(0,\frac{1}{2},\frac{1}{2}\right)=22$$

如果不用 Lagrange 乘数法也可以.

解法 2　将解法 1 所得的 π 的方程写成 $z=y-x$，

将其代入到

$$u(x,y,z)=(x-2)^2+(x+3)^2+2(y-1)^2+(y-x-2)^2+(y-x+2)^2$$

现在来求 $u(x,y)$ 的无条件极值，$u(x,y)$ 对 x,y 求偏导数并令其为零，得

$$\begin{cases}u_x=8x-4y+2=0\\u_y=8y-4x-4=0\end{cases}$$

解方程组，得 $x=0,y=\frac{1}{2}$，因为

$$A=u_{xx}=8>0,B=u_{xy}=-4,C=u_{yy}=8$$

于是在点 $\left(0,\frac{1}{2}\right)$ 有 $B^2-AC=-48<0$ 且 $A>0$，所以函数 u 在点 $\left(0,\frac{1}{2}\right)$ 取得极小值.

考虑到 $\left(0,\frac{1}{2}\right)$ 是唯一的极小值，故 $u(0,\frac{1}{2})=22$ 为最小值，将 $x=0$ 和 $y=\frac{1}{2}$ 代入 $z=y-x$，得 $z=\frac{1}{2}$，于是所求点为 $\left(0,\frac{1}{2},\frac{1}{2}\right)$.

如果连多元函数微积分都不用的话，也可以解出，只需用到平方平均值不等式

$$a^2+b^2\geqslant\frac{1}{2}(a+b)^2$$

解法3　容易求出 π 的方程为 $x-y+z=0$，设已知点 $A(2,1,2)$，$B(-3,1,-2)$，在 π 上的投影为 A_0 和 B_0，设过点 A,B 垂直于 π 的直线分别为 l_A 和 l_B，则

$$l_A:x=2+t,y=1-t,z=2+t$$

$$l_B: x=-3+t, y=1-t, z=-2+t$$

将它们分别与 π 的方程联立求解，可得点 A_0，B_0 的坐标为 $A_0(1,2,1)$，$B_0(-1,-1,0)$，于是

$$A_0B_0^2=(1+1)^2+(2+1)^2+1^2=14$$

$$AA_0^2=(2-1)^2+(1-2)^2+(2-1)^2=3$$

$$BB_0^2=(-3+1)^2+(1+1)^2+(-2)^2=12$$

设点 $P(x,y,z)$ 是平面 π 上的任意一点，则有

$$\begin{aligned}u(x,y,z)&=AP^2+BP^2\\&=(AA_0^2+A_0P^2)+(BB_0^2+B_0P^2)\\&=3+A_0P^2+12+B_0P^2\\&\geqslant 15+\frac{1}{2}(A_0P+B_0P)^2\end{aligned}$$

考虑到点 A_0，B_0 为定点且 P 与 A_0，B_0 同在平面 π 上，所以进一步有

$$\begin{aligned}u(x,y,z)&\geqslant 15+\frac{1}{2}(A_0P+B_0P)^2\\&\geqslant 15+\frac{1}{2}A_0B_0^2\\&=15+7=22\end{aligned}$$

当且仅当 $A_0P=B_0P=\frac{A_0B_0}{2}$，即点 P 为 A_0B_0 中点 $\left(0,\frac{1}{2},\frac{1}{2}\right)$ 时，上式中的两个等号同时成立. 所以，$P\left(0,\frac{1}{2},\frac{1}{2}\right)$ 为所求点.

解法 3 避免了微分学求极值的有关方法的使用，而充分利用了几何直观和思维上的直觉，从解法 1、解法 2 与解法 3 的对比中，可以体会到分析与几何的各

自特点.

22.(2017 年中国国家集训队测试题)设 x_1, $x_2,\cdots,x_m(m\geqslant 2)$ 是非负实数,证明

$$(m-1)^{m-1}\left(\sum_{i=1}^{m}x_i^m-m\prod_{i=1}^{m}x_i\right)\geqslant\left(\sum_{i=1}^{m}x_i\right)^m-m^m\prod_{i=1}^{m}x_i$$

并确定等号成立条件.

证法1 $m=2$ 时为等式,下面考虑 $m\geqslant 3$ 的情形,记

$$\begin{aligned}&f(x_1,\cdots,x_m)\\ =&(m-1)^{m-1}\sum_{i=1}^{m}x_i^m+\\ &(m^{m-1}-(m-1)^{m-1})m\prod_{i=1}^{m}x_i-\left(\sum_{i=1}^{m}x_i\right)^m\end{aligned}$$

固定 $\sum_{i=1}^{m}x_i=S$ 不变,连续函数 f 在有界闭集 $\sum_{i=1}^{m}x_i=S$ 上能取到最小值,不妨设 $(x_1,\cdots,x_m)=(a_1,\cdots,a_m)$ 时 f 取到最小值. 若 a_i 中有数为 0,不妨设 $a_m=0$,则由均值不等式知

$$(m-1)^{m-1}\sum_{i=1}^{m-1}a_i^m\geqslant\left(\sum_{i=1}^{m-1}a_i\right)^m$$

即 $f(a_1,\cdots,a_m)\geqslant 0$,原不等式得证. 若 a_i 均不为 0,则我们有(这一步也可由线性约束的 Lagrange 乘数法直接得到)

$$\left.\frac{\partial f(S-x_2-\cdots-x_m,x_2,\cdots,x_m)}{\partial x_i}\right|_{(x_1,\cdots,x_m)=(a_1,\cdots,a_m)}$$
$$=0$$

$$\Rightarrow\frac{\partial f}{\partial x_1}(a_1,\cdots,a_m)=\frac{\partial f}{\partial x_1}(a_1,\cdots,a_m)$$

记

$$\beta_m=m^{m-1}-(m-1)^{m-1},\prod_{i=1}^{m}x_i=T$$

$$g(x_1)\triangleq\frac{\partial f}{\partial x_1}=m(m-1)^{m-1}x_1^{m-1}+m\beta_m\frac{T}{x_1}-mS^{m-1}$$

$g(z)$ 是一个下凸函数,故对任意实数 c,$g(z)=c$ 至多有两组解,即$\{a_i\}$ 中至多有两个元素. 若 a_i 全相等,则不等式为等式,否则不妨设其中有 a 个取值为 x,b 个取值为 y,其中 $x\neq y,a+b=m,m-1\geqslant a\geqslant 1$. 则由 $g(z)=g(y)$,有

$$m(m-1)^{m-1}(x^{m-1}-y^{m-1})=m\beta_m T\frac{x-y}{xy}$$

将上述关系代入原不等式,故此时我们只需证明对于非负实数 $x\neq y,a+b=m$,且 $m-1\geqslant a\geqslant 1$ 时,有

$$(m-1)^{m-1}(ax^m+by^m)+m(m-1)^{m-1}\cdot$$
$$\frac{(x^{m-1}-y^{m-1})xy}{x-y}-(ax+by)^m\geqslant 0$$

不等式左边是关于 a 的上凸函数,因此我们只需考虑 $a=1$ 或 $a=m-1$ 的情形. 由 x,y 的对称性,我们不妨设 $a=1$. 由不等式的齐次性,我们还可以设 $y=1$,于是只需证明

$$(m-1)^{m-1}[x^m+(m-1)]+$$
$$m(m-1)^{m-1}x(1+x+\cdots+x^{m-2})$$
$$\geqslant[x+(m-1)]^m$$

或

$$(m-1)^{m-1}x^m+(m-1)^m+m(m-1)^{m-1}\sum_{i=1}^{m-1}x_i$$

$$\geqslant \sum_{i=0}^{m}(m-1)^{m-i}\binom{m}{i}x^{i}$$

比较两边 x^i 的次数,若 $i=0$,则 $(m-1)^m=(m-1)^m$;若 $i=m$,则 $(m-1)^{m-1}\geqslant 1$;若 $m-1\geqslant i\geqslant 1$,则

$$m(m-1)^{m-1}=(m-1)^{m-i}m(m-1)^{i-1}$$

$$\geqslant (m-1)^{m-i}\binom{m}{i}$$

因此不等式左边每一项的系数均大于或等于不等式右边,当且仅当 $x=0$ 时等号成立.此时对应了情形 $x_1=0,x_2=x_3=\cdots=x_m$ 及其轮换,原不等式中的等号能成立.

综上,我们证明了原不等式,当 $m=2$ 时为等式,$m\geqslant 3$ 时等号成立当且仅当 $x_1=x_2=\cdots=x_m$ 或 $x_1=0,x_2=x_3=\cdots=x_m$ 及其轮换.

证法 2 同证法 1,有

$$m(m-1)^{m-1}(x^{m-1}-y^{m-1})=m\beta_m T\frac{x-y}{xy}$$

$$\Leftrightarrow (m-1)^{m-1}(x^{m-2}+\cdots+y^{m-2})=\beta_m x^{a-1}y^{b-1}$$

若 $\min\{a,b\}\geqslant 2$,则

$$(x^{m-2}+\cdots+y^{m-2})\geqslant 2x^{a-1}y^{b-1}$$

又 $3(m-1)^{m-1}>m^{m-1}$,故

$$(m-1)^{m-1}(x^{m-2}+\cdots+y^{m-2})$$

$$\geqslant 2(m-1)^{m-1}x^{a-1}y^{b-1}$$

$$>\beta_m x^{a-1}y^{b-1}$$

矛盾,因此 $\min\{a,b\}=1$,即我们只需证明 $x_1=\cdots=x_{m-1}=1,x_m=x$ 时不等式成立即可,此时原不等式等

价于

$$f(x)=(m-1)^{m-1}(m-1+x^m)+(m^{m-1}-(m-1)^{m-1})mx-(m-1+x)^m \geqslant 0$$

注意到

$$f'(x)=m(m-1)^{m-1}x^{m-1}-m(m-1+x)^{m-1}+(m^{m-1}-(m-1)^{m-1})m$$

$$f''(x)=m(m-1)^m x^{m-2}-m(m-1)(m-1+x)^{m-2}$$
$$=m(m-1)x^{m-2}\left[(m-1)^{m-1}-\left(\frac{m-1}{x}+1\right)^{m-2}\right]$$

显然$(m-1)^{m-1}-\left(\frac{m-1}{x}+1\right)^{m-2}$在$(0,+\infty)$上单调. 由均值不等式,我们有

$$1\cdot(m-1+1)^{m-2}\leqslant\left(\frac{1+m(m-2)}{m-1}\right)^{m-1}=(m-1)^{m-1}$$

且等号无法取到. 因此 $f''(1)>0$,而显然 $f''(0)<0$,因此 $f''(x)$ 在$(0,1)$上恰好有一个实根 α,在$(1,+\infty)$上恒正,故 $f'(x)$ 在$(0,\alpha)$上单调递减,在$(\alpha,+\infty)$上单调递增. 而 $f'(1)=0$,因此 $f'(\alpha)<0$,$f'(x)$ 在$(0,\alpha)$上至多有一个根,若 $f'(x)$ 在$(0,\alpha)$上没有实根,即 $f'(0)\leqslant 0$,故 $f(x)$ 在$[0,1]$上单调递减且不恒为0,这与 $f(0)=f(1)=0$ 矛盾. 若 $f'(x)$ 在$(0,\alpha)$上有一个实根 β,则 $f(x)$ 在$(0,\beta)$上单调递增,在$(\beta,1)$上单调递减,在$[1,+\infty]$上单调递增. 故 $f(x)$ 在$[0,+\infty]$上的最小值必在 0,1 处取到,而 $f(0)=f(1)=0$,原不等式得证.

证法3 同证法1，只需证明变量中有 a 个取值为 x，b 个取值为 y 的情形即可，其中 $a+b=m$，$m-1\geqslant a\geqslant 1$. 根据原问题的齐次性，我们不妨设 $x>1$，$x^a y^b=1$，又设 $x=z^b$，$y=z^{-a}$，则只需证明当 $z\geqslant 1$ 时有

$$h(z)=(m-1)^{m-1}(az^{bm}+bz^{-am})+m\beta_m-(az^b+bz^{-a})^m\geqslant 0$$

我们有

$$h'(z)=m(m-1)^{m-1}\frac{ab}{z}(z^{bm}-z^{-am})-m\frac{ab}{z}(z^b-z^{-a})(az^b+bz^{-a})^{m-1}$$

设 $z^b=A$，$z^{-a}=B$，当 $A\geqslant B$ 时，我们有

$$\begin{aligned}(aA+bB)^{m-1}&\leqslant((m-1)A+B)^{m-1}\\&\leqslant(m-1)^{m-1}(A^{m-1}+\cdots+B^{m-1})\end{aligned}$$

因此，当 $z\geqslant 1$ 时，$h'(z)\geqslant 0$. 而 $h(1)=0$，故命题得证.

证法4 设 $\sigma_{m,k}$ 为关于变量 $x_1,\cdots,x_m$ 的第 k 个初等对称多项式，即

$$\sigma_{m,k}=\sum_{i_1<i_2<\cdots<i_k}x_{i_1}x_{i_2}\cdots x_{i_k}$$

我们用归纳法证明更强的命题，对 $m\geqslant k\geqslant 2$ 有

$$f_{m,k}=(m-1)^{m-1}\sum_{i=1}^m x_i^k+\frac{m^m-m(m-1)^{m-1}}{\begin{pmatrix}m\\k\end{pmatrix}}\sigma_{m,k}-m^{m-k}\left(\sum_{i=1}^m x_i\right)^k\geqslant 0$$

当 $m=k=2$ 时，上式为等式，由均值不等式，我们有 $f_{m,2}\geqslant 0$. 我们对 $m+k$ 归纳，假设命题对 $m+k-1$ 成

立,由归纳假设我们有

$$\begin{aligned}&\frac{\partial f_{m,k}(x_1+t,\cdots,x_m+t)}{\partial t}\\&=\sum_{i=1}^{m}\frac{\partial f_{m,k}(x_1+t,\cdots,x_m+t)}{\partial x_i}\\&=kf_{m,k-1}(x_1+t,\cdots,x_m+t)\geqslant 0\end{aligned}$$

不妨设 $x_m=\min\{x_1,\cdots,x_m\}$,则

$$f_{m,k}(x_1,\cdots,x_m)\geqslant f_{m,k}(x_1-x_m,\cdots,x_m-x_m)$$

故我们只需证明 $x_m=0$ 的情形即可,即证明

$$\begin{aligned}g_{m,k}=&(m-1)^{m-1}\sum_{i=1}^{m-1}x_i^k+\\&\frac{m^m-m(m-1)^{m-1}}{\binom{m}{k}}\sigma_{m-1,k}-\\&m^{m-k}\left(\sum_{i=1}^{m-1}x_i\right)^k\geqslant 0\end{aligned}$$

即可. 由归纳假设,我们有

$$\begin{aligned}f_{m-1,k}=&(m-2)^{m-2}\sum_{i=1}^{m-1}x_i^k+\\&\frac{(m-1)^{m-1}-(m-1)(m-2)^{m-2}}{\binom{x-1}{k}}\sigma_{m-1,k}-\\&(m-1)^{m-k-1}\left(\sum_{i=1}^{m-1}x_i\right)^k\geqslant 0\end{aligned}$$

因此,只需证明

$$\frac{(m-1)^{m-1}}{m^{m-k}}\sum_{i=1}^{m-1}x_i^k+\frac{m^m-m(m-1)^{m-1}}{m^{m-k}\binom{m}{k}}\sigma_{m-1,k}$$

$$\geqslant \frac{(m-2)^{m-2}}{(m-1)^{m-k-1}}\sum_{i=1}^{m-1}x_i^k+$$

$$\frac{(m-1)^{m-1}-(m-1)(m-2)^{m-2}}{(m-1)^{m-k-1}\begin{pmatrix}m-1\\k\end{pmatrix}}\sigma_{m-1,k}$$

我们先证明

$$\frac{(m-1)^{m-1}}{m^{m-k}}\geqslant\frac{(m-2)^{m-2}}{(m-1)^{m-k-1}}$$

$$\Leftrightarrow(m-1)^{2m-2-k}\geqslant m^{m-k}(m-2)^{m-2}$$

由均值不等式,我们有

$$m^{m-k}(m-2)^{m-2}\leqslant\left(\frac{m(m-k)+(m-2)^2}{2m-2-k}\right)^{2m-2-k}$$

$$\leqslant(m-1)^{2m-2-k}$$

注意到

$$\frac{\sum_{i=1}^{m-1}x_i^k}{m-1}\geqslant\frac{\sigma_{m-1,k}}{\begin{pmatrix}m-1\\k\end{pmatrix}}$$

我们只需证明

$$\left(\frac{(m-1)^{m-1}}{m^{m-k}}-\frac{(m-2)^{m-2}}{(m-1)^{m-1-k}}\right)\cdot\frac{m-1}{\begin{pmatrix}m-1\\k\end{pmatrix}}+$$

$$\frac{m^m-m(m-1)^{m-1}}{m^{m-k}\begin{pmatrix}m\\k\end{pmatrix}}$$

$$\geqslant\frac{(m-1)^{m-1}-(m-1)(m-2)^{m-2}}{(m-1)^{m-k-1}\begin{pmatrix}m-1\\k\end{pmatrix}}$$

$$\Leftrightarrow \frac{(m-1)^m}{m^{m-k}}+\frac{(m^{m-1}-(m-1)^{m-1})(m-k)}{m^{m-k}}$$

$$\geqslant \frac{(m-1)^{m-1}}{(m-1)^{m-1-k}}$$

$$\Leftrightarrow (m-k)m^{m-1}+(k-1)(m-1)^{m-1}$$

$$\geqslant (m-1)^k m^{m-k}$$

由 AM-GM 不等式,我们有

$$(m-k)m^{m-1}+(k-1)(m-1)^{m-1}$$

$$\geqslant (m-1)\cdot m^{m-k}(m-1)^{k-1}$$

$$=(m-1)^k m^{m-k}$$

因此,$f_{m,k}\geqslant 0$,命题成立.从而我们证明了原不等式.

注 在本题中令 $m=3$,即为 Schur 不等式,因此本题可看作 Schur 不等式多个变元的推广.

若控制 $\sum_{i=1}^{m} x_i$ 与 $\prod_{i=1}^{m} x_i$ 不变,我们可以说明 $\sum_{i=1}^{m} x_i^m$ 取到最小值时,必有 $x_1=\cdots=x_{m-1}\geqslant x_m$ 或 $x_m=0$,则欲证明原不等式,只需证明在这两种情形下不等式成立即可,这一结论的证明可参见韩京俊的《初等不等式的证明方法》一书.

23.(2019年东南地区奥林匹克竞赛第六题)设 a,b,c 是给定三角形的三边长,正实数 x,y,z 满足 $x+y+z=1$,求 $ayz+bzx+cxy$ 的最大值.

解 因为 a,b,c 是三角形的三边长,所以

$$2(bc+ca+ab)-(a^2+b^2+c^2)$$

$$=a(b+c-a)+b(c+a-b)+c(a+b-c)$$

$$>0$$

运用判别式易求得 $ayz+bzx+cxy$ 的最大值为

$$\frac{abc}{2(bc+ca+ab)-(a^2+b^2+c^2)}$$

即证

$$\frac{abc(x+y+z)^2}{2(bc+ca+ab)-(a^2+b^2+c^2)}$$
$$\geqslant ayz+bzx+cxy$$
$$\Leftrightarrow (x+y+z)^2$$
$$\geqslant \frac{2(bc+ca+ab)-(a^2+b^2+c^2)}{abc}\cdot$$
$$(ayz+bzx+cxy)$$

作差,配方得

$$(x+y+z)^2-$$
$$\frac{2(bc+ca+ab)-(a^2+b^2+c^2)}{abc}(ayz+bzx+cxy)$$
$$=x^2+y^2+z^2+\frac{a^2+b^2+c^2-2ca-2ab}{bc}yz+$$
$$\frac{a^2+b^2+c^2-2ab-2bc}{ca}zx+$$
$$\frac{a^2+b^2+c^2-2bc-2ca}{ab}xy$$
$$=\left(x+\frac{a^2+b^2+c^2-2bc-2ca}{2ab}y+\right.$$
$$\left.\frac{a^2+b^2+c^2-2ab-2bc}{2ca}z\right)^2+$$
$$[2(bc+ca+ab)-(a^2+b^2+c^2)]\cdot$$
$$\left(\frac{a+b-c}{2ab}y-\frac{c+a-b}{2ca}z\right)^2\geqslant 0$$

易验证,当

$$\frac{a(b+c-a)}{x}=\frac{b(c+a-b)}{y}=\frac{c(a+b-c)}{z}$$

时,取得最大值.

由 Cauchy 不等式得

$$\frac{x}{a}(m+n)+\frac{y}{b}(n+k)+\frac{z}{c}(k+m)+\frac{xk}{a}+\frac{ym}{b}+\frac{zn}{c}$$

$$=(k+m+n)\left(\frac{x}{a}+\frac{y}{b}+\frac{z}{c}\right)$$

$$=\sqrt{(k+m+n)^2\left(\frac{x}{a}+\frac{y}{b}+\frac{z}{c}\right)^2}$$

$$=\sqrt{k^2+m^2+n^2+2(mn+nk+km)}\cdot$$

$$\sqrt{\frac{x^2}{a^2}+\frac{y^2}{b^2}+\frac{z^2}{c^2}+2\left(\frac{yz}{bc}+\frac{zx}{ca}+\frac{xy}{ab}\right)}$$

$$\geqslant\frac{xk}{a}+\frac{ym}{b}+\frac{zn}{c}+$$

$$2\sqrt{(mn+nk+km)\left(\frac{yz}{bc}+\frac{zx}{ca}+\frac{xy}{ab}\right)}$$

故得

$$\frac{x}{a}(m+n)+\frac{y}{b}(n+k)+\frac{z}{c}(k+m)$$

$$\geqslant 2\sqrt{(mn+nk+km)\left(\frac{yz}{bc}+\frac{zx}{ca}+\frac{xy}{ab}\right)}$$

上式两边即得所证不等式.

解法 2 显然 $x+y,y+z,z+x$ 中至少有一个大于$\frac{1}{2}$,不妨设 $x+y>\frac{1}{2}$,则

$$axy+byz+czx$$

$$=axy+(1-x-y)(by+cx)$$

$$=axy+by+cx-bxy-cx^2-by^2-cxy$$

$$=-cx^2-by^2+(a-b-c)xy+by+cx$$

$$\triangleq f(x,y)$$

以下采用逐步调整法.

第一步：

当 $x+y=t\left(t\in\left(\frac{1}{2},1\right)\right)$ 是定值时，求 $f(x,y)$ 的最大值

$$\begin{aligned}f(x,y)&=-cx^2-b(t-x)^2+(a+b-c)\cdot\\&\quad x(t-x)+b(t-x)+cx\\&=-ax^2+[(a+b-c)t+c-b]x+\\&\quad b(t-t^2)\\&\triangleq g(x)\end{aligned}$$

$g(x)$ 是开口向下的二次函数，定义域 $x\in(0,t)$，对称轴

$$x_0=\frac{(a+b-c)t+c-b}{2a}$$

$$x_0=\frac{(a+b-c)t+c-b}{2a}<t\Leftrightarrow(c-b)(1-t)<at \tag{45}$$

$$x_0=\frac{(a+b-c)t+c-b}{2a}>0\Leftrightarrow at>(b-c)(1-t) \tag{46}$$

由 a,b,c 是三角形三边并结合 t 的范围可知式(45)(46)均成立，这表明 $g(x)$ 的对称轴在定义域内，所以

$$\begin{aligned}g(x)_{\max}&=g(x_0)\\&=\frac{4(-a)b(t-t^2)-[(a+b-c)t+c-b]^2}{-4a}\end{aligned}$$

$$=\frac{1}{-4a}\cdot\{4abt^2-4abt-[(\sum a^2+$$
$$2ab-2bc-ca)t^2+$$
$$2(a+b-c)(c-b)t+(b-c)^2]\}$$
$$=\frac{1}{-4a}\{(2\sum ab-\sum a^2)t^2-2[a(b+c)-$$
$$(b-c)^2]t-(b-c)^2\}$$
$$\triangleq h(t)$$

第二步：

求 $h(t)$ 的最大值，因为

$$2\sum ab-\sum a^2=2a(b+c)-a^2-(b-c)^2$$
$$>2a(b+c)-2a^2>0$$

所以 $h(t)$ 是开口向下的二次函数，定义域 $t\in\left(\frac{1}{2},1\right)$，对称轴

$$t_0=\frac{a(b+c)-(b-c)^2}{2\sum ab-\sum a^2}$$

$$t_0=\frac{a(b+c)-(b-c)^2}{2\sum ab-\sum a^2}<1\Leftrightarrow 0<ab+ca-a^2 \tag{47}$$

$$t_0=\frac{a(b+c)-(b-c)^2}{2\sum ab-\sum a^2}>\frac{1}{2}\Leftrightarrow a^2-(b-c)^2>0 \tag{48}$$

由 a,b,c 是三角形三边可知式(47)(48)均成立，这表明 $h(t)$ 的对称轴在定义域内，所以

$$h(t)_{\max}=\frac{1}{4a}\cdot\left\{\frac{4[a(b+c)-(b-c)^2]^2}{4(2\sum ab-\sum a^2)}+\right.$$

$$\left.\frac{4(2\sum ab-\sum a^2)(b-c)^2}{4(2\sum ab-\sum a^2)}\right\}$$

$$=\frac{1}{4a}\cdot\left\{\frac{[a(b+c)-(b-c)^2]^2}{2\sum ab-\sum a^2}+\right.$$

$$\left.\frac{(2ab+2ca-a^2-b^2-c^2+2bc)(b-c)^2}{2\sum ab-\sum a^2}\right\}$$

$$=\frac{1}{4a}\cdot\left[\frac{a^2(b+c)^2+(b-c)^4-2a(b+c)(b-c)^2+}{2\sum ab-\sum a^2}+\right.$$

$$\left.\frac{2a(b+c)(b-c)^2-a^2(b-c)^2-(b-c)^4}{2\sum ab-\sum a^2}\right]$$

$$=\frac{1}{4a}\cdot\frac{4a^2bc}{2\sum ab-\sum a^2}$$

$$=\frac{abc}{2\sum ab-\sum a^2}$$

当

$$x=\frac{ab+bc-b^2}{2\sum ab-\sum a^2},y=\frac{bc+ca-c^2}{2\sum ab-\sum a^2}$$

$$z=\frac{ca+ab-a^2}{2\sum ab-\sum a^2}$$

时

$$axy+byz+czx=\frac{abc}{2\sum ab-\sum a^2}$$

综上所述,$axy+byz+czx$ 的最大值为 $\frac{abc}{2\sum ab-\sum a^2}$.

解法3 先证明Kool不等式

$$a^2yz+b^2zx+c^2xy\leqslant(x+y+z)^2R^2 \quad (49)$$

其中 a,b,c 为任意 $\triangle ABC$ 的三边长，R 为 $\triangle ABC$ 外接圆半径，$x,y,z\in\mathbf{R}$，根据正弦定理和三角恒等变换公式，式(49)等价于

$$(x+y+z)^2\geqslant 4yz\sin^2 A+4zx\sin^2 B+4xy\sin^2 C$$

$$\Leftrightarrow x^2+y^2+z^2+2yz\cos 2A+2zx\cos 2B+2xy\cos 2C\geqslant 0$$

$$\Leftrightarrow (x+y\cos 2C+z\cos 2B)^2+(y\sin 2C-z\sin 2B)^2\geqslant 0$$

上式显然成立，式(49)获证.

式(49)等号成立，当且仅当

$$x+y\cos 2C+z\cos 2B=0$$

及

$$y\sin 2C-z\sin 2B=0$$

等价于

$$x:y:z=\sin 2A:\sin 2B:\sin 2C$$

以 $a_1=\sqrt{a}$，$b_1=\sqrt{b}$，$c_1=\sqrt{c}$ 为三边长的三角形记为 $\triangle A_1B_1C_1$，Δ_1，R_1 分别表示 $\triangle A_1B_1C_1$ 的面积和外接圆半径，注意到 $x+y+z=1$，在 $\triangle A_1B_1C_1$ 中，应用式(49)，得

$$ayz+bzx+cxy\leqslant R_1^2 \quad (51)$$

由式(50)知，式(51)等号成立，当且仅当

$$x:y:z=\sin 2A_1:\sin 2B_1:\sin 2C_1$$

$$x+y+z=1$$

等价于

$$x=\frac{a(b+c-a)}{2\sum bc-\sum a^2}$$

$$y=\frac{b(c+a-b)}{2\sum bc-\sum a^2}$$

$$z=\frac{c(a+b-c)}{2\sum bc-\sum a^2}$$

根据正弦定理和余弦定理,可得

$$x=\frac{\sin 2A_1}{\sum\sin 2A_1}=\frac{a_1\cos A_1}{\sum a_1\cos A_1}$$

$$=\frac{a_1^2(b_1^2+c_1^2-a_1^2)}{\sum a_1^2(b_1^2+c_1^2-a_1^2)}=\frac{a(b+c-a)}{2\sum bc-\sum a^2}$$

同理

$$y=\frac{b(c+a-b)}{2\sum bc-\sum a^2},z=\frac{c(a+b-c)}{2\sum bc-\sum a^2}$$

由海伦公式,得

$$16\Delta_1^2=2\sum b_1^2c_1^2-\sum a_1^4=2\sum bc-\sum a^2$$

由三角形恒等式 $a_1b_1c_1=4R_1\Delta_1$,得

$$R_1^2=\frac{a_1^2b_1^2c_1^2}{16\Delta_1^2}=\frac{abc}{2\sum bc-\sum a^2}$$

综上,$ayz+bzx+cxy$ 的最大值为$\dfrac{abc}{2\sum bc-\sum a^2}$.

注　本题实质上是把 Oppenhein 不等式

$$\left(\sum x\right)^2\geqslant 2\sqrt{3}\sum yz\sin A$$

加强为

$$\left(\sum x\right)^2\geqslant 2\,\frac{4R+r}{s}\sum yz\sin A$$

空间曲线和曲面最远、最近点的关系

附录V

中央财经大学2010年数学竞赛(经济类专业)有一道试题.

例 已知两不相交的平面曲线$f(x,y)=0$和$\varphi(x,y)=0$. 又(α,β)和(ξ,η)分别为两曲线上的点. 试证:如果这两点是这两条曲线上相距最近或最远的点,则必有

$$\frac{\alpha-\xi}{\beta-\eta}=\frac{f_x(\alpha,\beta)}{f_y(\alpha,\beta)}=\frac{\varphi_x(\xi,\eta)}{\varphi_y(\xi,\eta)} \quad (1)$$

解 设点$P_1(x_1,y_1)$和点$P_2(x_2,y_2)$分别位于曲线$f(x,y)=0$和$\varphi(x,y)=0$上,则问题化为求

$$u=d_0^2=(x_1-x_2)^2+(y_1-y_2)^2$$

在条件$f(x_1,y_1)=0$及$\varphi(x_2,y_2)=0$下的最值.

令

$$F=d_0^2+\lambda_1 f(x_1,y_1)+\lambda_2\varphi(x_2,y_2)$$

则由

$$\begin{cases} F_{x_1}=2(x_1-x_2)+\lambda_1 f_{x_1}=0 \\ F_{y_1}=2(y_1-y_2)+\lambda_1 f_{y_1}=0 \\ F_{x_2}=-2(x_1-x_2)+\lambda_2\varphi_{x_2}=0 \\ F_{y_2}=-2(y_1-y_2)+\lambda_2\varphi_{y_2}=0 \end{cases}$$

可得

$$\frac{x_1-x_2}{y_1-y_2}=\frac{f_{x_1}(x_1,y_1)}{f_{y_1}(x_1,y_1)}=\frac{\varphi_{x_2}(x_2,y_2)}{\varphi_{y_2}(x_2,y_2)}$$

且满足条件

$$y_1\neq y_2$$

$$f_{y_1}(x_1,y_1)\neq 0$$

$$\varphi_{y_2}(x_2,y_2)\neq 0$$

由于不相交条件，所以分子、分母不同时为零，可以颠倒分子、分母便于此处和后续命题解答中的分母都不为零. 若 $u=d_0^2$ 在

$$x_1=\alpha, y_1=\beta$$

$$x_2=\xi, y_2=\eta$$

处达到最值，其中

$$f(\alpha,\beta)=0$$

$$\varphi(\xi,\eta)=0$$

则必有式(1)成立.

此试题可联想到以下问题：若将试题中关于两平面曲线上两个最近或最远的点分别改为两个空间曲面、一个空间曲面与一条空间曲线、两条空间曲线上两个最近或最远的点，会有什么样的结论？下面给出相应的关系式及其证明.

命题1　已知两空间曲面

$$S_1: F(x, y, z) = 0$$

$$S_2: G(x, y, z) = 0$$

其中 F, G 具有一阶连续偏导数，且 $S_1 \cap S_2 = \varnothing$，而点 $P_1(\alpha, \beta, \gamma)$ 和 $P_2(\xi, \eta, \zeta)$ 分别位于曲面 S_1 和 S_2 上，若这两点是这两个曲面上相距最远或最近的点，则有

$$\frac{\alpha - \xi}{F_x(P_1)} = \frac{\beta - \eta}{F_y(P_1)} = \frac{\gamma - \zeta}{F_z(P_1)} \tag{2}$$

$$\frac{\alpha - \xi}{G_x(P_2)} = \frac{\beta - \eta}{G_y(P_2)} = \frac{\gamma - \zeta}{G_z(P_2)} \tag{3}$$

证明　考虑

$$d_2 = (x_1 - x_2)^2 + (y_1 - y_2)^2 + (z_1 - z_2)^2$$

在条件

$$F(x_1, y_1, z_1) = 0$$

$$G(x_2, y_x, z_2) = 0$$

下的最值. 作 Lagrange 函数

$$L = (x_1 - x_2)^2 + (y_1 - y_2)^2 + (z_1 - z_2)^2 + \lambda F(x_1, y_1, z_1) + \mu G(x_2, y_2, z_2)$$

并令

$$\begin{cases} L_{x_1} = 2(x_1 - x_2) + \lambda F_{x_1} = 0 \\ L_{y_1} = 2(y_1 - y_2) + \lambda F_{y_1} = 0 \\ L_{z_1} = 2(z_1 - z_2) + \lambda F_{z_1} = 0 \\ L_{x_2} = -2(x_1 - x_2) + \mu G_{x_2} = 0 \\ L_{y_2} = -2(y_1 - y_2) + \mu G_{y_2} = 0 \\ L_{z_2} = -2(z_1 - z_2) + \mu G_{z_2} = 0 \end{cases}$$

则有

$$\frac{x_1-x_2}{F_{x_1}(x_1,y_1,z_1)}=\frac{y_1-y_2}{F_{y_1}(x_1,y_1,z_1)}=\frac{z_1-z_2}{F_{z_1}(x_1,y_1,z_1)}\tag{4}$$

$$\frac{x_1-x_2}{G_{x_2}(x_2,y_2,z_2)}=\frac{y_1-y_2}{G_{y_2}(x_2,y_2,z_2)}=\frac{z_1-z_2}{G_{z_2}(x_2,y_2,z_2)}\tag{5}$$

若 d^2 在

$$x_1=\alpha,y_1=\beta,z_1=\gamma$$

$$x_2=\xi,y_2=\eta,z_2=\zeta$$

处达到最值，其中

$$F(\alpha,\beta,\gamma)=0,G(\xi,\eta,\zeta)=0$$

则由式(4)和式(5)知式(2)和式(3)成立.

式(2)和式(3)共含有4个方程，再加上

$$F(\alpha,\beta,\gamma)=0,G(\xi,\eta,\zeta)=0$$

共6个方程，由此可求得参数 α,β,γ 及 ξ,η,ζ.

特别地，若

$$G(x,y,z)=Ax+By+Cz+D=0$$

即曲面 S_2 为平面时，则由命题1易得以下推论.

推论 1[1] 设空间曲面 Σ 的方程为

$$F(x,y,z)=0$$

平面 π 的方程为

$$Ax+By+Cz+D=0$$

其中 F 具有一阶连续偏导数，A,B,C 不同时为零且 $\Sigma\cap\pi=\varnothing$. 若曲面 Σ 上存在到平面 π 最近或最远的点 $P_0(x_0,y_0,z_0)$，则

$$\frac{F_x(P_0)}{A}=\frac{F_y(P_0)}{B}=\frac{F_z(P_0)}{C}$$

命题 2 已知空间曲面

$$S_1: H(x,y,z)=0$$

空间曲线

$$C_2:\begin{cases}F(x,y,z)=0\\G(x,y,z)=0\end{cases}$$

其中 H,F,G 具有一阶连续偏导数且 $S_1\cap C_2=\varnothing$. 又 $P_1(\alpha,\beta,\gamma),P_2(\xi,\eta,\zeta)$ 分别为曲面 S_1 和曲线 C_2 上的点,若这两点是曲面及曲线上相距最近或最远的点,则

$$\frac{\alpha-\xi}{H_x(P_1)}=\frac{\beta-\eta}{H_y(P_1)}=\frac{\gamma-\zeta}{H_z(P_1)}$$

$$\begin{vmatrix}\alpha-\xi & \beta-\eta & \gamma-\zeta\\ F_x(P_2) & F_y(P_2) & F_z(P_2)\\ G_x(P_2) & G_y(P_2) & G_z(P_2)\end{vmatrix}=0$$

证明 由 Lagrange 乘子法可求解参数 α,β,γ 及 ξ,η,ζ,此处不再赘述.

特别地,若

$$H(x,y,z)=Ax+By+Cz+D=0$$

即曲面 S_1 为平面时,由命题 2 易得如下推论.

推论 2[2] 设平面 π 的方程为

$$Ax+By+Cz+D=0$$

空间曲线 L 的方程为

$$\begin{cases}F(x,y,z)=0\\G(x,y,z)=0\end{cases}$$

其中 F,G 具有一阶连续偏导数. A,B,C 不同时为零且 $\pi\cap L=\varnothing$. 若曲线 L 上存在到平面 π 最近或最远的点

$P_0(x_0, y_0, z_0)$，则

$$\begin{vmatrix} A & B & C \\ F_x(P_0) & F_y(P_0) & F_z(P_0) \\ G_x(P_0) & G_y(P_0) & G_z(P_0) \end{vmatrix} = 0$$

命题 3　已知空间曲线

$$C_1: \begin{cases} F(x, y, z) = 0 \\ G(x, y, z) = 0 \end{cases}$$

$$C_2: \begin{cases} H(x, y, z) = 0 \\ M(x, y, z) = 0 \end{cases}$$

且 $C_1 \cap C_2 = \varnothing$. 又 $P_1(\alpha, \beta, \gamma)$ 和 $P_2(\xi, \eta, \zeta)$ 分别为两条曲线上的点，若这两点是这两条曲线上相距最近或最远的点，则

$$\begin{vmatrix} \alpha - \xi & \beta - \eta & \gamma - \zeta \\ F_x(P_1) & F_y(P_1) & F_z(P_1) \\ G_x(P_1) & G_y(P_1) & G_z(P_1) \end{vmatrix} = 0 \tag{6}$$

$$\begin{vmatrix} \alpha - \xi & \beta - \eta & \gamma - \zeta \\ H_x(P_2) & H_y(P_2) & H_z(P_2) \\ M_x(P_2) & M_y(P_2) & M_z(P_2) \end{vmatrix} = 0 \tag{7}$$

命题 3 和命题 2 的证法类似，从略.

式(6) 和式(7) 包含两个方程，又有

$$F(\alpha, \beta, \gamma) = 0$$

$$G(\alpha, \beta, \gamma) = 0$$

$$H(\xi, \eta, \zeta) = 0$$

$$M(\xi, \eta, \zeta) = 0$$

因此，可求解出参数 α, β, γ 及 ξ, η, ζ.

Lagrange 乘数法

参考文献

[1] 李心灿,季文铎,李洪祥,等.大学生竞赛试题解析选编[M].北京:机械工程出版社,2011.

[2] 苏化明,潘杰.一类几何最值问题的解法(Ⅰ)[J].大学数学,2009,25(2):190-193.

一道《美国数学月刊》征解题的新解与推广

附录 VI

题目 设 $x,y,z\in(0,+\infty)$ 且 $x^2+y^2+z^2=1$,求函数 $f=x+y+z-xyz$ 的值域.

这是一道《美国数学月刊》征解题,文[1]运用三角代换及导数给出了此题的一个解法,文[2]给出求 f 上界的抽屉原则的解法,文[3]给出了幂平均不等式的解法.此题运用初等数学的知识来解难度比较大,下面以高等数学中的Lagrange乘子法为突破口,给出此题的一个简单解法.

解 设Lagrange函数为

$$L(x,y,z,\lambda)=x+y+z-xyz-\lambda(x^2+y^2+z^2-1)$$

对 L 求偏导数,并令它们都等于 0,则有

$$\begin{cases}\dfrac{\partial L}{\partial x}=1-yz-2\lambda x=0\\ \dfrac{\partial L}{\partial y}=1-xz-2\lambda y=0\\ \dfrac{\partial L}{\partial z}=1-xz-2\lambda z=0\\ \dfrac{\partial L}{\partial \lambda}=-(x^2+y^2+z^2-1)=0\end{cases}$$

即

$$\begin{cases}yz+2\lambda x=1 & (1)\\ xz+2\lambda y=1 & (2)\\ xy+2\lambda z=1 & (3)\\ x^2+y^2+z^2=1 & (4)\end{cases}$$

$(1)\times y-(2)\times x$ 得

$$y^2z-x^2z=y-z$$

即

$$(y-x)[(y+x)z-1]=0$$

则 $y=x$ 或 $(y+x)z=1$.

若 $(y+x)z=1$,由方程(4),则有

$$\begin{aligned}yz+xz&=x^2+y^2+z^2\\&=\frac{1}{2}(y^2+z^2)+\frac{1}{2}(x^2+z^2)\ \frac{1}{2}(x^2+y^2)\\&\geqslant yz+xz+xy\end{aligned}$$

因此 $xy=0$ 且 $y=z,x=z,x=y$,即 $x=y=z=0$,矛盾. 故 $y=x$. 同理 $y=z$,即 $x=y=z$.

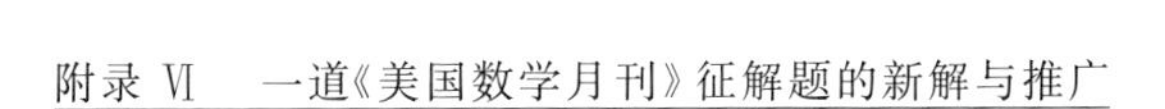

故 $x=y=z=\dfrac{\sqrt{3}}{3},\lambda=\dfrac{1}{3}$ 是上述方程组的唯一解，$x=y=z=\dfrac{\sqrt{3}}{3}$ 是 $f=x+y+z-xyz,x,y,z\in(0,\infty)$ 的唯一极值点，$f\left(\dfrac{\sqrt{3}}{3},\dfrac{\sqrt{3}}{3},\dfrac{\sqrt{3}}{3}\right)=\dfrac{8\sqrt{3}}{9}$，由于开区间内函数的极值点就是最值点，故最大值为 $f_{\max}=\dfrac{8\sqrt{3}}{9}$，其值域为 $\left(0,\dfrac{8\sqrt{3}}{9}\right)$.

推广　设 $x_1,\cdots,x_n\in(0,+\infty),n\in\mathbf{N}^*$，且 $x_1^2+x_2^2+\cdots+x_n^2=1$，求函数 $f(x_1,\cdots,x_n)=x_1+x_2+\cdots+x_n-x_1\cdots x_n$ 的值域.

解　设 Lagrange 函数为

$$L(x_1,\cdots,x_n,\lambda)=x_1+\cdots+x_n-x_1\cdots x_n-\lambda(x_1^2+\cdots+x_n^2-1)$$

对 L 求偏导数，并令它们都等于 0，则有

$$\begin{cases}\dfrac{\partial L}{\partial x_1}=1-x_2\cdots x_n-2\lambda x_1=0\\ \dfrac{\partial L}{\partial x_2}=1-x_1x_3\cdots x_n-2\lambda x_2=0\\ \qquad\vdots\\ \dfrac{\partial L}{\partial x_n}=1-x_1\cdots x_{n-1}-2\lambda x_n=0\\ \dfrac{\partial L}{\partial \lambda}=-(x_1^2+x_2^2+\cdots+x_n^2-1)=0\end{cases}$$

即

$$\begin{cases}x_2\cdots x_n+2\lambda x_1=1 & (5)\\ x_1x_3\cdots x_n+2\lambda x_2=1 & (6)\\ \vdots \\ x_1\cdots x_{n-1}+2\lambda x_n=1 \\ x_1^2+x_2^2+\cdots+x_n^2=1\end{cases}$$

(5)$\times x_2-$(6)$\times x_1$ 得

$$x_2^2x_3\cdots x_n-x_1^2x_3\cdots x_n=x_2-x_1$$

即

$$(x_2-x_1)[(x_2+x_1)x_3\cdots x_n-1]=0$$

则 $x_2=x_1$ 或$(x_2+x_1)x_3\cdots x_n=1$.

若$(x_2+x_1)x_3\cdots x_n=1$,因为 $x_1^2+x_2^2+\cdots+x_n^2=1$,故

$$\begin{aligned}(x_2+x_1)x_3\cdots x_n&=x_1^2+x_2^2+\cdots+x_n^2\\&=\frac{1}{2}(x_1^2+x_3^2+\cdots+x_n^2)+\\&\quad\frac{1}{2}(x_2^2+x_3^2+\cdots+x_n^2)+\\&\quad\frac{1}{2}(x_1^2+x_2^2)\\&\geqslant\frac{n-1}{2}(\sqrt[n-1]{x_1x_3\cdots x_n})^2+\\&\quad\frac{n-1}{2}(\sqrt[n-1]{x_2x_3\cdots x_n})^2+\\&\quad\frac{1}{2}(x_1^2+x_2^2)\end{aligned}\qquad(7)$$

下证$\frac{n-1}{2}(\sqrt[n-1]{x_1x_3\cdots x_n})^2\geqslant x_1x_3\cdots x_n$. 设 $A=x_1x_3\cdots x_n$,即要证$\frac{n-1}{2}(\sqrt[n-1]{A})^2\geqslant A$,即$(\sqrt[n-1]{A})^2\geqslant$

$\frac{2}{n-1}A$，两边先分别 $n-1$ 次方后，转化为证明

$$A \geqslant \left(\sqrt{\frac{2}{n-1}A}\right)^{n-1} = \left(\sqrt{\frac{2}{n-1}}\right)^{n-1} \cdot (\sqrt{A})^{n-1} \tag{8}$$

而对于任意满足 $x_1^2 + x_2^2 + \cdots + x_n^2 = 1$ 的正数 $x_1, \cdots, x_n$ 必然有 $A = x_1 x_3 \cdots x_n \leqslant 1$，故对 $\forall n \geqslant 3$，有

$$\left(\sqrt{\frac{2}{n-1}}\right)^{n-1} \leqslant 1, A \geqslant (\sqrt{A})^{n-1}$$

即式(8)成立. 故

$$\frac{n-1}{2}(\sqrt[n-1]{x_1 x_3 \cdots x_n})^2 \geqslant x_1 x_3 \cdots x_n$$

同理

$$\frac{n-1}{2}(\sqrt[n-1]{x_2 x_3 \cdots x_n})^2 \geqslant x_2 x_3 \cdots x_n$$

则式(7)为

$$(x_2 + x_1) x_3 \cdots x_n \geqslant x_1 x_3 \cdots x_n + x_2 x_3 \cdots x_n + \frac{1}{2}(x_1^2 + x_2^2)$$

即 $\frac{1}{2}(x_1^2 + x_2^2) \leqslant 0$，而 $x_1, \cdots, x_n \in (0, +\infty)$，矛盾，故 $x_2 = x_1$.

同理 $x_2 = x_3, x_3 = x_4, \cdots, x_{n-1} = x_n$，因此 $x_1 = \cdots = x_n$. 故 $x_1 = x_2 = \cdots = x_n = \sqrt{\frac{1}{n}}$，$\lambda = \frac{1 - (\frac{1}{n})^{n-1}}{2\sqrt{\frac{1}{n}}}$ 是方程组的唯一解，$x_1 = x_2 = \cdots = x_n = \sqrt{\frac{1}{n}}$ 是 $L(x_1, \cdots,$

$x_n,\lambda)=x_1+\cdots+x_n-x_1\cdots x_n-\lambda(x_1^2+\cdots+x_n^2-1)$，$x_1,\cdots,x_n\in(0,+\infty)$ 的唯一极值点，且

$$f(x_1,\cdots,x_n)=x_1+x_2+\cdots+x_n-x_1\cdots x_n$$

$$f\left(\sqrt{\frac{1}{n}},\sqrt{\frac{1}{n}},\cdots,\sqrt{\frac{1}{n}}\right)=\sqrt{n}-\left(\sqrt{\frac{1}{n}}\right)^n$$

由于开区间内函数的极值点就是最值点，故最大值为 $f_{\max}=\sqrt{n}-\left(\sqrt{\frac{1}{n}}\right)^n$，值域为 $\left(0,\sqrt{n}-\left(\sqrt{\frac{1}{n}}\right)^n\right)$.

参考文献

[1] 宋庆.从一个简单的不等式命题说开去[J].中学数学研究，2010(4)：19-21.

[2] 张艳.一道美国数学月刊问题的初等解法探究[J].数学通报，2010(2)：32-33.

[3] 苏立志.一道《美国数学月刊》征解题的初等解法[J].数学通报，2011(1)：59.

关于 Lagrange 乘子法的几何意义

附录Ⅷ

武汉科技大学理学院的陈建发教授利用梯度和方向导数的概念讨论了函数在曲线或曲面上的变化率，从而给出 Lagrange 乘子法的一个直观的几何解释.

Lagrange 乘子法是求解条件极值问题的一个重要方法. 本附录就若干情形讨论其几何意义，以弥补现行大部分高等数学教科书中对此问题讨论的不足，以期能促进对 Lagrange 乘子法的理解与应用.

为了叙述的方便，我们假定以下涉及的函数都是可微的而不每次都特别说明. 同时以下我只就极小值问题进行讨论，极大值情形下的讨论是类似的. 另外，如我们已知，曲线在其上一点处的方向是指其在此点处的切线的方向，而在一点处与曲线垂直是指与曲线在此点处的切线垂直. 类似的，在一点处与曲面垂直是指与曲面在此点处的切平面垂直.

实际上，在充分小的局部范围内，曲线或曲面可以看成是与其切线或切平面重合. 当我们在曲线或者曲面的局部范围内讨论某一问题时，这种化曲为直的观点是很有帮助的.

首先，我们就如下最简单的条件极值问题进行讨论

$$\begin{cases}\min\ f(x,y)\\ \text{s. t.}\ \ g(x,y)=0\end{cases}\tag{1}$$

记 $C=\{(x,y)\mid g(x,y)=0\}$，如图 1 所示，C 中的点构成坐标平面 xOy 中的一条曲线. 为了讨论的方便，我们将 C 作为一条有向曲线并规定其正方向. 条件极值问题(1) 即是求当点 p 在曲线 C 上移动时，$f(p)$ 何时取极小值.

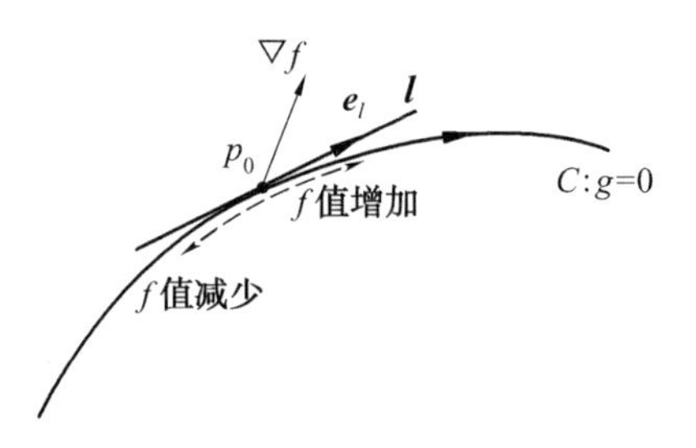

图 1　函数在曲线上非极值点处的梯度及变化率

设 $p_0(x_0,y_0)$ 为曲线 C 上的一点，l 为其在点 p_0 处的切线，以 $\boldsymbol{l}$ 表示 l 的正向，$\boldsymbol{e}_l$ 为正向单位切向量. 当点 p 自点 p_0 沿着曲线 C 移动时(在点 p_0 附近可看成是在切线 l 上移动)，函数 $f(p)$ 的变化率为

$$\frac{\partial f}{\partial l}=\nabla f\cdot\boldsymbol{e}_l\tag{2}$$

若在点 p_0 处，函数 f 沿着曲线 C 的方向的变化率不为 0，不妨设其为正，那么当点 p 自点 p_0 出发沿着曲线的正向移动时，函数 f 的值增加，而当其沿着曲线 C 的负方向移动时，函数 f 的值减小. 由此可知，此时点 p_0 必不为函数 f 在曲线 C 上的极值点. 反言之就是，若点 p_0 为函数 f 在曲线 C 上的极小值点，那么函数 f 在点 p_0 处沿着曲线方向的变化率必定为 0，也就是

$$\nabla f \cdot \boldsymbol{e}_l = 0 \tag{3}$$

由式(3) 可知在点 p_0 处 $\nabla f \perp \boldsymbol{e}_l$，或者写成

$$\nabla f \perp C \tag{4}$$

其次，曲线 C 的方程为 $g(x,y)=0$，若将其看成是函数 $u=g(x,y)$ 的一条等势线则可知在 C 上的任意点处均有

$$\nabla g \perp C \tag{5}$$

于是，当点 p_0 为函数 f 在曲线 C 上的极小值点时，由式(4) 及(5) 可知在点 p_0 处有 ∇f 平行于 ∇g. 也就是存在实数 μ 使得 $\nabla f = \mu \nabla g$，令 $\lambda = -\mu$，可写成

$$\nabla f + \lambda \nabla g = 0 \tag{6}$$

为方便计算，式(6) 通常写成如下形式

$$\begin{cases} f_x + \lambda g_x = 0 \\ f_y + \lambda g_y = 0 \end{cases} \tag{7}$$

由上述方程组(7) 以及条件 $g(x,y)=0$ 即可求解出条件极值点 p_0.

接下来我们就三维空间情形进行讨论，首先考虑如下的空间曲线上的条件极值问题

$$\begin{cases} \min f(x,y,z) \\ \text{s.t.} \begin{array}{l} g(x,y,z)=0 \\ h(x,y,z)=0 \end{array} \end{cases} \tag{8}$$

令 $\Gamma=\{(x,y,z)\mid g(x,y,z)=0,h(x,y,z)=0\}$，如图 2 所示，$\Gamma$ 中的点构成一条空间曲线. 我们现在就是要求函数 f 在空间曲线 Γ 上的极小值点.

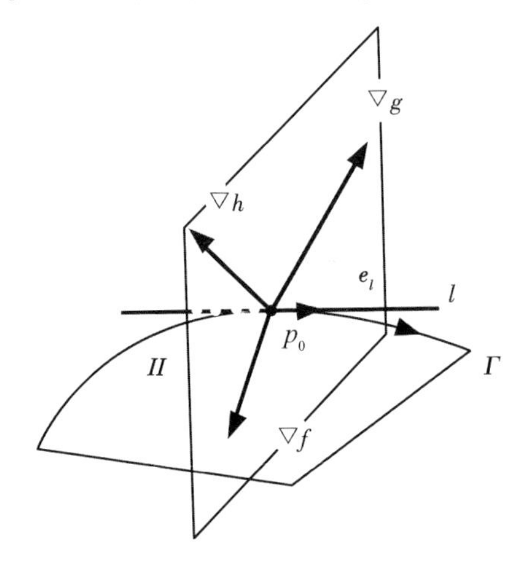

图 2　函数在空间曲线上的极值点处的梯度

取曲线 Γ 上的一点 p_0，l 为其在点 p_0 处的切线，$\boldsymbol{e}$ 为正向单位切向量. 曲线 Γ 在点 p_0 处的法平面 II 是由向量 ∇g 和 ∇h 生成的. 与前一条件极值问题中的讨论类似，当函数 f 在曲线 Γ 上取得极小值点时，函数 $f(p)$ 在点 p_0 处沿着曲线 Γ 的方向的变化率应为 0，即

$$\frac{\partial f}{\partial l}=\nabla f\cdot \boldsymbol{e}_l=0 \tag{9}$$

由式(9)可知在点 p_0 处有 $\nabla f\perp\Gamma$，因此 ∇f 必落在 Γ 在点 p_0 的法平面 II 中，也就是存在实数 μ_1,μ_2 使得

$\nabla f=\mu_1\nabla g+\mu_2\nabla h$. 令 $\lambda_1=-\mu_1,\lambda_2=-\mu_2$ 有

$$\nabla f+\lambda_1\nabla g+\lambda_2\nabla h=0 \tag{10}$$

由式(10)及条件 $g(x,y,z)=0,h(x,y,z)=0$ 即可求解条件极值点 p_0.

我们接着考虑空间曲面上的条件极值问题

$$\begin{cases}\min\ f(x,y,z)\\ \text{s.t.}\ \ g(x,y,z)=0\end{cases} \tag{11}$$

条件极值问题(11)即是求当点 p 在空间曲面 $\Sigma:\{(x,y,z)\mid g(x,y,z)=0\}$ 上移动时,函数 $f(p)$ 何时取得极小值. 设点 p_0 为函数 f 在曲面 Σ 上的一个极小值点,那么函数 f 在点 p_0 处沿曲面 Σ 上的任意方向的变化率为 0,也就是

$$\frac{\partial f}{\partial l}=\nabla f\cdot \boldsymbol{e}_l=0 \tag{12}$$

这里 l 为曲面 Σ 在点 p_0 处的任意一条切线,$\boldsymbol{e}_l$ 为切线方向上的单位向量. 由式(12)可知在点 p_0 处 $\nabla f\perp l$. 由于 l 是曲面 Σ 在点 p_0 处的任意一条切线,因此在点 p_0 处必有

$$\nabla f\perp\Sigma \tag{13}$$

此外,曲面 Σ 的方程为 $g(x,y,z)=0$,在其上任意一点处均有

$$\nabla g\perp\Sigma \tag{14}$$

由式(13)及(14)可知在点 p_0 处 ∇f 与 ∇g 必平行. 以下与条件极值问题(1)中的讨论是类似的,这里就不再赘述.

以上我们就二维平面以及三维空间中的条件极值

问题对 Lagrange 乘子法的几何意义进行了说明.类似的讨论可以推广到更高维的空间中去,当然此时就没有直观的几何图形了.关于 Lagrange 乘子法的一般性证明可参看文[2].

参考文献

[1] 同济大学数学系.高等数学:下册[M].6 版.北京:高等教育出版社,2007.

[2] 张筑生.数学分析新讲:第二册[M].北京:北京大学出版社,1990.

[3] DALE V. Calculus[M].北京:机械工业出版社,2002.

从几何角度给予 Lagrange 乘子法新的推导思路

附录 Ⅷ

普洱学院理工学院物理系 14 级学生杨俊兴通过数形结合给出定理推导的新路径，相比教材上纯代数推导更直观，体现了“几何意义”的重要性.

1 问题背景

自变量有约束条件的函数极值称作条件极值，研究的函数对象一般分为二元和多元，解决方法一般是 Lagrange 乘子法或化条件极值为无条件极值. 在此探讨的是二元函数的条件极值及其对应的 Lagrange 乘子法.

要找函数 $z=f(x,y)$ 在附加条件 $\varphi(x,y)=0$ 下的可能极值点，可以先作 Lagrange 函数

$$L(x,y)=f(x,y)+\lambda\varphi(x,y)$$

其中 λ 为参数. 求其对 x 和 y 的一阶偏导数，并使之为零，然后与 $\varphi(x,y)=0$ 联立起来

$$\begin{cases} f_x(x,y)+\lambda\varphi_x(x,y)=0 \\ f_y(x,y)+\lambda\varphi_y(x,y)=0 \\ \varphi(x,y)=0 \end{cases}$$

由这个方程组解出 x,y 及 λ，这样得到的 (x,y) 就是函数 $f(x,y)$ 在附加条件 $\varphi(x,y)=0$ 下的可能极值点（参见文[1]）. 文[1] 上的推导只是理论性的，只涉及“数”而没有“形”，并且在对隐函数存在定理和隐函数求导公式的掌握程度上有一定要求. 可以说整个过程比较抽象，且不容易“形象理解”为什么求出的点可能是极值点这一问题.

2　新推导思路

现在使用新方法推导 Lagrange 乘子法. 要找函数 $z=f(x,y)$ 在附加条件

$$\varphi(x,y)=0 \tag{1}$$

下的可能极值点，不妨联立得

$$\begin{cases} z=f(x,y) & (2) \\ \varphi(x,y)=0 & (3) \end{cases}$$

在空间中，式(2) 是空间曲面，式(3) 是准线在 xOy 面母线平行于 z 轴的一个柱面. 所以方程组其实表示这两张曲面的交线（记为 S），如图 1 所示.

现在问题就被转化为求曲线 S 上 z 对于 (x,y) 的可能极值点. 因此 S 上取得可能极值的点 A，B，C 处的

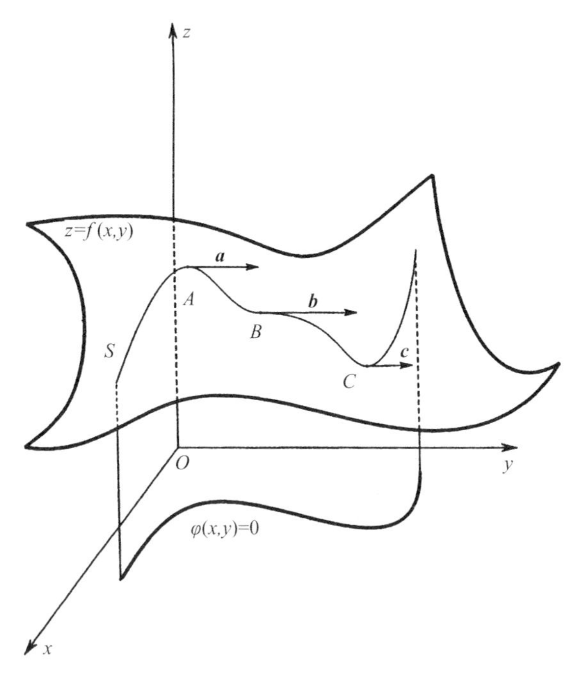

图 1

切向量 $\boldsymbol{a},\boldsymbol{b},\boldsymbol{c}$ 都与 z 轴垂直(图 1),所以 $\boldsymbol{a},\boldsymbol{b},\boldsymbol{c}$ 的 z 轴分量为零,且 x,y 轴分量至少有一个不为零.

不妨设交线 S 的参数方程为

$$\begin{cases} x = x(t) \\ y = y(t), t \in [a,b] \\ z = z(t) \end{cases}$$

将其代入式(2) 和式(3),两边同时对 t 求导有

$$\begin{cases} \dfrac{\mathrm{d}z}{\mathrm{d}t} = f_x(x,y)\dfrac{\mathrm{d}x}{\mathrm{d}t} + f_y(x,y)\dfrac{\mathrm{d}y}{\mathrm{d}t} & (4) \\ \varphi_x(x,y)\dfrac{\mathrm{d}x}{\mathrm{d}t} + \varphi_y(x,y)\dfrac{\mathrm{d}y}{\mathrm{d}t} = 0 & (5) \end{cases}$$

由于可能极值点的切向量可以表示为

$$\boldsymbol{\tau}\left(\frac{\mathrm{d}x}{\mathrm{d}t},\frac{\mathrm{d}y}{\mathrm{d}t},0\right)$$

所以

$$\frac{\mathrm{d}z}{\mathrm{d}t}=0$$

故在可能极值处，有

$$\begin{cases} f_x(x,y)\dfrac{\mathrm{d}x}{\mathrm{d}t}+f_y(x,y)\dfrac{\mathrm{d}y}{\mathrm{d}t}=0 \\ \varphi_x(x,y)\dfrac{\mathrm{d}x}{\mathrm{d}t}+\varphi_y(x,y)\dfrac{\mathrm{d}y}{\mathrm{d}t}=0 \end{cases}$$

注意到 $\boldsymbol{\gamma}\neq\boldsymbol{0}$，所以在可能极值点处，$\frac{\mathrm{d}x}{\mathrm{d}t}$ 与 $\frac{\mathrm{d}y}{\mathrm{d}t}$ 不为 0，因此以上方程组系数成比例. 设其比值为 $-\lambda$，则有

$$\frac{f_x(x,y)}{\varphi_x(x,y)}=\frac{f_y(x,y)}{\varphi_y(x,y)}=-\lambda \tag{6}$$

此式亦可改写为

$$\begin{cases} f_x(x,y)+\lambda\varphi_x(x,y)=0 & (7) \\ f_y(x,y)+\lambda\varphi_y(x,y)=0 & (8) \end{cases}$$

联立(1)(7)(8) 三式可得 Lagrange 乘子法.

利用数形结合将抽象代数过程转化为形象几何意义来推导 Lagrange 乘子法，易于理解、记忆. 还以图形的方式阐述了可能极值点这一问题. 但由于二元以上的函数不能用图形表示，这种方法仅限于本附录中所阐述的情况成立，不过可以类推到二元以上的函数. 本节的目的并不在于推导出任意元函数的 Lagrange 乘子法，而是着重体现数形结合的价值.

参考文献

[1] 同济大学数学系.高等数学下册:第6版[M].北京:高等教育出版社,2012.

关于 Lagrange 乘数法的两点札记

附录 IX

文[1]中介绍了多元函数在已知条件下求极值的 Lagrange 乘数法，文[2]介绍了二元函数在已知条件下求极值的待定系数乘数法. 前者运用偏导数，属于高中生灵活运用导数的一个最近发展区；后者运用初等方法，也有探究趣味. 山西省临汾市第三中学的张荣华和浙江省宁波市北仑明港中学的甘大旺两位老师 2019 年双向延伸文[1]的思路，给出了 Lagrange 乘数法的两点札记，供参考.

札记 1 泛化运用 Lagrange 乘数法求多元函数的最值，条件等式可能不止一个.

例 1（2015 年全国联赛题） 若实数 a,b,c 满足 $2^a+4^b=2^c$，$4^a+2^b=4^c$，求 c 的最小值.

解　设 $x=2^a, y=2^b, c=2^c$，则得到两个条件等式 $x+y^2=z, x^2+y=z^2$.

取间接目标函数 $f(x,y,z)=z$，再取 Lagrange 函数 $L(x,y,z)=z+\lambda(x+y^2-z)+\mu(x^2+y-z^2)$，其中两个实数 λ,μ 都是 Lagrange 乘数，运用 Lagrange 乘数法，令

$$\begin{cases} L_x'=0+\lambda+2\mu x=0 & (1)\\ L_y'=0+2\lambda y+\mu=0 & (2)\\ L_z'=1-\lambda-2\mu z=0 & (3)\\ x+y^2-z=0 & (4)\\ x^2+y-z^2=0 & (5)\end{cases}$$

由式(1)(2)得

$$u(4xy-1)=0 \tag{6}$$

由式(1)(3)得

$$2u(x-z)=-1\neq 0 \tag{7}$$

则由式(6)(7)得

$$4xy=1\neq 0 \tag{8}$$

由式(4)(5)消去 z 得 $x^2+y^2=(x+y^2)^2$，再结合式(8)，整理得 $y^3=\frac{1}{2}$，解得 $y=\frac{\sqrt[3]{4}}{2}$.

代入式(8)解得

$$x=\frac{1}{4y}=\frac{1}{2\sqrt[3]{4}}=\frac{\sqrt[3]{2}}{4}$$

再代入式(4)得

$$z=x+y^2=\frac{\sqrt[3]{2}}{4}+\frac{2\sqrt[3]{2}}{4}=\frac{3}{4}\sqrt[3]{2}$$

于是，$\left(\frac{\sqrt[3]{2}}{4},\frac{\sqrt[3]{4}}{2},\frac{3}{4}\sqrt[3]{2}\right)$是函数$f(x,y,z)$的唯一极值点，且$f\left(\frac{\sqrt[3]{2}}{4},\frac{\sqrt[3]{4}}{2},\frac{3}{4}\sqrt[3]{2}\right)=\frac{3}{4}\sqrt[3]{2}<1=f(1,0,1)$，则$f(x,y,z)=z=2^c$的最大值为$\frac{3}{4}\sqrt[3]{2}$，故$c$的最大值为$\log_2\left(\frac{3}{4}\sqrt[3]{2}\right)=\log_2 3-\frac{5}{3}$.

注 例 1 程序化地运用到多个条件等式的多元函数的极值存在性定理——设$m,n\in\mathbf{N}_+$且$m<n$，若$1+m$个n元函数$f(x_1,x_2,\cdots,x_n)$和$\varphi_k(x_1,x_2,\cdots,x_n)$，$k=1,2,\cdots,m$，在定义域$D$内都存在所有偏导数，取$L(x_1,x_2,\cdots,x_n)=f(x_1,x_2,\cdots,x_n)+\sum\limits_{k=1}^{m}\lambda_k\varphi_k(x_1,x_2,\cdots,x_n)$，则目标函数$f(x_1,x_2,\cdots,x_n)$在$m$个等式约束条件$\varphi_k(x_1,x_2,\cdots,x_n)=0$，$k=1,2,\cdots,m$下的所有极值点$(x_1,x_2,\cdots,x_n)$同时适合于$L'_{x_i}(x_1,x_2,\cdots,x_n)=0$，$i=1,2,\cdots,n$且$\varphi_k(x_1,x_2,\cdots,x_n)=0$，$k=1,2,\cdots,m$.

训练题 1(2018 年吉林省竞赛题改编题) 已知正实数x,y,z满足$x+y=xy$，且$x+y+z=xyz$，求z的最大值.

提示 取 Lagrange 函数$L(x,y,z)=z+\lambda(x+y-z)+\mu(x+y+z-xyz)$，可求当$x=y=2$时，$z$取得最大值$\frac{4}{3}$.

训练题 2(第 60 届捷克和斯洛伐克数学奥林匹克决赛题) 已知实数x,y,z满足$x+y+z=12$，且x^2+

$y^2+z^2=54$,求证:xy,yz,zx 均在$[9,25]$的范围内.

提示　先取 Lagrange 函数 $L(x,y,z)=xy+\lambda(x+y+z-12)+\mu(x^2+y^2+z^2-54)$,可求 $9\leqslant xy\leqslant 25$.同理得,$9\leqslant yz\leqslant 25$,$9\leqslant zx\leqslant 25$.

札记 2　退化运用 Lagrange 乘数法求多元函数的最值,条件等式可能不存在.

例 2(2009 年中国科技大学自主招生试题)　求证:$\forall x,y\in\mathbf{R}$,$x^2+y^2+xy\geqslant 3(x+y-1)$恒成立.

解　取

$$f(x,y)=x^2+y^2+xy-3(x+y-1)$$

由偏导数方程组

$$\begin{cases}f'_x=2x+y-3=0\\ f'_y=2y+x-3=0\end{cases}$$

解得$\begin{cases}x=1\\ y=1\end{cases}$.

于是$(1,1)$是二元函数 $f(x,y)$的唯一极值点.

又因为 $f(1,1)=0<f(1,0)=1$,则$(1,1)$是二元函数 $f(x,y)$的最小值点,则对 $\forall x,y\in\mathbf{R}$ 总有 $f(x,y)\geqslant f(1,1)=0$,所以 $x^2+y^2+xy\geqslant 3(x+y-1)$恒成立.

注　在解此例题的过程中,设想增加一个恒成立的条件等式 $1=1$,并设想 Lagrange 函数 $L(x,y)=x^2+y^2+xy-3(x+y-1)+\lambda(1-1)$,从而可以理解此例的解题思路实质上是贯通运用了 Lagrange 乘数法的退化形式.

训练题 3(2017 年清华大学标准学术能力测试模

拟试题,正确选项不一定唯一) 设 $x,y\in\mathbf{R}$,函数 $f(x,y)=x^2-2xy+6y^2-14x-6y+72$ 的值域为 M,则( ).

(A)$1\in M$ (B)$2\in M$ (C)$3\in M$ (D)$4\in M$

提示 可求二元函数 $f(x,y)$ 有唯一极值点 $(9,2)$,再不妨取点 $(0,0)$,验算得 $f(9,2)=3<72=f(0,0)$,于是 $f(x,y)$ 的值域 $M=[3,+\infty)$,所以选(C)(D).

训练题 4(2011 年河北省高中数学竞赛题) 设 $f(x,y)=x^3+y^3+x^2y+xy^2-3(x^2+y^2+xy)+3(x+y)$,若 $x,y\geqslant\frac{1}{2}$,求 $f(x,y)$ 的最小值.

提示 可求二元函数 $f(x,y)$ 的极值点有两个 $(1,1)$,$\left(\frac{1}{2},\frac{1}{2}\right)$. 又验算得 $f(1,1)=1<\frac{11}{4}=f\left(\frac{1}{2},\frac{1}{2}\right)$,故 $f(x,y)$ 的最小值等于 1.

最后指出,把 Lagrange 乘数法及其泛化、退化形式纳入高中数学的校本选修教材之中是可教、易学、有用的!

参考文献

[1] 甘大旺. Lagrange 乘数法的初等应用[J]. 宁波教育学院学报(双月刊),2017,19(1):134-137.

[2] 王芳,李光俊. 关于 Lagrange 乘数法的两点注记[J]. 中学数学教学参考(上旬),2017(7):39-40.

Lagrange 乘子法在车辆换道模型中的应用

附录X

中国科学技术大学数学科学学院的张立灿，复旦大学航空航天系的郭明旻，同济大学经济与管理学院的林志阳，上海市应用数学和力学研究所的张鹏，上海大学力学与工程学院的段雅丽五位教授2022年针对高速公路车辆换道问题，提出一个多车道车辆换道模型. 利用支持向量机(SVM)在多维特征下二分类问题的优势，将SVM和Lagrange坐标下的高阶守恒模型(CHO)结合，通过全离散跟车模型生成原始数据，采用SMOTE(synthetic minority oversampling technique)算法对数据进行预处理，采用双指标评估度SVM进行训练，建立多车道车辆换道仿真模型. 仿真结果表明：基于支持向量机和CHO

模型的换道模型，驾驶车辆能够就当前的驾驶环境，准确地做出决策，有效地模拟高速公路上真实的多车道驾驶情况.

1 引　言

车辆换道是最常见的驾驶行为之一，也是微观交通流仿真软件的基本模块. 1985 年，美国为了研究微观交通流，利用航拍数据建立了车辆运行的微观信息数据库，促进了车辆换道模型的发展[1]. 车道变换行为是驾驶员根据自身驾驶特性，针对周围车辆的车速、间距等周边环境信息，调整并完成自身驾驶目标策略的综合行为过程[2]. 在已有研究中，根据驾驶员追求获益的动机不同，可以将换道行为分为两类：强制性换道和自主性换道[3-5]. 驾驶员为完成其正常的行驶目的而不得不采取的换道行为称为强制性换道；驾驶员为了获得优于当前车道的行驶条件而进行的变道行为，称为自主性换道[6]. 文[7]～[11]采用可接受间隙模型对换道模型进行了研究，在换道车辆与目标车道上前后车辆的车距被驾驶员所接受时，驾驶员才会考虑进行换道. 上述对于车辆换道研究的模型主要是基于驾驶员的思维方式建立的，这类模型的缺点是将驾驶员的驾驶行为固定化，未考虑驾驶员在驾驶过程中的一些潜在决策思维，无法模拟驾驶员在各种环境影响因素下的不确定性. 与此同时，由于驾驶员的实际驾驶行为是无法完全制定规则的，规则制定会因为个人所考虑的

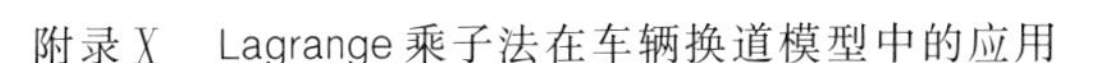

因素不同而具有很强的主观性,缺少了大众认可度和权威性.因而基于规则的车辆换道研究往往会因规则的制定方案不同而产生不一样的结果,不具备良好的可比性.

随着大数据科学的飞速发展,基于数据分析和大数据技术的研究在交通流领域取得了重大突破. Kashani等[12]将云计算与互联网结合起来,基于Hadoop软件处理大数据,提出了高效率的交通智能管理方法.苏刚等[13]结合城市交通现状和大数据发展状况,提出了基于 Hadoop 的智能交通分析系统的设计方案.支持向量机模型作为一种机器学习模型[14-15],在交通流研究领域有了广泛的应用.付贵等[16]提出了基于支持向量机回归的短时交通流预测模型,能够有效地根据交通流数据,对交通参数进行短时预测.胡启洲等[17]提出了基于支持向量机的道路交通事故数据统计模型,对道路交通事故进行统计分析.邱小平等[18]通过支持向量机模型对车辆跟车问题进行研究,提出了基于支持向量机的跟车模型,能够挖掘变量之间的潜在关系,弥补传统车辆跟车模型的不足.杨殿阁等[19]针对汽车转向和换道行为,通过加装汽车转向盘角传感器,结合车载总线通信技术获取汽车行驶状态信息,建立了基于支持向量机的汽车转向和换道行为识别模型.本附录通过引入支持向量机模型,建立基于大数据的车辆换道模型,尝试通过机器学习的方法模拟驾驶员在驾驶过程中换道思维的不确定性,克服传统换道模型的缺点,从而提高车辆换道模型的决策精度.

在建立有效的车辆换道决策模型后,如何对高速公路车辆行驶过程进行动态仿真,在交通智能化方面有着非常重要的影响[20].合理、精确地实现交通仿真才能形象、具体地将交通信息呈现出来,获得具有实际价值的交通指示和交通决策[21].而仿真模型对车辆行驶过程的仿真效果会产生重要影响.交通流理论是分析研究道路上行人和机动车辆(主要是汽车)在个别或成列行动中的规律,探讨车流流量、流速和密度之间的关系,以求减少交通时间的延误、事故的发生和提高道路交通设施使用效率的理论,以交通流理论基础建立的交通流模型是仿真模型的首选.交通流模型的研究从 20 世纪 50 年代后期开始兴起,发展至今,模型可划分为三大类型:宏观模型、微观模型和介观模型.交通流宏观模型理论将车流视为一维流体,建立流体动力学模型(如 CTM 模型、LWR 模型[22]等).交通流微观模型将车辆视为符合类 Newton 定律的"自驱动"粒子,研究个体车辆的运动规律,主要包括跟车模型[23]和元胞自动机模型[24].交通流介观模型基于统计物理中的 Boltzmann 方程,通过气体动力论的理论对交通流进行描述[25].目前的仿真软件,通常采用微观跟车模型和元胞自动机模型进行仿真.本附录从交通流宏观模型出发,通过对模型在 Euler 坐标和 Lagrange 坐标下的转换,引出新的全离散跟车模型,该模型基于 CHO 模型.CHO 模型在 LWR 模型的基础上考虑了加速度方程与各向异性,不仅保持了与一阶 LWR 模型的相容性,而且具有高阶模型特有的性质,如能够观

察到时停时走波[27-28]等交通现象.由于交流宏观模型从连续介质的角度进行建立,其解析性和数值研究具有较好的数学理论支撑.

本附录建立的车辆换道模型,由基于支持向量机的换道决策模型和基于守恒高阶模型的全离散跟车模型[29]构成.对于换道决策的研究是借助车辆行驶时驾驶环境的各类信息,作为换道决策的数据支撑.针对车辆驾驶环境数据的获取,通常有两种方法.第一种通过各类仪器设备,针对研究问题,实地实物地进行人工采集.这种数据采集方法,能够获取最真实的数据,但是其设备成本,人力成本往往很大.而且由于实地实时采集具有的局限性,导致同类研究的其他环境,需要重新考虑并进行采集,大大增加了数据采集的时间成本,影响研究的及时性.第二种通过现有研究,根据研究问题,选择成熟的模型,对其进行仿真,通过不断调整模型参数,对所有仿真数据筛选得到所需的数据并存储,进而生成数据集.这种生成数据的方法与人工采集相比,具有更便捷、易获取、可实时修改相关参数等优点,但同时,数据的合理性将会与用于仿真的模型密切相关.成熟的模型和合理的初始条件将会使得生成的数据集更为可靠,从而使得机器学习模型的性能更好.对于跟车仿真的研究。本附录采用了Lagrange坐标下的一种全离散跟车模型,结合换道决策,实现了高速公路多车道的换道动态仿真,并从一种换道率(单位时间内每辆车的平均换道次数,TrLC)的角度[30],对仿真换道率和实测换道率进行对比分析,说明了基于规则的换道模型在换道决策上时好时坏，只对特定的驾驶环境达到好的效果. 同时验证了基于支持向量机的车辆换道模型在换道决策上的准确性和有效性. 所建立的车辆换道模型一方面能够用于对真实情况下高速公路上车辆行驶进行再现，从仿真模拟的角度，为交通控制和交通规则提供数据和辅助场景，进一步完善交通管控的分析方法. 另一方面，为无人驾驶车辆如何根据当前驾驶环境调整车速，做出换道决策等问题提供理论支撑，这使得我们的模型在改进自动驾驶技术方面具有指导意义.

本附录第 2 节介绍了 Lagrange 坐标下的 CHO 跟车模型，建立一种全离散跟车模型. 第 3 节介绍支持向量机模型(SVM)，指出支持向量机模型在车辆换道问题中的优势. 并且针对车辆换道问题，分析 SVM 的输入特征，构建原始数据集和数据预处理，通过双评价指标，对 SVM 进行参数调整，建立了分类准确率高达 90%，Auc 值高达 0.95 的 SVM 换道决策模型.

2　Lagrange 坐标下的全离散跟车模型

1. CHO 模型在 Euler 坐标和 Lagrange 坐标下的转化

在 Euler 坐标下，各向异性高阶交通流模型的统一形式为

$$\frac{\partial \rho}{\partial t}+\frac{\partial(\rho u)}{\partial x}=0 \tag{1}$$

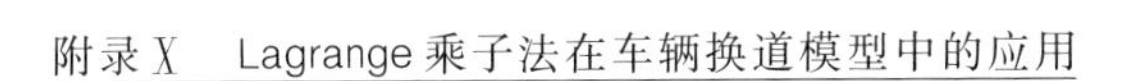

$$\frac{\partial u}{\partial t}+(u-c(\rho,u))\frac{\partial u}{\partial x}=\frac{u_e(\rho)-u}{\tau} \tag{2}$$

其中,$\rho(x,t)$ 和 $u(x,t)$ 分别为密度和速度,$u_e(\rho)$ 为平衡态速度,弛豫时间 $\tau>0$,等效音速 $c(\rho,u)>0$,方程(2) 的右端项为松弛项.

Zhang 等[24] 引入了伪密度 w 的概念,由关系式 $u=V(w)$ 定义,$w\geqslant\rho$,$V(w)$ 表示期望速度－密度关系.从而质量守恒方程(1) 具有如下形式

$$\frac{\partial \rho}{\partial t}+\frac{\partial(\rho V(w))}{\partial x}=0 \tag{3}$$

进一步定义函数 $c(\rho,u)=c(u)$, 其中 $c(u)=-wV'(w)$, 则加速度方程(2) 转化为如下"伪质量守恒"方程

$$\frac{\partial w}{\partial t}+\frac{\partial(wV(w))}{\partial x}=\frac{V(w)-u_e(\rho)}{\beta} \tag{4}$$

其中,$\beta=-\tau V'(w)=\tau u_f/\rho_{\mathrm{jam}}$,$\rho_{\mathrm{jam}}$ 是最大密度;u_f 为自由流速度[31].

方程(3) 和(4) 构成了 Euler 坐标下的守恒高阶(CHO) 交通流模型.CHO 模型的显著特征是与 LWR 模型相容,即当 $\rho=w$ 且 $u_e(\rho)=V(w)$ 时,方程(3) 与方程(4) 等价.

在 Lagrange 坐标下,方程(3)(4) 可转化为

$$\frac{\partial s}{\partial t}=\frac{\partial V(w)}{\partial M} \tag{5}$$

$$\frac{\partial w}{\partial t}+\frac{\omega V'(\omega)}{s}\frac{\partial \omega}{\partial M}=\frac{V(\omega)-u_e(s)}{\beta} \tag{6}$$

其中,$s=\rho^{-1}$ 表示比容,$M(x,t)$ 表示 t 时刻 x 位置处上游流体总质量,方程(5) 和(6),构成了 Lagrange 坐标

下的 CHO 模型.

通过对式(5)$\times w+$式(6)$\times s$得

$$\frac{\partial(s\omega)}{\partial t}=\frac{s(V(w)-u_e(s))}{\beta} \tag{7}$$

其中,$\beta=-\tau V'(w)$. 由方程(5)和(7)构成了 CHO 的守恒形式.

2. 全离散跟车模型

引入增量ΔM表示质点m和质点$m+1$之间的流体质量,由于位置$x_m(t)$和质量增量ΔM都与比容$s(x,t)$或密度$\rho(x,t)$相关,则有

$$\Delta M=\int_{s_m(t)}^{s_{m+1}(t)} s(x,t)^{-1}\mathrm{d}t$$
$$=\int_{s_m(t)}^{s_{m+1}(t)} \rho(x,t)\mathrm{d}t$$

对模型中的 Lagrange 坐标M进行离散处理. 首先,将$s=x_M$,$u(M,t)=x_t(M,t)$分别离散为

$$s=\frac{x_{m+1}(t)-x_m(t)}{\Delta M} \tag{8}$$

$$\frac{\mathrm{d}x_m}{\mathrm{d}t}=V(w_m) \tag{9}$$

由于离散化的质点对于固定的质量增量ΔM是可数的,所以m可视为整数.

令$\Delta M=1$,表示相邻两个质点之间的质量为一个单位,即相邻两车辆的车头之间只存在一辆车,进而所有质点均可视为车辆. 再取$\Delta t=1$ s,得到全离散跟车模型

$$
\begin{cases}
\dfrac{x_m^{t+1}-x_m^t}{\Delta t}=V(w_m^t) \\
\left[\left(\dfrac{x_{m+1}^{t+1}-x_m^{t+1}}{\Delta M}w_m^{t+1}\right)-\left(\dfrac{x_{m+1}^t-x_m^t}{\Delta M}w_m^t\right)\right]\Big/\Delta t= \\
\dfrac{x_{m+1}^t-x_m^t}{\Delta M}\;\dfrac{V(w_m^t)-u_e[x_{m+1}^t-x_m^t/\Delta M]}{\beta} \\
\Delta M=\displaystyle\int_{x_m(t)}^{x_{m+1}(t)} s(x,t)^{-1}\mathrm{d}x=\int_{x_m(t)}^{x_{m+1}(t)} \rho(x,t)\mathrm{d}x=1
\end{cases}
\tag{10}
$$

因为交通系统本质上是一个离散的系统，且具有很多非线性特性，采用全离散的CHO跟车模型，可以通过简单的微观规则来反映宏观的交通现象，描述实际交通现象具有独特的优越性[32]. 因此，本附录在全离散跟车模型式(10)的基础上进行车辆换道研究.

3　支持向量机换道决策模型

支持向量机(SVM)算法是以统计学习理论为基础的一类机器学习方法，最初用于解决二分类问题. SVM通过寻求结构化风险最小来提高学习机泛化能力，实现经验风险和置信范围的最小化. 在统计样本较少的情况下，也能获得良好的统计规律. 其基本思想是在样本空间中找到划分超平面，将不同类别的样本分开，并使得这个超平面具有最大的分类间隔[33].

在分类问题中，给定数据集 $D=\{(x_1,y_1),(x_2,y_2),\cdots,(x_n,y_n)\}$，其中 $x_i\in\mathbf{R}^m$ 表示m维数据特征，$y_i\in\{-1,+1\}$ 代表数据类别，n 表示总样本数.

在样本空间中，最优划分超平面可表示为

$$\boldsymbol{W}^{\mathrm{T}}\boldsymbol{x}+b=0 \tag{1}$$

其中，列向量 $\boldsymbol{W}=(W_1,W_2,\cdots,W_m)^{\mathrm{T}}$ 为法向量，决定了划分超平面的方向；b 为位移项，与法向量 $\boldsymbol{W}$ 共同决定了超平面与原点之间的距离. 因此，划分超平面由法向量 $\boldsymbol{W}$ 和位移量 b 唯一确定.

将分类间隔记作

$$\gamma=2/\|\boldsymbol{W}\| \tag{2}$$

间隔反映了超平面将样本点划分开的好坏程度，当间隔越大时，样本点被分类的程度就越好，故对于支持向量机而言，其目的是在能够将训练样本正确分类的前提下，找到使得间隔 γ 最大的划分超平面($\boldsymbol{W}$;b). 显然当 $\|\boldsymbol{W}\|$ 最小时，分类间隔最大，即

$$\min_{W,b} 0.5\|\boldsymbol{W}\|^2 \tag{3}$$

$$\text{s.t. } y_i(\boldsymbol{W}^{\mathrm{T}}x_i+b)\geqslant 1, i=1,2,\cdots,n \tag{4}$$

当训练样本集线性不可分时，需要引入非负松弛变量 $\xi_i\geqslant 0$，此时求解最优划分超平面的模型如

$$\min_{W,b} 0.5\|\boldsymbol{W}\|^2+c\sum_{i=1}^{n}\xi_i \tag{5}$$

$$\text{s.t. } y_i(\boldsymbol{W}^{\mathrm{T}}x_i+b)\geqslant 1-\xi_i, i=1,2,\cdots,n \tag{6}$$

其中，$C>0$ 表示惩罚因子，C 越大表示对错误分类的惩罚越大.

对于优化问题式(5)和(6)，通过 Lagrange 乘子法求解，得到最优决策函数[34]

$$f(x)=\mathrm{sgn}\left(\sum_{i=1}^{n}y_i\alpha_i x_i^{\mathrm{T}}x+b\right) \tag{7}$$

其中,α_i 表示 Lagrange 系数.

对于非线性问题,除了采用增加松弛变量外,Zhang 等[35] 采用 Mercer 正定核提出隐空间支持向量机,通过引入核函数 $K(x_i, x_j)$ 将样本 x_i 和 x_j 映射到一个高维内积空间(Hilbert 空间)并在 Hilbert 空间中进行线性分类.常用的核函数包括线性核函数、多项式核函数以及高斯核函数等.

根据 Mercer 条件,此时相应的最优决策函数为

$$f(x) = \operatorname{sgn}\left(\sum_{i=1}^{n} y_i \alpha_i K(x_i, x) + b\right) \tag{8}$$

支持向量机作为常用的分类模型,仅取决于样本数据集中的一个子集(支持向量机),这使得支持向量机分类模型在仅需少量支持向量即可完成正确的样本分类,能够节省很大一部分运算成本,并且得到较好的分类结果.

参考文献

[1] 龙小强,谭云龙.微观仿真自主性车道变换模型[J].公路交通科技,2012,29(11):115-119.

[2] 刘运通,石建军,熊辉.交通系统仿真技术[M].北京:人民交通出版社,2002:6-7.

[3] AHMED K I. Modeling drivers' acceleration and lane changing behavior[D]. Massachusetts Institute of Technology,1999.

[4] ZHANG Y, OWEN L E, CLARK J E. Multiregime approach for microscopic traffic simulation[J]. Transportation Rescarch Record,1998,1644(1):103-114.

[5] WEI H, LEE J, LI Q. Observation-based lane-vehicle assignment hierarchy: Microscopic simulation on urban street network[J]. Transportation Rescarch Record, 2000, 1710(1): 96-103.

[6] 徐英俊.城市微观交通仿真车道变换模型研究[D].长春:吉林大学,2005.

[7] YANG Q, KOUTSOPOULOS H N. A microscopic traffic simulator for evaluation of dynamic traffic management sysgems[J]. Transportation Research Part C: Emerging Technologies, 1996, 4(3): 113-129.

[8] HIDAS P. Modelling vehicle interactions in microscopic simulation of merging and weaving[J]. Transportation Reseach Part C: Emerging Technologies, 2005, 13(1): 37-62.

[9] TOLEDO T, KOUTSOPOULOS H N, BEN-AKIVA M. Integrated driving behavior modeling[J]. Transportation Research Part C: Emerging Technologies, 2007, 15(2): 96-112.

[10] 智永锋,张骏,史忠科.高速公路加速车道长度设计与车辆汇入模型研究[J].中国公路学报,2009,22(2):93-97.

[11] 王荣本,游峰,崔高健.车辆安全换道分析[J].吉林大学学报(工学版),2005,35(2):179-182.

[12] KASHANI A A, RAZIAN M R, FATHIAN M. The rise of big data on cloud IoT integration: A case study in Intelligent Transportation System(ITS)[C]. International Conference On New Research Achievements In Electrical and Computer Engineering(ICNRAECE), 2016.

[13] 苏刚,王坚,凌卫青.基于大数据的智能交通分析系统的设计与实现[J].电脑知识与技术,2015,36:44-46.

[14] GOU X Y, GUO L X, ZHANG L B. Support vector machine and neural network in inversion of rough surface parameters[J]. Cinese Journal of Computational Physics, 2014,31(1):75-84.

[15] WANG L X, WANG A Q, HUANG Z X. Parameter inversion of rough surface optimization based on multiple algorithms for SVM[J]. Chinese Journal of Computational Physics,2019,36(5):577-585.

[16] 傅贵,韩国强,逯峰.基于支持向量机回归的短时交通流预测模型[J].华南理工大学学报(自然科学版),2013,41(9):71-76.

[17] 胡启洲,高宁波,叶茂.基于支持向量机的道路交通事故数据统计模型研究[J].中国安全科学学报,2013,23(6):39-44.

[18] 邱小平,刘亚龙.基于支持向量机的车辆跟弛模型[J].重庆交通大学学报(自然科学版),2015,34(6):128-132.

[19] 杨殿阁,何长伟,李满.基于支持向量机的汽车转向与换道行为识别[J].清华大学学报(自然科学版),2015,55(10):1093-1097.

[20] 吴伟,沈益峰,徐建军.基于实时交通数据的路网展示系统的开发研究[J].交通标准化,2009(21):122-124.

[21] 谢嘉孟,彭宏,周兵.基于数据挖掘技术的智能交通信息分析与决策研究[J].公路,2004(4):154-158.

[22] YAGAR S. Dynamic traffic assignment by individual path minimization and queueing[J]. Transportation Research, 1971,5(3):179-196.

[23] PIPES L A. An operational analysis of traffic dynamics [J]. Journal of Applied Physics,1953,24(3):274-281.

[24] NAGELK, SCHRECKENBERG M. A cellular automa-

ton model for freeway traffic[J]. Journal de Physique 1, 1992,2(12):2221-2229.

[25] PRIGOGINE I, HERMAN R, SCHECHTER R S. Kinetic theory of vehicular traffic[J]. IEEE Transactions on Systems, Man, and Cybernetics,1972(2),25(2):56-57.

[26] ZHANG P, WONG S C, DAI S Q. A conserved higher-order anisotropic traffic flow model: Description of equilibrium and nonequilibrium flows[J]. Transportation Research Part B: Methodological,2009,43(5):562-574.

[27] LIN Z Y, ZHANG P, DONG L Y. Physically bounded solution for a conserved higher-order traffic flow model [M]. Berlin: Springer,2015:463-470.

[28] LI H Y, LIN Z Y, ZHANG P, DUAN Y L. Modeling and simulation of dynamic traffic assignment based on conserved higherorder model[J]. Chinese Journal of Computational Physics,2020,37(6):687-699.

[29] ZHANG P, WU C X, WONG S C. A semi-discrete model and its approach to a solution for a wide moving jam in traffic flow[J]. Physica A: Statistical Mechanics and Its Applications,2012,391(3):456-463.

[30] GUO M, ZHENG W, ZHU H. Empirical study of lane-changing behavior on three Chinese freeways[J]. PloS One,2018,13(1):e0191466.

[31] 吴春秀. 基于 Lagrange 坐标的交通流模型的稳态解与瓶颈效应[D]. 上海:上海大学,2012.

[32] 王永明,周磊山,吕永波. 基于元胞自动机交通流模型的车辆换道规则[J]. 中国公路学报,2008,21(1):89-93.

[33] 王江卓,徐文聪,李建勋. 基于支持向量机的雷达电子支

援措施系统点迹—航迹关联算法[J].上海交通大学学报，2019,53(9):1091-1099.

[34] 张莉，卢星凝，陆从林.支持向量机在高考成绩预测分析中的应用[J].中国科学技术大学学报，2017,47(1):1-9.

[35] ZHANG L, ZHOU W, JIAO L. Hidden space support vector machines[J]. IEEE Transactions on Neural Networks, 2004, 15(6):1424-1434.

Lagrange 乘子法的抽象形式[①]

附录 XI

设 X,Y 是两个 Banach 空间，$\Omega\subset X$ 是一个开集. $E:\Omega\to\mathbf{R}$，$G:\Omega\to Y$ 均是连续可微映射. 记 $M=\{x\in\Omega:G(x)=0\}$，寻找极小值问题

$$\min_{x\in M}E(x) \tag{1}$$

的必要条件.

定理 1（Ljusternik） 设 $x_0\in M$ 满足式(1)，并且 $G'(x_0)$的值域 $R(G'(x_0))$是闭的，则存在$(\lambda,y^*)\in\mathbf{R}\times Y^*$ 满足$(\lambda,y^*)\neq(0,0)$，并且

$$\lambda E'(x_0)+y^*G'(x_0)=0$$

特别地，当 $R(G'(x_0))=Y$，即 x_0 为映射 G 的正则点时，$\lambda\neq0$.

---

① 摘自《非线性分析（第二版）》，薛小平，秦泗甜，吴玉虎编著，科学出版社，2018.

证明　当 $Y_1=R(G'(x_0))\neq Y$ 时，只需取 $\lambda=0$ 和 $y^*\in Y_1^{\perp}=\{f\in Y^*:\langle f,y\rangle=0,\forall y\in Y_1\}$ 即可.

下面要证明 $R(G'(x_0))=Y$，即 x_0 是 G 的正则点的情形. 注意到 $E'(x_0)\in X^*$. 先证明 $T_{x_0}(M)=\ker G'(x_0)$，其中

$$T_{x_0}(M)=\{h\in X:\exists\varepsilon>0\text{ 及 }v\in C^1((-\varepsilon,\varepsilon),E)$$
$$\text{且}\quad x_0+v(t)\in M\mid v(0)=0,\dot v(0)=h\}$$

为 M 在 x_0 点处的切空间.

一方面，由 $G(x_0+v(t))=0$ 可知

$$G'(x_0)h=\frac{\mathrm{d}}{\mathrm{d}t}G(x_0+v(t))\mid_{t=0}=0$$
$$\forall h\in T_{x_0}(M)$$

从而 $T_{x_0}(M)\subset\ker G'(x_0)$. 另一方面，若 $h\in\ker G'(x_0)$，令 X_1 是 $\ker G'(x_0)$ 的补空间，取 $y_0\in X_1,y_0\neq0$. 对足够小的 $\varepsilon>0$，考虑如下方程

$$G(x_0+th+w(t)y_0)=0\tag{2}$$

其中 $w\in C^1((-\varepsilon,\varepsilon),\mathbf{R}),w(0)=0$. 令 $F(t,w)=G(x_0+th+wy_0)$，则 $F(0,0)=0$ 且 $\frac{\partial F}{\partial w}(0,0)=G'(x_0)y_0\neq0$. 从而由隐函数定理对足够小的 ε，满足方程(2) 的 $w=w(t)$ 是存在的. 令 $v(t)=th+w(t)y_0$，那么 $v(0)=0$，$\dot v(0)=h+\dot w(0)y_0$，由 $G'(x_0)(h+\dot w(0)y_0)=0$，可知 $\dot w(0)y_0\in\ker G'(x_0)$. 又 $\dot w(0)y_0\in X_1$，可知 $\dot w(0)y_0=0$ 且 $\dot v(0)=h$，从而 $h\in T_{x_0}(M)$ 即 $\ker G'(x_0)\subset T_{x_0}(M)$.

对任意 $h\in T_{x_0}(M)$，取对应的 $v(t)$ 使得 $v(0)=$

$0, \dot{v}(0)=h$ 且 $x_0+v(t)\in M$，又观察到条件 $E(x_0)=\inf\limits_{x\in M}E(x)$，$E(x_0+v(t))\geqslant E(x_0)$，从而 $E'(x_0)h=0$，这意味着 $E'(x_0)\in \ker G'(x_0)^{\perp}$. 根据闭值域定理可知，$\ker G'(x_0)^{\perp}=R(G'(x_0)^*)$，从而存在 $y^*\in Y^*$ 及 $\lambda\in\mathbf{R}$ 使得 $\lambda E'(x_0)+y^*G'(x_0)=0$.

推论　设 X 是 Banach 空间，E 和 G 都是 X 上的连续可微泛函，定义 $M=\{u\in X: G(u)=0\}$，若对每一个 $u\in M$ 有 $G'(u)\neq 0$，并且在 $x_0\in m$ 处满足

$$E(x_0)=\inf_{x\in M}E(x)$$

则存在 $\lambda\in\mathbf{R}$，使得

$$E'(x_0)=\lambda G'(x_0)$$

注　推论中的常数 λ 称为 Lagrange 乘子.

作为 Lagrange 乘子法的应用，得到如下定理：

定理 2　若 $2<p<2^*$，则方程

$$\begin{cases}-\Delta u=|u|^{p-2}u, \text{在 } \Omega \text{ 中}\\ u=0, \text{在 } \partial\Omega \text{ 上}\end{cases} \tag{3}$$

有非平凡正解.

证明　取 $X=H_0^1(\Omega)$，定义 $E(u)=\int_{\Omega}|\nabla u|^2\mathrm{d}x$，$G(u)=\int_{\Omega}|u|^p\mathrm{d}x-1$，$M=\{u\in X: G(u)=0\}$. 当 $u\in M$ 时，由 $\langle G'(u), u\rangle=p\int_{\Omega}|u|^p\mathrm{d}x=p\neq 0$，可知 $G'(u)\neq 0$.

现证明 $m=\inf\limits_{x\in M}E(u)>0$，并且在某一点 u_0 处可达到最小值.

若 $m=0$，则存在下降到 $\{u_n\}\subset M$ 使得

$$E(u_n)=\int_{\Omega}|\nabla u_n|^2\mathrm{d}x\to 0, n\to\infty$$

那么由Sobolev嵌入定理，$u_n\to 0$ 在 $L^p(\Omega)$ 中（$n\to\infty$），即 $\int_{\Omega}|u_n|^p\mathrm{d}x\to 0(n\to\infty)$. 这与 $u_n\in M$ 矛盾，所以 $m>0$. 这时由于 $\{u_n\}$ 在 X 中有界，由Sobolev嵌入定理，存在 $\{u_n\}$ 的子列（还是记为 $\{u_n\}$）及 $u_0\in L^p(\Omega)$，使得 $u_n\to u_0$ 在 $L^p(\Omega)$ 中，$n\to\infty$，从而

$$\int_{\Omega}|u_0|^p\mathrm{d}x=\lim_{n\to\infty}\int_{\Omega}|u_n|^p\mathrm{d}x=1$$

即 $u_0\in M$. 又 E 是弱下半连续的，可知

$$\inf_M E\leqslant E(u_0)\leqslant\lim_{n\to\infty}E(u_n)=\inf_M E$$

得到了 $E(u_0)=m=\inf\limits_M E$. 那么根据Lagrange乘子法，存在 $\lambda\in\mathbf{R}$，使得 $E'(u_0)=\lambda G'(u_0)$，即 $\forall\varphi\in H_0^1(\Omega)$ 有

$$2\int_{\Omega}\nabla u_0\cdot\nabla\varphi\mathrm{d}x=\lambda p\int_{\Omega}|u_0|^{p-2}u_0\varphi\mathrm{d}x \qquad (4)$$

取 $\varphi=u_0$，则有 $E(u_0)=\frac{p\lambda}{2}$，可知 $\lambda=\frac{2m}{p}>0$，这时由式(4)很容易验证 $u_1=m^{\frac{1}{p-2}}u_0$ 就是方程

$$\begin{cases}-\Delta u=|u|^{p-2}u_1, \text{在 } \Omega \text{ 中}\\ u=0, \text{在 } \partial\Omega \text{ 上}\end{cases}$$

的一个弱解. 因为 $E(|u_1|)=E(u_1)$，$G(|u_1|)=G(u_1)$，可知 $u=|u_1|$ 是一个非平凡正解.

现应用Lagrange乘子法来研究一个线性控制问题.

例　考虑一般线性控制系统

$$\begin{cases}\dot{x}=Ax+Bu\\ x(t_0)=x_0\end{cases}\tag{5}$$

其中$\boldsymbol{A}:\mathbf{R}^n\to\mathbf{R}^n$,$\boldsymbol{B}:\mathbf{R}^m\to\mathbf{R}^n$,即$\boldsymbol{A}$是$n\times n$矩阵,$\boldsymbol{B}$是$n\times m$矩阵,给定$x_1\in\mathbf{R}^n$,目标函数$J:M\to\mathbf{R}$为

$$J(u)=\frac{1}{2}\int_{t_0}^{t_1}\|u(t)\|^2\mathrm{d}t$$

其中$M=L^2([t_0,t_1],\mathbf{R}^m)$,求$u_0\in M$使得$J(u_0)=\min\limits_{u\in M}J(u)$且满足$x(t_1)=x_1$.

解 记$X=C^1(|t_0,t_1|,\mathbf{R}^n)$,则对$J:M\to\mathbf{R}$的约束条件为

$$H(x,u)=\dot{x}-\boldsymbol{A}x-\boldsymbol{B}u=\mathbf{0}$$

并且$H:X\times M\to M$.

根据定理1存在$\lambda(t)\in M$使条件极值u满足

$$\frac{\partial L}{\partial x}=J'(u)+\lambda H'(x,u)=0\tag{6}$$

$\forall h\in M$及$k\in X$,计算$J'(u)h$及$\lambda H'(x,u)(k,h)$为

$$J'(u)h=\int_{t_0}^{t_1}\langle u(t),h(t)\rangle\mathrm{d}t$$

$$\lambda H'(x,u)(k,h)=\int_{t_0}^{t_1}[\langle\dot{k}(t),\lambda(t)\rangle-\langle Ak(t),\lambda(t)\rangle-\langle Bh(t),\lambda(t)\rangle]\mathrm{d}t$$

这里$\langle\cdot,\cdot\rangle$表示$\mathbf{R}^n$中的内积运算,即

$$w=(w_1,w_2,\cdots,w_n),s=(s_1,s_2,\cdots,s_n)\in\mathbf{R}^n$$

有

$$\langle w,s\rangle=\sum_{j=1}^n w_js_j$$

于是根据式(6),有

$$J'(u)h+\lambda H'(x,u)(k,h)=0 \qquad (7)$$

$\forall h\in M, k\in X$ 成立.为了求解式(7),可假定 λ 连续可微且 $k(t_0)=k(t_1)=0$,那么由式(7)及

$$\int_{t_0}^{t_1}[\langle \dot{k}(t),\lambda(t)\rangle]\mathrm{d}t=-\int_{t_0}^{t_1}\langle k(t),\dot{\lambda}(t)\rangle\mathrm{d}t$$

得

$$\int_{t_0}^{t_1}\langle u(t)-\boldsymbol{B}^{\mathrm{T}}\lambda(t),h(t)\rangle\mathrm{d}t-$$

$$\int_{t_0}^{t_1}\langle \dot{\lambda}(t)+\boldsymbol{A}^{\mathrm{T}}\lambda(t),k(t)\rangle\mathrm{d}t=0$$

再由 h 及 k 的任意性有

$$u(t)=\boldsymbol{B}^{\mathrm{T}}\lambda(t),\dot{\lambda}(t)+\boldsymbol{A}^{\mathrm{T}}\lambda(t)=0$$

这样求得 $\lambda(t)=\boldsymbol{C}\mathrm{e}^{-\boldsymbol{A}^{\mathrm{T}}t}$,从而

$$u(t)=\boldsymbol{B}^{\mathrm{T}}\boldsymbol{C}\mathrm{e}^{-\boldsymbol{A}^{\mathrm{T}}t}$$

其中矩阵 $\boldsymbol{C}$ 由条件 $x(t_1)=x_1$ 来确定.

在最后,我们来研究一类非自治二阶 Hamilton 系统

$$\ddot{x}=\nabla_x H(t,x) \qquad (8)$$

周期解的存在性,这里讨论的仍然是弱解.

定理 3　假设 $H(t,x)$ 满足:

(1) $H(t,x)\in C^1(\mathbf{R}\times\mathbf{R}^n)$, $H(t+w,x)=H(t,x)$, $w>0$;

(2) $H(t,x)\geqslant\varphi(x)$,其中 $\varphi:\mathbf{R}\times\mathbf{R}$ 且 $\lim\limits_{|x|\to+\infty}\varphi(x)=+\infty$.

那么式(7)有周期为 w 的解.

证明　记 $X=W_p^{1,1}([0,w],\mathbf{R}^n)=\{x(t):x(t)$ 在 $[0,w]$ 上绝对连续且 $|\dot{x}(t)|^2\in L[0,w]$, $x(0)=$

$x(w)\}$. 在 X 中定义内积为

$$\langle x(\cdot), y(\cdot)\rangle \triangleq \int_0^w x(t)\cdot y(t)\mathrm{d}t + \int_0^w \dot{x}(t)\cdot \dot{y}(t)\mathrm{d}t$$

则 X 是一个 Hilbert 空间. 在 X 上定义泛函

$$J(x) \triangleq \int_0^w \frac{1}{2}\mid \dot{x}(t)\mid^2 \mathrm{d}t + \int_0^w H(t, x(t))\mathrm{d}t$$

来证 $J(\cdot)$ 在 X 上的下确界可达. 为此,仅需验证 $J(\cdot)$ 是弱下半连续且是强制的. 由于 $J(\cdot)$ 的第一项是凸泛函且连续,所以是弱下半连续的. 又由 Sobolev 嵌入定理知 X 嵌入 $C([0,w],\mathbf{R}^n)$ 及 Fatou 引理知第二项也是弱下半连续的. 下面来证 $J(\cdot)$ 是强制的. 首先,对每个 $x(\cdot)\in X$ 可唯一表示成如下形式

$$x(t) = y(t) + a$$

这里$\int_0^w y(t)\mathrm{d}t = 0$,$a\in\mathbf{R}^n$ 是常向量. 对于这样的 $y(\cdot)\in X$,有

$$\int_0^w \mid y(t)\mid^2 \mathrm{d}t \leqslant \lambda^2 \int_0^w \mid \dot{y}(t)\mid^2 \mathrm{d}t$$

其中,λ 是一个不依赖于 y 的常数. 因此

$$\| y\|_X \leqslant \lambda_1 \|\dot{y}\|_{L^2[0,w]}$$

其中,λ_1 是常数.

由条件(1) 和条件(2),可知常数 α 满足

$$H(t,x)\geqslant \alpha, (t,x)\in[0,w]\times\mathbf{R}^n$$

于是

$$J(x) \geqslant \frac{1}{2\lambda_1}\| y\|_X + \alpha w \tag{9}$$

若 $\| x_n\|_X \to +\infty$,则有两种情况发生:

(1) 存在子列 $x_{n_k} = y_{n_k} + a_{n_k}$ 满足 $\| y_{n_k}\|_X \to$

$+\infty$;

(2) $x_n = y_n + a_n$ 满足 $\{\| y_n \|_X\}$ 有界但 $|a_n| \to +\infty$.

若(1) 成立,则由式(9) 知 $J(\cdot)$ 是强制的. 现来证明(2),令

$$A_n = \{t \in [0, w] : |y_n(t)| > \frac{1}{2} |a_n|\}$$

那么

$$\int_{A_n} \frac{1}{4} |a_n|^2 \mathrm{d}t \leqslant \int_0^2 |y_n(t)|^2 \mathrm{d}t \leqslant \| y_n \|_X^2 \leqslant \sup_n \| y_n \|_X^2 < +\infty$$

知 $m(A_n) \to 0$,从而 $m(A_n^c) \to m([0, w])$,故当 n 充分大时 $m(A_n^c) > \frac{w}{2}$. 又当 $t \in A_n^c$ 时

$$|x_n(t)| \geqslant |a_n| - |y_n| \geqslant \frac{1}{2} |a_n|$$

于是

$$\begin{aligned} J(x_n) &\geqslant \int_0^w H(t, x_n(t)) \mathrm{d}t \\ &\geqslant \int_{A_n} H(t, x_n(t)) \mathrm{d}t + \int_{A_n^c} H(t, x_n(t)) \mathrm{d}t \\ &\geqslant \alpha m(A_n) + \varphi\left(\frac{|\alpha_n|}{2}\right) m(A_n^c) \\ &\geqslant \alpha m(A_n) + \varphi\left(\frac{|\alpha_n|}{2}\right) \frac{w}{2} \end{aligned}$$

可见 $\lim\limits_{\| x_n \| X \to +\infty} J(x_n) = +\infty$.

存在 $x_0 \in X$ 使 $J(x_0) = \inf\limits_{x \in X} J(x)$. 注意到,$J(\cdot)$ 是 X 上的连续可微泛函,那么 $J'(x_0) = 0$,故 $\forall h \in X$

有

$$J'(x_0)h=\int_0^w[\dot{x}_0\cdot\dot{h}+\nabla_x H(t,x_0(t))\cdot h]\mathrm{d}t=0 \tag{10}$$

特别地，当 $x_0(\cdot)\in C^2([0,w],\mathbf{R}^n)$ 时，由分部积分得

$$J(x_0)h=\int_0^w[-\ddot{x}_0+\nabla_x H(t,x_0(t))]\cdot h\mathrm{d}t=0$$

再由 h 的任意性有

$$\ddot{x}_0=\nabla_x H(t,x_0(t))$$

注　定理 3 仅证明有弱解，即满足式(10). 事实上，由条件(1) 及正则性理论，可以证明 $x_0\in C^2([0,w],\mathbf{R}^n)$.

参考文献

[1] BARTLE R G. The Elements of Real Analysis [M]. 2nd ed. New York:John Wiley Sons,1976.

[2] BELTRAMI E J. A Constructive Proof of the Kuhn-Tucker Multiplier Rule[J]. J Math Anal Appl,1967,26:297-306.

[3] DEBREU G. Definite and Semidefinite Quadratic Forms[J]. Econometrica,1952,20:295-300.

[4] FIACCO A V. Second Order Sufficient Conditions for Weak and Strict Constrained Minima [J]. SIAM J Appl Math,1968,16:105-108.

[5] MANN H B. Quadratic Forms with Linear Constraints[J]. Amer Math Monthly,1943,50:430-433.

[6] MCCORMICK G P. Second Order Conditions for Constrained Minima[J]. SIAM J Appl Math, 1967,15:641-652.

[7] PHIPPS C G. Maxima and Minima Under Restraint[J]. Amer Math Monthly,1952,59:230-235.

[8] RUDIN W. Principles of Mathematical Analysis

[M]. 2nd ed. New York:McGraw-Hill Book Co, 1964.

[9] ABADIE J. Nonlinear Programming[M]. Amsterdam:North-Holland Publishing Co. 1967.

[10] ARROW K J,L HURWICZ,H UZAWA. Constraint Qualifications in Maximization Problems [J]. Naval Res Log Quart,1961,8:175-191.

[11] BAZARAA M S. Nonlinear Programming Nondifferentiable Functions[M]. Atlanta: Georgia Institute of Technology,1970.

[12] BAZARAA M S,GOODE J J. Necessary Optimality Criteria in Mathematical Programming in the Presence of Differentiability[J]. J Math Anal Appl,1972,(40):609-621.

[13] BAZARAA M S,GOODE J J,C M SHETTY. Constraint Qualifications Revisited[J]. Management Science,1972,18:567-573.

[14] BELTRAMI E J. A Constructive Proof of the Kuhn-Tucker Multiplier Rule[J]. J Math Anal Appl,1967,26:297-306.

[15] BRASWELL R N, MARBAN J A. Necessary and Sufficient Conditions for the Inequality Constrained Optimization Problem Using Directional Derivatives[J]. Int J Systems Sci,1972, 3:263-275.

[16] BRASWEIL R N,MARBAN J A. On Necessary

and Sufficient Conditions in Non-Linear Programming[J]. Int J Systems Sci, 1972, 3: 277-286.

[17] CANON M D, CULLUM C D, POLAK E. Constrained Minimization Problems in Finite Dimensional Spaces[J]. SIAM J Control, 1966, 4: 528-547.

[18] DUBOVITSKII A Y, MILYUTIN A A. Extremum Problems in the Presence of Restrictions [J]. USSR Comp Math and Math Phys, 1965, 5 (3): 1-80.

[19] EVANS J P. On Constraint Qualifications in Nonlinear Programming [J]. Naval Res Log Quart, 1970, 17(3): 281-286.

[20] FARKAS J. Uber die Theorie der Einfachen Ungleichungen[J]. J für die Reine und Angew Math, 1902, 124: 1-27.

[21] FIACCO A V. Second Order Sufficient Conditions for Weak and Strict Constrained Minima [J]. SIAM J Appl Math, 1968, 16: 105-108.

[22] FIACCO A V, MCCORMICK G P. Nonlinear Programming Sequential Unconstrained Minimization Techniques[M]. New York: John Wiley Sons, 1968.

[23] GAMKRELIDZE R V. Extremal Problems in Finite-Dimensional Spaces [J]. J Optimization Theory and AppL, 1967, 1: 173-193.

[24] GOULD F J, TOLLE J W. A Necessary and Sufficient Qualification for Constrained Optimization [J]. SIAM J Appl Math, 1971, 20: 164-172.

[25] GOULD F J, TOLLE J W. Geometry of Optimality Conditions and Constraint Qualifications [J]. Math Prog, 1972, 2: 1-18.

[26] GUIGNARD M. Generalized Kuhn-Tucker Conditions for Mathematical Programming Problems in a Banach Space [J]. SIAMJ Control, 1969, 7: 232-241.

[27] HALKIN H, NEUSTADT L W. General Necessary Conditions for Optimization Problems [J]. Proc Natl Acad Sci, 1966, 56: 1066-1071.

[28] HESTENES M R. Calculus of Variations and Optimal Control Theory [M]. New York: John Wiley Sons, 1966.

[29] KING R P. Necessary and Sufficient Conditions for Inequality Constrained Extreme Values [J]. Ind Eng Chem Fund, 1966, 5: 484-489.

[30] MANGASARIAN O L. Nonlinear Programming [M]. New York: McGraw-Hill Book Co, 1969.

[31] MANGASARIAN O L, FROMOVITZ S. The Fritz John Necessary Optimality Conditions in the Presence of Equality and Inequality Constraints [J]. J Math Anal Appl, 1967, 17: 37-47.

[32] MCCORMICK G P. Second Order Conditions for Constrained Minima[J]. SIAMJ Appl Math, 1967,15:641-652.

[33] MESSERLI E J,POLMAK E. On Second Order Necessary Conditions of Opti mality[J]. SIAM J Control,1969,7:272-291.

[34] NEUMANN JVON,MORGENSTERN O. Theory of Games and Economic Behavior[M]. 2nd ed. Princeton N J: Princeton University Press, 1947.

[35] NEUSTADT L W. An Abstract Variational Theory with Applications to a Broad Class of Optimization Problems. I. General Theory[J]. J SIAM Control,1966,4:505-527.

[36] RITTER K. Optimization Theory in Linear Spaces. I[J]. Math Ann,1969,182:189-206.

[37] RITTER K. Optimization Theory in Linear Spaces Part Ⅱ. On Systems of Linear Operator Inequalities in Partially Ordered Normed Linear Spaces[J]. Math Ann,1969,183:169-180.

[38] RITTER K. Optimization Theory in Linear Spaces Part Ⅲ. Mathematical Programming in Partially Ordered Banach Spaces [J]. Math Ann,1970,184:133-154.

[39] VARAIYA P. Nonlinear Programming in Banach Space[J]. SIAM J Appl Math, 1967, 15:

284-293.

[40] WHITTLE P. Optimization Under Constraints [M]. London: Wiley-Interscience, 1971.

[41] WILDE D J. Differential Calculus in Nonlinear Programming [J]. Operations Research, 1962, 10: 764-773.

⊙编辑手记

这是一本贵书.

有一位网友说:很多本来觉得丑的东西一旦知道是贵的就觉得好像也不那么丑了.同样的道理,一本书如此之贵,自然也差不到哪去.

这是一本难书.

相对于本书的目标读者大、中学生,它的内容是深的.著名数学家齐民友先生在一次接受访谈时指出:“不要低估学生,千万不要低估学生.不要低估了中国的基础教育.很多优秀的学生实际上不是负担过重,而是‘吃不饱’,对于他来说,翻来覆去,都是讲这么点东西,搞得他很厌烦.要想学生负担不重,就必须要老师加重负担,教师应该更加深入地研究教材,研究学法,研究教法.数学教育的改革,是一个世界性的问题.各国做法各有不同,而且至今也很难说,哪一种是好,哪一种就是不行.

所以，容许多样性，提倡多样性是唯一的选择. 但无论如何，教育改革的问题，最后要落实到教师培训的问题上. 同时，数学教学的改革必须追随数学科学的发展，如果中国数学教育想要进一步深化改革的话，就必须使得数学教学跟现在社会生活和科学(特别是数学科学)的发展更接近. 这时你就会感受到：会当凌绝顶，一览众山小.”

这是一本很有用的书.

所谓有用是因为它能帮助你解题，拿分. 以一道2015 年第 26 届“希望杯”全国数学邀请赛高二试题为例. 四川省苍溪中学的李波曾给出了 11 种解法，但最通用的还是利用乘子法.

题目 1 若正数 a,b 满足 $2a+b=1$，则 $\frac{a}{2-2a}+\frac{b}{2-b}$ 的最小值是______.

解法 1 设 $2-2a=x, 2-b=y$，由 a,b 是正数知，$x,y>1$，易知

$$a=\frac{2-x}{2}, b=2-y$$

将上式代入 $2a+b=1$，整理得 $x+y=3$，即 $\frac{x}{3}+\frac{y}{3}=1$.

将 $a=\frac{2-x}{2}, b=2-y$ 代入 $\frac{a}{2-2a}+\frac{b}{2-b}$ 得

$$\frac{a}{2-2a}+\frac{b}{2-b}=\frac{1}{x}+\frac{2}{y}-\frac{3}{2}$$

$$\begin{aligned}\frac{1}{x}+\frac{2}{y}-\frac{3}{2}&=\left(\frac{1}{x}+\frac{2}{y}\right)\cdot\left(\frac{x}{3}+\frac{y}{3}\right)-\frac{3}{2}\\&=\frac{y}{3x}+\frac{2x}{3y}-\frac{1}{2}\\&\geqslant 2\sqrt{\frac{y}{3x}\cdot\frac{2x}{3y}}-\frac{1}{2}\\&=\frac{2\sqrt{2}}{3}-\frac{1}{2}\end{aligned}$$

当且仅当$\frac{y}{3x}=\frac{2x}{3y}$，即$\sqrt{2}(2-2a)=2-b$时，等号成立，所以最小值为$\frac{2\sqrt{2}}{3}-\frac{1}{2}$.

解法2 由$2a+b=1$知

$$a=\frac{1-b}{2},b=1-2a$$

所以

$$\frac{a}{2-2a}+\frac{b}{2-b}=\frac{1}{4}\cdot\frac{b-1}{a-1}+\frac{1}{2}\cdot\frac{b}{a+\frac{1}{2}}$$

由$a,b>0,2a+b=1$，知

$$a\in\left(0,\frac{1}{2}\right),b\in(0,1)$$

易知

$$\frac{b-1}{a-1}\in(0,2),\frac{b}{a+\frac{1}{2}}\in(0,2)$$

令$x=\frac{b-1}{a-1},y=\frac{b}{a+\frac{1}{2}},x,y\in(0,2)$，

解得

$$a=\frac{1-\frac{1}{2}y}{y-x+1},b=\frac{\frac{3}{2}y-\frac{1}{2}xy}{y-x+1}$$

由 $2a+b=1$,知

$$\frac{2}{3}x+\frac{2}{3}y+xy=\frac{4}{3}$$

解得

$$y=\frac{\frac{16}{9}}{x+\frac{2}{3}}-\frac{2}{3},x\in(0,2)$$

对 y 求导数得 $y'=\frac{\frac{16}{9}}{\left(x+\frac{2}{3}\right)^2}$,其原函数图像如图1所示,此时 $\frac{a}{2-2a}+\frac{b}{2-b}=\frac{1}{4}x+\frac{1}{2}y$.

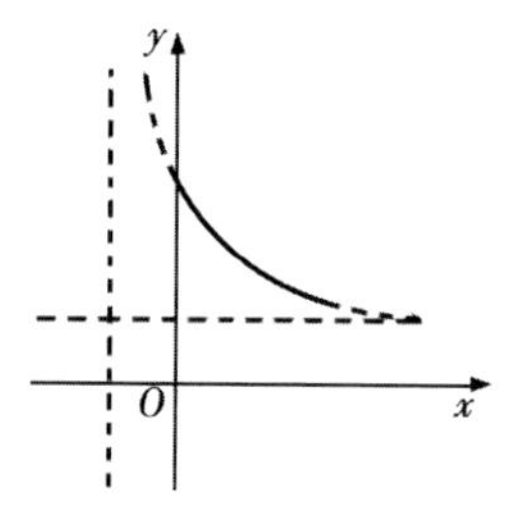

图1

为此,本题转化为目标函数为 $Z=\frac{1}{4}x+\frac{1}{2}y$ 的线性规划问题,由线性规划的知识知,

当目标函数与函数 $y=\dfrac{\frac{16}{9}}{x+\frac{2}{3}}-\dfrac{2}{3}$ 的图像相切时(图 2),目标函数有最小值.

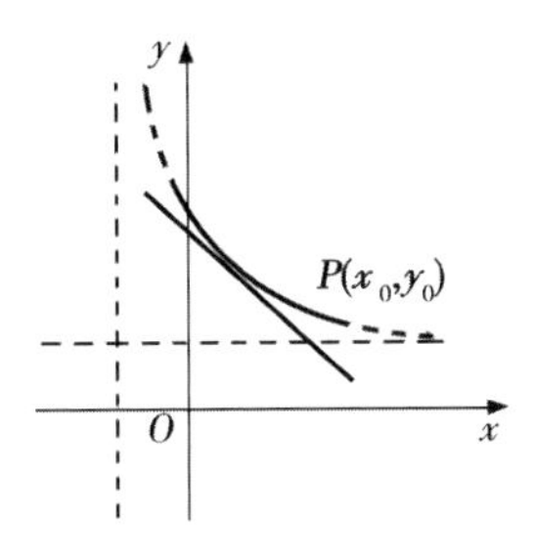

图 2

设切点为 $P(x_0,y_0)$,则切线斜率为

$$y'=\frac{\frac{16}{9}}{\left(x+\frac{2}{3}\right)^2}\Big|_{x=x_0}$$

因目标函数 $Z=\frac{1}{4}x+\frac{1}{2}y$ 的斜率为 $-\frac{1}{2}$,所以

$$y'=-\frac{\frac{16}{9}}{\left(x_0+\frac{2}{3}\right)^2}=-\frac{1}{2}$$

解得

$$x_0=\frac{4\sqrt{2}}{3}-\frac{2}{3},y_0=\frac{2\sqrt{2}}{3}-\frac{2}{3}$$

即 $Z=\frac{1}{4}x+\frac{1}{2}y$ 与曲线在点

$$P\left(\frac{4\sqrt{2}}{3}-\frac{2}{3},\frac{2\sqrt{2}}{3}-\frac{2}{3}\right)$$

相切，所以$Z=\frac{1}{4}x+\frac{1}{2}y$有最小值$Z_{\min}=\frac{2\sqrt{2}}{3}-\frac{1}{2}$.

解法3 令$x=\frac{a}{2-2a}$，$y=\frac{b}{2-b}$，则$a=\frac{2x}{1+2x}$，$b=\frac{2y}{1+y}$，则$\frac{4x}{1+2x}+\frac{2y}{1+y}=1$，以下同解法2.

评析 运用线性规划知识解决最值问题形象直观，同时也很好地体现了数形结合的思想，本解法中，如图3，设$A(1,1)$，$B(-0.5,0)$，点P在线段$2a+b=1$上，a，$b>0$上. 因此，目标函数$\frac{1}{4}\cdot\frac{b-1}{a-1}+\frac{1}{2}\cdot\frac{b}{a+\frac{1}{2}}$转化为求$\frac{1}{4}k_{AP}+\frac{1}{2}k_{BP}$的最小值. 如果直接求，较为困难，因此，需要将问题适当转化，即换元.

本解法对于求解线性规划中目标函数为pk_1+qk_2（其中p，q为给定实数，k_1，k_2为斜率）这一类新题型提供了很好的思路，即换元，从而将目标函数转化为直线，问题便迎刃而解.

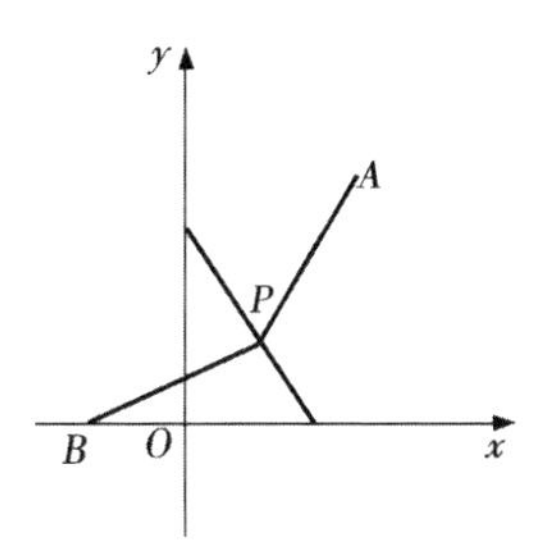

图 3

视角 3：函数思想.

解法 4　由 $b=1-2a, a\in\left(0,\frac{1}{2}\right)$ 知

$$\frac{a}{2-2a}+\frac{b}{2-b}=\frac{2-5a+6a^2}{2+2a-4a^2}$$

令

$$g(a)=\frac{2-5a+6a^2}{2+2a-4a^2}$$

则

$$g'(a)=\frac{-2(7-20a+4a^2)}{(2+2a-4a^2)^2}$$

当 $a\in\left(0,\frac{5-3\sqrt{2}}{2}\right)$ 时，$g'(a)<0$，此时，$g(a)$ 单调递减；当 $a\in\left(\frac{5-3\sqrt{2}}{2},\frac{1}{2}\right)$ 时，$g'(a)>0$，此时，$g(a)$ 单调递增，所以

$$g_{\min}\left(\frac{5-3\sqrt{2}}{2}\right)=\frac{2\sqrt{2}}{3}-\frac{1}{2}$$

即 $\frac{a}{2-2a}+\frac{b}{2-b}$ 的最小值为 $\frac{2\sqrt{2}}{3}-\frac{1}{2}$.

视角 4:方程思想.

解法 5 令$\frac{a}{2-2a}+\frac{b}{2-b}=t$,显然 $t>0$,则

$$2a+2b-3ab=t(2-2a)(2-b)$$

将 $b=1-2a, a\in\left(0,\frac{1}{2}\right)$ 代入上式得

$$(6+4t)a^2-(5+2t)a+2-2t=0$$

此式可以看成关于 a 的一元二次方程,则该方程有实根,从而

$$\begin{aligned}\Delta&=(5+2t)^2-4(6+4t)(2-2t)\\&=36t^2+36t-23\geqslant 0\end{aligned}$$

解得 $t\geqslant\frac{2\sqrt{2}}{3}-\frac{1}{2}$,所以$\frac{a}{2-2a}+\frac{b}{2-b}$的最小值为$\frac{2\sqrt{2}}{3}-\frac{1}{2}$.

解法 6 由 $2a+b=1$ 知

$$2-2a+2-b=3$$

显然

$$\frac{2-2a}{3}+\frac{2-b}{3}=1$$

所以

$$\begin{aligned}&\frac{1}{2-2a}+\frac{2}{2-b}\\=&\left(\frac{1}{2-2a}+\frac{2}{2-b}\right)\left(\frac{2-2a}{3}+\frac{2-b}{3}\right)\\=&1+\frac{2(2-2a)}{3(2-b)}+\frac{(2-b)}{3(2-2a)}\end{aligned}$$

$$\geqslant 1+\frac{2\sqrt{2}}{2}$$

所以

$$\frac{a}{2-2a}+\frac{b}{2-b}=-\frac{3}{2}+\frac{1}{2-2a}+\frac{2}{2-b}$$

$$\geqslant \frac{2\sqrt{2}}{3}-\frac{1}{2}$$

评析 “1”在中学数学中有着重要的应用，$\sin^2 x+\cos^2 x=1$ 主要是方便对式子变形，而其他等于 1 的整式或分式主要是为了使用均值不等式创造条件．本题充分利用结论 $(x+y)\left(\frac{p}{x}+\frac{q}{y}\right)\geqslant p+q+2\sqrt{pq}$ 来求得其最值．

解法 7 设

$$\boldsymbol{m}=\left(\frac{1}{\sqrt{2-2a}},\frac{\sqrt{2}}{\sqrt{2-b}}\right)$$

$$\boldsymbol{n}=(\sqrt{2-2a},\sqrt{2-b})$$

由 Cauchy 不等式知

$$1+\sqrt{2}\leqslant\sqrt{3}\sqrt{\frac{1}{2-2a}+\frac{2}{2-b}}$$

由此可得

$$\frac{1}{2-2a}+\frac{2}{2-b}\geqslant\frac{3+2\sqrt{2}}{3}$$

所以

$$\frac{a}{2-2a}+\frac{b}{2-b}=-\frac{3}{2}+\frac{1}{2-2a}+\frac{2}{2-b}$$

$$\geqslant \frac{2\sqrt{2}}{3}-\frac{1}{2}$$

解法 8　由 $2a+b=1=2\times\frac{1}{2}$ 知，$b,\frac{1}{2},2a$ 成等差数列，设其公差为 d，则

$$b=\frac{1}{2}-d,2a=\frac{1}{2}+d,a=\frac{1}{4}+\frac{d}{2}$$

所以

$$\frac{a}{2-2a}+\frac{b}{2-b}=\frac{1}{2}\cdot\frac{1+2d}{3-2d}+\frac{1-2d}{3+2d}$$

整理得

$$\frac{a}{2-2a}+\frac{b}{2-b}=-\frac{1}{2}+\frac{1}{3}\cdot\frac{3+2d}{3-2d}+\frac{2}{3}\cdot\frac{3-2d}{3+2d}$$

$$\geqslant \frac{2\sqrt{2}}{3}-\frac{1}{2}$$

所以 $\frac{a}{2-2a}+\frac{b}{2-b}$ 的最小值为 $\frac{2\sqrt{2}}{3}-\frac{1}{2}$.

解法 9　令 $\sqrt{2a}=\sin\theta,\sqrt{b}=\cos\theta,\theta\in\left(0,\frac{\pi}{2}\right)$，代入 $\frac{a}{2-2a}+\frac{b}{2-b}$，整理得

$$\begin{aligned}&\frac{a}{2-2a}+\frac{b}{2-b}\\&=\frac{1-\cos^2\theta}{2+2\cos^2\theta}+\frac{\cos^2\theta}{2-\cos^2\theta}\\&=-\frac{1}{2}+\frac{2}{3}\cdot\frac{2-\cos^2\theta}{2+2\cos^2\theta}+\\&\quad\frac{1}{3}\cdot\frac{2+2\cos^2\theta}{2-\cos^2\theta}\\&\geqslant \frac{2\sqrt{2}}{3}-\frac{1}{2}\end{aligned}$$

所以$\frac{a}{2-2a}+\frac{b}{2-b}$的最小值为$\frac{2\sqrt{2}}{3}-\frac{1}{2}$.

视角 9:方程组思想.

解法 10 由 $2a+b=1$ 知

$$a=\frac{1-b}{2},b=1-2a$$

所以

$$\frac{a}{2-2a}=\frac{1}{2}\cdot\frac{1-b}{2-2a}$$

设

$$1-b=X(2-2a)+Y(2-b)$$

则

$$1-b=2X+2Y-X2a-(Y-1)b-b$$

由 $2a+b=1$ 知

$$\begin{cases}X=Y-1\\2X+2Y-X=1\end{cases}$$

解得

$$X=-\frac{1}{3},Y=\frac{2}{3}$$

所以

$$1-b=-\frac{1}{3}(2-2a)+\frac{2}{3}(2-b)$$

进而

$$\frac{1}{2}\cdot\frac{1-b}{2-2a}=-\frac{1}{6}+\frac{1}{3}\cdot\frac{2-b}{2-2a}$$

同理可得

$$\frac{1-2a}{2-b}=-\frac{1}{3}+\frac{2}{3}\cdot\frac{2-2a}{2-b}$$

所以

$$\begin{aligned}&\frac{a}{2-2a}+\frac{b}{2-b}\\&=-\frac{1}{2}+\frac{1}{3}\cdot\frac{2-b}{2-2a}+\frac{2}{3}\cdot\frac{2-2a}{2-b}\\&\geqslant\frac{2\sqrt{2}}{3}-\frac{1}{2}\end{aligned}$$

解法 11(Lagrange 乘子法)　构造 Lagrange 函数

$$L(a,b,\lambda)=\frac{a}{2-2a}+\frac{b}{2-b}-\lambda(2a+b-1)$$

$$L_a=\frac{1}{2(1-a)^2}-2\lambda=0$$

$$L_b=\frac{2}{(2-b)^2}-\lambda=0$$

$$L_\lambda=-(2a+b-1)=0$$

联立上述四个方程中的后三个，解得

$$a=\frac{5-3\sqrt{2}}{2}$$

$$b=3\sqrt{2}-4$$

$$\lambda=\frac{1}{27-18\sqrt{2}}$$

从而得

$$\frac{a}{2-2a}+\frac{b}{2-b}=\frac{2\sqrt{2}}{3}-\frac{1}{2}$$

所以$\frac{a}{2-2a}+\frac{b}{2-b}$的最小值为$\frac{2\sqrt{2}}{3}-\frac{1}{2}$.

评析　Lagrange 乘子法实际上是借助

于求多元函数极值点求函数的最值，通常用来求限制条件下的最值问题，操作简单，也是通式通法，在竞赛解题中经常用到.

我们再举一个不太简单的例子.

在第16届中国东南地区数学奥林匹克试题中，有一题为：

题目2 已知a,b,c为给定的三角形的三边长，若正实数x,y,z满足$x+y+z=1$，求$ayz+bzx+cxy$的最大值.

其实本题只需证明不等式

$$ayz+bzx+cxy\leqslant\frac{abc}{-\sum a^2+2\sum bc}$$

其中，$\sum$表示轮换对称和.

北京林根教育的林根老师2020年将其推广到三维空间.

推广 在四面体$A_1A_2A_3A_4$中，记$A_iA_j=a_{ij}(1\leqslant i<j\leqslant 4)$，若$\sum_{i=1}^{4}\lambda_i=1$，则

$$\sum_{1\leqslant i<j\leqslant 4}\lambda_i\lambda_j a_{ij}$$

$$\leqslant\frac{1}{4}\cdot\frac{-\sum(a_{12}a_{34})^2+2\sum a_{13}a_{24}a_{14}a_{23}}{\sum a_{12}a_{34}(a_{13}+a_{24}+a_{23}-a_{12}-a_{34})-\sum a_{23}a_{24}a_{34}}\quad(*)$$

在二维的情形下可用构造三角形的方法证明,但由于原四面体各棱的开方是否可以组成一个四面体,并不容易判断,所以林根教授提供了一个利用 Lagrange 乘数法的证法.

由于式(*)可以改写为

$$\sum_{1\leqslant i<j\leqslant 4}\lambda_i\lambda_j a_{ij}\leqslant\frac{1}{2}\cdot\frac{D}{D'}$$

其中

$$D=\begin{vmatrix}0 & a_{12} & a_{13} & a_{14}\\ a_{12} & 0 & a_{23} & a_{24}\\ a_{13} & a_{23} & 0 & a_{34}\\ a_{14} & a_{24} & a_{34} & 0\end{vmatrix}$$

$$D'=\begin{vmatrix}0 & 1 & 1 & 1 & 1\\ 1 & 0 & a_{12} & a_{13} & a_{14}\\ 1 & a_{12} & 0 & a_{23} & a_{24}\\ 1 & a_{13} & a_{23} & 0 & a_{34}\\ 1 & a_{14} & a_{24} & a_{34} & 0\end{vmatrix}$$

为此,令

$$F=\sum_{1\leqslant i<j\leqslant 4}\lambda_i\lambda_j a_{ij}-\lambda\left(\sum_{i=1}^{4}\lambda_i-1\right)$$

由$\frac{\partial F}{\partial\lambda_i}=0(i=1,2,3,4)$,$\frac{\partial F}{\partial\lambda}=0$,解得

$$\begin{cases}\lambda_2 a_{12}+\lambda_3 a_{13}+\lambda_4 a_{14}=\lambda\\ \lambda_1 a_{12}+\lambda_3 a_{23}+\lambda_4 a_{24}=\lambda\\ \lambda_1 a_{13}+\lambda_2 a_{23}+\lambda_4 a_{24}=\lambda\\ \lambda_1 a_{14}+\lambda_2 a_{24}+\lambda_3 a_{34}=\lambda\end{cases}$$

不难解得 $\lambda=\frac{D}{D'}, F_{\max}=\frac{\lambda}{2}=\frac{D}{2D'}$.

用此方法，可以很容易将试题推广到 n 维单形上：对 n 维单形 $A_1A_2\cdots A_nA_{n+1}$，记 $iA_j=a_{ij}(1\leqslant i<j\leqslant n)$，若 $\sum_{i=1}^{n+1}\lambda_i=1$，则

$$\sum_{1\leqslant i<j\leqslant n+1}\lambda_i\lambda_j a_{ij}\leqslant\frac{1}{2}\cdot\frac{D}{D'}$$

其中

$$D=\begin{vmatrix}0 & a_{12} & a_{13} & \cdots & a_{1n}\\ a_{12} & 0 & a_{23} & \cdots & a_{2n}\\ a_{13} & a_{23} & 0 & \cdots & a_{3n}\\ \vdots & \vdots & \vdots & & \vdots\\ a_{1n} & a_{2n} & a_{3n} & \cdots & 0\end{vmatrix}$$

$$D'=\begin{vmatrix}0 & 1 & 1 & 1 & 1 & \cdots & 1\\ 1 & 0 & a_{12} & a_{13} & a_{14} & \cdots & a_{1n}\\ 1 & a_{12} & 0 & a_{23} & a_{24} & \cdots & a_{2n}\\ 1 & a_{13} & a_{23} & 0 & a_{34} & \cdots & a_{3n}\\ \vdots & \vdots & \vdots & \vdots & \vdots & & \vdots\\ 1 & a_{1n} & a_{2n} & a_{3n} & a_{4n} & \cdots & 0\end{vmatrix}$$

这是一本无法卒读的书. Lagrange 乘子定理初学很容易，学过一点多元微积分，懂得偏导数的求法即可用. 沿着这个思路走下去就会到用到变分学，没有一定的数学素养是无法坚持下去的，不过这很正常. 据有人用 Kindle 阅读记录统计，大多数人读《时间简史》没有读到超过全书的 6.6%.

这是一本内容经得起打磨的书. 刚看过一个轶事有些感触,甚至有些感动. 1952 年,苏联历史学家科斯敏斯基获准访问英国,他是少数能在斯大林在世时有机会访问西方的苏联学者. 他上次来到英国还是 20 世纪 20 年代,那时候他以对“中世纪英国庄园史”的研究著称. 他在霍布斯鲍姆的陪同下去往大英博物馆,因为科斯敏斯基希望再去看看那里巨大的原型阅览室. 到了博物馆,霍布斯鲍姆询问馆员如何申请短期阅览证,因为科斯敏斯基已经很久没有来过这里了. “哦,您来过这里”,那里的女馆员对科斯敏斯基说道:“恩,没有问题. 我们找到您的名字了. 对了,您还住在托林顿广场吗?”这真叫人感动,这位想来年纪不轻,也许经历过大萧条、伦敦空袭、战后萧条的女图书馆员,在那一刻,似乎忽略了时间,也忽略了东西方的铁壁,在不经意间展现了学术的超越和永恒. 他们那一代,何其有幸!

学术在时间的帮助下一定会打败时尚,完成属于自己的超越和永恒.

刘培杰
2023 年 6 月 1 日
于哈工大